ELSEVIER'S DICTIONARY OF CIVIL AVIATION

ELSEVIER'S DICTIONARY OF CIVIL AVIATION

RUSSIAN-ENGLISH
ENGLISH-RUSSIAN

compiled by

S. BECK
Ramsgate, Kent, United Kingdom

and

S. ASLEZOVA
St. Petersburg, Russia

2002
ELSEVIER
Amsterdam – Boston – London – New York – Oxford – Paris
San Diego – San Francisco – Singapore – Sydney – Tokyo

ELSEVIER SCIENCE B.V.
Sara Burgerhartstraat 25
P.O. Box 211, 1000 AE Amsterdam, The Netherlands

First edition 2002

Library of Congress Cataloging in Publication Data
A catalog record from the Library of Congress has been applied for.

British Library Cataloguing in Publication Data
A catalogue record from the British Library has been applied for.

ISBN: 0-444-50883-X

∞ The paper used in this publication meets the requirements of ANSI/NISO Z39.48-1992 (Permanence of Paper).
Printed in The Netherlands.

Preface

Elsevier's Dictionary of Civil Aviation is a new dictionary of this kind being a result of almost half a century work started by my grandmother, Serafima Aslezova, in the 60ies. The core material has been collected and systematized manually, forming a vast reference database of civil aviation terminology and its usage in various contexts.

I am delighted to contribute to this fundamental work and present it to the readers in its contemporary form. Over the last few years the dictionary was updated to reflect new developments in technology, and, most importantly, the Russian-English part was made available.

The dictionary contains terms and expressions relating to air traffic control, air navigation, flight operations, aviation meteorology, radio communications, air transport, economics of civil aviation, airports, aerodynamics, and aviation engines. There are approximately 19,000 entries in the English-Russian part and 21,000 entries in the Russian-English part.

We hope that the dictionary will prove helpful to specialists in all areas of civil aviation and promote further development of the international co-operation in this industry.

I would like to thank everybody who assisted the authors in writing this dictionary, especially the family and my grandmother's colleagues from the St. Petersburg Academy of Civil Aviation.

S. B.

ENGLISH-RUSSIAN

A

A (aircraft) – воздушное судно, самолет
a.c. (aerodynamic center) – фокус крыла или профиля
a.c. (airdrome control) – аэродромная диспетчерская служба
a.m. (ante meridiem) – до полудня
A.S.I. (airspeed indicator) – указатель воздушной скорости
a/c (absolute ceiling) – абсолютный потолок
A/F (air freight) – груз, перевозимый по воздуху
A/G (air – ground) – связь «воздух – земля»
A/SR (air – sea rescue service) – служба поиска и спасения самолетов, потерпевших аварию в море
AACC (Airport Association Coordination Council) – координационный совет ассоциации аэропортов
AACS (airways and air communication service) – служба связи с самолетами на авиалиниях
AAPP (airborne auxiliary power plant) – вспомогательная силовая установка
AASR (airport and airways surveillance radar) – аэродромная и трассовая обзорная радиолокационная станция
AB (airborne) – авиационный, находящийся в воздухе, установленный на борту
ab initio training – начальная летная подготовка
abaft – в задней полусфере, в хвостовой части, сзади
abatement – ослабление, уменьшение
ABC (advance booking charter) – заранее резервируемый чартерный рейс
A-BCAS (Active Board Beacon Collision Avoidance System) – Автономная бортовая система предупреждения столкновений в воздухе
abeam – на пересекающихся курсах, на траверзе
abeam direction – траверз
ability – способность, умение
ability test – психотехническое испытание
ablation – абляция, унос массы
ABM (abeam) – на траверзе
Abn (airport beacon) – аэродромный маяк
abnormal landing – посадка в ненормальных условиях
abnormal psychology – психопатология
aboard – на борту
above all clouds – выше кромки облаков
above-the-wing – надкрыльевой
abroad – за границей, за границу
abscissa – абсцисса, горизонтальная ось координат
abscissa axis – ось абсцисс
absolute – абсолютный, безусловный, неограниченный, полный
absolute airspeed – истинная воздушная скорость
absolute airspeed indicator – указатель истинной воздушной скорости
absolute altimeter – абсолютный высотомер (шкала которого установлена на давление на уровне моря)
absolute altitude – абсолютная высота (измеряемая от уровня моря)
absolute angle of attack – угол атаки (измеряемый от хорды крыла)
absolute ceiling – абсолютный (теоретический) потолок
absolute drift – абсолютный снос, полный угол сноса с учетом аэродинамического сноса
absolute fix – фактическое местоположение (полученное в результате пересечения нескольких позиционных линий)
absolute system of coordinates – абсолютная система координат
absolute temperature – абсолютная температура
absorption of passenger's expenses – оплата расходов пассажиров
absorption percentage – процент поглощения (в результате пропорционального распределения сквозного тарифа)
abutment joint – соединение встык, стыковой шов
AC (altocumulus) – высококучевые облака
ac, a/c (alternating current) – переменный ток
academic training – теоретическая подготовка

ACC (area control center) – центр районной диспетчерской службы
accelerate – разгонять(ся), ускорять(ся)
accelerate away – производить ускоренное прохождение, производить ускоренный выход
accelerated – обладающий ускорением, ускоренный
accelerated fatigue test – ускоренные испытания на усталость
accelerated flight – полет с ускорением
accelerated flight time – ускоренный налет часов
accelerated speed – возрастающая скорость
accelerated stall speed – скорость сваливания, скорость срыва
accelerated symmetric flight – симметричный полет с ускорением
accelerated traffic test(ing) – ускоренные испытания (покрытия) подвижной нагрузкой
accelerated turn – неустановившийся вираж
accelerated velocity – возрастающая скорость
accelerate-stop distance – дистанция прерванного взлета, дистанция прерванного разбега (с остановкой самолета в пределах летной полосы)
accelerate-stop distance available – располагаемая дистанция прерванного взлета
accelerate-stop distance required – потребная дистанция прерванного взлета
accelerate-stop maneuver – маневр «разгон – торможение»
accelerating climb – набор высоты с разгоном, подъем с разгоном
acceleration – выход двигателя на режим, движение с ускорением, перегрузка, приемистость, разгон, увеличение числа оборотов, ускорение
acceleration compensation unit – блок компенсации воздействия ускорений
acceleration control unit – автомат приемистости двигателя
acceleration due to an up-gust – ускорение от восходящего потока
acceleration due to gravity – гравитационное ускорение, ускорение силы тяжести
acceleration error – ошибка ускорения
acceleration factor – коэффициент перегрузки
acceleration force – ускоряющая сила
acceleration hang-up – зависание оборотов при подаче газа
acceleration in climbing flight – разгон в полете с набором высоты
acceleration in pitch – угловое ускорение тангажа
acceleration in roll – угловое ускорение крена
acceleration in yaw – угловое ускорение рыскания
acceleration limiter – ограничитель приемистости
acceleration load – инерционная нагрузка
acceleration of gravity – ускорение силы тяжести
acceleration pump – ускорительный насос
acceleration response – приемистость, реакция ВС по перегрузке (на отклонение рулей)
acceleration response to turbulence – ускорение в результате воздействия турбулентности
acceleration through sonic speed – разгон с переходом через скорость звука
acceleration time – время приемистости двигателя
acceleration time delay – увеличение скорости приемистости двигателя
acceleration tolerances – допустимые ускорения перегрузки
acceleration transducer – датчик ускорения
acceleration vector – вектор ускорения
accelerator – акселератор, дроссельная заслонка, ускоритель
accelerometer – акселерометр, датчик перегрузки
accelerometer unit – блок датчиков перегрузки
accept – допускать, принимать
acceptable means of compliance – приемлемые методы установления соответствия
acceptance – прием, приемка
acceptance certificate – удостоверение от принятии груза к перевозке
acceptance flight – приемо-сдаточный облет, приемочный облет самолета

acceptance inspection – приемо-сдаточный осмотр
acceptance number – максимально допустимое количество дефектов при приемке
acceptance pilot – пилот-испытатель, производящий приемо-сдаточный облет самолета
acceptance rate – минимальный временной интервал между посадками самолетов
acceptance rate forecast – перспективная пропускная способность (аэропорта)
acceptance rate of runway – пропускная способность ВПП
acceptance test – вступительный экзамен, приемное испытание
accepting unit – принимающий орган (авиадиспетчерской службы, берущий на себя контроль за воздушным судном)
accepting unit controller – принимающий орган – диспетчер (контроль за воздушным судном)
access – вход; выборка данных; доступ; доступ к получению информации; подъезд
access door – створка эксплуатационного люка
access hatch – смотровой люк
access latch – замок смотрового люка
access mechanism – устройство выборки (информации)
access time – время выборки данных (из запоминающего устройства); время выдачи информации
accessibility – доступность, удобство подхода; удобство ремонта или осмотра
accessory bay – отсек вспомогательного оборудования
accessory box – коробка привода вспомогательных агрегатов
accessory drive – привод вспомогательного агрегата
accessory drive system – система привода агрегатов
accessory gear train – привод вспомогательных агрегатов
accessory power system – вспомогательная система энергопитания самолета, вспомогательная энергосистема
accessory system – вспомогательная система
accident – авария; несчастный случай; повреждение, поломка; происшествие
accident board – аварийная комиссия, комиссия по расследованию авиационного происшествия
accident briefing – разбор авиационного происшествия
accident causation – установление причины авиационного происшествия
accident cause factor – причина авиационного происшествия
accident cost index – индекс стоимости авиационных происшествий
accident data recorder – аварийный бортовой самописец
accident data recorder tape – лента аварийного самописца
accident data recording – регистрация аварийных данных
accident experience – опыт авиационных происшествий, статистика авиационных происшествий
accident file – досье с документацией об авиационном происшествии; отчет об авиационном происшествии
accident history – последовательность событий при авиационном происшествии
accident in the air – авиационная катастрофа в воздухе
accident investigation – расследование авиационного происшествия
Accident Investigation Branch – служба расследования авиационных происшествий (Брит.)
accident investigation report – доклад о результатах расследования авиационного происшествия, донесение о результатах расследования авиационного происшествия, отчет о результатах расследования авиационного происшествия
accident investigation team – бригада специалистов по расследованию авиационных происшествий
accident investigator – специалист по расследованию авиационных происшествий; специалист, расследующий происшествие
accident prevention – предотвращение авиационных происшествий, предупреждение авиационных происшествий

accident rate – процент аварийности
accident report – донесение об авиационном происшествии
accident reporting system – система информации об авариях и катастрофах
accident site – место авиационного происшествия
accident whilst landing – авиационная катастрофа во время посадки
accident/incident recording – аварийная запись, запись аварийных параметров
accident-free flying – безаварийные полеты
accident-free flying hours – количество часов безаварийного налета
accommodation – аккомодация; жилье, помещение; приспособление организма; размещение
accompanying documents – сопроводительные документы
accounting cost – учтенные издержки
accredited medical conclusion – официальное медицинское заключение
accredited representative – уполномоченный представитель
ACCTS (Airline Coordinating Committee for Telephone Service) – координационный комитет по телефонному обслуживанию авиатранспортных компаний
accumulation – аккумуляция, накопление
accumulator – аккумулятор; коллектор; накопитель; ресивер; сборник; сумматор
accuracy – правильность, точность, тщательность
accuracy landing – точная посадка (самолета)
accuracy of inertial position – точность определения места с помощью инерциальной системы
accuracy of steering control – точность стабилизации, точность управления
accuracy rating – степень точности
accuracy table – таблица погрешностей
accurate position finder – радиолокационная станция точного обнаружения, радиопеленгатор
accurate range marker – точный отметчик масштаба дальности
accurate reporting system – устройство для точного определения местоположения самолета
ACFT (aircraft) – воздушное судно, ВС, самолет
ACIO (Aeronautical Chart and Information Office) – Управление картографии и аэронавигационной информации
Ack (acknowledge, acknowledgement) – подтверждать; уведомление
acknowledge – подтверждать, уведомлять о получении
acknowledgment turns – развороты самолета, производящиеся для подтверждения приема сообщения с земли
ACLS (Automatic Carrier Landing System) – автоматическая система посадки на авианосец
ACM (Air Commerce Manual) – Справочник гражданской авиации
acoustic – акустический, звуковой
acoustic fatigue design chart – номограмма для расчета на акустическую выносливость
acoustic insulation – звукоизоляция
acoustic material – звукоизолирующий материал
acoustic speed – звуковая скорость, скорость звука
ACP (airdrome control point) – аэродромный пункт или пост управления
ACQ window – сигнальное окно захвата луча
acquisition – обнаружение, захват и сопровождение цели; определение местоположения объекта в пространстве; прием и накопление данных
acquisition and tracking radar – РЛС обнаружения и сопровождения целей
acquisition of beam – захват луча; стабилизация движения по лучу
acquisition of glidepath – захват глиссады (глиссадного луча); стабилизация движения по глиссаде
acquisition radar – обзорная РЛС, РЛС обнаружения
acquisition radar coverage – зона действия РЛС обнаружения (целеуказания)
acquisition system – система обнаружения и захвата цели; система приема и

накопления данных; система целеуказания

ACR (airfield control radar) – радиолокатор для управления движением на аэродроме

ACR (approach control radar) – радиолокационная станция управления подходом самолетов к аэродрому и заходом на посадку

acrobatic flight – фигурный полет

acrobatic man(o)euvers – фигурные полеты, фигурные эволюции самолета в воздухе

across-track error – боковое отклонение от путевой линии

acrylate – акрилат; акрилатовый, акриловый

acrylic plastics – акриловые пластики, полиакрилаты

acrylic transparencies – прозрачные панели из акриловой пластмассы

act – акт; дело; поступок

activated – приводимый в действие

active acquisition aid – активное средство обнаружения цели

active aerial – часть направленной антенны, непосредственно связанная с источником энергии или приемником

active augmentation system – система активного усиления отражаемых сигналов

active control – активная стабилизация; активное управление

active guidance system – система активного наведения

active layer – деятельный слой; слой сезонного промерзания и оттаивания

active memory – оперативная память

active radar guidance system – активная радионавигационная система

active runway – действующая ВПП

active tracking system – система активного сопровождения (слежения)

actual – действительный; натурный; существующий; фактический

actual airspeed – истинная воздушная скорость, фактическая воздушная скорость

actual brake horsepower – фактическая тормозная мощность

actual dead reckoning position – действительные координаты счислимой точки

actual engine – полноразмерный двигатель; реальный двигатель

actual exposure time – действительное время воздействия

actual flight – натурный полет, полет на полноразмерном самолете

actual flight direction – фактическое направление самолета

actual flight path – фактическая траектория полета

actual gross weight (of container and payload) – фактическая масса брутто (груженого контейнера)

actual ground track – линия фактического пути ВС

actual heading – фактический курс полета

actual height – истинная высота

actual output – полезная отдача, производительность, эффективная мощность

actual payload (of container) – фактическая масса нетто (контейнера)

actual power – действительная мощность, полезная мощность

actual profile – фактический профиль

actual pulse envelope – огибающая фактического импульса

actual specific thrust – истинное значение удельной тяги

actual speed – истинная скорость, фактическая скорость

actual thrust – действительная тяга, истинная тяга, фактическая тяга

actual time of arrival – фактическое время прибытия (самолета)

actual time of departure – фактическое время вылета (самолета)

actual weather – фактическая погода

actual-risk incident – авиационное происшествие с реальной угрозой катастрофы

actuating – приводящий в действие

actuating air – рабочее тело (воздух)

actuating system – система привода (силовых приводов)

actuating unit – механический усилитель, силовой привод

actuator – бустер; воздействующее устройство; исполнительный механизм регулятора; сервомотор; силовой привод; усилитель

actuator drive – силовой привод

actuator motor – бустер; пусковой мотор, стартер
actuator rod – шток силового цилиндра
acuity – острота восприятия
AD, A/D (airdrome) – аэродром
ADA (advisory area) – консультативный район
ADAMS (Airborne Data Analysis and Monitor System) – бортовая система анализа и контроля данных
adapted – работающий на расчетном режиме (о сопле двигателя)
adapter – адаптер, переходная муфта, переходник, переходное (соединительное) устройство; приставка; регулировочное приспособление
adaptive – самонастраивающийся
adaptive autopilot – самонастраивающийся автопилот
adaptive circuit – самонастраивающаяся схема, цепь самонастройки
adaptive control – самонастраивающаяся система управления
adaptive control system – самонастраивающаяся система управления
adaptive digital keying – адаптивное цифровое манипулирование
adaptive gain computer – вычислитель системы самонастройки коэффициента усиления (передаточного числа)
adaptive gain system – система с самонастройкой коэффициента усиления (передаточного числа)
adaptive system – самонастраивающаяся система
ADARS (Airborne Data Acquisition and Recording System) – бортовая система сбора и регистрации данных
ADB (Administration and Services Bureau) – административное управление ИКАО
add power – давать газ, увеличивать мощность или тягу
added – дополнительно отклоненный, дополнительный, с увеличенным углом отклонения (о руле)
adder – сумматор, суммирующий блок
adding circuit – сумматор, суммирующая цепь; схема сложения
additional charge – дополнительная оплата
additional flight plan – план полета на дополнительный рейс
additional insurance – дополнительное страхование
additional transit period – дополнительный срок доставки
add-on amounts – дополнительные начисления для расчета тарифа более высокого класса обслуживания
add-on component – дополнительный агрегат
addressee – адресат
addressing system – адресность вычислительной машины
adequate – достаточный, соответствующий требованиям
ADF (automatic direction finder) – автоматический радиопеленгатор
adhesive mechanical joining – клеемеханическое соединение
adhesive-screwed joining – клееводное соединение, клеерезьбовое соединение
adiabatic curve – адиабата
adiabatic lapse rate – адиабатический градиент
ADIS (automated data interchange system) – автоматизированная система обмена данными
ADISP (automated data interchange system panel) – группа экспертов по автоматизированным системам обмена данными
adjacent channel (communications) – смежный канал (связь)
adjust – регулировать, устанавливать
adjustable – передвижной, приспосабливаемый, регулируемый, регулирующийся
adjustable area nozzle – сопло с регулируемым сечением
adjustable blade – регулируемая лопатка
adjustable blade propeller – воздушный винт переставного шага (с установкой шага на земле)
adjustable gain control – регулирование (управление) с изменяемым коэффициентом усиления или передаточным отношением
adjustable gear – регулировочное приспособление
adjustable index – переставной индекс
adjustable nozzle – регулируемое сопло

adjustable pitch propeller – винт фиксированного шага
adjustable rod – регулируемая тяга
adjustable rudder pedals – регулируемые (по длине ног пилота) педали управления
adjustable spanner – разводной ключ
adjustable speed – регулируемое число оборотов
adjustment – выверка, калибровка; монтаж; пригонка; регулирование, регулировка; сборка
administrator – глава, начальник, руководитель (управления, организации); управляющий
ADR (advisory route) – консультативный маршрут
ADREP (Aircraft Accident/Incident Reporting) – система представления данных об авиационных происшествиях
ADREP manual – руководство по представлению данных об авиационных происшествиях
adult fare – полный тариф для взрослого пассажира
advance – опережение; продвижение; достижения; опережать; упреждать
advance a position – экстраполировать линию положения
advance booking charter – заранее резервируемый чартерный рейс
advance notice of intended landing – предварительное уведомление о предполагаемой посадке самолета
advanced – перспективный, современный; усовершенствованный
advanced design team – группа перспективного проектирования
advanced development – перспективная разработка, разработка опытного образца; усовершенствование
advanced development objective – задачи перспективной разработки
advanced electronic display system – система перспективной индикации на ЭЛТ
advanced electrostatically suspended gyroscope – усовершенствованный гироскоп с электростатической подвеской ротора
advanced flying – высший пилотаж
advanced flying school – школа усовершенствования летной подготовки
advanced pilot training – повышенная подготовка летного состава
advanced planning office – бюро перспективного планирования
advanced stall – развившийся срыв потока; сваливание (самолета) на безопасной высоте
advanced trainer – тренировочный самолет, учебный самолет
advanced training – повышенная ступень обучения пилотированию; усовершенствование по специальности
advanced training plane – самолет переходного типа, тренировочный самолет, учебный самолет
advance-diameter ratio of propeller – относительный шаг воздушного винта
advancing blade – опережающая лопасть вертолета
advection – адвекция, горизонтальное перемещение слоев теплого воздуха
advection current – горизонтальный поток воздуха
advection fog – адвективный туман
advective region – область адвекции
adverse condition – неблагоприятное условие
adverse weather – неблагоприятная погода
adverse weather conditions – сложные (неблагоприятные) метеорологические условия
adverse wind – встречный или неблагоприятный ветер
advertising – реклама
advise – извещение, сообщение; консультация, совет
advisor – консультант, наблюдатель; советник
advisory – сводка (данных); сообщение (для сведения); консультативный; рекомендательный; совещательный
advisory airspace – консультативное воздушное пространство
advisory approach – подход при консультативном обслуживании
advisory area – консультативный район
advisory information – консультативная информация
advisory message – консультативное сообщение (при консультативном обслуживании полетов)

advisory route – консультативный маршрут (проходящий в области летной информации, при полете по которому может быть обеспечено консультативное обслуживание воздушного движения)
advisory service – консультативное обслуживание
advisory warning indicator – контрольный сигнализатор
aerial – авиационный; антенна; воздушный
aerial application – авиационно-химические работы
aerial cargo – груз, перевозимый по воздуху
aerial collision – столкновение (самолетов) в воздухе
aerial construction – аэровизуальные работы
aerial control – господство в воздухе
aerial inspection – наблюдение с воздуха
aerial map – аэронавигационная карта
aerial refueling – дозаправка топливом в воздухе
aerial search pattern – схема воздушного поиска
aerial survey work – аэровизуальные работы
aerial turning gear – система привода антенны
aerial work – авиационные работы
AERO – условное обозначение авиационных метеорологических сообщений
aerobatics – фигурные полеты
aero-bearing plate – азимутальный круг (навигационного визира)
aerobreathing airplane – самолет с воздушно-реактивным двигателем, ВРД
aerobridge – воздушный мост; переходный трап от посадочной галереи к самолету
aerobus – аэробус, многоместный пассажирский самолет, «воздушный автобус»
aeroconditioner – кондиционер
aerodontia – авиационная стоматология
aerodrome – см. airdrome
aeroduct – прямоточный воздушно-реактивный двигатель, ПВРД
aerodynamic – аэродинамический
aerodynamic action – аэродинамическое воздействие, аэродинамическое явление, действие аэродинамических сил или моментов
aerodynamic actuator – сервокомпрессор
aerodynamic axis – связанная ось координат
aerodynamic balance – аэродинамическая балансировка, аэродинамическая компенсация (поверхности управления); аэродинамические весы; аэродинамическое уравновешивание (воздушного винта)
aerodynamic brake – аэродинамический тормоз, воздушный тормоз
aerodynamic braking – аэродинамическое возмущение; аэродинамическое торможение
aerodynamic center – аэродинамический фокус
aerodynamic cleanness – аэродинамическое качество; аэродинамическое совершенство
aerodynamic coefficient – аэродинамический коэффициент
aerodynamic control – управление с помощью воздушных (аэродинамических) рулей
aerodynamic controller – аэродинамический руль, воздушный руль
aerodynamic disturbance – воздушное возмущение, порыв
aerodynamic drag – аэродинамическое сопротивление
aerodynamic efficiency – аэродинамическое качество
aerodynamic fairing – обтекатель (для улучшения аэродинамики)
aerodynamic feel – ощущение усилий (на рычагах управления) от аэродинамических нагрузок
aerodynamic fineness – аэродинамическое совершенство, обтекаемость
aerodynamic heating – аэродинамический нагрев
aerodynamic lift – аэродинамическая подъемная сила
aerodynamic lifting surface – аэродинамическая несущая поверхность
aerodynamic load – аэродинамическая нагрузка, воздушная нагрузка

aerodynamic maneuver – маневр с использованием аэродинамических сил
aerodynamic properties – аэродинамические характеристики
aerodynamic surface – аэродинамическая поверхность
aerodynamic twist – аэродинамическая крутка
aerodyne – крылатый летательный аппарат, летательный аппарат тяжелее воздуха
aeroelastic effect – деформация, вызванная аэродинамическими силами
aeroelasticity – аэроупругость
aerofoil – см. airfoil
aerogangplank – передвижная (посадочная) платформа-галерея
aeromechanics – аэромеханика
aeromedicine – авиационная медицина
aeronautical – авиационный, аэронавигационный, летный
aeronautical application – авиационно-химические работы
aeronautical approach chart – аэронавигационная карта воздушных подходов
aeronautical beacon – аэронавигационный (свето)маяк
Aeronautical Board – Комитет по аэронавтике (США)
aeronautical broadcasting service – авиационная служба циркулярных радиопередач
aeronautical chart – аэронавигационная карта
Aeronautical Chart and Information Office – Управление картографии и аэронавигационной информации (США)
aeronautical climatological information – аэронавигационная климатологическая информация
aeronautical data – аэронавигационные элементы; аэронавигационные данные
aeronautical engineering duty – авиационно-инженерная служба
aeronautical equipment – авиационное оборудование
aeronautical fixed circuit – линия стационарной сети авиационной связи
aeronautical fixed service – служба стационарных средств связи по обеспечению полетов
aeronautical fixed telecommunication network circuit – авиационная фиксированная сеть электросвязи
aeronautical ground light – аэронавигационный наземный огонь
aeronautical ground mark – наземный аэронавигационный ориентир
aeronautical ground radio station – наземная радиостанция по обеспечению полетов
aeronautical information circular – циркуляр аэронавигационной информации
Aeronautical Information Publication – Сборник аэронавигационной информации
aeronautical information regulation and control – контроль аэронавигационной информации
aeronautical information service – информационная служба обеспечения полетов
aeronautical light – аэронавигационный огонь
aeronautical light beacon – аэронавигационный светомаяк
aeronautical meteorological assistant – помощник авиационного синоптика
aeronautical meteorological forecaster – авиационный синоптик
aeronautical meteorological station – метеостанция для обслуживания полетов
aeronautical mile – аэронавигационная миля (1853.2 м)
aeronautical mobile service – авиационная подвижная служба связи
aeronautical planning chart – аэронавигационная карта для оперативного планирования
aeronautical point-to-point network – сеть авиационной направленной (магистральной) связи
aeronautical radio service – служба радиосвязи обеспечения полетов
aeronautical radio station – радиостанция службы связи по обеспечению полетов
aeronautical radio-navigation service – служба авиационной радионавигации
aeronautical rating – категория летно-подъемного состава (летчик, штурман, и т.п.)

aeronautical register – авиационный реестр
aeronautical route chart – аэронавигационная маршрутная карта
aeronautical school – авиационная школа
aeronautical station – авиационная станция (наземная станция подвижной авиационной связи, поддерживающая связь с самолетными станциями)
aeronautical station operator – оператор авиационной станции связи
aeronautical technical school – школа авиационных техников
aeronautical telecommunication agency – орган авиационной электросвязи
aeronautical telecommunication log – журнал регистрации ведения авиационной электросвязи
aeronautical telecommunication network – сеть авиационной дальней связи
aeronautical telecommunication service – служба авиационной дальней связи
aeronautical telecommunication station – станция авиационной дальней связи
aeronautical unit system – система единиц измерения, применяемая в авиации
aeronautics – авиационная наука и техника; авиация и воздухоплавание; аэронавтика; летное дело; наука и искусство полета
aeronavigation – аэронавигация, воздушная навигация; самолетовождение; штурманское дело
aerophone – самолетное переговорное устройство
aeroport – см. airport
aeropulse – пульсирующий воздушно-реактивный двигатель, ПуВРД
aero-seal – воздушное уплотнение
aero-show – авиационная выставка
aerospace industry – авиационно-космическая промышленность
Aerospace Medical Center – Институт авиационно-космической медицины
aerospace medicine – авиационно-космическая медицина
aerospace medicine laboratory – лаборатория авиационно-космической медицины
Aerospace Research Laboratory – Лаборатория авиационных и космических исследований
aero-tow flight – полет на буксире
aero-tow flight time in a glider – время полета на буксируемом планере
AETMS (Airborne Electronic Terrain Map System) – бортовая картографическая система
AF (audio frequency) – звуковая частота
AFB (air freight bill) – накладная на грузы, перевозимые по воздуху
AFCE (automatic flight control equipment) – оборудование автоматического управления полетом
AFCS – системы автоматического управления полетом
affinity – аффинность, подобные свойства; сродство; сходство
affinity group fares – специальные групповые тарифы
affirmative – «да» или «разрешаю» (ртс.)
afflux velocity – скорость обтекания
AFIL (air-file flight plan) – передаваемый с борта план полета
AFIN (Aeronautical Fixed Telecommunications Network) – система дальней связи
AFIS (Airdrome Flight Information Service) – аэродромная служба полетной информации
AFL (Air Freight List) – полетный лист
Afld (airfield) – аэродром
AFP (alternate flight plan) – запасной план полета
AFS (aeronautical fixed service) – служба стационарных средств связи по обеспечению полетов
aft – в хвостовой части; задний; задняя часть (фюзеляжа), хвостовая часть (самолета); хвостовой
AFT (air freight terminal) – конечный аэропорт выгрузки
aft body (afterbody) – хвостовая часть фюзеляжа (корпуса)
aft center-of-gravity – задняя центровка
aft stick pressure – тянущее усилие на ручке
aft stick rate – скорость отклонения ручки назад
after combustion – последующее сгорание или догорание топлива
after hemisphere – задняя полусфера
afterbody effect – донное сопротивление, донный эффект
afterburner – форсажная камера

afterburner (thrust) climb – набор высоты на форсажном режиме (с форсажной тягой)
afterburner flow control – регулятор расхода форсажного топлива
afterburner fuel – топливо, применяемое в форсажной камере
afterburner fuel control unit – регулятор подачи форсажного топлива
afterburner fuel manifold – топливный коллектор форсажной камеры
afterburner nozzle – сопло форсажной камеры
afterburner range – диапазон изменения тяги при включенной форсажной камере
afterburner rating – режим работы двигателя с включенной форсажной камерой; тяга двигателя с включенной форсажной камерой
afterburner system – система дожигания топлива в форсажной камере; форсажная камера
afterburner takeoff – взлет на форсаже
afterburner thrust – дополнительная тяга, развиваемая форсажной камерой; тяга двигателя с включенной форсажной камерой
afterburning – дожигание топлива в форсажной камере; работа форсажной камеры; сгорание вне двигателя
aftereffect – последствие
aftereffect error – ошибка вследствие запаздывания
afterglow – послесвечение
afterglow screen – экран с послесвечением
afterimage – остаточное изображение (на экране электронно-лучевой трубки)
aft-facing joint – соединение уступом по потолку
aft-facing seat – кресло, обращенное назад
aft-fan-jet engine – турбовентиляторный двигатель с задним расположением вентилятора
AFTN (aeronautical fixed telecommunication network) – стационарная сеть авиационной дальней связи
aft-of-the-beam approach – сближение самолетов на попутно-пересекающихся курсах
aft-set hinge – шарнир со смещенной назад осью (для осевой компенсации)
AGA (airdromes, air routes and ground aids) – аэродромы, авиатрассы и наземное оборудование
AGACS (automatic ground – air communication system) – автоматическая двусторонняя система связи между землей и самолетом
AGARD (Advisory Group for Aeronautical Research and Development) – консультативная группа по научно-исследовательским и опытно-конструкторским работам в области авиации
AGCA (automatic ground controlled approach) – автоматическое управление заходом на посадку и посадкой самолета с земли
agency – агентство; ведомство; управление
agency's coupon – купон для агентства (пассажирского билета и багажной квитанции)
aggregate – агрегат; заполнитель бетона; каменный материал; составлять сумму; суммарный; полный
AGL (above ground level) – над уровнем земли
agonic line – линия нулевого магнитного склонения
AGPI (automatic ground position indicator) – автоматический указатель положения относительно земли
agreement – соглашение
Agreement Form – Копия согласия (на предоставление скидки на перевозимый груз)
ahead – вперед, впереди
AHRSB (Aviation Human Resources Study Board) – авиационная комиссия по изучению людских ресурсов (США)
AI (airspeed indicator) – указатель воздушной скорости
AIC (aeronautical information circular) – циркуляр аэронавигационной информации
aid – вспомогательные средства; помощь; средство обеспечения
AID (Airborne Integrated Display) – комплексная индикаторная самолетная система

aid to navigation – аэронавигационное средство
aid to taxiing – средство руления
aided – полуавтоматический
aided tracking – полуавтоматическое сопровождение
AIDS (aircraft integrated data system) – бортовая комплексная система регистрации данных
aids to location – средства для определения местоположения (самолета)
AIG (Accident Investigation) – расследование авиационных происшествий
aileron – элерон
aileron actuator – бустер элерона, силовой привод элерона
aileron area – площадь элерона
aileron balance – компенсация элерона
aileron balance tab – триммер элерона
aileron balancing surface – компенсирующая поверхность элерона
aileron buzz – басс, гудение, колебания (обычно вызываемые срывом пограничного слоя)
aileron compensating tab – триммер элерона
aileron control – поперечное управление, управление элеронами
aileron cutout – вырез в крыле для элерона
aileron deflection – отклонение элерона
aileron displacement – отклонение элерона
aileron driver – рулевая машина элеронов
aileron force – усилия на ручке управления от элеронов
aileron handwheel – штурвал управления элеронами
aileron hardover – заброс элеронов
aileron hinge – шарнир подвески элерона
aileron horn – рычаг элерона
aileron input – дача элеронов, отклонение элеронов
aileron kick – дача элеронов
aileron load – нагрузка от элеронов (на ручке штурвала)
aileron loading – усилие для отклонения элеронов
aileron pressure – боковое усилие на ручке, усилие для отклонения элеронов, усилие от элеронов
aileron quadrant – секторная качалка элеронов
aileron rib – нервюра элерона, ребро элерона
aileron roll – изменение крена самолета при помощи элерона
aileron stick force – усилие на ручке от элеронов
aileron tab – триммер элеронов
aileron tab servo model – передаточная функция триммера элеронов
aileron trailing edge – задняя кромка элерона
aileron trim – поперечная балансировка
aileron trim control wheel – штурвал управления триммером элеронов
aileron trim handwheel – штурвальчик триммера управления
aileron yaw – рыскание, вызываемое отклонением элеронов
aileron-rudder limiter – ограничитель углов отклонения элеронов и руля направления
ailevator – элевон
ailing – неисправный
aim – наводка, прицеливание; цель
AIP (Aeronautical Information Publication) – сборник аэронавигационной информации
air – воздух, атмосфера; воздушный; авиационный; проветривать; вентилировать
AIR (airworthiness) – летная годность
air above cloud – надоблачные слои атмосферы
air accident inquiry – расследование авиационного происшествия
air accident investigation – расследование авиационного происшествия
air accident investigation procedure – порядок расследования авиационного происшествия
air against airplane – воздух, набегающий на самолет; воздушный поток, обтекающий самолет
air agency – агентство воздушных сообщений
air agreement – авиационное соглашение
air almanac – авиационный астрономический ежегодник
air around airplane – воздушный поток, обтекающий самолет
air baffle – воздушный дефлектор

air balloon – аэростат, воздушный шар
air base navigation aids – аэродромные средства обеспечения самолетовождения
air beacon – авиационный маяк
air bearing – воздушный подшипник
air bearing gyroscope – гироскоп с воздушными подушками (опорами)
air bill (of lading) – коносамент при воздушных перевозках; накладная на груз, перевозимый самолетом; полетный лист
air blast – воздушная струя, порыв воздуха
air bleed – перепуск воздуха (от компрессора)
air blower – воздуходувка, нагнетатель, низконапорный компрессор
air boat – летающая лодка, лодочный гидросамолет
air brake – воздушный тормозной щиток, щиток аэродинамического тормоза
air brake control – управление аэродинамическими (воздушными) тормозами
air breather – летательный аппарат с воздушно-реактивным двигателем
air breathing engine – воздушно-реактивный двигатель, ВРД
air bridge – воздушные перевозки; воздушный мост; воздушный транспорт
air cargo – груз, перевозимый по воздуху
air carrier – авиатранспортная компания, авиатранспортная организация; средство воздушного транспорта; транспортный самолет (перевозящий грузы, почту или пассажиров)
air carrier traffic – воздушные сообщения
air casing – кожух камеры сгорания
air cock – воздушный кран
air code – авиационное законодательство; авиационный код; воздушный кодекс
air college – авиационный колледж
air collision – столкновение самолетов в воздухе
air commerce – воздушный транспорт, гражданская авиация
air commerce manual – справочник гражданской авиации
Air Commerce Traffic Pattern – сборник с расписаниями полетов по внутренним авиационным линиям (США)
air compressor – воздушный компрессор
air conditioner – установка для кондиционирования воздуха
air conditioning – кондиционирование воздуха
air conditioning bay – отсек с устройствами для кондиционирования воздуха
air conditions – условия погоды
Air Consignment Note – см. air waybill
air contractor – авиакомпания, осуществляющая нерегулярные перевозки по контрактам
air control – управление воздушным движением
air control center – центр управления воздушным движением
air controller – диспетчер службы управления воздушным движением
air controls – аэродинамические органы управления
air cooled engine – двигатель с воздушным охлаждением
air cooler – воздушный радиатор
air corridor – воздушный коридор
air current – воздушный поток, ток воздуха
air cushion vehicle – аппарат (подвижное средство) на воздушной подушке
air data – аэронавигационные данные
air data computer – вычислитель воздушных данных
air data network – сеть передачи данных об атмосферных параметрах
air data sensor – датчик воздушных сигналов
air data sensor instrument – датчик высоты и скорости; прибор (датчик) для выработки воздушных данных
air defense command – командование ПВО
air density – плотность воздуха
air distance – воздушная дальность (произведение воздушной скорости на время полета)
air distance recorder – курсограф; прибор, записывающий на карте пройденный воздушный путь самолета
air drag – аэродинамическое сопротивление
air driven – пневматический, приводимый в действие сжатым воздухом; с пневматическим приводом

air droppable – приспособленный для сбрасывания с воздуха
air entry – воздухозаборник; воздушный канал; входной участок воздухозаборника
air escaping – утечка воздуха
air express – срочный груз, перевозимый самолетом в порядке регулярных воздушных перевозок
air feed – подача воздуха
air fleet – воздушный флот, авиационный парк
air freight – груз, перевозимый по воздуху
air freight bill – накладная на грузы, перевозимые по воздуху
air freight business – предприятие грузовых авиаперевозок
air freight lift – воздушные перевозки грузов
air freight list – перечень грузов, перевозимых по воздуху; полетный лист
air freight manifest – накладная на груз, перевозимый по воздуху; полетный лист на груз
air freight rate – грузовая тарифная ставка
air freight terminal – конечный (узловой) аэропорт погрузки-выгрузки
air freighter – грузовой самолет, транспортный самолет
air heater – калорифер, подогреватель воздуха
air heating – воздушное отопление
air hoist – пневматический подъемник
air hostess – бортпроводница, стюардесса
air humidity – влажность воздуха
air impeller – воздушная крыльчатка
air induction system – система подачи воздуха (в двигатель)
air inflating – подкачка воздуха в шину или камеру колеса
air inlet – воздухозаборник
air inlet (intake) actuator – силовой привод (регулируемого) воздухозаборника
air input – количество подаваемого воздуха; подача воздуха
air intake – воздухозаборник
air intake casing – кожух воздухозаборника, корпус воздухозаборника
air intake cooler – охлаждающее устройство воздухозаборника
air intercept operator – оператор бортовой РЛС перехвата
air jet nozzle control system – система управления (ВС) с помощью струйных рулей
air law – воздушное законодательство, воздушное право
air leg – отрезок маршрута полета
air legislation – законодательство о полетах самолетов
air lift – воздушный мост; пневматический подъемник
air mail – авиапочта, воздушная почта
air manifold – воздухопровод; воздушный коллектор
air marker – опознавательный маркер (для обеспечения полетов самолетов)
air mile – воздушная миля (1.853 км)
air movement – воздушная перевозка
air movement table – график воздушных перевозок
air navigation – аэронавигационный; аэронавигация, воздушная навигация
Air Navigation Act – законодательный акт о воздушных сообщениях
air navigation aids – аэронавигационные средства
Air Navigation Bureau – Бюро аэронавигации (международной гражданской авиации)
air navigation chart – аэронавигационная карта
air navigation computer – аэронавигационный вычислитель
Air Navigation Development Board – Комитет по усовершенствованиям в области навигации
air navigation legislation – аэронавигационное законодательство
air navigation map – аэронавигационная карта
air navigation obstruction – навигационное препятствие (на трассе полета)
air navigation plan – аэронавигационный план
air navigation radio aid – радиотехническое средство самолетовождения
air navigation region – аэронавигационный район

air navigation school – авиационная штурманская школа
air navigator – авиационный штурман
air nozzle – воздушное сопло; форсунка, подающая воздух
air obstacle – препятствие для нормального полета самолета в воздухе
air outlet – вентиляционное отверстие; отверстие для выхода воздуха
air park – место стоянки самолетов
air piracy – воздушное пиратство
air plot – планшет воздушной обстановки
air pocket – воздушная яма
air position – местонахождение самолета в воздухе
air position indicator – указатель местоположения самолета в воздухе
air pressure – атмосферное давление, давление воздуха
air pressure gauge – датчик-измеритель воздушного давления
air publication – официальное издание по вопросам авиации
air range – дальность полета
air rate – расход воздуха (в единицу времени)
air refueling – дозаправка топливом в воздухе
Air Registration Board – Авиационный комитет технической инспекции и регистрации
air report – донесение с борта самолета
air rescue – авиационные спасательные операции
air rescue kit – комплект спасательного авиационного имущества
air route – маршрут; трасса воздушной линии
air route facilities – аэронавигационное оборудование на маршруте
air route forecast – прогноз погоды на террасе
air route network – сеть воздушных трасс
air route surveillance radar – обзорная маршрутная РЛС
air route traffic control – управление воздушным движением по авиатрассам
air route traffic control center – центр управления воздушным движением на маршруте полета
air route traffic controller – диспетчер службы управления воздушным движением по маршруту
air rules – правила полетов
air safety – безопасность полетов
Air Safety Review Board – Комитет по проблемам обеспечения безопасности полетов
air scoop – совковый воздухозаборник
air selector switch – переключатель воздухораспределительного крана
air services – воздушные линии, воздушные сообщения
air silencer – глушитель шума (применяемый в полете)
Air Standardization Coordinating Committee – Координационный комитет по стандартизации авиационной техники
air starter – воздушный стартер
air stratum – слой атмосферы, слой воздуха; слой облаков
air stream – поток воздуха
air strip map – маршрутная карта
air suction inlet – отверстие для отсасывания воздуха
air surveillance radar – обзорная радиолокационная станция
air survey – аэрофотосъемка
air suspension gyroscope – гироскоп на воздушной подушке, свободно подвешенный гироскоп
air swinging – определение девиации компаса в полете
air switch – воздушный кран, кран в системе подачи воздуха
Air Target Indicator (ATI) – индикатор воздушных целей
air taxi – воздушное такси
air terminal – аэровокзал, аэродром погрузки (выгрузки), аэропорт; конечный пункт авиационной линии
air throttle – воздушный дроссель, дроссельная заслонка
air tire – пневматическая шина
air tour certificate – удостоверение на авиатур
air track – воздушная трасса
air traffic – воздушное движение, воздушные перевозки
air traffic advisory area – район обеспечения консультативного обслуживания; район, рекомендуемый для полетов

air traffic advisory route – консультативный маршрут, рекомендуемый маршрут полета
air traffic advisory service – консультативное обслуживание воздушного движения
air traffic control – воздушная диспетчеризация; диспетчерская служба; управление воздушным движением
air traffic control area – зона управления воздушным движением
air traffic control center – центр районной диспетчерской службы
air traffic control clearance – диспетчерское разрешение, разрешение диспетчерской службы
air traffic control facilities – средства воздушной диспетчеризации
air traffic control limitations – ограничение диспетчерского разрешения
air traffic control officer – диспетчер службы воздушного движения
air traffic control procedures – порядок управления воздушным движением
air traffic control radar – радиолокационная станция управления воздушным движением
air traffic control rating – квалификация диспетчера воздушного движения
air traffic control rules – правила управления воздушным движением
air traffic control service – авиадиспетчерская служба, служба управления воздушным движением
air traffic control signaling system – система сигнализации для управления воздушным движением
air traffic control units – органы авиадиспетчерской службы
air traffic controller – диспетчер службы воздушного движения
air traffic hub – узловой аэропорт
air traffic school – школа подготовки специалистов по управлению воздушным движением
air traffic service – обслуживание воздушного движения; служба воздушного движения
air traffic service chart – схема обслуживания воздушного движения
air traffic service reporting office – пункт сбора донесений органов обслуживания воздушного движения
air traffic services unit – диспетчерский пункт УВД
air transport – воздушные перевозки; воздушный транспорт; транспортный самолет
Air Transport Advisory Council – Совещательный комитет по воздушному транспорту
Air Transport Association – Ассоциация воздушного транспорта (США)
Air Transport Board – Комитет по воздушным перевозкам (США)
air transport certificate – удостоверение на право пилотирования самолета гражданской авиации
Air Transport Committee – Комитет по транспортным воздушным перевозкам
Air Transport Licensing Authority – Управление по выдаче свидетельств на право эксплуатации или пилотирования транспортного самолета
air transportability – авиатранспортабельность, пригодность для перевозки по воздуху
air transportable – авиатранспортабельный
air transportation productivity – производительность воздушного транспорта (воздушных перевозок)
air travel market – объем пассажирских перевозок
air turbine – воздушная турбина
air valve – воздушный клапан; вытяжное устройство
air vane – воздушный газовый руль
air waybill – авиатранспортная накладная; накладная на груз, перевозимый самолетом
air weather office – метеорологическое бюро авиационных линий
air weather service – метеорологическая служба
air wireless operator – бортрадист
air-based – бортовой, находящийся на самолете (на борту), самолетный
air-blown asphalt – окисленный (продувной) битум
airborne – авиационный; находящийся в воздухе; оторвавшийся от земли;

самолетный; установленный на самолете
airborne (digital) computer – бортовое счетно-решающее устройство
airborne beacon – бортовой (самолетный) маяк
airborne collision warning – предупреждение о возможности столкновения в воздухе
airborne early warning radar – самолетная РЛС дальнего обнаружения
airborne electronics operator – оператор бортового электронного оборудования
airborne equipment – бортовое оборудование
airborne equipment failure – отказ бортового оборудования
airborne equipment integration – комплексирование бортового оборудования
airborne guidance computer – самолетная вычислительная машина для автоматического управления полетом
airborne gyro compassing – выставка (инерциальной системы) по гирокомпасу с учетом угловой скорости Земли
airborne identification equipment – самолетная опознавательная аппаратура
airborne installations – бортовая аппаратура
airborne integrated data system – бортовая комплексная система сбора и регистрации данных
airborne laboratory – летающая лаборатория
airborne moving target indicator – самолетный индикатор движущихся целей
airborne navigator – бортовая навигационная система
airborne night observation – бортовое устройство ночного видения
airborne pictorial plotter – автоштурман с наглядной индикацией
airborne radar – бортовой радиолокатор
airborne radar approach – заход на посадку с использованием бортового радиолокатора
airborne radar operator – оператор бортовой РЛС
airborne radiation detector – прибор воздушной радиационной разведки
airborne radiosonde recorder – бортовой самописец радиозонда
airborne ranging unit – блок радиодальномера
airborne receiver – бортовой радиоприемник
airborne recorder – бортовой самописец (регистратор)
airborne S-band beacon – самолетный радиомаяк дециметрового диапазона
airborne search radar – самолетная поисковая РЛС
airborne tape – лента бортового самописца (регистратора)
airborne television equipment – самолетная телевизионная аппаратура
airborne television system – самолетная телевизионная система
airborne transceiver – бортовой приемо-передатчик
airborne transmitter – бортовой передатчик
airborne transmitting equipment – самолетное радиопередающее оборудование
airbrake switch – тумблер управления воздушными тормозами
air-brakes-extended speed – скорость полета с выпущенными аэродинамическими тормозами
airbus – аэробус, многоместный пассажирский самолет, «воздушный автобус»
aircall – вызов по каналу «воздух – земля»
air-carrier landing minimum – посадочный метеоминимум для данной авиатранспортной компании
aircraft – воздушное судно, самолет; самолетный; авиационный
aircraft accident – авиационное происшествие
Aircraft Accident Board – Комитет по расследованию авиационных происшествий
aircraft accident report – донесение об авиационном происшествии
aircraft accident summary – сводные данные о летных происшествиях
aircraft airworthiness certificate – удостоверение о годности самолета к полетам
aircraft aisle – проход в кабине самолета

aircraft alighting area – летная зона аэродрома; посадочная площадка; район посадки самолетов
aircraft apron – пассажирский перрон
aircraft attrition rate – процент регулярных потерь парка ВС
aircraft call sign – позывной воздушного судна
aircraft capacity – грузоподъемность самолета (включая количество пассажирских мест)
aircraft cargo tie-down device – приспособление для крепления груза в самолете
aircraft chart board – авиационный планшет
aircraft clearance – разрешение на полет
aircraft cockpit fog simulation – модель для имитации условий тумана в кабине ВС
aircraft cockpit procedure training – тренировка в умении обращаться с оборудованием кабины экипажа самолета
aircraft commander – командир воздушного судна
aircraft computer – бортовая вычислительная машина, бортовой компьютер
aircraft construction – конструкция самолета; самолетостроение
aircraft control load simulator – имитатор усилий в системе управления самолета
aircraft control operator – диспетчер службы управления воздушным движением
aircraft control system – система управления самолетом
aircraft crew interphone system – самолетное переговорное устройство
aircraft damage sensing system – система обнаружения повреждения самолета
aircraft depot – авиационное депо; склад авиационной техники
aircraft design – конструирование самолетов; конструкция самолета; проектирование самолетов
aircraft dispatcher – авиационный диспетчер
aircraft electric system – электрооборудование самолета
aircraft engine – авиационный двигатель
aircraft engine emission – эмиссия двигателей воздушных судов
aircraft engineer – авиационный инженер
aircraft equipment – бортовое оборудование
aircraft factory – авиационный завод, самолетостроительный завод
aircraft feel system – автомат усилий системы управления самолетом, загрузочный механизм системы управления самолетом
aircraft flash – засечка самолета (на экране радиолокатора)
aircraft fleet – воздушный флот, парк ВС; самолетный парк
aircraft flight data – летные характеристики самолета
aircraft flight report – донесение с борта самолета
aircraft flying wreck rate – процент потерь самолетов в результате летных происшествий
aircraft ground and turn-round time – время нахождения авиационного транспорта на аэродроме и в полете
aircraft ground time – время простоя самолета
aircraft ground wreck rate – процент потерь самолетов в результате авиационных происшествий на земле
aircraft gust-alleviation system – самолетный автомат демпфирования порывов ветра
aircraft handling agent – представитель эксплуатанта воздушных судов
aircraft heading – курс ВС
aircraft health declaration – санитарная декларация самолета
aircraft heater – обогревательная установка кабины самолета
aircraft icing – обледенение самолета
aircraft icing indicator – сигнализатор обледенения воздушного судна
aircraft identification – опознавание самолета
aircraft identification radar – РЛС опознавания самолетов
aircraft in distress – самолет, находящийся в аварийной обстановке; самолет, терпящий бедствие
aircraft in the pattern – самолет на посадочном курсе

aircraft industry – авиационная промышленность
aircraft inspection and maintenance record – карточка учета технических осмотров и проверок самолетов
aircraft instrumentation – самолетная аппаратура, самолетное оборудование
aircraft integrated data recording system – комбинированная бортовая система регистрации полетных данных и эксплуатационных параметров; комплексная бортовая система регистрации данных
aircraft investigation – расследование авиационных происшествий
aircraft landing aids – средства (обеспечения) посадки ВС
aircraft light – бортовой (аэронавигационный) огонь
aircraft lighting – самолетное освещение, светотехническое оборудование ВС
aircraft load manifest – опись груза и список пассажиров, перевозимых самолетом; полетный лист
aircraft loading chart – схема загрузки самолета
aircraft log – бортовой журнал
aircraft logbook – формуляр самолета
aircraft lubricant – авиационная смазка
aircraft magnetic compass – авиационный магнитный компас
aircraft maintenance – техническое обслуживание и ремонт самолета
aircraft maintenance engineer – инженер по техобслуживанию самолетов
aircraft maintenance inspector – инспектор по техническому обслуживанию и ремонту самолетов
aircraft maintenance log – журнал подготовки ВС
aircraft maintenance record – журнал подготовки самолета
aircraft manufacturer – самолетостроительная фирма
aircraft meteorological report – бортовая погода; метеорологическое донесение с борта воздушного судна
aircraft movements – взлетно-посадочные операции; взлеты или посадки самолетов
aircraft navigation light – аэронавигационный огонь
aircraft observation – наблюдение с борта воздушного судна
aircraft of all-metal construction – цельнометаллический самолет
aircraft operating agency – летно-эксплуатационное предприятие
aircraft operations – выполнение полетов
aircraft parking – стоянка самолетов
aircraft parking place – место стоянки самолетов
aircraft pen – укрытие для ВС
aircraft power check pad – площадка для проверки на полной мощности реактивных двигателей самолета
aircraft production certificate – лицензионное удостоверение на право производства определенного типа самолетов
aircraft radar – самолетная РЛС
aircraft radar antenna – самолетная антенна радиолокатора
aircraft radar controller – оператор бортовой РЛС, оператор наведения ВС
aircraft radio engineer – инженер по бортовому радиооборудованию
aircraft radio station – бортовая радиостанция
aircraft range – дальность полета самолета
aircraft rating – квалификация на право полета на определенных ВС
aircraft recognition – визуальное опознавание самолета, опознавание самолета
aircraft registration certificate – свидетельство о регистрации самолета
aircraft repair depot – авиационная ремонтная мастерская, депо по ремонту самолетов
aircraft responder – самолетный ответчик
aircraft roll axis – продольная ось самолета
aircraft seating – размещение кресел в кабине ВС; самолетные кресла, самолетные сиденья
aircraft sensitivity – легкость управления ВС, управляемость ВС
aircraft simulator – тренажер самолета
aircraft stands – места стоянки самолета
aircraft status record – видимость наличия и состояния самолетов
aircraft step unit – пассажирский трап

aircraft systems trainer – тренажер для обучения наземного и летного состава эксплуатации различных систем самолета
aircraft takeoff inspection checklist – перечень операций проверки ВС перед взлетом
aircraft technology – авиационная техника
aircraft tie-down point – точка крепления самолета (при стоянке на земле)
aircraft trailing vortices – спутные следы самолета
aircraft type – класс самолета, тип самолета
aircraft type designator – условное обозначение типа воздушного судна
aircraft type rating – летная категория на право пилотирования определенного типа самолета
aircraft use category – категория использования воздушного судна
aircraft vortex – вихревой след ВС
aircraft wake – след за ВС
aircraft warning avoidance radar equipment – радиолокационная аппаратура для предупреждения об опасном сближении и предотвращения столкновения самолетов
aircraft wear-out rate – процент самолетов, списанных ввиду естественного износа
aircraft weather incident report – донесение об авиационных происшествиях, связанных с плохими метеоусловиями
aircraft weighting equipment – оборудование для взвешивания самолета
aircrash – воздушная катастрофа
aircrew – летный экипаж, экипаж самолета
aircrew classification test – классификационная проверка летных экипажей
aircrew member – член летного экипажа
aircrew personnel – личный состав экипажей самолетов, экипаж самолета
airdrome – аэродром
airdrome (airfield) radar – аэродромная РЛС
airdrome approach chart – карта подходов к аэродрому
airdrome approach control system – система управления подходом самолета к аэродрому
airdrome approach lights – аэродромные огни приближения
airdrome beacon – аэродромный светомаяк
airdrome chart – схема аэродрома
airdrome conditions – состояние аэродрома
airdrome control – аэродромная диспетчерская служба; диспетчеризация движения в районе аэродрома
airdrome control radar – диспетчерский радиолокатор; РЛС управления движением в зоне аэродрома
airdrome control radio station – аэродромная радиостанция командной связи с самолетами (авиадиспетчерской связи)
airdrome control rating – квалификация аэродромного диспетчера
airdrome control reporting office – аэродромный пункт для диспетчерских донесений по вопросам движения самолетов
airdrome control service – аэродромная диспетчерская служба
airdrome control tower – аэродромная диспетчерская вышка; командно-диспетчерский пункт
airdrome controller – дежурный диспетчер службы движения аэродрома
airdrome control-tower clearance – разрешение аэродромного диспетчерского пункта
airdrome danger beacon – аэродромный заградительный светомаяк
airdrome elevation – высота расположения аэродрома (над уровнем моря)
airdrome equipment – аэродромное оборудование
airdrome flight information service – аэродромная служба полетной информации
airdrome forecast – прогноз погоды в районе аэродрома
airdrome hazard beacon – аэродромный заградительный светомаяк
airdrome identification sign – опознавательный светомаяк аэродрома

airdrome information – информация о состоянии аэродрома
airdrome level – возвышение аэродрома относительно уровня моря
airdrome lighting – освещение аэродрома, светосигнальное оборудование аэродрома
airdrome location beacon – аэродромный приводной радиомаяк
airdrome manual – руководство по аэродромной службе
airdrome meteorological minimum – минимум погоды на аэродроме (для приема и отправления самолета)
airdrome meteorological station – аэродромная метеорологическая станция
airdrome movement area – летная зона аэродрома; летное поле
airdrome network – аэродромная сеть; аэродромный узел
airdrome obstruction light – аэродромный огонь заграждения
airdrome obstruction plans and profiles – планы и профили наземных препятствий при подходе к аэродрому
airdrome of intended landing – аэродром предполагаемой посадки
airdrome of transition altitude – переходная высота над аэродромом
airdrome operating minima – эксплуатационный минимум аэродрома
airdrome radio approach aids – аэродромные средства радиолокационного управления заходом на посадку
airdrome reference point – контрольная точка аэродрома; характерный ориентир для выхода на аэродром
airdrome reference temperature – расчетная температура воздуха для района аэродрома
airdrome reporting office – аэродромный диспетчерский пункт
airdrome rotating beacon – аэродромный вращающийся светомаяк
airdrome strip marker – указатель длины и направления ВПП
airdrome taxi circuit – схема руления по аэродрому
airdrome traffic – аэродромное движение (все движение на маневренной площадке аэродрома и все воздушные суда в полете вблизи аэродрома)
airdrome traffic circuit – схема полетов над аэродромом
airdrome traffic pattern – схема аэродромного движения
airdrome traffic zone – зона аэродромного движения
airdrome weather report – метеосообщение о погоде в районе аэродрома
AIREP (air report) – донесение с борта самолета
air-feed jet engine – воздушно-реактивный двигатель, ВРД
air-ferry – воздушный паром
airfield – аэродром, летное поле, посадочная площадка для самолетов
airfield approach – зона подходов к аэродрому, полоса подходов к аэродрому
airfield communications system – аэродромная система связи
airfield control communication – аэродромная командная связь
airfield control radar – радиолокатор для управления движением в зоне аэродрома
airfield crash tender – аэродромная аварийно-спасательная машина
airfield fire tender – аэродромная пожарная машина
airfield firefighting – аэродромная пожарная команда
airfield fuel servicing truck – аэродромный автотопливозаправщик
airfield handling capacity – пропускная способность аэропорта
airfield heliport – площадка для вертолетов
airfield maintenance – аэродромное (техническое) обслуживание (ВС); поддержание аэродрома в эксплуатационном состоянии
airfield performance test – экспериментальное определение взлетно-посадочных характеристик
airfield snow removal equipment – аэродромное снегоуборочное оборудование
airfield surface movement indication radar – аэропортовая РЛС наблюдения

наземных неподвижных и движущихся объектов в зоне аэропорта
airfield surfacing – аэродромное покрытие
airflow – воздушный поток; обтекание воздушным потоком; поток воздуха
airflow breakdown – снос потока вниз
airflow indicator – расходомер воздуха
airflow meter – прибор для измерения воздушного потока
airfoil – аэродинамическая поверхность; крыло; профиль крыла
airfoil camber – кривизна профиля крыла
airfoil cascade – решетка профилей
airfoil profile – профиль крыла
airfoil-servomotor system – сочетание аэродинамических рулей с сервомотором
airforce – аэродинамическая сила
airframe – корпус летательного аппарата; планер самолета
airframe characterization unit – блок согласования автоматики с характеристиками ВС
air-fuel ratio control – регулирование состава топливо-воздушной смеси; регулятор состава топливо-воздушной смеси
air-ground communication – двусторонняя радиосвязь самолета с наземной станцией; радиосвязь «воздух – земля»
air-ground control radio station – наземная радиостанция для связи с самолетом
air-gust recorder – самописец воздушных порывов
air-height surveillance radar – обзорная РЛС с индикацией высоты полета
air-launched – запускаемый в воздухе
airlift – авиатранспортные средства; воздушный мост; переброска по воздуху
airlift control – управление воздушными перевозками
airlift ton-mile potential – возможности авиационного транспорта, выраженные в тонно-милях
airlift tonnage – груз, перевозимый по воздуху; общий вес груза, перевозимого по воздуху
airliftable – годный для перевозки по воздуху; перевозимый по воздуху
airline – авиакомпания, осуществляющая регулярные перевозки по авиалинии; авиалиния; воздушная линия; трасса воздушной линии
airline airport – линейный аэропорт (на трассе полета)
airline captain – командир воздушного судна; первый пилот пассажирского самолета
airline certificate – удостоверение на право полетов по авиационной линии
Airline Coordinating Committee for Telephone Service – Координационный комитет по телефонному обслуживанию авиатранспортных компаний
airline distance – длина участка трассы
Airline Electronic Engineering Committee – Комитет по электронной технике авиатранспортных компаний
airline equipment – наземное оборудование авиалинии
airline fleet – самолетный парк авиакомпании
airline flying – полеты по трассе авиалинии
airline handling counter – место регистрации пассажиров и оформления документов на багаж; стойка регистрации
airline industry – система авиатранспортных предприятий
airline maintenance – техобслуживание на авиалинии
airline meteorological service – метеообслуживание на авиалинии
airline network – сеть авиалиний
airline office – служба авиакомпании
airline operation procedures – правила полетов на воздушных линиях
airline overbooking – перезаказ авиабилетов
airline pilot – линейный пилот; пилот авиатранспортной компании
airline transport pilot – линейный транспортный пилот; пилот гражданской транспортной авиации
airline transport pilot license – свидетельство линейного транспортного пилота
airliner – воздушный лайнер; пассажирский самолет, эксплуатируемый на авиалинии

airliner's dispatch office – центр управления полетами самолетов авиакомпании
airline's fleet – парк самолетов авиатранспортной компании
airline's routes – маршруты, обслуживаемые авиатранспортной компанией
air-load failure – разрушение аэродинамическими нагрузками
air-load simulator – имитатор аэродинамических нагрузок
airlog – счетчик воздушного пути самолета
airmanship – летная подготовка; летное дело; летное мастерство
air-mileage indicator – индикатор пройденного расстояния
air-mileage unit – автомат счисления пути
airmiss – потеря цели на экране РЛС; столкновение самолетов в воздухе
airmiss incident – авиационное происшествие, состоящее в потере оператором РЛС цели
air-operated – пневматический
airplane – самолет
airplane aerodynamics – аэродинамика самолета, аэродинамические характеристики самолета
airplane and engine license – свидетельство на право обслуживания самолета и двигателя
airplane drift – снос; угол сноса самолета
airplane flight control system – система управления самолетом
airplane flight manual – руководство по летной эксплуатации самолета
airplane flight report – полетный лист
airplane heading – курс полета самолета
airplane loading chart – схема загрузки самолета
airplane panel – панель крыла
airplane shed – ангар для самолетов
airplane stall warning device – сигнализатор потери скорости самолета
airport – аэропорт
airport administration – администрация аэропорта
airport and airways surveillance radar – аэропортовая и трассовая обзорная РЛС
airport apron – стояночная площадка аэропорта
airport beacon – аэродромный светомаяк
airport capacity – пропускная способность аэропорта
airport charge – сбор за пользование обслуживанием в аэропорту
airport climatic data – климатические данные аэропорта
airport complex – аэродромный узел
airport control – районный диспетчерский центр
airport control sector – сектор диспетчерского руководства в зоне аэропорта
airport control tower – командно-диспетчерский пункт аэропорта
airport controller – диспетчер аэропорта
airport danger beacon – аэродромный заградительный маяк
airport directory – справочник аэропорта
airport engineer – инженер по наземным сооружениям аэропорта
airport equipment – оборудование аэропорта
airport floodlight – прожектор заливающего света в аэропорту
airport forecast – прогноз погоды в районе аэропорта
airport fueling system – топливозаправочная система аэропорта
airport handling counter – место регистрации пассажиров и оформления багажа
airport hazard beacon – заградительный светомаяк
airport information desk – служба информации в аэропорту
airport lighting – освещение аэропорта
airport meteorological data – метеорологические данные в районе аэропорта
airport meteorological minimum – метеорологический минимум аэропорта
airport meteorological station – аэродромная метеорологическая станция
airport of departure – аэропорт вылета
airport of destination – аэропорт назначения, аэропорт прибытия
airport of entry – аэропорт, через который осуществляется воздушное сообщение с зарубежными странами
airport of offloading – аэропорт разгрузки
airport operator – диспетчер аэропорта; лицо или организация, которым

принадлежит аэропорт, или которые эксплуатируют аэропорт
airport public address system – радиотрансляционная сеть аэропорта для передачи объявлений и другой информации пассажирам
airport reference letter – буква, обозначающая класс аэропорта (по классификации ИКАО)
airport service – аэропортовое обслуживание
airport site – местоположение аэропорта; территория аэропорта; участок, отведенный для строительства аэропорта
airport stepway – пассажирский трап
airport surface detection equipment – радиолокационное оборудование по контролю за движением на аэродроме
airport surface detection radar – радиолокатор для контроля за движением в районе аэропорта
airport surveillance radar – обзорная радиолокационная станция аэропорта
airport tariff – аэропортовый тариф
airport telephone exchange – коммутатор аэропорта, телефонная станция аэропорта
airport terminal building – здание аэровокзала
airport traffic – воздушное движение в районе аэропорта; объем перевозок через аэропорт
airport traffic (control) zone – диспетчерская зона; зона управления воздушным движением аэропорта
airport traffic control – управление воздушным движением в зоне аэропорта
airport traffic control service – служба управления движением в районе аэропорта
airport traffic control tower – командно-диспетчерский пункт
airport weather ceiling – минимум погоды данного аэропорта
air-pressure head – насадок для приема воздушного давления
airproof – воздухонепроницаемый, герметический, герметичный
air-route agreement – соглашение об открытии воздушного сообщения (авиалинии)
air-route pattern – схема авиалиний, схема воздушных маршрутов
air-scoop intake – ковшовый воздухозаборник, совковый воздухозаборник
airscrew – воздушный винт
airscrew absorbed power – мощность, поглощаемая воздушным винтом
airscrew aft of wings – толкающий воздушный винт
airscrew balancing apparatus – прибор для балансировки воздушного винта
airscrew blade incidence – угол установки лопасти воздушного винта
airscrew blade setting – установка угла лопасти воздушного винта
airscrew blade speed – окружная скорость лопасти воздушного винта
airscrew control – механизм изменения шага воздушного винта; управление шагом воздушного винта
airscrew de-icing control – управление антиобледенительной системой воздушного винта
airscrew disc (area) – площадь, ометаемая воздушным винтом
airscrew disc load – нагрузка на площадь, ометаемую воздушным винтом
airscrew effective power – эффективная мощность воздушного винта
airscrew efficiency – коэффициент полезного действия воздушного винта
airscrew gear wheel – шестерня редуктора воздушного винта
airscrew hub – втулка воздушного винта
airscrew output – мощность, развиваемая воздушным винтом; производительность воздушного винта; эффективная мощность воздушного винта
airscrew pitch – шаг воздушного винта
airscrew pitch indicator – указатель шага воздушного винта
airscrew power – мощность, поглощаемая воздушным винтом
airscrew reverse rotation – обратное вращение воздушного винта
airscrew reversing gear – механизм реверсирования воздушного винта
airscrew slip – скольжение воздушного винта
airscrew slip ratio – относительное скольжение воздушного винта

airscrew thrust – сила тяги воздушного винта
airscrew torque – крутящий момент, передаваемый валом мотора воздушному винту
airscrew wash – спутная струя за винтом
air-sea rescue service – служба поиска и спасения экипажей и пассажиров самолетов, потерпевших аварию на море
airshed – ангар
airship – воздушное судно; дирижабль; летательный аппарат
airshow – авиационная выставка; демонстрационные полеты
airsickness – воздушная болезнь
air-side – сторона отправления (самолетов)
airspace – воздушное пространство
airspace boundary – граница воздушного пространства
airspace capacity – объем воздушного пространства; пропускная способность воздушного пространства
airspace reservation – резервирование воздушного пространства
airspace restricted area – район воздушного пространства с особым режимом полета
airspace restrictions – ограничения воздушного пространства
airspeed – воздушная скорость
airspeed according flight plan – скорость по расписанию
airspeed calibration card – таблица поправок к указанию воздушной скорости
airspeed calibrator – прибор для тарировки измерителей воздушной скорости
airspeed climb – набор высоты с постоянной приборной скоростью (по траектории)
airspeed computer – вычислитель (датчик) истинной воздушной скорости
airspeed correction for compressibility – график (номограмма) поправок на сжимаемость к указателю воздушной скорости
airspeed error – ошибка воздушной скорости
airspeed head – приемник воздушного давления
airspeed indicating system – система указания воздушной скорости; скоростная централь
airspeed indicator – указатель воздушной скорости
airspeed input – входной сигнал воздушной скорости
airspeed limitation placard – табличка ограничений по скорости полета
airspeed meter – измеритель воздушной скорости; указатель воздушной скорости
airspeed position correction chart – график (номограмма) аэродинамических поправок к указателю воздушной скорости
airspeed recorder – регистратор воздушной скорости самолета
airspeed static tube – статическая трубка приемника воздушного давления
airspeed status indicator – комбинированный (многошкальный) указатель воздушной скорости
airspeed system – автомат тяги с регулированием по воздушной скорости
airspeed tape – ленточная шкала указателя воздушной скорости
airspeed tube – приемник воздушного давления указателя скорости, трубка Пито
airstart – запуск двигателя в воздухе
air-swallowing engine – воздушно-реактивный двигатель, ВРД
air-system interrogator – бортовая проверочная установка
airtight – воздухонепроницаемый, герметичный
air-to-fuel (ratio) – весовое соотношение воздуха и горючего; качество топливно-воздушной смеси
air-to-ground communication – односторонняя связь самолета с наземной станцией, радиосвязь «воздух – земля»
air-to-ground data link – линия автоматической передачи данных с самолета на землю
air-to-ground ranging – определение расстояний от самолета до наземных ориентиров
air-to-ground transmission of air reports – донесения по каналу «воздух – земля»

airway – авиационная линия, воздушная трасса, коридор
airway beacon – курсовой аэронавигационный маяк; светосигнальный маяк на авиалинии
airway climatic data – климатические данные по воздушной трассе
airway communications station – связная радиостанция на воздушной трассе
airway distance – длина пути (воздушной трассы)
airway facility – оборудование воздушной трассы
airway forecast – метеопрогноз по воздушной трассе
airway ground mark – наземный маркировочный знак на воздушной трассе
airway light – линейный навигационный огонь
airway lighting – светооборудование воздушной трассы
airway map – карта для полета по воздушной трассе
airway marking – маркировка воздушной трассы
airway meteorological data – метеорологические данные по воздушной трассе
airway radio station – радиостанция, обслуживающая воздушные трассы
airway reporting station – контрольный пункт обязательной посылки донесений
airway station – радиостанция обеспечения полетов по воздушной трассе
airway system – сеть авиалиний
airway traffic – движение по воздушной трассе
airway traffic control area – район управления воздушным движением по воздушной трассе
airway traffic control center – диспетчерский центр управления движением по воздушной трассе
airway weather – условия погоды по воздушной трассе
airway weather central – бюро прогнозов погоды по трассе полета
airway weather report – сообщение о погоде по трассе полета
Airways and Air Communications Service – служба воздушных трасс и авиационных средств связи
Airways and Air Communications Service Manual – руководство по службе воздушных трасс и авиационных средств связи
airways control – управление движением на воздушных трассах
Airways Modernization Board – Комитет модернизации воздушных трасс
airways plotting chart – расчетная карта воздушных трасс
airways training – обучение полетам по воздушным трассам
airworthiness – годность к полету или эксплуатации в воздухе
airworthiness certificate – свидетельство о годности самолета к полетам
airworthiness limitation – ограничение по летной годности
airworthiness tests – испытания по установлению полетопригодности
airworthy – пригодный к полету
AIS (Aeronautical Information Service) – служба аэронавигационной информации
aisle (way) – проход (в салоне самолета)
alarm – объявлять тревогу; сигнал тревоги; тревога
alarm flag – сигнальный флажок
alarm lamp – лампа аварийной сигнализации
alarm signal – аварийный сигнал, сигнал тревоги
ALB (aerodrome locating beacon) – приводной радиомаяк
alee – в подветренную сторону; под ветром
alert – подать сигнал тревоги; сигнал об опасности воздушного движения
alert phase – стадия неуверенности (положение, при котором существует опасение за безопасность самолетов и находящихся в них людей)
alert pickup truck – автомобиль для срочной уборки предметов с ВПП
alerting – подача сигнала, сигнализация
alerting message – оповещение об опасности воздушного движения
alerting post – пост аварийного оповещения

alerting service – аварийное оповещение; служба оповещения о воздушной опасности
alighting – посадка, приземление
alighting area – посадочная площадка; район посадки
alighting gear – посадочное устройство самолета (шасси, носовые и хвостовые колеса)
alighting run – пробег самолета при посадке
align – выставка (гироскопической системы); выставлять гироскопическую систему; выверять, выравнивать; наводить, нацеливать; регулировать, устанавливать
alignment – визирование через несколько точек; выравнивание, настройка, равнение; створ
alignment chart – номограмма
alignment error – ошибка выставления; погрешность юстировки
alignment function (teletype-writers) – сигнал настройки (телетайп)
alignment procedure – порядок выставки инерциальной системы
alignment time – время выставки инерциальной системы
all concerned notified – «сообщено всем, кому необходимо»
all-around looking antenna – антенна кругового обзора
all-attitude reference system – стабилизированная в пространстве система
all-band antenna – всеволновая антенна
all-burnt acceleration – ускорение к моменту полного выгорания топлива
all-cargo aircraft – грузовой самолет
all-cargo carrier – компания грузовых воздушных перевозок
all-cargo line – авиалиния, по которой осуществляются только грузовые перевозки
all-coach arrangement – компоновка кабины третьего класса; схема размещения пассажирских кресел в экономичном варианте
all-coach seating – размещение кресел в варианте третьего класса
all-economy layout – схема размещения пассажирских кресел по экономическому варианту
all-engine-enroute climb speed – скорость в наборе высоты по маршруту со всеми работающими двигателями
all-engine takeoff – взлет при всех работающих двигателях
all-flying tailplane – управляемый стабилизатор
all-freight operator – авиакомпания грузовых перевозок
all-freight schedule – рейсы грузовых самолетов
all-freight/mail service – чисто грузовая/почтовая перевозка
all-fuel cutoff – отсечка топлива при полном израсходовании
all-gear-up landing – посадка со всеми убранными опорами шасси
all-inertial guidance – инерциальная система наведения
all-in-one-piece – блочный; размещенный в одном блоке
all-metal construction – цельнометаллическая конструкция
all-movable slab surface – управляемое горизонтальное оперение
all-movable stabilizer – управляемый стабилизатор
all-moving wing – поворотное крыло, управляемое крыло
allocation of frequencies (to services) – распределение частот (между службами)
allotment of frequencies (to areas) – назначение частот (по зонам)
all-out level speed – максимальная скорость горизонтального полета
allowable acceleration – допустимая величина ускорения
allowable cabin load – допустимая нагрузка для кабины
allowable cargo weight – допустимый вес груза
allowable engine operating time – межремонтный срок службы двигателя; ресурс двигателя
allowable gross takeoff weight – максимально допустимый взлетный вес
allowable load – допустимая нагрузка
allowable stress – допустимое напряжение
all-passenger layout – чисто пассажирский вариант компоновки

all-power-units operating ceiling – практический потолок самолета со всеми работающими двигателями
all-power-units performance ceiling – высотная характеристика силовой установки
all-purpose aircraft – многоцелевой самолет
all-purpose trainer – многоцелевой учебно-тренировочный самолет
all-round sweep – круговой поиск
all-round view – круговой обзор
all-service runway – ВПП для самолетов любых типов
all-solid-state – выполненный целиком на твердых телах
all-solid-state computer – вычислительная машина на твердых схемах
all-tourist layout – размещение всех пассажирских кресел в туристском варианте; чисто туристический вариант
all-up weight – полный полетный вес
all-weather – всепогодный
all-weather airstrip – летная полоса со всепогодным оборудованием
all-weather guidance system – всепогодная система наведения
all-weather landing – всепогодная посадка; посадка в сложных метеорологических условиях; посадка по приборам
all-weather landing capability – способность производить посадку в любых метеоусловиях
all-weather operations – всепогодная эксплуатация
all-wing aircraft – самолет типа «летающее крыло»
all-wing layout – бесхвостая схема
aloft – в воздухе; в полете; наверх; наверху
along track acquisition accuracy – точность продольного выдерживания заданного маршрута
along track bias – ошибки по дальности; продольное отклонение
along-track error – линейное уклонение
along-track/cross-track distance navigation computer – навигационный индикатор, выдающий прямоугольные координаты относительно пути
ALPA (Air Line Pilots Association) – ассоциация пилотов гражданских авиационных линий
alpha indicator – указатель угла атаки
alphanumeric – буквенно-цифровой; знаковый
alphanumeric characters (alphanumerics) – буквенно-цифровые обозначения
alphanumeric code – знаковый код
alphanumeric display – буквенно-цифровая индикация
alphanumeric display device – прибор отображения буквенно-цифровой информации
alphanumeric indication – буквенно-цифровая индикация; знаковая индикация
ALT (altitude) – абсолютная высота
ALT alternate (airdrome) – запасный (аэродром)
alternate – дополнительный; запасный; переменный; резервный
alternate aerodrome – запасный аэродром
alternate air route – запасный маршрут полета
alternate component path selector – поиск альтернативных решений
alternate descend path – дополнительная траектория снижения; запасная траектория снижения
alternate flight plan – вариант плана полета; запасный план полета
alternate frequency – дополнительная частота; резервная частота
alternate landing area – запасный аэродром
alternate means of communication – резервное средство связи
alternate minimum – минимум для запасного аэродрома
alternate runways – разнонаправленные ВПП, эксплуатируемые попеременно в зависимости от ветровых условий
alternate side of taxiway – дополнительная рулежная дорожка
alternate weather – погода на запасном аэродроме
alternating light – переменный огонь
alternative – вариант
alternative means of communications – резервное средство связи
alternator – генератор переменного тока
altigraph – высотомер-самописец

altimeter – альтиметр, высотомер
altimeter correction – поправка к показаниям высотомера
altimeter correction card – таблица поправок к радиовысотомеру
altimeter lag – отставание в показаниях высотомера
altimeter limit – граница применения высотомера
altimeter procedures – действия пилота, связанные с высотомером; порядок установки шкал и считывания показаний высотомера
altimeter reading – отсчет показаний высотомера; показание высотомера
altimeter scale error card – таблица инструментальных поправок высотомера
altimeter setting – установка высотомера (по высоте аэродрома)
altimeter transducer – датчик высотомера
altitude – абсолютная высота над уровнем моря; высота; высотный
altitude alerting – сигнализация о заданной высоте
altitude assignment – назначение абсолютных высот
altitude button – кнопка включения стабилизации высоты
altitude capability of radar station – разрешающая способность РЛС по высоте
altitude capture – приведение к заданной высоте
altitude chamber – барокамера
altitude compensation – поправка на высоту
altitude compensator – высотный корректор
altitude controller – статоскоп (автопилота)
altitude correction – высотная коррекция; поправка к измеренной высоте (светила); поправка на высоту
altitude density – плотность воздуха по высоте
altitude differential – превышение; принижение; разность высот
altitude Doppler limit – предел применения доплеровской РЛС по высоте
altitude engine – высотный двигатель
altitude error indication – индикация отклонения по высоте
altitude flight – высотный полет, полет на больших высотах
altitude hold engagement – включение системы стабилизации высоты
altitude hold switch – тумблер включения стабилизации высоты полета
altitude holding – выдерживание заданной высоты, стабилизация высоты полета
altitude lead – вертикальное упреждение, упреждение по высоте
altitude limit indicator – указатель предельной высоты
altitude maneuver – маневр по высоте
altitude map – аэрологическая карта, высотная карта
altitude meter – высотомер
altitude mixture control – высотный корректор; механизм регулировки состава смеси в зависимости от высоты
altitude of the airport – высота расположения аэропорта над уровнем моря
altitude or sense rate hold – стабилизация скорости набора высоты или снижения
altitude performance – высотная характеристика
altitude range – диапазон высот
altitude readout window – окно отсчета высоты
altitude recorder – барограф, самописец высоты
altitude scale – шкала высот
altitude sensing device – датчик высоты
altitude separation – вертикальное эшелонирование; интервал по высоте; превышение или принижение (ВС)
altitude sickness – кислородное голодание; недостаточность кислорода в крови, наблюдающееся в увеличением высоты
altitude switch – переключатель высотного корректора
altitude tape scale – ленточная шкала высотомера
altitude tolerance – допуск по высоте; физиологический потолок
altitude-conversion table – таблица для пересчета высоты
altitude-finding radar – радиовысотомер

altitude-rate indicator – вариометр, указатель вертикальной скорости
altitude-rate meter – вариометр, измеритель вертикальной скорости
altocumulus clouds – высококучевые облака
altostratus clouds – высокослоистые облака
AM (amplitude modulation) – амплитудная модуляция
amber airway – желтая авиатрасса, трасса полетов в северном направлении
ambient – внешний; обтекающий (о потоке); окружающий (о среде, атмосфере, потоке)
ambient air – окружающий воздух
ambient pressure – атмосферное давление
ambiguity – неоднозначность
ambiguity indicator – указатель знака (направления)
ambulance aircraft – санитарный самолет
amended clearance – диспетчерское разрешение с внесенными поправками
amendment display – дополнительный индикатор
amidships – по миделю (самолета)
amount – величина; количество
amount of back stick – величина отклонения ручки на себя
amount of clouds – балл облачности, количество облачности
amount of flare – величина изменения угла тангажа при выравнивании; степень выравнивания
amount of modulation – глубина модуляции
amphibian – самолет-амфибия
amplifier – усилитель
amplifier input – сигнал на входе усилителя
amplifying relay – релейный усилитель
amplifying stage – каскад усиления
amplitude – амплитуда; величина
amplitude modulation – амплитудная модуляция
AMSL (above mean sea level) – выше среднего уровня
AMTI (airborne moving target indicator) – самолетный индикатор движущихся целей
AN (air navigation) – воздушная навигация
analog channel – аналоговый канал, канал передачи или приема аналоговых данных
analog data recorder transcriber – устройство для записи и воспроизведения данных в аналоговой форме
analog(ue) – аналоговый; моделирующая физическая система; непрерывная физическая величина
analog(ue) computation – вычисление на моделирующее устройство; моделирование
analog(ue) computer – аналоговое вычислительное устройство; моделирующее устройство; счетно-решающее устройство непрерывного действия
analog(ue) computing system – вычислительное устройство непрерывного действия; моделирующее устройство
analog(ue) machine – моделирующее устройство
analog(ue) simulation – моделирование непрерывного процесса
analog(ue)-to-digital converter – аналого-цифровой преобразователь; преобразователь непрерывных величин в дискретные
analog-digital computer – аналого-цифровая вычислительная машина
analogue – аналог; моделирующее устройство; модель
analogue computer – аналоговая вычислительная машина
analogue interface – аналоговый интерфейс
analogue video correlator – аналоговый видеокоррелятор
analogy – аналогия, подобие
analysis – анализ, изучение, исследование; исчисление; разбор; расчет
analysis chart – карта анализа
analyze – анализировать, испытывать, исследовать; разлагать вещество
ANB (Air Navigation Bureau) (ICAO) – аэронавигационное управление (ИКАО)
ANC (Air Navigation Commission) (ICAO) – аэронавигационная комиссия (ИКАО)

ancillary traffic receipts – доходы от вспомогательных операций, связанных с перевозкой
ANDB (Air Navigation Development Board) – Комитет по усовершенствованиям в области аэронавигации
anemogram – анемограмма, кривая скорости ветра
anemograph – анемограф
anemometer – анемометр
anemometry – анемометрия, измерение скорости потока ветра; метод измерения скорости потока ветра
aneroid – анероид, барометр-анероид
aneroid altimeter – высотомер-анероид
aneroid barometer – анероидный барометр, барометр-анероид
aneroid cell – анероидная коробка
aneroid diaphragm capsule – анероидная коробка
aneroidograph – анероидный самописец давления
angle – угловой; угол
angle computer – вычислитель угловых величин
angle encoder – устройство кодирования угла
angle information – пеленговая информация
angle of allowance – угол упреждения
angle of approach – угол захода на посадку
angle of ascent – угол набора высоты, угол подъема
angle of attack – угол атаки
angle of attack of maximum lift – критический угол атаки
angle of bank – угол крена
angle of bank indicator – указатель угла крена
angle of climb – угол набора высоты, угол подъема
angle of crab – угол сноса
angle of descent – угол падения, угол снижения, угол спуска
angle of deviation – угол девиации, угол отклонения
angle of dip – магнитное склонение
angle of dive – угол пикирования
angle of downwash – угол скоса потока вниз
angle of drift – угол сноса
angle of elevation – угол возвышения; угол места
angle of glide – угол планирования
angle of incidence – угол атаки (Брит.); угол установки крыла (США)
angle of inclination – угол наклонения
angle of indraft – угол между направлением ветра и изобарой
angle of landing – наклон глиссады планирования
angle of pitch – угол тангажа
angle of roll – угол крена
angle of shock wave – угол наклона скачка уплотнения
angle of sideslip – угол бокового скольжения
angle of stall – критический угол атаки; угол потери скорости
angle of sweepback – угол стреловидности крыла в плане
angle of visibility – сектор видимости; угол обзора
angle of wing setting – угол установки крыла
angle of yaw – угол рыскания
angle signals – сигналы угловой информации
angle tracking – сопровождение по угловым координатам
angle-data telemetry – телеметрирование угловой информации
angle-of-approach indicator – указатель угла подхода к ВПП
angle-of-approach indicator system – система визуальной индикации глиссады
angle-of-approach light – глиссадный огонь
angle-of-attack control – управление углом атаки
angle-of-attack detecting (sensing) system – система измерения угла атаки
angle-of-attack indicator – указатель угла атаки
angle-of-attack system – автомат тяги с регулированием по углу атаки
angle-of-sideslipping indicator – указатель угла скольжения
angle-tracking system – система углового сопровождения
angular – угловой
angular acceleration – угловое ускорение
angular accuracy – угловая точность

angular altitude – угол возвышения; угол места
angular data – угловые координаты
angular deflection – угловое отклонение
angular deviation – угловая девиация (компаса); угловое отклонение (ошибка)
angular differentiating accelerometer – акселерометр с дифференцированием угловых ускорений
angular displacement – угловое смещение
angular displacement sensitivity – чувствительность к угловому смещению
angular display unit – блок индикации углов
angular distance – угловое расстояние
angular elevation – угловое возвышение
angular error – угловая ошибка, угловая погрешность
angular force – вращающая сила; вращающий момент
angular limit of visibility – максимальный угол обзора; угол видимости
angular momentum – угловой момент количества движения
angular position – угловые данные, угловые координаты
angular position digitizer – цифровой преобразователь углов (данных об угловом положении)
angular rate – угловая скорость
angular rate control unit – блок двухстепенных (прецессионных) гироскопов
angular reference – угловые координаты
angular resolution – разрешающая способность по угловым координатам
angular separation – угол между двумя направлениями
angular speed – угловая скорость
angular velocity – угловая скорость
angular velocity in pitch – угловая скорость тангажа
angular velocity in roll – угловая скорость крена
angularity – искривленность, кривизна, криволинейность; угол наклона
anhedral – положительное поперечное V
animal and plant quarantine – карантин животных и растений
annex – дополнение, приложение
announce – извещать, объявлять
annual – годичный, годовой; ежегодник; ежегодный
annular – кольцевой, кольцеобразный
annular air intake – кольцевой воздухозаборник
annular air scoop – кольцевой воздухозаборник
annular cascade – кольцевая решетка профилей
annular combustion chamber – кольцевая камера сгорания
annular jet – реактивная струя кольцевой формы
annular manifold – кольцевой коллектор
annunciation – визуальная индикация или сигнализация
annunciator – визуальный сигнализатор состояния; индикаторная панель; сигнальное световое табло
annunciator indicator – визуальный сигнализатор состояния (какой-либо цели)
another hand approach – повторный заход на посадку
anoxia – кислородное голодание; недостаточность кислорода в крови, которая наблюдается с увеличением высоты
antenna – антенна; антенный
antenna arrangement – антенная установка
antenna array – многодипольная антенна; система направленных антенн
antenna beam – луч антенны; основной лепесток диаграммы направленности
antenna capacity – емкость антенны
antenna circuit – антенный контур
antenna impedance – полное сопротивление антенны
antenna lead – ввод антенны
antenna mast – антенная мачта
antenna radiation field – поле излучения антенны
antenna reflector – антенный отражатель, антенный рефлектор
antenna switch – антенный переключатель
antenna turning unit – антенный поворотный механизм
antibalance – отрицательная компенсация
anticipated cost – предполагаемые издержки

anticipated operating conditions – нормальные эксплуатационные условия
anticlockwise – против часовой стрелки
anti-collision beacon – радиомаяк для предотвращения столкновения самолетов
anti-collision device – устройство для предупреждения столкновений
anti-collision lights – огни предупреждения столкновения самолетов
anti-collision system – система предупреждения столкновения в полете
anticrash seat – кресло повышенной прочности (выдерживающее удар при аварии)
anticyclone – антициклон
antifreeze – антифриз, незамерзающая смесь
antifreezing agent – антиобледенительный компонент
antifriction bearing – подшипник малого трения
anti-g suit – противоперегрузочный костюм
antigravity – противоперегрузочный
anti-icer – противообледенительное устройство
anti-icing air – воздух противообледенительной системы
antijamming – защита от активных радиопомех
antiknock rating – антидетонационная характеристика
antiskid switch – переключатель автомата торможения
antiskid tire – пневматик с глубоким рисунком протектора, пневматик с улучшенным сцеплением
antiskid wheel – контрольное колесо автомата торможения
antitorque propeller – винт, уравновешивающий реактивный момент
antitorque rotor – рулевой винт в хвостовой части вертолета
anvil cloud – наковальня кучево-дождевого облака
AOC (Airport Operations Council) – совет по организации работы аэропорта
AOC (Airport Operators Council) – совет директоров аэропортов
AOPA (Aircraft Owners and Pilots Association) – ассоциация владельцев самолетов и пилотов (США)
AP – мелкий град
AP (aircraft park) – самолетный парк
Ap (approach lights) – входные пограничные аэродромные огни
AP+ – сильный мелкий град
APC (approach control) – диспетчерская служба управления подходом и заходом на посадку
aperiodic antenna – ненастроенная антенна
APF (accurate position finder) – радиолокационная станция точного обнаружения
API (air position indicator) – указатель местоположения самолета в воздухе
apob (airplane observations) – самолетные наблюдения
APP (approach control service) – диспетчерская служба подхода
apparent – видимый; истинный; кажущийся; очевидный
apparent day – истинные сутки; солнечные сутки
apparent distance – видимое (угловое) расстояние
apparent gravity – фактическое ускорение силы тяжести
apparent horizon – видимый горизонт
apparent sky shape – видимая форма небесного свода
apparent solar time – истинное солнечное время
apparent time – истинное время
apparent warm sector – ложный тепловой сектор
apparent wind – кажущийся ветер
applicability – возможность применения, применимость
applicable fare – применяемый тариф
applicant – заявитель
application – введение в действие; использование; назначение; отклонение (рулей); подача (напряжения); приложение (усилия); применение
application of «g» – создание перегрузки
application of aft stick – взятие ручки на себя; отклонение ручки назад
application of control – отклонение органа управления

application of engine power – дача газа, увеличение мощности двигателя
application of forward stick – отдача ручки на себя, отклонение ручки вперед
application of neutral controls – установка органов управления в нейтральное положение
application of power – дача газа, увеличение мощности двигателя
applied aerodynamics – прикладная аэродинамика
apply – обращаться; прилагать, применять, употреблять
apply back pressure – брать (тянуть) ручку на себя
applying of brakes – торможение
approach – выход в зону; заход на посадку; подход; подходить; приближение; сближаться; сближение
Approach (Approach Control Office) – диспетчерская служба подхода
approach aids – оборудование для захода на посадку
approach airspeed – воздушная скорость захода на посадку
approach altitude – высота захода на посадку; высота круга захода на посадку; высота подхода к дальнему маркерному маяку
approach and landing chart – карта воздушных подходов и условий посадки
approach angle – угол захода на посадку; угол планирования
approach angle indicator – указатель глиссады
approach area – зона захода на посадку
approach assessment system – система сигнализации этапов захода на посадку
approach attitude – угол тангажа при заходе на посадку
approach beacon – посадочный радиомаяк
approach beam – приводной луч
approach chart – карта захода на посадку
approach clearance – разрешение для захода на посадку
approach climb – набор высоты в конфигурации для захода на посадку
approach computer – вычислитель траектории для захода на посадку
approach control – диспетчерский пункт подхода; управление заходом на посадку, управление при заходе на посадку
approach control office – диспетчерский пункт подхода
approach control procedure – порядок управления заходом на посадку
approach control radar – радиолокационная станция системы управления заходом самолетов на посадку
approach control rating – квалификация диспетчера службы подхода
approach control service – диспетчерская служба подхода, диспетчерское обслуживание на подходе
approach control tower – командный пункт управления заходом на посадку
approach control unit – диспетчерский пункт, обеспечивающий управление подходом
approach controller – диспетчер управления выхода самолетов в зону аэродрома и заходом на посадку
approach coupler – блок связи автопилота с радиоприемником системы посадки
approach coupler unit – блок связи с аппаратурой управления заходом на посадку
approach course – направление захода на посадку
approach day marking system – система дневной маркировки подхода
approach direction – направление захода на посадку
approach end of runway – начало ВПП со стороны захода на посадку
approach facilities – посадочные средства
approach glide – планирование при заходе на посадку
approach heading – курс захода на посадку
approach idling conditions – режим малого газа при заходе на посадку
approach indicator – указатель захода на посадку по курсо-глиссадной системе
approach instruction – указания по заходу на посадку
approach lane – входной коридор, полоса подхода
approach leg – посадочная прямая, последняя прямая захода на посадку

approach light beacon – световой маяк захода на посадку
approach light contact height – высота видимости огней подхода
approach lighting – освещение подхода
approach lighting system – система огней приближения
approach lights – огни подхода к ВПП, огни приближения
approach maneuver – маневр захода на посадку; маневр захода на цель; маневр сближения
approach marker beacon – приводной маркерный маяк
approach minimum – метеоминимум для захода на посадку
approach mode – режим захода на посадку
approach navigation – навигационный расчет посадки
approach noise measurement point – точка измерения шума при заходе на посадку
approach of cloud system – надвижение облачной системы
approach path – траектория захода на посадку; траектория подхода
approach pattern – схема захода на посадку
approach plate book – сборник карт подхода; сборник схем захода на посадку
approach power – мощность или тяга на режиме захода на посадку
approach procedures – установленный порядок захода на посадку
approach rate of descent – скорость снижения при заходе на посадку
approach road – подъездная дорога
approach route – курс выхода на аэродром; курс захода на посадку
approach sequence – последовательность захода на посадку
approach slope – наклон посадочной глиссады; наклон траектории захода на посадку
approach speed margin – запас посадочной скорости
approach surface – плоскость воздушных подходов; условная поверхность, ограничивающая высоту препятствия на полосе воздушных подходов
approach system – система захода на посадку
approach terrain – местность в полосе подхода (к ВПП)
approach threshold lights – входные огни ВПП
approach to land – заход на посадку
approach velocity – скорость полета при заходе на посадку
approach zone – полоса воздушных подходов
approaching aiming point – точка расчета захода на посадку
appropriate authority – компетентный орган
appropriation – ассигнование, выделение денежных средств
approval – одобрять, подтверждать
approved circuits – линии связи, выделенные для передачи открытым текстом
approved cruising level – предписанный эшелон полета; разрешенный эшелон полета
approved flight plan – согласованный план полета, утвержденный план полета
approved training – подготовка по утвержденной программе
approved type certificate – удостоверение о годности прибора к эксплуатации; удостоверение о годности самолета к полету
apron – площадка для обслуживания ВС; площадка с искусственным покрытием; предангарная площадка; стояночная площадка
aptitude for flying – пригодность к летной службе
aquaplaning (of a wheel) – гидроглиссирование (колеса)
ARB (Air Registration Board) – Авиационный комитет технической инспекции и регистрации
ARB (Air Research Bureau) – авиационное научно-исследовательское бюро
arc – дуга; окружность
arc approach – подход к аэродрому по дуге
arc of equal bearing – линия равных азимутов (пеленгов)
arctic – арктический

arctic air mass – арктическая воздушная масса
arctic front – арктический фронт
arctic navigation – самолетовождение в высоких широтах
arctic smoke – арктический туман адвективного происхождения
arcus – шквальный ворот
area – зона, область, район
area channel assignment – распределение каналов по зонам
area communication center – районный центр связи
area control – районная диспетчерская служба
area control and radar rating – квалификация оператора радиолокатора РДС
area control center – районный диспетчерский центр
area control radar – РЛС районной диспетчерской службы
area control service – районное диспетчерское обслуживание
area coverage system – система зонального действия
area expansion ratio – коэффициент расширения; степень расширения (сопла)
area forecast – зональный прогноз погоды
area forecast center – центр зональных прогнозов (погоды)
area forecast system – система зональных прогнозов погоды
area meteorological watch – метеорологическое слежение в зоне
area navigation – зональная навигация
area navigation route – маршрут зональной навигации
area of bearing – опорная поверхность, площадь опоры
area of control surface – площадь рулевой поверхности (самолета)
area of high pressure – антициклон, область высокого давления
area of low pressure – область низкого давления, циклон
area of pressure differential – область перепада давления
area of separation – зона срыва потока
area of wing – площадь крыла, площадь несущей поверхности крыла
area ratio – относительное расширение (сопла, диффузора)
area rule – правило площадей
area-ruled – спроектированный с учетом «правила площадей»
ARFOR (area forecast) – метеопрогноз по району
ARI (airborne radio installation) – самолетная радиостанция
arm – консоль, коромысло, кронштейн; плечо; рукоятка, рычаг; указатель
ARMET (area forecast of upper winds and temperature) – прогноз данных о ветре и температуре в верхних слоях атмосферы по району
armoured glass – армированное стекло
ARO (airborne range only) – самолетный радиопеленгатор
around-the-clock – круглосуточный
ARP (airdrome reference point) – аэродромный ориентир
ARR (arrive, arrival) – прибывать; прибытие
arrange – приспособлять, улаживать, устраивать
arrangement – приведение в порядок; приспособление, устройство
array – антенная решетка, антенная система; матрица; расположение в определенном порядке; таблица
array antenna – антенная решетка
array of instrumentation – комплект контрольно-измерительной аппаратуры
arrested landing – посадка с использованием аэродромной аварийной тормозной установки или аэрофинишера
arrester – аэродромная аварийная тормозная установка; аэрофинишер
arrester cable – тормозной трос
arrival – прибытие, приезд
arrival and departure board – доска информации прибытия и отправления самолетов
arrival message – сообщение о прибытии
arrival procedure – порядок входа в зону аэродрома и захода на посадку
arrival schedule – расписание прибытия самолетов
arrival track – линия пути прибывающих самолетов
arrival-time control – управление прибывающими самолетами по времени

ARS (special air report) – специальное донесение с борта
ARS Route – маршрут ОВД (обслуживаемого воздушного движения)
ARSR (air route surveillance radar) – маршрутная РЛС
ART (airdrome reference temperature) – расчетная температура воздуха для района аэродрома
ART (automatic range tracking) – автоматическое слежение по дальности
ARTC (air route traffic control) – управление движением самолетов по воздушным трассам
ARTCC (air route traffic control center) – центр управления воздушным движением на воздушной трассе
articulated joint – шарнирное соединение
articulated rod – шарнирная тяга
articulated undercarriage – шасси с рычажной подвеской
artificial feel – автомат загрузки, искусственное воспроизведение усилий (в системе управления ВС)
artificial feel pressure – давление в автомате загрузки
artificial feel system – автомат загрузки (усилий) системы управления ВС
artificial horizon – авиагоризонт, искусственный горизонт
artificial spring feel load – усилие пружинного механизма загрузки
artificial stability system – система искусственной стабилизации
ARTS (air radar terminal system) – автоматизированные РЛС системы
ARU (automatic range unit) – блок автоматического сопровождения
AS (air speed) – воздушная скорость
AS, a-s (altostratus) – высокослоистые облака
ascend – подниматься
ascending air – восходящий поток воздуха
ascending current – восходящие потоки воздуха
ASDA (accelerate – stop distance available) – РДПВ (располагаемая дистанция прерванного взлета)
ASDE (airport surface detection equipment) – радиолокатор обзора летного поля
ASI (atmosphere standard international) – международная стандартная атмосфера
ASM (advance systems monitor) – усовершенствованная система контроля
ASMI (airfield surface movement indication radar) – аэропортовая радиолокационная станция для наблюдения наземных неподвижных и движущихся объектов в зоне аэропорта
aspect ratio – удлинение крыла
asphalt – асфальт, битум
asphalt block pavement – покрытие из асфальтовых брусков
asphalt concrete overlay – усиливающий асфальтобетонный слой, наращенный на старое покрытие
asphalt pavement – асфальтовое покрытие
asphalt surface course – поверхностный слой асфальтобетона
asphalt-concrete – асфальтобетон
asphalt-grouted surfacing – покрытие из щебня с обработкой битумом
ASR (air surveillance radar) – обзорная радиолокационная станция
assembly – агрегат; комплект; монтаж; сборка; узел
assembly jig – сборочный стапель
assembly rig – сборочный стапель
assessment – оценка
assigned flight path – заданная траектория полета
assigned profile – заданный профиль
assigned track – заданная линия пути
assignment – назначение; распределение
assignment of frequencies – назначение частот
assistance – помощь, содействие
assistant administrator – помощник начальника
assistant airway traffic controller – помощник диспетчера службы управления движением по воздушной трассе
assistant deputy administrator – помощник заместителя начальника
assistant flight director – помощник руководителя полетов
assistant to a qualified air traffic controller – помощник квалифицированного диспетчера
assisted – с ускорителем

assisted takeoff – взлет с ракетным ускорителем; запуск со стартовым двигателем
assisted takeoff rocket (engine) – ракетный ускоритель; стартовый ракетный двигатель
associate administrator – начальник управления, отдела; помощник начальника
associate control tower operator – помощник диспетчера КДП
associated – вспомогательный; приданный
associated failure – связанный отказ (в результате неисправности смежной системы)
assumed latitude – приближенная широта счисляемой точки
assumed longitude – приближенная долгота счисляемой точки
assurance coefficient – коэффициент безопасности
assurance factor – запас прочности; коэффициент безопасности
ASTRAP (Panel on Application of Space Technique) – группа экспертов по использованию космической техники в авиации
astrocompass – астрокомпас
astrodome – астрокупол, башня для астрономических наблюдений
astrofix – астрономическая ориентировка, определение места по небесному светилу
astronavigation – астронавигация
astronics – астроника, космическая электроника
astronomical – астрономический
astronomical day – астрономические сутки
astronomical fix – астрономическая точка
astronomical navigation – астронавигация
astronomical triangle – астрономический треугольник
astronomical twilight – астрономические сумерки
astroposition line – астрономическая линия положения
astrotracker – астроориентир; блок сопровождения; следящий телескоп системы астронаведения
asymmetric – асимметричный, несимметричный
asymmetric approach – заход на посадку с асимметричной тягой
asymmetric engine failure – односторонний отказ двигателя; отказ бокового двигателя; отказ двигателя с одной стороны
asymmetric engine-failure load – нагрузка при отказе двигателя с одной стороны
asymmetric flight – полет на асимметричной тяге
asymmetric fuel load – асимметрично распределенный запас топлива; нагрузка от асимметрично распределенного топлива
AT (air temperature) – температура воздуха
AT (air traffic) – воздушно движение
AT (air transport) – воздушный транспорт
ATA (actual time of arrival) – фактическое время прибытия
ATAC (Air Transport Advisory Council) – Совещательный комитет по воздушному транспорту
ATB (Air Transport Bureau) (ICAO) – Авиатранспортное управление (ИКАО)
ATC (air traffic control) – диспетчерская служба
ATC (air transport certificate) – удостоверение на право пилотирования самолетов гражданской авиации
ATC loop – замкнутая петля маршрута УВД
ATC simulator – тренажер для операторов службы воздушного движения
ATCAP (Air Traffic Control Automation Panel) – группа экспертов по автоматизации управления воздушным движением
ATCC (air traffic control center) – центр районной диспетчерской службы
ATCRBS (air traffic control radar beacon system) – система управления воздушным движением, использующая радиолокационные маяки
ATD (actual time of departure) – фактическое время вылета
athodyd – бескомпрессорный ВРД, прямоточный ВРД
ATI (air target indication) – индикация воздушных целей

ATLA (Air Transport Licensing Authority) – Управление по выдаче свидетельства на право эксплуатации или вождения транспортного самолета
ATM (atmosphere, atmospheric) – атмосфера; атмосферный
atmosphere – атмосфера
Atmosphere Standard International – Международная стандартная атмосфера
atmospheric air – атмосфера; атмосферный воздух
atmospheric breaking – атмосферное торможение
atmospheric circulation – атмосферная циркуляция
atmospheric depression – область низкого барометрического давления
atmospheric disturbance – атмосферное возмущение
atmospheric drag – атмосферное сопротивление
atmospheric humidity – атмосферная влажность
atmospheric jet – воздушно-реактивный двигатель, ВРД
atmospheric motion – циркуляция атмосферного воздуха, циркуляция атмосферы
atmospheric noise – атмосферные помехи
atmospheric pressure map – карта атмосферного давления
atmospheric shell – атмосфера Земли; слой атмосферы
atmospheric stability – невозмущенная атмосфера
atmospheric temperature – температура воздуха
atmospheric transmission – прозрачность атмосферы
atmospheric tunnel – аэродинамическая труба с открытой рабочей частью
atom – атом; атомный
atomic aircraft – самолет с атомным двигателем
atomic power unit – атомная силовая установка
atomic-powered – с атомным двигателем
atomization – пульверизация
ATS (air traffic service) – служба воздушного движения
ATS airspace – пространство ОВД
ATS route – маршрут службы воздушного движения
attach – прикладывать; прикреплять, присоединять
attached normal shock – присоединенный прямой скачок уплотнения
attached shock (wave) – присоединенный скачок уплотнения
attaching parts – крепежные детали; соединительные детали
attachment – прикрепление; стыковка; прилипание (пограничного слоя); присоединение (скачка уплотнения); слияние (частиц); приспособление; приставка; принадлежность; насадок
attachment load – нагрузка на узел крепления
attention signal – сигнал внимания
attenuation – затухание; ослабление; разбавление; рассеяние; уменьшение интенсивности
attitude – положение в пространстве; угол, характеризующий положение в пространстве
attitude and azimuth reference system – система измерения или индикации углов тангажа, крена и азимута
attitude bar – планка горизонта
attitude change – изменение угла тангажа; изменение углового положения (в пространстве)
attitude computation – вычисление углов пространственного положения
attitude control – управление угловым пространственным положением
attitude control electronics – электронная аппаратура стабилизации и управления пространственной ориентацией
attitude control system – система стабилизации по положению
attitude controls indicator – указатель положения органов управления
attitude correction – угловая поправка пространственного положения
attitude director – директорный авиагоризонт
attitude director indicator – командный авиагоризонт
attitude display – индикация относительного положения самолета в воздухе
attitude error – угловая ошибка (в определении пространственного положения)

attitude failure flag – флажок сигнализации отказа авиагоризонта
attitude gyro accelerometer – блок гидроакселерометров для определения пространственного положения
attitude hold limit – предел стабилизации по углу
attitude hold maneuver – маневр со стабилизацией угла тангажа
attitude indication – индикация углового положения
attitude indicator – авиагоризонт
attitude indicator «off» flag – сигнальный флажок выключения авиагоризонта
attitude indicator scale – шкала авиагоризонта
attitude instrument – авиагоризонт; прибор для индикации или определения углового пространственного положения
attitude monitoring – контроль пространственного положения
attitude motion – движение ориентации
attitude of entry – пространственное положение при входе (самолета в штопор)
attitude of flight – наклон трех главных осей самолета к плоскости относительно потока
attitude reference – датчик углового положения; информация об угловом пространственном положении
attitude reference system – система отсчета углового пространственного положения
attitude reference unit – блок системы пространственной ориентации; гидростабилизированная платформа системы пространственной ориентации
attitude sensing system – система определения углов пространственного положения
attitude stabilization system – система стабилизации по положению
attitude threshold – порог чувствительности по углу (крена, тангажа, рыскания)
attitude-error limiter – ограничитель угловой погрешности
attitude-hold mode – режим стабилизации углового положения
attraction force – сила притяжения; сила тяжести
attrition – абразивный износ, истирание; изнурение, истощение; потери
audibility – внятность, слышимость
audible alarm – звуковой сигнал тревоги
audible Doppler enhancer – усилитель доплеровской (звуковой) частоты
audio – звуковой; слуховой
audio band – диапазон звуковых частот
audio frequency – звуковая частота
audio frequency circuitry – каскад звуковой частоты
audio frequency modulation – звуковая частота
audio recorder – магнитофон
audio-frequency amplifier – усилитель звуковой частоты
audio-visual aid – визуально-звуковое средство
audio-visual cockpit carrel – учебный макет кабины пилота, оснащенный средствами звуко- и видеозаписи
augment – прибавлять, увеличивать; приращение
augmentation – прирост, увеличение; форсирование (тяги)
augmented – с форсажной камерой (о двигателе); форсажный (о тяге)
augmented jet engine – реактивный двигатель с устройством для увеличения тяги
augmented thrust – дополнительная тяга
augmented-lift system – система увеличения подъемной силы
augmenter – форсажная камера
augmenter wing – крыло с системой эжектирования
aural – акустический, звуковой; слуховой
aural course – равносигнальная зона со слуховой индикацией
authorized – разрешенный; установленный; штатный
authorized agent – уполномоченный агент
authorized instructor – пилот-инструктор с определенными правами
authorized landing minimum – разрешенный посадочный метеоминимум
auto lean mixture – автоматически обедненная смесь
auto-approach break-off point – точка отключения системы автоматического захода на посадку

autochangeover – автоматическое переключение (на резервную систему при отказе основной)
autochangeover unit – блок автоматического переключения (перехода на резервную систему)
autocollimator – автоколлиматор
autocontrol – автоматическое регулирование; автоматическое управление
autocoupler – блок связи автопилота с устройством автоматической посадки
autocoupler approach – заход на посадку с помощью автопилота, связанного с радиосредствами
autofeather system – система автофлюгирования
autofeathering – автофлюгирование; вход в автофлюгер
autoflare – автоматическое выдерживание самолета перед посадкой
autoflare computation – расчет траектории автоматического выравнивания
autoflare equipment – автомат выравнивания
autoflare landing – посадка с автоматическим выравниванием
autogyration – авторотация, самовращение
autoignition – автоматическое зажигание; самовоспламенение
autoland – автоматическая посадка; совершать автоматическую посадку
autoland (automatic) approach – автоматический заход на посадку
autoland mode – режим автоматической посадки
autoland system – система автоматической посадки
automated data interchange system – автоматическая система обмена данными
automated data processing – автоматизированная обработка данных
automated data system – автоматизированная система регистрации и обработки данных
automatic – автоматический
automatic acceleration control – автомат приемистости
automatic adjustment – автоматическая регулировка или настройка
automatic air/ground communication system – автоматическая система связи «воздух – земля»
automatic aircraft landing system – автоматическая система посадки самолета
automatic aircraft vectoring control system – автоматическая система наведения самолетов
automatic alarm – автоматический аварийный сигнализатор
automatic amplitude control – автоматическая регулировка по амплитуде
automatic approach – автоматический заход на посадку
automatic approach control coupler – блок связи с системой автоматического захода на посадку
automatic approach limit – предельная высота автоматического захода на посадку
automatic binary data link – автоматическая линия передачи данных в двоичном коде
automatic braking system – система автоматического торможения
automatic broadcasts – автоматические циркулярные радиопередачи
automatic celestial navigation – автоматическая астронавигация
automatic change-over (communications) – автоматическое переключение (связь)
automatic checkout system – система автоматической проверки
automatic communication – автоматическая связь
automatic computer – автоматическая вычислительная машина
automatic conflict warning system – автоматическая система предупреждения столкновений самолетов в воздухе
automatic control – автоматическое регулирование; автоматическое управление
automatic control channel – канал автоматического управления
automatic control system – система автоматического управления и регулирования
automatic controller – автоматический регулятор

automatic controls evaluation simulator – моделирующее устройство для оценки автоматических процессов управления
automatic course device – автомат курса
automatic cutout – автоматический выключатель
automatic data acquisition – автоматический сбор данных
automatic data acquisition and computer complex – комплексное оборудование для автоматического сбора и обработки данных на вычислительных машинах
automatic data exchange – автоматический обмен информацией
automatic data interchange system – автоматическая система двустороннего обмена данными
automatic data link – автоматическая линия передачи данных
automatic data processing – автоматическая обработка данных
automatic data transfer equipment – аппаратура автоматической передачи данных
automatic data translator – автоматический преобразователь данных
automatic decrab signal – сигнал автоматического выдерживания заданного курса
automatic direction finder – автоматический радиопеленгатор
automatic direction finder approach – заход на посадку с использованием автоматического радиопеленгатора
automatic display and plotting system – автоматическая система индикации и нанесения на планшет
automatic drift kick-off system – система автоматического устранения угла упреждения
automatic elevation measurement – автоматическое измерение угла возвышения
automatic engagement of the glide slope – автоматический захват глиссады
automatic error correction – автоматическая коррекция ошибки
automatic flare-out landing – посадка с автоматическим выравниванием
automatic flight control – автоматическое управление полетом
automatic flight control equipment – оборудование автоматического управления полетом
automatic flight control mode – режим автоматического управления полетом
automatic flight control system – автоматическая система управления полетом
automatic flight guidance system – автоматическая система управления полетом
automatic flight stabilization and control system – система автоматической стабилизации и управления в полете
automatic following – автоматическое слежение; автоматическое сопровождение
automatic gain control – автоматическая регулировка усиления
automatic glide slope capture – автоматический захват глиссадного луча
automatic ground control station – автоматическая наземная станция управления
automatic ground controlled landing – автоматическая посадка по сигналам наземных маяков
automatic ground position indicator – автоматический указатель положения относительно земли
automatic ground-air-ground communication system – автоматическая двусторонняя связь между землей и самолетом
automatic ground-controlled approach – автоматический заход на посадку по командам с земли
automatic guidance electronics – электронная аппаратура автоматического наведения
automatic guided flight – полет при автоматическом управлении
automatic gyropilot – гироскопический автопилот
automatic high speed plot – автоматический быстродействующий планшет
automatic indicating feathering system – автоматическая система флюгирования с индикацией отказа
automatic input – автоматический ввод данных

automatic instrument landing – автоматическая посадка по приборам
automatic landing – автоматическая посадка
automatic landing autopilot – автопилот для автоматической посадки
automatic landing control – автоматическое управление самолетом на посадке; устройство автоматической посадки
automatic landing mode – режим автоматической посадки
automatic landing monitor – блок контроля автоматической посадки
automatic line-up – автоматический выход на створ ВПП
automatic load-control – автомат загрузки
automatic loop radio compass – автоматический радиокомпас
automatic mode – автоматический режим
automatic mode disengagement – отключение автоматики; переход с автоматического режима на ручной
automatic navigation mode – режим автоматической навигации
automatic observer – автоматический киноаппарат-регистратор (для съемки показаний приборов)
automatic overload control – автоматическая регулировка перегрузки (РЛС)
automatic overshoot system – система автоматического ухода на второй круг
automatic path control – автоматическое контролирование траектории полета
automatic phase control – автоматическая регулировка фазы
automatic picture transmission – автоматическая передача изображения
automatic pilot – автопилот
automatic pitch control system – автомат тангажа; автоматическая система продольного управления; автоматическая система управления по каналу тангажа
automatic plotter – автопрокладчик курса, курсограф
automatic position plotter – автоматический прокладчик пути
automatic position telemetering – метод телеметрии при автоматическом определении местоположения
automatic positioning antenna – антенна с автоматической ориентацией
automatic processing of flight information – автоматическая обработка полетной информации
automatic propeller – ВИШ-автомат, воздушный винт с автоматически изменяемым шагом
automatic radio direction finder – автоматический радиопеленгатор
automatic range finder – автоматический дальномер
automatic range measurement – автоматическое измерение дальности
automatic range tracking – автоматическое слежение по дальности
automatic range-only radar – автоматический радиолокационный дальномер
automatic recorder – самописец
automatic recovery system – автоматическая система спасения
automatic relay installation – автоматический ретранслятор
automatic relay station – автоматическая ретрансляционная станция
automatic safety belt initiator – пирозамок автоматических привязных ремней
automatic scan – автоматическая развертка, автоматический обзор
automatic scan monitoring system – автоматическая сканирующая система
automatic search button – кнопка перевода в режим автоматического поиска и сопровождения
automatic seat reservation – автоматическое бронирование мест
automatic selective reply – автоматический селективный ответ
automatic speech brake retraction system – система автоматической уборки воздушных тормозов
automatic stabilization system – система автоматической стабилизации
automatic stabilizer trim unit – блок автоматического триммирования
automatic starting control – автомат запуска
automatic star-tracking – автоматическое слежение за светилом
automatic star-tracking device – астронавигационный автомат

automatic switching director – автоматический регулятор переключения (телетайп)
automatic telecommunication log – журнал автоматической записи электросвязи
automatic terminal information service – автоматическая служба оповещения в аэропорту
automatic throttle – автоматический регулятор режима двигателя
automatic throttle application – автоматическое перемещение РУД вперед; автоматическое увеличение тяги
automatic throttle control – автомат тяги; автоматическое регулирование мощности или тяги
automatic throttle system – автомат тяги
automatic time delay switch – выключатель с автоматической задержкой времени
automatic timer – автоматическое программное устройство
automatic tracking – автоматическое слежение; автоматическое сопровождение
automatic tracking loop – система автоматического сопровождения цели радиолокатором
automatic tracking radar – радиолокационная станция автоматического сопровождения
automatic trim system – система автоматической балансировки
automatic tuning control – автоматическая настройка
automatic unshift – автоматический сбор (телетайп)
automatic volume control – автоматическое регулирование громкости
automatic warning device – приспособление для автоматической сигнализации
automatic weather station – автоматическая метеостанция
automatically tuned direction finder – автоматический радиопеленгатор
automatic-frequency control – автоматическая регулировка частоты
automatic-pilot speed – скорость полета с включенным автопилотом
automation – автоматика
auto-navigation homing point – ориентир для автоматической системы наведения
autonavigator – автоматическая навигационная система, автоматический ориентатор, автоштурман
autopilot – автопилот
autopilot approach coupler – посадочная приставка к автопилоту
autopilot break-off point – точка отключения автопилота (при заходе на посадку)
autopilot closure – замыкание (контура управления) на автопилот, использование автопилота в качестве замыкающего звена
autopilot computer – вычислитель автопилота
autopilot controller – пульт управления автопилотом
autopilot coupler – блок связи автопилота (например, с радионавигационной аппаратурой)
autopilot coupling – связь автопилота с радионавигационными приемниками
autopilot disengage button – кнопка выключения автопилота
autopilot driver – рулевая машина автопилота
autopilot effort – действие автопилота, отклонение руля автопилотом, усилие рулевой машины автопилота
autopilot engage indicator – индикатор включения автопилота
autopilot engagement – включение автопилота
autopilot gain – коэффициент усиления автопилота
autopilot hardware – реальный автопилот
autopilot heading selector – блоки автопилота
autopilot instruction – команда на включение автопилота
autopilot instrumentation – приборы для контроля работы автопилота
autopilot lag – запаздывание автопилота
autopilot limit – предельное отклонение руля автопилота
autopilot lock-selector – переключение каналов стабилизации автопилота
autopilot loop – контур автопилота

autopilot mode indicator – индикатор режима работы автопилота
autopilot mode selector – выбор режима работы автопилота
autopilot navigator – автомат комплексной системы программного самолетовождения; автопилот-автоштурман
autopilot output – сигнал на выходе автопилота
autopilot power switch – тумблер включения питания автопилота
autopilot response characteristics – характеристики реакции автопилота
autopilot servo input – управляющий сигнал, подаваемый на рулевую машину автопилота
autopilot system – автопилот; система автопилота
autopilot VOR course selector – переключатель курса следования по системе ВОР с помощью автопилота
autopilot-hold mode – режим стабилизации с помощью автопилота
autopilot's certification limit – минимальная высота полета с автопилотом, записанная в удостоверении о летной годности
auto-pitch actuator – исполнительный механизм с шариковой обоймой; силовой привод с шариковой обоймой
auto-pitch control – автомат предотвращения срыва; автоматическое управление самолетом для предотвращения срыва
auto-pitch control system – автомат тангажа; автоматическая система продольного управления; автоматическая система управления по тангажу
autopower – автомат тяги
autoradar plot – радиолокационный планшет
autorotate – авторотировать
autorotation (autorotative) descent – авторотирующий спуск; снижение на авторотации
autostabilization – автоматическая стабилизация; повышение устойчивости с помощью демпфера тангажа или рыскания
autostabilization system – система автоматической стабилизации
autostabilizer – автомат устойчивости
autostabilizer control signal – управляющие сигналы системы автоматического демпфирования
autostabilizer input – входной сигнал от системы автостабилизации
autothrottle engagement – включение автомата тяги
autothrottle system – автомат тяги
autotimer – автоматические контактные часы
autotracking antenna – антенна автоматического сопровождения
autotune transmitter – автоматически настраивающийся передатчик
AUW (all-up weight) – полный полетный вес
auxiliary – временный; вспомогательное оборудование; вспомогательный, второстепенный, дополнительный; запасная часть; служебный
auxiliary air – вторичный воздух; дополнительный воздух
auxiliary airdrome – вспомогательный аэродром; запасный аэродром
auxiliary landing gear – носовое колесо; хвостовое колесо
auxiliary power unit – вспомогательная силовая установка
auxiliary rocket engine – вспомогательный ракетный двигатель; стартовый ускоритель
auxiliary wing fuel tank – запасный крыльевой бак
AVA (aviation authority) – администрация гражданской авиации
available – доступный, имеющийся в распоряжении, наличный
available load – располагаемая нагрузка
available power – располагаемая мощность
available power diagram – график располагаемой мощности
available seat miles – располагаемое количество место-миль
available space – располагаемый (полезный) объем
available ton-miles – располагаемое количество тонно-миль
AVASIS (abbreviated visual approach slope indicator system) – упрощенная система визуальной индикации глиссады

avcat – реактивное топливо
average – составлять в среднем; среднее арифметическое; средний; средняя величина; усреднять
average aircraft capacity – средняя грузоподъемность самолета
average airspeed – средняя воздушная скорость
average bisector – равносигнальная зона радиомаяка; средняя биссектриса
average engineering cost level – средний уровень расходов по техобслуживанию
average fare per passenger – средний тариф на пассажиро-милю
average grid heading – среднее значение курса относительно координатной сетки
average operating speed – средняя скорость на маршруте
average radius rated coverage – средний радиус расчетной зоны действия
average revenue rate – средняя доходная ставка
average unit revenue per ton-mile performed – удельный доход с выполненного количества тонно-миль
averager – осреднитель; осреднитель отсчетов (по секстанту)
avgas – авиационный бензин
aviation – авиационный; авиация
aviation annual – авиационный ежегодник
aviation cadet – курсант авиационного училища
aviation cadet qualification test – квалификационные испытания курсантов авиационных училищ
aviation channels – частоты для авиационной радиосвязи
aviation circular letter – циркулярное письмо по вопросам авиации
aviation climatology – авиационная климатология
aviation crash injury research – исследование травм при ЛП и катастрофах
aviation depot – авиационно-технический склад
aviation engine – авиационный двигатель
aviation engineering – авиационная техника
aviation equipment – авиационное оборудование
aviation expert – авиационный эксперт
aviation fuel – авиационное топливо
aviation gas (or gasoline) – авиационный бензин
aviation kit bag – вещевой мешок летно-подъемного состава
aviation medical examiner – авиационный врач
aviation medicine – авиационная медицина
aviation meteorological service – авиационная метеорологическая служба
aviation meteorology – авиационная метеорология
aviation pathology – авиационная патология
aviation repair shop – ремонтная мастерская
aviation routine weather report (METAR code form) – регулярная авиационная сводка погоды (форма кода METAR)
aviation school – авиационная школа
aviation weather service – авиационная метеорологическая служба, служба погоды в авиации
avigation (air navigation) – воздушная навигация
avigator – авиационный штурман
avionics (aviation electronics) – авиационная электроника
avionics complement – состав бортового оборудования
avionics engineer – инженер по бортовому радиоэлектронному оборудованию
avionics failure – отказ бортового радиоэлектронного оборудования
avionics hardware – бортовая радиоэлектронная аппаратура
avionics integration – комплексирование авиационного электронного оборудования
avionics package – блок авиационной аппаратуры
avionics pod – гондола с радиоэлектронным оборудованием, контейнер с радиоэлектронным оборудованием
avionics software – программы работы бортового оборудования; средства математического обеспечения работы бортового оборудования
avionics system – система бортового электронного оборудования

avionics technology – авиационная радиоэлектронная техника
avoidable accident – предотвратимое летное происшествие
avpin – реактивное топливо широкого фракционного состава
avtag – реактивное топливо керосинового типа
axes – оси
axes of reference – оси координат
axial acceleration – осевое ускорение; продольное ускорение
axial air intake – осевой воздухозаборник
axial bearing load – осевая нагрузка на подшипники
axial compressor – осевой компрессор
axial engine – двигатель с осевым компрессором
axial nozzle – осевое сопло
axial section – осевое сечение, сечение по оси
axial thrust – осевая тяга
axial-flow – осевой воздушный поток
axial-flow compressor – осевой компрессор
axial-flow jet (engine) – воздушно-реактивный двигатель с осевым компрессором
axial-flow turbine – осевая турбина
axial-flow turbojet – турбореактивный двигатель с осевым компрессором
axis – ось; ось вращения или перемещения; ось координат; ось симметрии
axis of bank – продольная ось
axis of constant moment – ось фокуса
axis of gimbals – ось рамки карданного подвеса
axis of high pressure – ось гребня высокого давления
axis of pitch – поперечная ось (самолета)
axis of precession – ось прецессии
axis of roll – продольная ось (самолета)
axis of yaw – вертикальная ось крена (самолета)
azimuth – азимут; азимут светила; азимутальный; истинный пеленг; угол курса
azimuth (bearing) circle – азимутальный круг
azimuth accuracy – точность по азимуту
azimuth alignment mode – режим выставки по азимуту
azimuth angle – азимут, пеленг
azimuth axis – азимутальный канал; канал путевого управления
azimuth band width – линейное расстояние по азимуту
azimuth beam – азимутальный луч
azimuth circle – азимутальный круг
azimuth computer – азимутальный счетно-решающий прибор
azimuth control – управление по азимуту
azimuth control computer – счетно-решающее устройство азимутального канала управления
azimuth coordinates – азимутальные координаты, угловые координаты в горизонтальной плоскости
azimuth coverage – зона действия по азимуту; обзор по азимуту
azimuth difference – параллакс, угловое смещение
azimuth direction – направление по азимуту
azimuth directional beam – курсовой луч; луч курсового радиомаяка; радиолуч управления по азимуту
azimuth equidistant projection – равнопромежуточная азимутальная проекция
azimuth error – азимутальная ошибка (прибора)
azimuth error indicator – указатель азимутальной ошибки
azimuth grid – азимутальная сетка
azimuth guidance – наведение по азимуту
azimuth gyro – курсовой гироскоп
azimuth information – азимутальные данные
azimuth landing computer – вычислитель посадочного курса
azimuth mark – азимутальная метка
azimuth monitor – блок контроля азимутального канала
azimuth navigation system – азимутальная система навигации
azimuth position – азимут; полярный угол
azimuth rate – скорость изменения азимута
azimuth reference – азимутальная информация, данные об азимуте; исходный азимут; курсовой датчик
azimuth ring – азимутальный круг

azimuth, elevation and range overtake – захват по азимуту, углу места и дальности
azimuthal adder – сумматор азимутального канала
azimuthal equidistant projection – равнопромежуточная азимутальная проекция
azimuthal projection – азимутальная (перспективная) проекция
azimuthal tracking unit – блок азимутального сопровождения
azimuth-elevation indicator – индикатор азимута и угла места
azimuth-elevation range indicator – указатель азимута, угла места и дальности
azimuth-stabilized plan position indicator – индикатор кругового обзора, ориентированный по азимуту

B

b – чистое небо
B (bearing) – пеленг
B (broadcasting station) – радиостанция, ведущая циркулярные метеопередачи
B/L (bill of lading) – коносамент
BA (beam approach) – подход по лучу радиомаяка
BAA (British Airport Authority) – Управление британских аэропортов
BABS (beam approach beacon system) – система вывода самолета на посадку по лучу радиомаяка
back – верхняя часть фюзеляжа, задняя сторона; изменять направление против часовой стрелки (о ветре); назад, обратно; основа, подкладка, подложка; тыльная сторона
back azimuth – обратный азимут, обратный пеленг
back beam – обратный луч
back beam track – направление отраженного луча
back beam track guidance – наведение по отраженному лучу
back bearing – обратный пеленг
back coupling – обратная связь
back course – обратный курс
back course approach – заход на посадку с обратным курсом
back course sector – задний курсовой сектор
back echo – отраженный сигнал
back fairing (of body) – верхняя надстройка (фюзеляжа)
back leg instrument landing system – система захода на посадку с курса, обратного посадочному
back lobe – задний лепесток (диаграммы направленности антенны)
back stick position – положение ручки управления «на себя»
back stick pressure – тянущее усилие на ручке; усилие на ручке в положении «на себя»
back throw – неполное проворачивание (воздушного винта)
back wave – отраженная волна
back wind – попутный ветер
back-and-forth – возвратно-поступательный
back-bent occlusion – загнутая окклюзия
backblast – обратное пламя; струя выхлопных газов
backfire – давать обратные вспышки (выхлопы); обратная вспышка; обратный выхлоп (в карбюраторе)
backflash – обратная вспышка; факел выхлопных газов
backflow – обратное течение, противоток
back-folding – откидной
background – естественные помехи; засветка от земли (рлк); исходные данные; налет (пилота в часах); опыт; основа; фон; фоновый
background luminance – фоновая яркость
background noise – шумовой фон
background radiation – фоновое излучение
backhaul – возврат груза; дублирующая грузовая операция; излишняя грузовая операция; обратный грузовой рейс
backing – вращение (поворот) ветра против часовой стрелки; опора; основа; поддержка; подкладка; подложка
backing wind – ветер, поворачивающий против часовой стрелки
backlash – зазор; люфт, мертвый ход; скольжение винта
backlash error (of altimeter) – погрешность за счет люфта (высотомера)
backlighted – с внутренним подсветом; с подсветом сзади (о приборе)
backlog – задел, избыток
backpressure – противодавление
back-projected chart – карта, проецируемая с обратной стороны
back-scattered light – огонь с обратным рассеиванием
backshot injection – противоточный впрыск
backstop – упор
backswept – стреловидный
backswept wing – крыло стреловидной формы в плане
back-to-back radio station – радиостанции, действующие по взаимно противоположным направлениям
back-to-chest acceleration – ускорение в направлении спина-грудь

backtrack – отруливать назад, рулить обратно (к месту старта)
backtrack on runway – рулить в обратном направлении по ВПП
backup – аварийный; дублирующий агрегат; запасный; поддержка; резервный агрегат
backup control – резервное управление
backup crew member – дублер, дублирующий член экипажа
backup procedure – порядок действия при отказе основной системы (при переходе на резервную систему)
backup radar channel – дополнительный канал РЛС
backup system – дублирующая система, резервная система
backward – идущий по потоку; обращенный назад
backward movement of the stick – взятие ручки на себя; перемещение ручки назад
backward pressure – тянущее усилие на ручке; усилие на ручке в направлении «на себя»
backward stick action – взятие ручки на себя; отклонение ручки на себя
backward thrust – обратная тяга
backward tilt – увод лопасти воздушного винта назад от плоскости вращения
backward-facing seat – сиденье, обращенное назад
backwash – движение воздуха в следе; спутная струя (самолета); струя за винтом; струя реактивного сопла
baffler – гаситель колебаний (топлива); дефлектор; отражательная перегородка; отражательная пластинка; перегородка; турбулизатор потока; экран
baffling – регулирование дроссельного крана; регулирование заслонкой
baffling wind – переменный ветер
bag – газовый отсек (дирижабля); мешок; мягкий топливный бак; оболочка (аэростата); резервуар
bag tank – мягкий бак
baggage – багаж
baggage cabin – багажная кабина
baggage capacity – вместимость багажного отсека (самолета)
baggage cart – багажная тележка
baggage check – часть билета для провоза зарегистрированного багажа
baggage check-in facility – место регистрации багажа
baggage claim area – место получения багажа (пассажирами прибывших самолетов)
baggage clearance – регистрация (оформление) багажа
baggage compartment – багажное помещение; багажный отсек
baggage handling facility – оборудование для обработки багажа пассажиров
baggage hatch – багажный люк
baggage hold – багажник; помещение для багажа
baggage label – багажный ярлык
baggage loader – багажный погрузчик
baggage rate – багажный тариф
baggage tag – багажная бирка
baggage truck – багажная тележка
baggage way – багажный транспортер
bailment – передача ВС во временное пользование для особых целей
balance – весы; компенсатор; компенсировать; равновесие; уравновешивать
balance chart – график центровки
balance data – центровочные данные (самолета)
balance power between wings – устранять несимметрию тяги (на многодвигательном самолете)
balance schedule – порядок определения центровки (самолета)
balance tab – триммер
balanced – загруженный; компенсированный; уравновешенный
balanced aileron – элерон с весовой компенсацией
balanced amplifier – балансовый усилитель
balanced controls – уравновешенные органы управления
balanced field length – сбалансированная длина летного поля
balanced limit chart – карта центровок
balanced rudder – руль поворота с весовой компенсацией
balanced runway – выровненная ВПП, сбалансированная ВПП
balanced takeoff length – типовая взлетная дистанция
balancing – балансировка, уравновешивание

balancing check – проверка центровки (ВС)
balancing flap – компенсированный закрылок; крылышко; элерон
balancing load – уравновешивающая нагрузка
balancing plane – стабилизатор
balancing surface – компенсатор; компенсирующая поверхность
balancing tab – сервокомпенсатор
balancing tail load – балансировочная нагрузка на хвостовое оперение
bald thread tire – пневматик с гладкой беговой дорожкой
balked approach – неудачный заход на посадку с уходом на второй круг
balked landing – неудавшаяся посадка с уходом на второй круг
balked landing climb – набор высоты при уходе на второй круг
ball lightning – шаровая молния
ball-and-socket hinge – шаровой шарнир
ball-and-socket joint – шаровое соединение (сочленение)
ball-bank indicator – шариковый указатель крена
balloon – аэростат; аэростат заграждения; баллон; воздушный шар; пневматик низкого давления; шар-зонд
balloon sounding – аэростат с оборудованием для определения характеристик атмосферы и дистанционной передачи результатов измерение на землю
balloon tire – пневматик баллонного типа; пневматик низкого давления
ball-thrust bearing – упорный шариковый подшипник
ball-type attitude indicator – авиагоризонт со сферой
BALPA (British Air Lines Pilots Association) – Ассоциация пилотов британских авиационных линий
band – группа дорожек (магнитного барабана); диапазон; лента; полоса; полоса поглощения; полоса полярного сияния; пояс
band adjustment – настройка диапазона
band of position – дорожка линий положения (ВС)
band pressure level – диапазон уровня давления
band selector – переключатель диапазона
band spreading – расширение полосы (радио)
band switch – переключатель диапазонов
Bandot code (teletype writers) – код Бодо (телетайп)
band-pass – плоско-пропускающий (о фильтре)
band-pass filter – полосовой фильтр
bandwidth – диапазон частот; полоса пропускания; полоса частот
bandwidth filter – широкополосный фильтр
bang – звуковой удар (при преодолении звукового барьера)
bank – вираж; гряда; делать вираж; крен; накреняться
bank angle – угол крена
bank angle limit – ограничитель крена
bank angle selector – задатчик угла крена
bank attitude – угол крена
bank axis – продольная ось (ВС)
bank bar – планка (управления) по крену
bank control – управление креном
bank control loop – контур управления креном
bank correction – поправка по углу крена
bank displacement – крен
bank indicator – указатель крена или виража
bank information – данные об углах крена
bank of clouds – гряда облаков
bank scale – шкала (углов) крена
bank steering information – управляющие команды по крену
bank steering needle alarm-flag – флажок сигнализации ненадежности командных сигналов крена (управляющих стрелкой на командно-пилотажном приборе)
bank-and-climb gyro unit – гировертикаль; гироскопический автомат крена и тангажа
bank-and-pitch indicator – указатель крена и тангажа
bank-and-turn indicator – указатель крена и поворота
banked attitude – направленное положение; положение с креном; угол крена
banked position – положение (самолета) при крене
banked turn – вираж, заворот с креном
banking pin – ограничительный штифт

bank-steering needle – командный указатель крена, стрелка-указатель команд по крену
banner cloud – облачный флаг
bar – бар (единица давления); брусок; клавиша; планка (на пилотажном приборе); стержень
bar (barometer; barometric) – барометр; барометрический
bar chart – календарная диаграмма; линейный график
bar lights – огни горизонта
barb – оперение стрелки, указывающее скорость ветра
bare hull – зафрахтованное воздушное судно без экипажа
barograph – барограф
barometer – барометр
barometric altimeter – барометрический высотомер
barometric altitude – барометрическая (абсолютная) высота
barometric attitude rate – вертикальная скорость по вариометру; скорость изменения барометрической высоты
barometric column – ртутный столб (в барометре)
barometric control – измерение барометрического давления
barometric elevation – барометрическая высота
barometric height – барометрическая высота (относительная)
barometric information – сведения о давлении (в районе аэродрома посадки)
barometric pointer – указатель барометрического давления
barometric pressure – барометрическое давление
barometric pressure scale – шкала (установки) барометрического давления (на высотомере)
barometric pressure setting marker – установочная метка барометрического давления
barometric rate – скорость изменения атмосферного давления
barometric switch – барометрическое реле, бaрореле
barometric tendency – барометрическая тенденция
barometric variation – изменение давления
barotrauma – баротравма
barrel – камера сгорания; ракетный двигатель
barrette – линейный огонь
barrier – автофинишер, аэродромное тормозное устройство; барьер, преграда, препятствие
barrier light – ограничительный огонь (в конце ВПП)
barrier line – линия радиолокационного обнаружения, рубеж радиолокационного обнаружения
BAS (Bureau of Aviation Safety) – бюро по обеспечению безопасности воздушного движения
base – база, основа, основание
base (leg) speed – скорость полета на предпосадочной прямой (между третьим и четвертым разворотами по «коробочке»)
base airdrome – базовый аэродром, основной аэродром
base altitude – заданная высота
base area – площадь донной части, площадь основания
base course – основание (покрытия); подстилающий слой
base course modulus – коэффициент постели основания (покрытия)
base drag – донное сопротивление
base leg – участок полета по «коробочке» между третьим и четвертым разворотами
base line (LORAN) – базовая линия (ЛОРАН)
base map – основная карта
base of low clouds – высота основания облачности
base of the clouds ceiling – нижняя кромка облаков
base pressure – донное сопротивление
base soil – подстилающий слой
base station – опорная станция
base turn – разворот на посадочный курс
base weight – вес пустого самолета
base-leg turn – разворот перед выходом на посадочную прямую
base-mounted – укрепленный основанием; установленный на фундаменте
basic – основной
basic air speed – исправленная приборная воздушная скорость

basic air temperature – приборная исправленная температура воздуха
basic current – основное течение
basic data – исходные данные
basic design – основная конструкция
basic fare – основной (базовый) тариф
basic flight reference – заданный режим полета
basic flying instructor – инструктор основного курса летной подготовки
basic flying school – школа основной летной подготовки
basic flying training – основная летная подготовка
basic gradient of climb – основной градиент набора высоты
basic instrument flight trainer – тренажер для обучения полету по приборам
basic layout model – модель (самолета) основной схемы
basic overhaul time limitation – официально утвержденный межремонтный срок службы
basic propulsion system – маршевая силовая установка
basic synoptic map – основная синоптическая карта
basic trainer – учебно-тренировочный самолет для основной летной подготовки
basic training – основной курс летной подготовки
basic weight – основной вес самолета (без нагрузки)
basic wing – профиль крыла
bathymetric contour – изобата
battery – аккумуляторная батарея; батарея
battery cart – подвижной аккумулятор
battery charging unit – зарядный генератор
battery-driven – действующий от батареи, приводимый от аккумуляторной батареи
bay – отсек; пролет (крыла, фюзеляжа, каркаса, дирижабля)
BC – частично облачное небо
Bcn (beacon) – радиомаяк
Bcst (broadcast) – передавать по радио
BDRY (boundary) – граница
beacon – свето- или радиомаяк
beacon course – курс по радиомаяку
beacon frequency – частота радиомаяка
beacon homing – самонаведение по сигналам маяка (бортового ответчика)
beacon presentation – индикация сигналов маяка
beacon range – дальность действия радиомаяка
beacon transmitter – передатчик радиомаяка; радиопередатчик, служащий маяком
Beafort scale – шкала Бофорта
beam – балка, брус; излучать; лонжерон; луч; пучок лучей; траверз
beam (follow) guidance – наведение по лучу
beam approach – заход на посадку по лучу; сближение на пересекающихся курсах
beam approach beacon system – система вывода самолета на посадку по лучу радиомаяка
beam center – ось луча; равносигнальная зона луча
beam combiner – полупрозрачный отражатель (индикатора на стекле)
beam communication – направленная связь
beam controlling computer – счетно-решающая машина для управления лучом
beam coupling – связь с приемниками сигналов радиомаяков
beam direction – направление луча
beam flag – флажок сигнализации захвата или качества сигналов луча (посадочного радиомаяка)
beam holding – стабилизация относительно луча; удерживание самолета на оси луча
beam identification – опознавание радиолокационным методом
beam indicator – указатель отклонения от луча (посадочного) радиомаяка
beam lobe – лепесток диаграммы направленности
beam pattern – характеристика направленности
beam radio station – радиостанция направленного действия
beam riding – наведение по лучу
beam softening – чувствительность луча к отклонению
beam spread – раствор луча
beam spread angle – угол раствора луча

beam switching – переключение или качание антенны (метод переключения диаграммы направленности антенны)
beam transmission – направленная передача
beam transmitter – передатчик управляющего радиолуча
beam transmitter radar – радиолокационная станция наведения
beam width – ширина диаграммы направленности; ширина луча
beam-deviation scale – шкала отклонений ВС от радиолуча
beamed localizer – направленный посадочный радиомаяк
beam-rider control – наведение по лучу
beam-riding/radio altimeter guidance system – система наведения по лучу и сигналам радиовысотомера
bear a course – прокладывать курс
bearing – азимут; направление; опора; опорная поверхность; пеленг; подшипник; румб
bearing accuracy – точность пеленга
bearing and range computer system – азимутально-дальномерная автоматическая система навигации
bearing angle – пеленг; угол азимута
bearing area – опорная площадь
bearing bar – азимутальная черта
bearing capacity – грузоподъемность; допустимая нагрузка; подъемная сила
bearing circle – азимутальный круг
bearing compass – компас с пеленгаторным устройством
bearing distance computer – коррекция пеленга, поправка к пеленгу
bearing error – ошибка пеленга
bearing flange – опорный фланец
bearing indication – индикация пеленга (азимута направления)
bearing plate – азимутальный круг; навигационный визир для пеленгования и определения путевой скорости и сноса самолета
bearing power – несущая способность (покрытия грунта)
bearing -related engine failure – отказ двигателя из-за неисправности подшипника
bearing selector – задатчик азимута (пеленга)
bearing surface – опора, опорная поверхность
bearing test – испытание несущей способности
beat – биение; колебание; пульсация
beat frequency – частота биений
beat frequency oscillator – генератор биений
beating – явление биений
bed – основание; пласт; постель; слой; стенд; фундамент
behavior – протекание; характер изменений; характеристика
bell – диффузор; конус; купол; раструб
bell nozzle – расширяющееся сопло
belly – нижняя часть фюзеляжа
belly intake – воздухозаборник в нижней части фюзеляжа
belly landing – посадка на «живот», посадка с убранным шасси
belly scoop – воздухозаборник в нижней части фюзеляжа
belly tank – подвесной бак; подфюзеляжный бак
below (all) clouds – ниже кромки облаков, под облаками
belt of high pressure – пояс высокого барометрического давления
bench – стенд; установка
bench revolutions per minute – число оборотов двигателя в минуту во время работы на стенде
bench run test – стендовые испытания
bench running – обкатка на стенде
bending – гнущийся; изгиб; изгибание; изгибающийся
bending failure – разрушение при изгибе
bending moment – изгибающий момент
bending strength – прочность на изгиб; сопротивление изгибу
bending stress – напряжение при изгибе
Bendix-Decca Navigation System – гиперболическая система ближней навигации (фирмы Бендикс)
bent course – искривленный (радио)пеленг
bent-back occlusion – загнутая окклюзия
berth – место стоянки самолетов; спальное место
berth charge – плата за пользование спальным местом (в самолете)

best angle-of-climb speed – скорость полета при максимальном угле траектории
best cost cruise – экономичный крейсерский режим
best rate-of-climb speed – скорость полета при максимальной скороподъемности
between layers – между слоями облаков, между ярусами облаков
bhp-hr (brake horsepower-hour) – полезная мощность
bias – боковое отклонение (самолета от заданного маршрута); систематическая ошибка; смещение
BIATA (British Independent Air Transport Association) – Британская ассоциация независимых компаний воздушного транспорта
bifurcated air intake – раздвоенный воздухозаборник
bill – банкнота; билль; вексель; законопроект; накладная; свидетельство; счет
bill of entry – таможенная декларация
bill of lading – коносамент, транспортная накладная
billow cloud – волокнистое облако
binary channel – канал записи сигналов релейного типа
binary code – двоичный код
binary notation – двоичная система счисления
binary output – двоичный выходной сигнал
binary-coded decimal code – бинарно кодированный десятичный код
binder – арматурный хомут; вяжущее вещество; зажим; затяжка; нижний слой асфальтобетона; связующий элемент (материал)
biplane layout – бипланная схема
bipropellant – двухкомпонентное топливо
biquinary notation – двоично-пятеричная система счисления
bit – бит (единица запоминаемой информации), знак в двоичной системе (0 или 1)
bit packing density – плотность записи в двоичном коде
bite – количество воздуха, отбрасываемого винтом (за один оборот)
bituminous stabilization – стабилизация (укрепление) грунта битумом
BKN (broken) – разорванная облачность
black box – блок самолетного радиоэлектронного оборудования; черный ящик
blackout – временная потеря зрения или сознания (под воздействием нагрузок); отсутствие прохождения радиоволн; отсутствие радиоприема; потемнение в глазах; прекращение работы всех радио- и радиолокационных станций
blackout landing – посадка без огней (с выключенным бортовым освещением); посадка в темноте; посадка в условиях затемнения
blade – лопасть, лопатка
blade angle – угол установки лопасти или лопатки
blade area – площадь лопасти или лопатки; полная поверхность всех лопастей (воздушного винта)
blade chord – хорда лопасти или лопатки
blade drag – лобовое сопротивление лопасти
blade flapping – биение лопасти; маховое движение лопасти (вертолета)
blade incidence – наклон установки лопасти; угол установки лопасти
blade inertia moment – момент инерции лопасти
blade pitch – шаг лопасти или лопатки
blade pitch angle – угол атаки лопасти
blade plan form – форма лопасти в плане
blade pressure – давление на лопасть или лопатку
blade root – корневая часть лопасти или лопатки
blade setting – наклон лопасти; угол установки лопатки
blade sweep – смещение оси лопасти
blade sweep area – площадь, ометаемая воздушным винтом
blade tip eddy – завихрение, создаваемое вокруг концевой лопасти
blade width – толщина лопасти или лопатки
blade width ratio – относительная ширина лопасти
blade-section camber – кривизна сечения лопасти или лопатки
blade-tip vortex – концевой вихрь лопасти

blading – комплект лопаток; лопатки; облопачивание; решетка лопаток; установка лопаток
blanketing – забивание станции (более мощной станцией); заглушение радиопередачи; затенение площади; поверхностный слой; сплошной облачный слой
blanketing area – аэродинамически затененная поверхность; поверхность, находящаяся в аэродинамической тени
blanking signal – гасящий сигнал
blast – взрыв; взрывная волна; сильная струя; удар (воздушной струи); ударная волна
blast fan – нагнетающий вентилятор
blast fence – отражатель газовой струи реактивного двигателя; струеотбойный щит
blast mat – газоотражательная плита
blast pipe – воздуходувная труба; сопло
blast screen – решетка-отражатель газовой струи реактивных двигателей; струеотбойный щит сквозной конструкции
blast shield – пламеотражатель
blast turbine – свободная турбина; турбина, работающая в струе реактивного двигателя
blasting – движение в воздушном потоке; дутье; обдув; продувка; разгон в воздушном потоке
BLC (boundary layer control) – управление пограничным слоем
bleed – сливать жидкость в гидросистеме; спускать воздух
bleed air – отбираемый (от компрессора) воздух
bleed of boundary layer – слив пограничного слоя; сток пограничного слоя
bleed valve – выпускной клапан
bleed-air turbine – турбина, работающая на свежем воздухе или в реактивной газовой струе
bleeder – трубопровод для отвода конденсата
bleeding – отвод (воздуха); слив (жидкости)
BLEU (Blind Landing Experimental Unit) – экспериментальный отдел слепой посадки Королевского аэронавигационного института
blind – бленда; диафрагма; слепой; шторка; экран
blind approach – заход на посадку по приборам; подход к аэропорту в облаках
blind approach beacon system – наземная приводная радиостанция для подхода по приборам
blind approach beam system – импульсная система слепой посадки
blind approach indicator – индикатор захода на посадку по приборам
blind area – мертвая зона (рлк)
blind director steering – управление по данным радиолокационного прицела (при наведении самолета на цель)
blind flange – заглушка (трубы)
blind flight – полет по приборам, слепой полет
blind flying bank – вираж в полете по приборам, крен в полете по приборам
blind flying panel – приборная доска с оборудованием для слепого полета
blind landing – посадка по приборам, слепая посадка
blind transmission – односторонняя передача необходимой информации самолетам без подтверждения получения сообщения с борта самолета; передача блиндом; передача вслепую
blind-approach system – система управления заходом на посадку по приборам
blind-flying hood – колпак для имитации полета по приборам
blind-flying instrumentation – оборудование для полета по приборам
blinker light – проблесковый огонь
blip – выброс; отметка; отраженный импульс (на экране индикатора)
blip/scan ratio – отношение числа видимых и отраженных сигналов к числу обзоров
blizzard – сильный холодный ветер со снегом
block – блок; блокировать; узел, часть прибора; этап маршрутного полета; объем воздушного пространства, необходимый для эшелонирования; группа слов, знаков и цифр
block approach – метод постепенного наращивания (усложнения) системы путем добавления блоков

block code – блочный код
block diagram – блок-схема
block fuel – средний расход горючего на маршруте
block hours – время (в часах) от уборки до установки колесных колодок
block of time – период времени
block speed – скорость по расписанию; скорость полета на этапе между двумя промежуточными посадками
block time – фактическое время вылета (с момента выруливания на старт); фактическое время прибытия самолета (до момента выключения двигателей)
blocked space arrangement – соглашение о бронировании мест
blocked-off charter – блок-чартерные перевозки
block-to-block – с момента выруливания на старт при вылете до момента выключения двигателей после совершения посадки
block-to-block time – время по расписанию
blood pressure – кровяное давление
blow – воздушный поток; дуть; обдувать, продувать; выдувать; выпускать воздух; удар; взрывать
blow-down – продувка двигателя; холодный запуск двигателя после испытания
blow-down firing – холодная прокрутка двигателя
blow-down wind tunnel – аэродинамическая труба периодического действия, работающая от баллонов со сжатым воздухом
blower – вентилятор; воздуходувка; компрессор; нагнетатель
blowing dust – пыльная буря
blowing flap – струйный закрылок
blowing momentum coefficient – коэффициент количества движения в сдуваемой струе
blowing sand – песчаная буря
blowing snow – низовая метель; снежная пурга
blown flap – закрылок со сдувом пограничного слоя
blowout – срыв пламени
blue airway – голубая авиатрасса (США); трасса полетов в южном направлении
bluff body – плохо обтекаемое тело
blunder factor – возможность появления грубой ошибки (в работе навигационной системы); фактор, приводящий к грубой ошибке
blunder rate – частота появления грубых (навигационных) ошибок
blunt-ended body – тело с тупой хвостовой частью
blunt-nosed body – тело с тупой носовой частью
blurring – размывание (отметки), смазывание изображения
blurring of the instruments – смазывание показаний приборов
blurring of vision – потеря ясности зрения (при перегрузке на маневре)
BMT (British mean time) – британское среднее время
bn (beacon) – радиомаяк
board – панель; пульт; пластина; доска, щит; борт; управление; комитет; совет; комиссия; подниматься на борт; грузить (на борт ВС)
board bill of lading – бортовой коносамент; коносамент на груз, перевозимый на борту
board installation – бортовая аппаратура
board instrument – бортовой прибор
board of customs – таможенное управление
board of inquiry – комиссия по расследованию
boarding – посадка пассажиров на самолет
boarding bridge – телескопический трап
boarding pass – посадочный талон
boat seaplane – летающая лодка, лодочный гидросамолет
boat-tail body – фюзеляж с сужающейся хвостовой частью и плоским донным срезом
body – корпус; физическое тело; фюзеляж
body base drag – донное сопротивление корпуса (ракеты)
body drag – лобовое сопротивление корпуса воздушного судна или фюзеляжа
body frame – каркас корпуса, остов
body hardware – конструктивные элементы корпуса; конструкция корпуса
body reference area – площадь миделевого сечения фюзеляжа

body vortices – вихри, сбегающие с корпуса
bogie – многоколесное шасси; тележка (шасси)
bogie undercarriage – многоколесное шасси, тележечное шасси
bolt – удар грома
boltering – уход на повторный заход после касания ВПП; уходить на второй круг после касания ВПП
bonded store – таможенный склад
bonded warehouse – таможенный склад
bonding – заземление; крепление; металлизация самолета; связь
book – книга; бронировать билет, заказывать билет
booked passenger – забронированный пассажир, пассажир с забронированным билетом
booking – бронирование (с продажей билета)
booking hall – операционный зал (агентства)
booking of space – бронирование тоннажа; резервирование погрузочных емкостей
booking office – билетная касса
boom – звуковой удар; лонжерон (хвостовой фермы фюзеляжа); полка лонжерона; полка фермы, пояс фермы
boost – ускоритель, вспомогательный двигатель; разгон; наддув, повышение давления (в цилиндрах); форсаж (двигателя); работать на максимальном режиме, форсировать
boost cluster – блок ускорителей, связка ускорителей
boost control – регулирование давления; регулирование наддува
boost power plant – вспомогательная силовая установка; ракетный ускоритель; стартовый двигатель
boost pressure indicator – указатель давления наддува
boost propulsion – вспомогательный двигатель
boosted flight – период разгона; полет с работающим ракетным ускорителем (стартовым двигателем)
boosting – наддув; повышение давления
border – граница, край, стенка
border of cloud – край облака, кромка облака
border zone – пограничная зона
bottom – дно, нижняя часть
bound vortex – присоединенный вихрь
bound vortex system – система присоединенных вихрей
boundary – граница; граничный, пограничный
boundary beacon – пограничный светомаяк (отмечающий границу аэропорта)
boundary conditions – граничные условия; условия в пограничном слое
boundary constraint – влияние ограничивающих стенок
boundary estimate message – сообщение о расчетном времени прохода границы (диспетчерского района)
boundary frequency – граничная частота, предельная частота
boundary layer – пограничный слой
boundary light – пограничный огонь
boundary marker – маркер, служащий для указания границы посадочной площадки; пограничный маркер
boundary marker beacon – пограничный (ближний) радиомаркер
boundary obstruction light – пограничный заградительный огонь (отмечающий препятствия близ границы летного поля)
boundary range light – пограничный посадочный огонь
boundary surface – поверхность раздела, пограничная поверхность
boundary-layer accumulation – накопление пограничного слоя, утолщение пограничного слоя
boundary-layer air – воздух в пограничном слое
boundary-layer blowing – сдувание пограничного слоя
boundary-layer build-up – нарастание пограничного слоя; образование пограничного слоя
boundary-layer control – управление пограничным слоем
boundary-layer control manifold – коллектор системы управления пограничным слоем
boundary-layer control system – система управления пограничным слоем
boundary-layer displacement thickness – толщина вытеснения пограничного слоя

boundary-layer drag – сопротивление, связанное с пограничным слоем
boundary-layer edge conditions – условия на верхней границе пограничного слоя
boundary-layer effect – влияние пограничного слоя
boundary-layer fences – аэродинамическая перегородка; аэродинамический гребень
boundary-layer flown with suction – пограничный слой при наличии отсасывания
boundary-layer jet – струя в пограничном слое; струя, впрыскиваемая в пограничный слой
boundary-layer profile – профиль пограничного слоя; профиль скоростей в пограничном слое
boundary-layer removal – отсос; сдувание; устранение пограничного слоя
boundary-layer skin seam – поверхность пограничного слоя
boundary-layer skin wave interaction – взаимодействие пограничного слоя с ударной волной
boundary-layer suction – отсос пограничного слоя
boundary-layer theory – теория пограничного слоя
boundary-layer transition position – положение точки перехода ламинарного пограничного слоя в турбулентный
bow – нос; носовая часть; передняя полусфера
bow frame – носовая рама; носовой шпангоут
bow heaviness – перегрузка на нос; передняя центровка
bow ring – носовой шпангоут
bow shock(wave) – головная волна; головной скачок уплотнения
bow-heavy – перетяжеленный на нос
bow-legged undercarriage – шасси со стойками в носовой части фюзеляжа (смещенное к носовой части)
bow-loader – транспортный самолет с расположенной впереди грузовой дверью
box – графа; колонка; коробка; ящик
box pallet – ящичный поддон
box rib – коробчатая нервюра, нервюра коробчатого сечения
box spar – коробчатый лонжерон, лонжерон коробчатого сечения
box(cell) construction – кессонная конструкция
BP (barometric pressure) – барометрическое давление
BPS (beacon portable set) – переносной маяк
bps (bits per second) – единиц информации в секунду
braced – расчлененный
bracing – крепление; растяжка; расчалка
bracket – выполнять несколько пробных заходов на посадку; консоль; кронштейн
bracket pulses – кадровые импульсы; скобковые импульсы
bracket tariff – тариф с минимальными и максимальными ставками
bracketing – выход в равносигнальную зону луча
brain unit – автономная аппаратура управления; счетно-решающее устройство
brake – тормоз; тормозить; тормозной
brake block – тормозная колодка
brake drag – лобовое сопротивление
brake flap – тормозной щиток
brake horsepower – эффективная или тормозная мощность (двигателя)
brake horsepower efficiency – эффективный коэффициент полезного действия
brake parachute – тормозной парашют
brake pedal pressure – давление на тормозной педали
brake rod – тормозная тяга
brake selection – включение тормозов
brake shoe – тормозная колодка
brake tension rod – тормозная тяга
brake thrust – тормозное сопротивление; тормозное усилие
brake torque – тормозной момент
brake wear pin – штифт контроля износа тормозов
brakes-on speed – скорость при включении тормозов
braking information – сведения о состоянии поверхности ВПП (для оценки эффективности торможения)
braking traction – сцепление (колес) с покрытием при торможении

branch airway – авиалиния местного значения
break – раздел (рлк)
break load factor – коэффициент разрушающей перегрузки
break of clouds – просвет в облаках; разрыв в облаках
break out a cloud base – пробивать облачность
break pedal – тормозная педаль
break the minimum ceiling – выходить из облачности на минимальной высоте
breakage – авария; поломка
breakaway – отрыв; отход; срыв (потока)
break-bulk point – перевозочный пункт; пункт разгрузки
breakdown – авария; классификация; отрыв; поломка; пробой кабеля; резкое изменение направления; срыв
breakdown gang – аэродромная аварийная команда
breakdown joint – стыковочный узел; узел разъема
breakdown point – стыковочный узел; точка разделения (частей ВС); узел разъема
breaker – выключатель; прерыватель (напр. в системе зажигания)
breakeven – безубыточность
breakeven factor – коэффициент безубыточности
breakeven load factor – безубыточный коэффициент загрузки (самолета)
break-even point – безубыточное значение (величина); предел рентабельности
break-in keying relay – переключающее реле
break-in operation – вмешательство третьей станции в работу двух других
break-off altitude – высота перехода от снижения по глиссаде к выравниванию
break-off height – высота перехода к визуальному полету
breakout effort – резко уменьшающееся усилие (на ручке)
breakout load – усилие раздвижения (тяги) или страгивания
breakout minima – минимальные высоты пробивания облачности
breakout point – точка выхода из облачности; точка перехода к визуальному полету
breather – сапун; суфлер
breathing apparatus – дыхательный прибор; кислородная маска
brevet – летное свидетельство
brevet airplane – самолет для зачетного полета (с целью получения летного свидетельства)
Brg (bearing) – пеленг
brief – инструктировать (экипаж)
brief acceleration – кратковременно действующее ускорение
brief loss of radar contact – кратковременное пропадание отметки на экране радиолокатора
briefing – предполетный инструктаж
briefing office – комната для проведения инструктажа
briefing room – помещение для проведения предполетного инструктажа
bright display – яркостное изображение
brightness – яркость
bring around tight – совершать заход на посадку по малому кругу
bring in – ввести в ангар (самолет)
bring in for landing – выводить (самолет) на посадку
bring out – вывести (самолет) из ангара; вывести самолет из крена
broadband antenna – широкополосная антенна
broad-beam antenna – антенна с широкой диаграммой излучения
broadcast – передавать по радио «всем» (ртс)
broadcast band – радиовещательный диапазон
broadcast mode – вид вещания
broadcasting – радиовещание; радиопередача «всем»
broadcasting station – радиовещательная станция
broadscale air current – атмосферное макротечение
broadscale flow – крупномасштабный поток; макротечение
broadscale perturbation – крупномасштабное возмущение, макровозмущение
broken circuit – разомкнутая цепь
broken clouds – переменная облачность, разорванная облачность
broken course – криволинейный курс

broken sky – облачность с разрывами, переменная область
broken weather – неустойчивая погода
brought-to-rest air – заторможенный воздух
brush-and-spray discharge – кистевой разряд (молнии); коронный разряд в виде светящегося пучка
BS (broadcasting station) – широковещательная радиостанция
BTL (between layers) – между ярусами облаков
BTN, btn (between) – между
BTU (British thermal unit) – британская тепловая единица
Bu Nav (Bureau of Navigation) – штурманское управление
bubble – пузырек
bubble (separation) – местный срыв (потока)
bubble cabin – кабина с сильно выступающим фонарем; кабина сферической формы
bubble collimating system – коллиматорная система секстанта с пузырьковым уровнем
bubble horizon reference – пузырьковый сферический уровень
bubble inclinometer – угломер с уровнем
bubble sextant – секстант с пузырьковым уровнем
bubble-slip indication – шариковая индикация скольжения
bucket – турбинная лопатка
buckle – коробиться (об обшивке ВС); прогиб; продольный изгиб; пряжка; скоба; стяжка; хомутик
buckling – продольный изгиб
buckling load – критическая нагрузка
buffer – амортизатор; буфер; буферное запоминающее устройство; демпфер
buffer action – амортизация; демпфирование
buffer amplifier – буферный усилитель
buffer layer – амортизирующий слой; промежуточный слой
buffer zone – буферная зона
buffeting – бафтинг; вибрация
buffeting load – нагрузка при бафтинге
build in – монтировать; устанавливать на место (деталь)
build up – монтировать; набирать (обороты); нагнетать
building block principle – блочный принцип постепенного усложнения системы
building block system – блочная система; система с блочным наращиванием
build-up – нарастание; разъемный; составной
built-in (self-contained) – бортовой (пассажирский трап); встроенный
built-in crosswind – наличие бокового ветра
built-in test equipment – встроенная аппаратура самоконтроля
built-up frame – шпангоут, выполненный заодно с обшивкой
bulk – вместимость; груз; корпус; объем; основная масса; толщина
bulk cargo – насыпной или наливной груз
bulk density – объемный вес; расчетная плотность
bulkhead – переборка; перегородка; перемычка
bulkhead taxiway – тупиковая рулежная полоса
bulkmeter – объемный расходомер
bullet – игла; конус; реактивное сопло
bullseye indicator – указатель с центральным эллипсом (рлк)
bump – болтанка; возмущение (атмосферы); порыв ветра
bumper – амортизатор; буфер
bumper absorber – амортизатор
bumpiness – болтанка
bumpy – турбулентный
bumpy air – болтанка; неспокойный воздух
bumpy landing – грубая посадка
bumpy weather – болтанка; ветреная погода
burble – срыв потока
burble angle – критический угол атаки (крыла)
burble point – критическая точка; критический угол атаки; точка срыва потока
burbling – нарушение безвихревого обтекания; срыв потока
burbling zone – зона срыва потока
buried – утопленный (например, в крыло, фюзеляж)
buried engine – двигатель, установленный внутри фюзеляжа или крыла

burned velocity – скорость в конце активного участка траектории; скорость полета к моменту выгорания топлива
burner – камера сгорания (ракетного или реактивного двигателя)
burner drag – потери при сгорании топлива
burning duration – время активного полета ракеты; время работы (реактивного двигателя)
burning system – камера сгорания
burning velocity – скорость горения (газовых смесей); скорость распространения пламени
burnout – прекращение горения (в реактивном двигателе); прогар (стенки камеры сгорания)
burnout altitude – высота к моменту выгорания топлива
burnout point – точка траектории к моменту выгорания топлива
burn-through – прогар (стенки камеры сгорания)
burst – кратковременный сигнал; радиоимпульс
burst mode – пакетный режим (обработка данных)
bus failure – обесточивание шины
bus service – воздушные перевозки по типу автобусных
bush – вкладыш, втулка, гильза; решетка профилей или лопаток
bush operation – эксплуатация (самолета) с неподготовленных взлетно-посадочных площадок, поросших кустарником
bushplane – самолет, эксплуатируемый с неподготовленных площадок
business aircraft – административный самолет; самолет для служебных перевозок; служебный самолет
butt – комель; соединять встык; стык; толстый конец; торец
butt joint – соединение впритык; стыковой шов
button – кнопка
button ignition switch – кнопка включения зажигания
buzzer – зуммер; пищик
bypass – обходной канал; перепускной канал; перепуск; перетекающий поток; траектория перетекания; перепускать; перекрывать клапан; шунт; обход; шунтировать; отводить
bypass air – воздух второго контура
bypass control – перегрузочный (возвратный) клапан; перепускной клапан
bypass engine – двухконтурный турбореактивный двигатель
bypass flow – поток во втором контуре
bypass passage – перепускной канал
bypass ratio – коэффициент разделения потока
bypass shroud – наружный кожух второго контура двухконтурного реактивного двигателя

C

c (call) – вызов
c (candle) – свеча
C (Celsius) – градусы по Цельсию
c (centigrade) – градус Цельсия
c (cirrus) – перистое облако
C (contact weather) – летная погода
CAA (Civil Aeronautical Administration) – Управление гражданской авиации (США)
CAA (Commercial Aviation Association) – Ассоциация гражданской авиации
CAA airline transport rating – категория летно-подъемного состава транспортных самолетов авиакомпаний, установленная администрацией гражданской авиации США
CAB (Civil Aeronautics Board) – Комитет гражданской авиации (США)
cab(in) – кабина; салон
cabin (air) conditioning rig – стенд для обработки систем кондиционирования воздуха в кабине
cabin air diffuser – головка подачи воздуха в кабине
cabin airflow indicator – указатель расхода воздуха системы кондиционирования воздуха в кабине
cabin altitude – высота в кабине (по давлению в ней)
cabin altitude warning – сигнализация о падении давления в кабине
cabin attendant – бортпроводник
cabin attitude indicator – кабинный высотомер, указатель «высоты» в кабине
cabin baggage – ручная кладь
cabin blower – кабинный нагнетатель, нагнетатель кондиционированного воздуха в кабину
cabin conditioning control – регулирование подачи воздуха в кабину
cabin crew – экипаж грузовой кабины
cabin crew member – бортпроводник; бортпроводница; член экипажа, обслуживающий пассажиров
cabin crew personnel – бортпроводники; обслуживающий персонал (салона ВС)
cabin differential – избыточное давление в кабине
cabin differential pressure limit – ограничение перепада давлений в кабине
cabin discharge valve – клапан выпуска воздуха из кабины
cabin heating system – система отопления кабины
cabin intercooler – кабинная установка для кондиционирования воздуха
cabin overpressure indicator – указатель избыточного давления в кабине
cabin pressure – давление воздуха в кабине
cabin pressure altimeter – указатель высоты в кабине
cabin pressure altitude – высота в кабине; расчетная высота в кабине
cabin pressure control – регулирование давления в кабине; регулятор давления в кабине
cabin pressure control system – система регулирования давления в кабине
cabin pressure differential – перепад давления в кабине
cabin pressure failure – отказ системы наддува кабины; разгерметизация кабины
cabin pressurization – герметизация кабины; наддув кабины; создание избыточного давления в кабине
cabin pressurization system – система герметизации кабины
cabin prewarming – предварительный обогрев кабины (при стоянке на аэродроме)
cabin public address – радиотрансляционная система оповещения пассажиров в кабине
cabin supercharger – кабинный нагнетатель; нагнетатель, поддерживающий требуемое давление в герметической кабине
cabin temperature control – регулятор температуры воздуха в кабине
cabin temperature selector – переключатель системы регулирования температуры воздуха в кабине
cabin volume – объем кабины
cable – кабель; канат; провод; трос
cable system – система кабелей; тросовая система (управления)
cable-operated indicator – механический указатель с тросовой передачей

cabotage – авиаперевозки на внутренних линиях
cabrage – вращение самолета вокруг поперечной оси; кабрирование
cabre – кабрировать; опускать хвост в полете
CADC (central air data computer) – центральный вычислитель воздушных сигналов
cadet – курсант, слушатель
cadet pilot – курсант авиационной школы
cage – арретировать (гироскоп)
caging control – ручка арретира
caging mechanism – арретирующий механизм
calculated time over fix – расчетное время пролета над контрольным пунктом маршрута
calculation – вычисление, расчет
calculator – вычислитель; счетная машина; счетно-решающее устройство
calculus – исчисления, расчеты
calibrate – градуировать, калибровать, поверять, тарировать
calibrated airspeed – приборная исправленная воздушная скорость
calibrated airspeed indicator – указатель земной индикаторной скорости
calibrated airspeed scale – шкала индикаторной земной скорости
calibrated altitude – приборная исправленная высота
calibrated compass – компас с уничтоженной девиацией
calibrated pressure altitude – приборная высота, исправленная по давлению
calibrated stalling speed – земная индикаторная скорость срыва (сваливания)
calibration – калибрование, поверка, тарирование, эталонирование
calibration card – тарировочная таблица
calibration check – контрольная тарировка
calibration circle – калиброванная окружность (на экране индикатора)
calibration diagram – тарировочный график
calibration marker – калибровочная отметка, тарировочная отметка
calibration test – тарировочные испытания
calibrator – калибратор, тарировочное устройство; тарировочный стенд
call back – обратный сигнал, ответный сигнал
call in the blind – вызов «вслепую»
call letters – позывные сигналы по коду
call selector – избирательный вызов
call sign – позывной сигнал
call signal – позывной сигнал
call to tower – вызов диспетчерской службы (КДП)
call(ing) – вызов; позывной
cam – кулачок; эксцентрик
CAM (Civil Aeronautics Manual) – наставление для гражданской авиации
camber – выпуклость; дужка крыла; изогнутость; кривизна профиля крыла
camber-changing flap – закрылок, увеличивающий кривизну профиля крыла
cambered wing – выпуклая поверхность крыла; крыло с резко выраженной кривизной дужки
camera – киноаппарат; кинокамера; телекамера; фотоаппарат; фотокамера
camshaft – кулачковый вал
can – индивидуальная камера сгорания; стабилизатор пламени
canalize – направлять через определенные каналы
canard aircraft – самолет типа «утка»; самолет, в котором горизонтальное оперение расположено в носовой части фюзеляжа
canard configuration – аэродинамическая схема «утка»
CANARY (communications and navigation airborne instrumentation) – Канари (комплект связного и навигационного оборудования для самолетов гражданской авиации)
canc (cancellation) – аннулирование
cancel – аннулировать, отменять
cancel booking – аннулировать предварительный заказ (на билет)
cancellation – аннулирование, отмена
cancellation charge – сбор за отказ от брони и перевозки
cancellation message – сообщение об отмене
cancellation of reservation – снятие брони
candle – свеча

candle per square meter – освещенность в люксах
candle power – сила света
cannular (burner) – трубчато-кольцевая камера сгорания
cannular combustion chamber – трубчато-кольцевая камера сгорания
canopy – фонарь (кабины пилота)
canopy initiator safety pin – предохранительная чека механизма сброса фонаря
canopy of cloud – облачный покров
cant – наклонять; скашивать
canted intake – изогнутый воздухозаборник; отогнутый воздухозаборник
cantilever – консоль; консольный; кронштейн; свободнонесущий; стрела
cantilever aircraft jack – консольный самолетный подъемник
cantilever beam – консольная балка
cantilever landing gear – бесконсольное (неубирающееся) шасси
cantilever monoplane – свободнонесущий моноплан
cantilever undercarriage – балочное шасси
cantilever wing – свободнонесущее крыло
cap – головка; заглушка; колпак; концевой обтекатель; крышка; наконечник; полка (балки лонжерона); шляпка
CAP (chief aviation pilot) – старший пилот
cap cloud – облачная шапка
capability – возможность; мощность, производительность; способность
capacitance – емкостное сопротивление; емкость
capacitor – конденсатор
capacity – вместимость; вычислительная мощность машины; грузоподъемность; емкость; мощность; производительность; пропускная способность (аэропорта); рабочий объем (двигателя)
capacity factor – коэффициент использования; коэффициент мощности
capacity load – ограничиваемая объемом нагрузка
capacity of container – внутренний объем контейнера
capacity payload – грузоподъемность
capacity ton-miles – располагаемые тонно-мили
capacity utilization factor – коэффициент использования грузоподъемности
capsule – анероидная коробка; герметическая капсула; кабина; капсула; контейнер; манометрическая коробка; мембранная коробка
captain – командир корабля
capture – захват (луча, цели)
capture effect – эффект захвата
capture localizer – захватывать луч курсового посадочного радиомаяка
capturing – коррекция (гироскопа)
car – автомобиль; вагон; передвижная платформа; тележка
CAR (Civil Air Regulations) – руководство по правилам полетов гражданских самолетов
car parking area – площадка для стоянки автомашин
carbon dioxide – двуокись углерода, углекислота, углекислый газ
card – диаграмма, карта; картушка (компаса)
card compass – магнитный компас (с картушкой)
card file – карточка
card magnetic compass – магнитный компас с картушкой
cardan – кардан; карданный; универсальный (карданный) шарнир
cardan joint – карданный шарнир
cardanic suspension – карданный подвес; подвешивание на универсальном шарнире
cardan-mounted – подвешенный на универсальном шарнире; установленный в кардановом подвесе
cardinal direction – направление на одну из четырех стран света
cardinal points – основные румбы компаса, стороны света
cardinal points reference – ориентирование по сторонам света
cardinal winds – ветры основных румбов
cargo – груз; грузовой
cargo accounting advice – грузовое расчетное извещение
cargo aircraft – грузовое воздушное судно, грузовой самолет
cargo attendant – сотрудник грузовой службы

cargo bay – грузовой люк
cargo bin – грузовое помещение
cargo breakdown – перегрузка на воздушное судно другой грузоподъемности
cargo building – грузовой склад
cargo cabin – грузовая кабина
cargo capacity – грузовместимость; грузоподъемность
cargo carrier – грузовой самолет
cargo compartment – грузовая кабина или отсек
cargo handling – погрузочно-разгрузочные работы
cargo handling facilities – погрузочно-разгрузочные средства
cargo hatch – грузовой люк
cargo hold – грузовой отсек, помещение для груза
cargo in transit – транзитный груз
cargo label – грузовой ярлык
cargo load – вес или количество груза; груз; нагрузка от веса груза
cargo loading chart – каргоплан, план погрузки груза
cargo manifest – грузовая ведомость; грузовой манифест; накладная на груз
cargo module – грузовой отсек
cargo net – грузовая сетка
cargo operations – грузовые перевозки
cargo passenger capacity – грузоподъемность самолета при перевозке груза и пассажиров
cargo rate – грузовой тариф
cargo revenue rate – грузовая доходная ставка
cargo sheet – список грузов
cargo space – грузовое помещение
cargo terminal – грузовой аэровокзал; пакгауз
cargo ton-mile – грузовая тонно-миля
cargo turnover – грузооборот (аэропорта)
cargoliner – тяжелый грузовой самолет
cargo-plan – план перевозки грузов
carrel – индивидуальная кабина для программированного обучения; учебный макет (кабины самолета)
carriage – перевозка, провоз; транспорт; шасси (самолета)
carriage «charges forward» – перевозка в кредит
carriage forward (method of payment for transport) – наложенный платеж на транспортное средство
carriage free – франко провозная плата
carrier – авианосец; авиатранспортная компания; воздушное судно-носитель; коллектор; кронштейн подвески; несущая (частота); перевозчик; трубопровод
carrier channel – канал несущей частоты
carrier frequency – несущая частота
carrier's statement – коммерческий акт (документ, удостоверяющий обнаружение в пункте назначения недостачи, повреждения или порчи груза)
carrier's tariffs – тарифный справочник
carrying capacity – грузоподъемность; несущая (пропускная) способность
carry-on baggage – ручной багаж (перевозимый в пассажирской кабине)
cart – тележка
Cartesian axes – декартовы оси координат
Cartesian coordinates – декартовы координаты
Cartesian method of control – метод раздельного управления с помощью взаимно перпендикулярных рулей
Cartesian system – декартова система координат
Cartesian-to-polar converter – преобразователь декартовых координат в полярные
CAS (calibrated air speed) – индикаторная воздушная скорость
CAS (Civil Aviation Service) – служба гражданской авиации
CAS (collision avoidance system) – система предотвращения столкновений
CAS (conflict alert system) – система предупреждения столкновений в воздухе
cascade – каскад; каскадный; решетка (профилей или лопаток); ступень
cascade assembly – решетка профилей или лопаток
cascade flow – обтекание решетки (профилей); течение в решетке (профилей)
cascade thrust reverser – решетчатый реверс тяги

cascade-type thrust reverser – реверс тяги каскадного типа
case – кожух, контейнер, корпус, оболочка
cash-on-delivery – наложенный платеж
cash-on-delivery consignment – отправка наложенным платежом
cash-on-delivery fee – сбор с отправлением наложенным платежом
casing – картер, кожух, корпус, оболочка, обшивка
cassette-loading recorder – кассетный самописец
cast sheet – лист, полученный методом литья
casting – литье, отливка
cast-in-place – отлитой на месте
cast-in-place interlayer – заполнитель, заливаемый и отверждаемый «на месте»
castor locking – блокирование ориентирующегося колеса
castoring wheel – ориентирующееся колесо (шасси)
CAT (civil air transport) – гражданский воздушный транспорт
cater for – удовлетворять запросы
catering – бортпитание
catering truck – автомобиль для подвоза к самолету бортового питания
cathedral – отрицательное поперечное V
cathode – катод
cathode follower – катодный повторитель
cathode ray – электронный луч
cathode-ray artificial horizon – искусственный горизонт электронного луча
cathode-ray current – электронный поток
cathode-ray direction finder – радиопеленгатор с электронно-лучевым индикатором
cathode-ray indication – электронно-лучевая индикация
cathode-ray presentation – электронно-лучевая индикация
cathode-ray storage tube – электронно-лучевая трубка с послесвечением
cathode-ray tube – электронно-лучевая трубка
cathode-ray tube display – индикация с помощью электронно-лучевой трубки, электронно-лучевая индикация
cathode-ray tube image – изображение на экране ЭЛТ
cathode-ray tube instrument – прибор с электронно-лучевой индикацией
cathode-ray tube screen – экран электронно-лучевой трубки
cauliflower clouds – кучевые облака
cause factor – причина происшествия, причинный фактор
caution – осмотрительность, осторожность; предостережение, предупреждение
caution area – запретная для полетов зона
cavitation – кавитация, пустотность, разреженное пространство
cavity – застойная область, кавитационная область; кавитация
CAVU (ceiling and visibility unlimited) – неограниченная видимость
Cb (cumulonimbus) – кучево-дождевое облако
CBR (comprehensive beacon radar) – универсальный радиолокационный маяк
cc (cirrocumulus) – перисто-кучевое облако
CC (compass course) – компасный курс
CDI (course deviation indicator) – индикатор отклонения от курса
CDTI (Cockpit Display of Traffic Information) – бортовой дисплей отображения информации о воздушном движении
CEAC (Committee for European Airspace Coordination) – Европейский координатный комитет по использованию воздушного пространства
ceiling – высота нижней кромки облачности; максимальная высота полета; облачный потолок; потолок
ceiling altitude – абсолютная высота полета, являющаяся предельной для данного самолета
ceiling at takeoff – высота облаков при взлете
ceiling forecasting – предсказывание высоты облаков
ceiling height – высота облачности
ceiling light – потолочный прожектор (метео)
ceiling of convection – потолок конвекции, уровень конвекции
ceiling unlimited – безоблачное небо
ceiling visibility – высота нижней кромки облачности

ceiling zero – нелетные условия; низкая облачность; отсутствие потолка
ceilometer – облакомер
celestial – астрономический; небесный
celestial axis – ось мира
celestial body – небесное тело
celestial compass – астрономический компас
celestial coordinates – астрономические координаты
celestial correction – астрокоррекция, астрономическая поправка
celestial declination – астрономическое склонение
celestial equator – небесный экватор
celestial fix – астрономическая ориентировка
celestial hemisphere – небесная полусфера
celestial horizon – истинный горизонт наблюдателя
celestial hour circle – часовой круг светила
celestial navigation – астрономическая навигация, самолетовождение по светилам
celestial observation – астрономическое наблюдение
celestial pole – полюс мира
celestial position finding – определение места по светилам
celestial reference – астрономический ориентир
celestial reference system – система астронавигации
celestial sphere – небесная сфера
celestial triangle – параллактический треугольник
cell – бак; батарея; бокс; камера; коробка крыльев (биплана); облако; отсек; очаг (грозы); ячейка
cell beam – кессонная балка
cell-type tank – бак с отдельными отсеками
center – середина; ставить в нейтральное положение; центр; центрировать
Center (Air Traffic Control Center) – пункт диспетчерского контроля (ртс); пункт управления воздушным движением; центральный авиадиспетчерский пункт
center body nose intake – носовой воздухозаборник с центральным телом
center main plane – центроплан
center of gravity – центр тяжести
center of low pressure – центр циклона
center of pressure – барический центр, центр давления
center of the glide slope (beam) – ось глиссадного луча; равносигнальная зона глиссадного луча
center panel fairing cover – обтекатель стыка консоли с центропланом; обтекатель центроплана
center reference point – центральный ориентир
center wing – центроплан
center-body air intake – воздухозаборник с центральным телом («иглой»)
centering – выверка; центрирование; центровка
centering characteristics – характеристики усилий при балансировке рулей
centering control – центрирование (автопилота)
centerline – геометрическая ось, линия оси, осевая линия, ось
centerline closing angle – угол сближения с линией курса посадки
center-line intake – осевой или лобовой воздухозаборник
centerline keel beam – центральная килевая балка (лонжерон)
centerline of the runway – осевая линия ВПП
center-of-gravity control – регулирование центровки
center-of-gravity diagram – центровочный график
center-section joint – центропланный узел
center-zero indicator – нуль-индикатор центровки автопилота
centidegrees – градусы по Цельсию
centigrade – обозначение градусов по Цельсию
central – находящийся в нейтральном положении; нейтральный; центральный
central air data computer – вычислитель воздушных данных, централь воздушных данных
central board – центральный пункт управления; центральный щит
central body – игла; фюзеляж; центральное тело на входе в воздухозаборник

central computing complex – центральный вычислительный комплекс
central control – командно-диспетчерский пункт; централизованное управление; центральный командный пункт
central control board – центральный пульт управления
central controller – старший оператор (станции наведения); центральный пульт управления (автопилотом)
central data processor – централь обработки данных, центральный блок обработки данных
central gyro reference system – центральная гировертикаль; центральная задающая гироскопическая система
central pedestal – центральный пункт управления (в кабине)
central power control quadrant – центральный пульт РУД
central projection – центральная (гармоническая) проекция
central time – поясное время
centralize – возвращать в центральное положение
centralizer – приспособление для центровки
centralizing – установка в нейтральное положение; центрирование (автопилота)
centrifugal – центробежный
centrifugal compressor – центробежный компрессор
centrifugal flow turbojet – турбореактивный двигатель с центробежным компрессором
centrifugal force – центробежная сила
centripetal – центростремительный
certificate – свидетельство, сертификат, удостоверение
certificate of airworthiness – сертификат о годности ВС к полету, удостоверение о годности к эксплуатации в воздухе
certificate of competency – квалификационное свидетельство
certificate of medical fitness – свидетельство годности по состоянию здоровья
certificate of origin – свидетельство о происхождении груза
certificate of registration of an aircraft – свидетельство о регистрации самолета
certificate of value – свидетельство о стоимости
certificate of waiver – свидетельство пилота, дающее право пилотировать самолет с отклонениями от установленных требований
certificated engine rating – удостоверенная мощность или тяга двигателя
certification – выдача удостоверения; засвидетельствование
certification modification – доработка с целью сертификации
certification test – сертификационные испытания
certified aircraft – получившее удостоверение о летной годности ВС; сертифицированное ВС
certify as airworthy (to) – удостоверить годность к полетам
CG (center of gravity) – центр тяжести
CH (compass heading) – курс по компасу
chad tape – лента с полной перфорацией (телетайп)
chadless tape – лента с частичной перфорацией (телетайп)
chain radar system – цепь РЛС слежения
challenge – запрашивать (ВС); запрос; опознание принадлежности; перспектива; подвергать критическому рассмотрению; проблема, сложная задача; сталкиваться с трудностями
chamber – баллон; камера; коробка; полость; резервуар
chamber area ratio – отношение площади сечения камеры сгорания к площади сечения сопла
chamber cross section – площадь поперечного сечения камеры сгорания
chamber envelope – кожух камеры сгорания
chamber inlet pressure – давление на выходе в камеру сгорания
chamber pressure – давление в камере сгорания
chamber surface area – площадь внутренней поверхности камеры сгорания
change – изменять, менять; пересаживаться (на другой самолет)
change in heading – перемена курса (ВС)

change in heading of (3 degrees) per second – изменение курса с угловой скоростью (3) град/сек
change of control function – обратное действие рулей
change of frequency – изменение частоты, смена частоты
change of momentum – изменение количества движения
changeover – переключение (на другую систему); переоборудование; перестройка (приемника); переход (на другой режим)
changeover device – переключающее устройство (для перехода с одной системы на другую)
changeover height – высота переключения (с одного режима работы на другой)
changeover point – пункт переключения на следующее аэронавигационное радиосредство
changeover relay – релейный переключатель
changeover switch – переключатель
changeover system – система переключений
changeover to the radar unit (approach control, tower) – переходить на связь с радиопеленгатором (диспетчерской службой, КДП) (ртс)
change-over valve – переключающий клапан
changer – переключатель; преобразователь; регулятор
channel – канал; летная полоса (гидроаэродрома); линия связи; полоса частот
channel capacity – пропускная способность канала связи
channel frequency – частота радиоканала
channel information – информация, передаваемая по каналам
channel lights – посадочные огни (гидроаэродрома)
channel loading – загрузка канала связи
channel selected basic length – стандартная длина полосы (гидроаэродрома)
channel selector – селективный переключатель каналов
channel selector switch – переключатель каналов связи
channel separation – разделение каналов (связи)
channel sequence number – порядковый номер канала связи
channel-check transmission – контрольная передача по каналу
channel-section spar – лонжерон швеллерного сечения
character – буква; знак; символ; условное обозначение; цифра
characteristic mode – основной вид колебаний; режим свободных колебаний
characteristics – основные данные; тактико-технические данные; характеристики
charge – заправка; заправлять; заряд; заряжать; стоимость; цена
charge by lowest rate route – таксировка по экономичному маршруту
charge by shortest route – таксировка по кратчайшему маршруту
charge cloud – грозовое облако
chargeable distance – таксируемое расстояние
chargeable weight – платный вес (груза); таксируемый вес
charges – издержки, расходы; сборы
charge-weight ratio – коэффициент наполнения; отношение веса топлива к весу двигателя
charging (calculation of transport charges or costs) – таксировка
chart – график, диаграмма; карта; схема, чертеж
chart base – базисная карта
chart board – картодержатель; планшет
chart comparison unit – устройство для совмещения радиолокационного изображения с картой
chart display – индикатор с картой; отображение на карте (схеме)
chart holder – картодержатель; планшет
chart projection – картографическая проекция
chart scale – масштаб карты или графика
charted – нанесенный на карту
charter – фрахтователь (самолета)
charter company – авиакомпания, работающая по договорам, фрахтовая авиакомпания
charter flight – чартерный рейс

charter flight plan – план полета на чартерный рейс
charter party – договор фрахтовой перевозки
charter service – полеты по заявкам, фрахтовые перевозки
charting – картирование, нанесение на карту
charting a course – прокладывать маршрут по карте
chatter – вибрация; вибрировать; дрожание; дрожать; тряска
check – выверка; задерживать; задержка; марка; повторное испытание; пометка; проверка; регистрация; регистрировать; тарирование; тарировать
check bearing – контрольный пеленг
check climb – контрольный набор высоты (для проверки летных характеристик)
check flight – контрольно-проверочный или ознакомительный полет
check pilot – инспектирующий пилот, пилот-инспектор, проверяющий пилот
check point – контрольный пункт; ориентир
check sheet – контрольный лист; перечень проверочных операций
check valve – обратный клапан
check wheels down and lock – проверить выпуск и замки шасси
checked baggage – зарегистрированный багаж
checked maneuver – контрольный маневр
check-in – оформление документов прибывающих пассажиров; регистрация прибывающих (пассажиров)
check-in counter – регистрационная стойка
check-in station – пункт регистрации
check-in time (for passengers) – время регистрации (пассажиров)
checklist – контрольный перечень операций (в воздухе); перечень контрольных операций (на земле)
check-out – регистрация отбывающих пассажиров
check-out area – контрольная площадка
check-out gate – посадочные ворота
check-out procedure – порядок проверки
check-up – контроль; осмотр, проверка
chemical propulsion – силовая установка, работающая на химическом топливе
CHF (chief) – начальник аэропорта
chief aircraft inspector – старший инспектор по самолетам (вертолетам)
chief aviation pilot – старший пилот
chief flying inspector – старший пилот-инструктор
chief inspector of accidents – главный инспектор по расследованию авиационных происшествий
chief pilot – шеф пилот
chi-square method – метод хи-квадрата
chock – блокировать; клин; подпирать; тормозная колодка
chock the aircraft – ставить (ВС) на колодки
chocking Mach number – критическое число Маха; число Маха запирания
chock-to-chock time – полное время полета (от уборки до установки колодок)
choke – воздушная заслонка; глушить; дросселировать; дроссель
choking condition – запирание (в аэродинамической трубе)
choking effect – запирание (в аэродинамической трубе)
choking flow – поток, в котором имеет место запирание (в аэродинамической трубе)
chop the power – убирать газ (до малых оборотов)
chop-out area – прорубаемая изнутри часть обшивки (для спасения из потерпевшего аварию ВС)
chopper demodulator – прерывистый демодулятор (связь)
chord – хорда
chord ratio – относительная толщина (профиля крыла)
chordwise – в направлении хорды, по хорде
ci (cirrus) – перистое облако
circle – круг, окружность; орбита; цикл; кружить, описывать круг; летать по кругу; круговой
circle marker – опознавательный круг
circle of declination – круг склонения; часовой круг
circle of equal altitude – круг равных высот
circle of equal declination – круг равных склонений; небесная параллель
circle of latitude – круг широт (в эклиптической системе координат)

circle of longitude – круг долгот (в эклиптической системе координат)
circle of origin – окружность экватора или основного меридиана
circle of position – круг равных высот
circle of right ascension – круг прямых восхождений (светила); часовой круг
circle radius – радиус разворота (самолета)
circle trip – круговой маршрут
circle trip fare – тариф кругового маршрута
circle trip ticket – билет на самолет, следующий по круговому маршруту
circling – полеты по кругу
circling approach – заход на посадку с маневром по кругу
circling approach (weather) minimum – метеоминимум для захода на посадку по кругу
circling flight – полет по кругу
circling guidance lights – огни кругового обзора (для указания направления на посадку при полете по кругу)
circling landing minimum – метеорологический минимум для посадки с круга
circuit – схема, цепь, линия связи; круг (над аэродромом); полет по кругу; посадочный круг; делать круг; летать по кругу
circuit noise – линейные шумы
circuit pattern – схема полетов по кругу
circuit rules – правила полетов по кругу (над аэродромом)
circular – круговой; циркуляр
circular air intake – круглый воздухозаборник
circular approach – заход на посадку после выполнения круга («коробочки») над аэродромом
circular flight – полет по замкнутому маршруту; полет по кругу
circular scale – круговая шкала (прибора)
circular scanning – круговая развертка; круговой обзор; круговой поиск
circular trace – круговая линия развертки
circular-course direction (aviation) – самолетовождение по круговой (дальномерной) системе
circulation control – изменение циркуляции; управление циркуляцией
circulation layer – циркуляционный слой
circulation lift – циркуляционная подъемная сила
circum-earth orbit – околоземная орбита
circumference – окружность; периметр
circumferential – кольцевой; окружной
circumferential speed – окружная скорость
circumferential taxiway – кольцевая рулежная дорожка
circumferential velocity – окружная скорость, тангенциальная скорость
cirriform – перистый (об облаках)
cirrocumulus – перисто-кучевое облако
cirrostratus – перисто-слоистое облако
cirrus (pl cirri) – перистое облако
ci-st (cirrostratus) – перисто-слоистое облако
city terminal – городской аэровокзал
city-terminal service – перевозка пассажиров к аэропорту
civil – гражданский, штатский
civil aeronautics – гражданская авиация
Civil Aeronautics Administration – Администрация гражданской авиации (США)
Civil Aeronautics Authority – Управление гражданской авиации
Civil Aeronautics Board – Комитет гражданской авиации
civil air ensign – опознавательный знак гражданского воздушного флота
Civil Air Regulations – Руководство по правилам полетов гражданских самолетов
civil air service – служба гражданской авиации
civil air transport – гражданские воздушные перевозки, гражданский воздушный транспорт
civil aircraft – самолет гражданской авиации
civil airway – гражданская авиалиния, гражданская воздушная линия
civil aviation – гражданская авиация
Civil Aviation Authority – Управление гражданской авиации
civil aviation legislation – законодательство в области гражданской авиации
Civil Aviation Safety Board – Комитет безопасности полетов гражданской авиации (Брит.)
civil day – гражданские сутки

civil flying – полеты гражданских самолетов
civil radar – радиолокатор гражданского назначения
civil time – гражданское время
civil twilight – гражданские сумерки
clamped joint – защемленное соединение
clamping circuit – схема фиксации уровня (связь)
clam-shell cabin – кабина с откидывающимся вверх и назад фонарем
clamshell hood – откидывающийся назад фонарь
class «A» messages – сообщения класса «А» (важные для государств и летно-эксплуатационных предприятий по безопасности и регулярности воздушных сообщений)
class «B» messages – сообщения класса «В» (о бронировании и сообщения летно-эксплуатационных предприятий общего характера)
class of aircraft – класс воздушного судна
class of cloud – ярус облаков
class of emission – вид эмиссии (радио)
class of message – категория сообщения
class rate – классный тариф, тарификация по классам
classification – засекречивание; классификация, систематизация, сортировка
CLD (clouds) – облака
clean – в убранном положении (о шасси и закрылках); с убранными шасси или закрылками (о ВС); с хорошими аэродинамическими формами; удобообтекаемый; чистый
clean (configuration) stall speed – скорость срыва (сваливания) при убранных механизации крыла и шасси
clean approach – заход на посадку с убранной механизацией
clean bill of lading – чистый коносамент
clean landing – посадка с убранной механизацией
clean takeoff – взлет с неотклоненными закрылками
clean up the aircraft – убирать шасси и закрылки
cleanliness – обтекаемость; хорошая отделка; чистота
clean-up height – безопасная высота над препятствием
clean-up sheet – ведомость дефектов, подлежащих устранению
clear – ясно; ясный (о погоде); свободный; пролетать мимо, не задев; сбросить; установить счетчик на нуль
clear air – отсутствие облачности, чистая атмосфера, ясная погода
clear air turbulence – турбулентность при ясном небе
clear of clouds – ясно (о состоянии погоды)
clear the runway – освободить ВПП
clear zone – часть летного поля по концам ВПП
clearance – досмотр (пассажиров, груза); зазор, промежуток, просвет; разрешение на полет
clearance (of goods through customs) – очистка от таможенных сборов и пошлин
clearance array – расстояние между вибраторами антенной решетки
clearance limit – предел действия диспетчерского разрешения, до которого полет санкционирован диспетчерской службой
clearance of aircraft – очистка самолета от таможенных пошлин
clearance of export cargo – таможенный контроль экспортируемых грузов
clearance of import cargo – таможенный контроль импортируемых грузов
clearance plane indicator – указатель плоскости безопасности (в полете на малых высотах)
clearance plane indicator light – лампа индикации плоскости безопасности
clearance to enter the traffic circuit – разрешение на вход в круг движения над аэродромом
clearance void time – окончание срока действия разрешения
clearing and restriction of obstruction – устранение и ограничение препятствий
clear-view cabin – кабина с хорошим обзором
clearway – концевая полоса безопасности; участок набора высоты
clevis pin – шплинтуемый штифт (с головкой)
climatic – климатический

climatic map – климатическая карта
climatological – климатологический
climatological data sheet – справочник по метеорологическим данным (различных районов)
climatological forecast – климатологический прогноз
climatological summary – климатологическая сводка
climatological table – климатологическая таблица
climatology – климатология
climb – набирать высоту; набор высоты; подниматься; подъем
climb away – набирать высоту; подниматься
climb corridor – воздушный коридор для набора высоты
climb curve – барограмма набора высоты; барограмма подъема
climb down – снижаться
climb fuel – топливо, расходуемое при наборе высоты
climb in turns – набирать высоту спиралью
climb indicator – вариометр; указатель скороподъемности
climb path – траектория набора высоты
climb performance – характеристики набора высоты
climb rating – режим работы двигателя при наборе высоты; характеристики скороподъемности
climb schedule – график набора высоты
climb setting – положение (РУД) для набора высоты; режим набора высоты
climb technique – режим набора высоты; способ набора высоты
climb to altitude – набор большой высоты; подъем на высоту
climb to pattern altitude – набирать высоту круга (над аэродромом)
climb to slow – набор высоты для гашения скорости
climb turn – разворот с набором высоты
climb vector – вектор набора высоты
climb-and dive indicator – вариометр; указатель вертикальной скорости
climb-away – набор высоты, подъем
climb-cruise method – метод полета «по потолкам» (с постепенным набором высоты по мере выгорания топлива и при постоянной скорости)
climb-down – снижение
climbing – набор высоты, подъем
climbing ability – вертикальная скорость подъема; скороподъемность
climbing attitude – угол набора высоты; угол подъема
climbing capacity – скороподъемность
climbing flight – полет с набором высоты
climbing performance – режим набора высоты; характеристики скороподъемности
climbing power – мощность, затрачиваемая на набор высоты; скороподъемность
climbing speed – скороподъемность; скорость набора высоты
climbing turn – вираж с набором высоты; разворот при наборе высоты
climb-out – начальный набор высоты
climb-out heading – курс на режиме подъема; курс набора высоты
climb-out speed – скорость начального набора высоты
climb-power acceleration – разгон на режиме набора высоты; ускорение на режиме набора высоты
clinometer – креномер; угломер; уклономер
clipped delta wing – треугольное крыло со срезанными концами
clipper circuit (communications) – схема ограничителя (связь)
clock – определять направление по условному часовому циферблату; прибор, имеющий циферблат со стрелкой; часы
clocking – засечка времени, отметка времени
clockwise – по направлению часовой стрелки
close – включать; закрывать; замыкать
close the thrust lever to idle – убирать РУД в положение «малый газ»
close turn – круговой разворот
closed (coil) antenna – рамочная антенна
closed throat wind tunnel – аэродинамическая труба с закрытой рабочей частью
closed track – кольцевая ВПП
closed-circuit (flight) range – дальность полета по замкнутому маршруту
closed-circuit cable loop – замкнутая тросовая проводка (управления)

closed-circuit television – замкнутая телевизионная система; телевизионная передача по замкнутому каналу
closed-circuit television system – система телевизионной связи по замкнутому каналу
closed-cycle control – регулирование с обратной связью; система управления с обратной связью (pl); управление по замкнутому циклу
closed-loop control – регулирование по замкнутому циклу; система управления с обратной связью
closed-loop operation – работа по замкнутому циклу
closed-loop servo system – сервосистема с обратной связью
closing of throttles – перемещение РУД назад; уборка газа
closure – заглушка; закрытие; замыкание контура управления; замыкающее звено (в цепи управления); крышка; перегородка; перемещение РУД назад; сближение с целью; уборка газа; уменьшение тяги двигателя
cloud – облако
cloud (base) height – высота нижней кромки облаков; потолок облачности
cloud amount – балл облачности; количество облачности
Cloud and Collision Warning Station – самолетная радиолокационная станция обнаружения облаков и предупреждения столкновения самолетов в воздухе
cloud anvil – наковальня кучево-дождевого облака
cloud bank – гряда облаков
cloud breaking height – высота выхода из облаков
cloud breaking procedure – порядок пробивания облачности
cloud cap – облачная шапка
cloud ceiling – высота основания облака (облачности)
cloud coverage chart – таблица состояния облачности
cloud deck – верхняя кромка облаков; облачный слой, слой облачности
cloud drift – движение облаков
cloud formation – облакообразование, развитие облаков
cloud horizon – горизонт по вершине облачного слоя
cloud layer – уровень облаков, ярус облаков
cloud pall – облачная завеса
cloud search light – потолочный (облачный) прожектор
cloud seeding – опыление облаков
cloud system – облачная система
cloud top – верхняя граница облаков
cloud vertigo – головокружение при полете в облаках
Cloud Warning and Anticollision Radar – самолетная радиолокационная станция обнаружения облаков и предупреждения столкновений самолетов в воздухе
cloudburst – ливневый дождь
cloud-ceiling finding – определение высоты (нижней кромки) облаков
cloud-collision radar – метеорадиолокатор, метеорологическая РЛС (на борту ВС)
cloud-height recorder – самописец высоты облачности
clouds of lifting – облака восходящего скольжения
cloud-to-cloud discharge – разряд молнии между облаками
cloud-to-ground discharge – разряд молнии между облаками и землей
cloudy sky – облачно с просветами, переменная облачность
cloudy weather – облачная погода
cluster – блок (ускорителей)
clutch magnet – электромагнит муфты
clutter – местные помехи, помехи от местных предметов
clutter-removing system – система подавления помех от местных предметов
coach class – туристский (общий) класс
coach fare – удешевленный тариф
coach seats – места туристского класса
coach service – перевозки по удешевленному тарифу
coach traffic – воздушные сообщения по удешевленному тарифу
coarse control – грубое управление или регулирование
coarse granular structure – крупнозернистая структура

coarse pitch (of propeller) – большой шаг (воздушного винта)
coarse pitch stop (of propeller) – упор большого шага (воздушного винта)
coarse scale – шкала грубого отсчета
coast – пассивный полет, полет по инерции, полет с неработающим двигателем
coastal refraction – преломление радиоволн в районе побережья
coast-down condition – режим изменения оборотов, режим изменения тяги двигателя
coast-down time – время «выбега» гироскопа
coasting arc – дуга траектории пассивного полета
coasting flight – пассивный полет
coasting period – период пассивного полета
coasting speed – скорость пассивного полета
coasting vehicle – воздушное судно в пассивном полете
coast-time limit – ограничение времени пассивного полета (полета с неработающим двигателем)
coast-to-coast route – трансконтинентальный маршрут
coaxial – коаксиальный, соосный
coaxial co-location VOR/DME – соосное размещение ВОР/ДМЕ
co-channel – совмещенный канал (связь)
cock – взводить; кран; флюгер
cocked hat – треугольник, образованный пересечением трех пеленгов
cockpit – пилотская кабина
cockpit canopy – фонарь кабины пилота
cockpit carrel – учебный макет кабины пилота
cockpit check – проверка приборов и оборудования в кабине (перед вылетом или заходом на посадку по приборам)
cockpit classroom – класс-кабина
cockpit controls – рычаги управления в кабине пилота
cockpit crew – летный экипаж
cockpit cut-off angle – угол обзора из кабины экипажа
cockpit display – индикаторное оборудование в кабине пилота, система индикации в кабине пилота
cockpit display map – плановый индикатор в кабине пилота
cockpit drill – предполетное опробование приборов и рычагов управления в кабине
cockpit hood – колпак кабины, шторка кабины
cockpit interior – внутреннее оборудование кабины пилота, внутренняя компоновка кабины пилота
cockpit layout – компоновка кабины пилота
cockpit mockup – тренажер
cockpit personnel – летный состав
cockpit practice – тренировка в кабине пилота
cockpit pressurization – наддув кабины пилота; создание избыточного давления в кабине пилота
cockpit pressurization schedule – график изменения перепада давления в кабине экипажа
cockpit pressurization system – система наддува кабины пилота
cockpit procedure trainer – тренажер кабинных процедур
cockpit simulator – тренажер с кабиной пилота, учебный макет кабины пилота
cockpit visibility – видимость (обзор) из кабины пилота
cockpit vision envelope – зона обзора из кабины пилота
cockpit voice recorder – речевой самописец, самописец для записи переговоров в кабине экипажа
COD (coupon origin destination) – пункты отправления и назначения в купоне
code – код; кодировать; шифр; шифровать
code beacon – кодовый сигнальный маяк; маяк, передающий кодированные сигналы
code converter – преобразователь кода (связь)
code figure – цифра кода
code form – форма кода
code group – кодовая группа
code identification modulation – модуляция опознавательного кода
code letter (of airdrome) – кодовая буква (аэродрома)
code light – кодовый сигнальный огонь
code name – шифр

code storage circuit – схема хранения кода
coded data decoder – дешифратор кодированных сигналов
coder – кодирующее устройство; программист
coding – кодирование; составление программы
coefficient – коэффициент
coefficient of drag – коэффициент лобового сопротивления
coefficient of friction – коэффициент трения
coefficient of lift – коэффициент подъемной силы
coefficient of load – процент коммерческой загрузки
coefficient of viscosity – коэффициент вязкости
coincidence – совпадение
col – область низкого барометрического давления, разделяющая два антициклона; седло; седловина
colatitude – дополнение до широты
cold – холод; холодный
cold air – холодная воздушная масса, холодный воздух
cold cyclone – холодный циклон
cold fog – холодный туман
cold front type occlusion – окклюзия типа холодного фронта; холодный воздух окклюзии
cold frontal passage – прохождение холодного фронта
cold low – холодная депрессия; холодный циклон
cold occlusion – холодный воздух окклюзии
cold pole – полюс холода
cold starting – запуск при низкой температуре
cold-air dome – купол холодного воздуха
cold-air mass – холодная воздушная масса
cold-air outbreak – вторжение холодного воздуха
cold-air sink – оседание холодного воздуха
cold-core cyclone – циклон с холодной центральной частью у земли
cold-core vortex – холодный вихрь
cold-front cloud system – облачная система холодного фронта
coleopter – колеоптер, реактивный летательный аппарат с кольцеобразным крылом
collapse – сплющивание; потеря устойчивости (оболочки); разрушение (конструкции); поломка (шасси); складывание (купола парашюта); сплющиваться; разрушаться
collapse load – критическая нагрузка, вызывающая потерю устойчивости; разрушающая нагрузка
collapsible – откидной; разборный; складной
collapsible (freight) container – разборный (грузовой) контейнер; складной контейнер
collecting center – центр сбора метеорологических данных
collective – коллективный; общий, совокупный
collective pitch – общий шаг (несущего винта вертолета)
collective pitch control – управление общим шагом (несущего винта вертолета)
collective report – сводка метеосообщений
collective-pitch setting – общий шаг (несущего винта вертолета)
collimate – визировать; придавать параллельность
collimated image – изображение на коллиматоре (сфокусированное в бесконечность)
collimating head – коллиматорная головка (пилотажно-проекционного индикатора)
collimating mark – координатная и временная отметка на кадре (аэрофотоаппарата)
collimating set – коллиматорный прибор
collimating system – коллиматорная система
collimation – коллимация; регулировка параллельности осей; юстировка
collimator – коллиматор
collision – столкновение; толчок; удар
collision accident – летное происшествие в результате столкновения; столкновение ВС в полете
collision avoidance system – система предупреждения столкновения самолетов

collision avoidance turns – развороты для предупреждения столкновений
collision beacon – огонь предотвращения столкновения
collision course – встречно-пересекающийся курс; опасное направление полета самолетов
collision detection and avoidance system – система обнаружения препятствий и предупреждения столкновений
collision hazard – опасность столкновения
collision point – точка встречи; точка перехвата
collision prevention – предупреждение столкновений
collision risk – опасность столкновения
collision risk model – модель для оценки риска столкновения
collision warning – предупреждение столкновений ВС в воздухе
collision warning device – сигнализатор угрозы столкновения
collision warning equipment – аппаратура предупреждения столкновения
collision warning radar – РЛС предотвращения столкновений
collision-course(s) approach – сближение на встречно-пересекающихся курсах
co-location – совместное размещение (аэронавигационных средств)
colour adaptation – цветная адаптация зрения
colour airway – трасса полетов определенного направления с цветным кодом
colour code – цветовой код
colour perception requirements – требования к качеству цветовосприятия
colour television picture tube – цветной кинескоп
colour-code identification – обозначение цветным кодом
coloured readout assembly – цветовой комплексный индикатор выборки информации (бортовых данных)
column – вертикальная шкала прибора; ручка управления; сжатая балка; стойка; штурвальная колонка
column inertia – инерция колонки (штурвала)
com/nav controller – пульт управления связной и навигационной аппаратурой
combination – комбинация; смесь; соединение; состав; сочетание
combination digital pointer display – комбинированный стрелочно-цифровой индикатор
combination fare – комбинированный тариф
combination through fare – сквозной комбинированный тариф
combined fare – комбинированный тариф
combined thrust – суммарная тяга
combined transport operator – транспортное предприятие, осуществляющее смешанные перевозки
combustion – возгорание, воспламенение, горение, сгорание, сжигание
combustion air – первичный воздух
combustion chamber – камера сгорания
combustion chamber area – площадь сечения камеры сгорания
combustion chamber can – жаровая труба камеры сгорания
combustion chamber casing – кожух камеры сгорания; корпус камеры сгорания
combustion chamber drain – дренаж камеры сгорания; продувка камеры сгорания
combustion chamber liner – жаровая труба камеры сгорания
combustion chamber mass flow – секундный расход (газа) через камеру сгорания
combustion chamber surface area – площадь поверхности камеры сгорания
combustion duration – время работы двигателя; продолжительность полета на активном участке траектории
combustion efficiency – коэффициент полноты сгорания; полнота сгорания
combustion engine – двигатель внутреннего сгорания
combustion gases – выхлопные газы; продукты сгорания
combustion ignition – воспламенение
combustion index – показатель горения
combustion temperature – температура газов перед турбиной; температура сгорания
combustion tube – жаровая труба камеры сгорания
combustion turbine starter – газотурбинный стартер

combustor – камера сгорания
come into operation – входить в строй; стать действующим
command – командование; управление; часть; соединение; команда; приказание; командный сигнал; сигнал управления; командовать; управлять; подавать команды
command airspeed marker – отметчик заданной воздушной скорости; указатель заданной воздушной скорости
command airspeed setting – установка значения воздушной скорости
command altitude – заданная высота
command altitude marker – отметчик заданной высоты, указатель заданной высоты
command coding scheme – схема кодирования команд
command control – командное наведение; командное управление
command guidance system – командная система наведения
command hardware – агрегаты системы управления; узлы системы управления
command index – командный индекс
command input – командный входной сигнал
command line transmitter – передатчик командной радиолинии
command link – командная линия связи; линия передачи команд
command Mach marker – отметчик заданного числа M; указатель заданного числа M
command mode – командный режим; режим командного управления
command module – командный отсек
command module hatch – люк командного отсека
command radio – командная радиостанция
command system – командная система
commanded – заданный
commanded heading – задаваемый курс, заданный курс
commanded pitch attitude – заданный угол тангажа, командный угол тангажа
commanded roll angle – командный угол крена, управляющий угол крена
commercial – гражданский; коммерческий, торговый
commercial aeronautics – гражданская авиация; коммерческая авиация
commercial air speed – коммерческая скорость полета
commercial air transport – воздушные перевозки; коммерческий воздушный транспорт
commercial aircraft – гражданский самолет
commercial airliner – коммерческий воздушный лайнер
commercial aviation – гражданская авиация; коммерческая авиация
commercial carrier – гражданская авиатранспортная компания
commercial flying – гражданский воздушный транспорт; полеты с коммерческой целью
commercial helicopter pilot – пилот коммерческого вертолета
commercial invoice – товарная фактура
commercial jet – гражданский реактивный самолет
commercial jet operations – коммерческие перевозки на реактивном самолете
commercial jet transport – гражданский реактивный транспортный самолет
commercial load – коммерческие перевозки; платный груз
commercial non-transport operator – коммерческий нетранспортный эксплуатант
commercial pilot – коммерческий пилот, пилот коммерческой авиации
commercial pilot licence – свидетельство пилота коммерческой авиации
commercial plane – самолет коммерческой авиации
commercial range – предельная дальность полета с полной коммерческой загрузкой
commission on withdrawn and refund documents – комиссионные по возвращенным и пересчитанным документам
commissioning inspection – инспектирование при вводе в эксплуатацию
commissioning test – испытания при вводе в эксплуатацию
commodity rates – льготные грузовые тарифы

common antenna – приемопередающая антенна
common carrier – перевозчик
common mark – общий знак (выделенный ИКАО регистрационному органу, ведающему регистрацией воздушных судов под общим знаком международного эксплуатационного предприятия на основе иной, чем государственная)
common mark registering authority – орган регистрации общих знаков
communication – путь сообщения; связь; сообщение
communication band – полоса частот связи
communication by direct speech – радиотелефонная связь
communication center – узел связи; центр связи
communication channel – канал связи
communication check point – контрольный пункт связи (самолета с центром управления)
communication control radio station – связная радиостанция
communication data network – сеть передачи данных
communication equipment – связное оборудование
communication exchange – обмен радиосвязью
communication facilities – средства связи
communication load – загрузка линий связи
communication manager – начальник службы связи
communication radio set – связная радиоустановка
communication satellite – искусственный спутник связи
communication service – служба связи
communication station – связная радиостанция
communication system – система связи
communication time lag – запаздывание в установлении связи
communication traffic – передача сообщение по радиосвязи
communicator – оператор электросвязи
commuter – самолет МВЛ
commuter air route – соединительная воздушная линия (связывающая магистральные линии)
commuter airline – местная авиалиния
commuter airliner – воздушный лайнер для местных линий
commuter traffic – компьютерные перевозки; перевозки по маршрутам, соединяющие местные линии
comparator – схема сравнения
compartment – кабина; отделение; отсек
compass – компас; круг; окружность
compass azimuth – компасный азимут
compass base – площадка для девиационных работ
compass bearing – компасный пеленг, пеленг по компасу
compass calibration – тарировка компаса
compass card – картушка компаса
compass circle – азимутальный круг
compass compensation – устранение девиации компаса
compass controlled gyroscope – гиромагнитный компас; гироскоп с коррекцией от магнитного компаса
compass correction – компасная поправка, поправка к показаниям компаса
compass correction card – график девиации; таблица поправок компаса
compass course – компасный курс, курс по компасу
compass deviation – компасная девиация
compass direction – компасный азимут, компасный пеленг
compass director – командный курсовой прибор
compass error – магнитное склонение; погрешность компаса
compass fast slave – быстрое согласование компаса
compass heading – компасный курс, курс по компасу
compass locator – приводная радиостанция курсоглиссадной системы посадки
compass locator inner – ближняя приводная радиостанция; приводная радиостанция курсоглиссадной посадки, установленная около ближнего маркера
compass locator middle – приводная радиостанция курсоглиссадной системы посадки, установленная около среднего

маркера; средняя приводная радиостанция
compass locator outer – дальняя приводная радиостанция; приводная радиостанция курсоглиссадной системы посадки, установленная около дальнего маркера
compass needle – компасная игла; стрелка компаса
compass north – компасный север
compass pin – шпилька компаса
compass points – стороны света
compass police – компасная коррекция; магнитная коррекция
compass prime vertical – компасный первый вертикал
compass reading – показания компаса
compass receiver – приемник радиокомпаса
compass repeater indicator – дублирующий компас; указатель – повторитель курса
compass rose – компасная роза; лимб картушки компаса
compass route – компасный курс
compass slave – согласование компаса
compass swinging – определение девиации компаса
compass system – компасная система; курсовая система
compass system indicator – указатель курсовой системы
compass testing platform – девиационная площадка
compass track – фактический компасный путевой угол
compass variation – магнитное склонение
compassing – выставка по компасу
compatibility – совместимость, соответствие; сравнимость, сходство
compensated compass – компас с уничтоженной девиацией
compensating component failure – отказ резервирующего элемента
compensation – компенсация; уравнивание; уравновешивание
compensator – компенсатор; корректор
competent licensing authority – компетентный орган по выдаче свидетельства
competition – конкурс, соревнование
complement – комплект, состав; штат личного состава
complete expansion ratio – полная степень расширения сопла
complete overhaul – капитальный ремонт
completely digital simulators – тренажеры, полностью работающие цифровыми методами
completion of documents – заполнение документов
complex – комплекс; система; сложный; составной
complex displays – радиолокационная система с индикацией данных на нескольких индикаторах
complex low – многоцентровая депрессия
component – агрегат; блок; компонент; составляющая; составная часть; узел; элемент
component force – составляющая сила
component test rig – стенд для испытания агрегатов и узлов
composite – комбинированный; композиционный; сложный; составной
composite engine – комбинированный двигатель
composite noise rating – комплексный показатель шума
composite pavement – сложное покрытие
composite prognosting chart – составная прогностическая карта
composite separation – сложное эшелонирование (воздушного движения)
composite track – смешанный маршрут
composite transparency – многослойное стекло; составное стекло
composition – смесь; соединение; состав
composition of forces – определение равнодействующей силы по ее компонентам; сложение сил
compound – масса; сложный; смесь; соединение; состав; составной
compound compressor – комбинированный компрессор
compound engine – поршневой двигатель с турбокомпрессором
compound power plant – комбинированная силовая установка
compound tariff – смешанный тариф
compressed – сжатый
compressed air – сжатый воздух
compressed air brake – пневматический тормоз

compressed air motor – двигатель, работающий на сжатом воздухе
compressibility – сжимаемость
compressibility burble – местный скачок уплотнения
compressibility correction – поправка на сжимаемость
compressibility drag – вредное сопротивление, обусловленное сжимаемостью
compressible aerodynamics – аэродинамика больших скоростей; аэродинамика сжимаемой среды
compressible flow – поток сжимаемой жидкости
compression – давление; сжатие
compression (concave) corner – угол менее 180 градусов
compression chamber – камера сжатия
compression failure – раздавливание; разрушение при сжатии
compression member – деталь, работающая на сжатие
compression piston ring – компрессорное поршневое кольцо
compression ratio – степень повышения давления; степень сжатия
compression shock – скачок давления; скачок уплотнения
compression stage – цикл сжатия
compression strength – прочность на сжатие; сопротивление сжатия
compression stress – напряжение сжатия
compression wave – волна сжатия; скачок уплотнения
compression-bending interaction – совместное действие сжатия и изгиба
compression-ignition engine – дизель
compressive – сжимаемый; сжимающий
compressive flow – сжимаемый поток
compressive force – сжимающее усилие
compressive strain – деформация сжатия
compressive strength – прочность на сжатие; сопротивление сжатию
compressive stress – напряжение сжатия
compressive stress tensor – тензор напряжения
compressive wave – волна сжатия; ударная волна
compressor air bleed – отбор воздуха от компрессора
compressor air-bleed system – система отбора воздуха от компрессора
compressor blading – лопатки компрессора
compressor bleed – отбор воздуха от компрессора; перепуск воздуха от компрессорных ступеней
compressor cascade – решетка профилей компрессора; ступень компрессора
compressor casing – корпус компрессора
compressor coupling – соединительная муфта ротора компрессора с ротором турбины
compressor drum – ротор компрессора барабанного типа
compressor impeller – диск компрессора
compressor inlet – входное сечение компрессора
compressor speed – число оборотов ротора компрессора
compressor stall – помпаж компрессора
compressor stator – направляющий аппарат компрессора
compressor surge – помпаж компрессора
compressor surge control – антипомпажное устройство компрессора
compulsory landing – вынужденная посадка; обязательная посадка по расписанию
compulsory reporting point – контрольный пункт; пункт обязательной посылки донесений с борта
computation – вычисление, расчет
computational accuracy – точность вычисления
computed airspeed – расчетная воздушная скорость
computed correction – вычисленная поправка, расчетная поправка
computed information – информация, выдаваемая вычислителем; расчетные данные
computer – вычислитель; вычислительная машина; компьютер; счетно-решающее устройство
computer calculation – расчет с помощью вычислительных машин
computer control – управление с помощью ЭВМ
computer data processing – обработка данных с помощью ЭВМ

computer display – дисплей вычислительной машины; развертка по данным вычислительного устройства
computer entry device – устройство для ввода данных в вычислитель
computer hardware – узлы (детали) вычислительных машин
computer language – язык ЭВМ
computer mechanism – вычислительный механизм
computer memory – запоминающее устройство; память вычислительной машины
computer mode indicator – указатель режима работы вычислителя
computer output information – данные (от) вычислителя (компьютера)
computer readout device – считывающее устройство выходных данных с вычислителя
computer recording – запись результатов, полученных вычислительной машиной
computer science – вычислительная техника
computer slide ruler – навигационная счетная линейка
computer system – вычислительная система
computer test circuit – устройство контроля вычислительной машины
computerized – автоматизированный (с помощью вычислительных машин); оснащенный вычислительной машиной
computerized control system – система управления с ЭВМ
computerized model – математическая модель
computer-oriented – вычислительный (о математическом методе); рассчитанный на использование вычислительной машины
computing machinery – вычислительная техника; вычислительные машины
CON (consol) – всенаправленный радиомаяк дальнего действия «Консол»
concavity – внутренняя поверхность свода; вогнутость
concentrated vortex – свернувшийся вихрь
concept – идея; концепция; понятие; принцип
concession fare – льготные тарифы, тарифы со скидкой
concourse – вестибюль; общий зал аэровокзала
concrete – бетон; бетонировать; бетонный; конкретный; твердеть
concrete apron – бетонная площадка
concrete overlay – усиливающий слой из предварительно напряженного бетона
concrete pavement – бетонное покрытие
concrete runway – бетонированная взлетно-посадочная полоса
concrete thickness – толщина цементобетонного покрытия
concurrent flow – спутный поток
concurrent forces – взаимно пересекающиеся силы; силы, сходящиеся в одной точке
condensation – конденсация
condensation trail – конденсационный след
condenser – конденсатор
condenser antenna – емкостная антенна
condenser discharge light – импульсный огонь
condenser microphone – конденсаторный микрофон
condition – кондиционировать; параметры; режим работы; состояние; условие; условия
condition of flight – метеорологические условия для полета
condition of ground – сезонное состояние летного поля
condition of mass flow continuity – условие неразрывности течения потока
conditional probability – условная вероятность
conditioned air – кондиционированный воздух
conditioning – кондиционирование; тренировка, физическая подготовка
conducting air – ионизированный воздух, проводящий воздух
cone – головная часть; конус; носовая часть
cone (-of-silence) marker – зональный маркерный радиомаяк; зонный радиомаркер
cone effect area – зона конусного эффекта
cone index – индекс прочности грунта по методу конуса; показатель прочности по методу конуса
cone of silence – зона молчания, конус молчания, мертвая зона

cone-of-silence marker beacon – маркерный радиомаяк с зоной молчания
conference circuit – сеть циркулярной связи
conference communication – средства циркулярной связи
confidence factor – коэффициент достоверности
confidence figure – степень достоверности
configuration – вариант (ВС); компоновка; конфигурация; расположение тела в потоке; система размещения (расположения); схема; форма
conflict detection – определение опасности сближения
conflict resolution – исключение опасности сближения
conflict search – расчет опасности сближения
confluence analysis – конфлюэнтный анализ
conformal – конформный; равноугольный (о проекции карты)
conformal display – аналоговая индикация; аналоговый индикатор
conformal projection – конформная проекция; равноугольная проекция
confusion light – огонь, трудно отличимый от других огней
congestion – перегруженность; скопление
conical – конический
conical camber – конический профиль
conical inner body – центральное тело конической формы (для высокоскоростных ВРД)
conical intake – воздухозаборник с коническим центральным телом; конический воздухозаборник
conical projection – коническая проекция
conical radome – конический обтекатель радиолокационной антенны
conical shock(wave) – конический скачок уплотнения; конус возмущений
conical surface – поверхность в виде усеченного конуса, ограничивающая препятствие; усеченный конус ограничения препятствия
coning angle – угол конусности; угол между осью размаха лопасти несущего винта и плоскостью, перпендикулярной к плоскости вращения
coning stops – упоры, ограничивающие угол взмаха лопастей несущего винта
conjunction ticket – составной билет
connecting aircraft – самолет стыкующегося рейса
connecting flight – стыкующийся рейс
connecting point – пункт смены рейсов; пункт стыка рейсов
connecting rod – соединительная тяга
connection – контакт; связь; соединение; стыковка рейсов; сцепление; (pl) схема (соединений)
connector – клемма; соединительное устройство; соединительный разъем
consequential amendment – последующая поправка
conservation – сохранение
consignee – грузополучатель
consignee's receipt – квитанция, выдаваемая грузополучателю
consigner – грузоотправитель
consignment – груз; партия товаров консигнации
consignment note – накладная
consignor – грузоотправитель
Consol (beacon) – всенаправленный радиомаяк дальнего действия «Консол»
console – консоль; приборная панель; пульт
conspicuity enhancement – увеличение яркости (огней)
constant – константа, постоянная; постоянный
constant acceleration – постоянное ускорение
constant airspeed control – стабилизация воздушной скорости
constant pitch – постоянный шаг (воздушного винта)
constant pressure altitude – постоянная барометрическая высота
constant-airspeed climb – набор высоты с постоянной приборной скоростью (по траектории)
constant-altitude control – стабилизация высоты полета
constant-level chart – карта постоянных уровней
constant-level navigation – навигация по линии равных азимутов; навигация по постоянному пеленгу
constant-pitch airscrew – воздушный винт постоянного шага

constant-pressure air – воздух, подаваемый под постоянным давлением
constant-pressure boundary – граничная линия постоянного давления
constant-pressure chart (map) – карта барической топографии
constant-rate climb – набор высоты с постоянной вертикальной скоростью
constant-speed propeller – воздушный винт постоянного числа оборотов
constant-speed unit – регулятор постоянного числа оборотов
constant-wave radar – РЛС непрерывного излучения
constraint – ограничитель
construction – постройка; строительство
construction joint – рабочий шов
construction of fare – образование тарифов
consular fee – консульский сбор
consular invoice – консульская фактура
consumption – потребление; расход
consumption indicator – указатель расхода (топлива)
contact – входить в соприкосновение; замыкание; контакт; обнаружение; обнаруживать; поддерживать связь; связь; соприкосновение; устанавливать связь
contact analogue display – индикация на лобовом стекле с наложением данных (на картину внешней обстановки)
contact approach – визуальный заход на посадку; заход на посадку в пределах видимости аэродрома
contact area – площадь контакта (колеса)
contact flight – визуальный полет, полет с визуальной ориентировкой
contact flight rules – правила визуального полета
contact landing – визуальная посадка
contact navigation – визуальная навигация
contact pilot – пилот с правом (только) визуального полета (в простых метеоусловиях)
contact plane – плоскость касания (контакта)
contact point – пункт установления связи (самолета с диспетчерской службой)
contact release – передача диспетчерского управления самолетом
contact speed – посадочная скорость
contact terminal – зажим, клемма
contact weather – погода, позволяющая визуальное ориентирование в полете
container – бак, контейнер, резервуар
contaminant – загрязняющее вещество, примесь
contamination – загрязнение; заражение
contender – соискатель, участник конкурса
content – емкость, объем; содержание; содержимое
contingency power – чрезвычайный режим мощности
contingency rating – чрезвычайный режим
continue to hold – оставаться в режиме ожидания
continuous – непрерывный, неразрывный, сплошной
continuous aileron – цельный элерон
continuous automatic transcribed broadcast service – служба широковещательной передачи по радио сообщений, записанных на пленку
continuous beam – сквозная балка
continuous channel – канал с непрерывной регистрацией измеряемого параметра; непрерывно действующий канал
continuous cloud (cover) – сплошная облачность
continuous flight – беспосадочный полет
continuous fluid – сплошная среда
continuous load – равномерно распределенная нагрузка
continuous mark – непрерывная отметка
continuous power – мощность на максимально продолжительном режиме; тяга на максимально продолжительном режиме
continuous space – непрерывный пробел
continuous watch – непрерывное прослушивание
continuous waves – незатухающие колебания
continuously variable thrust control – бесступенчатое регулирование тяги; плавное регулирование тяги
continuous-wave Doppler radar – доплеровская РЛС непрерывного излучения
contour – горизонталь; контур; очертание; профиль

contour chart – карта барической топографии
contour interval – плотность наноски
contour line – контур (картография)
contour search – поиск по горизонталям (поиск и спасение)
contoured nozzle – профилированное сопло
contract – заключать контракт (договор); принимать на себя обязательство
contract carrier – воздушно-транспортное предприятие, совершающее нерегулярные воздушные перевозки по договорам
contract management – руководство (управление) договорными работами
contract of carriage – договор на перевозку, соглашение между отправителем и перевозчиком на перевозку груза
contraction – коллектор; конфузор; конфузорный участок канала; течение в коллекторе; участок сжатия; участок сужения
contraction coefficient – коэффициент сжатия; коэффициент усадки
contraction of flow – поджатие потока; скоростной напор
contraction ratio – коэффициент поджатия; коэффициент сужения; относительное поджатие потока; сужение (сопла)
contra-flow unit – камера с обратным направлением потока
contrail – инверсионный след; конденсационный след
contrarotate – вращаться в противоположных направлениях
contra-rotating airscrews – соосные воздушные винты противоположного вращения
contributing factor – предпосылка; сопутствующий фактор
control – контролирование; контролировать; контроль; орган управления; регулирование; регулировать; руководство; руль; рычаг; управление; управлять
Control (Area Control Center) – районная диспетчерская служба, РДС (ртс)
control air – рабочий воздух пневматической системы управления
control airport – аэропорт с командно-диспетчерской системой
control airspeed – минимальная эволютивная воздушная скорость
control and display unit – блок управления и индикации
Control and Information System Laboratory – лаборатория систем управления и информации
control and monitor panel – панель контроля и управления
control area – диспетчерский район; контролируемый район
control area radio station – радиостанция службы воздушного движения
control augmentation – повышение управляемости
control augmentation system – система усиления управляющих сигналов (создаваемых пилотом)
control board – приборная доска, пульт управления
control boundary – граница области регулирования (управления); граница района диспетчерской службы
control box – блок управления; пульт управления
control cable – трос управления
control center – диспетчерский центр; центр управления воздушным движением
control channel – канал управления (радио)
control characteristics – характеристики органов управления; характеристики управляемости
control check – проверка системы управления
control column – колонка управления; штурвальная колонка
control column disconnect lever – рычаг стопора ручки управления
control column force – продольное усилие на штурвале; усилие на ручке управления; усилие на штурвале
control computer – вычислительное устройство системы автоматического регулирования
control consol – пульт управления
control crank – качалка управления
control deflection – дача руля; отклонение органа управления

control delay – запаздывание в системе управления; запаздывание рулей
control desk – пульт управления
control diagram – схема управления
control electronics – электронная аппаратура управления (регулирования)
control facilities – оборудование системы управления
control failure – отказ системы управления
control feel – ощущение усилий на ручке и педалях управления; чувство органов управления
control feel simulator – автомат усилий в системе управления; имитатор усилий в системе управления
control flap – плоскость управления
control force characteristics – характеристики управляемости по усилиям на органах управления
control force per unit of normal acceleration – расход усилий на органах управления на единицу нормальной перегрузки
control force system – автомат усилий; механизм загрузки бустерной системы управления
control function – работа органов управления
control gear – механизм управления
control hardware – узлы (агрегаты) систем регулирования или управления
control horn – кабанчик поверхности управления; роговой компенсатор
control in transition – управление на переходном режиме
control information – данные управления; команды управления; сигналы управления; управляющая информация
control input – дача руля; создаваемый рулем импульс
control instruments – пилотажные приборы
control lever – переводной рычаг; перекидной рычаг; рычаг управления
control lift – подъемная сила органа управления
control line – проводка управления; трос управления
control loads – нагрузки в системе управления
control lock – зажим поверхности управления; замок ручки или педалей управления
control loop – контур управления; система управления
control markings – обозначения рычагов управления
control module – отсек управления
control of emergency landing gear selection – управление аварийным выпуском шасси
control of heading – выдерживание (заданного) курса; изменение курса
control of the air – превосходство в области авиации; превосходство или господство в воздухе
control overhead – перегрузка системы управления; создание чрезмерных усилий в системе управления
control panel – приборная стойка; пульт управления
control pedestal – колонка управления
control pillar – колонка управления
control plot – карта с контрольными точками (маршрута полета)
control point – значение регулируемой величины; контрольная точка; точка регулирования
control position indicator – указатель положения рулей
control position recorder – самописец отклонения рулей
control pulse – управляемый импульс
control quadrant – сектор РУД (газа); сектор рычагов управления; секторная качалка проводки управления
control rack – пульт управления; стойка управления
control radar – радиолокационная станция наведения; радиолокационная станция управления полетами
control ratio – передаточное число (автопилота)
control recovery – восстановление управляемости
control response – реакция ВС на отклонение рулей; реакция системы на управляющее воздействие; управляемость; эффективность рулей
control reversals – обращения органов управления; противоположное отклонение рулей; реверс рычагов управления

control rod – рулевая тяга
control room – диспетчерская; кабина пилота; помещение диспетчерской службы
control sector – сектор контроля (воздушного движения)
control sensitivity – чувствительность ВС к отклонению рулей; чувствительность управления
control sensor – датчик системы управления
control servo – сервопривод системы управления; силовой привод системы управления
control servo tab – сервокомпенсатор
control setting – угол установки органа управления
control speed – минимальная эволютивная скорость
control spoiler – интерцептор системы управления
control stick – ручка управления
control stick system – система управления от руки
control surface – поверхность управления; рулевая поверхность
control surface torque – шарнирный момент руля
control surface travel – отклонение руля; угол отклонения поверхности управления
control system – система регулирования; система управления
control system breakout force – сила страгивания системы управления
control system loop – цепь системы управления
control time – расчетное время пролета над контрольным ориентиром
control timer – датчик времени; управляющее реле времени
control tower – диспетчерская вышка; командно-диспетчерский пункт
control tower operator – диспетчер командно-диспетчерского пункта
control traffic area – диспетчерский район
control transfer button – кнопка передачи управления
control transformer – сельсин-приемник
control transmitter – передатчик управляющих команд
control trimming tab – триммер
control unit – блок управления; диспетчерский пункт
control valve – клапан системы управления; регулирующий (контрольный) клапан
control vane – руль управления
control wheel – штурвал управления
control zone – диспетчерская зона (расположенная в воздушном пространстве, как правило, от уровня земли и до высоты 300-600 м, в радиусе 9-27 км от ВПП)
control-actuating system – система привода органов управления
control-fixed characteristics – характеристики самолета при зажатом управления
controllability – управляемость
controllability check – проверка управляемости
controllable – регулируемый; управляемый
controllable (pitch) propeller – ВИШ, воздушный винт изменяемого шага; двухшаговый воздушный винт
controllable airscrew – воздушный винт изменяемого шага
controllable altitude – высота управляемого полета; досягаемость по высоте
controllable horizontal tail – управляемое горизонтальное оперение
controllable intake – регулируемый воздухозаборник
controllable nose intake – регулируемый носовой воздухозаборник
controllable thrust – регулируемая тяга
controllable-area nozzle – сопло с регулируемым сечением
controlled airdrome – контролируемый аэродром (на котором осуществляется диспетчерское обслуживание аэродромного движения)
controlled airspace – контролируемое воздушное пространство
controlled approach – заход на посадку по радиокомандам с земли
controlled flight – контролируемый полет
controlled rolling motion – управляемое движение крена
controlled spin – управляемый штопор
controlled VFR flight – контролируемый полет по ПВП

controlled visual rules – правила визуального полета при наличии управления с земли
controller – датчик; диспетчер службы управления воздушным движением; инспектор; начальник; оператор; пульт управления; управляющее звено
controller lag – запаздывание регулятора или оператора (диспетчера)
controller scope – индикатор диспетчера или оператора
control-lock cable – трос управления стопором рулей
control-loss incident – летное происшествие по причине потери управления
control-rate characteristics – характеристики скорости отклонения руля
controls – механизмы управления; органы управления; регуляторы; рули управления
control-servicing bay – отсек для обслуживания системы управления
control-stick angle – угол отклонения ручки управления
control-stick force – усилие на ручке управления
control-stick position – положение ручки управления
control-stick steering mode – режим автоматического управления от датчиков усилий на ручке
control-stick-steering maneuver – маневр от ручки при работающем автопилоте
control-surface actuator – привод поверхности управления; рулевая машинка
control-surface angle – угол отклонения органа управления или рулевой поверхности
control-surface area – площадь поверхностей управления
control-surface balance – аэродинамическая компенсация или весовая балансировка руля; компенсатор или весовой балансир руля
control-surface cable adjustment access – люк для регулировки тяг рулей
control-surface hinge – шарнир руля
control-surface pickup – датчик перемещения поверхностей управления
control-surface positioning – отклонение рулей; установка рулей в требуемое положение
control-surface rod – рулевая тяга
control-wheel input – дача штурвала управления; отклонение штурвала управления
control-wheel movement – отклонение штурвала управления, перемещение штурвала управления
control-wheel steering – автоматическое управление от датчиков усилий на штурвале; совмещенное управление; управление штурвалом вручную при включенном автопилоте
control-wheel steering mode – режим автоматического управления от датчиков усилий на штурвале
control-wheel steering system – система управления от штурвала при включенном автопилоте; совмещенная система управления
control-wheel system – штурвальная система управления
CONUS, ConUS (Continental United States) – континентальная часть США
convection – конвекция
convection cloud – конвективное облако
convection current – конвективное течение
convective cloud – конвективное облако
convective rain – конвективные осадки; конвективный дождь
convective region – область конвекции
convective turbulence – конвективная турбулентность
conventional aircraft – самолет обычного типа
conventional flight mode – переходный режим полета
convergence – конвергенция
convergence angle – угол сужения
convergence line – линия конвергенции
convergency – схождение (меридианов)
convergent – сужающийся; сходящийся
convergent cone spray – сходящаяся коническая струя
convergent nozzle – сужающееся сопло
convergent-divergent inlet – диффузор типа сопла Лаваля; сверхзвуковой вход
convergent-divergent nozzle – сверхзвуковое сопло, сопло Лаваля

converging aircraft – самолеты, производящие полеты по сходящимся курсам
converse problem – теорема обратимости
conversion – изменение конфигурации; конверсия; модификация, переоборудование; переоборудованный вариант (ВС); переучивание, переход; превращение, преобразование, трансформирование
conversion angle – разность между ортодромическим и локсодромическим путевыми углами; угол конверсии
conversion chart – переводная таблица; переводной график
conversion course – курс переучивания
conversion scale – шкала сходимости
conversion table – переводная (пересчетная) таблица
converter – демодулятор; дискриминатор; преобразователь (переменного тока в постоянный)
convertible aircraft – грузопассажирское воздушное судно
convertiplane – конвертоплан, самолет-вертолет
convex corner – угол более 180 градусов
conveyance charge – сборы за авиаперевозки
conveyance rate – тарифы за авиаперевозки
coolant – жидкость для двигателей жидкостного охлаждения; охлаждающая среда
coolant jacket – рубашка охлаждения
cooling – охлаждающий; охлаждение; система охлаждения
cooling air – охлаждающий воздух
cooling draught – поток охлаждающего воздуха
cooling fan – вентилятор для подачи охлаждающего воздуха
cooling flap – створка системы охлаждения
cooling flow – поток охлаждающей среды
cooling installation – охладительная установка; система охлаждения двигателя
cooling jacket – охлаждающая рубашка, рубашка охлаждения
cooling medium – охлаждающая среда
cooling power – охлаждающая способность
Cooper scale – шкала Купера (для оценки пилотажных характеристик самолета по десятибалльной системе)
coordinate – координата; координировать; система координат
coordinate axis – ось координат
coordinate conversion – преобразование координат
coordinate conversion computer – вычислитель-преобразователь координат
coordinate map – карта с координатной сеткой
coordinate map grid – координатная сетка
coordinate scale – масштаб координат
coordinate system – система координат
coordinate transformation – преобразование координат
co-phase – совпадающая фаза (связь)
copilot – второй пилот
copilot's instrument power panel – щиток питания приборов второго пилота
cord – канат; корд; одножильный провод; строп(а); трос; шнур
core – заполнитель; основной (внутренний) контур двигателя; сердечник; сердцевина; ядро
core of turbulence – ядро турбулентности
Coriolis compensation – компенсация кориолисова ускорения
Coriolis computer – вычислитель поправки на кориолисово ускорение
Coriolis force – кориолисова сила
corner – угол
corporate aviation – корпоративная авиация
corrected – исправленный, приведенный, с поправкой
corrected air speed – исправленная воздушная скорость, скорректированная воздушная скорость
corrected altitude – высота по прибору с внесенной поправкой; исправленная высота
corrected azimuth – исправленный азимут
corrected bearing – исправленный пеленг, скорректированный пеленг
corrected heading – исправленный курс
corrected radio bearing – исправленный азимут

corrected reading – исправленное показание (прибора); отсчет (по шкале) с введенной поправкой
corrected speed – приведенная скорость; приведенное число оборотов
corrected value – исправленное значение, приведенная величина, скорректированное значение
correcting bearing – исправленный пеленг, скорректированный пеленг
correction – «даю исправление» (ртс); исправление; коррекция; поправка
correction angle – поправочный угол; угол сноса
correction card – таблица поправок
correction chart – график поправок; таблица поправок
correction factor – поправочный коэффициент
correction factor table – таблица поправочных коэффициентов
correction for lag – поправка на запаздывание (показаний прибора)
correction turn – доворот (самолета)
corrective action display – индикация парирующих (корректирующих) действий
corrector lever – рычаг высотного корректора
corrector magnet – девиационный магнит
correlate – находиться в соотношении; сопоставлять; устанавливать соотношение
correlation – взаимная связь, корреляция; сопоставление
correlation protected instrument landing system – система посадки по приборам с корреляционной защитой (CPILS)
correlator – коррелятор
correlator switch – переключатель коррелятора
corridor – воздушный коридор; узкая зона
corridor flight rules – правила полетов в воздушных коридорах
corrugated – волнистый; гофрированный; рифленый
corrugated covering – гофрированная обшивка
corrugated noise suppressor – гофрированный шумоглушитель
corrugated surface – гофрированная поверхность
cost – стоимость; цена
cost contract – контракт с оплатой по фактической стоимости
cost level – величина себестоимости
cost of travel – транспортные издержки
cost per seat-mile – стоимость пассажиро-мили; стоимость перевозки одного пассажира на расстояние в одну милю
cost plus fixed fee contract – контракт с оплатой стоимости плюс установленное вознаграждение
cost plus incentive fee contract – контракт с оплатой стоимости плюс поощрительное вознаграждение
cost ratio – относительная стоимость
cost-effectiveness – критерий «стоимость – эффективность»
cost-effectiveness factor – коэффициент стоимостной эффективности
cost-reimbursement contract – контракт с оплатой по фактической стоимости
cost-sharing contract – контракт на часть ассигнованной суммы
cost-volume-profit factor – коэффициент безубыточности
cotter pin – шплинт
count-down – процент потери
counter – встречный; обратный; парировать (действие); противодействовать; противоположный; счетчик
counter dial – циферблат счетчика, шкала счетчика
counteract – нейтрализовать, противодействовать
countermeasures – меры противодействия, создание помех
countermoment – восстанавливающий момент
counterpart – вариант модификации
counterpart personnel – параллельно-участвующий персонал
counterpoise – противовес; равновесие; уравновешивать
counterpressure – противодавление
counterpropellers – соосные воздушные винты противоположного вращения
counterradar measures – создание помех работе радиолокационной станции
counterrotating torque – восстанавливающий момент; реактивный крутящий момент

countersunk-head pin – штифт с потайной головкой
counteryawing moment – момент, противодействующий движению рыскания
couple – момент; пара сил; соединять (муфтой); сцеплять
coupled – соединенный, спаренный, сцепленный
coupled approach – заход на посадку с помощью автопилота, связанного с радиосредствами
coupled approach operation – автоматический заход на посадку по наземным радиосредствам
coupled approach phase – этап захода на посадку с автопилотом, связанным с радиоприемниками посадочной системы
coupled circuits – связанные контуры
coupled localizer aerials – спаренные антенны курсоглиссадного радиомаяка
coupled mode – вид связанных колебаний; режим связанных колебаний
coupled motion – взаимосвязанные движения; связанное движение
coupler – блок связи; преобразователь сигналов; соединительное устройство
coupler and flare computer – блок связи и вычислитель данных для выравнивания
coupling – взаимодействие; муфта сцепления; связь; соединение; сопряжение
coupling factor – коэффициент связи
coupling loop – петля связи
coupon origin-destination – пункты отправления и назначения в купоне
course – курс; направление полета; направленный луч радиомаяка; расчетная траектория; расчетный курс
course alignment – регулировка линии курса
course angle – курсовой угол
course arrow – стрелка отсчета курса
course bar – курсовая черта (отметка, планка)
course beacon – курсовой радиомаяк
course bearing – курсовой угол, пеленг
course correction – поправка к компасному курсу
course detector – автоматический указатель курса
course deviation indicator – индикатор отклонения от курса полета
course direct system – система управления курсом
course director – автоматический указатель курса; радиокомпас
course display – индикация курса
course error needle – курсовая стрелка посадочного индикатора; стрелка-указатель отклонений от курса (курсового луча)
course indicating beacon – курсовой радиомаяк
course indicator – указатель курса следования; указатель курсовой системы
course light – линейный светомаяк; трассовый светомаяк
course line – линия курса
course made good – фактический путевой угол
course plotting – прокладка курса
course recorder – курсограф
course scalloping – отклонения от линии курса
course sector – сектор курса
course selector – задатчик курса
course set error – погрешность установки курса
course setter – навигационный визир
course sharpness – точность выдерживания курса
course structure – структура курса
course surface – плоскость курса (ИЛС)
course-and-bearing indicator – пеленгатор
course-and-distance calculator – вычислитель направления и дальности полета
course-and-distance computer – вычислитель курса и дальности
course-and-drift indicator – индикатор сноса и курса
course-and-speed computer – прибор для механического решения треугольника скоростей
course-line computer – курсовое счетно-решающее устройство
course-line deviation – боковое уклонение
cover – крышка; обшивка; покров; покрытие; прикрытие; чехол
coverage – зона видимости; зона действия; зона сканирования; охват;

предел распространения радиоволн; прикрытие; радиус
coverage diagram – диаграмма зон действия
coverage of radar – зона действия радиолокационной станции
coverage pattern – зона видимости
cow(ling) – зализ; капот мотора; кожух; обечайка (диффузора); обтекатель
CP (center of pressure) – центр давления
cps (cycle per second) – герц
CR/DF (cathode ray direction finder) – пеленгатор с электроннолучевым индикатором
crab – лететь со сносом; рыскание по курсу; рыскать по курсу; снос самолета
crab angle – угол сноса
crab correction – поправка на снос; угол упреждения сноса
crab into the wind – лететь с упреждением на снос
crab-wise – с углом сноса
crack – растрескиваться, трескаться; трещина
crack load – разрушающая нагрузка
crack-limiting joint – соединение для ограничения распространения трещины
cramp – струбцина
crank – качалка; коленчатая рукоятка; кривошип
crankshaft pin – шатунная шейка коленчатого вала
crash – авария, поломка; потерпеть аварию; разбиться; разрушение; сломаться
crash ability – способность противостоять разрушающим нагрузкам (при аварийной посадке)
crash acceleration – ускорение в момент разрушения (удара, аварии)
crash apparatus – аварийно-спасательное средство; аэродромная аварийная машина
crash barrier – аэродромная аварийная тормозная установка; барьер аэродромной аварийной тормозной установки
crash beacon – аварийный маяк
crash boat – спасательная лодка
crash crew – аварийная команда
crash equipment – аварийно-спасательное оборудование
crash impact – удар (о землю) при аварии
crash investigation procedure – порядок расследования аварий или катастроф
crash landing – аварийная посадка
crash landing impact – удар при аварийной посадке
crash landing strip – запасная посадочная полоса (для аварийной посадки)
crash locator – бортовой аварийный радиомаяк
crash locator beacon – бортовой аварийный радиомаяк
crash position indicator – аварийный приводной радиомаяк; указатель места аварии
crash radio – аварийная радиостанция
crash radio recorder – бортовой самописец условий катастрофы
crash sensor – датчик аварийной обстановки
crash site – место катастрофы
crash survival – выживание при аварии
crash switch – аварийный выключатель
crash truck – аварийная машина, спасательная машина
crash-proof unit – блок с аварийной защитой
crash-rescue manual – инструкция по аварийно-спасательным работам, руководство по аварийно-спасательным работам
crash-rescue team – аварийно-спасательная команда
crashworthiness – безопасность пассажиров при аварийной посадке; соответствие требованиям безопасности при аварии; ударопрочность; ударостойкость
crashworthiness of the aircraft – живучесть воздушного судна
creative fare – стимулирующий тариф
creeping failure – нарастающий отказ, постепенный отказ
crest – вершина профиля; гребень
crest cloud – облако над хребтом
crew – команда; комплектовать экипаж; экипаж
Crew Baggage Declaration – декларация экипажа о провозе багажа
crew cabin – кабина экипажа
crew check flight – контрольный полет для экипажа (с целью проверки навыков членов экипажа)
crew compartment – кабина экипажа

crew complement – состав экипажа
crew coordination – координация действий экипажа
crew emergency evacuation training – обучение экипажа методам аварийной эвакуации пассажиров
crew factors – факторы, зависящие от экипажа
crew intercommunication – внутренняя связь для экипажа (на самолете)
crew intercommunication equipment – самолетное переговорное устройство, СПУ
crew man – член экипажа
crew manifest – манифест; список экипажа
crew member – член экипажа
Crew Member Certificate – свидетельство члена экипажа
crew on duty – дежурный экипаж
crew scheduling – планирование экипажей по рейсам
crew status board – график степени готовности экипажей
crew survival – выживание экипажа; спасение экипажа
crew trainer – учебно-тренировочный самолет для подготовки экипажей
crew training – подготовка экипажа
crew-aircraft integration – взаимодействие экипажа с ВС
critical – критический
critical air velocity – критическая скорость воздуха
critical aircraft – расчетный (критический) тип воздушного судна
critical altitude – критическая абсолютная высота; расчетная абсолютная высота (двигателя)
critical angle of attack – критический угол атаки
critical engine – критический двигатель
critical environmental parameter – критический параметр среды
critical height – минимальная высота над аэродромом (ниже которой снижение запрещено, если нет видимости земли)
critical leg – дальность полета без дозаправки топливом
critical load – критическая разрушающая нагрузка
critical overshoot height – минимальная высота безопасного ухода на второй круг
critical point – точка возврата на аэродром вылета
critical power units – критическая силовая установка; силовая установка, отказ которой вызывает наиболее неблагоприятное влияние на характеристики самолета, относящиеся к рассматриваемому случаю
critical pressure – критическое давление
critical pressure ratio – критическое отношение давлений
critical scan area – зона обзора показаний жизненно важных приборов; область сосредоточения зрительного внимания пилота в критической обстановке
critical speed – минимальная скорость, на которой сохраняется управление самолетом в случае отказа двигателя
critical throat section – критическое сечение сопла
critical zone – зона выдерживания постоянного курса полета; критическая зона
critical-engine-failure speed – критическая скорость отказа двигателя на взлете
critical-flow nozzle – сверхзвуковое сопло
crop dusting – опыление
cross bearings – засечка; перекрестный пеленг
cross check – одновременно контролировать показания нескольких приборов; осуществлять перекрестный контроль
cross component – поперечная составляющая
cross control – поперечное управление
cross controls – перекрестно (противоположно) отклоненные рули; противоположное положение органов управления самолетом в полете
cross coupling – перекрестная взаимосвязь; перекрестное взаимодействие
cross drive – перекрестная передача (поперечная)
cross fin – крестообразный стабилизатор
cross fire – помехи от смежных каналов
cross range (cross-track) error – боковое отклонение от заданного маршрута

cross section – поперечное сечение
cross talk – взаимные помехи станций (при работе с микрофоном)
cross track velocity display – индикатор поперечной составляющей вектора скорости
cross valve – перепускной (трехходовой) кран
cross velocity – боковая составляющая скорости, поперечная составляющая скорости
crossband beacon – двухчастотный ответчик
crossband operation – работа на перекрестных диапазонах
crossbar – поперечная линия (нанесенная на ВПП); поперечная линия огней (ВПП); световой горизонт
crossbar approach lighting system – система огней подхода с поперечными световыми горизонтами
crossbar of an approach light system – поперечная линия огней приближения
cross-country flight – маршрутный полет с промежуточными посадками
cross-coupled control – взаимосвязанное (продольное и боковое) движение самолета в ответ на возмущение
cross-coupling error – погрешность перекрестной связи
crossed controls – перекрестная система управления
crossed shock – косой скачок уплотнения
crossed wing – крестообразное крыло
crossed-loop antenna – рамочная антенна
cross-feed valve – кран кольцевания перекрестного питания
crosshatched – заштрихованный крест-накрест; решетчатый (о структуре)
cross-modulation – перекрестная модуляция
cross-office switching – коммутация пунктов (связь)
crossover – пролет самолета над контрольным пунктом
crossover taxiway – соединительная рулежная дорожка
cross-plot – сводный график
cross-pointer (indicator) – указатель курса и глиссады; указатель системы посадки по приборам
cross-pointer approach – заход на посадку по нуль-индикатору
cross-pointer display – индикатор с перекрещивающимися стрелками; нуль-индикатор
cross-pointer meter – двухстрелочный пульт-индикатор курсоглиссадной посадочной системы
cross-pointer mode – режим полета по двухстрелочному пульт-индикатору
cross-referencing between operators – взаимный контроль действий операторов
cross-relate – сопоставлять; увязывать между собой
cross-runway – вспомогательная ВПП, расположенная под углом к главной ВПП
cross-sectional area – площадь поперечного сечения
cross-sloped runway – ВПП с односкатным поперечным профилем
cross-track bias – боковая ошибка; поперечное отклонение от маршрута
cross-track distance – линейное боковое уклонение
cross-track error – боковое уклонение
cross-trade(s) – перевозка между третьими странами
cross-training – обучение взаимозаменяемости
cross-wind – боковой ветер
cross-wind accountability – поправка на боковой ветер
cross-wind component – составляющая бокового ветра
crosswind computer – вычислитель боковой составляющей ветра
crosswind control – доворот на ось ВПП (перед приземлением)
crosswind crab control centering button – кнопка выключения системы парирования сноса при посадке с боковым ветром
crosswind effect – влияние бокового ветра; снос самолета ветром
crosswind factor – составляющая бокового ветра
crosswind landing – посадка при боковом ветре
crosswind leg – участок полета «по коробочке» между первым и вторым разворотами
crosswind limit – предельная скорость бокового ветра

crosswind takeoff – взлет при боковом ветре
crown (of a camber) – вершина выпуклости (двускатного поперечного профиля)
crown cross section – двускатный поперечный профиль
crowned runway – ВПП с двускатным поперечным профилем
CRT (cathode-ray tube) – электроннолучевая трубка
cruise – крейсерский; крейсировать
cruise altitude – угол тангажа на крейсерском режиме полета
cruise climb – набор высоты на крейсерском режиме (в крейсерском полете)
cruise climb step flight – крейсерский полет со ступенчатым набором высоты
cruise control – пилотирование самолета на крейсерском режиме
cruise descent – снижение в крейсерском режиме
cruise indicator – указатель качества смеси на крейсерском режиме
cruise Mach range – диапазон чисел М на крейсерских режимах
cruise mode – крейсерский режим полета
cruise penalty – проигрыш на крейсерском режиме
cruise power – маршевая двигательная установка
cruise power management – регулирование мощности на крейсерском режиме полета; управление двигателем на крейсерском режиме полета
cruise powerplant – маршевая двигательная установка
cruise thrust – тяга на крейсерском режиме
cruising airspeed – крейсерская воздушная скорость
cruising altitude – высота крейсерского полета
cruising ceiling – крейсерский потолок; потолок при полете на крейсерском режиме
cruising flight – крейсерский полет
cruising fuel consumption – расход топлива на крейсерском режиме
cruising leg – участок маршрута крейсерского полета
cruising level – крейсерский эшелон
cruising output – мощность двигателя на крейсерском режиме
cruising phase – этап маршевого (крейсерского) полета
cruising radius – радиус действия самолета при крейсерском режиме полета
cruising range – дальность полета на крейсерском режиме
cruising rating – крейсерский режим
cruising speed – крейсерская скорость
cruising velocity – крейсерская скорость; скорость маршевого полета
crystal – кварцевый
crystal control – кварцевая стабилизация
CS (call sign) – позывной сигнал; код
CS (call signal) – позывной сигнал
cs (cirrostratus) – перисто-слоистые облака
CS (communication radio station) – связная радиостанция
CSU (constant speed unit) – регулятор постоянных оборотов
CTA (control area) – диспетчерский район
Cu (cumulus) – кучевое облако
cubic curve – кривая третьего порядка
cue – ключ; сигнал; условный знак
CUF (cumuliform) – кучевая облачность
cumulative aircraft accident rate – суммарный коэффициент аварийности
cumulative probability – суммарная вероятность
cumuliform – кучевая облачность
cumulonimbus (pl cumuli) – кучево-дождевые облака
cu-nb (cumulonimbus) – кучево-дождевое облако
cup – колпак; купол; форкамера (ЖРД)
cup anemometer – чашечный анемометр
cure – отверждать; отверждение
cured resin – отвержденная смола
currency – валюта
currency declaration form – бланк декларации о валюте
currency exchange desk – стол обмена валюты
currency exchange regulation – валютный контроль
current – поток, струя; текущий; течение; тяга (воздуха); электрический ток

current flight plan – текущий (принятый) план полета
current legal rates of exchange – текущие валютные официальные курсы
cursor – визир; движок (на индикаторе кругового обзора); стрелка; указатель
curvature matching – обеспечение расчетной профилировки
curve – график; кривая; характеристика
curve of altitude – кривая абсолютной высоты
curve of equal bearing – линия равных азимутов (пеленгов)
curved approach – криволинейный заход на посадку
curved shock – криволинейный скачок уплотнения
cushion – амортизирующая подкладка; подушка (воздушная)
cushion craft – аппарат на воздушной подушке
cusp – верхушка; выступ; острие; точка возврата (для линий тока); точка перегиба; точка пересечения двух кривых; уступ
cusp of trailing edge – вогнутость у задней кромки
customs – таможенные пошлины; таможня
Customs Airport – таможенный аэропорт
customs clearance – выполнение таможенных формальностей, таможенная очистка
customs clearance department – отдел таможенного досмотра
customs consignee – агент по таможенной очистке от пошлин импортных грузов
customs control – таможенный досмотр
customs duty – таможенная пошлина
customs formalities clearance – очистка от таможенных формальностей
customs formality charge – расходы по выполнению таможенных формальностей
customs house – таможня
customs inspector – таможенный инспектор
customs regulations – таможенные правила
customs room – зал таможенного досмотра
customs taxation procedure – процедуры таможенной оценки
customs-free – беспошлинный (груз)
customs-free airport – свободный от пошлин аэропорт
cut – выемка; отрезать; пересекать; профиль; разрез; резать; сечение
cut altitude – высота выключения двигателей
cut power – резко уменьшать мощность или тягу, убирать газ
cut throttle – убирать газ
cut-and-try process (method) – метод последовательных приближений; метод проб и ошибок; экспериментальный метод
cut-away – вид в разрезе, разрез
cut-away drawing – чертежи в разрезе
cutaway engine – двигатель в разрезе
cut-in – включение, начало работы
cut-in area – прорубаемая снаружи часть обшивки (для спасения из потерпевшего аварию ВС)
cut-in speed – скорость ввода в действие
cutoff – выключение, окончание работы
cutoff altitude – высота выключения двигателя
cut-off line (sonic boom) – граница распространения (звуковой удар); линия отсечки
cutoff point – момент выключения двигателей, точка отсечки двигателей
cutoff switch – выключение питания
cutoff taxiway – соединительная рулежная дорожка
cutoff valve – отключающий клапан, отсечный клапан, перекрывной клапан
cutoff velocity – скорость, достигнутая к моменту прекращения работы двигателя
cutout spar – лонжерон с вырезом
CVR (cockpit voice recorder) – речевой самописец для записи переговоров в кабине экипажа
CW (wireless communication) – радиосвязь телеграфом
CWDS (Cockpit Weather Dissemination System) – система отображения метеорологической информации в кабине пилота
cycle – круг; круговой процесс; период колебаний; цикл
cycle flight controls – отклонять рычаги управления несколько раз (в разные стороны)
cycle per second – герц

cycled reconditioning – регламентные работы
cyclic(al) – циклический
cyclone – циклон
cylinder – баллон; барабан, цилиндр

D

D (distant) – дальний
D.G. flag – флажок сигнализации захвата или качества сигналов луча
DAGMAR (drift and ground speed measuring airborne radar) – самолетная радиолокационная станция определения угла сноса и путевой скорости
daily – ежедневно; ежедневный
daily bulletin – ежедневная сводка (погоды)
daily inspection – ежедневный осмотр (самолета или механизма); текущий осмотр
daily range – суточная амплитуда (изменения метеоданных); суточный ход
daily utilization (of aircraft) – суточный налет часов
daily variation – суточные изменения
daily weather bulletin – ежедневный бюллетень погоды; синоптический бюллетень
daily weather map – суточная синоптическая карта
damage – дефект; повреждать; повреждение, поломка
damage capability – разрушительная способность
Damage Report Cargo – акт о повреждении груза
damage threshold – порог разрушения
damage-free recovery – приземление без поломок
damp – амортизировать, демпфировать; влажный, сырой; глушить, заглушать; тормозить
damp air – влажный воздух
damped – амортизированный, демпфированный; заглушенный; заторможенный
damper – амортизатор; глушитель (колебаний); демпфер; заслонка; регулятор тяги
damping – амортизация; глушение; демпфирование; затухание; торможение
damping action – амортизирующее действие, демпфирование; затухающее действие
damping arrangement – демпфер, приспособление при глушении (колебаний)
damping coefficient – коэффициент затухания (демпфирования)
damping in pitch – демпфирование колебаний относительно поперечной оси, демпфирование тангажа
damping in roll – демпфирование колебаний относительно продольной оси, демпфирование крена
damping in yaw – демпфирование колебаний относительно нормальной оси, демпфирование рыскания
damping losses – потери демпфирования
damping moment coefficient – коэффициент демпфирующего момента
damping ratio – относительное демпфирование, степень демпфирования, степень затухания
damping surface – демпфирующая поверхность, стабилизирующая поверхность
damping term – параметр затухания
danger – опасность
danger area – опасная зона
danger line – граница опасной зоны
danger space – зона опасности
danger warning – предупреждение об опасности
danger zone – опасная для полетов зона
dangerous area – опасный для полетов район; опасный участок; участок ВПП, не пригодный для взлета и посадки
dangerous freight – опасный груз
dark adaptation – адаптация к темноте (зрение)
darkness hours – время наступления темноты; ночное время
dash – тире
dash lamp – лампа освещения приборной доски
dash speed – максимальная скорость (кратковременно развиваемая)
dashboard – приборная доска (в кабине пилота)
dashboard light – освещение приборной доски
DASR (Decca Air Surveillance Radar) – радиолокатор встречи в системе Декка
data – данные; документация, документы; информация; тактико-технические данные; характеристики

data acquisition equipment – аппаратура для приема данных
data acquisition system – система приема и накопления данных
data acquisition unit – блок приема данных
data box – ящик для хранения бортовых документов
data bus – канал передачи данных
data card – карта с входными данными
data carrier – носитель данных, носитель информации
data control unit – блок управления обратной информации
data display – индикация данных
data exchange unit – блок обмена информацией
data ground station – наземная станция приема и обработки данных
data handling – обработка данных
data input – ввод данных
data inserter – устройство ввода данных
data link – линия передачи данных
data link message – сообщение по линии передачи данных
data link receiver – применение системы передачи данных
data link simulator – установка для моделирования линии передачи данных
data link system – система передачи данных
data management – обработка данных
data management network – сеть передачи данных
data pickoff – устройство для съемки данных
data point – единица информации; единичный отсчет (параметров); замер регистрирующей аппаратуры; измеряемый параметр; один из результатов обработки данных; частное значение; экспериментальная точка
data processing – обработка данных; преобразование данных
data processing center – вычислительный центр, центр обработки информации
data processing display – индикация обрабатываемых данных
data processing machine – вычислительная машина для обработки данных
data processor – преобразователь данных
data reader – устройство для считывания данных
data record – запись данных
data recovery – восстановление информации
data recovery system – система для восстановления информации
data reducer – преобразователь данных
data reduction center – центр обработки данных
data reduction method – метод отбора и обработки данных
data reduction system – система отбора и обработки данных
data retrieval section – блок поиска данных
data sampling apparatus – устройство выборки информации
data setting – ввод данных
data setting box – блок ввода данных
data signalling rate – пропускная способность системы передачи данных
data sorting system – устройство для сортировки информации
data storage – запоминание информации, накопление данных
data storage unit – блок хранения данных, накопитель
data transducer – преобразователь данных
data transmission – передача данных
data unit – датчик
data-input unit – блок ввода данных
data-output unit – блок ввода данных
date – дата, календарное число
date of expiry of visa – дата истечения срока визы
datum – заданная величина; исходная отметка; исходные данные; начало отсчета, точка отсчета
datum airspeed – стабилизируемое значение воздушной скорости
datum drift – сдвиг начала отсчета
datum line – линия начала отсчета
datum plane – исходная плоскость, плоскость координат, плоскость начала отсчета
datum point – исходный ориентир
datum temperature – исходная температура
DAU (deflection amplifier unit) – блок усиления отклонения
day – день; дневное время; сутки

day marking – дневная маркировка
day plane – самолет, специально оборудованный для дневных полетов
day round trip tourist fare – дневной тариф туристского класса в направлении «туда-обратно»
daylight display – индикация при дневном свете
db (decibel) – децибел
dc (direct current) – постоянный ток
DDM (difference in depth modulation) – разность глубин модуляции
dead ahead – в лоб; лобовой; прямо по курсу
dead air – застойная зона в воздушном потоке, область застойного воздуха
dead area – мертвая зона радиолокатора
dead band – зона нечувствительности, мертвая зона
dead belt – зона молчания, мертвая зона
dead correction – поправка на потерянное время
dead earth – полное заземление
dead engine – выключенный двигатель; заглохший двигатель
dead engine landing – посадка с заглохшим или выключенным двигателем; посадка с планированием
dead head resistance – вредное лобовое сопротивление
dead joint – глухое соединение
dead load – вес конструкции; мертвый груз; собственный вес
dead propeller – выключенный воздушный винт
dead reckoning – определение местонахождения самолета по счислению пути; прокладка пути; счисление пути
dead reckoning analyzer – анализатор, работающий по методу счисления пути
dead reckoning analyzer indicator – индикатор системы счисления пути
dead reckoning computer – вычислитель системы счисления пути
dead reckoning longitude – долгота счисленной точки
dead reckoning navigation – навигация счислением и прокладкой пути
dead reckoning navigation trainer – тренажер для отработки самолетовождения счислением пути
dead reckoning plot – графическое изображение пути самолета; данные счисления пути
dead reckoning plotter – планшет для нанесения данных, полученных методом счисления пути
dead reckoning position – счислимое место
dead reckoning system – инерциальная система наведения
dead space – зона молчания; мертвая зона; мертвое пространство; непросматриваемое пространство
dead stick – выключенный двигатель
dead stick landing – посадка при неработающих воздушных винтах; посадка с заглохшим или выключенным двигателем; посадка с планированием
dead sticking – пилотирование самолета или посадка с неработающим двигателем
dead time – время запаздывания; простой (машины)
dead weight – вес конструкции; мертвый вес
dead wind – встречный ветер
dead zone – зона молчания (радиомаяка)
dead-beat indication – апериодическая индикация; индикация с апериодическим затуханием колебания стрелки
dead-reckoned position – местоположение самолета, определенное счислением пути
dead-reckoned track – путевой угол, определенный счислением пути
dead-reckoning device – прибор счисления пути
dead-reckoning indicator – указатель автомата счисления пути; указатель положения самолета
dead-reckoning instrument – прибор, служащий для счисления и прокладки пути; прокладочный инструмент
dead-reckoning tracer – автоматический прокладчик пути
dead-stick approach – заход на посадку с неработающим двигателем
debarkation – выгрузка; высадка
debriefing – послеполетный разбор
debugging – выявление и устранение неисправностей; доводка; наладка; отладка

decay –затухание; спад; радиоактивный распад; разложение; послесвечение экрана; падение; уменьшение; снижение; падать; уменьшаться; гаснуть (о скорости)
Decca – Декка (английская фазовая гиперболическая система ближней навигации)
Decca Air Surveillance Radar (DASR) – радиолокатор встречи в системе Декка
Decca Airfield Surface Movement Indicator (DASMI) – обзорный радиолокатор системы Декка для руководства наземным движением в зоне аэропорта при плохой видимости
Decca flight log (navigation) – автоштурман системы Декка (навигация)
Decca Integrated Airborne Navigation System (DIAN) – английская комбинированная аэронавигационная система (Декка, Дектра, Доплер)
Decca map – планшет системы Декка; радионавигация системы Декка
Decca navigation system – радионавигационная система Декка
Decca Navigator – фазовая система ближней радионавигации
Decca reference – координаты системы Декка
deceleration – отрицательное ускорение; падение скорости; торможение
decelerator – тормозное устройство
decibel – децибел (единица силы звука)
decimal – десятичный
decimal code – десятичный код
decimal digit – десятичная цифра
decipher – дешифровать; считывать показания прибора
decision bar – критическая точка ухода на второй круг
decision height – высота принятия решения о посадке или уходе на повторный круг
decision speed – критическая скорость взлета; скорость в момент принятия решения о продолжении или прекращении взлета
decision-making – определение программы работ; принятие решения
deck – кабина с приподнятым полом; малая высота полета; палуба; пол в самолете
deck-based – базирующийся на корабле; палубный
declaration of currencies – валютная декларация
Declaration of Health – санитарная декларация
declaration of trans-shipment – декларация о выполнении транзитной транспортировки
declared temperature – заявленная температура
declared value – объявленная ценность (груза)
declination – магнитное склонение
declination chart – карта склонений
declination circle – круг склонений (небесного светила)
declinometer – уклономер
decode – расшифровывать
decoder – декодирующее устройство; дешифратор
decomposition – разложение; распад
decompress – снижать давление
decompression – декомпрессия; падение давления; разгерметизация кабины; снижение давления
decompression chamber – барометрическая камера
decoupler – разъединительная муфта
decoupling – отключение; отсоединение; расцепление
decoy – ловушка; ложная цель; макет; средство отвлечения
decoy discrimination radar – РЛС опознавания целей (выделения истинных целей от ложных)
decrab – восстановление курса
decrab computer – вычислитель угла упреждения сноса
decrab control – упреждение сноса
decrab indication – индикация момента доворота (на ось ВПП); индикация момента устранения угла упреждения сноса (перед приземлением)
decrab initiation altitude – высота начала доворота на ось ВПП; высота устранения угла упреждения сноса (перед приземлением)
decrab maneuver – маневр доворота на ось ВПП (перед приземлением); маневр устранения угла упреждения сноса
decrease in medical fitness – нарушение годности с медицинской точки зрения

decrement – декремент; демпфирование; затухание; успокоение
Dectra – разностно-дальномерная гиперболическая система (Дектра)
deeping – уменьшение давления в центре движущейся барической системы
deep-stall recovery – вывод из глубокого срыва
defectoscopy – дефектоскопия
deflated – опорожненный от газа; пустой
deflected slipstream aircraft – самолет с отклоняемой вниз струей от винтов (для вертикального взлета и посадки)
deflection – деформация; отклонение; преломление (света); прогиб; смещение
deflection (deviation) bar – планка индикации отклонения (от радиолуча)
deflection (deviation) computer – вычислитель отклонения от линии заданного пути
deflection angle – угловое отклонение; угловое упреждение; угол отклонения; угол упреждения
deflection assembly – агрегат азимутальной наводки
deflection component – компонент азимутальной поправки
deflection prediction – вычисление упреждения; упреждение
defocusing – дефокусирование (звуковой удар)
defogging – обдув стекол теплым воздухом; предотвращение запотевания стекол; рассеивание тумана
defogging air – воздух системы противозапотевания
deformation – деформация, искажение
defrosting – защита от обмерзания
defueling – заправочный слив топлива
degradation – деградация; разложение
degree – градус; качество; порядок, степень; ступень
degree of a bank – угол крена
degree of freedom – степень свободы
degree of latitude – градус широты
degree of longitude – градус долготы
degree of motion – степень свободы
degree of standardized test distortion – степень искажения при стандартном испытании
degree of turn – градус поворота; угловая величина разворота самолета
de-icer – устройство периодического действия, удаляющее образовавшийся лед
de-icer boot – противообледенительная подушка
de-icer switch – выключатель антиобледенения
de-icer system – система периодического действия, удаляющая образовавшийся лед
delamination – расслаивание
delay – задерживаться; задерживающего действия; задержка, запаздывание; медлить; промедление
delay message – сообщение о задержке (вылета)
delay not determined – задержка неопределенной продолжительности
delayed decision – промедление в принятии решения
delayed recovery controls – задержанное отклонение рулей на вывод
delayer – замедлитель; механизм задержки
deliver a power – развивать мощность или тягу
delivery – выдача; выпуск; выработка; выхлоп; доставка; питание; подача (газа); поставка; производительность; снабжение
delivery bank – валютный банк (в аэропорту)
delivery bench – место выдачи багажа (в аэропорту)
delivery bill – квитанция доставки
delivery flight – перегонный полет
delivery pipe – выводная или сливная труба; нагнетающая труба или магистраль
delivery pressure air – воздух, отбираемый после компрессора
delivery pump – нагнетающая помпа; подкачивающий насос
delivery valve – впускной клапан; напорный клапан
delta aircraft – бесхвостый самолет с треугольным крылом
delta-wing airplane – самолет с треугольным крылом
demagnetization – размагничивание
demand signal – позывной; сигнал запроса

dense – густой; компактный; плотный; чистый
dense cloud – плотное облако
dense fog – густой туман
density – плотность, удельный вес
density altitude – высота, соответствующая плотности воздуха по стандартной атмосфере
density ratio – относительная плотность
Dep (departure) – отправление самолета
departure – вылет, отбытие; отклонение; отправление
departure airport – аэропорт вылета, аэропорт отправления
departure board – расписание вылетов (самолетов)
departure instruction – предполетный инструктаж
departure message – извещение о вылете самолета
departure path – траектория вылета
departure point – пункт вылета, пункт отправления
departure procedures – требования, связанные с отправлением пассажиров
deplane – производить высадку или выгрузку из самолета
deplanement – выгрузка из самолета; высадка из самолета
deployable – складной, складывающийся
depot – авиационная база; авиационные мастерские; депо; склад
depot maintenance – техническое обслуживание, ремонт или модификация в мастерских депо
depreciation – списание (имущества)
depreciation period – амортизационный период, полетный срок службы (до полного износа)
depression – впадина; депрессия; зона низкого барометрического давления; лощина; низина; углубление
depth – высота; глубина
depth of modulation – глубина модуляции
depth perception medical test – исследование способности пилотов на восприятие относительного расстояния до объектов
deputy – заместитель
deputy administrator – заместитель начальника организации, управления
deputy associate administrator – заместитель помощника начальника управления (отдела)
de-rate – понижать мощность, тягу
derivative – вариант (ВС), модификация; производная
derivative control – регулирование по (первой) производной; регулирование по скорости изменения регулируемого параметра
derivometer – деривометр; указатель сноса
descend – снижаться
descending air – нисходящий поток воздуха
descending turn – разворот со снижением
descent path – глиссада; планирование; траектория снижения
descent through clouds – пробивание облачности
descent to starting level – снижение к исходному рубежу
descent velocity – скорость снижения
description of goods – обозначение груза
desiccant – осушитель, поглотитель влаги
design – конструировать; конструкция; проект; проектировать; рассчитывать; расчет
design aerodynamics – аэродинамический расчет; данные аэродинамического расчета
design airspeed – расчетная воздушная скорость
design altitude – расчетная высота полета
design chart – номограмма; расчетный график
design constraints – конструктивные ограничения
design cruising speed – расчетная крейсерская скорость
design data – данные для конструирования; расчетные данные
design diving speed – расчетная скорость пикирования
design engineer – инженер-конструктор
design factor – конструктивный параметр; критерий; расчетный коэффициент
design flap speed – расчетная скорость полета с выпущенными закрылками
design gliding speed – расчетная скорость планирования

design induced pilot error – ошибка пилота из-за недостатков конструкции ВС
design landing weight – расчетный посадочный вес
design level speed – расчетная скорость горизонтального полета
design limits – ограничения, заложенные в проекте; расчетные ограничения
design load – расчетная нагрузка
design load factor – расчетный коэффициент эксплуатационной перегрузки
design maneuvering speed – расчетная маневренная скорость
design maximum weight – максимальный расчетный вес
design pay load – расчетная полезная нагрузка
design point – расчетная точка
design power – расчетная мощность
design power loading – расчетная удельная мощность
design range – расчетная дальность
design specification – технические условия
design speed – расчетная скорость
design speed of maximum gust intensity – расчетная скорость полета при максимальной скорости порывов ветра
design stage – стадия проектирования
design takeoff weight – расчетный взлетный вес
design taxiing weight – расчетный вес при рулении
design thrust – расчетная тяга
design weight – расчетный вес конструкции
design wing area – расчетная площадь крыла
design wing loading – удельная нагрузка на крыло
designation – назначение; назначение на должность; обозначение; цель
designation in-the-clear – указание места назначения груза открытым текстом
desired heading – заданный курс
desired speed – заданная скорость
desired thrust – потребная тяга
desk clerk – дежурный администратор; служащий (гостиницы, конторы)
destination – пункт назначения
destination airport – аэропорт назначения
destination in-the-code – закодированное указание назначения груза
destruction – разрушение, уничтожение
destructive test – испытание на разрушение (материала)
detach – отсоединять, отцеплять; разделять; снимать
detachable – отделяемый, отцепляемый, съемный
detachable blade – съемная лопасть или лопатка
detachable blade airscrew – воздушный винт со съемными лопастями
detachable landing gear – сбрасываемое шасси
detachable panel – съемная панель
detachable propeller – воздушный винт со съемными лопастями
detachable tank – сбрасываемый бензобак; съемный бензобак
detached bow wave – отсоединенный головной скачок уплотнения
detached shock (wave) – отсоединенный скачок уплотнения
detached wing – отделяемое крыло, съемное крыло
detection – обнаружение; определение; распознавание
detection radar – РЛС обнаружения
detector – датчик, индикатор; средство обнаружения; чувствительный элемент (прибора)
detent force – усилие фиксации, фиксирующее усиление
deterioration (meteorology) – ухудшение метеоусловий
determination – измерение (параметров, величин); определение
DETRESFA (distress phase) – ДЕТРЕСФА (стадия бедствия)
developed aerodynamic lift – развитая подъемная сила
development – вариант; доводка; модификация; опытно-конструкторские работы; опытный (образец); отладка; отработка; проявление (фотоматериалов); развитие; разработка; усовершенствованный образец
development model – доводочная модель
development of flow – изменение обтекания

development period – период доводки, период развития; период разработки (проектирования, постройки и испытаний)
development schedule – график доводочных работ; график заводских (летных) испытаний; график разработки ВС
development type – опытный образец
development work – доводочные работы; заводские (летные) испытания; опытно-конструкторские работы; разработки
deviate – отклоняться
deviation – девиация (компаса); отклонение
deviation card – таблица девиации (компаса)
deviation clock – девиационная площадка
deviation compensator – девиационный прибор (компаса)
deviation computer – вычислитель отклонений
deviation corrector – девиационный прибор (компаса)
deviation curve – график девиации
deviation finding – определение девиации
deviation indicator – указатель отклонения (от заданного положения)
deviation of the wind – угол между направлением ветра и направлением градиента давления
deviation table – девиационная таблица
deviator – дефлектор; отклоняющий щиток
device – аппарат; механизм; прибор; приспособление; средство; устройство
deviometer – девиометр, индикатор отклонения от курса
dew point – температура конденсации, точка росы
DF (direction finder) – пеленгаторная станция
DG (directional gyro) – гироскоп направления
dgs (degrees) – градусы
diagonal – диагональ; диагональный; косой
diagonal shock – косой скачок уплотнения
diagram – график, диаграмма, схема
dial – круговая шкала (прибора), лимб; угломерный круг; циферблат
dial gauge (indicator) – стрелочный измерительный прибор
dial illumination – освещение шкалы прибора, подсвет прибора
dial instrument – прибор с круглой шкалой
dial marking – метка на шкале, отметка на шкале, указатель на шкале
dial panel – приборная доска (со шкальными приборами)
dial presentation – вид шкалы; изображение на шкале; индикация на шкале
dial-(-type) indicator – шкальный прибор
diameter – диаметр
DIAN (Decca Integrated Air Navigation System) – комбинированная аэронавигационная система Декка, Дектра, Доплер
diaphragm capsule – мембранная коробка
diaphragm manometer – мембранный манометр
diaphragm valve element – струйный элемент
dielectric – диэлектрик; диэлектрический
difference – разность; рассогласование
difference in depth of modulation – разность глубин модуляции
differential – дифференциальный; перепад; разностный; разность
differential ailerons – дифференциальные элероны
differential pressure – перепад давлений; разность давлений
differential pressure gust probe – насадок для измерений перепада давлений в порыве (при турбулентной атмосфере)
differential pressure indicator – указатель перепада давлений
differential pressure meter – измеритель перепада давлений
diffused front – размытый фронт
diffuser – вход; выпускное отверстие; диффузор; распылитель
diffuser efficiency – коэффициент полезного действия диффузора
diffuser guide vane – направляющая лопатка диффузора
diffuser head – распылительный насадок
diffuser inlet – входная часть диффузора
diffuser lip – входная кромка диффузора; кромка диффузора

diffuser performance – характеристики диффузора
diffuser vane – направляющая (спрямляющая) лопатка в диффузоре
diffusive process – процесс расширения
digit – единица; однозначное число; разряд; цифра
digital AIDS recorder – цифровой самописец бортовой комплексной системы регистрации данных
digital autopilot – автопилот с вычислителем типа цифровой машины
digital autopilot coupler – дискретный блок связи с автопилотом
digital code – цифровой код
digital computer – вычислительная машина дискретного счета
digital data controller – устройство для выборки цифровых данных
digital display – цифровая индикация; цифровой индикатор
digital flight controller – цифровая система управления ВС
digital flight data recorder – цифровой самописец барометрических данных
digital flight display – цифровой пилотажный индикатор
digital fly-by-wire – цифровая система дистанционного управления рулями ВС; цифровая электрическая система управления полетом
digital height display – цифровой указатель (счетчик) высоты
digital message – сообщение в цифровом коде
digital output – выходной сигнал в цифровой форме; дискретный выходной сигнал
digital radar altimeter – радиолокационный высотомер с цифровым отсчетом
digital read-out – цифровое считывание
digital transmission – передача цифровой информации
digital-to-analog conversion – цифро-аналоговое преобразование
digital-to-binary converter – преобразователь цифровых данных в двоичный код
digitized heading angle – курс полета в цифровой форме
digitizer – устройство для преобразования непрерывных данных в цифровую форму; цифрователь; цифровой преобразователь
digits – число разрядов в слове
dihedral – поперечное V крыла; с поперечным V (о крыле)
dihedral angle – угол поперечного V
dimension scale – линейный масштаб
dimensional – имеющий размерность; пространственный
dimensioned drawing – чертеж с пространственными размерами
dimensionless – безразмерный
dimmer – регулятор яркости
dimmer system – система снижения интенсивности огней
diode – двухэлектродная лампа, диод
diode mixer – диодный смеситель
diode-transistor logic – логическая схема на диодах и транзисторах
dioxide – двуокись
dip – кажущееся понижение горизонта; магнитное склонение
dip angle – магнитное наклонение
dip correction – поправка на наклон горизонта
dip pole – магнитный полюс
diplex – диплекс (связь)
diplexing – диплексирование
diplomatic bag – дипломатическая почта
diplomatic baggage – дипломатический багаж
dipole – диполь; дипольный
dipole antenna – вибраторная антенна, дипольная антенна
dire emergency – аварийная обстановка на грани катастрофы
direct – направлять; непосредственный; прямой; управлять
direct aircraft-mile costs – прямые издержки на самолето-милю
direct approach – заход на посадку с прямой
direct bearing – прямой пеленг
direct communication – прямая связь; прямое сообщение; прямой провод
direct coupled transistor logic – логическая схема на транзисторах с прямой связью
direct current – постоянный ток
direct drive propeller – винт прямой тяги
direct electrical analogue – прямой электрический аналог

direct lift control – прямое управление подъемной силой
direct link – прямая связь
direct observation – непосредственное визуальное наблюдение
direct operating costs – прямые эксплуатационные расходы
direct radar scope camera – киноаппарат для непосредственной съемки изображений с экрана индикатора РЛС
direct reading – прямое считывание; прямой отсчет
direct reading calculator – счетное устройство с прямым отсчетом
direct reading recorder – самописец с непосредственным считыванием записей
direct recording – непосредственная запись, прямая запись
direct route fare – тариф прямого маршрута
direct sideforce control – прямое управление боковой силой
direct signal communication – прямая связь
direct transit agreement – соглашение по прямому транзиту
direct transit area – зона прямого транзита
direct transit arrangements – мероприятия по прямому транзиту
direct transmission gain – усиление прямого канала
direct vision flight – визуальный полет
direct voice contact – радиотелефонная связь
direct wave – прямая волна
direct wave propagation – прямое распространение волн
direct-access radar channel – радиолокационная система с прямой выборкой данных
direct-driven synchro – сельсин с прямой передачей
directed beam – направленный луч
directed overshoot – уход на второй круг с использованием командных приборов
directed path – командная кривая; траектория, задаваемая командным пилотажным прибором
directed reference flight – полет по сигналам извне
direction – наведение; направление; управление
direction finder – пеленгатор, радиопеленгатор
direction finding – пеленгация, радиопеленгация
direction(al) indicator – гирополукомпас; компас; указатель курса ВС
directional – курсовой; направленного действия; направленный; путевой
directional (directivity) diagram – диаграмма направленности
directional aerial – направленная антенна
directional air marker – маркировочный знак на трассе полета
directional antenna – направленная антенна
directional balance – путевая устойчивость; устойчивость на курсе
directional beacon – радиомаяк направленного действия
directional beam – направленный луч
directional beam transmitting antenna – радиопеленгаторная антенна
directional bearing – направленный радиопеленг
directional control – орган путевого управления; путевая управляемость; путевое управление; управление по курсу
directional control sensitivity – чувствительность путевого управления
directional controllability – путевая управляемость
directional coupler – блок связи с каналом путевого угла
directional gyro card – картушка гирополукомпаса
directional gyro unit – автомат курса
directional gyroscope – гирополукомпас; курсовой гироскоп
directional homing – полет на ориентир при постоянном курсовом угле радиостанции
directional instability – путевая неустойчивость (самолета)
directional light – курсовой огонь; направленный световой сигнал; прожектор
directional localizer – курсовой радиомаяк
directional marker – маркировочный знак на трассе полета

directional microphone (noise cancelling) – направленный микрофон (шумоподавление)
directional pattern – диаграмма излучения; диаграмма направленности
directional plot – отметка цели
directional radio – радиопеленгатор; радиопеленгация
directional radio range – направленный радиомаяк
directional radio signal – направленный радиосигнал
directional receiver – направленный радиоприемник
directional reception – направленный прием
directional reference – информация о курсе; курсовой датчик
directional stability – устойчивость по направлению
directional steering – курсовое управление; наведение по азимуту
directional system – курсовая система
directional system simulator – система путевого управления
directional transmitter – направленный радиопередатчик; передающая радиопеленгаторная станция
directional trim – путевая балансировка
directional upset – потеря путевой устойчивости
directional-finding bearing – направление на передающую радиостанцию; пеленг
direction-finder station – пеленгаторная станция; радиопеленгаторная станция
direction-finding receiver – радиопеленгаторный приемник
direction-lift plane – вертолет; самолет с вертикальным взлетом
directivity – направленность
directivity pattern – диаграмма направленности
director – директорный прибор; исполнительное устройство; командно-указывающий прибор; направляющее устройство; прибор управления; приводной радиолокатор
director amplifier – усилитель командного пилотажного прибора
director compass – директорный компас; командный курсовой прибор
director computer – вычислитель системы директорных приборов
director control – директорный прибор; командно-указывающий прибор
director horizon – директорный авиагоризонт; командный авиагоризонт
director index – командный индекс
director mode – директорный режим полета
director radar guidance – радиолокационное наведение с визуальным слежением
director track – заданное направление полета (система линий-символов)
direct-reading compass – магнитный компас
direct-reading indicator – индикатор с непосредственным отсчетом
direct-reading instrument – прибор с непосредственным отсчетом; совмещенный прибор (в отличие от дистанционного)
direct-speech communication – микрофонная связь; связь путем прямых переговоров
direct-view storage tube – запоминающая трубка прямого видения
direct-vision windows – стекла прямого обзора
direct-writing recorder – прибор с непосредственной записью; самописец
dirty configuration (of an aircraft) – воздушное судно с выпущенными шасси и закрылками
disbursement fee – сборы за издержки
disc area – площадь, ометаемая воздушным винтом
disc brake – дисковой тормоз
disc lad – завал ометаемого диска
discharge – выпуск; выпускать; выхлоп; выход; истечение; разряд; разряжать; сбрасывать
discharge area – площадь выходного сечения, площадь на выходе
discharge coefficient – коэффициент расхода
discharge guide vanes – выходные направляющие лопатки
discharge head – давление на выходе (насоса); давление подачи
discharge manifold – коллектор форсунок
discharge nozzle – выходное сопло; жиклер; реактивное сопло; сопло; форсунка
discharge pressure – давление на выходе

discharge rate – скорость истечения
discharge tube – выхлопная труба; отводная труба
discharge valve – выпускной клапан; разгрузочный клапан
discharge velocity – скорость истечения
disconnect height – высота отключения автопилота (при заходе на посадку)
disconnecting – отключение, отсоединение; отсоединяющий, разобщающий
discontinued approach – прерванный заход на посадку
discontinuity – отсутствие непрерывности, разрыв
discontinuity point – точка обрыва; точка разрыва; точка срыва
discount – скидка
discrete – дискретный
discrete address beacon (system) (DABS) – радиомаяк с дискретным адресом
discrete analogue – дискретный аналог
discrimination – выделение цели на общем фоне; разрешающая способность
discrimination radar – РЛС распознания целей (выделение истинной цели от ложных)
disembarking path – путь следования прибывших пассажиров
disengage – выключать; освобождать; разобщать, разъединять
disengage button – кнопка выключения
disengage the autopilot – выключать автопилот
disengaged – выключенный; отсоединенный, разобщенный, разъединенный, расцепленный
dish – параболический отражатель; рефлектор радиолокационной антенны
dish antenna – антенна с параболическим отражателем
dish antenna angle – угол раствора параболической антенны
disinfecting (of an aircraft) – дезинфекция (воздушного судна)
disinsecting (of an aircraft) – дезинсекция (воздушного судна)
disk – диск; круг
disk area – площадь, ометаемая воздушным винтом
disk brake – дисковый тормоз
dismantling – демонтаж, разборка
dismount – демонтировать, разбирать, снимать (с места)
dismountable – разборный, разъемный, съемный
disorientation – дезориентация, потеря ориентировки (в пространстве)
dispatch – донесение; отправлять, отсылать, посылать; почтовое отправление; сообщение
dispatch office – диспетчерская
dispatcher – диспетчер
dispenser – заправочная колонка; раздаточное устройство; распределитель
dispensing pump – дозирующий насос; насос раздаточный (заправочной колонки)
dispersal airfield – аэродром с рассредоточенными местами стоянок самолетов; запасный аэродром
dispersion index – параметр дисперсии
displacement – литраж двигателя; объем (летательного аппарата легче воздуха); отклонение (руля); перемещение; рабочий объем цилиндра; сдвиг; смещение
displacement error – погрешность отклонения
displacement gyro(scope) – гироскоп направления; позиционный гироскоп
displacement sensitivity (localizer) – чувствительность к смещению (курсовой маяк)
displacing gear pressure indicator – манометр системы выпуска шасси
display – индикация; маневры; отображение данных воздушной обстановки; показание; показательные полеты
display board – индикаторное табло; планшет воздушной обстановки
display circuit – схема индикации
display column – вертикальная шкала прибора
display computing – вычислительное устройство индикатора
display console – приборная доска; пульт индикации
display device – индикатор
display mode – вид или способ индикации (отображения)

display panel – индикаторная панель, приборная доска; щиток отображения данных
display scale – шкала индикатора
display sharing – распределение данных между индикаторами
display system – система индикации, система отображения данных
display unit – индикатор
displayed information – информация, представляемая на индикаторе
disposable load – полезная нагрузка; сбрасываемая нагрузка; съемная нагрузка
disposable pallet – одноразовый поддон
dissemination – передача; распределение, распространение
dissemination of information – распространение информации, рассылка информации
dissipation trail – диссипационный след
dissolution of cloud – размывание облака
distance – дистанция, расстояние
distance air-ground communication – дальняя связь «воздух – земля»
distance circle – круг дальности (картография)
distance control – дистанционное управление, дистанционный контроль, управление на расстоянии
distance flight – дальний перелет; полет на дальность
distance plot – отметка дальности
distance recorder – самописец дальности полета
distance resolution – разрешающая способность по дальности
distance to clear – взлетная дистанция
distance-from-threshold indicator – указатель расстояния самолета от входной кромки ВПП
distance-measuring equipment – дальномерное оборудование
distance-measuring radar – РЛС определения дальности
distance-to-go marking – отметка отстающего расстояния (до конца ВПП)
distance-to-go meter – измеритель отстающего расстояния (до ориентира)
distant control – дистанционное управление, телеуправление, управление на расстоянии
distant early warning – система дальнего обнаружения
distant-indicating (reading) instrument – дистанционный измерительный прибор; дистанционный индикатор; прибор с дистанционным отсчетом
distant-reading compass indicator – указатель дистанционного компаса
distress – аварийная ситуация; состояние опасности
distress beacon – аварийный маяк; передатчик сигналов бедствия
distress call – сигнал бедствия
distress communication – аварийная связь
distress frequency – аварийная частота
distress landing – аварийная посадка, вынужденная посадка
distress message – сообщение о самолетах, терпящих бедствие
distress phase – стадия бедствия (положение, при котором самолету и находящимся в нем людям угрожает серьезная и неминуемая опасность или требуется немедленная помощь)
distress signal – сигнал бедствия
distress traffic – связь в аварийных условиях
distressed aircraft – самолет, потерпевший бедствие
distributing board – распределительная панель
distributing box – распределительная коробка
disturbance – возмущение; интерференция; местное возмущение атмосферы; нарушение; неисправность; повреждение; радиопомехи
disturbance (disturbing) input – возмущающий входной сигнал
disturbance compensation – компенсация возмущающих воздействий
disturbed air – возмущенный воздух
ditching – вынужденная посадка на воду
ditching conditions – аварийные условия вынужденной посадки на воду
ditching report – донесение о вынужденной посадке на воду
dither – вибрация плоскостей управления
diurnal – дневной; суточный
diurnal circle – параллель светила; суточная параллель
diurnal parallax – суточный параллакс
diurnal period – суточный период

diurnal variation – суточное колебание; суточный ход
diurnal wave – суточная кривая атмосферного давления
dive – круто снижаться, пикировать; пикирующий
dive brake – воздушный тормоз
dive flap – тормозной щиток
dive gliding – крутое планирование
dive indication – индикация снижения (по авиагоризонту)
divergence – дивергенция, расходимость; расширение
divergent diffuser – расширяющийся диффузор
divergent nozzle – расширяющееся сопло
divergent section – расширяющаяся часть сопла
diversion – отклонение от маршрута; уход или направление на запасный аэродром
diversion (air)field – запасный аэродром
diversion addressee indicator – указатель запасных адресов
diversion flight – отклонение от маршрута
diversity reception – прием на разнесенные антенны
divert – изменять задачу (экипажам в воздухе); направлять на другой аэродром; отвлекать (внимание); отводить (поток газов); отклоняться от намеченного маршрута; уходить на другой аэродром
divided air intake – воздухозаборник с разделенной перегородкой
diving – пикирование; пикирующий
diving brake – тормоз пикирования
diving rudder – руль высоты; руль глубины
diving turn – вираж с резким снижением; разворот на пикирование
DL (dead load) – вес конструкции
D-layer – самый нижний слой ионосферы
DLC maneuver – маневр с использованием системы непосредственного управления подъемной силы
DME (distance measuring equipment) – дальномерное оборудование
DME pattern – маршрут полета с использованием системы ДМЕ
DMO – подчиненное метеобюро
DOC (direct operating costs) – прямые эксплуатационные расходы
dock hangar – ремонтный ангар
docking adapter latch – замок стыковочного механизма
docking procedure – порядок установки на стоянку
dogleg – ломаный (о маршруте полета)
dogleg course – ломаный курс полета; ломаный маршрут полета; обходной маршрут
dogleg maneuver – маневр изменения наклона плоскости орбиты; маневр по ломаной траектории
dog-leg path – ломаная траектория
dome – антенное укрытие; колпак; обтекатель
dome refraction – астрономическая рефракция
domestic air commerce – внутренние воздушные сообщения (перевозки)
domestic air service – воздушное сообщение на внутренних авиалиниях
domestic airfield – аэродром внутренних авиалиний; внутренний аэродром (внутри страны)
domestic airline – внутренняя воздушная линия
domestic fare – внутренний тариф, тариф на внутренних авиалиниях
domestic flight – внутренний полет
domestic operation accident – летное происшествие на местной авиалинии
domestic operator – авиатранспортная компания внутренних линий
domestic passenger booking – бронирование мест для пассажиров на внутренних линиях
domestic route – внутренний маршрут
domestic trunk lines – внутренние магистральные линии
dominant obstacle allowance altitude – высота пролета относительно доминирующего препятствия
door – дверь; крышка; створка
door downlock latch – замок открытого положения створки (шасси)
door linkage – проводка управления створками (шасси); рычажный механизм управления створками
door uplock latch – замок закрытого положения створки (шасси)
door warning system – система сигнализации о неполном закрытии дверей

Doppler – доплеровский измеритель путевой скорости и скорости сноса; доплеровский радиолокатор
Doppler computer display – индикатор вычислителя доплеровской РЛС
Doppler direction finder – доплеровский пеленгатор
Doppler drift – доплеровский сдвиг частоты
Doppler frequency – доплеровская частота
Doppler frequency shift – доплеровский сдвиг частоты
Doppler navigated – с доплеровской коррекцией навигационной системы
Doppler navigation – навигация с использованием доплеровской РЛС
Doppler Navigator – доплеровский навигационный радиолокатор
Doppler processing – обработка данных доплеровской РЛС; обработка данных сопровождения цели по доплеровской частоте
Doppler radar – доплеровская радиолокационная станция
Doppler radar display – индикатор доплеровской РЛС
Doppler shift – доплеровский сдвиг, доплеровское смещение частоты
Doppler tracking – сопровождение с помощью доплеровской РЛС
Doppler unit – доплеровская РЛС или измеритель
Doppler-inertial navigation – доплеровско-инерциальная навигация, инерциальное наведение с использованием доплеровской РЛС
dorsal intake – надфюзеляжный воздухозаборник
dot – отметка цели
double – двойной
double channel duplex – двухканальный дуплексный (о связи)
double channel simplex – двухканальный симплексный (о связи)
double drift – угол скоса, определяемый на двух взаимно перпендикулярных курсах
double drift method – метод определения скорости и направления ветра измерением углов скоса на двух взаимно перпендикулярных курсах (отворотом вправо и влево на 45 градусов)
double engine failure – одновременный отказ двух двигателей
double fins and rudders – разнесенные кили и рули управления
double integration – двойное интегрирование
double modulation beacon – двухлучевой маяк
double potentiometer – сдвоенный потенциометр
double propeller – сдвоенный воздушный винт
double shock fixed center body – центральное тело (нерегулируемого воздухозаборника) с системой двух скачков
double-acting – двойного действия
double-acting actuator – реверсивный силовой привод; силовой привод двойного действия
double-acting jack – подъемник с двухсторонним действием
double-aisle interior – интерьер салона с двумя проходами для пассажиров
double-bubble fuselage – фюзеляж с формой поперечного сечения в виде восьмерки
double-deck airbus – двухпалубный многоместный пассажирский самолет
double-deck blade – двойная лопатка (ДТРД)
double-decked pallet – двухнастильный плоский поддон
double-decker – двухпалубный самолет
double-engine power unit – силовая установка, состоящая из двух двигателей
double-expansion nozzle – двухступенчатое сопло
double-expansion type – с двойным расширением
double-flow – двухконтурный
double-flow engine – двухконтурный турбореактивный двигатель, ДТРД
double-flow turbojet – двухконтурный турбореактивный двигатель, ДТРД
doubler – двойное соединение; дублирующий лист
double-shock diffuser – двухскачковый диффузор

double-shock intake – двухскачковое входное устройство
double-slotted flap – двухщелевой закрылок
double-snap roll – бочка (фигура высшего пилотажа), двойной переворот через крыло
double-wedge – ромбовидный (о профиле)
double-wedge wing – крыло с ромбовидным профилем
dovetail attachment – крепление типа «ласточкин хвост»
dowelled expansion joint – шов расширения со штыревым соединением
down gust – нисходящий порыв
down indication – индикация выпущенного положения (шасси, закрылков)
down latch – замок выпущенного положения (шасси)
down leg – нисходящая ветвь траектории
down pass – пролет с принижением
down time – простой (по времени)
down-current – нисходящий (поток воздуха)
down-draught – воздушная яма; нисходящий поток
downed aircraft locator – приводной маяк для поврежденных ВС
downgrade – нисходящий уклон
downlock – распорка для удерживания шасси в выпущенном состоянии; стопор выпущенного положения (шасси)
downlock pin – чека замка выпущенного шасси
downstream – вниз по потоку; находящийся ниже по потоку; ниже по потоку
downstream pressure gradient – градиент давления в направлении потока, продольный градиент давления
downstream region – нижняя часть потока
down-time period – период простоя
downward current – нисходящий поток
downward failure – отламывание вниз (крыла, стабилизатора); разрушение конструкции направленными вниз нагрузками
downward jet – струя, направленная вниз
downward leg – нисходящая ветвь траектории
downward side = lee side – подветренная сторона
downward view – обзор нижней полусферы
downward visibility – обзор нижней полусферы
downwash – катабатический ветер; скос потока вниз; скошенный вниз поток
downwash angle – угол скоса потока
downwash flow – скошенный вниз поток; течение в области скоса потока
downwash velocity – индуктивная скорость
downwind – по ветру; под ветром; попутный ветер
downwind approach – заход на посадку по ветру
downwind end of the runway – подветренный конец ВПП
downwind landing – посадка по ветру
downwind leg – участок полета по «коробочке» между вторым и третьим разворотами
downwind localizer – курсовой радиомаяк на подветренном конце ВПП
downwind maneuver – маневр по ветру
downwind pattern altitude – высота полета (по коробочке) с противопосадочным курсом между вторым и третьим разворотами
downwind side – подветренная сторона
downwind speed – скорость полета между вторым и третьим разворотами (с противопосадочным курсом); скорость полета по ветру (с попутным ветром)
downwind turn – разворот по ветру
dp (differential pressure) – перепад давлений
DPC (data processing center) – центр обработки информации
DPU (digital processing unit) – блок обработки цифровой информации
DR (dead reckoning) – навигация методом счисления пути
DR navigation computer – навигационный вычислитель системы счисления пути
draft – передвижение воздуха, тяга
drag – лобовое сопротивление; сила лобового сопротивления
drag acceleration – отрицательное ускорение; торможение или перегрузка вследствие сопротивления

drag area – площадь лобового сопротивления
drag coefficient – коэффициент лобового сопротивления
drag component – сила лобового сопротивления
drag curve – кривая сопротивления, поляра
drag due to lift – индуктивное сопротивление
drag factor – коэффициент лобового сопротивления
drag force – сила лобового сопротивления
drag friction – сопротивление трения; тормозящее трение
drag loss – потеря на сопротивление
drag strut – подкос крыла
drag truss – ферма крыла, работающая на лобовое сопротивление
drag-free velocity – скорость полета в вакууме
drag-to-lift ratio – обратное аэродинамическое качество, отношение лобового сопротивления к подъемной силе
drag-weight ratio – отношение полного лобового сопротивления к общему весу
drain cock – спускной кран
drain tank – дренажный бак
drain valve – дренажный клапан; сливной клапан
drainage – дренаж; дренирование; осушение
drainage course – дренажный слой ВПП
drainage pipe – дренажная труба
drawbar horsepower – мощность на крюке
drawbar pull – тяговое усилие на крюке
drawing – волочение; вытягивание; вытяжка; отпуск (металла); протяжка; рисунок; чертежи
drawing board – конструкторское бюро; чертежная доска
drawing scale – масштаб чертежа
DRF (data reduction facility) – средство обработки информации
dried air – осушенный воздух
drift – величина сноса; дрейф, снос, уход (гироскопа или радиочастоты)
drift angle – угол сноса
drift bar – курсовая черта
drift compensated – с поправкой на снос
drift compensation – поправка на снос
drift computer – ветрочет; вычислитель сноса
drift correction – поправка на снос
drift correction angle – угловая поправка на снос
drift designation – определение величины и направления сноса самолета ветром
drift down – снижение на крейсерском режиме; производить снижение
drift error (of altimeter) – ошибка вследствие запаздывания (высотомера)
drift gauge – деривометр; указатель сноса
drift index – индекс угла сноса (на приборе); показатель ухода (дрейфа) характеристик
drift indicator – бортовой визир; указатель сноса
drift kickoff – компенсация угла сноса; упреждение на угол сноса
drift meter – измеритель угла сноса; навигационный визир
drift plate – бортовой навигационный визир для пеленгования и определения путевой скорости и угла сноса самолета
drift potentiometer – потенциометр бокового смещения, потенциометр сноса
drift reading – отсчет угла сноса
drift recorder – навигационный визир
drift scale – шкала углов сноса
drift undercarriage – шасси со свободноориентирующимися колесами
drift-and-ground-speed measuring airborne radar – самолетная радиолокационная станция определения угла сноса и путевой скорости самолета
drift-and-speed indicator – навигационный визир; указатель путевой скорости и угла сноса
drift-angle control – управление углом сноса
drift-angle error – ошибка на угол сноса
drift-angle indicator – указатель угла сноса
drift-angle sight – бортовой визир; измеритель сноса
drift-bearing plate – навигационный визир
drift-corrected heading – курс с поправкой на снос, курс с учетом сноса
drift-correction table – таблица поправок на снос

drifting dust – пыльный поземок
drifting sand – песчаный поземок
drifting snow – поземок
drift-up cruise – полет по потолкам
drill – осваивать; освоение; сверлить; тренироваться; тренировка; тренировочный; управление
drive – передача; привод; приводить; управлять
drive system – система привода
driver – задающее устройство
driving force – движущая сила
driving gear – силовой привод
driving moment – вращающий момент
driving shaft – ведущий вал
driving train – приводной механизм
drizzle – мелкий моросящий дождь, морось
drizzling fog – туман с моросью
drizzling rain – моросящий дождь
drone – беспилотный (радиоуправляемый) самолет; гул; управляемая воздушная мишень; шум (двигателя)
drop – падение; сбрасывать; спуск; спускаться
drop lubrication – капельная смазка
drop in temperature – перепад температуры
droppable fuel tank – подвесной топливный бак; сбрасываемый топливный бак
droppable landing gear – сбрасываемое шасси
droppable tank – сбрасываемый топливный бак
dropping – сбрасывание
dry – сухой
dry bulk container – контейнер для сыпучих грузов
dry cargo – сухой груз
dry flying – отработка техники пилотирования на тренажере
dry fog – дымка; мгла; сухой туман
dry fuel – твердое топливо
dry power – бесфорсажная тяга, мощность без впрыска
dry snow – сухой снег
dry weight – сухой вес (самолета, двигателя) без топлива
dry-bulb thermometer – сухой термометр
dry-lease (to) (an aircraft) – аренда (воздушного судна) без экипажа
dry-tank range – дальность действия самолета из расчета полной выработки топлива
dry-thrust rating – мощность двигателя без впрыска воды; тяга без форсажной камеры
DS (directing station) – пеленгаторная радиостанция
DTOA (due time of arrival) – время прибытия по расписанию
DTX network – сеть линий связи для передачи сигналов в цифровой форме
DTX network interface – устройство сопряжения ЭВМ с сетью линий
dual – двойной; двойственный; состоящий из двух частей
dual actuators – параллельно работающие силовые приводы; сдвоенные гидроусилители
dual airway – авиалиния с двусторонним движением
dual cockpit – кабина самолета с двойным управлением
dual compressor – двухкаскадный компрессор
dual control – двойное управление, дублированное управление, сдвоенные органы управления
dual flight – полет ученика с инструктором
dual instruction time – налет с инструктором
dual mode – двухрежимный
dual modulation (communications) – двойная модуляция (связь)
dual practice – учебные полеты вдвоем (с инструктором)
dual propeller – соосные воздушные винты противоположного вращения
dual redundancy – двойное резервирование
dual rotor helicopter – вертолет с двумя несущими винтами
dual wheels – спаренные колеса
dual-axial compressor engine – двигатель с двухкаскадным компрессором
dual-axis approach coupler – двухканальный блок связи автопилота с устройством автоматического захода на посадку
dual-channel system (passenger clearance) – двухканальная система (досмотр пассажиров)

dual-control flying instruction – полет на самолете с двойным управлением (с инструктором)
dual-in-line package – интегральная схема в корпусе с двойным рядом выводов
dualized – двойной; двухканальный; дублированный
duct – канал; проход; труба; туннель
duct air temperature indicator – указатель температуры воздуха в воздухопроводе
duct burning – дожигание во втором контуре двухконтурного двигателя
duct inlet – вход в канал, входное сечение канала
duct of increasing area – канал с увеличивающимся сечением
duct system – система трубопроводов
ducted air – воздух второго контура
ducted cooling – туннельное охлаждение
ducted fan – вентилятор (воздушный винт), расположенный в кольцевом обтекателе
ducted rocket engine – комбинированная силовая установка, состоящая из ПВРД и расположенного в нем ЖРД
ducted-air intake – каналовый воздухозаборник
ducted-fan engine – двухконтурный турбореактивный двигатель; турбовентиляторный двигатель
ducted-pulse jet – пульсирующий воздушно-реактивный двигатель в дополнительном кожухе
due time of arrival – время прибытия по расписанию
dummy – ложный; макет, манекен, модель; учебный
dummy aerial – эквивалент антенны
dummy air waybill – безномерная накладная (дубликат первоначальной накладной)
dummy joint – ложное соединение
dummy test – испытание с манекеном
dump cock – кран аварийного слива
dump tank – сливной бак
dump valve – сливной клапан
duplex – двойной; двухканальный; дуплексная связь; дуплексный
duplex autopilot – сдвоенный автопилот
duplex linkage – двойная проводка, дублированная проводка
duplex system – двойная система, дуплексная система; система с двумя одновременно работающими независимыми каналами
duplicated jacks – дублированные бустера
duplicated monitored type autopilot – автопилот с дублированным контролем
duplicated spoiler – двухсекционный интерцептор
duplication – дублирование; имитация; точное воспроизведение
duration – продолжительность
dust devil – пыльная буря, пыльный смерч
dust haze – пыльная мгла
dust storm – пыльная буря
dutch roll – голландский шаг
dutch-roll instability – боковая колебательная неустойчивость
duty – дежурство, наряд; обязанность; рабочий цикл
duty cycle – рабочий цикл
duty factor – коэффициент заполнения (импульса)
duty flying control officer – дежурный по полетам
duty runway – рабочая ВПП, эксплуатируемая ВПП
duty time (flight) – служебное время (полета)
duty traffic supervisor – дежурный начальник смены (отдела перевозок)
duty-free goods – беспошлинные товары
D-value – величина Д – разница между показаниями радиовысотомера и барометрического высотомера
dynamic – динамический
dynamic air pressure – динамический напор
dynamic balance – динамическая балансировка
dynamic ceiling – динамический потолок
dynamic characteristics – динамические характеристики
dynamic chart display – индикатор с движущейся картой
dynamic control – динамическая характеристика возмущенного движения
dynamic cooling of air – адиабатическое охлаждение воздуха

dynamic factor – динамический коэффициент, коэффициент перегрузки
dynamic flexibility – динамическая жесткость
dynamic flight simulator – пилотажный тренажер с подвижной кабиной; установка для динамического моделирования полета
dynamic head – скоростной напор
dynamic instability – динамическая жесткость
dynamic lift – динамическая подъемная сила
dynamic load – динамическая нагрузка
dynamic mounting – рама двигателя с амортизаторами
dynamic pitch response – реакция (самолета) по тангажу
dynamic pressure (ratio) – динамическое давление; скоростной напор
dynamic response – динамические характеристики возмущенного движения
dynamic rising – динамический набор высоты
dynamic roll response – реакция (самолета) по крену
dynamic stability – динамическая устойчивость
dynamic stress – динамические напряжения; напряжения от динамических нагрузок
dynamic thrust – динамическая тяга
dynamic trim – динамическая балансировка
dynamic yaw response – реакция (самолета) по рысканию
dynamically scaled model – динамически подобная модель
dynamics – динамика
dynamics similarity – динамическое подобие
dynamics simulator system – система динамического моделирования
dyne – дина (единица силы)

E

E (east) – восток
E (emergency) – аварийный; запасный
e.h.p. (effective horsepower) – эффективная мощность
e.h.p. (equivalent horsepower) – эквивалентная мощность
e.m.f. (electromotive force) – э.д.с. (электродвижущая сила)
E/R (en route) – на маршруте
EADI (Electric Attitude Director Indicator) – электронный командно-пилотажный индикатор пространственного положения
EAP (effective air path) – действующая воздушная линия
early warning aircraft – самолет дальнего радиолокационного обнаружения
early warning control and reporting post – пост дальнего наведения и обнаружения
early warning coverage – зона видимости РЛС дальнего обнаружения; зона дальнего радиолокационного обнаружения
early warning coverage report – донесение дальнего радиолокационного поста
early warning radar – радиолокационная станция дальнего обнаружения
early warning signal – сигнал дальнего радиолокационного обнаружения
early warning station – радиолокационная станция раннего предупреждения (дальнего обнаружения)
early warning system – система дальнего радиолокационного обнаружения
earning capacity (of an aircraft) – рентабельность самолета
earning power – прибыль от эксплуатации (самолета)
earphone – головной телефон
earth – грунт; земля; земной шар; почва; суша
earth airstrip – грунтовая летная полоса
earth magnetic pole – магнитный полюс земли
earth pressure – давление грунта; давление на грунт
earth reference – земная система координат (отсчета)
earth runway – грунтовая летная полоса; грунтовая рабочая площадь летной полосы
earth shoulder – грунтовая обочина
earth station – наземная станция
earth velocity – путевая скорость; скорость относительно земли
earth-inductor compass – генераторный компас; индукционный компас с вращающейся рамкой
earthing – заземление
earthing current – ток в заземленном проводе
earthing system – заземляющее устройство
earth's atmosphere – земная атмосфера
earth's axis – земная ось, ось вращения земли
earth's magnetic force – магнитная сила Земли
earth's magnetic pole – магнитный полюс Земли
EAS (equivalent air speed) – эквивалентная воздушная скорость
ease of handling – удобство эксплуатации
ease on – выравнивать (самолет в воздухе)
ease the power to idle – убирать газ до малого
easing back on the stick – отпускание ручки управления назад (на себя)
easing the stick – отпускание ручки управления
east – восток; восточный
east compass error – восточная девиация компаса
eastbound aircraft – самолет, летящий курсом на восток
eastbound flight – полет в восточном направлении, полет на восток
easterly variation – восточное склонение
eastern time – восточное поясное время
easting – восточное направление
east-west grid line – линия координатной сетки в направлении «восток – запад», параллель
east-west runway – ВПП, ориентированная с востока на запад
easy grade – пологий уклон
EAT (estimated arrival time) – расчетное время прибытия

ECAM (Electronic Centralized Aircraft Monitoring) – электронная индикация контроля и состояния
echo – эхо-сигнал
echo area – отражающая площадь
echo Doppler indicator – индикатор доплеровского радиолокатора
echo-suppressor – устройство для подавления или устранения отраженных сигналов
economic life – продолжительность экономического использования
economical – экономический
economical class – экономический класс
economical range – экономически выгодная дальность полета
economics – экономика; экономические характеристики
economizer – устройство, повышающее экономичность двигателя; экономайзер
economy – экономика; экономичность
economy class – экономический класс
economy fare – тариф экономического класса, экономический тариф
economy service – перевозки с оплатой по экономическому тарифу
eddy – вихревое движение; вихревой; вихрь, завихрение
eddy cloud – вихревое облако
eddy conductivity – турбулентная теплопроводность
eddy currents – вихревые зоны
eddy losses – потери от турбулентности (от завихрения)
eddy motion – турбулентное движение
eddy region – вихревая область
eddying – вихревое движение; вихревой; завихрение, турбулентное движение, турбулентность; турбулентный
eddy-making resistance – вихревое сопротивление
edge – борт; грань; край; кромка; ребро
edge joint – торцевое соединение встык
edge runway lights – посадочные огни
EDI (echo Doppler indicator) – индикатор доплеровского радиолокатора
EDP (electronic data procesing) – обработка данных на ЭВМ
EDS (electronic display system) – электронная система индикации
EET (estimated elapsed time) – расчетное истекшее время
effect – влияние; действие; результат; эффект; явление
effective acceptance bandwidth – эффективная полоса приема
effective air path – действующая воздушная трасса
effective airscrew thrust – эффективная тяга воздушного винта
effective angle of attack – угол атаки крыла бесконечного размаха при заданном коэффициенте подъемной силы
effective area – рабочая площадь
effective aspect ratio – эффективное удлинение
effective atmosphere – нижние слои атмосферы
effective blade area – эффективная площадь лопасти
effective brake pressure – эффективное тормозное давление
effective coverage – эффективная зона действия
effective drainage porosity – коэффициент водоотдачи грунта
effective force – действующая сила
effective height – действующая высота (антенны)
effective horsepower – эффективная мощность
effective intensity – эффективная интенсивность
effective isotropically radiated power – эффективная изотропная мощность излучения
effective landing area – используемая для посадки площадь аэродрома
effective margin – эффективная предельная способность
effective output – полезная мощность; полезная отдача; эффективная мощность; эффективная отдача
effective perceived noise level – эффективный уровень воспринимаемого шума
effective pitch (of propeller) – эффективный шаг воздушного винта
effective porosity – коэффициент водоотдачи (грунта)
effective power – полезная мощность; эффективная мощность

effective pressure – полезное рабочее давление; эффективное рабочее давление
effective radiated power – эффективная мощность излучения
effective range – используемый диапазон, рабочий диапазон; эффективная дальность
effective span – эффективный размах
effective thrust – действительная тяга двигателя; эффективная тяга двигателя
effective true airspeed – максимальная истинная воздушная скорость
effective velocity – эффективная скорость
effective wind area – эффективная площадь крыла
effectiveness – эффективность
efficiency – коэффициент полезного действия; мощность; отдача; производительность; процент использования; эффективность
efficiency factor – коэффициент полезного действия
effluence – истечение
efflux – истечение; реактивная струя; струя выхлопных газов
efflux coefficient – коэффициент истечения
efflux velocity – скорость истечения газов
effort – действие; напряжение; объем работ; проведение работ; программа работ; работа; усилие
EFI (European Flight Information) – служба аэронавигационной информации в Европе
EFIS (Electronic Flight Instrument System) – электронный пилотажно-навигационный индикатор
EHDD (electronic head-down display) – индикатор нижнего обзора
EHSD (electronic horizontal situation display) – электронный индикатор горизонтальной обстановки
EHSI (electronic horizontal situation indicator) – электронный индикатор горизонтальной обстановки
eigen value – собственное значение
eight-bit code – восьмиразрядный код
eight-eights cloud – сплошная облачность
eight-point rose – роза ветров
ejection – катапультирование
ejection escape – катапультирование, покидание самолета катапультированием
ejector seat – катапультируемое сиденье
elastic deformation – упругая деформация
elastic limit – предел упругости
elastic line – упругая линия крыла
elastic resistance – упругое сопротивление
elastic strength – предел пропорциональности; предел упругости
elasticity – упругость; эластичность
ELBA (emergency location beacon) – бортовой аварийный приводной радиомаяк
elbow – колено; коленчатый патрубок; отвод; угольник
elbow joint – коленчатое соединение
elbow rest – подлокотник
electric attitude director indicator – телевизионный индикатор информации для захода на посадку
electric power cart – аккумуляторная тележка; электротележка
electric starter – электростартер
electric throttle actuator – электрический привод для управления дроссельным краном
electric trim actuator – исполнительный электромеханизм триммирования
electric(al) load meter – амперметр
electrical – электрический
electrical actuator – электрический силовой привод
electrical airscrew – винт изменяемого шага с электрическим управлением
electrical analogue – электрическая модель; электрический аналог
electrical capacity – электрическая емкость
electrical compartment – отсек с электрооборудованием
electrical control – электроуправление
electrical control panel – электрощиток управления
electrical equipment – электрооборудование
electrical equipment bay – отсек электрооборудования
electrical feedback – электрическая обратная связь
electrical fuel gauge – электрический измеритель расхода топлива

electrical hoist – электрический подъемник
electrical instrument panel – панель электрических приборов
electrical load – потребитель электроэнергии; электрическая нагрузка
electrical pick-off – электрический контакт
electrical power-unit – силовая электроустановка
electrical services – электрооборудование
electrical signalling amplifiers – усилители электрических сигналов
electrical switch – электровыключатель
electrical-ignition engine – двигатель с электрическим зажиганием
electrically conductive enclosure – электрообогреваемая панель
electrically driven direction indicator – гирокомпас с электроприводом ротора
electro conductive – электропроводящий
electromagnetic ignition – электромагнитное зажигание
electromechanical check – проверка электромеханизмов
electromotive force – электродвижущая сила
electron – электрон
electron beam – электронный луч, электронный пучок
electron cloud – электронное облако
electron-beam tube – электронно-лучевая трубка
electronic – радиоэлектронный, электронный
electronic (radar) pilotage – самолетовождение по данным бортовой РЛС
electronic altimeter – радиовысотомер
electronic analogue computer – аналоговое электронное вычислительное устройство; электронное вычислительное устройство непрерывного действия
Electronic Attitude Director Indicator – электронный командный индикатор (индикатор вертикальной обстановки)
electronic automatic navigator – электронный автоштурман
electronic autopilot – автопилот с электронным усилителем сигналов, электронный автопилот
electronic brain – электронное вычислительное устройство; электронный мозг
electronic calculator – электронный вычислительный прибор
electronic circuit board – печатная плата для электронных вычислительных приборов
electronic computer – электронная вычислительная машина
electronic data traffic control center – центр управления воздушным движением с обработкой данных на ЭВМ
electronic data transmission communications center – центр автоматической передачи данных в системе связи
electronic display of flight information – система отображения полетной информации
electronic equipment – электронное оборудование
electronic failure – отказ радиоэлектронного оборудования
electronic flash approach lighting (system) – система проблесковых огней приближения с электронным управлением
electronic flight instrument display – электронно-лучевой пилотажный индикатор
electronic guidance – радионаведение
electronic instrument trainer specialist – специалист по электронному оборудованию тренажера для обучения полетам по приборам
electronic keyboard – электронная клавиатура
electronic map – навигационный электронно-лучевой индикатор; радиолокационная карта
electronic pilot – автопилот
electronic processor – электронная машина для обработки данных
electronic storage device – электронное запоминающее устройство; электронный накопитель
electronics – электроника, электронная аппаратура
electronics area – отсек электронного оборудования

electronics compartment – отсек с электронным оборудованием
electronics monitor – прибор контроля электронной аппаратуры
electronics operator – оператор радиоэлектронного оборудования
electronics warning radar – РЛС обнаружения
elementary flying training school – школа начальной летной подготовки
elementary pilot training – начальная летная подготовка
elev. (elevation) – превышение
elevate – возвышать; поднимать; придавать угол возвышения
elevated pole – верхний полюс Мира
elevating propeller – воздушный винт для вертикального подъема
elevating rudder – руль высоты
elevation – возвышение; высота земной поверхности над уровнем моря; превышение; угол возвышения
elevation above sea level – высота над уровнем моря
elevation accuracy – точность по высоте
elevation angle – угол возвышения; угол места
elevation beam-scanning equipment – аппаратура для качания радиолуча по углу места
elevation bearing – пеленг по углу места
elevation bias – сигнал отклонения (ошибки) по углу места
elevation channel – угломестный канал
elevation coverage – обзор по углу места
elevation dial – угломестная шкала; шкала углов возвышения
elevation error – угломестная ошибка
elevation guidance for approach and landing – управление по углу места для захода на посадку и приземления
elevation limits – пределы отклонения (антенны) по углу места
elevation potentiometer – угломестный потенциометр
elevation prediction – вертикальное упреждение (поправка)
elevation scale – шкала углов места
elevation synchro – угломестный сельсин
elevation tracking – сопровождение по углу места
elevator – подъемник; руль высоты
elevator actuator – бустер руля высоты; силовой привод руля высоты
elevator alignment index – указатель положения руля высоты
elevator and rudder controls – тяги управления рулями высоты и направления
elevator angle – угол отклонения руля высоты
elevator angle input – входной сигнал в виде угла отклонения руля высоты
elevator angle to trim – балансировочный угол отклонения руля высоты
elevator balance – компенсатор руля высоты
elevator bay – выемка (вырез) для руля высоты
elevator booster – гидроусилитель руля высоты
elevator cable – трос управления рулем высоты
elevator column – ручка управления, связанная с рулем высоты
elevator control – продольное управление; тяга руля высоты; управление рулем высоты
elevator control lever – рычаг (ручка) управления рулем высоты
elevator control rod – тяга руля высоты; шток штурвала высоты
elevator control shaft – вал управления рулем высоты
elevator control stand – колонка руля высоты
elevator control system – система управления рулем высоты
elevator control tab – управляемый триммер руля высоты
elevator counterweight – противовес руля высоты
elevator deflection angle – угол отклонения руля высоты
elevator driver – рулевая машина руля высоты
elevator effectiveness factor – относительная эффективность руля высоты
elevator flap – триммер руля высоты
elevator force input – входной сигнал в виде усилия от руля высоты
elevator horn – рычаг руля высоты
elevator impulse – дача руля высоты

elevator input – дача руля высоты; импульс, созданный рулем высоты
elevator lever – рычаг (ручка) руля высоты
elevator linkage – проводка управления рулем высоты
elevator load – нагрузка от руля высоты
elevator plane – руль высоты
elevator range-down – диапазон отклонений руля высоты вниз
elevator range-up – диапазон отклонений руля высоты вверх
elevator rod – тяга руля высоты
elevator spring tab – пружинный триммер руля высоты
elevator stick force – усиление на ручке от руля высоты
elevator tab – триммер руля высоты
elevator tip horn – кольцевой роговидный выступ руля высоты; роговой компенсатор руля высоты
elevator trim control handwheel – штурвальчик триммера руля высоты
elevator trim tab – триммер руля высоты
elevator trim wheel – штурвал триммера руля высоты
elevator trimmer – триммер руля высоты
elevator unit – горизонтальное оперение
elevator-drive system – система привода руля высоты
elevator-trim switch – переключатель продольной балансировки (самолета)
elevon – элевон, комбинация элерона и руля высоты
elevon control – продольно-поперечное управление; управление элевонами
elongation – относительное удлинение образца при разрыве; удлинение; удлинение при разрыве
embarkation – посадка (на самолет)
embarkation point – пункт высадки или погрузки (на самолете)
embarkation-disembarkation card – карточка посадки-высадки пассажиров
emergency – аварийный случай; вспомогательный; вынужденный; запасный; крайние условия режима полета; критическое обстоятельство
emergency airfield – запасный аэродром
emergency altitude – потолок; предельная высота
emergency arresting gear – аэродромная аварийная тормозная установка
emergency briefing – инструктаж по действиям в аварийной обстановке
emergency bypass flow – аварийный перепуск топлива
emergency call – аварийное сообщение; сигнал аварии
emergency ceiling – безопасный потолок при остановившемся двигателе
emergency channel – аварийный канал связи
emergency communication – аварийная связь
emergency control – запасное управление
emergency cruising output – аварийная крейсерская мощность
emergency cutoff – аварийное выключение (двигателя)
emergency descent – аварийное снижение; вынужденное снижение
emergency distance – длина прерванного разбега
emergency drill – тренировка к действиям в аварийной обстановке
emergency equipment – аварийное оборудование
emergency escape hatch – аварийный люк
emergency evacuation – аварийная эвакуация (пассажиров)
emergency exit – аварийный выход; аварийный люк; запасный выход
emergency exit placard – табличка с указаниями, относящимися к аварийным выходам
emergency flap switch – выключатель аварийной системы управления самолетом
emergency flight control switch – выключатель аварийной системы управления самолетом
emergency frequency – аварийная частота
emergency fuel tank – аварийный топливный бак; запасный топливный бак
emergency hatch – запасный аварийный люк
emergency ladder – аварийная лестница
emergency landing – вынужденная посадка
emergency landing gear release – аварийный выпуск шасси
emergency landing ground – запасная посадочная площадка

emergency landing signal – сигнал о вынужденной посадке
emergency light – аварийная лампочка
emergency lighting – аварийное светооборудование
emergency locator transmitter – аварийный приводной маяк (передатчик)
emergency maintenance – неплановый ремонт; срочный ремонт
emergency means of communication – аварийное средство связи
emergency medical relief – скорая медицинская помощь
emergency off panel – панель аварийного отключения
emergency operation – работа в аварийном режиме
emergency oxygen apparatus – аварийная кислородная аппаратура
emergency oxygen manual release pin – чека ручного включения аварийного кислородного прибора
emergency oxygen pressure indicator – манометр аварийного кислорода
emergency phase – стадия критических условий полета, близких к аварийным
emergency power supply – аварийный источник питания
emergency procedures – порядок действий в чрезвычайной обстановке
emergency radio channel – запасная волна; запасной канал радиосвязи
emergency ration – аварийный запас продовольствия
emergency recovery system – система аварийного спасения
emergency repair – срочный ремонт
emergency rescue – спасение при аварии
emergency system – аварийная система
emergency tank – запасный бак
emergency team – аварийная бригада
emergency thrust – максимальная тяга на кратковременном (аварийном) режиме
emergency transmitter beacon – радиомаяк-передатчик вмонтированный в спасательный пояс
emergency warning apparatus – аппаратура аварийной сигнализации
emergency wheels-up landing – вынужденная посадка с невыпущенным шасси
emigrant discount – эмигрантская скидка (на билет)
emission – излучение; испускание; эмиссия
emitter – излучатель, эмиттер
emitting area – излучающая поверхность; площадь излучающей поверхности
empennage – хвостовое оперение; хвостовые поверхности
empennage flap – триммер руля высоты; триммер руля направления
emplane – грузиться на самолет; погрузка; посадка; садиться на самолет
emplanement – погрузка на самолет; посадка на самолет
employee – служащий
employee's load factor – процент коммерческой загрузки на одного работника (члена личного состава) авиакомпании
employee's load performance – коммерческая загрузка на одного работника
empty weight – вес пустого самолета
en route – в полете, в пути, на маршруте
en-block construction – блочная конструкция
enclosure – кожух, оболочка; панель; покрытие; футляр
encode – кодировать
encoder – кодировщик; кодирующее устройство; шифратор
end lights – входные аэродромные огни
end of runway – граница порога ВПП; торец ВПП
end point analysis – анализ конечных результатов
end spell – коней буквенного текста (шифра)
end thrust – концевой толчок; осевое давление
end-loading container – загружаемый с торца контейнер
endorsement – передаточная надпись (на билете); подтверждение
end-plate – диафрагма; колосник (РДТТ); решетка
end-plate effect – эффект диафрагмы (летная годность)
endurance – выносливость; долговременность; запас горючего (в часах и минутах); продолжительность

(полета); прочность; срок службы; стойкость
endurance flight – полет на продолжительность
endurance limit – предел усталости (выносливости)
endurance range – предел выносливости
endurance ratio – коэффициент выносливости
endurance test – испытание на выносливость; испытание на продолжительность (полета)
energization – ускорение течения (в пограничном слое); энергизирование (пограничного слоя)
energy – энергия
energy input – подвод энергии
energy spectral density – спектральная плотность энергии
engage – вводить в зацепление; включать
engage and trim indicator – индикатор включения и балансировки
engage control – управление включением
engage indicator – индикатор включения
engage switch – тумблер включения
engage the pilot – включать автопилот
engagement – введение в зацепление; включение; захват цели
engaging switch bar – планка тумблера
engine – двигатель, мотор
engine (cut) out takeoff – взлет с (одним) отказавшим двигателем
engine (thrust) delay – время приемистости двигателя; запаздывание увеличения тяги
engine acceleration – приемистость двигателя; разгон двигателя; раскручивание двигателя
engine acceleration ability – приемистость двигателя
engine accessories – вспомогательные агрегаты двигателя
engine accessories bay – отсек вспомогательных агрегатов двигателя
engine air – потребляемый двигателем воздух
engine air capacity – расход воздуха через двигатель
engine analyzer system – система анализа работы двигателей
engine assisted landing approach – заход на посадку с подтягом на двигателе
engine backplate – перегородка двигателя; противопожарная перегородка
engine bay – моторный отсек, отсек двигателя
engine bed – моторная люлька, моторная рама; фундамент испытательного стенда
engine breather – суфлер двигателя
engine build-up and repair shop – мастерская по ремонту двигателей
engine capacity – литраж двигателя
engine check – опробование двигателя
engine control – управление двигателем
engine control lever – рычаг управления двигателем
engine controls – органы управления двигателем
engine cooling – охлаждение двигателя
engine cowling – капот двигателя, обтекатель двигателя
engine cowling lip – входная кромка капота двигателя
engine cross-feed – перекрестное питание двигателя
engine cruising speed – число оборотов двигателя на крейсерском режиме
engine cutoff – выключение двигателя
engine displacement – литраж, рабочий объем двигателя
engine drag – внутреннее сопротивление двигателя
engine efficiency – коэффициент полезного действия двигателя
engine failure – отказ двигателя в работе, поломка двигателя
engine failure simulation – имитация отказа двигателя
engine feet centers – узлы крепления (подвески) двигателя к подмоторной раме
engine fire warning system – система сигнализации о возникновении пожара в двигателе
engine fuel flow indicator – расходомер двигателя, указатель расхода топлива двигателем
engine governor – регулятор работы двигателя
engine hang-up – зависание оборотов двигателя (при запуске)
engine heater – обогреватель двигателя

engine idle – работа двигателя на малом газу; режим малого газа двигателя
engine ignition – зажигание; запуск двигателя
engine industry – двигателестроительная промышленность
engine installation – моторная установка; установка двигателя
engine instrumentation – приборы контроля работы двигателя
engine instruments – приборы контроля работы двигателя
engine intake – воздухозаборник двигателя
engine intake air – всасываемый в двигатель воздух
engine life – долговечность двигателя, ресурс двигателя, срок службы двигателя
engine log book – формуляр двигателя
engine log sheet – формуляр двигателя
engine manufacturer – двигателестроительная фирма, завод
engine motoring power – движущая сила двигателя
engine mount(ing) – крепление двигателя, моторная рама
engine mounting strut – стойка моторной рамы
engine nacelle – гондола двигателя
engine nacelle bracing – крепление моторной гондолы
engine off – выключенный двигатель
engine on – включенный двигатель
engine out training – тренировочный полет с отказом двигателя
engine output – мощность двигателя
engine overhaul life – время работы двигателя между переборками; ресурс работы двигателя
engine overspeeding – превышение числа оборотов двигателя
engine performances – характеристики двигателя
engine power (output) – мощность двигателя
engine power rating – номинальная мощность двигателя; ограничение мощности двигателя; расчетная мощность двигателя; режим работы двигателя
engine pressure ratio – степень повышения давления в двигателе
engine prewarming – прогрев двигателя (перед запуском)
engine response – приемистость двигателя
engine restarting – повторный запуск двигателя
engine run-up – прогрев; прокрутка; увеличение числа оборотов двигателя
engine run-up cell – бокс для гонки двигателей; стенд для испытания двигателей
engine speed – число оборотов двигателя
engine speed data placard – таблица рабочих чисел оборотов двигателя (на различных режимах)
engine speed indicator – тахометр, указатель числа оборотов
engine starting – запуск двигателя
engine starting truck – агрегат для запуска двигателей
engine supercharger – нагнетатель двигателя
engine test bed – стенд для испытания двигателей
engine test facility – оборудование для испытания двигателей
engine test stand – стенд для испытания двигателей
engine trouble – остановка двигателя вследствие неисправности; поломка двигателя
engine weight efficiency – весовая отдача ракетного двигателя
engine windmill – авторотация; холодная прокрутка двигателя
engine wobble – перебои в работе двигателя
engine-airframe integration – подбор двигателя для ВС; согласование характеристик двигателя с ВС
engine-bleed air – отбираемый от двигателя воздух
engineer – инженер; механик
engineering – инженерное дело; инженерный; техника; технический
engineering costs – расходы по технической эксплуатации
engineering information center – центр технической информации
engineering mockup – макет для технической проработки; технологический макет

engineering pilot – бортинженер; инженер-пилот; летчик-испытатель
engineering service – техническая служба
engine-mounting construction – подмоторная рама, рама крепления двигателя
engine-off flight – безмоторный полет, полет с выключенным двигателем
engine-on flight – моторный полет, полет с включенным двигателем
engine-on landing – посадка с работающим двигателем
engine-out controllability – управляемость с (одним) неработающим двигателем
engine-out factors – особенности, возникающие при отказе двигателя
engine-out flight path – траектория полета с (одним) неработающим двигателем
engine-out pay load – полезная нагрузка при одном неработающем двигателе
engine-propeller unit – винтомоторная группа
engine-related emergency – аварийная обстановка вследствие неисправности двигателя
engine-throttled approach – заход на посадку с дросселированным двигателем
engine-throttled landing – посадка с задросселированным двигателем
engine-torque – крутящий момент двигателя
en-route altitude – высота полета по маршруту
en-route clearance – диспетчерское разрешение на маршруте
en-route communication – связь на маршруте
en-route frequency – частота на маршруте
en-route holding – ожидание в маршрутном полете
en-route lights – маршрутные огни
en-route marker beacon – маршрутный радиомаркер
en-route radio fix – радиопеленг на маршруте
en-route setting – маршрутное положение (органов механизации)
ensign – опознавательный знак самолета
enter airway – выйти на авиатрассу
enter the holding pattern – выходить на маршрут ожидания; занимать маршрут ожидания
entrained air – вовлеченный воздух, захваченный воздух
entraining – вовлекающий; всасывающий; забирающий; забор; подсос
entrainment interface – эжекционная поверхность раздела
entrance-exit light – выходной светофор рулежной дорожки (перед взлетной полосой)
entry – вход; входной участок; заборник; начало
entry airspeed – воздушная скорость на входе в маневр (режим); скорость выполнения маневра
entry area – площадь на входе (в двигатель)
entry door (hatch) pressurization cock – кран герметизации входной двери (люка)
entry heading – курс ввода (на входе) в маневр; начальный курс
entry losses – потери на входе (в двигатель)
entry requirements and procedures – требования и порядок оформления документации прибывающих (из-за границы) самолетов
entry vanes – направляющие лопатки на входе
entry velocity – скорость входящего воздуха; скорость при входе (снаряда) в атмосферу
entry-fix (of an aircraft) – точка входа (ВС) в зону воздушного движения
envelope – баллон; оболочка; огибающая
envelope curve – огибающая кривая
envelope feedback – огибающая колебаний обратной связи
envelope of the aircraft – область полетных режимов ВС
environment – внешние условия, внешние факторы или воздействия, обстановка, окружающая среда, окружающие условия; условия эксплуатации
environmental air – окружающий воздух
eps. tm. (elapsed time) – пройденное время
equal noise contour – кривая равной громкости

equal time point – точка равного времени
equal-area projection – равновесная проекция
equalization – выравнивание
equation – уравнение
equatorial – экваториальный
equatorial gnomonics – экваториальная центральная проекция
equatorial projection – экваториальная проекция
equatorial trough – экваториальная депрессия
equidistant – равноотстоящий
equidistant projection – равнопромежуточная проекция
equilibrium air – воздух, находящийся в равновесии
equilibrium lag – равновесное запаздывание (гироскопа)
equinox – точка равноденствия
equipment – аппаратура; оборудование; снаряжение
equipment access hatch – люк для доступа к оборудованию
equipment complement – состав оборудования (аппаратуры)
equipment component list – перечень комплектующих узлов и деталей оборудования
equipment engineer – инженер по оборудованию
equisignal – равносигнальный
equisignal beacon – радиомаяк с равносигнальной зоной
equisignal radio beacon – равносигнальный маяк
equisignal radio range beacon – равносигнальный курсовой радиомаяк
equisignal sector – равносигнальный сектор
equisignal station – равносигнальная радиостанция
equisignal zone – равносигнальная зона
equivalent – равносильный, равноценный; эквивалент
equivalent airspeed – индикаторная скорость
equivalent altitude – приведенная высота, эквивалентная высота
equivalent cabin atmosphere – атмосфера в кабине, эквивалентная (по давлению) определенной высоте
equivalent head wind – эквивалентный встречный ветер
equivalent horsepower – суммарная мощность; эквивалентная мощность; эффективная мощность
equivalent isolated single wheel load – эквивалентная одноколесная нагрузка
equivalent radar area – эффективная отражающая площадь (цели)
equivalent sharp-edged gusts – эквивалентные порывы ветра с резкой границей
equivalent stress – приведенное напряжение; удельная прочность
equivalent tail wind – эквивалентный попутный ветер
equivalent vertical gust speed – эквивалентная скорость вертикального порыва ветра
ER (emergency rescue) – спасение при аварии
erecting cut-out magnet – электромагнит выключения коррекции (автопилота)
erection – монтаж, сборка, установка
EROS (eliminate range zero system) – система предупреждения столкновений
errant aircraft – неуправляемое или неисправное ВС
error – отклонение, ошибка, погрешность
error allowance – допустимая погрешность
error angle – угловая ошибка, угловое рассогласование
error correction – исправление ошибки, коррекция погрешности
error figure – величина погрешности
error indication – индикация ошибки (отклонения, рассогласования)
error of judgement – неправильная оценка (ситуации)
escape – аварийное покидание самолета; избегать, уклоняться
escape initiator – механизм приведения в действие системы покидания
escape route – маршрут эвакуации
escape slideraft – аварийный надувной трап-плот
essential – важный; основной
essential airdrome information – основная аэродромная информация
essential load – жизненно-важный потребитель (обеспечивающий безопасность полета)

essential traffic – основная воздушная обстановка
established glide – установившееся планирование самолета
estimate – вычисление; исчислять; калькуляция; оценивать; оценка; подсчет; подсчитывать; смета
estimated elapsed time – расчетное истекшее время
estimated information – расчетные данные
estimated next position – ближайшее расчетное место
estimated performance – расчетная характеристика
estimated position – расчетное местоположение
estimated revenue yield per passenger mile – расчетная ставка с пассажиро-мили
estimated time enroute – расчетная продолжительность полета по маршруту
estimated time of arrival – расчетное время прибытия
estimated time of departure – расчетное время вылета
estimated time of flight – расчетное время полета
estimated value – расчетная величина
estimated velocity – расчетная скорость
estimated weight – расчетный полетный вес (самолета)
estimation – вычисление; определение; подсчет; расчет
estranger hall – зал для иностранных пассажиров
ETA (estimated time of arrival) – расчетное время прибытия
ETD (estimated time of departure) – предполагаемое время вылета
ETF (engine test facility) – оборудование для испытания двигателя
ETF (estimated time of flight) – расчетное время полета
EU (Europe) – Европа
EUM (European Mediterranean) – Европейско-Средиземноморский
evacuation – создание разрежения; эвакуация
evading – избежание столкновения; маневрирование; маневрирующий (о ВС); уход
evasive action – обходной маневр (самолета)
even (numbered) airway – четная авиатрасса
evening civil twilight – вечерние гражданские сумерки
event indicator – отметчик режимов
evolution – маневр самолета в воздухе; эволюция
EWS (early warning station) – радиолокационная станция раннего предупреждения
examination – обследование
excess – избыток; избыточный; превышение; чрезмерный
excess air – избыточный воздух
excess baggage – платный багаж
excess baggage charge – сбор за платный багаж
excess baggage rate – багажный тариф; тариф платного багажа
excess baggage ticket – квитанция платного багажа
excess baggage transportation – перевозка платного багажа
excess fuel pressure – избыточное давление воздуха
excess horsepower – избыточная мощность
excess mileage table – мильная таблица процентных надбавок
excess power coefficient – коэффициент избытка мощности
excess thrust – избыточная тяга
excess value charges – сборы за объявленную ценность
excess weight – избыточный вес; перегрузка
excess weight charge – плата за излишний вес багажа
exchange – обмен; обменивать; размен; разменивать
exchange control – валютное регулирование; валютный контроль
exchange order – обменный ордер
exchange rate – валютный курс
exchange regulations – правила валютных операций
excursion fare – экскурсионный тариф
excursion fare of return – обратный экскурсионный тариф
execute – выполнять; исполнять; оформлять

executed missed approach – выполненный неудачный заход
execution of maneuver – построение маневра
executive aircraft – служебный (административный) самолет
executive component – исполнительное устройство
exhaust – выпуск; выхлоп; выход; истечение
exhaust annulus – выхлопное кольцо; кольцевой выход
exhaust back pressure – противодавление на выхлопе
exhaust box – глушитель
exhaust cone – конус реактивного сопла
exhaust cone assembly – реактивное сопло
exhaust gas stream – реактивная струя; струя выхлопных газов
exhaust gas temperature – температура выхлопа; температура газов на выходе из сопла
exhaust gas velocity – скорость истечения выхлопных газов
exhaust gas(es) – выхлопные газы; газы, вытекающие из реактивного сопла
exhaust jet – реактивная струя; струя выхлопных газов
exhaust manifold – выхлопная труба
exhaust noise – шум от струи газов реактивного двигателя
exhaust nozzle – выхлопное сопло; выхлопной патрубок; реактивное сопло
exhaust nozzle flap – створка регулируемого выхлопного сопла
exhaust pipe – выхлопное сопло; отводящая труба
exhaust port – выходное отверстие (сопла)
exhaust port silencer – шумоглушитель на выхлопе
exhaust pressure – давление газа на срезе сопла
exhaust thrust – реактивная тяга
exhaust trail – след от выхлопных газов
exhaust type supercharger – нагнетатель, работающий от выхлопных газов; турбокомпрессор
exhaust unit – реактивная труба
exhaust-driven supercharger – турбокомпрессор
exhaust-heated air – воздух, подогреваемый выхлопными газами
exit – выход
exit area ratio – степень расширения сопла
exit cone – конус выхлопного сопла
exit diameter – диаметр выходного сечения (сопла)
exit geometry – геометрия выходного сечения (сопла)
exit momentum – количество движения вытекающих газов
exit nozzle – выхлопное сопло; реактивное сопло
exit nozzle throat – критическое сечение выхлопного сопла
exit point of runway – точка схода с ВПП
exit pressure – давление в выходном сечении (сопла); давление на выходе (из сопла); давление на срезе (сопла)
exit requirements and procedures – требования и порядок оформления документации отбывающих за границу самолетов
exit speed – скорость выруливания самолетов с ВПП
exit taxiway – выводная рулежная дорожка
exit temperature – температура газов, вытекающих из сопла
exit velocity – скорость истечения газов
expansion – распространение; расширение; расширяющийся канал; расширяющийся участок
expansion area ratio – коэффициент расширения (сопла)
expansion coefficient – коэффициент расширения
expansion control – регулирование расширения (воздуха, газов)
expansion joint – шов расширения
expansion ratio – коэффициент расширения (сопла); отношение давления в камере и на срезе (сопла); степень расширения
expansion stroke – такт расширения (в поршневом двигателе)
expansion wave – волна разрежения (звуковой удар)
expect – ожидать; предполагать; рассчитывать
expected – расчетный

expected approach clearance – указание относительно расчетного времени подхода
expected approach time – расчетное время прибытия
expected time of departure – расчетное время вылета
expendable – невосстановимый; одноразового действия; потребляемый; расходуемый
expenses per traffic unit – расходы на единицу отправок
experience – опыт
experimental – опытный; экспериментальный
experimental aircraft – опытный самолет; экспериментальный самолет
experimental chamber – рабочая часть аэродинамической трубы
experimental flight – опытный полет; экспериментальный полет
expert – специалист; эксперт
explosion-proof tank – противопожарная система с принудительным заполнением баков углекислотой
explosive decompression – взрывная декомпрессия; внезапная разгерметизация (гермокабины, отсека)
exponential curve – экспонента
export declaration – декларация об экспорте; экспортная декларация
express revenue – доход от перевозки срочного груза
express ton-mile – тонно-миля срочного груза
expressway – скоростная дорога
extended center line of the runway – продолжение оси ВПП
extended range – расширение диапазона (связь)
extensible erecting ladder – выдвижная монтажная лестница
extension – ложбина (пониженного давления); отрог (повышенного давления); протяжение
extension drag – внешнее лобовое сопротивление
extension drive shaft – вал, соединяющий турбину и винт (в случае безредукторной передачи)
extension flap – выдвижной закрылок
extension pipe – выхлопная труба; реактивный насадок; удлинительная труба
extensometer – тензометр
external – внешний, наружный
external aileron – вынесенный элерон; крайняя секция элерона
external control – телеуправление
external input – входной сигнал в виде усилия от руля высоты
external instrumentation – система внешнетраекторных измерений
external power supply – аэродромное питание самолета электроэнергией
external stores – наружная подвеска (топливных баков)
external tank – наружный топливный бак
externally balanced rudder – руль с наружной компенсацией
externally caused failure – отказ по внешним причинам
extinguisher – огнетушитель
extra charge – дополнительный расход
extra charge for overweight – доплата за провоз багажа сверх нормы
extra fare – доплата к билету
extra thrust – избыточная тяга
extra-high compression engine – двигатель с повышенными степенями сжатия
extreme attitude – необычное положение ВС (характеризующееся очень большими углами тангажа и крена)
extreme emergency – аварийная обстановка на грани катастрофы
extreme position – крайнее положение
extreme range – наибольшая дальность полета
extreme span – максимальный размах
extremely high frequency – сверхвысокая частота
eye – глаз; очко; петля; проушина; ушко
eye of storm – центр тропического циклона
eyelid – полусферическая створка регулируемого сопла; створка реверса
eyelid actuator – силовой привод створок сопла
eyelid-type nozzle – регулируемое двустворчатое сопло

F

F – влажная дымка
F (factor of safety) – коэффициент безопасности
F (Fahrenheit) – Фаренгейт
F (fuel) – топливо
f/c (forecast) – прогноз
f/c (foto-candle) – фото-свеча
f/s (factor of safety) – коэффициент безопасности
F+ – густой туман
FAA (Federal Aviation Administration) – Федеральная авиационная администрация (США); Федеральное авиационное управление
FAA (Federal Aviation Agency) – Федеральное авиационное агентство
face – лицевая сторона; лицо; лобовая поверхность; циферблат
facilitation (of international air transport) – упрощение формальностей при международных воздушных перевозках
facility – оборудование; сооружение; средства
facility availability – готовность оборудования
facility chart – карта технических средств
facility failure – отказ оборудования
facility performance category 1 – ILS – система ИЛС I категории
facility performance category 2 – ILS – система ИЛС II категории
facility reliability – надежность оборудования
facing – внешний слой, наружное покрытие
facsimile chart – факсимильная карта
factor – коэффициент, множитель, фактор
factor of safety – запас прочности; коэффициент безопасности, коэффициент надежности
factory – завод
factory acceptance testing – заводские приемочные испытания
fading – затухание (связь)
FAI (Federation Aeronautique Internationale) – Международная авиационная ассоциация, ФАИ
fail – выходить из строя; глохнуть; отказывать
fail operative automatic landing system – нормально функционирующая при появлении отказа автоматическая система управления (полетом)
fail-active (-operational) autopilot – автопилот с «мягким» отказом, автопилот с плавным отключением при отказе, двухотказный автопилот
failed engine – заглохший двигатель
fail-functional system – двухотказная система
fail-passive – одноотказный, с «мягким» отказом (без резкого изменения параметров движения или положения ВС)
fail-passive autopilot – одноотказный автопилот с «мягким» отказом
fail-passive system – одноотказная система, система с «мягким» отказом
fail-safe – бесперебойный, надежный
fail-safe (-soft) control – одноотказное управление, управление с «мягким» отказом
fail-safe design – надежная конструкция
fail-safe load – безопасная нагрузка
fail-safe operation – надежная работа
fail-safe procedure – методика определения надежности при повреждении отдельных элементов
fail-safe run – аварийная проводка управления; запасная проводка управления
fail-safe system – надежная система
failsafety – надежность системы при отказе отдельных элементов; повышенная живучесть
fail-soft – малонадежный (ЭВМ)
fail-soft autopilot – автопилот с «мягким» отказом, одноотказный автопилот
failure – авария; остановка (двигателя); отказ; поломка
failure free period – период безотказной работы
failure indication – индикация отказа
failure load – разрушающая нагрузка
failure threshold – порог разрушения конструкции
failure-rate – количество отказов в работе на единицу времени; ресурс; средний срок службы, средняя долговечность
failure-survival (-surviving) – двухотказный; многоотказный;

сохраняющий работоспособность при единичном отказе
failure-survival automatic landing – автоматическая посадка при наличии (единичного) отказа
fair – выставка; закрывать обтекателем; осреднять
fair wind – благоприятный ветер
faired – закрытый обтекателем; осредненный
faired undercarriage – шасси в обтекателях
fairing – зализ; обтекаемая обшивка; обтекатель
fairing cone – конический обтекатель, обтекатель в виде конуса
fall head – высота напора
fall into spin – войти в штопор
fall over – скользить на крыло (на хвост)
fall wind – нисходящий ветер
fallback area – безопасная зона вокруг стартовой площадки
falling-off – резкое снижение, спад
fall-off – выход самолета из строя; резкое снижение
false – ложный, неверный
false cirrus – ложные перистые облака
false fairing – ложный обтекатель
false feel – ложное чувство (управления); неправильная величина усилия (создаваемого автоматом загрузки)
false front – мнимый фронт
false ILS glide path – ложная глиссада ИЛС
false image – мнимое изображение
false longeron – ложный лонжерон
false rid – ложная нервюра
false spar – ложный лонжерон
false vertical – ложная вертикаль
familiarization flight – ознакомительный полет
family fare – семейный тариф
fan – вентилятор; воздушный винт; мулинетка (для испытания моторов)
fan beam – веерная диаграмма направленности; веерный луч
fan blower – воздуходувка; нагнетатель
fan burning – дожигание (топлива) во втором контуре турбовентиляторного двигателя
fan control – управление ВС с помощью тягового вентилятора
fan duct – второй контур
fan louver control – управление створками жалюзи подъемных вентиляторов
fan marker – веерный маркер
fan marker beacon – веерный маркерный радиомаяк
fan spool – вентиляторная ступень (компрессора); каскад вентилятора
fan tip speed – концевая скорость лопаток вентилятора; окружная скорость лопаток вентилятора
fan-type engine – двухконтурный (турбовентиляторный) двигатель
fare – стоимость проезда, тариф
fare basis – класс тарифа
fare construction – построение тарифа
fare level – уровень тарифа
fare-paying passengers – коммерческие пассажиры
fast – скорый
fast (high-speed) exit-taxiway – полоса скоростного выруливания
fast aircraft – скоростной самолет
fast idle – быстро устанавливающийся холостой ход
fast turnoff – рулежная дорожка для скоростного схода самолетов с ВПП
fastener – замок; крепеж
fastening – крепежная деталь, крепление
fatal accident – авария с человеческими жертвами; катастрофа
fatal crash – катастрофа
fatal injury – травма со смертельным исходом
fatality – смерть при катастрофе
fatigue – выносливость (конструкции); усталостная прочность; усталостный; усталость
fatigue crack – усталостная трещина
fatigue damage indicator – индикатор усталостных повреждений
fatigue life capability – усталостная долговечность
fatigue limit – предел усталости (металла)
fatigue load – знакопеременные нагрузки; повторные нагрузки, усталостные нагрузки
fatigue properties – усталостные характеристики
fatigue resistence – сопротивление усталости

fatigue strength – предел усталости; сопротивление усталости; усталостная прочность
fatigue value – выносливость; предел усталости
fault – дефект, неисправность
fault-free – безопасный, надежный
favorable wind – попутный ветер
FC (flight control) – система управления
FC (fractocumulus) – разорванно-кучевое облако
feasibility – практическая возможность
feasible – практически осуществимый
feather – флюгировать винт; циклически изменять шаг (несущего винта вертолета)
feathered pitch (of propeller) – зафлюгированный воздушный винт
feathered propeller position – флюгерное положение воздушного винта
feathering – флюгирование винта; циклическое изменение шага (несущего винта вертолета)
feathering airscrew (propeller) – воздушный винт, установленный во флюгерное положение
feathering button – кнопка установки воздушного винта во флюгере, кнопка флюгирования воздушного винта
feathering control – управление флюгерной установкой воздушного винта
feathering device – механизм установки винта во флюгерное положение
feathering hub – втулка воздушного винта с механизмом установки во флюгере
feature – особенность; приспособление, устройство
federal airways system – федеральная система авиационных линий (США)
Federal Aviation Administration – Федеральная авиационная администрация; Федеральное авиационное управление
feed – питание, подача, подвод
feed system – система подачи
feedaway – подающее устройство, устройство для питания
feedback – обратная связь; связь между шарнирными моментами рулей и усилиями на рычагах управления
feedback channel – канал обратной связи
feeder – питатель; подающий механизм
feeder air route – связующая авиалиния
feeder airline – вспомогательная воздушная линия
feeder category airport – аэропорт вспомогательной авиалинии
feeder-line aircraft – самолеты местных авиалиний
feeding – питание, подача
feel – чувство (управления)
feel augmentation – увеличение усилий на рычагах управления ВС
feel characteristics – характеристики управляемости (по усилиям и отклонениям рычагов управления)
feel of the ailerons – усилие от элеронов
feel sensor – датчик усилий
feel simulator – автомат (имитатор) усилий (в системе управления ВС); загрузочный механизм (системы управления ВС)
feel system – автомат усилий; механизм загрузки
feel unit – автомат загрузки; автомат усилий; загрузочный механизм (системы управления ВС)
feeler – датчик; чувствительный элемент; щуп
feel-pressure computer unit – решающий гидроусилитель автомата загрузки
feet-off – с брошенными педалями управления
feint – выполнять отвлекающий маневр; отвлекающий маневр
ferry – перевозить по воздуху; перегонять самолеты
ferry flight – перегоночный полет
ferry-pilot – летчик-перегонщик
FFA certification – выдача или получение сертификата полетопригодности Федерального авиационного агентства (США)
fiberglass – стекловата, стекловолокно, стеклопластик, стеклоткань, стеклянное волокно
FIC (flight information center – центр полетной информации
field – аэродром; поле; полевой; посадочная площадка
field airdrome – полевой аэродром
field investigation – расследование на месте происшествия

field length factor – коэффициент запаса длины ВПП
field localizer – курсовой радиомаяк
field maintenance personnel – наземный технический состав
field manager – начальник посадочной площадки
field manual – руководство по обслуживанию
field marker – земной ориентир, наземный опознавательный знак
field mechanic – аэродромный механик
field moisture equivalent – полевой эквивалент влажности (грунта)
field of view – зона обзора, поле зрения
field strength – напряженность поля
field-length limit – предельная длина летной полосы
FIFOR (flight forecast) – метеопрогноз рейса
figure – показатель; фигура; цифра; численное значение, число
figure code – цифровой код
figure of merit – показатель качества
figure shift – сдвиг цифры
figures-case – регистр цифр
file – дело; досье; журнал; сводная ведомость; список
file of flight plan – передавать план полета
filed flight plan – зарегистрированный план полета
filing (of message, flight plan) – регистрация (сообщения, плана полета)
filler – асфальтирующая добавка; заполнитель, наполнитель; прокладка
filler cap – заливочная горловина, крышка горловины бака, штуцер для наполнения
filler hole plug – колпачок зарядного штуцера, пробка заливочного отверстия
filler neck – горловина бака
filler pipe – горловина для наполнения, штуцер бака, штуцер для наполнения
fillet – зализ, обтекатель
filling and draining provision – устройство для заправки
filling nozzle – наливная горловина, наливной патрубок; раздаточный кран
filling operation – процедура заправки
filling plug – заливной штуцер, зарядная пробка, зарядный штуцер
filling provision – устройство для заправки
filling station – заправочный пункт
fill-up basis – принцип полного использования самолета
fill-up basis passenger – пассажир, перевозимый по принципу полного заполнения самолета
fill-up traffic – дополнительные перевозки
film – пленка, фольга
fin – киль; ребро; руль; стабилизатор
fin adjusting gear – механизм регулировки киля
fin and rudder area – площадь вертикального оперения
fin area – площадь киля
final – конечный; окончательный
final approach – выход самолета на линию оси ВПП; выход самолета на посадочную прямую, конечный заход на посадку
final approach altitude – высота полета при выходе на последнюю прямую
final approach climb – набор высоты в конфигурации для конечного участка захода на посадку
final approach direction – посадочное направление
final approach fix – последнее определение места ВС при заходе на посадку
final approach guidance system – система управления подходом на последнем этапе захода на посадку
final approach heading – курс предпосадочной прямой, направление предпосадочной прямой
final approach level – высота начала последней посадочной прямой
final approach mode – режим выхода на последнюю прямую
final approach path – траектория последнего этапа захода на посадку
final approach track – конечная посадочная прямая
final circle – круг перед посадкой
final controller – диспетчер посадки
final course alignment – выравнивание самолета на последней прямой
final descent – снижение самолета на последней посадочной прямой
final landing – окончательная посадка

final leg – последняя прямая; участок полета по «коробочке» после четвертого разворота
final man-machine integration – интеграция системы «пилот – самолет»; окончательное закрепление пилотажных навыков
final nozzle – выходное сопло; реактивное сопло; реактивный насадок
final procedure turn – последний разворот при заходе по «коробочке»
final slowdown maneuver – маневр торможения перед приземлением
final-roll attitude – конечное положение по крену, конечный угол крена
financial manager – начальник валютно-финансового отдела
finder – визир; искатель; пеленгатор
finding – определение; открытие; отыскание
findings – выводы
fine – высокого качества, высокопробный; мелкий, мелкозернистый, тонкий; хороший; чистый
fine adjustment – точная регулировка
fine grain radar – радиолокатор с высокой разрешающей способностью
fine granular structure – мелкозернистая структура
fine pitch – малый шаг (воздушного винта)
fine pitch stop (of propeller) – фиксатор малого шага (воздушного винта)
fine scale – шкала точного отсчета
fine tuning – точная настройка
fineness – аэродинамическое качество; точность
fineness ratio – гранулометрический состав; удлинение (тела вращения)
fine-type landing – точно выполненная посадка
finger – посадочная галерея
finish – отделка; отделывать
finite aspect ratio – конечное удлинение
finite length jet – струя конечной длины
finite span – конечный размах
finite-amplitude instability – неустойчивость при возмущениях конечной амплитуды
FIR (flight information region) – РПИ (район полетной информации)
fire – запускать (ракетный двигатель); огонь; пожар
fire an engine – запускать двигатель
fire bottle – огнетушитель
fire call – сигнал пожарной тревоги
fire equipment – противопожарное оборудование
fire extinguisher – огнетушитель
fire extinguisher equipment – противопожарное оборудование
fire hazard – огнеопасность, пожарная опасность
fire hydrant – пожарный гидрант
fire point – точка воспламенения
fire prevention – предупреждение пожара, противопожарное мероприятие
fire protection – защита от огня
fire rescue path – маршрут эвакуации (при борьбе с пожаром)
fire service – служба пожарной охраны
fire truck – пожарный автомобиль
fire-fighter truck – пожарный автомобиль
fire-fighting equipment – противопожарный инвентарь
fire-fighting party – пожарная команда
fire-fighting team – пожарная команда
fireproof – огнестойкий, огнеупорный
fireproof bay – отсек с противопожарной защитой
fireproof bulkhead – противопожарная перегородка
fireproof material – огнеупорный материал
firewall – противопожарная перегородка
firing – зажигание; запуск (ракетного двигателя)
firm-fixed-price contract – контракт с оплатой в твердой стоимости
first aid kit – аптечка
first cost – покупная цена; себестоимость; фабричная цена
first gust – шквал
first meridian – исходный меридиан
first-class arrangement – вариант первого класса, компоновка кабины первого класса, схема размещения кресел в салоне первого класса
first-class fare – тариф первого класса
first-level carrier – основной перевозчик
first-order solution – решение в первом приближении
first-pilot time – налет часов в качестве первого пилота

FIS (flight information service) – полетно-информационное обслуживание
fit – дорабатывать; крепить; посадка (сопряжение деталей); пригодность; соединять; устанавливать
fit for flying – годный к полетам (о самолете); пригодный к летной службе (о летном составе)
fit for service – годный к эксплуатации
fit out – переоборудовать; снабдить; снаряжать
fitment – оборудование
fitness test – испытание на профессиональную годность
fitter – механик-специалист по двигателям
fitting – дооборудование, доработка; крепление; монтаж; соединение; установка; фитинг
five-abreast seating – расположение кресел по пять в ряд
five-by-five – чистый и громкий прием (радиосигналов)
five-unit code – пятиэлементный код
fix – засекать; засечка; контрольный пункт; координаты; определение места самолета; пеленг; пеленговать; пункт с известными координатами
fix index – индекс места, индекс положения ВС, отметка положения ВС
fix passage – пролет ориентира
fix point – контрольный пункт; пункт обязательной посылки донесений с борта
fixation – фиксация
fixed – закрепленный; неизменный; неповоротный; неподвижный; нерегулируемый; несъемный; стационарный; фиксированный
fixed antenna direction finder – радиопеленгатор с неподвижной антенной
fixed beacon light – световой маяк постоянного излучения
fixed circuit – фиксированная цепь
fixed cone intake – воздухозаборник с нерегулируемым конусом
fixed distance lights – огни фиксированного расстояния
fixed distance markings – маркировки фиксированного расстояния
fixed echo – отражение от неподвижных предметов
fixed equipment – несъемное оборудование
fixed fuel tank – несбрасываемый топливный бак
fixed ground servicing and provisioning facilities – стационарные средства обслуживания и снабжения
fixed intake – нерегулируемый воздухозаборник
fixed landing gear – неубирающееся шасси
fixed lifting surface – неподвижная несущая поверхность; неподвижное крыло
fixed light – огонь постоянного излучения
fixed load – постоянная нагрузка
fixed pedals – фиксированные (зажатые) педали
fixed pitch propeller – воздушный винт фиксированного шага
fixed power plant weight – вес сухого двигателя и агрегатов
fixed price contract – контракт с оплатой по оговоренной стоимости
fixed price incentive contract – контракт с оплатой по оговоренной стоимости и поощрительным вознаграждением
fixed radar tracking network – сеть наземных РЛС слежения
fixed reference – неподвижная система координат
fixed service – фиксированная служба (связь)
fixed set of coordinates – неподвижная система координат
fixed station – стационарная наземная станция
fixed surface – киль; неподвижная плоскость; стабилизатор
fixed tail – киль; стабилизатор
fixed time prognostic chart – прогностическая карта на фиксированное время
fixed undercarriage – неубирающееся шасси
fixed weight – вес моторных агрегатов и всего несъемного оборудования
fixed wing – неподвижное крыло
fixed-area exhaust nozzle – нерегулируемое сопло
fixed-blade propeller – воздушный винт с фиксированными лопастями

fixed-incidence tailplane – неуправляемый стабилизатор
fixed-loop radio compass – радиокомпас с неподвижной рамкой
fixed-path flare system – система выравнивания с управлением относительно постоянной траектории
fixed-wing aircraft – самолет с неподвижным крылом
fixer – радиопеленгаторная станция
fixer station – стационарная установка УКВ пеленгатора
fixing – определение местонахождения
fixing aids – радионавигационные средства самолетовождения; технические средства самолетовождения
fixture – приспособление; стапель; стенд; установка
FL (flight level) – высота полета
flag – флаг (сигнальный); флажок
flag alarm – сигнальный флажок
flag carrier – главная авиатранспортная компания
flame – пламя; факел (реактивного двигателя)
flame arrester – гаситель пламени, пламегаситель
flame chamber – жаровая труба; камера сгорания
flame detector – автоматический противопожарный индикатор
flame front – фронт пламени
flame resistance – пламестойкость
flame shield – защитная огнестойкая стенка; отражатель пламени
flame tube – жаровая труба
flame tube primary zone – зона первичного воздуха жаровой трубы
flame tube secondary zone – зона вторичного воздуха жаровой трубы
flame velocity – скорость распространения пламени
flame zone – зона горения
flameholder – стабилизатор горения
flameout – прекращение горения; срыв пламени
flameout landing – посадка (реактивного самолета) с заглохшим двигателем
flameout landing procedure – порядок действий при посадке с заглохшим двигателем
flange – борт; фланец
flange joint – фланцевое соединение
flap – закрылок; клапан; створка; триммер; щиток; элерон
flap actuator – силовой цилиндр привода закрылка
flap blowing system – система сдува пограничного слоя у закрылков
flap extended speed – максимальная допустимая скорость самолета для выпуска закрылков в заданное положение
flap failure – отказ системы привода закрылков
flap indicator – указатель положения закрылков
flap linkage – проводка управления створками шасси; рычажный механизм управления створками шасси
flap lock system – система запирания закрылка
flap meter – указатель положения закрылков
flap operating cable – трос управления закрылками
flap selector – рычаг управления закрылками
flap setting – установка или регулировка закрылка
flap track fairing – обтекатель направляющего закрылка
flap-control rod – тяга управления закрылками
flaperon – закрылок-элерон; щиток-элерон
flapless glide – планирование с убранными закрылками
flapless landing – посадка с убранными закрылками
flap-operated cylinder – цилиндр управления закрылками
flap-operating drum – барабан управления триммером
flap-operating mechanism – механизм выпуска и уборки закрылков
flapped aircraft – самолет с крыльями, оснащенными щитками (закрылками)
flapped approach – заход на посадку с отклоненными щитками
flapping – маховое движение; машущий; применение закрылков
flapping angle – угол взмаха (лопасти несущего винта вертолета); угол отклонения закрылков

flapping flight – орнитоптерный полет, полет летательного аппарата с машущим крылом
flapping hinge – горизонтальный шарнир
flapping wing – машущее крыло, орнитоптерное крыло
flap-retraction schedule – порядок уборки закрылков
flaps down (up) – опустить (поднять) закрылки
flap-up seat – откидное сиденье
flare – возрастать (об угле); выравнивание перед приземлением; выравнивать (самолет перед посадкой); переход в набор высоты; развальцованный конец (трубопровода); развальцовка; расширяющаяся хвостовая часть; стабилизирующий конический насадок; юбка
flare computation – вычисление траектории выравнивания
flare computer control – управление от вычислителя выравнивания
flare controller – блок управления выравнивания
flare landing – посадка с нормальным выравниванием
flare maneuver – выравнивание, маневр выравнивания
flare mode fail monitor – блок обнаружения отказа на режиме выравнивания
flare out – производить плавное снижение с последующей посадкой
flare path – ВПП со световым оборудованием; луч посадочного прожектора; траектория выравнивания
flare(d) attitude – положение при выравнивании; угол тангажа при выравнивании
flare(out) computer – вычислитель траектории выравнивания
flareback – обратная вспышка
flared – криволинейный; расширяющийся наружу; с расширяющейся хвостовой частью; юбкообразный
flared approach – заход на посадку с выравниванием
flared-up – скругленный
flareout – выключение двигателя; выравнивание самолета при заходе на посадку
flare-out altitude – высота начала выравнивания
flareout control – управление выравниванием
flare-out distance – длина выдерживания самолета при посадке
flare-out region – зона выравнивания самолета перед посадкой; зона плавного снижения
flarescan – система управления по высоте при выравнивании
flareup – искривление траектории полета вверх; переход к набору высоты
flash lamp – импульсная лампа
flash on – загореться
flash point – температура вспышки
flashing approach light – проблесковый огонь приближения (подхода)
flashing beacon – проблесковый светомаяк
flashing light – проблесковый (навигационный) огонь
flat – плоский, пологий, ровный
flat approach – пологое планирование (при посадке)
flat bank – плоский вираж
flat grade – уклон, близкий к нулевому
flat inside spin – плоский штопор с положительной перегрузкой
flat outside spin – плоский штопор с отрицательной перегрузкой
flat rate – прямой тариф
flat riser – винтокрыл
flat spin – плоский штопор
flat tuning – грубая настройка
flat turn – плоский разворот (поворот), поворот без крена
flat yawing maneuver – плоский разворот со скольжением
flat-end body – тело с плоским концом; тело с плоской донной частью
flat-nosed body – тело с тупой носовой частью
flat-plate flow – обтекание пластинки
flattening out – выравнивание (самолета); выход из пикирования или другого маневра
flat-top antenna – плоская антенна
flatwise – перпендикулярно слоям
fleecy clouds – рваные облака
fleet – самолетный парк; флот
fleet planning manager – руководитель отдела планирования самолетного парка

flexibility factor – коэффициент жесткости
flexible – гибкий, мягкий, нежесткий; упругий, эластичный
flexible bag – мягкий бак
flexible blade – упругая лопасть (воздушного винта)
flexible cell – мягкий бак
flexible drive – гибкий провод
flexible pavement – нежесткое покрытие
flexional stress – напряжение изгиба
flexural axis – ось жесткости крыла
flexural center – центр жесткости изгиба
flexural strength (pavement) – прочность на изгиб (покрытие)
flexure – изгиб, искривление; кривизна
flick – переключать
flight – летный; перелет, полет; полетный; рейс; рейсовый самолет
flight (attitude) instrument – авиагоризонт; пилотажный прибор
flight (flying) instructor – пилот-инструктор
flight accident – летное происшествие
flight accuracy – точность выдерживания траектории
flight advisory weather center – метеорологический центр обеспечения полетов
flight altitude – высота полета
flight analyzer – множественный бортовой самописец, полетный анализатор
flight approach area – полоса воздушных подходов
flight attitude – положение самолета в воздухе; режим полета
flight axis of an autopilot – канал управления (от) автопилота
flight between layers – полет между слоями облачности
flight between layers not on instruments – визуальный полет между облаками
flight between layers on instruments – полет между облаками по приборам
flight board – расписание полетов
flight book – летная книжка
flight calibration – калибровка наземных радионавигационных средств с самолета, калибровка телеметрических каналов в полете, тарировка приборов в полете
flight card – полетный лист
flight center – центр управления полетами
flight certificate – летное удостоверение, свидетельство на право пилотирования самолета
flight characteristics – летные данные; летные качества, летные характеристики
flight chart – полетная карта
flight check – проверка в полете
flight clearance – разрешение на полет
flight command information – пилотажная командная информация
flight communications center – узел авиационных линий связи
flight compartment – помещение для экипажа
flight compass – комбинированный указатель курсовой системы
flight computer – навигационный вычислитель
flight control – авиационная диспетчерская служба; управление полетами
flight control computer – вычислитель системы управления ВС
flight control incident – летное происшествие в результате неисправности системы управления
flight control lock – стопор поверхностей управления
flight control manager – начальник службы движения
flight control mode – режим управления ВС
flight control surface – поверхность управления, рулевая поверхность
flight control surface actuator – бустер; привод поверхности управления; привод руля ВС; рулевая машина
flight control surface position indicator – указатель положения поверхностей управления
flight control system – система управления воздушным судном; система управления полетом
flight control upset – потеря управляемости ВС
flight controller – автопилот; пульт управления системой автостабилизации ВС; система управления ВС
flight controls – органы управления
flight coupon – полетный купон (билета)

flight course – курс полета, полетный курс
flight crew – летный экипаж
flight crew conversion – переучивание летного экипажа
flight crew member – член летного экипажа
flight crew proficiency – квалификация летного экипажа
flight crew training – тренировка летного состава
flight crew transition – переучивание летных экипажей
flight data – летные данные, летные характеристики
flight data entry system – система ввода данных о полете
flight data recorder – самописец полетных данных
flight data storage unit – блок памяти полетных кадров
flight deck – кабина экипажа; полетная палуба
flight deck procedure trainer – тренажер кабинных процедур
flight director – командный пилотажно-навигационный прибор
flight director approach – заход на посадку в директорном режиме
flight director attitude indicator – авиагоризонт, скомбинированный с пилотажным директорным прибором
flight director computer – вычислитель системы командных пилотажных приборов
flight director control – управление директорным режимом полета
flight director flare and go around computer – вычислитель данных для выравнивания и ухода на второй круг; командно-навигационный прибор
flight director landing – посадка в директорном режиме
flight director selector – переключатель командно-пилотажного прибора
flight director warning flag – флажок сигнализации о прекращении подачи сигналов от командного пилотажного прибора
flight displays – показания пилотажно-навигационных приборов
flight documents – полетная документация
flight duty period – полетное служебное время
flight engineer – бортинженер; бортмеханик
flight envelope – диапазон режимов полета; полетные режимы; эксплуатационные режимы
flight envelope boundary – граница областей полетных режимов
flight envelope controllability – управляемость во всем диапазоне режимов полета
flight examiner – летчик инспектор по технике пилотирования
flight fine-pitch stop – полетный упор малого винта
flight fitness – пригодность к полету
flight forecast – прогноз погоды в районе полета, прогноз погоды по маршруту
flight graph – кривая режима полета
flight guidance system – система управления полетом
flight gyro – гирополукомпас
flight handbook – инструкция к пилоту (на данный тип самолета)
flight handbook (manual) procedure – порядок действий пилота согласно руководству по летной эксплуатации
flight hardware – используемое в полете изделие; летный образец
flight hour – летный час, час полета
flight idle – полет на оборотах малого газа
flight in and out of clouds – полет в переменной облачности
flight indicator – авиагоризонт
Flight indoctrination program – программа ознакомительных полетов
flight information – полетная информация
flight information area – район полетной информации
flight information board – табло (доска) полетной информации
flight information center – центр полетной информации, центр сбора сведений о полетах
Flight Information Manual – руководство по летной эксплуатации
flight information publications – издания, содержащие полетную информацию
flight information region – зона полетной информации, район полетной информации

flight information service – летно-информационная служба
flight inspector – пилот-инспектор
flight instructor rating – отметка о квалификации летного инструктора
flight instrument system – система пилотажных приборов
flight instrument trainer – тренажер для отработки техники пилотирования по приборам
flight interphone system – самолетное переговорное устройство, СПУ
flight investigation – исследование летных качеств самолета в полете
flight lane – воздушная трасса, воздушный коридор, маршрут полета
flight level – высота полета, уровень полета, эшелон
flight level pressure altitude – барометрическая высота эшелона полета
flight limitation – полетные ограничения
flight line – линейка; стоянка самолетов
flight load – нагрузка в полете
flight loading condition – условия нагружения в полете
flight log – автоштурман в системе Декка; бортовой журнал; бортовой самописец пройденного пути и положения самолета на карте; курсограф
flight Mach number – число М в полете
flight management – выбор оптимального режима полета; руководство полетом, управление полетом
Flight Management System – система выбора оптимальных режимов полета
flight maneuver – маневр в полете, фигура пилотажа
Flight Manual – наставление по производству полетов
flight manual limits – предельные значения, указанные в наставлении по производству полетов
flight map – полетная карта
flight mark – достигнутое в полете значение
flight mechanic – бортмеханик
flight meteorological watch – авиационно-метеорологическое дежурство
flight mile – воздушная миля
flight mode – режим полета
flight mode annunciator – индикатор режима полета, сигнализатор режима полета, табло сигнализации режима полета
flight modes panel – щиток переключения режимов полета
flight navigator – штурман
flight notification message – полетное уведомление
flight number – номер рейса
flight on top – полет над облаками; полет у верхней кромки облаков
flight operations – полеты, производство полетов
flight operations center – центр управления полетами
flight operations manual – наставление по производству полетов
flight operations officer – руководитель полетов; сотрудник отдела производства полетов
flight operations support – обеспечение полетов
flight over the top of the clouds – полет над облаками (над верхней кромкой облачности)
flight panel – панель пилотажно-навигационной группы приборов
flight path – курс полета, направление полета; траектория полета
flight path axis – ось траекторной системы координат, траекторная ось
flight path elevation – угол наклона траектории полета
flight performance – летные характеристики
flight personnel – летно-подъемный состав
flight plan – план полета
flight plan data – данные плана полета
flight plan interphone system – наземная система связи между пунктами управления полетами
flight planner – диспетчер планирования полетов
flight planning – планирование полетов
flight planning office – отдел планирования полетов
flight preparation sheet – лист предполетной подготовки
flight procedures trainer – пилотажно-навигационный тренажер
flight proficiency test – проверка уровня летной подготовки

flight progress board – диспетчерский пульт управления развития полетов; панель учета развития полетов
flight progress information – информация о развитии полета
flight progress strip – ленточный бланк учета развития полета; стрип
flight qualification test – проверка летной квалификации
flight radio operator – бортрадист
flight radio telephone operator – бортрадист, работающий на радиотелефоне
flight range – дальность полета
flight rating – категория летно-подъемного состава
flight recorder – бортовой самописец
flight recorder unit – бортовой самописец
flight references – пилотажные датчики
flight refueling – дозаправка топливом в воздухе
flight regularity message – сообщение о регулярности полетов
flight report – донесение с борта
flight rules – наставления по производству полетов, правила полетов
flight safety – безопасность полетов
flight safety message – сообщение по вопросам безопасности полетов
flight schedule – расписание полетов
flight service – авиадиспетчерская служба, служба обеспечения полетов
flight service kit – сумка с инструментами (для текущего ремонта на борту самолета)
flight service station – пост наблюдения
flight simulation – имитирование условий полета, моделирование полета
flight simulation laboratory – лаборатория моделирования условий полета
flight simulator – пилотажный тренажер
flight simulator time – количество часов летной подготовки на тренажере
flight slope indicator – указатель параметров полета по заданной траектории
flight speed – полетная скорость, техническая скорость в полете
Flight Standards District Service – районная служба авиационных стандартов
flight status – статус полета
flight strip – взлетно-посадочная полоса; ленточный бланк; стрип
flight strip printer – печатающее устройство полетных лент
flight superintendent – главный диспетчер аэродрома
flight supervision – наблюдение за полетами
flight surgeon – авиационный врач; бортврач; врач летной службы
flight system check – проверка систем ВС
flight system control panel – панель управления системой пилотажных приборов
flight tape – лента бортового самописца, лента с полетными записями
flight technical error – ошибка из-за неточности выдерживания заданной высоты (при тарировке барометрических приборов); погрешность, обусловленная техникой пилотирования
flight technique – техника пилотирования
flight test – летные испытания
flight test performance – летные качества самолета, выявляемые в результате летных испытаний
flight test recorder – самописец летных испытаний
flight test technique – методика летных испытаний; оборудование для проведения летных испытаний
flight time – летное время; налет в часах
flight trainer – пилотажный тренажер; учебно-тренировочный самолет
flight training – летная подготовка
flight training maneuver – маневр учебного пилотажа, фигура учебного пилотажа
flight velocity – скорость полета
flight visibility – видимость в полете
flight weight – полетный вес
flight-control board – приборная доска
flight-control hardware – агрегаты системы управления ВС; узлы системы управления ВС
flight-control instruments – пилотажные приборы; приборы управления самолетом в полете
flight-data analysis center – центр обработки и анализа полетных данных
flight-envelope limit – предельная граница режимов полета

flight-fatigued – переутомленный вследствие полетов
flight-handling characteristics – управляемость воздушного судна
flight-inspection aircraft – самолет воздушной инспекции
flight-instrument board – доска пилотажных приборов
flight-path analyzer – анализатор траектории полета
flight-path angle – угол наклона траектории полета
flight-path angle display – индикатор угла наклона траектории полета
flight-path computer – вычислитель траектории полета
flight-path deviation indicator – индикатор отклонения от курса
flight-path deviation needle – стрелка, указывающая величину отклонения от заданной траектории полета
flight-path display – высвечивание траектории полета, индикатор траектории полета, указатель траектории полета
flight-path plotter – планшет для записи траектории полета
flight-path reconstruction – восстановление траектории полета
flight-path recorder – самописец траектории полета
flight-path vector – вектор путевой скорости
flight-path-reference flight – полет с автоматическим управлением по сигналам радиотехнических средств
flight-plan fuel load – запас топлива на борту ВС, предусмотренный планом полета
flight-plan message – сообщение, содержащее план полета
flight-plan processing center – центр обработки планов полета
flight-qualified – допущенный к летным испытаниям (полетам)
flight-test base – летно-испытательная станция или база
flight-time limitations – норма летного времени, ограничение летного времени
flight-trajectory calculator – вычислитель траектории полета
flip-flop – ждущий мультивибратор
flip-flop switching – переключение ждущего мультивибратора
float – выдерживать (самолет или вертолет) над землей; плавающий; планировать (перед посадкой); поплавковый; поплавок
floated (type) gyroscope – поплавковый гироскоп
floatplane – поплавковый гидросамолет
flood light – прожектор заливающего света
floodlighting – освещение заливающим светом
floor – настил; перекрытие; пол кабины
flow – поток; расход (газа или жидкости); струя; течение; течь
flow choking – течение с запиранием потока
flow coefficient – коэффициент расхода (топлива)
flow conditions – условия течения
flow control – управление полетом
flow correcting airfoil – профиль для спрямления потока
flow disturbance – возмущение потока
flow fence – аэродинамический гребень

аэродинамический гребень
flow indicator – расходомер
flow line – линия тока
flow pattern – спектр обтекания; структура потока; характер течения
flow rate – расход жидкости или газа; скорость потока
flow restriction – дросселирование потока; ограничение расхода (топлива)
flow system – картина течения; спектр обтекания
flowmeter – расходомер
fluid – жидкий; жидкость; текущий
fluid dynamics – гидродинамика
fluid mechanics – гидромеханика, механика жидкости
fluid medium – жидкостная среда
fluorescent screen – флюоресцирующий экран
flush – впотай; заподлицо; потайной, скрытый
flush air intake – утопленный воздухозаборник
flush antenna – невыступающая антенна

flush runway center line lights – огни осевой линии ВПП, вмонтированные заподлицо с покрытием ВПП
flush threshold lights – ограничительные огни утопленного (заглубленного) типа
flush-mounted – заподлицо; скрытый; утопленный
flutter – флаттер
flutter failure – разрушение вследствие флаттера
flutter limit – критическая скорость флаттера
flux – поток; секундная масса
flux gate compass – гироиндукционный компас, индукционный компас
fly – летать; лететь; пилотировать; совершать перелет; управлять самолетом
fly hands off – лететь с включенным автопилотом
fly under instrument meteorological conditions – производить полет в приборных метеорологических условиях
fly under visual meteorological conditions – производить полет в визуальных метеорологических условиях
flyable – готовый к полетам, пригодный к полетам (о самолете)
flyback – время обратного хода (луча); обратный ход (луча)
flyby – облет (какого-либо препятствия)
flyby check – проверка работы приборов при пролете наземных ориентиров
fly-by-light – волоконно-оптическая система связи
fly-by-wire – электродистанционная система управления полетом
fly-by-wire system – система управления с помощью электрических сигналов, электрическая система управления
fly-down indication – индикация полета ниже глиссады
flyer – летательный аппарат; летчик; лицо летно-подъемного состава
flying – летная тренировка; летное дело; летящий; полеты
flying ability – летное мастерство; техника пилотирования
flying accident – летное происшествие
flying aids – пилотажно-навигационные средства
flying altitude – высота полета
flying angle – угол тангажа (в горизонтальном полете)
flying approach – полоса воздушных подходов
flying aptitude – летные способности; пригодность к летной работе
flying attitude – обстановка полета; положение самолета в воздухе
flying control – авиационная диспетчерская служба; управление полетами
flying control failure – отказ системы привода закрылков
flying crew – экипаж самолета
flying curriculum – программа учебных полетов
flying deck – кабина пилота
flying display – воздушный парад, демонстрация авиационной техники в полете
flying field illumination – освещение аэродрома, светооборудование аэродрома
flying height – высота полета
flying hours – время, проведенное в полете; налет часов
flying instruction – летная подготовка, обучение полетам, учебное пилотирование
flying instructor – летчик-инструктор
flying instruments – навигационно-пилотажные приборы
flying jacket – летная куртка
flying kit – бортовая сумка с инструментами для текущего ремонта
flying laboratory – ВС с экспериментальным оборудованием, летающая лаборатория
flying life – ресурс летательного аппарата, срок службы
flying mode – режим полета, характер полета
flying off airways – нетрассовый полет
flying pay – летное вознаграждение
flying personnel – летно-подъемный состав
flying practice – летная тренировка
flying proficiency – летная квалификация; летное мастерство
flying quality – летные данные, пилотажные характеристики
flying radius – радиус действия (самолета)

flying range – дальность полета
flying regulations – инструкция по производству полетов, наставление по производству полетов
flying safety – безопасность полета
flying safety altitude – абсолютная безопасная высота полета
flying safety rules – правила безопасности полетов
flying school – авиашкола, летная школа
flying simulator – летающий тренажер
flying speed – скорость полета
flying technique – техника пилотирования, техника полета
flying test-bed – летающая лаборатория, летающий испытательный стенд
flying the controls over – перебрасывать органы управления
flying time – время налета; летное время; налет в часах
flying training – летная подготовка, летное обучение
flying training center – центр подготовки летного состава
flying training course – курс летной подготовки
flying weather – летная погода
flying weight – общий полетный вес
flying windmill – автожир
flying wreck rate – процент потерь ВС в результате летных происшествий
flyoff – вылет; облет (ВС); отлет
fly-off competition – сравнение ВС путем облета
flyover – полет над каким-либо объектом
flyover noise measurement point – точка измерения пролетного шума
fly-up – в полете выше глиссады; полет выше глиссады
fly-up indication – индикация полета выше глиссады
FM (fan marker) – веерный маркер
FM (frequency modulation) – частотная модуляция
FM video link – частотно-модулированная система наведения с визуальным слежением
foam – вспениваться; пена; пениться; пенопласт; покрывать (огнегасящей) пеной (посадочную полосу)
foam blanket – пенное покрытие
foam compound – пенообразующий состав
foam extinguishing system – система пенного пожаротушения
foamglass – пеностекло
foaming – покрытие пеной
foamseal – пеногерметик
foamwater sprinkler system – спринклерная система пеноводного тушения
focus – фокус; фокусировать
focused boom – фокусированный звуковой удар
foehn – фен (метео)
fog – окутывать(ся) туманом; туман
fog bank – гряда тумана
fog dispersal – рассеивание тумана
fog flying – полет в тумане; слепой полет
fogged-in – в тумане; закрытый туманом, окутанный туманом
fogging – запотевание (остекления); образование тумана
foil – пленка, фольга
fold – складывать(ся)
folding – складывание
folding door – откидная дверь; створчатая дверь
folding fin – складывающийся вертикальный стабилизатор
folding winged – со складывающимся крылом
follower – ведомый механизм; следящее устройство, следящий элемент
following – слежение (за целью), сопровождение (цели)
following wind – попутный ветер
follow-me (truck) – машина сопровождения
follow-up card – следящая картушка
follow-up device – прибор отслеживания (перемещений), следящая система
follow-up mechanism – следящий механизм обратной связи
follow-up pickoff – датчик-потенциометр следящей системы
follow-up point – следящая стрелка (автопилота)
follow-up system – следящая система
food ration kit – бортовой паек, запас продовольствия; неприкосновенный запас на случай вынужденной посадки
foot – фут
foot control – ножное управление, педальное управление

foot load – нагрузка на педалях, усилие на педалях
foot pedal control – ножное педальное управление
footbar – коромысло ножного управления, педальный рычаг
foot-bar control – система педального управления
footprint area – площадь отпечатка пневматика на покрытии, площадь поверхности контакта пневматика с покрытием
footprint pressure – удельное давление на площадь поверхности контакта пневматика с покрытием
footrest – подножка
force coefficient vector – вектор коэффициента силы
force control – силовое управление
force feel – чувство управления по усилиям
force indicator – динамометр
force motor – бустер; сервомотор
force vector – вектор силы
forced landing – вынужденная посадка
forcible entry – прорубание обшивки (при спасении из ВС)
fore-and-aft – от носа до хвоста; продольный
fore-and-aft attitude – угол тангажа
fore-and-aft axis – продольная ось
fore-and-aft distance – расстояние в направлении продольной оси
fore-and-aft linear accelerometer – линейный акселерометр, регистрирующий касательное ускорение; линейный акселерометр, регистрирующий продольное ускорение
fore-and-aft member – продольный элемент
fore-and-aft plane – продольная плоскость
fore-and-aft trim – продольная балансировка
forebody – носовая часть; передняя часть
forecast – предварительный расчет, предсказание, прогноз (погоды); прогностический
forecast area – район прогноза
forecast center – прогностический центр
forecast method – метод прогноза
forecast techniques – метод прогнозирования
forecast velocity – прогнозированная скорость (ветра)
forecaster – синоптик
foreign air carrier – иностранная авиатранспортная компания
foreign air commerce – внешние воздушные сообщения
foreign air route – международная авиалиния
foreign currency – иностранная валюта
foreign exchange – обмен иностранной валюты
Foreign Office – министерство иностранных дел
foreign trade – внешняя торговля
forest patrol plane – самолет для охраны или патрулирования леса
fork lift truck – автокар с вильчатым подъемником
forked lightning – зигзагообразная молния; разветвленная молния
form – вид; контур, очертание, форма
formation – естественное основание дороги
formation flight – полет группой
formation of cloud – облакообразование
former (wing) rib – вспомогательная (ложная, носовая) нервюра; полунервюра
forward – будущий; вперед; впереди; дальше; отправлять, пересылать, посылать, препровождать; срочный; экспедировать
forward (control) stick pressure – давящее усилие; толкающее усилие; усилие на штурвале в направлении «от себя»
forward acceleration – продольное ускорение, направленное вперед
forward acquisition radar – РЛС передового обзора
forward CG condition – передняя центровка
forward facing joint – соединение уступом против потока
forward of the beam approach – сближение на встречно-пересекающихся курсах
forward position light – передний аэронавигационный огонь
forward propulsion engine – маршевый двигатель

forward scatter propagation – распространение за счет рассеивания
forward shock – головной скачок уплотнения
forward slip maneuver – маневр скольжения на крыло в прямолинейном полете
forward speed – поступательная скорость, скорость поступательного движения
forward stick position – положение штурвала «от себя»
forward swept wing – крыло с отрицательной стреловидностью
forward thrust – тяга, обеспечивающая поступательное движение
forward view – обзор передней полусферы
forward visibility – обзор передней полусферы
forward visual reference – горизонтальная визуальная ориентировка
forwarder – экспедитор
forwarding agent – экспедитор
forwarding note – заявление об отправке
forward-looking radar – РЛС переднего обзора
forward-retracting undercarriage – убирающееся вперед шасси
forward-view window – лобовое стекло
four-bladed airscrew – четырехлопастный воздушный винт
four-channel autopilot – четырехканальный автопилот
four-coordinate tracking – сопровождение по дальности, азимуту, углу места и доплеровской частоте
four-course beacon – четырехзонный маяк
four-course radio range – зональный четырехнаправленный радиоприемник
four-piece slat – четырехсекционный предкрылок
four-wheeled bogie – четырехколесная тележка; четырехколесное шасси
four-wheeled undercarriage – четырехколесное шасси
Fowler flap – закрылок Фаулера
FP (flight plan) – план полета
FP (flight position) – местонахождение самолета в воздухе
fraction – доля, дробь, фракция, часть
fractocumulus – разорванно-кучевые облака
fractonimbus – разорванно-дождевые облака
fractostratus – разорванно-слоистые облака
fracture – излом; перелом; разрушение; разрыв; трещина
frame – балка; кадр (фотоснимка); каркас, остов; планер (самолета); рама, ферма, шпангоут
frame antenna – рамочная антенна
frame of axes – система координат
frame of references – поле индикации; пространственные координаты; система координат, система отсчета
framework – каркас, остов, рама; решетчатая конструкция; скелет; ферма
framing pulse – кадрирующий импульс
frangible – ломкий, хрупкий
frcu (fractocumulus) – разорванно-кучевые облака
free – бесплатный; свободный
free air – невозмущенный поток воздуха; спокойная атмосфера
free airport – открытый аэропорт; свободный от пошлин аэропорт
free balloon – свободный аэростат
free controls – брошенное управление
free fall lever – рычаг выпуска шасси под действием собственного веса; рычаг освобождения замка убранного положения шасси
free flow – набегающий поток
free gyroscope – свободный трехстепенный гироскоп
free pedals – брошенные педали, свободные педали
free power turbine – турбина с раздельными ступенями для привода винта и компрессора
free running – свободное вращение; холостой ход
free service – бесплатное обслуживание
free space – безвоздушное пространство
free stream – невозмущенный поток; свободный поток
free trajectory – траектория свободного полета
free wheeling – самовращение
free zone – открытая зона
free-air peak overpressure – пиковое сверхдавление в свободной атмосфере

free-baggage allowance – норма бесплатного провоза багажа
free-fall mechanism – механизм выпуска (шасси) под действием веса
free-fall undercarriage – шасси, выпускающееся под действием собственного веса
free-flight test – испытание в свободном полете
free-jet tunnel – аэродинамическая труба с открытой рабочей частью
freely-flapping rotor – винт со свободно колеблющимися лопастями
free-output turbine – турбина с раздельными ступенями для привода винта и компрессора
free-vortex blading – лопатки или лопасти, спрофилированные по закону свободного вихря
freezing drizzle – переохлажденная морось
freezing fog – переохлажденный туман
freezing level – высота нулевой изотермы; уровень замерзания
freezing point – точка замерзания
freezing rain – дождь, вызывающий обледенение; замерзающий дождь
freezing-point depressant – антифризная присадка
freight – груз; фрахт
freight account (bill) – счет за перевозку груза
freight broker – фрахтовый посредник
freight carrier – грузовой самолет
freight charge – стоимость провоза груза
freight compartment – помещение для груза
freight consolidator – агентство по отправке груза партиями
freight container – грузовой контейнер
freight door – грузовая дверь
freight forward – фрахт, оплачиваемый в аэропорту погрузки
freight forwarder – агентство по отправке груза; экспедитор груза
freight hold – помещение для груза
freight rate – тарифная грузовая ставка
freight revenue – доход от грузовых перевозок
freight ton-mile – грузовая тонно-миля
freight turnover – грузооборот; фрахт
freighter – грузовой самолет
freq. (frequency) – частота
frequency – частота
frequency allotment plan – план распределения частот
frequency band – полоса частот
frequency changeover procedure – порядок перехода на другую частоту, порядок смены частоты
frequency channel – частотный канал
frequency control – регулировка частоты; стабилизация частоты
frequency converter – преобразователь частоты
frequency deployment – распределение частот
frequency discriminator – частотный дискриминатор
frequency diversity – разброс в частоте
frequency drift – уход частоты
frequency filter – частотный фильтр
frequency modulation – частотная модуляция
frequency offset generator – генератор разнесения частот
frequency pairing – спаривание частот
frequency reference – эталон частоты; эталонная частота
frequency response – частотно-фазовая характеристика
frequency separation – частотное разделение
frequency shift – сдвиг частоты
frequency shift keying – частотная модуляция без разрыва фазы
frequency shift modulation – модуляция сдвигом частот
frequency space interval – частотный интервал
frequency translator – преобразователь частоты
frequency-division multiple access – частотное уплотнение каналов связи
frequency-division multiplex – многоканальная система с частотным уплотнением
frequency-modulated radar – РЛС с частотной модуляцией
frequency-modulated transmitter – радиостанция с частотной модуляцией
fresh breeze – свежий ветер
fresh gale – штормовой ветер
friction – трение
friction boundary layer – пограничный слой

friction brake – фрикционный тормоз
friction clutch – фрикционная муфта
friction condition – условия торможения
friction disk – фрикционный диск
friction drive – фрикционная передача, фрикционный привод
friction factor – коэффициент трения
friction horsepower – мощность трения; мощность, затраченная на трение
friction layer – пограничный слой; слой атмосферы, прилегающий к земле
friction loss – потеря на трение
friction pressure loss – потеря давления на трение
friction reducing layer – прослойка, уменьшающая трение
friction resistance – сопротивление трения
friction velocity – динамическая скорость
friction wheel drive – фрикционная передача, фрикционный привод
frictional drag – сопротивление трения
frictional heating – нагрев вследствие трения о воздух
frictional value – значение коэффициента трения
frigid zone – полярная зона
from drawing board – с начала проектирования
front – передняя часть, фронт; фронтальный
front beam – передний лонжерон; передний луч
front course sector – передний курсовой сектор
front end closure – передняя заглушина; передняя крышка (корпуса РДТТ)
front of cloud – облачный фронт
front of occlusion – фронт окклюзии
front shock – головной скачок уплотнения
frontal – лобовой, фронтальный
frontal approach – подход с передней полусферы
frontal area – лобовая площадь, лобовая поверхность; мидель; площадь сечения
frontal system – фронт
frontal thunderstorm – фронтальная гроза
frontal weather – фронтальная облачность
FSL (full stop landing) – нормальная посадка с остановкой
FT (foot, feet) – фут, футы
ft.p.m. (feet per minute) – футов в минуту
ft.p.s. (feet per second) – футов в секунду
fuel – горючее; заправлять горючим; топливо
fuel actuator – топливный насос
fuel atomizing – распыление жидкого топлива
fuel bowser – автотопливозаправщик
fuel burner – горелка; камера сгорания
fuel bypass – перепуск топлива
fuel capacity – емкость топливных баков; полный запас топлива
fuel cell – отсек топливного бака; топливный бак
fuel chamber – камера сгорания (ПВРД)
fuel charger – заливочный насос для топлива
fuel check – проверка топлива
fuel compartment – топливный отсек
fuel consumption rate – расход топлива
fuel discharge – система управления подачей топлива
fuel distribution – подача топлива; система подачи топлива
fuel drain – дренаж топливной системы
fuel endurance – время полного выгорания топлива; продолжительность полета, ограничиваемая запасом топлива
fuel feed pipe – питающий топливопровод, трубопровод подачи топлива
fuel feed system – система подачи топлива
fuel feeding – подача топлива
fuel filling – заправка топливом
fuel flow – расход топлива
fuel flow control – регулирование подачи топлива, топливодозирующее устройство
fuel flow meter – измеритель расхода топлива, расходомер
fuel flow pressure operated actuator – исполнительный механизм, работающий под давлением в топливной системе
fuel flow rate – расход топлива, скорость подачи топлива
fuel gauge – топливомер, указатель количества топлива
fuel governor – регулятор расхода топлива
fuel grade – сорт топлива
fuel gravity system – система подачи топлива

fuel gravity tank – бак для подачи топлива самотеком
fuel hydrant truck – агрегат для заправки топливом
fuel injection – впрыск топлива
fuel injection nozzle – топливная форсунка, форсунка горючего
fuel knock – детонация топлива
fuel lag – запаздывание подачи топлива
fuel leakage – просачивание топлива, утечка топлива
fuel line – трубопровод подачи топлива
fuel load – вес топлива; запас топлива на борту; нагрузка от веса топлива
fuel loading – заправка топливом
fuel metering – регулирование подачи топлива
fuel metering control – топливодозирующее устройство
fuel mixture indicator – указатель качества топливной смеси
fuel pipeline – линия подачи топлива, топливопровод
fuel pressure gauge – топливный манометр, указатель давления топлива
fuel pressure indicator – топливный манометр, указатель давления топлива
fuel pressure signal – сигнализатор давления топлива
fuel pressure switch – контактный датчик давления топлива
fuel pressure warning – сигнальное устройство падения давления топлива
fuel pump – топливный насос
fuel pump delivery line – магистраль, подающая топливо на вход насоса; магистраль, подающая топливо под напором
fuel pump governor – регулятор топливного насоса
fuel pumping system – насосная система подачи топлива
fuel quantity gauge – топливомер
fuel quantity gauge test button – кнопка проверки работы топливомера
fuel rate – расход топлива
fuel ratio – состав горючей смеси
fuel sequence placard – схема последовательности выработки топлива
fuel servicing – заправка топливом
fuel specification – марка топлива
fuel storage depot – топливный склад
fuel supply installation – топливозаправочная установка
fuel supply line – трубопровод топливоснабжения
fuel supply system – система подачи топлива
fuel tank – топливный бак
fuel tank vent – дренажное отверстие топливного бака
fuel tankage – емкость топливных баков
fuel tap – кран для регулирования поступления топлива
fuel throttle – регулятор подачи топлива
fuel transfer – перекачка топлива
fuel transfer pump – топливный перекачивающий насос
fuel truck – автотопливозаправщик
fuel up – заливать топливом
fuel uplift – количество заправляемого топлива
fuel-air mixture – топливно-воздушная смесь
fuel-air ratio – качество топливно-воздушной смеси
fuel-and-air mixture – горючая смесь, смесь топлива и воздуха
fuel-control assembly – регулятор подачи топлива
fuel-control system – система регулирования подачи топлива
fuel-control unit – регулятор подачи топлива
fueling – заправка топливом
fueling equipment – заправочное оборудование
fueling lorry – автотопливозаправщик
fuel-servicing truck – автотопливозаправщик
fuel-to-oxidation ratio – весовое отношение горючего и окислителя
full – полный; целый; широкий
full autolanding – автоматическая посадка вплоть до приземления; автоматическое приземление
full autorotation – снижение на авторотации до земли
full flap position – полностью выпущенное положение закрылков
full flow endurance – продолжительные работы (двигателя) на полной мощности

full lateral stick rolling push over – отдача на себя ручки, полностью отклоненной вбок для создания крена
full power – полная мощность; полный газ
full power conditions – максимальный режим
full powered control – бустерная система управления, не имеющая ручной дублирующей системы
full production – серийное производство
full reheat climb – набор высоты на максимальном форсажном режиме
full reverse – реверс максимальной тяги
full rudder – полностью отклоненный руль, полный руль
full start – запуск с максимальным расходом топлива
full throttle – максимальный газ; полностью открытый дроссель
full thrust – максимальная тяга
full-back – в полностью отклоненном назад положении (о ручке, штурвале); полностью «на себя»
full-castoring – свободноориентирующийся
full-circle landing – заход на посадку с выполнением полного круга
full-down position – полностью выпущенное положение (шасси)
full-flap takeoff – взлет с полностью отклоненными закрылками
full-forward – в полностью отклоненном вперед положении (о ручке, штурвале); полностью «от себя»
full-gross-weight takeoff – взлет с максимальным полетным весом
full-in position – полностью убранное положение
full-open throttle – максимальный газ; полностью открытый дроссель
full-out position – полностью выпущенное положение
full-power output – полная мощность; работа на максимальном режиме
full-scale – натурный; полномасштабный, полноразмерный
full-scale aircraft – натурный самолет
full-scale flight – натурный полет, полет в натурных условиях
full-scale hardware – конструкция в натуральную величину, полномасштабная конструкция
full-scale measurement – натурное измерение
full-scale mockup – макет в натуральную величину
full-scale model – натурная модель, полноразмерная модель
full-scale reading – максимальное показание
full-scale test – испытание натурного объекта; эксперимент в натурных условиях
full-sized – полногабаритный, полноразмерный
full-span control surface – орган управления, расположенный по всему размаху крыла
full-span flap – закрылок по всему размаху крыла
full-span slat – предкрылок, простирающийся по всему размаху
full-speed operation – работа двигателя на максимальных оборотах
full-stall landing – посадка на минимальной скорости (с доведением самолета до сваливания)
full-stop landing – приземление с полной остановкой
full-strength pavement – покрытие, рассчитанное по прочности на максимальный взлетный вес
full-throttle climb – набор высоты на режиме максимальной мощности
full-throttle height – граница высотности; расчетная высота
full-throttle operation – работа на максимальном газе (режиме)
full-thrust duration – время работы на режиме максимальной тяги
full-weight takeoff – взлет с максимальным весом
fully coupled automatic approach – автоматический заход на посадку по сигналам курсоглиссадной системы
fully factored load – максимальная расчетная нагрузка
fully-automatic relay installation – полностью автоматический ретранслятор
function indicator – указатель изменения двух параметров
function keys – функциональные ключи
function selector – переключатель рода работы

functional check flight – контрольный полет; полет для проверки функционирования бортовых систем
functional check flight procedures manual – руководство для проверки в полете функционирования бортовых систем
functional installation – система самолета
functional integration – объединение функций; функциональное комплексирование
functional mode – режим работы
funnel cloud – воронкообразные облака
fuselage – фюзеляж
fuselage (fuel) low level light – лампа индикации остатка топлива в фюзеляжном баке
fuselage air inlet – фюзеляжный воздухозаборник
fuselage axis of symmetry – ось симметрии фюзеляжа
fuselage break line – эксплуатационный разъем фюзеляжа
fuselage datum – ось фюзеляжа
fuselage drag – лобовое сопротивление фюзеляжа
fuselage end – хвостовая часть фюзеляжа
fuselage frame – каркас фюзеляжа
fuselage fuel cell – фюзеляжный топливный бак
fuselage landing – посадка на фюзеляж
fuselage outline – обводы фюзеляжа
fuselage rear-end fairing – обтекатель хвостовой части фюзеляжа; хвостовой кок
fuselage reference line – ось самолета
fuselage section – сечение фюзеляжа
fuselage tank – фюзеляжный бак

G

G (Greenwich) – Гринвич
g.p. (gauge pressure) – манометрическое давление
G, g (gravity) – сила тяжести
GA (glide angle) – угол планирования
GACT (Greenwich apparent civil time) – истинное гражданское время по гринвичскому меридиану
gain – коэффициент направленности антенны; передаточное число; прирост; усиление; усиление антенны
gain (control) system – система с регулируемым коэффициентом усиления
gain altitude (height) – набирать высоту
gain changer – регулятор передаточного числа; регулятор усиления
gain closure – замыкание контура управления (каким-либо звеном)
gain control – регулирование передаточного отношения
gain factor – коэффициент усиления
gain in altitude – превышение; преимущество в высоте
gain power – увеличивать мощность
gain setting – установка величины коэффициента усиления
gain-time control – регулировка усиления по времени
gale – шторм
gale warning – сигнал о шторме, штормовое предупреждение
gallon – галлон
gang – сопрягать; сопряжение; спаривание
gang condenser – сопряженный конденсатор; спаренный конденсатор
gangway – пассажирский трап, трап-мостик
gap – зазор; интервал, промежуток; разрыв
gap-filler radar – вспомогательная РЛС; РЛС для перекрытия мертвых зон
garbled message – искаженное сообщение
GAS (Ground Analysis Station) – наземная станция анализа данных
gas – бензин; газ
gas bleeding – отбор газа
gas constant – газовая постоянная
gas consumption – расход газа
gas efflux – истечение; реактивная струя выхлопных газов
gas flow – газовый поток
gas generator – газогенератор
gas heat capacity – теплоемкость газа
gas inlet pressure – давление газа на входе (в турбину)
gas producer – газогенератор
gas turbine – газовая турбина; газотурбинный двигатель, ГТД
gas turbine combustor – камера сгорания газотурбинного двигателя
gas turbine compressor – компрессор, приводимый газовой турбиной
gas turbine engine – газотурбинный двигатель, ГТД
gas turbine jet – ТРД, турбореактивный двигатель
gas turbine power unit – газотурбинный двигатель
gas-filament technique – метод газовых струек
gas-generator injector – распыливающее устройство парогазогенератора, форсунка парогазогенератора
gasoline – бензин; газолин
gas-surface interaction – взаимодействие газа со стенкой
GAT (Greenwich apparent time) – истинное время по гринвичскому меридиану
gate – посадочные ворота; спрямляющая решетка; спрямляющее устройство; строб-импульс; управляющий прямоугольный импульс напряжения; часть воздушного пространства, предназначенная для входа самолета в зону управления
gate check-in – регистрация пассажиров и багажа у посадочных ворот
gate circuit – цепь стробирования
gate position – место стоянки на перроне (аэровокзала)
gate valve – клапан с задвижкой
gated lever – рычаг с фиксирующими пазами
gate-parking space for an aircraft (incorporating the facilities needed to service a single aircraft at the terminal building) – стоянка самолетов
gateway – входные ворота
gateway speed – взлетная скорость

gating impulse – синхроимпульс
gauge – градуировать; измерительный прибор; калибр; калибровать; лекало; манометр; шаблон; эталонировать
gauge board – панель с измерительными приборами; приборная доска
gauge lighting of the touchdown zone – поперечное расстояние между огнями
gauge pressure – манометрическое давление
gauze – легкая дымка; сетка
gauze nozzle – сопло с сеткой
GB (ground beacon) – наземный маяк
GCA (ground controlled approach) – наземная РЛС управления подходом и посадкой
GCA glidepath – глиссада, задаваемая посадочной РЛС
GCA heading – курс по посадочному радиолокатору
GCA minimum – метеоминимум для захода на посадку по радиокомандам с земли
GCA tape – магнитная лента с записью указаний оператора посадочной РЛС
GCD (great circle distance) – расстояние по ортодромии
GCL (ground control of landing) – наземное управление посадкой
GCR (ground controlled radar) – наземная радиолокационная станция
GCT (Greenwich Civil Time) – гражданское время по гринвичскому меридиану
GE (ground equipment) – наземное оборудование
gear – зубчатая передача; зубчатое колесо; механизм; прибор; устройство; шасси; шестерня
gear actuation system – система выпуска и уборки шасси
gear assembly – зубчатая передача; зубчатое сцепление; редуктор
gear collapse – поломка шасси; самопроизвольная уборка шасси
gear drive – зубчатая передача, зубчатый привод; редукторный привод
gear extension failure – невыпуск шасси; отказ системы шасси
gear pin – предохранительная чека шасси
gear ratio – коэффициент передачи, передаточное отношение (системы управления); передаточное число редуктора; степень редукции
gear selection – выпуск шасси
gear train – зубчатая передача; зубчатый перебор; редуктор; шестеренная передача
gear walking – вибрация шасси при пробеге
gearbox – коробка привода; коробка скоростей
geared airscrew – воздушный винт, приводимый через редуктор
geared engine – двигатель с редуктором
geared-down propeller – воздушный винт с редуктором
gearing – зацепление; зубчатая передача
gearing ratio-stick force per hinge moment – передаточное число, равное градиенту усилий на ручке, отнесенное к шарнирному моменту
gear-up landing – посадка с убранным шасси
gear-up selection – перевод рычага управления шасси в положение «убрано»
GEE – система гиперболической навигации ДЖИ
gelled fuel – густое топливо
general – основной, общий
general average – общая авария
general aviation – авиация общего назначения
general call «to all stations» – общий вызов «всем станциям»
general declaration (outward-inward) – общая декларация (отправление – прибытие)
general flight rules – международные правила полетов
general manager abroad – главный представитель авиакомпании за границей
general overhaul – капитальный ремонт
general purpose multiprocessor – устройство обработки информации
general purpose radar – радиолокатор общего назначения
general purpose system – система общего назначения
general surgical examination – общее хирургическое освидетельствование
general traffic – общая схема воздушного движения

general-purpose airplane – самолет общего назначения
generate – производить
gentle bank – плавный вираж
gentle breeze – небольшой ветер, слабый ветер
gentle climb – пологий набор высоты
gentle turn – плавный разворот
gentle wind – слабый ветер
geodesic (geodetic) line – дуга большого круга; ортодромия
geographical meridian – географический меридиан
geographical north – географический север
geographical reference system – система географических координат
geographical separation – географическое эшелонирование
geostrophic component – геострофическая составляющая
geostrophic wind – геострофический ветер
get down – приземляться
get height – набирать высоту
get into the field – приземлиться; сесть на аэродроме
get off – взлететь; оторваться от земли; подняться вверх
get on course – ложиться на курс
get on the power – давать газ, увеличивать мощность или тягу
get out of control – терять способность к управлению; терять управление
GF – незначительный низкий поземный туман
GF+ – густой низкий поземный туман
G-force – перегрузка; сила, создающая ускорение, равное ускорению силы тяжести; сила, создающая перегрузку
gill actuator – механизм привода створок жалюзи
gimbal – карданный подвес; универсальный шарнир
gimbal assembly – карданный подвес; карданный подвес; рама универсального шарнира
gimbal axis – ось рамки (карданного подвеса)
gimbal friction – шарнирное трение
gimbal joint – карданный шарнир
gimbal mount(ing) – карданный подвес; рамка карданного подвеса
gimbal pivot – карданная ось; карданный штифт
gimbal point – универсальный шарнир
gimbal suspension – карданная подвеска; компасная рамка; подвес; универсальный шарнир
gimbal system – карданный подвес; система с гиростабилизированной платформой
gimbal travel limiter – ограничитель перемещения рамки данного подвеса
Gimbaled Electrostatic Aircraft Navigation System – самолетная навигационная система с электростатической подвеской
give full throttle – установить режим максимальной тяги
give rudder – отдать руль поворота
give way – свернуть с курса; уступить дорогу
GL (ground level) – уровень земли
glare shield – противосолнечный щиток
glare-free illumination – безбликовое освещение
glass-fiber construction – стеклопластиковая конструкция
glass-fiber-reinforced plastics – армированная стеклопластиком пластмасса
glazed cabin – остекленная кабина
glide – планирование; планировать
glide (-in) area – зона снижения по глиссаде; полоса воздушных подходов
glide angle – угол планирования
glide angle indicator light – глиссадный огонь
glide landing – посадка с планированием
glide maneuver – маневр по планированию
glide path – глиссада; траектория планирования
glide path height over the threshold – высота глиссады над входной кромкой ВПП
glide slope – глиссада; зона глиссады; склонение глиссады
glide slope annunciator – табло глиссадного канала
glide slope approach landing – автоматическая посадка по глиссадному лучу
glide slope deviation – отклонение от глиссадного луча

glide slope displacement reference – отметка отсчета отклонения от заданной глиссады
glide slope engagement – включение автоматики управления полетом по глиссаде
glide slope projector – передатчик глиссадного радиолуча
glide speed – скорость планирования
glide stabilization – режим установившегося планирования
glidepath (glideslope) capture – вход в глиссадный луч; захват глиссады
glidepath (glideslope) control – управление по глиссаде; управление по сигналам глиссадного луча
glidepath (glideslope) deviation indicator – указатель отклонения от глиссады
glide-path (slope) intercept – пересечение глиссады
glide-path aerial – антенна глиссадного радиомаяка
glide-path amplifier – усилитель глиссадных сигналов
glide-path angle – угол наклона глиссады
glide-path beam – глиссадный луч
glide-path coupling – связь по каналу глиссады
glidepath guidance information – информация об управлении по глиссаде
glide-path indicator – индикатор глиссады
glide-path intercept point – точка пересечения глиссады с поверхностью аэродрома
glide-path landing system – система посадки по глиссаде
glide-path light – глиссадный огонь
glide-path localizer – курсовой радиомаяк
glide-path receiver – глиссадный приемник
glide-path sector obstacle clearance – безопасная высота пролета над препятствием в секторе глиссады
glide-path system – глиссадная система
glide-path-beacon – глиссадный радиомаяк
glider – планер
glide-slope approach – заход на посадку по глиссадному лучу
glide-slope bar – глиссадная черта (планка, отметка)
glideslope beam entry – вход в луч глиссадного радиомаяка
glideslope beam holding – стабилизация относительно глиссадного луча; удерживание самолета на оси глиссадного луча
glide-slope capture – захват глиссады
glide-slope center – ось глиссадного луча; равносигнальная зона глиссадного луча
glide-slope coincidence – выход в равносигнальную зону глиссадного луча; совпадение с осью глиссадного луча
glideslope correction – исправление отклонений от глиссады
glide-slope coupler – блок связи автопилота с глиссадным приемником
glideslope failure – отказ глиссадного канала
glide-slope guidance – удерживание самолета на глиссаде
glide-slope indication – индикация положения относительно глиссады
glideslope information – информация о положении относительно глиссадного луча
glide-slope pointer – стрелка-указатель глиссады
glide-slope-failure warning – сигнализация о неисправности в глиссадном канале управления
gliding angle – угол планирования
gliding approach – заход на посадку с планирования
gliding characteristics – характеристики планирования
gliding descent – планирующий спуск
gliding distance – дистанция планирования
gliding entry – планирующий вход в атмосферу
gliding flight – планирование; планирующий полет
gliding path – глиссада планирования
gliding range – дальность планирования
gliding speed – скорость планирования
glissade – разворот с планированием
global – глиссада; скольжение; скольжение на крыло
global airway – трансконтинентальная авиалиния
globular projection – сферическая проекция

GMC (ground movement controller) – диспетчер наземного движения
GMT (Greenwich mean time) – среднее время по гринвичскому меридиану
gnd (ground) – земля
GND (relative to ground) – высота над уровнем моря
GNDCK (ground check) – наземная проверка
gnomonic chart – карта в гномонической (центральной) проекции
gnomonic projection – гномоническая проекция; центральная проекция
go ahead – «продолжайте радиопередачу» (ртс)
go aloft – взлететь, подняться в воздух
go into service – входить в строй
go out of spin – выходить из штопора
go round again – уходить на второй круг (ртс)
go-around – повторный заход на посадку
go-no-go check – проверка типа «да – нет»
go-no-go equipment – аппаратура типа «да – нет»
go-no-go marker – отметка критической точки взлета
go-no-go procedure – порядок взлета с использованием обозначенных критических точек на ВПП
go-no-go takeoff concept – принцип контроля взлета по маркерам на ВПП
go-round computer – вычислитель маневра ухода на второй круг
go-show – пассажир, имеющий билет с открытой датой
govern – оказывать воздействие, регулировать
government carrier – государственная авиатранспортная компания
government discounts – правительственные скидки
government excess baggage authorization – правительственное разрешение на провоз багажа выше нормы
government transportation voucher – правительственное транспортное поручительство
government warrant – правительственное требование на перевозку
governor – регулятор; центробежный регулятор оборотов
GP (glide path) – глиссада
GP (group lights) – групповые огни
GPE (glide-path equipment) – оборудование глиссадной системы
GPI (ground position indicator) – индикатор положения самолета относительно земли
GPLS (glide-path landing system) – глиссадная система посадки
GPR (general purpose radar) – универсальная радиолокационная станция
GR (gear ratio) – передаточное число или отношение
grade – градус; качество; подъем; сорт; степень; уклон
graded area – выровненная площадь; спланированная площадь
graded landing field – спланированное летное поле
gradient – градиент; уклон
gradient of climb – градиент набора высоты
gradient of slope – градиент уклона
gradient of temperature – температурный градиент
gradient wind – градиентный ветер
graduated scale – градуированная шкала
graduation tick – гипсометрическая отметка
granular snow – зернистый снег
grass field – аэродром с дерновым покрытием
grass strip – летная полоса с дерновым покрытием
graticule – нормальная сетка; сетка меридианов и параллелей
gravitational – гравитационный
gravitational acceleration – ускорение силы тяжести
gravitational attraction – гравитационное притяжение, сила тяжести
gravitational force – сила тяжести
gravitational vertical – гравитационная вертикаль, линия действия силы тяжести
gravity – сила тяжести, тяготение; тяжесть
gravity acceleration – ускорение силы тяжести
gravity draining – слив самотеком
gravity feed – подача самотеком
gravity flow – подача самотеком

gravity fuel system – система подачи топлива самотеком
gravity-type bank indicator – указатель крена маятникового типа
grease – смазка; смазывать
grease lubricant – консистентная смазка, пластичная смазка
great circle – большой круг; ортодромия
great circle route – ортодромическая линия пути; ортодромия
great circle track – ортодромическая линия пути
great-circle bearing – ортодромический пеленг
great-circle chart – карта в гномической (центральной) проекции
great-circle course – ортодромический курс
great-circle distance – расстояние по дуге большого круга; расстояние по ортодромии
great-circle distances chart – карта в равнопромежуточной проекции
great-circle flight – ортодромический полет
great-circle grid – направление оси ортодромической системы координат
great-circle path – траектория полета по ортодромии (по дуге большого круга)
green (instrument) card – зеленая карточка на право полетов по приборам
green (instrument) certificate – свидетельство на право полетов по приборам
green airway (USA) – зеленая авиатрасса (США); трасса полетов в восточном направлении (США)
green instrument rating card – свидетельство летчика высшего класса ВВС Канады; свидетельство летчика первого класса ВВС (Брит.)
Greenwich apparent time – истинное время по гринвичскому меридиану
Greenwich hour angle – часовой угол по Гринвичу
Greenwich mean time – среднее гринвичское время
Greenwich sidereal time – звездное время по гринвичскому меридиану
grid – линия координатной сетки; решетка; сетка
grid axis – ось координатной сетки; ось решетки
grid bearing – пеленг по координатной сетке
grid coordinate – координата по координатной сетке
grid coordinate system – система прямоугольных координат
grid course – дирекционный угол, измеренный от линии сетки прямоугольной системы координат Гаусса
grid declination – угол сближения меридианов
grid deviation – девиация магнитного компаса, разница между истинным и компасным севером
grid direction – дирекционный угол; условный путевой угол
grid flight – полет от опорного меридиана
grid heading – истинный географический курс; курс в прямоугольной системе координат; курс по картографической сетке; условный курс
grid line – линия координатной сетки
grid magnetic angle – угол магнитного склонения
grid magnetic azimuth adjustment – поправка на магнитное склонение
grid map – карта с прямоугольной системой координат
grid meridian – вертикальная линия сетки прямоугольных координат
grid navigation – навигация по системе условных меридианов в полярных районах
grid north – север координатной сетки
grid prime vertical – первый вертикал в угловой координатной сетке
grid system – система координат; система нанесения координатной сетки
grid track – линия фактического пути относительно координатной сетки; фактический путевой угол относительно координатной сетки
grid variation – условное магнитное склонение
grid/gyro flight – полет по гирополукомпасу с выдерживанием курса, рассчитанного от опорного меридиана
grid-point data – данные о точках координатной сетки

grivation – магнитное склонение координатной сетки, магнитный угол карты
GRN (ground reference navigation) – навигация с ориентировкой по наземным объектам
grooved tire – пневматик с рисунком протектора
gross altitude indicator – прибор для грубого отсчета высоты полета; указатель полной высоты
gross altitude indicator scale – полная шкала высотомера; шкала грубого отсчета высоты
gross climb – набор высоты с максимальными гарантированными характеристиками
gross dry weight – полный сухой вес
gross flight path – траектория максимальной гарантированной крутизны
gross performance – максимальные летные характеристики
gross power – полная мощность
gross takeoff weight – максимальный взлетный вес
gross weight – полетный вес; полный вес
gross wing area – площадь крыла с подфюзеляжной частью; площадь центроплана
gross-strip operation – эксплуатация самолета с ВПП с дерновым покрытием
ground – вынуждать совершить посадку; заземление; земля; наземный; отстранять от полетов; отчислять от летного состава; сухопутный
ground aid – наземное средство
ground air – приземный воздух
ground analysis station – наземная станция анализа данных
ground attitude – угол тангажа на земле
ground beacon – наземный маяк
ground check – осмотр самолета перед вылетом, предполетный осмотр
ground clearance – высота над землей; земной просвет
ground collision – столкновение на земле
ground communication equipment – наземное оборудование связи
ground computer – наземное счетно-решающее устройство
ground contact – связь самолета с землей
ground contact pressure – давление на площадь контакта колеса
ground control – управление полетами с земли; электронное оборудование системы управления с земли
ground control of landing – наземное управление посадкой
ground control system – наземная система управления
ground controlled approach – заход на посадку, управляемый с земли
ground crash – падение на землю; соприкосновение с землей; удар о землю
ground crew – команда наземного обслуживания
ground cushion – увеличение подъемной силы крыльев при пролете самолета вблизи поверхности земли
ground distance – земной путь
ground effect – влияние близости земли
ground effect takeoff – взлет и посадка с использованием воздушной подушки
ground effect vehicle – аппарат на воздушной подушке
ground elevation – абсолютная высота местности; превышение местности над уровнем моря
ground equipment – наземное оборудование
ground fix – определение места по наземному ориентиру
ground flutter – отражение от местных предметов
ground guidance aids – наземные средства самолетовождения
ground guidance system – наземная система управления (наведения)
ground handling – наземное обслуживание; руление; управляемость при рулении
ground handling time – время наземного обслуживания
ground idling – работа двигателя на земле в режиме малого газа
ground idling conditions – режим малого газа на земле
ground incidence – наземный угол установки крыла
ground incident – поломка; происшествие с благополучным исходом на земле
ground inspection – осмотр на земле

ground installation – наземное оборудование
ground instructor – инструктор по наземной эксплуатации
ground load – нагрузка на земле
ground loop – крутой неуправляемый разворот на земле
ground maintenance – наземное техническое обслуживание
ground marking – маркировочный знак; наземный знак
ground men – аэродромный наземный обслуживающий персонал
ground movement radar – диспетчерская РЛС аэропорта
ground navigation – навигация с помощью наземных средств
ground navigation aids – наземные навигационные средства
ground object – наземный объект; наземный ориентир; наземный предмет
ground organization – организация наземного обслуживания
ground performance – наземные характеристики взлета, посадки и руления самолета
ground personnel – наземный обслуживающий персонал
ground plane – горизонтальная проекция
ground position – место самолета
ground position indicator – навигационный индикатор
ground position mark – отметка места ВС
ground position readout loops – контур определения положения на земле
ground power – аэродромный источник электропитания
ground power unit – наземный источник питания
ground pressure – давление на грунт
ground profile – профиль местности
ground proximity warning system – система предупреждения об опасной близости земли
ground radar – наземная радиолокационная станция
ground radar cockpit display – передача пилоту изображений с экрана наземной РЛС
ground radar post – наземный радиолокационный пост
ground radio operator – радиооператор наземного радиооборудования
ground reference – визуальная ориентация, ориентация по наземным объектам
ground return – отражение от земли
ground roll – послепосадочный пробег; руление
ground rollout rudder steering control – управление пробегом с помощью руля направления
ground run – гонка двигателя на земле; разбег самолета; руление
ground safety (-lock) pin – вставляемая на земле предохранительная чека
ground school – школа наземной подготовки; школа теоретической подготовки
ground search-radar – наземная поисковая радиолокационная станция
ground signalling – сигнализация полотнищами; сигнализация самолету с земли
ground speed – путевая скорость
ground speed computation – вычисление путевой скорости
ground speed computer – вычислитель путевой скорости
ground speed course – мерная база для определения путевой скорости
ground speed dial – шкала указателя путевой скорости
ground speed meter – измеритель путевой скорости
ground station – наземная радиостанция
ground surveillance radar – наземная обзорная радиолокационная станция
ground telemetering station – наземная телеметрическая станция
ground test – наземное испытание; стендовое испытание
ground the crews – запрещать полеты
ground track – линия пути; проекция пути самолета на земле
ground track direction – путевой угол
ground tracking – наземное сопровождение; слежение с земли
ground trainer – тренажер
ground training – наземная подготовка
ground transmitter – наземный передатчик
ground transportation – наземные перевозки
ground turn-around time – время, затрачиваемое на аэродромное

обслуживание и погрузку (разгрузку) самолета
ground vector – вектор путевой скорости
ground vectoring control – наведение с земли
ground velocity – путевая скорость; скорость относительно земли
ground visibility – видимость у земли
ground wave – волна, огибающая земную поверхность; волна, распространяющаяся вдоль земной поверхности; поверхностная волна
ground wave communication – связь на пространственных волнах; связь при помощи земной волны
ground wind – ветер у поверхности земли
ground wind indicator – указатель ветра у поверхности земли
ground wreck rate – процент потерь ВС в результате аварий на земле
ground-air voice radio communication – радиотелефонная связь «земля – воздух»
ground-based equipment – наземное оборудование
ground-based navigation aids – средства наземного обеспечения самолетовождения
ground-based scanning antenna – наземная сканирующая антенная система
ground-controlled approach procedure – порядок управления заходом на посадку с земли
ground-controlled approach system – наземная система управления заходом на посадку
ground-controlled interception radar – РЛС управления перехватом с земли
ground-controlled landing – посадка самолета по командам с земли
ground-controlled radar – наземная радиолокационная станция
grounding of crew members – отстранение от летной работы членов экипажа
grounding order – запрет на полеты
ground-loop incident – происшествие в результате самопроизвольного разворота на земле
ground-recording telemetry station – наземная регистрирующая телеметрическая станция
ground-run attitude – положение самолета при разбеге или скоростном рулении
ground-speed check – контроль по путевой скорости
ground-to-air communication – связь «земля – воздух»
ground-to-air receiver – наземный приемник для связи с самолетами
ground-to-air voice channel – канал телефонной связи «земля – воздух»
group reduced fare – групповой льготный тариф
group travel discount – групповая скидка
growth of the boundary layer – утолщение пограничного слоя
GS (ground speed) – путевая скорость
GST (Greenwich sidereal time) – звездное время по гринвичскому меридиану
GT (ground transmission) – передача с земли
GTC (gas turbine compressor) – компрессор, приводимый газовой турбиной
GTN (global trunk network) – глобальная магистральная сеть
GTPU (gas turbine power unit) – газотурбинный двигатель
guard band – защитная полоса
guard channel – дежурный рабочий канал связи; запасный канал связи
guard frequency – запасная частота
gudgeon pin – поршневой палец
guidance – наведение; телеуправление; управление
guidance accuracy – точность наведения; точность управления
guidance computer – вычислитель системы управления (наведения)
guidance control – наведение
guidance control system – система наведения; система управления
guidance coupler assembly – блок связи с системой наведения
guidance display – индикация пилотажных данных, пилотажная индикация, пилотажный индикатор
guidance equipment – аппаратура наведения, средства наведения
guidance facilities – средства управления полетом

guidance intelligence – данные для наведения, данные о цели; управляющая информация
guidance radar – радиолокационная станция наведения; радиолокационная станция управления
guidance system – система наведения; система управления
guide beam – наводящий луч
guide beam system – система наведения по лучу
guide vane – лопатка соплового аппарата турбины; направляющая лопатка
guide vane linkage – проводка управления направляющими лопатками
guided course – заданный курс
guideway – подъездной путь
guiding aids – навигационные средства; средства обеспечения самолетовождения по выбранному маршруту
guiding beacon – приводной радиомаяк
guiding pin – направляющий штифт
gull wing – крыло типа «чайка»
gust – порыв ветра
gust airspeed – приборная скорость при воздушном порыве
gust alleviating factor – коэффициент ослабления ветра
gust alleviation system – система демпфирования воздушных порывов
gust control – динамические характеристики самолета в болтанку; поведение самолета при порывах ветра
gust entry – вход в воздушный порыв
gust formation time – время возникновения порыва ветра
gust intensity – интенсивность порыва
gust load – нагрузка от порывов ветра
gust model – модель порыва
gust peak speed – максимальная скорость порыва
gust penetration – вход в воздушный порыв
gust penetration speed – скорость входа в порыв или область турбулентности
gust probe instrumentation – аппаратура для измерения параметров воздушных порывов
gust recorder – самописец порывов ветра
gust simulation – моделирование воздушных порывов
gust size – протяженность воздушного порыва
gust upset – опрокидывание самолета под действием воздушного порыва
gust velocity – скорость порывов ветра
gust wind – воздушный порыв, порыв ветра
gust-induced acceleration – ускорение в результате действия порыва
gustiness – порывистость ветра
gusty air – порывистый ветер
GWT (gross weight) – общая масса
gyro – гирогоризонт, гирокомпас, гироскоп
gyro attitude reference – гировертикаль; гироцентраль системы отсчета углов пространственного положения
gyro backup – коррекция гироскопа
gyro bearing – гиропеленгация, гироскопический пеленг, пеленг по гироприбору
gyro compassing – выставка по гирокомпасу
gyro controller – гироскопическое управляющее устройство
gyro flux-gate compass – гироиндукционный компас
gyro heading – курс по гирокомпасу
gyro reference – гироскопическая система отсчета; датчик системы отсчета
gyro reference package – блок гиродатчиков системы отсчета
gyro-driven artificial horizon instrument – гироскопический авиагоризонт
gyrodyne – винтокрыл
gyro-flux-gate compass indicator – указатель гироиндукционного компаса
gyrohorizon – авиагоризонт
gyro-magnetic compass indicator – указатель гиромагнитного компаса
gyro-out approach – заход на посадку с отказавшим гирополукомпасом
gyroplane – автожир
gyrorudder control – управление рулем поворота от гироскопа автопилота
gyroscope – гироскоп, гироскопический прибор
gyroscope drift – уход гироскопа
gyroscope-precession – прецессия гироскопа
gyroscope-stabilized platform – гироплатформа, гиростабилизированная платформа

gyroscopic compass – гироскопический компас
gyroscopic horizon – авиагоризонт
gyroscopic reference – гироскопический датчик
gyroscopic stability – гироскопическая стабилизация
gyroscopic torque – гироскопический момент
gyroscopic turn meter – гироскопический указатель разворота
gyro-stabilized – гиростабилизируемый
gyro-stabilized magnetic compass – гиромагнитный компас
gyrosyn compass – гироиндукционный компас, гирокомпас с сельсинной передачей
gyrounit – гироагрегат, гироузел

H

H (hangar) – ангар
H (height) – высота
H (hour) – час
H +30 +45 etc (broadcast time) – минут каждого часа (время циркулярных передач)
H-24 – работает круглосуточно
HA (high-altitude) – высотный
hail – град
hailstone – градина
half – половина
half angle – угол полураствора
half course sector – полусектор курса
half covered sky – облачность, закрывающая половину неба
half hourly report – получасовое сообщение
half ILS glide path sector – полусектор глиссады
half roll – переворот через крыло, полубочка
half-circle landing – посадка с разворотом на 180 градусов
half-fare passenger – пассажир, оплачивающий половину тарифа
half-scale model – модель в половинном масштабе
half-turn landing – посадка с разворотом на 180 градусов
hand – рука; стрелка часов
hand control – ручное управление
hand drive – ручной привод
hand off to approach control – передавать самолет диспетчерскому пункту подхода
hand operation – ручное управление; ручной привод
hand starting crank – рычаг ручного стартера
hand trim wheel – штурвальчик управления триммером
handbook speed – скорость, указанная в инструкции
hand-fly – пилотировать вручную
handiness of control – легкость управления, управляемость
handle – маневрировать; манипулировать рулями; налаживать; рукоятка; ручка; управлять
handle load – нагрузка на рукоятку; нагрузка на штурвал
handling – обработка (данных); обслуживание; пилотирование; управление; управляемость; уход; характеристики управляемости
handling characteristics – характеристики управляемости
handling equipment – вспомогательное оборудование; подъемно-транспортное оборудование
handling of message – обработка, передача и прием донесений
handling rate (of cargo) – скорость обработки (грузов)
handling speed – эволютивная скорость
handling technique – техника обслуживания
handoff – передача управления одного центра другому
handoff controller – диспетчер, передающий управление в другую зону
hand-operated switch – ручной выключатель
handset – телефонный аппарат с микрофонной трубкой
hands-off – без участия пилота; с брошенным управлением
hands-off autoland system – система автоматической посадки без участия пилота
hands-off control – автоматическое пилотирование при брошенном управлении; брошенное управление
hands-off flight – полет с автопилотом; полет с брошенным управлением
hands-off landing – автоматическая посадка, посадка без вмешательства пилота
hands-off trim condition – режим полетной балансировки при брошенном управлении
handwheel – колесо управления, штурвал; штурвальчик
handy airplane – легко управляемый самолет
hangar – ангар
hangar apron – приангарная площадка
hangar charge – сбор за пользование ангаром
hangar clearance – просвет между верхней точкой оперения и потолком ангара

hang-up – зависание; зависать
HAPPS (High Altitude Parachute Penetration System) – высотная парашютная система (для скрытого снижения парашютистов с возможностью горизонтального маневрирования на дальность)
hard landing – грубая посадка
hard landing incident – летное происшествие при посадке с большой вертикальной скоростью
hard points – усиленные элементы конструкции
hard running – неисправная работа; неисправный ход
hard standing – бетонированная площадка для стоянки самолетов
hard surface runway – бетонированная ВПП
hardover – заброс (регулируемого параметра); избыточный сигнал; резкий отказ (с отклонением от расчетной траектории)
hardover condition – режим заброса; состояние перерегулирования
hardover failure – отказ с забросом управления
hardover input – чрезмерно сильный входной сигнал «заброса»
hardware – аппаратная часть, аппаратура; готовые изделия; образцы
harmful interference – интерференциальные помехи
harmonic content – содержание гармоник
harmonic mean – среднее гармоническое, средняя гармоническая величина
harness – подвесная система (парашюта); привязные ремни пилота
harness release actuator – цилиндр освобождения привязной системы
harsh running – неровный ход (мотора)
hatch – дверца; люк
hatch cover – крышка люка
hatchway – люк
haul up – задирать; поднимать
hauling – буксировка; транспортировка
hazard – опасность, риск
hazard (flight) conditions – метеоявления, опасные для полета
hazard light – заградительный огонь
haze – дымка, легкий туман
haze horizon – горизонт, закрытый дымкой; дымчатый горизонт
haze top – высота дымчатого горизонта, высота линии дымки
HBn (hazard beacon) – заградительный световой маяк
HDF (high frequency direction finder) – коротковолновый радиопеленгатор
hdg (heading) – курс
head – брать курс (на); головка; головная часть; давление, напор; направлять(ся); насадок
head back – возвращаться; разворачиваться на обратный курс
head end – головная часть; головное направление
head into wind – разворачиваться против ветра
head wind – встречный ветер
head-down – относящийся к индикации на приборной доске; расположенный на уровне приборной доски
head-down (flight) director – командный прибор на приборной доске
head-down display – индикатор с представлением информации в горизонтальной плоскости; индикация на приборной доске
head-down instrument flying – пилотирование по приборам на доске пилота
head-down instrumentation – приборы, установленные на приборной доске
head-down instruments – приборы на доске пилота
head-down landing – посадка по приборам на приборной доске
head-down position – положение для обзора приборов
head-down presentation – индикация на приборной доске
head-down view – вид на приборную доску
headgear – шлемное оборудование
head-in approach – заход на посадку против ветра
heading – истинный курс; курс ВС; направление (в горизонтальной плоскости)
heading (hold) switch – тумблер включения стабилизации курса
heading alignment – выставка по курсу
heading angle – угол ориентации вектора скорости

heading card – азимутальный лимб, курсовой лимб
heading control – стабилизация курса
heading control loop – направленная рамочная антенна
heading control mode – режим управления по курсу
heading correction – курсовая поправка
heading dial – курсовая шкала, шкала отсчета курса ВС
heading director – командный указатель курса
heading error – курсовая ошибка
heading hold light – лампа индикации включения стабилизации курса
heading hold limit – предел стабилизации курса ВС, предел стабилизации путевого угла
heading hold mode – режим стабилизации курса ВС
heading holding – курсовая стабилизация
heading indicator – индикация курса ВС
heading instrument – курсовой прибор
heading marker – курсовая отметка, курсовая черта
heading marker correction – курсовая поправка по маркеру
heading monitor – прибор контроля курса
heading of landing – посадочный угол
heading pointer – курсовая стрелка, стрелка-указатель курса ВС
heading reading – отсчет курса ВС
heading reference – информация о курсе; курсовая отметка; курсовой датчик; отсчет курса; стабилизатор курса
heading select button – кнопка выбора курса
heading selector – задатчик курса ВС
heading steering – выдерживание заданного курса ВС
heading track – доворот на заданный курс
heading-upward plan position indicator – индикатор кругового обзора, ориентированный по курсу ВС
head-on approach – сближение на встречных курсах
head-on collision – столкновение на встречных курсах
head-on course – встречный курс
head-on pass – сближение на встречных курсах
head-on shock-shock interaction – взаимодействие ударной волны с головным скачком уплотнения
head-on view – вид спереди
headphone – наушники головного телефона
headpiece – головной телефон
headset receptacle – розетка для телефона и микрофона
head-up display – индикация на лобовом стекле
head-up display camera – камера для съемки изображения на лобовом стекле
head-up display landing system – система посадки с использованием индикации на лобовом стекле
head-up display system – СВД, система верхнего дисплея
head-up display unit – индикатор на стекле, пилотажно-проекционный индикатор
head-up flying – пилотирование с использованием индикации на лобовом стекле; пилотирование с обзором наружного пространства
head-up instrumentation – передняя приборная панель
head-up position – положение для обзора внекабинного пространства
head-up presentation – индикация на лобовом стекле
head-up view – изображение на лобовом стекле, изображение на пилотажно-проекционном индикаторе
headwind approach – заход на посадку против ветра
heap cloud – кучевое облако
hearing requirement – требование к состоянию слуха
heat – нагрев; нагревать; температура; тепло; теплота
heat capacity – теплоемкость
heat conduction – теплопроводность
heat exchanger – радиатор, теплообменник
heat interchanger – теплообменник
heat resistance – жаропрочность
heat shield – тепловой экран
heat shock – тепловой удар; термический скачок
heat transfer – теплопередача
heat treatment – термическая обработка, термообработка

heat unit – единица тепла, калория, тепловая единица, термическая единица
heat value – тепловой эквивалент, теплотворная способность
heater – нагревательный прибор
heating arrangement – отопительное устройство
heating facilities – отопительное устройство
heating jacket – паровая рубашка; тепловая оболочка
heating load – нагрузка от приборов обогрева
heating space – паровая рубашка; тепловая оболочка
heating system – система обогрева
heave – линейное перемещение вдоль нормальной оси; перемещаться вдоль нормальной оси
heavenly body – небесное тело; планета
heavier-then-air craft – летательный аппарат тяжелее воздуха
heaviness – затяжеленность, перетяжеленность, утяжеление
heavy – большой, крупный; тяжелый
heavy air – воздух в области высокого барометрического давления
heavy frame – силовой шпангоут, усилительный шпангоут
heavy landing – грубая посадка самолета; посадка в сложных условиях; тяжелая посадка
heavy rain – ливень, сильный дождь
heavy-casualty accident – несчастный случай с многочисленными жертвами
heavy-duty flight – перелет в тяжелых метеорологических условиях
heavy-duty undercarriage – шасси повышенной прочности
heavy-handled – трудноуправляемый
hedgehop – лететь на предельно малой высоте
hedgehopper – легкий небольшой самолет; летчик, совершающий полет на предельно малой высоте
hedge-hopping – полет на малых высотах
heel – крен; кренить; накреняться; создавать крен
heeling angle – угол крена
heeling error – креновая девиация
height – вертикальный размер; высота; высота над местностью; геометрическая высота; расстояние по вертикали
height computer – вычислитель высоты
height control – датчик изменения высоты; стабилизация высоты; статоскоп; управление высотой
height controller – блок управления высотой
height correction – поправка на высоту
height finding instrument – высотомер
height indicator – высотомер, указатель высоты
height input – входной сигнал высоты; входные данные о высоте
height lock – автомат высоты
height lock indicator – указатель выдерживания заданной высоты
height mark – отметка высоты
height mode – режим ожидания; режим стабилизации
height of base – высота основания (облака)
height of top cloud – высота верхней границы облака
height of unit decrease – барическая ступень
height-lock control – механизм приведения к заданной высоте; приведение к заданной высоте; стабилизатор высоты полета
height-lock mode – режим стабилизации высоты
height-range indicator – индикатор высоты и дальности
helicopter – вертолет
helicopter autopilot – автопилот вертолета
helicopter carrier – вертолетная авиакомпания
helicopter landing pad – посадочная площадка для вертолетов
helicopter lift – грузоподъемность вертолета; подъемная сила несущего винта вертолета
helicopter rotor – несущий винт вертолета
helicopter rotor tip propulsion – реактивный концевой двигатель несущего винта вертолета
helicopter screw – несущий винт вертолета
helicopter-borne – перевозимый на вертолетах
helipad – площадка для вертолета

heliport – аэропорт для вертолетов, вертодром, вертопорт
helmet mounted device – нашлемный визир
helmet-mounted display – нашлемный индикатор
hemisphere – полусфера
hermetic cabin – герметическая кабина
hermetic integrating gyroscope – герметизированный интегрирующий гироскоп
HF/DF (high frequency direction finder) – коротковолновый радиопеленгатор
HF/RT (high-frequency radio telephone) – коротковолновый радиотелефон
HFD (high-frequency direction finder) – коротковолновый радиопеленгатор
HFDS (high frequency direction-finding station) – коротковолновая радиопеленгаторная станция
HFI (height finding instrument) – высотомер
HH – приводная радиостанция мощностью более 200 вт
HH+ – через столько-то минут после каждого синоптического часа
hidden – скрытый; утопленный (в конструкцию)
HIFOR (height forecast) – высотный метеопрогноз
high – антициклон, область высокого давления
high angle of attack – большой угол атаки
high clouds – высокие облака, облака верхнего яруса
high delta-p injector – форсунка с большим перепадом давлений
high expansion foam (hi-ex foam) – пена с высоким коэффициентом расширения
high fix – определение места ВС на большой высоте
high flying – высотный полет
high glide-slope standard off condition – режим полета выше заданной глиссады
high incidence – большой угол атаки
high modulation rate – высокая скорость модуляции
high rudder – высоко расположенный руль поворота
high sheet clouds – высокослоистые облака
high specific thrust – высокая удельная тяга
high speed – быстродействующий; быстроходный; высокая скорость; скоростной
high stalling incidence – большой критический угол атаки
high turbulence – интенсивная турбулентность
high wind – сильный ветер
high-altitude – высотный
high-altitude air traffic control – управление воздушным движением на больших высотах
high-altitude aircraft – высотный самолет
high-altitude engine – высотный двигатель
high-altitude flight – высотный полет; полет в стратосферу
high-altitude jet aircraft – высотный реактивный самолет
high-altitude navigation – самолетовождение на больших высотах
high-altitude take off – взлет с высокогорного аэродрома
high-altitude traffic – воздушное движение на больших высотах
high-by-pass – с большим коэффициентом двухконтурности
high-definition – с высокой разрешающей способностью
high-definition (-resolution) camera – фотокамера или телекамера с высокой разрешающей способностью
high-density route – маршрут с большой плотностью воздушного движения
high-endurance cruise – крейсерский полет на режиме наибольшей продолжительности
higher grade (pilot) licence – свидетельство пилота высшего класса
higher intermediate direct route fare – высший промежуточный тариф
higher intermediate point fare – высший тариф для промежуточного пункта
higher intermediate point principle – правило высшего промежуточного пункта
higher intermediate round trip fare principle – правило наивысшего промежуточного тарифа «туда – обратно»
higher rated class journey – полет с более высоким классом обслуживания

high-frequency direction finder – коротковолновый радиопеленгатор
high-frequency direction finding – радиопеленгация в коротковолновом диапазоне
high-frequency radio – коротковолновая радиостанция
high-frequency radio equipment – коротковолновая радиоаппаратура
high-frequency radio telephone – коротковолновый радиотелефон
high-frequency resistance – сопротивление для высоких частот
high-gain antenna – антенна с большим коэффициентом усиления; высоконаправленная антенна
high-geared – с высоким передаточным отношением
high-grade fuel – высокосортное топливо
high-ground-hitting accident – летное происшествие в результате столкновения с возвышенностью
high-incidence load factor – коэффициент перегрузки при больших углах атаки
high-integrity data transmission – сеть передачи данных между бортовыми системами
high-intensity lights – ОВИ, огни высокой интенсивности
high-level cloud – облако верхнего яруса
high-level flight forecast – высотный прогноз погоды для рейса
high-level holding procedures – порядок ожидания на верхнем эшелоне
high-level operation – полеты на больших высотах; работа с максимальной тягой
high-level turbulence – турбулентность на высотах
high-lift device – механизация крыла; устройство для увеличения подъемной силы
high-lift flap – закрылок, дающий большой прирост подъемной силы крыла
high-lift wing – крыло большой подъемной силы
high-lift wing profile – профиль крыла большой подъемной силы
high-octane rating – высокооктановое число
high-pass filter – фильтр верхних частот
high-performance flight – полет летательного аппарата с высокими летными характеристиками
high-pitch airscrew – воздушный винт с большим шагом
high-pitch position – положение большого шага (воздушного винта)
high-pressure air – воздух высокого давления
high-pressure area – антициклон, область высокого давления
high-pressure center – центр антициклона
high-pressure spool – высоконапорный каскад, каскад высокого давления; ротор высокого давления
high-pressure turbine – турбина высокого давления
high-q condition – режим полета с большим скоростным напором
high-range airspeed indicator – широкодиапазонный указатель воздушной скорости
high-resolution – с высокой разрешающей способностью
high-resolution radar – РЛС с высокой разрешающей способностью
high-set wing – высоко расположенное крыло
high-speed aerodynamics – аэродинамика больших скоростей
high-speed aircraft – скоростной самолет
high-speed control – управление на больших скоростях
high-speed engine – высокооборотный двигатель; двигатель скоростного самолета
high-speed exit taxiway – рулежная дорожка для скоростного схода с ВПП после посадки
high-speed flight – скоростной полет
high-speed propeller – воздушный винт для больших скоростей полета; скоростной высокооборотный воздушный винт
high-speed tunnel – аэродинамическая труба больших скоростей
high-speed turnoff (turnout) – скоростной поворот
high-temperature construction – жаропрочная конструкция
high-temperature flight – полет при наличии сильного аэродинамического нагрева

high-velocity air – воздушный поток большой скорости
highway – магистральная воздушная линия; шоссе
high-wing aircraft – высокоплан, самолет с высоко расположенным крылом
hijacking – вооруженный захват ВС
hinge – подвешивать на шарнирах; шарнир; шарнирный
hinge axis – ось шарнира
hinge mount – шарнирное крепление
hinged – откидной; шарнирный
hinged cowl – откидной капот
hinged flap – откидной щиток; шарнирно подвешенный закрылок
hinged flap spoiler – интерцептор
hinged joint – шарнирное соединение; шарнирный узел
hinged panel – откидная панель
histogram data processor – процессор для получения гистограммы
hit an air pocket – попасть в воздушную яму
HJ – работает днем от восхода до захода солнца
HN – работает ночью от захода до восхода солнца
HO – работает в соответствии с эксплуатационными требованиями
hoar frost – иней
hoist – ворот; лебедка; поднимать; подтягивать; подъемник; подъемный механизм
hoisting device – подъемник
hold – багажник; выдерживать; держать; трюм
hold capacity – вместимость грузового помещения
hold overhead – ожидать за облаками; оставаться выше облаков
hold position – положение в режиме стабилизации; положение, соответствующее режиму стабилизации
hold sink rate mode – режим стабилизации вертикальной скорости
holder – владелец; держатель; кронштейн; опора; подставка; ручка
holding – выдерживание; ожидание; стабилизация
holding aircraft – самолет в зоне ожидания; самолет, ожидающий разрешения на посадку
holding altitude – высота полета в зоне ожидания
holding and approach to land procedures – установленный порядок полетов в зоне ожидания и захода на посадку
holding apron – площадка ожидания, предстартовая площадка
holding area – зона ожидания
holding axis – ожидаемое направление подхода самолета
holding bay – площадка ожидания
holding beacon – дальняя приводная радиостанция; маяк зоны ожидания
holding course – курс захода в зону ожидания; курс полета в зоне ожидания
holding fix – дальняя приводная радиостанция; маяк зоны ожидания; радионавигационная точка на маршруте ожидания
holding instructions – указания пилоту, ожидающему разрешения на посадку
holding of the glide slope – выдерживание заданной глиссады; стабилизация относительно глиссадного луча
holding on a radial – ожидание на замкнутом маршруте вдоль радиуса станции ВОР
holding path – траектория полета в зоне ожидания
holding pattern – схема движения в зоне ожидания
holding pattern airspace – воздушная зона ожидания
holding point – зона ожидания, пункт ожидания
holding procedure – правила полета в зоне ожидания
holding speed – скорость в зоне ожидания
holding stack – зона ожидания; эшелоны в зоне ожидания
holding-line marking – линия «стоп» на рулежной дорожке
hold-off – выдерживание (самолета при посадке)
hole – воздушная яма; окно в сплошном облачном слое
hollow turbine blade – полая турбинная лопатка
hollow type propeller – воздушный винт с полыми лопастями
hologram – голограмма
holography – голография

home – лететь на приводную радиостанцию; наводиться; приводить самолет на данное место с помощью радио или светотехнических средств
home beacon – приводное радио или светотехническое устройство; приводной радиомаяк
Homer (Radio Direction Finding Station) – приводная радиостанция
homing – выход на привод (цель); полет по приводному лучу; привод; самонаведение
homing aid control panel – панель управления средствами вывода на посадку
homing beacon – приводная станция, приводной радиомаяк
homing control – самонаведение
homing point – приводная станция
homing point selector – переключатель приводных станция
homing receiver – приемник системы самонаведения
homing signal – приводной сигнал; сигнал самонаведения
homing station – приводная радиостанция
homing system – система приводных маяков; система самонаведения
honeycomb – сотовый; спрямляющая решетка аэродинамической трубы; ячеистый
honeycomb construction – сотовая конструкция
honeycomb duct – спрямляющий канал
honeycomb radiator – сотовый радиатор
honeycomb sandwich construction – слоистая конструкция с сотовым заполнителем
hood – фонарь
hooded (instrument) flight – имитация слепого полета под колпаком
hooded cockpit – кабина пилота под колпаком или шторками
hooded penetration – пробивание облачности «под колпаком»
hooded takeoff – взлет «под колпаком»
hook – гак; захват; зацеплять крюком; крюк
hopped-up engine – форсированный двигатель
horizon – авиагоризонт; горизонт; горизонтальная плоскость
horizon (flight) director – командный авиагоризонт
horizon bar – планка авиагоризонта
horizon dial – шкала авиагоризонта
horizon dip – угол между магнитной стрелкой компаса и линией горизонта
horizon image – изображение линии горизонта
horizon marker – отметка горизонта
horizon pitch indication – индикация угла тангажа с помощью авиагоризонта
horizontal (plane) navigation – навигация в горизонтальной плоскости
horizontal (-situation) display – индикатор обстановки в горизонтальной плоскости; плановый навигационный индикатор
horizontal attitude – положение самолета относительно плоскости горизонта
horizontal balance – горизонтальная балансировка
horizontal bank – вираж в горизонтальной плоскости
horizontal center line – базовая линия; строительная горизонталь
horizontal datum – горизонталь отсчета; горизонтальная ось координат
horizontal location of center of gravity – расположение центра тяжести ВС в горизонтальной плоскости
horizontal plane – горизонтальная плоскость
horizontal range – дальность горизонтального полета
horizontal reference line – горизонтальная линия начала отсчета
Horizontal Situation Display – индикатор горизонтальной обстановки
horizontal tail – горизонтальное хвостовое оперение
horizontal tail area – площадь горизонтального хвостового оперения
horizontal tape scale – горизонтальная ленточная шкала
horizontal transmission – передача в зоне прямой видимости
horizontal trim – балансировка в горизонтальном полете
horizontal wind shear – горизонтальный градиент ветра
horn – кабанчик руля; роговой компенсатор; сирена
horn antenna – рупорная антенна

horn balance – роговая компенсация
horn-balanced elevator – руль высоты с роговой компенсацией
horn-balanced rudder – руль направления с роговой компенсацией
horse latitude – конские широты; широта штилевого пояса высокого давления
horsepower – лошадиная сила; мощность
horsepower available – располагаемая мощность
horsepower output – выходная мощность
horsepower rating – нормирование по мощности в лошадиных силах; расчетная мощность
horsepower required – потребная мощность
horsepower-hour – лошадиная сила – час
HSD (Horizontal Situation Display) – дисплей отображения горизонтальной обстановки
hose – гибкая труба, рукав, шланг
hose jacket – оплетка рукава
hoseline – гибкий трубопровод
hospital aircraft – санитарный самолет
hot box – камера сгорания
hot component – деталь газового тракта двигателя
hot gas – горячий газ
hot spot – местный перегрев; перегретый участок (газового тракта)
hot-air deicer – противообледенитель, использующий нагретый воздух
hot-air heating – отопление горячим воздухом
hot-day horsepower – мощность при повышенных температурах
hour – летный час; налет (в часах); час
hour angle – часовой угол
hour circle – круг склонения; часовой круг
hourly broadcast – ежечасная радиосводка
hourly consumption in flight – часовой расход топлива в полете
hourly drift rate – величина почасового ухода (гироскопа)
hourly report – ежечасное сообщение
hourly ton-mile productivity – часовая производительность в тонно-милях
hourmeter – измеритель наработки в часах
hourmeter instrument – прибор для регистрации наработки в часах
housing – кожух; коробка; корпус; помещение; размещение груза в самолете; футляр
housing of airplane – ввод самолета в ангар
hover – зависать; летать над объектом; находиться в режиме висения; парить
hovercraft – аппарат на воздушной подушке
hovering – висение; режим висения
hovering ceiling – потолок на режиме висения, статический потолок
hovering control system – система управления на режиме висения
hovering endurance – продолжительность полета в режиме висения
hovering flight – парение, парящий полет, полет на режиме висения; режим висения
hoverway – ВПП для вертолетов
HP (horsepower) – лошадиная сила
HPN (horsepower nominal) – номинальная мощность
HR (endurance hours) – срок службы
HSI (horizontal situation indicator) – индикатор обстановки в горизонтальной плоскости
Ht … – через столько-то минут после каждого часа
hta (heavier than air) – тяжелее воздуха
hub – втулка; ступица
hub airport – узловой аэропорт
hub dynamometer – динамометрическая втулка
hub flange – фланец втулки (воздушного винта)
hub socket – втулка лопасти винта
hub spider – крестовина втулки (воздушного винта)
hub vortex – фланец втулки (воздушного винта)
HUD (head-up display) – индикация на лобовом стекле
hull – каркас; остов; фюзеляж
hum – фон; шум
human ceiling – физиологический потолок
human control behaviour – характеристики пилота как элемента системы управления; характеристики системы управления с пилотом
human engineering – инженерная психология

human error – ошибка человека-оператора
human error accident – летное происшествие из-за ошибки человека-оператора
human factor accident – авиационное происшествие по причине личностного фактора
human factors – личностный фактор; факторы, связанные с человеком
human operator reaction – реакция человека; частотная характеристика человека
human operator response – запаздывание реакции пилота
human performance – возможности человеческого организма; характеристики человека как звена управления
human tolerance – выносливость человека; переносимость человеком неблагоприятных условий
human-factors laboratory – лаборатория по изучению эргономической деятельности человека
human-pilot control – быстрота реакции пилота при управлении; частотные характеристики пилота; чувствительность пилота к управлению
humid air – влажный воздух
humidity – влагосодержание, влажность
hump – выступ в верхней части фюзеляжа
hump fairing – надфюзеляжный обтекатель
hump speed – скорость выхода на редан
hunt – качаться, колебаться, попеременно отклоняться в обе стороны, раскачиваться; рыскать
HV (high-velocity) – с высокой начальной скоростью
HVDF (high and very high frequency direction finding stations) – коротковолновые и ультракоротковолновые совмещенные радиопеленгаторные станции
hybrid computer – аналого-цифровая вычислительная машина
hybrid sensor – комбинированный датчик
hydrant cart – насосная тележка, тележка с топливоперекачивающей установкой
hydrant refueling system – гидрантная система заправки
hydraulic clutch – гидравлическая муфта, гидравлическое сцепление
hydraulic control – гидравлическое управление
hydraulic coupling – гидравлическая муфта, гидравлическое соединение
hydraulic fluid – гидросмесь, рабочая жидкость
hydraulic gear – гидравлический привод
hydraulic jack – гидравлический домкрат
hydraulic panel – панель гидросистемы
hydraulic power control – гидроусилитель
hydraulic pressure failure – падение давления в гидросистеме
hydraulic propeller – воздушный винт с гидравлически управляемым шагом
hydraulic shock strut – гидравлическая амортизирующая стойка
hydraulic slat – предкрылок с гидроприводом
hydraulic system – гидравлическая система
hydroacoustics – гидроакустика
hydroairplane – гидросамолет
hydrodynamic tank – гидродинамический бак
hydrodynamics – гидродинамика
hydro-pitch propeller – воздушный винт с гидравлически регулируемым шагом
hydroplane – гидроплан, гидросамолет
hyperbolic chart – карта с гиперболической сеткой системы дальней радионавигации
hyperbolic continuous radar system – гиперболическая радионавигационная система непрерывного излучения
hyperbolic fix – определение места ВС с помощью гиперболической системы
hyperbolic guidance system – гиперболическая система наведения
hyperbolic lattice chart – карта с гиперболической сеткой
hyperbolic navigation – радионавигация по гиперболической системе
hyperbolic navigation system – гиперболическая система радионавигации
hyperbolic radar system – гиперболическая радиолокационная система
hypersonic – гиперзвуковой

hypersonic aircraft – самолет с гиперзвуковой скоростью
hypersonic flight – гиперзвуковой полет, полет с гиперзвуковой скоростью
hypersonic flow – гиперзвуковой поток
hypersonic speed – гиперзвуковая скорость
hypersonic velocity – гиперзвуковая скорость
hypersonics – аэродинамика сверхзвуковых скоростей
hypoxis – гипоксия
hypsometric tints – гипсометрические оттенки
hysteresis error (of altimeter) – гистерезисная ошибка высотомера

I

I (incidence) – угол атаки
I.M. (inner marker) – ближний маркер
IAF (initial approach fix) – определение места самолета при подходе к аэродрому
IAF (International Aeronautical Federation) – Международная федерация астронавтики
IAL (instrument approach landing) – заход на посадку по приборам
IAO (in and out of clouds) – в облаках и вне облаков
IAO (Independent Aviation Operators) – Независимые воздушно-транспортные компании
IAR (intersection of air routes) – пересечение воздушных трасс
IAS (indicated air speed) – приборная исправленная воздушная скорость
IAS (international aircraft standards) – международные авиационные стандарты
IAT (indicated air temperature) – приборная температура воздуха
IATA (International Air Transport Association) – международная ассоциация воздушного транспорта
IB (identification beacon) – опознавательный светомаяк
IC (international candle) – международная свеча
ICAA (International Civil Airports Association) – Международная ассоциация гражданских аэропортов
ICAN (International Commission for Air Navigation) – Международная комиссия по аэронавигации
ICAO (International Civil Aviation Organization) – Международная организация гражданской авиации
ice – лед
ice accretion – обледенение
ice cloud – ледяное облако
ice detector – индикатор обледенения
ice fog – арктический туман, ледяной туман
ice formation – обледенение, образование ледяной поверхности
ice hazard prevention – предотвращение обледенения
ice pellets – ледяная крупа
ice rain – дождь с ледяной крупой, ледяной дождь
ice up – обледеневать
ice warning system – система сигнализации обледенения
ice.mod. (icing moderate) – умеренное обледенение
ice.sev. (icing severe) – сильное обледенение
ice-crusted – покрытый льдом
icefor (ice formation) – обледенение
ice-warning indicator – сигнализатор обледенения
icg (icing) – обледенение
icing – обледенение
icing conditions – условия, вызывающие обледенение
Id (identification) – позывной
IDEN (identification) – опознавание
identification – опознавание
identification beacon – опознавательный светомаяк
identification cod – код опознавания
identification data – опознавательные данные
identification disc – опознавательный знак на крыльях самолета
identification friend or foe – система опознавания «свой – чужой»
identification light – опознавательный огонь
identification mark – опознавательный знак
identification signal – опознавательный сигнал
identify – опознавать, узнавать
identifying turn – контрольный разворот
idle – работать на малых оборотах, работать на режиме малого газа; работать на режиме холостого хода
idle (engine) power – режим малого газа; режим холостого хода
idle adjusting screw – винт регулирования режима малого газа
idle capacity – мощность на режиме малого газа (холостого хода); резервная мощность
idle cutoff – выключение малого газа
idle flight – безмоторный полет; полет на оборотах малого газа

idle power rating – мощность или тяга на режиме малого газа; режим малого газа
idle RPM – число оборотов в минуту на малом газе (на холостом ходу)
idle running – малый газ; холостой ход
idle runway – неэксплуатируемая ВПП
idle speed – число оборотов на холостом ходу
idle speed adjustment – регулировка оборотов малого газа; регулировка оборотов холостого хода
idle-power (-thrust) approach – заход на посадку на режиме малого газа
idling – малый газ; работа на холостом ходу; холостой ход
idling position (of the carburet(t)er) – положение дросселя (карбюратора) на холостом ходу
idling power – мощность на режиме малого газа
idling propeller – воздушный винт, работающий на режиме нулевой тяги
idling thrust – тяга на режиме малого газа
idling time – время работы на режиме малого газа
IF – умеренный ледовый туман
IF (instrument flight) – полет по приборам
IF+ – сильный ледовый туман
IFALPA (International Federation of Air Line Pilot Association) – Международная федерация ассоциаций линейных пилотов
IFATCA (International Federation of Air Traffic Controllers Association) – Международная федерация ассоциаций диспетчеров воздушного движения
IFR (in-flight refueling) – заправка топливом в полете
IFR (instrument flight rules) – ППП, правила полетов по приборам
IFR displays – приборы для полетов в условиях отсутствия видимости
IFR obstruction clearance – высота над препятствием в полете по приборам
IFR obstruction clearance margin – запас высоты над препятствием в полете по приборам
IFR threshold wheel height – высота колес шасси над входной кромкой ВПП при посадке по приборам
IFR traffic pattern – маршрут воздушного движения в сложных метеоусловиях
IFU (interface unit) – блок интерфейса
IGA (international general aviation) – международная авиация общего пользования
igniter – воспламенитель, запал, запальная свеча
igniter injector – пусковая форсунка
ignition – зажигание
ignition adjusting lever – рычаг для регулирования зажигания
ignition adjustment – перестановка зажигания, регулирование зажигания
ignition control lever – рычаг для регулирования зажигания
ignition failure – срыв воспламенения, срыв зажигания
ignition plug – запальная свеча
ignition system – система зажигания
ignition temperature – температура воспламенения или вспышки
IHP/hr (indicated horsepower-hour) – индикаторная мощность
IHP, i.h.p. (indicated horsepower) – индикаторная мощность в л.с.
IL (instrumental landing) – посадка по приборам
ILA (international language for aviation) – международный язык, употребляемый в авиации
illuminated indicator panel – освещенная приборная доска; световое табло уведомительной сигнализации
illumination – освещение
illumination intensity – освещенность (в люксах)
ILS (instrument landing system) – система посадки по приборам
ILS beam holding – выдерживание направления по лучу маяка системы ИЛС
ILS coupling – связь автопилота с системой ИЛС
ILS display – посадочный индикатор системы ИЛС
ILS meter – посадочный индикатор системы ИЛС
ILS minimum – метеоминимум для захода на посадку
ILS minimum altitude – минимальная высота снижения по системе ИЛС

ILS propagation path – путь прохождения сигналов системы ИЛС
ILS reference point – точка пересечения глиссады с ВПП в системе ИЛС
image – воспроизведение, изображение; отражение
IMC (instrument meteorological conditions) – сложные метеорологические условия, требующие полета по приборам
IMC (International Meteorological Committee) – Международный метеорологический комитет
immigration check point – пункт иммиграционной проверки
immigration control – иммиграционная проверка
impact – импульс; резкое изменение давления; толчок, удар
impact air pressure – скоростной напор воздушного потока
impact fatigue – усталость при ударе
impact load – ударная нагрузка
impact pressure – давление при ударе, динамическое давление; скоростной напор
impact resistance – сопротивление удару
impact strength – ударная вязкость
impact stress – ударное напряжение
impact switch – импульсный переключатель
impact wreckage – разрушение самолета в момент приземления
impedance – импеданс, полное сопротивление
impedance matching – подбор сопротивлений, согласование импедансов
impeller – рабочее колесо турбины или нагнетателя
impeller drive – привод крыльчатки
impingement – соударение, столкновение
imposition – введение; наложение
imposition of silence – введение запрета на передачу
improvement – улучшение, усовершенствование
improvement in nozzle expansion ratio – увеличение степени расширения газа в сопле
impulse – импульс; толчок, удар
impulse frequency – частота импульсов
impulse period – период импульса; периодичность импульсов
impulse ratio – отношение длительности импульса к периоду
impulse signal – импульсный сигнал
impulse-duct engine – ПуВРД, пульсирующий воздушно-реактивный двигатель
in (inch) – дюйм
in flying condition – готовый к полету
in flying order – пригодный к полету
INA (initial approach) – начальная фаза захода на посадку
inaccuracy – неточность; погрешность; разброс; рассеивание
inaptitude for flying – непригодность к полету
inboard – бортовой; внутренний; внутрифюзеляжный
inbound – направленный на радионавигационную точку; прибывающий
inbound air traffic – воздушное движение в направлении аэропорта
inbound course – курс на выбранный ориентир
inbound leg – ветвь траектории возвращения; участок маршрута полета к ориентиру
inbound procedures – порядок приема прибывающих самолетов
inbound releases from ATCC – прием руководства прибывающими самолетами (от центра УВД)
inbound routing – полет по маршруту в направлении на заданную точку
inbound track – внутренняя прямая (по стандартной схеме полетов в зоне ожидания)
incentive pay – вознаграждение; доплата за выполнение специальных заданий
incentive type contract – контракт поощрительного типа
INCERFA (uncertainty phase) – ИНСЕРФА (стадия неопределенности)
inch – дюйм
incidence – угол встречи; угол заклинения оперения; угол установки крыла
incidence angle – угол атаки (Брит.); угол установки крыла (США)
incidence of airscrew blade – угол атаки лопасти винта

incidence variation – изменение угла атаки
incident – поломка; происшествие с благополучным исходом
incident file – досье с документацией об авариях и поломках; отчет об аварии или поломке
incident free – без происшествий; безаварийный
incident shock wave – косой скачок уплотнения; наклонная ударная волна
incident wave – падающая волна
incidents – предпосылки к летным происшествиям
inclination – наклон; склонение магнитной стрелки
inclined body – тело под ненулевым углом атаки или скольжения
inclinometer – инклинометр, угломер, уклономер
inclusive fare – стоимость билета с оплатой всех услуг
inclusive tour – инклюзив-тур; тур с обслуживанием; туристическая поездка с оплатой всех услуг
inclusive tour traffic – воздушные перевозки с оплатой всех услуг
income tax – подоходный налог
in-commission rate – коэффициент готовности; коэффициент использования; коэффициент исправного действия
incompatibility – несовместимость
incompressible – несжимаемый
incompressible flow – несжимаемый поток
incompressible fluid – несжимаемая жидкость
inconel – инконель (сплав с присадкой железа)
incontrollable – не поддающийся управлению, неуправляемый, плохо управляемый
increment – приращение, прирост
incremental sensitivity (ILS) – крутизна (ИЛС)
Ind (indicator) – указатель
indecision – непринятие решения (пилотом в аварийной обстановке)
indefinite delivery type contract – контракт без твердых сроков исполнения работ
independent component failure – независимый отказ элемента
independent control – автономное управление или регулирование
independent navigation – автономная навигация
independent operators – независимые авиакомпании; частные авиакомпании
independent side-band – независимая боковая полоса
independent system – автономная система
index (pl indices) – индекс, коэффициент, показатель; указатель
index chart – карта-индекс
index correction – инструментальная поправка индекса, поправка индекса; поправочный коэффициент
index line – линейная отметка; черта (на приборе)
index of plasticity – число пластичности грунта
indexed – оцифрованный, проградуированный, с нанесенными делениями
indexer – указатель
indicated – индикаторный; приборный
indicated airspeed – приборная воздушная скорость
indicated altitude – приборная высота
indicated course curvature – индицируемое искривление линии курса (ИЛС)
indicated course line – приборная линия курса
indicated course sector – приборный сектор курса
indicated displacement error – приборная ошибка смещения (ИЛС)
indicated flight path – индицируемая траектория полета
indicated glide path angular error – приборная угловая погрешность глиссады
indicated glide path curvature – индицируемое искривление глиссады
indicated ILS glide path – приборная глиссада ИЛС
indicated ILS glide path angle – приборный угол глиссады ИЛС
indicated ILS glide path sector – приборный сектор глиссады ИЛС
indicated linearity sector – приборный линейный сектор

indicated Mach number – приборное число М
indicated profile – индицируемый профиль
indicated slant course line – наклонная линия приборного курса
indicated velocity – вектор воздушной скорости
indicating head – циферблат прибора, шкала
indicating instrument – измерительный прибор
indicating lamp – индикаторная лампа
indicating system – система индикации
indication – индикация
indication error – ошибка индикации, ошибка показаний приборов
indicator (instrument) dial – приборная шкала
indicator console – пульт управления с индикатором
indicator light – сигнальная лампа, сигнальный огонь
individual flight log – летная книжка
individual flight record – летная книжка
individual wheel anti-skid control – автомат торможения на каждом колесе
indraft – всасывание; подсасывание воздуха; поток воздуха, затягиваемый воздушным винтом; приток
indraft velocity – скорость засасываемого винтом воздуха; скорость набегающего потока
induce – возбуждать; индуцировать; побуждать
induced – индуктивный; индуцируемый; отбрасываемый винтом; подсасываемый
induced aerodynamics – индуктивная аэродинамика
induced air – эжектированный воздух
induced drag – индуктивное сопротивление
induced flow – индуцированный поток; поток, отбрасываемый винтом
induced flow wind tunnel – аэродинамическая труба эжекторного типа, эжекторная аэродинамическая труба
induced velocity – индуцированная скорость
inductance – индуктивность, коэффициент индукции
induction – всасывание
induction blow-down wind tunnel – эжекторная аэродинамическая труба кратковременного действия
induction compass – индукционный компас
induction wind tunnel – эжекторная аэродинамическая труба
industry – промышленность
inelasticity – жесткость, неупругость
inertia – инерция; сила инерции
inertia mass – инерциальная масса
inertia moment – момент инерции
inertia turn indicator – инерционный указатель поворота
inertia-coupled – с инерциальным взаимодействием
inertial – инерциальный; инерционный
inertial autopilot – автопилот с инерциальными датчиками
inertial control – инерциальное управление
inertial control system – инерциальная система управления
inertial lateral position – инерциальное боковое положение
inertial mode – инерциальный режим; режим работы по сигналам инерциальной системы
inertial navigation – инерциальная навигация
inertial navigation computer – вычислитель инерциальной навигационной системы
inertial navigation system – инерциальная навигационная система
inertial navigation unit – инерциально-навигационный блок
inertial physical package – блок инерциальной системы отсчета
inertial reference – инерциальная система координат, инерциальная система отсчета
inertial sensor – инерциальный датчик
inertial space reference system – инерциальная система наведения
inertial tracking – выдерживание направления с помощью инерциальной системы
inertially-referenced attitude control system – инерциальная система ориентации
inertia-type instrument – датчик ускорений; инерционный датчик

infed – введенный; вводимый; входной; поданный на вход
infeed – вводить; подавать на вход
infinite – бесконечный
infinite aspect ratio – бесконечное удлинение крыла
infinite control – бесконечно большая ответная реакция; возмущенное движение бесконечно большой амплитуды
infinite ratio – бесконечно большое отношение
infinite span – бесконечный размах
infinite wing – бесконечное крыло, крыло бесконечного размаха
infinitesimal – бесконечно малая величина; бесконечно малый
inflatable raft – надувной плот
inflate – надувать, наполнять газом
inflation – наполнение (оболочки газом)
inflation pressure – внутреннее давление
in-flight – наблюдающийся в полете, полетный, полученный в полете, происходящий в полете
in-flight analysis – анализ в полете
in-flight conditions – полетные условия
in-flight contingencies – непредвиденные обстоятельства в полете
in-flight determination – определение каких-либо параметров в полете
in-flight engine shut down rate – коэффициент отказов двигателя в полете
in-flight fatality – гибель человека в полете
in-flight monitor – прибор бортового контроля
in-flight operational planning – оперативное полетное планирование
in-flight refueling – дозаправка топливом в полете
in-flight report – донесение с борта самолета
in-flight research – летное исследование
in-flight simulator – летающий имитатор
in-flight stability – устойчивость в полете
in-flight vectoring envelope – область полетных режимов с управлением вектором тяги
in-flight video correlator – бортовой видеокоррелятор
inflow – впадение; впуск; втекающий поток; засасывание; наплыв; приток
influence – влияние, воздействие
influx – приток
information – данные, информация, сведения; сообщение
information center – информационный центр; центр оповещения о воздушной обстановке; центр полетной информации экипажей, находящихся в воздухе
information during flight – метеорологическая информация в полете
information holder – носитель информации
information office – справочное бюро
information processing – обработка информации
information pulse – информационный импульс РЛС
infrared – инфракрасный, тепловой
infrared acquisition aid – средство обнаружения по инфракрасному излучению
infra-red equipment – инфракрасная аппаратура
ingestion – засасывание (в двигатель посторонних предметов)
ingredient – добавка; ингредиент; компонент; примесь; составная часть
in-house – свой, собственный
initial – первоначальный
initial air traffic control center – диспетчерский центр пункта вылета
initial approach – начальный этап захода на посадку
initial approach altitude – высота посадочного круга; начальная высота захода на посадку
initial approach area – зона начального этапа захода на посадку
initial call-up – первоначальный вызов на связь
initial clearance – начальное разрешение
initial climb – начальная скороподъемность; начальный набор высоты; начальный участок набора высоты
initial contact – начало связи
initial data – исходные данные
initial descent clearance – указание о начальном снижении
initial displacement – начальное возмущение

initial meteorological office – метеостанция, представляющая прогноз погоды перед вылетом
initial misalignment – начальный угол несоосности
initial notification – первоначальное извещение (при расследовании авиационных происшествий)
initial penetration altitude – высота начала пробивания облаков; высота начала снижения
initial rate of climb – начальная скорость набора высоты
initial route point – исходный пункт маршрута
initial running – предварительная раскрутка двигателя
initial taxi clearance – первоначальные указания о рулении
initial test flight – первый облет самолета после постройки
initial training – начальная подготовка
initial values block – блок с входными данными
initiation – возникновение, зарождение, инициирование, начало
initiation into service – ввод в эксплуатацию, начало эксплуатации
initiation of a missed approach – начало ухода на второй круг
initiator – детонатор; инициирующий заряд
injectant – вводимая жидкость, вдуваемый газ, впрыскиваемое вещество
injection – введение, ввод (данных), вдув (газа), впрыск, инжекция
injector – инжектор, распылительная головка, форсунка
injector-driven-type wind tunnel – аэродинамическая труба эжекторного типа
inland air lines – внутриконтинентальные воздушные линии
inlet – впуск, вход; входное отверстие
inlet air – воздух, поступающий в двигатель; засасываемый воздух; приточный воздух
inlet air temperature – температура воздуха на входе
inlet compressor stages – первые ступени компрессора
inlet connection – входной патрубок, входной штуцер
inlet control system – система регулирования воздухозаборника
inlet duct – внутренний канал воздухозаборника; всасывающий патрубок; входной канал
inlet guide vane – лопатка направляющего аппарата (на входе в компрессор)
inlet port – воздухозаборник; впускное отверстие; входное окно; входное отверстие
inlet pressure – давление всасывания; давление на входном сечении воздухозаборника
inlet pressure recovery – восстановление давления в воздухозаборнике; давление всасывания
inlet shock wave – входной скачок уплотнения, скачок уплотнения на входе
inlet temperature – температура на входе
inlet throat – входная горловина
inlet velocity head – скоростной напор на входе
inlet wedge – воздухозаборник с центральным клиновидным телом
in-line – расположенный на одной линии (оси)
in-line combustion chamber – осевая камера сгорания
in-line engine – рядный двигатель
in-mid-air – в воздухе, в полете
innage – заполненное продуктом пространство в резервуаре (баке); остаточное топливо (в баке)
inner – ближний маркерный маяк; внутренний; расположенный ближе к фюзеляжу
inner body – центральное тело
inner casing – внутренний кожух
inner cone – внутренний конус; конус реактивного сопла
inner exhaust cone – задний конус-обтекатель
inner locator beacon – ближний приводной радиомаяк, ближняя приводная станция
inner loop – внутренний контур; внутренняя рамка
inner marker – ближний маркерный маяк

inner marker beacon – ближний маркерный маяк; внутренний маркерный маяк
inner shell – внутренний кожух; внутренняя гильза
Inop. (inoperative) – бездействующий
in-plane oscillation – колебания в плоскости вращения
input – ввод; вход; подача
input axis – измерительная ось (гироскопа)
input data – входные данные; исходные данные
input mechanism – механизм ввода (данных)
inputs – входные данные
inquiry – расследование (происшествия)
inquiry office – справочное бюро
insert – вводить данные; вкладыш; вставка; вставлять (деталь); втулка; закладная деталь; наносить (на карту)
inserter – устройство ввода
inside chamber area – рабочая поверхность камеры сгорания
inside turn – внутренний вираж (с положительной перегрузкой)
inspecting engineer – инженер по приемке или контролю; инженер-инспектор
inspection – инспекция; контроль; осмотр; проверка
inspection door – люк для осмотра; смотровое отверстие
inspection flap – смотровой клапан
inspection manual – наставление по проведению осмотра
inspection port – смотровое окно
inspection routine – текущий осмотр
inspector – инспектор
inspin – в направлении к оси штопора
instability – неустойчивость
instability line – линия неустойчивости
instability of glide slope – неустойчивость при полете по глиссадному лучу
instability on localizer – неустойчивость при полете по курсовому лучу
install – монтировать, устанавливать
installation – монтаж; оборудование; объект; размещение; расположение; сборка; сооружение; установка; устройство
installation features – стендовые характеристики
installation specification – инструкция по сборке и монтажу
installation tolerance – монтажный допуск
installation weight – установочный вес
installed thrust – тяга установленного двигателя
instant of unstick – момент отрыва (при взлете)
instantaneous – мгновенный; текущий (о координатах)
instruction – инструкция; распоряжение
instruction flying – учебный полет
instruction retrieval section – блок поиска команды
instructor – инструктор
instructor rating – свидетельство на право работать а качестве пилота-инструктора
instrument – измерительный прибор, прибор
instrument (-error) correction – инструментальная поправка
instrument (proficiency) flight check – проверка навыков пилотирования по приборам
instrument (rating) pilot – пилот с правом полета по приборам (в сложных метеоусловиях)
instrument approach – заход на посадку по приборам
instrument approach area – зона захода на посадку
instrument approach chart – схема захода на посадку по приборам
instrument approach course – курс захода на посадку по приборам
instrument approach landing – заход на посадку по приборам
instrument approach procedures – порядок захода на посадку по приборам
instrument approach runway – ВПП захода на посадку по приборам
instrument bay – приборный отсек
instrument board – приборная доска
instrument card – свидетельство на право полетов по приборам
instrument certificate – удостоверение на право полетов по приборам
instrument check – контроль показаний приборов; проверка навыков пилотирования по приборам

instrument comparator – компаратор приборов
instrument comparator monitor – блок сравнительного контроля показаний приборов
instrument compartment – приборный отсек
instrument compensation – компенсация приборов
instrument conditions – условия, вызывающие необходимость полета по приборам
instrument dial – циферблат; шкала прибора
instrument display – приборная доска
instrument flight – полет по приборам; слепой полет
instrument flight plan – план проведения полета по приборам
instrument flight rating – свидетельство на право полетов по приборам
instrument flight rules – правила полетов по приборам
instrument flight time – время полетов по приборам
instrument ground time – время наземной тренировки по приборам
instrument hood – колпак для имитации полета по приборам
instrument illumination – освещение приборов
instrument index – индекс прибора
instrument instruction – обучение полетам по приборам
instrument lag – запаздывание показаний прибора
instrument landing – посадка по приборам
instrument landing approach – заход на посадку по приборам
instrument landing receiver – приемник системы захода на посадку (по приборам)
instrument landing system – система посадки по приборам
instrument lighting – подсвет приборов
instrument meteorological conditions – метеорологические условия для полета по приборам
instrument mode – режим работы приборов
instrument panel – приборная доска
instrument penetration – пробивание облачности по приборам
instrument pilot school – школа подготовки пилотов к полетам по приборам
instrument rating – отметка о квалификации в летном свидетельстве, дающая право полета по приборам; свидетельство на право полетов по приборам
instrument runway – ВПП для инструментальной посадки
instrument scanning – обзор приборов
instrument takeoff – взлет по приборам
instrument time – приборное время
instrument trainer – тренажер для обучения полетам по приборам
instrument training manual – руководство для обучения полетам по приборам
instrument turn – разворот в полете по приборам
instrument visibility – видимость приборов
instrument-aided – с использованием пилотажных приборов; с контролем по приборам; частично контролируемый по приборам
instrumental parallax – параллакс прибора
instrumentation – контрольно-измерительные приборы
instrumentation cabin – контейнер с измерительной аппаратурой; приборный отсек
instrumentation console – приборная панель, пульт управления
instrumentation operator – оператор контрольно-записывающей аппаратуры; техник-экспериментатор (на борту летающей лаборатории)
instrumentation switch – тумблер включения приборов
instrumented – оборудованный измерительной аппаратурой
instrument-flying blinds – шторки для имитации полета по приборам
instrument-payload fairing – обтекатель приборного отсека
insulant – изолятор, изоляционный материал
insulated – с теплозащитным покрытием (о конструкции); теплоизолированный

insulation – изоляция
insulator – изолятор, изоляционный материал
intake – воздухозаборник; впускное устройство; всасывающее устройство; вход; спуск
intake air – всасываемый воздух, забираемый воздух
intake annulus – вход воздухозаборника; кольцевой воздухозаборник
intake area – площадь входа, площадь входного сечения
intake center body – внутреннее тело воздухозаборника; центральное тело воздухозаборника
intake lip – входная кромка воздухозаборника
intake manifold – входной патрубок
intake momentum drag – потери на входе в воздухозаборник
intake pressure recovery – восстановление давления в воздухозаборнике
intake velocity – скорость воздуха на входе (в двигатель)
integral – интегральный; полный; целый
integral fuel cell – встроенный топливный бак, топливный бак-отсек
integral lighting – встроенное освещение
integral nacelle – утопленная гондола
integral structure – монолитная конструкция; монолитная панель
integral tank – бак-отсек, встроенный бак
integral unit – единый агрегат (блок, узел)
integral-method solution – решение интегральным методом
integrated actuator – объединенный сервопривод
integrated ADF-magnetic compass system – объединенная радиомагнитная компасная система
integrated circuitry – комплексные электрические схемы
integrated control – объединенная система регулирования
integrated control system – комплексная система управления
integrated data – комплексная информация; обобщенные данные
integrated display – комбинированный прибор (с индикацией нескольких параметров)
integrated display system – объединенная интегральная система индикации
integrated flight instrumentation – комплексные пилотажно-навигационные системы
integrated flight package – комплект пилотажных приборов
integrated instrument display – интегральная приборная доска
integrated procedural-act development – усовершенствование интегрированных навыков на процедурных тренажерах
integrated system – комплексная система; объединенная система
integrating gyroscope – интегрирующий гироскоп
integrating gyrounit – гироскопическое интегрирующее звено
integrating motor – интегрирующий двигатель
integration – интегрирование; комплексирование; объединение
integrator – интегратор, интегрирующее устройство
integrity – комплексная характеристика; комплексность; прочность; целостность
integrity indicator – указатель комплексирования (работа подсистемы)
intelligence – разведка; разведывательные данные
intended flight path – выбранная траектория полета
intended profile – выбранный профиль
intended track – выбранная линия пути
intensity – интенсивность; напряженность; сила; яркость (свечения)
intensity of light – сила света
interaction – взаимодействие; взаимосвязь; интерференция
inter-airdrome landline communication – внутриаэродромная проводная связь
inter-area communication – связь между смежными областями летной информации или смежными диспетчерскими районами
intercept – перехват; перехватывать; подслушивать
intercept bearing – азимут на перехват; курс на перехват
intercept localizer – пересекать луч курсового посадочного радиомаяка

intercept method – метод перехвата; метод построения астрономической линии положения
intercept mode – режим выхода на глиссаду
intercept of the localizer beam – ввод в курсовой луч; пересечение луча курсового передатчика
interception – встреча; пересечение (луча); перехват
interchange aircraft agreement – соглашение о взаимообменных воздушных судах
interchangeable – взаимозаменяемый; сменный
inter-city air service – междугородное воздушное сообщение
inter-city service – междугородное воздушное сообщение, междугородные воздушные перевозки
intercom – внутренняя связь, самолетное переговорное устройство
intercom (intercommunication) – внутренняя связь
intercommunication – внутреннее переговорное устройство (ВПУ), самолетное переговорное устройство (СПУ)
intercommunication conversations – переговоры по СПУ
intercommunication service – служба двусторонней связи
intercommunication system – самолетное переговорное устройство, система внутренней связи, СПУ
intercommunication telephone – переговорное устройство (в самолете)
interconnection – взаимосвязь
inter-console marking – информационные отметки с пультов смежных диспетчеров
intercontinental – межконтинентальный
intercooler – промежуточный холодильник (радиатор, охладитель)
intercoupling – взаимодействие; взаимосвязь
interdependence – взаимозависимость, взаимосвязь
interdigitated – расположенный под углом друг относительно друга
interest – доля; процентный доход; проценты; участие
interface – блок сопряжения или преобразования; взаимодействие; взаимодействовать; взаимосвязь; взаимоувязка; граница раздела; интерфейс; линия раздела; область взаимодействия; поверхность раздела; преобразующий; приводящий к потребному виду; согласование; согласующее устройство; согласующий; сопрягающая поверхность; устройство сопряжения
interfacing – смежный
interfacing hardware – согласующее устройство
interfacing industry – смежная отрасль промышленности
interference – взаимное влияние; интерференция; помехи; шумы
interference range – зона искаженного приема
interference with reception – помехи на приеме
interference with transmission – помехи при передаче
interference-free – помехоустойчивый
interferometer – интерферометр
interior – внутренность; внутренняя отделка; внутренняя часть
interlayer – заполнитель; промежуточный слой, прослойка
interline baggage agreement – соглашение о совместной перевозке багажа несколькими авиакомпаниями
interline carriage – перевозка, включающая двух или более перевозчиков
interline connection passenger – транзитный пассажир
interline fare – тариф для перевозки пассажиров или грузов совместно несколькими авиакомпаниями
interline passenger – транзитный пассажир
interline relations manager – начальник отдела по работе с представительствами других авиакомпаний
interline transportation – совместная перевозка несколькими авиакомпаниями
interlock – блокировка, внутренняя блокировка
interlock(ed) control – сблокированное управление

interlocked – взаимно замкнутый; сблокированный
interlocking – блокировка, внутренняя блокировка
interlocking circuit – цепь блокировки
intermediate airport – промежуточный аэропорт
intermediate airway beacon – промежуточный маяк; трассовый маяк
intermediate approach – промежуточный этап захода на посадку
intermediate approach path – траектория промежуточного этапа захода на посадку
intermediate casing – переходный корпус; промежуточный корпус
intermediate range – средняя дальность действия; средняя дальность полета
intermediate shaft – вспомогательный вал; передаточный вал; соединительный вал
intermediate stop – промежуточная посадка
intermediate tank – вспомогательный бак; вспомогательный резервуар
intermediate transverse frame – вспомогательный шпангоут
intermittent – прерывистый; пульсирующий
intermittent jet – пульсирующий прямоточный реактивный двигатель
intermittent wind tunnel – аэродинамическая труба кратковременного действия
intermodulation – взаимная модуляция; модуляция между составляющими сложной волны
internal – внутренний
internal airline – внутренняя воздушная линия
internal control – автономное управление
internal efficiency – внутренний к.п.д.
internal fuel capacity – количество топлива во внутренних баках (самолета)
internal fuel load – запас топлива во внутренних баках
internal memory – внутреннее запоминающее устройство; внутренняя «память»
international – международный
international air carriage on a tour – международная авиаперевозка по туру
international air navigation – международная воздушная навигация
international air route – международная авиатрасса
international air service – международное воздушное сообщение
international air traffic – международное воздушное сообщение, международные воздушные перевозки
international air transport – международный воздушный транспорт
International Air Transport Association (IATA) – международная ассоциация воздушного транспорта
international airport – международный аэропорт
international cargo invoice – счет-фактура на международный груз
international carriage (by air) – международная воздушная перевозка
international certificate of vaccination or revaccination – международное свидетельство о прививке или повторной прививке
International Civil Aviation Organization (ICAO) – ИКАО, международная организация гражданской авиации
international commodity agreement – международное товарное соглашение
international date line – международная линия смены дат
international distress frequency – международная радиочастота для сигналов бедствия
international embarcation-disembarcation card – международная карточка посадки (высадки)
international exchange of meteorological information – международный обмен метеорологической информацией
international fare structure – система международных тарифов; структура международных тарифов
international flight – международный рейс
international freight and mail bookings – бронирование грузов и почты на международных линиях
international frequency monitoring – международный контроль частот
international health regulations – международные санитарные правила

international line passenger – пассажир международной авиалинии
international NOTAM office – государственный орган для международного обмена сообщениями НОТАМ, орган международных НОТАМов
international operating agency – международное авиационное эксплуатационное предприятие
international operation accident – летное происшествие на международной линии
international passenger baggage declaration – декларация о багаже пассажира на международной авиалинии
international radiosilence – международное радиомолчание
international reference atmosphere – международная справочная атмосфера
international reseau – сеть международных метеостанций
international sanitary regulations – международные санитарные правила
international service – компания международных перевозок; международное воздушное сообщение, международные воздушные перевозки
international standard atmosphere – международная стандартная атмосфера
international telecommunication service – международная служба дальней связи
international telegraph alphabet – международная телеграфная азбука
interphone – внутренняя связь, СПУ
interphone amplifier – усилитель звуковой частоты
interphone control box – коммутатор переговорного устройства
interphone equipment – аппаратура самолетного переговорного устройства
interphone line – линия переговорных устройств
interphone power switch – тумблер питания СПУ
interphone set – самолетное переговорное устройство, СПУ
interphone system – самолетное переговорное устройство, система внутренней связи
interplane engine nacelle – гондола двигателя, расположенная между несущими плоскостями самолета
interplane interference – интерференция несущих поверхностей
interplane radio – радиосвязь «самолет – самолет»
interplanetary – межпланетный
interpretation – восприятие; обработка (данных); осмысливание; расшифровка; толкование (требований)
interpreter – дешифровщик; интерпретатор
interrogation – запрос; опрос
interrogator – запросчик
interrogator component – блок запроса; запросчик
interrogator-responder – запросчик-ответчик
interrupter – прерыватель
interruption – прекращение; прерывание
intersection – пересечение; точка или линия пересечения
intersection of range legs – пересечение зон радиомаяка
intersection takeoff – взлет с пересечения полос
interstate air transportation – воздушные перевозки по внутренним авиалиниям
interstate airway communications – средства связи по обеспечению полетов на внутренних авиалиниях
intertropical convergence zone – междутропическая зона конвергенции
intertropical front – внутритропический фронт; экваториальная зона затишья
interval – интервал, промежуток
intervention – вмешательство
Intl. Arpt. (international airport) – международный аэропорт
into-the-wind approach – заход на посадку против ветра
intra-area communication – межзональная связь
intra-state air carrier – внутригосударственная авиалиния
intrinsic instability – внутренняя неустойчивость; собственная неустойчивость
introduction – вывозной полет; ознакомление
inverse – поперечный (о картографической проекции)
inverse flow – обратное течение; обратный ток
inversion – инверсия

inversion cloud – инверсионное облако
inversion fog – инверсионный туман
inverted – в перевернутом положении, перевернутый
inverter – преобразователь
investigation – исследование; расследование (происшествия); техническое расследование
investigation of accident – расследование аварии
investigator – исследователь; лицо, проводящее расследование
investigator-in-charge – уполномоченный по техническому расследованию
investment – капиталовложение
inviscid – невязкий (о потоке)
inviscid flow – поток идеальной жидкости
inviscid fluid – невязкая жидкость
involuntary refund – вынужденный возврат сумм
involuntary rerouting – вынужденное изменение маршрута
inward cargo – ввозимый груз; импортный груз
inward slip – внутреннее скольжение; крен перед переходом в штопор
inward-retracting undercarriage – шасси, убирающееся в направлении к фюзеляжу
ionosphere – ионосфера
ionospheric scatter – ионосферная дисперсия
ionospheric wave – ионосферная волна
IR (ice on runway) – лед на ВПП
IRC, i.r.c. (initial rate of climb) – начальная скороподъемность
IRL (intersection of range legs) – пересечение зон радиомаяка
irradiance – интенсивность падающего излучения; облученность
irradiation – облучение; радиация
irrecoverable – невосстанавливаемый; невыводимый (из опасного режима); неспасаемый
irregularity report – акт о неисправностях при перевозке багажа
irreversible control – необратимое управление
irreversible control system – необратимая система управления
irreversible servo unit – необратимый бустер
ISA (international standard atmosphere) – международная стандартная атмосфера
isallobar – изаллобара
isallotherm – изаллотерма
isobar – изобара
isobaric chart – карта изобар
isobaric field – барическая система
isobaric range – диапазон высот при постоянном давлении в кабине
isocandle line – изолиния силы света
isochor – изохора, линия равных объемов
isoclinal – изоклина
isoclinic line – изоклина
isoclinic method – метод изоклин
isodynamic line – изодинама
isoghypse – изогипса
isogonal – изогона
isogonic line – изогона
isogriv – изогрива
isolated – изолированный, отдельный; отключенный
isolation – изоляция
isolator – амортизатор; изолятор
isoparametric – изопараметрический
isopleth – изоплета
isosther – изостера
isotach – изотаха
isotherm – изотерма
isothermal altitude – изотермическая высота
isothermal layer – изотермический слой
isothermal map – изотермическая карта
isotimic – происходящий одновременно
isotropic – всенаправленный; изотропный; однородный; равнонаправленный
item – деталь; пункт (документа); часть
item of information – единица информации
itinerary – маршрут
IWC (instrument weather conditions) – сложные метеорологические условия, требующие полета по приборам

J

J – дополнительный длинноволновый или средневолновый канал четырехзонального радиомаяка
jack – домкрат; сервопривод; силовой цилиндр
jack box – селекторный переключатель
jacket – рубашка охлаждения
JAL (jet approach and landing) – подход реактивного самолета к аэродрому и посадка
jam – глушить; забивать; заедать; заклинивать; создавать помехи
jam-free – помехоустойчивый
jammer – передатчик помех; постановщик помех; средство радиопротиводействия
jamming – создание искусственных радиопомех
jamming station – станция радиопомех
jamproof – помехозащищенный; помехоустойчивый
jamproof system – помехоустойчивая система
jar – вибрация; колебание
JATO (jet-assisted takeoff) – взлет с помощью ракетного ускорителя
jato unit – реактивный ускоритель взлета
jerk – вектор скорости изменения ускорения; резкое движение, действие (рулями); третья производная перемещения по времени
jerkmeter – измеритель скорости изменения ускорения
jet – жиклер; насадок; реактивный двигатель; реактивный самолет; сопло; струя; форсунка
jet aircraft – реактивный самолет; самолет с реактивным двигателем
jet airport – аэропорт для приема и обслуживания реактивных самолетов
jet area – площадь выходного сечения реактивного сопла
jet assist – реактивный ускоритель; увеличение тяги реактивным ускорителем
jet axis – ось струйного течения
jet blast – выхлопная струя реактивного двигателя
jet blast accident – несчастный случай, вызванный действием реактивной струи самолета
jet blast deflector – отражатель газовой струи реактивного двигателя; струеотбойный щит
jet booster – ракетный ускоритель; стартовый двигатель
jet bridge – телескопический трап
jet cone – конус распространения реактивной струи; конус реактивного сопла
jet contraction – сужение струи (сопла)
jet control – управление посредством изменения направления реактивной тяги; управление реактивной струей
jet control device – устройство для изменения направления реактивной тяги
jet core – ядро струйного течения
jet deflection – отклонение реактивной струи
jet deflector – дефлектор для отклонения направления реактивной струи
jet deviation control system – система управления отклонением реактивной струи
jet economy class fare – тариф экономического класса на реактивных самолетах
jet engine – реактивный двигатель
jet exhaust – выхлопная струя реактивного двигателя; выхлопное сопло
jet exhaust deflection – отклонение вытекающей струи реактивного двигателя
jet exit – истечение (газа, жидкости); реактивное сопло
jet finger – ответвление струйного течения; палец струйного течения
jet first class fare – тариф первого класса на реактивных самолетах
jet flame – выхлопной факел, факел на выхлопе
jet flap – реактивный закрылок; струйный закрылок
jet flow – реактивная струя; струйное течение; струя реактивного двигателя
jet front – фронт струйного течения
jet fuel – топливо для реактивных самолетов
jet helicopter – реактивный вертолет

jet horsepower – мощность, эквивалентная реактивной тяге
jet induction – воздействие реактивной струи
jet injector – струйный инжектор
jet lift – подъемная сила, создаваемая реактивной струей или реактивным двигателем
jet liner – реактивный лайнер, реактивный пассажирский самолет
jet misalignment – отклонение струи от расчетного направления; эксцентриситет вектора тяги вследствие несимметричности истечения выхлопных газов
jet nozzle – реактивное сопло, форсунка
jet nozzle area – площадь выходного сечения реактивного сопла
jet orifice – выхлопное сопло, форсунка
jet pilot – пилот реактивного самолета
jet pipe – выхлопная труба реактивного двигателя; реактивное сопло
jet plane – реактивный самолет
jet pod – вынесенная на пилоне гондола с реактивным двигателем
jet power – реактивная мощность, реактивная тяга
jet powered – снабженный реактивным двигателем
jet propulsion – реактивное движение; реактивный двигатель
jet pump – струйный насос
jet separation – срыв потока
jet silencer – глушитель шума реактивных двигателей
jet speed – скорость истечения реактивной струи
jet spread – расширение струи
jet stream – реактивная струя; струйное течение
jet stream axis – ось струйного течения
jet stream core – центральная часть струйного течения
jet stream region – район струйного течения
jet tab thrust vector control – дефлекторное управление вектором тяги; управление вектором тяги с помощью газовых рулей
jet tail cone – конус реактивного сопла
jet temperature indicator – пирометр для измерения температуры форсунок двигателя
jet terminal – аэровокзал для пассажиров реактивных самолетов
jet test – испытание реактивных двигателей
jet thrust – реактивная тяга, тяга реактивного двигателя
jet tourist class fare – тариф туристского класса на реактивных самолетах
jet tube – ПВРД, прямоточный воздушно-реактивный двигатель; реактивное сопло
jet turbine – реактивная турбина; реактивный двигатель
jet unit – реактивный двигатель
jet valve – клапан реактивного сопла
jet velocity – скорость истечения реактивной струи
jet wash – спутная струя реактивного двигателя
jet way – закрытый посадочный трап-мостик
jet(-control) system – система реактивного или струйного управления
jet-assisted takeoff – взлет с помощью ракетного ускорителя; взлет с помощью стартового двигателя
jet-augmented – с вспомогательным реактивным двигателем; с использованием газовой струи двигателя
jetavator – кольцевой газовый руль; поворотный сопловой насадок; струйник; струйный руль
jet-boosted – с дополнительным реактивным двигателем, с реактивным ускорителем
jet-driven – приводимый от реактивного двигателя, с реактивным приводом
jet-driven wind tunnel – аэродинамическая труба с приводом от РТД
jetevator control – управление с помощью соплового кольца
jet-induced circulation – управление циркуляцией при помощи струйного закрылка (реактивной струи)
jet-induced flow – поток, индуцируемый реактивной струей
jet-lift engine – реактивный двигатель, создающий вертикальную тягу
jet-o-copter – реактивный вертолет
jet-pipe expansion efficiency – к.п.д. расширения в реактивном сопле

jet-pipe gas velocity – скорость истечения газов из реактивного сопла
jet-pipe nozzle – реактивное сопло, реактивный насадок
jet-pipe temperature – температура выхлопных газов
jetport – аэропорт для реактивных самолетов
jetprop – самолет с ТВД
jet-propelled landing – посадка с работающим реактивным двигателем
jet-propulsion engine – реактивный двигатель
jet-shock interaction – взаимодействие струи со скачком уплотнения; ударное взаимодействие струй
jet-spanning airfoil – крыло, помещенное поперек струи, пересекающее струю крыло
jet-supported VTOL aircraft – аппарат вертикального взлета и посадки с отклоняемой струей турбореактивного двигателя
jettison valve – кран аварийного слива топлива
jettisonable – отделяемый, сбрасываемый
jettisonable fuel tank – сбрасываемый топливный бак
jettisoning – выбрасывание груза за борт
jet-turbine engine – ТРД, турбореактивный двигатель
jet-vane control – управление газовыми рулями
JF (jet fuel) – топливо для реактивных самолетов
jig – стапель
jitter – вибрация; дрожание
job – работа
join the ILS – выходить на глиссаду системы ИЛС
joining – присоединение; соединение; сцепление
joining point – точка входа в контролируемую зону
joining turn – разворот на курсе полета
joint – комбинированный; место соединения; объединенный; пригонять; связь; совместный; соединение; соединенный; соединять; спай; стыковать; узел фермы; шарнир; шов
joint closure – заделка швов
joint fare – суммированный тариф
joint filler – заполнитель швов, прокладка шва
joint sawing – прорезка швов (в затвердевшем бетоне)
joint sealing – заполнение швов изоляционным материалом
joint spacer – прокладка для шва
joint spacing – расположение швов; расстояние между швами
joint spall – откол бетона вдоль шва
jointing – набивка; прокладка; прокладочный материал; соединение; спайка; уплотнение
jointless – бесшовный
jointless structure – бесшовная конструкция
jolt – толчок; удар
JORP ICAO (Jet Operations Requirements Panel ICAO) – отдел эксплуатации реактивных самолетов ИКАО
journey – поездка, путешествие
journey log-book – бортовой журнал
joystick (control) – колонка управления; рукоятка управления; штурвал управления
joystick package – блок управления с ручкой самолетного типа
JP (jet pilot) – пилот реактивного самолета
jp (jet-propelled) – реактивный
JPT (jet pipe temperature) – температура выхлопных газов
jumbo (jet) – реактивный самолет большой вместимости
junction – слияние (потоков); соединение; спай; стык; точка соединения
junction box – распределительная коробка; соединительная коробка
juncture – стыковой узел

K

k (knot) – узел (морская миля в час)
kc/s (kilocycle per second) – килогерц
keel – киль; нижний лонжерон
key – ключ; работать ключом
key airport – узловой аэропорт
key indicator – критерий
keyboard – доска с органами управления; клавиатура; распределительная доска
keyboard computer – клавишная вычислительная машина
keyboard entry system – пульт управления вводом
keyboard perforator – клавишный перфоратор
keyer – манипулятор; модулятор
keying – манипуляция
keying cycle – цикл манипуляции
keying rate – скорость манипуляции
key-letter – клавиатура; ключ кода
KIAS (knots-indicated airspeed) – приборная скорость в узлах
kick – вводить самолет в крутой разворот; резкая дача руля; резкое отклонение руля; толчок
kicker – механизм тряски (ручки, педалей); сигнализатор срыва
kicker system – система сигнализации о приближении к срыву; система тряски ручки управления
kick-off of drift – упреждение на угол сноса; устранение бокового сноса
kiliometer flown – километраж
kilocycle per second (kc/s) – килогерц (кГц)
kinematics – кинематика
kinesthetic control – кинестетическая система управления; управление самолетом с помощью «летного чутья»
kinesthetic control system – система управления по субъективным ощущениям
kinetic energy – кинетическая энергия
kinetic heating – аэродинамический нагрев; кинетический нагрев
kinetic jet energy – кинетическая энергия реактивной струи
kinetics – кинетика
kit – комплект, набор; ранец, сумка
km (kilometer) – километр
km.p.s. (kilometers per second) – километров в секунду
km/h, km.p.h. (kilometers per hour) – километров в час
kmc/s (kilomegacycle per second) – киломегагерц
knob – головка; кнопка; ручка
knock – биение; детонация; стук
knot – морская миля в час, узел
Krueger flap – закрылок Крюгера
kts (knots) – узлы
KV (kilovolt) – киловольт
KVA (kilovolt-ampere) – киловольт-ампер
kw (kilowatt) – киловатт

L

l (latitude) – географическая широта
L (locator) – приводная радиостанция
L Tee (landing Tee) – посадочный знак «Т»
L. Gnd. (landing ground) – посадочная площадка
L/D (lift drag ratio) – аэродинамическое качество
LA (low altitude) – малая высота
label – маркирование
laboratory – лаборатория; лабораторная установка
lack – недостаток; нехватка
LACT (local apparent civil time) – местное гражданское время
ladder – лестница; трап
lading – погрузка
lag – гистерезис; запаздывание; запаздывать; изоляция; обшивка; отставание; отставать
lag (-error) – поправка на запаздывание
lag factor – величина запаздывания; коэффициент запаздывания; степень запаздывания
lagged – с термоизоляцией (о резервуаре)
Lambert – ламберт; нормальная коническая проекция
Lambert chart – карта в нормальной равноугольной конической проекции, карта в проекции Ламберта
Lambert conformal conic projection – конформная коническая проекция Ламберта
Lambert projection – нормальная коническая проекция
lamina – подслой; слой; слой атмосферы; слой в ламинарном потоке
laminar – ламинарный, пластинчатый, слоистый
laminar boundary layer – ламинарный пограничный слой
laminar flow – ламинарное течение, ламинарный поток
laminar fracture – слоистый излом
laminar friction – ламинарное трение, трение в ламинарном пограничном слое
laminar separation – отрыв ламинарного пограничного слоя
laminar-flow airfoil – крыло ламинаризированного профиля; ламинарный профиль
laminate – изготовлять слоистый материал; наслаивать; слоистый материал; слоистый пластик
laminated – ламинаризированный, пластинчатый, слоистый
laminated (layered) construction – слоистая конструкция
laminated glass – безопасное стекло, безосколочное стекло, слоистое стекло
laminated plastic – слоистый пластический материал
laminated structure – слоистая структура
laminating – изготовление слоистых материалов; наслаивание
laminating resin – смола для слоистого пластика
lamp – лампа; фара
land – делать посадку; земля; приземляться; садиться; суша
land airdrome – сухопутный аэродром
land dead – приземляться с выключенным двигателем
land glide attitude – положение при планировании на посадку
landing – посадка, приземление
landing accident – авария при посадке
landing aids – средства обеспечения посадки
landing airdrome – аэродром посадки
landing area – летное поле
landing attitude – посадочное положение; угол тангажа на посадке
landing beacon – посадочный радиомаяк
landing beam – посадочный (глиссадный) луч
landing beam station – передатчик глиссадного посадочного радиолуча
landing beam transmitter – передатчик глиссадного посадочного радиолуча
landing brake – посадочный тормоз
landing capacity – посадочная пропускная способность ВПП
landing charge – плата за посадку самолета в аэропорту
landing chart – карта посадки
landing check – проверка готовности к посадке
landing checklist – карта контроля посадочных операций

landing circle – полет по кругу перед посадкой
landing circuit – посадочный круг
landing clearance – разрешение на посадку
landing compass – наземный компас-эталон
landing computer – вычислитель системы посадки, вычислитель траектории посадки, посадочный вычислитель
landing configuration – самолет с выпущенными шасси и закрылками в посадочном положении; схема посадки
landing control – управление посадкой
Landing Control and Logic Unit (LCLU) – блок управления и расчета посадки
landing crew – наземная команда для приема самолетов
landing deceleration chute – тормозной посадочный парашют
landing direction finding station – посадочная радиопеленгаторная станция
landing direction light – огонь, указывающий направление посадки
landing distance – длина пробега, посадочная дистанция
landing distance available – располагаемая посадочная дистанция
landing fee – посадочный сбор
landing field – посадочная площадка
landing flap – посадочный закрылок, посадочный щиток
landing flare – выравнивание при посадке
landing floodlight – посадочный прожектор заливающего света
landing forecast – прогноз погоды в районе аэродрома
landing forecast code – код для передачи прогнозов в районе посадки
landing gear – посадочное приспособление, шасси
landing gear bay – ниша шасси
landing gear brake – тормоз шасси
landing gear control – управление выпуском шасси
landing gear door – створка шасси
landing gear down line – трубопровод выпуска шасси
landing gear emergency hand crank – рукоятка аварийного выпуска шасси
landing gear failure – поломка шасси
landing gear fairing door – створка обтекателя шасси
landing gear latch control – рычаг механического замка шасси
landing gear leg – стойка шасси
landing gear light – сигнальная лампочка, показывающая положение шасси
landing gear load – нагрузка на опору шасси
landing gear lock control mechanism – механизм управления замками шасси
landing gear lower tube – внутренний цилиндр амортизационной стойки шасси
landing gear motor – электромотор управления выпуском шасси
landing gear rear brace strut – задний подкос шасси
landing gear retracting strut – цилиндр подъема шасси
landing gear retraction lock – замок уборки шасси
landing gear safety latch – замок шасси
landing gear safety pin – предохранительная чека шасси
landing gear selector valve – клапан управления положением шасси
landing gear shock absorber – амортизатор шасси
landing gear system – система управления шасси
landing gear tread – ширина колеи шасси
landing gear up line – трубопровод уборки шасси
landing gear upper tube – внешний цилиндр амортизационной стойки шасси
landing gear warning device – сигнализатор выпуска шасси
landing gear warning horn – сигнальная сирена шасси
landing gear warning system – система сигнализации шасси
landing gear wheel arrangement – геометрическая схема расположения колес на опоре шасси
landing gear wheel base – база шасси
landing ground – посадочная площадка
landing heading – посадочный курс
landing headlight – посадочная фара
landing in crosswind – посадка с боковым ветром

landing instruction – указания о выполнении посадки
landing interval – промежуток между двумя очередными посадками
landing lamp – посадочная фара
landing leader cable system – система посадки по ведущему кабелю
landing length – длина пробега при посадке
landing lights – посадочные огни
landing load – посадочная нагрузка
landing mark – посадочное полотнище; посадочный знак
landing minimum – метеоминимум для посадки
landing minimum of aircraft – посадочный минимум самолета, установленный авиакомпанией
landing pattern – порядок захода на посадку; схема полета при заходе на посадку
landing place – посадочная площадка
landing point – место посадки, пункт посадки; точка приземления
landing procedure – порядок действий при посадке
landing reference speed – посадочная скорость на высоте 15 м
landing roll – пробег самолета при посадке
landing run – пробег самолета при посадке
landing runway – посадочная полоса
landing sequence – очередность посадки
landing setting – посадочное положение закрылков; установка закрылков в промежуточное положение
landing shock – удар при посадке
landing shock absorber – амортизатор шасси
landing short accident – летное происшествие в результате посадки с недолетом
landing ski – лыжа шасси
landing speed – посадочная скорость
landing stall speed – скорость срыва (сваливания) в посадочной конфигурации
landing strip – посадочная полоса
landing surface – посадочная площадка
landing system – система посадки
landing system integrator – интегратор вычислительного устройства системы посадки
landing T – посадочное Т
landing tetrahedron – посадочный тетраэдр
landing trainer – тренажер для отработки посадки самолета
landing turn – разворот на посадку
landing weight – посадочный вес самолета
landing wheel – колесо шасси
landing with engine cut off – посадка с выключенным двигателем
landing with side load – посадка с креном
landing-direction indicator – указатель направления посадки
landing-gear (control) lever – рычаг управления шасси
landing-gear actuator – подъемник шасси
landing-gear-door mechanism – механизм привода створок шасси
landing-gear-extended speed – скорость полета с выпущенным шасси
landing-gear-operating speed – скорость полета для управления шасси
landline – наземная кабельная линия связи
landline communications service – служба приводной связи
landmark – маркировочный знак; наземный опознавательный знак, наземный ориентир
landmark beacon – ориентировочный светомаяк
landmark image – изображение наземного ориентира
landmark navigation – самолетовождение по визуальным ориентирам
landside – сторона прибытия
lane – авиационная линия, воздушная трасса
LANTERN (Low Altitude Navigation and Targeting Infrared for Night) – маловысотная прицельно-навигационная система
lap joint – соединение внахлестку
lap-joined – соединенный внахлестку
large circle – большая «коробочка»
large nose-down attitude – большой отрицательный угол тангажа
laryngophone – ларингофон

LAS (lower airspace) – нижнее воздушное пространство
lashing – крепление; привязывание (груза)
LAT (latitude) – широта
LAT (local apparent time) – местное время
lat/long computer – вычислитель географических координат, навигационный вычислитель
latch – задвижка; замок; стопор
lateral – боковой; горизонтальный; параллельный
lateral acceleration – боковое ускорение
lateral angle – боковой угол; градусное боковое уклонение
lateral attitude – положение поперечной оси; угол крена
lateral axis – поперечная ось
lateral computer – навигационный вычислитель контроля боковых уклонений
lateral control – органы поперечного управления; поперечное управление; элероны
lateral control column – колонка системы поперечного управления
lateral control system – система поперечного управления
lateral correction – боковая поправка
lateral derivative – производная боковой устойчивости
lateral deviation – боковое уклонение
lateral dihedral – поперечное V
lateral dihedral angle – угол поперечного V
lateral drift landing – посадка с боковым ветром (со сносом)
lateral effort – боковое усилие (на ручке)
lateral fin – боковой стабилизатор
lateral gyroscope drift indicator – боковой гироскопический уклономер; указатель искусственного горизонта
lateral level – нулевой крен
lateral misalignment – боковое смещение; несоосность
lateral mode of motion – боковое движение; движение крена
lateral noise measurement point – боковая точка измерения шума
lateral pitch – поперечный крен
lateral response – реакция ВС по крену; частотная характеристика ВС в поперечном движении
lateral separation – боковое эшелонирование
lateral stability – боковая устойчивость; поперечная устойчивость
lateral stick force – боковые усилия на ручке управления
lateral trim – поперечная балансировка
lateral upset – потеря поперечной устойчивости
lateral velocity – боковая составляющая скорости
lateral wing flow – поток, обтекающий крыло
lateral-directional control – управление боковым движением
lateral-directional response – реакция ВС по крену и рысканию; частотная характеристика ВС в боковом движении
lateral-pitching control gyro – авиагоризонт с указанием крена и наклона глиссады по подвижному силуэту самолета
latitude – географическая широта
latitude coordinate – координата по широте
latitude correction – широтная поправка
latitude scale – масштаб широт; шкала широт
latitude selection – установка географической широты места
lattice – решетка; сетка
lattice chart – карта с координатной сеткой
lattice flow – течение в решетке (профилей)
lattice member – решетчатый элемент (конструкции)
launch – запуск; запускать; катапультировать; пуск
Laval nozzle – сверхзвуковое сопло, сопло Лаваля
law – зависимость; закон; правило; расчетная формула
law of conservation of momentum – закон сохранения количества движения
law of universal gravitation – закон всемирного тяготения
lay – прокладывать (курс)
lay down – компоновка

lay over – останавливаться; прерывать полет
layer – слой; ярус (облаков)
layout – аэродинамическая схема; компоновка; план; планировка; разбивка программы; разметка; расположение
layover – остановка с ожиданием стыкового рейса
layover expenses – расходы, связанные с обслуживанием пассажиров во время остановки
lay-up – наслаивание; наслоение; укладка слоев
lb (libra) – фунт
LBCM (locator back course marker) – приводной радиолокационный маркер обратного курса
LCL (local weather report) – местная сводка погоды
LCT (local civil time) – местное гражданское время
LD (landing distance) – посадочная дистанция
L/D (lift-drag ratio) – аэродинамическое качество
LDA (landing distance available) – располагаемая посадочная дистанция
LDFStn (landing direction finding station) – посадочная радиопеленгаторная станция
LDL (landing direction light) – огонь, указывающий направление посадки
LE (leading edge) – передняя кромка
lead control – регулирование с опережением; управление по производной
lead position – упрежденное положение
leader cable – ведущий кабель
leader cable autolanding – автоматическое приземление по сигналам ведущего кабеля
leader cable receiver – приемник сигналов ведущих кабелей
leader van – тягач, выводящий самолет к стоянке
leader-cable landing – посадка с помощью ведущих кабелей
lead-in – ввод; передающая линия
lead-in lighting system – система ведущих огней
lead-in lights – посадочные огни
leading edge – носок крыла; передний край перемещающейся воздушной массы; передняя кромка
leading-edge flap – предкрылок
leading-edge flap actuator – силовой привод отклоненного носка крыла
leading-edge radius – радиус закругления
leading-edge slat – предкрылок
leading-edge strip – накладка передней кромки
leading-edge sweep – стреловидность по передней кромке
leading-edge tab – носовой триммер
leading-edge vortices – вихри у передней кромки
leading-in line – линия заруливания
lead-off – выводная рулежная дорожка
lead-off line – линия выруливания
leak – просачивание, утечка
leakage – просачивание, утечка
leakproof – герметичный
lean – бедный (о горючей смеси); обеднять (горючую смесь)
lean mixture – обедненная смесь
leaning – обеднение (горючей смеси)
learning by doing – обучение путем отработки действий
least angle-of glide speed – скорость полета при минимальном угле планирования
leaving point – точка выхода из контролируемой зоны
lee (side) – защищенная от ветра сторона, подветренная сторона
leeward – подветренный; с подветренной стороны
leeward side – подветренная сторона
leeway – угловой снос самолета
left baggage depot (office) – камера хранения забытого багажа
left bank – левый вираж
left-hand airscrew – воздушный винт левого вращения
left-hand approach – подход с левым разворотом
left-hand turn – левый разворот
left-right indicator – курсовой нуль-индикатор; указатель отклонения по азимуту
left-right needle – стрелка курсового индикатора
left-turn circuit – левая «коробочка»; левый круг движения

leg – отрезок маршрута; отрезок между двумя разворотами при заходе на посадку; равносигнальная зона радиомаяка; стойка (шасси); участок пути; участок траектории
leg of landing pattern – участок посадочного маршрута
leg of the holding pattern – участок маршрута ожидания
legal approach – заход на посадку при разрешенном метеоминимуме
legal exchange of funds – официальный обмен валюты
legal interest – законные проценты
legend – перечень условных обозначений; пояснительная надпись
leg-operated door mechanism – механизм привода створок ноги шасси
leg-shortening linkage – проводка управления длиной ноги (шасси)
lenticular cloud – чечевицеобразное облако
letdown – выпуск шасси; посадка; приземление; пробивание облаков перед снижением; снижение
letdown area – зона снижения на посадку
letdown chart – карта снижения на посадку
letdown instructions – указания по выполнению снижения
letdown point – точка начала снижения
letter of indemnity – гарантийное письмо
level – высота; горизонтальный; уровень; эшелон
level approach – горизонтальный участок маршрута захода на посадку
level attitude – горизонтальное положение
level flight – прямолинейный горизонтальный полет
level gauge – указатель уровня
level indicator – топливомер; указатель уровня, уровнемер
level landing – посадка на две точки при горизонтальном положении фюзеляжа
level loader – погрузчик с горизонтальной платформой
level out altitude – высота начала выравнивания
level reference – горизонтальная плоскость отсчета; плоскость горизонта
level up – выравнивать
level-flight speed – скорость горизонтального полета
levelling-off – выравнивание
levelling-off point – точка начала выравнивания
level-off altitude – высота выравнивания
level-out distance – удаление точки выравнивания
lever – балансир; плечо; рукоятка; рычаг
leverage – отношение плеч рычага; рычажная передача; система рычагов
LF (load factor) – коэффициент нагрузки
LF (low frequency) – низкая частота
LFC (laminar flow control) – управление ламинарным слоем
LFPPS (Limited Flight Plan Processing System) – неполная система обработки полетных планов
LFRS (low frequency range station) – низкочастотный радиомаяк
LFT (level flight time) – время горизонтального полета
LG (landing gear) – шасси
license – лицензия; разрешение; свидетельство (летного состава)
license agreement – лицензионное соглашение; соглашение о производстве по лицензии
license holder – производство по лицензии
licensed – аттестованный; имеющий квалификационное удостоверение; имеющий свидетельство; категорированный
licensed pilot – пилот, имеющий пилотское свидетельство
licensing – выдача свидетельства
Licensing Authority – орган по выдаче свидетельств личному составу
life – срок работы (машины)
life belt – спасательный пояс
life jacket – спасательный жилет
life limitations – ограничения ресурса; ограничения срока службы
life preserver – спасательное плавательное устройство
life raft – надувная спасательная лодка
life support system – система жизнеобеспечения
life vest – надувной спасательный пояс
lifeboat – надувная спасательная лодка
lifetime – ресурс, срок службы

lift – воздушные перевозки; высота нагнетания (насоса); напор; объем перевозок по воздуху за один рейс; перевозки по воздуху; подъемная сила; подъемное устройство; рассеиваться (об облаках)
lift augmenter – средство увеличения подъемной силы; устройство механизации крыла
lift capacity – объем воздушных перевозок
lift coefficient – коэффициент подъемной силы
lift component – подъемная сила
lift direction – направление подъемной силы
lift distribution – распределение подъемной силы
lift dumper position indicator – указатель положения гасителей подъемной силы
lift engine – двигатель вертикального подъема
lift force – подъемная сила
lift increasing device – устройство увеличения подъемной силы
lift indicator – указатель подъемной силы
lift thrust indicator – указатель тяги подъемных двигателей
lift-drag ratio – аэродинамическое качество
lifting aircraft – летательный аппарат, поддерживаемый в воздухе подъемной аэродинамической силой
lifting airscrew – несущий винт
lifting capacity – грузоподъемность
lifting plane – крыло самолета; руль высоты
lifting power – подъемная сила
lifting propeller – несущий винт
lifting surface – несущая поверхность
lifting tailplane – несущее горизонтальное оперение
lifting thrust – тяга подъемного двигателя
lifting vehicle – крылатый летательный аппарат; летательный аппарат, использующий аэродинамическую подъемную силу
lift-jet engine – подъемный реактивный двигатель
lift-off – момент отрыва
liftoff attitude – взлетный угол тангажа; угол тангажа при отрыве
liftoff instant – момент отрыва
lift-off mark – отметка момента отрыва
lift-off parachute – вытяжной парашют
lift-off point – точка отрыва
lift-off speed – скорость отрыва
lift-over-drag – аэродинамическое качество
light – лампа; огонь; освещение; свет; световой сигнал; фара
light adaptation – световая адаптация
light an engine – запускать (реактивный) двигатель
light beacon – светомаяк
light continuous turbulence – слабая непрерывная турбулентность или болтанка
light equipment – светотехническое оборудование
light failure – отказ огня
light fixture – крепление светового оборудования
light haze – дымка
light indication – световая индикация
light intermittent turbulence – слабая периодическая турбулентность или болтанка
light interval – период свечения (проблескового огня)
light running adjustment – регулировка холостого хода или малого газа
light transmission index – показатель светопроницаемости, светопроницаемость
light transmittance – светопроницаемость, светопропускаемость
light turbulence – слабая турбулентность или болтанка
lighter-than-air craft – летательный аппарат легче воздуха
lighting – воспламенение; запуск (двигателя); освещение; светотехническое оборудование; система огней
lighting charge – сбор за освещение
lighting display – картина, создаваемая аэродромными огнями
lighting of obstructions – заградительные огни; световое ограждение препятствий
lighting-up – воспламенение; запуск (двигателя)
lightning – молния
lightning discharge – разряд молнии
lightning rod – громоотводный стержень
lightning storm – гроза

lightning stroke – грозовой разряд, молния
light-off – заглохание (двигателя); прекращение горения, срыв пламени
lightpipe optics – световолновая оптика
light-skinned construction – конструкция с тонкой обшивкой
limit – граница; допуск; ограничивать; предел
limit gust – предельная величина порыва
limit load – предельная нагрузка
limit load factor – коэффициент предельной нагрузки
limit of safe obstacle clearance – граница безопасной зоны над препятствием
limit of visibility – предел видимости
limit value – предельная величина, предельное значение
limitation – ограничение
limitation with power off – ограничение при неработающем двигателе
limitation with power on – ограничение при работающем двигателе
limited route concept – понятие ограниченного маршрута
limited-authority – ограниченного действия
limiter – ограничитель; упор
limit-exceed maintenance – указатель превышения эксплуатационных пределов
limiting link – ограничительное звено
limiting weather conditions – предельные метеоусловия
line – кривая; линейка; линия; магистраль; облицевать (изнутри); рубеж; трубопровод
line communication – проводная связь
line crew – наземный экипаж, работающий на местах стоянок и в ангарах
line error – боковая ошибка
line map – планиметрическая карта
line of bearing – линия пеленга; пеленг
line of constant bearings – линия постоянных пеленгов
line of constant direction – локсодромия
line of flight velocity – скорость полета по траектории
line of nodes – линия узлов
line of position – линия положения; сомнерова линия
line of zero drift – курсовая черта (на компасе)
line printer – печатающее устройство
line radio – высокочастотная связь по проводам; радиорелейная станция; радиостанция, сопряженная с линией проводной связи
line scan tube – электронно-лучевая трубка с линейной разверткой
line squall – линия шквалов
line up – выруливать на исполнительный старт
line up on the approach – выходить в створ огней подхода; выходить на огни подхода
line vortex – линейный вихрь
linear acceleration – линейное ускорение; продольное ускорение
linear control – линейная характеристика
linear holding – линейная система полетов в зоне ожидания
linear hydraulic analogue – линейный гидравлический аналог
linear light – линейный огонь
linear link – проводка управления с линейно изменяющимся передаточным отношением
linear system – линейная система
linear thrust misalignment – линейный эксцентриситет вектора тяги
linearized flow – линеаризованный поток
linearly accelerated – движущийся равномерно ускоренно
line-of-sight coverage – дальность прямой видимости
line-of-sight distance – дальность прямой видимости
line-of-sight range – дальность прямой видимости
line-of-sight transmission – передача на расстояние дальности прямой видимости
liner – лайнер, рейсовый самолет
line-up – выход на створ ВПП; установка самолета вдоль оси ВПП
line-up turn – разворот для выхода на ось ВПП
lining – облицовка; обшивка
link – звено; линия связи; передаточный рычаг; тяга
Link trainer – пилотажный тренажер Линка

Link training – отработка техники пилотирования на тренажере Линка
linkage – проводка системы управления; соединение
lip – выступ; край, кромка
lip antenna – антенна в обечайке (воздухозаборника)
lipped – загнутый; с отогнутой кромкой
liquid – жидкий; жидкостный; жидкость
liquid jacket – рубашка жидкостного охлаждения
liquid lubricant – жидкий смазочный материал
liquid-cooled – с жидкостным охлаждением
liquid-damped – с жидкостным демпфированием
liquid-fuel – жидкостный (о двигателе); работающий на жидком горючем
liquid-propellant – жидкостный; работающий на жидком топливе
liquid-spring shock absorber – масляно-пружинный амортизатор
list – перечень, список; формуляр
listening frequency – частота прослушивания
listening watch – непрерывное прослушивание радиосигналов
live – действующий; натуральный; находящийся под током; реальный
LMM (locator middle marker) – приводная радиостанция курсоглиссадной системы посадки ИЛС, установленная около среднего маркера
LMT (local mean time) – местное среднее время
LNG (long approach) – заход на посадку по «большой коробочке»
load – груз; грузить; заряд; заряжать; нагружать; нагрузка
load and trim sheet – центровочный график
load classification number – величина эквивалентной нагрузки на одно колесо шасси
load controller – диспетчер по загрузке
load distribution – распределение нагрузки; центровка
load factor – коэффициент загрузки; коэффициент нагружения; коэффициент перегрузки; процент коммерческой загрузки
load limit – максимальная эксплуатационная нагрузка; предел нагружения
load limit selector – переключатель ограничителя заправки топливом
load limit switch – автомат защиты сети, перегрузочный выключатель
load maintainer system – механизм нагружения, система нагружения
load master – старший диспетчер по загрузке
load message – сообщение о загрузке самолета
load ratio – весовая отдача
load sheet – сводная загрузочная ведомость; сопроводительная грузовая ведомость
load ton-mile operated – выполненный грузооборот в тонно-милях
load ton-miles – выполненные тонно-мили
load transfer device – устройство перераспределения нагрузки
load-bearing capacity – грузоподъемность, несущая способность
load-bearing ply – слой, воспринимающий давление
load-carrying – грузоподъемность, несущая способность
load-carrying ability – грузоподъемность
load-carrying construction – несущая конструкция
loaded antenna – нагруженная антенна
loaded crack – нагруженная трещина
loaded weight – вес с полной нагрузкой; полетный вес
loading and weight distribution – распределение нагрузки и центровка
loading apron – грузовой перрон; погрузочно-разгрузочная площадка
loading area – зона загрузки
loading bay – грузовой отсек
loading chart – грузовой план, погрузочная карта, схема распределения нагрузки в самолете
loading facilities – погрузочные средства
loading finger – посадочная галерея
loading gate – посадочные ворота
loading intensity – интенсивность нагружения
loading paths – погрузочные потоки

loading ramp – погрузочно-разгрузочная площадка; погрузочно-разгрузочное наклонное устройство
loading time – время загрузки самолета
lobby – зал ожидания
lobe – лепесток диаграммы излучения антенны; лопасть
LOC (localizer) – курсоглиссадный посадочный маяк
local – местный
local airdrome rules – местные аэродромные правила
local air-navigation map – аэронавигационная карта ограниченного района
local altimeter setting – установка высотомера на местное давление
local apparent time – местное истинное время
local area altimeter – высотомер, установленный на местное давление
local carrier – местная авиакомпания, местный перевозчик
local civil time – местное гражданское время
local fare – местный тариф
local flight – полет по местной воздушной линии
local flight clearance – разрешение на полет в данном районе
local forecast office – местное бюро погоды
local hour angle – часовой угол места
local mean time – местное среднее время
local pressure – местное давление
local service – компания местных воздушных линий; местное воздушное сообщение, местные воздушные перевозки
local service line – местная воздушная линия
local shock – местный скачок уплотнения
local sidereal time – местное звездное время
local standard time – местное декретное время
local weather report – местная сводка погоды
localizer – курсовой посадочный радиомаяк
localizer (beam) holding – стабилизация относительно курсового луча; удерживание самолета на оси курсового луча
localizer aerial – антенна курсоглиссадного посадочного радиомаяка
localizer annunciator – табло курсового канала
localizer autolanding – автоматическая посадка по курсовому лучу
localizer beacon – курсовой глиссадный посадочный радиомаяк
localizer beam – луч курсоглиссадного посадочного радиомаяка
localizer capture mode – режим захвата курсового луча
localizer center – ось курсового луча; равносигнальная зона курсового луча
localizer control – курсовое управление; управление по сигналам курсового луча
localizer coupler – блок связи автопилота с курсовым приемником
localizer course – курсовой луч; луч курсового радиомаяка
localizer course (ILS) – линия курса курсового маяка ИЛС
localizer course bend – искривление линии курса курсового маяка
localizer course deviation – отклонение ВС от оси курсового луча
localizer engage area – зона включения курсового приемника
localizer intercept – вход в курсовой луч; захват курсового луча
localizer position – координаты по курсовому маяку
localizer receiver – приемник курсового радиомаяка
localizer tracking error – отклонение от луча курсового маяка; ошибка отслеживания курса при автоматическом заходе на посадку по лучу курсового маяка
localizer transmitter – курсовой передатчик
localizer-beam capture – вход в курсовой луч; захват курсового луча
localizer-beam entry – вход в луч курсового радиомаяка
localizer-only approach – заход на посадку только по курсовому радиомаяку
localizer-path – траектория, задаваемая курсовым радиомаяком

locate – определить место; разыскать число в запоминающем устройстве
locating information – информация о положении
location – местонахождение; положение; расположение
location beacon – приводной радиомаяк
location device – устройство для определения местонахождения
location indicator – индекс местоположения
location indicators – указатели расположения
location marker – маркерный радиомаяк, радиомаркер
location of vortex formation – место зарождения вихря
locator – искатель, локатор, обнаружитель, пеленгатор, посадочная приводная радиостанция, радиолокатор, радиолокационная станция
locator beacon – приводная радиостанция, приводной маяк
locator middle marker – приводная радиостанция курсоглиссадной системы посадки, установленная около среднего маркера
locator outer marker – приводная радиостанция курсоглиссадной системы посадки, установленная около дальнего маркера
lock – блокировать; синхронизировать
lock actuator – привод замка или фиксатора
lock jack – силовой цилиндр замка; фиксирующий силовой цилиндр
lock pin – стопорный штифт
lock the autopilot (to) – подключать автопилот
locked controls – законтренное управление
locked-on – захват (прием сигнала)
locked-on beam – луч, захвативший цель
locking – блокировка; выдерживание; запирание; застопоривание; захват цели; стабилизация
locking arrangement – запирающее приспособление; контрящее приспособление; стопорное устройство
locking device – запирающий механизм; стопорный механизм
locking lever – рычаг стопора рулей, стопорный рычаг
locking mechanism – замковый механизм; запирающий механизм; контровочный механизм; стопорный механизм
lockon – вход в луч; захват (цели, луча); момент перехода на автоматическое сопровождение
lock-on boundary – граница захвата, предельная дальность захвата
lock-on connection – замковое соединение
lock-on probability – вероятность захвата цели
lock-on range – дальность в момент перехода на автоматическое сопровождение; дальность захвата
lockout (device) actuator – силовой привод механизма отключения
lockup – запирающий клапан
locus – геометрическое место точек; граничная кривая, граничная линия; местоположение в пространстве; расположение
lofts – паз
log – бортовой журнал; вносить данные в формуляр; делать записи в бортжурнале; запись в бортовом журнале; курсограф; лаг; формуляр
log term – логарифмический член
logbook – бортжурнал; формуляр
logging – запись; регистрация
logic circuit – логическая схема (цепь)
logical block – логический блок
logical computer – вычислительная машина логического действия
logistics – материально-техническое обеспечение; техника перевозок и снабжения
LOM (locator outer marker) – приводная радиостанция курсоглиссадной посадочной системы ИЛС, установленная около дальнего маркера
long acceleration – длительно действующее ускорение
long approach – заход на посадку по «большой коробочке»
long-distance airplane – самолет для дальних полетов
long-distance flight – дальний рейс, полет на дальнее расстояние
long-distance over-the-horizon communication – дальняя радиосвязь за пределы прямой видимости
long-endurance aircraft – самолет с большой продолжительностью полета

longeron – лонжерон
long-focal-length optics – длиннофокусная оптика
long-haul airliner – пассажирский самолет, эксплуатирующийся на маршрутах большой протяженности
long-haul operator (airline) – авиакомпания магистральных линий
long-haul service – маршрут большой протяженности
longitude – географическая долгота
longitude axis – продольная ось
longitude coordinate – координата по долготе
longitude correction – поправка на долготу
longitude scale – шкала долгот
longitude selection – установка географической долготы места
longitudinal control – продольное управление, управление продольным движением
longitudinal control system – система продольного управления
longitudinal mode – вид продольных колебаний; продольные колебания; форма продольного движения
longitudinal mode of motion – продольное движение
longitudinal monitor – блок контроля канала крена
longitudinal resistance – продольная прочность; сопротивление продольному натяжению
longitudinal separation – продольное эшелонирование; эшелонирование по времени
longitudinal stability – продольная устойчивость
longitudinal strain – продольная деформация
longitudinal stress – продольное напряжение
longitudinal structural framing – стрингеры
longitudinal trim – продольная балансировка
longitudinal velocity – продольная скорость
longitudinal wind component – продольная составляющая ветра
long-life engine – двигатель с большим сроком службы
long-range – большой дальности, дальнего действия
long-range aircraft – самолет с большой дальностью полета
long-range aircraft communication – дальняя самолетная связь
long-range airlift – дальние воздушные перевозки
long-range air-navigation chart – аэронавигационная карта для полетов на большие расстояния
long-range cruise – крейсерский полет на режиме максимальной дальности
long-range flight – дальний полет, полет большой дальности
long-range forecasting – долгосрочное прогнозирование
long-range link – дальняя связь; канал дальней связи
long-range navigation chart – карта для дальней навигации
long-range radar site – установка РЛС дальнего действия
long-range radio control – радиоуправление на большом расстоянии
long-range radio telephony – дальняя радиотелефонная связь
long-range search aircraft – поисковое воздушное судно дальнего действия
long-range surveillance radar – радиолокационная станция дальнего обнаружения
long-range tank – подвесной бак
long-range weather forecast – долгосрочный прогноз погоды
long-run test – длительное испытание
long-stage route – маршрут большой протяженности
long-stroke undercarriage – длинноходное шасси
long-term contract – долгосрочный контракт
loop – виток; замкнутая система; контур; рамка; рамочная антенна
loop antenna – рамочная антенна
loop bearing – радиопеленг
loop closure – замыкание контура цепи управления
loop gain – коэффициент усиления в контуре управления
loose depth – толщина слоя грунта в разрыхленном состоянии

Lorac – Лорак
LORAC (long range accuracy system) – Лорак, точная система дальней радионавигации
Loran – Лоран
LORAN (long range navigation system) – Лоран, радиотехническая гиперболическая система дальней навигации
Loran lattice – гиперболическая сетка системы Лоран
Loran pair – пара станций Лоран
Loran transmission coverage – зона действия сигналов станции Лоран
loss – отсутствие; потеря; уменьшение; ухудшение
loss of control – потеря управления
loss of propeller thrust – потеря тяги винта
lost property office – отдел забытых и потерянных вещей
loudness – громкость
loudness index – индекс громкости
lounge – салон
louver – дефлектор; заслонка; решетка; створка регулирования охлаждения; щелевое отверстие; щель
louvered blast fence – струеотбойный щит решетчатой конструкции
low – депрессия; ложбина; область низкого давления, циклон
low aspect wing – крыло малого удлинения
low ceiling – низкая облачность
low clouds – облака нижнего яруса
low DDM zone – зона малой РГМ
low delta-p injector – форсунка с небольшим перепадом давления
low density wind tunnel – аэродинамическая труба малой плотности, вакуумная аэродинамическая труба
low flying – полет на малых высотах
low frequency – низкая частота
low frequency direction finder – пеленгатор длинноволновых радиостанций
low incidence – малый угол атаки
low intensity approach lighting system – система освещения подхода низкой интенсивности
low intensity lights – огни низкой интенсивности
low L/D landing – посадка с низким аэродинамическим качеством
low level – малая высота; нижние слои атмосферы
low level light TV-system – телевизионная аппаратура высокой чувствительности
low pitch – малый шаг (воздушного винта)
low reading airspeed indicator – указатель малых воздушных скоростей
low visibility – ограниченная видимость
low visibility landing – посадка при ограниченной видимости
low weather minima landing – посадка при низких метеоминимумах
low-altitude autorotation – режим авторотации на малой высоте
low-altitude flight – полет на малой высоте
low-angle approach geometry – траектория пологого захода на посадку
low-approach system – система автоматического захода на посадку до малых высот
low-drag aerial – антенна с малым аэродинамическим сопротивлением
low-drag airfoil – профиль малого сопротивления
low-drag blade – лопасть с малым сопротивлением
low-drag fairing – обтекатель
lower atmosphere – нижний слой атмосферы, тропосфера
lower transition altitude – высота нижнего эшелона переходного слоя, нижняя переходная высота
lowering – выпуск (шасси, закрылков)
lowest atmospheric layer – приземный слой атмосферы
low-flare landing – посадка с низким выравниванием
low-flyby approach – снижение для пролета на малой высоте
low-geared mechanism – механизм с понижающим редуктором
low-lag altimeter – малоинерционный высотомер
low-level approach – заход на посадку на малой высоте
low-level cloud – облако нижнего яруса
low-level cloud condition – состояние нижней кромки облачности

low-level flight – бреющий полет, полет на малых высотах
low-level map – карта для полетов на малых высотах
low-minima approach – заход на посадку при низких метеоминимумах
low-minima operations – полеты на малых высотах
low-pass filter – фильтр пропускания низких частот
low-pitch position – положение малого шага (воздушного винта)
low-pitch setting – установка воздушного винта на малый шаг
low-pressure air – воздух низкого давления
low-pressure area – зона низкого барометрического давления, циклон
low-pressure chamber – камера низкого давления
low-pressure spool – каскад низкого давления
low-pressure tyre – пневматик низкого давления
low-side lobe array – антенная решетка с низким уровнем бокового излучения
low-slung air freighter – грузовой самолет с малой высотой пола грузовой кабины
low-speed aerodynamics – аэродинамика малых скоростей
low-speed control – реакция на действие органа управления при малых скоростях
low-speed flight – полет на малой скорости
low-speed wind tunnel – аэродинамическая труба малых сверхзвуковых скоростей
low-tailplane layout – схема ВС с низкорасположенным хвостовым стабилизатором
low-tension magneto – низковольтное магнето
low-visibility approach – заход на посадку при ограниченной видимости
low-wing layout – схема ВС в низкорасположенным крылом
low-winged – с низкорасположенным крылом
lozenge – ромб, ромбовидная фигура
LRG (long range) – дальний
LRN (long range navigation system) – Лоран, радиотехническая гиперболическая система дальней навигации
LRRT (long range radio telephony) – дальняя микрофонная связь
LS (landing strip) – посадочная полоса
LSA (low intensity approach lighting system) – система освещения подхода низкой интенсивности
LT (local time) – местное время
Lt Bcn (light beacon) – световой маяк
LTM (load ton-mile) – тонно-миля выполненная
lubber line – курсовая черта; линия отсчета; продольная ось
lubricant – смазка, смазывающее вещество
lubricating – смазка; смазочный; смазывание
lubricating by oil circulation – циркуляционная смазка
lubricating liquid – жидкая смазка
lubricating system – система смазки
lubrication – смазка; смазывание; смазывающая способность
lubrication hole – масляное отверстие, отверстие для подачи смазки
lubrication pipe – масляная трубка, труба для подачи смазки
lubricity – смазочная способность
luggage – багаж
luggage compartment – багажник, багажное отделение
luggage hold – багажник, багажное отделение
luminance – яркость
luminescence – люминесценция
luminosity – яркость
luminous intensity – сила света

M

M (marker beacon) – маркерный маяк
m (meter) – метр
M.B. (magnetic bearing) – магнитный пеленг
MCDS (Microprocessor Controlled Cockpit Display) – система кабинной индикации с микропроцессорным контролированием
m.e.r. (most economical rating) – наиболее экономичная мощность или нагрузка
m.p.h. (miles per hour) – миль в час
m.p.m. (meters per minute) – метров в минуту
m.p.s. (meters per second) – метров в секунду
m/min (meters per minute) – метров в минуту
MAA (maximum authorized altitude) – максимальная установленная высота
MAC (mean aerodynamic chord) – средняя аэродинамическая хорда
Mach box – блок числа М
Mach indicator switch – переключатель числа М
Mach number – число Маха
Mach number computer – вычислитель числа М
machine – ВС, летательный аппарат; машина, механизм; механически обработать; станок; установка
machined – механически обработанный; фрезерованный
machine-oriented software – программы для ЭВМ
machinery – машиностроение; машины, механизмы
machining – механическая обработка; фрезерование
machmeter – датчик числа М, М-метр, указатель числа М
magnetic – магнитный
magnetic azimuth – магнитный азимут
magnetic azimuth detector transmitter – датчик дистанционного магнитного компаса
magnetic bar – магнитный стержень
magnetic bearing – магнитный курс, магнитный пеленг
magnetic chart – карта магнитных склонений
magnetic compass – магнитный компас
magnetic compensator – девиационный прибор (компаса)
magnetic course – магнитный курс
magnetic course transmitter – магнитное склонение
magnetic detective device – магнитный обнаружитель
magnetic deviation – девиация магнитного компаса, магнитная девиация
magnetic dip – магнитное наклонение
magnetic direction – магнитный курс
magnetic direction (heading) indicator – магнитный компас
magnetic drum store – магнитное запоминающее устройство; магнитный барабан для запоминания информации
magnetic equator – магнитный экватор
magnetic field – магнитное поле, поле магнитных силовых линий
magnetic heading – магнитный курс
magnetic heading input – сигнал датчика магнитного курса ВС
magnetic inclination – магнитное склонение
magnetic leader cable – магнитный ведущий кабель
magnetic meridian – магнитный меридиан
magnetic monitoring – магнитная коррекция
magnetic needle – магнитная стрелка
magnetic north – магнитный север
magnetic perturbations – магнитные возмущения
magnetic pole – магнитный полюс
magnetic reference – указатель магнитного склонения
magnetic tape recorder – прибор для записи на магнитную ленту
magnetic tape unit – магнитофон
magnetic track – магнитный путевой угол
magnetic track angle – магнитный курс
magnetic variation – магнитное склонение
magnetic(ally) slaved mode – режим магнитной коррекции
magnetically suspended – с магнитной подвеской

magnetic-heading indicator – магнитный курсоуказатель
magnetism – магнетизм
magneto – магнето
magnetoaerodynamics – магнитоаэродинамика
magneto-ionospheric storm – магнитная ионосферная буря
magnetometer – магнетометр
magnification – увеличение, усиление
magnitude – величина, значение
maiden flight – первый полет воздушного судна после постройки, первый рейс
mail – почта
mail aircraft – почтовый самолет
mail rate – почтовый тариф
mail ton-mile – почтовая тонно-миля
main – главный; магистраль; магистральный; основной; трубопровод
main air – воздух, проходящий через первый контур двухконтурного двигателя
main air bleed – главный воздушный жиклер
main body – корпус фюзеляжа
main deck – пол пассажирской кабины
main fuel control – главный регулятор подачи топлива
main gate – главный выход на перрон
main gear beam – стойка основного шасси
main gear door – створка главного шасси
main gear downlock pin – чека замка выпущенного положения носового шасси
main jack – главный силовой цилиндр; подъемник главного шасси
main landing gear – основное шасси
main landing wheel – колесо основного шасси
main leg – главная нога шасси; стойка главной опоры
main meteorological office – главное метеобюро
main plane – крыло самолета; основная несущая поверхность
main power lever – рычаг управления двигателем
main pressurization – вытеснение топлива из баков в систему подачи топлива
main ring – главный шпангоут
main rotating assembly – ротор двигателя
main rotor – несущий винт
main rotor control system – система управления несущим винтом
main runway – главная ВПП
main scanner – главная радиолокационная антенна
main spar – главный лонжерон
main stream – набегающий поток; основной поток
main supporting surface – крыло самолета; основная несущая поверхность
main thrust – тяга основного двигателя
main transverse frame – главный шпангоут
main undercarriage – основное шасси
main wheel leg – стойка главного колеса шасси
main-leg retraction jack – подъемник главной ноги шасси
main-leg trouser fairing – обтекатель главной ноги шасси
mains – магистраль; магистральный провод; силовая сеть
maintain – выдерживать; поддерживать; проводить техническое обслуживание; сохранять
maintain flight level – выполнять полет на эшелоне
maintainability index – показатель ремонтопригодности; показатель эксплуатационной технологичности
maintenance – ремонт; содержание в исправности; сохранение; техническое обслуживание; уход; эксплуатация
maintenance after flight – послеполетное обслуживание
maintenance area – площадка технического обслуживания
maintenance costs – расходы на техническое обслуживание
maintenance crew – команда технического обслуживания
maintenance depot – ремонтная мастерская
maintenance dock – ремонтный ангар
maintenance engineer – инженер по техническому обслуживанию
maintenance facilities – вспомогательное оборудование; оборудование для технического обслуживания
maintenance factor – коэффициент обслуживания

maintenance hangar – ангар для технического обслуживания самолетов
maintenance inspection – технический осмотр
maintenance instruction – инструкция по техническому обслуживанию
maintenance kit – комплект запасных инструментов и принадлежностей
maintenance manual – руководство по техническому обслуживанию и ремонту
maintenance of competency – поддержание уровня квалификации
maintenance party – бригада технического обслуживания; ремонтная бригада
maintenance recorder – самописец технического состояния
maintenance release – форма передачи на эксплуатацию после технического обслуживания
maintenance school – школа подготовки специалистов по техническому обслуживанию
maintenance service – служба ремонта; техническое обслуживание
maintenance shop – ремонтная мастерская
maintenance-free – не требующий технического обслуживания
maintenance-inspection records – эксплуатационный формуляр
major air route – магистральная авиалиния
major failure – серьезный отказ
major overhaul – капитальный ремонт
major world air route area – район основных международных авиационных линий
make a rectangular pattern – выполнять «коробочку»; лететь по «коробочке»
make an autorotation – выполнять посадку или снижение на режиме авторотации
make good a track (of) – следовать по пути с истинным путевым углом
make good the localizer – вести самолет точно по лучу курсового посадочного радиомаяка
make reservation – забронировать билет, предварительно заказать билет
make right (left) turn – выполнить правый (левый) разворот
make-up – дозаправка, доливка, дополнительная заливка баков
make-up area – зона комплектования
making – изготовление, производство; создание; становление
maladjustment – плохая настройка
malalignment – несоосность; эксцентриситет тяги
malfunction – выход из строя, неисправная работа; неправильное срабатывание
malfunction selector – селектор неисправностей (на тренажере)
man – занимать рабочее место; садиться в ВС; укомплектовать людьми; человек
management – администрация; заведывание; умение справляться; управление
management philosophy – принцип организации работы
manager of commercial department – начальник коммерческого отдела
mandatory disconnect height – высота обязательного отключения автопилота
mandatory flight test – периодическая летная подготовка для возобновления действия лицензии членов экипажа
mandatory landing point – пункт обязательной посадки
mandatory reporting point – пункт обязательных донесений
mandrel – отправка; передатчик низкочастотных радиопомех; сердечник; стержень
maneuver – выполнять маневр; маневр; маневрировать; фигура пилотажа
maneuver box – коробка управления
maneuver on the deck – маневр на предельно малой высоте
maneuverability – маневренность
maneuvering area – маневренная площадка
maneuvering control – управление в режиме маневрирования
maneuvering flight – полет с выполнением фигур пилотажа
maneuvering limits – пределы маневрирования
maneuvering load – маневренная перегрузка
maneuvering load factor – маневренная перегрузка

maneuvering speed – эволютивная скорость
manhours of oxygen – запас кислорода в человеко-часах; продолжительность пользования запасом кислорода
manifest – декларация о грузе
manifold – магистраль; патрубок; трубопровод
manifold pressure – давление на входе
manifold pressure indicator – указатель давления наддува
man-in-the-loop control – управление с человеком в контуре
manipulating keyboard – кодирующая клавиатура
man-machine integration – объединение человека с машиной
man-machine interface – взаимодействие человека и машины
man-machine relationship – взаимодействие человека и машины
manned – пилотируемый; управляемый
manned aircraft – пилотируемый самолет
manned control – ручное пилотирование, ручное управление, управление с использованием человека
manometer – манометр
manpower – общее количество работающих, численность персонала
man-rated – пригодный для применения человеком
man-system integration – комплекс «человек – машина»
manual – наставление, руководство; ручной; управляемый вручную; устав
manual approach – заход на посадку при ручном управлении
manual command – ручное управление
manual control – ручное управление
manual control system – система ручного управления
manual control wheel – штурвал ручного управления
manual coupling – ручное включение автоматики; ручное переключение на автоматически стабилизируемый режим
manual data inserter – устройство ручного ввода данных
manual flying control – командные рычаги ВС; ручное пилотирование ВС
manual instrument approach – заход на посадку по приборам при ручном управлении
manual instrument mode – режим ручного управления по приборам
manual mode – режим ручного управления
Manual of Aircraft Accident Investigation – руководство по расследованию авиационных происшествий
manual of navigation – наставление по штурманскому делу; руководство по самолетовождению
manual override control – ручное управление в обход автоматики
manual selection of overshoot – решение об уходе на второй круг при ручном пилотировании
manual switching – ручное переключение (выключение, включение)
manual trim – маховичок ручного триммирования
manual volume control – ручная регулировка громкости
manually-injected – вводимый вручную
manually-selected – задаваемый вручную
manufacturer – завод-поставщик, организация-изготовитель; фирма
manufacturing-oriented – занимающийся производством
many-to-few matrix – декодирующее устройство; дешифратор
map – карта
map display – индикатор с основой в виде карты
map distance – дальность, определенная по карте
map holder – картодержатель; планшет
map plotting – фотоаппарат для картографической съемки
map service – картографическая служба
mapping – нанесение на карту; составление плана
mapping camera – плановый аэрофотоаппарат
margin – запас; край, кромка; полоса
margin of error – предел допустимых ошибок
margin of lift – запас подъемной силы, избыток подъемной силы
margin of power – запас мощности, избыток мощности
margin of safety – запас прочности; коэффициент безопасности; надежность
margin of speed – запас скорости
margin of stability – запас устойчивости

margin of thrust over drag – избыток тяги над лобовым сопротивлением
marginal – крайне ограниченный; крайний; критический; предельно допустимый; решающий; с предельно малым запасом
marginal check – профилактический контроль
marginal control – минимальная управляемость
marginal discharge – разряд молнии с острия; тихий разряд
marginal runway – ВПП без запаса по длине; ВПП с длиной «в обрез»
marginal stability – ограниченная устойчивость
marginal strip – минимальная летная полоса
marginal takeoff – взлет «на пределе»
marginal weather – граничное метеоусловие; крайне неблагоприятная погода; погода на грани нелетной; почти нелетная погода
marginally recoverable spin – трудновыводимый штопор
mark – знак; маркировать; обозначать; отметка; отмечать; пятно на электронно-лучевой трубке
mark bias – знак смещения
marker – маркер, маркерный радиомаяк; ориентир; сигнальный знак
marker beacon – маркерный радиомаяк, радиомаркер
marker beacon light – лампа маркерного приемника; маркерный огонь
marker beacon receiver – приемник сигналов ведущих кабелей
marker frequency – опознавательная частота
marker radio beacon – маркерный радиомаяк
marker receiver – маркерный приемник
marking – маркировка; маркировочный знак; отметка
marking panel – сигнальное полотнище
marking transmission – передача для настройки
mark-space ratio – коэффициент заполнения
marshaller – диспетчер по местам стоянки самолетов
marshalling area – место стоянки; предстартовая площадка
marshalling signals – сигналы, регулирующие движение на земле
mass – вещество; масса; сосредотачивать
mass air flow – массовый расход топлива
mass flow rate – массовый расход
mass flow ratio – относительная масса; относительный массовый расход; отношение начальной и конечной масс
mass per unit volume – массовая плотность
mass power – мощность на единицу веса
mass-area ratio – масса на единицу площади
mass-balanced – с весовой балансировкой
mass-flow controller – регулятор массового расхода
mass-flow factor – коэффициент массового секундного расхода
mast – мачта, столб
mast antenna – стержневая антенна
master – ведущий; главный; основной
master airdrome – основной аэродром
master control (board) – центральный пульт управления
master green instrument rating card – свидетельство летчика высшего класса ВВС (Брит.)
master gyro system – датчик пространственного положения
master gyroscope – главный гироскоп
master international frequency register – международный реестр частот
master operational console – центральный пульт управления
master oscillator – задающий генератор
master radar station – главная радиолокационная станция
master station – ведущая станция; задающая станция
master transmitter – ведущая станция; задающий передатчик
mat – мат; плита; поверхностный слой
match – подбирать; подгонять; согласовывать; сочетать
mate – взаимодействующий объект; подгонять; согласовывать; соединять; сопрягать
material – вещество; материал
material factor – запас прочности; коэффициент безопасности
material failure – отказ материальной части

material failure accident – авиационное происшествие из-за отказа материальной части
matrix – контейнер; матрица
matter – вещество; материя
matting – сборно-разборное покрытие ВПП
maximization – достижение максимальных результатов; отыскание максимума
maximum afterburning power – максимальная форсажная тяга; максимальный форсажный режим
maximum climb – подъем с максимальным углом траектории набора высоты
maximum climbing angle – максимальный угол набора высоты
maximum continuous brake power – максимальная длительная тормозная мощность
maximum continuous operation – работа на номинальном режиме
maximum continuous power – максимальная длительная мощность
maximum cross section – миделевое сечение; мидельшпангоут
maximum cruise – максимальная крейсерская скорость
maximum diameter – диаметр в миделе; максимальный диаметр
maximum endurance – максимальная выносливость; максимальная продолжительность полета; максимальная прочность
maximum endurance setting – установка режима наибольшей продолжительности полета
maximum engine overspeed – максимально допустимое число оборотов двигателя
maximum flap extended speed – максимальная скорость полета с выпущенными закрылками
maximum flying distance – максимальная дальность полета
maximum flying speed – максимальная скорость полета
maximum gross takeoff weight – максимальный взлетный вес
maximum gross weight – максимальный полетный вес
maximum gross weight for landing – максимальный полетный вес при посадке
maximum gross weight for take-off – максимальный полетный вес при взлете
maximum landing weight – максимальный посадочный вес
maximum lift – максимальная подъемная сила
maximum load – максимальная нагрузка; предельная нагрузка
maximum performance descent – кратчайшее снижение; снижение с форсированием характеристик
maximum performance takeoff – взлет с кратчайшим разбегом
maximum power altitude – расчетная высота полета самолета при максимальной мощности двигателя
maximum propeller governed speed – максимальное регулируемое число оборотов воздушного винта
maximum propeller overspeed – максимальное допустимое число оборотов винта
maximum range – максимальная дальность
maximum range trajectory – траектория максимальной дальности полета
maximum rate of climb – максимальная скороподъемность
maximum rating – максимальная мощность; максимальная тяга; максимальный режим
maximum reading accelerometer – акселерометр, измеряющий максимальное ускорение в определенном направлении
maximum revolutions – максимальное число оборотов
maximum sector altitude – номинальная абсолютная высота в секторе
maximum speed – максимальная скорость; предельная скорость
maximum speed in level flight with rated rpm and power – максимальная скорость горизонтального полета на номинальном режиме
maximum speed or Mach number for stability characteristics – максимальная скорость или число М для характеристик устойчивости

maximum static lift coefficient – коэффициент максимальной статической подъемной силы
maximum sustained hovering skid height – максимально возможная высота висения до шасси
maximum takeoff power – взлетная мощность
maximum takeoff weight – максимальный взлетный вес
maximum threshold speed – максимальная скорость прохождения порога
maximum thrust – максимальная тяга
maximum tone corrected perceived noise level – максимальный уровень воспринимаемого шума с поправкой на тональность
maximum weak-mixture power – максимальная мощность при обедненной смеси
maximum weight – максимальный вес
maximum yaw angle – максимальный угол рыскания
maximum zero fuel weight – максимальный сухой вес
maximum-permissible operating speed or March number – максимальная допустимая эксплуатационная скорость или число М
maximum-power flight – полет на режиме максимальной мощности
maximum-power output – режим максимальной мощности двигателя
Mayday – кодовый сигнал бедствия; сообщение о бедствии
Mayday broadcast – передача сигналов бедствия по радио
mb (millibar) – миллибар
MC (magnetic course) – магнитный курс
mc (megacycle) – мегагерц
Mc/s (megacycle per second) – мегагерц
MDA (minimum descent altitude) – минимальная высота снижения
MDF (medium frequency direction finding station) – средневолновая радиопеленгаторная станция
MEA (medium enroute altitude) – минимальная высота полета по маршруту
mean – ресурсы (pl); способы (pl); средняя величина; средства (pl); средство
mean aerodynamic chord – средняя аэродинамическая хорда
mean geometric chord – средняя дальность видимости
mean observed range – средняя дальность видимости
mean power – средняя мощность
mean relative density – средняя относительная плотность
mean sea level – средний уровень моря
mean solar day – гражданские сутки
mean solar time – среднее солнечное время
mean square error – среднеквадратичная ошибка
mean time between failures – среднее время наработки между отказами
mean variation – среднее магнитное склонение
mean velocity – блок-скорость
mean wind – средний ветер
means of communication – средства связи
means of identification – средства опознания самолетов
measure – замерять; измерять; масштаб; мера; размер
measurement – замер; измерение
measuring unit – блок измерительных приборов
mechanical analysis – гранулометрический анализ
mechanical failure – механическая неисправность
mechanical instrument – прибор с механической индикацией
mechanical malfunction – механическая неисправность, неисправность механизма
mechanical mixer – механический смеситель
mechanism – механизм; устройство
mechanization – автоматизация
medical assessment – медицинское освидетельствование
medical card – медицинская карточка
medical certification – медицинское удостоверение годности
medical examination – медицинское освидетельствование
medical examiner – врач, проводящий освидетельствование
medical fitness – годность по состоянию здоровья

medical monitoring – медицинское наблюдение
medical wastage – списание с летной работы по состоянию здоровья
medicine – медицина
medium – средний
medium bank – средний крен
medium climbing turn – вираж с креном и набором высоты
medium frequency direction finder – средневолновый пеленгатор
medium gliding turn – вираж с креном и с планированием
medium stage traffic – воздушное движение на авиалиниях средней протяженности
medium turn – разворот с креном от 25 до 45 градусов
medium-banked – со средним углом крена
medium-haul airliner – пассажирский самолет средней дальности
medium-range – обладающий средней дальностью
medium-range (weather) forecast – прогноз погоды средней заблаговременности
medium-range search aircraft – поисковое воздушное судно среднего радиуса действия
member – деталь; часть; член; элемент
memorize – запоминать; хранить в блоке памяти
memory – запоминающее устройство; накопитель; память
memory (mode) indicator – указатель режима работы по памяти
memory bank – блок памяти
memory capacity – емкость запоминающего устройства
memory circuit – запоминающая схема
memory device – запоминающее устройство
memory mode – режим работы по памяти
memory unit – блок памяти
mental focus line – линия выделения группы
mental process – психический процесс
Mercator – проекция Меркатора; равноугольная цилиндрическая проекция
Mercator chart – карта в равноугольной цилиндрической проекции (проекции Меркатора)
Mercator course – курс, проложенный на карте в меркаторской проекции; локсодромический курс
Mercator flying – самолетовождение с использованием карты в меркаторской проекции
Mercator projection – меркаторская проекция
meridian – меридиан
meridian altitude – меридиональная высота
meridian altitude method – способ определения широты места по близмеридианным наблюдениям
meridian latitude – широта по близмеридианным наблюдениям
mesh – замкнутый контур цепи; решетка
message – донесение; радиограмма; сообщение; телефонограмма
message category – категория сообщения
message center – пункт сбора донесений
message concerning delayed departure – сообщение о задержке взлета
message field – поле сообщения
message for the safety of human life – сообщение, касающееся безопасности людей
message heading – заголовок сообщения
message identification group – группа опознавания сообщения
message layout – расположение текста сообщения
met – метеоролог; метеорологический
MET (mean European time) – среднеевропейское время
met flight – метеорологический полет
met.inf. (meteorological information) – метеорологическая сводка
met.rep. (meteorological report) – метеорологическая сводка
meteo service – метеорологическая служба
meteorological – метеорологический
meteorological authority – полномочный метеорологический орган
meteorological broadcast – передача метеорологической информации по радио

meteorological broadcasting station – станция передачи метеорологической информации
meteorological calculus – метеорологические расчеты
meteorological chart – метеорологическая карта
meteorological conditions – метеорологическая обстановка, метеорологические условия
meteorological data – метеорологическая информация
meteorological debriefing – послеполетное сообщение о метеорологических условиях по маршруту
meteorological map – синоптическая карта
meteorological message – метеосводка
meteorological minimum – минимум метеорологических условий, при котором разрешается проведение полетов, минимум погоды
meteorological network – метеорологическая сеть станций
meteorological observation – метеорологические наблюдения
meteorological observer – метеоролог-наблюдатель
meteorological observing station – станция метеорологических наблюдений
meteorological office – метеорологическое бюро; управление метеорологической службы
meteorological radar station – метеорологическая радиолокационная станция
meteorological reconnaissance flight – метеорологический разведывательный полет
meteorological report – метеорологическая сводка, метеорологический бюллетень
meteorological service – метеорологическая служба, служба погоды
meteorological situation – синоптическое положение
meteorological summary – метеорологические данные
meteorological warning – метеорологическое предупреждение
meteorological watch – метеорологическое дежурство
meteorological watch office – метеорологическое бюро оповещений
meteorologist – метеоролог
meteorology – метеорология
meter – дозировать; измеритель, измерительный прибор; метр; точно регулировать
meter panel – панель с контрольно-измерительными приборами
metering – дозирование; измерение; регулирование расхода
metering equipment – измерительные приборы
method – метод, способ
method of accounting – метод расчетов
METO power (maximum except take-off) – максимальная мощность, за исключением взлетной
metropolitan airport – муниципальный (городской) аэропорт
MF (medium frequency) – средняя частота
MFD (Multifunction Display) – многофункциональный индикатор
MFDF (medium frequency direction finder) – средневолновый радиопеленгатор
MFPD (Maneuvering Flight Path Display) – пилотажный дисплей
MFS (Multifunction Switching) – многофункциональное коммутационное устройство
MHDF (medium and high frequency direction-finding stations at the same location) – средневолновый и коротковолновый радиопеленгаторы, установленные вместе
mi (mile) – миля
microcircuitry module – микросхемный модуль
microphone – микрофон
microphone button – кнопка включения микрофона
microwave – микроволновый; ультракороткие волны
microwave (data) transmission – передача данных по радиолинии микроволнового диапазона
microwave approach system – микроволновая система обеспечения захода на посадку

microwave beacon – радиомаяк микроволнового диапазона
microwave circuit – СВЧ-схема
microwave landing aid – средство обеспечения посадки на микроволновых частотах
microwave landing system – радиотехническая посадочная система, работающая в микроволновом диапазоне
microwave link – микроволновая связь
microwave radar – микроволновая РЛС
microwave search radar – микроволновый поисковый радиолокатор
MID (Middle East Air Navigation Region) – средневосточный аэронавигационный район
mid course – в полете
midair – в воздухе; воздушное пространство
mid-air collision – столкновение в воздухе
mid-air collision control – предупреждение столкновений самолетов в воздухе
mid-air refueling – дозаправка топливом в воздухе
mid-course control – управление на маршевом участке
mid-course flight – полет на среднем участке траектории
middle – середина; средний
middle marker – средний маркер
middle marker beacon – промежуточный маркерный маяк
middle wing aircraft – самолет со среднерасположенным крылом
middle-marker crossing height – высота пролета среднего радиомаркера
midwing – среднерасположенное крыло
mid-wing layout – схема ВС со среднерасположенным крылом
MIF (meteorological information) – метеорологическая сводка
mile – миля
mileage – количество миль, расстояние в милях
mileage system – мильная система (построения тарифа)
military aircraft industry – военная авиационная промышленность
Military Safety Center – военный центр обеспечения безопасности полетов
millibar – миллибар
Min.Alt. (minimum altitude) – минимальная абсолютная высота
Min.Sec.Alt. – минимальная абсолютная высота полета в определенном секторе
minimax control – оптимизация управления по минимальным критериям
minimum – минимальный; минимум; область пониженного давления
minimum annual flying time – установленный минимальный годовой налет пилота
minimum authorized altitude – минимально допустимая высота полета.
minimum brake-off height – минимальная высота отключения автоматики и перехода к визуальному ручному заходу на посадку
minimum charge – минимальный сбор
minimum control speed – минимальная скорость, на которой возможно управление самолетом
minimum control speed in approach and landing – минимальная эволютивная скорость захода на посадку и посадки
minimum control speed in approach and landing for continued approach – минимальная эволютивная скорость захода на посадку и посадки при продолженном заходе на посадку
minimum control speed in approach and landing for discontinued approach – минимальная эволютивная скорость захода на посадку и посадки при прерванном заходе на посадку
minimum control speed in free air in a given configuration – минимальная эволютивная скорость в свободной атмосфере при данной конфигурации
minimum control speed on the ground – минимальная эволютивная скорость на земле
minimum control speed with critical engine inoperative – минимальная эволютивная скорость с неработающем критическим двигателем
minimum crossing altitude – минимальная высота пролета
minimum cruising level – минимальная крейсерская высота
minimum decision height – минимальная высота принятия решения о посадке

minimum demonstrated threshold speed – минимальная показанная скорость прохождения порога
minimum design weight – минимальный расчетный вес
minimum discernible signal – минимальноразличимый сигнал
minimum distance landing maneuver – маневр кратчайшей посадки
minimum flare height – минимальная высота начала выравнивания
minimum flight altitude – минимальная абсолютная высота полета
minimum noise route – маршрут с минимальным шумом
minimum nozzle area – критическое сечение; минимальное проходное сечение
minimum performance – минимальные летные характеристики
minimum range – наименьшая дальность полета
minimum reception altitude – минимальная высота полета для приема сигналов аэронавигационных средств
minimum safe flying height – минимальная высота безопасного полета
minimum safe height – минимальная безопасная высота
minimum sector altitude – минимальная абсолютная высота в секторе
minimum speed for airplanes with unconventional stall characteristics – минимальная скорость для самолетов с необычными характеристиками сваливания
minimum steady flight speed – минимальная скорость установившегося полета
minimum take-off safety speed – минимальная безопасная скорость взлета
minimum threshold speed – минимальная скорость прохождения порога
minimum time path – наивыгоднейшая по времени траектория полета
minimum time track – маршрут минимального времени
minimum unstick speed – минимально допустимая скорость отрыва
minimum velocity airfoil – профиль минимальных скоростей
minor failure – мелкий отказ, незначительный отказ
minor injury – травма средней тяжести
MIRA (Multifunction Inertial Reference Assembly) – многофункциональный инерционный опрный ансамбль
misalignment – несоосность; рассогласование; угловая ошибка; эксцентриситет
miscalculated – неправильно рассчитанный
miscellaneous charges order – ордер разных сборов
misfire (of engine) – пропуск зажигания (двигателя)
mishandled baggage – неправильно засланный багаж
misinterpretation – ложное представление данных; ошибочная индикация
misjudgement – неправильная оценка
mismatching – несовпадение; несоответствие; рассогласование
misorientation – дезориентация
miss – не достичь цели, промазать, промахнуться; пропускать
missed approach – заход на второй круг; неудавшийся заход на посадку; повторный заход на посадку
missed approach point – точка ухода на второй круг
missed approach procedure – порядок полета при уходе на второй круг
missed baggage – утерянный багаж
missed connection – несостоявшийся стык рейсов
missile – ракета; снаряд
mission – задача
mission control – панель управления ходом тренировки
mission management computing – вычислительная централь управления ходом выполнения задания на полет
mist – дымка
mistrim – неправильная балансировка
mixed cloud – смешанное облако
mixed sky – смешанная облачность
mixed-class seating – места смешанного класса
mixed-traffic operator – грузопассажирская авиатранспортная компания
mixer – смеситель

mixing nozzle – смесительная форсунка
mixing zone – зона смешения
mixture – смесь
mixture (ratio) indicator – указатель качества смеси; указатель состава смеси
mixture control – регулирование смеси
mixture-control lever – рычаг корректора смеси
MKR (marker) – радиомаркер
MLG (main landing gear) – основное шасси
MLS (Microwave Landing System) – микроволновая система посадки
MM (middle marker) – средний радиомаркер
mm (millimeter) – миллиметр
MMD (Master Monitor Display) – основной контрольный индикатор
MMO (Main Meteorological Office) – Главное метеобюро
MN (magnetic North) – северный магнитный полюс
mobile – подвижный
mobile departure lounge – транспортное средство для перевозки пассажиров от аэровокзала к самолету
mobile locator – подвижная радиолокационная станция
mobile lounge service – подвижная мастерская техобслуживания
mobile radio unit – подвижная радиолокационная станция, подвижная радиостанция
mobile reference axis – ось подвижной системы координат
mobile service – передвижная служба связи
mobile surface station – подвижная наземная радиостанция
mock-up – макет
mock-up cabin – макет кабины
mock-up cockpit – макет кабины ВС; учебная кабина ВС
Mod. (moderate) – умеренный
mode – вид; вид колебаний; метод; режим; способ; тип; форма; характер
mode annunciation – индикация режима работы
mode annunciator – табло индикации режима работы
mode control unit – блок переключения режимов
mode indicator – указатель режима работы
mode method – метод расчета, основанный на формах колебаний
mode of flight – режим полета
mode select panel – пульт селектирования режимов работы
mode selector switch – переключатель режимов работы
model – моделировать; модель; образец
model-tested – испытанный на модели
moderate – умеренный
moderate breeze – умеренный ветер
moderate continuous turbulence – умеренная непрерывная турбулентность или болтанка
moderate gale – сильный ветер; умеренный шторм
moderate gusty air – воздух с умеренно порывистым ветром; умеренная болтанка; умеренно порывистый ветер
moderate icing – умеренное обледенение
moderate icing in cloud – умеренное обледенение в облаке
moderate icing in precipitation – умеренное обледенение в осадках
moderate intermittent turbulence – умеренная периодическая турбулентность
moderate occasional turbulence – умеренная редко повторяющаяся турбулентность или болтанка
modification – изменение; модификация; переустройство
modified air – воздух, изменивший свое состояние
modular area navigation system – система зональной навигации, собранная на модулях
modular concept – блочный принцип конструирования
modular construction – модульная конструкция
modular packaging – модульная компоновка
modulated carrier – модулированная несущая
modulated continuous wave – модулированная незатухающая волна
modulating control – плавное управление или регулирование
modulation – модуляция

modulation envelope – огибающая модулированных колебаний
modulation index – глубина модуляции
modulation rate – скорость модуляции
modulator – модулятор; преобразователь
module – модуль; модуль; характерный параметр
module of control equipment – модульный блок аппаратуры управления
modulus – коэффициент; модуль; показатель степени
modulus of elasticity – модуль упругости, модуль Юнга
modulus of reaction of the soil – модуль реакции грунта
modulus of rigidity – модуль упругости при сдвиге
modulus of rupture – модуль разрыва
modulus of stiffness – модуль жесткости
modulus of subgrade reaction – коэффициент постели грунта
moisture – влага; влажность; сырость
moment of inertia – момент инерции
moment of momentum – момент импульса, момент количества движения
moment vector – вектор момента
momentary angular velocity – мгновенная угловая скорость
momentum – импульс; инерция; кинетическая энергия; количество движения; механический момент; скорость движения; суммарный импульс
momentum coefficient – коэффициент количества движения
momentum thrust – сила тяги
momentum transfer – перенос количества движения
momentum transport tensor – тензор переноса количества движения
mondial reseau – международная сеть метеостанций
monetary exchange facilities – учреждения для обмена валюты
monitor – контрольное устройство; монитор
monitor and equalization display unit – блок контроля и индикации рассогласования подсистем
monitor receiver – контрольный приемник
monitored automatic landing – автоматическая посадка под контролем пилота
monitored computer – вычислитель с системой контроля; контролируемый вычислитель
monitored radio – контролируемая радиоаппаратура; радиооборудование с системой контроля
monitoring – контроль; наблюдение
monitoring console – пульт контроля
monitoring equipment – контрольное оборудование
monitoring information – контрольная информация
monitoring output – выход монитора
monitoring point – контрольная точка; контрольный пункт
monitoring system – система контроля и управления
monitoring unit – блок контроля
monocoque aircraft – самолет монококовой (обшивочно-стрингерной) конструкции
monocoque construction – конструкция типа монокок, монококовая конструкция
monocoque fuselage – фюзеляж типа монокок
monolithic – монолитный, сплошной
monoplane – моноплан; монопланный
monoplane layout – монопланова схема
monopropellant – однокомпонентное ракетное топливо
monostable circuit – схема с одним устойчивым положением
Monte-Carlo method – метод Монте-Карло
morning civil twilight – утренние гражданские сумерки
Morse code – азбука Морзе
most remote failure – наименее вероятный отказ
motion – движение; перемещение
motion sickness – морская болезнь
motivator – орган управления; руль
motor – двигатель, мотор
motor chamber – камера сгорания
motor exit – сопло двигателя
motor gas bleeding – отбор газов из камеры сгорания
motor gondola – гондола двигателя

motor power – мощность двигателя, тяга двигателя
motor throat diameter – диаметр критического сечения сопла двигателя
motor-driven – с приводом от двигателя
motor-operated – с приводом от двигателя
mount – монтировать; устанавливать; установка
mountain wave – горная волна; орографическая волна
mounting – кронштейн; монтаж; монтажное приспособление; опорная рама; оправа; соединение; установочная рама; шасси
mounting bracket – монтажная рама; установочный кронштейн
mounting flange – фланец крепления
mounting pad – установочная площадка
mounting plate – монтажная плита
mounting point – точка подвески
mounting ring – монтажное кольцо
mouth – вход; входное отверстие; раструб; устье
movable – подвижный, отклоняемый
movable bullet – подвижная игла
movable inlet guide vane – подвижная лопатка направляющего аппарата компрессора
movable jet – отклоняемая реактивная струя
movable surface – рулевая поверхность; руль
movable wing – подвижное крыло
movement area – рабочая площадь
moving air – воздушный поток
moving blades – вращающиеся лопатки
moving floor integrator – движущийся тротуар
moving map display – индикатор с подвижной рамой
moving surface – поверхность управления, рулевая поверхность
moving target indicator – индикатор движущихся целей
MPD (Multipurposed Display) – многоцелевой индикатор
MRA (minimum reception altitude) – минимальная высота полета для приема сигналов аэронавигационных средств
MRDPS (Multi-Radar Data Processing System) – система обработки радиолокационных данных
MRG (mean range) – средняя дальность действия
ms (message) – сообщение
MSL (mean sea level) – средний уровень моря
MTB (mean time between maintenance) – средняя наработка между регламентными работами
MTBF (mean time between failures) – среднее время наработки между отказами
MTCF (mean time to catastrophic failure) – средняя наработка до поломки
MTI (moving target indicator) – индикатор движущихся целей
MTR (mean time to repair) – средняя наработка до ремонта
MTU (metrical units) – метрическая система мер
mu-factor (amplification) – коэффициент усиления
mu-factor (friction) – коэффициент сцепления
muffled boom – приглушенный звуковой удар
muffler – глушитель шума
multi-band antenna – широкополосная антенна
multibicycle-wheeled undercarriage – многополосное шасси с тележками велосипедного типа
multichannel circuit – многоканальная линия
multichannel equipment – аппаратура для многоканальной связи
multichannel operation – многоканальная связь
multichannel radio transmitter – многоканальный радиопередатчик
multichannel recorder – многоканальный самописец
multiengined aircraft – многомоторный самолет
multifiltration system – система многократной фильтрации
multifrequency transmitter – многочастотный передатчик
multifunctional controls – многофункциональные органы управления
multifunctional display – многоцелевой индикатор

multilayer sandwich construction – многослойная конструкция с заполнителем
multimode radar – многорежимная РЛС
multimode system – многорежимная система
multipath – многократное отражение
multipath transmission – многоканальная передача
multiple – многократный; многопроводной; составной
multiple address message – сообщение по многочисленным адресам
multiple approach course – подход к аэродрому с различных направлений
multiple barrel – двигатель-связка; связка ракетных двигателей
multiple bearing – многократная пеленгация
multiple call – групповой вызов
multiple courses – ложные зоны радиомаяка, возникающие вследствие дифракции
multiple failure – множественный отказ
multiple flap – многозвеньевой закрылок
multiple jet – сложное струйное течение
multiple-channel system – многоканальная система
multiple-loop – многоконтурный; многосвязный
multiple-loop system – многоконтурная система; многосвязная система
multiple-shock inlet – воздухозаборник с системой скачков уплотнения; многоскачковый воздухозаборник
multiple-wire antenna – многолучевая антенна
multiplex – многоканальная передача; многоканальная система связи
multiplexed system – комбинированная система с многократным резервированием параллельного действия; мультиплексированная система, мультиплексная система
multiplexing – коммутация, коммутирование; коммутирующий; многоканальное модулирование; многократное резервирование; передача нескольких сигналов по одному каналу; переключение; сложное сочетание
multiplexing device – коммутатор, коммутирующее устройство
multiplicated autopilot – автопилот с многократным дублированием систем
multipoint circuit – многоточечная схема
multipointer instrument – многострелочный прибор
multipurpose display – многоцелевой индикатор
multirib construction – конструкция с частым поперечным набором
multisection construction – многосекционная конструкция; сотовая конструкция
multishock body – тело с несколькими скачками уплотнения
multishock compression – сжатие в системе скачков уплотнения
multispar construction – многолонжеронная конструкция
multi-unit tube – многоэлектродная лампа
mushing – недостаточная эффективность рулей; проваливание, просадка
MVDF (medium and very high frequency direction finding) – средневолновый и УКВ пеленгаторы, установленные вместе
MWO (Meteorological Watch Office) – метеобюро оповещения

N

N (navigation) – навигация
N (north) – север
n.stp. (non-stop) – беспосадочный
n/f (night frequency) – радиочастота ночной передачи
NACA (National Advisory Committee for Aeronautics) – Консультативный комитет по аэронавтике
nacelle – гондола; кабина; отсек
NAFEC (National Aviation Facilities Experimental Center) – Национальный экспериментальный центр авиационных средств
narrow beam – остронаправленный луч, сфокусированный пучок
narrow-band antenna – узкополосная антенна
narrow-band frequency modulation – узкополосная частотная модуляция
narrow-beam antenna – остролучевая антенна
narrow-gauge runway lights – огни заглубленного типа для обозначения полосы приземления на ВПП
NAS (National Airspace System) – национальная система воздушного пространства
NASA (National Aeronautics and Space Administration) – Национальное управление по аэронавтике и исследованию космического пространства
NAT (North Atlantic Air Navigation Region) – Североатлантический аэронавигационный район
national – государственный; народный; национальный
National Advisory Committee for Aeronautics (NACA) – Национальный совещательный комитет по аэронавтике
National Aeronautical Establishment – национальный авиационный научно-исследовательский центр
National Aeronautics and Space Administration – Национальное управление по авиации и космонавтике
National Air Holding Board – Национальный совет гражданской авиации (Брит.)
National Aviation Facilities Experimental Center – Национальный центр авиационных средств
national broadcast – государственное радиовещание
national carrier – национальная авиатранспортная компания
national markings – государственные опознавательные знаки
national observational network – государственная метеорологическая сеть
National Transportation Safety Board – Национальный комитет по безопасности на транспорте (США)
native contract transportation – перевозки по контракту, заключенными с местными владельцами транспорта
natural horizon – видимый горизонт
natural mode of vibration – форма собственных колебаний
naut.m. (nautical mile) – морская миля
nautical – морской; навигационный
nautical day – астрономические сутки
nautical mile – морская миля
navaid – навигационное средство, навигационное устройство; помощь навигационными средствами
NAVAID (aid to navigation) – аэронавигационное средство
navaid calibration – калибровка навигационных средств
navaid package – блок навигационных приборов
Navaids (navigation aids) – навигационные средства
nav-com installation – навигационно-связное оборудование
navigable – доступный для полетов, летный, открытый для полетов
navigable air space – доступное для полетов воздушное пространство, открытое для полетов воздушное пространство
navigate – летать, совершать полеты; управлять самолетом
navigating officer – штурман
navigation – аэронавигация, навигация, самолетовождение
navigation by celestial observations – навигация путем наблюдения за небесными светилами

navigation by dead-reckoning – навигация при помощи счисления пути
navigation by the use of aeronautical charts – навигация путем использования аэронавигационных карт
navigation by triangulation – навигация по пеленгам
navigation chart – аэронавигационная карта
navigation computer unit – блок навигационной вычислительной машины
navigation coverage – зона действия навигационных средств, зона управления воздушным движением
navigation equipment – навигационное оборудование
navigation frequency selector – переключатель частоты радионавигационных средств
navigation function (mode) selector panel – щиток переключения режимов работы навигационных средств
navigation light – аэронавигационный огонь
navigation light display – расположение аэронавигационных огней
navigation log – штурманский бортовой журнал
navigation message – навигационное сообщение
navigation mode – навигационный режим, режим самолетовождения
navigation officer – навигатор, штурман
navigation simulator – навигационный тренажер
navigation table – навигационная таблица; штурманский стол
navigation training flight – учебный полет с отработкой задач по самолетовождению
navigational – аэронавигационный, штурманский
navigational aids – навигационные средства
navigational beacon – навигационный маяк
navigational computer – навигационное вычислительное устройство, навигационный автомат
navigational control – навигационное управление
navigational display – индикация навигационных данных
navigational factor – навигационная постоянная
navigational fix – навигационная точка
navigational grid – аэронавигационная картографическая сетка
navigational information – навигационные данные
navigational instrument – навигационный прибор
navigational intelligence – навигационная информация
navigational log – штурманский журнал
navigational radar – навигационная радиолокационная станция
navigational receiver – приемник системы радионавигации
navigational sighting – навигационное определение положения и координат ВС
navigational system – навигационная система
navigator – штурман
navigator instructor – штурман-инструктор
Nb (nimbus) – дождевое облако
Nbst (nimbostratus) – слоисто-дождевое облако
NDB (non-directional beacon) – приводная радиостанция
near collision – опасное сближение
near miss – опасное сближение
near miss report – донесение о случае возможного столкновения в воздухе или опасного сближения самолетов
near-sonic speed – околозвуковая скорость
neat line – линия обреза
needle – игла; стрелка; указатель
needler – стрелочный указатель
negative – «нет, разрешение не дано» (ртс); отрицательный; «принято неверно, с искажением» (о радиограмме)
negative control – управление с реверсом усилий
negative incidence – отрицательный угол атаки
negative lift – отрицательная подъемная сила
negative pitching moment – отрицательный момент тангажа;

отрицательный продольный момент; пикирующий момент
negative rolling moment – отрицательный момент крена
negative sweep(back) – обратная стреловидность
negative thrust propeller – реверсионный воздушный винт
negative yawing moment – отрицательный момент рыскания
neighbouring track return – отраженные сигналы от самолета, следующего по близко расположенному курсу
nephoscope – нефоскоп
net call sign – общий радиопозывной сигнал; позывной сигнал радиосвязи
net climb – набор высоты с минимальными гарантированными характеристиками
net data – минимальные гарантированные данные
net flight path – расчетная траектория полета
net footprint area – площадь отпечатка рисунка протектора пневматика
net gradient of climb – чистый градиент набора высоты
net height – расчетная относительная высота
net input – результирующий входной сигнал
net loss – чистый убыток
net operating income – чистая эксплуатационная прибыль
net performance – минимальные гарантированные характеристики
net profit ratio – коэффициент рентабельности
net propeller efficiency – коэффициент полезного действия винта
net rate of heating – фактическая скорость нагрева
net return – чистый доход
net takeoff flight path – расчетная траектория взлета
net thrust – тяга без потерь, чистая тяга
net volume – полезный объем
net weight – вес, принимаемый в расчетах на прочность
net wing area – площадь крыла
network – решетка; решетчатая система; сетевой график; сетка; сеть; схема
network operation – работа в сети
network station – станция сети
night – ночь
night fare – ночной тариф
night flying – ночной полет
night obstruction marking – заградительный огонь
night vision system – система ночного видения
nil – ничего; нуль; сведений нет (отметка в документах)
nimbostratus – слоисто-дождевые облака
nimbus (pl nimbi) – дождевые облака
ninety-degree approach – разворот на 90 градусов перед заходом на посадку
NLF (nearest landing field) – ближайший аэродром посадки
NM, n.m. (nautical mile) – морская миля
no incidence – нулевой угол установки
no wind – безветрие, штиль
nodal point (or node) – особая точка типа «узел» для решения дифференциального уравнения; узловая точка
no-flap approach attitude – угол тангажа при заходе на посадку с убранными закрылками
no-flap landing – посадка с неотклоненными закрылками
no-flare landing – посадка без выравнивания
no-glide slope minimum – метеоминимум при неработающем глиссадном радиомаяке
noise – помехи; шум
noise abatement – борьба с шумом, уменьшение шума
noise abatement control – борьба с шумом, защита от шума
noise abatement procedures – эксплуатационные приемы снижения шума
noise bandwidth – полоса пропускания шума
noise carpet – зона воздействия шума
noise certification – сертификация по шуму
noise contour – кривая уровня шума
noise factor – коэффициент шума
noise immunity – помехозащищенность; помехоустойчивость
noise level – уровень шума
noise muffler – шумоглушитель

noise output – производимый (какой-либо установкой) шум
noise suppression – подавление шума
noise suppressor – шумоглушитель
noiseproof – звуконепроницаемый
noisiness – шумность
noisiness index – индекс шумности
nominal approach path (flight) – номинальная траектория захода на посадку
nominal flight path – номинальная траектория полета
nominal profile (flight) – номинальный профиль полета
nominal track – номинальная линия пути
non-approved circuit – линия связи, по которой запрещена передача открытым текстом
non-assisted takeoff – взлет без ускорителя
non-booked passenger – незабронированный пассажир
noncompatibility – несовместимость
non-compensated aileron – некомпенсированный элерон
non-critical failure – некритический отказ
nondestructive inspection – неразрушающий контроль
nondestructive test(ing) – метод испытаний без разрушения образца
non-directional beacon – радиомаяк ненаправленного действия
non-directional homer station – ненаправленная приводная станция
non-directional radio beacon – радиомаяк ненаправленного действия
non-expanding exit nozzle – цилиндрическое выхлопное сопло
non-instrument rated pilot – пилот, не допущенный к полетам по приборам
non-instrument runway – необорудованная ВПП для полетов по приборам
non-integrated autopilot – автономный автопилот
non-interconnected systems – независимые системы
non-linear aerodynamics – нелинейная аэродинамика
non-network communication – внесетевая связь
non-pilot error – ошибка не по вине пилота
non-precision approach – заход на посадку без использования посадочной РЛС
non-precision instrument approach – инструментальный заход на посадку без использования посадочной РЛС
nonradar airport – аэропорт без радиолокационных средств
nonradar separation – эшелонирование без использования РЛС
non-ramming airscoop – безнапорный воздухоприемник
nonrated – неаттестованный
nonrated pilot – пилот без права работы по приборам
non-refueling duration – продолжительность полета самолета или работы двигателя без пополнения горючим
non-return flow wind tunnel – аэродинамическая труба прямого действия
non-revenue flight – некоммерческий полет
non-reversible control – необратимая система управления
non-rigid airscrew – гибкий воздушный винт; эластичный воздушный винт
nonsaturated air – ненасыщенный водяным паром воздух
non-scheduled – вне расписания
non-scheduled air carriers – нерегулярные перевозки
non-scheduled air route – маршрут нерегулярных полетов, нерегулярная авиалиния
non-scheduled flight – нерегулярный рейс, полет вне расписания
non-scheduled flight plan – план полета на рейс вне расписания
non-scheduled operations – нерегулярные перевозки
non-scheduled operator – авиакомпания нерегулярных перевозок
non-scheduled service – нерегулярное воздушное сообщение, нерегулярные воздушные перевозки
non-skid braking system – тормозная система с автоматом торможения
non-slaved gyroscopic heading indicator – гирополукомпас

non-stallable airplane – самолет, не сваливающийся на крыло при потере скорости
non-stationary airfoil – крыло, обтекаемое неустановившимся потоком
non-steady – нестационарный, неустановившийся
non-steady aerodynamics – аэродинамика неустановившихся течений, нестационарная аэродинамика
non-steady climb – неустановившийся режим набора высоты
non-steady flow – неустановившееся течение
nonsteerable wheel – неуправляемое колесо
non-stop flight – беспосадочный полет
non-stop range – дальность беспосадочного полета
non-synchronous garbling – несинхронный ответный сигнал
non-tumbling attitude indicator – фигурный авиагоризонт
non-turbulent air – невозмущенный воздух, спокойная атмосфера
non-uniform flight – неустановившийся полет
nonvisual approach – невизуальный заход на посадку
NOP (North Pacific Air Navigation Region) – Северотихоокеанский аэронавигационный район
nordo (no radio) approach – заход на посадку без использования радиосредств
no-reservation service – перевозки без бронирования мест
normal – не отклоняющийся от стандарта; нормаль; нормальный; перпендикуляр; перпендикулярный; правильный
normal (rated) power – номинальная мощность или тяга; эксплуатационная мощность
normal acceleration – нормальное ускорение
normal air – стандартная атмосфера
normal air cabin – негерметизированная кабина
normal applicable fare – основной применяемый тариф
normal economy class fare – нормальный тариф экономического класса
normal fare – нормальный тариф
normal fare ticket – билет по нормальному тарифу
normal glide – наивыгоднейший режим планирования
normal horsepower – номинальная мощность
normal one-way tourist class fare – нормальный тариф в одном направлении туристского класса
normal operating limit speed – предельная эксплуатационная скорость полета
normal power rating – номинальный режим
normal rated thrust – номинальная тяга
normal rating – номинальный режим
normal revolutions – число оборотов на номинальном режиме
normal shock inlet – воздухозаборник с прямым скачком уплотнения
normal shock wave – прямой скачок уплотнения
normal turn – нормальный разворот
north – север
north dip – северное наклонение
northerly turning error – поправка магнитного компаса, вызванная северным склонением
north-south grid line – линия координатной сетки в направлении «север – юг»; меридиан
no-run takeoff – вертикальный взлет
nose – головная часть, носовая часть, передняя часть; нос; носок
nose compartment – носовая кабина; носовой отсек
nose cone – головная часть; носовой конус
nose cone wave drag – волновое сопротивление головной части
nose control – носовой руль
nose dome – носовой обтекатель
nose gear – носовое шасси
nose inlet – носовой воздухозаборник
nose intake – носовой воздухозаборник
nose jack – носовой подъемник
nose leg – носовая опора
nose loader – транспортный самолет, загружаемый с носовой части
nose of rib – передний край нервюры
nose of wing – передний край крыла
nose ogival – носовая оживальная часть

nose spinner – обтекатель втулки воздушного винта
nose undercarriage – носовое шасси
nose up – кабрировать
nose wheel alignment – установка носового колеса в плоскости симметрии самолета
nose-down hardover – заброс на пикирование
nose-gear door jack – подъемник створок носового шасси
nose-gear retraction jack – подъемник носового шасси
nose-heavy – перетяжеленный на нос
nose-in parking – стоянка хвостом в сторону выруливания
nose-loading freighter – грузовой самолет с загрузкой через носовую часть
nose-out parking – стоянка носом в сторону выруливания
nose-over – капотировать
nose-up hardover – заброс на кабрирование
nose-up pitching – кабрирование
nosewheel – носовое колесо шасси; переднее колесо шасси
nose-wheel bay – отсек носового колеса
nosewheel box – отсек носового колеса; шина носового колеса или шасси
nosewheel door – створка ниши носового колеса
nose-wheel fork – вильчатая стойка носового колеса
nosewheel jack – подъемник носового колеса
nosewheel leg – стойка носового колеса
nosewheel liftoff – отрыв носового колеса на разбеге; подъем носового колеса
nosewheel steering control – управление носовым колесом
nose-wheel steering system – система управления носовым колесом
nosewheel undercarriage – шасси с носовым колесом
no-show charge – сбор за неявку к рейсу
no-show passenger – не явившийся к рейсу пассажир
nosing – носовая часть; носовой обтекатель
NOTAM (Notice to Airmen) – Извещение для пилотов
notation – запись; обозначение; представление; система счисления; система условных обозначений
notice – извещение; предупреждение; сообщение
notice board – табло
notice to airmen – извещение для пилотов
no-wind position – штилевая точка
nozzle – жиклер; насадок; сопло; форсунка
nozzle area – сечение сопла
nozzle area expansion ratio – степень расширения сопла
nozzle area ratio – отношение площадей выходного и критического сечений сопла
nozzle blade – лопатка силового аппарата
nozzle box – сопловая коробка; сопловой аппарат турбины
nozzle cascade – сопловой аппарат
nozzle closure – заглушка сопла
nozzle efficiency – коэффициент полезного действия сопла
nozzle end – сопловая часть двигателя
nozzle exhaust velocity – скорость истечения газов из сопла
nozzle exit – выход сопла; выходной срез сопла
nozzle exit area – площадь выходного сечения сопла
nozzle exit conditions – условия на выходе из сопла
nozzle expansion ratio – степень расширения сопла
nozzle flap – створка сопла
nozzle guide vane – лопатка силового аппарата
nozzle inlet – входная часть сопла
nozzle inlet conditions – параметры газов на входе в сопло
nozzle orifice – сопловое отверстие
nozzle pressure – давление в сопле
nozzle ring – сопловое кольцо
nozzle throat – горловина сопла; критическое сечение сопла
nozzle throat region – зона критического сечения сопла
nozzle thrust coefficient – коэффициент реактивной тяги
np (net propeller efficiency) – коэффициент полезного действия винта
nr (number) – номер

NS (nimbostratus) – слоисто-дождевые облака
NTSB (National Transportation Safety Board) – Национальный комитет по безопасности перевозок
nuclear engine – атомная силовая установка; атомный двигатель; ядерная силовая установка; ядерный двигатель
null – равносигнальная зона луча
null indicator – нуль-индикатор
null-reference glide path – глиссада нулевого типа (ИЛС)
number-of-starts instrument – прибор для регистрации количества запусков двигателя
numerator – выражение
numerical forecast – численный прогноз погоды

O

o (overcast) – сплошная облачность
O/R (on request) – по требованию
OAFP (Office of Aviation Facilities Planning) – Управление планирования авиационных средств
OAG (official airline guide) – официальное руководство для авиатранспортных компаний
OAT (outside air temperature) – температура наружного воздуха
OATC (Oceanic Air Traffic Center) – океанический центр управления воздушным движением
OBD (omnibearing distance) – всенаправленный дальномер
object – объект; цель
oblique – косой; облический; перспективный
oblique air photograph – перспективная аэрофотосъемка
oblique airfoil – скользящее крыло; стреловидное крыло
oblique camera – аэрофотоаппарат для перспективной съемки
oblique conical conformal projection – косая коническая конформная проекция
oblique coordinates – косоугольные координаты
oblique cylindrical conformal projection – косая цилиндрическая конформная проекция
oblique cylindrical projection – косая цилиндрическая проекция
oblique distance – наклонная дальность
oblique gnomonics – косая горизонтальная проекция; косая центральная проекция
oblique landing – посадка с крутым снижением
oblique projection – косая проекция; косоугольная проекция
oblique shock (wave) – косой скачок уплотнения
oblique takeoff or landing – полувертикальный взлет или посадка
oblique target approach chart – схема с перспективным изображением подходов к цели
oblique view – вид в перспективе; косоугольная проекция
oblique visibility – наклонная дальность видимости
Obs (obstruction lights) – заградительные огни
obscured weather – сплошная облачность
observation – наблюдение
observation error – ошибка определения места
observation network – сеть станций
observation platform – метеорологическая площадка
observation port – смотровое окно
observation station – станция наблюдения
observation tower – метеорологическая вышка для наблюдений
observe the precautions – соблюдать меры предосторожности
observed brake horsepower – замеренная тормозная мощность
observed data – данные наблюдения
observer – наблюдатель; оператор
observer's latitude – широта места наблюдения
obsolete – снятый с эксплуатации; устаревший
obstacle – заграждение; препятствие
obstacle clearance – высота над препятствием; минимальное безопасное расстояние по вертикали до пролетаемого препятствия; превышение самолета над препятствием
obstacle clearance (limit) height – минимальная безопасная высота над препятствием
obstacle clearance limit – минимальная высота пролета над препятствием; минимальное превышение над препятствием
obstacle clearance takeoff – взлет над препятствием
obstacle flag – флажок для обозначения препятствия
obstacle light – заградительный световой сигнал или огонь
obstruction – закупорка; остановка; помеха, препятствие
obstruction clearance – высота над препятствием
obstruction clearance margin – запас высоты над препятствием

obstruction clearing – устранение препятствий
obstruction lamp – лампа заградительного огня
obstruction light – заградительный огонь
obturation – обтюрация
occluded – окклюдированный
occluded front – фронт окклюзии
occlusion – окклюдирование; окклюдированный циклон; окклюзия; фронт окклюзии
occulting light – проблесковый световой сигнал или огонь
occupancy – количество перевозимых на самолете людей
occupant – человек, занимающий кресло ВС; человек, находящийся в кабине самолета; член летного экипажа
ocean exit fix – определение места ВС на выходе из океанического района
ocean-going plane – трансокеанский самолет
OCL (obstacle clearance limit) – минимальная высота над препятствием
OCL (operational check list) – контрольный перечень рабочих операций
OCS (obstacle clearance surface) – плоскость минимальной высоты пролета над препятствием
octane – октан; октановое число; октановый
octane number – октановое число
octane rating – октановое число
octant – вариант секстанта с пузырьковой гировертикалью; октант
octave filter – октавный фильтр
odd flight level – нечетный эшелон
odd number airway – нечетная авиатрасса
odd thousand-foot altitude – нечетные высоты полетов, выраженные в тысячах футов
odd thousand-foot levels – нечетные эшелоны полета с тысячефутовыми интервалами по высоте
off – в сторону; взлетевший; вне; выключенный; вылетевший; изъятый; удаленный
off season fare – внесезонный тариф
off station – вне станции
off time – время вылета
off/on afterburner – форсажная камера с нерегулируемым соплом
off-airway routing – полет по маршруту вне трассы
off-axis – боковой; смещенный
off-axis inlet – воздухозаборник, смещенный относительно оси двигателя
off-base – вне аэродрома базирования; вне базы; внебазовый; внешний
off-center – боковой; несимметрично расположенный
off-center (offset) plan position indicator – индикатор кругового обзора со смещенным центром
off-center position – смещенное положение
off-course – отклонение от курса
off-course correction – поправка на отклонение от заданной траектории
off-course indication – индикация отклонения от курса
off-course signal – разделение сигнала при уклонении от равносигнальной зоны; сигнал отклонения от курса
off-course track – линия фактического пути с отклонением от заданного маршрута
off-design condition – условия, отличающиеся от расчетных
off-design performance – работа на нерасчетных режимах
off-design point – нерасчетная точка; нерасчетный режим
offered capacity – располагаемая транспортная способность
off-field landing – посадка вне аэродрома
off-gauge – нестандартный
office – аппарат; бюро; кабинет; канцелярия; отдел; управление; учреждение
office area – административно-служебное помещение
office of administrator – аппарат начальника управления
office of appraisal – бюро оценки
office of development – бюро опытно-конструкторских работ
office of long-range planning – бюро перспективного планирования
office of research – бюро научно-исследовательских работ
officer – должностное лицо; начальник; офицер

off-line – автономный; в автономном режиме; вне связи с внешними сигналами; дополнительный
off-line charter – внемаршрутный чартерный рейс
off-line control – автономное управление
off-line data processing – автономная обработка данных
off-line data processor – автономное устройство для обработки данных
off-line data reduction – автономная обработка и отбор данных
off-load – опорожнять; разгружать; сливать
off-loading by gravity – слив самотеком
off-net station – внесетевая станция; радиостанция, не входящая в сеть связи
off-nominal behavior – нерасчетный режим; поведение, отличное от расчетного
off-period – период размыкания
off-position – выключенное положение
off-range – отклонившийся от расчетной траектории
off-range distance – боковое отклонение; линейное отклонение
off-rating – ненормальные условия; ненормальный режим
off-runway landing – посадка вне ВПП; посадка на грунт
off-runway surface – концевая и боковая полоса безопасности
off-runway takeoff – взлет вне ВПП; взлет с грунтовой полосы
offset – исключать; компенсировать; ордината; остаточная неравномерность; отклонение регулирования; сдвиг; сдвинутый; смещение; смещенный
offset approach – заход на посадку под углом к оси ВПП
offset blade – смещенная лопасть или лопатка
offset carrier – смещенная связь
offset co-location VOR/DME – вынесенное совместное расположение ВОР/ДМЕ
offset frequency – смещенная частота
offset frequency simplex – симплексная связь на смещенных частотах
offset heading – измененное направление полета, измененный курс
offset nozzle – асимметричное сопло
offset point – смещенная точка начала отсчета
offset-course computer – навигационный автомат, работающий по сигналам наземных радиосредств
offsetting – смещение, эксцентриситет
offside – противоположная сторона
off-speed signal – сигнал приемистости; сигнал увеличения оборотов
off-the-road vehicle – вездеход
off-the-shelf hardware – готовые изделия; освоенная продукция
off-the-shelf part – готовая деталь
off-the-shelf radio – серийно выпускаемая радиостанция
off-the-shelf system – готовая система
off-track indication – индикация отклонения от линии заданного пути
ogive – оживал; оживальная часть
ogive nose cone – оживальная головная часть
oil – жидкая смазка; смазочное масло
oil buffer – масляный амортизатор
oil capacity – емкость масляного бака; запас масла на самолете
oil cleaner – маслоочиститель
oil cooler – масляный радиатор
oil damping – масляная амортизация
oil distribution – маслораспределение
oil drain – дренажное отверстие, отверстие для слива масла
oil feed – подача или поступление масла
oil filter – маслоочиститель, масляный фильтр
oil gauge – контрольно-измерительный прибор маслосистемы
oil grade – сорт масла
oil leak – утечка масла
oil shock absorber – масляный амортизатор
oil shock absorption – демпфирование ударов, масляная амортизация
oil spray – масляная струя; смазка разбрызгиванием; струйная подача масла
oil switch – масляный выключатель
oil system – маслосистема, система смазки
oil tank – масляный бак
oil temperature control – регулирование температуры масла
oil tube cooler – масляный радиатор трубчатого типа

oil-and-fuel pressure panel – доска контрольных приборов масляной и топливной систем
oil-and-water trap – масловодосборник; отстойник
oiler – масленка
oil-feed pump – насос для подачи масла
oiling system – система смазки
oil-sump – маслоотстойник
oil-tank cooler – охладитель масляного бака
oil-tank heater – подогреватель масляного бака; штуцер масляного бака
oil-tank vent – дренажная трубка масляного бака; штуцер масляного бака
oleo gear – масляный амортизатор; шасси с масляной амортизацией
oleo leg – стойка шасси с масляным амортизатором
oleo undercarriage – шасси с масляной амортизацией
oleo-pneumatic brake – масляно-пневматический тормоз
oleo-pneumatic leg – масляно-пневматическая амортстойка
oleo-pneumatic shock absorber – масляно-пневматический амортизатор
oleo-pneumatic unit – масляно-воздушный амортизатор
oleo-shock absorber – масляно-пневматический амортизатор
oleo-strut – стойка шасси с масляным амортизатором
OM (outer marker) – дальний маркер
OMI (omnimagnetic indicator) – указатель магнитного курса и пеленга на всенаправленный радиомаяк
omni – всенаправленный; всенаправленный радиомаяк; всесторонний
omnibearing – пеленг, определенный по всенаправленному радиомаяку
omnibearing distance navigation system – система радионавигации Ро-Тета
omnibearing distance system – всенаправленный дальномер
omnibearing indicator – комбинированный указатель дистанционного компаса и всенаправленного радиомаяка
omnibearing selector – задатчик курса следования на всенаправленный радиомаяк
omnibus channel – общий канал
omnidirectional – всенаправленный; ненаправленный
omnidirectional (radio) range – всенаправленный радиомаяк
omnidirectional antenna – всенаправленная антенна
omnidirectional beacon – всенаправленный радиомаяк
omnidirectional radio beacon – всенаправленный радиомаяк
omnidirectional range station – передатчик всенаправленного радиомаяка
omnirange azimuth – азимут всенаправленного курсового радиомаяка; пеленг относительно всенаправленного курсового радиомаяка
omnirange receiver – приемник сигналов всенаправленного радиомаяка
on – включено; замкнутый
on base leg – «выполнил третий разворот» (ртс)
on beam position – положение на оси луча
on board – бортовой, расположенный на борту самолета
on cross-wind leg – «выполнил первый разворот» (ртс)
on down-wind leg – «выполнил второй разворот» (ртс)
on final – на последней прямой
on left base leg – «подхожу к четвертому с левым разворотом» (ртс)
on leg of approach – на участке захода по «коробочке»
on period – период замыкания
on position – замкнутое положение; положение «включено»
on right base leg – «подхожу к четвертому с правым разворотом» (ртс)
on season fare – сезонный тариф
on speed – заданная скорость (регулятора)
on speed approach – заход на посадку с запасом по скорости
on speed indication – индикация достижения заданной скорости
on the beam – в зоне действия луча
on top – над верхней кромкой облаков
on top cruising level – крейсерская высота над верхней кромкой облаков

on upwind leg – «вошел в круг против ветра»; «прохожу над стартом» (ртс)
on-board data display – индикация данных на борту
on-board data processor – бортовое устройство для обработки данных
on-board electrical power – бортовое электропитание
on-board station – бортовая радиостанция
on-condition maintenance – техническое обслуживание по мере необходимости
on-course beam – курсовой радиолуч
on-course line – линия курса
on-course radio signal – курсовой радиосигнал
on-course signal – курсовой радиосигнал; сигнал входа в равносигнальную зону
one eighty – разворот на 180 градусов
one-dimensional – линейный; одномерный
one-dimensional flow – одномерный поток
one-directional airport – аэропорт с одним направлением взлетов и посадок
one-directional landing area – летное поле с одним направлением взлетов и посадок
one-eighty-degree approach – заход на посадку с двумя разворотами по 90 градусов
one-engine stop landing – посадка с одним неработающим двигателем
one-engined – одномоторный, с одним двигателем
one-half stick deflection – отклонение ручки на половину хода; половинное отклонение ручки
one-hundred-and-eighty degree turn – разворот на 180 градусов
one-minute pattern – маршрут полета с минутным прямолинейным участком
one-minute turn – разворот на 180 градусов за одну минуту
one-piece construction – моноблочная конструкция
one-piece wing – цельное крыло
one-spar – однолонжеронный
one-station fix – определение места самолета при помощи пеленга от одной радиостанции
one-tailed test – одноступенчатый тест
one-time operation – разовое действие; разовое применение
one-to-one impinging-streams injector – распылительная головка с двухструйными форсунками
one-way communication – односторонняя связь
one-way fare – тариф за полет в одном направлении
one-way first class fare – пассажирский тариф первого класса в одном направлении
one-way flight – полет в одном направлении
one-way measurement – однонаправленное измерение
one-way radio – односторонняя радиопередача
one-way ticket – билет в одном направлении
on-ground time – время пребывания на земле
on-line – в неавтономном режиме; внутренний; встроенный; имеющийся; неавтономный; работающий по внешним сигналам
on-line control – неавтономное управление
on-line data processor – неавтономное устройство для обработки данных
on-line data reduction – неавтономная обработка и отбор данных
on-net station – станция, входящая в сеть связи
on-off action – действие по типу «включено – выключено»
on-off control – система регулирования с помощью операций «включено – выключено»
on-off control system – система управления релейного типа
on-off controller – двухпозиционный регулятор; регулятор типа «включено-выключено»; релейный регулятор
on-off information – информация типа «да – нет»
on-off keying – амплитудная модуляция
on-off mechanism – механизм включения и выключения
on-off stabilization system – система стабилизации релейного типа
on-off switch – двухпозиционный переключатель
on-off type system – система релейного типа; система типа «да – нет»

on-the-job training – тренировка на рабочем месте
on-the-spot investigation – расследование на месте происшествия
on-the-windshield display – индикация на лобовом стекле
ontop – выше облачности; надоблачный
Op.Con. (operational control) – оперативное руководство
open jet – открытая часть аэродинамической трубы; свободная струя
open out (the throttle) – дать газ; открыть дроссель
open scale – шкала без промежуточных делений
open the engine full out – дать полный газ
open ticket – открытый билет
open up the engine – дать газ
open wire line – открытая линия
open-circuit wind tunnel – незамкнутая аэродинамическая труба
open-cycle (-ended, -loop) control – pl- система управления без обратной связи; управление или регулирование по незамкнутому циклу
open-date ticket – билет с открытой датой
open-end contract – контракт без оговоренных сроков завершения работ
open-jaw route – незамкнутый круговой маршрут
open-jaw trip – полет по незамкнутому маршруту
open-jaw trip fare – тариф по незамкнутому маршруту
open-jet wind tunnel – аэродинамическая труба с открытой рабочей частью
open-loop control – регулирование с разомкнутой цепью; система управления без обратной связи
open-loop operation – работа по разомкнутому циклу
open-throat wind tunnel – аэродинамическая труба с открытой рабочей частью
operate – пилотировать; приводить в действие; совершать полеты на авиалинии; управлять; эксплуатировать материальную часть
operating ceiling – практический потолок
operating channel – рабочий канал
operating characteristics – рабочие характеристики; эксплуатационные характеристики
operating conditions – режим работы; условия эксплуатации
operating controls – органы управления
operating cost per capacity ton-miles – эксплуатационная себестоимость располагаемых тонно-миль
operating costs – эксплуатационные расходы
operating crew – ведущий экипаж; основной экипаж
operating economics – эксплуатационные экономические характеристики
operating expenses – эксплуатационные расходы
operating handle – ручное управление
operating height – эксплуатационная высота
operating income – доход от операций
operating instructions – инструкция по эксплуатации
operating lever – рукоятка управления
operating limitations – эксплуатационные ограничения
operating maintenance – текущее техническое обслуживание
operating mode – рабочий режим
operating personnel – летно-подъемный состав; обслуживающий персонал; экипаж самолета
operating planning – прокладка маршрута
operating point – рабочий режим, эксплуатационный режим
operating pressure – рабочее давление
operating procedure – установленный порядок действий
operating profit – доход от операций
operating range – дальность действия; практическая дальность; рабочий диапазон
operating ratio – процент рентабельности; соотношение доходов и расходов
operating revenue – эксплуатационные доходы
operating speed – крейсерская скорость
operating supervision – наблюдение за полетами
operating turn-around time – время оборота транспорта

operation – взлет или посадка; обслуживание; операция; работа; управление; эксплуатация
operation time – время работы; период работы; ресурс; срок эксплуатации
operational (operating) limitations – эксплуатационные ограничения
operational altitude – рабочая высота; эксплуатационная высота
operational call sign – позывной сигнал
operational characteristics – рабочие характеристики, эксплуатационные характеристики
operational clearance – разрешение на полет по маршруту
operational constraints – эксплуатационные ограничения
operational control – руководство полетами
operational control communication – связь для руководства полетами
operational endurance – продолжительность полета на рабочем режиме
operational flight plan – рабочий план полета
operational frequency – рабочая частота
operational height – эксплуатационная высота полета
operational hour – летный час, час налета
operational life – ресурс, срок службы, срок эксплуатации
operational load – полезная нагрузка самолета
operational message – оперативное сообщение
operational meteorological information – оперативная метеорологическая информация
operational meteorological message – оперативное метеорологическое сообщение
operational performance – рабочие характеристики, эксплуатационные характеристики
operational performance category I – посадочный минимум категории I
operational performance category II – посадочный минимум категории II
operational performance category IIIA – посадочный минимум категории IIIA
operational performance category IIIB – посадочный минимум категории IIIB
operational performance category IIIC – посадочный минимум категории IIIC
operational planning – планирование полетов
operational planning chart – оперативная аэронавигационная карта для планирования
operational range – дальность действия самолета
operational reliability – эксплуатационная надежность
operational requirements – эксплуатационные требования
operational service test – приемочное испытание
operational speed – крейсерская скорость; эксплуатационная скорость
operational trim – балансировка самолета
operations manual – руководство по производству полетов
operations officer – агент по перевозкам
operations room – командный пункт; оперативная комната
operations tower – контрольно-диспетчерский пункт
operative – в действии; действующий; исправный; работающий; работоспособный; эффективный
operator – авиакомпания; диспетчер; оператор; пилот; эксплуатант
operator's local representative – местный представитель эксплуатанта
opposite – встречный; обратный; противоположный
opposite course – встречный курс
opposite direction traffic – движение в противоположных направлениях
opposition – противостояние; сдвиг по фазе
OPS (operations) – операции
OPS (operators) – авиакомпании-эксплуатанты
optar – лазерный локатор, РЛС оптического диапазона
optical collimation – оптическая юстировка, юстировка параллельности осей с помощью оптических приборов
optical display unit – коллиматорный индикатор
optical landing system – оптическая система обеспечения посадки, система посадки с применением оптических средств

optical lockon – захват цели оптической системой наведения
optical tracking system – оптическая система слежения
optically-tracked – с оптическим слежением (сопровождением)
optics – оптика; оптические устройства
optimascope – оптимаскоп
optimum – наилучший, оптимальный
optimum value – наивыгоднейшая величина, оптимальное значение
option – выбор; обусловленное договором право вносить некоторые изменения; право выбора; преимущественное право на покупку или продажу
optional – дополнительный, необязательный
optional fuel capacity – дополнительное количество топлива
ORB (omnidirectional radio beacon) – всенаправленный радиомаяк
orbit – орбита
orbit vehicle – орбитальный летательный аппарат
orbiting the earth – кругосветный перелет по орбите вокруг земного шара
order – заказывать; порядок; приказ; приказывать
order of priority – порядок очередности
ordinary daily range forecast – краткосрочный прогноз
organization of routes – разработка маршрутов
orientation – ознакомление; ориентировка
orientation error – ошибка в ориентации; погрешность системы ориентации
orientation flight – ознакомительный полет
orientation medical test – исследование реакции пилота на положение тела в пространстве
orientation reference data – данные о пространственном положении, используемые в системе ориентации; исходные данные системы ориентации
orifice – насадок; отверстие; сопло
origin – исходная точка, начало
originating aircraft – самолет, отправляющийся в рейс
origination of a flight plan – разработка плана полета
origination of messages – составление сообщений
originator – излучатель; отправитель; передатчик
ornithopter – орнитоптер
orthodox construction – обычная конструкция
orthogonal mounting – взаимоперпендикулярная установка
orthogonal projection – ортоугольная проекция; прямоугольная проекция
orthogonal system – прямоугольная система
oscillate – вибрировать; качаться; колебаться
oscillating beacon – проблесковый светомаяк
oscillation – вибрация; качание; колебание
oscillator – вибратор; генератор колебаний; гетеродин; излучатель; осциллятор
out – конец радиопередачи (ртс)
out of ground effect – вне влияния земли
outboard – ближе к борту; за бортом; наружный; прилегающий к борту
outboard bearing – обратный пеленг; пеленг от радиостанции на самолет
outboard door – наружная створка
outboard engine – крайний двигатель на крыле самолета; крыльевой двигатель
outboard fin – разнесенный киль
outboard flaps – внешние закрылки
outboard propeller – воздушный винт внешнего двигателя
outboard slat – предкрылок консоли крыла
outboard tank – подвесной бак
outboard wing panel – консольная часть крыла
outbound – вылетающий самолет; направленный от радионавигационной точки; отбывающий; самолет, летящий в направлении от аэропорта
outbound aircraft – воздушное движение, направленное в сторону от аэропорта
outbound bearing – курс от маяка; направление от маяка
outbound clearance – разрешение диспетчера на вылет самолета
outbound course – курс от приводного маяка
outbound course orientation – определение относительного местоположения посредством

прослушивания на одном курсе сигналов радиомаяка, дающего пеленг
outbound heading – курс от выбранного ориентира
outbound leg – ветвь траектории отправления; участок маршрута полета от ориентира
outbound leg of circuit – внешний участок круга
outbound parallel track – внешняя параллельная прямая
outbound procedures – установленный порядок отправления самолетов
outbound routing – полет по маршруту в направлении от заданной точки
outclimb – превосходить в скороподъемности
outer chamber shell – наружный корпус камеры сгорания
outer cone – конус реактивного самолета
outer edge of boundary layer – внешняя грань пограничного слоя
outer gimbal – внешняя рамка карданного подвеса
outer gimbal axis – ось внешней рамки карданного подвеса
outer horizontal surface – внешняя горизонтальная плоскость
outer locator – дальняя приводная радиостанция
outer main plane – внешняя часть крыла; внешняя часть несущей поверхности
outer marker (beacon) – внешний радиомаркер; дальний радиомаркер
outer plane – консоль крыла
outer shroud (ring) – наружная обойма
outer space – космическое пространство; пространство за пределами земной атмосферы
outer wing – съемная часть крыла
outer-marker crossing height – высота пролета дальнего радиомаркера
outer-space flight – космический полет
outflow – выход струи; выходящий поток; отбрасываемая винтом струя
outlet – выпуск; выпускное отверстие; вытекание; выход; выходное отверстие; сток
outlet area – площадь на выходе
outlet guide vanes – направляющий аппарат на выходе
outlet temperature – температура выхлопа, температура при выхлопе
outlet valve – выхлопной клапан
outline – контур; обвод; очертание
outline drawing – габаритный чертеж
outline lights – контурные огни
out-of-alignment – неотъюстированный; несовпадающий; несоосный; с неодинаковой стреловидностью лопастей
out-of-balance – несбалансированный, неуравновешенный, разбалансированный
out-of-balance (-trim) indication – индикация разбалансировки
out-of-balance condition – режим разбалансировки
out-of-control – состояние потери управляемости
out-of-control incident – летное происшествие из-за потери управляемости
out-of-control maneuver – маневр с потерей управляемости; неуправляемый маневр
out-of-pitch – с неодинаковым шагом лопастей
out-of-rig characteristics – характеристики, отличающиеся от расчетных (стендовых, трубных)
out-of-track – с отклонением от заданного маршрута
out-of-track condition – несоконусность лопастей
out-of-trim – несбалансированный; разбалансировка
out-of-trim condition – режим разбалансировки
out-of-wind takeoff – взлет с боковым ветром
output – выходной сигнал; выходные данные; мощность; отдача; производительность; транспортная продукция
output air temperature – температура наружного воздуха
output amplifier – выходной усилитель
output block – выходное устройство; устройство выхода
output cable – выводной канал
output circuit – выходная цепь
output control – реакция на выходе
output data – выходная информация; выходные данные

output factor – к.п.д., коэффициент полезного действия
output gating amplifier – усилитель формирования выходных сигналов
output recorder – прибор для регистрации выходного сигнала
output signal – выходной сигнал
output to flight director – выход на пилотажный директорный прибор
outrange – перекрывать; превосходить; превышать
outrigger wheel fairing – обтекатель подкрыльевого колеса
outside approach window – непопадание в окно захода
outside power unit – аэродромный источник питания
outside roll – движение крена на отрицательном угле атаки
outside scan – обзор наружного пространства
outside turn – разворот с креном на внешнее крыло
outside visibility – видимость наружных ориентиров
outside vision – обзор вне кабинного пространства
outsize cargo – громоздкий груз
outsized – больше обычного размера
outward cargo – экспортный груз
outward leg – участок маршрута полета к месту назначения
outward side slip – наружное скольжение
outward-retracting undercarriage – шасси, убирающееся в направлении консолей крыла
over – «перехожу на прием» (ртс); прием
over the horizon transmission – радиопередача за пределы горизонта
overall block time – общее время полета по маршруту
overall diameter – диаметр миделя; максимальный диаметр
overall load factor – коэффициент общей загрузки
overall loading – максимальная нагрузка; полная нагрузка
overall operating profit – прибыль от эксплуатационной деятельности
overall thrust – суммарная тяга силовой установки
overbank – крутой вираж
overbooking – перезаказ авиабилетов
overbreathing – гипервентиляция
overcast – верхний слой облаков; облачное небо; сплошная облачность
overcast clouds – верхний слой облаков; натекание облаков; сплошная облачность
overchoked jet – сверхзвуковой поток
overdesign – конструкция с излишним запасом прочности
overexpanded nozzle – сопло, в котором происходит перерасширение газа
overexpansion – перерасширение
overflow – переполнять; разливаться; слив; течь через край
overfly – вылетать за установленные пределы; совершать полет над каким-либо районом
overhaul – капитальный ремонт; переборка двигателя; производить переборку; разбирать для осмотра и ремонта
overhaul and repair – полная разборка и ремонт
overhaul instruction – инструкция по капитальному ремонту
overhaul life – срок службы двигателя до капитального ремонта
overhaul manual – руководство по ремонту
overhaul period – межремонтный срок службы; ресурс
overhaul stand – ремонтный стенд
overhaul time – межремонтный срок службы
overhaul work – переработка; ремонтные работы
overhauling – капитальный ремонт; переборка; подробный осмотр; разборка и сборка
overhead – наверху; находящийся над головой; сверху
overhead approach – заход на посадку над ВПП с разворотом; заход на посадку с доворотом в направлении ВПП
overheavy – перетяжеленное управление
overland flight – полет над сушей; трансконтинентальный полет
overlap – класть кромка на кромку; нахлестка; нахлестывать; перекрывать; перекрытие
overlap between adjacent signal – равносигнальная зона

overlapping of disk areas – перекрывание площадей, ометаемых воздушными винтами
overlapping patterns – перекрывающиеся диаграммы
overlay – перекрытие; покрытие
overload – перегружать; перегрузка
overload capacity – способность выдерживать перегрузки
overload characteristics – перегрузочная характеристика; характеристики в перегрузочном варианте
overload failure – разрушение из-за чрезмерной перегрузки
overload fuel capacity – перегрузочный запас топлива
overload gross weight – перегрузочный вес; полетный вес в перегрузочном варианте
overload tank – подвесной топливный бак
overload test – испытание с перегрузкой
overpower force – усилие пересиливания
overpower mechanism – механизм пересиливания
overpowered – с избыточной мощностью, с избыточной тягой
overpressure – избыточное давление
overprime – переполнять двигатель топливом
override – пересиливать автоматику, преодолевать вручную действие рулевой машины автопилота
override (overriding) control – пересиливание автоматики, управление в обход автоматики
override switch – переключатель перехода на ручное управление
override throttle setting – независимое регулирование мощности или тяги двигателя
overrotate – чрезмерно задирать нос; чрезмерно увеличивать угол тангажа
overrun – выкатывание самолета за пределы ВПП; концевая полоса безопасности; эксплуатация при чрезмерных скоростных режимах
overrun barrier – аварийная тормозная установка на концевой полосе безопасности
overrun runway – выкатывание за ВПП
overrun safety arrester – аварийная тормозная установка на концевой полосе безопасности
overrunning – обгон
overrunning mechanism – механизм свободного хода; муфта свободного хода
oversea(s) – заграничный; заморский; заокеанский
over-sensitive control – чрезмерно чувствительное управление
oversensitivity – чрезмерная чувствительность
overshoot – перелетать; совершать посадку с выкатыванием самолета за пределы ВПП
overshoot accident – летное происшествие в результате посадки с перелетом
overshoot characteristics – характеристики заброса
overshoot computer – вычислитель системы ухода на второй круг
overshoot decision height – высота принятия решения об уходе на второй круг
overshoot director – командный авиагоризонт
overshoot error – ошибка, приводящая к перелету
overshoot height – высота ухода на второй круг
overshoot incident – происшествие в результате перелета при посадке
overshoot mode – режим ухода на второй круг
overshoot space – концевая полоса безопасности
overshooting – заброс; перерегулирование; переход за положение балансировки
overshooting landing – посадка с выкатыванием самолета за пределы ВПП
overspeed – превышать ограничения по скорости; работать на завышенных скоростях; раскручивать; форсировать
overspeed condition – взлетный режим; режим раскрутки
overspeed control – ограничитель раскрутки
overspeed indicator – указатель раскрутки
overspeed limiter – ограничитель предельного числа оборотов
overspeeding – работа в разнос; раскрутка; форсирование оборотов

overstability – избыточная устойчивость; чрезмерный запас устойчивости
overstable – обладающий чрезмерным запасом устойчивости; сверхустойчивый
oversteering – заброс; перерегулирование при управлении
overstressing – перенапряжение; превышение допустимых напряжений
overswing – колебание магнитной системы компаса после разворота
overtaking – обгон
overtaking speed – скорость обгона
over-the-fence speed – скорость над входной кромкой
over-the-nose visibility – видимость вперед-вниз
over-the-top – выше облаков, над облаками
over-the-top navigation – самолетовождение за облаками
overwater corridor – воздушный коридор над водным пространством
overwater emergency equipment – аварийно-спасательное имущество самолетов, совершающих полеты над водным пространством
overwater flight – полет над водным пространством
overweather flight – полет над зоной грозы; полет над облаками
overweight – перегружать; чрезмерный вес
overweight payload – полезная нагрузка завышенного веса
over-wing fueling – заправка через верхние горловины
over-wings diameter – размах крыльев
oxidant – окислитель
oxidation – окисление
oxygen – кислород
oxygen equipment – кислородная аппаратура
oxygen press-to-test button – кнопка проверки работы кислородной системы
oxygen recovery system – система восстановления кислорода

P

P (absolute pressure) – абсолютное давление
P (design power load) – расчетная удельная мощность
P (panel) – приборная доска
p (pilot) – пилот
p (polar air mass) – полярные воздушные массы
P. – магистральная радиосвязь
p.c. (per compass) – по компасу
p.h. (per hour) – в час
p.m. (pulse modulation) – импульсная модуляция
p.r.f. (pulse recurrence frequency) – частота повторения импульсов
p.s.i. (pounds per square inch) – фунтов на квадратный дюйм
P2 – высотная синоптическая карта прогноза на уровне 200 миллибар
P5 – высотная синоптическая карта прогноза на уровне 500 миллибар
P85 – высотная синоптическая карта прогноза на уровне 850 миллибар
pa (per annum) – в год
PAAR (precision approach airfield radar) – радиолокационная станция точного управления выводом самолета в зону аэродрома и посадкой
Pacific standard time – тихоокеанское поясное время
pack – блок; контейнер; объединение чисел; узел
pack up – груз, готовый к перевозке
package – агрегат; герметизированный блок; компактное устройство; пакет; прибор автономного действия; упаковка
package system – система групповой посадки пассажиров
packaged unit – отдельный узел
packaging – компоновка; монтаж; упаковка
packed joint – сальниковое соединение
packing – упаковка; уплотнение; уплотнитель
packing list – упаковочный лист
packing record – упаковочная ведомость, упаковочный лист
packing sheet – упаковочная ведомость
pad – основание, подкладка; подушка
page copy – копия
pallet – поддон
palletization – укладка грузов на поддоны
palletized movement – перевозка грузов на поддонах
PALS (Precision Approach and Landing System) – система точного управления при заходе на посадку и посадке
PAM, p.a.m. (pulse amplitude modulation) – амплитудно-импульсная модуляция
PAN – кодовый сигнал, обозначающий срочное сообщение; кодовый сигнал, обозначающий срочное сообщение (ртс)
pancake – парашютирование самолета; посадка с парашютированием; потеря скорости из-за преждевременного выравнивания самолета
pancake landing – посадка с парашютированием; посадка с проваливанием
panel – консоль; панель; приборная доска; секция
panel board – приборная доска
panel code – код сигнализации полотнищами
panel control – панель управления
panel lights – регулятор освещения пульта
panel operator – бортинженер
panel-mounted display – индикатор на приборной доске
panoramic – круговой; панорамный
panoramic view – круговой обзор
panoramic vision – панорамный обзор
pantobase aircraft – самолет с универсальным шасси
PAR (instrument) approach – инструментальный заход на посадку с помощью посадочной РЛС
PAR (Precision Approach Radar) – посадочный радиолокатор (в системе Джи-Си-Эй)
PAR controller – оператор посадочной РЛС
PAR indicator – индикатор посадочной РЛС
PAR meteominimum – метеоминимум для использования посадочной РЛС
parabrake – тормозной парашют
parachute – купол парашюта; парашют; парашютировать; парашютный; прыгать

с парашютом; сбрасывать груз на парашюте
parallax – параллакс
parallax in altitude – параллакс тела, находящегося под плоскостью горизонта
parallel actuators – параллельно работающие силовые приводы; сдвоенные гидроусилители
parallel flying – параллельное эшелонирование; полет вдоль параллели
parallel grid reading compass – компас с лимбом для отсчета курсов
parallel of altitude – астрономическая широта; географическая параллель; круг долгот
parallel of declination – круг равных склонений; небесная параллель
parallel sweep search – поиск по параллелям
parameter – коэффициент; параметр; характеристика
pararaft – индивидуальная надувная лодка парашютиста; сбрасываемый на парашюте надувной плот
parasite power – вредное сопротивление
parasitic drag – вредное сопротивление
paravisual (peripheral) command indicator – паравизуальный командный прибор
paravisual director – директорный прибор визуальной системы управления полетом
paravisual director system – система паравизуальных директорных приборов
paravisual perception – паравизуальное восприятие
parity – четность
parity error – ошибка четности
park – место стоянки самолетов; парк; склад; ставить самолет в ангар
parking – место стоянки; стоянка
parking apron – групповое место стоянки самолетов; место стоянки; сектор
parking area – место стоянки
parking charge – сборы за стоянку
parking fee – плата, взимаемая за стоянку самолета
parking ramp – приангарная стояночная площадка
parking stand – место стоянки самолетов
part task trainer – специализированный тренажер
part throttle operation – дросселирование двигателя; работа на пониженных режимах
partial instrument failure – отказ части пилотажных приборов
partial-thickness crack – несквозная трещина
particular average (damage) – частная авария (страховка)
parting – разъем
parting line – линия разъема
parting surface – поверхность разъема
partition – диафрагма; переборка; перегораживать; перегородка; шпангоут
part-span vortex sheet – вихревой слой на части размаха
pass – заход (на посадку); канал; пролет; пролетать; проход; прохождение
pass band – полоса пропускания; полоса частот
pass high – пролетать на большой высоте
pass low – низко пролетать, пролетать на малой высоте
pass through – пробивать облачность
passage – доступ; перелет; проход; прохождение; трубопровод
passageway – перепускной канал; проход
passenger – пассажир; пассажирский
passenger agent – агент, обеспечивающий посадку пассажиров в самолет
passenger aircraft – пассажирский самолет
passenger aisle – проход для пассажиров
passenger assembly area – место сбора пассажиров на аэродроме; накопитель
passenger cabin – пассажирская кабина
passenger capacity – число пассажирских мест
passenger compartment – пассажирская кабина
passenger coupon – купон для пассажира
passenger customs hall – таможенный пассажирский зал
passenger fare – пассажирский тариф
passenger flow routes – маршрут движения пассажиров в аэропорту
passenger hop(ping) – перевозка пассажиров на короткое расстояние
passenger identity documents – документы, удостоверяющие личность пассажира

passenger jetway – пассажирский трап
passenger list – пассажирская ведомость, список пассажиров данного рейса
passenger load factor – коэффициент пассажирской загрузки, процент занятости пассажирских мест
passenger loading – пассажирская загрузка
passenger loading scheme – компоновка пассажирских мест
passenger manifest – пассажирская ведомость, пассажирский манифест
passenger pilot – пилот гражданской авиации; пилот пассажирского самолета
passenger pre-staging area – зал ожидания для вылетающих пассажиров
passenger ramp – пассажирский трап
passenger rate – пассажирская тарифная ставка, пассажирский тариф
passenger refund – возврат денег пассажирам; перерасчет
passenger revenue – доход от перевозки пассажиров
passenger revenue rate – пассажирская доходная ставка
passenger seat miles – налет в пассажиро-милях
passenger service charge – сбор за обслуживание пассажиров
passenger space – места для пассажиров, пассажирская кабина
passenger step – пассажирский трап
passenger ton-mile – пассажирская тонно-миля
passenger traffic – движение пассажиров в аэропорту; пассажирские перевозки
passenger view – обзор с пассажирского сиденья
passenger-carrier – пассажирский самолет
passenger-fatality rate – процент смертности пассажиров в результате аварий самолетов
passenger-kilometer – пассажиро-километр
passenger-loading steps – пассажирский трап
passenger-mile – пассажиро-миля
passenger-mile cost – стоимость пассажиро-мили
passenger-name recording – регистрация фамилий пассажиров
passing light – сигнальный ходовой огонь
passive antenna – пассивный элемент антенны; приемная антенна
passive detection and ranging – пассивная радиолокация
passive failure – мягкий отказ; пассивный отказ
passive failure autopilot – автопилот с мягким отказом; одноотказный автопилот
passive failure system – система пассивной компенсации отказа; система с мягким отказом
passive flight – планирующий полет; полет с выключенным двигателем
passive malfunction – пассивный отказ
passive method of homing – пассивный метод самонаведения
passive radar – пассивная радиолокационная станция
passive secondary radar – ограниченный активный радиолокационный канал
past weather – прошедшая погода
patch – накладка; нашивка; подпрограмма изменения программ; участок ВПП
patch board – коммутационная доска
patch panel – переходная панель; переходный щит; распределительный щит; соединительный щит
path – путь, траектория
path angle – путевой угол
path axis – ось, направленная параллельно вектору скорости самолета
path in azimuth – траектория полета в горизонтальной плоскости
path in elevation – траектория полета в вертикальной плоскости
path marker – указатель глиссады, указатель траектории
path of loading – закон распределения нагрузок; эпюра нагружения
path velocity – скорость маршевого полета; скорость по траектории
pathfinder – самолетная панорамная радиолокационная станция, СПРС
PATS (precision aircraft tracking system) – прецезионная самолетная система траекторных измерений
pattern – диаграмма; модель; образец; спектр; структура; схема; фигура; форма; характер; характеристика; шаблон

pattern entry – вход в круг; выход на трассу полетов; занятие определенного маршрута
pattern of a radio range – диаграмма излучения радиомаяка
pattern recognition system – система распознавания образов
pave – укладывать аэродромное или дорожное покрытие
paved – с искусственным покрытием
paved runway – ВПП с искусственным покрытием
pavement – дорожная одежда, покрытие
pavement evaluation index – показатель оценки относительной прочности эксплуатируемого покрытия
pavement evaluation load factor – коэффициент оценки прочности
pavement loading – нагрузка на покрытие
pavement strength – несущая способность покрытия
pay roll – платежная ведомость
pay sheet – платежная ведомость
payload – коммерческая загрузка, платный груз
payload capacity – грузоподъемность, максимальная полезная нагрузка
payload range – дальность полета с полной коммерческой нагрузкой
payload weight – вес платной нагрузки
PCM, p.c.m. (pulse code modulation) – кодово-импульсная модуляция
pct (percent) – процент
PDI (pictorial deviation indicator) – наглядный указатель отклонений самолета
PDI (pilot direction indicator) – индикатор направления
PDM (pulse duration modulation) – модуляция по длительности импульсов
peak – вершина, максимум, пик
peak clipping – ограничение пика
peak of flight – максимальная высота полета
pedal – педаль
pedal force – усилие на педали
pedestal – основание, подставка; стойка управления
pedestal panel – щиток в основании приборной доски
peeling-off – отваливание в сторону; отделение; отрыв
pellet – гранула, зерно; стеллаж
pen – секция; укрытие для ВС; ячейка
penalty – потеря, проигрыш; штраф
penalty test – испытание на резкое увеличение мощности
pendulum gyroscope – гироскоп с маятниковой коррекцией
penetrate – вторгаться в воздушное пространство
penetration – вторжение; пробивание облачности; проникновение
penetration of obstacle clearance surface – возвышение над плоскостью ограничения препятствия
penetration procedure – порядок снижения на посадку с пробиванием облаков
perceived noise level – уровень воспринимаемого шума
percentage of modulation – коэффициент модуляции
percentage probability – вероятность, выраженная в процентах
perforated characters – цифры и знаки на перфораторе
perforated wing flap – закрылок с отверстиями, перфорированный закрылок
performance – летные данные, летные качества, характеристики
performance characteristics – летные данные, летные характеристики, рабочие характеристики
performance criterion test – критерии оценки при проверках обучаемого
performance curve – кривая характеристики, тяговая характеристика
performance data – летно-технические данные, рабочие характеристики, характеристики
performance envelope – граница полетных режимов; область летно-технических характеристик; предел досягаемости
performance flight – испытательный полет; летные испытания; полет для определения летных характеристик
performance index – удельный расход топлива
performance instruments – приборы для записи параметров движения; приборы пилотажной группы
performance margin – запас по характеристикам

performance number – октановое число; показатель качества
performance range – диапазон характеристик
performance reduction – приведение характеристик
performance testing – эксплуатационные испытания
perimeter – внешний край, внешняя граница
period – период; промежуток времени; цикл
period of validity (of a forecast) – срок действия (прогноза)
periodic maintenance requirements – наставление по регламентным работам
peripheral command indicator – периферический или паравизуальный индикатор командно-пилотажного прибора
peripheral speed – окружная скорость
peripheral taxiway – окружная рулежная полоса
peripheral velocity – окружная скорость
peripheral vision – боковое зрение, периферическое зрение
periphery – кромка; периметр; периферия
periscope drift angle sight – аэронавигационный бортовой визир
periscope sextant – перископический секстант
perishable freight – скоропортящийся груз
permanent airdrome mark – постоянный аэродромный маркировочный знак
permanent echo – отражение от неподвижных предметов
permanent glide angle – постоянный угол планирования
permanent repair – текущий ремонт
personnel – личный состав, персонал
personnel licensing – выдача свидетельств личному составу
perspex – органическое стекло, плексиглас
PERT (Program Evaluation and Research Task) – метод оценки и пересмотра планов, система сетевого планирования «Перт»
perturbation – возмущение; нарушение; помехи
pesticide – пестицид
petrol – бензин
petroleum – нефтепродукт; нефть
PF (position finder) – пеленгатор
PF (preflight) – предполетный
PFD (Primary Flight Display) – система индикации основных пилотажных данных
PFM, p.f.m. (pulse frequency modulation) – частотно-импульсная модуляция
ph.m. (phase modulation) – фазовая модуляция
phantom view – вид без кожуха
phase – фаза; этап
phase advance – опережение по фазе
phase comparison – сравнение фаз
phase deviation – фазовый сдвиг
phase lag – отставание по фазе
phase localizer – курсовой маяк с правым и левым сигналами по фазе
phase margin – запас по фазе
phase modulation – фазовая модуляция
phase shift – фазовый сдвиг
phase velocity – фазовая скорость
phase-advance system – система опережения по фазе
phased-array radar – РЛС с фазированной антенной решеткой
phase-measurement navigation system – фазовая навигационная система
phase-out – прекращение применения, снятие с эксплуатации
phase-shift keying – манипуляция сдвигом фазы
phasing – фазирование
phasing control – регулировка фазы
phenomen(on) – явление
philosophy – методика, основные принципы
phone – телефон, телефонный аппарат
phone system – система телефонной связи
phonograph pickup – звукосниматель
photo panel – киноаппарат для съемки приборной доски; фоторегистратор
photographic trainer – учебно-тренировочная копия кабины самолета
photopanel instruments – приборы, фотографируемые в полете
physical and mental requirements – требования к состоянию здоровья
physical conditioning – поддержание физического состояния
physical requirements – требования к физическому состоянию

physical training – физическая подготовка
physiological atmosphere – экосфера
physiological monitoring system – система физиологического контроля
physiological threshold – порог физиологических нарушений
physiological training – подготовка по основам авиационной физиологии
physiologically safe altitude – безопасная для человека высота
PI (point of intersection) – точка пересечения
pickoff – датчик-измеритель; чувствительный элемент
pick-off point – точка съема
pickoff unit – датчик
pickup – взятие на борт; восприятие; датчик-измеритель; звукосниматель; обнаружение и захват; подхват; прием; приспособление для съема сигнала; спасение; чувствительность; чувствительный элемент
pickup calibration – тарировка датчика
pickup connection panel – панель подключения датчиков
pick-up device – передающая камера; передающая телевизионная трубка
pick-up element – датчик
pick-up service – перевозка пассажиров из центра в аэропорт отправления самолета
pick-up traffic – полеты с догрузкой
pictograph representation – графическое представление
pictorial deviation indicator – наглядный указатель отклонений
pictorial display – графическая индикация; панорамная индикация
pictorial display/course-line computer – вычислитель системы наглядной индикации и перемещения курсовой линии
pictorial flying computer – панорамное самолетное вычислительное устройство
pictorial information – графическая информация
pictorial navigation display – панорамный навигационный индикатор
pictorial navigation system – навигационный индикатор с наглядным представлением информации
pictorial view – наглядное изображение
picture – изображать; изображение; кадр; картина
picture tube – кинескоп; приемная трубка
pier – посадочная галерея
pier gallery – посадочная галерея
pier system – система посадочных галерей
pierced steel plank – металлическая перфорированная плита
PIF (pilot's information file) – справочник пилота
pillar – стойка
pilot – автопилот; летчик; пилот; пилотировать
pilot – controller system – система «пилот – диспетчер»
pilot balloon – шар-пилот
pilot cadet – летчик-курсант
pilot certificate – летное удостоверение; свидетельство на право пилотирования самолета
pilot chart – маршрутно-полетная карта
pilot chute – вытяжной парашют
pilot conversion – переучивание пилота
pilot direction indicator – автомат курса; индикатор направления
pilot director – курсоуказатель
pilot disorientation – дезориентация пилота
pilot error accident – летное происшествие из-за ошибки пилота
pilot error factor accident – авиационное происшествие, происшедшее по причине ошибки пилота
pilot error fatality – катастрофа по вине пилота
pilot factor – вина пилота в происшествии; ошибка пилота; фактор, связанный с пилотом
pilot fatigue – усталость пилота, утомление пилота
pilot in command – командир корабля
pilot inputs – входные сигналы от пилота
pilot instructor – пилот-инструктор
pilot intervention – вмешательство пилота
pilot keyboard – пульты управления пилотов
pilot logbook – летная книжка
pilot navigator – пилот-штурман
pilot performance data – комплекс характеристик пилота
pilot rating – квалификация пилота; летное свидетельство

pilot reaction time – быстрота реакции пилота
pilot report – донесение пилота
pilot scanning behavior – распределение внимания пилота
pilot takeover ability – способность пилота брать на себя управление
pilot training – подготовка пилотов
pilot transition training – переучивание пилотов на другой тип самолета
pilot view – обзор из кабины пилота
pilot warning instrument – сигнализатор пилота
pilot warning sheet – памятка пилоту
pilotage – пилотаж, пилотирование, самолетовождение
pilot-aircraft interfaces – взаимодействие пилота и самолета
pilot-balloon ascent – выпуск шара-пилота; подъем шара-пилота
pilot-balloon observation – шаропилотажное наблюдение
pilot-controlled – пилотируемый
piloted – пилотируемый
piloting – пилотирование
pilot-instructor training – подготовка пилотов-инструкторов
pilot-integrated cockpit – комплекс «пилот – кабина»
pilotless aircraft – беспилотный самолет, дистанционно управляемый самолет
pilot-overpower force – усилие пересиливания автоматики
pilot's control column – штурвал пилота
pilot's failure – неспособность пилота; отказ пилота; потеря работоспособности пилота
pilot's flying manual – наставление по летной службе
pilot's force – усилие, прикладываемое пилотом
pilot's handbook – справочник пилота
pilot's information file – справочник пилота
pilot's line of vision – линия визирования пилота
pilot's position – рабочее место пилота
pilot's recovery efforts – действия пилота по выводу ВС из опасного режима
pilot's side panel – боковой пульт пилота
pilot's vertigo – потеря пространственной ориентации у пилотов
pilot's wings – нагрудный знак пилота («крылья»)
pilot-trainee – пилот-курсант
pin – крепить штифтом; палец; пробойник; ударник; чека; шплинт; штифт; штырь
pinion – шестерня
pinned – с шарнирным креплением
pinpoint – визуально определенное место ВС; засечка; малоразмерная цель; место самолета; надежный ориентир; точно определенная цель; точно определять местоположение самолета; точно определять положение ВС; точный; точный ориентир
pin-point (precise) reading – точное показание или отсчет
pinpoint (precision) tracking – точное слежение; точное сопровождение
pinpoint accuracy – высокая точность
pinpoint control – точное управление
pinpoint landing – посадка в заданной точке
pinpoint navigation – точное самолетовождение или наведение
pinpoint reference – точное целеуказание на карте
pinpoint target – малоразмерная цель; точно определенная цель
pip – выброс, импульс
pipe – труба, трубопровод
pirep (pilot report) – донесение пилота
PIREP (pilot weather report) – донесение пилота о метеоусловиях
piston engine – поршневой двигатель
piston pin – поршневой палец
piston-engined aircraft – самолет с поршневым двигателем
pitball (pilot balloon) – метеоданные, получаемые с помощью шаров-пилотов
pitch – выполнять движение тангажа; движение тангажа; наклон самолета относительно поперечной оси; тангаж; угол тангажа; угол установки лопасти; шаг винта
pitch adder – сумматор канала продольного управления; сумматор канала тангажа
pitch amplifier – усилитель канала тангажа
pitch angle – угол тангажа; угол установки лопасти

pitch angle deviation – возмущение угла тангажа
pitch angle indicator – указатель угла тангажа
pitch attitude – продольное положение; угол тангажа
pitch attitude signal – сигнал угла тангажа
pitch autopilot – автопилот канала тангажа
pitch autostabilizer – автомат тангажа
pitch axis – ось тангажа; поперечная ось самолета
pitch bar – планка тангажа
pitch change indicator – указатель изменения шага воздушного винта
pitch changing actuator – механизм изменения шага винта
pitch channel – канал тангажа
pitch characteristics – характеристики по тангажу
pitch control – автомат перекоса; ручка управления шагом воздушного винта; управление или механизм управления шагом воздушного винта; управление по тангажу
pitch control force – усилие на рычаге продольного управления
pitch control system – система управления тангажом
pitch control wheel – штурвальчик управления тангажом или шагом винта
pitch correction – поправка по тангажу
pitch damping – демпфирование продольных колебаний
pitch data mixer – смеситель информации в продольном движении
pitch datum – начало отсчета
pitch director – указатель заданного угла тангажа
pitch director display – индикация команд по тангажу
pitch error signal – сигнал рассогласования по тангажу
pitch force switch – контакты, срабатывающие под действием продольной силы на ручке управления
pitch gyroscope – гиродатчик тангажа
pitch inertia – момент инерции в продольном движении; продольный момент инерции
pitch lever – рычаг установки шага воздушного винта
pitch maneuver – маневр по тангажу
pitch mode operation – работа в режиме стабилизации тангажа или в режиме продольного управления
pitch rate – угловая скорость тангажа
pitch ratio – шаг воздушного винта
pitch reference attitude – исходное положение по тангажу, исходный угол тангажа
pitch reversing (of propeller) – реверсирование шага воздушного винта
pitch setting – установка шага воздушного винта
pitch stability – продольная стабилизация
pitch stability augmentor – автомат продольной устойчивости, автомат устойчивости тангажа
pitch stick – ручка управления шагом
pitch stiffness – продольная устойчивость
pitch synchro – сельсин тангажа
pitch-attitude holding – выдерживание заданного угла тангажа, стабилизация тангажа
pitch-change (changing) mechanism – механизм изменения шага воздушного винта
pitch-damper mode – режим работы с включенным демпфером тангажа
pitch-down – пикирование
pitching – движение тангажа; кабрирование; пикирование; продольное движение; тангаж
pitching characteristics – продольные характеристики, характеристики в движении тангажа
pitching instability – продольная неустойчивость
pitching moment – момент кабрирования, момент относительно поперечной оси, момент пикирования, момент тангажа, продольный момент
pitching plane – плоскость симметрии тангажа, плоскость тангажа
pitching velocity – угловая скорость тангажа
pitching-moment curve – кривая момента относительно поперечной оси
pitch-rate damping characteristics – характеристики демпфирования угловой скорости тангажа
pitch-rate gyro – гиродатчик угловой скорости тангажа

pitch-response characteristics – частотные характеристики в движении тангажа
pitch-under – пикирование
pitch-up – кабрирование
pitch-up warning horn – сигнальная сирена, предупреждающая о приближении к режиму непроизвольного кабрирования
Pitot comb – гребенка из трубок Пито
Pitot head – приемник воздушного давления
Pitot head-switch – тумблер включения обогревателя приемника воздушного давления
Pitot input – входной сигнал полного давления
Pitot intake – отверстие в трубке Пито
Pitot pressure gauge – датчик-измеритель полного давления
Pitot probe – ПВД, приемник воздушного давления, трубка Пито
Pitot static instruments – барометрические приборы; приборы для измерения скорости, высоты и вертикальной скорости
Pitot-Ventury tube – комбинация трубки Пито и насадка Вентури
pivoting joint – шарнир
placard – надпись; снабжать пояснительной надписью; табличка ограничений
placard speed – максимально допустимая скорость полета на данном режиме; ограничение по скорости
place the power lever – ставить РУД в заданное положение
plain (language) message – донесение, передаваемое открытым текстом, незашифрованное донесение
plain flap – простой закрылок
plain flow – плоский поток
plan – план, проект; схема, чертеж
plan form – горизонтальная проекция, форма в плане
plan position indicator – индикатор кругового обзора
plan position indicator approach – заход самолета на посадку с помощью индикатора кругового обзора
plan position indicator departure – вывод самолета из зоны аэродрома с помощью индикатора кругового обзора
plan view – вид в плане
plan view display – экран
planar – плоский; проекция
planar construction – плоская конструкция
plane – плоскость; несущая поверхность, крыло (самолета); самолет; проекция; планировать; глиссировать; выравнивать; плоский, ровный
plane balance – центровка самолета
plane flying – самолетовождение со счислением пути без учета кривизны Земли
plane of reference – плоскость отсчета
plane of rotation – плоскость вращения
plane of the nominal ILS glide path – плоскость номинальной глиссады ИЛС
plane shock – плоский скачок уплотнения
plane signal – сигнал, подаваемый эволюцией самолета
planeborne – перевозимый по воздуху
plane-mile – самолето-миля
plan-form fillet – горизонтальный зализ; зализ в плане
planimetric features – планиметрические детали
planned course – заданный курс
planned view – вид на горизонтально расположенные приборы; вид на приборы, отображающие движение ВС в горизонтальной плоскости
planning – глиссирование; глиссирующий; планирование; планирующий
planning room – оперативная комната
plan-position display – индикатор кругового обзора; индикатор обстановки в горизонтальной плоскости; плановый индикатор
plant – агрегат; завод; станция; установка
plasmajet – плазменный двигатель; электродуговой двигатель
plastic transparences – органическое остекление
plate – диск; пластина; плита
platform – платформа; площадка; помост
platform container – контейнерная платформа
platform heading – курс ВС, определяемый инерциальной платформой
playback – воспроизведение записанной информации
playback time – время воспроизведения

playback timer – таймерное устройство для воспроизведения записей
plenum chamber – камера повышенного давления; нагнетательная камера; расходный ресивер
plexiglass – органическое стекло, плексиглас
PLN (flight plan message) – донесение или сообщение о плане полета
PLN (flight plan) – план полета
PLOP (pressure lines of position) – барические линии положения
plot – план, схема; давать информацию в графической форме; наносить на карту маршрут полета; определять местоположение; прокладывать курс
plot a fix – определять место ВС
plot extractor – схема выделения данных
plotted – изображенный графически; нанесенный на карту
plotted point – нанесенная на график точка
plotter – прокладчик курса; регистратор данных
plotting – нанесение данных на карту; построение графика; прокладка курса; считывание показаний
plotting board – планшет; устройство для автоматического вычерчивания кривых
plotting chart – карта для прокладки курса; путевая карта
plotting room – комната предполетной подготовки экипажа; штурманская комната
plotting scale – масштаб построения
plotting table – рабочий стол оператора радиолокатора
plug-and-socket joint – штепсельное соединение
plug-in board – вставная плата; коммутационная доска
ply – слой
PM (post meridiem) – после полудня
pneumatic – воздушный, действующий от сжатого воздуха, пневматический
pod – вынесенная на пилоне гондола; мотогондола; обтекаемый подвесной контейнер
podded aircraft – ВС с двигателями в вынесенных гондолах
podded layout – схема ВС с размещением двигателей в отдельных гондолах
point – показывать; пункт; указывать
point light – точечный световой сигнал
point of no-return – критическая точка маршрута, из которой невозможно возвратиться на базу; мертвая точка
point of origin – начало координат; начальная точка; нулевая точка; точка начала отсчета
point of reference – ориентировочный пункт; точечный ориентир
point of round-out – точка возврата
point of safe return – рубеж возврата
point of separation – точка отрыва потока
point of tangency – точка касания
pointer – стрелка; указатель
pointing error – ошибка ориентации или визирования
point-to-point communication – прямая связь между двумя пунктами
point-to-point conversation – прямая связь
point-to-point flight – беспосадочный перелет; полет по прямой, прямолинейный полет
point-to-point radio facilities – средства непосредственной прямой радиосвязи
point-to-point radio telephone line – линия непосредственной радиотелефонной связи
point-to-point speed – скорость поступательного движения
point-to-point teletypewriter facilities – средства прямой связи по телетайпу
point-to-point wiring – монтаж без промежуточных опор
Poisson's ratio – коэффициент Пуассона
POL (petrol, oil, and lubricants) – ГСМ (горючие и смазочные материалы)
polar – арктический; полюсный; поляра; полярный
polar air – полярная воздушная масса, полярный воздух
polar air navigation – самолетовождение в арктических районах
polar continental air – континентальные воздушные массы
polar coordinate position – положение в полярных координатах
polar coordinates – полярная система координат
polar front – полярный фронт
polar gnomonics – гномическая проекция; центральная полярная проекция

polar method – метод полярных координат
polar projection – полярная проекция
pole – полюс
pole-track display – индикация в виде уходящей вдаль линии столбов
police – коррекция (гироскопа)
polling (on multipoint circuit) – избирательный вызов, селективный вызов
polychromatic chart – многоцветная карта
polyconic projection – поликоническая проекция
polynomial equations – многочленные уравнения
POMAR (position, operational, meteorological aircraft report) – донесение с борта о местоположении самолета, эксплуатационном состоянии и метеоусловиях
pool – использовать как общий резерв; концентрировать; общий фонд; объединение; объединенный резерв; сводить вместе; сосредотачивать
pool agreement – соглашение между авиакомпаниями по долевому участию в распределении рейсов, перевозок, доходов
pooled service – авиаперевозки на объединенных началах
pooling of baggage – объединение бесплатного багажа пассажиров, когда общая норма равна сумме отдельных норм
pooling principle – принцип централизованного сосредоточения средств
poor discrimination – малая разрешающая способность
poor visibility – ограниченная видимость
pop-up maneuver – полупетля с полубочкой и переходом в пикирование на обратном курсе
porpoising (flight maneuver) – барсение (летные маневр)
port – левобортный; левый борт; окно; отверстие; проход
port area – площадь «в свету», свободная площадь поперечного сечения
port drift – левый угол сноса
port engine – левый двигатель
port light – левый аэронавигационный огонь
port main plane – левое крыло
port of aerial debarkation – аэродром выгрузки
port of aerial embarkation – аэродром погрузки
port side – левый борт
port wing – левое крыло
portable – передвижной, переносной; сборно-разборный
portable blast fence – передвижной аэродромный струеотбойный щит
portable shed – разборный ангар
porthole – левобортовой люк (иллюминатор)
position – местоположение
position and homing indicator – автоштурман; навигационный индикатор
position circle – круг равных высот
position data – данные о местоположении
position display – индикатор положения; индикация положения
position error – аэродинамическая ошибка указателя воздушной скорости; погрешность в местоположении
position feedback for autopilot and autostabilizer – позиционная обратная связь для автопилота и демпфера
position finder – радиолокационная станция, радиопеленгатор, РЛС
position finding – определение координат; пеленгация
position fixing – засечка координат, определение места самолета
position indicator – указатель положения
position information – данные о местоположении
position light – аэронавигационный огонь
position line – линия положения
position of the center of gravity – положение центра тяжести
position operational and meteorological aircraft report – донесение с борта о месте самолета, эксплуатационном состоянии и метеорологических условиях
position pickoff – датчик положения
position pinpointing aids – средства определения места ВС
position report – донесение о местоположении самолета

position transmitter – датчик положения
positioner – блок отработки сигнала
positioning – вывод ВС в заданную точку; координаты; местонахождение; определение координат; управление положением; установка
positioning system – система ориентации, система управления положением
positive – достаточный; надежный; отчетливый; позитивный, положительный
positive airdrome control service – активное радиолокационное обслуживание в районе аэродрома
positive control – активное управление самолетом с земли
positive lock – надежная фиксация; надежный замок
positive yawing – вращение в направлении часовой стрелки
positive-pressure cabin – герметическая кабина
post – зажим; клемма; мачта; полюс; пост; пункт; столб; штырь
post-accident check – проверка после летного происшествия
post-flight critique – критический разбор
post-flight debriefing – послеполетный анализ
post-flight examination – послеполетный осмотр
post-flight information – послеполетная информация
post-flight inspection – послеполетный осмотр
post-flight investigation – послеполетное расследование
post-flight medical examination – послеполетное медицинское обследование
post-flight monitoring – послеполетный контроль
post-flight report – донесение о выполнении полета
post-incident investigation – расследование после происшествия
post-landing attitude – послепосадочное приземление; угол тангажа после приземления
post-stall characteristics – поведение самолета после сваливания; послесрывные характеристики; характеристики на закритических углах атаки
post-stall control inputs – отклонение рулей после срыва (сваливания)
post-stall incidence – угол атаки после срыва (сваливания)
post-takeoff checklist – контрольный перечень операций после взлета
pot (potentiometer) – потенциометр
potential – безвихревой; возможный; используемый при необходимости; напряжение; перспективный; потенциал; потенциальный
potential accident – летное происшествие с возможностью аварийного исхода; предпосылка к летному происшествию
potential malfunction – предпосылка к неисправности
potentiometer – потенциометр
potentiometer unit – потенциометрический узел
potting – герметизация; заливка компаундом
pound – фунт
poundal – паундаль
power – механическая сила; мощность; производительность; усилие; электропитание; энергия; эффективность
power amplification – усиление по мощности
power approach – заход на посадку с работающим двигателем
power boost failure – отказ бустерной системы управления
power compensator – автомат тяги
power condition – режим работы двигателя
power control – дроссель, регулятор мощности
power control jack – бустер; гидроусилитель руля; силовой цилиндр бустера
power factor – коэффициент мощности
power failure – отказ двигателя или системы питания
power failure indication – индикатор прекращения питания
power failure point – точка потери мощности
power glide – планирование с работающим двигателем

power in idle – мощность или тяга на режиме малого газа
power input – входная мощность, мощность на входе, подводимая мощность
power interrupt signal – сигнал отключения питания
power junction box – силовая соединительная коробка
power landing – посадка на режиме большого газа; посадка с работающим двигателем
power lever – рычаг управления двигателем
power loading – удельная нагрузка на лошадиную силу
power maintenance – выдерживание мощности двигателя; сохранение мощности двигателя
power margin – запас мощности, избыток мощности
power outlet – отбор мощности
power output – выходная мощность; мощность на валу; мощность на выходе; отдаваемая мощность
power pack – электрический силовой блок
power plant – двигатель; силовая установка
power rating – номинальная мощность; нормирование мощности; расчетная мощность
power ratio – коэффициент мощности
power recovered autorotation – снижение на авторотации с последующим увеличением мощности двигателя
power section – силовая группа (ТВД)
power setting – установка режима работы двигателя
power shaft – приводной вал; трансмиссионный вал
power spectral density – спектральная плотность мощности
power steering – рулевое управление с усилителем
power supply – источник питания, источник энергии; энергоснабжение
power supply module – модуль питания
power supply panel – распределительный энергощиток, щиток питания
power switch – тумблер питания
power system weight ratio – удельный вес силовой установки
power takeoff – отбор мощности
power test – испытание двигателя; тяговое испытание
power turn – разворот с работающим двигателем
power unit – винтомоторная группа; силовая установка
power-assisted control system – бустерная система управления
power-boosted control system – бустерная система управления
powered approach – заход на посадку с работающим двигателем
powered augmented approach – заход на посадку с увеличенной тягой
powered augmented lift system – устройство для увеличения подъемной силы путем отбора воздуха от реактивного двигателя
powered control – бустерное управление
powered control system – бустерная система управления
powered flight – полет на активном участке траектории; полет с работающим двигателем
powered glider – моторный планер
powered maneuver – маневр на активном участке траектории, маневр с работающим двигателем
powered-flight phase – активный участок траектории
powered-flight test – испытание в полете с работающим двигателем
powerless flight – безмоторный полет, полет с выключенным двигателем
powerless landing – посадка на режиме малого газа; посадка с выключенным двигателем
power-off – с неработающим двигателем; с отключенным питанием; с убранным газом
power-off approach – заход на посадку с неработающим двигателем или с убранным газом
power-off condition – режим полета с неработающим двигателем
power-off emergency landing – вынужденная посадка с выключенным двигателем
power-off flight – безмоторный полет вертолета на режиме самовращения; полет с неработающим двигателем

power-off gliding distance – дальность планирования с неработающими двигателями
power-off landing – посадка с выключенным двигателем
power-off speed – скорость полета с неработающим двигателем
power-on – с включенным двигателем
power-on approach – заход на посадку с работающим двигателем
power-on condition – заход на посадку с увеличенной тягой
power-on speed – скорость полета с работающим двигателем
power-operated – механизированный; с приводом от двигателя
powerplant control linkage – проводка управления силовой установкой
powerplant distance – относ двигателей
powerplant instruments – приборы контроля силовой установки
power-weight ratio – отношение располагаемой мощности к весу двигателя
PPI (plan position indicator) – индикатор кругового обзора
PPI prediction – предполагаемое радиолокационное изображение
PPI repeater – выносной индикатор кругового обзора
pps (periods per second) – периодов в секунду
PR (position report) – донесение с борта о местонахождении самолета
practical loading – рациональное нагружение
practice – порядок; практика; тренироваться; тренировка
practice approach – тренировочный полет
precalculated position – заданное положение; расчетная точка; расчетное положение в пространстве
precaution – предосторожность
precautionary landing – посадка, совершаемая из соображений предосторожности
precession – прецессия
precession angle – угол прецессии
precession coil – катушка системы коррекции гироскопа
precession correction – поправка на прецессию
precession in declination – прецессия по склонению
precession in right ascension – прецессия по прямому восхождению
precession motion – прецессионное движение
precession oscillations – прецессионные колебания
precession rate – скорость прецессии
precessional command signal – сигнал, вызывающий прецессию гироскопа
precheck – предварительный расчет
precipitations – выпадение осадков; осадки; осаждение
precision – точность
precision aircraft tracking – прецезионная самолетная система траекторных измерений
precision approach – заход на посадку с одного круга; посадка с одного захода
precision approach aids – средства точного управления заходом на посадку
precision approach category 1 (or 2) lighting system – светосигнальная система точного захода на посадку по категории I (или II)
precision approach controller – диспетчер посадочного радиолокатора; диспетчер радиолокатора точного захода на посадку
precision approach procedures – установленный порядок точного подхода по последней посадочной прямой
precision approach radar – радиолокационная станция точного управления выводом самолета в зону аэродрома и посадкой
precision approach radar glide path intersection point – точка пересечения глиссады посадочной РЛС с поверхностью ВПП
precision approach runway – ВПП для точного захода на посадку
precision approach system – система точного вывода самолета на посадку
precision dead reckoning – точное счисление пути
precision final – посадочная прямая с наведением по посадочной РЛС
precision instrument – высокоточный прибор, прецезионный прибор
precision landing – точная посадка

precision maneuver – точно выполняемый маневр
precision scope – экран индикатора посадочной РЛС
precision spin – управляемый штопор
precision stabilization system – прецезионная система стабилизации
precision turn – тренировочный разворот, выполняемый точно по программе
precision visual glide slope indicator – точный визуальный индикатор глиссады
precompressed air – предварительно сжатый воздух
precomputed – предварительно рассчитанный
predetermined – заданный; расчетный
predetermined (flight) path – расчетная траектория (полета)
predetermined altitude – заданная высота; заранее определенная высота
predetermined course – заданный курс; расчетный курс
predicted – заданный; расчетный
predicted airspeed – предвычисленная воздушная скорость; расчетная воздушная скорость
predicted data – предвычисленные данные; расчетные данные; упрежденные координаты
predicted position – предварительно определенное местоположение
predicted speed – расчетная скорость
predicted track – линия заданного пути
predicted weather conditions – погода по данным прогноза
predicted-point homing – самонаведение в упрежденную точку
prediction – определение; предсказание, прогноз
preferred landing path – наивыгоднейшая траектория посадки
preflight – предполетный, предшествующий полету
preflight briefing – предполетная подготовка летного состава, предполетный инструктаж
preflight check – предполетная проверка
preflight check list – перечень предполетных проверок
preflight examination – предполетный осмотр
preflight instruction – предполетный инструктаж
preflight maintenance – предполетное техническое обслуживание
preflight monitoring – предполетный контроль
preflight operational planning – предполетное оперативное планирование
preflight operations division – отдел предполетных операций
preflight planning – разработка плана полета
preflight run-up area – площадка для предполетного опробования
preflight school – школа наземной подготовки
preflight system calibration – предстартовая тарировка системы
preflight training – общая предполетная подготовка
preflighting – предполетная проверка; предполетное обслуживание
preflighting inspection – предполетный осмотр
preflight-test prediction method – метод предвычисления характеристик до начала летных испытаний
prehandling – предварительное приготовление груза к отправке
preheat – предварительный подогрев
preheated – подогретый
preignition – преждевременное зажигание
preliminary approach – предварительный маневр для захода на посадку
preliminary design work – эскизное проектирование
preliminary operational planning – предварительное оперативное планирование
preliminary run-up – предварительный запуск
preloading – предварительное нагружение
prepaid ticket advice – извещение о предварительно оплаченной перевозке
preproduction – опытный, предсерийный
preproduction aircraft – предсерийный самолет
preprogrammed – действующий по заранее заданной программе; программированный

pre-programmed autopilot – запрограммированный автопилот
preprogrammed control – программированное регулирование; программированное управление
prerotation – предварительная раскрутка
prescribed – заданный, предписанный
prescribed course – заданный курс
prescribed trajectory – заданная траектория
prescribed weather minimum – заданный метеоминимум; установленный минимум погоды
preselected – заданный, заранее установленный
preselected (preset) control – рычаги управления в заранее установленном положении (pl); управление или регулирование по заранее выбранному закону
present azimuth – текущий азимут
present heading – текущий курс
present position indicator – индикатор положения
present weather – фактическая погода
presentation – индикация; развертка
preset bearing – заданный, заранее установленный пеленг
preset control – программное управление
preset instruction – команда от программного механизма
preset operation – программированная работа
presolo – подготовка к самостоятельным полетам
prespinning – предварительная раскрутка
press-to-transmit button – кнопка включения передатчика
pressure – давление; сжатие
pressure (pressurized) hold – гермоотсек
pressure accumulator – воздушный баллон
pressure altimeter – барометрический высотомер
pressure altitude – барометрическая высота; высота в барокамере; высота в герметической кабине; высота по давлению; приборная высота
pressure altitude indicator – барометрический высотомер; указатель барометрической высоты
pressure buildup – нарастание давления
pressure bulkhead – герметическая перегородка
pressure cabin – герметическая кабина
pressure center – центр высокого или низкого барометрического давления
pressure chamber – барокамера, высотная камера, камера повышенного давления
pressure chart – изобарическая карта, карта изобар, карта распределения давления
pressure contour – изогипса, эпюра давлений
pressure contour line – изогипса
pressure control – регулятор давления
pressure crest – гребень высокого давления
pressure difference – градиенты давления, перепад давления, разность давлений; скоростной напор
pressure drag – сопротивление давления
pressure drop – падение давления; перепад давлений
pressure feed – вытеснительная подача, подача под давлением
pressure flying – полет по изобаре
pressure front – фронт скачка уплотнения; фронт ударной волны
pressure fuel system – система подачи топлива под давлением газа
pressure gauge – датчик давления, манометр
pressure gradient – барический градиент, градиент давления
pressure head – гидростатический напор; насадок для измерения давления, приемник давления, приемник Пито; пьезометрическая высота
pressure instrument – манометрический прибор, прибор для измерения давления
pressure jump – резкое изменение давления, скачок давления
pressure lapse rate – вертикальный градиент давления
pressure level – граница давления; изобарическая поверхность
pressure lines of position – барические линии положения
pressure load – нагрузка от воздействия давления
pressure lubrication – принудительная смазка, смазка под давлением
pressure map – карта изобар, карта распределения давления

pressure maximum – барический максимум
pressure medical test – исследование физиологических функций пилота в барокамере
pressure meter – измеритель давления, манометр
pressure minimum – барический минимум
pressure pattern – барическая система; изобарический профиль
pressure pattern flight – полет по изобарической поверхности
pressure pattern flying – барическая навигация
pressure pattern navigation – барическая навигация
pressure peak – пик перегрузки
pressure plotting – определение распределения давления по поверхности
pressure ratio – отношение давлений; степень повышения давления; степень сжатия
pressure recovery – восстановление давления
pressure recovery factor – коэффициент восстановления давления
pressure sealing – герметизация
pressure shock – скачок давления; скачок уплотнения
pressure signal – баросигнал; пневмосигнал
pressure slope – наклон эпюры давлений
pressure surge – скачок давления
pressure switch – барореле; пневмореле; реле давления
pressure system – барическая система; пневмосистема
pressure transmitter – датчик давления
pressure underwing fueling system – система заправки топливом под давлением с нижней поверхности крыла
pressure-jet helicopter – вертолет с реактивной струей на концах несущих лопастей
pressure-recovery characteristics – кривая восстановления давления
pressure-tight – герметический, герметичный
pressurization – герметизация; нагнетание; наддув; сжатие; создание давления
pressurization cock – кран герметизации
pressurization failure – отказ системы наддува; разгерметизация
pressurized – герметический; находящийся под давлением; сжатый
pressurized air – воздух для наддува; сжатый воздух
pressurized bay – герметизированный отсек
pressurized cabin – герметическая кабина
pressurized capsule – герметическая кабина; камера высокого давления; отсек с избыточным давлением
pressurized compartment – герметизированный отсек с повышенным давлением
pressurized construction – герметическая конструкция
pressurized feeding system – вытеснительная система подачи
pressurized plane – самолет с герметической кабиной
pressurized system – вытеснительная система; система наддува
pressurized tank – бак с наддувом
pressurizing tank injection system – вытеснительная система подачи топлива из баков
prestall characteristics – поведение самолета до сваливания; характеристики на докритических режимах
prestart checklist – контрольный перечень операций перед запуском
pre-takeoff check – проверка перед взлетом
preturnup inspection of the engine – осмотр двигателя перед запуском
prevailing open market rates – преобладающий курс на свободном рынке
prevailing visibility – метеорологическая видимость
prevailing weather conditions – преобладающие условия погоды
prevailing winds – преобладающие ветры
prevention – предотвращение, предупреждение
preventive maintenance – предупредительный ремонт; профилактический осмотр

preventive maintenance schedule – график регламентных работ или планово-профилактического ремонта
prewarning – заблаговременное оповещение
primary – главный, основной
primary (prime) meridian – гринвичский меридиан, начальный меридиан, нулевой меридиан
primary autopilot – основной автопилот
primary bus power – питание от главной шины
primary construction – каркас; основная конструкция; силовой набор
primary control – командный рычаг, основной орган управления
primary control system – основная система управления
primary failure – первичный отказ
primary flying training – начальная летная подготовка
primary flying training school – летная школа первоначального обучения
primary frequency – первичная частота
primary hurricane danger zone – зона наибольшей опасности развития шторма
primary jet trainer – учебно-тренировочный реактивный самолет для начальной подготовки
primary means of communication – основные средства связи
primary navigation – навигация по маршруту
primary pilot training – начальная подготовка пилота
primary radar – первичный радиолокатор
primary radar station – основная радиолокационная станция
primary relay station – главная ретрансляционная станция
primary trainer – учебный самолет для начальной летной подготовки
primary training – начальная летная подготовка; начальная подготовка
primary training aircraft – самолет для начальной летной подготовки
prime cost – первоначальная стоимость
prime meridian – гринвичский меридиан, начальный меридиан
primer pump – заливочный насос; пусковой насос
priming – подача топлива в двигатель
priming line – трубопровод для заливки топлива
priming pump – заливочный насос; пусковой насос
principal cloud system – основная облачная система
principal operator – главная авиатранспортная компания; крупная авиатранспортная компания; основная авиатранспортная компания
principle – принцип
printed circuit – печатная схема
printed communications – буквопечатающая связь, телетайпная связь
printer – буквопечатающий аппарат, печатающее устройство, принтер
printing keyboard perforator – перфоратор с буквопечатающей аппаратурой
printout – печать выходных данных
priority clearance – разрешение на право первоочередности пролета
priority for land – посадка вне очереди
priority indicator (of a message) – индикатор очередности (сообщения)
priority message – срочное донесение
priority prefix (of a message) – префикс очередности (сообщения)
private – личный; частный
private aviation – самолеты частного пользования; частная авиация
private flyer – самолет индивидуального пользования, частный самолет
private pilot – пилот частного самолета; пилот-любитель
private pilot licence – свидетельство частного пилота
probability – вероятность
probability of failure – вероятность отказа
probe – датчик; заправочная штанга; насадок; приемник топлива; радиозонд
probe-drogue aerial refueling system – система дозаправки самолета в воздухе при помощи гибкого шланга и конуса
problem – задача; проблема, трудность
procedure – маневр; методика; операция; порядок действия; процедура; способ; техника; технологический процесс
procedure message – служебная радиограмма; служебное сообщение
procedure sign – однозначный служебный сигнал

procedure signal – трехзначный служебный сигнал
procedure track – установленная линия пути
procedure trainer – тренажер для обучения действиям в полете; тренажер для обучения заходу на посадку
procedure turn – разворот на 180 градусов, выполненный по радиомаяку; разворот при заходе на посадку; стандартный разворот
process – обрабатывать; операция; процесс
process control – технологический контроль
processed information – обработанная информация
processing – обработка; технология
processing unit – блок обработки
processor – устройство для обработки данных
procopter – бескрылый вертикально взлетающий ЛА с воздушными винтами
production airplane – серийный самолет
production hardware – серийная техника; серийно выпускаемые изделия; серийный образец
production line – поточная линия
production manufacturing – серийное производство
production model – промышленный образец
production phase-out – свертывание производства
production prototype model – опытный образец, соответствующий серийному
production version – серийный вариант
professional fitness – профессиональная гордость
proficiency – квалификация; мастерство, умение
proficiency check – проверка уровня летной подготовки пилота
proficiency flight – полет для отработки отдельных элементов
proficiency rating – аттестация по специальной подготовке
proficiency test – проверка специальной подготовки; проверка уровня летной подготовки пилота
profile – дужка винта; изображать в профиле; профилировать; профиль; разрез; сечение
profile drag – профильное сопротивление
profile flow – обтекание профиля; поток, обтекающий профиль
profile lift – подъемная сила профиля
profitable airline – рентабельная авиакомпания
profit-making capacity of the aircraft – процент использования грузоподъемности самолета, обеспечивающий получение прибыли
prognostic analysis – прогностический анализ
prognostic surface chart – прогностическая приземная карта
prognostic upper air chart – прогностическая карта верхних слоев
prognostic upper level chart – прогностическая высотная карта
program unit – блок программирующего устройства
program(me) – план; последовательность операций; программа; программировать
programmer – программирующее устройство
programming – программирование
progress – развитие (полета)
progress report – донесение о развитии полета
progressive collapse – нарастающее разрушение
prohibited area – запретная зона
project – выдаваться, выступать; проектировать
projected area – выступающая площадь; ометаемая винтом площадь
projected data display – проекционный индикатор навигационных данных
projected display – индикация на лобовом стекле; проекционный индикатор; проецируемое изображение; электронно-оптический индикатор
projected propeller (blade) area – проецируемая площадь винта (на плоскости вращения)
projected-map display – проекционный индикатор горизонтальной обстановки; проекционный индикатор с картой; проецируемое изображение с картой
projectile – пуля; ракета; снаряд
projection – бросание, метание; выступ; план; проект; проекция
projection map display – индикатор с проецируемой картой

prominent landmark – характерный ориентир
promotional fare – льготный тариф; поощряющий тариф
prone cabin – кабина для пилотирования в положении лежа
prone to (instability) – подверженный (неустойчивости)
proof – доказательство; испытание, проверка
proof factor (of safety) – коэффициент безопасности по расчетной нагрузке
proof load – максимально допустимая нагрузка
proof load factor – расчетный коэффициент перегрузки
proof strain – допустимая деформация
prop – винтовой самолет; воздушный винт
prop jet – реактивный двигатель с отбором части мощности на воздушный винт; турбовинтовой двигатель; турбовинтовой самолет
prop pitch – шаг воздушного винта
propagation – распространение
prop-driven airplane – винтомоторный самолет
propellant – реактивное топливо, топливо для реактивного двигателя
propellant combination – топливная смесь для реактивных двигателей
propellant cutoff – выключение двигателя; прекращение подачи топлива
propellant tank – топливный бак
propelled – снабженный двигателем
propellent – движущий, создающий тягу
propeller – воздушный винт
propeller airplane – винтомоторный самолет
propeller anti-icer – антиобледенительное устройство воздушного винта
propeller axis – ось воздушного винта
propeller backwash – спутная струя воздушного винта
propeller balancing stand – стенд для балансировки воздушного винта
propeller blade – лопасть воздушного винта
propeller blade angle – угол установки лопастей воздушного винта
propeller blade area – площадь лопасти воздушного винта
propeller blade aspect – удлинение лопасти воздушного винта
propeller blade butt end – комлевая часть лопасти воздушного винта, утолщенный конец лопасти воздушного винта
propeller blade root – комлевая часть лопасти воздушного винта, корень лопасти воздушного винта
propeller blade setting – угол установки лопасти воздушного винта
propeller blade speed – окружная скорость лопасти воздушного винта
propeller blade tip – конец лопасти воздушного винта
propeller blast – спутная струя винта, струя за винтом
propeller circle – площадь, ометаемая воздушным винтом
propeller control – механизм управления шагом воздушного винта; регулирование шага воздушного винта
propeller control switch – переключатель электрического управления воздушным винтом
propeller control system – система управления воздушным винтом
propeller control unit – регулятор оборотов воздушного винта
propeller cuff – обтекатель воздушного винта
propeller deicer – устройство периодического действия, удаляющее лед, образовавшийся на воздушном винте
propeller disc area – ометаемая воздушным винтом площадь
propeller disc area loading – нагрузка на ометаемую воздушным винтом площадь
propeller dome – обтекатель втулки воздушного винта
propeller draft – тяга воздушного винта
propeller drive shaft – передаточный вал воздушного винта
propeller efficiency – к.п.д. воздушного винта
propeller feathering – установка лопастей воздушного винта во флюгерное положение
propeller feathering lever – рычаг флюгирования винта
propeller feathering position – флюгерное положение воздушного винта

propeller gearbox – редуктор воздушного винта
propeller governor – регулятор оборотов воздушного винта
propeller governor drive – привод регулятора шага воздушного винта
propeller hub – втулка воздушного винта; ступица воздушного винта
propeller in track – центрированный воздушный винт
propeller incidence – угол атаки воздушного винта
propeller input power – мощность, поглощаемая воздушным винтом
propeller interference – интерференция воздушного винта и самолета
propeller jet aircraft – турбовинтовой самолет
propeller load curve – винтовая характеристика; дроссельная характеристика
propeller modulus – отношение поступательного движения воздушного винта за один оборот к его диаметру
propeller output – мощность воздушного винта; мощность, развиваемая воздушным винтом; эффективная мощность воздушного винта
propeller performance – характеристика воздушного винта; эффективная мощность воздушного винта
propeller pitch – шаг воздушного винта
propeller pitch control governor – регулятор шага воздушного винта
propeller pitch control lever – рычаг управления шагом воздушного винта
propeller pitch indicator – указатель шага воздушного винта
propeller reversing – реверсирование воздушного винта
propeller running – вращение воздушного винта; работа воздушного винта
propeller shaft bearing – подшипник вала воздушного винта
propeller speed control – регулятор числа оборотов воздушного винта
propeller spinner – обтекатель воздушного винта
propeller thrust – сила тяги воздушного винта; тяга воздушного винта
propeller thrust bearing – упорный подшипник воздушного винта
propeller thrust power – мощность воздушного винта
propeller torque – крутящий момент воздушного винта
propeller track – плоскость вращения воздушного винта
propeller turbine – турбина для второго контура ДТРД; турбина для привода винта ТВД; турбовинтовой двигатель, ТВД
propeller twist – скручивание лопастей воздушного винта
propeller wake – масса воздуха, отбрасываемая винтом; след за винтом
propeller wash – спутная струя воздушного винта
propeller-driven aircraft – винтовой самолет
propelling – движущий, толкающий
propelling force – движущая сила, толкающая сила; тяга
propelling jet – реактивная струя
propelling nozzle – реактивное сопло, сопло реактивного двигателя
propelling plant – винтомоторная группа; силовая установка
propelling power – движущая сила, сила тяги
propelling screw – воздушный винт
propulsion – двигатель; движение вперед; движущая сила; приведение в движение; продвижение; силовая установка; тяга
propulsion data – характеристики силовой установки
propulsion duct – ПВРД, прямоточный воздушно-реактивный двигатель; ПуВРД, пульсирующий воздушно-реактивный двигатель
propulsion efficiency – тяговый коэффициент полезного действия
propulsion engine – маршевый двигатель
propulsion power lever – ручка управления двигателем горизонтального полета
propulsion system – силовая установка
propulsion unit – двигатель; силовая установка
propulsion wind tunnel – аэродинамическая труба для исследования двигателей
propulsive duct – прямоточный двигатель

propulsive efficiency – тяговый коэффициент полезного действия
propulsive gas – выхлопной газ, создающий тягу
propulsive jet – прямоточный воздушно-реактивный двигатель
propulsive nozzle – реактивное сопло; реактивный насадок
propulsive stage – ступень ракеты, снабженная двигателем
propulsive system – силовая установка
propulsive thrust – тяга
propulsive unit – силовая установка
propulsor – реактивный двигатель
prorated fare – пропорциональный тариф
prorating – пропорциональные тарифы
prototype – опытный образец, прототип
prototype airplane – самолет-прототип
prototype arrangement – компоновка опытного образца
prototype competitive flyoff – конкурсные полеты опытных образцов ВС
prototype construction – постройка опытного образца ВС
prototype development – станция доводки опытного образца
prototype installation – опытная установка
protracted flight – полет с увеличенной дальностью
protractor – транспортир
provider state – государство-поставщик
provision – мера; мера предосторожности; обеспечение
provisional acceptable means of compliance – временные приемлемые методы установления соответствия
provisional airport – временный аэродром
provisional weight – максимальный вес, на который рассчитан самолет согласно норм для регулярных воздушных перевозок
proximity warning indicator – сигнализатор опасных сближений
proximity warning system – система предупреждения об опасной близости самолетов
Ps – синоптическая карта прогноза на уровне земли
psgr (passenger) – пассажир
psychological incompatibility – психологическая несовместимость
psychomotor test – психомоторное испытание
psychrometer – психрометр
PTM (passenger-ton-mile) – пассажиро-тонно-миля
PTM (pulse-time modulation) – фазово-импульсная модуляция
ptn (procedure turn) – стандартный разворот
public address (system) – система громкоговорящей связи; система общего оповещения
public authorities – государственные органы
public creative fare – льготные тарифы, объявленные для публики
public expense – государственные расходы; за счет государства
public health measure – санитарное мероприятие
public information office – бюро общественной информации
public-address system – громкоговорящая бортовая трансляционная система
pull – натяжение; притяжение; создавать положительную перегрузку; тяга; тянуть
pull button – вытяжная кнопка, кнопка вытяжного действия, кнопка вытяжного переключателя
pull force – тянущее усилие; усилие в направлении на себя
pull power back – уменьшать мощность или тягу
pullout – выравнивание при посадке; переход от снижения в горизонтальный полет; уход на второй круг
pull-out loading – перегрузка при выводе из пикирования
pull-out maneuver – маневр вывода из пикирования или прерывания захода на посадку
pullup – горка; маневр самолета в вертикальной плоскости; переход в набор высоты
pull-up maneuver – горка; маневр вывода из пикирования или прерывания захода на посадку; маневр резкого кабрирования
pull-up point – рубеж набора высоты
pull-up turn – переворот через крыло
pulse – биение; вибрация; импульс; сигнал; толчок

pulse amplitude modulation – амплитудно-импульсная модуляция
pulse code modulation – кодово-импульсная модуляция
pulse control input – дача руля; отклонение руля
pulse decay time – время спада импульса
pulse Doppler radar – импульсная радиолокационная станция, использующая эффект Доплера
pulse duration – длительность импульса
pulse frequency modulation – частотно-импульсная модуляция
pulse input – импульсный входной сигнал
pulse interval – интервал между импульсами
pulse modulation – импульсная модуляция
pulse recurrence frequency – частота повторения импульса
pulse rise time – время нарастания импульса
pulse shape – форма импульса
pulse spacing – интервал между смежными передними фронтами
pulse time modulation – фазовая модуляция; фазово-импульсная модуляция
pulse travel time – время прохождения импульса
pulse-code-modulated data – данные, полученные с использованием импульсно-кодовой модуляции
pulsed guidance beam – импульсно-модулированный луч наведения; импульсный луч наведения
pulsed radar – импульсная радиолокационная станция
pulsed radar system – импульсная РЛС
pulse-duration modulation – широтно-импульсная модуляция
pulsejet (engine) – ПуВРД, пульсирующий воздушно-реактивный двигатель
pulse-modulator radar – радиолокационная станция с импульсной модуляцией
pulse-position modulation system – система с фазово-импульсной модуляцией
pulser – генератор импульсов
pump – накачивать помпой; насос, помпа
pump capacity – производительность насоса
pump delivery – производительность насоса
pump discharge pressure – давление подачи насоса
pumping – колебание; накачивание; пульсация
pumping capacity – производительность насоса
pumping power – мощность насоса
punch card computer – вычислительная машина на перфокартах
punch card computer system – перфорационный вычислительный комплекс
punch card printer – расшифровочная машина
punched card – перфокарта
punched card machine – вычислительная машина, работающая от перфокарт
puncher – перфоратор
pure jet – одноконтурный ТРД; реактивный самолет
purser – старший бортпроводник
push force – давящее усилие; толкающее усилие; усилие в направлении от себя
push over – выход из режима набора высоты в горизонтальный полет; отдача ручки на себя; перевод самолета в пикирование
push rod system – жесткая система управления; система управления жесткими тягами
push up power – давать газ; перемещать РУД вперед; увеличивать мощность или тягу
push-button – кнопка
push-button control – кнопочное управление
push-button switch – кнопочный переключатель
push-down – снижение самолета
push-down (-over) maneuver – маневр перевода в пикирование
pusher – самолет с толкающим воздушным винтом; толкающий воздушный винт
pusher airscrew – толкающий воздушный винт
pusher propeller – толкающий воздушный винт
pusher unit – автомат отдачи ручки

pushover – переход в режим горизонтального полета
put the aircraft into service – вводить ВС в эксплуатацию
put the aircraft nose-up – переводить ВС в кабрирование
put the aircraft through its paces – определять предельные возможности ВС
PVD (para-visual director) – паравизуальный директорный прибор
PVD amplifier – усилитель сигналов паравизуального директорного прибора
PVD flareout – выравнивание с использованием паравизуального директорного прибора
PVG (precision visual glide slope indicator) – точный визуальный индикатор глиссады
PWI (proximity warning indicator) – сигнализатор опасных сближений
PWM (pulse-width modulation) – широкоимпульсная модуляция
pylon – кронштейн; пилон; стойка

Q

Q – температурный коэффициент
Q sensor – датчик скоростного напора
QB (quick break) – быстрый разрыв
QBI – плохая видимость
QC (quick-change) – самолет с быстро меняющимся вариантом загрузки
Q-code – Щ-код
QDM (Q-code) – направление от пеленгатора (Щ-код)
QFE – текущее значение атмосферного давления на уровне моря; установка высотомера по давлению над точкой земной поверхности
QFE (Q-code) – давление на уровне аэродрома (Щ-код)
Q-feel input – входной сигнал автомата загрузки, пропорциональный скоростному напору
Q-feel load – усилие механизма загрузки по скоростному напору
Q-feel system – система загрузки (бустерного управления)
QFI (qualified flight instructor) – квалифицированный пилот-инструктор
QFU-magnetic direction of runway to be used – магнитный курс посадки
QNE – показание высотомера при установке барометрической шкалы на стандартное атмосферное давление
QNH – атмосферное давление, приведенное к уровню моря; установка барометрического высотомера на давление, приведенное к давлению на уровне моря; установка высотомера по давлению на среднем уровне моря
QNH (quadrantal height) – относительная высота эшелона при квадрантном эшелонировании
QTE (Q-code) – истинный пеленг (Щ-код)
QUAD (quadrant) – квадрант
quadrant – квадрант; пеленг; сектор с рычагами управления; четверть окружности
quadrant elevation – угол возвышения
quadrant of a radio range – равносигнальная зона радиомаяка
quadrant separation – квадрантное эшелонирование
quadrant signal – сигнал односигнальной зоны
quadrantal – четвертной
quadrantal altitude – абсолютная высота, соответствующая эшелону полета при квадрантном эшелонировании; квадрантная высота
quadrantal compass deviation – четвертная девиация
quadrantal cruising level – квадрантный крейсерский эшелон
quadrantal deviation – четвертная девиация
quadrantal error – ошибка четвертной девиации
quadrantal heading – четвертной румб
quadrantal height – относительная высота эшелона при квадрантном эшелонировании
quadrantal height rule – правило отсчета относительной высоты при квадрантном эшелонировании
quadrantal height separation rule – правило разделения высот при квадрантном эшелонировании
quadrantal points – румбы
quadrijet – четырехмоторный реактивный самолет
quadruple autopilot – четырехканальный автопилот
quadruple fin – вертикальный учетверенный киль
quadruple mount – счетверенная установка
quadruple redundancy – резервирование путем использования четырех дублирующих систем
quadruple rudder – учетверенный руль поворота
quadruplex system – квадруплексная система; система с четырьмя одновременно работающими независимыми каналами
qualification test – квалификационная проверка
qualification trial – физическое испытание пилота
quality – качество; характеристика
quality control inspector – инспектор отдела технического контроля
quality factor – коэффициент качества
quantity – величина; количество

quantity freight rate – количественный грузовой тариф
quarantinable disease – подкарантинная болезнь
quarantine – карантин
quarter – задняя полусфера
quarter-chord point – точка на расстоянии 1/4 хорды от носка крыла
quartering tail wind – попутно-боковой ветер
quartering wind – боковой ветер
quarters – помещение для экипажа
quarter-wave aerial – четвертьволновая антенна
quasi-stationary front – квазиустановившийся фронт
quick disconnect – быстрое отсоединение
quick reaction capability – быстрота реакции; способность к быстрой реакции
quick-change aircraft – самолет с быстро изменяемым вариантом загрузки
quick-change module – быстросменный модуль
quick-coupled – быстроразъемный
quick-donning oxygen mask – аварийная кислородная маска
quick-feathering propeller – воздушный винт с быстрым поворотом лопастей во флюгерное положение
quick-loading system – быстродействующая система погрузки
quick-look instrument – прибор с непосредственным отсчетом
quick-look telemetry – телеметрия с записью для быстрого просмотра
quick-reference timetable – расписание, составленное по методу ускоренной информации
quick-release parachute – парашют с быстроразъемным замком
quick-response instrument – быстродействующий прибор; малоинерционный прибор
quiescent load – статическая нагрузка
quill bearing – игольчатый подшипник
QUN – фактическое атмосферное давление на уровне моря в заданное время
quota sampling – выборка по группам

R

r.f. (range finding) – определение дальности
r.p.m. (revolutions per minute) – оборотов в минуту
r.p.s. (revolutions per second) – оборотов в секунду
R/D (rate of descent) – скорость снижения
R/T (radio telephony) – радиотелефония
R/T, Rho/Theta – угломерно-дальномерная навигационная система «Ро-тета»
R/W (runway) – ВПП
RAC (Rules of the Air and Air Traffic Control) – правила полетов и управления воздушным движением
race – дать полный газ; обойма подшипника; поток; струя за винтом
race track holding pattern – стандартная схема полетов в зоне ожидания
race track holding procedure – установленный порядок полетов по стандартной схеме в зоне ожидания
rack – полка или сетка для вещей
rack panel – панель стойки шкафа
racon (radar beacon) – радиолокационный маяк
radan – доплеровский навигационный прибор
RADAN (radar Doppler automatic navigator) – радиолокационный автоштурман, работающий на принципе Доплера
radar – радиолокатор; радиолокационная станция; радиолокационный
radar (scanner) housing – обтекатель антенны РЛС
radar acquisition – захват цели РЛС; радиолокационное обнаружение и целеуказание
Radar Advisory Service – служба радиолокационного наблюдения
radar aid – радиолокационная станция
radar air traffic control – радиолокационное управление воздушным движением
radar air traffic control center – радиолокационный центр УВД
radar altimeter – радиовысотомер; радиолокационный высотомер
radar altimeter low-altitude control system – система управления на малых высотах с использованием радиовысотомера
radar altitude – истинная высота
radar appearance – изображение на экране индикатора РЛС; радиолокационная отметка
radar approach – заход на посадку по радиолокатору
radar approach beacon – посадочный радиолокационный маяк
radar approach control center – центр радиолокационного управления в зоне подхода
radar augmentation output (echo enhancing) antenna – антенна усилителя отраженных сигналов РЛС; передающая антенна радиолокационного ответчика
radar balloon – шар-пилот с радиолокационной станцией
radar beacon – радиолокационный маяк
radar beam – радиолокационный луч
radar beam riding – наведение по лучу радиолокационной станции
radar beam width – ширина луча радиолокационной станции
radar blip – ответный радиолокационный импульс; отметка-выброс
radar board – радиолокационный планшет
radar calibration – калибровка РЛС
radar chart – радиолокационная карта
radar chart project – прибор для проецирования радиолокационного изображения карты
radar check point – наземный радиолокационный ориентир
radar cloud-base and cloud-tip indicator – радиолокатор для определения основания и вершины облаков
radar clutter – радиолокационные помехи
radar command – радиолокационное управление
radar communication – радиолокационная связь
radar console – пульт управления РЛС
radar contact – захват или обнаружение цели радиолокатором; радиолокационный контакт

radar control – наведение по радиолокатору; управление по радиолокатору
radar control area – зона действия радиолокационной системы; пространство, контролируемое радиолокационной станцией
radar control receiver – приемник радиолокационной системы управления
radar controller – диспетчер радиолокатора; оператор радиолокатора
radar course-direction control – радиолокационное указание курса следования
radar coverage – зона действия радиолокационной станции
radar data – радиолокационная информация, радиолокационные данные
radar data and synthetic processor – блок обработки пассивных и активных радиолокационных данных
radar data reduction – обработка и отбор радиолокационных данных
radar deception – пассивные радиолокационные помехи; противорадиолокационная маскировка
radar direction – радиолокационное наведение
radar direction finder – пеленгатор радиолокационной станции
radar dish – параболическая антенна радиолокационной станции
radar display – радиолокационная индикация
radar display room – помещение для просмотра радиолокационных данных на большом экране
radar dome – кожух антенны радиолокатора; колпак, покрывающий антенну радиолокатора; обтекатель антенны радиолокатора
radar Doppler automatic navigator (RADAN) – радиолокационный автоштурман, работающий на принципе Доплера
radar drift – снос самолета, определенный с помощью РЛС
radar echo – отраженный радиолокационный сигнал
radar envelope – диаграмма направленности РЛС
radar error angle – угловая ошибка радиолокатора
radar fence – линия радиолокационного обнаружения; рубеж радиолокационного обнаружения
radar filter center – центр по обработке данных радиолокационных станций
radar fix – место ВС, определяемое дальномерно-пеленгационным методом; место самолета, определенное с помощью радиолокационных средств; местоположение по радиолокатору; радиолокационная точка
radar guidance – радиолокационное наведение; радиолокационное управление
radar guidance system – радиолокационная система наведения; радиолокационная система управления
radar heading – радиолокационный курс
radar height accuracy – точность измерения высоты полета радиолокатора
radar height finder – радиолокатор, измеряющий высоту полета самолета; радиолокационный высотомер
radar homing – наведение на цель с помощью радиолокационной станции; радиолокационное самонаведение
radar homing beacon – приводной маяк
radar identification – радиолокационное опознавание
radar indication – индикация данных РЛС
radar indicator – индикатор РЛС
radar information center – центр радиолокационной информации
radar installation – радиолокационная установка
radar instrumentation – радиолокационное измерительное оборудование
radar lag time – время, необходимое для радиолокационного обнаружения и опознавания
radar map – радиолокационная карта
radar mapper – навигационная РЛС; разведывательная РЛС
radar mapping – радиолокационная съемка местности
radar mile – радиолокационная миля
radar mode panel – щиток переключения режимов РЛС

radar monitoring – радиолокационное наблюдение; радиолокационный контроль
radar mounted back-to-back – радиолокаторы, действующие по взаимно противоположным направлениям
radar moving-target indicator – радиолокационный индикатор с селекцией движущихся целей
radar navigation – радиолокационная навигация; самолетовождение с помощью радионавигационных средств
radar navigation aid – навигационный радиолокатор; радиолокатор системы обеспечения самолетовождения
radar navigation instruction – инструкция по самолетовождению с помощью радиолокационного оборудования
radar navigator – штурман-оператор РЛС
radar net – сеть радиолокационных станций
radar observation – радиолокационное наблюдение
radar operator – оператор радиолокационной станции
radar package – блок РЛС
radar panel – панель управления РЛС
radar pilotage – пилотирование по контрольным отметкам на экране радиолокационной станции
radar plot – курс цели по данным радиолокационной станции; радиолокационные данные; радиолокационный планшет
radar plotter – планшет РЛС; радиолокационный планшет
radar positioning – вывод самолета по РЛС; определение места с помощью РЛС
radar post – радиолокационный пост
radar presentation – индикация данных РЛС
radar problem – неполадки РЛС
radar processing center – центр обработки радиолокационных данных
radar processor – устройство для обработки радиолокационных данных
radar profile – радиолокационная отражающая поверхность
radar range – дальность действия радиолокационной станции; дальность обнаружения; дальность сопровождения
radar range accuracy – точность измерения дальности радиолокатором
radar range finder – радиолокационный дальномер
radar range-finder target selector – искатель цели радиолокационного дальномера
radar ranging – определение дальности радиолокационным дальномером; определение координат цели при помощи радиолокационной станции; радиолокационная разведка
radar ranging set – радиолокационный дальномер
radar receiver – приемник радиолокационной станции
radar recorder – устройство, регистрирующее радиолокационные данные
radar reflection interval – время запаздывания отраженных сигналов
radar repeater scope – дублирующий радиолокационный индикатор; индикатор-повторитель РЛС
radar reporting net – сеть передачи донесений радиолокационной службы
radar resolution – разрешающая способность радиолокационной станции
radar responder – радиолокационный ответчик
radar response – ответный радиолокационный сигнал; отметка на экране индикатора РЛС
radar scan – радиолокационный обзор; радиолокационный поиск
radar scanner – поисковая антенна радиолокатора
radar screen – экран радиолокатора
radar screen picture – изображение на экране радиолокатора
radar search – радиолокационный поиск
radar sector of scan overlay – схема секторов поиска радиолокационных станций
radar separation – радиолокационное эшелонирование
radar separation minima – минимумы эшелонирования при наличии наблюдения и руководства с помощью радиолокаторов
radar service – радиолокационное обслуживание

radar set – радиолокационная станция
radar simulator – радиолокационный имитатор
radar simulator system – устройство, имитирующее работу радиолокатора
radar site – местоположение РЛС
radar sonde – радиолокационный зонд
radar sonde observation – радарозондовое наблюдение
radar station – радиолокационная станция; радиолокационный пост; РЛС
radar storm detection – радиолокационное обнаружение грозы
radar storm observation – радиолокационное наблюдение грозы
radar system – радиолокационная установка
radar talkdown – указания оператора посадочной РЛС
radar target – радиолокационная цель; радиолокационный ориентир; радиолокационный эхо-сигнал
radar target indicator – индикатор радиолокационной станции
radar target intelligence – радиолокационная разведка целей; радиолокационные данные о целях
radar track position – радиолокационное определение линии пути
radar track speed – путевая скорость по данным РЛС
radar tracker – прицельная РЛС; радиолокационный прицел; РЛС сопровождения
radar tracking – радиолокационное слежение
radar tracking center – центр радиолокационного сопровождения
radar traffic control – радиолокационное управление воздушным движением
radar transfer of control – передача радиолокационного диспетчерского контроля
radar transmitter – радиолокационный передатчик
radar transponder – радиолокационный ответчик
radar transponder beacon – самолетный радиолокационный ответчик
radar unit – радиолокационная станция; РЛС
radar vector – команды радиолокационного наведения (pl); направление по РЛС
radar vectoring – радиолокационное наведение
radar view – зона действия радиолокационной станции
radar warning – радиолокационное обнаружение
radar warning line – линия радиолокационного обнаружения; линия связи для передачи радиолокационных данных
radar warning net – система радиолокационного обнаружения
radar weather analysis – радиолокационный синоптический анализ
radar weather forecasting – радиолокационный прогноз погоды
radar weather report – метеосводка по данным радиолокационного обнаружения
radar wind – направление и скорость ветра, определяемые с помощью РЛС
radar wind report – радиолокационные данные о ветре
radar wind sounding – определение ветра при помощи радиолокатора
radar-assisted approach – заход на посадку с помощью РЛС
radar-assisted intercept – перехват с помощью РЛС
radar-calibration aircraft – самолет-цель для отладки РЛС
radar-directed – направляемый с помощью радиолокационной станции
radar-directed approach – заход на посадку по РЛС
radar-frequency band – диапазон частот РЛС
radar-guided – управляемый с помощью радиолокационной станции
radarman – оператор радиолокационной установки; специалист по радиолокации
radar-monitored approach – заход на посадку под контролем РЛС
radar-scope – экран индикатора радиолокатора
radar-scope display – изображение на экране индикатора
radar-simulated aircraft – ВС-имитатор цели РЛС

radar-tracking calibration method – метод тарировки с использованием наземной РЛС
radar-tracking station – радиолокационная станция сопровождения
radar-training aircraft – ВС-цель для обучения операторов РЛС
radar-wind measurement – измерение ветра радиолокационным способом
radial – линия положения, определяемая азимутом
radial bearing – опорный подшипник
radial engine – двигатель с радиально расположенными цилиндрами; звездообразный двигатель
radial lockon – захват радиального луча
radial tracking – выдерживание луча станции ВОР
radial-flow compressor – центробежный компрессор
radial-time base display – индикация с радиальной разверткой
radiated field pattern – диаграмма поля излучения
radiation – излучение, лучеиспускание, радиация
radiation fog – радиационный туман
radiation frost – радиационный иней
radiation pattern – диаграмма излучения
radio – передавать по радио; радио; радиопередача; радиосвязь; радиостанция; радиоустановка; сообщение, передаваемое по радио
radio aid coupler – согласующее устройство
radio aids – радиотехническое оборудование; средства обеспечения связи
radio alert – готовность радиостанций к работе
radio altimeter – радиовысотомер
radio altitude – истинная высота по радиовысотомеру
radio and coupler – согласующее устройство
radio antenna – радиоантенна
radio backup – дополнительная линия радиосвязи
radio balloon – радиозонд
radio beacon – радиомаяк
radio beacon marker – маркерный радиомаяк
radio beam – радиолуч
radio beam deviation indicator – указатель отклонения от радиолуча
radio bearing – курсовой угол радиостанции; радиопеленг
radio cabin – кабина радиста; радиорубка
radio call sign – позывной радиосигнал
radio channel – канал радиосвязи; линия радиосвязи
radio check – проверка радиосвязи
radio code – радиокод
radio command – команда, передаваемая по радио
radio command indicator – указатель радиокоманд
radio command link – командная радиолиния; командная радиосвязь
radio command unit – блок командного радиоуправления
radio communication – радиосвязь
radio communication station – связная радиостанция
radio compass – радиокомпас
radio compass station – радиопеленгаторная станция
radio contact – радиовызов; радиосвязь
radio control – блок управления радиоаппаратурой; радионаведение; радиоуправление, управление по радио
radio control board – пульт управления по радио
radio control receiver – приемник командных сигналов радиоуправления, приемник радиокоманд
radio coupler – блок связи с радиосредствами
radio course – луч курсового радиомаяка; направление по радиомаяку
radio detector – радиолокатор
radio detector equipment – радиолокационное оборудование
radio determination – определение местоположения с помощью радиоволн
radio direction beam – направленный радиолуч
radio direction finder – радиопеленгатор
radio direction finding – радиопеленгация
radio direction finding chart – карта для радиопеленгации
radio direction finding net – сеть радиопеленгаторных станций
radio direction finding station – радиопеленгаторная станция

radio directional bearing – направленный радиопеленг, пеленг по направленному радиомаяку
radio direction-finding beacon – пеленговый радиомаяк
radio director indicator – директорный указатель отклонения от радиолуча; командный указатель отклонений от радиолуча; указатель радиокоманд
radio discipline – радиодисциплина
radio displacement bar – указатель отклонения от радиолуча
radio distress signal – радиосигнал бедствия
radio echo – отраженный радиосигнал, радиоэхо
radio facilities – радиосредства
radio facility chart – карта с обозначением радионавигационных средств, радионавигационная карта
radio fix – засечка положения самолета по РНТ; место самолета, определенное с помощью радиосредств; радиозасечка; радиокоордината; радионавигационная точка (РНТ); радиопеленг
radio fixing – определение местоположения самолета с помощью радиосредств
radio flying – радионавигация; самолетовождение с помощью радиотехнических средств
radio frequency – высокая частота; радиочастота
radio frequency and procedure discipline – дисциплина радиосвязи
radio function selector switch – переключатель рода работы радиостанции
radio guidance – радионаведение; радиопеленгация
radio guidance display – индикация радионаведения
radio hold – отсек радиооборудования
radio homing – радиопеленгация
radio homing beacon – приводной радиомаяк
radio horizon – радиогоризонт
radio identification – радиоопознавание
radio inertial guidance – радиоинерциальное наведение
radio inertial lateral position control system – радиоинерциальная система контроля положения
radio input – входной сигнал; сигнал от радиосредств
radio intercept – перехват радиосигналов, радиоперехват
radio intercommunication channel – линия двусторонней оперативной радиосвязи
radio interference – радиоинтерференция; радиопомехи
radio interference suppression – подавление радиопомех
radio junction-box – соединительная коробка радиооборудования
radio landing beam – посадочный радиолуч
radio lateral position – радиоданные о боковом положении ВС
radio line of position – линия положения, определенная радиопеленгацией; линия равных радиопеленгов
radio link – радиолиния
radio link circuit – линия радиосвязи
radio listening watch – непрерывное прослушивание радиосигналов
radio magnetic indicator – радиомагнитный индикатор
radio marker – радиомаркер
radio marker beacon – маркерный радиомаяк
radio message – радиограмма; радиодонесение
radio mode – режим работы радиостанции
radio mode selector switch – переключатель режимов работы радиостанции
radio navigation – радионавигация
radio navigation aids – радионавигационное оборудование
radio operator – радист
radio operator's aptitude test – психотехнические испытания радистов
radio package – радиоблок
radio position finding – радиопеленгация
radio procedure – порядок работы радиосвязи
radio propagation – распространение радиоволн
radio range – дальность действия радиомаяка; курсовой радиомаяк; направление, заданное лучом радиомаяка; радиомаяк направленного действия

radio receiver – приемная радиостанция; радиоприемник
radio remote control – дистанционное управление по радио
radio serviceman – радиотехник
radio set – радиоприемник; радиоустановка; рация
radio shielding – радиоэкранирование
radio silence – радиомолчание
radio station – радиостанция
radio tick – проверка времени по радио; радиосигнал точного времени
radio tracking – радиосопровождение, слежение с помощью радиосредств
radio traffic – радиообмен
radio transfer panel – щиток переключения управления радиосредствами
radio transmission – радиопередача
radio transmission set – передающая радиостанция
radio transmitter – радиопередатчик
radio wave – радиоволна
radio-approach aid – радиосредство, используемое при заходе на посадку
radio-autopilot coupler – блок связи автопилота с радионавигационной аппаратурой
radio-beacon receiver – приемник сигналов радиомаяка
radio-beacon station – радиомаяк
radio-beacon system – система совместно работающих радиомаяков
radio-beam coupler – блок связи автопилота с радиомаяком
radio-beam flying – полет по радиолучу
radio-blackout period – период радиомолчания
radiobroadcast – передавать по радио
radio-controlled – радиоуправляемый
radio-coupled mode – режим работы по радиосигналам
radioelectric storm detection – радиотехническое обнаружение грозы
radio-frequency band – диапазон или полоса радиочастот
radio-frequency region – область радиочастот
radiogoniometry – радиогониометрия; радиопеленгация
radiolocation – определение положения радиопеленгованием; радиолокация
radiometer indicator – дифференциальный индикатор
radiophone – радиотелефон
radio-range beacon – радиомаяк направленного действия
radio-range beam – луч радиодальномера
radio-range finding – радиопеленгация
radio-range flying – полет по радиопеленгу
radio-range leg – равносигнальная зона радиомаяка
radio-range orientation – ориентировка по радиомаяку
radio-range station – радиодальномерная станция
radio-relay communication – радиорелейная связь
radio-relay communication facilities – средства радиорелейной связи
radio-relay system – радиорелейная установка
radiosonde – радиозонд
radiosonde observation – метеорологическое наблюдение при помощи радиозондов
radiosonde station – станция радиозондирования
radiosonde tracking radio direction finder – радиолокационная станция пеленгации радиозондов
radiosonde wind sounding – наблюдение ветра при помощи радиозонда
radiotelegraph – радиотелеграф
radiotelemetring station – радиотелеметрическая станция
radiotelephone communication – радиотелефонная связь
radiotelephone direction finder – пеленгаторный радиотелефонный передатчик; радиопеленгаторная станция
radiotelephony network – радиотелефонная сеть
radioteleprinter – буквопечатающий радиотелефонный аппарат
radioteletype – буквопечатающий радиотелеграфный аппарат, радиотелетайп
radioteletype message center – пункт сбора донесений по радиотелетайпу
radioteletypewriter – радиотелетайп
radioteletypewriter broadcast – циркулярная передача радиотелетайпом

radioteletypewriter terminal equipment – аэродромный радиотелетайп
radiowind observation – радиоветровое наблюдение
radiowind station – радиоветровая радиостанция
radius of control wheel – радиус штурвала управления
radius of gyration – радиус вращения
radnos – отсутствие радиосвязи
radnote – радиограмма
radome – кожух радионавигационной антенны, обтекатель радионавигационной антенны
RAE (Royal Aircraft Establishment) – Королевский авиационный научно-исследовательский институт
raft – аварийно-спасательная лодка; аварийно-спасательный плот
rain – дождь
rain gauge – дождемер
rain remover air – воздух для удаления влаги с лобового стекла
rain remover system – система удаления влаги
rain repellent system – водоотталкивающая система
rain shower – ливневый дождь
rain squall – ливневый шквал
rainband – полоса дождя
rainfall – дождь; количество дождевых осадков
rake – скос на конце крыла самолета или лопасти винта; срез
ram – подъемник; силовой цилиндр; скоростной напор
ram air – воздух, сжатый за счет скоростного напора
ram air pressure switch – контактный датчик динамического давления
ram compression – сжатие за счет скоростного напора
ram compressor – прямоточный компрессор со сжатием воздуха за счет скоростного напора
ram effect – эффект от сжатия за счет скоростного напора
ram-air flow – скоростной напор
ram-air turbine – турбина с приводом от набегающего воздушного потока
ramark – радиолокационный маркер
ram-heated air – воздух, нагретый за счет скоростного напора
ramjet – ПВРД, прямоточный воздушно-реактивный двигатель
ramjet control system – система управления ПВРД
ramjet diffuser – диффузор ПВРД
ramjet engine – ПВРД, прямоточный воздушно-реактивный двигатель
ramjet ignition – система запуска ПВРД
ramjet inlet – воздухозаборник ПВРД
ramming – повышение давления в воздухозаборнике; поджатие; сжатие
ramming air intake – воздухозаборник, использующий скоростной напор
ramming pressure – полное давление в воздухозаборнике; скоростной напор
ramp – место погрузки; перрон
ramp equipment – технические средства для централизованного обслуживания самолетов на перроне
ramp pressure – скоростной напор
ramp recovery – восстановление давления в скачке уплотнения
random drift – случайный уход гироскопа
random output – случайные ответы
range – амплитуда; дальность; диапазон; зона; область; протяженность; радиус действия; расстояние; спектр; сфера; участок
range ability – дальность полета; досягаемость по дальности; радиус действия
range and bearing discrimination – разрешающая способность по азимуту и дальности
range and bearing fix – определение места самолета по дальности и пеленгу
range approach – заход на посадку по зональному радиомаяку
range at economic speed – дальность полета при наиболее экономичной крейсерской скорости
range at full speed – дальность полета на максимальной скорости
range at maximum speed – дальность полета на максимальной скорости
range beacon – радиомаяк
range characteristics – дальности полета при различных условиях
range control – управление по дальности полета
range coverage – дальность действия; зона действия по дальности

range discrimination – разрешающая способность по дальности
range error – отклонение по дальности; ошибка в измерении дальности
range factor – коэффициент дальности; фактор дальности
range finder – дальномер
range indicator – указатель дальности
range information – информация, передаваемая пилоту о расстоянии самолета до ВПП
range input – радиолокационные данные дальности
range lights – пограничные огни ВПП
range limit – максимальная дальность, предел по дальности
range markings – государственные опознавательные знаки
range of action – дальность действия
range of revolutions – диапазон оборотов; диапазон скоростей
range of visibility – дальность видимости
range of vision – дальность обзора; поле зрения
range performance – дальность действия; максимальная дальность полета
range potentiometer – потенциометр дальности
range pulse – импульс дальности
range quadrant – квадрант
range rate – скорость изменения дальности
range resolution – разрешающая способность по дальности
range scale – шкала или масштаб дальности
range scanning – развертка по дальности
range scope – индикатор дальности
range selector – задатчик дальности; переключатель дальности; переключатель диапазонов
range switch – переключатель диапазонов
range tracker – блок сопровождения по дальности
range tracking – сопровождение по дальности
range unit – блок дальности
range-azimuth presentation – индикация «дальность – азимут»
range-correction signal – сигнал коррекции дальности
range-finding apparatus – дальномер
range-height indicator – индикатор «дальность – высота»
range-indicator unit – блок индикатора дальности
range-rate tracking system – система сопровождения по скорости изменения дальности
range-scale selector – переключатель масштаба дальности
range-scanning rate – скорость развертки по дальности
range-to-go display – индикатор остающейся дальности
ranging – определение дальности
ranging computer – счетно-решающее устройство для определения дальности
ranging system – дальномерная система
ranging unit – радиодальномер
raob – радиолокационное наблюдение
RAOB (radiosonde observation) – метеорологические наблюдения при помощи радиозондов
RAPCON (radar approach control) – центр радиолокационного управления в зоне подхода
rarefaction wave – волна разрежения
rarefied air – разреженный воздух
RAS (rectified air speed) – исправленная приборная воздушная скорость
rate – норма; скорость; ставка; тариф
rate accuracy – точность по скорости
rate classification – вид тарифа
rate climb – набор высоты с постоянной вертикальной скоростью
rate control – управление по первой производной
rate display – указатель путевой скорости
rate gyroscope – гироскопический датчик угловых ускорений; двухстепенной гироскоп; демпфирующий гироскоп; прецессионный гироскоп; скоростной гироскоп
rate mode – режим стабилизации по угловой скорости
rate of climb – скорость набора высоты
rate of climb and descent indicator – вариометр
rate of closure – скорость сближения
rate of descent – скорость снижения
rate of deviation – величина отклонения
rate of discount – учетная ставка; учетный процент

rate of duty – размер таможенной пошлины, ставка таможенной пошлины
rate of exchange – валютный курс
rate of freight – грузовая тарифная ставка
rate of profit – норма прибыли
rate of return – норма прибыли
rate of return in investment – процент дохода на капитал
rate of sideslip – боковая скорость; скорость скольжения на крыло
rate of strain – относительная деформация
rate of turn – скорость разворота; угловая скорость
rate of yaw – скорость рыскания
rate sensor – датчик угловой скорости
rate sensor signal – сигнал датчика угловой скорости или скорости изменения
rated – номинальный; расчетный
rated air traffic controller – квалифицированный диспетчер службы управления воздушным движением
rated altitude – расчетная высота
rated capacity – номинальная мощность; номинальная производительность
rated conditions – расчетный режим
rated coverage – номинальная зона действия
rated engine speed – номинальное число оборотов двигателя
rated horsepower – номинальная мощность
rated life – номинальный ресурс; расчетный срок службы
rated load – номинальная нагрузка
rated output – номинальная мощность; расчетная мощность
rated personnel – аттестованный личный состав
rated pilot – аттестованный пилот; квалифицированный пилот; пилот с правом полетов по приборам в сложных метеоусловиях
rated power – номинальная мощность
rated revolutions – номинальное число оборотов
rated speed – номинальная скорость; расчетная скорость
rated thrust – номинальная тяга; расчетная тяга
rated velocity – заданная скорость
rate-gyro pickup – гироскопический датчик угловой скорости
rate-of climb indicator – вариометр; указатель скороподъемности
rate-of-climb meter – вариометр; измеритель вертикальной скорости
rate-of-descent display – вариометр; указатель вертикальной скорости снижения
rate-of-roll indicator – индикатор крена
rate-of-roll meter – измеритель угловой скорости
rate-of-turn gyroscope – гироскопический датчик угловой скорости
rate-of-turn indicator – указатель скорости поворота
rate-of-turn needle – стрелка указателя угловой скорости разворота
rate-of-turn recorder – указатель скорости поворота
rate-of-yaw indicator – индикатор курса
rate-sensitive autopilot – автопилот с демпфирующими гироскопами
rating – балл; категория; квалификационная отметка; классификация; номинальная мощность; номинальная тяга; номинальное значение; нормирование; оценка; параметр; паспортная мощность
rating data – максимальные эксплуатационные характеристики; номинальные характеристики; паспортные характеристики
rating value – номинальная величина
ratio – коэффициент; отношение; передаточное число; пропорция; соотношение; степень
ratio of compression – коэффициент поджатия; степень сжатия
ratio of specific heats – показатель адиабаты
RATO (rocket-assisted takeoff) – взлет с помощью ракетного ускорителя
RATO unit – ракетный ускоритель взлета
raw ILS – простой сигнал ИЛС
raw radar – пассивная РЛС
raw radar picture – обычное радиолокационное изображение на стандартном индикаторе
raw radar receiver – приемник пассивной РЛС

raw signal – исходный сигнал; необработанный сигнал; сигнал без поправок
rawin (radar wind) – радиолокационный метод определения параметров ветра с помощью воздушных шаров
rawin balloon – шар-пилот для определения параметров ветра с помощью РЛС
RAWINDS (radar wind sounding) – измерение скорости и направления ветра с помощью РЛС
rawinsonde – радиозонд
ray – излучение (pl); луч
RB (rescue boat) – спасательная лодка
RBI (radar blip identification) – опознавание радиолокационной отметки
RBn (radio beacon) – радиомаяк
RCC (Rescue Control Center) – центр управления аварийно-спасательными работами
RCC (rescue coordination center) – центр координации аварийно-спасательных операций
RCP (radar chart projector) – прибор для проецирования радиолокационного изображения
RCR (runway condition reading) – показатель состояния поверхности ВПП
RDF (radio direction finder) – радиопеленгатор
RDO (radio) – радио
reach altitude – набирать абсолютную высоту
reach flight level – занять эшелон
reach the glide path – выходить полностью на глиссаду
reaction – реактивный; реакция
reaction chamber – камера сгорания реактивного двигателя; полость реактивного сопла
reaction engine – реактивный двигатель, работающий на жидком топливе
reaction propulsion – реактивное движение; реактивный двигатель
reaction-control data – характеристики реактивной системы управления
reaction-propelled – реактивный; снабженный реактивным двигателем
reactive – реактивный
reactive force – реактивная сила; сила реакции; тяга
read – отсчитывать; показывать; понимать; производить отсчет; снимать показания; ясно слышать (при радиосвязи)
read back – обратная передача; повторять текст
readability – слышимость; читабельность
reader – индикатор; считывающее устройство
reader (reading, readout) device – считывающее устройство
reader unit – считывающее устройство
reading – отсчет; показание
reading head – считывающая головка
readout – выборка информации; выдача результатов; считывание данных
readout apparatus – аппаратура считывания данных
readout indicator – указатель; шкальный прибор
ready-to-install kit – ремонтный комплект
real time display – отображение информации в реальном масштабе времени
real velocity – действительная скорость; истинная скорость; фактическая скорость
real-time data – данные в реальном масштабе времени
real-time link – линия передачи данных в реальном масштабе времени
real-time telemetry processing system – система обработки радиотелеметрических данных в реальном масштабе времени
real-time telemetry system – радиотелеметрическая система, работающая в реальном масштабе времени
rear – задний; задняя часть; расположенный сзади; хвостовая часть; хвостовой
rear cockpit – хвостовая кабина
rear control – хвостовой руль
rear lateral engine – задний боковой двигатель
rear loading – загрузка через хвостовую часть
rear outboard engine – задний двигатель, смонтированный на пилоне
rear port engine – задний левый двигатель

rear position of the stick – ручка в крайнем положении «на себя»
rear propeller – толкающий воздушный винт
rear rudder – хвостовой руль
rear spar – задний лонжерон
rear starboard engine – задний правый двигатель
rear-loading freighter – грузовой самолет с загрузкой через хвостовую часть
rear-mounted engine – двигатель, установленный в хвостовой части
rearward retracting-undercarriage – шасси, убирающееся назад по потоку
rearward view – обзор задней полусферы
rearward-facing aerial – антенна, облучающая пространство за самолетом
rearward-facing antenna – обращенная назад антенна
reassemble – производить повторную сборку (переборку)
reassembly – переборка; повторная сборка
reattachment – повторное присоединение
reattachment point – точка повторного присоединения
Rebecca system – бортовое оборудование радиодальномерной системы Ребекка
Rec (receiving) – работает на прием
recalibration – повторная градуировка (калибровка, тарировка)
receiver – заправляемый топливом в воздухе самолет; приемное устройство; радиоприемник; ресивер
receiver aircraft – самолет, дозаправляющийся в воздухе
receiving airdrome – аэродром приема рейсовых самолетов
receiving antenna – приемная антенна
receiving console – приемный пульт
receiving set – радиоприемник; радиоустановка
receiving station – приемная радиостанция
receptacle – разъем; розетка
recertification – переосвидетельствование
recessed panel – утопленный щиток
reciprocal bearing – взаимное пеленгование; обратный пеленг; определение девиации по взаимным пеленгам
reciprocal outer marker – дальний маркер обратного направления
reciprocal tracks – встречные пути полета
reciprocating (piston) engine – поршневой двигатель
recirculating air – рециркуляционный воздух
recirculating system – система с рециркуляцией
reckoning – определение местоположения самолета путем расчетов по карте; счисление пути
recognition – опознавание
recognition light – опознавательный сигнальный огонь
recommended practice – рекомендация
reconstruction – восстановление, реконструкция
record – записывать; запись; регистрировать
record package – кассета с записью данных; приемная кассета самописца
recorder – регистрирующий прибор; самописец, самопишущий прибор
recorder package – блок самописца; регистрирующий блок
recorder tape – лента самописца
recording instrument – самописец
recording manometer – манограф
recording scale – масштаб записи
recording system – регистрирующее устройство
recording unit – блок записи
recoverable crash data – сохраняющиеся при аварии ВС записи бортовых приборов
recoverable recorder – спасаемый самописец
recovery – восстановление; вывод самолета из штопора; спасение
recovery aids – средства спасения
recovery beacon – аварийный маяк
recovery ceiling – максимальная высота начала безопасного снижения
recovery control – органы вывода ВС из опасного режима (pl); управление выводом ВС из опасного режима
recovery factor – коэффициент восстановления
recovery flight – полет с возвращением элементов ВС или снаряда
recovery gear – оборудование системы спасения; спасательное оборудование

recovery height – высота выхода из опасного режима или положения; высота срабатывания системы спасения
recovery initiation – начало выхода из критического режима
recovery inputs – отклонения рулей на вывод
recovery lag – запаздывание вывода
recovery locator beacon – приводной аварийный радиомаяк
recovery method – метод вывода; метод спасения
recovery response – реакция на действие рулей при выводе ВС из опасного режима
recovery system – система спасения
rectangular approach – заход на посадку «по коробочке»
rectangular axes – оси прямоугольной системы координат
rectangular landing pattern – заход на посадку «по коробочке»
rectangular pattern maneuver – маневр захода на посадку по прямоугольному маршруту
rectified air speed – исправленная воздушная скорость
rectifying a compass – устранение девиации компаса в полете
rectilinear potentiometer – линейный потенциометр
red airway – красная авиалиния (США); трасса полетов в западном направлении
red line – граница опасного режима; красная черта (на приборе); предельно допустимое значение
redline limit – опасный предел; предельно допустимое значение
reduce power lever to flight idle – убирать РУД в положение «полетный малый газ»
reduced cargo rate – льготный грузовой тариф
reduced fare – льготный тариф
reduced mass – приведенная масса
reduced velocity – отношение скорости полета к частоте колебаний; приведенная скорость
reduced-order modeling – моделирование с помощью системы уравнений более низкого порядка
reduction – обработка и отбор данных; понижение; приведение; редукция; сокращение; уменьшение
reduction gear train – редуктор; система замедляющей передачи
reduction gearbox – коробка передач; редуктор
reduction in area – сужение поперечного сечения
reduction on fares – скидка с тарифов
reduction ratio – передаточное число; степень редукции
redundancy – дублирование; избыточность; повышенная живучесть; резервирование; статическая неопределенность
redundant autopilot – автопилот с резервированием, резервированный автопилот
redundant signal – дополнительный сигнал, дублирующий сигнал, резервный сигнал
reenter – возвращаться в атмосферу; входить в плотные слои атмосферы
reentry – возвращение в атмосферу; вход в плотные слои атмосферы
reentry body – возвращающееся в атмосферу тело
ref (refer) – смотри
reference – базис; исходный; начало координат; начало отсчета; начальное значение; начальное положение; начальное условие; ориентир; система отсчета; справка; справочный материал; ссылка; стандартный; эталон; эталонный
reference airspeed – исходная воздушная скорость
reference altitude – заданная высота; исходная высота; расчетная высота
reference antenna – антенна опорного сигнала
reference area – исходная область; исходная площадь; начальная область; условная площадь
reference atmosphere – справочная атмосфера; стандартная атмосфера
reference attitude – исходное угловое положение в пространстве
reference axes – координатные оси; оси исходной системы координат; оси отсчета

reference azimuth – исходный азимут; начальный азимут; опорный азимут
reference book – справочник
reference chord – расчетная хорда; средняя аэродинамическая хорда
reference circle – кружок – символ самолета
reference condition – исходный режим; начальные условия (pl)
reference coordinates – исходные координаты; начальные координаты
reference data – исходные данные; справочные данные
reference datum – начало измерения; опорная информация; расчетная величина
reference direction – исходное направление; направление отсчета или координатной оси
reference flight conditions – исходный режим полета
reference frame – система отсчета
reference friction condition – расчетные условия торможения (ВПП)
reference humidity – расчетная влажность
reference instrument – контрольный прибор, эталонный прибор
reference landing – стандартная посадка
reference landing distance – стандартная посадочная дистанция
reference level – исходный уровень
reference line – базовая линия; линия отсчета, нулевая линия
reference Mach number – заданное число М; номинальное число М
reference mark – контрольная отметка
reference phase – опорная фаза
reference plane – исходная плоскость; плоскость координат; плоскость отсчета
reference point – контрольная точка в системе ИЛС; контрольный ориентир; счислимая точка; точка отсчета
reference pressure – исходное давление; эталонное давление
reference pulse – исходный импульс; калибровочный импульс; опорный импульс
reference quantity – исходная величина; эталонная величина
reference scale – шкала отсчета
reference signal – сигнал датчика
reference speed – заданная скорость; расчетная скорость; характеристическая скорость
reference system – система координат, система отсчета
reference temperature – исходная температура
reference velocity – заданное значение скорости; исходная скорость
reference video source – источник опорного видеосигнала
refill – делать дополнительную заправку; перезаливать; перезаполнять
reflection plotter – индикатор кругового обзора с отражающей оптикой
reflection wave – отраженная ударная волна
refresher training – периодическая тренировка для «освежения» навыков
refuel – дозаправка топливом; дозаправлять самолет топливом; пополнять запас топлива
refuel in flight – производить дозаправку топливом во время полета
refueler – топливозаправщик
refueling – дозаправка топливом
refueling airport – аэропорт заправки топливом
refueling depot – заправочный пункт
refueling tender – аэродромный топливозаправщик; топливозаправщик
refueling-defueling unit – аппаратура для заправки и слива топлива
refund – возврат сумм; перерасчет
refund by means of exchange – перерасчет посредством обменного ордера
reg (regular) – регулярный
regain the glide path – снова выходить на глиссаду
region of convergence – область сходимости
regional – местный; районный; региональный
regional and domestic air route area – район региональных и внутренних авиалиний
regional broadcast – радиосводка по району
regional collecting center – региональный центр сбора данных

regional control center – диспетчерский центр контроля в пределах региональной зоны
regional forecast – прогноз по району
regional jet stream – региональное струйное течение
regional synoptic analysis – синоптическая консультация районного прогностического центра
regional synoptic collective message – районная метеорологическая сводка
register – накопитель; регистр; регистрировать; согласование; сумматор; счетчик
registration certificate – свидетельство о регистрации самолета
registration mark – регистрационный знак
regular airdrome – постоянный аэродром
regular airline service – регулярные воздушные сообщения
regular airport – постоянный аэропорт
regular custom clause – обязательство постоянного пользования
regular first-class fare – тариф первого класса на регулярных линиях
regular flight – регулярный рейс
regular freight rate – нормальный грузовой тариф
regular runway – основная ВПП; постоянно используемая ВПП
regular station – постоянная станция
regulations – инструкция, наставление; устав
reheat – дожигание; повторный нагрев; форсаж; форсажная камера; форсировать
reheat climb – набор высоты на форсажном режиме
reheat engine – двигатель с форсажной камерой
reheat jet aircraft – реактивный самолет с системой дожигания топлива
reheat system – система дожигания топлива; система форсирования тяги
reheat thrust – тяга, развиваемая форсажной камерой
reheat turbojet – турбореактивный двигатель с форсажной камерой
reheated thrust – тяга с включенной форсажной камерой
reheating – дожигание топлива в форсажной камере; форсирование
reignite – вторично запускать двигатель; повторно воспламенять
reignition – повторное воспламенение; повторный запуск двигателя
reinforce – армировать; усиливать
reinforcement – усиление
reject – отбрасывать; отдавать (энергию)
rejection – отвод; отражение; потеря (энергии)
relation – зависимость; отношение; связь; соотношение
relationship – взаимозависимость; связь; соотношение
relative – курсовой; относительный
relative accuracy – относительная точность; погрешность
relative airspeed – относительная воздушная скорость
relative azimuth – курсовой угол ориентира; относительный азимут (пеленг)
relative azimuth angle – курсовой угол
relative bearing – курсовой угол ориентира; относительный пеленг
relative bearing indicator – указатель курсовых углов
relative coordinate system – относительная система координат
relative speed – относительная скорость
relative velocity – относительная скорость
relative velocity vector – вектор относительной скорости
relative wind – относительный ветер
relax stick pressure – освобождать ручку; снимать усилия с ручки; уменьшать усилие на ручке
relay – передача сигналов; переключатель; реле; релейная станция
relay box – коробка реле
relay broadcast station – ретрансляционная радиовещательная станция
relay link – радиорелейная линия, ретрансляционная линия
relay of radar data – передача радиолокационных данных
relay station – ретрансляционная станция
relay time – время ретрансляции
relay unit – релейный блок
release – освобождать; освобождение; разобщать; разобщать; разъединение; разъединять; расцепление; расцеплять

release mechanism – механизм отцепки или сброса; пусковое устройство
reliability – надежность
reliability index – показатель надежности
reliability index system – система критериев надежности
reliability probability – степень надежности
reliability scoring – оценка надежности
relief – разгрузка; рельеф; снятие напряжения; стравливание давления
relief crew – сменный экипаж
relief pilot – второй пилот
relief valve – выпускной клапан; перепускной клапан; предохранительный клапан; редукционный клапан
relieve the back pressure on the stick – отпускать ручку вперед; уменьшать усилие на ручке в направлении «на себя»
relight – повторно запускать двигатель; повторный запуск двигателя
relight button – кнопка повторного запуска двигателя
remitter – ответчик
remote control – дистанционное управление, телеуправление
remote control equipment – оборудование дистанционного управления
remote indicating instrument – дистанционный прибор
remote indicator – вынесенный указатель
remote metering – дистанционное измерение, телеметрия
remote plan indicator – вынесенный индикатор кругового обзора
remote reading – дистанционное показание; отсчет на расстоянии
remote reading compass – дистанционный компас
removable – съемный
rendering (a certificate of airworthiness) valid – признание действительности удостоверения о летной годности
rendering (a licence) valid – признание действительности квалификационного свидетельства
renewal of licence – продление свидетельства
Rep (reporting point) – контрольный пункт
repair – ремонт; ремонтировать; ремонтный
repair facilities – ремонтное оборудование
repair shop – ремонтная мастерская
repeatable approach – надежный заход на посадку
repeater bearing – курс по повторителю
repeater instrument – дублирующий прибор; повторитель
repeater station – ретрансляционная станция; усилительная станция
reply-code – код ответа
report – донесение; рапорт; сообщение
reported altitude block height – сообщенная с борта самолета средняя высота над местностью на данном участке полета
reporting point – контрольный пункт; пункт обязательной посылки донесений с борта
reporting time of the passenger – предписанное пассажиру время прибытия в аэропорт
representation – изображение; индикация; отображение
representative – представитель; типичный; типовой; характерный
req (request) – запрос
request for taxi clearance – просьба на разрешение рулежки
request/reply transmission – передача «запрос – ответ»
required – обязательный; потребный; соответствующий требованиям
required power – потребная мощность
required thrust – потребная тяга
required track – линия заданного пути
requirement – требование; условие
requirements and test procedures – требования и методика испытаний
rescue – спасательные работы; спасать; спасение
rescue aircraft – спасательный самолет
rescue and fire fighting service – служба спасения и борьбы с пожаром
rescue beacon – аварийно-спасательный маяк
rescue control center – центр управления аварийно-спасательными операциями
rescue co-ordination center – координационный центр поиска и спасения

rescue crew – спасательная команда
rescue detail – аварийно-спасательные средства
rescue group – спасательная группа
rescue indicator – индикатор срабатывания системы спасения
rescue master – командир спасательной команды
rescue message – сигнал бедствия
rescue mission – аварийно-спасательная операция; задача на проведение аварийно-спасательных работ
rescue operation – аварийно-спасательная операция
rescue party – аварийно-спасательный отряд
rescue service – спасательная служба
rescue sub-center – центр поиска и спасения
rescue unit – аварийно-спасательный отряд
rescue vessel – спасательное судно
research – исследование; научно-исследовательская работа
research and development test – доводочное испытание
research contract – контракт на проведение научно-исследовательских и опытно-конструкторских работ
research laboratory – научно-исследовательская лаборатория
researcher – лицо, проводящее расследование
reseau – сеть метеорологических станций
reservation – бронирование; хранение
reservation message – сообщение о бронировании мест на самолет
reservation office – бюро по бронированию мест на самолет
reservation system – система бронирования мест на самолет
reserve airfield – запасный аэродром
reserve factor – запас прочности
reserve of fuel – запас топлива
reserve tank – бак для запасного топлива; запасный бак; компенсационный бак
reserved booking – предварительный заказ билетов
reserved route – забронированный маршрут; маршрут, выделенный для специальных целей
reset – ввод начальных условий; сброс; установка на нуль
reset pulse – импульс сброса
reset selector – селектор начальных условий
reset signal – сигнал возврата в начальное положение
reset to zero – обнуление информации
residual angular velocity – остаточная угловая скорость
resolution – разложение; разрешающая способность
resolution characteristic – разрешающая способность; разрешающие характеристики (pl)
resolver – прибор для разложения вектора на составляющие; решающее устройство; решающий прибор
resolving ability – разрешающая способность
respond – отвечать; регулировать; слушаться рулей управления
responder – ответчик; передатчик ответчика; радиолокационный маяк-ответчик
responder beacon – радиолокационный маяк-ответчик
responder carrier – несущая частота ответчика
response – кривая; ответ; реакция; характеристика; чувствительность
response time – время реакции; время срабатывания
response to the controls – повиновение самолета рулям
rest – невозмущенное состояние; неподвижное состояние; состояние покоя
rest period – период отдыха
restart data – повторный ввод данных
restorable system – восстанавливаемая система; система многократного применения
restoring moment – восстанавливающий момент
restr (restricted) – ограниченный
restrained gyroscope – гироскоп с двумя степенями свободы; скоростной гироскоп
restrained system – привязная система
restricted – ограниченного пользования
restricted airspace – зона, ограниченная для полетов
restricted area – зона, ограниченная для полетов

restricted data – данные, не подлежащие разглашению
restriction lights – ограничительные огни
resultant – равнодействующая; равнодействующий; результирующая сила; результирующий; суммарный
resultant force – равнодействующая сила
resultant thrust – суммарная тяга
resultant thrust vector – результирующий вектор тяги
reticketing – обмен билетов
reticle – перекрестие; сетка
retract – втягивать или укорачивать (телескопическое крыло); убирать шасси
retractable landing gear – убирающееся шасси
retractable position – убранное положение шасси
retractable slat – убирающийся предкрылок
retractable tail wheel – убирающееся хвостовое колесо
retractable undercarriage – убирающееся шасси
retracting system – система убирания
retractor strut – стойка подъема и выпуска шасси
return – возврат; возвратный; возвращение; обратный; обратный канал; отдача; отражение; отраженный сигнал
return air – отработанный воздух
return fare – плата за проезд в оба конца
return object – отметка цели; эхо-сигнал
return of investment – процент на капитал
return route point – исходный пункт обратного маршрута
return service – обратный рейс
return signal – отраженный сигнал
return trip – обратный полет
return-flow wind tunnel – замкнутая аэродинамическая труба
revenue – доход
revenue aircraft-mile – доходная самолето-миля
revenue control manager – начальник контрольно-расчетного отдела
revenue control section – контрольно-расчетный отдел
revenue flight – производительный полет
revenue mile – производительная миля
revenue miles flown – производительный налет самолето-миль
revenue passenger – коммерческий пассажир
revenue passenger load factor – коэффициент коммерческой пассажирской загрузки
revenue passenger-kilometer – оплачиваемый пассажиро-километр
revenue passenger-mile – производительная пассажиро-миля
revenue per traffic-unit – доходы на единицу отправок
revenue plane-mile – производительная самолето-миля
revenue rate – доходная ставка
revenue services – коммерческие перевозки
revenue stop – коммерческая остановка
revenue ton-mile – производительная тонно-миля
revenue tonne-kilometer – оплачиваемый тонно-километр
revenue tonne-kilometer performed – выполненный коммерческий тонно-километр
revenue weight load factor – коэффициент коммерческой загрузки
revenues – доходные статьи
reversal of wind – перемена ветра; резкое изменение направления ветра
reversal zone – зона обратного наклона
reverse bearing – обратный пеленг
reverse control effect – обратный эффект управления
reverse thrust – обратная тяга, реверсивная тяга
reverse turn – разворот на 180 градусов
reversed image – обращенное изображение
reversed nozzle – обратное сопло; обращенное сопло
reverse-flow – противоточный
reverse-flow turbojet – турбореактивный двигатель с противоточной камерой сгорания
reverse-thrust landing – посадка с реверсированием тяги
reverse-thrust nozzle – сопло с реверсом тяги
reversible – обратный; реверсивный
reversible airscrew – реверсивный воздушный винт

reversible control system – обратимая система управления
reversible pitch – реверсивный шаг (воздушного винта)
reversing – реверсивный; реверсирование; реверсирующий; с обратным ходом
revmeter – счетчик числа оборотов, тахометр
revolution (r.p.m.) meter – скорость вращения вала; число оборотов в минуту
revolution counter – счетчик числа оборотов, тахометр
revolutions in flight – число оборотов двигателя в полете
revolving beacon – вращающийся светомаяк
revolving storm – тропический ураган; циклон
rewind facility – оборудование для перемотки
Reynolds number – число Рейнольдса
RF (radio facilities) – радиосредства
RF (radio finder; radio finding) – радиодетектор
RF (radio frequency) – радиочастота
RFC (radio facility chart) – радионавигационная карта
RHB (radio homing beacon) – приводной радиолокационный маяк
rho-theta navigation system – система радионавигации «ро-тета»; угломерно-дальномерная радионавигационная система
rho-theta pictorial display system – угломерно-дальномерная система с графической индикацией
rhumb – румб
rhumb card (of compass) – картушка компаса
rhumb line – локсодромия
rhumb lines – компасные румбы
rhumb-line bearing – локсодромический пеленг
rhumb-line course – линия пути самолета по локсодромии
rhumb-line distance – расстояние по локсодромии
rhumb-line track – локсодромическая линия пути
rib – нервюра, ребро
rib flange – фланец нервюры
ribbed tire – пневматик с рельефным рисунком протектора
ribbon lightning – ленточная молния
ride – полет
ride the aircraft – пилотировать ВС
ride the beam – лететь по лучу
ride the controls – пилотировать; управлять рулями
ridge – гребень
rig – оснащать самолет вспомогательным оборудованием; производить сборку самолета; стенд
rigger – специалист по сборке; укладчик парашютов
right ascension – прямое восхождение
right bank – правый вираж; правый крен
right of entry – право вылета
right-hand approach – подход к правой «коробочке»; подход с правым разворотом
right-hand circle – правый круг
right-hand engine – двигатель с правым вращением вала
right-hand propeller – воздушный винт правого вращения
right-hand side console – правый боковой пульт управления
right-hand traffic – правостороннее движение
right-handed system of coordinates – правая система координат
righting moment – восстанавливающий момент
right-left indication – курсовая нуль-индикация
right-of-way – право пути
right-side separation – эшелонирование «правой стороной»
right-turn circuit – правая «коробочка»; правый круг движения
right-turn traffic – движение с правым кругом
right-wing heavy – перетяжеленный на правое крыло
rigid – жесткий, негибкий
rigid airscrew – жесткий воздушный винт
rigid airship – жесткий дирижабль
rigid tank – жесткий бак
rigid torsion cell – кессон
rigid wing – жесткое крыло
rigidity factor – коэффициент жесткости
rime – иней
ring marker – кольцевая отметка

rip cord – вытяжной трос; трос аварийной расцепки
rising air current – восходящий воздушный поток
rising gust – восходящий воздушный поток
riveted construction – клепаная конструкция
RJ (ram jet) – прямоточный воздушно-реактивный двигатель
RL – четырехзонный радиомаяк мощностью более 150 вт
RL (radar lag time) – время, необходимое для радиолокационного обнаружения и опознавания
RL (rhumb line) – локсодромия
RMI (radio magnetic indicator) – радиомагнитный индикатор
rms (root mean square error) – среднеквадратичная ошибка
RN (Reynolds number) – число Рейнольдса
RNAV – системы зональной навигации
RNG (radio range) – радиомаяк
Rnwy (runway) – ВПП
road access – подъезд к дороге
road surfacing – одежда дороги
roadway – проезжая часть
robot – автомат, автоматическое устройство
robot aircraft – беспилотный самолет
robot control system – система автоматического управления
robot navigator – автоштурман
robot pilot aircraft – беспилотный самолет
rocker – балансир
rocket – ракета; ракетный; ракетный двигатель; реактивный
rocket airplane – самолет с ракетным двигателем
rocket assist – ракетный ускоритель; увеличение тяги ракетным двигателем
rocket booster – ракетный ускоритель; стартовый двигатель
rocket braking – торможение с помощью ракетного двигателя
rocket engine – жидкостно-ракетный двигатель, ЖРД; ракетный двигатель
rocket fuel – топливо для ракетных двигателей
rocket motor – ракетный двигатель
rocket power plant – ракетная силовая установка
rocket research plane – экспериментальный самолет с ракетным двигателем
rocket thrust – тяга ракетного двигателя
rocket-assisted takeoff – взлет с помощью ракетного ускорителя
rocket-engine throat – критическое сечение сопла ракетного двигателя
rocket-powered – снабженный ракетным двигателем
rocket-propelled missile – ракета; реактивный снаряд
rod – силовая тяга; стержень; тяга управления
rodger – «все в порядке»; «я понял»; «я принял ваше последнее сообщение»
ROFOR (route forecast) – прогноз погоды по маршруту
roll – вращение самолета относительно продольной оси; крен
roll acceleration – угловое ускорение крена
roll adder – сумматор канала крена; сумматор канала поперечного управления
roll amplifier – усилитель канала крена
roll amplitude – амплитуда колебаний крена
roll angle – угол крена
roll attitude – угол крена
roll autopilot – автопилот канала крена
roll autostabilizer – автомат крена; автомат поперечной устойчивости
roll axis – продольная ось крена
roll channel – канал крена
roll cloud – шкваловый ворот
roll control – стабилизация по крену; управление креном
roll control power – эффективность поперечного управления
roll control tab – серворуль элерона; триммер управления креном; триммер элерона
roll correction – коррекция по крену
roll deviation – отклонение по крену
roll direction – направление вращения вокруг продольной оси
roll displacement – крен; угловое перемещение относительно продольной оси

roll force switch – контакты, срабатывающие от боковой силы на ручке управления
roll gyroscope – гироскоп крена
roll maneuver – маневр по крену
roll pole – креновая отметка; отметка угла крена
roll rate – угловая скорость крена
roll rate gyro – гироскоп угловой скорости крена; скоростной гироскоп крена
roll rate indicator – указатель угловой скорости крена
roll reference – исходное положение по крену; исходный угол крена
roll stability augmenter – автомат поперечной устойчивости
roll synchro – сельсин крена
roll the aircraft into a bank – вводить ВС в крен
roll/yaw interaction – взаимосвязь движений крена и рыскания
roll-axis control mode – режим управления по крену
roll-control system – система управления креном
roller landing – посадка с пробегом
roller race – обойма роликового подшипника
roller-contact bearing – роликовый подшипник
rolling angle – угол крена
rolling instability – поперечная неустойчивость
rolling maneuver – маневр с креном или с вращением вокруг продольной оси
rolling moment – момент крена; поперечный момент
rolling plane – плоскость крена; поперечная плоскость
rolling pull-out maneuver – кабрирование с креном; маневр вывода из пикирования с креном
rolling velocity – угловая скорость крена
roll-jet system – система стабилизации и управления креном
roll-on-landing – посадка с пробегом
roll-out – вывод из крена; выкатывание самолета за пределы ВПП; выпуск готового самолета с завода; окончание сборочных работ; послепосадочный пробег
roll-out date – дата выкатывания ВС на аэродром; дата завершения постройки ВС
rollout director – командный прибор управления на пробеге
roll-over axis – ось капотирования на крыло
roll-pitch trim indicator – указатель балансировки по крену и тангажу
roll-rate damping characteristics – характеристики демпфирования угловой скорости крена
roll-rate pickup – датчик угловой скорости крена
roll-turn rate indicator – указатель угловых скоростей крена и рыскания
ROM (reciprocal outer marker) – дальний маркер обратного направления
RON – работает только на прием
root – корневая часть
root airfoil section – профиль крыла у корня
root chord – корневая хорда
root-locus method – метод геометрического места корней; метод траектории корней
root-mean-square – среднеквадратичный
root-mean-square deviation – среднеквадратичное отклонение
root-mean-square value – среднеквадратичное значение
rotaplane – автожир
rotary – вращательный; вращающийся
rotary derivatives – вращательные производные устойчивости
rotary jet flow induction – эжектирование потока вращающейся струей
rotary wing – несущий винт
rotary-wing aircraft – винтокрыл, винтокрылый летательный аппарат
rotary-wing transport aircraft – транспортный вертолет
rotate the aircraft into the climb – увеличивать угол тангажа ВС для перехода к набору высоты
rotating assembly – вращающийся агрегат; ротор двигателя
rotating beacon – вращающийся маяк
rotating direction finder – вращающийся пеленгатор
rotating loop beacon – радиомаяк с вращающейся рамочной антенной

rotating radio beacon – вращающийся радиомаяк
rotating stall – вращающаяся зона срывного обтекания; вращающийся срыв; срыв во вращающемся потоке; срыв потока во вращающейся струе
rotating-reflector direction finder – радиопеленгатор с вращающейся антенной
rotation – вихрь; вращение
rotation axis – ось вращения
rotation coefficient – поправка на вращение Земли
rotation maneuver – отрыв носового колеса от ВПП на разбеге
rotation of slipstream – вращение спутной струи винта; вращение струи за винтом
rotation(al) speed – скорость отрыва носового колеса от ВПП при взлете
Ro-Theta computer – вычислитель азимут – дальность
rotodyne – винтокрыл, самолет-вертолет
rotor – колесо турбины; несущий винт; ротор
rotor blade – лопасть несущего винта; лопатка ротора
rotor head – втулка несущего винта
rotor hub – втулка несущего винта
rotor plane – вертолет, винтомоторное воздушное судно; плоскость вращения несущего винта
rotor slipstream – скос потока, создаваемый несущим винтом; струя за несущим винтом
rotor system – система несущих винтов
rotor thrust – тяга несущего винта
rotor windage – момент кручения ротора
rotorcraft – винтокрыл, летательный аппарат с несущим винтом
rough air – болтанка
rough engine – двигатель с неровным ходом; жестко работающий двигатель
rough journey – тяжелый перелет
rough running – жесткий ход, неровный ход
rough-field undercarriage – шасси для грунтовых аэродромов
round fuselage – фюзеляж круглого сечения
round nozzle – сопло круглого сечения
rounding circuit – цепь округления
roundout altitude – высота выравнивания
roundout distance – воздушный участок взлетной дистанции; дистанция перехода в набор высоты
round-the-clock radar watch – круглосуточное радиолокационное наблюдение
round-trip – парный рейс; поездка туда-обратно
round-trip fare – тариф «туда-обратно»
round-trip ticket – билет в направлении «туда-обратно»
round-trip tourist fare – туристский тариф «туда-обратно»
route – курс; маршрут; направление; путь
route briefing – инструктаж полета по маршруту
route chart – маршрутная аэронавигационная карта
route description – описание маршрута
route familiarization flight – ознакомительный полет по маршруту
route forecast – прогноз погоды по маршруту
route guide – маршрутный справочник
route lighting – светооборудование трассы авиалинии
route map – маршрутная карта
route marker – маркировочный знак на авиационной линии
route marker beacon – линейный маркерный светомаяк
route proving – лидерные испытания; маршрутные испытания
route section (or stage) – участок трассы авиалинии
route segment – отрезок маршрута
route stage – этап маршрута
route traffic density – грузонапряженность; плотность движения на маршруте
route weather reconnaissance – разведка погоды по маршруту
route-proving flight schedule – программа маршрутных летных испытаний
routine – программа
routine (scheduled) maintenance – плановое техническое обслуживание; регламентные работы; текущее техническое обслуживание
routine flight – регулярный полет
routine forecast – ежедневный прогноз
routine inspection – периодическая инспекция

routine observation – регулярное наблюдение
routing – маршруты; полет по маршруту; система маршрутов
routing clauses – предписания маршрута
routing directory – справочник по трактам
routing indicator – индикатор тракта
routing line – линия тракта
Royal flights – полеты литерных самолетов
RP (reference point) – контрольная точка в системе ИЛС
RR (radar ranging) – определение дальности радиолокационным дальномером
RS (radio station) – радиостанция
RSP (responder beacon) – радиомаяк-ответчик
RTC (radiotelephone communication) – радиотелефонная связь
rte (route) – трасса
R-Theta computer – вычислитель азимута и дальности
Rto (ratio) – отношение
RTT (radioteletypewriter) – буквопечатающий радиотелеграфный аппарат
rudder – руль направления
rudder (control) system – система управления рулем направления
rudder amplifier – усилитель канала руля направления
rudder angle – угол отклонения руля поворота
rudder assembly – механизм руля поворота
rudder axis – канал управления рулем поворота
rudder balance – компенсатор руля направления
rudder bar – педали управления; рычаг ножного управления
rudder cable – трос управления рулем направления
rudder control – путевое управление; управление рулем направления
rudder correction – корректирующее отклонение руля направления
rudder driver – рулевая машина руля направления
rudder fin – вертикальный киль
rudder flap – триммер руля
rudder gust lock – струбцина руля направления
rudder horn – рычаг руля направления
rudder impulse – дача руля направления
rudder input – дача руля поворота; импульс, создаваемый рулем поворота
rudder jack – бустер руля направления; силовой привод руля направления
rudder lever – рычаг руля поворота; рычаг управления рулем поворота
rudder linkage – тяги руля направления
rudder load – нагрузка на педалях от руля направления
rudder pedal – педаль руля поворота
rudder pedal movement – перемещение педали управления рулем направления
rudder pedal nose-wheel steering system – система управления носовым колесом от педалей
rudder pedal warning – сигнализация путем тряски педалей управления
rudder pedals – педали управления рулем направления
rudder pickoff (pickup) potentiometer – потенциометр руля направления
rudder position indicator – указатель положения руля направления
rudder power – эффективность руля направления
rudder pulse – дача руля направления; импульс в системе управления рулем направления
rudder quadrant – секторная качалка руля направления
rudder response – реакция самолета на отклонение руля направления; эффективность руля направления
rudder servo – бустер руля направления; сервопривод руля направления
rudder setting – заданный угол отклонения руля направления
rudder simulator – имитатор усилий в системе управления рулем направления
rudder spring tab – пружинный триммер руля направления
rudder spring tab control rod – тяга к пружинному триммеру руля направления
rudder station – рулевая стойка
rudder tab – триммер руля направления
rudder tab servo model – командный угол крена; управляющий угол крена

rudder trim actuator – силовой привод триммера руля направления
rudder trim control wheel – вертикальное хвостовое оперение
rudder trim tab – вертикальное хвостовое оперение
rudder-fin area – площадь вертикального оперения
rudder-fin unit – вертикальное оперение
rudder-travel limit – упор руля направления
rudder-trim indicator – указатель положения триммера руля направления
rule – линейка; метод; норма; правило; руководство; способ
run – гонка двигателя; заход на цель; перелет; полет; пробег; проводка управления; работа двигателя; разбег
run at full throttle – работать на максимальном газе
run idle – работать на холостом ходу или на малых оборотах
run in – обкатывать
run out of altitude – терять высоту в полете
run time – продолжительность экспериментального рабочего цикла
run up an engine – гонять двигатель на больших оборотах
running – вращение (двигателя); работа; установившийся режим работы; ход; эксплуатация
running away – работающий вхолостую; разнос турбины
running fix – текущие координаты места самолета, найденные методом крюйс-пеленга
running landing – посадка с пробегом
running light – бортовой аэронавигационный огонь
running maintenance – текущее техническое обслуживание
running takeoff – взлет с разбегом
running up – увеличение числа оборотов двигателя
run-off – боковое выкатывание; выкатывание самолета за боковую линию ВПП
runoff taxiway – полоса сруливания; соединительная рулежная дорожка
run-out distance – дистанция пробега с гашением скорости
run-out light – огонь для обозначения места взлета; стартовый огонь
runup – гонка двигателя
runup and taxi – гонка двигателей и руление
run-up check – контрольная гонка (двигателя)
runway – взлетно-посадочная полоса; ВПП
runway (weight) bearing capacity – несущая способность покрытия ВПП
runway air temperature – температура воздуха на ВПП
runway alignment – выход в створ ВПП
runway alignment indicator – указатель входа в створ ВПП
runway alignment lights – огни в створе ВПП
runway altitude – высота аэродрома над уровнем моря
runway approach – воздушный подход к ВПП
runway approach system – система вывода самолета на ВПП при заходе на посадку; система захода на посадку
runway arrester – аэродромная аварийная тормозная установка
runway axis – ось ВПП
runway barrier – аэродромная аварийная установка
runway capacity – пропускная способность ВПП
runway center line – осевая линия ВПП
runway center line light – огонь осевой линии ВПП
runway center line markings – маркировка оси ВПП
runway characteristics – характеристики заброса рулей
runway check – контроль состояния ВПП
runway conditions – состояние ВПП
runway controller – диспетчер стартового командного пункта
runway coverage of winds – ветровая загрузка ВПП
runway designation markings – маркировка направления ВПП
runway direction – взлетно-посадочный курс; направление взлетов и посадок на ВПП; направление ВПП
runway distance marker – отметчик расстояния до ВПП

runway edge lights – огни ограждения ВПП
runway edge markings – маркировка границ ВПП
runway end identification lights – огни опознавания конца ВПП
runway end lights – ограничительные огни ВПП
runway end markings – концевые ограничительные знаки ВПП
runway environment – окружающая среда ВПП
runway floodlight – посадочный прожектор
runway gradient – уклон ВПП
runway guidance – наведение на ВПП
runway guidance marker – отметка ВПП на пилотажном приборе; радиомаркер, используемый для захода на посадку
runway identifiers with glide slope – огни опознавания ВПП и индикации глиссады
runway in use – используемая ВПП; рабочая ВПП
runway light activator – блок включения огней ВПП
runway lights – огни освещения ВПП
runway localizer (beacon) – посадочный курсовой радиомаяк
runway markings – маркировочные знаки ВПП (pl); разметка ВПП
runway mat – плита ВПП; сборно-разборное покрытие ВПП
runway of marginal length – ВПП минимальной длины
runway overrun area – концевая полоса безопасности ВПП
runway overrun barrier – аэродромная аварийная тормозная установка
runway pavement evaluation – показатель прочности покрытия ВПП
runway scatter rate – степень разброса точек приземления
runway sealant – уплотнитель швов ВПП
runway selected basic length – исходная длина ВПП
runway side strip markings – маркировка края ВПП
runway slope – уклон ВПП
runway strength – прочность покрытия ВПП
runway strip – взлетно-посадочная полоса; ВПП
runway surface lights – огни подсвета ВПП
runway temperature – температура воздуха у земли
runway threshold – порог ВПП; торцевая граница ВПП
runway threshold lights – огни входной кромки ВПП
runway threshold markings – входные маркировочные знаки на ВПП
runway touchdown zone lights – огни зоны приземления
runway touchdown zone markings – маркировка зоны приземления
runway traction measuring device – измеритель коэффициента сцепления ВПП
runway visibility – видимость ВПП; дальность видимости в направлении данной ВПП
runway visual range – дальность видимости на ВПП
RV (rendezvous) – место сбора
RV (rescue vessel) – спасательное судно
RV (runway visibility) – дальность видимости посадочных огней при максимальной яркости свечения
RVR (runway visual range) – дальность видимости посадочных огней; максимальная дальность видимости ВПП
RVR measurement – измерение дальности видимости ВПП
RVV (runway visibility value) – видимость вдоль ВПП
RW (right of way) – право пути

S

S (stall) – потеря скорости
S&R (search and rescue) – поиски и спасение
s&r (snow and rain) – дождь со снегом
S/B (stand-by) – резервный
S3 – трехчасовая синоптическая карта состояния погоды у поверхности земли
S6 – шестичасовая синоптическая карта состояния погоды у поверхности земли
safe – безопасный
safe landing – безопасная посадка; благополучная посадка
safe life – гарантированный ресурс
safe load – допустимая нагрузка
safe load factor – запас прочности
safe loading – безопасная загрузка
safe speed indicator – указатель минимальной безопасной скорости полета
safe speed scale – шкала безопасной скорости полета
safe stress – допустимое напряжение
safe takeoff distance – безопасная взлетная дистанция
safeguard – ограждать; предохранительное устройство; предохранять
safeguard construction – конструкция повышенной прочности
safety – безопасность; надежность; сохранность
safety arrester – предохранительное тормозное устройство
safety assembly – предохранительный механизм
safety belt – привязной ремень
safety brake – автоматический тормоз
safety circuit – предохранительная цепь; цепь блокировки
safety clearance – допустимый безопасный зазор
safety clearance zone – боковая полоса безопасности
safety code – правила техники безопасности
safety coefficient – запас прочности; коэффициент надежности
safety communications – связь при передаче сообщений о навигационно-метеорологической опасности
safety control – обеспечение безопасности
safety device – предохранительное устройство
safety equipment – предохранительное оборудование; спасательное оборудование
safety factor – запас прочности; коэффициент безопасности; коэффициент надежности
safety fuel – горючее, обеспечивающее антидетонационное сгорание
safety gear – предохранительное устройство, предохранительный механизм
safety harness – привязные ремни
safety message – сообщение об опасности; штормовое оповещение
safety precautions – меры безопасности
safety rate – коэффициент безопасности
safety regulations – правила безопасности полетов
safety rules – правила безопасности полетов
safety service – служба обеспечения безопасности полетов
safety speed – эволютивная скорость
safety strip – полоса безопасности
safety vertical clearance – безопасная высота полета над препятствием
safety wire – законтривать проволокой
safety wiring – контровка проволокой
safety-first engineering – техника безопасности
safety-of-flight items – пункты, относящиеся к безопасности полета
sag – вогнутая вертикальная кривая; впадина; изгибать; оседание; оседать; провес; провисать; прогибать; стрелка прогиба
sagging approach – заход на посадку с уклонением от заданного курса
SAH (semiautomatic homing) – полуавтоматическое наведение
sail – летать; парить в воздухе
sailing – парение самолета в воздухе
sailing flight – парящий полет
sailplane – летать на планере; планер
salvage – спасательные работы; спасение; эвакуация

salvage depot – ремонтная база
salvage shop – ремонтная мастерская
salvage-and-repair crew – аварийно-восстановительная команда
salvaging – спасательные работы; уборка обломков самолета
sample – брать пробы; образец; опрос (датчика); отбирать образцы; проба; спрашивать (каналы измерения)
sampled data – выборочные данные; данные измерений; данные опроса
sampling – выборка
sampling capacity – наибольшее число измеряемых параметров; наибольшее число опрашиваемых каналов
sampling interval – интервал взятия проб; интервал опроса (датчиков); интервал отсчета (показаний прибора)
sampling rate – частота опроса
sand devil – песчаный смерч
sandstorm – песчаная буря
sandwich construction – слоистая конструкция; трехслойная конструкция
sanitary control – санитарный надзор
sanitary plane – санитарный самолет
sanitary treatment – санитарная обработка
sanitation – ассенизация; санитарно-профилактическое мероприятие
SAR (search and rescue) – поисковые и спасательные работы
sarah – радиомаяк-передатчик, вмонтированный в спасательный пояс
SARAH (search and rescue and homing) – аварийный автоматический передатчик
SARC (Search and Rescue Center) – центр координации спасательных операций
SARGOS (Search and Rescue Satellite Aided Tracking) – поисково-спасательные операции с помощью ИСЗ
SARPS (Standards and Recommended Practices) ICAO – Стандарты и Рекомендации (ИКАО)
SATCO (semiautomatic traffic control) – полуавтоматическая система УВД
satellite – сателлит, спутник
satellite airfield – вспомогательный аэродром, запасный аэродром
satellite apron station – вспомогательная перронная стоянка
satellite field – запасная посадочная площадка
satellite lift – вывод искусственного спутника на заданную орбиту
satellite terminal – посадочный павильон на перроне
satellite vehicle – искусственный спутник; ракета-носитель
SATR (schedule air transport rating) – авиационный транспортный тарифный справочник
saturate – насыщать
saturated air – насыщенный водяным паром воздух
say again – «повторите» (ртс)
SBA (standard beam approach system) – стандартная система захода на посадку по лучу курсового радиомаяка
Sc (stratocumulos) – слоисто-кучевые облака
scale – весы; масштаб; масштабная линейка; определять масштаб; приводить к заданному масштабу; размер; шкала
scale (scaling) factor – масштабный коэффициент
scale circles – масштабные круги
scale division interval – интервал деления шкалы
scale error card – таблица инструментальных поправок
scale height – высота однородной атмосферы; высота по шкале; приведенная высота
scaled-down – в уменьшенном масштабе, уменьшенный
scaled-up – в увеличенном масштабе, увеличенный
scaled-up version – увеличенный вариант
scaler – пересчетная схема; пересчетное устройство; счетная схема; счетчик импульсов
scaling – определение масштаба; подобие; понижение частоты
scan – обзор; последовательный осмотр; развертка; развертывать изображение
SCAN (self-correcting automatic navigator) – автоштурман с автокоррекцией
scan conversion equipment – аппаратура преобразования радиолокационной развертки

scan converter tube – электронно-лучевая конверторная трубка со сканирующим лучом
scan frequency – частота развертки
scanned area – зона обзора
scanner – блок развертки; наблюдатель (член экипажа ВС); оператор РЛС; сканирующая антенна
scanning – поиск цели; развертка; развертывание; сканирование
scanning antenna – сканирующая антенна
scanning beam – развертывающий луч
scanning beam landing system – система посадки со сканирующим лучом
scanning device – развертывающее устройство
scanning period – период развертки
scanning rate – частота развертки
scanning-beam guidance system – система наведения по сканирующему лучу
SCAT (speed control approach takeoff) – система регулирования скорости при заходе на посадку и взлете
scatter – разброс; рассеивать
scattered clouds – рассеянная облачность
scavenge – откачивать; продувать
scavenge pump – продувочный насос
SCD (schedule) – расписание
Sch.Flt. (scheduled flight) – полет по расписанию
schedule – включать в расписание, намечать, планировать; график, программа, расписание, режим
schedule air transport rating – таблица расчета стоимости воздушных перевозок
scheduled – запланированный
scheduled air commerce – регулярные воздушные перевозки
scheduled air route – маршрут регулярных полетов, регулярная авиалиния
scheduled airlift – регулярные перевозки по воздуху
scheduled airlines – авиакомпании, выполняющие регулярные рейсы; регулярные авиалинии
scheduled all-freight operator – компания регулярных грузовых перевозок
scheduled course – заданный курс следования
scheduled departure time – время отправления по расписанию
scheduled flight – полет по расписанию, регулярный воздушный рейс
scheduled international air service – регулярное международное воздушное сообщение
scheduled maintenance – планово-профилактический ремонт
scheduled operation – работа по расписанию
scheduled operator – авиакомпания регулярных перевозок
scheduled performance – расчетные характеристики
scheduled services – регулярные воздушные сообщения
scheduled speed – скорость по расписанию
scheduled stopping place – пункт остановки по расписанию
scheduled traffic – регулярное движение
scheduled trip – рейс по расписанию
scheduled watch – запланированное слежение
scheme – диаграмма, схема
school airplane – учебный самолет
school ground – учебный аэродром
science – наука
scientific and technical information center – центр научно-технической информации
scissors-action freight loader – погрузчик с рычажным подъемником
scoop – воздухозаборник
scoop inlet – воздухозаборник совкового типа; утопленный воздухозаборник
scope – индикатор
scope control panel – щиток управления электронно-лучевым индикатором
scope display – электронно-лучевой индикатор
scope hood – трубка электронно-лучевого индикатора
scope target – отметка цели, цель на экране индикатора
scope-presentation target simulator – тренажер для опознавания целей на экране индикатора
score – отметка, фактический результат
scramble hangar – ангар для дежурных самолетов
scrambling net – спасательная сеть
Scramjet (supersonic combustion ramjet) – сверхзвуковой ПВРД

screen – завеса, прикрытие; решетка, сетка; условное препятствие; экранировать; экранирующая сетка
screen effect – экранирующий эффект
screen shield – противоосколочный слой
screenwiper – стеклоочиститель
screw – воздушный винт
screw jack – винтовой подъемник
screw overlap – перекрытие площадей, ометаемых воздушными винтами
screw pitch – шаг воздушного винта
sea level – уровень моря
seal – герметизация; герметизировать; герметическая перегородка; сальник; уплотнение; уплотнять
seal coat – герметический слой; защитный слой; изоляционный слой; слой износа
seal failure – нарушение герметичности уплотнения
seal treatment – поверхностная обработка
sealant – герметик; уплотнитель, уплотнительный материал
sealed cabin – герметическая кабина
sealed joint – заделанный шов, уплотненный стык
sealed system – герметически закрытая система
sealed tank – герметизированный бак
sealed-beam light – лампа-фара
sea-level atmosphere – атмосфера, соответствующая давлению на уровне моря
sea-level climb – набор высоты с уровня моря
sea-level flight – полет на высоте относительно уровня моря
sea-level horsepower – мощность на уровне моря
sea-level supercharging – наддув на уровне моря
sea-level takeoff rating – взлетная мощность на уровне моря
sea-level thrust – тяга на уровне моря
sea-level thrust rating – номинальная тяга на уровне моря
sealing – герметизация, уплотнение
sealing compound – герметизирующий состав, уплотняющий состав
seaplane – гидросамолет
seaplane basin – гидроаэродром, гидроаэропорт
seaplane handling trolley – тележка для перевозки гидросамолета по земле
seaplane shed – ангар для гидросамолета
seaplane undercarriage – поплавковое шасси
search – искать, производить поиск; поиск; поисковый
search aircraft – поисковое воздушное судно
search and rescue – вести поиск и спасение; поиск и спасение
search and rescue area – район поисков и спасения
search and rescue beacon – поисково-спасательный радиомаяк
search and rescue control center – центр управления поисково-спасательными операциями
search and rescue coordination center – центр координации спасательных операций
search and rescue frequencies – каналы связи, выделенные для службы поиска и спасения
search and rescue operation – поисково-спасательная операция
search and rescue region – район поиска и спасения
search and rescue service – служба поиска и спасения
search and rescue unit – поисково-спасательная команда
search antenna – антенна поисковой РЛС, поисковая антенна
search area – зона поиска, район поиска
search display – поисковый индикатор
search master – командир поисковой команды
search radar – поисковый радиолокатор, радиолокационная станция обнаружения
search radar element – поисковая РЛС, РЛС кругового обзора
search radar scanner – антенна поисковой РЛС
search-radar installation – поисковая радиолокационная установка
seat – кресло, место, сиденье, стул
seat (safety) pin – чека катапультного кресла
seat attachment – крепление сиденья
seat availability – коэффициент использования мест
seat belt – поясной привязной ремень
seat pallet – поддон кресла

seat reservation – бронирование мест
seat-floor attachment – крепление сиденья к полу кабины
seating – кресла; размещение кресел
seating arrangement – расположение пассажирских мест
seating capacity – количество пассажирских мест в самолете
seating layout – расположение пассажирских кресел
seat-kilometer available – располагаемый место-километр
seat-mile – место-миля
seat-mile cost – себестоимость место-мили
seat-mile offered – количество располагаемых место-миль
seat-mile per hour – место-миля в час
second circuit – второй круг, повторный полет по кругу
second pilot – второй пилот
secondary – вспомогательный, вторичный, второстепенный
secondary air – вторичный воздух
secondary control surface – предкрылок, триммер
secondary frequency – резервная частота
secondary power supply – резервный источник питания
secondary radar – вторичный радиолокатор
secondary rescue coordination center – вспомогательный центр координации спасательных работ
secondary surveillance radar – вторичный обзорный радиолокатор
second-level carrier – второстепенный перевозчик
section – отсек; профиль; секция; сечение; часть
sectional air map – маршрутная аэронавигационная карта
sectional area – площадь поперечного сечения
sectional chart – маршрутная аэронавигационная карта
sectional fare – участковый тариф
sector cost – стоимость полета на определенном отрезке маршрута
sector passenger – пассажир, пользующийся частью маршрута
sector scan display – индикатор с секторной разверткой
sector scanning – секторный поиск
sector seat – место, которое продано на часть маршрута
secular variation – устойчивое магнитное склонение
Securite – кодовый сигнал для сообщения о навигационной опасности
security clearance – разрешение на доступ к зарытой информации
security equipment – оборудование для целей безопасности
see-to-land concept – принцип визуальной посадки
segmented approach path – сегментарная траектория захода на посадку
SELCAL (selective calling system) – система избирательного вызова
selcal selector – переключатель системы селективного вызова
selcal system – система избирательного вызова
select manual mode – задавать ручной режим работы
selected special meteorological report – выборочная специальная метеорологическая сводка
selection – включение; выбор, отбор; переключение
Selection Board – приемная комиссия
selective – избирательный
selective automatic monitoring – выборочный автоматический контроль
selective calling system (SELCAL) – система избирательного вызова
selective circuit – избирательный контур
selective constant-speed control – избирательное управление числом оборотов
selective identification feature – устройство селективного опознавания
selective moving target indicator – селективный индикатор движущихся целей
selector – задатчик; переключатель; рычаг управления
selector potentiometer – задающий потенциометр; потенциометр переключающего устройства
selector switch – селекторный переключатель
self-action – автоматический
self-adaptive – самонастраивающийся

self-adaptive (adjusting) autopilot – самонастраивающийся автопилот, самооптимизирующийся автопилот
self-adjusting – саморегулирующийся, самоустанавливающийся
self-aligning – саморегулирующийся по угловому положению; самоустанавливающийся
self-contained – автономный
self-contained aid – автономное средство
self-contained power – автономное питание
self-contained type landing forecast – самостоятельный прогноз погоды для посадки
self-control – автоматическое управление; саморегулирование
self-excitation – самовозбуждение
self-guided – с автономным управлением; самонаводящийся
self-ignition – самовоспламенение
self-insurance – автоматическое страхование
self-jacked – с самораздвигающейся осью; самораздвижной
self-jacked undercarriage – шасси с самораздвигающейся осью
self-locking – самоконтрящийся
self-lubricating – автоматически смазывающийся, с системой автоматической смазки
self-monitoring – с автономным управлением
self-oiling – автоматическая смазка
self-priming – автоматическое регулирование заправки
self-priming tank – бак с автоматическим регулированием уровня
self-recording – самопишущий
self-routing – автоматическая адресовка
self-sealing (fuel) tank – протектированный топливный бак
self-starter – автоматический стартер; механический стартер
self-sufficient – автономный; блочный; независимый
semiautomatic – полуавтоматический
semiautomatic homing – полуавтоматическое наведение
semi-automatic relay installation – полуавтоматический ретранслятор
semi-buried plant – силовая установка полуутопленного типа
semiflush intake – полуутопленный воздухозаборник
semimonocoque aircraft – самолет полумонококовой конструкции
semimonocoque construction – полумонококовая конструкция
semimonocoque fuselage – полумонококовый фюзеляж
semirigid airship – дирижабль полужесткой конструкции
semispan – половинный размах крыла, полуразмах
semistall – кратковременная потеря скорости; частичный срыв потока
semistalled maneuver – маневр на околокритических углах атаки; полусрывной маневр
send a message in clear – посылать донесение открытым текстом
send a message in code – посылать донесение кодом
send the aircraft around – направлять ВС на второй круг
sender – отправитель; передатчик; передающий прибор
sending station – передающая станция
sending unit/controller – отправитель
senior airport control tower operator – старший диспетчер аэропорта
senior commercial pilot – старший пилот коммерческой авиации
senior commercial pilot licence – свидетельство старшего пилота коммерческой авиации
senior traffic officer – старший аэродромный диспетчер
sense – воспринимать; обнаруживать; определять (направление, курс); ощущать, реагировать, чувствовать
sense aerial – ненаправленная антенна радиокомпаса
sense antenna – антенна точного определения направления
sense indicator – указатель направления полета
sense of touch – осязание, тактильное чувство
sensed – принятый датчиком
sensible horizon – истинный горизонт наблюдателя
sensing – индикатор отклонения от курса
sensing element – датчик, чувствительный элемент

sensing input – входной сигнал датчика
sensing switch – контактный датчик
sensitive airspeed indicator – высокочувствительный указатель скорости
sensitive altimeter – высокочувствительный высотомер
sensitive axis – измерительная ось гироскопа
sensitivity – чувствительность
sensor – воспринимающий элемент, чувствительный элемент; датчик
sensor amplifier – усилитель сигнала датчика
sensor wiring – проводка датчика
sensor(y) data – информация от датчика, сигналы датчика
sensory unit – чувствительный элемент
separated flow – отделившийся поток
separated laminar flow – оторванный ламинарный поток
separation – отделение, отрыв, разделение; срыв; эшелонирование
separation across track – боковое эшелонирование
separation along track – продольное эшелонирование
separation bubble – местный отрыв потока
separation from contact – потеря связи
separation minima – минимумы эшелонирования
separation of flow – отрыв потока
separative signal – разделительный сигнал
sequence – порядок следования, последовательность
sequence console – пульт управления регистрирующей аппаратурой
sequence flasher – бегущий огонь, проблесковый огонь
sequence unit – задатчик последовательности операций
sequencing – последовательное выполнение операций, соблюдение очередности
series – последовательность, ряд, серия; последовательный, серийный
series actuators – силовые приводы суммарной тяги
series solution – решение путем разложения в ряд
serious injury – серьезный травматизм
service – заливка, заправка; обслуживание; служба; эксплуатация
service apron – площадка для ремонта и обслуживания самолета
service area – зона обслуживания, район обслуживания, служебная зона
service band – номинальная полоса частот
service ceiling – динамический потолок вертолета; практический потолок самолета
service charge – плата за обслуживание
service conditions – условия эксплуатации
service counter – стойка оформления документов
service data – эксплуатационные данные
service equipment – вспомогательное оборудование; оборудование для обслуживания
service instruction – инструкция по уходу или эксплуатации
service life – долговечность, ресурс, срок службы
service message – служебное донесение, служебное сообщение
service period – период обслуживания
service range – диапазон обслуживания; эксплуатационная дальность полета
service regulations – правила по уходу, обслуживанию и эксплуатации
service shed – ангар для текущего ремонта
service station – станция техобслуживания
service tank – расходный бак
serviceability – исправность; удобство обслуживания
servicing – заправка; ремонт, техническое обслуживание
servicing apron – площадка для техобслуживания
servicing crew – обслуживающий персонал
servicing tank – бак заправщика
servicing time – продолжительность обслуживания
servo – бустер, серводвигатель, сервомеханизм, сервомотор, сервопривод
servo amplifier – сервоусилитель
servo control – сервокомпенсатор, сервомеханизм, сервотриммер; сервоуправление

servo cut-out switch panel – панель выключателей рулевых машин
servo driver – серводвигатель, сервопривод
servo flap – серворуль
servo linkage – кинематическая проводка сервопривода
servo power – бустер; питание сельсина; сервопривод
servo rudder – серворуль направления
servo tab – сервокомпенсатор, сервотриммер
servo-control system – система сервоуправления
servoed indicator – указатель с сервоприводом
servo-flap linkage – проводка управления сервозакрылком
servogear – сервомеханизм
servolink – сервопривод, сервосистема
servoloop – сервоконтур, сервосистема
servo-loop control – следящая система автоматического управления или регулирования; управление или регулирование по замкнутому циклу
servolubrication – принудительная смазка; центральная смазка
servo-operated instrument – прибор с сервоприводом
servo-unit – блок сервопривода
set – агрегат, аппарат; комплект; направление сноса; остаточная деформация; ряд; система; установка
set course – заданный курс
set down – сажать (самолет)
set of boundary conditions – система граничных условий
set on – задавать, устанавливать
set out – отправлять
set the controls – регулировать органы управления
set-down light – огонь, обозначающий место приземления самолета
setting – пуск в ход; регулировка; установка
setting angle – угол установки
setting-up – выставление
settle into a climb – устанавливать режим набора высоты
severe icing – сильное обледенение
severe icing in clouds – сильное обледенение в облаках
severe icing in precipitation – сильное обледенение в осадках
severe occasional turbulence – сильная редко повторяющаяся турбулентность или болтанка
severe weather cell – зона плохой погоды, область плохой погоды
sextant – секстант
sextant altitude – высота по секстанту
sextant correction – поправка секстанта
SF (signal frequency) – частота сигнала
sfc (special fuel consumption) – удельный расход топлива
shaft – вал
shaft free turbine – турбовальный двигатель
shaft horsepower – мощность на валу
shaft speed – скорость вращения вала, число оборотов вала
shaft turbine – турбовальный двигатель
shafting – вальный привод, система валов
shaker-equipped aircraft – самолет с вибросигнализатором сваливания
shallow approach – пологий заход на посадку
shallow the climb – уменьшать угол набора высоты
shallow turn – неглубокий вираж, разворот с малым углом крена
shaped – профилированный, фасонный, фигурный
shaped nozzle – профилированное сопло
shaped passage – профилированный канал
share – доля
shareholder – акционер
sharing – деление; распределение
sharp bank(ing turn) – крутой вираж
sharp climb – резкий набор высоты
sharp spiral glide – крутое планирование по спирали
sharp turn – крутой вираж
sharp-edged gust – резко ограниченный порыв
sharp-lip inlet – воздухозаборник с острыми кромками
sharpness (of a course) – точность курса
shear – касательное напряжение; сдвиг; срез; срезывать; срезывающее усилие
shear beam – балка, работающая на срез; добавочный лонжерон
shear flow – вязкий поток; поток касательных напряжений

shear force – поперечная сила
shear load – срезывающая нагрузка
shear stress – напряжение сдвига
shed – ангар; навес; эллинг
sheet – лист; перечень документов; слой
sheet-metal construction – листовая металлическая конструкция
shell – кожух, оболочка; снаряд
shell-body fuselage – фюзеляж типа монокок
shell-wing – крыло с работающей обшивкой
shelter – убежище, укрытие; укрывать
SHF (super-high frequency) – сверхвысокая частота
shield – защищать, экранировать; защищенный экран или слой
shift – переключаться; сдвиг, смещение; сдвигать, смещать
shift control – передача управления
shimmy – колебания переднего колеса; шимми
shipment – отправка; перевозка; погрузка
shipper – грузоотправитель
shock – напор; скачок уплотнения; толчок; удар
shock absorber – амортизатор, амортизирующая прокладка, демпфер, поглотитель удара
shock absorber leg – амортизационная стойка шасси
shock absorbing mounting – установка для торможения или амортизации
shock angle – угол наклона
shock compression – сжатие в скачке уплотнения, ударное сжатие
shock cord – амортизационный шнур
shock damper – амортизатор
shock detachment – отделение скачка уплотнения
shock drag – волновое сопротивление, сопротивление скачка, ударное сопротивление
shock front – граница скачка, фронт скачка
shock layer – поверхность скачка уплотнения; скачок уплотнения; ударный слой
shock load – ударная нагрузка
shock loss – потеря в скачка уплотнения
shock pressure – гидравлический удар; давление в скачке уплотнения
shock stall – волновой срыв
shock stress – ударное напряжение
shock system – система скачка уплотнения
shock velocity – скорость перемещения скачка уплотнения
shock wave – скачок уплотнения, ударная волна
shock wave formation – образование скачка уплотнения; система скачков уплотнения
shocked flow – поток со скачком уплотнения
shocked jet – струя, в которой возник скачок уплотнения
shock-free airfoil – безударный профиль, профиль без скачка уплотнения
shock-induced separation – волновой срыв потока
shock-pressure differential – градиент давления в скачке уплотнения
shock-resisting undercarriage – шасси с амортизацией
shock-stalling conditions – волновой срыв; условие волнового срыва
shock-strut – амортизационная стойка шасси
Shoran (short range navigation) – радиотехническая круговая система ближней навигации, система ближней навигации
shoreline – береговая линия
short approach – короткий заход
short approach light system – сокращенная система огней приближения
short circle – малый круг
short runway operation – эксплуатация самолета с коротких ВПП
short takeoff and landing – укороченная дистанция взлета и посадки
short turn-round operation – перевозки с высокой оборачиваемостью
short-distance aid – навигационное средство ближнего радиуса действия
short-duration engine – двигатель кратковременного действия; кратковременно работающий двигатель
short-duration rocket motor – ракетный двигатель кратковременного действия
short-haul airliner – пассажирский самолет, эксплуатируемый на авиалиниях малой протяженности

short-haul operator (airline) – авиакомпания, эксплуатирующая линии малой протяженности
short-haul route – маршрут малой протяженности
short-haul transportation – перевозки на ближние расстояния
short-legged – с малой дальностью; с малым радиусом действия
short-life engine – двигатель с коротким сроком службы, двигатель с малым ресурсом
short-message discipline – соблюдение требований о передаче кратких донесений по радио
short-range – с малой дальностью; с малым радиусом действия
short-range airways forecast – краткосрочный прогноз по трассе
short-range ground position indicator – индикатор системы ближней навигации
short-range navigation system – система ближней навигации
short-range radar – РЛС ближнего действия
short-range weather forecast – краткосрочный прогноз погоды
short-stage route – маршрут малой протяженности; местная авиалиния
short-time rating – режим кратковременной нагрузки
short-wave communication receiver – коротковолновый радиоприемник
shoulder – боковая полоса безопасности; край ВПП
shoulder belt – плечевой ремень
shoulder season fare – межсезонный тариф
shoulder wing – высокорасположенное крыло
shower – ливень, ливневые осадки
SHP (shaft horsepower) – мощность на валу
shroud – боковая съемная стенка кожуха; каркас; кожух; колпак; обойма соплового аппарата турбины; экран
shroud ring – кольцевой кожух
shrouded blades – лопатки с полками на концевом сечении и уплотнительными лабиринтами
shrouded stream – ограниченная струя
shut dead off – выключать
shut off – выключать
shutdown – выключение, прекращение работы
shut-down engine – выключенный двигатель, неработающий двигатель
shutoff – выключение, отсечка
shut-off cock – перепускной кран
shut-off device – устройство для отсечки подачи топлива
shutter – задвижка, заслонка, створка
shuttle service – регулярное воздушное сообщение между двумя пунктами; челночная перевозка
SIA (standard instrument approach) – стандартная схема захода на посадку по приборам
SID (standard instrument departure) – стандартная схема выхода самолета из зоны аэродрома по приборам
side – бок; боковой; сторона
side acceleration – боковое ускорение
side drift – боковой снос
side gust – боковой порыв
side intake – боковой воздухозаборник
side light – бортовой огонь
side lobe – боковой лепесток
side panel – боковая панель, боковая приборная доска; боковое остекление; боковой пульт
side running light – бортовой аэронавигационный огонь
side thrust – боковая составляющая силы тяги
side wind – боковой ветер
sideband – полоса боковых частот
sideband reference glide path – боковая зона глиссадного луча
side-by-side cockpit – кабина экипажа с рядом расположенными креслами
sideline – боковая линия; боковая полоса безопасности; обочина
side-loader – самолет, загружаемый через боковую дверь
side-loading freighter – грузовой самолет с загрузкой через боковую дверь
side-lobe blanking – подавление паразитного (бокового) излучения
side-lobe suppression – уничтожение боковых лепестков диаграммы направленности
side-looking radar – РЛС бокового обзора
side-looking radar display – индикатор РЛС бокового обзора

sidereal hour angle – часовой угол точки весеннего равноденствия
sidereal time – звездное время
sideslip – лететь со скольжением; скольжение на крыло; скользить на крыло
sideslip angle – угол скольжения
sideslip indicator – креномер; указатель скольжения
sideslip maneuver – боковой маневр; маневр входа в створ ВПП
sideslip response – реакция ВС на боковое скольжение
sideslip-monitor unit – датчик скольжения
sideslipping – боковое скольжение, скольжение на крыло
side-to-side control – путевое управление
side-vision window – боковые стекла
sidewash – боковой скос потока, скос потока в горизонтальной плоскости крыла
sideways velocity – боковая составляющая скорости
sideways-looking radar – РЛС бокового обзора
sighting – визирование, прицеливание
sigmet information – информация о наступлении важного метеорологического явления
sign – знак; признак; символ
sign off – заканчивать передачу
sign on – начинать передачу
signal – импульс; сигнал; сигнализировать; сигнальный
signal area – сигнальная площадка
signal channel – канал передачи сигнала, линия связи
signal code – сигнальный код
signal identification – опознавание сигнала
signal input – входной сигнал
signal of distress – сигнал бедствия
signal reliability – надежность приема сигнала
signal-to-interference ratio – отношение сигнал/помеха
signal-to-noise ratio – отношение сигнал/шум
signature – отличительное качество, признак, свойство, характеристика
significant turn – существенный разворот
significant weather – особые явления погоды
significant weather chart – карта особых явлений погоды
silence signal – сигнал радиомолчания
silencer – шумоглушитель
silencing – шумоглушение
silencing chamber – камера шумоглушения
silencing device – шумоглушитель
silent-running engine – бесшумно работающий двигатель
simple approach lighting system – упрощенная система огней приближения
simplex – симплексная связь
simplex frequency – частота односторонней (симплексной) связи
simulate – воспроизводить в лабораторных условиях, имитировать, моделировать
simulated – воспроизведенный; демонстрационный; моделированный; учебный
simulated feel system – система управления с автоматом усилий
simulated flight – искусственно созданные условия полета; полет на тренажере
simulated in-flight conditions – имитированные условия полета
simulated performance – характеристики, полученные при моделировании
simulating of flight – имитация полета, моделирование полета
simulation – воспроизведение, имитация, моделирование
simulation (simulator) investigation – исследование на моделирующей установке
simulator – имитатор; моделирующая установка; тренажер
simulator cockpit – кабина тренажера
simulator ride – имитация полета на тренажере
simulator tests – проверка на тренажере
simultaneous lobe comparison – дифференциальная система сопровождения по равносигнальной зоне
single – изолированный, отдельный
single call – вызов одной станции

single channel simplex – одноканальная симплексная связь
single fare – единичный тариф
single line – линия однопроводной связи
single mode system – однорежимная система; система с одной степенью свободы
single station doppler – доплеровская система внешнетраекторных измерений
single ticket – билет на поездку в одном направлении
single-axis control – одноканальное управление; управление относительно одной оси
single-axis reference system – одноосная система отсчета
single-drift correction course – курс с одной поправкой на снос
single-engine flight – полет на одном двигателе; полет на одномоторном самолете
single-engine(d) – одномоторный, с одним двигателем
single-frequency approach – заход на посадку с использованием унифицированной радиочастоты
single-heading course – курс следования по локсодромии; локсодромический путевой угол
single-heading flight – полет с постоянным курсом
single-motor approach – посадка с одним работающим двигателем
single-piece hood – цельноштампованный фонарь
single-point refueling – одноточечная заправка топливом
single-rotor helicopter – вертолет с одним несущим винтом
single-section flight – беспосадочный перелет
single-shaft turbojet engine – одновальный турбореактивный двигатель
single-sideband transmission – передача на одной боковой полосе
single-slotted flap – однощелевой закрылок
single-spar construction – однолонжеронная конструкция
single-spar wing – однолонжеронное крыло
single-spool – однороторный
single-spool turbojet (engine) – однороторный турбореактивный двигатель
single-wheel undercarriage – одноколесное шасси
single-wire antenna – однопроводная антенна, однопроволочная антенна
sink – оседание самолета ниже глиссады; просадка
sink rate indicator – вариометр; указатель вертикальной скорости
site – место, местонахождение; площадка
six-degree-of-motion trainer – тренажер с шестью степенями свободы
size – размер
SKC (sky clear) – безоблачно
skid – костыль; скользить; тормоз; тормозной башмак; хвостовой костыль
skid landing gear – лыжное шасси
skid on the turn – скользить на вираже
skid undercarriage – шасси с посадочными лыжами
skidding – занос самолета при повороте с недостаточным креном; наружное скольжение
skill – квалификация
skill level – уровень мастерства, уровень подготовки
skin – наружная оболочка, наружное покрытие, наружный слой, обшивка, поверхность
skin effect – поверхностный эффект, скин-эффект
skin friction – поверхностное трение
skin friction drag – сопротивление поверхностного трения
skin heating – нагрев обшивки
skin-bonded construction – конструкция с клееной обшивкой
skinning – обтяжка, обшивка
skin-stressed covering – несущая обшивка
skin-stringer construction – обшивочно-стрингерная конструкция
skip zone – мертвая зона
ski-undercarriage – лыжное шасси
ski-wheel assembly – лыжно-колесное шасси
ski-wheel landing gear – лыжно-колесное шасси
sky (star, stellar) map – карта звездного неба
sky chart – карта звездного неба

sky wave – ионосферный луч; отраженная волна; пространственная волна
skylift – воздушные перевозки
skyways – воздушные линии, воздушные пути
SL (starting line) – исходный рубеж
slam the controls around – беспорядочно действовать рычагами управления
slant course line – наклонная линия курса
slant distance – наклонная дальность
slant path – наклонная траектория
slant range – наклонная дальность
slant range input – входной сигнал наклонной дальности
slant visibility – наклонная видимость
slant visual range – дальность наклонной видимости
slap the controls – резко действовать рычагами управления
slat – предкрылок
slat actuator – силовой привод предкрылка
slave – ведомая станция; выполнять команду; отслеживать; прибор с дистанционной коррекцией
slave indicator – указатель-повторитель
slave signal – сигнал ведомой станции
slave station – ведомая станция
slave(d) mode – режим коррекции; режим магнитной коррекции; режим синхронизации датчика и указателя
slaved – с коррекцией; синхронный; скорректированный; согласованный
slaved operation – работа с коррекцией
slaving – коррекция; магнитная коррекция; синхронизация; согласование
slaving circuit – цепь магнитной коррекции
sleeper – самолет, оборудованный спальными местами
sleeper surcharge – доплата за спальное место
sleeping berth – спальное место
sleet – дождь со снегом, мокрый снег
slide-on landing – посадка со скольжением
slip – обтекать со скольжением; скольжение; скользить
slip indicator – указатель скольжения
slip loss – потеря за счет скольжения
slip tank – сбрасываемый топливный бак
slipping turn – разворот со скольжением
slipstream – спутная струя винта
slipstream field – зона воздушного потока, создаваемого винтом; область действия струи за винтом
slipstream region – зона воздушного потока, создаваемого винтом; область действия струи за винтом
slope – глиссада планирования; наклон; склон
slope of the lift curve – наклон кривой подъемной силы
slope-line lighting – световая индикация глиссады
slot – щелевой; щель
slot aileron – щелевой элерон
slot antenna – щелевая антенна
slotted aileron – щелевой элерон
slotted airfoil – разрезное крыло; разрезной профиль
slotted flap – щелевой закрылок
slotted wing – разрезное крыло
slotted wing flap – щелевой закрылок
slow curing bitumen – медленно густеющий битум
slowover failure – мягкий отказ; пассивный отказ
SLS (side lobe suppression) – уничтожение боковых лепестков диаграммы направленности
SLST (sea level static thrust) – тяга, приведенная к условиям международной стандартной атмосферы
slt (sleet) – дождь со снегом
sluggish – застойный
small-strip operation – эксплуатация самолета с небольших грунтовых полос
SMO (supplementary meteorological office) – вспомогательное метеобюро
smooth air – спокойный воздух
smooth and accurate approach – точный выход самолета на ВПП
smooth application of power – плавное увеличение мощности
smooth landing – гладкая посадка
snow – помехи на экране РЛС; снег
snow clearing equipment – снегоочистительное оборудование
snow pellet – снежная крупа
snowflake – снежный заряд
snowtam – предупреждение о наличии или устранении опасных условий вызванных наличием снега, льда,

слякоти и стоячей воды на рабочей площади аэродрома; сноутам
soar – набирать высоту; парить, планировать; улетать
soaring flight – парящий полет
socket – гнездо, разъем, розетка; штуцер
sodded runway – ВПП с дерновым покровом
sod-turf runway – ВПП с дерновым покровом
software – программы, средства математического обеспечения
software engineering – технология программного обеспечения
software package – пакет программ; программирующее устройство
software technology – техника программирования
soil – грунт, почва
soil binder – грунт с вяжущими свойствами
soil cement – грунто-цемент
soil mixer – грунтосмесительная машина
soil texture – гранулометрический состав грунта
soil thrust – сопротивление грунта горизонтальному воздействию ведущих колес или гусениц
soil-cement stabilization – стабилизация грунта цементом
soil-chemical pavement – покрытие из грунта, стабилизированное химическими добавками
solar flare – солнечная вспышка
solar wind – солнечный ветер
soldered joint – паяное соединение
solid – болванка; монолит; сплошная заготовка; сплошной; твердый
solid (space) axes – пространственные оси (координат)
solid blade – сплошная лопатка
solid cloud cover – сплошной облачный покров
solid propellant – твердое топливо
solid shaft – сплошной вал
solid wing – цельное крыло
solid-state electronics – электронная аппаратура на полупроводниках
solid-state multiplexing – коммутация на твердых телах
solid-state radar – РЛС на твердых схемах
solid-state radar transponder – радиолокационный ответчик на твердых телах
solo flight – самостоятельный полет
solo flight time – время самостоятельного полета
solo flying hours – самостоятельный налет в часах
solution – раствор; решение
sonic – звуковой
sonic (sound) velocity – скорость звука
sonic bang – звуковая ударная волна; звуковой удар
sonic barrier – звуковой барьер
sonic boom – звуковая ударная волна, звуковой удар
SOS (save our souls) – международный сигнал бедствия
sound barrier – звуковой барьер
sound damper – шумоглушитель
sound insulation – звукоизоляция
sound ranger – звукопеленгатор; звукоулавливатель; шумопеленгатор
sound suppressor – шумоглушитель
sound wave – звуковая волна
sounding balloon – шар-зонд
sounding rocket – метеорологическая ракета
soundproofing – звукоизоляция
source – источник
south – юг, южный
south dip – южное наклонение
space – интервал, промежуток; космический; космическое пространство; пространство
space aeronautics – космическая аэронавтика
space confirmed – бронь подтверждена
space craft – космический летательный аппарат
space flight – космический полет
space medicine – космическая медицина
space not requested – бронь не запрашивалась
space pilot – космонавт, летчик-космонавт
space power unit reactor – атомная силовая установка для космических полетов
space reference – астрономический ориентир или система отсчета; пространственная ориентировка
space ship – космический корабль

spaceman – космонавт
spacer leg – участок эшелонирования перед разворотом на цель
space-stabilized platform – стабилизированная в пространстве платформа
spacing – интервал, промежуток; размещение
spacing ratio – степень удаления
span – перекрывать; пролет; размах
span clearance – расстояние между концами крыльев смежных самолетов
span-chord ratio – отношение размаха крыла к средней хорде
spanwise – расположенный по размаху
spanwise distance – расстояние в направлении размаха, расстояние по размаху
spanwise flow – течение по размаху
spanwise lift – распределение подъемной силы по размаху крыла
spanwise outflow – течение по размаху
spar – лонжерон
SPAR (super precision approach radar) – радиолокационная станция точного вывода самолета на посадку
spar box – кессон
spar frame – лонжерон
spare – дополнительный, запасный, резервный; запасная часть
spare parts – запасные части
spark – искра
spark plug – запальная свеча
spatial attitude – положение в пространстве, пространственное положение
spatial disorientation – пространственная дезориентация
spatted undercarriage – шасси с амортизацией
special air-report – специальное сообщение с борта
special cargo fare – специальный грузовой тариф
special position identification pulse – специальный импульс определения местонахождения
special report – донесение об особых метеоусловиях
special surcharge ticket – особый билет для экстрасборов
specific – заданный; расчетный; удельный
specific (fuel) consumption – удельный расход топлива
specific behavioral objectives – оптимальная стратегия поведения
specific capacity – удельная мощность; удельная производительность
specific commodity rate – льготный грузовой тариф
specific density – удельная плотность
specific gravity – удельный вес
specific humidity – удельная влажность
specific impulse – удельная тяга; удельный импульс
specific load – нормативная нагрузка; обусловленная нагрузка
specific power – удельная мощность
specific strength – коэффициент прочности, удельная прочность
specific thrust – удельная тяга
specific volume – удельный объем
specification – заданные технические характеристики; заданный параметр; спецификация; технические условия; техническое требование (задание, условие)
specific-heat capacity – удельная теплоемкость
specified – заданный
specified altitude – заданная высота
specified course – заданный курс
specified data – уточненные данные
specified minimum height – предписанная минимальная высота полета
specimen – образец, пробный экземпляр
spectrum of receiver output – спектр частот на выходе приемника
speech audiometry – речевая аудиометрия
speech communication – микрофонная связь, речевая связь
speed – скоростной; скорость; ускорять; число оборотов
speed acceleration – разгон скорости
speed adjustment – регулировка скорости
speed aircraft – скоростной самолет
speed blurring – сливание предметов при движении с большой скоростью
speed brake – аэродинамический тормоз, воздушный тормоз
speed brake warning – сигнализация о положении воздушных тормозов
speed control – регулятор скорости

speed control device – автомат регулирования скорости; регулятор числа оборотов
speed counter – спидометр; счетчик числа оборотов, тахометр
speed down – замедлять; уменьшать число оборотов
speed for gust conditions – скорость полета при болтанке
speed indicator – указатель скорости
speed input – ввод скорости; входной сигнал скорости
speed lock indicator – указатель выдерживания заданной скорости
speed marker – отметчик скорости, указатель скорости
speed of airscrew – поступательная скорость винта
speed of airscrew blade – окружная скорость лопасти винта
speed of revolution – скорость вращения, угловая скорость
speed propeller – воздушный винт для больших скоростей полета, скоростной воздушный винт
speed range – диапазон скоростей
speed recovery – восстановление скорости
speed reducing gear – редуктор
speed select lever – рычаг раздатчика оборотов
speed sense – ощущение скорости
speed under power – скорость с работающим двигателем
speed-and-drift meter – измеритель скорости и сноса
spillage – переливание воздуха за кромки воздухозаборника
spin – вводить в штопор; вращаться; вращение; входить в штопор; штопор
spin accident – летное происшествие из-за попадания в штопор
spin recovery – выход из штопора
spin stabilization – гироскопическая стабилизация
spinner – кок воздушного винта, обтекатель втулки воздушного винта
spinning axis – ось вращения
spinning dive – крутой штопор
spinning instability – штопорная неустойчивость
spinning nose dive – крутой штопор
spinproof – устойчивый против штопора
spin-rate meter – измеритель угловой скорости
spiral descent – снижение по спирали
spiral dive – снижение по крутой спирали
spiral effect of the slipstream – закручивание потока, создаваемого воздушным винтом
spiral glide – планирование по спирали
spiral instability – спиральная неустойчивость самолета
spline – крепить на шлицах; лента; полоса; шлиц
split aileron – разрезной элерон
split beam – равносигнальная зона
split charter – дробный чартерный рейс
split compressor – двухкаскадный компрессор
split flap – разрезной закрылок
split-axis control – раздельное управление по каналам тангажа, крена и рыскания
split-compressor engine – двигатель с двухкаскадным компрессором
spoil – выдвигать преграду; гасить подъемную силу; перекрывать поток
spoiler – интерцептор, прерыватель потока, спойлер
spool – каскад
spot – место, область; точка
spot check – выборочная проверка
spot landing – посадка на ограниченной площадке; посадка, требующая точного приземления
spot report – краткое сообщение с борта самолета; немедленное донесение
spot takeoff – взлет с ограниченной площади
spotter – радиолокационная станция обнаружения
spotting – определение местоположения
spot-welded joint – соединение точечной сваркой
spray – брызги; разбрызгивать; распылять; струя
spray drag (on take-off) – сопротивление брызг (при взлете с мокрой ВПП)
sprayer – опрыскиватель, пульверизатор, разбрызгиватель, распылитель, форсунка
spraying altitude – высота распыливания
spread – диапазон отклонений; пространство; протяженность; разброс; размах; расхождение; расширение

spring force – усилие пружинного загрузочного механизма; усилие пружины
spring tab rotor system – несущий винт с лопастями, снабженными пружинными сервокомпенсаторами
spring-damper system – система с пружинным демпфером
spring-loaded – нажимной, пружинный, с пружинной фиксацией
spring-loaded release pin – удерживаемая пружиной чека или стопорная шпилька
SPUR (space power unit reactor) – атомная силовая установка для космических полетов
spurious signal – паразитный сигнал, сигнал помехи
sq. in. (square inch) – квадратный дюйм
sq. km. (square kilometer) – квадратный километр
sq.ft. (square foot) – квадратный фут
sq.m. (square mile) – квадратная миля
squall – шквал
squall (type) rain – шквальный ливень
squall cloud – шквальное облако
squall line – линия шквалов; холодный фронт
square course – коробочка; полет по коробочке; четырехугольный маршрут
square search – поиск по квадратам
square-law detection – квадратичное детектирование
squash – заносить; скользить на крыло
squashing – наружное или боковое скольжение при повороте на полной мощности с недостаточным креном
SR (sunrise) – восход солнца
SRCC (Secondary Rescue Coordination Center) – вспомогательный центр координации спасательных операций
SRE (surveillance radar elements) – обзорный радиолокатор в системе Джи-Си-Эй
SRG (short range) – малой дальности действия
SRR (search and rescue region) – район поиска и спасения
SS (sunset) – заход солнца
SSD (single station doppler) – доплеровская система внешнетраекторных измерений
SSR (secondary surveillance radar) – вторичный обзорный радиолокатор
SS-SR (from sunset to sunrise) – от захода да восхода солнца
SST (supersonic transport) – сверхзвуковой транспортный самолет
st (stratus) – слоистые облака
STA (straight-in approach) – заход на посадку с прямой
stability – прочность покрытия на сдвиг; стабильность, устойчивость
stability augmentation system – система устойчивых приращений
stability axes – полусвязные оси
stability mode – вид устойчивости, тип устойчивости
stability value – критерий устойчивости
stabilize – стабилизировать
stabilized approach – заход на посадку с установившейся скоростью, предпосадочное планирование с постоянным углом тангажа
stabilized soil base – основание из стабилизированного грунта
stabilized-attitude approach – заход на посадку с постоянным углом тангажа
stabilizer input – дача управляемого стабилизатора
stabilizer stick force – усилие на ручке управления от стабилизатора
stabilizing baffle – стабилизатор пламени
stabilizing fin – стабилизатор
stabilizing surfaces – стабилизирующие поверхности
stabilizing system – стабилизирующая система
stable flying speed – скорость устойчивого полета
stack – самолеты, находящиеся в зоне ожидания; эшелонировать самолеты по высоте в зоне ожидания
stack controller – диспетчер, контролирующий вертикальное эшелонирование самолетов в зоне ожидания
stack up – располагаться один над другим; эшелонировать самолеты по высоте
stacked – расположенный друг над другом; эшелонированный по высоте
stacked aircraft – самолеты, эшелонированные по высотам
stacking – эшелонирование по высоте в зоне ожидания
stacking area – зона ожидания

stacking phase – этап ожидания на различных эшелонах
stage (of flight) – фаза (полета)
stage distance – дальность беспосадочного полета
stage length – длина этапа полета
stagnant air – заторможенный воздух; неподвижный воздух
stagnant layer – застойный слой, слой застойного воздуха
stagnation line – линия критических точек
stagnation point – критическая точка; точка полного торможения
stagnation pressure – давление торможения; критическое давление; полное давление
stall – помпаж; потеря скорости; сваливание самолета на крыло; сваливаться на крыло; срыв потока; терять скорость
stall accident – летное происшествие в результате срыва, сваливания
stall dive – пикирование после сваливания
stall fence – аэродинамическая перегородка; аэродинамический гребень
stall landing – посадка на критической скорости
stall line – кривая помпажа; кривая срывных режимов полета
stall margin – запас по помпажу
stall prevention controls – органы управления для предотвращения сваливания
stall recovery – восстановление безотрывного обтекания; вывод из срывного режима
stall recovery controls – органы управления для вывода из режима сваливания
stall turn – разворот на околокритических углах атаки
stall warning – сигнализация о потере скорости
stall warning and margin indicator – указатель запаса по срыву и сигнализатор приближения к срыву
stall warning buffet inducer – возбудитель тряски как признака сваливания
stall warning device – сигнализатор срыва
stall warning indicator – сигнализатор срыва (сваливания)
stall warning signal – сигнал о приближении к срыву
stall warning system – система сигнализации о приближении к срыву
stall/spin maneuver – маневр сваливания, срыва в штопор
stalled flight – полет на критическом угле атаки
stalled flow – сорванный поток
stalled maneuver – маневр на критических углах атаки; маневр со срывом
stalling – выход на критические углы атаки; помпаж; потеря скорости; сваливание на крыло; срыв потока
stalling angle – критический угол атаки
stalling attitude – положение, соответствующее потере скорости
stalling characteristics – срывные характеристики
stalling flight – полет на околокритических углах атаки
stalling incidence – критический угол атаки; срывной угол атаки; угол срыва
stalling moment – момент, приводящий к возникновению срыва потока
stalling of the wing – срыв потока у крыла
stalling point – предельная нагрузка; точка отрыва потока
stalling speed – скорость сваливания
stall-proof airplane – самолет, не склонный к сваливанию
stall-recovery procedure – порядок действий по выводу из срыва
stall-warning horn – сирена сигнализации о приближении к срыву
stand by – “будьте на приеме”; быть готовым и слушать
stand off – держаться на расстоянии
standard – образец; стандарт; стандартный; штатный; эталон
standard air – стандартная атмосфера
standard altimeter setting – установка высотомера на нуль
standard atmosphere – стандартная атмосфера
standard beam approach – заход на посадку по стандартной лучевой системе
standard beam approach system – стандартная лучевая система управления выводом самолета в зону аэродрома и посадкой

standard day – стандартные атмосферные условия
standard deviation – среднеквадратичное отклонение
standard frequency – эталонная частота
standard horsepower – номинальная мощность в л.с.
standard instrument approach – стандартная схема захода на посадку по приборам
standard instrument departure – стандартная схема выхода самолета по приборам из зоны аэродрома
standard international atmosphere – международная стандартная атмосфера
standard isobaric surface – стандартная изобарическая поверхность
standard Loran – стандартная система Лоран
standard mean chord – средняя геометрическая хорда
standard mixed class – смешанный класс
standard omnirange approach – стандартный заход на посадку с использованием всенаправленного радиомаяка
standard parallel – параллель касания или сечения
standard pitch (of propeller) – номинальный шаг (воздушного винта)
standard range approach – стандартный заход на посадку с помощью радиомаяка
standard rate turn – правильный вираж; стандартный разворот
standard time – поясное время
standard turn mode – режим стандартного разворота
standard turn switch – тумблер включения режима стандартного разворота
standard visual approach – визуальный индикатор захода на посадку
standard voice phraseology – стандартная фразеология, используемая для передачи указаний пилоту
standard-day thrust – тяга двигателя в стандартных условиях
standby – аварийный; запасный
stand-by aid – резервное средство
standby area – место стоянки дежурных самолетов
standby facility – резервное оборудование
standby frequency – резервная частота
standby station – резервная радиостанция
standing signal instructions – постоянно действующие инструкции по связи
standing wave – стоячая волна
standoff flight – полет в зоне
star – звезда
star beam – линия визирования звезды
star chart – звездная карта, карта звездного неба
star fix – астрономическое место ВС
star line – линия визирования звезды
star line of sight – линия визирования звезды
star navigation – астронавигация
star scanner – астрокоординатор, головка астронаведения
star time – звездное время
starboard – правый; правый борт; у правого борта
starboard drift angle – правый угол сноса; угол сноса, измеряемый вправо от линии курса
start – запускать, приводить в движение, пускать, трогать с места; пуск, старт
start up – запускать (двигатель); провертывать (воздушный винт)
starter – дежурный сигнальщик; пусковой механизм, стартер
starter switch – тумблер запуска
starter unit – пусковой механизм, стартер
start-ignition system – система запуска двигателя
starting line – исходный рубеж
starting magneto – пусковое магнето
starting run – разбег самолета
starting system – система запуска
starting thrust – начальная тяга, тяга при запуске
starting time – время начала разбега; стартовое время
starting torque – прокручивание двигателя
starting trial – взлетное испытание, испытание на взлет
starting zone – зона взлета
starting-up position – взлетное положение (дросселя)
star-tracking guidance – астронаведение, астроориентация
star-tracking homing – астронавигационное самонаведение

State aircraft – государственное воздушное судно
state constraints – ограничения на фазовые координаты
state of flight – режим полета
State of registry – государство регистрации ВС
state vector approach – метод фазовых координат
statement of accepted charges – отметка об уплате расходов
state-of-the-art – современное состояние развития
static – атмосферные помехи; статический
static air pressure – статическое давление воздуха
static balance – статическое уравновешивание
static ceiling – статический потолок
static electricity – статическое электричество
static instability – статическая неустойчивость
static jet thrust – статическая тяга; тяга реактивного двигателя на земле
static lift – статическая подъемная сила
static load – статическая нагрузка
static manometer – манометр статического давления
static margin – запас статической устойчивости
static maximum rating – максимальная статическая мощность
static memory – долговременное запоминающее устройство
static mockup – модель для статических испытаний; статическая модель
static port – приемник статического давления
static pressure – статическое давление
static pressure system position error – погрешность системы восприятия статического давления
static propeller thrust – статическая тяга воздушного винта
static stability – статическая устойчивость
static suppressor – провод для стекания статических зарядов
static thrust rating – ограничение тяги в статических условиях; статическая номинальная тяга
static trials – статические испытания; стендовые испытания
statical longitudinal stability – статическая продольная устойчивость
statically balanced – статически уравновешенный
statically stable – статически устойчивый
statics – атмосферные помехи
station – станция; место; остановка; пост; пункт; радиолокационная станция; радиостанция; размещать; базировать
station bearing – направление на передающую станцию; пеленг радиостанции
station manager – начальник отдела перевозок аэропорта
station time – время пребывания самолета под погрузкой
stationary air – аэродром; застойный воздух, неподвижный воздух; область несорванного потока
stationary compass – азимутальный круг
stator – спрямляющий аппарат; статор
stator blades – лопатки спрямляющего аппарата
status monitor – блок контроля режима работы
statute mile – английская сухопутная миля
stay – опора, стойка
steady – постоянный; равномерный; стационарный; установившийся; устойчивый
steady acceleration – постоянное ускорение
steady approach – установившийся режим захода на посадку
steady flight – установившийся полет
steady flow – установившийся поток
steady glide – устойчивое планирование
steady operation – плавная работа
steady state – статический режим, стационарный режим, установившийся режим
steady thrust – тяга двигателя на установившемся режиме
steady turn – установившийся вираж
steady-flow ramjet – прямоточный воздушно-реактивный двигатель
steady-pitching flight – полет с постоянной угловой скоростью тангажа
steady-rolling flight – полет с постоянной угловой скоростью крена

steep approach – крутой заход на посадку
steep bank – крутой крен
steep climb – крутой набор высоты
steep climbing turn – крутой разворот с набором высоты
steep descend – крутое снижение
steep descend landing – посадка с крутым планированием
steep dive – крутое пикирование
steep glide – крутое планирование
steep gliding turn – крутой планирующий поворот
steep turn – глубокий вираж, крутой разворот
steep-gradient aircraft – самолет со взлетом под большим углом
steeply banked turn – крутой вираж, поворот с крутым креном
steer – вести, пилотировать; руль; управлять
steer damper – демпфер системы управления
steerable – регулируемый, управляемый
steerable nosewheel leg – стойка управляемого носового колеса
steering – пилотирование; рулевое управление; управление
steering actuator – силовой цилиндр управления передней ногой шасси
steering angle-rate constraints – ограничение скорости изменения угла управляющего органа
steering column – рулевая колонка, стойка
steering command – сигнал управления, управляющая команда
steering compass – путевой компас
steering computer – вычислитель системы управления
steering control – управление
steering control accuracy – точность стабилизации и управления
steering cylinder – силовой цилиндр управления
steering force – управляющая сила или усилие
steering handwheel – штурвал
steering index – командный индекс, управляющий индекс
steering information – данные управления, команды управления, сигналы управления, управляющая информация
steering instruction – команда управления, управляющий сигнал
steering jack – гидроцилиндр шасси; управляющий силовой цилиндр
steering lever – ручка управления
steering line – теплый фронт циклона
steering range – диапазон управления
steering ratio selector lever – рычаг управления разворотом стоек шасси
steering signal input – управляющий входной сигнал
steering system – система управления
steering wheel – штурвал управления
steering-command presentation – индикация управляющих команд
step up – увеличивать, усиливать
step-down approach – заход на посадку с последовательными снижениями
stepped climb – ступенчатый набор высоты
stepped down – с понижением
stepped up – с превышением
stern – задний; корма; кормовой; хвостовой
stern frame – хвостовой шпангоут
stern light – хвостовой аэронавигационный огонь
stern propeller – задний винт; толкающий воздушный винт
stern ring – хвостовой шпангоут
stern-heavy – перетяжеленный на хвост
steward – бортпроводник, стюард
stewardess – бортпроводница, стюардесса
STF (stratiform) – слоистая облачность
stick – ручка управления
stick application – отклонение ручки
stick back pressure – тянущее усилие на ручке
stick control – ручка управления
stick force – усилие на ручке управления
stick force instrumentation – динамометрическая ручка; оборудование для измерения усилий на ручке управления
stick force limiter – ограничитель усилий на ручке
stick force per g – усилие на ручке управления на единицу перегрузки
stick force recorder – динамометрическая ручка; самописец усилий на ручке управления
stick gear ratio – передаточное отношение от ручки управления к рулю

stick holder – механизм фиксации ручки
stick in the rear position – ручка, взятая на себя
stick input – входной сигнал от ручки управления
stick inside – ручка внутрь
stick kicker – толкатель ручки
stick knocker – толкатель ручки
stick motion – перемещение ручки управления
stick outside – ручка во внешнюю сторону
stick pressure – усилие на ручке
stick pusher – автомат отдачи ручки управления; самолет с толкающим винтом; толкающий воздушный винт
stick sensitivity – чувствительность управления от ручки
stick shaker knocker – автомат тряски и отдачи ручки
stick shaker sensor – датчик вибросигнализатора ручки управления
stick shaker system – система тряски ручки
stick shaker unit – механизм тряски ручки управления
stick shaker vane – флюгарка автомата тряски ручки управления
stick time – время пробега самолета
stick-aft recovery control – методика вывода путем отклонения ручки назад
stick-and-pedal control – управление ручкой и педалью
stick-and-power control circuit – бустерная система управления
stick-fixed maneuver point – нейтральная центровка по перегрузке с зажатой ручкой
stick-fixed margin – запас устойчивости при зажатой ручке
stick-fixed oscillation – колебание с зажатой ручкой
stick-force indicator – указатель усилий на ручке
stick-force transmitter – датчик усилий на ручке
stick-free condition – условие полета со свободной ручкой управления
stick-free margin – запас устойчивости при брошенной ручке
stick-free oscillation – колебание с брошенной ручкой
stick-free speed – скорость балансировки
stick-pusher aircraft – самолет с автоматом отдачи ручки
stick-pusher jack – силовой цилиндр толкателя ручки
stick-pusher sensor – датчик толкателя ручки управления
stick-shaker – механизм тряски ручки; сигнализатор срыва
stick-shaker (shaking) device – вибратор ручки управления; механизм тряски ручки управления; сигнализатор срыва
stick-shaker speed – скорость возникновения тряски на ручке управления
stiffener – подкрепляющий элемент; элемент жесткости
stiffening – затяжеление; подкрепление, усиление
stiffening rib – ребро жесткости, усиливающая нервюра
stiffness – жесткость; плотность хода
stiffness in pitch – продольная устойчивость
stiffness in yaw – боковая устойчивость
still air range – дальность полета в безветрии
stock airplane – серийный самолет
STOL (short takeoff and landing) – взлет и посадка с короткой дистанции
stop – ограничитель; останавливать, останов; остановка; прекращение; стопор; стопорить; упор; фиксировать
stop bar – линия «стоп», линия остановки
stop for non-traffic purposes – остановка с некоммерческими целями
stop pin – упорный штифт
stop-go distance – дистанция прерванного взлета
stopover – билет, допускающий остановку в пути; остановка в пути; промежуточная посадка
stopover inbound – остановка при полете «туда»
stopover outbound – остановка при полете «обратно»
stopover point – пункт промежуточной остановки
stop-over visa – виза на остановку
stopway – концевая полоса безопасности
storage – аккумулятор; запоминающее устройство; накопитель; накопление; хранение
storage bag – сумка

storage capacity – емкость запоминающего устройства; емкость хранилища; объем памяти
storage cell – элемент аккумуляторной батареи; ячейка запоминающего устройства
storage charges – плата за хранение; складские расходы
storage counter – суммирующий счетчик
STORC (Short Track Omni Range Computer) – ЭВМ для расчетов по сигналам всенаправленных маяков небольшой протяженности
store – запас; помещать в склад; складывать; снабжать; хранить на складе
stored data – запоминаемая информация; запоминаемые данные
stores – бортприпасы
storm – буря, шторм
storm center – центр циклона
storm cloud – шквальное облако
storm cones – штормовые сигналы
storm detection reports – радиолокационные данные о буре
storm echo signal – сигнал, отраженный от грозового фронта
storm information – штормовое оповещение
storm penetration – вход в зону урагана, пробивание зоны шторма
storm relative wind – штормовой набегающий ветер
storm warning – штормовое предупреждение
storm-warning radar – метеорадиолокатор, метеорологическая РЛС
stow – загружать (самолет); убирать (шасси)
stowage – размещение; укладка; хранение
stowaway – безбилетный пассажир
straight and level flight – горизонтальный полет по прямой
straight approach – заход на посадку по прямой
straight flight – полет по прямой
straight jet – ТРД с осевым компрессором
straight missed approach – заход на посадку с прямой с уходом на второй круг
straight run – беспосадочный полет; прямая перегонка самолета
straightforward design – простая конструкция
straight-in approach – заход на посадку с прямой
straight-in landing – посадка с прямой
straight-in landing minimum – метеорологический минимум для посадки с прямой
straight-in minimum – метеоминимум для захода на посадку с прямой
straight-in penetration – снижение по прямой
straight-jet engine – одноконтурный реактивный двигатель
straight-line flight – полет по прямой
strain – деформация; напряжение
strain gauge – прибор для измерения деформации, тензодатчик, тензометр
strain rate – скорость деформации
strain-gauge amplifier – тензометрический усилитель
strain-gauge balance – тензометрические аэродинамические весы
strain-gauge instrumentation – тензометрическая аппаратура
strain-gauge method – тензометрический метод
strain-gauge pressure indicator – тензометрический манометр
strain-gauge system – тензометрическая система
strata – слои в атмосфере
strati – слоистые облака
stratified clouds – слоистые облака
stratiform clouds – слоистые облака
stratocumulus – слоисто-кучевые облака
stratosphere flying – полет в стратосфере
stratosuit – высотный костюм, скафандр для полетов в стратосфере
stratus – слоистые облака
stream – поток; протекать; струиться; струя; течение; течь
streamline – линия обтекания; линия тока; обтекаемый; придавать обтекаемую форму
streamline flow – ламинарный поток; невозмущенный поток; плавное обтекание; установившийся поток
streamlined – обтекаемый
streamlined body – обтекаемое тело; обтекаемый фюзеляж
streamlined fairing – обтекаемая обшивка; обтекатель

streamlined motion – обтекающее движение; струйное движение
streamlined profile – обтекаемый профиль
streamlined tail – хвостовой обтекатель
streamlining – придание обтекаемой формы
streamlining of wheel – колесный обтекатель, обтекатель колеса
streamwise corner – угол с продольным течением
strength – интенсивность; прочность; сила; сопротивление
strength factor – коэффициент прочности
strength limit – временное сопротивление; предел прочности
strength of materials – сопротивление материалов
strength test – статическое испытание на прочность
stress – напряжение; усилие
stress limits – ограничения по прочности
stress map – эпюра напряжений
stress of weather – штормовая погода
stress sensor – датчик напряжений, тензодатчик
stressed part – работающая деталь; силовая деталь
stressed skin – напряженная обшивка; работающая обшивка
stressed wing covering – несущая обшивка крыла
stressed-skin construction – конструкция с работающей обшивкой
stress-rupture – разрушение напряжением
stress-rupture properties – свойства сопротивления разрыву
stretch oriented acrylic – ориентированный акрилопласт с растяжением
stretched acrylic – акрилопласт с растяжением, растянутый акрилопласт
stretched aircraft – воздушное судно с удлиненным фюзеляжем
stretcher – растяжная машина
stretching – вытягивание; ориентация; растяжение
strip – летная полоса; полоса; демонтировать, разбирать, снимать
strip camera – аэрофотоаппарат для маршрутной съемки; фотокамера с непрерывной протяжкой
strip chart – авиационная маршрутная карта
strip display – индикатор с ленточной шкалой
strip lights – огни вдоль ВПП
strip map – авиационная маршрутная карта
strip theory – гипотеза плоских сечений; струйная теория
strip(ed) marker – ленточный указатель; отметчик; указатель в виде черты
stripping – демонтаж; отслоение битумной пленки от минеральных частиц; снятие верхнего слоя грунта
strips – ленты с данными полета
strobe lights – огни типа бегущей волны
strobeacon – стробикон
stroke – такт; ход поршня
stroke lighting – система бегущих огней
structural – конструктивный; силовой
structural design – расчет на прочность
structural drawing – конструктивный чертеж
structural efficiency factor – отношение веса конструкции к весу топлива
structural element – силовой элемент
structural factor – весовая отдача; весовое качество; отношение сухого веса к полному весу
structural failure – нарушение прочности; поломка; разрушение конструкции
structural integrity – прочность конструкции
structural limit – пределы прочности (pl); предельно допустимая эксплуатационная перегрузка
structural safety factor – коэффициент запаса прочности
structural skin – несущая обшивка
structural strength – прочность конструкции; прочность планера самолета
structural test – испытание на прочность
structural test data – данные прочности испытаний
structural weight – вес планера самолета
structure – конструкция, сооружение; строение, структура; устройство
strut – нога шасси; опора; подкос; распорка; растяжка; сжатый элемент фермы; стойка
strut support – державка; подкос; раскос; стойка

stub wing – крыло малого удлинения и сужения
stub-end taxiway – ответвление от магистральной РД к месту стоянки; тупиковая РД
student discount – студенческая скидка
student pilot – пилот-курсант
stunt – выполнять фигуры высшего пилотажа; высший пилотаж
stunting – выполнение фигур высшего пилотажа
sub-area communication center – подрайонный центр связи
sub-assemblies – блоки основных составных частей самолета
sub-assembly drawing – узловой чертеж
subcritical – докритический
subgrade – грунтовое основание, подстилающий грунт
subgrade support – несущая способность подстилающего грунта
subgrading – планировка, выравнивание поверхности основания
subject captain's discretion – личное решение первого пилота (командира корабля)
submerged entry – утопленный воздухозаборник
submerged inlet – утопленный воздухозаборник
subroutine – подпрограмма
subsequent notification – последующее уведомление
subsonic – дозвуковой
subsonic flight – полет на дозвуковых скоростях
subsonic speed – дозвуковая скорость полета
substellar point – географическое место светила
sub-unit failure – отказ узлов оборудования
suction – всасывание, засасывание, отсасывание, подсасывание; пониженное давление, разрежение
suction airfoil – крыло с отсосом пограничного слоя
suction feed – подача разрежением
suction off-loading – слив под действием разрежения
suction power system – силовая установка для отсоса пограничного слоя
suction slot – щель для отсасывания пограничного слоя
suit – комплект; костюм; набор
sum of squares (of errors) – суммарная среднеквадратичная ошибка
summation of the flight times – налет в часах; суммарная продолжительность полетов
sump – маслосборник; отстойник
sun visor – дымчатый смотровой щиток; солнцезащитный щиток или очки
supercharge – избыточное давление, наддув; создавать избыточное давление, создавать наддув
supercharged engine – двигатель с наддувом
supercharger – нагнетатель
supercharging – нагнетание, наддув
supercooled – переохлажденный
supercooled clouds – переохлажденные облака
superelevated turnoff – соединительная РД с виражом на кривой
superelevation – вираж на повороте РД
superimposed head-up display – индикация на лобовом стекле с наложением данных
superprecision approach radar – радиолокационная станция точного вывода самолета на посадку
superpressure – избыточное давление
supersonic – сверхзвуковой
supersonic acceleration – ускорение при сверхзвуковой скорости
supersonic aerodynamics – аэродинамика сверхзвуковых скоростей
supersonic airfoil – крыло сверхзвукового самолета; сверхзвуковое крыло; сверхзвуковой профиль
supersonic body – сверхзвуковой фюзеляж
supersonic drag coefficient – коэффициент лобового сопротивления при сверхзвуковых скоростях полета
supersonic flight – полет со сверхзвуковой скоростью
supersonic flow – сверхзвуковой поток
supersonic intake – сверхзвуковой воздухозаборник
supersonic jet – сверхзвуковая струя
supersonic propeller – воздушный винт со сверхзвуковой скоростью вращения

supersonic speed – сверхзвуковая скорость
supersonic velocity – сверхзвуковая скорость
supersonics – аэродинамика сверхзвуковых скоростей
supervisor – контролер; руководитель полетов
supervisory control – селективное дистанционное управление; телеуправление
supervisory control panel – бортовой имитатор команд телеуправления
supervisory radio station – контрольная радиостанция
supplementary airdrome – запасный аэродром
supplementary meteorological office – вспомогательное метеорологическое бюро
supply – доставка; доставлять; питание; питать; подача; подвод; снабжать; снабжение
supply air – поступающий воздух
support – державка; опора; подвеска; поддерживать; поддержка; подставка; стойка
supporting area – несущая поверхность
supporting plane – несущая плоскость, опорная плоскость
suppressed zero indicator – индикатор с вынесенным нулем
suppressor – глушитель радиопомех, радиоглушитель; установка для глушения шума, шумоглушитель
SUPT (specialized undergraduate pilot training) – специализированная первичная подготовка пилотов
surcharge – добавочная нагрузка; доплата; дополнительный налог; наддув; перегрузка
surcharged airmail – дополнительные сборы авиапочты
surface – внешний; наземный; отделывать поверхность; поверхностный; поверхность; покрытие
surface air – воздух в нижнем слое атмосферы; нижний слой атмосферы
surface chart – приземная карта
surface corona discharge – светящаяся корона; тихий разряд с поверхности
surface course – верхний слой; слой износа
surface dressing – поверхностная обработка
surface front – приземный атмосферный фронт
surface loading – нагрузка на 1 кв.м крыла
surface monitor comparator – компаратор, контролирующий отклонение рулевых поверхностей
surface observation – приземные наблюдения
surface of discontinuity – поверхность раздела; поверхность разрыва
surface overshoot – заброс поверхности управления, заброс руля
surface pressure – приземное давление
surface temperature – температура воздуха у поверхности земли
surface weather chart – приземная синоптическая карта
surface wind – ветер у поверхности земли, приземный ветер
surface wind direction – направление ветра в приземном слое
surface wind speed – скорость ветра у земли
surface-controls – плоскости управления
surge – колебания; помпаж; пульсация; резкий скачок
surge absorber – демпфер колебаний; успокоительная перегородка
surge impedance – волновое сопротивление
surge pressure – гидравлический удар
surge tank – промежуточный резервуар; уравнительный бак; уравнительный резервуар
surging – помпаж
surging shock – гидравлический удар
surveillance – контроль; наблюдение; наблюдение за воздухом; наблюдение за воздушным движением; просмотр воздушного пространства
surveillance approach – заход на посадку с помощью обзорной РЛС; прикидочный заход на посадку
surveillance controller – диспетчер обзорного радиолокатора
surveillance radar – обзорный радиолокатор, радиолокатор кругового обзора, радиолокатор наведения
surveillance radar element – обзорный радиолокатор в системе Джи-Си-Эй

survey – обзор; осматривать
survey radar – радиолокационная станция для точного измерения расстояний
surveyor – инспектор
survivability – выживаемость; переносимость
survivable accident – авиационное происшествие без человеческих жертв
survival – выживание; спасение жизни
survival device – средство жизнеобеспечения или выживания
survival equipment – спасательное оборудование
survival ingredient – компонент системы жизнеобеспечения
survival kit – аварийный комплект имущества
survival kit beacon – радиомаяк в аварийном комплекте
survival probability – вероятность выживания; степень живучести
survival ration – аварийный запас продовольствия
survival training – обучение действиям по спасению жизни
survive – выдерживать, выживать; сохранять безопасность; успешно переносить
survive an accident – выжить при авиационной катастрофе
survivor – оставшийся в живых, уцелевший
susceptibility – восприимчивость, подверженность; чувствительность
sustained flight – полет с маршевым двигателем
sustainer – маршевый двигатель; основной двигатель
sw (short-wave) – коротковолновый
sweep – производить поиск; пространственное развертывание; развертка; сметать; снос самолета ветром; сносить; стреловидность; течение
sweep angle – угол стреловидности
swept area – площадь, ометаемая винтом
swept wing – стреловидное крыло
swept-back wing – крыло с прямой стреловидностью; стреловидное крыло
swept-forward wing – крыло с обратной стреловидностью
swept-wing layout – схема ВС со стреловидным крылом
swing – амплитуда колебаний; качание; качаться
swing a compass – определять девиацию компаса вращением самолета
swinging base – поворотный девиационный круг
swing-nose aircraft – грузовой самолет с откидной грузовой частью фюзеляжа
swing-tail aircraft – грузовой самолет с откидной хвостовой частью фюзеляжа
swirl reducing baffle – перегородка для уменьшения закрутки потока
swirl vane – завихряющая лопатка
swirling – завихрение; закручивание
switch – выключатель; коммутатор; переключатель; прерыватель
switch board – коммутатор; распределительный щит
switch box – распределительная коробка
switch off – выключать; переключать
switch on – включать
switching – включение; выключение; коммутация; переключение
switching fuel quality indicator – топливомер с переключателем баков
switching generator – генератор переключающих сигналов
swivel – вращающийся; поворотный; шарнирное соединение
swivel joint – шарнирное соединение
swiveled nozzle – поворотное сопло, шарнирно закрепленное сопло
swiveling combustion chamber – поворотная камера сгорания
swiveling nozzle – поворотное сопло, шарнирно закрепленное сопло
swiveling turbojet – турбореактивный двигатель с изменяемым направлением тяги
swiveling undercarriage – ориентирующееся шасси
swoop down – пикировать
symmetric flight – полет без скольжения; симметричный полет
symmetrical loading conditions – условия симметричного нагружения
symmetrical maneuvering and gust conditions – условия симметричного нагружения при маневрах и порывах ветра
synchro – сельсин; синхронный

synchro pickoff – сельсин-датчик
synchronization – синхронизация; согласование
synoptic – метеорологический, синоптический
synoptic chart – синоптическая карта
synoptic collective message – синоптическая сводка
synoptic forecaster – синоптик
synoptic map – синоптическая карта
synthetic – искусственный; комплексный; моделированный; синтетический
synthetic aperture antenna – антенна с синтезированным раскрывом
synthetic dynamic display – комплексный ИКО, комплексный индикатор кругового обзора
synthetic flight trainer – комплексный тренажер летных экипажей
synthetic flight training – отработка техники пилотирования на тренажере
synthetic image – искусственно создаваемое изображение
synthetic radar display – синтезированное радиолокационное изображение
synthetic trainer – комплексный тренажер
synthetic training – комплексная летная подготовка с использованием тренажера
synthetic training device – комплексный тренажер
system control – реакция системы; частотная или динамическая характеристика системы
system integration – комплексирование системы
system monitor – табло контроля систем

T

T (telephone; telephony) – телефон; телефония
T (temperature) – температура
T (true) – истинный
t.a. (time of arrival) – время прибытия
t.f. (time of flight) – время полета
t.of f. (time of flight) – время полета
T/W (thrust-weight ratio) – отношение тяги двигателя к весу
tab – пластина; триммер; узел крепления оперения; щиток
table – пульт управления; стол; таблица
table of aircraft operations – график эксплуатации воздушных судов
table of frequency allocations – таблица распределения частот
tabular data – табличные данные
tabular display – табличное отображение
tabular form – табличная форма
tabulate – сводить в таблицу
Tacan – Такан
TACAN (tactical air navigation system) – смешанная угломерно-дальномерная система ближней навигации, выдающая полярные координаты места самолета
tachogenerator – тахогенератор; тахометрический датчик
tachometer – счетчик числа оборотов, тахометр
tactile sense – осязание, тактильное чувство
TAF (temporary aviation facility) – временное авиационное сооружение
tail – хвост; хвостовая часть; хвостовое оперение; хвостовой
tail area – площадь хвостового оперения
tail assembly – хвостовая часть; хвостовое оперение
tail bearing – задний подшипник
tail blanket – затенение хвостового оперения
tail boom – хвостовая балка
tail buffeting – бафтинг хвоста, вибрация хвоста
tail cone – конус реактивного сопла; струя выхлопных газов; хвостовой конус; хвостовой обтекатель
tail control – управление хвостовым оперением, хвостовой руль
tail control surface – хвостовой руль
tail end – донная часть
tail fin – киль
tail heaviness – задирание носа самолета, кабрирование
tail high – задирание хвоста самолета
tail landing – посадка на хвост, посадка под большим углом атаки
tail light – хвостовой аэронавигационный огонь
tail load – нагрузка на хвостовое оперение
tail panel – консоль хвостового оперения
tail pipe – выхлопное сопло в хвостовой части
tail rotor – хвостовой винт
tail setting – установка горизонтального оперения
tail skid – хвостовой костыль
tail slide – скольжение самолета на хвост
tail spin – неуправляемый штопор; нормальный штопор
tail surface – хвостовая поверхность; хвостовое оперение
tail unit – хвостовое оперение
tail wheel – хвостовое колесо
tail-down landing – посадка на хвост, посадка с большим углом атаки
tail-elevator system – система «стабилизатор – руль высоты»
tail-first landing – посадка с начальным касанием земли хвостовой опорой
tail-heavy – перетяжеленный на хвост
tail-high landing – посадка на две точки; посадка с приподнятым хвостом
tail-low landing – посадка самолета на хвост
tail-on wind – попутный ветер
tail-pipe exit plane – выходное сечение сопла
tailplane – горизонтальный стабилизатор; хвостовое оперение
tailplane incidence indicator – указатель угла установки стабилизатора
tailplane jack – подъемник стабилизатора; силовой привод стабилизатора
tailplane unit area – площадь горизонтального оперения
tailplane-fin fairing – зализ хвостового оперения
tail-setting angle – угол установки горизонтального оперения

tailsitter – самолет с вертикальным взлетом и посадкой
tail-wheel boot – обтекатель хвостового колеса
tail-wheel lock(ing) – замок хвостового колеса
take off – взлетать, отрываться от земли
take over for landing – переходить на посадку
take the aircraft throughout its entire envelope – пилотировать ВС на всем диапазоне полетных режимов
take the controls – принимать управление ВС
takeoff – взлет, старт
takeoff ability – взлетные характеристики
takeoff acceleration – ускорение при взлете
takeoff acceleration limit – предельное стартовое ускорение
takeoff accident – авария при взлете
takeoff air speed – скорость отрыва самолета от земли
takeoff airdrome – аэродром вылета, аэродром отправления
takeoff and landing characteristics – взлетно-посадочные характеристики
takeoff angle – взлетный угол
takeoff area – взлетная площадь
takeoff attitude – взлетное положение, взлетный угол тангажа, стартовое положение
takeoff attitude indication – индикация угла тангажа на взлете
takeoff boost – наддув на взлете, увеличение тяги на взлете, форсаж
takeoff booster – ракетный ускоритель
takeoff characteristics – взлетные характеристики
takeoff chart – номограмма взлетных характеристик
takeoff checklist – контрольный перечень операций перед взлетом
takeoff clearance – разрешение на взлет
takeoff climb area – полоса набора высоты
takeoff climb surface – плоскость набора высоты
takeoff conditions – взлетный режим, условия взлета
takeoff director – директорный индикатор взлета
takeoff distance – взлетная дистанция
takeoff distance available – располагаемая дистанция взлета
takeoff end of the runway – взлетный конец ВПП
takeoff engine – стартовый двигатель
takeoff field factor – коэффициент запаса длины взлетной полосы
takeoff flaps – закрылки во взлетном положении
takeoff flight path – траектория взлета
takeoff fuel – топливо, расходуемое при взлете
takeoff funnel – воронка взлета
takeoff ground run distance – номограмма длины разбега
takeoff ground speed – скорость разбега
takeoff handling characteristics – характеристики управляемости на взлете
takeoff heading – взлетный курс, направление взлета
takeoff horsepower – взлетная мощность
takeoff instrumentation – приборы контроля взлета
takeoff line – линия старта
takeoff minimum – метеоминимум для взлета
takeoff monitor – прибор контроля режима взлета, указатель взлета
takeoff monitoring system – система контроля режима взлета
takeoff output – взлетная мощность
takeoff path – взлетная траектория, траектория взлета
takeoff position – линия старта на ВПП; положение на линии старта
takeoff power – взлетная мощность; взлетная тяга
takeoff power and/or thrust – взлетная мощность и/или тяга
takeoff power rating – взлетная мощность
takeoff progress indicator – указатель взлета
takeoff range – взлетный диапазон, диапазон взлетных режимов
takeoff rated thrust – взлетная тяга
takeoff roll – разбег при взлете
takeoff rotation – отрыв носового колеса на разбеге
takeoff run – разбег при взлете
takeoff run available – располагаемая длина разбега
takeoff run distance – длина разбега

takeoff run length – длина разбега при взлете
takeoff run required – потребная длина разбега
takeoff runway – взлетная полоса
takeoff safety indicator – индикатор безопасности взлета
takeoff safety speed – безопасная скорость отрыва от земли
takeoff setting – взлетное положение
takeoff speed – взлетная скорость, скорость отрыва от земли
takeoff strip – взлетная дорожка, взлетная полоса
takeoff surface – плоскость ограничения препятствия при взлете
takeoff thrust – взлетная тяга; максимальная тяга; тяга двигателя на взлетном режиме
takeoff time – время взлета; время старта самолета; время, необходимое для подъема самолета в воздух
takeoff weight – взлетный вес самолета; стартовый вес ракеты
takeover – переход на ручное управление
takeover altitude – высота перехода на ручное управление
takeover distance – минимально допустимое расстояние, на котором возможен переход от автоматического к ручному управлению
TALAR (Tactical Landing Approach Radar) – система захода на посадку по приборам
talk down – давать пилоту указания по радио при заходе на посадку
talk in – давать пилоту указания по радио при заходе на посадку
talk in an aircraft – выводить ВС на посадочный курс
talk-back circuit – переговорная линия
talk-down guided approach – заход на посадку по речевым командам
tangency point – точка касания
tangential – касательный, тангенциальный
tangential acceleration – касательное ускорение, продольное ускорение, тангенциальное ускорение
tangential jet – двигатель, тяга которого направлена под углом к оси самолета; сопло, тяга которого направлена под углом к оси самолета
tangential landing – посадка с малыми углами планирования
tangential plane – касательная плоскость
tangential takeoff and landing – взлет и посадка с разбегом и пробегом
tank – бак, контейнер, резервуар, цистерна
tank cap – заливная горловина
tank drain valve – сливной дренажный клапан топливного бака
tank filler – заливная горловина, заливной штуцер
tank filler cap – пробка заливной горловины бака
tank fuel indicator – баковый топливомер
tank level indicator – индикатор уровня жидкости в баке, указатель уровня жидкости в баке
tank operation pressure – рабочее давление в баке
tank pressure – наддув бака
tank pressurization switch – тумблер включения наддува бака
tank pressurization system – система наддува топливного бака
tank release button – кнопка сброса подвесных баков
tank vent system – система дренирования баков
tank vent valve – дренажный клапан топливного бака
tankage – емкость топливных баков; заправка топливом; хранение топлива в резервуаре
tankage capacity – емкость топливных баков
tankage volume – объем топливных баков
tanked – с залитыми баками
tap – кран; отбирать; отвод; отводить; патрубок; штуцер
tape – лента; ленточная шкала
tape deck – лентопротяжный механизм; панель лентопротяжного устройства
tape display – индикатор с ленточной шкалой
tape multiplier – дубликатор перфорированной ленты
tape printer – ленточный печатающий аппарат
tape scale – ленточная шкала
tape the data – записывать данные на ленту

tape(-display) instrument – прибор с ленточной шкалой
taper – конус; сужаться; сужение
taper ration – сужение крыла
tapered passage – канал переменного сечения
tapered wing – коническое крыло; трапециевидное крыло
tape-time-user indicator – указатель использованного времени записи
tape-used indicator – указатель количества израсходованной ленты
tare weight – вес конструкции
target – мишень; самолет-мишень; цель
target airspeed – заданная величина воздушной скорости
target bearing – азимут цели; пеленг цели
target lockon indication – индикация захвата цели
target return – отраженные на экране РЛС сигналы от наблюдаемого самолета
target threshold speed – скорость полета над порогом ВПП
target tracking beam – радиолокационный луч слежения за целью
target type thrust reverser – реверс тяги ковшового типа
tariff distance – тарифное расстояние
tariff provisions – тарифные предписания, тарифные руководства
tariff rate – тарифная ставка
tarmac – приангарная площадка с асфальтощебеночным покрытием
TAS (takeoff airspeed) – скорость отрыва самолета от земли
TAS (true air speed) – истинная воздушная скорость
tax – налог
TAX (taxiway lights) – огни освещения рулежной дорожки
taxi – вести самолет по земле; катиться по земле; рулежный; руление; рулить
taxi and runway surveillance radar – РЛС наблюдения за рулежными дорожками и ВПП
taxi channel – полоса руления на гидроаэродроме
taxi holding point – стоп-линия на рулежной дорожке
taxi holding position – место ожидания при рулении
taxi holding post – место стоянки перед выруливанием на взлетную полосу
taxi out – выруливать (самолет) со стоянки ВПП
taxi pattern – схема руления самолетов по аэродрому
taxi power – мощность на рулении; тяга на рулении
taxi radar – диспетчерский радиолокатор для наблюдения за движением самолетов по аэродрому
taxi run – протяженность руления; скоростное руление самолета
taxi strip – рулежная дорожка
taxi test – испытание характеристик самолета при рулении
taxi time – время начала выруливания на старт; время, затрачиваемое на руление
taxi track – РД, рулежная дорожка
taxi under own power – рулить на тяге собственных двигателей
taxi up – подруливать
taxi(ing) lamp – рулежная фара
taxi(-track) loop – кольцевая рулежная дорожка
taxi-back landing – посадка с отруливанием назад
taxi-channel lighting – освещение полосы руления на гидроаэродроме
taxi-guidance lights – рулежные огни
taxi-in – заруливать самолет на стоянку
taxi-in-and-turn type hard standing – место стоянки тупикового типа
taxiing – рулежный; руление; рулящий
taxiing distance – длина пути руления
taxiing lane – полоса руления, рулежная дорожка
taxi-landing lamp – рулежно-посадочная фара
taxilights – огни рулежной дорожки
taxi-route indicator – рулежный светофор, указатель направления
taxi-turnoff lamp – лампа указателя поворота при рулении
taxiway – РД, рулежная дорожка
taxiway center line lights – рулежные огни утопленного типа, расположенные по оси рулежной дорожки
taxiway exit – выводная рулежная дорожка, соединительная рулежная дорожка
taxiway lights – огни освещения рулежной дорожки

taxiway lights marking – маркировочные огни рулежной дорожки
taxiway marking – обозначения на рулежной дорожке (pl); разметка рулежной дорожки
taxiway minimum clearance – минимальное расстояние между параллельными рулежными дорожками
taxiway reflectors – рулежные отражательные знаки
taxiway shoulder – обочина рулежной дорожки
taxiway strip – полоса рулежной дорожки
taxiway stub – ответвление от рулежной дорожки к месту стоянки
TBO (time between overhauls) – межремонтный срок службы
TC (true course) – истинный курс
TCA (terminal control area) – диспетчерская зона аэродрома
TCAS (terminal control areas) – районно-диспетчерская служба УВД
TCI (terrain clearance indicator) – радиовысотомер
team – бригада, группа, команда, расчет, экипаж
tear down – разбирать; сносить (строение)
teardown – разборка
teardown line – линия потока разборки
teardown stand – стенд для разборки
teardrop – маршрут выхода на посадочный курс отворотом на расчетный угол
teardrop approach – заход на посадку отворотом на расчетный угол
teardrop course – маршрут выхода на посадочный курс отворотом на расчетный угол
technical aircraft engineer – инженер по техническому обслуживанию самолетов
technical director of an airport – начальник инженерно-авиационной службы аэропорта
technical flight planning – служба технического планирования полета
technical instructor – инструктор технической подготовки
technical specification – технические условия
technical stop – техническая посадка
technician – техник
technique – методика, техника; технические приемы
tee – посадочный знак «T»
TELCON (telephone conversation) – телефонный разговор
telecom (telecommunication) – телефонная связь
telecommunication – электросвязь
telecommunication traffic – обмен по электросвязи
telecontrol – дистанционное управление, телеуправление
telecontrolled – с дистанционным управлением, телеуправляемый
telegraph printer set – буквопечатающий телеграфный аппарат, телетайп
telegraphy – телеграфирование; телеграфия
telemeter – дальномер; дистанционный передатчик; телеметрический передатчик
telemeter channel – телеметрический канал
telemetering data – телеметрическая информация, телеметрические данные
telemetering equipment – телеметрическая аппаратура
telemetering link – телеметрическая линия
telemetering pickup – телеметрический датчик
telemetering station – телеметрическая станция
telemetering system – телеметрическая система
telemetering transmitter – телеметрический передатчик
telemetry – телеметрия
telemetry ground unit – наземная телеметрическая установка
tele-mike – головные телефоны с микрофоном
telephone – телефон; телефонировать
telephone communication – телефонная связь
telephone line – телефонная линия
telephone message – телефонограмма
telephone numbers inquiry – справочное бюро телефонов служб и должностных лиц
telephony – телефонирование; телефония
teleprinter – телетайп

teleprinter characters – знаки и цифры на телетайпе
teleprinter line – телетайпная линия
Teleran (television radar navigation) – Телеран
telescope – оптический прибор, телескоп
telescopic leg – телескопическая стойка (шасси)
telescopic passageway – телескопический пассажирский трап
teletype – телетайп
teletype broadcast system – система циркулярной связи по телетайпу
teletype channel – канал телетайпной связи, линия телетайпной связи
teletypewriter – телетайп
teletypewriter tape – телетайпная лента
teletypewriter test tape – контрольная лента буквопечатающего аппарата
television – телевидение; телевизионный
television lockon – захват цели телевизионной системой наведения
television monitor – телевизионное контрольное устройство
tell-tale indicator – контрольный индикатор; сигнализатор
tell-tale warning – сигнализация контролирующего устройства
temperature – температура
temperature accountability – температурная поправка
temperature inversion – температурная инверсия
temperature lapse rate – степень конвективной неустойчивости воздуха
temperature ratio – перепад температур
temperature trace of the aircraft – конденсационный след за самолетом
temporary navigation warning – временное навигационное предупреждение
temporary repairs – текущий ремонт
temporary visitor – временно пребывающее лицо
tensile failure – разрушение при растяжении
tensile properties – прочность на разрыв
tensile strength – предел прочности при растяжении; сопротивление разрыву
tension – напряжение; натяжение; растяжение
tension stress – растягивающее напряжение, растягивающее усилие
tentative – предварительный
term – член математического выражения
terminal – аэровокзал; вывод; выводная или вводная втулка; зажим; клемма; конечный или промежуточный аэропорт; конечный пункт; полюсный зажим; пункт посадки; узловой аэропорт
terminal airdrome – аэродром посадки, конечный аэродром; узловой аэродром
terminal airspace – воздушная зона аэропорта
terminal apron – перрон аэровокзала
terminal area – аэровокзальный комплекс; аэропортовая зона
terminal area chart – карта зоны аэродрома
terminal area control – диспетчерская служба района аэропорта
terminal area radar – РЛС диспетчерского района
terminal area sequencing – очередность в зоне аэропорта
terminal building – аэровокзал
terminal city – аэровокзальный городок, аэровокзальный комплекс; группа аэровокзалов
terminal control area – узловой диспетчерский район
terminal finger – посадочная галерея аэровокзала
terminal forecast – прогноз погоды в пункте посадки
terminal radar approach control system – система аэродромной РЛС УВД заходом на посадку
terminal radar control – конечный пункт радиолокационного контроля
terminal radar service – аэродромная радиолокационная служба УВД
terminal taxiway – полоса для подруливания к аэровокзалу
terminal VHF omnidirectional range – аэродромный всенаправленный ультракоротковолновый радиомаяк
terminal weather forecast – прогноз погоды на аэродроме посадки
terminating aircraft – самолет, прибывший из рейса
termination – окончание, остановка
termination of control – окончание диспетчерского руководства

ternary system – система с тремя степенями свободы; трехкомпонентная система
terrain – местность, территория
terrain altitude – высота местности над уровнем моря
terrain avoidance mode – режим обхода препятствий
terrain avoidance radar – РЛС обхода препятствий
terrain clearance – высота над местностью, геометрическая высота
terrain clearance altitude – геометрическая высота, истинная высота
terrain clearance indicator – радиовысотомер, указатель истинной высоты
terrain conditions – условия рельефа
terrain display – изображение местности
terrain flying – полеты с визуальной ориентировкой
terrain obstruction – препятствие, образованное складкой местности
terrain-avoidance maneuver – маневр обхода препятствий
terrain-clearance radar – РЛС облета препятствий
terrain-following aircraft – ВС с системой облета препятствий
terrain-following display – индикатор для облета препятствий на местности
terrain-following maneuver – маневр облета препятствия
terrestrial – земной, сухопутный
terrestrial coordinate system – земная система координат
terrestrial equator – земной экватор
terrestrial latitude – географическая широта
terrestrial meridian – земной меридиан
terrestrial navigation – полеты с визуальной ориентировкой
terrestrial reference – земная система координат
territorial air traffic – воздушное движение на местных авиалиниях
test – испытание
test aircraft – опытный самолет, самолет, проходящий испытания
test compatibility – испытывать на совместимость
test failure – неисправность во время испытания; неудачное испытание
test flight – испытательный полет
test section – рабочая часть аэродинамической трубы
test stand – испытательный стенд
test-bed – испытательный стенд
test-failure load – минимальная нагрузка при испытаниях на прочность
testing jig – установка для испытаний
textural classification of soil – классификация грунтов по гранулометрическому составу
texture – гранулометрический состав; структура; фактура поверхности
textured pavement – шероховатое покрытие
textured runway – ВПП с измененной фактурой поверхности
TF (terminal forecast) – прогноз на посадку
TFZ (traffic zone) – контролируемая зона воздушного движения
TH (tail-heavy) – перетяжеленный на хвост
TH (true heading) – истинный курс
thaw penetration – глубина оттаивания
theory – теория
thermal – восходящий слой воздуха; температурный; тепловой; термический
thermal air current – поток теплого воздуха, термик
thermal anti-icing system – термическая противообледенительная система
thermal barrier – тепловой барьер
thermal capacity – теплоемкость
thermal conductivity – удельная теплопроводность
thermal efficiency – термический коэффициент полезного действия
thermal expansion – тепловое расширение
thermal lift – термическая подъемная сила
thermal protection system – система теплозащиты
thermal switch – термопереключатель, термореле
thermal turbulence – тепловая турбулентность
thermocouple – термопара
thermodynamic(al) – термодинамический
thermodynamics – термодинамика

thermoelastic – термоупругий
thermoelasticity – термоупругость
thermojet – реактивная струя горячих газов
thermometer – термометр
thick squall – сильный шквал с дождем
thick weather – туманная погода
thickened-edge concrete pavement – бетонное покрытие с утолщенными краями
thickened-edge slab – плита с утолщенными краями
thickened-edge type section – поперечный профиль покрытия с утолщенными краями
thickness ratio – относительная толщина
third-level carrier – третьестепенный перевозчик
THP (thrust horsepower) – мощность тяги
Thr (threshold lights) – входные огни ВПП
threaded joint – резьбовое соединение
three-axis attitude indicator – трехосный авиагоризонт; указатель углов тангажа, крена и курса
three-axis autopilot – автопилот со стабилизацией самолета по трем осям
three-axis control – управление относительно трех осей координат
three-axis gyropilot – гироскопический автопилот со стабилизацией самолета по трем осям
three-condition code – троичный код
three-crew operation – эксплуатация самолета экипажем из трех человек
three-dimensional – трехмерный
three-dimensional body – пространственное тело
three-dimensional control – пространственное управление, трехмерное управление
three-dimensional display – пространственная индикация; пространственный индикатор
three-dimensional flow – пространственный поток, трехмерный поток
three-dimensional image – пространственное изображение, трехмерное изображение
three-dimensional interaction – взаимодействие на пространственных телах
three-dimensional load – пространственная нагрузка
three-dimensional measurement – пространственное измерение
three-dimensional modeling – объемное моделирование, пространственное моделирование
three-dimensional motion – пространственное движение
three-point landing – посадка на три точки
three-sixty – разворот самолета на 360 градусов
three-star fix – астрономическое место ВС, определяемое по трем светилам
three-view drawing – чертеж в трех проекциях
three-wire information – информация в виде трехфазных сигналов
threshold – входная кромка ВПП; граница; порог; порог чувствительности; предел
threshold height – высота пересечения входной кромки ВПП, высота самолета над входной кромкой ВПП
threshold lights – входные огни, пороговые огни
threshold marker – входной маркерный знак
threshold marking – маркировка порога ВПП
threshold wheel height – высота колес над входной кромкой ВПП
throat – горловина сопла; критическое сечение; отверстие; проход; рабочая часть аэродинамической трубы
throat area – площадь критического сечения сопла
throat opening area – площадь критического сечения сопла
throat pressure – давление в критическом сечении сопла, критическое давление
throat section – критическое сечение комбинированного сопла
throat velocity – критическая скорость, скорость в критическом сечении сопла
throttle – дросселировать; дроссель, дроссельная заслонка; регулировать; рычаг управления двигателем

throttle back – дросселировать; прикрывать дроссель; убирать газ
throttle chock – дроссельный кран
throttle closure – перемещение РУД назад; уборка газа; уменьшение тяги
throttle control – дросселирование; управление подачей топлива; управление тягой двигателя
throttle control system – система регулирования тяги
throttle director – указатель требуемого положения РУД
throttle down – прикрывать дроссель, уменьшать газ
throttle governor – дроссель, дроссельный регулятор
throttle interlocking – блокировка РУД
throttle lever – рычаг дросселя; рычаг сектора газа
throttle pedestal – стойка РУД; центральный пункт с рычагами управления двигателями
throttle pickoff – датчик положения РУД
throttle quadrant lever – рычаг сектора газа
throttle setting – установка дросселя
throttle setting information – информация о положении РУД
throttle throw – ход дроссельного крана
throttle valve – дроссельный клапан
throttle valve lever – рычаг дроссельного клапана
throttle-brake lever – рукоятка стопора рычага управления двигателем
throttling – дросселирование; управление тягой двигателя
throttling back – дросселирование; прикрытие дросселя
throttling band – диапазон дросселирования
throttling butterfly valve – дроссельная заслонка
throttling range – диапазон дросселирования; зона регулирования; ход заслонки
through air transportation – сквозная воздушная перевозка
through bill of lading – сквозная транспортная накладная, сквозной коносамент
through booked passenger – транзитный пассажир, имеющий билет с забронированным местом в аэропорту пересадки
through excess baggage ticket – сквозной билет для платного багажа
through fare – тариф прямого сообщения
through flight – прямой сквозной рейс
through flight plan – план полета до аэродрома назначения с промежуточной посадкой
through service – прямое сообщение
through tourist fare – сквозной туристический тариф
through traffic – прямое сообщение; сквозное сообщение; транзит; транзитные перевозки
throw of the propeller – проворачивание воздушного винта
thrust – напор; сила тяги; толчок; тяга; удар
thrust application – включение двигателя; создание тяги
thrust augmentation – увеличение тяги, форсирование тяги
thrust augmentor – устройство для форсирования тяги; форсажная камера
thrust boosting – форсирование тяги
thrust buildup – вывод двигателя на рабочий режим; нарастание тяги
thrust chamber – камера сгорания
thrust coefficient – коэффициент тяги
thrust control – регулирование тяги
thrust correction factor – коэффициент полноты тяги, отношение действительной тяги двигателя к расчетной
thrust cutoff – выключение двигателя; отсечка подачи топлива
thrust deflector control lever – рычаг управления вектором тяги
thrust horsepower – мощность тяги, тяговая мощность
thrust jack – динамометр для измерения тяги
thrust jet – реактивное сопло
thrust lever – рычаг управления двигателем
thrust load – усилие тяги
thrust loading – величина, обратная тяговооруженности; нагрузка на тягу; отношение веса аппарата к тяге двигателей
thrust misalignment – несимметричность тяги

thrust nozzle – реактивное сопло
thrust performance – тяговая характеристика
thrust power – тяговая мощность; эффективная мощность
thrust rating – номинальная тяга; нормирование по тяге; расчетная тяга
thrust reverser – реверс тяги
thrust reverser system – система реверсирования тяги
thrust selector switch – переключатель ступени двигателя
thrust spoiler – гаситель тяги; дефлектор реактивной струи; сопловая заслонка
thrust spoiling – реверсирование тяги
thrust stand – стенд для испытания реактивных двигателей
thrust system – силовая установка
thrust unit – двигатель; силовая установка
thrust vector – вектор тяги, регулирование вектора тяги (по величине и направлению)
thrust vector control – управление вектором тяги (отклонением двигателя)
thrust vector lag – завал вектора тяги; отставание вектора тяги (от нормали к плоскости концов лопастей)
thrust-drag margin – избыток тяги над лобовым сопротивлением
thrust-drift ratio – отношение тяги к сносу
thrust-reverser buckets – заслонки реверса тяги
thrust-reverser nozzle – сопло с реверсом тяги
thrust-to-power ratio – отношение тяги к мощности
thrust-vectored aircraft – ВС с регулируемым вектором тяги
thrust-vectoring method – метод управления вектором тяги
thrust-vectoring monitor – прибор контроля вектора тяги
thrust-vectoring nozzle – поворотное сопло
thrust-weight ratio – тяговооруженность
thunderstorm – гроза
thunderstorm cell – грозовой очаг
thunderstorm cloud – грозовое облако
thunderstorm warning – грозовое предупреждение
ticket – билет; ярлык
ticket agent – билетный кассир; коммерческий агент авиапредприятия по продаже билетов
ticket for the space reserved – билет с забронированным местом
ticket office – агентство по продаже билетов
ticketing – оформление билета
ticketing counter – билетная касса
ticketing regulations – правила оформления билета
tight – крутой; малый круг; плотный; тугой
tight circling approach – заход на посадку по малому кругу
TILS (tactical instrument landing system) – тактическая система посадки по приборам
tilt – наклон; наклонять; поворотный; покачивать; угол места
tilt(er) wing – поворотное крыло
tilt-wing aircraft – самолет с поворотным крылом
tilt-wing layout – схема ВС с поворотным крылом
tilt-wing propeller – воздушный винт на поворотном крыле
time – время; регулировать; связывать по времени; синхронизировать
time (timing) marker – отметчик времени
time acceleration – регулируемое по времени ускорение
time base – временная развертка; линия времени; развертывающее устройство
time between overhauls – межремонтный срок службы
time delay – задержка по времени, запаздывание, инерционность, инерция
time history – изменение по времени
time in the air – налет часов; фактическое время пребывания в воздухе
time lag – время задержки, запаздывание, инерционность, отставание по времени
time lag in reading – запаздывание в считывании показаний, инерционность прибора
time lapse – задержка, запаздывание, отставание по времени; промежуток времени
time of arrival – время прибытия
time of flight – время полета
time of landing – время посадки; время, затрачиваемое на посадку

time of run – время пробега
time of takeoff – время взлета; время, затраченное на взлет
time of takeoff run – продолжительность разбега при взлете
time off – время вылета; время, необходимое для взлета
time or origin – время отправки
time reference point – система отсчета времени
time sharing (of circuit, computer, etc) – разделение времени (цепи, ЭВМ и т.д.)
time signal – сигнал времени
time switch – реле времени
time to altitude – время, необходимое для набора высоты
time zone – часовой пояс
time/frequency (T/F) technique – временно-частотный метод предотвращения столкновений
timed approach – заход на посадку по времени
timed turns – развороты по расчету времени
time-delay device – временной автомат; прибор задержки времени; реле времени
time-delay switch – реле выдержки времени
time-dependent load – нагрузка, изменяющаяся по времени
time-division multiplex – уплотнение с временным разделением
time-ordered data link – радиолиния передачи данных с распределением во времени рабочих интервалов
timer – временной механизм, реле времени, хронизатор, хронирующее устройство
timetable – расписание
time-to-go indicator – указатель остающегося времени
timing – расчет времени; регулировка; согласование по времени; хронометраж
timing device – временной механизм, хронирующее устройство
timing indicator – индикатор времени
timing of engine – регулирование зажигания двигателя
timing pip – хронирующая отметка
timing reference – контрольные отметки времени
timing reference signal – контрольный сигнал точного времени
timing relay – реле выдержки времени
timing signals – синхронизирующие сигналы
timing system – система синхронизации
timing unit – блок синхронизации; программное устройство; реле времени
tinted panel – дымчатая панель; затемненная панель
tip – конец; концевая часть крыла; наконечник
tip aileron – элерон на конце крыла
tip airfoil section – концевой профиль
tip chord – концевая хорда
tip driven rotor – винт с приводом на конце лопастей несущего винта
tip jet – концевая струя; струя, вытекающая из концевого сопла
tip loss – концевые потери
tip path plane – плоскость вращения концов винта
tip radius – радиус лопасти
tip speed – окружная скорость концов лопастей
tip speed ratio – относительная скорость конца лопасти
tip stall – концевой срыв; срыв потока с конца крыла
tip stall condition – концевой срыв потока с крыла
tip tank – топливный бак на конце крыла
tip velocity – окружная скорость лопасти
tip vortex (pl. vortices) – концевой вихрь
tiploss factor – коэффициент концевых потерь
tip-to-tip – по всему размаху
tire – пневматик, шина
tire contact area – площадь контакта пневматика, площадь следа пневматика
tire footprint – площадь отпечатка пневматика
tire imprint area – площадь отпечатка пневматика
tire inflation pressure – внутреннее давление в пневматике
tire pressure – давление в пневматике
tire print – площадь отпечатка пневматика
tire traction – сцепление пневматика (с поверхностью ВПП)
TJ (turbojet) – турбореактивный

t-km, t/km (ton-kilometers) – тонно-километры
TLM (telemeter) – телеметрическое устройство
TMA (terminal movement area) – диспетчерская зона аэродрома
TN (true north) – истинный север
tn-ml (ton-miles) – тонно-мили
TNR (non-radar transfer of control) – передача диспетчерского контроля без применения радиолокатора
TO (takeoff) – взлет
TO/FROM indication – индикация направления полета на передающую радиостанцию или от нее
TODA (takeoff distance available) – располагаемая дистанция взлета
toe pedal – ножная педаль
toe-in angle (of runway lights) – угол схождения (огней ВПП)
to-from arrow – стрелка указателя направления полета относительно радиомаяка
to-from indicator – указатель направления полета относительно радиомаяка
to-from information – данные о направлении полета относительно радиомаяка
toggle switch – тумблер
toilet service – обслуживание туалета
tolerance – выносливость; допуск; допустимое отклонение; зазор; переносимость
tolerance limit – допустимый предел; предел переносимости
tongue and groove arrangement – пазовое крепление
ton-mile capacity – располагаемая тонно-миля
ton-mile cost – стоимость тонно-мили
ton-mile load factor – коэффициент коммерческой загрузки в тонно-милях
tonnage – общий вес перевозимых грузов в тоннах, тоннаж
tonne-kilometer – тонно-километр
tonne-kilometer performed – выполненный тонно-километраж
top – верхняя часть самолета; вершина; вершина облачности; заоблачное пространство; наивысшая точка; доливать топливо в бак
top center wing – центроплан верхнего крыла
top layer – верхняя кромка облачности
top of descent – начало снижения
top of the cloud – высота верхней кромки облачности
top off – дозаправлять
top overcast – верхний предел облачности, максимальная высота облачного слоя
top overhaul – капитальный ремонт
top speed – максимальная скорость
top thrust – максимальная тяга
TORA (takeoff distance available) – располагаемая длина разбега
tornado – торнадо
torn-tape relay installation – ретранслятор с отрывной лентой
torque – вращение; крутящий момент; кручение; скручивающее усилие
torque box – кессон
torque compensation – парирование крутящего момента
torque horsepower – мощность на валу
torque link – двухзвенник (шасси)
torque ratio – коэффициент кручения
torque sensing system – система для измерения крутящего момента
torque switch – выключатель мотора коррекции гироскопа
torque transmitter – датчик крутящего момента
torquemeter – измеритель крутящего момента
torquer – датчик моментов; моментный датчик; мотор коррекции гироскопа
torsion – кручение
torsion box – кессон
torsion cell – кессон
torsional – крутящий, скручивающий, торсионный
torsional loading – скручивающая нагрузка
torsional moment – крутящий момент
torsional strength – прочность на скручивание; сопротивление кручению
torsional stress – напряжение при скручивании; скручивающее усилие
toss – скользить на хвост
total amount – общая сумма
total capacity – общая вместимость, общая емкость, общий объем
total flow indicator – суммирующий расходомер

total fuel capacity – общая емкость топливных баков, общий объем топлива
total mileage (of the desired routing) – сумма миль прямых участков (по выбранному маршруту)
total operating revenues – общие эксплуатационные доходы
total probability – суммарная вероятность
total revenue passenger-mile – общий пассажирооборот
total revenues – общие доходы
total turnover – общий оборот
touch down – касаться земли, приземляться, производить посадку
touch-and-go landing – посадка с немедленным взлетом после приземления
touchdown accuracy – точность приземления
touchdown air speed – посадочная скорость
touchdown pad – посадочная площадка для вертолетов
touchdown point – точка приземления
touchdown speed – скорость приземления
touchdown weight – посадочный вес
touchdown zone – зона приземления
touchdown-rate-of-descent – указатель скорости снижения при приземлении
touchdown-rate-of-descent indicator – указатель скорости снижения при приземлении
touchdown-to-stop distance – длина послепосадочного пробега
tour conductor – руководитель туристической группы
tour operator – организатор тура
tour publicity booklet – рекламная брошюра с описанием маршрута по туру
tourist card – туристическая карточка
tourist class – туристский класс
tourist fare – туристский тариф
tourist-class arrangement – компоновка кабины второго класса, схема размещения пассажирских кресел в туристическом варианте
TOVC (top of overcast) – максимальная высота облачного слоя
tow – буксир; буксировать; буксировка
tow truck – автомобиль-буксировщик
tower – башня, вышка, мачта
Tower (Airdrome Control Tower) – командно-диспетчерский пункт
tower cab – помещение командно-диспетчерского пункта
tower controller – диспетчер КДП
tower man – дежурный на КДП, диспетчер КДП
tower operator – диспетчер на КДП
tower radio – радиостанция КДП
towing attachment – буксирное устройство; буксировочный узел
town – город
town agency – городское агентство
town terminal – городской аэровокзал
TOWt (takeoff weight) – взлетный вес
TRACALS (traffic control, approach and landing system) – система управления воздушным движением, заходом на посадку и приземлением
trace – линия развертки; след; строка; трасса
tracer – розыскная, телеграмма о розыске багажа
track – дорожка с записью; колея шасси; линия пути; маршрут полета; отметка самолета на экране индикатора; путевой угол; путь; след; следить за целью; сопровождать; трасса; ширина колеи
track adhesion – сила сцепления с грунтом
track analysis – счисление пути
track angle – путевой угол
track ball – кнопка отметки цели на экране
track bearing – путевой угол
track check – контроль маршрута
track course – заданный путевой угол; пройденный путь самолета; путевая дистанция
track crawl search – поиск по долготам
track display unit – блок индикации пути
track interval – участок пути между контрольными ориентирами
track made good – прямая линия фактического пути; хорошо выдержанный маршрут
track maintenance – выдерживание маршрута
track make good – истинный путевой угол
track monitoring – контроль пути
track out – выводить по радиолокатору
track plotter – планшетист

track reference – линия заданного пути
track separation – боковое эшелонирование; эшелонирование по курсам; эшелонирование по различному пути
track station – РЛС сопровождения
track steering – выдерживание маршрута; управление относительно линии пути
track(ing) mode – режим автоматического сопровождения (слежения)
tracker – оператор, осуществляющий проводку цели; радиолокационная станция слежения
tracking – проводка цели, слежение за целью, сопровождение
tracking beacon – радиолокационный маяк-ответчик
tracking coverage – зона действия средств сопровождения; перекрытие пространства при сопровождении
tracking device – прибор слежения за целью
tracking guidance – выдерживание самолета на линии пути; наведение
tracking information – данные от телеметрической станции наблюдения
tracking loop – контур сопровождения; система слежения
tracking pair – следящая пара (радиостанций)
tracking radar – радиолокатор слежения; радиолокатор сопровождения
tracking radar control console – центральный пункт управления РЛС слежения
tracking signals – сигналы телеметрической станции
tracking system – система слежения; система сопровождения
trackmaster – блок преобразования координат
track-stabilized – стабилизированный относительно линии пути
track-swap – обмен маршрутами
traction – сцепление колес с грунтом; тяга; тяговое усилие
tractive propeller – тянущий воздушный винт
tractor – самолет с тянущим воздушным винтом; тянущий винт
tractor airplane – самолет с тянущим воздушным винтом
tractor airscrew (propeller) – тянущий воздушный винт
tractor engine – двигатель с тянущим воздушным винтом
trade samples – образцы товаров
trade wind – пассат
traffic – грузовой поток; движение; перевозки; сообщения, передаваемые по каналу связи; транспорт
traffic aids – средства обеспечения воздушного движения
traffic center – пункт управления воздушным движением
traffic circuit – круг полетов над аэродромом; схема полетов по кругу
traffic congestion – пробка, скопление транспорта
traffic console – пульт УВД
traffic control – регулирование движения, управление воздушным движением
traffic control, approach and landing system – система управления воздушным движением, заходом на посадку и приземлением
traffic control clearance – разрешение, выдаваемое диспетчерской службой
traffic control instructions – указания службы управления воздушным движением
traffic control lights – огни разрешения или запрещения посадки; огни регулирования воздушного движения
traffic control personnel – личный состав службы управления воздушным движением
traffic control regulations – правила управления воздушным движением
traffic controller – диспетчер воздушного движения
traffic department – отдел перевозок
traffic document – перевозочный документ
traffic flow – воздушные перевозки
traffic handling – обработка сообщений
traffic in transit – транзит; транзитные перевозки
traffic jam – пробка, скопление транспорта
traffic manager – начальник отдела перевозок и обслуживания пассажиров
traffic message – сообщение о воздушном движении

traffic monitoring system – система контроля за воздушным движением
traffic movements – взлетно-посадочные операции; взлеты и посадки
traffic operator – диспетчер воздушного движения
traffic pattern – схема движения; схема полетов
traffic pattern altitude – высота круга; высота полета по кругу над аэродромом
traffic pattern entry – вход в круг; выход на трассу полетов; занятие определенного маршрута
traffic potential of an airline – пропускная способность авиалинии
traffic rate – интенсивность воздушного движения
traffic stop – коммерческая посадка
traffic summary – сводные данные по перевозкам
traffic zone – контролируемая зона воздушного движения
traffic-handling capacity – пропускная способность аэропорта
traffic-pattern indicator – указатель направления полетов по кругу
trail – путь; след
trailer – автоприцеп, прицеп
trailing – задний; присоединенный; сбегающий
trailing edge – задняя кромка крыла или оперения
trailing edge flap – закрылок
trailing wind – попутный ветер
trailing-edge vortex – завихрение на задней кромке
trailing-vortex system – система сбегающих вихрей
train – передача; ряд; серия; цепь
trainee – обучаемый курсант
trainee entry level – начальный уровень знаний обучающегося
trainer – инструктор; тренажер; учебно-тренировочный самолет
training – обучение, подготовка, тренировка; тренировочный
training airplane – учебный самолет
training personnel – инструкторский состав
training to proficiency – тренировка до полной отработки профессиональных навыков
training-accidents – авиационные происшествия в тренировочных полетах
transceiver – приемопередатчик; приемо-передающая станция
transcontinental service – трансконтинентальное воздушно-транспортное обслуживание
transducer – датчик; преобразователь
transducing indicator – указатель с сельсинной передачей
transducing vertical speed indicator – вариометр с сельсинной передачей
transfer – передавать; передача; перенос; переносить
transfer flight – пересадочный рейс, рейс с пересадкой
transfer of control – передача руководства полетом другому диспетчерскому пункту
transfer of control message – сообщение о передаче управления
transfer of control point – рубеж передачи диспетчерского управления
transfer of radar identification – передача радиолокационного опознавания
transfer passenger – пассажир, пересаживающийся на самолет другой авиакомпании
transfer time – время передачи
transferring controller – передающий диспетчер
transferring unit – передающий орган
transformer – преобразователь; сельсин; трансформатор
transient – неустановившийся режим; переходный процесс
transient acceleration – ускорение в переходном режиме
transient aerodynamics – аэродинамика неустановившихся течений, нестационарная аэродинамика
transient aircraft – транзитный самолет
transient apron – место стоянки транзитных самолетов
transient condition – переходный режим
transient flight path – траектория неустановившегося полета
transient maintenance – немедленное техническое обслуживание
transient performance – переходная характеристика
transient term – параметр неустановившегося процесса

transient variations – переходные процессы
transisobaric displacement of the air – перемещение воздуха поперек изобар
transit – транзит
transit aircraft – транзитный самолет
transit airport – транзитный аэропорт
transit bond note – транзитное гарантийное свидетельство
transit licences – транзитные лицензии
transit passenger – транзитный пассажир
transit stop – стоянка в промежуточных аэропортах
transit time – время прохождения
transit traffic – транзитные перевозки
transition – освоение нового самолета; переучивание; переход
transition altitude – абсолютная высота перехода
transition area – зона передачи диспетчерского разрешения
transition flight – полет по программе переучивания
transition flight level for airdrome – эшелон перехода для аэродрома
transition layer – переходный слой
transition level – эшелон перехода
transition phase – этап переучивания, этап переходного обучения
transition strip – обочина ВПП; переходная полоса
transition training – переучивание при переходе с одного типа самолетов на другой
transitional surface – переходная плоскость
translation – перевод; передвижение; перемещение; поступательное движение
transmissiometer – измеритель дальности видимости
transmission – передача; передача сигналов; привод; прохождение сигналов; трансмиссия
transmission drive – коэффициент прозрачности; трансмиссионная передача
transmission factor – коэффициент прозрачности
transmission gear – передаточный механизм
transmission index – передаточное число
transmission ratio – передаточное число
transmission system – система передачи; трансмиссия
transmit – передавать; транслировать
transmit down – передавать на землю
transmit for identification – вести передачу для пеленгации самолета с земли
transmittance – коэффициент пропускания, прозрачность
transmitted reference system – система связи с передачей опорного сигнала
transmitter – выходной элемент; датчик; передатчик
transmitter-receiver – приемопередатчик
transmitting and receiving service – двусторонняя связь, передача и прием
transmitting blind – «передаю без ответа» (ртс)
transmitting station – передатчик, передающая станция
transmitting wave – рабочая волна
transmitting-receiving switch – антенный переключатель, переключатель антенны
transoceanic – межконтинентальный
transoceanic aircraft – межконтинентальный самолет
transoceanic distance – расстояние по ортодромии на межконтинентальной трассе
transoceanic flight – межконтинентальный перелет
transonic – околозвуковой
transonic aerodynamics – аэродинамика околозвуковых скоростей
transonic airplane – самолет с околозвуковой скоростью полета
transonic barrier – звуковой барьер
transonic speed – околозвуковая скорость
transonic wave – скачок уплотнения в околозвуковом потоке
transonics – аэродинамика околозвуковых скоростей
transparencies – остекление; прозрачные детали; части остеклений
transparency – прозрачность; стекло
transparency area – площадь остекления
transparent cabin – остекленная кабина
transparent enclosure – панель остекления
transponder – приемоответчик
transponder beacon – радиомаяк-ответчик

transponder dead time – время нечувствительности приемоответчика
transport – перевозить; перевозка; транспорт; транспортировать; транспортные средства; транспортный самолет
transport airplane – транспортный самолет
Transport Department of International Air Services – Транспортное управление международных воздушных линий гражданской авиации
transport pilot – пилот транспортного самолета
transport pilot rating – удостоверение на право пилотирования транспортного самолета
transportation – перевозка; транспорт; транспортные средства
transportation charges – расходы по перевозкам
transportation control – контроль перевозок; регулирование движения; управление перевозками
transportation documents – перевозочные документы
transportation manifest – грузовой манифест; накладная на груз
transportation plane – транспортный самолет
transportation taxes – транспортные налоги
transportation voucher – транспортное поручительство
trans-shipment – перегрузка
transverse – поперечный
transverse acceleration – боковое ускорение; поперечное ускорение
transverse coordinates – прямоугольные координаты
transverse flying – полет с учетом расчетного места самолета относительно принятых осей координат
transverse load factor – коэффициент поперечной перегрузки
transverse Merkator projection – поперечная меркаторская проекция
transverse north – условный север
transverse system of coordinates – прямоугольная система координат
transverse table – таблица для вычисления расчетного места самолета относительно принятых осей координат
travel – движение; люфт; передвигаться; перемещаться; перемещение; полет; ход
travelling-wave transponder – ответчик с лампой бегущей волны
tread – колея; ширина колеи; ширина хода
trial – испытание; проба; пробный; проверка
trial flight – испытательный полет, опытный полет, пробный полет
trial run – пробный запуск; пробный полет
triangle of velocities – аэронавигационный треугольник скоростей
tributary station – вспомогательная станция
trickle method – поточный метод (посадки пассажиров)
tricycle landing gear – трехколесное шасси
tricycle undercarriage – трехколесное шасси
trim – балансировка; дифферент; продольная балансировка; производить балансировку; равновесие; стабилизация; уравновешивать; устойчивость; центровка
trim angle – балансировочный угол атаки
trim change – изменение балансировки
trim characteristic – балансировочная характеристика
trim circuit input – входной сигнал системы управления триммером
trim control – управление триммером
trim drag – лобовое сопротивление, вызываемое отклонением руля высоты для уравновешивания самолета
trim flap – триммер
trim input – входной сигнал триммирования; уравновешивающий входной сигнал
trim instability – неустойчивость на режиме балансировки
trim jack – силовой привод триммера
trim pad – центровочная площадка
trim position – положение органов управления, соответствующее уравновешенному положению самолета; уравновешенное положение
trim position input – входной сигнал балансировочного положения

trim speed – скорость на балансировочном режиме
trim tab – триммер
trim tab control – штурвал управления триммером
trim the aircraft to fly «hands-and-feet off» – балансировать самолет для полета с брошенным управлением
trimmed – сбалансированный
trimmed attitude – режим балансировки
trimmed equilibrium flight – установившийся полет
trimmed equilibrium point – исходная точка балансировки; угол устойчивой балансировки
trimmer – триммер
trimming lever – рычаг управления балансировкой ВС
trimming loads – нагрузки на триммеры
trim-tab control mechanism – механизм управления триммером
trim-tab position indicator – указатель положения триммера
trip – поездка, путешествие; рейс; экскурсия
trip distance – дистанция перевозки
trip number – номер рейса
triple gyrocompass – гирокомпас с тремя гироскопами
triple mounting – строенная установка
triple-barrel – трехкамерный (о ЖРД)
triple-engined – трехдвигательный
triple-slotted – трехщелевой
triplex control system – система управления с тройной надежностью; тройная система управления
triplicated autopilot – триплированный автопилот
triplicated autostabilization – строенная система автостабилизации
triplicated system – система с тройной надежностью; тройная система
trisonic aerodynamics – аэродинамика до-, около- и сверхзвуковых скоростей
tropopause – тропопауза
troposphere – тропосфера
trouble – авария; нарушение нормальной работы, неисправность, повреждение
trouble crew – ремонтная бригада
trouble spot – дефектный участок
trouble-free – безотказный, надежный
troubleproof – безаварийный, бесперебойный
trough – барическая ложбина, ложбина в барическом поле
trough of low pressure – барическая ложбина
truck – грузовой автомобиль; тележка
truck-bed height – высота погрузочно-разгрузочной платформы
true – истинный
true air speed – истинная воздушная скорость
true air speed indicator – указатель истинной воздушной скорости
true altitude – истинная высота
true azimuth – истинный азимут
true bearing – истинный пеленг
true course – истинный курс
true deviation – деривация; истинное отклонение; фактическая девиация компаса
true direction – истинный азимут, истинный пеленг
true flight path – истинный путь самолета
true ground speed – фактическая путевая скорость
true heading – истинный азимут, истинный курс
true height – истинная высота
true horizon – истинный горизонт
true horse power – индикаторная мощность
true meridian – истинный меридиан
true north – истинный север
true range indication – индикация истинной дальности
true track – истинная линия пути; истинный курс; фактический истинный путевой угол
true track angle – истинный путевой угол
true vertical – истинная вертикаль
trunk – магистраль, магистральная линия
trunk circuit – магистральная линия
trunk operator – авиакомпания, обслуживающая магистральные воздушные трассы
trunk route – магистральная воздушная трасса
trunk signal communication service – служба магистральной связи
trunk-route aircraft – магистральный самолет
truss – ферма, ферменная конструкция
tryout – опробование

TSI (true airspeed indicator) – указатель истинной воздушной скорости
TT (teletype) – телетайп
tube – аэродинамическая труба; камера; труба; электронная лампа
tubeless tires – бескамерный пневматик
tube-type tire – камерный пневматик
tubing – система труб; труба; трубопровод
tubular chamber – цилиндрическая камера сгорания
tuck – затягивание в пикирование; момент на пикирование
tuck tendency – тенденция к затягиванию в пикирование
tucked-up – убранный (о шасси)
tuck-under tendency – тенденция к «подныриванию»
tumble-jet system – система реактивного управления
TURB MOD (turbulence moderate) – умеренная турбулентность
turbine – турбина; турбинный
turbine bucket – лопаточный венец турбины; турбинные лопатки
turbine casing – корпус турбины
turbine engine – газотурбинный двигатель
turbine exhaust – выходное сечение турбины
turbine inlet temperature – температура газа перед турбиной
turbine nozzle assembly – сопловой аппарат турбины
turbine nozzle blade – лопатка соплового аппарата турбины
turbine nozzle block – сопловой аппарат турбины
turbine nozzle box – сопловой аппарат турбины
turbine nozzle exit velocity – скорость истечения газа из соплового аппарата турбины
turbine nozzle guide – лопатка соплового аппарата турбины
turbine outlet pressure – давление газа на выходе из турбины
turbine outlet temperature – температура газа на выходе из турбины
turbine performance – характеристики турбины
turbine power output – мощность турбины
turbine shroud – корпус турбины
turbine stator blade ring – сопловой аппарат турбины
turbine wheel – диск, рабочее колесо турбины
turbine working fluid – рабочее тело турбины
turbine-powered helicopter – вертолет с газотурбинным двигателем
turbocharger system – турбокомпрессорная система; турбонагнетатель
turbo-compound engine – комбинированный поршневой двигатель с турбокомпрессором
turbofan – двухконтурный турбовентиляторный двигатель; турбовентилятор
turbogas generator – газогенератор с турбинным приводом
turbojet – ТРД, турбореактивный двигатель; турбореактивный самолет
turbojet booster – вспомогательный турбореактивный двигатель
turbojet engine – ТРД, турбореактивный двигатель
turbojet plane – турбореактивный самолет
turbojet power – мощность турбореактивного двигателя; тяга турбореактивного двигателя
turbojet stall margin – запас по помпажу ТРД
turboprop – ТВД, турбовинтовой двигатель; турбовинтовой самолет
turboprop engine – ТВД, турбовинтовой двигатель
turboprop plane – турбовинтовой самолет
turbopump – турбонасос
turbopump feed system – турбонасосная система подачи (топлива)
turboramjet – комбинированная турбореактивная и прямоточная силовая установка
turboshaft engine – турбовальный двигатель
turbosupercharged engine – двигатель с турбокомпрессором для наддува
turbosupercharger – нагнетатель с приводом от турбины, турбокомпрессор
turbulator – турбулизатор
turbulence – турбулентность

turbulence cloud – турбулентное облако
turbulence in cloud – турбулентность в облаках
turbulence patch – область турбулентности
turbulent – турбулентный
turbulent air – болтанка, турбулентное состояние воздуха; турбулентный воздух; турбулентный след в воздушном потоке
turbulent air current – турбулентный воздушный поток
turbulent airstream – турбулентный воздушный поток
turbulent boundary layer – турбулентный пограничный слой
turbulent flow – турбулентное течение, турбулентный поток
turn – вираж, виток; делать вираж; делать разворот; оборот; поворот; разворот
turn air speed – скорость полета при развороте
turn and bank indicator – указатель поворота и крена; указатель скольжения
turn and pitch controller – рукоятка управления тангажом и разворотом
turn controller – рукоятка разворота
turn from inverted – вираж на спине; вираж со спины; обратный вираж
turn in – довернуть
turn inbound – разворачиваться в направлении (приводного маяка, аэродрома)
turn indicator – указатель виража; указатель разворота
turn inward – разворачиваться в сторону аэродрома
turn needle – стрелка-указатель разворота
turn on the black-out threshold – разворот с перегрузкой до потемнения в глазах
turn over – перекрывать кран; проворачивать двигатель, прокручивать двигатель
turn rate – угловая скорость разворота
turn the controls over – передавать управление (другому пилоту)
turn to final – разворот на конечную прямую; четвертый разворот
turn to port – левый вираж; левый разворот
turn to starboard – правый вираж; правый разворот
turnabout – разворот на 180 градусов
turn-and-slip indicator – указатель поворота и скольжения
turnaround – выгрузка, погрузка и подготовка самолета к взлету; маневровая площадка; разворот на 180 градусов
turn-around area – зона разворота
turnaround flight – полет в обратном направлении
turnaround inspection – осмотр самолета при подготовке к обратному рейсу
turnaround time – время оборачиваемости самолета; продолжительность рейса в оба конца
turnback – разворот на 180 градусов
turning vane – поворотная лопатка
turnmeter – измеритель угловой скорости самолета
turnoff – соединительная рулежная дорожка
turnoff light – огонь обозначения места сруливания с ВПП
turnoff lighting – система огней выводной рулежной дорожки
turnoff point – место сруливания с ВПП
turnoff speed – скорость схода с ВПП
turnout – выход с левым и правым разворотом
turnover – грузооборот
turn-rate control – управление угловой скоростью разворота
turnround – оборачиваемость
turns of the pattern – развороты при полете по кругу над аэродромом
turn-slip indicator – указатель поворота и скольжения
TV (television) – телевидение
TVOR (terminal VOR) – УКВ всенаправленный маяк для конечных пунктов воздушных трасс
twelve o'clock wind – встречный ветер
twin compass system – сдвоенная компасная система
twin intake – сдвоенный воздухозаборник
twin propellers – соосные винты
twin rotor system – система с двумя несущими винтами; система спаренных несущих винтов
twin tail wheels – спаренные хвостовые колеса
twin-boom – двухбалочный

twin-contact tire – пневматик с двумя беговыми дорожками
twin-engined – двухмоторный
twin-eyelid nozzle – двухстворчатое регулируемое сопло
twin-finned tail – двухкилевое хвостовое оперение; разнесенное хвостовое оперение
twin-jet aircraft – реактивный самолет с двумя двигателями
twin-rotor helicopter – вертолет с двумя несущими винтами
twin-skid chassis – двухкостыльное шасси
twin-slab – двухслойный
twin-spool axial compressor – двухвальный осевой компрессор; двухкаскадный осевой компрессор
twin-spool axial-flow engine – двухкаскадный ТРД с осевым компрессором
twin-spool engine – двухкаскадный ТРД
twin-tandem landing gear – шасси с четырехколесными главными опорами типа «тандем»
twin-wheel units – спаренные колеса
twist – крутка
twist of slipstream – закручивание потока, создаваемого винтом; закручивание струи за винтом
twisting force – касательное давление; окружное усилие; скручивающее усилие; тангенциальное усилие
twisting moment – крутящий момент; скручивающее усилие
twisting resistance – прочность на скручивание; сопротивление скручиванию
twisting stress – скручивающее напряжение
two-bladed – двухлопастной
two-chambered – двухкамерный
two-circle turn – двойной вираж; разворот на 720 градусов
two-circuit system – двухконтурная система
two-component – двухкомпонентный
two-condition code – двоичный код
two-course radio range – двухзональный радиомаяк, радиомаяк с направленным излучением в двух противоположных направлениях
two-crew operation – эксплуатация самолета с экипажем из двух человек
two-degree-of-freedom system – система с двумя степенями свободы
two-dimensional – двумерный, плоский
two-dimensional airfoil – крыло, обтекаемое двумерным потоком, плоское крыло
two-dimensional layer – плоский пограничный слой
two-dimensional nozzle – двумерное сопло, плоское сопло
two-engines-out drill – тренировочный полет с двумя неработающими двигателями
two-frequency glide path system – двухчастотная глиссадная система
two-frequency localizer system – двухчастотная курсовая система
two-fuselage plane – двухфюзеляжный самолет
two-hand control column – штурвал управления для работы двумя руками
two-minute turn – разворот на 360 градусов за две минуты
two-pilot operation – эксплуатация ВС с двумя пилотами
two-point bearing – пеленг по засечкам из двух точек
two-point landing – посадка на две точки
two-shaft engine – двухвальный двигатель
two-shaft system – система двукратного действия
two-spar wing – двухлонжеронное крыло
two-spool engine – двухкаскадный турбореактивный двигатель
two-tailed test – двухступенчатый тест
two-way cock – двухходовой кран
two-way communication – двухсторонняя связь
two-way fare – тариф, применяемый при полетах в оба направления
two-way R/T – радиотелефонное устройство для двусторонней связи
two-way radio – приемо-передающая радиоустановка, радиоустройство для двусторонней связи
two-wheel undercarriage – двухколесное шасси
TWR (tower) – аэродромная диспетчерская служба
twy (taxiway) – рулежная дорожка
type printer – телетайп
type rating – классификация воздушных судов по типам

type trainer – пилотажный тренажер для подготовки к пилотированию самолета конкретного типа

typewritten conference – прямая связь по телетайпу

U

U2 – синоптическая карта фактической погоды на уровне 200 миллибар
U5 – синоптическая карта фактической погоды на уровне 500 миллибар
U85 – синоптическая карта фактической погоды на уровне 850 миллибар
UAC (upper control) – диспетчерский пункт верхнего воздушного пространства
UAR (upper air route) – маршрут в верхнем воздушном пространстве
UDC (universal decimal classification) – универсальная десятичная классификация
UFIR (upper flight information region) – верхняя область полетной информации
UFN (until further notice) – до последующего извещения
UHDD (universal head-up display) – комплексная индикация на приборной доске
UHF (ultra-high frequency) – сверхвысокая частота
UHF channel indicator – указатель каналов УКВ-радиостанции дециметрового диапазона
UHF radio – УКВ радиостанция дециметрового диапазона
UHF transmitter – УКВ-передатчик дециметрового диапазона
UIC (upper information center) – информация для верхнего воздушного пространства
ullage space – объем израсходованного топлива; свободное пространство в баке
ultimate – конечный; максимальный; предельный
ultimate compressive strength – предел прочности на сжатие
ultimate gust – максимальный порыв ветра
ultimate load – предельная разрушающая нагрузка
ultimate load factor – коэффициент разрушающей нагрузки
ultimate pressure – предельное давление
ultimate strength – критическая деформация
ultimate tensile strength – предел прочности на разрыв или растяжение
ultra-high speed aerodynamics – аэродинамика гиперзвуковых скоростей, гиперзвуковая аэродинамика
ultrasonic defectoscopy – ультразвуковая дефектоскопия
ultrasonic speed – сверхзвуковая скорость
unaccelerated flight – полет без ускорения, установившийся полет
unaccompanied baggage – несопровождаемый багаж
unaccompanied baggage rate – тариф несопровождаемого багажа
unambiguous display – однозначная индикация
unassisted blind landing – посадка по приборам без использования наземных средств
unassisted pilot – пилот без помощника
unattached bow-wave – неприсоединенная головная ударная волна
unbalanced – несбалансированный, неуравновешенный
unbalanced aileron – неуравновешенный элерон
unbalanced flap – закрылок вне зоны сдувания пограничного слоя
unbalanced rudder – несбалансированный руль
uncertainty phase – стадия неопределенности
uncharted – не отмеченный на карте
unchecked baggage – ручной багаж
unchocked nozzle – сопло с докритическим перепадом давления
unclaimed baggage – невостребованный багаж
uncommanded deviation – непреднамеренное отклонение
uncontrolled – нерегулируемый, неуправляемый
uncontrolled airport – неконтролируемый аэропорт
uncontrolled flight condition – режим неуправляемого полета
uncontrolled flight condition emergency – аварийная обстановка в связи с потерей управляемости
uncontrolled flow – нерегулируемый поток

uncontrolled spin – неуправляемый штопор
uncorrected air speed – неисправленная воздушная скорость
undamped control – неустойчивое регулирование
undamped system – незадемпфированная система
underbelly – нижняя часть фюзеляжа; подфюзеляжный
undercarriage – шасси
undercarriage (control) lever – рычаг управления шасси
undercarriage arrester – аэродромная аварийная тормозная установка с низким барьером
undercarriage bay – отсек для уборки шасси
undercarriage brake – тормоз шасси
undercarriage control – управление выпуском и уборкой шасси
undercarriage door – створка люка шасси
undercarriage emergency release (lowering) cock – кран аварийного выпуска шасси
undercarriage fairing – обтекатель шасси
undercarriage indicator – указатель положения убирающегося шасси
undercarriage leg – опора шасси
undercarriage leg spacing – расстояние между опорами шасси
undercarriage lock – замок механизма убирающегося шасси
undercarriage member – опора шасси
undercarriage position indicator – указатель положения шасси
undercarriage shock absorber – амортизатор шасси
undercarriage shock skid – костыль шасси; тормоз шасси
undercarriage strut – опора шасси, стойка шасси
undercarriage warning – сигнальная лампочка положения шасси
undercast – слой облаков над самолетом
underexpanded nozzle – сопло с неполным расширением
underexpansion – неполное расширение газов
underfloor area – отсек под полом кабины
underframe – шасси самолета
undergraduate navigator training aircraft – учебно-тренировочный самолет для повышения летной подготовки штурманов
underpressure – вакуум; давление ниже атмосферного; минимальное давление; пониженное давление, разрежение
underpriming – недостаточная заправка двигателя топливом
underrun area – концевая полоса безопасности
undershoot – не дотягивать до ВПП; недолет; приземляться с недолетом до ВПП
undershoot incident – происшествие в результате недолета на посадке
understratum – нижний слой облаков
undersurface – нижняя поверхность
underwing – подкрыльевой
underwing fueling – заправка через нижние горловины
underwing pack – подкрыльевой контейнер
underwing tank – подкрыльевой бак
undisturbed – невозмущенный, спокойный
undisturbed air – невозмущенный воздух; невозмущенный поток воздуха
undisturbed flow – невозмущенный поток
undulating light – мигающий огонь
UNESCO (United Nations Educational, Scientific and Cultural Organization) – ЮНЕСКО
unflyable – непригодный к полетам
unidirectional – действующий в одном направлении, однонаправленный
unidirectional antenna – однонаправленная антенна
unidirectional radio direction finder – однонаправленный радиопеленгатор
uniform – однородный; постоянный; равномерный
uniform acceleration – движение с постоянным ускорением; равномерное ускорение; равноускоренное движение
uniform air stream – равномерный воздушный поток
uniform flow – равномерный однородный поток; установившийся поток
uniform load – равномерно распределенная нагрузка
uniform pitch – постоянный шаг винта

uniform pressure – установившееся давление
uniform rectilinear motion – установившееся прямолинейное движение
uniform velocity – постоянная скорость; установившаяся скорость
unilateral antenna – однонаправленная антенна
unimproved field – неподготовленная взлетно-посадочная площадка
unit – агрегат; блок; единица; подразделение; узел; часть
unit amount – единица величины; единичная величина
unit circle – круг единичной площади; окружность единичного радиуса или диаметра
unit cost – стоимость единицы продукции, удельные издержки
unit deformation – деформация на единицу длины
unit lift – удельная подъемная сила
unit load – удельная нагрузка
unit mass – единица массы, единичная масса
unit mount – исполнение в одном блоке
unit pressure – удельное давление
unit revenue – удельный доход
unit strain – деформация на единицу длины
unit stress – напряжение на единицу сечения, удельное напряжение
unit vector – единичный вектор
universal time – мировое время
unlading – выгрузка
unlawful interference – незаконное вмешательство
unlawful seizure (of aircraft) – незаконный захват (воздушного судна)
unlimited ceiling – безоблачное небо
unlimited visibility – неограниченная видимость
unloading – выгрузка, опорожнение, разгрузка; разряжение; слив
unloading apron – разгрузочная площадка
unmanned aircraft – беспилотный самолет
unpowered approach – заход на посадку с неработающим двигателем
unpowered flight – полет на пассивном участке траектории; полет с выключенным двигателем
unpublished fare – неопубликованный тариф
unreadable – неразборчивый
unrefueled range – дальность полета без дозаправки топливом
unremunerative mileage factor – коэффициент отклонения от обычного маршрута
unrestorable system – невосстанавливаемая система, система однократного применения
unsafe – ненадежный, опасный
unsafe gear indication – сигнализация небезопасного положения шасси
unsafe indicator – индикатор аварийного состояния
unserviceable – негодный к эксплуатации
unshielded – незащищенный, неэкранированный
unshocked – безударный; обтекаемый без скачков уплотнения
unspecified – необозначенный; неопределенный
unstall – выводить самолет из срывного положения
unstall running – неустойчивая работа двигателя
unstall the airplane – восстановить скорость; вывести самолет из кабрирования; вывести самолет из критического положения
unstalled – несорванный; обтекаемый без срыва потока
unstalled condition – докритический режим; режим полета без срыва
unstalled flight range – диапазон докритических режимов полета
unstalling – восстановление плавного обтекания; прекращение срыва потока
unsteady – неравномерный; нестационарный, неустановившийся, неустойчивый
unsteady boundary layer action – влияние нестационарного пограничного слоя
unsteady flight – неустановившийся полет
unsteady flow – неустановившийся поток
unsteady motion – неустановившееся движение
unstick – оторваться от земли
unstick distance – длина разбега

unstick speed – расчетная скорость отрыва
unsupercharged engine – двигатель без наддува
unsupercharged power – мощность без наддува
unsurfaced-runway landing – посадка на грунтовую полосу
unswept wing – нестреловидное крыло; прямое крыло
unsymmetrical flight – полет с несимметричной тягой
untapered wing – крыло с постоянной хордой
unused capacity – неиспользованная емкость
up gust – восходящий порыв
up indication – индикация убранного положения (шасси, закрылков)
up latch – замок убранного положения шасси
upcurrent – восходящий поток воздуха
upcurrent soaring – парение в восходящих потоках воздуха
update – вносить; корректировать; модернизировать; обновлять; совершенствовать
updated avionics – усовершенствованное бортовое оборудование
updating – внесение поправок; модернизация; обновление; совершенствование
updating information – данные для коррекции, корректирующая информация
updating procedure – порядок внесения поправок, последовательность коррекции
updraft – восходящий воздушный поток
updraught – восходящее течение
up-elevator potentiometer – потенциометр коррекции отклонения руля высоты
upgraded system – модернизированная система
upgrading training – подготовка с целью повышения квалификации
upkeep – обслуживание; ремонт; содержание; уход
upleg – восходящая ветвь траектории
upper – верхний
upper air – верхние слои атмосферы; условия погоды в верхних слоях атмосферы
upper air chart – высотная карта
upper air observation – аэрологическое наблюдение
upper air route – маршрут полета в главном районе диспетчерской службы
upper airspace – верхнее воздушное пространство
upper airspace control – управление воздушным движением в верхнем диспетчерском районе
upper airway – авиалиния на верхних эшелонах
upper atmosphere – верхние слои атмосферы; верхняя атмосфера
upper clouds – облака верхнего яруса
upper cold front – верхний холодный фронт
upper control area – верхний диспетчерский район
upper flight information region – район полетной информации в верхнем воздушном пространстве
upper level control area – верхняя область управления движением самолетов
upper winds – ветер по высотам
upper-air data – аэрологические данные
upper-air layers – верхние слои атмосферы
upper-air map – высотная карта
upper-air sounding rocket – метеорологическая ракета для исследования верхних слоев атмосферы
upper-air temperature – температура воздуха в верхних слоях атмосферы
uprated – повышенной мощности; с увеличенной тягой
uprated avionics – бортовое оборудование с повышенными характеристиками
uprated engine – форсированный двигатель
upset – нарушать; нарушение; нарушение управления; потеря управляемости; терять управление; терять устойчивость
upset in pitch – опрокидывание самолета в плоскости продольного движения; самопроизвольное изменение угла тангажа
upset in roll – опрокидывание самолета в плоскости поперечного движения,

самопроизвольное изменение угла крена
upside motion – восходящее движение
upside-down flight – перевернутый полет, полет на спине
upstream stagnation pressure – давление торможения набегающего потока
upsun – против солнца
UPT (undergraduate pilot training) – первичная подготовка пилотов
up-to-date equipment – современная техника, современное оборудование
up-to-date information – последние данные
up-to-the minute data – метеоданные на последнюю минуту
upward dihedral – положительное поперечное V
upward failure – отламывание вверх; разрушение конструкции направленными вверх нагрузками
upward flight – набор высоты; полет с набором высоты
upward hinging – шарнирное крепление с откидыванием вверх
upward leg – восходящая ветвь траектории
upward roll – обратная мертвая петля
upward spin – свечка или горка с переворотом через крыло
upwash – скос потока вверх
upwind – навстречу потоку; против ветра
upwind approach – заход на посадку с подветренной стороны
upwind landing – посадка против ветра
upwind leg – участок захода до первого разворота
upwind side – наветренная сторона
upwind slope – наветренная сторона
upwind turn – разворот против ветра
urgency communication – линия срочной связи; срочная связь
urgency message – срочное сообщение
US (unserviceable) – неисправный
usability factor – коэффициент использования
usable ceiling – практический потолок
usable distance – используемая дистанция
usable landing area – практически используемая часть летного поля
usable thrust force – располагаемая тяга
useful lift – полезная подъемная сила
useful load – полезная нагрузка
useful load factor – коэффициент полезной нагрузки
user State – государство-потребитель
UT (universal time) – время по гринвичскому меридиану
UTA (upper traffic control area) – верхний диспетчерский район управления воздушным движением
utility aircraft – самолет общего назначения
utility service – служба инженерных сетей
utilization – использование
utilization factor – коэффициент использования; коэффициент отдачи

V

V (velocity) – скорость
V (visibility) – видимость
VAC (vector analog computer) – векторный аналоговый вычислитель
vaccination – прививка
vaccination certificate – свидетельство о прививках
vacuity – пониженная плотность воздуха, разреженность
vacuum – вакуум, пустота; разрежение; разреженное пространство
vacuum runway cleaner – аэродромная вакуум-уборочная машина
vacuum tube – радиолампа
VAI (variable air inlet computer) – вычислитель системы регулирования воздухозаборника
valid – действительный
valid licence – действительное свидетельство
validation – действие; срок действия
value – величина; вычислять; значение; оценивать
valve – вентиль, клапан, кран; электронная лампа
vane – лопасть, лопатка
vane blast fence – аэродромный отражатель сквозной конструкции
vane cascade – решетка лопаток
vane channel – межлопаточный канал
vane compressor – лопаточный компрессор
vane ring – направляющий аппарат
vanishing aspect ratio wing – крыло бесконечно малого удлинения
VAOR (visual-aural omnidirectional range) – зрительно-слуховая система всенаправленной радионавигации
vapor – вещество в газообразном состоянии, пар
vapor lock – паровая пробка
vapor path – инверсионный след
vapor scarf – инверсионный след
vapor trail – инверсионный след
vaporization system – испарительная система охлаждения
VAR (visual-aural radio range) – визуально-звуковой радиомаяк
variable – изменяющийся; переменная величина; переменный
variable delay – блок переменной задержки
variable inlet guide vane – поворотная лопатка направляющего аппарата
variable nozzle – регулируемое сопло
variable skies – переменная облачность
variable stability control system – система управления с изменяемыми характеристиками устойчивости
variable stator – статор переменного сечения
variable stator linkage – проводка управления регулируемым направляющим аппаратом
variable-angle airplane – самолет с переменным углом установки крыльев
variable-area nozzle – регулируемое сопло; сопло переменного сечения
variable-area wing – крыло с изменяемой площадью
variable-augmentation afterburner – форсажная камера для изменения тяги
variable-camber profile – профиль крыла с переменной кривизной
variable-camber wing – крыло с изменяемой кривизной
variable-compression engine – двигатель с переменной степенью сжатия
variable-delivery pump – насос с переменной производительностью
variable-density wind tunnel – аэродинамическая труба переменной плотности
variable-geometry intake – воздухозаборник переменного сечения
variable-incidence tailplane – управляемый стабилизатор
variable-incidence wing – крыло с изменяемым углом атаки
variable-pitch propeller (or airscrew) – воздушный винт изменяемого шага
variable-pressure wind tunnel – аэродинамическая труба переменного давления
variable-span wing – крыло с изменяемым размахом
variable-sweep wing – крыло изменяемой стреловидности
variable-thrust engine – двигатель с регулируемой тягой

variation – вариация, изменение; магнитное склонение; отклонение
variation chart – карта магнитных склонений
variometer – вариометр, указатель скороподъемности
VASI landing aid – визуальный индикатор посадочной глиссады
VASIS (visual approach slope indicator system) – система визуальной индикации глиссады
V-component of velocity along Y-axis – составляющая скорости в направлении оси Y (англоамериканской системы координат) или Z (системы координат, принятой в России)
V-controlled force feel system – загрузочный механизм, создающий усилие, пропорциональное скорости полета
VDF (very high frequency direction finder) – УКВ пеленгатор
vector – вектор; направлять
vector analog computer – аналоговый вычислитель вектора скорости
vector computer – ветрочет
vector gravity – вектор силы тяготения
vector the aircraft – наводить ВС с земли
vector triangle – навигационный треугольник скоростей
vectored – наводимый; отклоненный
vectored thrust – тяга, регулируемая по величине и направлению
vectored/direct lift thrust – вертикальная тяга, создаваемая поворотными соплами и подъемными двигателями
vectored-thrust maneuverability – маневренность при управлении вектором тяги
vectored-thrust outlet – выхлопное сопло подъемно-маршевого двигателя
vectoring – вектор тяги; наведение; наводящий; отклонение; управление
vectoring control – наведение извне
vectoring error – ошибка наведения
vectoring instructions – указания по наведению
vectoring radar – РЛС наведения
veeder counter – лагометр, счетчик пройденного расстояния
veer – изменять направление по часовой стрелке (о ветре); поворачивать вправо вокруг вертикальной оси
veer off – отклоняться от курса
veering tendency – тенденция к самопроизвольному развороту
Vee-strut landing gear – шасси с V-образным расположением стоек
Vee-tail – V-образное хвостовое оперение
vehicle – воздушное судно; средство передвижения, транспортное средство
veil clouds – перисто-слоистые облака
velocity – скорость
velocity component – составляющая скорости
velocity field – поле скоростей
velocity gradient – градиент скорости
velocity head – скоростной напор
velocity pressure – скоростной напор
velocity profile – профиль скоростей, эпюра скоростей
velocity sensor – датчик скорости
velocity triangle – треугольник скоростей
velocity vector – вектор скорости
vending machine – автомат по обмену валюты
vent – выходное отверстие
vented tank – вентилируемый бак
ventral – подфюзеляжный, расположенный в нижней части фюзеляжа
ventral duct – подфюзеляжный воздухозаборник, подфюзеляжный воздухопровод
ventral fairing – нижний зализ; подфюзеляжный обтекатель
ventral housing – подфюзеляжная гондола; подфюзеляжный обтекатель
ventral tank – подфюзеляжный бак
ventury – насадок Вентури, сопло Вентури, трубка Вентури
ventury nozzle – реактивное сопло
ventury throat – критическое сечение сверхзвукового сопла
ventury-type expansion nozzle – сверхзвуковое сопло
verbal instruction programmed system – система голосовой подачи программных указаний
vernier – верньер; верньерный двигатель; двигатель малой тяги; точный (о регулировке)
vernier control – коррекция скорости полета; точное управление

vernier engine installation – корректирующая двигательная установка
version – вариант; модификация
vertex – вершина траектории
vertical – вертикаль; вертикальная линия; вертикальный
vertical (-situation) display – индикатор обстановки в вертикальной плоскости
vertical bank – глубокий вираж
vertical circle – вертикал
vertical clearance – высота над препятствием; превышение; разность высот
vertical dive – отвесное пикирование
vertical fin – вертикальный стабилизатор
vertical fixed tape instrument – прибор с профильной шкалой
vertical flight gyroscope – гировертикаль; гиростабилизатор крена
vertical gyro indicator – авиагоризонт
vertical gyroscope – вертикальный гироскоп
vertical lift aircraft – вертикально взлетающий самолет, самолет с вертикальным взлетом
vertical moving tape instrument – прибор с вертикальной ленточной шкалой
vertical pressure gradient – вертикальный градиент давления
vertical reference – вертикаль отсчета; вертикальная ось координат; гировертикаль; датчик вертикали
vertical reference unit – блок датчиков вертикали
vertical scale indicator – индикатор с вертикальными шкалами
vertical separation – эшелонирование самолетов по вертикали (по высоте)
vertical speed indicator – вариометр, указатель вертикальной скорости
vertical spin tunnel – вертикальная аэродинамическая труба
vertical stabilizer – вертикальный стабилизатор
vertical stalling – скольжение на хвост при потере скорости
vertical tail – вертикальное хвостовое оперение
vertical tail area – площадь вертикального оперения
vertical tail fin – вертикальный стабилизатор
vertical tail surface – вертикальное хвостовое оперение
vertical takeoff jet – вертикально взлетающий реактивный самолет
vertical tape display – индикатор с вертикальными ленточными шкалами
vertical temperature gradient – вертикальный градиент температуры
vertical track – вертикальный маршрут
vertical turn – крутой вираж с глубоким креном
vertical turn maneuver – разворот в вертикальной плоскости
vertical velocity – вертикальная скорость
vertical wind shear – вертикальный сдвиг ветра
vertical-rising aircraft – вертикально взлетающий самолет, самолет с вертикальным взлетом
vertical-situation indicator – индикатор обстановки в вертикальной плоскости; индикатор профиля полета
vertigo – потеря пространственной ориентации
vertijet – реактивный самолет с вертикальным взлетом и посадкой
vertilon – подкрыльная аэродинамическая перегородка
vertiplane – самолет с вертикальным взлетом и посадкой
very high-frequency omnirange approach – заход на посадку по системе ВОР
very long range search aircraft – поисковое воздушное судно сверхдальнего радиуса действия
VF (visual flight) – визуальный полет
VFR (visual flight rules) – правила визуального полета
VHF (very high frequency) – УКВ (ультракороткие волны)
VHF radio – УКВ радиостанция метрового диапазона
VHF transmitter – УКВ передатчик метрового диапазона
VHF/UHF direction finder – УКВ радиопеленгатор
VHFDF (very high frequency direction finder) – УКВ пеленгатор
vibration – вибрация; колебание
vibration absorber – амортизатор, демпфер колебаний, поглотитель вибраций
vibration damper – демпфер колебаний

vibration detector – вибродатчик
vibration meter – виброметр
vibration pickup – вибродатчик
vicinity traffic finder – система обнаружения соседнего воздушного движения
Victor (VOR) airway – авиалиния со всенаправленными радиомаяками
video band – полоса видеочастот
video camera – телевизионная камера
video frequency – видеочастота, частота сигналов изображения
video input – входной видеосигнал
video link – телевизионная система передачи информации; телевизионный канал
video mapping – панорамная индикация
video plotter – видеопланшет
video signal – видеосигнал
video slicer – устройство «расслоения» интенсивности видеосигналов
video transmitter – видеопередатчик, радиопередатчик изображения
video unit – блок видеосигналов
VIE (visual indicator equipment) – визуальный индикатор
view – вид; изображение; обзор; поле зрения; проекция
view(ing) angle – сектор обзора, угол обзора
view(ing) direction – направление визирования
violent turbulence – очень сильная турбулентность, сильная болтанка
visa – виза
viscous – вязкий, густой
viscous flow – поток вязкой жидкости
viscous fluid – вязкая жидкость
viscous stress – касательное напряжение в вязкой жидкости; напряжение трения в вязкой жидкости
visibility – видимость; обзор
visibility angle – сектор обзора, угол обзора
visibility chart – карта полей видимости; схема полей видимости радиолокационных станций
visibility meter – прибор для измерения дальности видимости
visibility range marker – маркер дальности видимости
visible – видимый
visible horizon – видимый горизонт
visible image – видимое изображение
visible reference – видимый ориентир, визуальный ориентир
vision – видимость; зрение; обзор; острота зрения
vision coverage area – сектор наблюдения
visual – визуальный, зрительный
visual accommodation – аккомодация зрения
visual acuity – острота зрения
visual aid – наглядное учебное пособие; наземное визуальное средство обеспечения самолетовождения
visual alarm – аварийная визуальная сигнализация; визуальный сигнал тревоги, световой сигнал тревоги
visual alignment – визуальная юстировка
visual approach – визуальный заход на посадку
visual approach and landing chart – схема захода и посадки по правилам визуального полета
visual approach chart – карта визуального захода на посадку
visual approach slope indicator system – система визуальной индикации глиссады
visual approach system – система световой сигнализации при заходе на посадку
visual attachment – визуализатор
visual beacon – светомаяк
visual circling – визуальный полет по кругу
visual clinometer – визуальный индикатор угла отклонения
visual communication – зрительная связь
visual contact approach – визуальный заход на посадку; визуальный подход
visual contact flight – полет с визуальной ориентировкой
visual course – равносигнальная зона с визуальной индикацией
visual cue – визуальный ориентир; зрительная ключевая информация для ориентировки
visual display – визуальная индикация
visual display console – пульт визуального отображения
visual fix – определение места по наземным ориентирам

visual flight – полет по наземным ориентирам, полет с визуальной ориентировкой
visual flight rules – правила визуального полета, правила полета по наземным ориентирам
visual flight rules weather conditions – метеорологические условия, допускающие полет с визуальной ориентировкой
visual flying rating – класс пилота, летающего по правилам визуального полета
visual glidepath indicator system – система визуальной индикации глиссады
visual ground fix – визуальная пеленгация, визуальное определение места по земным ориентирам
visual guidance – визуальное наведение
visual holding point – визуальная зона ожидания
visual indication – визуальная индикация; внекабинная визуализация
visual indicator – визуальный индикатор, зрительный индикатор
visual landing – визуальная посадка, посадка по наземным ориентирам
visual level scale – шкала указателя уровня видимости
visual limitations – ограничения обзора пространства
visual meteorological conditions (VMC) – визуальные метеорологические условия, при которых возможен визуальный полет
visual navigation – визуальная аэронавигация, самолетовождение по наземным ориентирам
visual pinpoint – определение местоположения при визуальном наблюдении
visual presentation – визуальная индикация
visual radio range – радиопеленгатор с оптической индикацией
visual range – дальность видимости
visual reference point – визуально наблюдаемый ориентир
visual reference to the ground – визуальная ориентировка по наземным ориентирам
visual requirement – требование к состоянию зрения
visual simulator – визуальный моделирующий стенд
visual stall warning device – визуальный сигнализатор срыва (сваливания)
visual threshold of illumination – визуальный порог освещенности
visual threshold of luminance contrast – визуальный порог контраста освещенности
visual weather conditions – условия погоды для визуального полета
visual-aural range – визуально-звуковой радиомаяк
VLF (very low frequency) – сверхнизкая частота
VLR (very long range) – сверхдальнего действия
VMC (visual meteorological conditions) – визуальные метеорологические условия
vocal preflight checklist – зачитываемый вслух контрольный перечень предполетных операций
voice – голос; радиотелефонная связь
voice call sign – микрофонный позывной
voice channel – линия телефонной связи, телефонный канал
voice communication – микрофонная связь, радиотелефонная связь, телефонная связь
voice contact – радиотелефонная связь
voice procedure – порядок телефонной связи
voice radio – радиотелефон
voice range – дальность связи по радиотелефону
voice set – радиотелефонный аппарат
voice talk-down – дача указаний пилоту по радиотелефону
voice transmission – связь микрофоном, телефонная связь
voice-communication band – радиовещательный диапазон
VOLMET – циркулярные радиопередачи метеоинформации для самолетов, находящихся в полете
VOLSCAN – американская полуавтоматическая система управления воздушным движением при подходе к аэропорту и заходе на посадку

VOLSCAN (volume scanning) – пространственный обзор
voltage pickup – потенциометрический датчик
volume – вместимость; емкость, объем
volume flow – секундный объемный расход
volume of airspace – зона воздушного пространства
volume of traffic – объем воздушного движения, объем воздушных перевозок
volume scan(ing) – объемная развертка
volume specific thrust – объемная удельная тяга
volumetric display – объемная индикация
voluntary refund – добровольный возврат суммы
voluntary rerouting – добровольное изменение маршрута
VOR (very high frequency omnidirectional radio-range) – УКВ всенаправленный радиомаяк
VOR airdrome check point – аэродромная точка проверки маяка ВОР
VOR capture mode – режим захвата луча системы ВОР
VOR overhead fix – место ВС, определяемое пролетом над всенаправленным УКВ радиомаяком
VOR radial selector – задатчик курса следования по лучу маяка системы ВОР
VOR radial variability error – ошибка изменяемости луча ВОР
VOR radio signal error – ошибка сигнала луча ВОР
VOR transmitter – передатчик системы ВОР
VOR/DME approach chart – схема захода на посадку по системе ВОР и радиодальномеру
Vortac – Вортак (угломерно-дальномерная система ближней навигации, объединяющая дальномер системы Такан и измеритель азимута системы ВОР)
Vortac beacon – радиомаяк системы Вортак
vortex (pl vortices) – вихрь
vortex core – ядро вихря
vortex generator – турбулизатор
vortex sheet – вихревой след
vortex system – вихревая система, система вихрей
vortex trunk – вихревая нить; ядро вихря
vorticity – напряженность вихря
vorticity advection – адвекция завихрения
voyage charter – рейсовый чартер
VS0 (stalling sped) – нулевая скорость сваливания
VS1 (stalling speed) – скорость сваливания
V-shaped depression – V-образная депрессия; ложбина циклона
VTO (vertical takeoff) – вертикальный взлет
VTOL (vertical takeoff and landing) – вертикальный взлет и посадка
VTOL aircraft – самолет с вертикальным взлетом и посадкой
VWC (visual weather conditions) – условия погоды для визуального полета

W

W – карта данных о ветре на высоте
w (specific weight) – удельный вес
w (watt) – ватт
W/V (wind velocity) – скорость ветра
waggle – покачивание крыльями; покачивать крыльями
waist – суженная центропланная часть фюзеляжа самолета
waive a right – отказаться от права
wake – завихренная зона; след за телом в потоке; спутная струя; турбулентный след
wake drag – донное сопротивление; сопротивление, обусловленное наличием срыва потока
wake effect – влияние спутной струи
wake instability – неустойчивость следа
wake method – метод импульсов
wake spread – распространение спутной струи
walkaround inspection – внешний осмотр самолета
wall – стена; стенка
wall action – влияние стенок (аэродинамической трубы)
wall constraint – влияние стенок (аэродинамической трубы)
wall interference – влияние стенок (аэродинамической трубы)
wall stress – напряжение на стенке (аэродинамической трубы)
wander – дрейф; отклоняться; уход; уходить
warm – подогревать; подогретый, теплый
warm front – теплый фронт
warm occlusion – теплый фронт окклюзии
warm-front cloud system – система облаков теплого фронта
warm-front type occlusion – окклюзия по типу теплого фронта; теплый фронт окклюзии
warming up – прогревание двигателя
warm-up apron – площадка для прогрева двигателей
warning – оповещение, предостережение, предупреждение
warning area – зона, ограниченная для полетов
warning broadcast net – радиосеть оповещения
warning device – сигнальное устройство
warning flag – бланкер, сигнальный флажок
warning horn switch – выключатель сигнальной сирены
warning indicator – сигнализатор
warning lamp – сигнальная лампа
warning light – световой сигнал предупреждения
warning message – предупредительное сообщение
warning net(work) – сеть оповещения
warning radar – радиолокационная станция обнаружения
warning signal – аварийный сигнал
warning station – станция оповещения, станция предупреждения
warning system – система оповещения
warp – закрутка; закручивать; искривление; коробление; придавать крутку
warped wing – закрученное крыло; изогнутое крыло
warranty – гарантийный период
wash – возмущение; завихрение; спутная струя
wash water truck – машина для заправки водой и слива воды
wash-in – положительная крутка крыла
wash-out – отрицательная крутка крыла
wash-out circuit – цепь нейтрализации нежелательного сигнала
washout wing – крыло с отрицательной круткой
waste – выхлопной; отработанный; потеря; утечка
watch – прослушивание
watch frequency – частота прослушивания
water – вода
water aircraft – гидросамолет, летающая лодка
water airdrome – гидроаэродром
water airdrome area – акватория гидроаэродрома
water clearance of the wing – высота крыла гидросамолета над поверхностью воды
water cooling – водяное охлаждение

water heater system – система обогрева устройства для впрыска воды в двигатель
water jacket – водяная рубашка
water-cooled engine – двигатель с водяным охлаждением
water-front cloud system – облачная система теплого фронта
water-going aircraft – гидросамолет
watertight – водонепроницаемый
wave – волна; волновой
wave action – волновое явление; действие волн
wave antenna – волновая антенна
wave band – диапазон волн
wave cloud – стоячее облако
wave drag – волновое сопротивление
wave flow – волновое течение; спутная струя; течение в спутной струе
wave frequency – частота колебаний
waveguide – волновод
waveguide cut-off frequency – критическая частота волновода
wavelength – длина волны
wave-off – запрещение посадки; заход на второй круг
wave-off capability – способность уходить на второй круг; характеристики ухода на второй круг
wave-off configuration – конфигурация для ухода на второй круг
wave-off signal – сигнал запрещения посадки
way – путь; трасса
waypoint data – данные об ориентирах
WB (Weather Bureau) – бюро погоды
WD (wind direction) – направление ветра
WDI (wind direction) – ветроуказатель
wearout failure – отказ вследствие износа
weather – метеорологические условия, погода
weather accident – авария вследствие плохой погоды
weather advisory – метеосводка, метеосообщение
weather analysis – обработка метеорологических данных
weather analysis center – центр обработки метеорологических данных
weather avoidance – обход района неблагоприятных метеоусловий
weather avoidance radar – самолетный радиолокатор для обнаружения зон с неблагоприятной метеорологической обстановкой
weather bound – задержанный непогодой
weather briefing – метеоинструктаж
weather briefing information – предполетная информация
weather bureau – бюро погоды; управление метеорологической службы
weather central – бюро прогнозов погоды
weather chart – синоптическая карта
weather code – синоптический код
weather conditions – метеорологическая обстановка; метеорологические условия
weather flight – полет в сложных метеорологических условиях; полет на разведку погоды
weather forecast – метеорологический прогноз, прогноз погоды
Weather Forecast Center – Бюро прогнозов погоды
weather forecaster – синоптик
weather indicator – барометр
weather information – метеорологическая информация
weather instrument – метеорадар, РЛС разведки погоды
weather instrument flight – полет по приборам в сложных метеоусловиях
weather jet – реактивный самолет разведки погоды
weather limit – метеорологический минимум
weather log – журнал погоды
weather map – метеорологическая карта, синоптическая карта
weather message – метеорологическая сводка
weather minimum – минимальные высоты облачности и дальности видимости, минимум погоды
weather observations – метеонаблюдения
weather observer – метеонаблюдатель, синоптик
weather operator – оператор бортового метеооборудования
weather radar – метеорадар, РЛС разведки погоды
weather radar display – индикатор метеорадиолокатора
weather radar scanner – оператор радиолокационной разведки погоды
weather report – метеосводка
weather service – служба погоды

weather side – наветренная сторона
weather station – метеорологическая станция
weather track – полет на метеорологическую разведку с возвращением самолета на аэродром
weather transmission – передача метеосводки по радио
weather trend – прогноз погоды
weathered-in – вынужденный остаться на земле из-за неблагоприятных метеорологических условий
web – вспомогательный лонжерон; стенка крыла; стенка лонжерона
wedge – гребень повышенного давления
wedge lighting – освещение светом от клина; подсвет под кромку
WEF (with effect from...) – входит в силу с ...
weight – вес; располагать или перемещать груз с целью балансировки
weight and balance documents – весовые и центровочные документы
weight and balance engineer – инженер по центровке и весовым характеристикам
weight balance – весовая компенсация
weight coefficient – весовая отдача
weight distribution – распределение веса
weight empty – вес пустого самолета
weight item – весовая составляющая
weight load factor – коэффициент коммерческой загрузки
weight per unit volume – весовая плотность
weight ratio – весовая отдача; удельный вес
weight report – весовая сводка; центровочная ведомость
weight-efficiency analysis – весовой расчет
weight-lifting ability – грузоподъемность
weight-to-thrust ratio – нагрузка на тягу; отношение веса к тяге
weld assembly – сварной узел
welded construction – сварная конструкция
welded joint – сварное соединение; сварной узел
welded seam – сварной шов
well-controlled approach – заход на посадку с сохранением хорошей управляемости
well-planned approach – точно рассчитанный заход на посадку
west – запад, западный
west-bound flight – полет в западном направлении
westerlies – западные ветры
westerly variation – западное склонение
wet – мокрый, сырой
wet fog – туман с моросью
wet takeoff power – взлетная тяга двигателя с впрыском воды
wet thrust – тяга на форсированном режиме; тяга с впрыском
wet weight – полный вес заправленного двигателя
wet-anvil return – отражение кучедождевого облака
wet-sump lubrication – система смазки с отстойником
WEX – самолет задерживается из-за неблагоприятных метеорологических условий
WF (weather forecast) – прогноз погоды
wheel – колесо; штурвал
wheel (control) force – усилие на штурвале управления
wheel assembly – колесное шасси
wheel bay – ниша шасси; отсек колеса
wheel block – колесная колодка
wheel brake – тормозная колодка
wheel brake panel – панель управления тормозами колес
wheel brake system – система управления колесными тормозами
wheel case – коробка передач
wheel chock – тормозная колодка (под колеса шасси)
wheel gear ration – передаточное отношение от штурвала к рулю
wheel input – отклонение штурвала управления; сигнал колесного датчика
wheel load – нагрузка на колесо
wheel pants – обтекатели колес
wheel pickoff – колесный датчик
wheel spin-up transducer – датчик раскрутки колеса
wheel steering mechanism – механизм рулевого управления
wheel track – колея от колес, след колес; ширина колеи шасси
wheel undercarriage – колесное шасси
wheel well – ниша колеса
wheelbase – база колесного шасси

wheel-brake lever – рычаг управления колесным тормозом
wheel-door jack – подъемник створок шасси
wheel-retracting gear – механизм уборки шасси, подъемник шасси
wheels-down landing – посадка с выпущенным шасси
wheel-ski – комбинированное лыжно-колесное шасси
wheels-up landing – посадка на фюзеляж, посадка с убранным шасси
wheels-up landing accident – летное происшествие при посадке с убранным шасси
whirl – вихрь, завихрение; завихряться, кружиться
whirlwind – воздушный винт
white (instrument) card – белая карточка – свидетельство на право полетов по приборам
wide approach – заход на посадку по широкой «коробочке»
wide turn – пологий разворот
wide-angle camera – широкоугольная камера
wide-body jet – широкофюзеляжный реактивный самолет
wide-cut fuel – топливо с широкой фракцией
wide-sector coverage – широкосекторный обзор
wide-sector vertical coverage – широкосекторный обзор по углу места
wide-track landing gear – шасси с широкой колеей
width – длительность импульса; ширина
WIE (with immediate effect) – немедленно входит в силу
wilco (will comply) – «будет выполнено»
wilco -(will comply) – «ваше последнее сообщение понято и будет принято к исполнению» (ртс)
wild frequency – нерегулируемая частота
winch – лебедка; поднимать лебедкой
winch lorry – моторизованная лебедка
wind – ветер; поток; струя воздуха; ток
wind «tee» (or T) – посадочное «Т»
wind accountability – переменная ветра
wind axis – ось потока; ось поточной системы координат
wind blast – воздушный поток
wind channel – аэродинамическая труба
wind chart – график ветра; карта ветров
wind component chart – график для расчета составляющих ветра
wind cone – конус, установленный под ненулевым углом атаки
wind correction – поправка на ветер
wind correction angle – угол поправки на ветер
wind coverage – ветровая загрузка ВПП
wind data – данные о скорости и направлении ветра
wind direction – направление ветра
wind direction indicator – ветроуказатель, индикатор направления ветра, указатель направления ветра
wind drift – снос ветром
wind effect – ветровая нагрузка
wind finding – учет ветра
wind indicator – ветроуказатель
wind information – данные о скорости и направлении ветра
wind load – аэродинамическая нагрузка; ветровая нагрузка
wind meter – анемометр
wind pattern flying – изобарическая навигация
wind radar – радиолокационная станция для определения направления и скорости ветра
wind reference – составляющая ветра
wind reflection – изменение направления ветра; отклонение ветра
wind shear – градиент ветра; перепад ветра; профиль ветра; сдвиг ветра
wind shift – изменение направления ветра
wind speed – скорость ветра
wind speed indicator – указатель скорости ветра
wind system – система ветров
wind tetrahedron – пирамидальный ветроуказатель
wind triangle – треугольник ветра
wind tunnel – аэродинамическая труба
wind tunnel balance – аэродинамические весы
wind up – поворачивать воздушный винт
wind vector – вектор ветра
wind velocity indicator – указатель скорости ветра
windage – введение поправки на ветер; поправка на снос ветром; снос ветром

windage adjustment – введение поправки на ветер; установка поправки на снос ветром
wind-component indicator – указатель составляющей ветра
windmill – авторотация; авторотировать; вертолет; ветрянка; воздушный винт
windmill brake condition – авторотация, режим самовращения
windmill-driven generator – генератор с приводом от воздушной турбины
windmilling – авторотация, работа на режиме самовращения
windmilling condition – режим авторотации, режим самовращения
window – иллюминатор; окно
winds aloft – ветер по высотам
windscreen – козырек кабины пилота; лобовое стекло фонаря
windshield – козырек кабины пилота; лобовое стекло фонаря
windshield anti-icer – противообледенитель лобового стекла фонаря
windshield deicer – устройство периодического действия для снятия льда с козырька
windshield display – индикация на лобовом стекле
windshield failure – разрушение лобового стекла; растрескивание лобового стекла
windshield outlet – отверстие для обдува лобового стекла
windshield wiper – очиститель стекол кабины
windward – наветренная сторона; наветренный; против ветра
windward eddy – вихрь на наветренной стороне
windward face – наветренная сторона
windward slope – наветренный склон
wing – крыло
wing air flow – воздушный поток, обтекающий крыло
wing area – площадь крыла
wing aspect ratio – удлинение крыла
wing assembly – агрегат крыла
wing attachment fitting – узел крепления крыла
wing bay – отсек крыла
wing bracing – крепление крыла; расчаливание
wing butt – корень крыла
wing car – крыльевая мотогондола
wing cascade – решетка профилей
wing cell – коробка крыла
wing center panel – центроплан
wing clearance – расстояние между крылом и поверхностью земли
wing clearance light – габаритный огонь крыла
wing covering – обшивка крыла
wing curvature – кривизна крыла
wing dihedral angle – угол поперечного V
wing drag – лобовое сопротивление крыла
wing engine – крыльевой двигатель
wing fairing – крыльевой зализ, крыльевой обтекатель
wing fillet – крыльевой зализ
wing flap – закрылок, щиток
wing flap indicator – указатель угла отклонения закрылков
wing flap system – закрылки, щитки
wing flaps operating strut – силовой цилиндр управления закрылками
wing flutter – вибрация крыла; продольно-крутильное колебание крыла; самоколебание крыла
wing framework – каркас крыла
wing heaviness – неуравновешенность крыла; сваливание на крыло
wing incidence – угол атаки крыла; угол заклинения крыла
wing inspection trolley – тележка для осмотра крыла
wing jack – подкрыльевой домкрат
wing landing – посадка на крыло
wing lift – подъемная сила крыла
wing loading – нагрузка на крыло
wing mounting root – корень крепления крыла
wing panel – панель крыла
wing petrol tank – крыльевой топливный бак
wing plan (form) – форма крыла в плане
wing root chord – хорда корневого сечения крыла
wing section – сечение крыла
wing shape – профиль крыла, форма крыла
wing signal – сигнал, подаваемый покачиванием самолета; сигнальный огонь на крыле
wing slide – скольжение на крыло

wing stabilization surface – стабилизирующая поверхность крыла
wing structure – каркас крыла; крыльевая конструкция; скелет крыла
wing sweep – стреловидность крыла
wing sweep operation – изменение угла стреловидности крыла
wing tab – триммер крыла
wing tank – крыльевой бак
wing taper – сужение крыла; трапециевидность крыла
wing tip – оконечность крыла
wing torque box – кессон крыла
wing truss – ферма крыла; ферменная нервюра
wing unit – крылья
wing vortex system – вихревая система крыла
wing-aileron system – система «крыло – элерон»
wingbar – световой горизонт
wing-body interaction – взаимодействие крыла с корпусом или телом
wing-dropping tendency – тенденция к валежке на крыло
wing-flaps-extended speed – скорость полета с выпущенными закрылками
wing-flaps-operating speed – скорость полета для управления закрылками
wing-fuselage incidence – угол заклинения крыла по отношению к продольной оси фюзеляжа
wing-fuselage interaction – взаимодействие крыла с фюзеляжем
wing-heavy – перетяжеленный на крыло
wing-mounted pod – пилон, смонтированный на крыле
wing-nose section – носок крыла
wing-over – бочка, переворот через крыло
wing-position potentiometer – потенциометр угла поворота крыла
wing-propeller interaction – взаимодействие крыла с воздушным винтом
wing-rock – покачивание с крыла на крыло
wings level attitude – положение с нулевым креном
wing-supported – с использованием подъемной силы крыла
wing-tip aileron – элерон на конце крыла
wing-tip clearance – зазор между концами крыльев самолетов на стоянке
wing-tip drop tank – сбрасываемый топливный бак на конце крыла
wing-tip pod – гондола на конце крыла, контейнер на конце крыла
wing-tip tank – топливный бак на конце крыла
wing-tip vortex span – расстояние между сбегающими с крыла концевыми вихрями
wing-tip vortices – завихрение у конца крыла
wing-to-fuselage fairing – обтекатель стыка крыла с фюзеляжем
wing-to-fuselage fillet – зализ крыла с фюзеляжем
wing-warping – закручивание концов крыла, крутка крыла; придание крылу крутки
winter grade – сорт топлива или масла, употребляемый в зимних условиях
winterization – подготовка к зимней эксплуатации
winterized airplane – самолет, подготовленный к зимней эксплуатации
wiper – стеклоочиститель
wire – провод, проволока; телеграмма; телеграфировать
wire channel – линия проводной связи
wire circuit – проводная связь
wire system – система проводной связи
wire telegraph – проволочный телеграф
WMO (World Meteorological Organization) – Международная метеорологическая организация
wobbling – биение; качание; прецессионное колебание; прецессия; рыскание
work – операция; работа
working fluid – рабочая жидкость, рабочее вещество, рабочее тело
working life – долговечность, срок службы
working load – рабочая нагрузка
working pressure – давление в рабочей части, рабочее давление
working range – дальность действия
working section – рабочая часть (аэродинамической трубы)
working synoptic map – основная синоптическая карта
workload – полезная нагрузка, рабочая нагрузка
workshop – ремонтная мастерская

world aeronautical chart – аэронавигационная карта мира
world geographic reference grid system – всемирная система географической координатной сетки
world geographic reference system – мировая система ориентирования по географическим координатам
World Health Assembly – Всемирная организация здравоохранения
World Meteorological Organization – Международная метеорологическая организация
WR (weather report) – сводка погоды
wreck – авария; обломки (pl)
wreckage – обломки
wrecker – аэродромная аварийная машина
wrecking crew – аварийная команда
wrecking truck – автомобиль технической помощи
WS and D (wind speed and direction) – скорость и направление ветра
WT (wireless telegraphy; wireless telephony) – радиотелеграфная связь
Wt. Stn. (weather station) – метеорологическая станция
WTC (wireless telephone communication) – радиотелефонная связь
WTDF (wireless telegraph direction finder) – радиопеленгаторная станция

X

x – расстояние, измеренное параллельно средней аэродинамической хорде; служба связи

X and Y coordinates – прямоугольная система координат

X-axis – ось абсцисс; продольная ось воздушного судна

X-runways – перекрещивающиеся ВПП

Y

y (yard) – ярд
Y, y (year; yearly) – год; годичный
yank – дергать; рывок
yank the stick back – резко взять ручку на себя
yard – ярд
yaw – вращение вокруг нормальной оси; лететь со сносом; отклонение от курса; отклоняться от курса; рыскание; рыскать; скос; угол рыскания
yaw actuator – рулевая машина руля направления; силовой привод в канале путевого управления
yaw angle – угол рыскания
yaw autostabilizer – автомат курса, автомат путевой устойчивости, автомат пути
yaw axis – нормальная ось; ось рыскания
yaw control – управление по курсу
yaw control devices – устройства для путевого управления
yaw control system – система путевого управления
yaw damper gain – передаточный коэффициент демпфера рыскания
yaw damper servo system – сервосистема демпфирования колебаний рыскания
yaw damping – демпфирование рыскания
yaw deviation – отклонение по рысканию
yaw displacement – угловое перемещение относительно нормальной оси
yaw error – ошибка по рысканию
yaw gyroscope – гироскоп курса
yaw indicator – указатель угла рыскания
yaw inertia – момент инерции в движении рыскания; путевой момент инерции
yaw pickoff – датчик угла рыскания или скольжения; курсовой потенциометр
yaw rate – скорость рыскания
yaw rate gyroscope – гироскоп стабилизации по курсу
yaw reference attitude – исходный угол рыскания, начальный угол рыскания
yaw stability augmenter – автомат путевой устойчивости
yaw synchro – сельсин рыскания
yaw(ing) instability – путевая неустойчивость
yaw(ing) maneuver – маневр в плоскости рыскания, путевой маневр
yaw(ing) moment – момент рыскания
yaw-axis control mode – режим управления по рысканию
yawed – находящийся под нулевым углом скольжения; скользящий; стреловидный
yawed (yawing) wing – крыло под нулевым углом скольжения; скользящее крыло
yawed flight – полет со скольжением
yawing – отклонение от курса; рыскание; скольжение
yawing acceleration – угловое ускорение рыскания
yawing mode – вид движения рыскания; форма путевого движения
yawing motion – рыскание
yawing plane – плоскость рыскания
yawing velocity – скорость изменения курса
yawmeter – измеритель скольжения; измеритель угла скольжения
yaw-mode operation – работа в режиме путевого управления
yaw-rate pickup – датчик угловой скорости рыскания
yaw-roll maneuver – боковой маневр; маневр с креном и скольжением
Y-axis – ось ординат; поперечная ось самолета
yd (yard) – ярд
Y-grid – прямоугольная координатная сетка
yield – выдача; выпуск; давать результаты; мощность; обеспечивать; приносить; производительность; производить
yield rate – доходная ставка
Y-moment – момент относительно вертикальной оси
yoke – ручка управления

Z

z – азимутальный угол
Z (azimuth) – азимут
Z (Greenwich meantime) – время по Гринвичу
Z (zone, Z-type) marker – зонный маркерный радиомаяк
ZAU (Zone Acquisition Unit) – блок приема и предварительной обработки информации
Z-axis – вертикальная ось самолета
Z-coordinate – вертикальная координата пространственной системы координат
Z-correction – поправка на погрешность курсового гироскопа вследствие прецессии и ускорения Кориолиса
zero – начальный; нулевой; нуль
zero accident rate – безаварийность
zero address – нулевой адрес
zero adjustment – настройка на нуль
zero altitude – высота бреющего полета; нулевая высота
zero azimuth – нулевой азимут
zero bank – нулевой крен
zero ceiling – нулевая высота нижней кромки облачности
zero fuel weight – вес самолета без топлива
zero gravity feed – подача топлива в условиях невесомости
zero ground speed hover(ing) – зависание (вертолета) при нулевой поступательной скорости
zero in on the radio beacon – входить в равносигнальную зону радиомаяка
zero meridian – нулевой меридиан
zero pitching acceleration – нулевое ускорение тангажа
zero reader – нулевая отметка шкалы; нуль-индикатор
zero reader flight director – система директорных нуль-индикаторов
zero reading – нулевой отсчет
zero setting – нулевая установка, приведение к нулю, установка на нуль
zero thrust – нулевая тяга
zero thrust pitch – динамический шаг винта при нулевой тяге
zero torque pitch – аэродинамический шаг; шаг нулевой мощности
zero visibility – нулевая видимость
zero zone – гринвичский пояс времени, нулевой пояс времени
zero-ceiling landing – посадка при нулевой высоте облачности
zero-lift angle – угол нулевой подъемной силы
zero-lift chord – хорда нулевой подъемной силы
zero-lift drag – лобовое сопротивление при нулевой подъемной силе
zero-lift line – линия нулевой подъемной силы
zero-reference table – стенд для выставления (гиростабилизированных платформ)
zero-zero – нулевая видимость; очень низкая облачность
zero-zero landing – посадка при нулевой видимости или очень низкой облачности
zero-zero weather – метеорологические условия с нулевой видимостью или очень низкой облачностью
zigzag approach – заход на посадку «змейкой», подход «змейкой»
ZLC (zero lift chord) – хорда нулевой подъемной силы
ZM (Z-marker beacon) – радиомаяк с вертикальной конусообразной диаграммой излучения
Zn – истинный азимут
zone – зона, область, район
zone (standard) time – поясное время
zone marker – радиопередатчик для обозначения зоны молчания над радиомаяком
zone of approach – полоса воздушных подходов
zone of intersection – зона пересечения
zone of negative pressure – зона пониженного барометрического давления
zone position indicator – индикатор зоны
zoom maneuver – маневр для выхода на динамический потолок; маневр с крутым набором высоты
ZPI (zone position indicator) – индикатор зоны
ZRFD (zero radar flight director) – система директорных нуль-индикаторов
ZST (zone standard time) – поясное стандартное время

ZT (zone time) – поясное время
Z-time – гринвичское время

RUSSIAN- ENGLISH

A

абляция – ablation
абразивный износ – attrition
абсолютная безопасная высота полета – flying safety altitude
абсолютная высота – absolute altitude
абсолютная высота местности – ground elevation
абсолютная высота над уровнем моря – altitude
абсолютная высота перехода – transition altitude
абсолютная высота полета, являющаяся предельной для данного самолета – ceiling altitude
абсолютная высота, соответствующая эшелону полета при квадрантном эшелонировании – quadrantal altitude
абсолютная система координат – absolute system of coordinates
абсолютная температура – absolute temperature
абсолютное давление – absolute pressure
абсолютный – absolute
абсолютный высотомер (шкала которого установлена на давление на уровне моря) – absolute altimeter
абсолютный потолок – absolute ceiling
абсолютный снос – absolute drift
абсцисса – abscissa
аварийная бригада – emergency team
аварийная визуальная сигнализация – visual alarm
аварийная запись – accident/incident recording
аварийная кислородная аппаратура – emergency oxygen apparatus
аварийная кислородная маска – quick-donning oxygen mask
аварийная команда – crash crew, wrecking crew
аварийная комиссия – accident board
аварийная крейсерская мощность – emergency cruising output
аварийная лампочка – emergency light
аварийная лестница – emergency ladder
аварийная машина – crash truck
аварийная обстановка в связи с потерей управляемости – uncontrolled flight condition emergency
аварийная обстановка вследствие неисправности двигателя – engine-related emergency
аварийная обстановка на грани катастрофы – dire emergency, extreme emergency
аварийная посадка – crash landing, distress landing
аварийная проводка управления – fail-safe run
аварийная радиостанция – crash radio
аварийная связь – distress communication, emergency communication
аварийная система – emergency system
аварийная ситуация – distress
аварийная тормозная установка на концевой полосе безопасности – overrun barrier, overrun safety arrester
аварийная частота – distress frequency, emergency frequency
аварийная эвакуация (пассажиров) – emergency evacuation
аварийно-восстановительная команда – salvage-and-repair crew
аварийное выключение (двигателя) – emergency cutoff
аварийное оборудование – emergency equipment
аварийное оповещение – alerting service
аварийное покидание самолета – escape
аварийное светооборудование – emergency lighting
аварийное снижение – emergency descent
аварийное сообщение – emergency call
аварийное средство связи – emergency means of communication
аварийно-спасательная команда – crash-rescue team
аварийно-спасательная лодка – raft
аварийно-спасательная операция – rescue mission, rescue operation
аварийно-спасательное имущество самолетов, совершающих полеты над водным пространством – overwater emergency equipment
аварийно-спасательное оборудование – crash equipment
аварийно-спасательное средство – crash apparatus
аварийно-спасательные средства – rescue detail
аварийно-спасательный маяк – rescue beacon

аварийно-спасательный отряд – rescue party, rescue unit
аварийно-спасательный плот – raft
аварийные условия вынужденной посадки на воду – ditching conditions
аварийный – backup, emergency, standby
аварийный автоматический передатчик – SARAH (search and rescue and homing)
аварийный бортовой самописец – accident data recorder
аварийный выключатель – crash switch
аварийный выпуск шасси – emergency landing gear release
аварийный выход – emergency exit
аварийный запас продовольствия – emergency ration, survival ration
аварийный источник питания – emergency power supply
аварийный канал связи – emergency channel
аварийный комплект имущества – survival kit
аварийный люк – emergency escape hatch, emergency exit
аварийный маяк – crash beacon, distress beacon, recovery beacon
аварийный надувной трап-плот – escape slideraft
аварийный перепуск топлива – emergency bypass flow
аварийный приводной маяк (передатчик) – emergency locator transmitter
аварийный приводной радиомаяк – crash position indicator
аварийный сигнал – alarm signal, warning signal
аварийный случай – emergency
аварийный топливный бак – emergency fuel tank
авария – accident; breakage; breakdown, failure; crash; trouble; wreck
авария вследствие плохой погоды – weather accident
авария при взлете – takeoff accident
авария при посадке – landing accident
авария с человеческими жертвами – fatal accident
авиагоризонт – artificial horizon, attitude indicator, attitude instrument, bank-and-pitch indicator, flight instrument, flight indicator, gyrohorizon, gyroscopic horizon, horizon, vertical gyro indicator
авиагоризонт с указанием крена и наклона глиссады по подвижному силуэту самолета – lateral-pitching control gyro
авиагоризонт со сферой – ball-type attitude indicator
авиагоризонт, скомбинированный с пилотажным директорным прибором – flight director attitude indicator
авиадиспетчерская служба – air traffic control service, flight service
авиакомпании, выполняющие регулярные рейсы – scheduled airlines
авиакомпании-эксплуатанты – operators, OPS
авиакомпания – operator
авиакомпания грузовых перевозок – all-freight operator
авиакомпания магистральных линий – long-haul operator (airline)
авиакомпания нерегулярных перевозок – non-scheduled operator
авиакомпания регулярных перевозок – scheduled operator
авиакомпания, обслуживающая магистральные воздушные трассы – trunk operator
авиакомпания, осуществляющая нерегулярные перевозки по контрактам – air contractor
авиакомпания, осуществляющая регулярные перевозки по авиалинии – airline
авиакомпания, работающая по договорам – charter company
авиакомпания, эксплуатирующая линии малой протяженности – short-haul operator (airline)
авиалиния – airline
авиалиния местного значения – branch airway
авиалиния на верхних эшелонах – upper airway
авиалиния с двусторонним движением – dual airway
авиалиния со всенаправленными радиомаяками – Victor (VOR) airway
авиалиния, по которой осуществляются только грузовые перевозки – all-cargo line
авианосец – carrier

авиаперевозки на внутренних линиях – cabotage
авиаперевозки на объединенных началах – pooled service
авиапочта – air mail
авиатранспортабельность – air transportability
авиатранспортабельный – air transportable
авиатранспортная компания – air carrier, carrier
авиатранспортная компания внутренних линий – domestic operator
авиатранспортная накладная – air waybill
авиатранспортная организация – air carrier
Авиатранспортное управление (ИКАО) – Air Transport Bureau, ATB (ICAO)
авиатранспортные средства – airlift
авиационная база – depot
авиационная выставка – aero-show, airshow
авиационная диспетчерская служба – flight control, flying control
авиационная катастрофа в воздухе – accident in the air
авиационная катастрофа во время посадки – accident whilst landing
авиационная климатология – aviation climatology
авиационная комиссия по изучению людских ресурсов (США) – Aviation Human Resources Study Board, AHRS
авиационная линия – airway, lane
авиационная маршрутная карта – strip chart, strip map
авиационная медицина – aeromedicine, aviation medicine
авиационная метеорологическая служба – aviation meteorological service, aviation weather service
авиационная метеорология – aviation meteorology
авиационная наука и техника – aeronautics
авиационная патология – aviation pathology
авиационная подвижная служба связи – aeronautical mobile service
авиационная промышленность – aircraft industry
авиационная радиоэлектронная техника – avionics technology
авиационная ремонтная мастерская – aircraft repair depot
авиационная служба циркулярных радиопередач – aeronautical broadcasting service
авиационная смазка – aircraft lubricant
авиационная станция (наземная станция подвижной авиационной связи, поддерживающая связь с самолетными станциями) – aeronautical station
авиационная стоматология – aerodontia
авиационная техника – aircraft technology; aviation engineering
авиационная фиксированная сеть электросвязи – aeronautical fixed telecommunication network circuit
авиационная школа – aeronautical school, aviation school
авиационная штурманская школа – air navigation school
авиационная электроника – avionics, aviation electronics
авиационное депо – aircraft depot
авиационное законодательство – air code
авиационное научно-исследовательское бюро – Air Research Bureau, ARB
авиационное оборудование – aeronautical equipment, aviation equipment
авиационное происшествие – aircraft accident
авиационное происшествие без человеческих жертв – survivable accident
авиационное происшествие из-за отказа материальной части – material failure accident
авиационное происшествие по причине личностного фактора – human factor accident
авиационное происшествие с реальной угрозой катастрофы – actual-risk incident
авиационное происшествие, происшедшее по причине ошибки пилота – pilot error factor accident

авиационное происшествие, состоящее в потере оператором РЛС цели – airmiss incident
авиационное соглашение – air agreement
авиационное топливо – aviation fuel
авиационно-инженерная служба – aeronautical engineering duty
авиационно-космическая медицина – aerospace medicine
авиационно-космическая промышленность – aerospace industry
авиационно-метеорологическое дежурство – flight meteorological watch
авиационно-технический склад – aviation depot
авиационно-химические работы – aerial application, aeronautical application
авиационные мастерские – depot
авиационные происшествия в тренировочных полетах – training-accidents
авиационные работы – aerial work
авиационные спасательные операции – air rescue
авиационный – aerial, aeronautical, air, airborne, aircraft, aviation
авиационный астрономический ежегодник – air almanac
авиационный бензин – avgas, aviation gas (or gasoline)
авиационный врач – aviation medical examiner, flight surgeon
авиационный двигатель – aircraft engine, aviation engine
авиационный диспетчер – aircraft dispatcher
авиационный ежегодник – aviation annual
авиационный завод – aircraft factory
авиационный инженер – aircraft engineer
авиационный код – air code
авиационный колледж – air college
Авиационный комитет технической инспекции и регистрации – Air Registration Board, ARB
авиационный магнитный компас – aircraft magnetic compass
авиационный маяк – air beacon
авиационный планшет – aircraft chart board
авиационный реестр – aeronautical register
авиационный синоптик – aeronautical meteorological forecaster
авиационный транспортный тарифный справочник – SATR, schedule air transport rating
авиационный штурман – air navigator, avigator
авиационный эксперт – aviation expert
авиация – aviation
авиация и воздухоплавание – aeronautics
авиация общего назначения – general aviation
авиашкола – flying school
автожир – flying windmill, gyroplane, rotaplane
автокар с вильчатым подъемником – fork lift truck
автоколлиматор – autocollimator
автомат – robot
автомат (имитатор) усилий (в системе управления ВС) – feel simulator
автомат выравнивания – autoflare equipment
автомат высоты – height lock
автомат загрузки – artificial feel, artificial feel system, feel unit; automatic load-control
автомат запуска – automatic starting control
автомат защиты сети – load limit switch
автомат комплексной системы программного самолетовождения – autopilot navigator
автомат крена – roll autostabilizer
автомат курса – automatic course device, directional gyro unit, pilot direction indicator, yaw autostabilizer
автомат отдачи ручки – pusher unit
автомат отдачи ручки управления – stick pusher
автомат перекоса – pitch control
автомат поперечной устойчивости – roll autostabilizer, roll stability augmenter
автомат предотвращения срыва – auto-pitch control
автомат приемистости – automatic acceleration control, acceleration control unit
автомат продольной устойчивости – pitch stability augmentor
автомат путевой устойчивости – yaw autostabilizer, yaw stability augmenter

автомат пути – yaw autostabilizer
автомат регулирования скорости – speed control device
автомат счисления пути – air-mileage unit
автомат тангажа – automatic pitch control system, auto-pitch control system, pitch autostabilizer
автомат торможения на каждом колесе – individual wheel anti-skid control
автомат тряски и отдачи ручки – stick shaker knocker
автомат тяги – automatic throttle control, automatic throttle system, autopower, autothrottle system, power compensator
автомат тяги с регулированием по воздушной скорости – airspeed system
автомат тяги с регулированием по углу атаки – angle-of-attack system
автомат усилий – aircraft feel system, control feel simulator, control force system, feel system, feel unit
автомат устойчивости – autostabilizer
автомат устойчивости тангажа – pitch stability augmentor
автоматизация – mechanization
автоматизированная обработка данных – automated data processing
автоматизированная система обмена данными – ADIS, automated data interchange system
автоматизированная система регистрации и обработки данных – automated data system
автоматизированные РЛС системы – ARTS, air radar terminal systems
автоматизированный (с помощью вычислительных машин) – computerized
автоматика – automation
автоматическая адресовка – self-routing
автоматическая астронавигация – automatic celestial navigation
автоматическая вычислительная машина – automatic computer
автоматическая двусторонняя связь между землей и самолетом – automatic ground-air-ground communication system
автоматическая двусторонняя система связи между землей и самолетом – AGACS, automatic ground – air communication system
автоматическая коррекция ошибки – automatic error correction
автоматическая линия передачи данных – automatic data link
автоматическая линия передачи данных в двоичном коде – automatic binary data link
автоматическая метеостанция – automatic weather station
автоматическая навигационная система – autonavigator
автоматическая наземная станция управления – automatic ground control station
автоматическая настройка – automatic tuning control
автоматическая обработка данных – automatic data processing
автоматическая обработка полетной информации – automatic processing of flight information
автоматическая передача изображения – automatic picture transmission
автоматическая посадка – autoland, automatic landing, hands-off landing
автоматическая посадка вплоть до приземления – full autolanding
автоматическая посадка по глиссадному лучу – glide slope approach landing
автоматическая посадка по курсовому лучу – localizer autolanding
автоматическая посадка по приборам – automatic instrument landing
автоматическая посадка по сигналам наземных маяков – automatic ground controlled landing
автоматическая посадка под контролем пилота – monitored automatic landing
автоматическая посадка при наличии (единичного) отказа – failure-survival automatic landing
автоматическая развертка – automatic scan
автоматическая регулировка или настройка – automatic adjustment
автоматическая регулировка перегрузки (РЛС) – automatic overload control
автоматическая регулировка по амплитуде – automatic amplitude control

автоматическая регулировка усиления – automatic gain control
автоматическая регулировка фазы – automatic phase control
автоматическая регулировка частоты – automatic-frequency control
автоматическая ретрансляционная станция – automatic relay station
автоматическая связь – automatic communication
автоматическая система двустороннего обмена данными – automatic data interchange system
автоматическая система индикации и нанесения на планшет – automatic display and plotting system
автоматическая система наведения самолетов – automatic aircraft vectoring control system
автоматическая система обмена данными – automated data interchange system
автоматическая система посадки самолета – automatic aircraft landing system
автоматическая система предупреждения столкновений самолетов в воздухе – automatic conflict warning system
автоматическая система продольного управления – automatic pitch control system, auto-pitch control system
автоматическая система связи «воздух – земля» – automatic air/ground communication system
автоматическая система спасения – automatic recovery system
автоматическая система управления по каналу тангажа – automatic pitch control system, auto-pitch control system
автоматическая система управления полетом – automatic flight control system, automatic flight guidance system
автоматическая система флюгирования с индикацией отказа – automatic indicating feathering system
автоматическая сканирующая система – automatic scan monitoring system
автоматическая служба оповещения в аэропорту – automatic terminal information service
автоматическая смазка – self-oiling
автоматическая стабилизация – autostabilization
автоматически настраивающийся передатчик – autotune transmitter
автоматически обедненная смесь – auto lean mixture
автоматически смазывающийся – self-lubricating
автоматические контактные часы – autotimer
автоматические циркулярные радиопередачи – automatic broadcasts
автоматический – automatic, self-action
автоматический аварийный сигнализатор – automatic alarm
автоматический быстродействующий планшет – automatic high speed plot
автоматический ввод данных – automatic input
автоматический выключатель – automatic cutout
автоматический выход на створ ВПП – automatic line-up
автоматический дальномер – automatic range finder
автоматический захват глиссадного луча – automatic glide slope capture
автоматический захват глиссады – automatic engagement of the glide slope
автоматический заход на посадку – autoland approach, automatic approach
автоматический заход на посадку по командам с земли – automatic ground-controlled approach
автоматический заход на посадку по наземным радиосредствам – coupled approach operation
автоматический заход на посадку по сигналам курсоглиссадной системы – fully coupled automatic approach
автоматический киноаппарат-регистратор (для съемки показаний приборов) – automatic observer
автоматический обзор – automatic scan
автоматический обмен информацией – automatic data exchange
автоматический ориентатор – autonavigator
автоматический преобразователь данных – automatic data translator
автоматический прокладчик пути – automatic position plotter, dead-reckoning tracer

автоматический противопожарный индикатор – flame detector
автоматический радиокомпас – automatic loop radio compass
автоматический радиолокационный дальномер – automatic range-only radar
автоматический радиопеленгатор – ADF, automatic direction finder, automatic radio direction finder, automatically tuned direction finder
автоматический регулятор – automatic controller
автоматический регулятор переключения (телетайп) – automatic switching director
автоматический регулятор режима двигателя – automatic throttle
автоматический режим – automatic mode
автоматический ретранслятор – automatic relay installation
автоматический сбор (телетайп) – automatic unshift
автоматический сбор данных – automatic data acquisition
автоматический селективный ответ – automatic selective reply
автоматический стартер – self-starter
автоматический тормоз – safety brake
автоматический указатель курса – course detector, course director
автоматический указатель положения относительно земли – automatic ground position indicator, AGPI
автоматическое бронирование мест – automatic seat reservation
автоматическое выдерживание самолета перед посадкой – autoflare
автоматическое зажигание – autoignition
автоматическое измерение дальности – automatic range measurement
автоматическое измерение угла возвышения – automatic elevation measurement
автоматическое контролирование траектории полета – automatic path control
автоматическое переключение (на резервную систему при отказе основной) – autochangeover
автоматическое переключение (связь) – automatic change-over (communications)
автоматическое перемещение РУД вперед – automatic throttle application
автоматическое пилотирование при брошенном управлении – hands-off control
автоматическое приземление – full autolanding
автоматическое приземление по сигналам ведущего кабеля – leader cable autolanding
автоматическое программное устройство – automatic timer
автоматическое регулирование – autocontrol, automatic control
автоматическое регулирование громкости – automatic volume control
автоматическое регулирование заправки – self-priming
автоматическое регулирование мощности или тяги – automatic throttle control
автоматическое слежение – automatic following, automatic tracking
автоматическое слежение за светилом – automatic star-tracking
автоматическое слежение по дальности – automatic range tracking, ART
автоматическое сопровождение – automatic following, automatic tracking
автоматическое страхование – self-insurance
автоматическое увеличение тяги – automatic throttle application
автоматическое управление – autocontrol, automatic control, self-control
автоматическое управление заходом на посадку и посадкой самолета с земли – automatic ground controlled approach, AGCA
автоматическое управление от датчиков усилий на штурвале – control-wheel steering
автоматическое управление полетом – automatic flight control
автоматическое управление самолетом для предотвращения срыва – auto-pitch control
автоматическое управление самолетом на посадке – automatic landing control
автоматическое устройство – robot
автомобиль – car
автомобиль для подвоза к самолету бортового питания – catering truck

автомобиль для срочной уборки предметов с ВПП – alert pickup truck
автомобиль технической помощи – wrecking truck
автомобиль-буксировщик – tow truck
автономная аппаратура управления – brain unit
автономная навигация – independent navigation
автономная обработка данных – off-line data processing
автономная обработка и отбор данных – off-line data reduction
автономная система – independent system
автономное питание – self-contained power
автономное средство – self-contained aid
автономное управление – independent control, internal control, off-line control
автономное устройство для обработки данных – off-line data processor .
автономный – off-line, self-contained, self-sufficient
автономный автопилот – non-integrated autopilot
автопилот – automatic pilot, autopilot, autopilot system, electronic pilot, flight controller, pilot
автопилот вертолета – helicopter autopilot
автопилот для автоматической посадки – automatic landing autopilot
автопилот канала крена – roll autopilot
автопилот канала тангажа – pitch autopilot
автопилот с «мягким» отказом – fail-active (-operational) autopilot, fail-soft autopilot, passive failure autopilot
автопилот с вычислителем типа цифровой машины – digital autopilot
автопилот с демпфирующими гироскопами – rate-sensitive autopilot
автопилот с дублированным контролем – duplicated monitored type autopilot
автопилот с инерциальными датчиками – inertial autopilot
автопилот с многократным дублированием систем – multiplicated autopilot
автопилот с мягким отказом – fail-active (-operational) autopilot, fail-soft autopilot, passive failure autopilot
автопилот с плавным отключением при отказе – fail-active (-operational) autopilot
автопилот с резервированием – redundant autopilot
автопилот с электронным усилителем сигналов – electronic autopilot
автопилот со стабилизацией самолета по трем осям – three-axis autopilot
автопилот-автоштурман – autopilot navigator
автоприцеп – trailer
автопрокладчик курса – automatic plotter
авторотация – autogyration, engine windmill, windmill, windmill brake condition, windmilling
авторотировать – autorotate, windmill
авторотирующий спуск – autorotation (autorotative) descent
автотопливозаправщик – fuel bowser, fuel truck, fueling lorry, fuel-servicing truck
автофинишер – barrier
автофлюгирование – autofeathering
автоштурман – autonavigator, position and homing indicator, robot navigator
автоштурман в системе Декка – flight log
автоштурман с автокоррекцией – SCAN, self-correcting automatic navigator
автоштурман с наглядной индикацией – airborne pictorial plotter
автоштурман системы Декка (навигация) – Decca flight log (navigation)
агент по перевозкам – operations officer
агент по таможенной очистке от пошлин импортных грузов – customs consignee
агент, обеспечивающий посадку пассажиров в самолет – passenger agent
агентство – agency
агентство воздушных сообщений – air agency
агентство по отправке груза – freight forwarder
агентство по отправке груза партиями – freight consolidator

агентство по продаже билетов – ticket office
агрегат – aggregate, assembly; component, unit; package; set; plant
агрегат азимутальной наводки – deflection assembly
агрегат для заправки топливом – fuel hydrant truck
агрегат для запуска двигателей – engine starting truck
агрегат крыла – wing assembly
агрегаты системы управления – command hardware
агрегаты системы управления ВС – flight-control hardware
адаптация к темноте (зрение) – dark adaptation
адаптер – adapter
адаптивное цифровое манипулирование – adaptive digital keying
адвективный туман – advection fog
адвекция – advection
адвекция завихрения – vorticity advection
адиабата – adiabatic curve
адиабатический градиент – adiabatic lapse rate
адиабатическое охлаждение воздуха – dynamic cooling of air
административное управление ИКАО – Administration and Services Bureau
административно-служебное помещение – office area
административный самолет – business aircraft
администрация – management
администрация аэропорта – airport administration
администрация гражданской авиации – aviation authority, AVA
Администрация гражданской авиации (США) – Civil Aeronautics Administration
адресат – addressee
адресность вычислительной машины – addressing system
азбука Морзе – Morse code
азимут – azimuth, azimuth angle, azimuth position, bearing
азимут всенаправленного курсового радиомаяка – omnirange azimuth
азимут на перехват – intercept bearing
азимут светила – azimuth
азимут цели – target bearing
азимутальная (перспективная) проекция – azimuthal projection
азимутальная информация – azimuth reference
азимутальная метка – azimuth mark
азимутальная ошибка (прибора) – azimuth error
азимутальная сетка – azimuth grid
азимутальная система навигации – azimuth navigation system
азимутальная черта – bearing bar
азимутально-дальномерная автоматическая система навигации – bearing and range computer system
азимутальные данные – azimuth information
азимутальные координаты – azimuth coordinates
азимутальный – azimuth
азимутальный канал – azimuth axis
азимутальный круг – azimuth circle, azimuth ring, bearing circle, bearing plate, compass circle; stationary compass
азимутальный лимб – heading card
азимутальный луч – azimuth beam
азимутальный счетно-решающий прибор – azimuth computer
акватория гидроаэродрома – water airdrome area
аккомодация – accommodation
аккомодация зрения – visual accommodation
аккумулятор – accumulator; storage
аккумуляторная батарея – battery
аккумуляторная тележка – electric power cart
аккумуляция – accumulation
акрилат – acrylate
акрилатовый – acrylate
акриловые пластики – acrylic plastics
акриловый – acrylate
акрилопласт с растяжением – stretched acrylic
акселератор – accelerator
акселерометр – accelerometer
акселерометр с дифференцированием угловых ускорений – angular differentiating accelerometer
акселерометр, измеряющий максимальное ускорение в

определенном направлении – maximum reading accelerometer
акт – act
акт о неисправностях при перевозке багажа – irregularity report
акт о повреждении груза – Damage Report Cargo
активная радионавигационная система – active radar guidance system
активная стабилизация – active control
активное радиолокационное обслуживание в районе аэродрома – positive airdrome control service
активное средство обнаружения цели – active acquisition aid
активное управление – active control
активное управление самолетом с земли – positive control
активный участок траектории – powered-flight phase
акустический – acoustic, aural
акционер – shareholder
альтиметр – altimeter
амортизатор – buffer, bumper, bumper absorber, damper, isolator, shock absorber, shock damper, vibration absorber
амортизатор шасси – landing gear shock absorber, landing shock absorber, undercarriage shock absorber
амортизационная стойка шасси – shock absorber leg, shock-strut
амортизационный период – depreciation period
амортизационный шнур – shock cord
амортизация – buffer action, damping
амортизированный – damped
амортизировать – damp
амортизирующая подкладка – cushion
амортизирующая прокладка – shock absorber
амортизирующее действие – damping action
амортизирующий слой – buffer layer
амперметр – electric(al) load meter
амплитуда – amplitude, range
амплитуда колебаний – swing
амплитуда колебаний крена – roll amplitude
амплитудная модуляция – AM, amplitude modulation; on-off keying
амплитудно-импульсная модуляция – PAM, p.a.m., pulse amplitude modulation
анализ – analysis
анализ в полете – in-flight analysis
анализ конечных результатов – end point analysis
анализатор траектории полета – flight-path analyzer
анализатор, работающий по методу счисления пути – dead reckoning analyzer
анализировать – analyze
аналог – analogue
аналогия – analogy
аналоговая вычислительная машина – analogue computer
аналоговая индикация – conformal display
аналоговое вычислительное устройство – analog(ue) computer
аналоговое электронное вычислительное устройство – electronic analogue computer
аналоговый – analog(ue)
аналоговый видеокоррелятор – analogue video correlator
аналоговый вычислитель вектора скорости – vector analog computer
аналоговый индикатор – conformal display
аналоговый интерфейс – analogue interface
аналоговый канал – analog channel
аналого-цифровая вычислительная машина – analog-digital computer, hybrid computer
аналого-цифровой преобразователь – analog(ue)-to-digital converter
ангар – airshed; H; hangar, shed
ангар для гидросамолета – seaplane shed
ангар для дежурных самолетов – scramble hangar
ангар для самолетов – airplane shed
ангар для текущего ремонта – service shed
ангар для технического обслуживания самолетов – maintenance hangar
английская комбинированная аэронавигационная система (Декка, Дектра, Доплер) – Decca Integrated Airborne Navigation System (DIAN)
английская сухопутная миля – statute mile
анемограмма – anemogram
анемограф – anemograph
анемометр – anemometer, wind meter

анемометрия – anemometry
анероид – aneroid
анероидная коробка – aneroid cell, aneroid diaphragm capsule, capsule
анероидный барометр – aneroid barometer
анероидный самописец давления – aneroidograph
аннулирование – cancellation
аннулировать – cancel
аннулировать предварительный заказ (на билет) – cancel booking
антенна – aerial, antenna
антенна автоматического сопровождения – autotracking antenna
антенна в обечайке (воздухозаборника) – lip antenna
антенна глиссадного радиомаяка – glide-path aerial
антенна кругового обзора – all-around looking antenna
антенна курсоглиссадного посадочного радиомаяка – localizer aerial
антенна опорного сигнала – reference antenna
антенна поисковой РЛС – search antenna, search radar scanner
антенна с автоматической ориентацией – automatic positioning antenna
антенна с большим коэффициентом усиления – high-gain antenna
антенна с малым аэродинамическим сопротивлением – low-drag aerial
антенна с параболическим отражателем – dish antenna
антенна с синтезированным раскрывом – synthetic aperture antenna
антенна с широкой диаграммой излучения – broad-beam antenna
антенна точного определения направления – sense antenna
антенна усилителя отраженных сигналов РЛС – radar augmentation output (echo enhancing) antenna
антенна, облучающая пространство за самолетом – rearward-facing aerial
антенная мачта – antenna mast
антенная решетка – array, array antenna
антенная решетка с низким уровнем бокового излучения – low-side lobe array
антенная система – array
антенная установка – antenna arrangement
антенное укрытие – dome
антенный – antenna
антенный контур – antenna circuit
антенный отражатель – antenna reflector
антенный переключатель – antenna switch, transmitting-receiving switch
антенный поворотный механизм – antenna turning unit
антенный рефлектор – antenna reflector
антидетонационная характеристика – antiknock rating
антиобледенительное устройство воздушного винта – propeller anti-icer
антиобледенительный компонент – antifreezing agent
антипомпажное устройство компрессора – compressor surge control
антифриз – antifreeze
антифризная присадка – freezing-point depressant
антициклон – anticyclone, area of high pressure, high-pressure area, high
апериодическая индикация – dead-beat indication
аппарат – device, set; office
аппарат (подвижное средство) на воздушной подушке – air cushion vehicle
аппарат вертикального взлета и посадки с отклоняемой струей турбореактивного двигателя – jet-supported VTOL aircraft
аппарат на воздушной подушке – cushion craft, ground effect vehicle, hovercraft
аппарат начальника управления – office of administrator
аппаратная часть – hardware
аппаратура – equipment, hardware
аппаратура аварийной сигнализации – emergency warning apparatus
аппаратура автоматической передачи данных – automatic data transfer equipment
аппаратура для заправки и слива топлива – refueling-defueling unit
аппаратура для измерения параметров воздушных порывов – gust probe instrumentation

аппаратура для качания радиолуча по углу места – elevation beam-scanning equipment
аппаратура для многоканальной связи – multichannel equipment
аппаратура для приема данных – data acquisition equipment
аппаратура наведения – guidance equipment
аппаратура предупреждения столкновения – collision warning equipment
аппаратура преобразования радиолокационной развертки – scan conversion equipment
аппаратура самолетного переговорного устройства – interphone equipment
аппаратура считывания данных – readout apparatus
аппаратура типа «да – нет» – go-no-go equipment
аптечка – first aid kit
аренда (воздушного судна) без экипажа – dry-lease (to) (an aircraft)
арктическая воздушная масса – arctic air mass
арктический – arctic, polar
арктический туман – ice fog
арктический туман адвективного происхождения – arctic smoke
арктический фронт – arctic front
арматурный хомут – binder
армированная стеклопластиком пластмасса – glass-fiber-reinforced plastics
армированное стекло – armoured glass
армировать – reinforce
арретировать (гироскоп) – cage
арретирующий механизм – caging mechanism
асимметрично распределенный запас топлива – asymmetric fuel load
асимметричное сопло – offset nozzle
асимметричный – asymmetric
ассенизация – sanitation
ассигнование – appropriation
ассоциация владельцев самолетов и пилотов (США) – AOPA, Aircraft Owners and Pilots Association
Ассоциация воздушного транспорта (США) – Air Transport Association
Ассоциация гражданской авиации – CAA, Commercial Aviation Association
Ассоциация пилотов британских авиационных линий – BALPA, British Air Lines Pilots Association
ассоциация пилотов гражданских авиационных линий – ALPA, Air Line Pilots Association
астрокомпас – astrocompass
астрокоординатор – star scanner
астрокоррекция – celestial correction
астрокупол – astrodome
астронаведение – star-tracking guidance
астронавигационное самонаведение – star-tracking homing
астронавигационный автомат – automatic star-tracking device
астронавигация – astronavigation, astronomical navigation, star navigation
астроника – astronics
астрономическая линия положения – astroposition line
астрономическая навигация – celestial navigation
астрономическая ориентировка – astrofix, celestial fix
астрономическая поправка – celestial correction
астрономическая рефракция – dome refraction
астрономическая точка – astronomical fix
астрономическая широта – parallel of altitude
астрономические координаты – celestial coordinates
астрономические сумерки – astronomical twilight
астрономические сутки – astronomical day, nautical day
астрономический – astronomical, celestial
астрономический компас – celestial compass
астрономический ориентир или система отсчета – celestial reference, space reference
астрономический треугольник – astronomical triangle
астрономическое место ВС – star fix
астрономическое место ВС, определяемое по трем светилам – three-star fix
астрономическое наблюдение – celestial observation

астрономическое склонение – celestial declination
астроориентация – star-tracking guidance
астроориентир – astrotracker
асфальт – asphalt
асфальтирующая добавка – filler
асфальтобетон – asphalt-concrete
асфальтовое покрытие – asphalt pavement
атмосфера – air; atmosphere; atmospheric air
атмосфера в кабине, эквивалентная (по давлению) определенной высоте – equivalent cabin atmosphere
атмосфера Земли – atmospheric shell
атмосфера, соответствующая давлению на уровне моря – sea-level atmosphere
атмосферная влажность – atmospheric humidity
атмосферная циркуляция – atmospheric circulation
атмосферное возмущение – atmospheric disturbance
атмосферное давление – air pressure; ambient pressure
атмосферное макротечение – broadscale air current
атмосферное сопротивление – atmospheric drag
атмосферное торможение – atmospheric breaking
атмосферные помехи – atmospheric noise, static, statics
атмосферный – atmosphere, atmospheric
атмосферный воздух – atmospheric air
атом – atom
атомная силовая установка – atomic power unit, nuclear engine
атомная силовая установка для космических полетов – space power unit reactor; SPUR
атомный – atom
атомный двигатель – nuclear engine
аттестация по специальной подготовке – proficiency rating
аттестованный – licensed
аттестованный личный состав – rated personnel
аттестованный пилот – rated pilot
аффинность – affinity
аэробус – aerobus, airbus
аэровизуальные работы – aerial construction, aerial survey work
аэровокзал – air terminal, terminal, terminal building
аэровокзал для пассажиров реактивных самолетов – jet terminal
аэровокзальный городок – terminal city
аэровокзальный комплекс – terminal area, terminal city
аэродинамика больших скоростей – compressible aerodynamics, high-speed aerodynamics
аэродинамика гиперзвуковых скоростей – ultra-high speed aerodynamics
аэродинамика до-, около- и сверхзвуковых скоростей – trisonic aerodynamics
аэродинамика малых скоростей – low-speed aerodynamics
аэродинамика неустановившихся течений – non-steady aerodynamics, transient aerodynamics
аэродинамика околозвуковых скоростей – transonic aerodynamics, transonics
аэродинамика самолета – airplane aerodynamics
аэродинамика сверхзвуковых скоростей – hypersonics, supersonic aerodynamics, supersonics
аэродинамика сжимаемой среды – compressible aerodynamics
аэродинамическая балансировка – aerodynamic balance
аэродинамическая компенсация (поверхности управления) – aerodynamic balance
аэродинамическая компенсация или весовая балансировка руля – control-surface balance
аэродинамическая крутка – aerodynamic twist
аэродинамическая нагрузка – aerodynamic load, wind load
аэродинамическая несущая поверхность – aerodynamic lifting surface
аэродинамическая ошибка указателя воздушной скорости – position error
аэродинамическая перегородка – boundary-layer fences, stall fence
аэродинамическая поверхность – aerodynamic surface, airfoil

аэродинамическая подъемная сила – aerodynamic lift
аэродинамическая сила – airforce
аэродинамическая схема – layout
аэродинамическая схема «утка» – canard configuration
аэродинамическая труба – tube, wind channel, wind tunnel
аэродинамическая труба больших скоростей – high-speed tunnel
аэродинамическая труба для исследования двигателей – propulsion wind tunnel
аэродинамическая труба кратковременного действия – intermittent wind tunnel
аэродинамическая труба малой плотности – low density wind tunnel
аэродинамическая труба малых сверхзвуковых скоростей – low-speed wind tunnel
аэродинамическая труба переменного давления – variable-pressure wind tunnel
аэродинамическая труба переменной плотности – variable-density wind tunnel
аэродинамическая труба периодического действия, работающая от баллонов со сжатым воздухом – blow-down wind tunnel
аэродинамическая труба прямого действия – non-return flow wind tunnel
аэродинамическая труба с закрытой рабочей частью – closed throat wind tunnel
аэродинамическая труба с открытой рабочей частью – atmospheric tunnel; free-jet tunnel; open-jet wind tunnel, open-throat wind tunnel
аэродинамическая труба с приводом от РТД – jet-driven wind tunnel
аэродинамическая труба эжекторного типа – induced flow wind tunnel, injector-driven-type wind tunnel
аэродинамически затененная поверхность – blanketing area
аэродинамические весы – aerodynamic balance, wind tunnel balance
аэродинамические органы управления – air controls
аэродинамические характеристики – aerodynamic properties
аэродинамические характеристики самолета – airplane aerodynamics
аэродинамический – aerodynamic
аэродинамический гребень – boundary-layer fence, flow fence, stall fence
аэродинамический коэффициент – aerodynamic coefficient
аэродинамический нагрев – aerodynamic heating, kinetic heating
аэродинамический расчет – design aerodynamics
аэродинамический руль – aerodynamic controller
аэродинамический тормоз – aerodynamic brake, speed brake
аэродинамический фокус – aerodynamic center
аэродинамический шаг – zero torque pitch
аэродинамическое воздействие – aerodynamic action
аэродинамическое возмущение – aerodynamic braking
аэродинамическое качество – aerodynamic cleanness, aerodynamic efficiency, fineness, lift-drag ratio, lift-over-drag, L/D
аэродинамическое совершенство – aerodynamic cleanness, aerodynamic fineness
аэродинамическое сопротивление – aerodynamic drag, air drag
аэродинамическое торможение – aerodynamic braking
аэродинамическое уравновешивание (воздушного винта) – aerodynamic balance
аэродинамическое явление – aerodynamic action
аэродром – airdrome, airfield, field
аэродром внутренних авиалиний – domestic airfield
аэродром выгрузки – port of aerial debarkation
аэродром вылета – takeoff airdrome
аэродром отправления – takeoff airdrome
аэродром погрузки – port of aerial embarkation
аэродром погрузки или выгрузки – air terminal
аэродром посадки – landing airdrome, terminal airdrome
аэродром предполагаемой посадки – airdrome of intended landing

аэродром приема рейсовых самолетов – receiving airdrome
аэродром с дерновым покрытием – grass field
аэродром с рассредоточенными местами стоянок самолетов – dispersal airfield
аэродромная аварийная команда – breakdown gang
аэродромная аварийная машина – crash apparatus, wrecker
аэродромная аварийная тормозная установка – arrester, crash barrier, emergency arresting gear, runway arrester, runway overrun barrier
аэродромная аварийная тормозная установка с низким барьером – undercarriage arrester
аэродромная аварийная установка – runway barrier
аэродромная аварийно-спасательная машина – airfield crash tender
аэродромная вакуум-уборочная машина – vacuum runway cleaner
аэродромная диспетчерская вышка – airdrome control tower
аэродромная диспетчерская служба – airdrome control, airdrome control service
аэродромная и трассовая обзорная радиолокационная станция – airport and airways surveillance radar, AASR
аэродромная командная связь – airfield control communication
аэродромная метеорологическая станция – airdrome meteorological station, airport meteorological station
аэродромная пожарная команда – airfield firefighting
аэродромная пожарная машина – airfield fire tender
аэродромная радиолокационная служба УВД – terminal radar service
аэродромная радиостанция командной связи с самолетами (авиадиспетчерской связи) – airdrome control radio station
аэродромная РЛС – airdrome (airfield) radar
аэродромная сеть – airdrome network
аэродромная система связи – airfield communications system
аэродромная служба полетной информации – AFIS, airdrome flight information service
аэродромная точка проверки маяка ВОР – VOR airdrome check point
аэродромное (техническое) обслуживание (ВС) – airfield maintenance
аэродромное движение (все движение на маневренной площадке аэродрома и все воздушные суда в полете вблизи аэродрома) – airdrome traffic
аэродромное оборудование – airdrome equipment
аэродромное питание самолета электроэнергией – external power supply
аэродромное покрытие – airfield surfacing
аэродромное снегоуборочное оборудование – airfield snow removal equipment
аэродромное тормозное устройство – barrier
аэродромные огни приближения – airdrome approach lights
аэродромные средства обеспечения самолетовождения – air base navigation aids
аэродромные средства радиолокационного управления заходом на посадку – airdrome radio approach aids
аэродромный автотопливозаправщик – airfield fuel servicing truck
аэродромный вращающийся светомаяк – airdrome rotating beacon
аэродромный всенаправленный ультракоротковолновый радиомаяк – terminal VHF omnidirectional range
аэродромный диспетчерский пункт – airdrome reporting office
аэродромный заградительный маяк – airport danger beacon
аэродромный заградительный светомаяк – airdrome danger beacon, airdrome hazard beacon
аэродромный источник питания – outside power unit, ground power
аэродромный маяк – airport beacon
аэродромный механик – field mechanic

аэродромный наземный обслуживающий персонал – ground men
аэродромный огонь заграждения – airdrome obstruction light
аэродромный ориентир – airdrome reference point, ARP
аэродромный отражатель сквозной конструкции – vane blast fence
аэродромный приводной радиомаяк – airdrome location beacon
аэродромный пункт для диспетчерских донесений по вопросам движения самолетов – airdrome control reporting office
аэродромный пункт или пост управления – airdrome control point, ACP
аэродромный радиотелетайп – radioteletypewriter terminal equipment
аэродромный светомаяк – airdrome beacon, airport beacon
аэродромный топливозаправщик – refueling tender
аэродромный узел – airdrome network, airport complex
аэродромы, авиатрассы и наземное оборудование – AGA (airdromes, air routes and ground aids)
аэрологическая карта – altitude map
аэрологические данные – upper-air data
аэрологическое наблюдение – upper air observation
аэромеханика – aeromechanics
аэронавигационная карта – aerial map, aeronautical chart, air navigation chart, air navigation map, navigation chart
аэронавигационная карта воздушных подходов – aeronautical approach chart
аэронавигационная карта для оперативного планирования – aeronautical planning chart
аэронавигационная карта для полетов на большие расстояния – long-range air-navigation chart
аэронавигационная карта мира – world aeronautical chart
аэронавигационная карта ограниченного района – local air-navigation map
аэронавигационная картографическая сетка – navigational grid
аэронавигационная климатологическая информация – aeronautical climatological information
аэронавигационная комиссия (ИКАО) – Air Navigation Commission, ANC (ICAO)
аэронавигационная маршрутная карта – aeronautical route chart
аэронавигационная миля (1853.2 м) – aeronautical mile
аэронавигационное законодательство – air navigation legislation
аэронавигационное оборудование на маршруте – air route facilities
аэронавигационное средство – aid to navigation, NAVAID
аэронавигационное управление (ИКАО) – Air Navigation Bureau, ANB (ICAO)
аэронавигационные данные – aeronautical data, air data
аэронавигационные средства – air navigation aids
аэронавигационные элементы – aeronautical data
аэронавигационный – aeronautical, air navigation, navigational
аэронавигационный (свето)маяк – aeronautical beacon
аэронавигационный бортовой визир – periscope drift angle sight
аэронавигационный вычислитель – air navigation computer
аэронавигационный наземный огонь – aeronautical ground light
аэронавигационный огонь – aeronautical light, aircraft navigation light, navigation light, position light
аэронавигационный план – air navigation plan
аэронавигационный район – air navigation region
аэронавигационный светомаяк – aeronautical light beacon
аэронавигационный треугольник скоростей – triangle of velocities
аэронавигация – aeronavigation, air navigation, navigation
аэронавтика – aeronautics
аэропорт – air terminal, airport
аэропорт без радиолокационных средств – nonradar airport

аэропорт вспомогательной авиалинии – feeder category airport
аэропорт вылета – airport of departure, departure airport
аэропорт для вертолетов – heliport
аэропорт для приема и обслуживания реактивных самолетов – jet airport
аэропорт для реактивных самолетов – jetport
аэропорт заправки топливом – refueling airport
аэропорт назначения – airport of destination, destination airport
аэропорт отправления – departure airport
аэропорт прибытия – airport of destination
аэропорт разгрузки – airport of offloading
аэропорт с командно-диспетчерской системой – control airport
аэропорт с одним направлением взлетов и посадок – one-directional airport
аэропорт, через который осуществляется воздушное сообщение с зарубежными странами – airport of entry
аэропортовая зона – terminal area
аэропортовая и трассовая обзорная РЛС – airport and airways surveillance radar
аэропортовая радиолокационная станция для наблюдения наземных неподвижных и движущихся объектов в зоне аэропорта – airfield surface movement indication radar, ASMI
аэропортовое обслуживание – airport service
аэропортовый тариф – airport tariff
аэростат – air balloon, balloon
аэростат заграждения – balloon
аэростат с оборудованием для определения характеристик атмосферы и дистанционной передачи результатов измерений на землю – balloon sounding
аэроупругость – aeroelasticity
аэрофинишер – arrester
аэрофотоаппарат для маршрутной съемки – strip camera
аэрофотоаппарат для перспективной съемки – oblique camera
аэрофотосъемка – air survey

Б

багаж – baggage, luggage
багажная бирка – baggage tag
багажная кабина – baggage cabin
багажная тележка – baggage cart, baggage truck
багажник – baggage hold, hold, luggage compartment, luggage hold
багажное отделение – luggage compartment, luggage hold
багажное помещение – baggage compartment
багажный люк – baggage hatch
багажный отсек – baggage compartment
багажный погрузчик – baggage loader
багажный тариф – baggage rate, excess baggage rate
багажный транспортер – baggage way
багажный ярлык – baggage label
база – base
база колесного шасси – wheelbase
база шасси – landing gear wheel base
базировать – station
базирующийся на корабле – deck-based
базис – reference
базисная карта – chart base
базовая линия – horizontal center line, reference line
базовая линия (ЛОРАН) – base line (LORAN)
базовый аэродром – base airdrome
байт (обработка данных) – byte (data processing)
бак – cell, container, tank
бак для запасного топлива – reserve tank
бак для подачи топлива самотеком – fuel gravity tank
бак заправщика – servicing tank
бак с автоматическим регулированием уровня – self-priming tank
бак с наддувом – pressurized tank
бак с отдельными отсеками – cell-type tank
баковый топливомер – tank fuel indicator
бак-отсек – integral tank
балансир – lever, rocker
балансировать самолет для полета с брошенным управлением – trim the aircraft to fly «hands-and-feet off»
балансировка – balancing, trim
балансировка в горизонтальном полете – horizontal trim
балансировка самолета – operational trim
балансировочная нагрузка на хвостовое оперение – balancing tail load
балансировочная характеристика – trim characteristic
балансировочный угол атаки – trim angle
балансировочный угол отклонения руля высоты – elevator angle to trim
балансовый усилитель – balanced amplifier
балка – beam, frame
балка, работающая на срез – shear beam
балл – rating
балл облачности – amount of clouds, cloud amount
баллон – balloon, chamber, cylinder, envelope
балочное шасси – cantilever undercarriage
банкнота – bill
бар (единица давления) – bar
барабан – cylinder
барабан управления триммером – flap-operating drum
барическая ложбина – trough, trough of low pressure
барическая навигация – pressure pattern flying, pressure pattern navigation
барическая система – isobaric field, pressure pattern, pressure system
барическая ступень – height of unit decrease
барические линии положения – pressure lines of position, PLOP
барический градиент – pressure gradient
барический максимум – pressure maximum
барический минимум – pressure minimum
барический центр – center of pressure
барограмма набора высоты – climb curve
барограмма подъема – climb curve
барограф – altitude recorder, barograph
барокамера – altitude chamber, pressure chamber
барометр – bar, barometer, weather indicator
барометр-анероид – aneroid, aneroid barometer

барометрическая (абсолютная) высота – barometric altitude
барометрическая высота – barometric elevation, pressure altitude
барометрическая высота (относительная) – barometric height
барометрическая высота эшелона полета – flight level pressure altitude
барометрическая камера – decompression chamber
барометрическая тенденция – barometric tendency
барометрические приборы – Pitot static instruments
барометрический – bar, barometer, barometric
барометрический высотомер – barometric altimeter, pressure altimeter, pressure altitude indicator
барометрическое давление – barometric pressure, BP
барометрическое реле – barometric switch
барореле – barometric switch, pressure switch
баросигнал – pressure signal
баротравма – barotrauma
барсение (летные маневр) – porpoising (flight maneuver)
барьер – barrier
барьер аэродромной аварийной тормозной установки – crash barrier
басс – aileron buzz
батарея – battery, cell
бафтинг – buffeting
бафтинг хвоста – tail buffeting
башня – tower
башня для астрономических наблюдений – astrodome
бегущий огонь – sequence flasher
бедный (о горючей смеси) – lean
без происшествий – incident free
без участия пилота – hands-off
безаварийность – zero accident rate
безаварийные полеты – accident-free flying
безаварийный – incident free, troubleproof
безбилетный пассажир – stowaway
безбликовое освещение – glare-free illumination
безветрие – no wind
безвихревой – potential
безвоздушное пространство – free space
бездействующий – inoperative, idle
безмоторный полет – engine-off flight, idle flight, powerless flight
безмоторный полет вертолета на режиме самовращения – power-off flight
безнапорный воздухоприемник – non-ramming airscoop
безномерная накладная (дубликат первоначальной накладной) – dummy air waybill
безоблачно – SKC, sky clear
безоблачное небо – ceiling unlimited, unlimited ceiling
безопасная взлетная дистанция – safe takeoff distance
безопасная высота над препятствием – clean-up height
безопасная высота полета над препятствием – safety vertical clearance
безопасная высота пролета над препятствием в секторе глиссады – glide-path sector obstacle clearance
безопасная для человека высота – physiologically safe altitude
безопасная загрузка – safe loading
безопасная зона вокруг стартовой площадки – fallback area
безопасная нагрузка – fail-safe load
безопасная посадка – safe landing
безопасная скорость отрыва от земли – takeoff safety speed
безопасное стекло – laminated glass
безопасность – safety
безопасность пассажиров при аварийной посадке – crashworthiness
безопасность полета – flying safety
безопасность полетов – air safety, flight safety
безопасный – fault-free, safe
безопасный потолок при остановившемся двигателе – emergency ceiling
безосколочное стекло – laminated glass
безотказный – trouble-free
безразмерный – dimensionless
безубыточное значение (величина) – break-even point
безубыточность – breakeven
безубыточный коэффициент загрузки (самолета) – breakeven load factor
безударный – unshocked
безударный профиль – shock-free airfoil

безусловный – absolute
белая карточка – свидетельство на право полетов по приборам – white (instrument) card
бензин – gas, gasoline, petrol
береговая линия – shoreline
бескамерный пневматик – tubeless tires
бескомпрессорный ВРД – athodyd
бесконечно большая ответная реакция – infinite control
бесконечно большое отношение – infinite ratio
бесконечно малая величина – infinitesimal
бесконечно малый – infinitesimal
бесконечное крыло – infinite wing
бесконечное удлинение крыла – infinite aspect ratio
бесконечный – infinite
бесконечный размах – infinite span
бесконсольное (неубирающееся) шасси – cantilever landing gear
бескрылый вертикально взлетающий ЛА с воздушными винтами – procopter
бесперебойный – fail-safe, troubleproof
беспилотный (радиоуправляемый) самолет – drone
беспилотный самолет – pilotless aircraft, robot aircraft, robot pilot aircraft, unmanned aircraft
бесплатное обслуживание – free service
бесплатный – free
беспорядочно действовать рычагами управления – slam the controls around
беспосадочный – non-stop
беспосадочный перелет – point-to-point flight, single-section flight
беспосадочный полет – continuous flight, non-stop flight, straight run
беспошлинные товары – duty-free goods
беспошлинный (груз) – customs-free
бесступенчатое регулирование тяги – continuously variable thrust control
бесфорсажная тяга – dry power
бесхвостая схема – all-wing layout
бесхвостый самолет с треугольным крылом – delta aircraft
бесшовная конструкция – jointless structure
бесшовный – jointless
бесшумно работающий двигатель – silent-running engine
бетон – concrete
бетонированная взлетно-посадочная полоса – concrete runway
бетонированная ВПП – hard surface runway
бетонированная площадка для стоянки самолетов – hard standing
бетонировать – concrete
бетонная площадка – concrete apron
бетонное покрытие – concrete pavement
бетонное покрытие с утолщенными краями – thickened-edge concrete pavement
бетонный – concrete
биение – beat, knock, pulse, wobbling
биение лопасти – blade flapping
билет – ticket
билет в направлении «туда-обратно» – round-trip ticket
билет в одном направлении – one-way ticket, single ticket
билет на поездку в одном направлении – one-way ticket, single ticket
билет на самолет, следующий по круговому маршруту – circle trip ticket
билет по нормальному тарифу – normal fare ticket
билет с забронированным местом – ticket for the space reserved
билет с открытой датой – open-date ticket
билет, допускающий остановку в пути – stopover ticket, stopover
билетная касса – booking office, ticketing counter
билетный кассир – ticket agent
билль – bill
бинарно кодированный десятичный код – binary-coded decimal code
бипланная схема – biplane layout
бит – bit
битум – asphalt
благополучная посадка – safe landing
благоприятный ветер – fair wind
бланк декларации о валюте – currency declaration form
бланкер – warning flag
бленда – blind
ближайшее расчетное место – estimated next position
ближайший аэродром посадки – nearest landing field, NLF
ближе к борту – outboard
ближний маркер – inner marker

ближний маркерный маяк – inner, inner marker, inner marker beacon
ближний приводной радиомаяк – inner locator beacon
ближняя приводная радиостанция – compass locator inner
ближняя приводная станция – inner locator beacon
блок – block, component, pack, unit
блок (ускорителей) – cluster
блок авиационной аппаратуры – avionics package
блок автоматического переключения (перехода на резервную систему) – autochangeover unit
блок автоматического сопровождения – automatic range unit, ARU
блок автоматического триммирования – automatic stabilizer trim unit
блок азимутального сопровождения – azimuthal tracking unit
блок ввода данных – data setting box, data-input unit, data-output unit
блок видеосигналов – video unit
блок включения огней ВПП – runway light activator
блок гидроакселерометров для определения пространственного положения – attitude gyro accelerometer
блок гиродатчиков системы отсчета – gyro reference package
блок дальности – range unit
блок датчиков вертикали – vertical reference unit
блок датчиков перегрузки – accelerometer unit
блок двухстепенных (прецессионных) гироскопов – angular rate control unit
блок записи – recording unit
блок запроса – interrogator component
блок измерительных приборов – measuring unit
блок индикатора дальности – range-indicator unit
блок индикации пути – track display unit
блок индикации углов – angular display unit
блок инерциальной системы отсчета – inertial physical package
блок интерфейса – interface unit, IFU
блок командного радиоуправления – radio command unit
блок компенсации воздействия ускорений – acceleration compensation unit
блок контроля – monitoring unit
блок контроля автоматической посадки – automatic landing monitor
блок контроля азимутального канала – azimuth monitor
блок контроля и индикации рассогласования подсистем – monitor and equalization display unit
блок контроля канала крена – longitudinal monitor
блок контроля режима работы – status monitor
блок навигационной вычислительной машины – navigation computer unit
блок навигационных приборов – navaid package
блок обмена информацией – data exchange unit
блок обнаружения отказа на режиме выравнивания – flare mode fail monitor
блок обработки – processing unit
блок обработки пассивных и активных радиолокационных данных – radar data and synthetic processor
блок обработки цифровой информации – digital processing unit, DPU
блок отработки сигнала – positioner
блок памяти – memory bank, memory unit
блок памяти полетных кадров – flight data storage unit
блок переключения режимов – mode control unit
блок переменной задержки – variable delay
блок поиска данных – data retrieval section
блок поиска команды – instruction retrieval section
блок преобразования координат – trackmaster
блок приема данных – data acquisition unit
блок приема и предварительной обработки информации – Zone Acquisition Unit, ZAU
блок программирующего устройства – program unit
блок радиодальномера – airborne ranging unit
блок развертки – scanner

блок РЛС – radar package
блок с аварийной защитой – crash-proof unit
блок с входными данными – initial values block
блок самолетного радиоэлектронного оборудования – black box
блок самописца – recorder package
блок связи – coupler
блок связи автопилота – autopilot coupler
блок связи автопилота с глиссадным приемником – glide-slope coupler
блок связи автопилота с курсовым приемником – localizer coupler
блок связи автопилота с радиомаяком – radio-beam coupler
блок связи автопилота с радионавигационной аппаратурой – radio-autopilot coupler
блок связи автопилота с радиоприемником системы посадки – approach coupler
блок связи автопилота с устройством автоматической посадки – autocoupler
блок связи и вычислитель данных для выравнивания – coupler and flare computer
блок связи с аппаратурой управления заходом на посадку – approach coupler unit
блок связи с каналом путевого угла – directional coupler
блок связи с радиосредствами – radio coupler
блок связи с системой автоматического захода на посадку – automatic approach control coupler
блок связи с системой наведения – guidance coupler assembly
блок сервопривода – servo-unit
блок синхронизации – timing unit
блок системы пространственной ориентации – attitude reference unit
блок согласования автоматики с характеристиками ВС – airframe characterization unit
блок сопровождения – astrotracker
блок сопровождения по дальности – range tracker
блок сопряжения или преобразования – interface
блок сравнительного контроля показаний приборов – instrument comparator monitor
блок управления – control box, control unit
блок управления выравнивания (при посадке) – flare controller
блок управления высотой – height controller
блок управления и индикации – control and display unit
блок управления и расчета посадки – Landing Control and Logic Unit, LCLU
блок управления обратной информации – data control unit
блок управления радиоаппаратурой – radio control
блок управления с ручкой самолетного типа – joystick package
блок усиления отклонения – deflection amplifier unit, DAU
блок ускорителей – boost cluster
блок хранения данных – data storage unit
блок числа М – Mach box
блоки автопилота – autopilot heading selector
блоки основных составных частей самолета – sub-assemblies
блокирование ориентирующегося колеса – castor locking
блокировать – block, chock, lock
блокировка – interlock, interlocking, locking
блокировка РУД – throttle interlocking
блок-скорость – mean velocity
блок-схема – block diagram
блок-чартерные перевозки – blocked-off charter
блочная конструкция – en-block construction
блочная система – building block system
блочный – all-in-one-piece, self-sufficient
блочный код – block code
блочный принцип конструирования – modular concept
блочный принцип постепенного усложнения системы – building block principle
бок – side
боковая зона глиссадного луча – sideband reference glide path
боковая колебательная неустойчивость – dutch-roll instability

боковая линия – sideline
боковая ошибка – cross-track bias, line error
боковая панель – side panel
боковая полоса безопасности – safety clearance zone, shoulder, sideline
боковая поправка – lateral correction
боковая приборная доска – side panel
боковая скорость – rate of sideslip
боковая составляющая силы тяги – side thrust
боковая составляющая скорости – cross velocity, lateral velocity, sideways velocity
боковая съемная стенка кожуха – shroud
боковая точка измерения шума – lateral noise measurement point
боковая устойчивость – lateral stability, stiffness in yaw
боковое выкатывание – run-off
боковое движение – lateral mode of motion
боковое зрение – peripheral vision
боковое остекление – side panel
боковое отклонение – off-range distance
боковое отклонение от заданного маршрута – bias, cross range (cross-track) error
боковое отклонение от путевой линии – across-track error
боковое скольжение – sideslipping
боковое смещение – lateral misalignment
боковое уклонение – course-line deviation, cross-track error, lateral deviation
боковое усилие на ручке – aileron pressure, lateral effort
боковое ускорение – lateral acceleration, side acceleration, transverse acceleration
боковое эшелонирование – lateral separation, separation across track, track separation
боковой – lateral, off-axis, off-center, side
боковой ветер – cross-wind, quartering wind, side wind
боковой воздухозаборник – side intake
боковой гироскопический уклономер – lateral gyroscope drift indicator
боковой лепесток – side lobe
боковой маневр – sideslip maneuver, yaw-roll maneuver
боковой порыв – side gust
боковой пульт – side panel
боковой пульт пилота – pilot's side panel
боковой скос потока – sidewash
боковой снос – side drift
боковой стабилизатор – lateral fin
боковой угол – lateral angle
боковые стекла – side-vision window
боковые усилия на ручке управления – lateral stick force
бокс – cell
бокс для гонки двигателей – engine run-up cell
болванка – solid
болтанка – bump, bumpiness, bumpy air, bumpy weather, rough air, turbulent air
большая «коробочка» – large circle
больше обычного размера – outsized
большой – heavy
большой дальности – long-range
большой критический угол атаки – high stalling incidence
большой круг – great circle
большой отрицательный угол тангажа – large nose-down attitude
большой угол атаки – high angle of attack, high incidence
большой шаг (воздушного винта) – coarse pitch (of propeller)
борт – board, edge, flange
бортврач – flight surgeon
бортжурнал – logbook
бортинженер – engineering pilot, flight engineer, panel operator
бортмеханик – flight engineer, flight mechanic
бортовая аппаратура – airborne installations, board installation
бортовая вычислительная машина – aircraft computer
бортовая комплексная система регистрации данных – aircraft integrated data system
бортовая комплексная система сбора и регистрации данных – airborne integrated data system
бортовая навигационная система – airborne navigator
бортовая погода – aircraft meteorological report
бортовая проверочная установка – air-system interrogator
бортовая радиостанция – aircraft radio station, on-board station
бортовая радиоэлектронная аппаратура – avionics hardware

бортовая система сбора и регистрации данных – ADARS, Airborne Data Acquisition and Recording System
бортовая сумка с инструментами для текущего ремонта – flying kit
бортовое оборудование – airborne equipment, aircraft equipment
бортовое оборудование радиодальномерной системы Ребекка – Rebecca system
бортовое оборудование с повышенными характеристиками – uprated avionics
бортовое счетно-решающее устройство – airborne (digital) computer
бортовое устройство для обработки данных – on-board data processor
бортовое устройство ночного видения – airborne night observation
бортовое электропитание – on-board electrical power
бортовой – air-based, inboard, on board; built-in, self-contained
бортовой (аэронавигационный) огонь – aircraft light
бортовой (самолетный) маяк – airborne beacon
бортовой аварийный приводной радиомаяк – emergency location beacon, ELBA
бортовой аварийный радиомаяк – crash locator, crash locator beacon
бортовой аэронавигационный огонь – running light, side running light
бортовой видеокоррелятор – in-flight video correlator
бортовой визир – drift indicator, drift-angle sight
бортовой журнал – aircraft log, flight log, journey log-book, log
бортовой имитатор команд телеуправления – supervisory control panel
бортовой компьютер – aircraft computer
бортовой коносамент – board bill of lading
бортовой навигационный визир для пеленгования и определения путевой скорости и угла сноса самолета – drift plate
бортовой огонь – side light
бортовой паек – food ration kit
бортовой передатчик – airborne transmitter
бортовой прибор – board instrument
бортовой приемо-передатчик – airborne transceiver
бортовой радиолокатор – airborne radar
бортовой радиоприемник – airborne receiver
бортовой регистратор – airborne recorder
бортовой самописец – flight recorder, flight recorder unit
бортовой самописец пройденного пути и положения самолета на карте – flight log
бортовой самописец радиозонда – airborne radiosonde recorder
бортовой самописец условий катастрофы – crash radio recorder
бортпитание – catering
бортприпасы – stores
бортпроводник – cabin attendant, cabin crew member, steward
бортпроводники – cabin crew personnel
бортпроводница – air hostess, cabin crew member, stewardess
бортрадист – air wireless operator, flight radio operator
бортрадист, работающий на радиотелефоне – flight radio telephone operator
борьба с шумом – noise abatement, noise abatement control
бочка (фигура высшего пилотажа) – double-snap roll, wing-over
брать (тянуть) ручку на себя – apply back pressure
брать курс (на) – head
брать пробы – sample
бреющий полет – low-level flight
бригада – team
бригада специалистов по расследованию авиационных происшествий – accident investigation team
бригада технического обслуживания – maintenance party
Британская ассоциация независимых компаний воздушного транспорта – British Independent Air Transport Association, BIATA
британская тепловая единица – British thermal unit, BTU

британское среднее время – British mean time, BMT
бронирование – reservation
бронирование (с продажей билета) – booking
бронирование грузов и почты на международных линиях – international freight and mail bookings
бронирование мест – seat reservation
бронирование мест для пассажиров на внутренних линиях – domestic passenger booking
бронирование тоннажа – booking of space
бронировать билет – book
бронь не запрашивалась – space not requested
бронь подтверждена – space confirmed
брошенное управление – free controls, hands-off control
брошенные педали – free pedals
брус – beam
брусок – bar
брызги – spray
"будет выполнено" – wilco (will comply)
будущий – forward
"будьте на приеме" – stand by
буква – character
буква, обозначающая класс аэропорта (по классификации ИКАО) – airport reference letter
буквенно-цифровая индикация – alphanumeric display, alphanumeric indication
буквенно-цифровой – alphanumeric
буквенно-цифровые обозначения – alphanumeric characters (alphanumerics)
буквопечатающая связь – printed communications
буквопечатающий аппарат – printer
буквопечатающий радиотелеграфный аппарат – radioteletype, RTT
буквопечатающий радиотелефонный аппарат – radioteleprinter
буквопечатающий телеграфный аппарат – telegraph printer set
буксир – tow
буксирное устройство – towing attachment
буксировать – tow
буксировка – hauling, tow
буксировочный узел – towing attachment
буря – storm
бустер – actuator, actuator motor, flight control surface actuator, force motor, power control jack, servo, servo power
бустер руля высоты – elevator actuator
бустер руля направления – rudder jack, rudder servo
бустер элерона – aileron actuator
бустерная система управления – power-assisted control system, power-boosted control system, powered control system, stick-and-power control circuit
бустерная система управления, не имеющая ручной дублирующей системы – full powered control
бустерное управление – powered control
буфер – buffer, bumper
буферная зона – buffer zone
буферное запоминающее устройство – buffer
буферный усилитель – buffer amplifier
быстро устанавливающийся холостой ход – fast idle
быстродействующая система погрузки – quick-loading system
быстродействующий – high speed
быстродействующий прибор – quick-response instrument
быстрое отсоединение – quick disconnect
быстрое согласование компаса – compass fast slave
быстроразъемный – quick-coupled
быстросменный модуль – quick-change module
быстрота реакции – quick reaction capability
быстрота реакции пилота – pilot reaction time
быстрота реакции пилота при управлении – human-pilot control
быстроходный – high speed
быстрый разрыв – quick break
быть готовым и слушать – stand by
бюро – office
Бюро аэронавигации (международной гражданской авиации) – Air Navigation Bureau
бюро научно-исследовательских работ – office of research
бюро общественной информации – public information office
бюро опытно-конструкторских работ – office of development
бюро оценки – office of appraisal

бюро перспективного планирования – advanced planning office, office of long-range planning
бюро по бронированию мест на самолет – reservation office
бюро по обеспечению безопасности воздушного движения – Bureau of Aviation Safety, BAS
бюро погоды – weather bureau
бюро прогнозов погоды – weather central, Weather Forecast Center
бюро прогнозов погоды по трассе полета – airway weather central

В

в автономном режиме – off-line
в воздухе – aloft, in-mid-air, midair
в год – pa, per annum
в действии – operative
в задней полусфере – abaft
в зоне действия луча – on the beam
в лоб – dead ahead
в направлении к оси штопора – inspin
в направлении хорды – chordwise
в неавтономном режиме – on-line
в облаках и вне облаков – in and out of clouds, IAO
в перевернутом положении – inverted
в подветренную сторону – alee
в полете – aloft, en route, in-mid-air, mid course
в полете выше глиссады – fly-up
в полностью отклоненном вперед положении (о ручке, штурвале) – full-forward
в полностью отклоненном назад положении (о ручке, штурвале) – full-back
в пути – en route
в сторону – off
в тумане – fogged-in
в убранном положении (о шасси и закрылках) – clean
в увеличенном масштабе – scaled-up
в уменьшенном масштабе – scaled-down
в хвостовой части – abaft, aft
в час – p.h., per hour
вагон – car
важный – essential
вакуум – underpressure, vacuum
вакуумная аэродинамическая труба – low density wind tunnel
вал – shaft
вал управления рулем высоты – elevator control shaft
вал, соединяющий турбину и винт (в случае безредукторной передачи) – extension drive shaft
вальный привод – shafting
валюта – currency
валютная декларация – declaration of currencies
валютное регулирование – exchange control
валютный банк (в аэропорту) – delivery bank
валютный контроль – currency exchange regulation, exchange control
валютный курс – exchange rate, rate of exchange
вариант – alternative, development, version
вариант (ВС) – configuration, derivative
вариант модификации – counterpart
вариант первого класса – first-class arrangement
вариант плана полета – alternate flight plan
вариант секстанта с пузырьковой гировертикалью – octant
вариация – variation
вариометр – altitude-rate indicator, altitude-rate meter, climb indicator, climb-and dive indicator, rate of climb and descent indicator, rate-of climb indicator, rate-of-climb meter, rate-of-descent display, sink rate indicator, variometer, vertical speed indicator
вариометр с сельсинной передачей – transducing vertical speed indicator
ватт – w, watt
"ваше последнее сообщение понято и будет принято к исполнению" (ртс) – will comply, wilco
введение – imposition, injection
введение в действие – application
введение в зацепление – engagement
введение запрета на передачу – imposition of silence
введение поправки на ветер – windage, windage adjustment
введенный – infed
ввести в ангар (самолет) – bring in
ввод – input, lead-in
ввод (данных) – injection
ввод антенны – antenna lead
ввод в курсовой луч – intercept of the localizer beam
ввод в эксплуатацию – initiation into service
ввод данных – data input, data setting
ввод начальных условий – reset
ввод самолета в ангар – housing of airplane
ввод скорости – speed input
вводимая жидкость – injectant
вводимый – infed
вводимый вручную – manually-injected

вводить – infeed
вводить в зацепление – engage
вводить в штопор – spin
вводить ВС в крен – roll the aircraft into a bank
вводить ВС в эксплуатацию – put the aircraft into service
вводить данные – insert
вводить самолет в крутой разворот – kick
ввозимый груз – inward cargo
вдув (газа) – injection
вдуваемый газ – injectant
ведомая станция – slave, slave station
ведомость дефектов, подлежащих устранению – clean-up sheet
ведомство – agency
ведомый механизм – follower
ведущая станция – master station, master transmitter
ведущий – master
ведущий вал – driving shaft
ведущий кабель – leader cable
ведущий экипаж – operating crew
веерная диаграмма направленности – fan beam
веерный луч – fan beam
веерный маркер – fan marker, FM
веерный маркерный радиомаяк – fan marker beacon
вездеход – off-the-road vehicle
вексель – bill
вектор – vector
вектор ветра – wind vector
вектор воздушной скорости – indicated velocity
вектор коэффициента силы – force coefficient vector
вектор момента – moment vector
вектор набора высоты – climb vector
вектор относительной скорости – relative velocity vector
вектор путевой скорости – flight-path vector, ground vector
вектор силы – force vector
вектор силы тяготения – vector gravity
вектор скорости – velocity vector
вектор скорости изменения ускорения – jerk
вектор тяги – vectoring
вектор ускорения – acceleration vector
векторный аналоговый вычислитель – vector analog computer, VAC
величина – amount, amplitude, magnitude, quantity, value
величина Д – разница между показаниями радиовысотомера и барометрического высотомера – D-value
величина запаздывания – lag factor
величина изменения угла тангажа при выравнивании – amount of flare
величина отклонения – rate of deviation
величина отклонения ручки на себя – amount of back stick
величина погрешности – error figure
величина почасового ухода (гироскопа) – hourly drift rate
величина себестоимости – cost level
величина сноса – drift
величина эквивалентной нагрузки на одно колесо шасси – load classification number
величина, обратная тяговооруженности – thrust loading
вентилировать – air
вентилируемый бак – vented tank
вентиль – valve
вентилятор – blower, fan
вентилятор (воздушный винт), расположенный в кольцевом обтекателе – ducted fan
вентилятор для подачи охлаждающего воздуха – cooling fan
вентиляторная ступень (компрессора) – fan spool
вентиляционное отверстие – air outlet
верньер – vernier
верньерный двигатель – vernier
вероятность – probability
вероятность выживания – survival probability
вероятность захвата цели – lock-on probability
вероятность отказа – probability of failure
вероятность, выраженная в процентах – percentage probability
вертикал – vertical circle
вертикаль – vertical
вертикаль отсчета – vertical reference
вертикальная аэродинамическая труба – vertical spin tunnel
вертикальная координата пространственной системы координат – Z-coordinate

вертикальная линия – vertical
вертикальная линия сетки прямоугольных координат – grid meridian
вертикальная ось координат – vertical reference
вертикальная ось крена (самолета) – axis of yaw
вертикальная ось самолета – Z-axis
вертикальная скорость – vertical velocity
вертикальная скорость по вариометру – barometric attitude rate
вертикальная скорость подъема – climbing ability
вертикальная тяга, создаваемая поворотными соплами и подъемными двигателями – vectored/direct lift thrust
вертикальная шкала прибора – column, display column
вертикально взлетающий реактивный самолет – vertical takeoff jet
вертикально взлетающий самолет – vertical lift aircraft, vertical-rising aircraft
вертикальное оперение – rudder-fin unit
вертикальное упреждение – altitude lead
вертикальное упреждение (поправка) – elevation prediction
вертикальное хвостовое оперение – rudder trim control wheel, rudder trim tab, vertical tail, vertical tail surface
вертикальное эшелонирование – altitude separation
вертикальный – vertical
вертикальный взлет – no-run takeoff, vertical takeoff, VTO
вертикальный взлет и посадка – vertical takeoff and landing, VTOL
вертикальный гироскоп – vertical gyroscope
вертикальный градиент давления – pressure lapse rate, vertical pressure gradient
вертикальный градиент температуры – vertical temperature gradient
вертикальный киль – rudder fin
вертикальный маршрут – vertical track
вертикальный размер – height
вертикальный сдвиг ветра – vertical wind shear
вертикальный стабилизатор – vertical fin, vertical stabilizer, vertical tail fin
вертикальный учетверенный киль – quadruple fin
вертодром – heliport
вертолет – direction-lift plane, helicopter, rotor plane, windmill
вертолет с газотурбинным двигателем – turbine-powered helicopter
вертолет с двумя несущими винтами – dual rotor helicopter, twin-rotor helicopter
вертолет с одним несущим винтом – single-rotor helicopter
вертолет с реактивной струей на концах несущих лопастей – pressure-jet helicopter
вертолетная авиакомпания – helicopter carrier
вертопорт – heliport
верхнее воздушное пространство – upper airspace
верхние слои атмосферы – upper air, upper atmosphere, upper-air layers
верхний – upper
верхний диспетчерский район – upper control area
верхний диспетчерский район управления воздушным движением – upper traffic control area, UTA
верхний полюс Мира – elevated pole
верхний предел облачности – top overcast
верхний слой – surface course
верхний слой облаков – overcast, overcast clouds
верхний холодный фронт – upper cold front
верхняя атмосфера – upper atmosphere
верхняя граница облаков – cloud top
верхняя кромка облаков – cloud deck
верхняя кромка облачности – top layer
верхняя надстройка (фюзеляжа) – back fairing (of body)
верхняя область полетной информации – upper flight information region, UFIR
верхняя область управления движением самолетов – upper level control area
верхняя часть фюзеляжа – back
верхняя часть самолета – top
верхушка – cusp
вершина – peak, top
вершина выпуклости (двускатного поперечного профиля) – crown (of a camber)

вершина облачности – top
вершина профиля – crest
вершина траектории – vertex
вес – weight
вес или количество груза – cargo load
вес конструкции – dead load, dead weight, tare weight
вес моторных агрегатов и всего несъемного оборудования – fixed weight
вес планера самолета – structural weight
вес платной нагрузки – payload weight
вес пустого самолета – base weight, empty weight, weight empty
вес с полной нагрузкой – loaded weight
вес самолета без топлива – zero fuel weight
вес сухого двигателя и агрегатов – fixed power plant weight
вес топлива – fuel load
вес, принимаемый в расчетах на прочность – net weight
весовая компенсация – weight balance
весовая отдача – load ratio, structural factor, weight coefficient, weight ratio
весовая отдача ракетного двигателя – engine weight efficiency
весовая плотность – weight per unit volume
весовая сводка – weight report
весовая составляющая – weight item
весовое качество – structural factor
весовое отношение горючего и окислителя – fuel-to-oxidation ratio
весовое соотношение воздуха и горючего – air-to-fuel (ratio)
весовой расчет – weight-efficiency analysis
весовые и центровочные документы – weight and balance documents
вести (управлять) – steer
вести передачу для пеленгации самолета с земли – transmit for identification
вести поиск и спасение – search and rescue
вести самолет по земле – taxi
вести самолет точно по лучу курсового посадочного радиомаяка – make good the localizer
вестибюль – concourse
весы – balance, scale
ветвь траектории возвращения – inbound leg
ветвь траектории отправления – outbound leg
ветер – wind
ветер по высотам – upper winds, winds aloft
ветер у поверхности земли – ground wind, surface wind
ветер, поворачивающий против часовой стрелки – backing wind
ветреная погода – bumpy weather
ветровая загрузка ВПП – runway coverage of winds, wind coverage
ветровая нагрузка – wind effect, wind load
ветроуказатель – WDI, wind direction indicator, wind indicator
ветрочет – drift computer, vector computer
ветры основных румбов – cardinal winds
ветрянка – windmill
вечерние гражданские сумерки – evening civil twilight
вещевой мешок летно-подъемного состава – aviation kit bag
вещество – mass, material, matter
вещество в газообразном состоянии – vapor
взаимная модуляция – intermodulation
взаимная связь – correlation
взаимно замкнутый – interlocked
взаимно пересекающиеся силы – concurrent forces
взаимное влияние – interference
взаимное пеленгование – reciprocal bearing
взаимные помехи станций (при работе с микрофоном) – cross talk
взаимный контроль действий операторов – cross-referencing between operators
взаимодействие – coupling, interaction, intercoupling, interface
взаимодействие газа со стенкой – gas-surface interaction
взаимодействие крыла с воздушным винтом – wing-propeller interaction
взаимодействие крыла с корпусом или телом – wing-body interaction
взаимодействие крыла с фюзеляжем – wing-fuselage interaction
взаимодействие на пространственных телах – three-dimensional interaction

взаимодействие пилота и самолета – pilot-aircraft interfaces
взаимодействие пограничного слоя с ударной волной – boundary-layer skin wave interaction
взаимодействие струи со скачком уплотнения – jet-shock interaction
взаимодействие ударной волны с головным скачком уплотнения – head-on shock-shock interaction
взаимодействие человека и машины – man-machine interface, man-machine relationship
взаимодействие экипажа с ВС – crew-aircraft integration
взаимодействовать – interface
взаимодействующий объект – mate
взаимозависимость – interdependence, relationship
взаимозаменяемый – interchangeable
взаимоперпендикулярная установка – orthogonal mounting
взаимосвязанное (продольное и боковое) движение самолета в ответ на возмущение – cross-coupled control
взаимосвязанные движения – coupled motion
взаимосвязь – interaction, interconnection, intercoupling, interdependence, interface
взаимосвязь движений крена и рыскания – roll/yaw interaction
взаимоувязка – interface
взводить – cock
взлет – takeoff, TO
взлет «на пределе» – marginal takeoff
взлет «под колпаком» – hooded takeoff
взлет без ускорителя – non-assisted takeoff
взлет вне ВПП – off-runway takeoff
взлет и посадка с использованием воздушной подушки – ground effect takeoff
взлет и посадка с короткой дистанции – short takeoff and landing, STOL
взлет и посадка с разбегом и пробегом – tangential takeoff and landing
взлет или посадка – operation
взлет на форсаже – afterburner takeoff
взлет над препятствием – obstacle clearance takeoff
взлет по приборам – instrument takeoff
взлет при боковом ветре – crosswind takeoff
взлет при всех работающих двигателях – all-engine takeoff
взлет с (одним) отказавшим двигателем – engine (cut) out takeoff
взлет с боковым ветром – out-of-wind takeoff
взлет с высокогорного аэродрома – high-altitude take off
взлет с грунтовой полосы – off-runway takeoff
взлет с кратчайшим разбегом – maximum performance takeoff
взлет с максимальным весом – full-weight takeoff
взлет с максимальным полетным весом – full-gross-weight takeoff
взлет с неотклоненными закрылками – clean takeoff
взлет с ограниченной площади – spot takeoff
взлет с пересечения полос – intersection takeoff
взлет с полностью отклоненными закрылками – full-flap takeoff
взлет с помощью ракетного ускорителя – JATO, jet-assisted takeoff; RATO, rocket-assisted takeoff
взлет с помощью стартового двигателя – jet-assisted takeoff
взлет с разбегом – running takeoff
взлет с ракетным ускорителем – assisted takeoff
взлетать – take off
взлетевший – off
взлететь – get off, go aloft
взлетная дистанция – distance to clear, takeoff distance
взлетная дорожка – takeoff strip
взлетная мощность – maximum takeoff power, takeoff horsepower, takeoff output, takeoff power, takeoff power rating
взлетная мощность и/или тяга – takeoff power and/or thrust
взлетная мощность на уровне моря – sea-level takeoff rating
взлетная площадь – takeoff area
взлетная полоса – takeoff runway, takeoff strip
взлетная скорость – gateway speed, takeoff speed
взлетная траектория – takeoff path
взлетная тяга – takeoff power, takeoff rated thrust, takeoff thrust

взлетная тяга двигателя с впрыском воды – wet takeoff power
взлетное испытание – starting trial
взлетное положение – takeoff attitude, takeoff setting
взлетное положение (дросселя) – starting-up position
взлетно-посадочная полоса – flight strip, runway, runway strip
взлетно-посадочные операции – aircraft movements, traffic movements
взлетно-посадочные характеристики – takeoff and landing characteristics
взлетно-посадочный курс – runway direction
взлетные характеристики – takeoff ability, takeoff characteristics
взлетный вес – takeoff weight, TOWt
взлетный диапазон – takeoff range
взлетный конец ВПП – takeoff end of the runway
взлетный курс – takeoff heading
взлетный режим – overspeed condition; takeoff conditions
взлетный угол – takeoff angle
взлетный угол тангажа – liftoff attitude, takeoff attitude
взлеты и посадки – traffic movements
взлеты или посадки самолетов – aircraft movements
взрыв – blast
взрывать – blow
взрывная волна – blast
взрывная декомпрессия – explosive decompression
взятие на борт – pickup
взятие ручки на себя – application of aft stick, backward movement of the stick, backward stick action
вибратор – oscillator
вибратор ручки управления – stick-shaker (shaking) device
вибраторная антенна – dipole antenna
вибрация – buffeting, chatter, jar, jitter, oscillation, pulse, vibration
вибрация крыла – wing flutter
вибрация плоскостей управления – dither
вибрация хвоста – tail buffeting
вибрация шасси при пробеге – gear walking
вибрировать – chatter, oscillate
вибродатчик – vibration detector, vibration pickup
виброметр – vibration meter
вид – form, mode, view
вид без кожуха – phantom view
вид в перспективе – oblique view
вид в плане – plan view
вид в разрезе – cut-away
вид вещания – broadcast mode
вид движения рыскания – yawing mode
вид или способ индикации (отображения) – display mode
вид колебаний – mode
вид на горизонтально расположенные приборы – planned view
вид на приборную доску – head-down view
вид на приборы, отображающие движение ВС в горизонтальной плоскости – planned view
вид продольных колебаний – longitudinal mode
вид связанных колебаний – coupled mode
вид спереди – head-on view
вид тарифа – rate classification
вид устойчивости – stability mode
вид шкалы – dial presentation
вид эмиссии (радио) – class of emission
видеопередатчик – video transmitter
видеопланшет – video plotter
видеосигнал – video signal
видеочастота – video frequency
видимая форма небесного свода – apparent sky shape
видимое (угловое) расстояние – apparent distance
видимое изображение – visible image
видимость – visibility, vision
видимость (обзор) из кабины пилота – cockpit visibility
видимость в полете – flight visibility
видимость вдоль ВПП – runway visibility value, RVV
видимость вперед-вниз – over-the-nose visibility
видимость ВПП – runway visibility
видимость наличия и состояния самолетов – aircraft status record
видимость наружных ориентиров – outside visibility
видимость приборов – instrument visibility

видимость у земли – ground visibility
видимый – apparent, visible
видимый горизонт – apparent horizon, natural horizon, visible horizon
видимый ориентир – visible reference
виза – visa
виза на остановку – stop-over visa
визир – cursor, finder
визирование – sighting
визирование через несколько точек – alignment
визировать – collimate
визуализатор – visual attachment
визуальная аэронавигация – visual navigation
визуальная зона ожидания – visual holding point
визуальная индикация – visual display, visual indication, visual presentation
визуальная индикация или сигнализация – annunciation
визуальная навигация – contact navigation
визуальная ориентация – ground reference
визуальная ориентировка по наземным ориентирам – visual reference to the ground
визуальная пеленгация – visual ground fix
визуальная посадка – contact landing, visual landing
визуальная юстировка – visual alignment
визуально наблюдаемый ориентир – visual reference point
визуально определенное место ВС – pinpoint
визуальное наведение – visual guidance
визуальное опознавание самолета – aircraft recognition
визуальное определение места по земным ориентирам – visual ground fix
визуально-звуковое средство – audio-visual aid
визуально-звуковой радиомаяк – VAR, visual-aural range
визуальные метеорологические условия – visual meteorological conditions, VMC
визуальный – visual
визуальный заход на посадку – contact approach, visual approach, visual contact approach
визуальный индикатор – visual indicator equipment (VIE), visual indicator
визуальный индикатор захода на посадку – standard visual approach
визуальный индикатор посадочной глиссады – VASI landing aid
визуальный индикатор угла отклонения – visual clinometer
визуальный моделирующий стенд – visual simulator
визуальный ориентир – visible reference, visual cue
визуальный подход – visual contact approach
визуальный полет – contact flight, direct vision flight, visual flight (VF)
визуальный полет между облаками – flight between layers not on instruments
визуальный полет по кругу – visual circling
визуальный порог контраста освещенности – visual threshold of luminance contrast
визуальный порог освещенности – visual threshold of illumination
визуальный сигнал тревоги – visual alarm
визуальный сигнализатор состояния – annunciator
визуальный сигнализатор состояния (какой-либо цели) – annunciator indicator
визуальный сигнализатор срыва (сваливания) – visual stall warning device
вильчатая стойка носового колеса – nose-wheel fork
вина пилота в происшествии – pilot factor
винт изменяемого шага с электрическим управлением – electrical airscrew
винт прямой тяги – direct drive propeller
винт регулирования режима малого газа – idle adjusting screw
винт с приводом на конце лопастей несущего винта – tip driven rotor
винт со свободно колеблющимися лопастями – freely-flapping rotor
винт фиксированного шага – adjustable pitch propeller
винт, уравновешивающий реактивный момент – antitorque propeller

винтовая характеристика – propeller load curve
винтовой подъемник – screw jack
винтовой самолет – prop, propeller-driven aircraft
винтокрыл – flat riser, gyrodyne, rotary-wing aircraft, rotodyne, rotorcraft
винтокрылый летательный аппарат – rotary-wing aircraft
винтомоторная группа – engine-propeller unit, power unit, propelling plant
винтомоторное воздушное судно – rotor plane
винтомоторный самолет – prop-driven airplane, propeller airplane
вираж – bank, banked turn, turn
вираж в горизонтальной плоскости – horizontal bank
вираж в полете по приборам – blind flying bank
вираж на повороте РД – superelevation
вираж на спине – turn from inverted
вираж с креном и набором высоты – medium climbing turn
вираж с креном и с планированием – medium gliding turn
вираж с набором высоты – climbing turn
вираж с резким снижением – diving turn
вираж со спины – turn from inverted
висение – hovering
виток – loop, turn
вихревая нить – vortex trunk
вихревая область – eddy region
вихревая система – vortex system
вихревая система крыла – wing vortex system
вихревое движение – eddy, eddying
вихревое облако – eddy cloud
вихревое сопротивление – eddy-making resistance
вихревой – eddy, eddying
вихревой след – vortex sheet
вихревой след ВС – aircraft vortex
вихревой слой на части размаха – part-span vortex sheet
вихревые зоны – eddy currents
вихри у передней кромки – leading-edge vortices
вихри, сбегающие с корпуса – body vortices
вихрь – eddy, rotation, vortex (pl vortices), whirl
вихрь на наветренной стороне – windward eddy
ВИШ (воздушный винт изменяемого шага) – controllable (pitch) propeller
ВИШ-автомат – automatic propeller
вкладыш – bush, insert
включать – close, engage, switch on
включать автопилот – engage the pilot
включать в расписание – schedule
включение – cut-in, engagement, selection, switching
включение автомата тяги – autothrottle engagement
включение автоматики управления полетом по глиссаде – glide slope engagement
включение автопилота – autopilot engagement
включение двигателя – thrust application
включение системы стабилизации высоты – altitude hold engagement
включение тормозов – brake selection
включенный двигатель – engine on
включено – on
влага – moisture
влагосодержание – humidity
владелец – holder
влажность – humidity, moisture
влажность воздуха – air humidity
влажный – damp
влажный воздух – damp air, humid air
влияние – effect, influence
влияние близости земли – ground effect
влияние бокового ветра – crosswind effect
влияние нестационарного пограничного слоя – unsteady boundary layer action
влияние ограничивающих стенок – boundary constraint
влияние пограничного слоя – boundary-layer effect
влияние спутной струи – wake effect
влияние стенок (аэродинамической трубы) – wall action, wall constraint, wall interference
вместимость – bulk, capacity, volume
вместимость багажного отсека (самолета) – baggage capacity
вместимость грузового помещения – hold capacity
вмешательство – intervention

вмешательство пилота – pilot intervention
вмешательство третьей станции в работу двух других – break-in operation
вне – off
вне аэродрома базирования – off-base
вне базы – off-base
вне влияния земли – out of ground effect
вне расписания – non-scheduled
вне связи с внешними сигналами – off-line
вне станции – off station
внебазовый – off-base
внезапная разгерметизация (гермокабины, отсека) – explosive decompression
внекабинная визуализация – visual indication
внемаршрутный чартерный рейс – off-line charter
внесезонный тариф – off season fare
внесение поправок – updating
внесетевая связь – non-network communication
внесетевая станция – off-net station
внешнее лобовое сопротивление – extension drag
внешние воздушные сообщения – foreign air commerce
внешние закрылки – outboard flaps
внешние условия – environment
внешние факторы или воздействия – environment
внешний – ambient, external, off-base, surface
внешний край – perimeter
внешний осмотр самолета – walkaround inspection
внешний радиомаркер – outer marker, outer beacon
внешний слой – facing
внешний участок круга – outbound leg of circuit
внешний цилиндр амортизационной стойки шасси – landing gear upper tube
внешняя горизонтальная плоскость – outer horizontal surface
внешняя граница – perimeter
внешняя грань пограничного слоя – outer edge of boundary layer
внешняя параллельная прямая – outbound parallel track
внешняя рамка карданного подвеса – outer gimbal
внешняя торговля – foreign trade
внешняя часть крыла – outer main plane
внешняя часть несущей поверхности – outer main plane
вниз по потоку – downstream
вносить – update
вносить данные в формуляр – log
внутреннее давление – inflation pressure
внутреннее давление в пневматике – tire inflation pressure
внутреннее запоминающее устройство – internal memory
внутреннее оборудование кабины пилота – cockpit interior
внутреннее переговорное устройство – intercommunication
внутреннее скольжение – inward slip
внутреннее сопротивление двигателя – engine drag
внутреннее тело воздухозаборника – intake center body
внутренние воздушные сообщения (перевозки) – domestic air commerce
внутренние магистральные линии – domestic trunk lines
внутренний – inboard, inner, internal, on-line
внутренний аэродром (внутри страны) – domestic airfield
внутренний вираж (с положительной перегрузкой) – inside turn
внутренний к.п.д. – internal efficiency
внутренний канал воздухозаборника – inlet duct
внутренний кожух – inner casing, inner shell
внутренний контур – inner loop
внутренний конус – inner cone
внутренний маркерный маяк – inner marker beacon
внутренний маршрут – domestic route
внутренний объем контейнера – capacity of container
внутренний полет – domestic flight
внутренний тариф – domestic fare
внутренний цилиндр амортизационной стойки шасси – landing gear lower tube
внутренность – interior
внутренняя «память» – internal memory
внутренняя блокировка – interlock, interlocking

внутренняя воздушная линия – domestic airline, internal airline
внутренняя гильза – inner shell
внутренняя компоновка кабины пилота – cockpit interior
внутренняя неустойчивость – intrinsic instability
внутренняя отделка – interior
внутренняя поверхность свода – concavity
внутренняя прямая (по стандартной схеме полетов в зоне ожидания) – inbound track
внутренняя рамка – inner loop
внутренняя связь – intercom, intercommunication, interphone
внутренняя связь для экипажа (на самолете) – crew intercommunication
внутренняя часть – interior
внутриаэродромная проводная связь – inter-airdrome landline communication
внутригосударственная авиалиния – intra-state air carrier
внутриконтинентальные воздушные линии – inland air lines
внутритропический фронт – intertropical front
внутрифюзеляжный – inboard
внятность – audibility
вовлекающий – entraining
вовлеченный воздух – entrained air
вогнутая вертикальная кривая – sag
вогнутость – concavity
вогнутость у задней кромки – cusp of trailing edge
вода – water
водонепроницаемый – watertight
водоотталкивающая система – rain repellent system
водяная рубашка – water jacket
водяное охлаждение – water cooling
военная авиационная промышленность – military aircraft industry
военный центр обеспечения безопасности полетов – Military Safety Center
возбудитель тряски как признака сваливания – stall warning buffet inducer
возбуждать – induce
возврат – return
возврат груза – backhaul
возврат денег пассажирам – passenger refund
возврат сумм – refund
возвратно-поступательный – back-and-forth
возвратный – return
возвращать в центральное положение – centralize
возвращаться – head back
возвращаться в атмосферу – reenter
возвращающееся в атмосферу тело – reentry body
возвращение – return
возвращение в атмосферу – reentry
возвышать – elevate
возвышение – elevation
возвышение аэродрома относительно уровня моря – airdrome level
возвышение над плоскостью ограничения препятствия – penetration of obstacle clearance surface
возгорание – combustion
воздействие – influence
воздействие реактивной струи – jet induction
воздействующее устройство – actuator
воздух – air
воздух в нижнем слое атмосферы – surface air
воздух в области высокого барометрического давления – heavy air
воздух в пограничном слое – boundary-layer air
воздух второго контура – bypass air, ducted air
воздух высокого давления – high-pressure air
воздух для наддува – pressurized air
воздух для удаления влаги с лобового стекла – rain remover air
воздух низкого давления – low-pressure air
воздух противообледенительной системы – anti-icing air
воздух с умеренно порывистым ветром – moderate gusty air
воздух системы противозапотевания – defogging air
воздух, изменивший свое состояние – modified air
воздух, набегающий на самолет – air against airplane

воздух, нагретый за счет скоростного напора – ram-heated air
воздух, находящийся в равновесии – equilibrium air
воздух, отбираемый после компрессора – delivery pressure air
воздух, подаваемый под постоянным давлением – constant-pressure air
воздух, подогреваемый выхлопными газами – exhaust-heated air
воздух, поступающий в двигатель – inlet air
воздух, проходящий через первый контур двухконтурного двигателя – main air
воздух, сжатый за счет скоростного напора – ram air
воздуходувка – air blower, blower, fan blower
воздуходувная труба – blast pipe
воздухозаборник – air entry, air inlet, air intake, inlet port, intake, scoop
воздухозаборник в нижней части фюзеляжа – belly intake, belly scoop
воздухозаборник двигателя – engine intake
воздухозаборник ПВРД – ramjet inlet
воздухозаборник переменного сечения – variable-geometry intake
воздухозаборник с коническим центральным телом – conical intake
воздухозаборник с нерегулируемым конусом – fixed cone intake
воздухозаборник с острыми кромками – sharp-lip inlet
воздухозаборник с прямым скачком уплотнения – normal shock inlet
воздухозаборник с разделенной перегородкой – divided air intake
воздухозаборник с системой скачков уплотнения – multiple-shock inlet
воздухозаборник с центральным клиновидным телом – inlet wedge
воздухозаборник с центральным телом («иглой») – center-body air intake
воздухозаборник совкового типа – scoop inlet
воздухозаборник, использующий скоростной напор – ramming air intake
воздухозаборник, смещенный относительно оси двигателя – off-axis inlet
воздухонепроницаемый – airproof, airtight
воздухопровод – air manifold
воздушная болезнь – airsickness
воздушная дальность (произведение воздушной скорости на время полета) – air distance
воздушная диспетчеризация – air traffic control
воздушная заслонка – choke
воздушная зона аэропорта – terminal airspace
воздушная зона ожидания – holding pattern airspace
воздушная катастрофа – aircrash
воздушная крыльчатка – air impeller
воздушная линия – airline
воздушная миля – flight mile
воздушная миля (1.853 км) – air mile
воздушная навигация – aeronavigation, air navigation, AN, avigation
воздушная нагрузка – aerodynamic load
воздушная перевозка – air movement
воздушная почта – air mail
воздушная скорость – airspeed, AS
воздушная скорость захода на посадку – approach airspeed
воздушная скорость на входе в маневр (режим) – entry airspeed
воздушная струя – air blast
воздушная трасса – air track, airway, flight lane, lane
воздушная турбина – air turbine
воздушная яма – air pocket, down-draught, hole
воздушно движение – air traffic, AT
воздушное возмущение – aerodynamic disturbance
воздушное движение – air traffic
воздушное движение в направлении аэропорта – inbound air traffic
воздушное движение в районе аэропорта – airport traffic
воздушное движение на авиалиниях средней протяженности – medium stage traffic
воздушное движение на больших высотах – high-altitude traffic
воздушное движение на местных авиалиниях – territorial air traffic
воздушное движение, направленное в сторону от аэропорта – outbound aircraft

воздушное законодательство – air law
воздушное отопление – air heating
воздушное пиратство – air piracy
воздушное право – air law
воздушное пространство – airspace, midair
воздушное сообщение на внутренних авиалиниях – domestic air service
воздушное сопло – air nozzle
воздушное судно – aircraft, airship, vehicle, A, ACFT
воздушное судно в пассивном полете – coasting vehicle
воздушное судно с выпущенными шасси и закрылками – dirty configuration (of an aircraft)
воздушное судно с удлиненным фюзеляжем – stretched aircraft
воздушное судно-носитель – carrier
воздушное такси – air taxi
воздушное уплотнение – aero-seal
воздушно-реактивный двигатель с осевым компрессором – axial-flow jet (engine)
воздушно-реактивный двигатель – air breathing engine, air-feed jet engine, air-swallowing engine, atmospheric jet
воздушно-транспортное предприятие, совершающее нерегулярные воздушные перевозки по договорам – contract carrier
воздушные линии – air services, skyways
воздушные перевозки – air bridge, air traffic, air transport, commercial air transport, lift, skylift, traffic flow
воздушные перевозки грузов – air freight lift
воздушные перевозки по внутренним авиалиниям – interstate air transportation
воздушные перевозки по типу автобусных – bus service
воздушные перевозки с оплатой всех услуг – inclusive tour traffic
воздушные пути – skyways
воздушные сообщения – air carrier traffic, air services
воздушные сообщения по удешевленному тарифу – coach traffic
воздушный – aerial, air; pneumatic
воздушный баллон – pressure accumulator
воздушный винт – airscrew, fan, prop, propeller, propelling screw, screw, whirlwind, windmill
воздушный винт внешнего двигателя – outboard propeller
воздушный винт для больших скоростей полета – high-speed propeller, speed propeller
воздушный винт для вертикального подъема – elevating propeller
воздушный винт изменяемого шага – controllable (pitch) propeller, controllable airscrew, variable-pitch propeller (or airscrew)
воздушный винт левого вращения – left-hand airscrew
воздушный винт на поворотном крыле – tilt-wing propeller
воздушный винт переставного шага (с установкой шага на земле) – adjustable blade propeller
воздушный винт постоянного числа оборотов – constant-speed propeller
воздушный винт постоянного шага – constant-pitch airscrew
воздушный винт правого вращения – right-hand propeller
воздушный винт с автоматически изменяемым шагом – automatic propeller
воздушный винт с большим шагом – high-pitch airscrew
воздушный винт с быстрым поворотом лопастей во флюгерное положение – quick-feathering propeller
воздушный винт с гидравлически регулируемым шагом – hydro-pitch propeller
воздушный винт с гидравлически управляемым шагом – hydraulic propeller
воздушный винт с полыми лопастями – hollow type propeller
воздушный винт с редуктором – geared-down propeller
воздушный винт с фиксированными лопастями – fixed-blade propeller
воздушный винт со сверхзвуковой скоростью вращения – supersonic propeller
воздушный винт со съемными лопастями – detachable blade airscrew, detachable propeller

воздушный винт фиксированного шага – fixed pitch propeller
воздушный винт, приводимый через редуктор – geared airscrew
воздушный винт, работающий на режиме нулевой тяги – idling propeller
воздушный винт, установленный во флюгерное положение – feathering airscrew (propeller)
воздушный газовый руль – air vane
воздушный дефлектор – air baffle
воздушный дроссель – air throttle
воздушный канал – air entry
воздушный клапан – air valve
воздушный кодекс – air code
воздушный коллектор – air manifold
воздушный компрессор – air compressor
воздушный коридор – air corridor, corridor, flight lane
воздушный коридор для набора высоты – climb corridor
воздушный коридор над водным пространством – overwater corridor
воздушный кран – air cock, air switch
воздушный лайнер – airliner
воздушный лайнер для местных линий – commuter airliner
воздушный мост – aerobridge, air bridge, air lift, airlift
воздушный парад – flying display
воздушный паром – air-ferry
воздушный подход к ВПП – runway approach
воздушный подшипник – air bearing
воздушный порыв – gust wind
воздушный поток – air current, airflow, blow, moving air, wind blast
воздушный поток большой скорости – high-velocity air
воздушный поток, обтекающий крыло – wing air flow
воздушный поток, обтекающий самолет – air against airplane, air around airplane
воздушный радиатор – air cooler
воздушный руль – aerodynamic controller
воздушный стартер – air starter
воздушный тормоз – aerodynamic brake, dive brake, speed brake
воздушный тормозной щиток – air brake
воздушный транспорт – air bridge, air commerce, air transport, AT
воздушный участок взлетной дистанции – roundout distance
воздушный флот – air fleet, aircraft fleet
воздушный шар – air balloon, balloon
возможности авиационного транспорта, выраженные в тонно-милях – airlift ton-mile potential
возможности человеческого организма – human performance
возможность – capability
возможность появления грубой ошибки (в работе навигационной системы) – blunder factor
возможность применения – applicability
возможный – potential
возмущающий входной сигнал – disturbance (disturbing) input
возмущение – disturbance, perturbation, wash
возмущение атмосферы – bump
возмущение потока – flow disturbance
возмущение угла тангажа – pitch angle deviation
возмущенное движение бесконечно большой амплитуды – infinite control
возмущенный воздух – disturbed air
вознаграждение – incentive pay
возникновение – initiation
возрастать (об угле) – flare
возрастающая скорость – accelerated speed, accelerated velocity
войти в штопор – fall into spin
волна – wave
волна разрежения – rarefaction wave
волна разрежения (звуковой удар) – expansion wave
волна сжатия – compression wave, compressive wave
волна, огибающая земную поверхность – ground wave
волна, распространяющаяся вдоль земной поверхности – ground wave
волнистый – corrugated
волновая антенна – wave antenna
волновод – waveguide
волновое сопротивление – shock drag, surge impedance, wave drag
волновое сопротивление головной части – nose cone wave drag
волновое течение – wave flow
волновое явление – wave action
волновой – wave

волновой срыв – shock stall, shock-stalling conditions
волновой срыв потока – shock-induced separation
волокнистое облако – billow cloud
волоконно-оптическая система связи – fly-by-light
волочение – drawing
вооруженный захват ВС – hijacking
воронка взлета – takeoff funnel
воронкообразные облака – funnel cloud
ворот – hoist
Вортак (угломерно-дальномерная система ближней навигации, объединяющая дальномер системы Такан и измеритель азимута системы ВОР) – Vortac
воспламенение – combustion, combustion ignition, lighting, lighting-up
воспламенитель – igniter
восприимчивость – susceptibility
воспринимать – sense
воспринимающий элемент – sensor
восприятие – interpretation, pickup
воспроизведение – image, simulation
воспроизведение записанной информации – playback
воспроизведенный – simulated
воспроизводить в лабораторных условиях – simulate
восстанавливаемая система – restorable system
восстанавливающий момент – countermoment, counterrotating torque, restoring moment, righting moment
восстановить скорость – unstall the airplane
восстановление – reconstruction, recovery
восстановление безотрывного обтекания – stall recovery
восстановление давления – pressure recovery
восстановление давления в воздухозаборнике – inlet pressure recovery, intake pressure recovery
восстановление давления в скачке уплотнения – ramp recovery
восстановление информации – data recovery
восстановление курса – decrab
восстановление плавного обтекания – unstalling
восстановление скорости – speed recovery
восстановление траектории полета – flight-path reconstruction
восстановление управляемости – control recovery
восток – east
восточная девиация компаса – east compass error
восточное направление – easting
восточное поясное время – eastern time
восточное склонение – easterly variation
восточный – east
восход солнца – sunrise, SR
восходящая ветвь траектории – upleg, upward leg
восходящее движение – upside motion
восходящее течение – updraught
восходящие потоки воздуха – ascending current
восходящий воздушный поток – rising air current, rising gust, updraft
восходящий порыв – up gust
восходящий поток воздуха – ascending air, upcurrent
восходящий слой воздуха – thermal
восьмиразрядный код – eight-bit code
вошел в круг против ветра – on upwind leg
впадение – inflow
впадина – depression, sag
вперед – ahead, forward
впереди – ahead, forward
впотай – flush
ВПП (взлетно-посадочная полоса) – runway, runway strip, R/W, Rnwy
ВПП без запаса по длине – marginal runway
ВПП для вертолетов – hoverway
ВПП для инструментальной посадки – instrument runway
ВПП для самолетов любых типов – all-service runway
ВПП для точного захода на посадку – precision approach runway
ВПП захода на посадку по приборам – instrument approach runway
ВПП минимальной длины – runway of marginal length
ВПП с двускатным поперечным профилем – crowned runway
ВПП с дерновым покровом – sodded runway, sod-turf runway

ВПП с длиной «в обрез» – marginal runway
ВПП с измененной фактурой поверхности – textured runway
ВПП с искусственным покрытием – paved runway
ВПП с односкатным поперечным профилем – cross-sloped runway
ВПП со световым оборудованием – flare path
ВПП, ориентированная с востока на запад – east-west runway
впрыск – injection
впрыск топлива – fuel injection
впрыскиваемое вещество – injectant
ВПУ (внутреннее переговорное устройство) – intercommunication
впуск – inflow, inlet
впускное отверстие – inlet port
впускное устройство – intake
впускной клапан – delivery valve
врач летной службы – flight surgeon
врач, проводящий освидетельствование – medical examiner
вращательные производные устойчивости – rotary derivatives
вращательный – rotary
вращаться – spin
вращаться в противоположных направлениях – contrarotate
вращающая сила – angular force
вращающаяся зона срывного обтекания – rotating stall
вращающиеся лопатки – moving blades
вращающий момент – angular force, driving moment
вращающийся – rotary, swivel
вращающийся агрегат – rotating assembly
вращающийся маяк – rotating beacon
вращающийся пеленгатор – rotating direction finder
вращающийся радиомаяк – rotating radio beacon
вращающийся светомаяк – revolving beacon
вращающийся срыв – rotating stall
вращение – rotation, spin, torque
вращение (двигателя) – running
вращение (поворот) ветра против часовой стрелки – backing
вращение в направлении часовой стрелки – positive yawing
вращение воздушного винта – propeller running
вращение вокруг нормальной оси – yaw
вращение самолета вокруг поперечной оси – cabrage
вращение самолета относительно продольной оси – roll
вращение спутной струи винта – rotation of slipstream
вращение струи за винтом – rotation of slipstream
ВРД (воздушно-реактивный двигатель) – air breathing engine, air-feed jet engine, air-swallowing engine, atmospheric jet
вредное лобовое сопротивление – dead head resistance
вредное сопротивление – parasite power, parasitic drag
вредное сопротивление, обусловленное сжимаемостью – compressibility drag
временная потеря зрения или сознания (под воздействием нагрузок) – blackout
временная развертка – time base
временно пребывающее лицо – temporary visitor
временное авиационное сооружение – temporary aviation facility, TAF
временное навигационное предупреждение – temporary navigation warning
временное сопротивление – strength limit
временной автомат – time-delay device
временной механизм – timer, timing device
временно-частотный метод предотвращения столкновений – time/frequency (T/F) technique
временные приемлемые методы установления соответствия – provisional acceptable means of compliance
временный – auxiliary
временный аэродром – provisional airport
время – time
время «выбега» гироскопа – coast-down time
время (в часах) от уборки до установки колесных колодок – block hours

время активного полета ракеты – burning duration
время взлета – takeoff time, time of takeoff
время возникновения порыва ветра – gust formation time
время воспроизведения – playback time
время выборки данных (из запоминающего устройства) – access time
время выдачи информации – access time
время вылета – off time, time off
время выставки инерциальной системы – alignment time
время горизонтального полета – level flight time, LFT
время загрузки самолета – loading time
время задержки – time lag
время запаздывания – dead time
время запаздывания отраженных сигналов – radar reflection interval
время наземного обслуживания – ground handling time
время наземной тренировки по приборам – instrument ground time
время налета – flying time
время нарастания импульса – pulse rise time
время наступления темноты – darkness hours
время нахождения авиационного транспорта на аэродроме и в полете – aircraft ground and turn-round time
время начала выруливания на старт – taxi time
время начала разбега – starting time
время нечувствительности приемоответчика – transponder dead time
время оборачиваемости самолета – turnaround time
время оборота транспорта – operating turn-around time
время обратного хода (луча) – flyback
время отправки – time or origin
время отправления по расписанию – scheduled departure time
время передачи – transfer time
время по гринвичскому меридиану – universal time, T
время по Гринвичу – Greenwich meantime
время по расписанию – block-to-block time
время полета – flying time, flying time, time of flight (t.f.; t.of f)
время полета на буксируемом планере – aero-tow flight time in a glider
время полетов по приборам – instrument flight time
время полного выгорания топлива – fuel endurance
время посадки – time of landing
время пребывания на земле – on-ground time
время пребывания самолета под погрузкой – station time
время прибытия – t.a.; time of arrival
время прибытия по расписанию – DTOA, due time of arrival
время приемистости двигателя – acceleration time, engine (thrust) delay
время пробега – time of run
время пробега самолета – stick time
время простоя самолета – aircraft ground time
время прохождения – transit time
время прохождения импульса – pulse travel time
время работы – operation time
время работы (реактивного двигателя) – burning duration
время работы двигателя – combustion duration
время работы двигателя между переборками – engine overhaul life
время работы на режиме максимальной тяги – full-thrust duration
время работы на режиме малого газа – idling time
время реакции – response time
время регистрации (пассажиров) – check-in time (for passengers)
время ретрансляции – relay time
время самостоятельного полета – solo flight time
время спада импульса – pulse decay time
время срабатывания – response time
время старта самолета – takeoff time
время, затраченное на взлет – time of takeoff
время, затрачиваемое на аэродромное обслуживание и погрузку (разгрузку) самолета – ground turn-around time

время, затрачиваемое на посадку – time of landing
время, затрачиваемое на руление – taxi time
время, необходимое для взлета – time off
время, необходимое для набора высоты – time to altitude
время, необходимое для подъема самолета в воздух – takeoff time
время, необходимое для радиолокационного обнаружения и опознавания – radar lag time, RL
время, проведенное в полете – flying hours
ВС (воздушное судно) – ACFT (aircraft)
ВС с двигателями в вынесенных гондолах – podded aircraft
ВС с регулируемым вектором тяги – thrust-vectored aircraft
ВС с системой облета препятствий – terrain-following aircraft
ВС с экспериментальным оборудованием – flying laboratory
всасываемый в двигатель воздух – engine intake air
всасываемый воздух – intake air
всасывание – indraft, induction, suction
всасывающее устройство – intake
всасывающий – entraining
всасывающий патрубок – inlet duct
«все в порядке» – rodger
всеволновая антенна – all-band antenna
Всемирная организация здравоохранения – World Health Assembly
всемирная система географической координатной сетки – world geographic reference grid system
всенаправленная антенна – omnidirectional antenna
всенаправленный – isotropic, omni, omnidirectional
всенаправленный дальномер – omnibearing distance system, OBD
всенаправленный радиомаяк – omni, omnidirectional (radio) range, omnidirectional beacon, omnidirectional radio beacon, ORB
всенаправленный радиомаяк дальнего действия «Консол» – consol, Consol beacon, CON
всепогодная посадка – all-weather landing
всепогодная система наведения – all-weather guidance system
всепогодная эксплуатация – all-weather operations
всепогодный – all-weather
всесторонний – omni
ВС-имитатор цели РЛС – radar-simulated aircraft
вспениваться – foam
вспомогательная (ложная, носовая) нервюра – former (wing) rib
вспомогательная воздушная линия – feeder airline
вспомогательная ВПП, расположенная под углом к главной ВПП – cross-runway
вспомогательная перронная стоянка – satellite apron station
вспомогательная РЛС – gap-filler radar
вспомогательная силовая установка – airborne auxiliary power plant (AAPP), auxiliary power unit, boost power plant
вспомогательная система – accessory system
вспомогательная система энергопитания самолета – accessory power system
вспомогательная станция – tributary station
вспомогательная энергосистема – accessory power system
вспомогательное метеобюро – supplementary meteorological office, SMO
вспомогательное метеорологическое бюро – supplementary meteorological office
вспомогательное оборудование – auxiliary, handling equipment; maintenance facilities, service equipment
вспомогательные агрегаты двигателя – engine accessories
вспомогательные средства – aid
вспомогательный – associated, auxiliary; emergency; secondary
вспомогательный аэродром – auxiliary airdrome, satellite airfield
вспомогательный бак – intermediate tank
вспомогательный вал – intermediate shaft

вспомогательный двигатель – boost, boost propulsion
вспомогательный лонжерон – web
вспомогательный ракетный двигатель – auxiliary rocket engine
вспомогательный резервуар – intermediate tank
вспомогательный турбореактивный двигатель – turbojet booster
вспомогательный центр координации спасательных операций – Secondary Rescue Coordination Center, SRCC
вспомогательный центр координации спасательных работ – secondary rescue coordination center
вспомогательный шпангоут – intermediate transverse frame
вставка – insert
вставляемая на земле предохранительная чека – ground safety (-lock) pin
вставлять (деталь) – insert
вставная плата – plug-in board
встреча – interception
встречно-пересекающийся курс – collision course
встречные пути полета – reciprocal tracks
встречный – counter, opposite
встречный ветер – dead wind, head wind, twelve o'clock wind
встречный или неблагоприятный ветер – adverse wind
встречный курс – head-on course, opposite course
встроенная аппаратура самоконтроля – built-in test equipment
встроенное освещение – integral lighting
встроенный – built-in, self-contained; on-line
встроенный бак – integral tank
встроенный топливный бак – integral fuel cell
вступительный экзамен – acceptance test
ВС-цель для обучения операторов РЛС – radar-training aircraft
втекающий поток – inflow
вторгаться в воздушное пространство – penetrate
вторжение – penetration
вторжение холодного воздуха – cold-air outbreak
вторично запускать двигатель – reignite
вторичный – secondary
вторичный воздух – auxiliary air, secondary air
вторичный обзорный радиолокатор – secondary surveillance radar, SSR
вторичный радиолокатор – secondary radar
второй контур – fan duct
второй круг – second circuit
второй пилот – copilot, relief pilot, second pilot
второстепенный – auxiliary, secondary
второстепенный перевозчик – second-level carrier
втулка – bush, hub, insert
втулка воздушного винта – airscrew hub, propeller hub
втулка воздушного винта с механизмом установки во флюгере – feathering hub
втулка лопасти винта – hub socket
втулка несущего винта – rotor head, rotor hub
втягивать или укорачивать (телескопическое крыло) – retract
вход – access, diffuser, entry, inlet, input, intake, mouth
вход в автофлюгер – autofeathering
вход в воздушный порыв – gust entry, gust penetration
вход в глиссадный луч – glidepath (glideslope) capture
вход в зону урагана – storm penetration
вход в канал – duct inlet
вход в круг – pattern entry, traffic pattern entry
вход в курсовой луч – localizer intercept, localizer-beam capture
вход в луч – lockon
вход в луч глиссадного радиомаяка – glideslope beam entry
вход в луч курсового радиомаяка – localizer-beam entry
вход в плотные слои атмосферы – reentry
вход воздухозаборника – intake annulus
“входит в силу с ...” – with effect from..., WEF
входить в плотные слои атмосферы – reenter
входить в равносигнальную зону радиомаяка – zero in on the radio beacon
входить в соприкосновение – contact

входить в строй – come into operation, go into service
входить в штопор – spin
входная горловина – inlet throat
входная кромка воздухозаборника – intake lip
входная кромка ВПП – threshold
входная кромка диффузора – diffuser lip
входная кромка капота двигателя – engine cowling lip
входная мощность – power input
входная часть диффузора – diffuser inlet
входная часть сопла – nozzle inlet
входное окно – inlet port
входное отверстие – inlet, inlet port, mouth
входное сечение канала – duct inlet
входное сечение компрессора – compressor inlet
входной – infed
входной видеосигнал – video input
входной канал – inlet duct
входной коридор – approach lane
входной маркерный знак – threshold marker
входной патрубок – inlet connection, intake manifold
входной сигнал – radio input, signal input
входной сигнал автомата загрузки, пропорциональный скоростному напору – Q-feel input
входной сигнал балансировочного положения – trim position input
входной сигнал в виде угла отклонения руля высоты – elevator angle input
входной сигнал в виде усилия от руля высоты – elevator force input, external input
входной сигнал воздушной скорости – airspeed input
входной сигнал высоты – height input
входной сигнал датчика – sensing input
входной сигнал наклонной дальности – slant range input
входной сигнал от ручки управления – stick input
входной сигнал от системы автостабилизации – autostabilizer input
входной сигнал полного давления – Pitot input
входной сигнал системы управления триммером – trim circuit input
входной сигнал скорости – speed input
входной сигнал триммирования – trim input
входной скачок уплотнения – inlet shock wave
входной участок – entry
входной участок воздухозаборника – air entry
входной штуцер – inlet connection
входные аэродромные огни – end lights
входные ворота – gateway
входные данные – input data, inputs
входные данные о высоте – height input
входные маркировочные знаки на ВПП – runway threshold markings
входные огни – threshold lights
входные огни ВПП – approach threshold lights, threshold lights
входные пограничные аэродромные огни – approach lights
входные сигналы от пилота – pilot inputs
выбор – option, selection
выбор оптимального режима полета – flight management
выбор режима работы автопилота – autopilot mode selector
выборка – sampling
выборка данных – access
выборка информации – readout
выборка по группам – quota sampling
выборочная проверка – spot check
выборочная специальная метеорологическая сводка – selected special meteorological report
выборочные данные – sampled data
выборочный автоматический контроль – selective automatic monitoring
выбранная линия пути – intended track
выбранная траектория полета – intended flight path
выбранный профиль – intended profile
выбрасывание груза за борт – jettisoning
выброс – blip, pip
выверка – adjustment, centering, check
выверять – align
вывести (самолет) из ангара – bring out
вывести самолет из кабрирования – unstall the airplane
вывести самолет из крена – bring out
вывести самолет из критического положения – unstall the airplane
вывод – terminal

вывод ВС в заданную точку – positioning
вывод двигателя на рабочий режим – thrust buildup
вывод из глубокого срыва – deep-stall recovery
вывод из крена – roll-out
вывод из срывного режима – stall recovery
вывод искусственного спутника на заданную орбиту – satellite lift
вывод самолета из зоны аэродрома с помощью индикатора кругового обзора – plan position indicator departure
вывод самолета из штопора – recovery
вывод самолета по РЛС – radar positioning
выводить (самолет) на посадку – bring in for landing
выводить ВС на посадочный курс – talk in an aircraft
выводить по радиолокатору – track out
выводить самолет из срывного положения – unstall
выводная или вводная втулка – terminal
выводная или сливная труба – delivery pipe
выводная рулежная дорожка – exit taxiway, lead-off, taxiway exit
выводной канал – output cable
выводы – findings
вывозной полет – introduction
выгрузка – debarkation, unlading, unloading
выгрузка из самолета – deplanement
выгрузка, погрузка и подготовка самолета к взлету – turnaround
выдаваться – project
выдача – delivery, yield
выдача или получение сертификата полетопригодности Федерального авиационного агентства (США) – FFA certification
выдача результатов – readout
выдача свидетельств личному составу – personnel licensing
выдача свидетельства – licensing
выдача удостоверения – certification
выдвигать преграду – spoil
выдвижная монтажная лестница – extensible erecting ladder
выдвижной закрылок – extension flap
выделение денежных средств – appropriation
выделение цели на общем фоне – discrimination
выдерживание – holding, locking
выдерживание (заданного) курса – control of heading
выдерживание (самолета при посадке) – hold-off
выдерживание заданного курса ВС – heading steering
выдерживание заданного угла тангажа – pitch-attitude holding
выдерживание заданной высоты – altitude holding
выдерживание заданной глиссады – holding of the glide slope
выдерживание луча станции ВОР – radial tracking
выдерживание маршрута – track maintenance, track steering
выдерживание мощности двигателя – power maintenance
выдерживание направления по лучу маяка системы ИЛС – ILS beam holding
выдерживание направления с помощью инерциальной системы – inertial tracking
выдерживание самолета на линии пути – tracking guidance
выдерживать – hold, maintain, survive
выдерживать (самолет или вертолет) над землей – float
выдувать – blow
выемка – cut
выемка (вырез) для руля высоты – elevator bay
выживаемость – survivability
выживание – survival
выживание при аварии – crash survival
выживание экипажа – crew survival
выживать – survive
выжить при авиационной катастрофе – survive an accident
вызов – call, calling
вызов «вслепую» – call in the blind
вызов диспетчерской службы (КДП) – call to tower
вызов одной станции – single call
вызов по каналу «воздух – земля» – aircall
выйти на авиатрассу – enter airway

выкатывание за ВПП – overrun runway
выкатывание самолета за боковую линию ВПП – run-off
выкатывание самолета за пределы ВПП – overrun, roll-out
выключатель – breaker, switch
выключатель аварийной системы управления самолетом – emergency flap switch, emergency flight control switch
выключатель антиобледенения – de-icer switch
выключатель мотора коррекции гироскопа – torque switch
выключатель с автоматической задержкой времени – automatic time delay switch
выключатель сигнальной сирены – warning horn switch
выключать – disengage, shut dead off, shut off, switch off
выключать автопилот – disengage the autopilot
выключение – cutoff, shutdown, shutoff, switching
выключение двигателя – engine cutoff, flareout, propellant cutoff, thrust cutoff
выключение малого газа – idle cutoff
выключение питания – cutoff switch
выключенное положение – off-position
выключенный – disengaged, off
выключенный воздушный винт – dead propeller
выключенный двигатель – dead engine, dead stick, engine off, shut-down engine
вылет – departure, flyoff
вылетать за установленные пределы – overfly
вылетающий самолет – outbound
вылетевший – off
вынесенная на пилоне гондола – pod
вынесенная на пилоне гондола с реактивным двигателем – jet pod
вынесенное совместное расположение ВОР/ДМЕ – offset co-location VOR/DME
вынесенный индикатор кругового обзора – remote plan indicator
вынесенный указатель – remote indicator
вынесенный элерон – external aileron
выносливость – endurance, fatigue value, tolerance
выносливость (конструкции) – fatigue
выносливость человека – human tolerance
выносной индикатор кругового обзора – PPI repeater
вынуждать совершить посадку – ground
вынужденная посадка – compulsory landing, distress landing, emergency landing, forced landing
вынужденная посадка на воду – ditching
вынужденная посадка с выключенным двигателем – power-off emergency landing
вынужденная посадка с невыпущенным шасси – emergency wheels-up landing
вынужденное изменение маршрута – involuntary rerouting
вынужденное снижение – emergency descent
вынужденный – emergency
вынужденный возврат сумм – involuntary refund
вынужденный остаться на земле из-за неблагоприятных метеорологических условий – weathered-in
выпадение осадков – precipitations
выполнение полетов – aircraft operations
выполнение таможенных формальностей – customs clearance
выполнение фигур высшего пилотажа – stunting
выполненные тонно-мили – load ton-miles
выполненный грузооборот в тонно-милях – load ton-mile operated
выполненный коммерческий тонно-километр – revenue tonne-kilometer performed
выполненный неудачный заход – executed missed approach
выполненный тонно-километраж – tonne-kilometer performed
выполненный целиком на твердых телах – all-solid-state
“выполнил второй разворот” (ртс) – on down-wind leg
“выполнил первый разворот” (ртс) – on cross-wind leg
“выполнил третий разворот” (ртс) – on base leg
выполнить правый (левый) разворот – make right (left) turn
выполнять – execute

выполнять «коробочку» – make a rectangular pattern
выполнять движение тангажа – pitch
выполнять команду – slave
выполнять маневр – maneuver
выполнять несколько пробных заходов на посадку – bracket
выполнять отвлекающий маневр – feint
выполнять полет на эшелоне – maintain flight level
выполнять посадку или снижение на режиме авторотации – make an autorotation
выполнять фигуры высшего пилотажа – stunt
выпуклая поверхность крыла – cambered wing
выпуклость – camber
выпуск – delivery, discharge, exhaust, outlet, yield
выпуск (шасси, закрылков) – lowering
выпуск готового самолета с завода – roll-out
выпуск шара-пилота – pilot-balloon ascent
выпуск шасси – gear selection, letdown
выпускать – discharge
выпускать воздух – blow
выпускное отверстие – diffuser, outlet
выпускной клапан – bleed valve, discharge valve, relief valve
выработка – delivery
выравнивание – alignment, equalization, flare maneuver, levelling-off
выравнивание (самолета) – flattening out
выравнивание перед приземлением – flare
выравнивание при посадке – landing flare, pullout
выравнивание с использованием паравизуального директорного прибора – PVD flareout
выравнивание самолета на последней прямой – final course alignment
выравнивание самолета при заходе на посадку – flareout
выравнивать – align, level up, plane
выравнивать (самолет в воздухе) – ease on
выравнивать (самолет перед посадкой) – flare
выражение – numerator
вырез в крыле для элерона – aileron cutout
выровненная ВПП – balanced runway
выровненная площадь – graded area
выруливать (самолет) со стоянки ВПП – taxi out
выруливать на исполнительный старт – line up
высадка – debarkation
высадка из самолета – deplanement
высвечивание траектории полета – flight-path display
высокая скорость – high speed
высокая скорость модуляции – high modulation rate
высокая точность – pinpoint accuracy
высокая удельная тяга – high specific thrust
высокая частота – radio frequency
высокие облака – high clouds
высоко расположенное крыло – high-set wing
высоко расположенный руль поворота – high rudder
высокого качества – fine
высококучевые облака – altocumulus, altocumulus clouds
высоконапорный каскад – high-pressure spool
высоконаправленная антенна – high-gain antenna
высокооборотный двигатель – high-speed engine
высокооктановое число – high-octane rating
высокоплан – high-wing aircraft
высокопробный – fine
высокорасположенное крыло – shoulder wing
высокослоистые облака – altostratus clouds, AS, a-s, high sheet clouds
высокосортное топливо – high-grade fuel
высокоточный прибор – precision instrument
высокочастотная связь по проводам – line radio
высокочувствительный высотомер – sensitive altimeter
высокочувствительный указатель скорости – sensitive airspeed indicator
высота – altitude, depth, H, height, level
высота аэродрома над уровнем моря – runway altitude

высота бреющего полета – zero altitude
высота в барокамере – pressure altitude
высота в герметической кабине – pressure altitude
высота в кабине (по давлению в ней) – cabin altitude, cabin pressure altitude
высота верхней границы облака – height of top cloud
высота верхней кромки облачности – top of the cloud
высота видимости огней подхода – approach light contact height
высота выключения двигателя – cutoff altitude
высота выравнивания – level-off altitude, roundout altitude
высота выхода из облаков – cloud breaking height
высота выхода из опасного режима или положения – recovery height
высота глиссады над входной кромкой ВПП – glide path height over the threshold
высота дымчатого горизонта – haze top
высота захода на посадку – approach altitude
высота земной поверхности над уровнем моря – elevation
высота к моменту выгорания топлива – burnout altitude
высота колес над входной кромкой ВПП – threshold wheel height
высота колес шасси над входной кромкой ВПП при посадке по приборам – IFR threshold wheel height
высота крейсерского полета – cruising altitude
высота круга – traffic pattern altitude
высота круга захода на посадку – approach altitude
высота крыла гидросамолета над поверхностью воды – water clearance of the wing
высота линии дымки – haze top
высота местности над уровнем моря – terrain altitude
высота нагнетания (насоса) – lift
высота над землей – ground clearance
высота над местностью – height, terrain clearance
высота над препятствием – obstacle clearance, obstruction clearance, vertical clearance
высота над препятствием в полете по приборам – IFR obstruction clearance
высота над уровнем моря – elevation above sea level, GND
высота напора – fall head
высота начала выравнивания – flare-out altitude, level out altitude
высота начала доворота на ось ВПП – decrab initiation altitude
высота начала последней посадочной прямой – final approach level
высота начала пробивания облаков – initial penetration altitude
высота начала снижения – initial penetration altitude
высота нижнего эшелона переходного слоя – lower transition altitude
высота нижней кромки облаков – cloud (base) height
высота нижней кромки облачности – ceiling, ceiling visibility
высота нулевой изотермы – freezing level
высота облаков при взлете – ceiling at takeoff
высота облачности – ceiling height
высота обязательного отключения автопилота – mandatory disconnect height
высота однородной атмосферы – scale height
высота основания – height of base
высота основания облака – cloud ceiling
высота основания облачности – base of low clouds
высота отключения автопилота (при заходе на посадку) – disconnect height
высота переключения (с одного режима работы на другой) – changeover height
высота пересечения входной кромки ВПП – threshold height
высота перехода к визуальному полету – break-off height
высота перехода на ручное управление – takeover altitude
высота перехода от снижения по глиссаде к выравниванию – break-off altitude
высота по давлению – pressure altitude
высота по прибору с внесенной поправкой – corrected altitude
высота по секстанту – sextant altitude

высота по шкале – scale height
высота погрузочно-разгрузочной платформы – truck-bed height
высота подхода к дальнему маркерному маяку – approach altitude
высота полета – flight altitude, flight level, flying altitude, flying height
высота полета (по коробочке) с противопосадочным курсом между вторым и третьим разворотами – downwind pattern altitude
высота полета в зоне ожидания – holding altitude
высота полета по кругу над аэродромом – traffic pattern altitude
высота полета по маршруту – en-route altitude
высота полета при выходе на последнюю прямую – final approach altitude
высота посадочного круга – initial approach altitude
высота принятия решения о посадке или уходе на повторный круг – decision height
высота принятия решения об уходе на второй круг – overshoot decision height
высота пролета дальнего радиомаркера – outer-marker crossing height
высота пролета относительно доминирующего препятствия – dominant obstacle allowance altitude
высота пролета среднего радиомаркера – middle-marker crossing height
высота расположения аэродрома (над уровнем моря) – airdrome elevation
высота расположения аэропорта над уровнем моря – altitude of the airport
высота распыливания – spraying altitude
высота самолета над входной кромкой ВПП – threshold height
высота срабатывания системы спасения – recovery height
высота управляемого полета – controllable altitude
высота устранения угла упреждения сноса (перед приземлением) – decrab initiation altitude
высота ухода на второй круг – overshoot height
высота, соответствующая плотности воздуха по стандартной атмосфере – density altitude
высотная камера – pressure chamber
высотная карта – altitude map, upper air chart, upper-air map
высотная коррекция – altitude correction
высотная характеристика – altitude performance
высотная характеристика силовой установки – all-power-units performance ceiling
высотный – altitude, high-altitude (HA)
высотный двигатель – altitude engine, high-altitude engine
высотный корректор – altitude compensator, altitude mixture control
высотный костюм – stratosuit
высотный метеопрогноз – height forecast, HIFOR
высотный полет – altitude flight, high flying, high-altitude flight
высотный прогноз погоды для рейса – high-level flight forecast
высотный реактивный самолет – high-altitude jet aircraft
высотный самолет – high-altitude aircraft
высотомер – altimeter, altitude meter, height finding instrument, height indicator, HFI
высотомер, установленный на местное давление – local area altimeter
высотомер-анероид – aneroid altimeter
высотомер-самописец – altigraph
выставка – fair
выставка (гироскопической системы) – align
выставка (инерциальной системы) по гирокомпасу с учетом угловой скорости Земли – airborne gyro compassing
выставка по гирокомпасу – gyro compassing
выставка по компасу – compassing
выставка по курсу – heading alignment
выставление – setting-up
выставлять гироскопическую систему – align
выступ – cusp, lip, projection
выступ в верхней части фюзеляжа – hump
выступать – project
выступающая площадь – projected area

высший пилотаж – advanced flying, stunt
высший промежуточный тариф – higher intermediate direct route fare
высший тариф для промежуточного пункта – higher intermediate point fare
вытекание – outlet
вытеснение топлива из баков в систему подачи топлива – main pressurization
вытеснительная подача – pressure feed
вытеснительная система – pressurized system
вытеснительная система подачи – pressurized feeding system
вытеснительная система подачи топлива из баков – pressurizing tank injection system
вытягивание – drawing, stretching
вытяжка – drawing
вытяжная кнопка – pull button
вытяжное устройство – air valve
вытяжной парашют – lift-off parachute, pilot chute
вытяжной трос – rip cord
выхлоп – delivery, discharge, exhaust
выхлопная струя реактивного двигателя – jet blast, jet exhaust
выхлопная труба – discharge tube, exhaust manifold, extension pipe
выхлопная труба реактивного двигателя – jet pipe
выхлопное кольцо – exhaust annulus
выхлопное сопло – exhaust nozzle, exhaust pipe, exit nozzle, jet exhaust, jet orifice
выхлопное сопло в хвостовой части – tail pipe
выхлопное сопло подъемно-маршевого двигателя – vectored-thrust outlet
выхлопной – waste
выхлопной газ, создающий тягу – propulsive gas
выхлопной клапан – outlet valve
выхлопной патрубок – exhaust nozzle
выхлопной факел – jet flame
выхлопные газы – combustion gases, exhaust gas(es)
выход – discharge, exhaust; exit; outlet
выход в зону – approach
выход в равносигнальную зону глиссадного луча – glide-slope coincidence
выход в равносигнальную зону луча – bracketing
выход в створ ВПП – runway alignment
выход двигателя на режим – acceleration
выход из пикирования или другого маневра – flattening out
выход из режима набора высоты в горизонтальный полет – push over
выход из строя – malfunction
выход из штопора – spin recovery
выход монитора – monitoring output
выход на критические углы атаки – stalling
выход на пилотажный директорный прибор – output to flight director
выход на привод (цель) – homing
выход на створ ВПП – line-up
выход на трассу полетов – pattern entry, traffic pattern entry
выход с левым и правым разворотом – turnout
выход самолета из строя – fall-off
выход самолета на линию оси ВПП – final approach
выход самолета на посадочную прямую – final approach
выход сопла – nozzle exit
выход струи – outflow
выходить в створ огней подхода – line up on the approach
выходить из облачности на минимальной высоте – break the minimum ceiling
выходить из строя – fail
выходить из штопора – go out of spin
выходить на глиссаду системы ИЛС – join the ILS
выходить на маршрут ожидания – enter the holding pattern
выходить на огни подхода – line up on the approach
выходить полностью на глиссаду – reach the glide path
выходная информация – output data
выходная мощность – horsepower output, power output
выходная цепь – output circuit
выходное отверстие – outlet, vent
выходное отверстие (сопла) – exhaust port
выходное сечение сопла – tail-pipe exit plane
выходное сечение турбины – turbine exhaust

выходное сопло – discharge nozzle, final nozzle
выходное устройство – output block
выходной светофор рулежной дорожки (перед взлетной полосой) – entrance-exit light
выходной сигнал – output, output signal
выходной сигнал в цифровой форме – digital output
выходной срез сопла – nozzle exit
выходной усилитель – output amplifier
выходной элемент – transmitter
выходные данные – output, output data
выходные направляющие лопатки – discharge guide vanes
выходящий поток – outflow
вычисление – calculation, computation, estimate, estimation
вычисление на моделирующее устройство – analog(ue) computation
вычисление путевой скорости – ground speed computation
вычисление траектории выравнивания – flare computation
вычисление углов пространственного положения – attitude computation
вычисление упреждения – deflection prediction
вычисленная поправка – computed correction
вычислитель – calculator, computer
вычислитель (датчик) истинной воздушной скорости – airspeed computer
вычислитель автопилота – autopilot computer
вычислитель азимута и дальности – R-Theta computer
вычислитель боковой составляющей ветра – crosswind computer
вычислитель воздушных данных – air data computer, central air data computer
вычислитель высоты – height computer
вычислитель географических координат – lat/long computer
вычислитель данных для выравнивания и ухода на второй круг – flight director flare and go around computer
вычислитель инерциальной навигационной системы – inertial navigation computer
вычислитель курса и дальности – course-and-distance computer
вычислитель маневра ухода на второй круг – go-round computer
вычислитель направления и дальности полета – course-and-distance calculator
вычислитель отклонений – deviation computer
вычислитель отклонения от линии заданного пути – deflection (deviation) computer
вычислитель поправки на кориолисово ускорение – Coriolis computer
вычислитель посадочного курса – azimuth landing computer
вычислитель путевой скорости – ground speed computer
вычислитель с системой контроля – monitored computer
вычислитель системы директорных приборов – director computer
вычислитель системы командных пилотажных приборов – flight director computer
вычислитель системы наглядной индикации и перемещения курсовой линии – pictorial display/course-line computer
вычислитель системы посадки – landing computer
вычислитель системы регулирования воздухозаборника – variable air inlet computer, VAI
вычислитель системы самонастройки коэффициента усиления (передаточного числа) – adaptive gain computer
вычислитель системы счисления пути – dead reckoning computer
вычислитель системы управления – steering computer
вычислитель системы управления (наведения) – guidance computer
вычислитель системы управления ВС – flight control computer
вычислитель системы ухода на второй круг – overshoot computer
вычислитель сноса – drift computer
вычислитель траектории выравнивания – flare(out) computer
вычислитель траектории для захода на посадку – approach computer

вычислитель траектории полета – flight-path computer, flight-trajectory calculator
вычислитель траектории посадки – landing computer
вычислитель угла упреждения сноса – decrab computer
вычислитель угловых величин – angle computer
вычислитель числа М – Mach number computer
вычислительная машина – computer
вычислительная машина дискретного счета – digital computer
вычислительная машина для обработки данных – data processing machine
вычислительная машина логического действия – logical computer
вычислительная машина на твердых схемах – all-solid-state computer
вычислительная мощность машины – capacity
вычислительная система – computer system
вычислительная техника – computer science, computing machinery
вычислительная централь управления ходом выполнения задания на полет – mission management computing
вычислительное устройство индикатора – display computing
вычислительное устройство непрерывного действия – analog(ue) computing system
вычислительное устройство системы автоматического регулирования – control computer
вычислительные машины – computing machinery
вычислительный (о математическом методе) – computer-oriented
вычислительный механизм – computer mechanism
вычислительный центр – data processing center
вычислитель-преобразователь координат – coordinate conversion computer
вычислять – value
выше кромки облаков – above all clouds
выше облаков – over-the-top
выше облачности – ontop
выше среднего уровня – above mean sea level, AMSL
вышка – tower
выявление и устранение неисправностей – debugging
вяжущее вещество – binder
вязкая жидкость – viscous fluid
вязкий – viscous
вязкий поток – shear flow

Г

габаритный огонь крыла – wing clearance light
габаритный чертеж – outline drawing
газ – gas
газовая постоянная – gas constant
газовая турбина – gas turbine
газовый отсек (дирижабля) – bag
газовый поток – gas flow
газогенератор – gas generator, gas producer
газогенератор с турбинным приводом – turbogas generator
газолин – gasoline
газоотражательная плита – blast mat
газотурбинный двигатель – gas turbine, gas turbine engine, gas turbine power unit (GTPU), turbine engine
газотурбинный стартер – combustion turbine starter
газы, вытекающие из реактивного сопла – exhaust gas(es)
гак – hook
галлон – gallon
гарантийное письмо – letter of indemnity
гарантийный период – warranty
гарантированный ресурс – safe life
гаситель колебаний (топлива) – baffler
гаситель пламени – flame arrester
гаситель тяги – thrust spoiler
гасить подъемную силу – spoil
гаснуть (о скорости) – decay
гасящий сигнал – blanking signal
генератор биений – beat frequency oscillator
генератор импульсов – pulser
генератор колебаний – oscillator
генератор переключающих сигналов – switching generator
генератор переменного тока – alternator
генератор разнесения частот – frequency offset generator
генератор с приводом от воздушной турбины – windmill-driven generator
генераторный компас – earth-inductor compass
географическая долгота – longitude
географическая параллель – parallel of altitude
географическая широта – latitude, terrestrial latitude
географический меридиан – geographical meridian
географический север – geographical north
географическое место светила – substellar point
географическое эшелонирование – geographical separation
геометрическая высота – height, terrain clearance, terrain clearance altitude
геометрическая ось – centerline
геометрическая схема расположения колес на опоре шасси – landing gear wheel arrangement
геометрическое место точек – locus
геометрия выходного сечения (сопла) – exit geometry
геострофическая составляющая – geostrophic component
геострофический ветер – geostrophic wind
герметизация – potting, pressure sealing, pressurization, seal, sealing
герметизация кабины – cabin pressurization
герметизированный бак – sealed tank
герметизированный блок – package
герметизированный интегрирующий гироскоп – hermetic integrating gyroscope
герметизированный отсек – pressurized bay
герметизированный отсек с повышенным давлением – pressurized compartment
герметизировать – seal
герметизирующий состав – sealing compound
герметик – sealant
герметическая кабина – hermetic cabin, positive-pressure cabin, pressure cabin, pressurized cabin, pressurized capsule, sealed cabin
герметическая капсула – capsule
герметическая конструкция – pressurized construction
герметическая перегородка – pressure bulkhead, seal
герметически закрытая система – sealed system

герметический – airproof, pressure-tight, pressurized
герметический слой – seal coat
герметичный – airproof, airtight, leakproof, pressure-tight
гермоотсек – pressure (pressurized) hold
герц – cps, cycle per second
гетеродин – oscillator
гибель человека в полете – in-flight fatality
гибкая труба – hose
гибкий – flexible
гибкий воздушный винт – non-rigid airscrew
гибкий провод – flexible drive
гибкий трубопровод – hoseline
гидравлическая амортизирующая стойка – hydraulic shock strut
гидравлическая муфта – hydraulic clutch, hydraulic coupling
гидравлическая система – hydraulic system
гидравлический домкрат – hydraulic jack
гидравлический привод – hydraulic gear
гидравлический удар – shock pressure, surge pressure, surging shock
гидравлическое соединение – hydraulic coupling
гидравлическое сцепление – hydraulic clutch
гидравлическое управление – hydraulic control
гидрантная система заправки – hydrant refueling system
гидроакустика – hydroacoustics
гидроаэродром – seaplane basin, water airdrome
гидроаэропорт – seaplane basin
гидроглиссирование (колеса) – aquaplaning (of a wheel)
гидродинамика – fluid dynamics, hydrodynamics
гидродинамический бак – hydrodynamic tank
гидромеханика – fluid mechanics
гидроплан – hydroplane
гидросамолет – hydroairplane, hydroplane, seaplane, water aircraft, water-going aircraft
гидросмесь – hydraulic fluid
гидростабилизированная платформа системы пространственной ориентации – attitude reference unit
гидростатический напор – pressure head
гидроусилитель – hydraulic power control
гидроусилитель руля – power control jack
гидроусилитель руля высоты – elevator booster
гидроцилиндр шасси – steering jack
гильза – bush
гиперболическая радиолокационная система – hyperbolic radar system
гиперболическая радионавигационная система непрерывного излучения – hyperbolic continuous radar system
гиперболическая сетка системы Лоран – Loran lattice
гиперболическая система ближней навигации (фирмы Бендикс) – Bendix-Decca Navigation System
гиперболическая система наведения – hyperbolic guidance system
гиперболическая система радионавигации – hyperbolic navigation system
гипервентиляция – overbreathing
гиперзвуковая аэродинамика – ultra-high speed aerodynamics
гиперзвуковая скорость – hypersonic speed, hypersonic velocity
гиперзвуковой – hypersonic
гиперзвуковой полет – hypersonic flight
гиперзвуковой поток – hypersonic flow
гипоксия – hypoxis
гипотеза плоских сечений – strip theory
гипсометрическая отметка – graduation tick
гипсометрические оттенки – hypsometric tints
гироагрегат – gyrounit
гировертикаль – bank-and-climb gyro unit, gyro attitude reference, vertical flight gyroscope, vertical reference
гирогоризонт – gyro
гиродатчик тангажа – pitch gyroscope
гиродатчик угловой скорости тангажа – pitch-rate gyro
гироиндукционный компас – flux gate compass, gyro flux-gate compass, gyrosyn compass
гирокомпас – gyro

гирокомпас с сельсинной передачей – gyrosyn compass
гирокомпас с тремя гироскопами – triple gyrocompass
гирокомпас с электроприводом ротора – electrically driven direction indicator
гиромагнитный компас – compass controlled gyroscope, gyro-stabilized magnetic compass
гиропеленгация – gyro bearing
гироплатформа – gyroscope-stabilized platform
гирополукомпас – direction(al) indicator, directional gyroscope, flight gyro, non-slaved gyroscopic heading indicator
гироскоп – gyro, gyroscope
гироскоп крена – roll gyroscope
гироскоп курса – yaw gyroscope
гироскоп на воздушной подушке – air suspension gyroscope
гироскоп направления – directional gyro (DG), displacement gyro(scope)
гироскоп с воздушными подушками (опорами) – air bearing gyroscope
гироскоп с двумя степенями свободы – restrained gyroscope
гироскоп с коррекцией от магнитного компаса – compass controlled gyroscope
гироскоп с маятниковой коррекцией – pendulum gyroscope
гироскоп стабилизации по курсу – yaw rate gyroscope
гироскоп угловой скорости крена – roll rate gyro
гироскопическая система отсчета – gyro reference
гироскопическая стабилизация – gyroscopic stability, spin stabilization
гироскопический авиагоризонт – gyro-driven artificial horizon instrument
гироскопический автомат крена и тангажа – bank-and-climb gyro unit
гироскопический автопилот – automatic gyropilot
гироскопический автопилот со стабилизацией самолета по трем осям – three-axis gyropilot
гироскопический датчик – gyroscopic reference
гироскопический датчик угловой скорости – rate-gyro pickup, rate-of-turn gyroscope
гироскопический датчик угловых ускорений – rate gyroscope
гироскопический компас – gyroscopic compass
гироскопический момент – gyroscopic torque
гироскопический пеленг – gyro bearing
гироскопический прибор – gyroscope
гироскопический указатель разворота – gyroscopic turn meter
гироскопическое интегрирующее звено – integrating gyrounit
гироскопическое управляющее устройство – gyro controller
гиростабилизатор крена – vertical flight gyroscope
гиростабилизированная платформа – gyroscope-stabilized platform
гиростабилизируемый – gyro-stabilized
гироузел – gyrounit
гироцентраль системы отсчета углов пространственного положения – gyro attitude reference
гистерезис – lag
гистерезисная ошибка высотомера – hysteresis error (of altimeter)
глава – administrator
главная авиатранспортная компания – flag carrier, principal operator
главная ВПП – main runway
главная нога шасси – main leg
главная радиолокационная антенна – main scanner
главная радиолокационная станция – master radar station
главная ретрансляционная станция – primary relay station
главное метеобюро – main meteorological office, MMO
главный – main, master, primary
главный воздушный жиклер – main air bleed
главный выход на перрон – main gate
главный гироскоп – master gyroscope
главный диспетчер аэродрома – flight superintendent
главный инспектор по расследованию авиационных происшествий – chief inspector of accidents
главный лонжерон – main spar
главный представитель авиакомпании за границей – general manager abroad

главный регулятор подачи топлива – main fuel control
главный силовой цилиндр – main jack
главный шпангоут – main ring, main transverse frame
гладкая посадка – smooth landing
глаз – eye
глиссада – descent path, glide path, glide slope, global, GP
глиссада нулевого типа (ИЛС) – null-reference glide path
глиссада планирования – gliding path, slope
глиссада, задаваемая посадочной РЛС – GCA glidepath
глиссадная система – glide-path system
глиссадная система посадки – glide-path landing system, GPLS
глиссадная черта (планка, отметка) – glide-slope bar
глиссадный луч – glide-path beam
глиссадный огонь – angle-of-approach light, glide angle indicator light, glide-path light
глиссадный приемник – glide-path receiver
глиссадный радиомаяк – glide-path-beacon
глиссирование – planning
глиссировать – plane
глиссирующий – planning
глохнуть – fail
глубина – depth
глубина модуляции – amount of modulation, depth of modulation, modulation index
глубина оттаивания – thaw penetration
глубокий вираж – steep turn, vertical bank
глухое соединение – dead joint
глушение – damping
глушитель – exhaust box
глушитель колебаний – damper
глушитель радиопомех – suppressor
глушитель шума – muffler
глушитель шума (применяемый в полете) – air silencer
глушитель шума реактивных двигателей – jet silencer
глушить – choke, damp, jam
гнездо – socket
гномическая проекция – polar gnomonics
гномоническая проекция – gnomonic projection
гнущийся – bending
год – year
годичный – annual, yearly
годность к полету или эксплуатации в воздухе – airworthiness
годность по состоянию здоровья – medical fitness
годный для перевозки по воздуху – airliftable
годный к полетам (о самолете) – fit for flying
годный к эксплуатации – fit for service
годовой – annual
голландский шаг – dutch roll
головка – cap, head, knob
головка астронаведения – star scanner
головка подачи воздуха в кабине – cabin air diffuser
головная волна – bow shock(wave)
головная часть – cone, head, head end, nose, nose cone
головное направление – head end
головной скачок уплотнения – bow shock(wave), forward shock, front shock
головной телефон – earphone, headpiece
головные телефоны с микрофоном – tele-mike
головокружение при полете в облаках – cloud vertigo
голограмма – hologram
голография – holography
голос – voice
голубая авиатрасса (США) – blue airway
гондола – nacelle
гондола двигателя – engine nacelle, motor gondola
гондола двигателя, расположенная между несущими плоскостями самолета – interplane engine nacelle
гондола на конце крыла – wing-tip pod
гондола с радиоэлектронным оборудованием – avionics pod
гонка двигателей и руление – runup and taxi
гонка двигателя – run, runup
гонка двигателя на земле – ground run
гонять двигатель на больших оборотах – run up an engine
горелка – fuel burner
горение – combustion
горизонт – horizon

горизонт по вершине облачного слоя – cloud horizon
горизонт, закрытый дымкой – haze horizon
горизонталь – contour
горизонталь отсчета – horizontal datum
горизонтальная балансировка – horizontal balance
горизонтальная визуальная ориентировка – forward visual reference
горизонтальная ленточная шкала – horizontal tape scale
горизонтальная линия начала отсчета – horizontal reference line
горизонтальная ось координат – abscissa, horizontal datum
горизонтальная плоскость – horizon, horizontal plane
горизонтальная плоскость отсчета – level reference
горизонтальная проекция – ground plane, plan form
горизонтальное оперение – elevator unit
горизонтальное перемещение слоев теплого воздуха – advection
горизонтальное положение – level attitude
горизонтальное хвостовое оперение – horizontal tail
горизонтальный – lateral, level
горизонтальный градиент ветра – horizontal wind shear
горизонтальный зализ – plan-form fillet
горизонтальный полет по прямой – straight and level flight
горизонтальный поток воздуха – advection current
горизонтальный стабилизатор – tailplane
горизонтальный участок маршрута захода на посадку – level approach
горизонтальный шарнир – flapping hinge
горка – pullup, pull-up maneuver
горловина бака – filler neck
горловина для наполнения – filler pipe
горловина сопла – nozzle throat, throat
горная волна – mountain wave
город – town
городское агентство – town agency
городской аэровокзал – city terminal, town terminal
горючая смесь – fuel-and-air mixture
горючее – fuel
горючее, обеспечивающее антидетонационное сгорание – safety fuel
горячий газ – hot gas
господство в воздухе – aerial control
государственная авиатранспортная компания – government carrier
государственная метеорологическая сеть – national observational network
государственное воздушное судно – State aircraft
государственное радиовещание – national broadcast
государственные опознавательные знаки – national markings, range markings
государственные органы – public authorities
государственные расходы – public expense
государственный – national
государственный орган для международного обмена сообщениями НОТАМ – international NOTAM office
государство регистрации ВС – State of registry
государство-поставщик – provider state
государство-потребитель – user State
готовая деталь – off-the-shelf part
готовая система – off-the-shelf system
готовность оборудования – facility availability
готовность радиостанций к работе – radio alert
готовые изделия – hardware, off-the-shelf hardware
готовый к полетам – flyable
готовый к полету – in flying condition
гофрированная обшивка – corrugated covering
гофрированная поверхность – corrugated surface
гофрированный – corrugated
гофрированный шумоглушитель – corrugated noise suppressor
гравитационная вертикаль – gravitational vertical
гравитационное притяжение – gravitational attraction
гравитационное ускорение – acceleration due to gravity

гравитационный – gravitational
град – hail
градиент – gradient
градиент ветра – wind shear
градиент давления – pressure gradient
градиент давления в направлении потока – downstream pressure gradient
градиент давления в скачке уплотнения – shock-pressure differential
градиент набора высоты – gradient of climb
градиент скорости – velocity gradient
градиент уклона – gradient of slope
градиентный ветер – gradient wind
градиенты давления – pressure difference
градина – hailstone
градуированная шкала – graduated scale
градуировать – calibrate, gauge
градус – degree, grade
градус долготы – degree of longitude
градус поворота – degree of turn
градус Цельсия – centigrade, C
градус широты – degree of latitude
градусное боковое уклонение – lateral angle
гражданская авиалиния – civil airway
гражданская авиатранспортная компания – commercial carrier
гражданская авиация – air commerce, civil aeronautics, civil aviation, commercial aeronautics, commercial aviation
гражданская воздушная линия – civil airway
гражданские воздушные перевозки – civil air transport
гражданские сумерки – civil twilight
гражданские сутки – civil day, mean solar day
гражданский – civil, commercial
гражданский воздушный транспорт – civil air transport (CAT), commercial flying
гражданский реактивный самолет – commercial jet
гражданский реактивный транспортный самолет – commercial jet transport
гражданский самолет – commercial aircraft
гражданское время – civil time
гражданское время по гринвичскому меридиану – Greenwich Civil Time, GCT
граница – boundary; border; limit; threshold
граница безопасной зоны над препятствием – limit of safe obstacle clearance
граница воздушного пространства – airspace boundary
граница высотности – full-throttle height
граница давления – pressure level
граница захвата – lock-on boundary
граница областей полетных режимов – flight envelope boundary
граница области регулирования (управления) – control boundary
граница опасного режима – red line
граница опасной зоны – danger line
граница полетных режимов – performance envelope
граница порога ВПП – end of runway
граница применения высотомера – altimeter limit
граница раздела – interface
граница района диспетчерской службы – control boundary
граница распространения (звуковой удар) – cut-off line (sonic boom)
граница скачка – shock front
граничная кривая – locus
граничная линия – locus
граничная линия постоянного давления – constant-pressure boundary
граничная частота – boundary frequency
граничное метеоусловие – marginal weather
граничные условия – boundary conditions
граничный – boundary
гранула – pellet
гранулометрический анализ – mechanical analysis
гранулометрический состав – fineness ratio, texture
гранулометрический состав грунта – soil texture
грань – edge
графа – box
график – chart, curve, diagram; schedule
график (номограмма) аэродинамических поправок к

указателю воздушной скорости – airspeed position correction chart
график (номограмма) поправок на сжимаемость к указателю воздушной скорости – airspeed correction for compressibility
график ветра – wind chart
график воздушных перевозок – air movement table
график девиации – compass correction card; deviation curve
график для расчета составляющих ветра – wind component chart
график доводочных работ – development schedule
график заводских (летных) испытаний – development schedule
график изменения перепада давления в кабине экипажа – cockpit pressurization schedule
график набора высоты – climb schedule
график поправок – correction chart
график разработки ВС – development schedule
график располагаемой мощности – available power diagram
график регламентных работ или планово-профилактического ремонта – preventive maintenance schedule
график степени готовности экипажей – crew status board
график центровки – balance chart
график эксплуатации воздушных судов – table of aircraft operations
графическая индикация – pictorial display
графическая информация – pictorial information
графическое изображение пути самолета – dead reckoning plot
графическое представление – pictograph representation
гребенка из трубок Пито – Pitot comb
гребень – crest, ridge
гребень высокого давления – pressure crest
гребень повышенного давления – wedge
Гринвич – Greenwich
гринвичский меридиан – primary (prime) meridian
гринвичский пояс времени – zero zone
гринвичское время – Z-time
гроза – lightning storm, thunderstorm
грозовое облако – charge cloud, thunderstorm cloud
грозовое предупреждение – thunderstorm warning
грозовой очаг – thunderstorm cell
грозовой разряд – lightning stroke
громкоговорящая бортовая трансляционная система – public-address system
громкость – loudness
громоздкий груз – outsize cargo
громоотводный стержень – lightning rod
грубая настройка – flat tuning
грубая посадка – bumpy landing, hard landing
грубая посадка самолета – heavy landing
грубое управление или регулирование – coarse control
груз – bulk, cargo, cargo load; consignment, freight; load
груз, готовый к перевозке – pack up
груз, перевозимый по воздуху – aerial cargo, air cargo, air freight, airlift tonnage
грузить – load
грузить (на борт ВС) – board
грузиться на самолет – emplane
грузовая ведомость – cargo manifest
грузовая дверь – freight door
грузовая доходная ставка – cargo revenue rate
грузовая кабина или отсек – cargo cabin, cargo compartment
грузовая сетка – cargo net
грузовая тарифная ставка – air freight rate, rate of freight
грузовая тонно-миля – cargo ton-mile, freight ton-mile
грузовместимость – cargo capacity
грузовое воздушное судно – cargo aircraft
грузовое помещение – cargo bin, cargo space
грузовое расчетное извещение – cargo accounting advice
грузовой – cargo
грузовой автомобиль – truck
грузовой аэровокзал – cargo terminal
грузовой контейнер – freight container
грузовой люк – cargo bay, cargo hatch
грузовой манифест – cargo manifest, transportation manifest
грузовой отсек – cargo hold, cargo module, loading bay

грузовой перрон – loading apron
грузовой план – loading chart
грузовой поток – traffic
грузовой самолет – air freighter, all-cargo aircraft, cargo aircraft, cargo carrier, freight carrier, freighter
грузовой самолет с загрузкой через боковую дверь – side-loading freighter
грузовой самолет с загрузкой через носовую часть – nose-loading freighter
грузовой самолет с загрузкой через хвостовую часть – rear-loading freighter
грузовой самолет с малой высотой пола грузовой кабины – low-slung air freighter
грузовой самолет с откидной грузовой частью фюзеляжа – swing-nose aircraft
грузовой самолет с откидной хвостовой частью фюзеляжа – swing-tail aircraft
грузовой склад – cargo building
грузовой тариф – cargo rate
грузовой ярлык – cargo label
грузовые перевозки – cargo operations
грузонапряженность – route traffic density
грузооборот – cargo turnover, freight turnover, turnover
грузоотправитель – consigner, consignor, shipper
грузопассажирская авиатранспортная компания – mixed-traffic operator
грузопассажирское воздушное судно – convertible aircraft
грузоподъемность – bearing capacity, capacity, capacity payload, cargo capacity, carrying capacity, lifting capacity, load-bearing capacity, load-carrying, load-carrying ability, payload capacity, weight-lifting ability
грузоподъемность вертолета – helicopter lift
грузоподъемность самолета (включая количество пассажирских мест) – aircraft capacity
грузоподъемность самолета при перевозке груза и пассажиров – cargo passenger capacity
грузополучатель – consignee
грунт – earth, soil
грунт с вяжущими свойствами – soil binder
грунтовая летная полоса – earth airstrip, earth runway
грунтовая обочина – earth shoulder
грунтовая рабочая площадь летной полосы – earth runway
грунтовое основание – subgrade
грунтосмесительная машина – soil mixer
грунто-цемент – soil cement
группа – team
группа аэровокзалов – terminal city
группа дорожек (магнитного барабана) – band
группа опознавания сообщения – message identification group
группа перспективного проектирования – advanced design team
группа слов, знаков и цифр – block
группа экспертов по автоматизации управления воздушным движением – Air Traffic Control Automation Panel, ATCAP
группа экспертов по автоматизированным системам обмена данными – automated data interchange system panel, ADISP
группа экспертов по использованию космической техники в авиации – Panel on Application of Space Technique, ASTRAP
групповая скидка – group travel discount
групповое место стоянки самолетов – parking apron
групповой вызов – multiple call
групповой льготный тариф – group reduced fare
групповые огни – group lights
гряда – bank
гряда облаков – bank of clouds, cloud bank
гряда тумана – fog bank
ГСМ (горючие и смазочные материалы) – POL (petrol, oil, and lubricants)
ГТД (газотурбинный двигатель) – gas turbine, gas turbine engine
гудение – aileron buzz
гул – drone
густое топливо – gelled fuel
густой – dense, viscous
густой низкий поземный туман – dense ground fog, GF+
густой туман – dense fog, F+

Д

"да" или "разрешаю" (ртс) – affirmative
давать газ – add power, get on the power, push up power
давать информацию в графической форме – plot
давать обратные вспышки (выхлопы) – backfire
давать пилоту указания по радио при заходе на посадку – talk down, talk in
давать результаты – yield
давление – compression; pressure
давление в автомате загрузки – artificial feel pressure
давление в выходном сечении (сопла) – exit pressure
давление в камере сгорания – chamber pressure
давление в критическом сечении сопла – throat pressure
давление в пневматике – tire pressure
давление в рабочей части – working pressure
давление в скачке уплотнения – shock pressure
давление в сопле – nozzle pressure
давление воздуха – air pressure
давление воздуха в кабине – cabin pressure
давление всасывания – inlet pressure, inlet pressure recovery
давление газа на входе (в турбину) – gas inlet pressure
давление газа на выходе из турбины – turbine outlet pressure
давление газа на срезе сопла – exhaust pressure
давление грунта – earth pressure
давление на входе – manifold pressure
давление на входном сечении воздухозаборника – inlet pressure
давление на выходе – discharge pressure
давление на выходе (из сопла) – exit pressure
давление на выходе (насоса) – discharge head
давление на выходе в камеру сгорания – chamber inlet pressure
давление на грунт – earth pressure, ground pressure
давление на лопасть или лопатку – blade pressure
давление на площадь контакта колеса – ground contact pressure
давление на срезе (сопла) – exit pressure
давление на тормозной педали – brake pedal pressure
давление на уровне аэродрома (Щ-код) – QFE (Q-code)
давление ниже атмосферного – underpressure
давление подачи – discharge head
давление подачи насоса – pump discharge pressure
давление при ударе – impact pressure
давление торможения – stagnation pressure
давление торможения набегающего потока – upstream stagnation pressure
давящее усилие – forward (control) stick pressure, push force
дальнего действия – long-range
дальние воздушные перевозки – long-range airlift
дальний – distant, long range
дальний маркер – OM, outer marker
дальний маркер обратного направления – reciprocal outer marker, ROM
дальний перелет – distance flight
дальний полет – long-range flight
дальний радиомаркер – outer marker, outer beacon
дальний рейс – long-distance flight
дальномер – range finder, range-finding apparatus, telemeter
дальномерная система – ranging system
дальномерное оборудование – distance-measuring equipment, DME
дальности полета при различных условиях – range characteristics
дальность – range
дальность беспосадочного полета – non-stop range, stage distance
дальность в момент перехода на автоматическое сопровождение – lock-on range
дальность видимости – range of visibility, visual range
дальность видимости в направлении данной ВПП – runway visibility
дальность видимости на ВПП – runway visual range

дальность видимости посадочных огней – runway visual range, RVR
дальность видимости посадочных огней при максимальной яркости свечения – runway visibility, RV
дальность горизонтального полета – horizontal range
дальность действия – operating range, range coverage, range of action, range performance, working range
дальность действия радиолокационной станции – radar range
дальность действия радиомаяка – beacon range, radio range
дальность действия самолета – operational range
дальность действия самолета из расчета полной выработки топлива – dry-tank range
дальность захвата – lock-on range
дальность наклонной видимости – slant visual range
дальность обзора – range of vision
дальность обнаружения – radar range
дальность планирования – gliding range
дальность планирования с неработающими двигателями – power-off gliding distance
дальность полета – air range, flight range, flying range, range ability
дальность полета без дозаправки топливом – critical leg, unrefueled range
дальность полета в безветрии – still air range
дальность полета на крейсерском режиме – cruising range
дальность полета на максимальной скорости – range at full speed, range at maximum speed
дальность полета по замкнутому маршруту – closed-circuit (flight) range
дальность полета при наиболее экономичной крейсерской скорости – range at economic speed
дальность полета с полной коммерческой нагрузкой – payload range
дальность полета самолета – aircraft range
дальность прямой видимости – line-of-sight coverage, line-of-sight distance, line-of-sight range
дальность связи по радиотелефону – voice range
дальность сопровождения – radar range
дальность, определенная по карте – map distance
дальняя микрофонная связь – long range radio telephony, LRRT
дальняя приводная радиостанция – compass locator outer, holding beacon, holding fix, outer locator
дальняя радиосвязь за пределы прямой видимости – long-distance over-the-horizon communication
дальняя радиотелефонная связь – long-range radio telephony
дальняя самолетная связь – long-range aircraft communication
дальняя связь – long-range link
дальняя связь «воздух – земля» – distance air-ground communication
дальше – forward
данные – data, information
данные (от) вычислителя (компьютера) – computer output information
данные аэродинамического расчета – design aerodynamics
данные в реальном масштабе времени – real-time data
данные для конструирования – design data
данные для коррекции – updating information
данные для наведения – guidance intelligence
данные измерений – sampled data
данные наблюдения – observed data
данные о местоположении – position data, position information
данные о направлении полета относительно радиомаяка – to-from information
данные о пространственном положении, используемые в системе ориентации – orientation reference data
данные о скорости и направлении ветра – wind data, wind information
данные о точках координатной сетки – grid-point data
данные о цели – guidance intelligence
данные об азимуте – azimuth reference
данные об ориентирах – waypoint data

данные об углах крена – bank information
данные опроса – sampled data
данные от телеметрической станции наблюдения – tracking information
данные плана полета – flight plan data
данные прочности испытаний – structural test data
данные счисления пути – dead reckoning plot
данные управления – control information, steering information
данные, не подлежащие разглашению – restricted data
данные, полученные с использованием импульсно-кодовой модуляции – pulse-code-modulated data
дата – date
дата выкатывания ВС на аэродром – roll-out date
дата завершения постройки ВС – roll-out date
дата истечения срока визы – date of expiry of visa
датчик – controller, data unit, detector, feeler, pickoff unit, pick-up element, probe, sensing element, sensor, transducer, transmitter
датчик аварийной обстановки – crash sensor
датчик вертикали – vertical reference
датчик вибросигнализатора ручки управления – stick shaker sensor
датчик воздушных сигналов – air data sensor
датчик времени – control timer
датчик высотомера – altimeter transducer
датчик высоты – altitude sensing device
датчик высоты и скорости – air data sensor instrument
датчик давления – pressure gauge, pressure transmitter
датчик дистанционного магнитного компаса – magnetic azimuth detector transmitter
датчик изменения высоты – height control
датчик крутящего момента – torque transmitter
датчик моментов – torquer
датчик напряжений – stress sensor
датчик перегрузки – accelerometer
датчик перемещения поверхностей управления – control-surface pickup
датчик положения – position pickoff, position transmitter
датчик положения РУД – throttle pickoff
датчик пространственного положения – master gyro system
датчик раскрутки колеса – wheel spin-up transducer
датчик системы отсчета – gyro reference
датчик системы управления – control sensor
датчик скольжения – sideslip-monitor unit
датчик скорости – velocity sensor
датчик скоростного напора – Q sensor
датчик толкателя ручки управления – stick-pusher sensor
датчик угла рыскания или скольжения – yaw pickoff
датчик углового положения – attitude reference
датчик угловой скорости – rate sensor
датчик угловой скорости крена – roll-rate pickup
датчик угловой скорости рыскания – yaw-rate pickup
датчик усилий – feel sensor
датчик усилий на ручке – stick-force transmitter
датчик ускорений – inertia-type instrument
датчик ускорения – acceleration transducer
датчик числа М – machmeter
датчик-измеритель – pickoff, pickup
датчик-измеритель воздушного давления – air pressure gauge
датчик-измеритель полного давления – Pitot pressure gauge
датчик-потенциометр следящей системы – follow-up pickoff
дать газ – open out (the throttle), open up the engine
дать полный газ – open the engine full out, race
дача газа – application of engine power, application of power
дача руля – control deflection, control input, pulse control input
дача руля высоты – elevator impulse, elevator input

дача руля направления – rudder impulse, rudder pulse
дача руля поворота – rudder input
дача указаний пилоту по радиотелефону – voice talk-down
дача управляемого стабилизатора – stabilizer input
дача штурвала управления – control-wheel input
дача элеронов – aileron input, aileron kick
"даю исправление" (ртс) – correction
дверца – hatch
дверь – door
двигателестроительная промышленность – engine industry
двигателестроительная фирма, завод – engine manufacturer
двигатель – engine, motor, power plant, propulsion, propulsion unit, thrust unit
двигатель без наддува – unsupercharged engine
двигатель в разрезе – cutaway engine
двигатель вертикального подъема – lift engine
двигатель внутреннего сгорания – combustion engine
двигатель кратковременного действия – short-duration engine
двигатель малой тяги – vernier
двигатель с большим сроком службы – long-life engine
двигатель с водяным охлаждением – water-cooled engine
двигатель с воздушным охлаждением – air cooled engine
двигатель с двухкаскадным компрессором – dual-axial compressor engine, split-compressor engine
двигатель с коротким сроком службы – short-life engine
двигатель с малым ресурсом – short-life engine
двигатель с наддувом – supercharged engine
двигатель с неровным ходом – rough engine
двигатель с осевым компрессором – axial engine
двигатель с переменной степенью сжатия – variable-compression engine
двигатель с повышенными степенями сжатия – extra-high compression engine
двигатель с правым вращением вала – right-hand engine
двигатель с радиально расположенными цилиндрами – radial engine
двигатель с регулируемой тягой – variable-thrust engine
двигатель с редуктором – geared engine
двигатель с турбокомпрессором для наддува – turbosupercharged engine
двигатель с тянущим воздушным винтом – tractor engine
двигатель с форсажной камерой – reheat engine
двигатель с электрическим зажиганием – electrical-ignition engine
двигатель скоростного самолета – high-speed engine
двигатель, работающий на сжатом воздухе – compressed air motor
двигатель, тяга которого направлена под углом к оси самолета – tangential jet
двигатель, установленный в хвостовой части – rear-mounted engine
двигатель, установленный внутри фюзеляжа или крыла – buried engine
двигатель-связка – multiple barrel
движение – motion, traffic, travel
движение в воздушном потоке – blasting
движение в противоположных направлениях – opposite direction traffic
движение воздуха в следе – backwash
движение вперед – propulsion
движение крена – lateral mode of motion
движение крена на отрицательном угле атаки – outside roll
движение облаков – cloud drift
движение ориентации – attitude motion
движение пассажиров в аэропорту – passenger traffic
движение по воздушной трассе – airway traffic
движение с постоянным ускорением – uniform acceleration
движение с правым кругом – right-turn traffic
движение с ускорением – acceleration
движение тангажа – pitch, pitching
движок (на индикаторе кругового обзора) – cursor
движущая сила – driving force, propelling force, propelling power, propulsion

движущая сила двигателя – engine motoring power
движущий – propellent, propelling
движущийся равномерно ускоренно – linearly accelerated
движущийся тротуар – moving floor integrator
двоичная система счисления – binary notation
двоично-пятеричная система счисления – biquinary notation
двоичный выходной сигнал – binary output
двоичный код – binary code, two-condition code
двойная лопатка – double-deck blade
двойная модуляция (связь) – dual modulation (communications)
двойная проводка – duplex linkage
двойная система – duplex system
двойного действия – double-acting
двойное интегрирование – double integration
двойное резервирование – dual redundancy
двойное соединение – doubler
двойное управление – dual control
двойной – double, dual, dualized, duplex
двойной вираж – two-circle turn
двойной переворот через крыло – double-snap roll
двойственный – dual
двумерное сопло – two-dimensional nozzle
двумерный – two-dimensional
двуокись – dioxide
двуокись углерода – carbon dioxide
двускатный поперечный профиль – crown cross section
двусторонняя радиосвязь самолета с наземной станцией – air-ground communication
двусторонняя связь – transmitting and receiving service
двухбалочный – twin-boom
двухвальный двигатель – two-shaft engine
двухвальный осевой компрессор – twin-spool axial compressor
двухзвенник (шасси) – torque link
двухзональный радиомаяк – two-course radio range
двухкамерный – two-chambered
двухканальная система (досмотр пассажиров) – dual-channel system (passenger clearance)
двухканальный – dualized, duplex
двухканальный блок связи автопилота с устройством автоматического захода на посадку – dual-axis approach coupler
двухканальный дуплексный (о связи) – double channel duplex
двухканальный симплексный (о связи) – double channel simplex
двухкаскадный компрессор – dual compressor, split compressor
двухкаскадный осевой компрессор – twin-spool axial compressor
двухкаскадный ТРД – twin-spool engine
двухкаскадный ТРД с осевым компрессором – twin-spool axial-flow engine
двухкаскадный турбореактивный двигатель – two-spool engine
двухкилевое хвостовое оперение – twin-finned tail
двухколесное шасси – two-wheel undercarriage
двухкомпонентное топливо – bipropellant
двухкомпонентный – two-component
двухконтурная система – two-circuit system
двухконтурный – double-flow
двухконтурный турбовентиляторный двигатель – fan-type engine, turbofan
двухконтурный турбореактивный двигатель – bypass engine, bypass turbojet, double-flow engine, double-flow turbojet, ducted-fan engine
двухкостыльное шасси – twin-skid chassis
двухлонжеронное крыло – two-spar wing
двухлопастной – two-bladed
двухлучевой маяк – double modulation beacon
двухмоторный – twin-engined
двухнастильный плоский поддон – double-decked pallet
двухотказная система – fail-functional system
двухотказный – failure-survival, failure-surviving
двухотказный автопилот – fail-active autopilot, fail-operational autopilot

двухпалубный многоместный пассажирский самолет – double-deck airbus
двухпалубный самолет – double-decker
двухпозиционный переключатель – on-off switch
двухпозиционный регулятор – on-off controller
двухрежимный – dual mode
двухсекционный интерцептор – duplicated spoiler
двухскачковое входное устройство – double-shock intake
двухскачковый диффузор – double-shock diffuser
двухслойный – twin-slab
двухстворчатое регулируемое сопло – twin-eyelid nozzle
двухстепенной гироскоп – rate gyroscope
двухсторонняя связь – two-way communication
двухстрелочный пульт-индикатор курсоглиссадной посадочной системы – cross-pointer meter
двухступенчатое сопло – double-expansion nozzle
двухступенчатый тест – two-tailed test
двухфюзеляжный самолет – two-fuselage plane
двухходовой кран – two-way cock
двухчастотная глиссадная система – two-frequency glide path system
двухчастотная курсовая система – two-frequency localizer system
двухчастотный ответчик – crossband beacon
двухшаговый воздушный винт – controllable (pitch) propeller
двухщелевой закрылок – double-slotted flap
двухэлектродная лампа – diode
девиационная площадка – compass testing platform, deviation clock
девиационная таблица – deviation table
девиационный магнит – corrector magnet
девиационный прибор (компаса) – deviation compensator, deviation corrector, magnetic compensator
девиация (компаса) – deviation
девиация магнитного компаса – grid deviation, magnetic deviation
девиометр – deviometer
деградация – degradation
дежурный администратор – desk clerk
дежурный диспетчер службы движения аэродрома – airdrome controller
дежурный на КДП – tower man
дежурный начальник смены (отдела перевозок) – duty traffic supervisor
дежурный по полетам – duty flying control officer
дежурный рабочий канал связи – guard channel
дежурный сигнальщик – starter
дежурный экипаж – crew on duty
дежурство – duty
дезинсекция (воздушного судна) – disinsecting (of an aircraft)
дезинфекция (воздушного судна) – disinfecting (of an aircraft)
дезориентация – disorientation, misorientation
дезориентация пилота – pilot disorientation
действие – effect, effort, validation
действие автопилота – autopilot effort
действие аэродинамических сил или моментов – aerodynamic action
действие волн – wave action
действие по типу «включено – выключено» – on-off action
действительная мощность – actual power
действительная скорость – real velocity
действительная тяга – actual thrust
действительная тяга двигателя – effective thrust
действительное время воздействия – actual exposure time
действительное свидетельство – valid licence
действительные координаты счислимой точки – actual dead reckoning position
действительный – actual; valid
действия пилота по выводу ВС из опасного режима – pilot's recovery efforts
действия пилота, связанные с высотомером – altimeter procedures
действующая воздушная линия – effective air path, EAP
действующая воздушная трасса – effective air path
действующая ВПП – active runway

действующая высота (антенны) – effective height
действующая сила – effective force
действующий – live; operative
действующий в одном направлении – unidirectional
действующий от батареи – battery-driven
действующий от сжатого воздуха – pneumatic
действующий по заранее заданной программе – preprogrammed
декартова система координат – Cartesian system
декартовы координаты – Cartesian coordinates
декартовы оси координат – Cartesian axes
Декка (английская фазовая гиперболическая система ближней навигации) – Decca
декларация о багаже пассажира на международной авиалинии – international passenger baggage declaration
декларация о выполнении транзитной транспортировки – declaration of trans-shipment
декларация о грузе – manifest
декларация об экспорте – export declaration
декларация экипажа о провозе багажа – Crew Baggage Declaration
декодирующее устройство – decoder; many-to-few matrix
декомпрессия – decompression
декремент – decrement
делать вираж – bank, turn
делать дополнительную заправку – refill
делать записи в бортжурнале – log
делать круг – circuit
делать посадку – land
делать разворот – turn
деление – sharing
дело – act; file
демодулятор – converter
демонстрационные полеты – airshow
демонстрационный – simulated
демонстрация авиационной техники в полете – flying display
демонтаж – dismantling, stripping
демонтировать – dismount, strip
демпфер – buffer, damper, damping arrangement, shock absorber
демпфер колебаний – surge absorber, vibration absorber, vibration damper
демпфер системы управления – steer damper
демпфирование – buffer action, damping, damping action, decrement
демпфирование колебаний относительно нормальной оси – damping in yaw
демпфирование колебаний относительно поперечной оси – damping in pitch
демпфирование колебаний относительно продольной оси – damping in roll
демпфирование крена – damping in roll
демпфирование продольных колебаний – pitch damping
демпфирование рыскания – damping in yaw, yaw damping
демпфирование тангажа – damping in pitch
демпфирование ударов – oil shock absorption
демпфированный – damped
демпфировать – damp
демпфирующая поверхность – damping surface
демпфирующий гироскоп – rate gyroscope
день – day
депо – depot
депо по ремонту самолетов – aircraft repair depot
депрессия – depression, low
дергать – yank
державка – strut support, support
держатель – holder
держать – hold
держаться на расстоянии – stand off
деривация – true deviation
деривометр – derivometer, drift gauge
десятичная цифра – decimal digit
десятичный – decimal
десятичный код – decimal code
деталь – item, member
деталь газового тракта двигателя – hot component
деталь, работающая на сжатие – compression member
детонатор – initiator

детонация – knock
детонация топлива – fuel knock
ДЕТРЕСФА (стадия бедствия) – DETRESFA (distress phase)
дефект – damage, fault
дефектный участок – trouble spot
дефектоскопия – defectoscopy
дефлектор – baffler, deviator, louver
дефлектор для отклонения направления реактивной струи – jet deflector
дефлектор реактивной струи – thrust spoiler
дефлекторное управление вектором тяги – jet tab thrust vector control
дефокусирование (звуковой удар) – defocusing
деформация – deflection, deformation, strain
деформация на единицу длины – unit deformation, unit strain
деформация сжатия – compressive strain
деформация, вызванная аэродинамическими силами – aeroelastic effect
децибел – db, decibel
дешифратор – decoder; many-to-few matrix
дешифратор кодированных сигналов – coded data decoder
дешифровать – decipher
дешифровщик – interpreter
деятельный слой – active layer
диагональ – diagonal
диагональный – diagonal
диаграмма – card, chart, diagram, pattern, scheme
диаграмма зон действия – coverage diagram
диаграмма излучения – directional pattern, radiation pattern
диаграмма излучения радиомаяка – pattern of a radio range
диаграмма направленности – directional (directivity) diagram, directional pattern, directivity pattern
диаграмма направленности РЛС – radar envelope
диаграмма поля излучения – radiated field pattern
диаметр – diameter
диаметр в миделе – maximum diameter
диаметр выходного сечения (сопла) – exit diameter
диаметр критического сечения сопла двигателя – motor throat diameter
диаметр миделя – overall diameter
диапазон – band, range
диапазон взлетных режимов – takeoff range
диапазон волн – wave band
диапазон высот – altitude range
диапазон высот при постоянном давлении в кабине – isobaric range
диапазон докритических режимов полета – unstalled flight range
диапазон дросселирования – throttling band, throttling range
диапазон звуковых частот – audio band
диапазон изменения тяги при включенной форсажной камере – afterburner range
диапазон или полоса радиочастот – radio-frequency band
диапазон оборотов – range of revolutions
диапазон обслуживания – service range
диапазон отклонений – spread
диапазон отклонений руля высоты вверх – elevator range-up
диапазон отклонений руля высоты вниз – elevator range-down
диапазон режимов полета – flight envelope
диапазон скоростей – range of revolutions, speed range
диапазон управления – steering range
диапазон уровня давления – band pressure level
диапазон характеристик – performance range
диапазон частот – bandwidth
диапазон частот РЛС – radar-frequency band
диапазон чисел М на крейсерских режимах – cruise Mach range
диафрагма – blind, end-plate, partition
дивергенция – divergence
дизель – compression-ignition engine
дина (единица силы) – dyne
динамика – dynamics
динамическая балансировка – dynamic balance, dynamic trim
динамическая жесткость – dynamic flexibility, dynamic instability
динамическая нагрузка – dynamic load

динамическая подъемная сила – dynamic lift
динамическая скорость – friction velocity
динамическая тяга – dynamic thrust
динамическая устойчивость – dynamic stability
динамическая характеристика возмущенного движения – dynamic control
динамически подобная модель – dynamically scaled model
динамические напряжения – dynamic stress
динамические характеристики – dynamic characteristics
динамические характеристики возмущенного движения – dynamic response
динамические характеристики самолета в болтанку – gust control
динамический – dynamic
динамический коэффициент – dynamic factor
динамический набор высоты – dynamic rising
динамический напор – dynamic air pressure
динамический потолок – dynamic ceiling
динамический потолок вертолета – service ceiling
динамический шаг винта при нулевой тяге – zero thrust pitch
динамическое давление – dynamic pressure (ratio), impact pressure
динамическое подобие – dynamics similarity
динамометр – force indicator
динамометр для измерения тяги – thrust jack
динамометрическая втулка – hub dynamometer
динамометрическая ручка – stick force instrumentation, stick force recorder
диод – diode
диодный смеситель – diode mixer
диплекс (связь) – diplex
диплексирование – diplexing
дипломатическая почта – diplomatic bag
дипломатический багаж – diplomatic baggage
диполь – dipole
дипольная антенна – dipole antenna
дипольный – dipole
директорный авиагоризонт – attitude director, director horizon
директорный индикатор взлета – takeoff director
директорный компас – director compass
директорный прибор – director, director control
директорный прибор визуальной системы управления полетом – paravisual director
директорный режим полета – director mode
директорный указатель отклонения от радиолуча – radio director indicator
дирекционный угол – grid direction
дирекционный угол, измеренный от линии сетки прямоугольной системы координат Гаусса – grid course
дирижабль – airship
дирижабль полужесткой конструкции – semirigid airship
диск – disk, plate, turbine wheel
диск компрессора – compressor impeller
дисковой тормоз – disc brake
дискретный – discrete
дискретный аналог – discrete analogue
дискретный блок связи с автопилотом – digital autopilot coupler
дискретный выходной сигнал – digital output
дискриминатор – converter
диспетчер – dispatcher, operator
диспетчер аэропорта – airport controller, airport operator
диспетчер воздушного движения – traffic controller, traffic operator
диспетчер командно-диспетчерского пункта – control tower operator
диспетчер КДП – tower controller, tower man
диспетчер на КДП – tower operator
диспетчер обзорного радиолокатора – surveillance controller
диспетчер планирования полетов – flight planner
диспетчер по загрузке – load controller
диспетчер по местам стоянки самолетов – marshaller
диспетчер посадки – final controller
диспетчер посадочного радиолокатора – precision approach controller

диспетчер радиолокатора – radar controller
диспетчер радиолокатора точного захода на посадку – precision approach controller
диспетчер службы воздушного движения – air traffic control officer, air traffic controller
диспетчер службы управления воздушным движением – air controller, aircraft control operator, controller
диспетчер службы управления воздушным движением по маршруту – air route traffic controller
диспетчер стартового командного пункта – runway controller
диспетчер управления выхода самолетов в зону аэродрома и заходом на посадку – approach controller
диспетчер, контролирующий вертикальное эшелонирование самолетов в зоне ожидания – stack controller
диспетчер, передающий управление в другую зону – handoff controller
диспетчеризация движения в районе аэродрома – airdrome control
диспетчерская – control room, dispatch office
диспетчерская вышка – control tower
диспетчерская зона – airport traffic (control) zone, control zone
диспетчерская зона аэродрома – terminal control area (TCA), terminal movement area (TMA)
диспетчерская РЛС аэропорта – ground movement radar
диспетчерская служба – air traffic control, ATC
диспетчерская служба подхода – approach control service (APP), Approach, Approach Control Office
диспетчерская служба района аэропорта – terminal area control
диспетчерская служба управления подходом и заходом на посадку – approach control, APC
диспетчерский пульт управления развития полетов – flight progress board
диспетчерский пункт – control unit
диспетчерский пункт верхнего воздушного пространства – upper control, UAC
диспетчерский пункт подхода – approach control, approach control office
диспетчерский пункт УВД – air traffic services unit
диспетчерский пункт, обеспечивающий управление подходом – approach control unit
диспетчерский радиолокатор – airdrome control radar
диспетчерский радиолокатор для наблюдения за движением самолетов по аэродрому – taxi radar
диспетчерский район – control area, control traffic area, CTA
диспетчерский центр – control center
диспетчерский центр контроля в пределах региональной зоны – regional control center
диспетчерский центр пункта вылета – initial air traffic control center
диспетчерский центр управления движением по воздушной трассе – airway traffic control center
диспетчерское обслуживание на подходе – approach control service
диспетчерское разрешение – air traffic control clearance
диспетчерское разрешение на маршруте – en-route clearance
диспетчерское разрешение с внесенными поправками – amended clearance
дисплей вычислительной машины – computer display
диссипационный след – dissipation trail
дистанционно управляемый самолет – pilotless aircraft
дистанционное измерение – remote metering
дистанционное показание – remote reading
дистанционное управление – distance control, distant control, remote control, telecontrol
дистанционное управление по радио – radio remote control
дистанционный измерительный прибор – distant-indicating (reading) instrument

дистанционный индикатор – distant-indicating (reading) instrument
дистанционный компас – remote reading compass
дистанционный контроль – distance control
дистанционный передатчик – telemeter
дистанционный прибор – remote indicating instrument
дистанция – distance
дистанция перевозки – trip distance
дистанция перехода в набор высоты – roundout distance
дистанция планирования – gliding distance
дистанция прерванного взлета – accelerate-stop distance, stop-go distance
дистанция прерванного разбега (с остановкой самолета в пределах летной полосы) – accelerate-stop distance
дистанция пробега с гашением скорости – run-out distance
дисциплина радиосвязи – radio frequency and procedure discipline
дифферент – trim
дифференциальная система сопровождения по равносигнальной зоне – simultaneous lobe comparison
дифференциальные элероны – differential ailerons
дифференциальный – differential
дифференциальный индикатор – radiometer indicator
диффузор – bell, diffuser
диффузор ПВРД – ramjet diffuser
диффузор типа сопла Лаваля – convergent-divergent inlet
диэлектрик – dielectric
диэлектрический – dielectric
длина волны – wavelength
длина выдерживания самолета при посадке – flare-out distance
длина послепосадочного пробега – touchdown-to-stop distance
длина прерванного разбега – emergency distance
длина пробега – landing distance
длина пробега при посадке – landing length
длина пути (воздушной трассы) – airway distance
длина пути руления – taxiing distance
длина разбега – takeoff run distance, takeoff run length, unstick distance
длина участка трассы – airline distance
длина этапа полета – stage length
длиннофокусная оптика – long-focal-length optics
длинноходное шасси – long-stroke undercarriage
длительно действующее ускорение – long acceleration
длительное испытание – long-run test
длительность импульса – pulse duration, width
дневная маркировка – day marking
дневное время – day
дневной – diurnal
дневной тариф туристского класса в направлении «туда-обратно» – day round trip tourist fare
дно – bottom
до полудня – a.m., ante meridiem
до последующего извещения – until further notice, UFN
добавка – ingredient
добавочная нагрузка – surcharge
добавочный лонжерон – shear beam
добровольное изменение маршрута – voluntary rerouting
добровольный возврат суммы – voluntary refund
довернуть – turn in
доводка – debugging, development
доводочная модель – development model
доводочное испытание – research and development test
доводочные работы – development work
доворот (самолета) – correction turn
доворот на заданный курс – heading track
доворот на ось ВПП (перед приземлением) – crosswind control
договор на перевозку – contract of carriage
договор фрахтовой перевозки – charter party
дождевое облако – nimbus
дождевые облака – nimbi
дождемер – rain gauge
дождь – rain, rainfall
дождь с лёдяной крупой – ice rain
дождь со снегом – s&r, snow and rain, sleet, slt

дождь, вызывающий обледенение – freezing rain
дожигание – reheat
дожигание (топлива) во втором контуре турбовентиляторного двигателя – fan burning
дожигание во втором контуре двухконтурного двигателя – duct burning
дожигание топлива в форсажной камере – afterburning, reheating
дозаправка – make-up
дозаправка топливом – refuel, refueling
дозаправка топливом в воздухе – aerial refueling, air refueling, flight refueling, mid-air refueling
дозаправка топливом в полете – in-flight refueling
дозаправлять – top off
дозаправлять самолет топливом – refuel
дозвуковая скорость полета – subsonic speed
дозвуковой – subsonic
дозирование – metering
дозировать – meter
дозирующий насос – dispensing pump
доказательство – proof
доклад о результатах расследования авиационного происшествия – accident investigation report
докритический – subcritical
докритический режим – unstalled condition
документация – data
документы – data
документы, удостоверяющие личность пассажира – passenger identity documents
долговечность – service life, working life
долговечность двигателя – engine life
долговременное запоминающее устройство – static memory
долговременность – endurance
долгосрочное прогнозирование – long-range forecasting
долгосрочный контракт – long-term contract
долгосрочный прогноз погоды – long-range weather forecast
долгота счисленной точки – dead reckoning longitude
должностное лицо – officer
доливать топливо в бак – top
доливка – make-up
доля – fraction, interest, share
домкрат – jack
донесение – dispatch, message, report
донесение дальнего радиолокационного поста – early warning coverage report
донесение или сообщение о плане полета – flight plan message, PLN
донесение о вынужденной посадке на воду – ditching report
донесение о выполнении полета – post-flight report
донесение о местоположении самолета – position report
донесение о развитии полета – progress report
донесение о результатах расследования авиационного происшествия – accident investigation report
донесение о случае возможного столкновения в воздухе или опасного сближения самолетов – near miss report
донесение об авиационном происшествии – accident report, aircraft accident report
донесение об авиационных происшествиях, связанных с плохими метеоусловиями – aircraft weather incident report
донесение об особых метеоусловиях – special report
донесение пилота – pilot report, pirep
донесение пилота о метеоусловиях – pilot weather report
донесение с борта – flight report
донесение с борта о месте самолета, эксплуатационном состоянии и метеорологических условиях – position operational and meteorological aircraft report, POMAR
донесение с борта о местонахождении самолета – position report, PR
донесение с борта самолета – air report AIREP), aircraft flight report, in-flight report
донесение, передаваемое открытым текстом – plain (language) message
донесения по каналу «воздух – земля» – air-to-ground transmission of air reports
донная часть – tail end
донное сопротивление – afterbody effect, base drag, base pressure, wake drag

донное сопротивление корпуса (ракеты) – body base drag
донный эффект – afterbody effect
дооборудование – fitting
доплата – surcharge
доплата за выполнение специальных заданий – incentive pay
доплата за провоз багажа сверх нормы – extra charge for overweight
доплата за спальное место – sleeper surcharge
доплата к билету – extra fare
доплеровская радиолокационная станция – Doppler radar
доплеровская РЛС или измеритель – Doppler unit
доплеровская РЛС непрерывного излучения – continuous-wave Doppler radar
доплеровская система внешнетраекторных измерений – single station doppler, SSD
доплеровская частота – Doppler frequency
доплеровский измеритель путевой скорости и скорости сноса – Doppler
доплеровский навигационный прибор – radan
доплеровский навигационный радиолокатор – Doppler Navigator
доплеровский пеленгатор – Doppler direction finder
доплеровский радиолокатор – Doppler
доплеровский сдвиг – Doppler shift
доплеровский сдвиг частоты – Doppler drift, Doppler frequency shift
доплеровское смещение частоты – Doppler shift
доплеровско-инерциальная навигация – Doppler-inertial navigation
дополнение – annex
дополнение до широты – colatitude
дополнительная заливка баков – make-up
дополнительная линия радиосвязи – radio backup
дополнительная оплата – additional charge
дополнительная рулежная дорожка – alternate side of taxiway
дополнительная траектория снижения – alternate descend path
дополнительная тяга – augmented thrust
дополнительная тяга, развиваемая форсажной камерой – afterburner thrust
дополнительная частота – alternate frequency
дополнительно отклоненный – added
дополнительное количество топлива – optional fuel capacity
дополнительное страхование – additional insurance
дополнительные начисления для расчета тарифа более высокого класса обслуживания – add-on amounts
дополнительные перевозки – fill-up traffic
дополнительные сборы авиапочты – surcharged airmail
дополнительный – added, auxiliary; off-line; alternate, optional; spare
дополнительный агрегат – add-on component
дополнительный воздух – auxiliary air
дополнительный индикатор – amendment display
дополнительный канал РЛС – backup radar channel
дополнительный налог – surcharge
дополнительный расход – extra charge
дополнительный сигнал – redundant signal
дополнительный срок доставки – additional transit period
допуск – limit, tolerance
допуск по высоте – altitude tolerance
допускать – accept
допустимая величина ускорения – allowable acceleration
допустимая деформация – proof strain
допустимая нагрузка – allowable load, bearing capacity, safe load
допустимая нагрузка для кабины – allowable cabin load
допустимая погрешность – error allowance
допустимое напряжение – allowable stress, safe stress
допустимое отклонение – tolerance
допустимые ускорения перегрузки – acceleration tolerances
допустимый безопасный зазор – safety clearance
допустимый вес груза – allowable cargo weight
допустимый предел – tolerance limit

допущенный к летным испытаниям (полетам) – flight-qualified
дорабатывать – fit
доработка – fitting
доработка с целью сертификации – certification modification
дорожка линий положения (ВС) – band of position
дорожка с записью – track
дорожная одежда – pavement
доска – board
доска информации прибытия и отправления самолетов – arrival and departure board
доска контрольных приборов масляной и топливной систем – oil-and-fuel pressure panel
доска пилотажных приборов – flight-instrument board
доска с органами управления – keyboard
досмотр (пассажиров, груза) – clearance
доставка – delivery, supply
доставлять – supply
достаточный – adequate, positive
достигнутое в полете значение – flight mark
достижение максимальных результатов – maximization
достижения – advance
доступ – access, passage
доступ к получению информации – access
доступное для полетов воздушное пространство – navigable air space
доступность – accessibility
доступный – available
доступный для полетов – navigable
досье – file
досье с документацией об авариях и поломках – incident file
досье с документацией об авиационном происшествии – accident file
досягаемость по высоте – controllable altitude
досягаемость по дальности – range ability
доход – revenue
доход от грузовых перевозок – freight revenue
доход от операций – operating income, operating profit
доход от перевозки пассажиров – passenger revenue
доход от перевозки срочного груза – express revenue
доходная самолето-миля – revenue aircraft-mile
доходная ставка – revenue rate, yield rate
доходные статьи – revenues
доходы на единицу отправок – revenue per traffic-unit
доходы от вспомогательных операций, связанных с перевозкой – ancillary traffic receipts
дрейф – drift, wander
дренаж – drainage
дренаж камеры сгорания – combustion chamber drain
дренаж топливной системы – fuel drain
дренажная труба – drainage pipe
дренажная трубка масляного бака – oil-tank vent
дренажное отверстие – oil drain
дренажное отверстие топливного бака – fuel tank vent
дренажный бак – drain tank
дренажный клапан – drain valve
дренажный клапан топливного бака – tank vent valve
дренажный слой ВПП – drainage course
дренирование – drainage
дробный чартерный рейс – split charter
дробь – fraction
дрожание – chatter, jitter
дрожать – chatter
дросселирование – throttle control, throttling, throttling back
дросселирование двигателя – part throttle operation
дросселирование потока – flow restriction
дросселировать – choke, throttle, throttle back
дроссель – choke, power control, throttle, throttle governor
дроссельная заслонка – accelerator, air throttle, throttle, throttling butterfly valve
дроссельная характеристика – propeller load curve
дроссельный клапан – throttle valve
дроссельный кран – throttle chock
дроссельный регулятор – throttle governor

ДТРД (двухконтурный ТРД) – double-flow engine, double-flow turbojet
дублер – backup crew member
дубликатор перфорированной ленты – tape multiplier
дублирование – duplication, redundancy
дублированная проводка – duplex linkage
дублированное управление – dual control
дублированные бустера – duplicated jacks
дублированный – dualized
дублирующая грузовая операция – backhaul
дублирующая система – backup system
дублирующий агрегат – backup
дублирующий компас – compass repeater indicator
дублирующий лист – doubler
дублирующий прибор – repeater instrument
дублирующий радиолокационный индикатор – radar repeater scope
дублирующий сигнал – redundant signal
дублирующий член экипажа – backup crew member
дуга – arc
дуга большого круга – geodesic (geodetic) line
дуга траектории пассивного полета – coasting arc
дужка винта – profile
дужка крыла – camber
дуплексная связь – duplex
дуплексная система – duplex system
дуплексный – duplex
дуть – blow
дутье – blasting
дымка – dry fog, haze, light haze, mist
дымчатая панель – tinted panel
дымчатый горизонт – haze horizon
дымчатый смотровой щиток – sun visor
дыхательный прибор – breathing apparatus
дюйм – in, inch

E

Европа – EU, Europe
Европейский координатный комитет по использованию воздушного пространства – CEAC, Committee for European Airspace Coordination
Европейско-Средиземноморский – EUM, European Mediterranean
единиц информации в секунду – bps, bits per second
единица – digit, unit
единица величины – unit amount
единица информации – data point, item of information
единица массы – unit mass
единица тепла – heat unit
единичная величина – unit amount
единичная масса – unit mass
единичный вектор – unit vector
единичный отсчет (параметров) – data point
единичный тариф – single fare
единый агрегат (блок, узел) – integral unit
ежегодник – annual
ежегодный – annual
ежедневная сводка (погоды) – daily bulletin
ежедневно – daily
ежедневный – daily
ежедневный бюллетень погоды – daily weather bulletin
ежедневный осмотр (самолета или механизма) – daily inspection
ежедневный прогноз – routine forecast
ежечасная радиосводка – hourly broadcast
ежечасное сообщение – hourly report
емкостная антенна – condenser antenna
емкостное сопротивление – capacitance
емкость – capacitance, capacity, content, volume
емкость антенны – antenna capacity
емкость запоминающего устройства – memory capacity, storage capacity
емкость масляного бака – oil capacity
емкость топливных баков – fuel capacity, fuel tankage, tankage, tankage capacity
емкость хранилища – storage capacity
естественное основание дороги – formation
естественные помехи – background

Ж

жаровая труба – flame chamber, flame tube
жаровая труба камеры сгорания – combustion chamber can, combustion chamber liner, combustion tube
жаропрочная конструкция – high-temperature construction
жаропрочность – heat resistance
ждущий мультивибратор – flip-flop
желтая авиатрасса – amber airway
жесткая система управления – push rod system
жесткий – rigid
жесткий бак – rigid tank
жесткий воздушный винт – rigid airscrew
жесткий дирижабль – rigid airship
жесткий ход – rough running
жестко работающий двигатель – rough engine
жесткое крыло – rigid wing
жесткость – inelasticity, stiffness
живучесть воздушного судна – crashworthiness of the aircraft
жидкая смазка – lubricating liquid, oil
жидкий – fluid, liquid
жидкий смазочный материал – liquid lubricant
жидкостная среда – fluid medium
жидкостно-ракетный двигатель – rocket engine
жидкостный – liquid, liquid-propellant
жидкостный (о двигателе) – liquid-fuel
жидкость – fluid, liquid
жидкость для двигателей жидкостного охлаждения – coolant
жизненно-важный потребитель (обеспечивающий безопасность полета) – essential load
жиклер – discharge nozzle, jet, nozzle
жилье – accommodation
ЖРД (жидкостно-ракетный двигатель) – rocket engine
журнал – file
журнал автоматической записи электросвязи – automatic telecommunication log
журнал погоды – weather log
журнал подготовки ВС – aircraft maintenance log
журнал подготовки самолета – aircraft maintenance record
журнал регистрации ведения авиационной электросвязи – aeronautical telecommunication log

З

за бортом – outboard
за границей – abroad
за границу – abroad
за счет государства – public expense
забивание станции (более мощной станцией) – blanketing
забивать – jam
забираемый воздух – intake air
забирающий – entraining
заблаговременное оповещение – prewarning
забор – entraining
заборник – entry
забронированный маршрут – reserved route
забронированный пассажир – booked passenger
забронировать билет – make reservation
заброс – overshooting, oversteering
заброс (регулируемого параметра) – hardover
заброс на кабрирование – nose-up hardover
заброс на пикирование – nose-down hardover
заброс поверхности управления – surface overshoot
заброс руля – surface overshoot
заброс элеронов – aileron hardover
завал вектора тяги – thrust vector lag
завал ометаемого диска – disc lad
заведывание – management
завеса – screen
зависание – hang-up
зависание (вертолета) при нулевой поступательной скорости – zero ground speed hover(ing)
зависание оборотов двигателя (при запуске) – engine hang-up
зависание оборотов при подаче газа – acceleration hang-up
зависать – hang-up, hover
зависимость – law, relation
завихрение – eddy, eddying, swirling, wash, whirl
завихрение на задней кромке – trailing-edge vortex
завихрение у конца крыла – wing-tip vortices
завихрение, создаваемое вокруг концевой лопасти – blade tip eddy
завихренная зона – wake
завихряться – whirl
завихряющая лопатка – swirl vane
завод – factory, plant
завод-поставщик – manufacturer
заводские (летные) испытания – development work
заводские приемочные испытания – factory acceptance testing
заворот с креном – banked turn
заглохание (двигателя) – light-off
заглохший двигатель – dead engine, failed engine
заглушать – damp
заглушение радиопередачи – blanketing
заглушенный – damped
заглушка – cap, closure
заглушка (трубы) – blind flange
заглушка сопла – nozzle closure
загнутая окклюзия – back-bent occlusion, bent-back occlusion
загнутый – lipped
заголовок сообщения – message heading
загореться – flash on
заградительные огни – lighting of obstructions, obstruction lights
заградительный огонь – hazard light, night obstruction marking, obstruction light
заградительный световой маяк – hazard beacon
заградительный световой сигнал или огонь – obstacle light
заградительный светомаяк – airport hazard beacon
заграждение – obstacle
заграничный – oversea(s)
загружаемый с торца контейнер – end-loading container
загружать (самолет) – stow
загруженный – balanced
загрузка канала связи – channel loading
загрузка линий связи – communication load
загрузка через хвостовую часть – rear loading
загрузочный механизм – feel simulator, feel unit
загрузочный механизм системы управления самолетом – aircraft feel system

загрузочный механизм, создающий усилие, пропорциональное скорости полета – V-controlled force feel system
загрязнение – contamination
загрязняющее вещество – contaminant
задаваемый вручную – manually-selected
задаваемый курс – commanded heading
задавать – set on
задавать ручной режим работы – select manual mode
заданная величина – datum
заданная величина воздушной скорости – target airspeed
заданная высота – base altitude, command altitude, predetermined altitude, reference altitude, specified altitude
заданная линия пути – assigned track
заданная скорость – desired speed, rated velocity, reference speed
заданная скорость (регулятора) – on speed
заданная траектория – prescribed trajectory
заданная траектория полета – assigned flight path
заданное значение скорости – reference velocity
заданное направление полета (система линий-символов) – director track
заданное положение – precalculated position
заданное число М – reference Mach number
заданные технические характеристики – specification
заданный – commanded, prescribed; predetermined; predicted; preselected, preset; specific, specified
заданный курс – commanded heading; desired heading; guided course; planned course; predetermined course, prescribed course, set course, specified course
заданный курс следования – scheduled course
заданный метеоминимум – prescribed weather minimum
заданный параметр – specification
заданный профиль – assigned profile
заданный путевой угол – track course
заданный режим полета – basic flight reference
заданный угол отклонения руля направления – rudder setting
заданный угол тангажа – commanded pitch attitude
задатчик – selector
задатчик азимута (пеленга) – bearing selector
задатчик дальности – range selector
задатчик курса – course selector
задатчик курса ВС – heading selector
задатчик курса следования на всенаправленный радиомаяк – omnibearing selector
задатчик курса следования по лучу маяка системы ВОР – VOR radial selector
задатчик последовательности операций – sequence unit
задатчик угла крена – bank angle selector
задача – mission; problem
задача на проведение аварийно-спасательных работ – rescue mission
задачи перспективной разработки – advanced development objective
задающая станция – master station
задающее устройство – driver
задающий генератор – master oscillator
задающий передатчик – master transmitter
задающий потенциометр – selector potentiometer
задвижка – latch, shutter
задел – backlog
заделанный шов – sealed joint
заделка швов – joint closure
задержанное отклонение рулей на вывод – delayed recovery controls
задержанный непогодой – weather bound
задерживать – check
задерживаться – delay
задерживающего действия – delay
задержка – check; delay, time lapse
задержка неопределенной продолжительности – delay not determined
задержка по времени – time delay
задирание носа самолета – tail heaviness
задирание хвоста самолета – tail high
задирать – haul up
задний – aft, rear, stern, trailing
задний боковой двигатель – rear lateral engine
задний винт – stern propeller
задний двигатель, смонтированный на пилоне – rear outboard engine

задний конус-обтекатель – inner exhaust cone
задний курсовой сектор – back course sector
задний левый двигатель – rear port engine
задний лепесток (диаграммы направленности антенны) – back lobe
задний лонжерон – rear spar
задний подкос шасси – landing gear rear brace strut
задний подшипник – tail bearing
задний правый двигатель – rear starboard engine
задняя кромка крыла или оперения – trailing edge
задняя кромка элерона – aileron trailing edge
задняя полусфера – after hemisphere, quarter
задняя сторона – back
задняя центровка – aft center-of-gravity
задняя часть – rear
задняя часть (фюзеляжа) – aft
заедать – jam
зажигание – engine ignition, firing, ignition
зажим – binder, contact terminal, post, terminal
зажим поверхности управления – control lock
заземление – bonding, earthing, ground
заземляющее устройство – earthing system
зазор – backlash, clearance, gap, tolerance
зазор между концами крыльев самолетов на стоянке – wing-tip clearance
заказывать – order
заказывать билет – book
заканчивать передачу – sign off
закладная деталь – insert
заклинивать – jam
заключать контракт (договор) – contract
закодированное указание назначения груза – destination in-the-code
закон – law
закон всемирного тяготения – law of universal gravitation
закон распределения нагрузок – path of loading
закон сохранения количества движения – law of conservation of momentum
законные проценты – legal interest
законодательный акт о воздушных сообщениях – Air Navigation Act
законодательство в области гражданской авиации – civil aviation legislation
законодательство о полетах самолетов – air legislation
законопроект – bill
законтренное управление – locked controls
законтривать проволокой – safety wire
закрепленный – fixed
закрутка – warp
закрученное крыло – warped wing
закручивание – swirling
закручивание концов крыла – wing-warping
закручивание потока, создаваемого винтом – twist of slipstream
закручивание потока, создаваемого воздушным винтом – spiral effect of the slipstream
закручивание струи за винтом – twist of slipstream
закручивать – warp
закрывать – close
закрывать обтекателем – fair
закрылки – wing flap system
закрылки во взлетном положении – takeoff flaps
закрылок – flap, trailing edge flap, wing flap
закрылок вне зоны сдувания пограничного слоя – unbalanced flap
закрылок Крюгера – Krueger flap
закрылок по всему размаху крыла – full-span flap
закрылок с отверстиями – perforated wing flap
закрылок со сдувом пограничного слоя – blown flap
закрылок Фаулера – Fowler flap
закрылок, дающий большой прирост подъемной силы крыла – high-lift flap
закрылок, увеличивающий кривизну профиля крыла – camber-changing flap
закрылок-элерон – flaperon
закрытие – closure
закрытый обтекателем – faired

закрытый посадочный трап-мостик – jet way
закрытый туманом – fogged-in
закупорка – obstruction
зал для иностранных пассажиров – estranger hall
зал ожидания – lobby
зал ожидания для вылетающих пассажиров – passenger pre-staging area
зал таможенного досмотра – customs room
заливать топливом – fuel up
заливка – service
заливка компаундом – potting
заливная горловина – tank cap, tank filler
заливной штуцер – filling plug, tank filler
заливочная горловина – filler cap
заливочный насос – primer pump, priming pump
заливочный насос для топлива – fuel charger
зализ – cow(ling), fairing, fillet
зализ в плане – plan-form fillet
зализ крыла с фюзеляжем – wing-to-fuselage fillet
зализ хвостового оперения – tailplane-fin fairing
замедлитель – delayer
замедлять – speed down
замер – measurement
замер регистрирующей аппаратуры – data point
замеренная тормозная мощность – observed brake horsepower
замерзающий дождь – freezing rain
замерять – measure
заместитель – deputy
заместитель начальника организации, управления – deputy administrator
заместитель помощника начальника управления (отдела) – deputy associate administrator
замкнутая аэродинамическая труба – return-flow wind tunnel
замкнутая петля маршрута УВД – ATC loop
замкнутая система – loop
замкнутая телевизионная система – closed-circuit television
замкнутая тросовая проводка (управления) – closed-circuit cable loop
замкнутое положение – on position
замкнутый – on
замкнутый контур цепи – mesh
замковое соединение – lock-on connection
замковый механизм – locking mechanism
замок – fastener, latch
замок выпущенного положения (шасси) – down latch
замок закрытого положения створки (шасси) – door uplock latch
замок механизма убирающегося шасси – undercarriage lock
замок открытого положения створки (шасси) – door downlock latch
замок ручки или педалей управления – control lock
замок смотрового люка – access latch
замок стыковочного механизма – docking adapter latch
замок уборки шасси – landing gear retraction lock
замок убранного положения шасси – up latch
замок хвостового колеса – tail-wheel lock(ing)
замок шасси – landing gear safety latch
заморский – oversea(s)
замыкание – contact
замыкание (контура управления) на автопилот – autopilot closure
замыкание контура управления – closure
замыкание контура цепи управления – loop closure
замыкать – close
замыкающее звено (в цепи управления) – closure
занимать маршрут ожидания – enter the holding pattern
занимать рабочее место – man
занимающийся производством – manufacturing-oriented
занос самолета при повороте с недостаточным креном – skidding
заносить – squash
занятие определенного маршрута – pattern entry, traffic pattern entry
занять эшелон – reach flight level
заоблачное пространство – top
заокеанский – oversea(s)
запад – west
западное склонение – westerly variation
западные ветры – westerlies

запаздывание – delay, lag, time delay, time lag, time lapse
запаздывание автопилота – autopilot lag
запаздывание в системе управления – control delay
запаздывание в считывании показаний – time lag in reading
запаздывание в установлении связи – communication time lag
запаздывание вывода – recovery lag
запаздывание подачи топлива – fuel lag
запаздывание показаний прибора – instrument lag
запаздывание реакции пилота – human operator response
запаздывание регулятора или оператора (диспетчера) – controller lag
запаздывание рулей – control delay
запаздывание увеличения тяги – engine (thrust) delay
запаздывать – lag
запал – igniter
запальная свеча – igniter, ignition plug, spark plug
запас – margin, store
запас высоты над препятствием – obstruction clearance margin
запас высоты над препятствием в полете по приборам – IFR obstruction clearance margin
запас горючего (в часах и минутах) – endurance
запас кислорода в человеко-часах – manhours of oxygen
запас масла на самолете – oil capacity
запас мощности – margin of power, power margin
запас по помпажу – stall margin
запас по помпажу ТРД – turbojet stall margin
запас по фазе – phase margin
запас по характеристикам – performance margin
запас подъемной силы – margin of lift
запас посадочной скорости – approach speed margin
запас продовольствия – food ration kit
запас прочности – assurance factor, factor of safety, margin of safety, material factor, reserve factor, safe load factor, safety coefficient, safety factor
запас скорости – margin of speed
запас статической устойчивости – static margin
запас топлива – reserve of fuel
запас топлива во внутренних баках – internal fuel load
запас топлива на борту – fuel load
запас топлива на борту ВС, предусмотренный планом полета – flight-plan fuel load
запас устойчивости – margin of stability
запас устойчивости при брошенной ручке – stick-free margin
запас устойчивости при зажатой ручке – stick-fixed margin
запасная волна – emergency radio channel
запасная посадочная площадка – emergency landing ground, satellite field
запасная посадочная полоса (для аварийной посадки) – crash landing strip
запасная проводка управления – fail-safe run
запасная траектория снижения – alternate descend path
запасная частота – guard frequency
запасная часть – auxiliary, spare
запасное управление – emergency control
запасной канал радиосвязи – emergency radio channel
запасной план полета – alternate flight plan, AFP
запасные части – spare parts
запасный – alternate, backup; emergency; spare; standby
запасный аварийный люк – emergency hatch
запасный аэродром – alternate aerodrome, alternate landing area, auxiliary airdrome, dispersal airfield, diversion (air)field, emergency airfield, reserve airfield, satellite airfield, supplementary airdrome
запасный бак – emergency tank, reserve tank
запасный выход – emergency exit
запасный канал связи – guard channel
запасный крыльевой бак – auxiliary wing fuel tank
запасный маршрут полета – alternate air route
запасный план полета – alternate flight plan
запасный топливный бак – emergency fuel tank

запирание – locking
запирание (в аэродинамической трубе) – choking condition, choking effect
запирающее приспособление – locking arrangement
запирающий клапан – lockup
запирающий механизм – locking device, locking mechanism
записывать – record
записывать данные на ленту – tape the data
запись – logging, notation, record
запись аварийных параметров – accident/incident recording
запись в бортовом журнале – log
запись данных – data record
запись результатов, полученных вычислительной машиной – computer recording
запланированное слежение – scheduled watch
запланированный – scheduled
заподлицо – flush, flush-mounted
заполнение документов – completion of documents
заполнение швов изоляционным материалом – joint sealing
заполненное продуктом пространство в резервуаре (баке) – innage
заполнитель – core, filler, interlayer
заполнитель бетона – aggregate
заполнитель швов – joint filler
заполнитель, заливаемый и отверждаемый «на месте» – cast-in-place interlayer
запоминаемая информация – stored data
запоминаемые данные – stored data
запоминание информации – data storage
запоминать – memorize
запоминающая схема – memory circuit
запоминающая трубка прямого видения – direct-view storage tube
запоминающее устройство – computer memory, memory, memory device, storage
запотевание (остекления) – fogging
заправка – charge, service, servicing
заправка топливом – fuel filling, fuel loading, fuel servicing, fueling, tankage
заправка топливом в полете – in-flight refueling, IFR
заправка через верхние горловины – over-wing fueling
заправка через нижние горловины – underwing fueling
заправляемый топливом в воздухе самолет – receiver
заправлять – charge
заправлять горючим – fuel
заправочная колонка – dispenser
заправочная штанга – probe
заправочное оборудование – fueling equipment
заправочный пункт – filling station, refueling depot
заправочный слив топлива – defueling
запрашивать (ВС) – challenge
запрет на полеты – grounding order
запретная для полетов зона – caution area
запретная зона – prohibited area
запрещать полеты – ground the crews
запрещение посадки – wave-off
запрограммированный автопилот – pre-programmed autopilot
запрос – challenge, interrogation, request, req
запросчик – interrogator, interrogator component
запросчик-ответчик – interrogator-responder
запуск – launch
запуск (двигателя) – lighting, lighting-up
запуск (ракетного двигателя) – firing
запуск двигателя – engine ignition, engine starting
запуск двигателя в воздухе – airstart
запуск при низкой температуре – cold starting
запуск с максимальным расходом топлива – full start
запуск со стартовым двигателем – assisted takeoff
запускаемый в воздухе – air-launched
запускать – launch, start
запускать (двигатель) – start up
запускать (ракетный двигатель) – fire
запускать (реактивный) двигатель – light an engine
запускать двигатель – fire an engine
заражение – contamination
заранее определенная высота – predetermined altitude
заранее резервируемый чартерный рейс – advance booking charter, ABC
заранее установленный – preselected

заранее установленный пеленг – preset bearing
зарегистрированный багаж – checked baggage
зарегистрированный план полета – filed flight plan
зарождение – initiation
заруливать самолет на стоянку – taxi-in
заряд – charge, load
зарядная пробка – filling plug
зарядный генератор – battery charging unit
зарядный штуцер – filling plug
заряжать – charge, load
засасываемый воздух – inlet air
засасывание – inflow, suction
засасывание (в двигатель посторонних предметов) – ingestion
засветка от земли – background
засвидетельствование – certification
засекать – fix
засекречивание – classification
засечка – cross bearings, fix, pinpoint
засечка (места самолета) – fix
засечка времени – clocking
засечка координат – position fixing
засечка положения самолета по РНТ – radio fix
засечка самолета (на экране радиолокатора) – aircraft flash
заслонка – damper, louver, shutter
заслонки реверса тяги – thrust-reverser buckets
застойная зона в воздушном потоке – dead air
застойная область – cavity
застойный – sluggish
застойный воздух – stationary air
застойный слой – stagnant layer
застопоривание – locking
затемненная панель – tinted panel
затенение площади – blanketing
затенение хвостового оперения – tail blanket
заторможенный – damped
заторможенный воздух – brought-to-rest air, stagnant air
затухание – attenuation, damping, decay, decrement
затухание (связь) – fading
затухающее действие – damping action
затягивание в пикирование – tuck
затяжеление – stiffening
затяжеленность – heaviness
затяжка – binder
зафлюгированный воздушный винт – feathered pitch (of propeller)
зафрахтованное воздушное судно без экипажа – bare hull
захват – hook
захват (луча, цели) – capture, lockon
захват глиссады – glidepath capture, glide-slope capture, acquisition of glidepath
захват или обнаружение цели радиолокатором – radar contact
захват курсового луча – localizer intercept, localizer-beam capture
захват луча – acquisition of beam
захват по азимуту, углу места и дальности – azimuth, elevation and range overtake
захват радиального луча – radial lockon
захват цели – engagement, locking
захват цели оптической системой наведения – optical lockon
захват цели РЛС – radar acquisition
захват цели телевизионной системой наведения – television lockon
захватывать луч курсового посадочного радиомаяка – capture localizer
захваченный воздух – entrained air
заход (на посадку) – pass
заход на второй круг – missed approach, wave-off
заход на посадку – approach, approach to land
заход на посадку «змейкой» – zigzag approach
заход на посадку «по коробочке» – rectangular approach, rectangular landing pattern
заход на посадку без использования посадочной РЛС – non-precision approach
заход на посадку без использования радиосредств – nordo (no radio) approach
заход на посадку в директорном режиме – flight director approach
заход на посадку в пределах видимости аэродрома – contact approach
заход на посадку на малой высоте – low-level approach

заход на посадку на режиме малого газа – idle-power (-thrust) approach
заход на посадку над ВПП с разворотом – overhead approach
заход на посадку отворотом на расчетный угол – teardrop approach
заход на посадку по «большой коробочке» – long approach, LNG
заход на посадку по ветру – downwind approach
заход на посадку по времени – timed approach
заход на посадку по глиссадному лучу – glide-slope approach
заход на посадку по зональному радиомаяку – range approach
заход на посадку по лучу – beam approach
заход на посадку по малому кругу – tight circling approach
заход на посадку по нуль-индикатору – cross-pointer approach
заход на посадку по приборам – blind approach, instrument approach, instrument approach landing, IAL, instrument landing approach
заход на посадку по приборам при ручном управлении – manual instrument approach
заход на посадку по прямой – straight approach
заход на посадку по радиокомандам с земли – controlled approach
заход на посадку по радиолокатору – radar approach
заход на посадку по речевым командам – talk-down guided approach
заход на посадку по РЛС – radar-directed approach
заход на посадку по системе ВОР – very high-frequency omnirange approach
заход на посадку по стандартной лучевой системе – standard beam approach
заход на посадку по широкой «коробочке» – wide approach
заход на посадку под контролем РЛС – radar-monitored approach
заход на посадку под углом к оси ВПП – offset approach
заход на посадку после выполнения круга («коробочки») над аэродромом – circular approach
заход на посадку при низких метеоминимумах – low-minima approach
заход на посадку при ограниченной видимости – low-visibility approach
заход на посадку при разрешенном метеоминимуме – legal approach
заход на посадку при ручном управлении – manual approach
заход на посадку против ветра – head-in approach, headwind approach, into-the-wind approach
заход на посадку с асимметричной тягой – asymmetric approach
заход на посадку с выполнением полного круга – full-circle landing
заход на посадку с выравниванием – flared approach
заход на посадку с двумя разворотами по 90 градусов – one-eighty-degree approach
заход на посадку с доворотом в направлении ВПП – overhead approach
заход на посадку с дросселированным двигателем – engine-throttled approach
заход на посадку с запасом по скорости – on speed approach
заход на посадку с использованием автоматического радиопеленгатора – automatic direction finder approach
заход на посадку с использованием бортового радиолокатора – airborne radar approach
заход на посадку с использованием унифицированной радиочастоты – single-frequency approach
заход на посадку с маневром по кругу – circling approach
заход на посадку с неработающим двигателем – dead-stick approach, power-off approach, unpowered approach
заход на посадку с обратным курсом – back course approach
заход на посадку с одного круга – precision approach
заход на посадку с отказавшим гирополукомпасом – gyro-out approach
заход на посадку с отклоненными щитками – flapped approach
заход на посадку с планирования – gliding approach
заход на посадку с подветренной стороны – upwind approach

заход на посадку с подтягом на двигателе – engine assisted landing approach
заход на посадку с помощью автопилота, связанного с радиосредствами – autocoupler approach, coupled approach
заход на посадку с помощью обзорной РЛС – surveillance approach
заход на посадку с помощью РЛС – radar-assisted approach
заход на посадку с последовательными снижениями – step-down approach
заход на посадку с постоянным углом тангажа – stabilized-attitude approach
заход на посадку с прямой – direct approach, straight-in approach, STA
заход на посадку с прямой с уходом на второй круг – straight missed approach
заход на посадку с работающим двигателем – power approach, powered approach, power-on approach
заход на посадку с сохранением хорошей управляемости – well-controlled approach
заход на посадку с убранной механизацией – clean approach
заход на посадку с увеличенной тягой – powered augmented approach, power-on condition
заход на посадку с уклонением от заданного курса – sagging approach
заход на посадку с установившейся скоростью – stabilized approach
заход на посадку только по курсовому радиомаяку – localizer-only approach
заход на посадку, управляемый с земли – ground controlled approach
заход на цель – run
заход самолета на посадку с помощью индикатора кругового обзора – plan position indicator approach
заход солнца – sunset, SS
зацепление – gearing
зацеплять крюком – hook
зачитываемый вслух контрольный перечень предполетных операций – vocal preflight checklist
заштрихованный крест-накрест – crosshatched
защемленное соединение – clamped joint
защита от активных радиопомех – antijamming
защита от обмерзания – defrosting
защита от огня – fire protection
защита от шума – noise abatement control
защитная огнестойкая стенка – flame shield
защитная полоса – guard band
защитный слой – seal coat
защищать – shield
защищенная от ветра сторона – lee (side)
защищенный экран или слой – shield
заявитель – applicant
заявление об отправке – forwarding note
заявленная температура – declared temperature
звезда – star
звездная карта – star chart
звездное время – sidereal time, star time
звездное время по гринвичскому меридиану – Greenwich sidereal time, GST
звездообразный двигатель – radial engine
звено – link
звуковая волна – sound wave
звуковая скорость – acoustic speed
звуковая ударная волна – sonic bang, sonic boom
звуковая частота – AF, audio frequency
звуковой – acoustic, audio, aural, sonic
звуковой барьер – sonic barrier, sound barrier, transonic barrier
звуковой сигнал тревоги – audible alarm
звуковой удар – boom, sonic bang, sonic boom
звукоизолирующий материал – acoustic material
звукоизоляция – acoustic insulation, sound insulation, soundproofing
звуконепроницаемый – noiseproof
звукопеленгатор – sound ranger
звукосниматель – phonograph pickup, pickup
звукоулавливатель – sound ranger
здание аэровокзала – airport terminal building
зеленая авиатрасса (США) – green airway (USA)
зеленая карточка на право полетов по приборам – green (instrument) card
земля – earth, ground, land
земная атмосфера – earth's atmosphere

земная индикаторная скорость срыва (сваливания) – calibrated stalling speed
земная ось – earth's axis
земная система координат – terrestrial coordinate system, terrestrial reference
земная система отсчета – earth reference
земной – terrestrial
земной меридиан – terrestrial meridian
земной ориентир – field marker
земной просвет – ground clearance
земной путь – ground distance
земной шар – earth
земной экватор – terrestrial equator
зернистый снег – granular snow
зерно – pellet
зигзагообразная молния – forked lightning
знак – character, mark, sign
знак смещения – mark bias
знаки и цифры на телетайпе – teleprinter characters
знаковая индикация – alphanumeric indication
знаковый – alphanumeric
знаковый код – alphanumeric code
знакопеременные нагрузки – fatigue load
значение – magnitude, value
значение коэффициента трения – frictional value
значение регулируемой величины – control point
зона – area, range, zone
зона аэродромного движения – airdrome traffic zone
зона взлета – starting zone
зона видимости – coverage, coverage pattern
зона видимости РЛС дальнего обнаружения – early warning coverage
зона включения курсового приемника – localizer engage area
зона воздействия шума – noise carpet
зона воздушного потока, создаваемого винтом – slipstream field, slipstream region
зона воздушного пространства – volume of airspace
зона вторичного воздуха жаровой трубы – flame tube secondary zone
зона выдерживания постоянного курса полета – critical zone
зона выравнивания самолета перед посадкой – flare-out region
зона глиссады – glide slope
зона горения – flame zone
зона дальнего радиолокационного обнаружения – early warning coverage
зона действия – coverage
зона действия навигационных средств – navigation coverage
зона действия по азимуту – azimuth coverage
зона действия по дальности – range coverage
зона действия радиолокационной системы – radar control area
зона действия радиолокационной станции – coverage of radar, radar coverage, radar view
зона действия РЛС обнаружения (целеуказания) – acquisition radar coverage
зона действия сигналов станции Лоран – Loran transmission coverage
зона действия средств сопровождения – tracking coverage
зона загрузки – loading area
зона захода на посадку – approach area, instrument approach area
зона искаженного приема – interference range
зона комплектования – make-up area
зона конусного эффекта – cone effect area
зона критического сечения сопла – nozzle throat region
зона малой РГМ – low DDM zone
зона молчания – cone of silence, dead belt, dead space
зона молчания радиомаяка – dead zone
зона наибольшей опасности развития шторма – primary hurricane danger zone
зона начального этапа захода на посадку – initial approach area
зона нечувствительности – dead band
зона низкого барометрического давления – depression, low-pressure area
зона обзора – field of view, scanned area
зона обзора из кабины пилота – cockpit vision envelope
зона обзора показаний жизненно важных приборов – critical scan area
зона обратного наклона – reversal zone
зона обслуживания – service area

зона ожидания – holding area, holding point, holding stack, stacking area
зона опасности – danger space
зона первичного воздуха жаровой трубы – flame tube primary zone
зона передачи диспетчерского разрешения – transition area
зона пересечения – zone of intersection
зона плавного снижения – flare-out region
зона плохой погоды – severe weather cell
зона подходов к аэродрому – airfield approach
зона поиска – search area
зона полетной информации – flight information region
зона пониженного барометрического давления – zone of negative pressure
зона приземления – touchdown zone
зона прямого транзита – direct transit area
зона разворота – turn-around area
зона регулирования – throttling range
зона сканирования – coverage
зона смешения – mixing zone
зона снижения на посадку – letdown area
зона снижения по глиссаде – glide (-in) area
зона срыва потока – area of separation, burbling zone
зона управления воздушным движением – air traffic control area, navigation coverage
зона управления воздушным движением аэропорта – airport traffic (control) zone
зона, ограниченная для полетов – restricted airspace, restricted area, warning area
зональная навигация – area navigation
зональный маркерный радиомаяк – cone (-of-silence) marker
зональный прогноз погоды – area forecast
зональный четырехнаправленный радиоприемник – four-course radio range
зонный маркерный радиомаяк – Z (zone, Z-type) marker
зонный радиомаркер – cone (-of-silence) marker
зрение – vision
зрительная ключевая информация для ориентировки – visual cue
зрительная связь – visual communication
зрительно-слуховая система всенаправленной радионавигации – visual-aural omnidirectional range, VAOR
зрительный – visual
зрительный индикатор – visual indicator
зубчатая передача – gear, gear assembly, gear drive, gear train, gearing
зубчатое колесо – gear
зубчатое сцепление – gear assembly
зубчатый перебор – gear train
зубчатый привод – gear drive
зуммер – buzzer

И

игла – bullet, central body, needle
игольчатый подшипник – quill bearing
идея – concept
идущий по потоку – backward
изаллобара – isallobar
изаллотерма – isallotherm
избегать – escape
избежание столкновения – evading
избирательное управление числом оборотов – selective constant-speed control
избирательный – selective
избирательный вызов – call selector; polling (on multipoint circuit)
избирательный контур – selective circuit
избыток – backlog; excess
избыток мощности – margin of power, power margin
избыток подъемной силы – margin of lift
избыток тяги над лобовым сопротивлением – margin of thrust over drag, thrust-drag margin
избыточная мощность – excess horsepower
избыточная тяга – excess thrust, extra thrust
избыточная устойчивость – overstability
избыточное давление – overpressure, supercharge, superpressure
избыточное давление в кабине – cabin differential
избыточное давление воздуха – excess fuel pressure
избыточность – redundancy
избыточный – excess
избыточный вес – excess weight
избыточный воздух – excess air
избыточный сигнал – hardover
извещать – announce
извещение – advise, notice
Извещение для пилотов – NOTAM, notice to airmen
извещение о вылете самолета – departure message
извещение о предварительно оплаченной перевозке – prepaid ticket advice
изгиб – bending, flexure
изгибание – bending
изгибать – sag
изгибающий момент – bending moment
изгибающийся – bending
изготовление – making
изготовление слоистых материалов – laminating
изготовлять слоистый материал – laminate
издания, содержащие полетную информацию – flight information publications
издержки – charges
излишняя грузовая операция – backhaul
излом – fracture
излучатель – emitter, originator, oscillator
излучать – beam
излучающая поверхность – emitting area
излучение – emission, radiation, rays
изменение – modification, variation
изменение балансировки – trim change
изменение давления – barometric variation
изменение количества движения – change of momentum
изменение конфигурации – conversion
изменение крена самолета при помощи элерона – aileron roll
изменение курса – control of heading
изменение курса с угловой скоростью (3) град/сек – change in heading of (3 degrees) per second
изменение направления ветра – wind reflection, wind shift
изменение обтекания – development of flow
изменение по времени – time history
изменение угла атаки – incidence variation
изменение угла стреловидности крыла – wing sweep operation
изменение угла тангажа – attitude change
изменение углового положения (в пространстве) – attitude change
изменение циркуляции – circulation control
изменение частоты – change of frequency
измененное направление полета – offset heading
измененный курс – offset heading
изменять – change
изменять задачу (экипажам в воздухе) – divert

изменять направление по часовой стрелке (о ветре) – veer
изменять направление против часовой стрелки (о ветре) – back
изменяющийся – variable
измерение – measurement, metering
измерение (параметров, величин) – determination
измерение барометрического давления – barometric control
измерение ветра радиолокационным способом – radar-wind measurement
измерение дальности видимости ВПП – RVR measurement
измерение скорости и направления ветра с помощью РЛС – radar wind sounding, RAWINDS
измерение скорости потока ветра – anemometry
измеритель – meter
измеритель вертикальной скорости – altitude-rate meter, rate-of-climb meter
измеритель воздушной скорости – airspeed meter
измеритель давления – pressure meter
измеритель дальности видимости – transmissiometer
измеритель коэффициента сцепления ВПП – runway traction measuring device
измеритель крутящего момента – torquemeter
измеритель наработки в часах – hourmeter
измеритель отстающего расстояния (до ориентира) – distance-to-go meter
измеритель перепада давлений – differential pressure meter
измеритель путевой скорости – ground speed meter
измеритель расхода топлива – fuel flow meter
измеритель скольжения – yawmeter
измеритель скорости и сноса – speed-and-drift meter
измеритель скорости изменения ускорения – jerkmeter
измеритель сноса – drift-angle sight
измеритель угла скольжения – yawmeter
измеритель угла сноса – drift meter
измеритель угловой скорости – rate-of-roll meter, spin-rate meter
измеритель угловой скорости самолета – turnmeter
измерительная ось – input axis
измерительная ось гироскопа – sensitive axis
измерительные приборы – metering equipment
измерительный прибор – gauge, indicating instrument, instrument, meter
измеряемый параметр – data point
измерять – measure
изнурение – attrition
изобара – isobar
изобарическая карта – pressure chart
изобарическая навигация – wind pattern flying
изобарическая поверхность – pressure level
изобарический профиль – pressure pattern
изобата – bathymetric contour
изображать – picture
изображать в профиле – profile
изображение – image, picture, representation, view
изображение линии горизонта – horizon image
изображение местности – terrain display
изображение на коллиматоре (сфокусированное в бесконечность) – collimated image
изображение на лобовом стекле – head-up view
изображение на пилотажно-проекционном индикаторе – head-up view
изображение на шкале – dial presentation
изображение на экране индикатора – radar-scope display
изображение на экране индикатора РЛС – radar appearance
изображение на экране радиолокатора – radar screen picture
изображение на экране ЭЛТ – cathode-ray tube image
изображение наземного ориентира – landmark image
изображенный графически – plotted
изогипса – isoghypse, pressure contour, pressure contour line
изогнутое крыло – warped wing
изогнутость – camber

изогнутый воздухозаборник – canted intake
изогона – isogonal, isogonic line
изогрива – isogriv
изодинама – isodynamic line
изоклина – isoclinal, isoclinic line
изолиния силы света – isocandle line
изолированный – isolated, single
изолятор – insulant, insulator, isolator
изоляционный материал – insulant, insulator
изоляционный слой – seal coat
изоляция – insulation, isolation, lag
изопараметрический – isoparametric
изоплета – isopleth
изостера – isosther
изотаха – isotach
изотерма – isotherm
изотермическая высота – isothermal altitude
изотермическая карта – isothermal map
изотермический слой – isothermal layer
изотропный – isotropic
изохора – isochor
изучение – analysis
изъятый – off
ИКАО – International Civil Aviation Organization, ICAO
иллюминатор – window
имеющий квалификационное удостоверение – licensed
имеющий размерность – dimensional
имеющий свидетельство – licensed
имеющийся – on-line
имеющийся в распоряжении – available
имитатор – simulator
имитатор аэродинамических нагрузок – air-load simulator
имитатор усилий в системе управления – control feel simulator
имитатор усилий в системе управления рулем направления – rudder simulator
имитатор усилий в системе управления самолета – aircraft control load simulator
имитация – duplication, simulation
имитация отказа двигателя – engine failure simulation
имитация полета – simulating of flight
имитация полета на тренажере – simulator ride
имитация слепого полета под колпаком – hooded (instrument) flight
имитирование условий полета – flight simulation
имитированные условия полета – simulated in-flight conditions
имитировать – simulate
иммиграционная проверка – immigration control
импеданс – impedance
импортный груз – inward cargo
импульс – impact, impulse, momentum, pip, pulse, signal
импульс в системе управления рулем направления – rudder pulse
импульс дальности – range pulse
импульс сброса – reset pulse
импульс, создаваемый рулем поворота – rudder input
импульс, созданный рулем высоты – elevator input
импульсная лампа – flash lamp
импульсная модуляция – p.m., pulse modulation
импульсная радиолокационная станция – pulsed radar
импульсная радиолокационная станция, использующая эффект Доплера – pulse Doppler radar
импульсная РЛС – pulsed radar system
импульсная система слепой посадки – blind approach beam system
импульсно-модулированный луч наведения – pulsed guidance beam
импульсный входной сигнал – pulse input
импульсный луч наведения – pulsed guidance beam
импульсный огонь – condenser discharge light
импульсный переключатель – impact switch
импульсный сигнал – impulse signal
инверсионное облако – inversion cloud
инверсионный след – contrail, vapor path, vapor scarf, vapor trail
инверсионный туман – inversion fog
инверсия – inversion
ингредиент – ingredient
индекс – index (pl indices)
индекс громкости – loudness index
индекс места – fix index
индекс местоположения – location indicator
индекс положения ВС – fix index

индекс прибора – instrument index
индекс прочности грунта по методу конуса – cone index
индекс стоимости авиационных происшествий – accident cost index
индекс угла сноса (на приборе) – drift index
индекс шумности – noisiness index
индивидуальная кабина для программированного обучения – carrel
индивидуальная камера сгорания – can
индивидуальная надувная лодка парашютиста – pararaft
индикатор – detector, display device, display unit, reader, scope
индикатор «дальность – высота» – range-height indicator
индикатор аварийного состояния – unsafe indicator
индикатор азимута и угла места – azimuth-elevation indicator
индикатор безопасности взлета – takeoff safety indicator
индикатор включения – engage indicator
индикатор включения автопилота – autopilot engage indicator
индикатор включения и балансировки – engage and trim indicator
индикатор воздушных целей – Air Target Indicator, ATI
индикатор времени – timing indicator
индикатор высоты и дальности – height-range indicator
индикатор вычислителя доплеровской РЛС – Doppler computer display
индикатор глиссады – glide-path indicator
индикатор горизонтальной обстановки – Horizontal Situation Display
индикатор дальности – range scope
индикатор движущихся целей – moving target indicator, MTI
индикатор диспетчера или оператора – controller scope
индикатор для облета препятствий на местности – terrain-following display
индикатор доплеровского радиолокатора – echo Doppler indicator, EDI
индикатор доплеровской РЛС – Doppler radar display
индикатор захода на посадку по приборам – blind approach indicator
индикатор зоны – zone position indicator, ZPI
индикатор крена – rate-of-roll indicator
индикатор кругового обзора – plan position indicator, plan-position display, PPI
индикатор кругового обзора с отражающей оптикой – reflection plotter
индикатор кругового обзора со смещенным центром – off-center (offset) plan position indicator
индикатор кругового обзора, ориентированный по азимуту – azimuth-stabilized plan position indicator
индикатор кругового обзора, ориентированный по курсу ВС – heading-upward plan position indicator
индикатор курса – rate-of-yaw indicator
индикатор метеорадиолокатора – weather radar display
индикатор на приборной доске – panel-mounted display
индикатор на стекле – head-up display unit
индикатор направления – pilot direction indicator, PDI
индикатор направления ветра – wind direction indicator
индикатор обледенения – ice detector
индикатор обстановки в вертикальной плоскости – vertical (-situation) display, vertical-situation indicator
индикатор обстановки в горизонтальной плоскости – horizontal (-situation) display, HSI, plan-position display
индикатор остающейся дальности – range-to-go display
индикатор отклонения от курса – course deviation indicator (CDI), deviometer, flight-path deviation indicator, sensing
индикатор очередности (сообщения) – priority indicator (of a message)
индикатор положения – position display, present position indicator
индикатор положения самолета относительно земли – ground position indicator, GPI

индикатор поперечной составляющей вектора скорости – cross track velocity display
индикатор посадочной РЛС – PAR indicator
индикатор прекращения питания – power failure indication
индикатор пройденного расстояния – air-mileage indicator
индикатор профиля полета – vertical-situation indicator
индикатор радиолокационной станции – radar target indicator
индикатор режима полета – flight mode annunciator
индикатор режима работы автопилота – autopilot mode indicator
индикатор РЛС – radar indicator
индикатор РЛС бокового обзора – side-looking radar display
индикатор с вертикальными ленточными шкалами – vertical tape display
индикатор с вертикальными шкалами – vertical scale indicator
индикатор с вынесенным нулем – suppressed zero indicator
индикатор с движущейся картой – dynamic chart display
индикатор с картой – chart display
индикатор с ленточной шкалой – strip display, tape display
индикатор с непосредственным отсчетом – direct-reading indicator
индикатор с основой в виде карты – map display
индикатор с перекрещивающимися стрелками – cross-pointer display
индикатор с подвижной рамой – moving map display
индикатор с представлением информации в горизонтальной плоскости – head-down display
индикатор с проецируемой картой – projection map display
индикатор с секторной разверткой – sector scan display
индикатор системы ближней навигации – short-range ground position indicator
индикатор системы счисления пути – dead reckoning analyzer indicator
индикатор сноса и курса – course-and-drift indicator
индикатор срабатывания системы спасения – rescue indicator
индикатор траектории полета – flight-path display
индикатор тракта – routing indicator
индикатор угла наклона траектории полета – flight-path angle display
индикатор уровня жидкости в баке – tank level indicator
индикатор усталостных повреждений – fatigue damage indicator
индикаторная воздушная скорость – calibrated air speed, CAS
индикаторная лампа – indicating lamp
индикаторная мощность – indicated horsepower-hour, true horse power
индикаторная мощность в л.с. – indicated horsepower (IHP, i.h.p.)
индикаторная панель – annunciator, display panel
индикаторная скорость – equivalent airspeed
индикаторное оборудование в кабине пилота – cockpit display
индикаторное табло – display board
индикаторный – indicated
индикатор-повторитель РЛС – radar repeater scope
индикация – display, indication, presentation, representation
индикация «дальность – азимут» – range-azimuth presentation
индикация в виде уходящей вдаль линии столбов – pole-track display
индикация воздушных целей – air target indication, ATI
индикация выпущенного положения (шасси, закрылков) – down indication
индикация данных – data display
индикация данных на борту – on-board data display
индикация данных РЛС – radar indication, radar presentation
индикация достижения заданной скорости – on speed indication
индикация захвата цели – target lockon indication
индикация истинной дальности – true range indication
индикация команд по тангажу – pitch director display

индикация курса – course display
индикация курса ВС – heading indicator
индикация момента доворота (на ось ВПП) – decrab indication
индикация момента устранения угла упреждения сноса (перед приземлением) – decrab indication
индикация на лобовом стекле – head-up display (HUD), head-up presentation, on-the-windshield display, projected display, windshield display
индикация на лобовом стекле с наложением данных – superimposed head-up display, contact analogue display
индикация на приборной доске – head-down display, head-down presentation
индикация на шкале – dial presentation
индикация навигационных данных – navigational display
индикация направления полета на передающую радиостанцию или от нее – TO/FROM indication
индикация обрабатываемых данных – data processing display
индикация отказа – failure indication
индикация отклонения от курса – off-course indication
индикация отклонения от линии заданного пути – off-track indication
индикация отклонения по высоте – altitude error indication
индикация относительного положения самолета в воздухе – attitude display
индикация ошибки (отклонения, рассогласования) – error indication
индикация парирующих (корректирующих) действий – corrective action display
индикация пеленга (азимута направления) – bearing indication
индикация пилотажных данных – guidance display
индикация полета выше глиссады – fly-up indication
индикация полета ниже глиссады – fly-down indication
индикация положения – position display
индикация положения относительно глиссады – glide-slope indication
индикация при дневном свете – daylight display
индикация радионаведения – radio guidance display
индикация разбалансировки – out-of-balance (-trim) indication
индикация режима работы – mode annunciation
индикация с апериодическим затуханием колебания стрелки – dead-beat indication
индикация с помощью электронно-лучевой трубки – cathode-ray tube display
индикация с радиальной разверткой – radial-time base display
индикация сигналов маяка – beacon presentation
индикация снижения (по авиагоризонту) – dive indication
индикация убранного положения (шасси, закрылков) – up indication
индикация угла тангажа на взлете – takeoff attitude indication
индикация угла тангажа с помощью авиагоризонта – horizon pitch indication
индикация углового положения – attitude indication
индикация управляющих команд – steering-command presentation
индицируемая траектория полета – indicated flight path
индицируемое искривление глиссады – indicated glide path curvature
индицируемое искривление линии курса (ИЛС) – indicated course curvature
индицируемый профиль – indicated profile
индуктивная аэродинамика – induced aerodynamics
индуктивная скорость – downwash velocity
индуктивное сопротивление – drag due to lift, induced drag
индуктивность – inductance
индуктивный – induced
индукционный компас – flux gate compass, induction compass
индукционный компас с вращающейся рамкой – earth-inductor compass
индуцированная скорость – induced velocity
индуцированный поток – induced flow
индуцировать – induce
индуцируемый – induced
иней – hoar frost, rime
инерциальная масса – inertia mass

инерциальная навигационная система – inertial navigation system
инерциальная навигация – inertial navigation
инерциальная система координат – inertial reference
инерциальная система наведения – all-inertial guidance, dead reckoning system, inertial space reference system
инерциальная система ориентации – inertially-referenced attitude control system
инерциальная система отсчета – inertial reference
инерциальная система управления – inertial control system
инерциальное боковое положение – inertial lateral position
инерциальное наведение с использованием доплеровской РЛС – Doppler-inertial navigation
инерциальное управление – inertial control
инерциально-навигационный блок – inertial navigation unit
инерциальный – inertial
инерциальный датчик – inertial sensor
инерциальный режим – inertial mode
инерционная нагрузка – acceleration load
инерционность – time delay, time lag
инерционность прибора – time lag in reading
инерционный – inertial
инерционный датчик – inertia-type instrument
инерционный указатель поворота – inertia turn indicator
инерция – inertia, momentum, time delay
инерция колонки (штурвала) – column inertia
инжектор – injector
инжекция – injection
инженер – engineer
инженер по бортовому радиооборудованию – aircraft radio engineer
инженер по бортовому радиоэлектронному оборудованию – avionics engineer
инженер по наземным сооружениям аэропорта – airport engineer
инженер по оборудованию – equipment engineer
инженер по приемке или контролю – inspecting engineer
инженер по техническому обслуживанию – maintenance engineer
инженер по техническому обслуживанию самолетов – technical aircraft engineer, aircraft maintenance engineer
инженер по центровке и весовым характеристикам – weight and balance engineer
инженер-инспектор – inspecting engineer
инженер-конструктор – design engineer
инженерная психология – human engineering
инженерное дело – engineering
инженерный – engineering
инженер-пилот – engineering pilot
инициирование – initiation
инициирующий заряд – initiator
инклинометр – inclinometer
инклюзив-тур – inclusive tour
инконель (сплав с присадкой железа) – inconel
иностранная авиатранспортная компания – foreign air carrier
иностранная валюта – foreign currency
ИНСЕРФА (стадия неопределенности) – INCERFA (uncertainty phase)
инспектирование при вводе в эксплуатацию – commissioning inspection
инспектирующий пилот – check pilot
инспектор – controller, inspector, surveyor
инспектор отдела технического контроля – quality control inspector
инспектор по техническому обслуживанию и ремонту самолетов – aircraft maintenance inspector
инспекция – inspection
Институт авиационно-космической медицины – Aerospace Medical Center
инструктаж по действиям в аварийной обстановке – emergency briefing
инструктаж полета по маршруту – route briefing
инструктировать (экипаж) – brief
инструктор – instructor, trainer
инструктор основного курса летной подготовки – basic flying instructor

инструктор по наземной эксплуатации – ground instructor
инструктор технической подготовки – technical instructor
инструкторский состав – training personnel
инструкция – instruction; regulations
инструкция к пилоту (на данный тип самолета) – flight handbook
инструкция по аварийно-спасательным работам – crash-rescue manual
инструкция по капитальному ремонту – overhaul instruction
инструкция по производству полетов – flying regulations
инструкция по самолетовождению с помощью радиолокационного оборудования – radar navigation instruction
инструкция по сборке и монтажу – installation specification
инструкция по техническому обслуживанию – maintenance instruction
инструкция по уходу или эксплуатации – service instruction
инструкция по эксплуатации – operating instructions
инструментальная поправка – instrument (-error) correction
инструментальная поправка индекса – index correction
инструментальный заход на посадку без использования посадочной РЛС – non-precision instrument approach
инструментальный заход на посадку с помощью посадочной РЛС – PAR (instrument) approach
интегральная приборная доска – integrated instrument display
интегральная схема в корпусе с двойным рядом выводов – dual-in-line package
интегральный – integral
интегратор – integrator
интегратор вычислительного устройства системы посадки – landing system integrator
интеграция системы «пилот – самолет» – final man-machine integration
интегрирование – integration
интегрирующее устройство – integrator
интегрирующий гироскоп – integrating gyroscope
интегрирующий двигатель – integrating motor
интенсивная турбулентность – high turbulence
интенсивность – intensity, strength
интенсивность воздушного движения – traffic rate
интенсивность нагружения – loading intensity
интенсивность падающего излучения – irradiance
интенсивность порыва – gust intensity
интервал – gap, interval, space, spacing
интервал взятия проб – sampling interval
интервал деления шкалы – scale division interval
интервал между импульсами – pulse interval
интервал между смежными передними фронтами – pulse spacing
интервал опроса (датчиков) – sampling interval
интервал отсчета (показаний прибора) – sampling interval
интервал по высоте – altitude separation
интерпретатор – interpreter
интерфейс – interface
интерференциальные помехи – harmful interference
интерференция – disturbance, interaction, interference
интерференция воздушного винта и самолета – propeller interference
интерференция несущих поверхностей – interplane interference
интерферометр – interferometer
интерцептор – hinged flap spoiler, spoiler
интерцептор системы управления – control spoiler
интерьер салона с двумя проходами для пассажиров – double-aisle interior
информационная служба обеспечения полетов – aeronautical information service
информационные отметки с пультов смежных диспетчеров – inter-console marking
информационный импульс РЛС – information pulse
информационный центр – information center

информация – data, information
информация в виде трехфазных сигналов – three-wire information
информация для верхнего воздушного пространства – upper information center, UIC
информация о курсе – directional reference, heading reference
информация о наступлении важного метеорологического явления – sigmet information
информация о положении – locating information
информация о положении относительно глиссадного луча – glideslope information
информация о положении РУД – throttle setting information
информация о развитии полета – flight progress information
информация о состоянии аэродрома – airdrome information
информация об угловом пространственном положении – attitude reference
информация об управлении по глиссаде – glidepath guidance information
информация от датчика – sensor(y) data
информация типа «да – нет» – on-off information
информация, выдаваемая вычислителем – computed information
информация, передаваемая пилоту о расстоянии самолета до ВПП – range information
информация, передаваемая по каналам – channel information
информация, представляемая на индикаторе – displayed information
инфракрасная аппаратура – infra-red equipment
инфракрасный – infrared
ионизированный воздух – conducting air
ионосфера – ionosphere
ионосферная волна – ionospheric wave
ионосферная дисперсия – ionospheric scatter
ионосферный луч – sky wave
искажение – deformation
искаженное сообщение – garbled message
искатель – finder, locator
искатель цели радиолокационного дальномера – radar range-finder target selector
искать – search
исключать – offset
исключение опасности сближения – conflict resolution
искра – spark
искривление – flexure, warp
искривление линии курса курсового маяка – localizer course bend
искривление траектории полета вверх – flareup
искривленность – angularity
искривленный (радио)пеленг – bent course
искусственно создаваемое изображение – synthetic image
искусственно созданные условия полета – simulated flight
искусственное воспроизведение усилий (в системе управления ВС) – artificial feel
искусственный – synthetic
искусственный горизонт – artificial horizon
искусственный горизонт электронного луча – cathode-ray artificial horizon
искусственный спутник – satellite vehicle
искусственный спутник связи – communication satellite
испарительная система охлаждения – vaporization system
исполнение в одном блоке – unit mount
исполнительное устройство – director, executive component
исполнительный механизм регулятора – actuator
исполнительный механизм с шариковой обоймой – auto-pitch actuator
исполнительный механизм, работающий под давлением в топливной системе – fuel flow pressure operated actuator
исполнительный электромеханизм триммирования – electric trim actuator
исполнять – execute
использование – application, utilization
использование автопилота в качестве замыкающего звена – autopilot closure
использовать как общий резерв – pool

используемая ВПП – runway in use
используемая дистанция – usable distance
используемая для посадки площадь аэродрома – effective landing area
используемое в полете изделие – flight hardware
используемый диапазон – effective range
используемый при необходимости – potential
исправление – correction
исправление отклонений от глиссады – glideslope correction
исправление ошибки – error correction
исправленная воздушная скорость – corrected air speed, rectified air speed
исправленная высота – corrected altitude
исправленная приборная воздушная скорость – basic air speed, rectified air speed (RAS)
исправленное значение – corrected value
исправленное показание (прибора) – corrected reading
исправленный – corrected
исправленный азимут – corrected azimuth, corrected radio bearing
исправленный курс – corrected heading
исправленный пеленг – corrected bearing, correcting bearing
исправность – serviceability
исправный – operative
испускание – emission
испытание – proof, test, trial
испытание в полете с работающим двигателем – powered-flight test
испытание в свободном полете – free-flight test
испытание двигателя – power test
испытание на взлет – starting trial
испытание на выносливость – endurance test
испытание на продолжительность (полета) – endurance test
испытание на профессиональную годность – fitness test
испытание на прочность – structural test
испытание на разрушение (материала) – destructive test
испытание на резкое увеличение мощности – penalty test
испытание натурного объекта – full-scale test
испытание несущей способности – bearing test
испытание реактивных двигателей – jet test
испытание с манекеном – dummy test
испытание с перегрузкой – overload test
испытание характеристик самолета при рулении – taxi test
испытания по установлению полетопригодности – airworthiness tests
испытания при вводе в эксплуатацию – commissioning test
испытанный на модели – model-tested
испытательный полет – performance flight, test flight, trial flight
испытательный стенд – test stand, test-bed
испытывать – analyze
испытывать на совместимость – test compatibility
исследование – analysis, investigation, research
исследование летных качеств самолета в полете – flight investigation
исследование на моделирующей установке – simulation (simulator) investigation
исследование реакции пилота на положение тела в пространстве – orientation medical test
исследование способности пилотов на восприятие относительного расстояния до объектов – depth perception medical test
исследование травм при ЛП и катастрофах – aviation crash injury research
исследование физиологических функций пилота в барокамере – pressure medical test
исследователь – investigator
исследовать – analyze
истечение – discharge, effluence, efflux, exhaust, gas efflux
истечение (газа, жидкости) – jet exit
истинная вертикаль – true vertical
истинная воздушная скорость – absolute airspeed, actual airspeed, TAS, true air speed
истинная высота – actual height, radar altitude, terrain clearance altitude, true altitude, true height

истинная высота по радиовысотомеру – radio altitude
истинная линия пути – true track
истинная скорость – actual speed, real velocity
истинная тяга – actual thrust
истинное время – apparent time
истинное время по гринвичскому меридиану – GAT, Greenwich apparent time
истинное гражданское время по гринвичскому меридиану – GACT, Greenwich apparent civil time
истинное значение удельной тяги – actual specific thrust
истинное отклонение – true deviation
истинное солнечное время – apparent solar time
истинные сутки – apparent day
истинный – apparent; T, true
истинный азимут – true azimuth, true direction, true heading, Zn
истинный географический курс – grid heading
истинный горизонт – true horizon
истинный горизонт наблюдателя – celestial horizon, sensible horizon
истинный курс – heading, TC, TH, true course, true heading, true track
истинный меридиан – true meridian
истинный пеленг – azimuth, true bearing, true direction
истинный пеленг (Щ-код) – QTE (Q-code)
истинный путевой угол – track make good, true track angle
истинный путь самолета – true flight path
истинный север – TN, true north
истирание – attrition
источник – source
источник опорного видеосигнала – reference video source
источник питания – power supply
источник энергии – power supply
истощение – attrition
исходная величина – reference quantity
исходная воздушная скорость – reference airspeed
исходная высота – reference altitude
исходная длина ВПП – runway selected basic length
исходная область – reference area
исходная отметка – datum
исходная плоскость – datum plane, reference plane
исходная площадь – reference area
исходная скорость – reference velocity
исходная температура – datum temperature, reference temperature
исходная точка – origin
исходная точка балансировки – trimmed equilibrium point
исходное давление – reference pressure
исходное направление – reference direction
исходное положение по крену – roll reference
исходное положение по тангажу – pitch reference attitude
исходное угловое положение в пространстве – reference attitude
исходные данные – background, basic data, datum, initial data, input data, reference data
исходные данные системы ориентации – orientation reference data
исходные координаты – reference coordinates
исходный – reference
исходный азимут – azimuth reference, reference azimuth
исходный импульс – reference pulse
исходный меридиан – first meridian
исходный ориентир – datum point
исходный пункт маршрута – initial route point
исходный пункт обратного маршрута – return route point
исходный режим – reference condition
исходный режим полета – reference flight conditions
исходный рубеж – SL, starting line
исходный сигнал – raw signal
исходный угол крена – roll reference
исходный угол рыскания – yaw reference attitude
исходный угол тангажа – pitch reference attitude
исходный уровень – reference level
исчисление – analysis
исчисления – calculus
исчислять – estimate

К

к.п.д. – output factor
к.п.д. воздушного винта – propeller efficiency
к.п.д. расширения в реактивном сопле – jet-pipe expansion efficiency
кабанчик поверхности управления – control horn
кабанчик руля – horn
кабель – cable
кабина – cab(in), capsule, compartment, nacelle
кабина для пилотирования в положении лежа – prone cabin
кабина пилота – control room, flying deck
кабина пилота под колпаком или шторками – hooded cockpit
кабина радиста – radio cabin
кабина с откидывающимся вверх и назад фонарем – clam-shell cabin
кабина с приподнятым полом – deck
кабина с сильно выступающим фонарем – bubble cabin
кабина с хорошим обзором – clear-view cabin
кабина самолета с двойным управлением – dual cockpit
кабина сферической формы – bubble cabin
кабина тренажера – simulator cockpit
кабина экипажа – crew cabin, crew compartment, flight deck
кабина экипажа с рядом расположенными креслами – side-by-side cockpit
кабинет – office
кабинная установка для кондиционирования воздуха – cabin intercooler
кабинный высотомер – cabin attitude indicator
кабинный нагнетатель – cabin blower, cabin supercharger
кабрирование – cabrage, nose-up pitching, pitching, pitch-up, tail heaviness
кабрирование с креном – rolling pull-out maneuver
кабрировать – cabre, nose up
кавитационная область – cavity
кавитация – cavitation, cavity
кадр – picture
кадр (фотоснимка) – frame
кадрирующий импульс – framing pulse
кадровые импульсы – bracket pulses
кажущееся понижение горизонта – dip
кажущийся – apparent
кажущийся ветер – apparent wind
календарная диаграмма – bar chart
календарное число – date
калибр – gauge
калибратор – calibrator
калибрование – calibration
калиброванная окружность (на экране индикатора) – calibration circle
калибровать – calibrate, gauge
калибровка – adjustment
калибровка навигационных средств – navaid calibration
калибровка наземных радионавигационных средств с самолета – flight calibration
калибровка РЛС – radar calibration
калибровка телеметрических каналов в полете – flight calibration
калибровочная отметка – calibration marker
калибровочный импульс – reference pulse
калорифер – air heater
калория – heat unit
калькуляция – estimate
каменный материал – aggregate
камера – cell, chamber, tube
камера высокого давления – pressurized capsule
камера для съемки изображения на лобовом стекле – head-up display camera
камера низкого давления – low-pressure chamber
камера повышенного давления – plenum chamber, pressure chamber
камера с обратным направлением потока – contra-flow unit
камера сгорания – barrel, burning system, combustion chamber, combustor, flame chamber, fuel burner, hot box, motor chamber, thrust chamber
камера сгорания (ПВРД) – fuel chamber
камера сгорания (ракетного или реактивного двигателя) – burner
камера сгорания газотурбинного двигателя – gas turbine combustor

камера сгорания реактивного двигателя – reaction chamber
камера сжатия – compression chamber
камера хранения забытого багажа – left baggage depot (office)
камера шумоглушения – silencing chamber
камерный пневматик – tube-type tire
канал – channel, duct, pass
канал автоматического управления – automatic control channel
канал дальней связи – long-range link
канал записи сигналов релейного типа – binary channel
канал крена – roll channel
канал несущей частоты – carrier channel
канал обратной связи – feedback channel
канал передачи данных – data bus
канал передачи или приема аналоговых данных – analog channel
канал передачи сигнала – signal channel
канал переменного сечения – tapered passage
канал путевого управления – azimuth axis
канал радиосвязи – radio channel
канал с непрерывной регистрацией измеряемого параметра – continuous channel
канал с увеличивающимся сечением – duct of increasing area
канал связи – communication channel
канал тангажа – pitch channel
канал телетайпной связи – teletype channel
канал телефонной связи «земля – воздух» – ground-to-air voice channel
канал управления (от) автопилота – flight axis of an autopilot
канал управления (радио) – control channel
канал управления рулем поворота – rudder axis
каналовый воздухозаборник – ducted-air intake
каналы связи, выделенные для службы поиска и спасения – search and rescue frequencies
Канари (комплект связного и навигационного оборудования для самолетов гражданской авиации) – CANARY (communications and navigation airborne instrumentation)
канат – cable, cord
канцелярия – office
капельная смазка – drop lubrication
капиталовложение – investment
капитальный ремонт – complete overhaul, general overhaul, major overhaul, overhaul, overhauling, top overhaul
капот двигателя – engine cowling
капот мотора – cow(ling)
капотировать – nose-over
капсула – capsule
карантин – quarantine
карантин животных и растений – animal and plant quarantine
каргоплан – cargo loading chart
кардан – cardan
карданная ось – gimbal pivot
карданная подвеска – gimbal suspension
карданный – cardan
карданный подвес – cardanic suspension; gimbal, gimbal assembly, gimbal mount(ing), gimbal system
карданный шарнир – cardan joint, gimbal joint
карданный штифт – gimbal pivot
каркас – frame, framework, hull, primary construction, shroud
каркас корпуса – body frame
каркас крыла – wing framework, wing structure
каркас фюзеляжа – fuselage frame
карта – card, chart, map
карта анализа – analysis chart
карта атмосферного давления – atmospheric pressure map
карта барической топографии – constant-pressure chart (map), contour chart
карта в гномической (центральной) проекции – great-circle chart, gnomonic chart
карта в нормальной равноугольной конической проекции – Lambert chart
карта в проекции Ламберта – Lambert chart
карта в равнопромежуточной проекции – great-circle distances chart
карта в равноугольной цилиндрической проекции (проекции Меркатóра) – Mercator chart
карта ветров – wind chart
карта визуального захода на посадку – visual approach chart

карта воздушных подходов и условий посадки – approach and landing chart
карта для дальней навигации – long-range navigation chart
карта для полета по воздушной трассе – airway map
карта для полетов на малых высотах – low-level map
карта для прокладки курса – plotting chart
карта для радиопеленгации – radio direction finding chart
карта захода на посадку – approach chart
карта звездного неба – sky (star, stellar) map, sky chart, star chart
карта зоны аэродрома – terminal area chart
карта изобар – isobaric chart, pressure chart, pressure map
карта-индекс – index chart
карта контроля посадочных операций – landing checklist
карта магнитных склонений – magnetic chart, variation chart
карта особых явлений погоды – significant weather chart
карта подходов к аэродрому – airdrome approach chart
карта полей видимости – visibility chart
карта посадки – landing chart
карта постоянных уровней – constant-level chart
карта распределения давления – pressure chart, pressure map
карта с входными данными – data card
карта с гиперболической сеткой – hyperbolic lattice chart
карта с гиперболической сеткой системы дальней радионавигации – hyperbolic chart
карта с контрольными точками (маршрута полета) – control plot
карта с координатной сеткой – coordinate map, lattice chart
карта с обозначением радионавигационных средств – radio facility chart
карта с прямоугольной системой координат – grid map
карта склонений – declination chart
карта снижения на посадку – letdown chart
карта технических средств – facility chart
карта центровок – balanced limit chart
карта, проецируемая с обратной стороны – back-projected chart
картер – casing
картина – picture
картина течения – flow system
картина, создаваемая аэродромными огнями – lighting display
картирование – charting
картографическая проекция – chart projection
картографическая служба – map service
картодержатель – chart board, chart holder, map holder
карточка – card file
карточка посадки-высадки пассажиров – embarkation-disembarkation card
карточка учета технических осмотров и проверок самолетов – aircraft inspection and maintenance record
картушка – card
картушка гирополукомпаса – directional gyro card
картушка компаса – compass card, rhumb card (of compass)
касательная плоскость – tangential plane
касательное давление – twisting force
касательное напряжение – shear
касательное напряжение в вязкой жидкости – viscous stress
касательное ускорение – tangential acceleration
касательный – tangential
касаться земли – touch down
каскад – cascade, spool
каскад вентилятора – fan spool
каскад высокого давления – high-pressure spool
каскад звуковой частоты – audio frequency circuitry
каскад низкого давления – low-pressure spool
каскад усиления – amplifying stage
каскадный – cascade
кассета с записью данных – record package
кассетный самописец – cassette-loading recorder
катабатический ветер – downwash
катапультирование – ejection, ejection escape

катапультировать – launch
катапультируемое сиденье – ejector seat
катастрофа – fatal accident, fatal crash
катастрофа по вине пилота – pilot error fatality
категорированный – licensed
категория – rating
категория использования воздушного судна – aircraft use category
категория летно-подъемного состава – aeronautical rating, flight rating
категория летно-подъемного состава транспортных самолетов авиакомпаний, установленная администрацией гражданской авиации США – CAA airline transport rating
категория сообщения – class of message, message category
катиться по земле – taxi
катод – cathode
катодный повторитель – cathode follower
катушка системы коррекции гироскопа – precession coil
качалка – crank
качалка управления – control crank
качание – oscillation, swing, wobbling
качаться – hunt, oscillate, swing
качество – degree, grade, quality
качество топливно-воздушной смеси – air-to-fuel (ratio), fuel-air ratio
квадрант – QUAD, quadrant, range quadrant
квадрантная высота – quadrantal altitude
квадрантное эшелонирование – quadrant separation
квадрантный крейсерский эшелон – quadrantal cruising level
квадратичное детектирование – square-law detection
квадратная миля – sq.m., square mile
квадратный дюйм – sq. in., square inch
квадратный километр – sq. km., square kilometer
квадратный фут – sq.ft., square foot
квадруплексная система – quadruplex system
квазиустановившийся фронт – quasi-stationary front
квалификационная отметка – rating
квалификационная проверка – qualification test
квалификационное свидетельство – certificate of competency
квалификационные испытания курсантов авиационных училищ – aviation cadet qualification test
квалификация – proficiency, skill
квалификация аэродромного диспетчера – airdrome control rating
квалификация диспетчера воздушного движения – air traffic control rating
квалификация диспетчера службы подхода – approach control rating
квалификация летного экипажа – flight crew proficiency
квалификация на право полета на определенных ВС – aircraft rating
квалификация оператора радиолокатора РДС – area control and radar rating
квалификация пилота – pilot rating
квалифицированный диспетчер службы управления воздушным движением – rated air traffic controller
квалифицированный пилот – rated pilot
квалифицированный пилот-инструктор – qualified flight instructor, QFI
кварцевая стабилизация – crystal control
кварцевый – crystal
квитанция доставки – delivery bill
квитанция платного багажа – excess baggage ticket
квитанция, выдаваемая грузополучателю – consignee's receipt
КДП (командно-диспетчерский пункт) – airdrome control tower, airport traffic control tower, central control, control tower, Tower
кессон – rigid torsion cell, spar box, torque box, torsion box, torsion cell
кессон крыла – wing torque box
кессонная балка – cell beam
кессонная конструкция – box(cell) construction
киловатт – kw, kilowatt
киловольт – KV, kilovolt
киловольт-ампер – KVA, kilovolt-ampere
килогерц (кГц) – kc/s, kilocycle per second
киломегагерц – kmc/s, kilomegacycle per second
километр – km, kilometer
километраж – kiliometer flown

километров в секунду – km.p.s., kilometers per second
километров в час – km/h, km.p.h., kilometers per hour
киль – fin, fixed surface, fixed tail, keel, tail fin
кинематика – kinematics
кинематическая проводка сервопривода – servo linkage
кинескоп – picture tube
кинестетическая система управления – kinesthetic control
кинетика – kinetics
кинетическая энергия – kinetic energy, momentum
кинетическая энергия реактивной струи – kinetic jet energy
кинетический нагрев – kinetic heating
киноаппарат – camera
киноаппарат для непосредственной съемки изображений с экрана индикатора РЛС – direct radar scope camera
киноаппарат для съемки приборной доски – photo panel
кинокамера – camera
кислород – oxygen
кислородная аппаратура – oxygen equipment
кислородная маска – breathing apparatus
кислородное голодание – altitude sickness, anoxia
кистевой разряд (молнии) – brush-and-spray discharge
клавиатура – keyboard, key-letter
клавиша – bar
клавишная вычислительная машина – keyboard computer
клавишный перфоратор – keyboard perforator
клапан – flap, valve
клапан выпуска воздуха из кабины – cabin discharge valve
клапан реактивного сопла – jet valve
клапан с задвижкой – gate valve
клапан системы управления – control valve
клапан управления положением шасси – landing gear selector valve
класс воздушного судна – class of aircraft
класс пилота, летающего по правилам визуального полета – visual flying rating
класс самолета – aircraft type
класс тарифа – fare basis
классификационная проверка летных экипажей – aircrew classification test
классификация – breakdown, classification, rating
классификация воздушных судов по типам – type rating
классификация грунтов по гранулометрическому составу – textural classification of soil
класс-кабина – cockpit classroom
классный тариф – class rate
класть кромка на кромку – overlap
клеевидное соединение – adhesive-screwed joining
клеемеханическое соединение – adhesive mechanical joining
клеерезьбовое соединение – adhesive-screwed joining
клемма – connector, contact terminal, post, terminal
клепаная конструкция – riveted construction
климатическая карта – climatic map
климатические данные аэропорта – airport climatic data
климатические данные по воздушной трассе – airway climatic data
климатический – climatic
климатологическая сводка – climatological summary
климатологическая таблица – climatological table
климатологический – climatological
климатологический прогноз – climatological forecast
климатология – climatology
клин – chock
ключ – cue; key
ключ кода – key-letter
книга – book
кнопка – button, knob, push-button
кнопка включения зажигания – button ignition switch
кнопка включения микрофона – microphone button
кнопка включения передатчика – press-to-transmit button
кнопка включения стабилизации высоты – altitude button
кнопка выбора курса – heading select button

кнопка выключения – disengage button
кнопка выключения автопилота – autopilot disengage button
кнопка выключения системы парирования сноса при посадке с боковым ветром – crosswind crab control centering button
кнопка вытяжного действия – pull button
кнопка вытяжного переключателя – pull button
кнопка отметки цели на экране – track ball
кнопка перевода в режим автоматического поиска и сопровождения – automatic search button
кнопка передачи управления – control transfer button
кнопка повторного запуска двигателя – relight button
кнопка проверки работы кислородной системы – oxygen press-to-test button
кнопка проверки работы топливомера – fuel quantity gauge test button
кнопка сброса подвесных баков – tank release button
кнопка установки воздушного винта во флюгере – feathering button
кнопка флюгирования воздушного винта – feathering button
кнопочное управление – push-button control
кнопочный переключатель – push-button switch
коаксиальный – coaxial
ковшовый воздухозаборник – air-scoop intake
код – code
код Бодо (телетайп) – Bandot code (teletype writers)
код для передачи прогнозов в районе посадки – landing forecast code
код опознавания – identification cod
код ответа – reply-code
код сигнализации полотнищами – panel code
кодирование – coding
кодировать – code, encode
кодировщик – encoder
кодирующая клавиатура – manipulating keyboard
кодирующее устройство – coder, encoder
кодовая буква (аэродрома) – code letter (of airdrome)
кодовая группа – code group
кодово-импульсная модуляция – pulse code modulation, PCM, p.c.m.
кодовый сигнал бедствия – Mayday
кодовый сигнал для сообщения о навигационной опасности – Securite
кодовый сигнал, обозначающий срочное сообщение (ртс) – PAN
кодовый сигнальный маяк – code beacon
кодовый сигнальный огонь – code light
кожух – case, casing, cow(ling), enclosure, housing, shell, shroud
кожух антенны радиолокатора – radar dome
кожух воздухозаборника – air intake casing
кожух камеры сгорания – air casing, chamber envelope, combustion chamber casing
кожух радионавигационной антенны – radome
козырек кабины пилота – windscreen, windshield
кок воздушного винта – spinner
колебание – beat, jar, oscillation, pumping, vibration
колебание магнитной системы компаса после разворота – overswing
колебание с брошенной ручкой – stick-free oscillation
колебание с зажатой ручкой – stick-fixed oscillation
колебания – surge
колебания, вызываемые срывом пограничного слоя – aileron buzz
колебания в плоскости вращения – in-plane oscillation
колебания переднего колеса – shimmy
колебаться – hunt, oscillate
колено – elbow
коленчатая рукоятка – crank
коленчатое соединение – elbow joint
коленчатый патрубок – elbow
колеоптер – coleopter
колесная колодка – wheel block
колесное шасси – wheel assembly, wheel undercarriage
колесный датчик – wheel pickoff
колесный обтекатель – streamlining of wheel

колесо – wheel
колесо основного шасси – main landing wheel
колесо турбины – rotor
колесо управления – handwheel
колесо шасси – landing wheel
колея – tread
колея от колес – wheel track
колея шасси – track
количественный грузовой тариф – quantity freight rate
количество – amount, quantity
количество воздуха, отбрасываемого винтом (за один оборот) – bite
количество движения – momentum
количество движения вытекающих газов – exit momentum
количество дождевых осадков – rainfall
количество заправляемого топлива – fuel uplift
количество миль – mileage
количество облачности – amount of clouds, cloud amount
количество отказов в работе на единицу времени – failure-rate
количество пассажирских мест в самолете – seating capacity
количество перевозимых на самолете людей – occupancy
количество подаваемого воздуха – air input
количество располагаемых место-миль – seat-mile offered
количество топлива во внутренних баках (самолета) – internal fuel capacity
количество часов безаварийного налета – accident-free flying hours
количество часов летной подготовки на тренажере – flight simulator time
коллективный – collective
коллектор – accumulator, carrier, contraction
коллектор системы управления пограничным слоем – boundary-layer control manifold
коллектор форсунок – discharge manifold
коллиматор – collimator
коллиматорная головка (пилотажно-проекционного индикатора) – collimating head
коллиматорная система – collimating system
коллиматорная система секстанта с пузырьковым уровнем – bubble collimating system
коллиматорный индикатор – optical display unit
коллиматорный прибор – collimating set
коллимация – collimation
колонка – box
колонка руля высоты – elevator control stand
колонка системы поперечного управления – lateral control column
колонка управления – control column, control pedestal, control pillar, joystick (control)
колосник (РДТТ) – end-plate
колпак – cap, cup, dome, shroud
колпак для имитации полета по приборам – blind-flying hood, instrument hood
колпак кабины – cockpit hood
колпак, покрывающий антенну радиолокатора – radar dome
колпачок зарядного штуцера – filler hole plug
кольцевая ВПП – closed track
кольцевая камера сгорания – annular combustion chamber
кольцевая отметка – ring marker
кольцевая решетка профилей – annular cascade
кольцевая рулежная дорожка – circumferential taxiway, taxi(-track) loop
кольцевой – annular, circumferential
кольцевой воздухозаборник – annular air intake, annular air scoop, intake annulus
кольцевой выход – exhaust annulus
кольцевой газовый руль – jetavator
кольцевой кожух – shroud ring
кольцевой коллектор – annular manifold
кольцевой роговидный выступ руля высоты – elevator tip horn
кольцеобразный – annular
команда – command; crew, team
команда на включение автопилота – autopilot instruction
команда наземного обслуживания – ground crew
команда от программного механизма – preset instruction
команда технического обслуживания – maintenance crew

команда управления – steering instruction
команда, передаваемая по радио – radio command
командир воздушного судна – aircraft commander, airline captain
командир корабля – captain, pilot in command
командир поисковой команды – search master
командир спасательной команды – rescue master
командная кривая – directed path
командная линия связи – command link
командная радиолиния – radio command link
командная радиосвязь – radio command link
командная радиостанция – command radio
командная система – command system
командная система наведения – command guidance system
командно-диспетчерский пункт – airdrome control tower, airport traffic control tower, central control, control tower, Tower
командно-диспетчерский пункт аэропорта – airport control tower
командное наведение – command control
командное управление – command control
командно-навигационный прибор – flight director flare and go around computer
командно-указывающий прибор – director, director control
командные рычаги ВС – manual flying control
командный авиагоризонт – attitude director indicator, director horizon, horizon (flight) director, overshoot director
командный входной сигнал – command input
командный индекс – command index, director index, steering index
командный курсовой прибор – compass director, director compass
командный отсек – command module
командный пилотажно-навигационный прибор – flight director
командный прибор на приборной доске – head-down (flight) director
командный прибор управления на пробеге – rollout director
командный пункт – operations room
командный пункт управления заходом на посадку – approach control tower
командный режим – command mode
командный рычаг – primary control
командный сигнал – command
командный угол крена – commanded roll angle, rudder tab servo model
командный угол тангажа – commanded pitch attitude
командный указатель крена – bank-steering needle
командный указатель курса – heading director
командный указатель отклонений от радиолуча – radio director indicator
командование – command
командование ПВО – air defense command
командовать – command
команды радиолокационного наведения – radar vectors
команды управления – control information, steering information
комбинация – combination
комбинация трубки Пито и насадка Вентури – Pitot-Ventury tube
комбинированная аэронавигационная система Декка, Дектра, Доплер – Decca Integrated Air Navigation System, DIAN
комбинированная бортовая система регистрации полетных данных и эксплуатационных параметров – aircraft integrated data recording system
комбинированная силовая установка – compound power plant
комбинированная силовая установка, состоящая из ПВРД и расположенного в нем ЖРД – ducted rocket engine
комбинированная система с многократным резервированием параллельного действия – multiplexed system
комбинированная турбореактивная и прямоточная силовая установка – turboramjet
комбинированное лыжно-колесное шасси – wheel-ski
комбинированный – composite, joint

комбинированный (многошкальный) указатель воздушной скорости – airspeed status indicator
комбинированный датчик – hybrid sensor
комбинированный двигатель – composite engine
комбинированный компрессор – compound compressor
комбинированный поршневой двигатель с турбокомпрессором – turbo-compound engine
комбинированный прибор (с индикацией нескольких параметров) – integrated display
комбинированный стрелочно-цифровой индикатор – combination digital pointer display
комбинированный тариф – combination fare, combined fare
комбинированный указатель дистанционного компаса и всенаправленного радиомаяка – omnibearing indicator
комбинированный указатель курсовой системы – flight compass
комель – butt
комиссионные по возвращенным и пересчитанным документам – commission on withdrawn and refund documents
комиссия – board
комиссия по расследованию – board of inquiry
комиссия по расследованию авиационного происшествия – accident board
комитет – board
Комитет безопасности полетов гражданской авиации (Брит.) – Civil Aviation Safety Board
Комитет гражданской авиации – Civil Aeronautics Board
Комитет гражданской авиации (США) – Civil Aeronautics Board, CAB
Комитет модернизации воздушных трасс – Airways Modernization Board
Комитет по аэронавтике (США) – Aeronautical Board
Комитет по воздушным перевозкам (США) – Air Transport Board
Комитет по проблемам обеспечения безопасности полетов – Air Safety Review Board
Комитет по расследованию авиационных происшествий – Aircraft Accident Board
Комитет по транспортным воздушным перевозкам – Air Transport Committee
Комитет по усовершенствованиям в области аэронавигации – Air Navigation Development Board, ANDB
Комитет по усовершенствованиям в области навигации – Air Navigation Development Board
Комитет по электронной технике авиатранспортных компаний – Airline Electronic Engineering Committee
комлевая часть лопасти воздушного винта – propeller blade butt end, propeller blade root
коммерческая авиация – commercial aeronautics, commercial aviation
коммерческая загрузка – payload
коммерческая загрузка на одного работника – employee's load performance
коммерческая остановка – revenue stop
коммерческая посадка – traffic stop
коммерческая скорость полета – commercial air speed
коммерческие пассажиры – fare-paying passengers
коммерческие перевозки – commercial load, revenue services
коммерческие перевозки на реактивном самолете – commercial jet operations
коммерческий – commercial
коммерческий агент авиапредприятия по продаже билетов – ticket agent
коммерческий акт (документ, удостоверяющий обнаружение в пункте назначения недостачи, повреждения или порчи груза) – carrier's statement
коммерческий воздушный лайнер – commercial airliner
коммерческий воздушный транспорт – commercial air transport
коммерческий нетранспортный эксплуатант – commercial non-transport operator

коммерческий пассажир – revenue passenger
коммерческий пилот – commercial pilot
коммутатор – multiplexing device, switch, switch board
коммутатор аэропорта – airport telephone exchange
коммутатор переговорного устройства – interphone control box
коммутационная доска – patch board, plug-in board
коммутация – multiplexing, switching
коммутация на твердых телах – solid-state multiplexing
коммутация пунктов (связь) – cross-office switching
коммутирование – multiplexing
коммутирующее устройство – multiplexing device
коммутирующий – multiplexing
комната для проведения инструктажа – briefing office
комната предполетной подготовки экипажа – plotting room
компактное устройство – package
компактный – dense
компания грузовых воздушных перевозок – all-cargo carrier
компания международных перевозок – international service
компания местных воздушных линий – local service
компания регулярных грузовых перевозок – scheduled all-freight operator
компаратор приборов – instrument comparator
компаратор, контролирующий отклонение рулевых поверхностей – surface monitor comparator
компас – compass, direction(al) indicator
компас с лимбом для отсчета курсов – parallel grid reading compass
компас с пеленгаторным устройством – bearing compass
компас с уничтоженной девиацией – calibrated compass, compensated compass
компасная девиация – compass deviation
компасная игла – compass needle
компасная коррекция – compass police
компасная поправка – compass correction
компасная рамка – gimbal suspension
компасная роза – compass rose
компасная система – compass system
компасные румбы – rhumb lines
компасный азимут – compass azimuth, compass direction
компасный курс – CC, compass course, compass heading, compass route
компасный пеленг – compass bearing, compass direction
компасный первый вертикал – compass prime vertical
компасный север – compass north
компенсатор – balance, balancing surface, compensator
компенсатор или весовой балансир руля – control-surface balance
компенсатор руля высоты – elevator balance
компенсатор руля направления – rudder balance
компенсационный бак – reserve tank
компенсация – compensation
компенсация возмущающих воздействий – disturbance compensation
компенсация кориолисова ускорения – Coriolis compensation
компенсация приборов – instrument compensation
компенсация угла сноса – drift kickoff
компенсация элерона – aileron balance
компенсированный – balanced
компенсированный закрылок – balancing flap
компенсировать – balance, offset
компенсирующая поверхность – balancing surface
компенсирующая поверхность элерона – aileron balancing surface
компетентный орган – appropriate authority
компетентный орган по выдаче свидетельства – competent licensing authority
комплекс «пилот – кабина» – pilot-integrated cockpit
комплекс «человек – машина» – man-system integration
комплекс характеристик пилота – pilot performance data
комплексирование – integration
комплексирование авиационного электронного оборудования – avionics integration

комплексирование бортового оборудования – airborne equipment integration
комплексирование системы – system integration
комплексная бортовая система регистрации данных – aircraft integrated data recording system
комплексная индикаторная самолетная система – Airborne Integrated Display, AID
комплексная индикация на приборной доске – universal head-up display, UHDD
комплексная информация – integrated data
комплексная летная подготовка с использованием тренажера – synthetic training
комплексная система – integrated system
комплексная система управления – integrated control system
комплексная характеристика – integrity
комплексное оборудование для автоматического сбора и обработки данных на вычислительных машинах – automatic data acquisition and computer complex
комплексность – integrity
комплексные пилотажно-навигационные системы – integrated flight instrumentation
комплексные электрические схемы – integrated circuitry
комплексный – synthetic
комплексный ИКО – synthetic dynamic display
комплексный индикатор кругового обзора – synthetic dynamic display
комплексный показатель шума – composite noise rating
комплексный тренажер – synthetic trainer, synthetic training device
комплексный тренажер летных экипажей – synthetic flight trainer
комплект – assembly, complement, kit, set, suit
комплект запасных инструментов и принадлежностей – maintenance kit
комплект контрольно-измерительной аппаратуры – array of instrumentation
комплект лопаток – blading
комплект пилотажных приборов – integrated flight package
комплект спасательного авиационного имущества – air rescue kit
комплектовать экипаж – crew
композиционный – composite
компонент – component, ingredient
компонент азимутальной поправки – deflection component
компонент системы жизнеобеспечения – survival ingredient
компоновка – configuration, lay down, layout, packaging
компоновка кабины второго класса – tourist-class arrangement
компоновка кабины первого класса – first-class arrangement
компоновка кабины пилота – cockpit layout
компоновка кабины третьего класса – all-coach arrangement
компоновка опытного образца – prototype arrangement
компоновка пассажирских мест – passenger loading scheme
компрессор – blower
компрессор, приводимый газовой турбиной – gas turbine compressor, GTC
компрессорное поршневое кольцо – compression piston ring
компьютер – computer
компьютерные перевозки – commuter traffic
конвективная турбулентность – convective turbulence
конвективное облако – convection cloud, convective cloud
конвективное течение – convection current
конвективные осадки – convective rain
конвективный дождь – convective rain
конвекция – convection
конвергенция – convergence
конверсия – conversion
конвертоплан – convertiplane
конденсатор – capacitor, condenser
конденсаторный микрофон – condenser microphone
конденсационный след – condensation trail, contrail
конденсационный след за самолетом – temperature trace of the aircraft
конденсация – condensation
кондиционер – aeroconditioner
кондиционирование – conditioning

кондиционирование воздуха – air conditioning
кондиционированный воздух – conditioned air
кондиционировать – condition
конец – tip
конец буквенного текста (шифра) – end spell
конец лопасти воздушного винта – propeller blade tip
конец радиопередачи (ртс) – out
конечная посадочная прямая – final approach track
конечное положение по крену – final-roll attitude
конечное удлинение – finite aspect ratio
конечный – final, ultimate
конечный (узловой) аэропорт погрузки-выгрузки – air freight terminal
конечный аэродром – terminal airdrome
конечный аэропорт выгрузки – air freight terminal, AFT
конечный заход на посадку – final approach
конечный или промежуточный аэропорт – terminal
конечный пункт – terminal
конечный пункт авиационной линии – air terminal
конечный пункт радиолокационного контроля – terminal radar control
конечный размах – finite span
конечный угол крена – final-roll attitude
коническая проекция – conical projection
конический – conical
конический воздухозаборник – conical intake
конический обтекатель – fairing cone
конический обтекатель радиолокационной антенны – conical radome
конический профиль – conical camber
конический скачок уплотнения – conical shock(wave)
коническое крыло – tapered wing
конкретный – concrete
конкурс – competition
конкурсные полеты опытных образцов ВС – prototype competitive flyoff
коносамент – B/L, bill of lading
коносамент на груз, перевозимый на борту – board bill of lading
коносамент при воздушных перевозках – air bill (of lading)
консистентная смазка – grease lubricant
конские широты – horse latitude
консоль – arm, bracket, cantilever, console, panel
консоль крыла – outer plane
консоль хвостового оперения – tail panel
консольная балка – cantilever beam
консольная часть крыла – outboard wing panel
консольный – cantilever
консольный самолетный подъемник – cantilever aircraft jack
константа – constant
конструирование самолетов – aircraft design
конструировать – design
конструктивные ограничения – design constraints
конструктивные элементы корпуса – body hardware
конструктивный – structural
конструктивный параметр – design factor
конструктивный чертеж – structural drawing
конструкторское бюро – drawing board
конструкция – design, structure
конструкция в натуральную величину – full-scale hardware
конструкция корпуса – body hardware
конструкция повышенной прочности – safeguard construction
конструкция с излишним запасом прочности – overdesign
конструкция с клееной обшивкой – skin-bonded construction
конструкция с работающей обшивкой – stressed-skin construction
конструкция с тонкой обшивкой – light-skinned construction
конструкция с частым поперечным набором – multirib construction
конструкция самолета – aircraft construction, aircraft design
конструкция типа монокок – monocoque construction
консульская фактура – consular invoice
консульский сбор – consular fee
консультант – advisor
консультативная группа по научно-исследовательским и опытно-

конструкторским работам в области авиации – Advisory Group for Aeronautical Research and Development, AGARD
консультативная информация – advisory information
консультативное воздушное пространство – advisory airspace
консультативное обслуживание – advisory service
консультативное обслуживание воздушного движения – air traffic advisory service
консультативное сообщение (при консультативном обслуживании полетов) – advisory message
консультативный – advisory
Консультативный комитет по аэронавтике – National Advisory Committee for Aeronautics, NACA
консультативный маршрут – advisory route, air traffic advisory route, ADR
консультативный район – advisory area, ADA
консультация – advise
контакт – connection, contact
контактный датчик – sensing switch
контактный датчик давления топлива – fuel pressure switch
контактный датчик динамического давления – ram air pressure switch
контакты, срабатывающие от боковой силы на ручке управления – roll force switch
контакты, срабатывающие под действием продольной силы на ручке управления – pitch force switch
контейнер – capsule, case, container, matrix, pack, tank
контейнер для сыпучих грузов – dry bulk container
контейнер на конце крыла – wing-tip pod
контейнер с измерительной аппаратурой – instrumentation cabin
контейнер с радиоэлектронным оборудованием – avionics pod
контейнерная платформа – platform container
континентальная часть США – Continental United States, CONUS, ConUS
континентальные воздушные массы – polar continental air
контракт без оговоренных сроков завершения работ – open-end contract
контракт без твердых сроков исполнения работ – indefinite delivery type contract
контракт на проведение научно-исследовательских и опытно-конструкторских работ – research contract
контракт на часть ассигнованной суммы – cost-sharing contract
контракт поощрительного типа – incentive type contract
контракт с оплатой в твердой стоимости – firm-fixed-price contract
контракт с оплатой по оговоренной стоимости – fixed price contract
контракт с оплатой по оговоренной стоимости и поощрительным вознаграждением – fixed price incentive contract
контракт с оплатой по фактической стоимости – cost contract, cost-reimbursement contract
контракт с оплатой стоимости плюс поощрительное вознаграждение – cost plus incentive fee contract
контракт с оплатой стоимости плюс установленное вознаграждение – cost plus fixed fee contract
контровка проволокой – safety wiring
контровочный механизм – locking mechanism
контролер – supervisor
контролирование – control
контролировать – control
контролируемая зона воздушного движения – traffic zone, TFZ
контролируемая радиоаппаратура – monitored radio
контролируемое воздушное пространство – controlled airspace
контролируемый аэродром (на котором осуществляется диспетчерское обслуживание аэродромного движения) – controlled airdrome
контролируемый вычислитель – monitored computer
контролируемый полет – controlled flight

контролируемый полет по ПВП – controlled VFR flight
контролируемый район – control area
контроль – check-up, control, inspection, monitoring, surveillance
контроль аэронавигационной информации – aeronautical information regulation and control
контроль маршрута – track check
контроль перевозок – transportation control
контроль по путевой скорости – ground-speed check
контроль показаний приборов – instrument check
контроль пространственного положения – attitude monitoring
контроль пути – track monitoring
контроль состояния ВПП – runway check
контрольная гонка (двигателя) – run-up check
контрольная информация – monitoring information
контрольная лента буквопечатающего аппарата – teletypewriter test tape
контрольная отметка – reference mark
контрольная передача по каналу – channel-check transmission
контрольная площадка – check-out area
контрольная радиостанция – supervisory radio station
контрольная тарировка – calibration check
контрольная точка – control point, monitoring point
контрольная точка аэродрома – airdrome reference point
контрольная точка в системе ИЛС – reference point, RP
контрольно-диспетчерский пункт – operations tower
контрольное колесо автомата торможения – antiskid wheel
контрольное оборудование – monitoring equipment
контрольное устройство – monitor
контрольно-измерительные приборы – instrumentation
контрольно-измерительный прибор маслосистемы – oil gauge
контрольно-проверочный или ознакомительный полет – check flight
контрольно-расчетный отдел – revenue control section
контрольные отметки времени – timing reference
контрольный индикатор – tell-tale indicator
контрольный лист – check sheet
контрольный маневр – checked maneuver
контрольный набор высоты (для проверки летных характеристик) – check climb
контрольный ориентир – reference point
контрольный пеленг – check bearing
контрольный перечень операций (в воздухе) – checklist
контрольный перечень операций перед взлетом – takeoff checklist
контрольный перечень операций перед запуском – prestart checklist
контрольный перечень операций после взлета – post-takeoff checklist
контрольный перечень рабочих операций – operational check list, OCL
контрольный полет – functional check flight
контрольный полет для экипажа (с целью проверки навыков членов экипажа) – crew check flight
контрольный прибор – reference instrument
контрольный приемник – monitor receiver
контрольный пункт – check point, compulsory reporting point, fix, fix point, monitoring point, Rep, reporting point
контрольный пункт обязательной посылки донесений – airway reporting station
контрольный пункт связи (самолета с центром управления) – communication check point
контрольный разворот – identifying turn
контрольный сигнал точного времени – timing reference signal
контрольный сигнализатор – advisory warning indicator
контрящее приспособление – locking arrangement
контур – contour, loop; form, outline
контур (картография) – contour line
контур автопилота – autopilot loop

контур определения положения на земле – ground position readout loops
контур сопровождения – tracking loop
контур управления – control loop
контур управления креном – bank control loop
контурные огни – outline lights
конус – bell, bullet, cone, taper
конус возмущений – conical shock (wave)
конус выхлопного сопла – exit cone
конус молчания – cone of silence
конус распространения реактивной струи – jet cone
конус реактивного самолета – outer cone
конус реактивного сопла – exhaust cone, inner cone, jet cone, jet tail cone, tail cone
конус, установленный под ненулевым углом атаки – wind cone
конфигурация – configuration
конфигурация для ухода на второй круг – wave-off configuration
конфлюэнтный анализ – confluence analysis
конформная коническая проекция Ламберта – Lambert conformal conic projection
конформная проекция – conformal projection
конформный – conformal
конфузор – contraction
конфузорный участок канала – contraction
концевая и боковая полоса безопасности – off-runway surface
концевая полоса безопасности – clearway, overrun, overshoot space, stopway, underrun area
концевая полоса безопасности ВПП – runway overrun area
концевая скорость лопаток вентилятора – fan tip speed
концевая струя – tip jet
концевая хорда – tip chord
концевая часть крыла – tip
концевой вихрь – tip vortex (pl. vortices)
концевой вихрь лопасти – blade-tip vortex
концевой обтекатель – cap
концевой профиль – tip airfoil section
концевой срыв – tip stall
концевой срыв потока с крыла – tip stall condition
концевой толчок – end thrust
концевые ограничительные знаки ВПП – runway end markings
концевые потери – tip loss
концентрировать – pool
концепция – concept
координата – coordinate
координата по долготе – longitude coordinate
координата по координатной сетке – grid coordinate
координата по широте – latitude coordinate
координатная и временная отметка на кадре (аэрофотоаппарата) – collimating mark
координатная сетка – coordinate map grid
координатные оси – reference axes
координаты – fix, positioning
координаты по курсовому маяку – localizer position
координаты системы Декка – Decca reference
Координационный комитет по стандартизации авиационной техники – Air Standardization Coordinating Committee
координационный комитет по телефонному обслуживанию авиатранспортных компаний – Airline Coordinating Committee for Telephone Service, ACCTS
координационный совет ассоциации аэропортов – Airport Association Coordination Council, AACC
координационный центр поиска и спасения – rescue co-ordination center
координация действий экипажа – crew coordination
координировать – coordinate
копия – page copy
Копия согласия (на предоставление скидки на перевозимый груз) – Agreement Form
корд – cord
корень крепления крыла – wing mounting root
корень крыла – wing butt
корень лопасти воздушного винта – propeller blade root
коридор – airway
кориолисова сила – Coriolis force

корма – stern
кормовой – stern
корневая хорда – root chord
корневая часть – root
корневая часть лопасти или лопатки – blade root
коробиться (об обшивке ВС) – buckle
коробка – box, chamber, housing
коробка крыла – wing cell
коробка крыльев (биплана) – cell
коробка передач – reduction gearbox, wheel case
коробка привода – gearbox
коробка привода вспомогательных агрегатов – accessory box
коробка реле – relay box
коробка скоростей – gearbox
коробка управления – maneuver box
коробление – warp
коробочка – square course
коробчатая нервюра – box rib
коробчатый лонжерон – box spar
Королевский авиационный научно-исследовательский институт – Royal Aircraft Establishment, RAE
коромысло – arm
коромысло ножного управления – footbar
коронный разряд в виде светящегося пучка – brush-and-spray discharge
короткий заход – short approach
коротковолновая радиоаппаратура – high-frequency radio equipment
коротковолновая радиопеленгаторная станция – high frequency direction-finding station, HFDS
коротковолновая радиостанция – high-frequency radio
коротковолновые и ультракоротковолновые совмещенные радиопеленгаторные станции – high and very high frequency direction finding stations, HVDF
коротковолновый – sw (short-wave)
коротковолновый радиопеленгатор – high-frequency direction finder, HDF, HF/DF, HFD
коротковолновый радиоприемник – short-wave communication receiver
коротковолновый радиотелефон – high-frequency radio telephone, HF/RT
корпоративная авиация – corporate aviation
корпус – body, bulk, case, casing, housing
корпус воздухозаборника – air intake casing
корпус камеры сгорания – combustion chamber casing
корпус компрессора – compressor casing
корпус летательного аппарата – airframe
корпус турбины – turbine casing, turbine shroud
корпус фюзеляжа – main body
корректировать – update
корректирующая двигательная установка – vernier engine installation
корректирующая информация – updating information
корректирующее отклонение руля направления – rudder correction
корректор – compensator
коррекция – correction, slaving
коррекция гироскопа – capturing, police, gyro backup
коррекция пеленга – bearing distance computer
коррекция по крену – roll correction
коррекция погрешности – error correction
коррекция скорости полета – vernier control
коррелятор – correlator
корреляция – correlation
косая горизонтальная проекция – oblique gnomonics
косая коническая конформная проекция – oblique conical conformal projection
косая проекция – oblique projection
косая центральная проекция – oblique gnomonics
косая цилиндрическая конформная проекция – oblique cylindrical conformal projection
косая цилиндрическая проекция – oblique cylindrical projection
космическая аэронавтика – space aeronautics
космическая медицина – space medicine
космическая электроника – astronics
космический – space
космический корабль – space ship
космический летательный аппарат – space craft

космический полет – outer-space flight, space flight
космическое пространство – outer space, space
космонавт – space pilot, spaceman
косой – diagonal, oblique
косой скачок уплотнения – crossed shock, diagonal shock, incident shock wave, oblique shock (wave)
косоугольная проекция – oblique projection, oblique view
косоугольные координаты – oblique coordinates
костыль – skid
костыль шасси – undercarriage shock skid
костюм – suit
коэффициент – coefficient, factor, index (pl indices), modulus, parameter, ratio
коэффициент безопасности – assurance coefficient, assurance factor, F, f/s, factor of safety, margin of safety, material factor, safety factor, safety rate
коэффициент безопасности по расчетной нагрузке – proof factor (of safety)
коэффициент безубыточности – breakeven factor, cost-volume-profit factor
коэффициент водоотдачи (грунта) – effective porosity, effective drainage porosity
коэффициент восстановления – recovery factor
коэффициент восстановления давления – pressure recovery factor
коэффициент выносливости – endurance ratio
коэффициент вязкости – coefficient of viscosity
коэффициент готовности – in-commission rate
коэффициент дальности – range factor
коэффициент демпфирующего момента – damping moment coefficient
коэффициент достоверности – confidence factor
коэффициент жесткости – flexibility factor, rigidity factor
коэффициент загрузки – load factor
коэффициент запаздывания – lag factor
коэффициент запаса длины взлетной полосы – takeoff field factor, field length factor
коэффициент запаса прочности – structural safety factor
коэффициент заполнения – mark-space ratio
коэффициент заполнения (импульса) – duty factor
коэффициент затухания (демпфирования) – damping coefficient
коэффициент избытка мощности – excess power coefficient
коэффициент индукции – inductance
коэффициент использования – capacity factor, in-commission rate, usability factor, utilization factor
коэффициент использования грузоподъемности – capacity utilization factor
коэффициент использования мест – seat availability
коэффициент исправного действия – in-commission rate
коэффициент истечения – efflux coefficient
коэффициент качества – quality factor
коэффициент количества движения – momentum coefficient
коэффициент количества движения в сдуваемой струе – blowing momentum coefficient
коэффициент коммерческой загрузки – revenue weight load factor, weight load factor
коэффициент коммерческой загрузки в тонно-милях – ton-mile load factor
коэффициент коммерческой пассажирской загрузки – revenue passenger load factor
коэффициент концевых потерь – tiploss factor
коэффициент кручения – torque ratio
коэффициент лобового сопротивления – coefficient of drag, drag coefficient, drag factor
коэффициент лобового сопротивления при сверхзвуковых скоростях полета – supersonic drag coefficient
коэффициент максимальной статической подъемной силы – maximum static lift coefficient
коэффициент массового секундного расхода – mass-flow factor
коэффициент модуляции – percentage of modulation

коэффициент мощности – capacity factor, power factor, power ratio
коэффициент нагружения – load factor
коэффициент нагрузки – load factor
коэффициент надежности – factor of safety, safety coefficient, safety factor
коэффициент наполнения – charge-weight ratio
коэффициент направленности антенны – gain
коэффициент обслуживания – maintenance factor
коэффициент общей загрузки – overall load factor
коэффициент ослабления ветра – gust alleviating factor
коэффициент отдачи – utilization factor
коэффициент отказов двигателя в полете – in-flight engine shut down rate
коэффициент отклонения от обычного маршрута – unremunerative mileage factor
коэффициент оценки прочности – pavement evaluation load factor
коэффициент пассажирской загрузки – passenger load factor
коэффициент перегрузки – acceleration factor, dynamic factor, load factor
коэффициент перегрузки при больших углах атаки – high-incidence load factor
коэффициент передачи – gear ratio
коэффициент поджатия – contraction ratio, ratio of compression
коэффициент подъемной силы – coefficient of lift, lift coefficient
коэффициент полезного действия – efficiency, efficiency factor, output factor
коэффициент полезного действия винта – net propeller efficiency, np
коэффициент полезного действия воздушного винта – airscrew efficiency
коэффициент полезного действия двигателя – engine efficiency
коэффициент полезного действия диффузора – diffuser efficiency
коэффициент полезного действия сопла – nozzle efficiency
коэффициент полезной нагрузки – useful load factor
коэффициент полноты сгорания – combustion efficiency
коэффициент полноты тяги – thrust correction factor
коэффициент поперечной перегрузки – transverse load factor
коэффициент постели грунта – modulus of subgrade reaction
коэффициент постели основания (покрытия) – base course modulus
коэффициент предельной нагрузки – limit load factor
коэффициент прозрачности – transmission drive, transmission factor
коэффициент пропускания – transmittance
коэффициент прочности – specific strength, strength factor
коэффициент Пуассона – Poisson's ratio
коэффициент разделения потока – bypass ratio
коэффициент разрушающей нагрузки – ultimate load factor
коэффициент разрушающей перегрузки – break load factor
коэффициент расхода – discharge coefficient
коэффициент расхода (топлива) – flow coefficient
коэффициент расширения – area expansion ratio, expansion coefficient
коэффициент расширения (сопла) – expansion area ratio, expansion ratio
коэффициент реактивной тяги – nozzle thrust coefficient
коэффициент рентабельности – net profit ratio
коэффициент связи – coupling factor
коэффициент сжатия – contraction coefficient
коэффициент стоимостной эффективности – cost-effectiveness factor
коэффициент сужения – contraction ratio
коэффициент сцепления – mu-factor (friction)
коэффициент трения – coefficient of friction, friction factor
коэффициент тяги – thrust coefficient
коэффициент усадки – contraction coefficient
коэффициент усиления – gain factor, mu-factor (amplification)
коэффициент усиления автопилота – autopilot gain
коэффициент усиления в контуре управления – loop gain

коэффициент шума – noise factor
край – border, edge, lip, margin
край ВПП – shoulder
край облака – border of cloud
крайне неблагоприятная погода – marginal weather
крайне ограниченный – marginal
крайнее положение – extreme position
крайние условия режима полета – emergency
крайний – marginal
крайний двигатель на крыле самолета – outboard engine
крайняя секция элерона – external aileron
кран – cock, tap, valve
кран аварийного выпуска шасси – undercarriage emergency release (lowering) cock
кран аварийного слива – dump cock
кран аварийного слива топлива – jettison valve
кран в системе подачи воздуха – air switch
кран герметизации – pressurization cock
кран герметизации входной двери (люка) – entry door (hatch) pressurization cock
кран для регулирования поступления топлива – fuel tap
кран кольцевания перекрестного питания – cross-feed valve
красная авиалиния (США) – red airway
красная черта (на приборе) – red line
кратковременная потеря скорости – semistall
кратковременно действующее ускорение – brief acceleration
кратковременно работающий двигатель – short-duration engine
кратковременное пропадание отметки на экране радиолокатора – brief loss of radar contact
кратковременный сигнал – burst
краткое сообщение с борта самолета – spot report
краткосрочный прогноз – ordinary daily range forecast
краткосрочный прогноз по трассе – short-range airways forecast
краткосрочный прогноз погоды – short-range weather forecast
кратчайшее снижение – maximum performance descent
крейсерская воздушная скорость – cruising airspeed
крейсерская высота над верхней кромкой облаков – on top cruising level
крейсерская скорость – cruising speed, cruising velocity, operating speed, operational speed
крейсерский – cruise
крейсерский полет – cruising flight
крейсерский полет на режиме максимальной дальности – long-range cruise
крейсерский полет на режиме наибольшей продолжительности – high-endurance cruise
крейсерский полет со ступенчатым набором высоты – cruise climb step flight
крейсерский потолок – cruising ceiling
крейсерский режим – cruising rating
крейсерский режим полета – cruise mode
крейсерский эшелон – cruising level
крейсировать – cruise
крен – bank, bank displacement, heel, roll, roll displacement
крен в полете по приборам – blind flying bank
крен перед переходом в штопор – inward slip
кренить – heel
креновая девиация – heeling error
креновая отметка – roll pole
креномер – clinometer, sideslip indicator
крепеж – fastener
крепежная деталь – fastening
крепежные детали – attaching parts
крепить – fit
крепить на шлицах – spline
крепить штифтом – pin
крепление – bonding, bracing, fastening, fitting, lashing
крепление двигателя – engine mount(ing)
крепление крыла – wing bracing
крепление моторной гондолы – engine nacelle bracing
крепление светового оборудования – light fixture
крепление сиденья – seat attachment
крепление сиденья к полу кабины – seat-floor attachment

крепление типа «ласточкин хвост» – dovetail attachment
кресла – seating
кресло – seat
кресло повышенной прочности (выдерживающее удар при аварии) – anticrash seat
кресло, обращенное назад – aft-facing seat
крестовина втулки (воздушного винта) – hub spider
крестообразное крыло – crossed wing
крестообразный стабилизатор – cross fin
кривая – curve, line; response
кривая абсолютной высоты – curve of altitude
кривая восстановления давления – pressure-recovery characteristics
кривая момента относительно поперечной оси – pitching-moment curve
кривая помпажа – stall line
кривая равной громкости – equal noise contour
кривая режима полета – flight graph
кривая скорости ветра – anemogram
кривая сопротивления – drag curve
кривая срывных режимов полета – stall line
кривая третьего порядка – cubic curve
кривая уровня шума – noise contour
кривая характеристики – performance curve
кривизна – angularity, flexure
кривизна крыла – wing curvature
кривизна профиля крыла – airfoil camber, camber
кривизна сечения лопасти или лопатки – blade-section camber
криволинейность – angularity
криволинейный – flared
криволинейный заход на посадку – curved approach
криволинейный курс – broken course
криволинейный скачок уплотнения – curved shock
кривошип – crank
критерии оценки при проверках обучаемого – performance criterion test
критерий – design factor, key indicator
критерий «стоимость – эффективность» – cost-effectiveness
критерий устойчивости – stability value
критическая абсолютная высота – critical altitude
критическая деформация – ultimate strength
критическая зона – critical zone
критическая нагрузка – buckling load
критическая нагрузка, вызывающая потерю устойчивости – collapse load
критическая разрушающая нагрузка – critical load
критическая силовая установка – critical power units
критическая скорость – throat velocity
критическая скорость взлета – decision speed
критическая скорость воздуха – critical air velocity
критическая скорость отказа двигателя на взлете – critical-engine-failure speed
критическая скорость флаттера – flutter limit
критическая точка – burble point, stagnation point
критическая точка маршрута, из которой невозможно возвратиться на базу – point of no-return
критическая точка ухода на второй круг – decision bar
критическая частота волновода – waveguide cut-off frequency
критический – critical, marginal
критический двигатель – critical engine
критический параметр среды – critical environmental parameter
критический разбор – post-flight critique
критический угол атаки – angle of attack of maximum lift, angle of stall, burble point, critical angle of attack, stalling angle, stalling incidence
критический угол атаки (крыла) – burble angle
критическое давление – critical pressure, stagnation pressure, throat pressure
критическое обстоятельство – emergency
критическое отношение давлений – critical pressure ratio
критическое сечение – minimum nozzle area, throat
критическое сечение выхлопного сопла – exit nozzle throat

критическое сечение комбинированного сопла – throat section
критическое сечение сверхзвукового сопла – ventury throat
критическое сечение сопла – critical throat section, nozzle throat
критическое сечение сопла ракетного двигателя – rocket-engine throat
критическое число Маха – chocking Mach number
кровяное давление – blood pressure
кромка – edge, lip, margin, periphery
кромка диффузора – diffuser lip
кромка облака – border of cloud
кронштейн – arm, bracket, cantilever, holder, mounting, pylon
кронштейн подвески – carrier
круг – circle, compass, cycle, disk
круг (над аэродромом) – circuit
круг дальности (картография) – distance circle
круг долгот – parallel of altitude
круг долгот (в эклиптической системе координат) – circle of longitude
круг единичной площади – unit circle
круг перед посадкой – final circle
круг полетов над аэродромом – traffic circuit
круг прямых восхождений (светила) – circle of right ascension
круг равных высот – circle of equal altitude, circle of position, position circle
круг равных склонений – circle of equal declination, parallel of declination
круг склонений (небесного светила) – declination circle
круг склонения – circle of declination, hour circle
круг широт (в эклиптической системе координат) – circle of latitude
круглосуточное радиолокационное наблюдение – round-the-clock radar watch
круглосуточный – around-the-clock
круглый воздухозаборник – circular air intake
круговая линия развертки – circular trace
круговая развертка – circular scanning
круговая шкала (прибора) – circular scale, dial
круговой – circle, circular; panoramic
круговой маршрут – circle trip
круговой обзор – all-round view, circular scanning, panoramic view
круговой поиск – all-round sweep, circular scanning
круговой процесс – cycle
круговой разворот – close turn
кругосветный перелет по орбите вокруг земного шара – orbiting the earth
кружить – circle
кружиться – whirl
кружок – символ самолета – reference circle
крупная авиатранспортная компания – principal operator
крупнозернистая структура – coarse granular structure
крупномасштабное возмущение – broadscale perturbation
крупномасштабный поток – broadscale flow
крупный – heavy
крутизна (ИЛС) – incremental sensitivity (ILS)
крутка – twist
крутка крыла – wing-warping
круто снижаться – dive
крутое пикирование – steep dive
крутое планирование – dive gliding, steep glide
крутое планирование по спирали – sharp spiral glide
крутое снижение – steep descend
крутой – tight
крутой вираж – overbank, sharp bank(ing turn), sharp turn, steeply banked turn
крутой вираж с глубоким креном – vertical turn
крутой заход на посадку – steep approach
крутой крен – steep bank
крутой набор высоты – steep climb
крутой неуправляемый разворот на земле – ground loop
крутой планирующий поворот – steep gliding turn
крутой разворот – steep turn
крутой разворот с набором высоты – steep climbing turn
крутой штопор – spinning dive, spinning nose dive
крутящий – torsional

крутящий момент – torque, torsional moment, twisting moment
крутящий момент воздушного винта – propeller torque
крутящий момент двигателя – engine-torque
крутящий момент, передаваемый валом мотора воздушному винту – airscrew torque
кручение – torque, torsion
крылатый летательный аппарат – aerodyne, lifting vehicle
крыло – airfoil, wing
крыло бесконечно малого удлинения – vanishing aspect ratio wing
крыло бесконечного размаха – infinite wing
крыло большой подъемной силы – high-lift wing
крыло изменяемой стреловидности – variable-sweep wing
крыло ламинаризированного профиля – laminar-flow airfoil
крыло малого удлинения – low aspect wing
крыло малого удлинения и сужения – stub wing
крыло под нулевым углом скольжения – yawed (yawing) wing
крыло с изменяемой кривизной – variable-camber wing
крыло с изменяемой площадью – variable-area wing
крыло с изменяемым размахом – variable-span wing
крыло с изменяемым углом атаки – variable-incidence wing
крыло с обратной стреловидностью – swept-forward wing
крыло с отрицательной круткой – washout wing
крыло с отрицательной стреловидностью – forward swept wing
крыло с отсосом пограничного слоя – suction airfoil
крыло с постоянной хордой – untapered wing
крыло с прямой стреловидностью – swept-back wing
крыло с работающей обшивкой – shell-wing
крыло с резко выраженной кривизной дужки – cambered wing
крыло с ромбовидным профилем – double-wedge wing
крыло с системой эжектирования – augmenter wing
крыло самолета – lifting plane, main plane, main supporting surface, plane
крыло сверхзвукового самолета – supersonic airfoil
крыло стреловидной формы в плане – backswept wing
крыло типа «чайка» – gull wing
крыло, обтекаемое двумерным потоком – two-dimensional airfoil
крыло, обтекаемое неустановившимся потоком – non-stationary airfoil
крыло, помещенное поперек струи – jet-spanning airfoil
крылышко – balancing flap
крыльевая конструкция – wing structure
крыльевая мотогондола – wing car
крыльевой бак – wing tank
крыльевой двигатель – outboard engine, wing engine
крыльевой зализ – wing fairing, wing fillet
крыльевой обтекатель – wing fairing
крыльевой топливный бак – wing petrol tank
крылья – wing unit
крышка – cap, closure, cover, door
крышка горловины бака – filler cap
крышка люка – hatch cover
крюк – hook
кулачковый вал – camshaft
кулачок – cam
купол – bell, cup
купол парашюта – parachute
купол холодного воздуха – cold-air dome
купон для агентства (пассажирского билета и багажной квитанции) – agency's coupon
купон для пассажира – passenger coupon
курс – course, hdg, heading, route
курс в прямоугольной системе координат – grid heading
курс ввода (на входе) в маневр – entry heading
курс ВС – aircraft heading, heading
курс ВС, определяемый инерциальной платформой – platform heading
курс выхода на аэродром – approach route

курс захода в зону ожидания – holding course
курс захода на посадку – approach heading, approach route
курс захода на посадку по приборам – instrument approach course
курс летной подготовки – flying training course
курс на выбранный ориентир – inbound course
курс на перехват – intercept bearing
курс на режиме подъема – climb-out heading
курс набора высоты – climb-out heading
курс от выбранного ориентира – outbound heading
курс от маяка – outbound bearing
курс от приводного маяка – outbound course
курс переучивания – conversion course
курс по гирокомпасу – gyro heading
курс по картографической сетке – grid heading
курс по компасу – compass course, compass heading, CH
курс по повторителю – repeater bearing
курс по посадочному радиолокатору – GCA heading
курс по радиомаяку – beacon course
курс полета – flight course, flight path
курс полета в зоне ожидания – holding course
курс полета в цифровой форме – digitized heading angle
курс полета самолета – airplane heading
курс предпосадочной прямой – final approach heading
курс с одной поправкой на снос – single-drift correction course
курс с поправкой на снос – drift-corrected heading
курс с учетом сноса – drift-corrected heading
курс следования по локсодромии – single-heading course
курс цели по данным радиолокационной станции – radar plot
курс, проложенный на карте в меркаторской проекции – Mercator course
курсант – cadet
курсант авиационного училища – aviation cadet
курсант авиационной школы – cadet pilot
курсовая нуль-индикация – right-left indication
курсовая отметка – heading marker, heading reference
курсовая ошибка – heading error
курсовая поправка – heading correction
курсовая поправка по маркеру – heading marker correction
курсовая система – compass system, directional system
курсовая стабилизация – heading holding
курсовая стрелка – heading pointer
курсовая стрелка посадочного индикатора – course error needle
курсовая черта – drift bar, heading marker, lubber line, course bar
курсовая черта (на компасе) – line of zero drift
курсовая шкала – heading dial
курсовое счетно-решающее устройство – course-line computer
курсовое управление – directional steering, localizer control
курсовой – directional; relative
курсовой аэронавигационный маяк – airway beacon
курсовой гироскоп – azimuth gyro, directional gyroscope
курсовой глиссадный посадочный радиомаяк – localizer beacon
курсовой датчик – azimuth reference, directional reference, heading reference
курсовой лимб – heading card
курсовой луч – azimuth directional beam, localizer course
курсовой маяк с правым и левым сигналами по фазе – phase localizer
курсовой нуль-индикатор – left-right indicator
курсовой огонь – directional light
курсовой передатчик – localizer transmitter
курсовой посадочный радиомаяк – localizer
курсовой потенциометр – yaw pickoff
курсовой прибор – heading instrument
курсовой радиолуч – on-course beam

курсовой радиомаяк – course beacon, course indicating beacon, directional localizer, field localizer, glide-path localizer, radio range
курсовой радиомаяк на подветренном конце ВПП – downwind localizer
курсовой радиосигнал – on-course radio signal, on-course signal
курсовой угол – course angle, course bearing, relative azimuth angle
курсовой угол ориентира – relative azimuth, relative bearing
курсовой угол радиостанции – radio bearing
курсоглиссадный посадочный маяк – localizer, LOC
курсограф – air distance recorder, automatic plotter, course recorder, flight log, log
курсоуказатель – pilot director
кучевая облачность – cumuliform, CUF
кучево-дождевое облако – cumulonimbus
кучевое облако – cumulus, heap cloud
кучевые облака – cauliflower clouds

Л

ЛА (летательный аппарат) – airship, flyer
лаборатория – laboratory
лаборатория авиационно-космической медицины – aerospace medicine laboratory
Лаборатория авиационных и космических исследований – Aerospace Research Laboratory
лаборатория моделирования условий полета – flight simulation laboratory
лаборатория по изучению эргономической деятельности человека – human-factors laboratory
лаборатория систем управления и информации – Control and Information System Laboratory
лабораторная установка – laboratory
лаг – log
лагометр – veeder counter
лазерный локатор – optar
лайнер – liner
ламберт – Lambert
ламинаризированный – laminated
ламинарное течение – laminar flow
ламинарное трение – laminar friction
ламинарный – laminar
ламинарный пограничный слой – laminar boundary layer
ламинарный поток – laminar flow, streamline flow
ламинарный профиль – laminar-flow airfoil
лампа – lamp, light
лампа аварийной сигнализации – alarm lamp
лампа заградительного огня – obstruction lamp
лампа индикации включения стабилизации курса – heading hold light
лампа индикации остатка топлива в фюзеляжном баке – fuselage (fuel) low level light
лампа индикации плоскости безопасности – clearance plane indicator light
лампа маркерного приемника – marker beacon light
лампа освещения приборной доски – dash lamp
лампа указателя поворота при рулении – taxi-turnoff lamp
лампа-фара – sealed-beam light
ларингофон – laryngophone
лебедка – hoist, winch
левая «коробочка» – left-turn circuit
левобортный – port
левобортовой люк (иллюминатор) – porthole
левое крыло – port main plane, port wing
левый аэронавигационный огонь – port light
левый борт – port, port side
левый вираж – left bank, turn to port
левый двигатель – port engine
левый круг движения – left-turn circuit
левый разворот – left-hand turn, turn to port
левый угол сноса – port drift
легкая дымка – gauze
легкий небольшой самолет – hedgehopper
легкий туман – haze
легко управляемый самолет – handy airplane
легкость управления – handiness of control
легкость управления ВС – aircraft sensitivity
лед – ice
лед на ВПП – ice on runway, IR
ледяная крупа – ice pellets
ледяное облако – ice cloud
ледяной дождь – ice rain
ледяной туман – ice fog
лекало – gauge
лента – band, spline, tape
лента аварийного самописца – accident data recorder tape
лента бортового самописца (регистратора) – flight tape, airborne tape
лента с полетными записями – flight tape
лента с полной перфорацией (телетайп) – chad tape
лента с частичной перфорацией (телетайп) – chadless tape
лента самописца – recorder tape
лентопротяжный механизм – tape deck
ленточная молния – ribbon lightning

ленточная шкала – tape, tape scale
ленточная шкала высотомера – altitude tape scale
ленточная шкала указателя воздушной скорости – airspeed tape
ленточный бланк – flight strip
ленточный бланк учета развития полета – flight progress strip
ленточный печатающий аппарат – tape printer
ленточный указатель – strip(ed) marker
ленты с данными полета – strips
лепесток диаграммы излучения антенны – lobe
лепесток диаграммы направленности – beam lobe
лестница – ladder
летательный аппарат – airship, flyer, machine
летательный аппарат легче воздуха – lighter-than-air craft
летательный аппарат с воздушно-реактивным двигателем – air breather
летательный аппарат с несущим винтом – rotorcraft
летательный аппарат тяжелее воздуха – aerodyne, heavier-then-air craft
летательный аппарат, использующий аэродинамическую подъемную силу – lifting vehicle
летательный аппарат, поддерживаемый в воздухе подъемной аэродинамической силой – lifting aircraft
летать – fly, navigate, sail
летать на планере – sailplane
летать над объектом – hover
летать по кругу – circle, circuit
летающая лаборатория – airborne laboratory, flying laboratory, flying test-bed
летающая лодка – air boat, boat seaplane, water aircraft
летающий имитатор – in-flight simulator
летающий испытательный стенд – flying test-bed
летающий тренажер – flying simulator
лететь – fly
лететь на предельно малой высоте – hedgehop
лететь на приводную радиостанцию – home
лететь по «коробочке» – make a rectangular pattern
лететь по лучу – ride the beam
лететь с включенным автопилотом – fly hands off
лететь с упреждением на снос – crab into the wind
лететь со скольжением – sideslip
лететь со сносом – crab, yaw
летная годность – airworthiness
летная зона аэродрома – aircraft alighting area, airdrome movement area
летная категория на право пилотирования определенного типа самолета – aircraft type rating
летная квалификация – flying proficiency
летная книжка – flight book, individual flight log, individual flight record, pilot logbook
летная куртка – flying jacket
летная погода – C, contact weather), flying weather
летная подготовка – airmanship, flight training, flying instruction, flying training
летная полоса – strip
летная полоса (гидроаэродрома) – channel
летная полоса с дерновым покрытием – grass strip
летная полоса со всепогодным оборудованием – all-weather airstrip
летная тренировка – flying, flying practice
летная школа – flying school
летная школа первоначального обучения – primary flying training school
летное вознаграждение – flying pay
летное время – flight time, flying time
летное дело – aeronautics, airmanship, flying
летное исследование – in-flight research
летное мастерство – airmanship, flying ability, flying proficiency
летное обучение – flying training
летное поле – airdrome movement area, airfield, landing area
летное поле с одним направлением взлетов и посадок – one-directional landing area
летное происшествие – flight accident, flying accident

летное происшествие в результате неисправности системы управления – flight control incident
летное происшествие в результате посадки с недолетом – landing short accident
летное происшествие в результате посадки с перелетом – overshoot accident
летное происшествие в результате срыва, сваливания – stall accident
летное происшествие в результате столкновения – collision accident
летное происшествие в результате столкновения с возвышенностью – high-ground-hitting accident
летное происшествие из-за ошибки пилота – pilot error accident
летное происшествие из-за ошибки человека-оператора – human error accident
летное происшествие из-за попадания в штопор – spin accident
летное происшествие из-за потери управляемости – out-of-control incident
летное происшествие на международной линии – international operation accident
летное происшествие на местной авиалинии – domestic operation accident
летное происшествие по причине потери управления – control-loss incident
летное происшествие при посадке с большой вертикальной скоростью – hard landing incident
летное происшествие при посадке с убранным шасси – wheels-up landing accident
летное происшествие с возможностью аварийного исхода – potential accident
летное свидетельство – brevet, pilot rating
летное удостоверение – flight certificate, pilot certificate
летно-информационная служба – flight information service
летно-испытательная станция или база – flight-test base
летно-подъемный состав – flight personnel, flying personnel, operating personnel
летно-технические данные – performance data
летно-эксплуатационное предприятие – aircraft operating agency
летные данные – flight characteristics, flight data, flying quality, performance, performance characteristics
летные испытания – flight test, performance flight
летные качества – flight characteristics, performance
летные качества самолета, выявляемые в результате летных испытаний – flight test performance
летные способности – flying aptitude
летные характеристики – flight characteristics, flight data, flight performance, performance characteristics
летные характеристики самолета – aircraft flight data
летный – aeronautical; flight; navigable
летный образец – flight hardware
летный состав – cockpit personnel
летный час – flight hour, hour, operational hour
летный экипаж – aircrew, cockpit crew, flight crew
летчик – flyer, pilot
летчик-инспектор по технике пилотирования – flight examiner
летчик, совершающий полет на предельно малой высоте – hedgehopper
летчик-инструктор – flying instructor
летчик-испытатель – engineering pilot
летчик-космонавт – space pilot
летчик-курсант – pilot cadet
летчик-перегонщик – ferry-pilot
летящий – flying
ливень – heavy rain, shower
ливневые осадки – shower
ливневый дождь – cloudburst, rain shower
ливневый шквал – rain squall
лидерные испытания – route proving
лимб – dial
лимб картушки компаса – compass rose
линеаризованный поток – linearized flow
линейка – flight line, line; ruler
линейная отметка – index line
линейная система – linear system
линейная система полетов в зоне ожидания – linear holding

линейная характеристика – linear control
линейное боковое уклонение – cross-track distance
линейное отклонение – off-range distance
линейное перемещение вдоль нормальной оси – heave
линейное расстояние по азимуту – azimuth band width
линейное уклонение – along-track error
линейное ускорение – linear acceleration
линейные шумы – circuit noise
линейный – one-dimensional
линейный акселерометр, регистрирующий касательное ускорение – fore-and-aft linear accelerometer
линейный акселерометр, регистрирующий продольное ускорение – fore-and-aft linear accelerometer
линейный аэропорт (на трассе полета) – airline airport
линейный вихрь – line vortex
линейный гидравлический аналог – linear hydraulic analogue
линейный график – bar chart
линейный маркерный светомаяк – route marker beacon
линейный масштаб – dimension scale
линейный навигационный огонь – airway light
линейный огонь – barrette, linear light
линейный пилот – airline pilot
линейный потенциометр – rectilinear potentiometer
линейный светомаяк – course light
линейный транспортный пилот – airline transport pilot
линейный эксцентриситет вектора тяги – linear thrust misalignment
линии связи, выделенные для передачи открытым текстом – approved circuits
линия – line
линия «стоп» – stop bar
линия «стоп» на рулежной дорожке – holding-line marking
линия автоматической передачи данных с самолета на землю – air-to-ground data link
линия визирования звезды – star beam, star line, star line of sight
линия визирования пилота – pilot's line of vision
линия времени – time base
линия выделения группы – mental focus line
линия выруливания – lead-off line
линия двусторонней оперативной радиосвязи – radio intercommunication channel
линия действия силы тяжести – gravitational vertical
линия заданного пути – predicted track, required track, track reference
линия заруливания – leading-in line
линия конвергенции – convergence line
линия координатной сетки – grid, grid line
линия координатной сетки в направлении «восток – запад» – east-west grid line
линия координатной сетки в направлении «север – юг» – north-south grid line
линия критических точек – stagnation line
линия курса – course line, on-course line
линия курса курсового маяка ИЛС – localizer course (ILS)
линия начала отсчета – datum line
линия непосредственной радиотелефонной связи – point-to-point radio telephone line
линия неустойчивости – instability line
линия нулевого магнитного склонения – agonic line
линия нулевой подъемной силы – zero-lift line
линия обреза – neat line
линия обтекания – streamline
линия однопроводной связи – single line
линия оси – centerline
линия остановки – stop bar
линия отсечки – cut-off line (sonic boom)
линия отсчета – lubber line, reference line
линия пеленга – line of bearing
линия переговорных устройств – interphone line
линия передачи данных – data link
линия передачи данных в реальном масштабе времени – real-time link
линия передачи команд – command link
линия подачи топлива – fuel pipeline

линия положения – line of position, position line
линия положения, определенная радиопеленгацией – radio line of position
линия положения, определяемая азимутом – radial
линия постоянных пеленгов – line of constant bearings
линия потока разборки – teardown line
линия проводной связи – wire channel
линия пути – ground track, track
линия пути прибывающих самолетов – arrival track
линия пути самолета по локсодромии – rhumb-line course
линия равных азимутов (пеленгов) – arc of equal bearing, curve of equal bearing
линия равных объемов – isochor
линия равных радиопеленгов – radio line of position
линия радиолокационного обнаружения – barrier line, radar fence, radar warning line
линия радиосвязи – radio channel, radio link circuit
линия развертки – trace
линия раздела – interface
линия разъема – parting line
линия связи – channel, circuit, link, signal channel
линия связи для передачи радиолокационных данных – radar warning line
линия связи, по которой запрещена передача открытым текстом – non-approved circuit
линия срочной связи – urgency communication
линия старта – takeoff line
линия старта на ВПП – takeoff position
линия стационарной сети авиационной связи – aeronautical fixed circuit
линия телетайпной связи – teletype channel
линия телефонной связи – voice channel
линия тока – flow line, streamline
линия тракта – routing line
линия узлов – line of nodes
линия фактического пути ВС – actual ground track
линия фактического пути относительно координатной сетки – grid track
линия фактического пути с отклонением от заданного маршрута – off-course track
линия шквалов – line squall, squall line
лист – sheet
лист предполетной подготовки – flight preparation sheet
лист, полученный методом литья – cast sheet
листовая металлическая конструкция – sheet-metal construction
литраж – engine displacement
литраж двигателя – displacement, engine capacity
литье – casting
лицевая сторона – face
лицензионное соглашение – license agreement
лицензионное удостоверение на право производства определенного типа самолетов – aircraft production certificate
лицензия – license
лицо – face
лицо или организация, которым принадлежит аэропорт, или которые эксплуатируют аэропорт – airport operator
лицо летно-подъемного состава – flyer
лицо, проводящее расследование – investigator, researcher
личное решение первого пилота (командира корабля) – subject captain's discretion
личностный фактор – human factors
личный – private
личный состав – personnel
личный состав службы управления воздушным движением – traffic control personnel
личный состав экипажей самолетов – aircrew personnel
лобовая площадь – frontal area
лобовая поверхность – face, frontal area
лобовое сопротивление – brake drag, drag
лобовое сопротивление корпуса воздушного судна или фюзеляжа – body drag
лобовое сопротивление крыла – wing drag

лобовое сопротивление лопасти – blade drag
лобовое сопротивление при нулевой подъемной силе – zero-lift drag
лобовое сопротивление фюзеляжа – fuselage drag
лобовое сопротивление, вызываемое отклонением руля высоты для уравновешивания самолета – trim drag
лобовое стекло – forward-view window
лобовое стекло фонаря – windscreen, windshield
лобовой – dead ahead, frontal
ловушка – decoy
логарифмический член – log term
логическая схема (цепь) – logic circuit
логическая схема на диодах и транзисторах – diode-transistor logic
логическая схема на транзисторах с прямой связью – direct coupled transistor logic
логический блок – logical block
лодочный гидросамолет – air boat, boat seaplane
ложбина – low
ложбина (пониженного давления) – extension
ложбина в барическом поле – trough
ложбина циклона – V-shaped depression
ложиться на курс – get on course
ложная вертикаль – false vertical
ложная глиссада ИЛС – false ILS glide path
ложная нервюра – false rid
ложная цель – decoy
ложное представление данных – misinterpretation
ложное соединение – dummy joint
ложное чувство (управления) – false feel
ложные зоны радиомаяка, возникающие вследствие дифракции – multiple courses
ложные перистые облака – false cirrus
ложный – dummy, false
ложный лонжерон – false longeron, false spar
ложный обтекатель – false fairing
ложный тепловой сектор – apparent warm sector
локатор – locator
локсодромическая линия пути – rhumb-line track
локсодромический курс – Mercator course
локсодромический пеленг – rhumb-line bearing
локсодромический путевой угол – single-heading course
локсодромия – line of constant direction, rhumb line, RL
ломаная траектория – dog-leg path
ломаный (о маршруте полета) – dogleg
ломаный курс полета – dogleg course
ломаный маршрут полета – dogleg course
ломкий – frangible
лонжерон – beam, longeron, spar, spar frame
лонжерон (хвостовой фермы фюзеляжа) – boom
лонжерон коробчатого сечения – box spar
лонжерон с вырезом – cutout spar
лонжерон швеллерного сечения – channel-section spar
лопасть – blade, lobe, vane
лопасть воздушного винта – propeller blade
лопасть несущего винта – rotor blade
лопасть с малым сопротивлением – low-drag blade
лопатка – blade, vane
лопатка направляющего аппарата (на входе в компрессор) – inlet guide vane
лопатка ротора – rotor blade
лопатка силового аппарата – nozzle blade, nozzle guide vane
лопатка соплового аппарата турбины – guide vane, turbine nozzle blade, turbine nozzle guide
лопатки – blading
лопатки или лопасти, спрофилированные по закону свободного вихря – free-vortex blading
лопатки компрессора – compressor blading
лопатки с полками на концевом сечении и уплотнительными лабиринтами – shrouded blades
лопатки спрямляющего аппарата – stator blades
лопаточный венец турбины – turbine bucket
лопаточный компрессор – vane compressor

Лорак, точная система дальней радионавигации – LORAC, long range accuracy system
Лоран, радиотехническая гиперболическая система дальней навигации – LORAN, long range navigation system, LRN
лошадиная сила – horsepower, HP
лошадиная сила – час – horsepower-hour
лощина – depression
л. с. (лошадиная сила) – HP (horsepower)
луч – beam, ray
луч антенны – antenna beam
луч курсового радиомаяка – azimuth directional beam, localizer course, radio course
луч курсоглиссадного посадочного радиомаяка – localizer beam
луч посадочного прожектора – flare path
луч радиодальномера – radio-range beam
луч, захвативший цель – locked-on beam
лучеиспускание – radiation
лыжа шасси – landing ski
лыжное шасси – skid landing gear, ski-undercarriage
лыжно-колесное шасси – ski-wheel assembly, ski-wheel landing gear
льготные грузовые тарифы – commodity rates
льготные тарифы – concession fare
льготные тарифы, объявленные для публики – public creative fare
льготный грузовой тариф – reduced cargo rate, specific commodity rate
льготный тариф – promotional fare, reduced fare
люк – hatch, hatchway
люк для доступа к оборудованию – equipment access hatch
люк для осмотра – inspection door
люк для регулировки тяг рулей – control-surface cable adjustment access
люк командного отсека – command module hatch
люминесценция – luminescence
люфт – backlash, travel

М

магистраль – line, main, mains, manifold, trunk
магистраль, подающая топливо на вход насоса – fuel pump delivery line
магистраль, подающая топливо под напором – fuel pump delivery line
магистральная авиалиния – major air route
магистральная воздушная линия – highway
магистральная воздушная трасса – trunk route
магистральная линия – trunk, trunk circuit
магистральный – main
магистральный провод – mains
магистральный самолет – trunk-route aircraft
магнетизм – magnetism
магнето – magneto
магнетометр – magnetometer
магнитная девиация – magnetic deviation
магнитная ионосферная буря – magneto-ionospheric storm
магнитная коррекция – compass police, magnetic monitoring, slaving
магнитная лента с записью указаний оператора посадочной РЛС – GCA tape
магнитная сила Земли – earth's magnetic force
магнитная стрелка – magnetic needle
магнитное запоминающее устройство – magnetic drum store
магнитное наклонение – dip angle, magnetic dip
магнитное поле – magnetic field
магнитное склонение – angle of dip, compass error, compass variation, declination, dip, magnetic course transmitter, magnetic inclination, magnetic variation, variation
магнитное склонение координатной сетки – grivation
магнитные возмущения – magnetic perturbations
магнитный – magnetic
магнитный азимут – magnetic azimuth
магнитный барабан для запоминания информации – magnetic drum store
магнитный ведущий кабель – magnetic leader cable
магнитный компас – direct-reading compass, magnetic compass, magnetic direction (heading) indicator
магнитный компас с картушкой – card magnetic compass, card compass
магнитный курс – magnetic bearing, magnetic course, magnetic direction, magnetic heading, magnetic track angle, MC
магнитный курс посадки – QFU - magnetic direction of runway to be used
магнитный курсоуказатель – magnetic-heading indicator
магнитный меридиан – magnetic meridian
магнитный обнаружитель – magnetic detective device
магнитный пеленг – magnetic bearing
магнитный полюс – dip pole, magnetic pole
магнитный полюс земли – earth magnetic pole, earth's magnetic pole
магнитный путевой угол – magnetic track
магнитный север – magnetic north
магнитный стержень – magnetic bar
магнитный угол карты – grivation
магнитный экватор – magnetic equator
магнитоаэродинамика – magnetoaerodynamics
магнитофон – audio recorder, magnetic tape unit
макет – decoy, dummy, mock-up
макет в натуральную величину – full-scale mockup
макет для технической проработки – engineering mockup
макет кабины – mock-up cabin
макет кабины ВС – mock-up cockpit
макровозмущение – broadscale perturbation
макротечение – broadscale flow
максимальная выносливость – maximum endurance
максимальная высота начала безопасного снижения – recovery ceiling
максимальная высота облачного слоя – top overcast, top of overcast, TOVC

максимальная высота полета – ceiling, peak of flight
максимальная дальность – maximum range, range limit
максимальная дальность видимости ВПП – runway visual range, RVR
максимальная дальность полета – maximum flying distance, range performance
максимальная длительная мощность – maximum continuous power
максимальная длительная тормозная мощность – maximum continuous brake power
максимальная допустимая скорость самолета для выпуска закрылков в заданное положение – flap extended speed
максимальная допустимая эксплуатационная скорость или число М – maximum-permissible operating speed or March number
максимальная истинная воздушная скорость – effective true airspeed
максимальная крейсерская скорость – maximum cruise
максимальная мощность – maximum rating
максимальная мощность при обедненной смеси – maximum weak-mixture power
максимальная мощность, за исключением взлетной – METO power (maximum except take-off)
максимальная нагрузка – maximum load, overall loading
максимальная подъемная сила – maximum lift
максимальная полезная нагрузка – payload capacity
максимальная продолжительность полета – maximum endurance
максимальная прочность – maximum endurance
максимальная расчетная нагрузка – fully factored load
максимальная скороподъемность – maximum rate of climb
максимальная скорость – maximum speed, top speed
максимальная скорость (кратковременно развиваемая) – dash speed
максимальная скорость горизонтального полета – all-out level speed
максимальная скорость горизонтального полета на номинальном режиме – maximum speed in level flight with rated rpm and power
максимальная скорость или число М для характеристик устойчивости – maximum speed or Mach number for stability characteristics
максимальная скорость полета – maximum flying speed
максимальная скорость полета с выпущенными закрылками – maximum flap extended speed
максимальная скорость порыва – gust peak speed
максимальная скорость прохождения порога – maximum threshold speed
максимальная статическая мощность – static maximum rating
максимальная тяга – full thrust, maximum rating, maximum thrust, takeoff thrust, top thrust
максимальная тяга на кратковременном (аварийном) режиме – emergency thrust
максимальная форсажная тяга – maximum afterburning power
максимальная эксплуатационная нагрузка – load limit
максимально возможная высота висения до шасси – maximum sustained hovering skid height
максимально допустимая нагрузка – proof load
максимально допустимая скорость полета на данном режиме – placard speed
максимально допустимое количество дефектов при приемке – acceptance number
максимально допустимое число оборотов двигателя – maximum engine overspeed
максимально допустимый взлетный вес – allowable gross takeoff weight
максимальное допустимое число оборотов винта – maximum propeller overspeed

максимальное показание – full-scale reading
максимальное регулируемое число оборотов воздушного винта – maximum propeller governed speed
максимальное число оборотов – maximum revolutions
максимальные летные характеристики – gross performance
максимальные эксплуатационные характеристики – rating data
максимальный – ultimate
максимальный вес – maximum weight
максимальный вес, на который рассчитан самолет согласно норм для регулярных воздушных перевозок – provisional weight
максимальный взлетный вес – gross takeoff weight, maximum gross takeoff weight, maximum takeoff weight
максимальный газ – full throttle, full-open throttle
максимальный диаметр – maximum diameter, overall diameter
максимальный полетный вес – maximum gross weight
максимальный полетный вес при взлете – maximum gross weight for take-off
максимальный полетный вес при посадке – maximum gross weight for landing
максимальный порыв ветра – ultimate gust
максимальный посадочный вес – maximum landing weight
максимальный размах – extreme span
максимальный расчетный вес – design maximum weight
максимальный режим – full power conditions, maximum rating
максимальный сухой вес – maximum zero fuel weight
максимальный угол набора высоты – maximum climbing angle
максимальный угол обзора – angular limit of visibility
максимальный угол рыскания – maximum yaw angle
максимальный уровень воспринимаемого шума с поправкой на тональность – maximum tone corrected perceived noise level
максимальный форсажный режим – maximum afterburning power
максимум – peak
малая высота – low altitude, low level
малая высота полета – deck
малая разрешающая способность – poor discrimination
малоинерционный высотомер – low-lag altimeter
малоинерционный прибор – quick-response instrument
малой дальности действия – short range, SRG
малонадежный (ЭВМ) – fail-soft
малоразмерная цель – pinpoint, pinpoint target
малый газ – idle running, idling
малый круг – short circle, tight
малый угол атаки – low incidence
малый шаг (воздушного винта) – fine pitch, low pitch
маневр – maneuver, procedure
маневр «разгон – торможение» – accelerate-stop maneuver
маневр в плоскости рыскания – yaw(ing) maneuver
маневр в полете – flight maneuver
маневр входа в створ ВПП – sideslip maneuver
маневр вывода из пикирования или прерывания захода на посадку – pull-out maneuver, pull-up maneuver
маневр вывода из пикирования с креном – rolling pull-out maneuver
маневр выравнивания – flare maneuver
маневр для выхода на динамический потолок – zoom maneuver
маневр доворота на ось ВПП (перед приземлением) – decrab maneuver
маневр захода на посадку – approach maneuver
маневр захода на посадку по прямоугольному маршруту – rectangular pattern maneuver
маневр захода на цель – approach maneuver
маневр изменения наклона плоскости орбиты – dogleg maneuver
маневр кратчайшей посадки – minimum distance landing maneuver
маневр на активном участке траектории – powered maneuver

маневр на критических углах атаки – stalled maneuver
маневр на околокритических углах атаки – semistalled maneuver
маневр на предельно малой высоте – maneuver on the deck
маневр облета препятствия – terrain-following maneuver
маневр обхода препятствий – terrain-avoidance maneuver
маневр от ручки при работающем автопилоте – control-stick-steering maneuver
маневр перевода в пикирование – push-down (-over) maneuver
маневр по ветру – downwind maneuver
маневр по высоте – altitude maneuver
маневр по крену – roll maneuver
маневр по ломаной траектории – dogleg maneuver
маневр по планированию – glide maneuver
маневр по тангажу – pitch maneuver
маневр резкого кабрирования – pull-up maneuver
маневр с использованием аэродинамических сил – aerodynamic maneuver
маневр с использованием системы непосредственного управления подъемной силы – DLC maneuver
маневр с креном и скольжением – yaw-roll maneuver
маневр с креном или с вращением вокруг продольной оси – rolling maneuver
маневр с крутым набором высоты – zoom maneuver
маневр с потерей управляемости – out-of-control maneuver
маневр с работающим двигателем – powered maneuver
маневр самолета в вертикальной плоскости – pullup
маневр самолета в воздухе – evolution
маневр сближения – approach maneuver
маневр сваливания, срыва в штопор – stall/spin maneuver
маневр скольжения на крыло в прямолинейном полете – forward slip maneuver
маневр со срывом – stalled maneuver
маневр со стабилизацией угла тангажа – attitude hold maneuver
маневр торможения перед приземлением – final slowdown maneuver
маневр устранения угла упреждения сноса – decrab maneuver
маневр учебного пилотажа – flight training maneuver
маневренная перегрузка – maneuvering load, maneuvering load factor
маневренная площадка – maneuvering area
маневренность – maneuverability
маневренность при управлении вектором тяги – vectored-thrust maneuverability
маневрирование – evading
маневрировать – handle, maneuver
маневрирующий (о ВС) – evading
маневровая площадка – turnaround
маневры – display
манекен – dummy
манипулировать рулями – handle
манипулятор – keyer
манипуляция – keying
манипуляция сдвигом фазы – phase-shift keying
манифест – crew manifest
манограф – recording manometer
манометр – gauge, manometer, pressure gauge, pressure meter
манометр аварийного кислорода – emergency oxygen pressure indicator
манометр системы выпуска шасси – displacing gear pressure indicator
манометр статического давления – static manometer
манометрическая коробка – capsule
манометрический прибор – pressure instrument
манометрическое давление – g.p., gauge pressure
марка – check
марка топлива – fuel specification
маркер – marker
маркер дальности видимости – visibility range marker
маркер, служащий для указания границы посадочной площадки – boundary marker
маркерный маяк – marker beacon
маркерный огонь – marker beacon light

маркерный приемник – marker receiver
маркерный радиомаяк – location marker, marker, marker beacon, marker radio beacon, radio beacon marker, radio marker beacon
маркерный радиомаяк с зоной молчания – cone-of-silence marker beacon
маркирование – label
маркировать – mark
маркировка – marking
маркировка воздушной трассы – airway marking
маркировка границ ВПП – runway edge markings
маркировка зоны приземления – runway touchdown zone markings
маркировка края ВПП – runway side strip markings
маркировка направления ВПП – runway designation markings
маркировка оси ВПП – runway center line markings
маркировка порога ВПП – threshold marking
маркировки фиксированного расстояния – fixed distance markings
маркировочные знаки ВПП – runway markings
маркировочные огни рулежной дорожки – taxiway lights marking
маркировочный знак – ground marking, landmark, marking
маркировочный знак на авиационной линии – route marker
маркировочный знак на трассе полета – directional air marker, directional marker
маршевая двигательная установка – cruise power, cruise powerplant
маршевая силовая установка – basic propulsion system
маршевый двигатель – forward propulsion engine, propulsion engine, sustainer
маршрут – air route, itinerary, route
маршрут большой протяженности – long-haul service, long-stage route
маршрут в верхнем воздушном пространстве – upper air route, UAR
маршрут воздушного движения в сложных метеоусловиях – IFR traffic pattern
маршрут выхода на посадочный курс отворотом на расчетный угол – teardrop, teardrop course
маршрут движения пассажиров в аэропорту – passenger flow routes
маршрут зональной навигации – area navigation route
маршрут малой протяженности – short-haul route, short-stage route
маршрут минимального времени – minimum time track
маршрут нерегулярных полетов – non-scheduled air route
маршрут ОВД (обслуживаемого воздушного движения) – ARS Route
маршрут полета – flight lane, track
маршрут полета в главном районе диспетчерской службы – upper air route
маршрут полета с использованием системы ДМЕ – DME pattern
маршрут полета с минутным прямолинейным участком – one-minute pattern
маршрут регулярных полетов – scheduled air route
маршрут с большой плотностью воздушного движения – high-density route
маршрут с минимальным шумом – minimum noise route
маршрут службы воздушного движения – ATS route
маршрут эвакуации – escape route
маршрут эвакуации (при борьбе с пожаром) – fire rescue path
маршрут, выделенный для специальных целей – reserved route
маршрутная аэронавигационная карта – route chart, sectional air map, sectional chart
маршрутная карта – air strip map, route map
маршрутная РЛС – air route surveillance radar, ARSR
маршрутное положение (органов механизации) – en-route setting
маршрутно-полетная карта – pilot chart
маршрутные испытания – route proving
маршрутные огни – en-route lights
маршрутный полет с промежуточными посадками – cross-country flight
маршрутный радиомаркер – en-route marker beacon

маршрутный справочник – route guide
маршруты – routing
маршруты, обслуживаемые авиатранспортной компанией – airline's routes
масленка – oiler
масловодосборник – oil-and-water trap
маслоотстойник – oil-sump
маслоочиститель – oil cleaner, oil filter
маслораспределение – oil distribution
маслосборник – sump
маслосистема – oil system
масляная амортизация – oil damping, oil shock absorption
масляная струя – oil spray
масляная трубка – lubrication pipe
масляно-воздушный амортизатор – oleo-pneumatic unit
масляное отверстие – lubrication hole
масляно-пневматическая амортстойка – oleo-pneumatic leg
масляно-пневматический амортизатор – oleo-pneumatic shock absorber, oleo-shock absorber
масляно-пневматический тормоз – oleo-pneumatic brake
масляно-пружинный амортизатор – liquid-spring shock absorber
масляный амортизатор – oil buffer, oil shock absorber, oleo gear
масляный бак – oil tank
масляный выключатель – oil switch
масляный радиатор – oil cooler
масляный радиатор трубчатого типа – oil tube cooler
масляный фильтр – oil filter
масса – compound; mass
масса воздуха, отбрасываемая винтом – propeller wake
масса на единицу площади – mass-area ratio
массовая плотность – mass per unit volume
массовый расход – mass flow rate
массовый расход топлива – mass air flow
мастерская по ремонту двигателей – engine build-up and repair shop
мастерство – proficiency
масштаб – measure, scale
масштаб записи – recording scale
масштаб карты или графика – chart scale
масштаб координат – coordinate scale
масштаб построения – plotting scale
масштаб чертежа – drawing scale
масштаб широт – latitude scale
масштабная линейка – scale
масштабные круги – scale circles
масштабный коэффициент – scale (scaling) factor
мат – mat
математическая модель – computerized model
материал – material
материально-техническое обеспечение – logistics
материя – matter
матрица – array, matrix
маховичок ручного триммирования – manual trim
маховое движение – flapping
маховое движение лопасти (вертолета) – blade flapping
мачта – mast, post, tower
машина – machine
машина для заправки водой и слива воды – wash water truck
машина сопровождения – follow-me (truck)
машиностроение – machinery
машины – machinery
машущее крыло – flapping wing
машущий – flapping
маяк зоны ожидания – holding beacon, holding fix
маяк, передающий кодированные сигналы – code beacon
МВЛ (местная воздушная линия) – local service line
мгла – dry fog
мгновенная угловая скорость – momentary angular velocity
мгновенный – instantaneous
мегагерц – mc (megacycle), Mc/s (megacycle per second), MHz
медицина – medicine
медицинская карточка – medical card
медицинское наблюдение – medical monitoring
медицинское освидетельствование – medical assessment, medical examination
медицинское удостоверение годности – medical certification
медленно густеющий битум – slow curing bitumen
медлить – delay

между – between, BTN, btn
между слоями облаков – between layers
между ярусами облаков – between layers, BTL
междугородное воздушное сообщение – inter-city air service, inter-city service
междугородные воздушные перевозки – inter-city service
международная авиалиния – foreign air route
международная авиаперевозка по туру – international air carriage on a tour
международная авиатрасса – international air route
Международная авиационная ассоциация, ФАИ – Federation Aeronautique Internationale, FAI
международная авиация общего пользования – international general aviation, IGA
международная ассоциация воздушного транспорта – Transport Association, IATA
Международная ассоциация гражданских аэропортов – International Civil Airports Association, ICAA
международная воздушная навигация – international air navigation
международная воздушная перевозка – international carriage (by air)
международная карточка посадки (высадки) – international embarcation-disembarcation card
Международная комиссия по аэронавигации – International Commission for Air Navigation, ICAN
международная линия смены дат – international date line
Международная метеорологическая организация – World Meteorological Organization, WMO
Международная организация гражданской авиации – International Civil Aviation Organization, ICAO
международная радиочастота для сигналов бедствия – international distress frequency
международная сеть метеостанций – mondial reseau
международная служба дальней связи – international telecommunication service
международная справочная атмосфера – international reference atmosphere
международная стандартная атмосфера – Atmosphere Standard International (ASI), international standard atmosphere (ISA), standard international atmosphere
международная телеграфная азбука – international telegraph alphabet
Международная федерация ассоциаций диспетчеров воздушного движения – International Federation of Air Traffic Controllers Association, IFATCA
Международная федерация ассоциаций линейных пилотов – International Federation of Air Line Pilot Association, IFALPA
Международная федерация астронавтики – International Aeronautical Federation, IAF
международное авиационное эксплуатационное предприятие – international operating agency
международное воздушное сообщение – international air service, international air traffic, international service
международное радиомолчание – international radiosilence
международное свидетельство о прививке или повторной прививке – international certificate of vaccination or revaccination
международное товарное соглашение – international commodity agreement
международные авиационные стандарты – international aircraft standards, IAS
международные воздушные перевозки – international air traffic, international service
международные правила полетов – general flight rules
международные санитарные правила – international health regulations, international sanitary regulations
международный – international
международный аэропорт – international airport, Intl. Arpt.
международный воздушный транспорт – international air transport
международный контроль частот – international frequency monitoring

Международный метеорологический комитет – International Meteorological Committee, IMC
международный обмен метеорологической информацией – international exchange of meteorological information
международный реестр частот – master international frequency register
международный рейс – international flight
международный сигнал бедствия – SOS (save our souls)
международный язык, употребляемый в авиации – international language for aviation, ILA
междутропическая зона конвергенции – intertropical convergence zone
межзональная связь – intra-area communication
межконтинентальный – intercontinental, transoceanic
межконтинентальный перелет – transoceanic flight
межконтинентальный самолет – transoceanic aircraft
межлопаточный канал – vane channel
межпланетный – interplanetary
межремонтный срок службы – overhaul period, overhaul time, time between overhauls, TBO
межремонтный срок службы двигателя – allowable engine operating time
межсезонный тариф – shoulder season fare
мелкий – fine
мелкий моросящий дождь – drizzle
мелкий отказ – minor failure
мелкозернистая структура – fine granular structure
мелкозернистый – fine
мембранная коробка – capsule, diaphragm capsule
мембранный манометр – diaphragm manometer
менять – change
мера – measure, provision
мера предосторожности – provision
меридиан – meridian, north-south grid line
меридиональная высота – meridian altitude
меркаторская проекция – Mercator projection
мерная база для определения путевой скорости – ground speed course
мероприятия по прямому транзиту – direct transit arrangements
мертвая зона – blind area, cone of silence, dead area, dead band, dead belt, dead space, skip zone
мертвая точка – point of no-return
мертвое пространство – dead space
мертвый вес – dead weight
мертвый груз – dead load
мертвый ход – backlash
меры безопасности – safety precautions
меры противодействия – countermeasures
места для пассажиров – passenger space
места смешанного класса – mixed-class seating
места стоянки самолета – aircraft stands
места туристского класса – coach seats
местная авиакомпания – local carrier
местная авиалиния – commuter airline, short-stage route
местная воздушная линия – local service line
местная сводка погоды – local weather report
местное бюро погоды – local forecast office
местное воздушное сообщение – local service
местное возмущение атмосферы – disturbance
местное время – local apparent time (LAT), local time (LT)
местное гражданское время – local apparent civil time (LACT), local civil time (LCT)
местное давление – local pressure
местное декретное время – local standard time
местное звездное время – local sidereal time
местное истинное время – local apparent time
местное среднее время – local mean time, LMT
местность – terrain
местность в полосе подхода (к ВПП) – approach terrain
местные аэродромные правила – local airdrome rules

местные воздушные перевозки – local service
местные помехи – clutter
местный – local, regional
местный отрыв потока – separation bubble
местный перевозчик – local carrier
местный перегрев – hot spot
местный представитель эксплуатанта – operator's local representative
местный скачок уплотнения – compressibility burble, local shock
местный срыв (потока) – bubble (separation)
местный тариф – local fare
место – seat; site, spot; station
место авиационного происшествия – accident site
место ВС, определяемое дальномерно-пеленгационным методом – radar fix
место ВС, определяемое пролетом над всенаправленным УКВ радиомаяком – VOR overhead fix
место выдачи багажа (в аэропорту) – delivery bench
место зарождения вихря – location of vortex formation
место катастрофы – crash site
место ожидания при рулении – taxi holding position
место погрузки – ramp
место получения багажа (пассажирами прибывших самолетов) – baggage claim area
место посадки – landing point
место регистрации багажа – baggage check-in facility
место регистрации пассажиров и оформления багажа – airport handling counter
место регистрации пассажиров и оформления документов на багаж – airline handling counter
место самолета – ground position, pinpoint
место самолета, определенное с помощью радиолокационных средств – radar fix
место самолета, определенное с помощью радиосредств – radio fix
место сбора пассажиров на аэродроме – passenger assembly area
место соединения – joint
место сруливания с ВПП – turnoff point
место стоянки – marshalling area, parking, parking apron, parking area
место стоянки дежурных самолетов – standby area
место стоянки на перроне (аэровокзала) – gate position
место стоянки перед выруливанием на взлетную полосу – taxi holding post
место стоянки самолетов – air park, aircraft parking place, berth, park, parking stand
место стоянки транзитных самолетов – transient apron
место стоянки тупикового типа – taxi-in-and-turn type hard standing
место, которое продано на часть маршрута – sector seat
место-миля – seat-mile
место-миля в час – seat-mile per hour
местонахождение – location, positioning, site
местонахождение самолета в воздухе – air position, flight position (FP)
местоположение – position
местоположение аэропорта – airport site
местоположение в пространстве – locus
местоположение по радиолокатору – radar fix
местоположение РЛС – radar site
местоположение самолета, определенное счислением пути – dead-reckoned position
металлизация самолета – bonding
металлическая перфорированная плита – pierced steel plank
метеобюро оповещения – Meteorological Watch Office, MWO
метеоданные на последнюю минуту – up-to-the minute data
метеоданные, получаемые с помощью шаров-пилотов – pitball (pilot balloon)
метеоинструктаж – weather briefing
метеоминимум для взлета – takeoff minimum
метеоминимум для захода на посадку – approach minimum, ILS minimum
метеоминимум для захода на посадку по кругу – circling approach (weather) minimum
метеоминимум для захода на посадку по радиокомандам с земли – GCA minimum

метеоминимум для захода на посадку с прямой – straight-in minimum
метеоминимум для использования посадочной РЛС – PAR meteominimum
метеоминимум для посадки – landing minimum
метеоминимум при неработающем глиссадном радиомаяке – no-glide slope minimum
метеонаблюдатель – weather observer
метеонаблюдения – weather observations
метеообслуживание на авиалинии – airline meteorological service
метеопрогноз по воздушной трассе – airway forecast
метеопрогноз по району – area forecast, AFOR
метеопрогноз рейса – flight forecast, FIFOR
метеорадар – weather instrument, weather radar
метеорадиолокатор – cloud-collision radar, storm-warning radar
метеоролог – met, meteorologist
метеорологическая видимость – prevailing visibility
метеорологическая вышка для наблюдений – observation tower
метеорологическая информация – meteorological data, weather information
метеорологическая информация в полете – information during flight
метеорологическая карта – meteorological chart, weather map
метеорологическая обстановка – meteorological conditions, weather conditions
метеорологическая площадка – observation platform
метеорологическая радиолокационная станция – meteorological radar station
метеорологическая ракета – sounding rocket
метеорологическая ракета для исследования верхних слоев атмосферы – upper-air sounding rocket
метеорологическая РЛС – storm-warning radar
метеорологическая РЛС (на борту ВС) – cloud-collision radar
метеорологическая сводка – meteorological information, meteorological report, weather message
метеорологическая сеть станций – meteorological network
метеорологическая служба – air weather service, meteo service, meteorological service
метеорологическая станция – weather station, Wt. Stn.
метеорологические данные – meteorological summary
метеорологические данные в районе аэропорта – airport meteorological data
метеорологические данные по воздушной трассе – airway meteorological data
метеорологические наблюдения – meteorological observation
метеорологические наблюдения при помощи радиозондов – RAOB, radiosonde observation
метеорологические расчеты – meteorological calculus
метеорологические условия – meteorological conditions, weather, weather conditions
метеорологические условия для полета – condition of flight
метеорологические условия для полета по приборам – instrument meteorological conditions
метеорологические условия с нулевой видимостью или очень низкой облачностью – zero-zero weather
метеорологические условия, допускающие полет с визуальной ориентировкой – visual flight rules weather conditions
метеорологический – met, meteorological, synoptic
метеорологический бюллетень – meteorological report
метеорологический минимум – weather limit
метеорологический минимум аэропорта – airport meteorological minimum
метеорологический минимум для посадки с круга – circling landing minimum
метеорологический минимум для посадки с прямой – straight-in landing minimum
метеорологический полет – met flight

метеорологический прогноз – weather forecast
метеорологический разведывательный полет – meteorological reconnaissance flight
метеорологический центр обеспечения полетов – flight advisory weather center
метеорологическое бюро – meteorological office
метеорологическое бюро авиационных линий – air weather office
метеорологическое бюро оповещений – meteorological watch office
метеорологическое дежурство – meteorological watch
метеорологическое донесение с борта воздушного судна – aircraft meteorological report
метеорологическое наблюдение при помощи радиозондов – radiosonde observation
метеорологическое предупреждение – meteorological warning
метеорологическое слежение в зоне – area meteorological watch
метеорология – met, meteorology
метеоролог-наблюдатель – meteorological observer
метеосводка – meteorological message, weather advisory, weather report
метеосводка по данным радиолокационного обнаружения – radar weather report
метеосообщение – weather advisory
метеосообщение о погоде в районе аэродрома – airdrome weather report
метеостанция для обслуживания полетов – aeronautical meteorological station
метеостанция, представляющая прогноз погоды перед вылетом – initial meteorological office
метеоявления, опасные для полета – hazard (flight) conditions
метка на шкале – dial marking
метод – method, mode, rule
метод вывода – recovery method
метод газовых струек – gas-filament technique
метод геометрического места корней – root-locus method
метод измерения скорости потока ветра – anemometry
метод изоклин – isoclinic method
метод импульсов – wake method
метод испытаний без разрушения образца – nondestructive test(ing)
метод Монте-Карло – Monte-Carlo method
метод определения скорости и направления ветра измерением углов скоса на двух взаимно перпендикулярных курсах (отворотом вправо и влево на 45 градусов) – double drift method
метод отбора и обработки данных – data reduction method
метод оценки и пересмотра планов – Program Evaluation and Research Task, PERT
метод перехвата – intercept method
метод полета «по потолкам» (с постепенным набором высоты по мере выгорания топлива и при постоянной скорости) – climb-cruise method
метод полярных координат – polar method
метод последовательных приближений – cut-and-try process (method)
метод постепенного наращивания (усложнения) системы путем добавления блоков – block approach
метод построения астрономической линии положения – intercept method
метод предвычисления характеристик до начала летных испытаний – preflight-test prediction method
метод проб и ошибок – cut-and-try process (method)
метод прогноза – forecast method, forecast techniques
метод раздельного управления с помощью взаимно перпендикулярных рулей – Cartesian method of control
метод расчета, основанный на формах колебаний – mode method
метод расчетов – method of accounting
метод спасения – recovery method
метод тарировки с использованием наземной РЛС – radar-tracking calibration method
метод телеметрии при автоматическом определении местоположения – automatic position telemetering

метод траектории корней – root-locus method
метод управления вектором тяги – thrust-vectoring method
метод фазовых координат – state vector approach
метод хи-квадрата – chi-square method
методика – philosophy, procedure, technique
методика вывода путем отклонения ручки назад – stick-aft recovery control
методика летных испытаний – flight test technique
методика определения надежности при повреждении отдельных элементов – fail-safe procedure
метр – m, meter
метрическая система мер – MTU, metrical units
метров в минуту – m.p.m., m/min, meters per minute
метров в секунду – m.p.s., meters per second
механизация крыла – high-lift device
механизированный – power-operated
механизм – device, gear, machine, mechanism
механизм ввода (данных) – input mechanism
механизм включения и выключения – on-off mechanism
механизм выпуска (шасси) под действием веса – free-fall mechanism
механизм выпуска и уборки закрылков – flap-operating mechanism
механизм загрузки – feel system
механизм загрузки бустерной системы управления – control force system
механизм задержки – delayer
механизм изменения шага винта – pitch changing actuator
механизм изменения шага воздушного винта – airscrew control, pitch-change (changing) mechanism
механизм нагружения – load maintainer system
механизм отцепки или сброса – release mechanism
механизм пересиливания – overpower mechanism
механизм приведения в действие системы покидания – escape initiator
механизм приведения к заданной высоте – height-lock control
механизм привода створок жалюзи – gill actuator
механизм привода створок ноги шасси – leg-operated door mechanism
механизм привода створок шасси – landing-gear-door mechanism
механизм реверсирования воздушного винта – airscrew reversing gear
механизм регулировки киля – fin adjusting gear
механизм регулировки состава смеси в зависимости от высоты – altitude mixture control
механизм рулевого управления – wheel steering mechanism
механизм руля поворота – rudder assembly
механизм с понижающим редуктором – low-geared mechanism
механизм свободного хода – overrunning mechanism
механизм тряски (ручки, педалей) – kicker
механизм тряски ручки – stick-shaker
механизм тряски ручки управления – stick shaker unit, stick-shaker (shaking) device
механизм уборки шасси – wheel-retracting gear
механизм управления – control gear
механизм управления замками шасси – landing gear lock control mechanism
механизм управления триммером – trim-tab control mechanism
механизм управления шагом воздушного винта – propeller control
механизм установки винта во флюгерное положение – feathering device
механизм фиксации ручки – stick holder
механизмы – machinery
механизмы управления – controls
механик – engineer
механика жидкости – fluid mechanics
механик-специалист по двигателям – fitter
механическая неисправность – mechanical failure, mechanical malfunction
механическая обработка – machining
механическая сила – power

механически обработанный – machined
механически обработать – machine
механический момент – momentum
механический смеситель – mechanical mixer
механический стартер – self-starter
механический указатель с тросовой передачей – cable-operated indicator
механический усилитель – actuating unit
мешок – bag
мигающий огонь – undulating light
миделевое сечение – maximum cross section
мидель – frontal area
мидельшпангоут – maximum cross section
микроволновая РЛС – microwave radar
микроволновая связь – microwave link
микроволновая система обеспечения захода на посадку – microwave approach system
микроволновая система посадки – Microwave Landing System, MLC
микроволновый – microwave
микроволновый поисковый радиолокатор – microwave search radar
микросхемный модуль – microcircuitry module
микрофон – microphone
микрофонная связь – direct-speech communication, speech communication, voice communication
микрофонный позывной – voice call sign
миллибар – mb, millibar
миллиметр – mm, millimeter
миль в час – m.p.h., miles per hour
мильная система (построения тарифа) – mileage system
мильная таблица процентных надбавок – excess mileage table
миля – mi, mile
минимальная абсолютная высота – minimum altitude
минимальная абсолютная высота в секторе – minimum sector altitude
минимальная абсолютная высота полета – minimum flight altitude
минимальная абсолютная высота полета в определенном секторе – minimum sector altitude
минимальная безопасная высота – minimum safe height
минимальная безопасная высота над препятствием – obstacle clearance (limit) height
минимальная безопасная скорость взлета – minimum take-off safety speed
минимальная высота безопасного полета – minimum safe flying height
минимальная высота безопасного ухода на второй круг – critical overshoot height
минимальная высота над аэродромом (ниже которой снижение запрещено, если нет видимости земли) – critical height
минимальная высота над препятствием – obstacle clearance limit, OCL
минимальная высота начала выравнивания – minimum flare height
минимальная высота отключения автоматики и перехода к визуальному ручному заходу на посадку – minimum brake-off height
минимальная высота полета для приема сигналов аэронавигационных средств – minimum reception altitude, MRA
минимальная высота полета по маршруту – medium enroute altitude, MEA
минимальная высота полета с автопилотом, записанная в удостоверении о летной годности – autopilot's certification limit
минимальная высота принятия решения о посадке – minimum decision height
минимальная высота пролета – minimum crossing altitude
минимальная высота пролета над препятствием – obstacle clearance limit
минимальная высота снижения – minimum descent altitude, MDA
минимальная высота снижения по системе ИЛС – ILS minimum altitude
минимальная крейсерская высота – minimum cruising level
минимальная летная полоса – marginal strip
минимальная нагрузка при испытаниях на прочность – test-failure load

минимальная показанная скорость прохождения порога – minimum demonstrated threshold speed
минимальная скорость для самолетов с необычными характеристиками сваливания – minimum speed for airplanes with unconventional stall characteristics
минимальная скорость прохождения порога – minimum threshold speed
минимальная скорость установившегося полета – minimum steady flight speed
минимальная скорость, на которой возможно управление самолетом – minimum control speed
минимальная скорость, на которой сохраняется управление самолетом в случае отказа двигателя – critical speed
минимальная управляемость – marginal control
минимальная эволютивная воздушная скорость – control airspeed
минимальная эволютивная скорость – control speed
минимальная эволютивная скорость в свободной атмосфере при данной конфигурации – minimum control speed in free air in a given configuration
минимальная эволютивная скорость захода на посадку и посадки – minimum control speed in approach and landing
минимальная эволютивная скорость захода на посадку и посадки при прерванном заходе на посадку – minimum control speed in approach and landing for discontinued approach
минимальная эволютивная скорость захода на посадку и посадки при продолженном заходе на посадку – minimum control speed in approach and landing for continued approach
минимальная эволютивная скорость на земле – minimum control speed on the ground
минимальная эволютивная скорость с неработающем критическим двигателем – minimum control speed with critical engine inoperative
минимально допустимая высота полета – minimum authorized altitude
минимально допустимая скорость отрыва – minimum unstick speed
минимально допустимое расстояние, на котором возможен переход от автоматического к ручному управлению – takeover distance
минимальное безопасное расстояние по вертикали до пролетаемого препятствия – obstacle clearance
минимальное давление – underpressure
минимальное превышение над препятствием – obstacle clearance limit
минимальное проходное сечение – minimum nozzle area
минимальное расстояние между параллельными рулежными дорожками – taxiway minimum clearance
минимальноразличимый сигнал – minimum discernible signal
минимальные высоты облачности и дальности видимости – weather minimum
минимальные высоты пробивания облачности – breakout minima
минимальные гарантированные данные – net data
минимальные гарантированные характеристики – net performance
минимальные летные характеристики – minimum performance
минимальный – minimum
минимальный временной интервал между посадками самолетов – acceptance rate
минимальный расчетный вес – minimum design weight
минимальный сбор – minimum charge
минимум – minimum
минимум для запасного аэродрома – alternate minimum
минимум метеорологических условий, при котором разрешается проведение полетов – meteorological minimum
минимум погоды – meteorological minimum, weather minimum
минимум погоды данного аэропорта – airport weather ceiling
минимум погоды на аэродроме (для приема и отправления самолета) – airdrome meteorological minimum
минимумы эшелонирования – separation minima

минимумы эшелонирования при наличии наблюдения и руководства с помощью радиолокаторов – radar separation minima
министерство иностранных дел – Foreign Office
мировая система ориентирования по географическим координатам – world geographic reference system
мировое время – universal time
мишень – target
М-метр – machmeter
мнимое изображение – false image
мнимый фронт – false front
многодипольная антенна – antenna array
многозвеньевой закрылок – multiple flap
многоканальная линия – multichannel circuit
многоканальная передача – multipath transmission, multiplex
многоканальная связь – multichannel operation
многоканальная система – multiple-channel system
многоканальная система с частотным уплотнением – frequency-division multiplex
многоканальная система связи – multiplex
многоканальное модулирование – multiplexing
многоканальный радиопередатчик – multichannel radio transmitter
многоканальный самописец – multichannel recorder
многоколесное шасси – bogie, bogie undercarriage
многоконтурная система – multiple-loop system
многоконтурный – multiple-loop
многократная пеленгация – multiple bearing
многократное отражение – multipath
многократное резервирование – multiplexing
многократный – multiple
многолонжеронная конструкция – multispar construction
многолучевая антенна – multiple-wire antenna
многоместный пассажирский самолет, «воздушный автобус» – aerobus, airbus
многомоторный самолет – multiengined aircraft
многоотказный – failure-survival (-surviving)
многополосное шасси с тележками велосипедного типа – multibicycle-wheeled undercarriage
многопроводной – multiple
многорежимная РЛС – multimode radar
многорежимная система – multimode system
многосвязная система – multiple-loop system
многосвязный – multiple-loop
многосекционная конструкция – multisection construction
многоскачковый воздухозаборник – multiple-shock inlet
многослойная конструкция с заполнителем – multilayer sandwich construction
многослойное стекло – composite transparency
многострелочный прибор – multipointer instrument
многоточечная схема – multipoint circuit
многофункциональное коммутационное устройство – Multifunction Switching, MFS
многофункциональные органы управления – multifunctional controls
многофункциональный индикатор – Multifunction Display, MFD
многоцветная карта – polychromatic chart
многоцелевой индикатор – multifunctional display, multipurpose display
многоцелевой самолет – all-purpose aircraft
многоцелевой учебно-тренировочный самолет – all-purpose trainer
многоцентровая депрессия – complex low
многочастотный передатчик – multifrequency transmitter
многочленные уравнения – polynomial equations
многоэлектродная лампа – multi-unit tube
множественный бортовой самописец – flight analyzer
множественный отказ – multiple failure

множитель – factor
моделирование – analog(ue) computation, simulation
моделирование воздушных порывов – gust simulation
моделирование непрерывного процесса – analog(ue) simulation
моделирование полета – flight simulation, simulating of flight
моделирование с помощью системы уравнений более низкого порядка – reduced-order modeling
моделированный – simulated, synthetic
моделировать – model, simulate
моделирующая установка – simulator
моделирующая физическая система – analog(ue)
моделирующее устройство – analog(ue) computer, analog(ue) computing system, analog(ue) machine, analogue
моделирующее устройство для оценки автоматических процессов управления – automatic controls evaluation simulator
модель – analogue, dummy, model, pattern
модель (самолета) основной схемы – basic layout model
модель в половинном масштабе – half-scale model
модель для имитации условий тумана в кабине ВС – aircraft cockpit fog simulation
модель для оценки риска столкновения – collision risk model
модель для статических испытаний – static mockup
модель порыва – gust model
модернизация – updating
модернизированная система – upgraded system
модернизировать – update
модификация – conversion, derivative, development, modification, version
модулированная незатухающая волна – modulated continuous wave
модулированная несущая – modulated carrier
модуль – module, module, modulus
модуль жесткости – modulus of stiffness
модуль питания – power supply module
модуль разрыва – modulus of rupture
модуль реакции грунта – modulus of reaction of the soil
модуль упругости – modulus of elasticity
модуль упругости при сдвиге – modulus of rigidity
модуль Юнга – modulus of elasticity
модульная компоновка – modular packaging
модульная конструкция – modular construction
модульный блок аппаратуры управления – module of control equipment
модулятор – keyer, modulator
модуляция – modulation
модуляция между составляющими сложной волны – intermodulation
модуляция опознавательного кода – code identification modulation
модуляция по длительности импульсов – pulse duration modulation, PDM
модуляция сдвигом частот – frequency shift modulation
мокрый – wet
мокрый снег – sleet
молния – lightning, lightning stroke
момент – couple
момент выключения двигателей – cutoff point
момент импульса – moment of momentum
момент инерции – inertia moment, moment of inertia
момент инерции в движении рыскания – yaw inertia
момент инерции в продольном движении – pitch inertia
момент инерции лопасти – blade inertia moment
момент кабрирования – pitching moment
момент количества движения – moment of momentum
момент крена – rolling moment
момент кручения ротора – rotor windage
момент на пикирование – tuck
момент относительно вертикальной оси – Y-moment
момент относительно поперечной оси – pitching moment
момент отрыва – lift-off, liftoff instant
момент отрыва (при взлете) – instant of unstick
момент перехода на автоматическое сопровождение – lockon
момент пикирования – pitching moment

момент рыскания – yaw(ing) moment
момент тангажа – pitching moment
момент, приводящий к возникновению срыва потока – stalling moment
момент, противодействующий движению рыскания – counteryawing moment
моментный датчик – torquer
монитор – monitor
моноблочная конструкция – one-piece construction
монококовая конструкция – monocoque construction
монолит – solid
монолитная конструкция – integral structure
монолитная панель – integral structure
монолитный – monolithic
моноплан – monoplane
монопланный – monoplane
монoплановая схема – monoplane layout
монтаж – adjustment, assembly, erection, fitting, installation, mounting, packaging
монтаж без промежуточных опор – point-to-point wiring
монтажная плита – mounting plate
монтажная рама – mounting bracket
монтажное кольцо – mounting ring
монтажное приспособление – mounting
монтажный допуск – installation tolerance
монтировать – build in, build up, install, mount
морось – drizzle
моросящий дождь – drizzling rain
морская болезнь – motion sickness
морская миля – naut.m., NM, n.m., nautical mile
морская миля в час – knot
морской – nautical
мотогондола – pod
мотор – engine, motor
мотор коррекции гироскопа – torquer
моторизованная лебедка – winch lorry
моторная люлька – engine bed
моторная рама – engine bed, engine mount(ing)
моторная установка – engine installation
моторный отсек – engine bay
моторный планер – powered glider
моторный полет – engine-on flight
мощность – capability, capacity, efficiency, horsepower, output, power, yield
мощность без впрыска – dry power
мощность без наддува – unsupercharged power
мощность воздушного винта – propeller output, propeller thrust power
мощность двигателя – engine output, engine power (output), motor power
мощность двигателя без впрыска воды – dry-thrust rating
мощность двигателя на крейсерском режиме – cruising output
мощность или тяга на режиме захода на посадку – approach power
мощность или тяга на режиме малого газа – idle power rating, power in idle
мощность на валу – power output, shaft horsepower (SHP), torque horsepower
мощность на входе – power input
мощность на выходе – power output
мощность на единицу веса – mass power
мощность на крюке – drawbar horsepower
мощность на максимально продолжительном режиме – continuous power
мощность на режиме малого газа холостого хода) – idling power, idle capacity
мощность на рулении – taxi power
мощность на уровне моря – sea-level horsepower
мощность насоса – pumping power
мощность при повышенных температурах – hot-day horsepower
мощность трения – friction horsepower
мощность турбины – turbine power output
мощность турбореактивного двигателя – turbojet power
мощность тяги – thrust horsepower
мощность, затраченная на трение – friction horsepower
мощность, затрачиваемая на набор высоты – climbing power
мощность, поглощаемая воздушным винтом – airscrew absorbed power, airscrew power, propeller input power
мощность, развиваемая воздушным винтом – airscrew output, propeller output
мощность, эквивалентная реактивной тяге – jet horsepower

МС (место стоянки) – marshalling area, parking, parking apron, parking area
мулинетка (для испытания моторов) – fan
мультиплексированная система – multiplexed system
мультиплексная система – multiplexed system
муниципальный (городской) аэропорт – metropolitan airport
муфта свободного хода – overrunning mechanism
муфта сцепления – coupling
мягкий – flexible
мягкий бак – bag tank, flexible bag, flexible cell
мягкий отказ – passive failure, slowover failure
мягкий топливный бак – bag

Н

на борту – aboard
на маршруте – en route
на пересекающихся курсах – abeam
на последней прямой – on final
на траверзе – abeam, ABM
на участке захода по «коробочке» – on leg of approach
набегающий поток – free flow, main stream
набивка – jointing
набирать (обороты) – build up
набирать абсолютную высоту – reach altitude
набирать высоту – climb, climb away, gain altitude (height), get height, soar
набирать высоту круга (над аэродромом) – climb to pattern altitude
набирать высоту спиралью – climb in turns
наблюдатель – advisor, observer
наблюдатель (член экипажа ВС) – scanner
наблюдающийся в полете – in-flight
наблюдение – monitoring, observation, surveillance
наблюдение ветра при помощи радиозонда – radiosonde wind sounding
наблюдение за воздухом – surveillance
наблюдение за воздушным движением – surveillance
наблюдение за полетами – flight supervision, operating supervision
наблюдение с борта воздушного судна – aircraft observation
наблюдение с воздуха – aerial inspection
набор – kit, suit
набор большой высоты – climb to altitude
набор высоты – climb, climb-away, climbing, upward flight
набор высоты в конфигурации для захода на посадку – approach climb
набор высоты в конфигурации для конечного участка захода на посадку – final approach climb
набор высоты для гашения скорости – climb to slow
набор высоты на крейсерском режиме (в крейсерском полете) – cruise climb
набор высоты на максимальном форсажном режиме – full reheat climb
набор высоты на режиме максимальной мощности – full-throttle climb
набор высоты на форсажном режиме – reheat climb
набор высоты на форсажном режиме (с форсажной тягой) – afterburner (thrust) climb
набор высоты при уходе на второй круг – balked landing climb
набор высоты с максимальными гарантированными характеристиками – gross climb
набор высоты с минимальными гарантированными характеристиками – net climb
набор высоты с постоянной вертикальной скоростью – constant-rate climb, rate climb
набор высоты с постоянной приборной скоростью (по траектории) – airspeed climb, constant-airspeed climb
набор высоты с разгоном – accelerating climb
набор высоты с уровня моря – sea-level climb
наведение – direction, guidance, guidance control, tracking guidance, vectoring
наведение извне – vectoring control
наведение на ВПП – runway guidance
наведение на цель с помощью радиолокационной станции – radar homing
наведение по азимуту – azimuth guidance, directional steering
наведение по лучу – beam (follow) guidance, beam riding, beam-rider control
наведение по лучу радиолокационной станции – radar beam riding
наведение по отраженному лучу – back beam track guidance
наведение по радиолокатору – radar control
наведение с земли – ground vectoring control
наверх – aloft
наверху – aloft, overhead
навес – shed
наветренная сторона – upwind side, upwind slope, weather side, windward, windward face

наветренный – windward
наветренный склон – windward slope
навигатор – navigation officer
навигационная информация – navigational intelligence
навигационная постоянная – navigational factor
навигационная радиолокационная станция – navigational radar
навигационная РЛС – radar mapper
навигационная система – navigational system
навигационная счетная линейка – computer slide ruler
навигационная таблица – navigation table
навигационная точка – navigational fix
навигационное вычислительное устройство – navigational computer
навигационное оборудование – navigation equipment
навигационное определение положения и координат ВС – navigational sighting
навигационное препятствие (на трассе полета) – air navigation obstruction
навигационное сообщение – navigation message
навигационное средство – navaid
навигационное средство ближнего радиуса действия – short-distance aid
навигационное управление – navigational control
навигационное устройство – navaid
навигационно-пилотажные приборы – flying instruments
навигационно-связное оборудование – nav-com installation
навигационные данные – navigational information
навигационные средства – guiding aids, Navaids, navigational aids
навигационный – nautical
навигационный автомат – navigational computer
навигационный автомат, работающий по сигналам наземных радиосредств – offset-course computer
навигационный визир – course setter, drift meter, drift recorder, drift-and-speed indicator, drift-bearing plate
навигационный визир для пеленгования и определения путевой скорости и сноса самолета – bearing plate
навигационный вычислитель – flight computer, lat/long computer
навигационный вычислитель контроля боковых уклонений – lateral computer
навигационный вычислитель системы счисления пути – DR navigation computer
навигационный индикатор – ground position indicator, position and homing indicator
навигационный индикатор с наглядным представлением информации – pictorial navigation system
навигационный индикатор, выдающий прямоугольные координаты относительно пути – along-track/cross-track distance navigation computer
навигационный маяк – navigational beacon
навигационный прибор – navigational instrument
навигационный радиолокатор – radar navigation aid
навигационный расчет посадки – approach navigation
навигационный режим – navigation mode
навигационный тренажер – navigation simulator
навигационный треугольник скоростей – vector triangle
навигационный электронно-лучевой индикатор – electronic map
навигация – navigation
навигация в горизонтальной плоскости – horizontal (plane) navigation
навигация методом счисления пути – dead reckoning
навигация по линии равных азимутов – constant-level navigation
навигация по маршруту – primary navigation
навигация по пеленгам – navigation by triangulation
навигация по постоянному пеленгу – constant-level navigation
навигация по системе условных меридианов в полярных районах – grid navigation

навигация при помощи счисления пути – navigation by dead-reckoning
навигация путем использования аэронавигационных карт – navigation by the use of aeronautical charts
навигация путем наблюдения за небесными светилами – navigation by celestial observations
навигация с использованием доплеровской РЛС – Doppler navigation
навигация с ориентировкой по наземным объектам – ground reference navigation, GRN
навигация с помощью наземных средств – ground navigation
навигация счислением и прокладкой пути – dead reckoning navigation
наводимый – vectored
наводить – align
наводить ВС с земли – vector the aircraft
наводиться – home
наводка – aim
наводящий – vectoring
наводящий луч – guide beam
навстречу потоку – upwind
наглядное изображение – pictorial view
наглядное учебное пособие – visual aid
наглядный указатель отклонений – pictorial deviation indicator
наглядный указатель отклонений самолета – pictorial deviation indicator, PDI
нагнетание – pressurization, supercharging
нагнетатель – air blower, blower, fan blower, supercharger
нагнетатель двигателя – engine supercharger
нагнетатель кондиционированного воздуха в кабину – cabin blower
нагнетатель с приводом от турбины – turbosupercharger
нагнетатель, поддерживающий требуемое давление в герметической кабине – cabin supercharger
нагнетатель, работающий от выхлопных газов – exhaust type supercharger
нагнетательная камера – plenum chamber
нагнетать – build up
нагнетающая помпа – delivery pump
нагнетающая труба или магистраль – delivery pipe
нагнетающий вентилятор – blast fan
нагрев – heat
нагрев вследствие трения о воздух – frictional heating
нагрев обшивки – skin heating
нагревательный прибор – heater
нагревать – heat
нагрудный знак пилота («крылья») – pilot's wings
нагружать – load
нагруженная антенна – loaded antenna
нагруженная трещина – loaded crack
нагрузка – load
нагрузка в полете – flight load
нагрузка на 1 кв. м крыла – surface loading
нагрузка на земле – ground load
нагрузка на колесо – wheel load
нагрузка на крыло – wing loading
нагрузка на ометаемую воздушным винтом площадь – propeller disc area loading
нагрузка на опору шасси – landing gear load
нагрузка на педалях – foot load
нагрузка на педалях от руля направления – rudder load
нагрузка на площадь, ометаемую воздушным винтом – airscrew disc load
нагрузка на покрытие – pavement loading
нагрузка на рукоятку – handle load
нагрузка на тягу – thrust loading, weight-to-thrust ratio
нагрузка на узел крепления – attachment load
нагрузка на хвостовое оперение – tail load
нагрузка на штурвал – handle load
нагрузка от асимметрично распределенного топлива – asymmetric fuel load
нагрузка от веса груза – cargo load
нагрузка от веса топлива – fuel load
нагрузка от воздействия давления – pressure load
нагрузка от порывов ветра – gust load
нагрузка от приборов обогрева – heating load
нагрузка от руля высоты – elevator load
нагрузка от элеронов (на ручке штурвала) – aileron load
нагрузка при бафтинге – buffeting load

нагрузка при отказе двигателя с одной стороны – asymmetric engine-failure load
нагрузка, изменяющаяся по времени – time-dependent load
нагрузки в системе управления – control loads
нагрузки на триммеры – trimming loads
над верхней кромкой облаков – on top
над облаками – over-the-top
над уровнем земли – above ground level, AGL
надвижение облачной системы – approach of cloud system
наддув – boost, boosting, pressurization, supercharge, supercharging, surcharge
наддув бака – tank pressure
наддув кабины – cabin pressurization
наддув кабины пилота – cockpit pressurization
наддув на взлете – takeoff boost
наддув на уровне моря – sea-level supercharging
надежная конструкция – fail-safe design
надежная работа – fail-safe operation
надежная система – fail-safe system
надежная фиксация – positive lock
надежность – margin of safety, reliability, safety
надежность оборудования – facility reliability
надежность приема сигнала – signal reliability
надежность системы при отказе отдельных элементов – failsafety
надежный – fail-safe, fault-free, positive, trouble-free
надежный замок – positive lock
надежный заход на посадку – repeatable approach
надежный ориентир – pinpoint
надкрыльевой – above-the-wing
надоблачные слои атмосферы – air above cloud
надоблачный – ontop
надпись – placard
надувать – inflate
надувная спасательная лодка – life raft, lifeboat
надувной плот – inflatable raft
надувной спасательный пояс – life vest
надфюзеляжный воздухозаборник – dorsal intake
надфюзеляжный обтекатель – hump fairing
нажимной – spring-loaded
назад – back
наземная кабельная линия связи – landline
наземная команда для приема самолетов – landing crew
наземная обзорная радиолокационная станция – ground surveillance radar
наземная подготовка – ground training
наземная поисковая радиолокационная станция – ground search-radar
наземная приводная радиостанция для подхода по приборам – blind approach beacon system
наземная радиолокационная станция – ground radar; ground-controlled radar, GCR
наземная радиостанция – ground station
наземная радиостанция для связи с самолетом – air-ground control radio station
наземная радиостанция по обеспечению полетов – aeronautical ground radio station
наземная регистрирующая телеметрическая станция – ground-recording telemetry station
наземная система наведения – ground guidance system
наземная система связи между пунктами управления полетами – flight plan interphone system
наземная система управления – ground control system
наземная система управления заходом на посадку – ground-controlled approach system
наземная сканирующая антенная система – ground-based scanning antenna
наземная станция – earth station
наземная станция приема и обработки данных – data ground station
наземная телеметрическая станция – ground telemetering station
наземная телеметрическая установка – telemetry ground unit
наземное визуальное средство обеспечения самолетовождения – visual aid
наземное испытание – ground test

наземное оборудование – ground equipment, ground installation, ground-based equipment
наземное оборудование авиалинии – airline equipment
наземное оборудование связи – ground communication equipment
наземное обслуживание – ground handling
наземное сопровождение – ground tracking
наземное средство – ground aid
наземное счетно-решающее устройство – ground computer
наземное техническое обслуживание – ground maintenance
наземное управление посадкой – ground control of landing, GCL
наземные навигационные средства – ground navigation aids
наземные перевозки – ground transportation
наземные средства самолетовождения – ground guidance aids
наземные характеристики взлета, посадки и руления самолета – ground performance
наземный – ground, surface
наземный аэронавигационный ориентир – aeronautical ground mark
наземный знак – ground marking
наземный источник питания – ground power unit
наземный компас-эталон – landing compass
наземный маркировочный знак на воздушной трассе – airway ground mark
наземный маяк – ground beacon
наземный обслуживающий персонал – ground personnel
наземный объект – ground object
наземный опознавательный знак – field marker, landmark
наземный ориентир – ground object, landmark
наземный передатчик – ground transmitter
наземный предмет – ground object
наземный приемник для связи с самолетами – ground-to-air receiver
наземный радиолокационный маяк с дециметровым диапазоном волн – BYS, beacon ground S-band
наземный радиолокационный ориентир – radar check point
наземный радиолокационный пост – ground radar post
наземный технический состав – field maintenance personnel
наземный угол установки крыла – ground incidence
наземный экипаж, работающий на местах стоянок и в ангарах – line crew
назначение – application, assignment, designation
назначение абсолютных высот – altitude assignment
назначение на должность – designation
назначение частот – assignment of frequencies
назначение частот (по зонам) – allotment of frequencies (to areas)
наиболее экономичная мощность или нагрузка – m.e.r. (most economical rating)
наибольшая дальность полета – extreme range
наибольшее число измеряемых параметров – sampling capacity
наибольшее число опрашиваемых каналов – sampling capacity
наивыгоднейшая величина – optimum value
наивыгоднейшая по времени траектория полета – minimum time path
наивыгоднейшая траектория посадки – preferred landing path
наивыгоднейший режим планирования – normal glide
наивысшая точка – top
наилучший – optimum
наименее вероятный отказ – most remote failure
наименьшая дальность полета – minimum range
накачивание – pumping
накачивать помпой – pump
накладка – patch
накладка передней кромки – leading-edge strip
накладная – bill, consignment note
накладная на груз – cargo manifest, transportation manifest

накладная на груз, перевозимый по воздуху – air freight manifest, air freight bill (AFB), air bill (of lading), air waybill
наклон – inclination, slope, tilt
наклон глиссады планирования – angle of landing
наклон кривой подъемной силы – slope of the lift curve
наклон лопасти – blade setting
наклон посадочной глиссады – approach slope
наклон самолета относительно поперечной оси – pitch
наклон траектории захода на посадку – approach slope
наклон трех главных осей самолета к плоскости относительно потока – attitude of flight
наклон установки лопасти – blade incidence
наклон эпюры давлений – pressure slope
наклонная видимость – slant visibility
наклонная дальность – oblique distance, slant distance, slant range
наклонная дальность видимости – oblique visibility
наклонная линия курса – slant course line
наклонная линия приборного курса – indicated slant course line
наклонная траектория – slant path
наклонная ударная волна – incident shock wave
наклонять – cant, tilt
наковальня кучево-дождевого облака – anvil cloud, cloud anvil
наконечник – cap, tip
накопитель – accumulator; data storage unit, memory; passenger assembly area; register, storage
накопление – accumulation, storage
накопление данных – data storage
накопление пограничного слоя – boundary-layer accumulation
накреняться – bank, heel
наладка – debugging
налаживать – handle
налет – hour
налет (пилота в часах) – background
налет в пассажиро-милях – passenger seat miles
налет в часах – flight time, flying time, summation of the flight times
налет с инструктором – dual instruction time
налет часов – flying hours, time in the air
налет часов в качестве первого пилота – first-pilot time
наливная горловина – filling nozzle
наливной груз – bulk cargo
наливной патрубок – filling nozzle
наличие бокового ветра – built-in crosswind
наличный – available
налог – tax
наложение – imposition
наложенный платеж – cash-on-delivery
наложенный платеж на транспортное средство – carriage forward (method of payment for transport)
намечать – schedule
нанесение данных на карту – plotting
нанесение на карту – charting, mapping
нанесенная на график точка – plotted point
нанесенный на карту – charted, plotted
наносить (на карту) – insert
наносить на карту маршрут полета – plot
наплыв – inflow
наполнение (оболочки газом) – inflation
наполнитель – filler
наполнять газом – inflate
напор – head, lift, shock, thrust
напорный клапан – delivery valve
направление – bearing, direction, route
направление (в горизонтальной плоскости) – heading
направление ветра – wind direction, WD
направление ветра в приземном слое – surface wind direction
направление взлета – takeoff heading
направление взлетов и посадок на ВПП – runway direction
направление визирования – view(ing) direction
направление ВПП – runway direction
направление вращения вокруг продольной оси – roll direction
направление захода на посадку – approach course, approach direction
направление и скорость ветра, определяемые с помощью РЛС – radar wind
направление луча – beam direction

направление на одну из четырех стран света – cardinal direction
направление на передающую радиостанцию – directional-finding bearing, station bearing
направление оси ортодромической системы координат – great-circle grid
направление от маяка – outbound bearing
направление от пеленгатора (Щ-код) – QDM (Q-code)
направление отраженного луча – back beam track
направление отсчета или координатной оси – reference direction
направление по азимуту – azimuth direction
направление по радиомаяку – radio course
направление по РЛС – radar vector
направление подъемной силы – lift direction
направление полета – course, flight path
направление предпосадочной прямой – final approach heading
направление сноса – set
направление, заданное лучом радиомаяка – radio range
направленная антенна – directional aerial, directional antenna
направленная передача – beam transmission
направленная рамочная антенна – heading control loop
направленная связь – beam communication
направленного действия – directional
направленное положение – banked attitude
направленность – directivity
направленный – directional
направленный луч – directed beam, directional beam
направленный луч радиомаяка – course
направленный микрофон (шумоподавление) – directional microphone (noise cancelling)
направленный на радионавигационную точку – inbound
направленный от радионавигационной точки – outbound
направленный посадочный радиомаяк – beamed localizer
направленный прием – directional reception
направленный радиолуч – radio direction beam
направленный радиомаяк – directional radio range
направленный радиопеленг – directional bearing, radio directional bearing
направленный радиопередатчик – directional transmitter
направленный радиоприемник – directional receiver
направленный радиосигнал – directional radio signal
направленный световой сигнал – directional light
направляемый с помощью радиолокационной станции – radar-directed
направлять – direct, vector
направлять ВС на второй круг – send the aircraft around
направлять на другой аэродром – divert
направлять через определенные каналы – canalize
направлять(ся) – head
направляющая (спрямляющая) лопатка в диффузоре – diffuser vane, guide vane, diffuser guide vane
направляющее устройство – director
направляющие лопатки на входе – entry vanes
направляющий аппарат – vane ring
направляющий аппарат компрессора – compressor stator
направляющий аппарат на выходе – outlet guide vanes
направляющий штифт – guiding pin
напряжение – effort; potential; strain, stress, tension
напряжение изгиба – flexional stress
напряжение на единицу сечения – unit stress
напряжение на стенке (аэродинамической трубы) – wall stress
напряжение при изгибе – bending stress
напряжение при скручивании – torsional stress
напряжение сдвига – shear stress
напряжение сжатия – compression stress, compressive stress

напряжение трения в вязкой жидкости – viscous stress
напряжения от динамических нагрузок – dynamic stress
напряженная обшивка – stressed skin
напряженность – intensity
напряженность вихря – vorticity
напряженность поля – field strength
нарастание – build-up
нарастание давления – pressure buildup
нарастание пограничного слоя – boundary-layer build-up
нарастание тяги – thrust buildup
нарастающее разрушение – progressive collapse
нарастающий отказ – creeping failure
народный – national
наружная обойма – outer shroud (ring)
наружная оболочка – skin
наружная подвеска (топливных баков) – external stores
наружная створка – outboard door
наружное или боковое скольжение при повороте на полной мощности с недостаточным креном – squashing
наружное покрытие – facing, skin
наружное скольжение – outward side slip, skidding
наружный – external, outboard
наружный кожух второго контура двухконтурного реактивного двигателя – bypass shroud
наружный корпус камеры сгорания – outer chamber shell
наружный слой – skin
наружный топливный бак – external tank
нарушать – upset
нарушение – disturbance, perturbation, upset
нарушение безвихревого обтекания – burbling
нарушение герметичности уплотнения – seal failure
нарушение годности с медицинской точки зрения – decrease in medical fitness
нарушение нормальной работы – trouble
нарушение прочности – structural failure
нарушение управления – upset
наряд – duty
насадок – attachment, head, jet, nozzle, orifice, probe
насадок Вентури – ventury
насадок для измерений перепада давлений в порыве (при турбулентной атмосфере) – differential pressure gust probe
насадок для измерения давления – pressure head
насадок для приема воздушного давления – air-pressure head
наслаивание – laminating, lay-up
наслаивать – laminate
наслоение – lay-up
насос – pump
насос для подачи масла – oil-feed pump
насос раздаточный (заправочной колонки) – dispensing pump
насос с переменной производительностью – variable-delivery pump
насосная система подачи топлива – fuel pumping system
насосная тележка – hydrant cart
наставление – manual, regulations
наставление для гражданской авиации – Civil Aeronautics Manual, CAM
наставление по летной службе – pilot's flying manual
наставление по проведению осмотра – inspection manual
наставление по производству полетов – Flight Manual, flight operations manual, flying regulations
наставление по регламентным работам – periodic maintenance requirements
наставление по штурманскому делу – manual of navigation
наставления по производству полетов – flight rules
настил – floor
настройка – alignment
настройка диапазона – band adjustment
настройка на нуль – zero adjustment
насыпной груз – bulk cargo
насыщать – saturate
насыщенный водяным паром воздух – saturated air
натекание облаков – overcast clouds
натуральный – live
натурная модель – full-scale model
натурное измерение – full-scale measurement

натурный – actual, full-scale
натурный полет – actual flight, full-scale flight
натурный самолет – full-scale aircraft
натяжение – pull, tension
наука – science
наука и искусство полета – aeronautics
научно-исследовательская лаборатория – research laboratory
научно-исследовательская работа – research
наушники головного телефона – headphone
нахлестка – overlap
нахлестывать – overlap
находиться в режиме висения – hover
находиться в соотношении – correlate
находящийся в воздухе – airborne
находящийся в нейтральном положении – central
находящийся на самолете (на борту) – air-based
находящийся над головой – overhead
находящийся ниже по потоку – downstream
находящийся под давлением – pressurized
находящийся под нулевым углом скольжения – yawed
находящийся под током – live
нацеливать – align
национальная авиатранспортная компания – national carrier
национальная система воздушного пространства – National Airspace System, NAS
Национальное управление по авиации и космонавтике – National Aeronautics and Space Administration
Национальное управление по аэронавтике и исследованию космического пространства – National Aeronautics and Space Administration, NASA
национальный – national
национальный авиационный научно-исследовательский центр – National Aeronautical Establishment
Национальный комитет по безопасности на транспорте (США) – National Transportation Safety Board
Национальный комитет по безопасности перевозок – National Transportation Safety Board, NTSB
Национальный совет гражданской авиации (Брит.) – National Air Holding Board
Национальный совещательный комитет по аэронавтике – National Advisory Committee for Aeronautics, NACA
Национальный центр авиационных средств – National Aviation Facilities Experimental Center
Национальный экспериментальный центр авиационных средств – National Aviation Facilities Experimental Center, NAFEC
начало – entry; initiation; origin
начало ВПП со стороны захода на посадку – approach end of runway
начало выхода из критического режима – recovery initiation
начало измерения – reference datum
начало координат – point of origin, reference
начало отсчета – datum, pitch datum, reference
начало работы – cut-in
начало связи – initial contact
начало снижения – top of descent
начало ухода на второй круг – initiation of a missed approach
начало эксплуатации – initiation into service
начальная высота захода на посадку – initial approach altitude
начальная летная подготовка – ab initio training, elementary pilot training, primary flying training, primary training
начальная область – reference area
начальная подготовка – initial training, primary training
начальная подготовка пилота – primary pilot training
начальная скороподъемность – initial climb, initial rate of climb (IRC, i.r.c.)
начальная скорость набора высоты – initial rate of climb
начальная точка – point of origin
начальная тяга – starting thrust
начальная фаза захода на посадку – initial approach, INA

начальник – administrator, controller, officer
начальник аэропорта – chief
начальник валютно-финансового отдела – financial manager
начальник инженерно-авиационной службы аэропорта – technical director of an airport
начальник коммерческого отдела – manager of commercial department
начальник контрольно-расчетного отдела – revenue control manager
начальник отдела перевозок аэропорта – station manager
начальник отдела перевозок и обслуживания пассажиров – traffic manager
начальник отдела по работе с представительствами других авиакомпаний – interline relations manager
начальник посадочной площадки – field manager
начальник службы движения – flight control manager
начальник службы связи – communication manager
начальник управления, отдела – associate administrator
начальное возмущение – initial displacement
начальное значение – reference
начальное положение – reference
начальное разрешение – initial clearance
начальное условие – reference
начальные координаты – reference coordinates
начальные условия – reference conditions
начальный азимут – reference azimuth
начальный курс – entry heading
начальный меридиан – primary meridian, prime meridian
начальный набор высоты – climb-out, initial climb
начальный угол несоосности – initial misalignment
начальный угол рыскания – yaw reference attitude
начальный уровень знаний обучающегося – trainee entry level
начальный участок набора высоты – initial climb
начальный этап захода на посадку – initial approach
начинать передачу – sign on
нашивка – patch
нашлемный визир – helmet mounted device
нашлемный индикатор – helmet-mounted display
нвг. (навигация) – N (navigation)
не достичь цели – miss
не дотягивать до ВПП – undershoot
не отклоняющийся от стандарта – normal
не отмеченный на карте – uncharted
не поддающийся управлению – incontrollable
не требующий технического обслуживания – maintenance-free
не явившийся к рейсу пассажир – no-show passenger
неавтономная обработка и отбор данных – on-line data reduction
неавтономное управление – on-line control
неавтономное устройство для обработки данных – on-line data processor
неавтономный – on-line
неаттестованный – nonrated
небесная параллель – circle of equal declination, parallel of declination
небесная полусфера – celestial hemisphere
небесная сфера – celestial sphere
небесное тело – celestial body, heavenly body
небесный – celestial
небесный экватор – celestial equator
неблагоприятная погода – adverse weather
неблагоприятное условие – adverse condition
небольшой ветер – gentle breeze
неверный – false
невизуальный заход на посадку – nonvisual approach
невозмущенная атмосфера – atmospheric stability
невозмущенное состояние – rest
невозмущенный – undisturbed
невозмущенный воздух – non-turbulent air, undisturbed air

невозмущенный поток – free stream, streamline flow, undisturbed flow
невозмущенный поток воздуха – free air, undisturbed air
невосстанавливаемая система – unrestorable system
невосстанавливаемый – irrecoverable
невосстановимый – expendable
невостребованный багаж – unclaimed baggage
невыводимый (из опасного режима) – irrecoverable
невыпуск шасси – gear extension failure
невыступающая антенна – flush antenna
невязкая жидкость – inviscid fluid
невязкий (о потоке) – inviscid
негерметизированная кабина – normal air cabin
негибкий – rigid
неглубокий вираж – shallow turn
негодный к эксплуатации – unserviceable
недолет – undershoot
недостаток – lack
недостаточная заправка двигателя топливом – underpriming
недостаточная эффективность рулей – mushing
недостаточность кислорода в крови, наблюдающееся в увеличением высоты – altitude sickness, anoxia
нежесткий – flexible
нежесткое покрытие – flexible pavement
незабронированный пассажир – non-booked passenger
независимая боковая полоса – independent side-band
независимое регулирование мощности или тяги двигателя – override throttle setting
независимые авиакомпании – independent operators
Независимые воздушно-транспортные компании – Independent Aviation Operators, IAO
независимые системы – non-interconnected systems
независимый – self-sufficient, independent
независимый отказ элемента – independent component failure
незадемпфированная система – undamped system
незаконное вмешательство – unlawful interference
незаконный захват (воздушного судна) – unlawful seizure (of aircraft)
незамерзающая смесь – antifreeze
незамкнутая аэродинамическая труба – open-circuit wind tunnel
незамкнутый круговой маршрут – open-jaw route
незатухающие колебания – continuous waves
незашифрованное донесение – plain (language) message
незащищенный – unshielded
незначительный отказ – minor failure
неизменный – fixed
неиспользованная емкость – unused capacity
неисправленная воздушная скорость – uncorrected air speed
неисправная работа – hard running, malfunction
неисправность – disturbance, fault, trouble
неисправность во время испытания – test failure
неисправность механизма – mechanical malfunction
неисправный – ailing, unserviceable, US
неисправный ход – hard running
нейтрализовать – counteract
нейтральная центровка по перегрузке с зажатой ручкой – stick-fixed maneuver point
нейтральный – central
некоммерческий полет – non-revenue flight
некомпенсированный элерон – non-compensated aileron
неконтролируемый аэропорт – uncontrolled airport
некритический отказ – non-critical failure
нелетные условия – ceiling zero
нелинейная аэродинамика – non-linear aerodynamics
немедленно входит в силу – with immediate effect, WIE
немедленное донесение – spot report
немедленное техническое обслуживание – transient maintenance
ненадежный – unsafe
ненаправленная антенна радиокомпаса – sense aerial

ненаправленная приводная станция – non-directional homer station
ненаправленный – omnidirectional
ненастроенная антенна – aperiodic antenna
ненасыщенный водяным паром воздух – nonsaturated air
ненормальные условия – off-rating
ненормальный режим – off-rating
необозначенный – unspecified
необорудованная ВПП для полетов по приборам – non-instrument runway
необработанный сигнал – raw signal
необратимая система управления – irreversible control system, non-reversible control
необратимое управление – irreversible control
необратимый бустер – irreversible servo unit
необычное положение ВС (характеризующееся очень большими углами тангажа и крена) – extreme attitude
необязательный – optional
неограниченная видимость – ceiling and visibility unlimited (CAVU), unlimited visibility
неограниченный – absolute
неоднозначность – ambiguity
неопределенный – unspecified
неопубликованный тариф – unpublished fare
неотъюстированный – out-of-alignment
неплановый ремонт – emergency maintenance
неповоротный – fixed
неподвижная несущая поверхность – fixed lifting surface
неподвижная плоскость – fixed surface
неподвижная система координат – fixed reference, fixed set of coordinates
неподвижное крыло – fixed lifting surface, fixed wing
неподвижное состояние – rest
неподвижный – fixed
неподвижный воздух – stagnant air, stationary air
неподготовленная взлетно-посадочная площадка – unimproved field
неполадки РЛС – radar problem
неполное проворачивание (воздушного винта) – back throw
неполное расширение газов – underexpansion
непопадание в окно захода – outside approach window
непосредственная запись – direct recording
непосредственное визуальное наблюдение – direct observation
непосредственный – direct
неправильная балансировка – mistrim
неправильная величина усилия (создаваемого автоматом загрузки) – false feel
неправильная оценка (ситуации) – error of judgement, misjudgement
неправильно засланный багаж – mishandled baggage
неправильно рассчитанный – miscalculated
неправильное срабатывание – malfunction
непредвиденные обстоятельства в полете – in-flight contingencies
непреднамеренное отклонение – uncommanded deviation
непрерывная отметка – continuous mark
непрерывная физическая величина – analog(ue)
непрерывно действующий канал – continuous channel
непрерывное прослушивание – continuous watch
непрерывное прослушивание радиосигналов – listening watch, radio listening watch
непрерывный – continuous
непригодность к полету – inaptitude for flying
непрерывный пробел – continuous space
непригодный к полетам – unflyable
неприкосновенный запас на случай вынужденной посадки – food ration kit
непринятие решения (пилотом в аварийной обстановке) – indecision
неприсоединенная головная ударная волна – unattached bow-wave
непросматриваемое пространство – dead space
неработающий двигатель – shut-down engine
неравномерный – unsteady
неразборчивый – unreadable

неразрушающий контроль – nondestructive inspection
неразрывный – continuous
нерасчетная точка – off-design point
нерасчетный режим – off-design point, off-nominal behavior
нервюра – rib
нервюра коробчатого сечения – box rib
нервюра элерона – aileron rib
нерегулируемая частота – wild frequency
нерегулируемое сопло – fixed-area exhaust nozzle
нерегулируемый – fixed, uncontrolled
нерегулируемый воздухозаборник – fixed intake
нерегулируемый поток – uncontrolled flow
нерегулярная авиалиния – non-scheduled air route
нерегулярное воздушное сообщение – non-scheduled service
нерегулярные воздушные перевозки – non-scheduled service
нерегулярные перевозки – non-scheduled air carriers, non-scheduled operations
нерегулярный рейс – non-scheduled flight
неровный ход – rough running
неровный ход (мотора) – harsh running
несбалансированный – out-of-balance, out-of-trim, unbalanced
несбалансированный руль – unbalanced rudder
несбрасываемый топливный бак – fixed fuel tank
несжимаемая жидкость – incompressible fluid
несжимаемый – incompressible
несжимаемый поток – incompressible flow
несимметрично расположенный – off-center
несимметричность тяги – thrust misalignment
несимметричный – asymmetric
несинхронный ответный сигнал – non-synchronous garbling
несквозная трещина – partial-thickness crack
несовместимость – incompatibility, noncompatibility
несовпадающий – out-of-alignment
несовпадение – mismatching
несоконусность лопастей – out-of-track condition
несоосность – lateral misalignment, malalignment, misalignment
несоосный – out-of-alignment
несоответствие – mismatching
несопровождаемый багаж – unaccompanied baggage
несорванный – unstalled
несостоявшийся стык рейсов – missed connection
неспасаемый – irrecoverable
неспокойный воздух – bumpy air
неспособность пилота – pilot's failure
нестандартный – off-gauge
нестационарная аэродинамика – non-steady aerodynamics, transient aerodynamics
нестационарный – non-steady, unsteady
нестреловидное крыло – unswept wing
несущая (пропускная) способность – carrying capacity
несущая (частота) – carrier
несущая конструкция – load-carrying construction
несущая обшивка – skin-stressed covering, structural skin
несущая обшивка крыла – stressed wing covering
несущая плоскость – supporting plane
несущая поверхность – lifting surface, plane, supporting area
несущая способность – load-bearing capacity, load-carrying
несущая способность подстилающего грунта – subgrade support
несущая способность покрытия – pavement strength
несущая способность покрытия ВПП – runway (weight) bearing capacity
несущая частота – carrier frequency
несущая частота ответчика – responder carrier
несущее горизонтальное оперение – lifting tailplane
несущий винт – lifting airscrew, lifting propeller, main rotor, rotary wing, rotor
несущий винт вертолета – helicopter rotor, helicopter screw
несущий винт с лопастями, снабженными пружинными сервокомпенсаторами – spring tab rotor system

несчастный случай – accident
несчастный случай с многочисленными жертвами – heavy-casualty accident
несчастный случай, вызванный действием реактивной струи самолета – jet blast accident
несъемное оборудование – fixed equipment
несъемный – fixed
"нет, разрешение не дано" (ртс) – negative
неточность – inaccuracy
нетрассовый полет – flying off airways
неубирающееся шасси – fixed landing gear, fixed undercarriage
неудавшаяся посадка с уходом на второй круг – balked landing
неудавшийся заход на посадку – missed approach
неудачное испытание – test failure
неудачный заход на посадку с уходом на второй круг – balked approach
неуправляемое или неисправное ВС – errant aircraft
неуправляемое колесо – nonsteerable wheel
неуправляемый – incontrollable, uncontrolled
неуправляемый маневр – out-of-control maneuver
неуправляемый стабилизатор – fixed-incidence tailplane
неуправляемый штопор – tail spin, uncontrolled spin
неупругость – inelasticity
неуравновешенность крыла – wing heaviness
неуравновешенный – out-of-balance, unbalanced
неуравновешенный элерон – unbalanced aileron
неустановившееся движение – unsteady motion
неустановившееся течение – non-steady flow
неустановившийся – non-steady, unsteady
неустановившийся вираж – accelerated turn
неустановившийся полет – non-uniform flight, unsteady flight
неустановившийся поток – unsteady flow
неустановившийся режим – transient
неустановившийся режим набора высоты – non-steady climb
неустойчивая погода – broken weather
неустойчивая работа двигателя – unstall running
неустойчивое регулирование – undamped control
неустойчивость – instability
неустойчивость на режиме балансировки – trim instability
неустойчивость при возмущениях конечной амплитуды – finite-amplitude instability
неустойчивость при полете по глиссадному лучу – instability of glide slope
неустойчивость при полете по курсовому лучу – instability on localizer
неустойчивость следа – wake instability
неустойчивый – unsteady
нефоскоп – nephoscope
нефтепродукт – petroleum
нефть – petroleum
нехватка – lack
нечетная авиатрасса – odd number airway
нечетные высоты полетов, выраженные в тысячах футов – odd thousand-foot altitude
нечетные эшелоны полета с тысячефутовыми интервалами по высоте – odd thousand-foot levels
нечетный эшелон – odd flight level
неэкранированный – unshielded
неэксплуатируемая ВПП – idle runway
ниже кромки облаков – below (all) clouds
ниже по потоку – downstream
нижние слои атмосферы – effective atmosphere, low level
нижний зализ – ventral fairing
нижний лонжерон – keel
нижний слой асфальтобетона – binder
нижний слой атмосферы – lower atmosphere, surface air
нижний слой облаков – understratum
нижняя кромка облаков – base of the clouds ceiling
нижняя переходная высота – lower transition altitude

нижняя поверхность – undersurface
нижняя часть – bottom
нижняя часть потока – downstream region
нижняя часть фюзеляжа – belly, underbelly
низина – depression
низкая облачность – ceiling zero, low ceiling
низкая частота – low frequency, LF
низко пролетать – pass low
низковольтное магнето – low-tension magneto
низконапорный компрессор – air blower
низкочастотный радиомаяк – low frequency range station, LFRS
низовая метель – blowing snow
нисходящая ветвь траектории – down leg, downward leg
нисходящий ветер – fall wind
нисходящий порыв – down gust
нисходящий поток – down-draught, downward current
нисходящий поток воздуха – descending air
нисходящий уклон – downgrade
ничего – nil
ниша колеса – wheel well
ниша шасси – landing gear bay, wheel bay
нога шасси – strut
ножная педаль – toe pedal
ножное педальное управление – foot pedal control
ножное управление – foot control
номер – number
номер рейса – flight number, trip number
номинальная абсолютная высота в секторе – maximum sector altitude
номинальная величина – rating value
номинальная зона действия – rated coverage
номинальная линия пути – nominal track
номинальная мощность – horsepower nominal, normal horsepower, power rating, rated capacity, rated horsepower, rated output, rated power, rating
номинальная мощность в л.с. – standard horsepower
номинальная мощность двигателя – engine power rating
номинальная нагрузка – rated load
номинальная полоса частот – service band
номинальная производительность – rated capacity
номинальная скорость – rated speed
номинальная траектория захода на посадку – nominal approach path (flight)
номинальная траектория полета – nominal flight path
номинальная тяга – normal rated thrust, rated thrust, rating, thrust rating
номинальная тяга на уровне моря – sea-level thrust rating
номинальное значение – rating
номинальное число М – reference Mach number
номинальное число оборотов – rated revolutions
номинальное число оборотов двигателя – rated engine speed
номинальные характеристики – rating data
номинальный – rated
номинальный профиль полета – nominal profile (flight)
номинальный режим – normal power rating, normal rating
номинальный ресурс – rated life
номинальный шаг (воздушного винта) – standard pitch (of propeller)
номограмма – alignment chart, design chart
номограмма взлетных характеристик – takeoff chart
номограмма длины разбега – takeoff ground run distance
номограмма для расчета на акустическую выносливость – acoustic fatigue design chart
норма – rate, rule
норма бесплатного провоза багажа – free-baggage allowance
норма летного времени – flight-time limitations
норма прибыли – rate of profit, rate of return
нормаль – normal
нормальная коническая проекция – Lambert, Lambert projection
нормальная ось – yaw axis
нормальная посадка с остановкой – full stop landing, FSL
нормальная сетка – graticule

нормально функционирующая при появлении отказа автоматическая система управления (полетом) – fail operative automatic landing system
нормальное ускорение – normal acceleration
нормальные эксплуатационные условия – anticipated operating conditions
нормальный – normal
нормальный грузовой тариф – regular freight rate
нормальный разворот – normal turn
нормальный тариф – normal fare
нормальный тариф в одном направлении туристского класса – normal one-way tourist class fare
нормальный тариф экономического класса – normal economy class fare
нормальный штопор – tail spin
нормативная нагрузка – specific load
нормирование – rating
нормирование мощности – power rating
нормирование по мощности в лошадиных силах – horsepower rating
нормирование по тяге – thrust rating
нос – bow, nose
носитель данных – data carrier
носитель информации – data carrier, information holder
носовая кабина – nose compartment
носовая оживальная часть – nose ogival
носовая опора – nose leg
носовая рама – bow frame
носовая часть – bow, cone, forebody, nose, nosing
носовое колесо – auxiliary landing gear
носовое колесо шасси – nosewheel
носовое шасси – nose gear, nose undercarriage
носовой воздухозаборник – nose inlet, nose intake
носовой воздухозаборник с центральным телом – center body nose intake
носовой конус – nose cone
носовой обтекатель – nose dome, nosing
носовой отсек – nose compartment
носовой подъемник – nose jack
носовой руль – nose control
носовой триммер – leading-edge tab
носовой шпангоут – bow frame, bow ring
носок – nose
носок крыла – leading edge, wing-nose section
ночное время – darkness hours
ночной полет – night flying
ночной тариф – night fare
ночь – night
нулевая видимость – zero visibility, zero-zero
нулевая высота – zero altitude
нулевая высота нижней кромки облачности – zero ceiling
нулевая линия – reference line
нулевая отметка шкалы – zero reader
нулевая скорость сваливания – stalling speed
нулевая точка – point of origin
нулевая тяга – zero thrust
нулевая установка – zero setting
нулевое ускорение тангажа – zero pitching acceleration
нулевой – zero
нулевой адрес – zero address
нулевой азимут – zero azimuth
нулевой крен – lateral level, zero bank
нулевой меридиан – primary (prime) meridian, zero meridian
нулевой отсчет – zero reading
нулевой пояс времени – zero zone
нулевой угол установки – no incidence
нуль – nil, zero
нуль-индикатор – cross-pointer display, null indicator, zero reader
нуль-индикатор центровки автопилота – center-zero indicator

О

обвод – outline
обводы фюзеляжа – fuselage outline
обгон – overrunning, overtaking
обдув – blasting
обдув стекол теплым воздухом – defogging
обдувать – blow, blow
обеднение (горючей смеси) – leaning
обедненная смесь – lean mixture
обеднять (горючую смесь) – lean
обеспечение – provision
обеспечение безопасности – safety control
обеспечение полетов – flight operations support
обеспечение расчетной профилировки – curvature matching
обеспечивать – yield
обесточивание шины – bus failure
обечайка (диффузора) – cow(ling)
обзор – scan, survey, view, visibility, vision
обзор вне кабинного пространства – outside vision
обзор задней полусферы – rearward view
обзор из кабины пилота – pilot view
обзор наружного пространства – outside scan
обзор нижней полусферы – downward view, downward visibility
обзор передней полусферы – forward view, forward visibility
обзор по азимуту – azimuth coverage
обзор по углу места – elevation coverage
обзор приборов – instrument scanning
обзор с пассажирского сиденья – passenger view
обзорная маршрутная РЛС – air route surveillance radar
обзорная радиолокационная станция – air surveillance radar (ASR), acquisition radar
обзорная радиолокационная станция аэропорта – airport surveillance radar
обзорная РЛС – acquisition radar
обзорная РЛС с индикацией высоты полета – air-height surveillance radar
обзорный радиолокатор – surveillance radar
обзорный радиолокатор в системе Джи-Си-Эй – SRE, surveillance radar element
обзорный радиолокатор системы Декка для руководства наземным движением в зоне аэропорта при плохой видимости – Decca Airfield Surface Movement Indicator, DASMI
обкатка на стенде – bench running
обкатывать – run in
обладающий средней дальностью – medium-range
обладающий ускорением – accelerated
обладающий чрезмерным запасом устойчивости – overstable
облака – clouds, CLD
облака верхнего яруса – high clouds, upper clouds
облака восходящего скольжения – clouds of lifting
облака нижнего яруса – low clouds
облако – cell, cloud
облако верхнего яруса – high-level cloud
облако над хребтом – crest cloud
облако нижнего яруса – low-level cloud
облакомер – ceilometer
облакообразование – cloud formation, formation of cloud
область – area, range, spot, zone
область адвекции – advective region
область взаимодействия – interface
область высокого давления – area of high pressure, high, high-pressure area
область действия струи за винтом – slipstream field, slipstream region
область застойного воздуха – dead air
область конвекции – convective region
область летно-технических характеристик – performance envelope
область несорванного потока – stationary air
область низкого барометрического давления – atmospheric depression
область низкого барометрического давления, разделяющая два антициклона – col
область низкого давления – area of low pressure, low
область перепада давления – area of pressure differential
область плохой погоды – severe weather cell
область полетных режимов ВС – envelope of the aircraft

область полетных режимов с управлением вектором тяги – in-flight vectoring envelope
область пониженного давления – minimum
область радиочастот – radio-frequency region
область сосредоточения зрительного внимания пилота в критической обстановке – critical scan area
область сходимости – region of convergence
область турбулентности – turbulence patch
облачная завеса – cloud pall
облачная погода – cloudy weather
облачная система – cloud system
облачная система теплого фронта – water-front cloud system
облачная система холодного фронта – cold-front cloud system
облачная шапка – cap cloud, cloud cap
облачно с просветами – cloudy sky
облачное небо – overcast
облачность с разрывами – broken sky
облачность, закрывающая половину неба – half covered sky
облачный покров – canopy of cloud
облачный потолок – ceiling
облачный слой – cloud deck
облачный флаг – banner cloud
облачный фронт – front of cloud
обледеневать – ice up
обледенение – ice accretion, ice formation, icefor, icg, icing
обледенение самолета – aircraft icing
облет (ВС) – flyoff
облет (какого-либо препятствия) – flyby
облицевать (изнутри) – line
облицовка – lining
облический – oblique
обломки – wreckage, wrecks
облопачивание – blading
облучение – irradiation
облученность – irradiance
обмен – exchange
обмен билетов – reticketing
обмен иностранной валюты – foreign exchange
обмен маршрутами – track-swap
обмен по электросвязи – telecommunication traffic
обмен радиосвязью – communication exchange
обменивать – exchange
обменный ордер – exchange order
обнаружение – contact, detection
обнаружение и захват – pickup
обнаружение, захват и сопровождение цели – acquisition
обнаруживать – contact, sense
обнаружитель – locator
обновление – updating
обновлять – update
обнуление информации – reset to zero
обобщенные данные – integrated data
обогреватель двигателя – engine heater
обогревательная установка кабины самолета – aircraft heater
обозначать – mark
обозначение – designation, notation
обозначение груза – description of goods
обозначение цветным кодом – colour-code identification
обозначения на рулежной дорожке – taxiway markings
обозначения рычагов управления – control markings
обойма подшипника – race
обойма роликового подшипника – roller race
обойма соплового аппарата турбины – shroud
оболочка – case, casing, enclosure, envelope, shell
оболочка (аэростата) – bag
оборачиваемость – turnround
оборот – turn
оборотов в минуту – r.p.m., revolutions per minute
оборотов в секунду – r.p.s. , revolutions per second
оборудование – equipment, facility, fitment, installation
оборудование автоматического управления полетом – automatic flight control equipment, AFCE
оборудование аэропорта – airport equipment
оборудование воздушной трассы – airway facility
оборудование глиссадной системы – glide-path equipment, GPE
оборудование дистанционного управления – remote control equipment

оборудование для взвешивания самолета – aircraft weighting equipment
оборудование для захода на посадку – approach aids
оборудование для измерения усилий на ручке управления – stick force instrumentation
оборудование для испытания двигателей – engine test facility, ETF
оборудование для обработки багажа пассажиров – baggage handling facility
оборудование для обслуживания – service equipment
оборудование для перемотки – rewind facility
оборудование для полета по приборам – blind-flying instrumentation
оборудование для проведения летных испытаний – flight test technique
оборудование для технического обслуживания – maintenance facilities
оборудование для целей безопасности – security equipment
оборудование системы спасения – recovery gear
оборудование системы управления – control facilities
оборудованный измерительной аппаратурой – instrumented
обочина – sideline
обочина ВПП – transition strip
обочина рулежной дорожки – taxiway shoulder
обрабатывать – process
обработанная информация – processed information
обработка – handling, interpretation; processing
обработка данных – data handling, data management, data processing
обработка данных доплеровской РЛС – Doppler processing
обработка данных с помощью ЭВМ – computer data processing
обработка данных сопровождения цели по доплеровской частоте – Doppler processing
обработка и отбор данных – reduction
обработка и отбор радиолокационных данных – radar data reduction
обработка информации – information processing
обработка метеорологических данных – weather analysis
обработка сообщений – traffic handling
обработка, передача и прием донесений – handling of message
образец – model, pattern; sample, specimen; standard
образование ледяной поверхности – ice formation
образование пограничного слоя – boundary-layer build-up
образование скачка уплотнения – shock wave formation
образование тарифов – construction of fare
образование тумана – fogging
образцы – samples
образцы товаров – trade samples
обратимая система управления – reversible control system
обратная вспышка – backfire, backflash, flareback
обратная мертвая петля – upward roll
обратная передача (сообщения) – read back
обратная связь – back coupling, feedback
обратная стреловидность – negative sweep(back)
обратная тяга – backward thrust, reverse thrust
обратно – back
обратное аэродинамическое качество – drag-to-lift ratio
обратное вращение воздушного винта – airscrew reverse rotation
обратное действие рулей – change of control function
обратное пламя – backblast
обратное сопло – reversed nozzle
обратное течение – backflow, inverse flow
обратный – counter, opposite, return; reversible
обратный азимут – back azimuth
обратный вираж – turn from inverted
обратный выхлоп (в карбюраторе) – backfire
обратный грузовой рейс – backhaul
обратный канал – return
обратный клапан – check valve
обратный курс – back course
обратный луч – back beam

обратный пеленг – back azimuth, back bearing, outboard bearing, reciprocal bearing, reverse bearing
обратный полет – return trip
обратный рейс – return service
обратный сигнал – call back
обратный ток – inverse flow
обратный ход (луча) – flyback
обратный экскурсионный тариф – excursion fare of return
обратный эффект управления – reverse control effect
обращаться – apply
обращения органов управления – control reversals
обращенная назад антенна – rearward-facing antenna
обращенное изображение – reversed image
обращенное сопло – reversed nozzle
обращенный назад – backward
обследование – examination
обслуживание – handling, operation, service, upkeep
обслуживание воздушного движения – air traffic service
обслуживание туалета – toilet service
обслуживающий персонал – operating personnel, servicing crew
обслуживающий персонал салона ВС – cabin crew personnel
обстановка – environment
обстановка полета – flying attitude
обтекаемая обшивка – fairing, streamlined fairing
обтекаемое тело – streamlined body
обтекаемость – aerodynamic fineness, cleanliness
обтекаемый – streamline, streamlined
обтекаемый без скачков уплотнения – unshocked
обтекаемый без срыва потока – unstalled
обтекаемый подвесной контейнер – pod
обтекаемый профиль – streamlined profile
обтекаемый фюзеляж – streamlined body
обтекание воздушным потоком – airflow
обтекание пластинки – flat-plate flow
обтекание профиля – profile flow
обтекание решетки (профилей) – cascade flow
обтекатели колес – wheel pants
обтекатель – cow(ling), dome, fairing, fillet, low-drag fairing, streamlined fairing
обтекатель (для улучшения аэродинамики) – aerodynamic fairing
обтекатель антенны радиолокатора – radar dome, radar housing, scanner housing
обтекатель антенны РЛС – radar (scanner) housing
обтекатель в виде конуса – fairing cone
обтекатель воздушного винта – propeller cuff, propeller spinner
обтекатель втулки воздушного винта – nose spinner, propeller dome, spinner
обтекатель главной ноги шасси – main-leg trouser fairing
обтекатель двигателя – engine cowling
обтекатель колеса – streamlining of wheel
обтекатель направляющего закрылка – flap track fairing
обтекатель подкрыльевого колеса – outrigger wheel fairing
обтекатель приборного отсека – instrument-payload fairing
обтекатель радионавигационной антенны – radome
обтекатель стыка консоли с центропланом – center panel fairing cover
обтекатель стыка крыла с фюзеляжем – wing-to-fuselage fairing
обтекатель хвостового колеса – tail-wheel boot
обтекатель хвостовой части фюзеляжа – fuselage rear-end fairing
обтекатель центроплана – center panel fairing cover
обтекатель шасси – undercarriage fairing
обтекать со скольжением – slip
обтекающее движение – streamlined motion
обтекающий (о потоке) – ambient
обтюрация – obturation
обтяжка – skinning
обусловленная нагрузка – specific load
обусловленное договором право вносить некоторые изменения – option
обучаемый курсант – trainee
обучение – training
обучение взаимозаменяемости – cross-training

обучение действиям по спасению жизни – survival training
обучение полетам – flying instruction
обучение полетам по воздушным трассам – airways training
обучение полетам по приборам – instrument instruction
обучение путем отработки действий – learning by doing
обучение экипажа методам аварийной эвакуации пассажиров – crew emergency evacuation training
обход – bypass
обход района неблагоприятных метеоусловий – weather avoidance
обходная рулежная дорожка – by-pass taxiway
обходной канал – bypass
обходной маневр (самолета) – evasive action
обходной маршрут – dogleg course
обшивка – casing, cover, lag, lining, skin, skinning
обшивка крыла – wing covering
обшивочно-стрингерная конструкция – skin-stringer construction
общая авария – general average
общая вместимость – total capacity
общая декларация (отправление – прибытие) – general declaration (outward-inward)
общая емкость – total capacity
общая емкость топливных баков – total fuel capacity
общая предполетная подготовка – preflight training
общая сумма – total amount
общая схема воздушного движения – general traffic
общее время полета по маршруту – overall block time
общее количество работающих – manpower
общее хирургическое освидетельствование – general surgical examination
общие доходы – total revenues
общие эксплуатационные доходы – total operating revenues
общий – collective
общий вес груза, перевозимого по воздуху – airlift tonnage
общий вес перевозимых грузов в тоннах – tonnage
общий вызов «всем станциям» – general call «to all stations»
общий зал аэровокзала – concourse
общий знак (выделенный ИКАО регистрационному органу, ведающему регистрацией воздушных судов под общим знаком международного эксплуатационного предприятия на основе иной, чем государственная) – common mark
общий канал – omnibus channel
общий оборот – total turnover
общий объем – total capacity
общий объем топлива – total fuel capacity
общий пассажирооборот – total revenue passenger-mile
общий полетный вес – flying weight
общий радиопозывной сигнал – net call sign
общий фонд – pool
общий шаг (несущего винта вертолета) – collective pitch, collective-pitch setting
объединение – integration, pool
объединение бесплатного багажа пассажиров, когда общая норма равна сумме отдельных норм – pooling of baggage
объединение функций – functional integration
объединение человека с машиной – man-machine integration
объединение чисел – pack
объединенная интегральная система индикации – integrated display system
объединенная радиомагнитная компасная система – integrated ADF-magnetic compass system
объединенная система – integrated system
объединенная система регулирования – integrated control
объединенный – joint
объединенный резерв – pool
объединенный сервопривод – integrated actuator
объект – installation, object
объем – bulk, content, volume
объем (летательного аппарата легче воздуха) – displacement

объем воздушного движения – volume of traffic
объем воздушного пространства – airspace capacity
объем воздушного пространства, необходимый для эшелонирования – block
объем воздушных перевозок – lift capacity, volume of traffic
объем израсходованного топлива – ullage space
объем кабины – cabin volume
объем памяти – storage capacity
объем пассажирских перевозок – air travel market
объем перевозок по воздуху за один рейс – lift
объем перевозок через аэропорт – airport traffic
объем работ – effort
объем топливных баков – tankage volume
объемная индикация – volumetric display
объемная развертка – volume scan(ing)
объемная удельная тяга – volume specific thrust
объемное моделирование – three-dimensional modeling
объемный вес – bulk density
объемный расходомер – bulkmeter
объявленная ценность (груза) – declared value
объявлять – announce
объявлять тревогу – alarm
обычная конструкция – orthodox construction
обычное радиолокационное изображение на стандартном индикаторе – raw radar picture
обязанность – duty
обязательная посадка по расписанию – compulsory landing
обязательный – required
обязательство постоянного пользования – regular custom clause
ОВИ (огни высокой интенсивности) – high-intensity lights
огибающая – envelope
огибающая колебаний обратной связи – envelope feedback
огибающая кривая – envelope curve
огибающая модулированных колебаний – modulation envelope
огибающая фактического импульса – actual pulse envelope
огнеопасность – fire hazard
огнестойкий – fireproof
огнетушитель – extinguisher, fire bottle, fire extinguisher
огнеупорный – fireproof
огнеупорный материал – fireproof material
огни в створе ВПП – runway alignment lights
огни вдоль ВПП – strip lights
огни входной кромки ВПП – runway threshold lights
огни высокой интенсивности – high-intensity lights
огни горизонта – bar lights
огни заглубленного типа для обозначения полосы приземления на ВПП – narrow-gauge runway lights
огни зоны приземления – runway touchdown zone lights
огни кругового обзора (для указания направления на посадку при полете по кругу) – circling guidance lights
огни низкой интенсивности – low intensity lights
огни ограждения ВПП – runway edge lights
огни опознавания ВПП и индикации глиссады – runway identifiers with glide slope
огни опознавания конца ВПП – runway end identification lights
огни освещения ВПП – runway lights
огни освещения рулежной дорожки – taxiway lights
огни осевой линии ВПП, вмонтированные заподлицо с покрытием ВПП – flush runway center line lights
огни подсвета ВПП – runway surface lights
огни подхода к ВПП – approach lights
огни предупреждения столкновения самолетов – anti-collision lights
огни приближения – approach lights
огни разрешения или запрещения посадки – traffic control lights
огни регулирования воздушного движения – traffic control lights
огни рулежной дорожки – taxilights
огни типа бегущей волны – strobe lights

огни фиксированного расстояния – fixed distance lights
огонь – fire, light
огонь для обозначения места взлета – run-out light
огонь обозначения места руливания с ВПП – turnoff light
огонь осевой линии ВПП – runway center line light
огонь постоянного излучения – fixed light
огонь предотвращения столкновения – collision beacon
огонь с обратным рассеиванием – back-scattered light
огонь, обозначающий место приземления самолета – set-down light
огонь, трудно отличимый от других огней – confusion light
огонь, указывающий направление посадки – landing direction light, LDL
ограждать – safeguard
ограничение – limitation
ограничение времени пассивного полета (полета с неработающим двигателем) – coast-time limit
ограничение диспетчерского разрешения – air traffic control limitations
ограничение летного времени – flight-time limitations
ограничение мощности двигателя – engine power rating
ограничение перепада давлений в кабине – cabin differential pressure limit
ограничение пика – peak clipping
ограничение по летной годности – airworthiness limitation
ограничение по скорости – placard speed
ограничение при неработающем двигателе – limitation with power off
ограничение при работающем двигателе – limitation with power on
ограничение расхода (топлива) – flow restriction
ограничение скорости изменения угла управляющего органа – steering angle-rate constraints
ограничение тяги в статических условиях – static thrust rating
ограничения воздушного пространства – airspace restrictions
ограничения на фазовые координаты – state constraints
ограничения обзора пространства – visual limitations
ограничения по прочности – stress limits
ограничения ресурса – life limitations
ограничения срока службы – life limitations
ограничения, заложенные в проекте – design limits
ограниченная видимость – low visibility, poor visibility
ограниченная струя – shrouded stream
ограниченная устойчивость – marginal stability
ограниченного действия – limited-authority
ограниченного пользования – restricted
ограниченный – restr, restricted
ограниченный активный радиолокационный канал – passive secondary radar
ограничиваемая объемом нагрузка – capacity load
ограничивать – limit
ограничитель – constraint, limiter, stop
ограничитель крена – bank angle limit
ограничитель перемещения рамки данного подвеса – gimbal travel limiter
ограничитель предельного числа оборотов – overspeed limiter
ограничитель приемистости – acceleration limiter
ограничитель раскрутки – overspeed control
ограничитель углов отклонения элеронов и руля направления – aileron-rudder limiter
ограничитель угловой погрешности – attitude-error limiter
ограничитель усилий на ручке – stick force limiter
ограничительное звено – limiting link
ограничительные огни – restriction lights
ограничительные огни ВПП – runway end lights
ограничительные огни утопленного (заглубленного) типа – flush threshold lights
ограничительный огонь (в конце ВПП) – barrier light
ограничительный штифт – banking pin
одежда дороги – road surfacing

один из результатов обработки данных – data point
одновальный турбореактивный двигатель – single-shaft turbojet engine
одновременно контролировать показания нескольких приборов – cross check
одновременный отказ двух двигателей – double engine failure
одножильный провод – cord
однозначная индикация – unambiguous display
однозначное число – digit
однозначный служебный сигнал – procedure sign
одноканальная симплексная связь – single channel simplex
одноканальное управление – single-axis control
одноколесное шасси – single-wheel undercarriage
однокомпонентное ракетное топливо – monopropellant
одноконтурный реактивный двигатель – straight-jet engine
одноконтурный ТРД – pure jet
однолонжеронная конструкция – single-spar construction
однолонжеронное крыло – single-spar wing
однолонжеронный – one-spar
одномерный – one-dimensional
одномерный поток – one-dimensional flow
одномоторный – one-engined, single-engine(d)
однонаправленная антенна – unidirectional antenna, unilateral antenna
однонаправленное измерение – one-way measurement
однонаправленный – unidirectional
однонаправленный радиопеленгатор – unidirectional radio direction finder
одноосная система отсчета – single-axis reference system
однoотказная система – fail-passive system
однoотказное управление – fail-safe (-soft) control
однoотказный – fail-passive
однoотказный автопилот – fail-soft autopilot, passive failure autopilot
однoотказный автопилот с «мягким» отказом – fail-passive autopilot
однопроводная антенна – single-wire antenna
однопроволочная антенна – single-wire antenna
одноразового действия – expendable
одноразовый поддон – disposable pallet
однорежимная система – single mode system
однородный – isotropic, uniform
однороторный – single-spool
однороторный турбореактивный двигатель – single-spool turbojet (engine)
односторонний отказ двигателя – asymmetric engine failure
односторонняя передача необходимой информации самолетам без подтверждения получения сообщения с борта самолета – blind transmission
односторонняя радиопередача – one-way radio
односторонняя связь – one-way communication
односторонняя связь самолета с наземной станцией – air-to-ground communication
одноступенчатый тест – one-tailed test
одноточечная заправка топливом – single-point refueling
однощелевой закрылок – single-slotted flap
одобрять – approval
оживал – ogive
оживальная головная часть – ogive nose cone
оживальная часть – ogive
ожидаемое направление подхода самолета – holding axis
ожидание – holding
ожидание в маршрутном полете – en-route holding
ожидание на замкнутом маршруте вдоль радиуса станции ВОР – holding on a radial
ожидать – expect
ожидать за облаками – hold overhead
ознакомительный полет – familiarization flight, orientation flight
ознакомительный полет по маршруту – route familiarization flight
ознакомление – introduction, orientation

оказывать воздействие – govern
океанический центр управления воздушным движением – OATC, Oceanic Air Traffic Center
окисление – oxidation
окисленный (продувной) битум – air-blown asphalt
окислитель – oxidant
окклюдирование – occlusion
окклюдированный – occluded
окклюдированный циклон – occlusion
окклюзия – occlusion
окклюзия по типу теплого фронта – warm-front type occlusion
окклюзия по типу холодного фронта – cold front type occlusion
окно – port, window
окно в сплошном облачном слое – hole
окно отсчета высоты – altitude readout window
околозвуковая скорость – near-sonic speed, transonic speed
околозвуковой – transonic
околоземная орбита – circum-earth orbit
оконечность крыла – wing tip
окончание – termination
окончание диспетчерского руководства – termination of control
окончание работы – cutoff
окончание сборочных работ – roll-out
окончание срока действия разрешения – clearance void time
окончательная посадка – final landing
окончательное закрепление пилотажных навыков – final man-machine integration
окончательный – final
окружающая среда – environment
окружающая среда ВПП – runway environment
окружающие условия – environment
окружающий (о среде, атмосфере, потоке) – ambient
окружающий воздух – ambient air, environmental air
окружная рулежная полоса – peripheral taxiway
окружная скорость – circumferential speed, circumferential velocity, peripheral speed, peripheral velocity
окружная скорость концов лопастей – tip speed
окружная скорость лопасти – tip velocity
окружная скорость лопасти винта – speed of airscrew blade
окружная скорость лопасти воздушного винта – airscrew blade speed, propeller blade speed
окружная скорость лопаток вентилятора – fan tip speed
окружное усилие – twisting force
окружной – circumferential
окружность – arc, circle, circumference, compass
окружность единичного радиуса или диаметра – unit circle
окружность экватора или основного меридиана – circle of origin
октавный фильтр – octave filter
октан – octane
октановое число – octane, octane number, octane rating, performance number
октановый – octane
октант – octant
окутанный туманом – fogged-in
окутывать(ся) туманом – fog
ометаемая винтом площадь – projected area
ометаемая воздушным винтом площадь – propeller disc area
опасная для полетов зона – danger zone
опасная зона – danger area
опасное направление полета самолетов – collision course
опасное сближение – near collision, near miss
опасность – danger, hazard
опасность столкновения – collision hazard, collision risk
опасный – dangerous, unsafe
опасный груз – dangerous freight
опасный для полетов район – dangerous area
опасный предел – redline limit
опасный участок – dangerous area
оперативная аэронавигационная карта для планирования – operational planning chart
оперативная комната – operations room, planning room
оперативная метеорологическая информация – operational meteorological information
оперативная память – active memory

оперативное метеорологическое сообщение – operational meteorological message
оперативное полетное планирование – in-flight operational planning
оперативное руководство – operational control
оперативное сообщение – operational message
оператор – controller, observer, operator
оператор авиационной станции связи – aeronautical station operator
оператор бортового метеооборудования – weather operator
оператор бортового электронного оборудования – airborne electronics operator
оператор бортовой РЛС – airborne radar operator, aircraft radar controller
оператор бортовой РЛС перехвата – air intercept operator
оператор контрольно-записывающей аппаратуры – instrumentation operator
оператор наведения ВС – aircraft radar controller
оператор посадочной РЛС – PAR controller
оператор радиолокатора – radar controller
оператор радиолокационной разведки погоды – weather radar scanner
оператор радиолокационной станции – radar operator
оператор радиолокационной установки – radarman
оператор радиоэлектронного оборудования – electronics operator
оператор РЛС – scanner
оператор электросвязи – communicator
оператор, осуществляющий проводку цели – tracker
операции – operations
операционный зал (агентства) – booking hall
операция – operation, procedure, process, work
опережать – advance
опережающая лопасть вертолета – advancing blade
опережение – advance
опережение по фазе – phase advance
оперение стрелки, указывающее скорость ветра – barb
описание маршрута – route description
описывать круг – circle
опись груза и список пассажиров, перевозимых самолетом – aircraft load manifest
оплата расходов пассажиров – absorption of passenger's expenses
оплачиваемый пассажиро-километр – revenue passenger-kilometer
оплачиваемый тонно-километр – revenue tonne-kilometer
оплетка рукава – hose jacket
оповещение – warning
оповещение об опасности воздушного движения – alerting message
опознавание – identification, recognition
опознавание радиолокационной отметки – radar blip identification, RBI
опознавание радиолокационным методом – beam identification
опознавание самолета – aircraft identification, aircraft recognition
опознавание сигнала – signal identification
опознавательная частота – marker frequency
опознавательные данные – identification data
опознавательный знак – identification mark
опознавательный знак гражданского воздушного флота – civil air ensign
опознавательный знак на крыльях самолета – identification disc
опознавательный знак самолета – ensign
опознавательный круг – circle marker
опознавательный маркер (для обеспечения полетов самолетов) – air marker
опознавательный огонь – identification light
опознавательный светомаяк – identification beacon (IB)
опознавательный светомаяк аэродрома – airdrome identification sign
опознавательный сигнал – identification signal
опознавательный сигнальный огонь – recognition light
опознавать – identify
опознание принадлежности – challenge

опора – backing, bearing, bearing surface, holder, stay, strut, support
опора шасси – undercarriage leg, undercarriage member, undercarriage strut
опорная информация – reference datum
опорная плоскость – supporting plane
опорная площадь – bearing area
опорная поверхность – area of bearing, bearing, bearing surface
опорная рама – mounting
опорная станция – base station
опорная фаза – reference phase
опорный азимут – reference azimuth
опорный импульс – reference pulse
опорный подшипник – radial bearing
опорный фланец – bearing flange
опорожнение – unloading
опорожненный от газа – deflated
опорожнять – off-load
оправа – mounting
определение – detection, determination, estimation, finding, prediction
определение величины и направления сноса самолета ветром – drift designation
определение ветра при помощи радиолокатора – radar wind sounding
определение высоты (нижней кромки) облаков – cloud-ceiling finding
определение дальности – range finding, ranging
определение дальности радиолокационным дальномером – radar ranging, RR
определение девиации – deviation finding
определение девиации компаса – compass swinging
определение девиации компаса в полете – air swinging
определение девиации по взаимным пеленгам – reciprocal bearing
определение каких-либо параметров в полете – in-flight determination
определение координат – position finding, positioning
определение координат цели при помощи радиолокационной станции – radar ranging
определение масштаба – scaling
определение места ВС на большой высоте – high fix
определение места ВС на выходе из океанического района – ocean exit fix
определение места ВС с помощью гиперболической системы – hyperbolic fix
определение места по наземному ориентиру (ориентирам) – ground fix, visual fix
определение места по небесному светилу – astrofix
определение места по светилам – celestial position finding
определение места с помощью РЛС – radar positioning
определение места самолета – fix, position fixing
определение места самолета по дальности и пеленгу – range and bearing fix
определение места самолета при подходе к аэродрому – initial approach fix, IAF
определение места самолета при помощи пеленга от одной радиостанции – one-station fix
определение местонахождения – fixing
определение местонахождения самолета по счислению пути – dead reckoning
определение местоположения – spotting
определение местоположения объекта в пространстве – acquisition
определение местоположения при визуальном наблюдении – visual pinpoint
определение местоположения с помощью радиоволн – radio determination
определение местоположения самолета путем расчетов по карте – reckoning
определение местоположения самолета с помощью радиосредств – radio fixing
определение опасности сближения – conflict detection
определение относительного местоположения посредством прослушивания на одном курсе сигналов радиомаяка, дающего пеленг – outbound course orientation
определение относительного местоположения самолета посредством прослеживания сигналов пеленгового радиомаяка маневром отворота на 90 градусов – 90 degree turn method of orientation

определение положения радиопеленгованием – radiolocation
определение программы работ – decision-making
определение равнодействующей силы по ее компонентам – composition of forces
определение распределения давления по поверхности – pressure plotting
определение расстояний от самолета до наземных ориентиров – air-to-ground ranging
определить место – locate
определять (направление, курс) – sense
определять девиацию компаса вращением самолета – swing a compass
определять масштаб – scale
определять место ВС – plot a fix
определять местоположение – plot
определять направление по условному часовому циферблату – clock
определять предельные возможности ВС – put the aircraft through its paces
опробование – tryout
опробование двигателя – engine check
опрокидывание самолета в плоскости поперечного движения – upset in roll
опрокидывание самолета в плоскости продольного движения – upset in pitch
опрокидывание самолета под действием воздушного порыва – gust upset
опрос – interrogation
опрос (датчика) – sample
опрыскиватель – sprayer
оптика – optics
оптимальная стратегия поведения – specific behavioral objectives
оптимальное значение – optimum value
оптимальный – optimum
оптимаскоп – optimascope
оптимизация управления по минимальным критериям – minimax control
оптическая система обеспечения посадки – optical landing system
оптическая система слежения – optical tracking system
оптическая юстировка – optical collimation
оптические устройства – optics
оптический прибор – telescope
опускать хвост в полете – cabre
опустить (поднять) закрылки – flaps down (up)
опыление – crop dusting
опыление облаков – cloud seeding
опыт – background, experience
опыт авиационных происшествий – accident experience
опытная установка – prototype installation
опытно-конструкторские работы – development, development work
опытный – experimental, preproduction
опытный образец – development type, prototype
опытный образец, соответствующий серийному – production prototype model
опытный полет – experimental flight, trial flight
опытный самолет – experimental aircraft, test aircraft
орбита – circle, orbit
орбитальный летательный аппарат – orbit vehicle
орган авиационной электросвязи – aeronautical telecommunication agency
орган международных НОТАМов – international NOTAM office
орган по выдаче свидетельств личному составу – Licensing Authority
орган путевого управления – directional control
орган регистрации общих знаков – common mark registering authority
орган управления – control, motivator
орган управления, расположенный по всему размаху крыла – full-span control surface
организатор тура – tour operator
организация наземного обслуживания – ground organization
организация-изготовитель – manufacturer
органическое остекление – plastic transparences
органическое стекло – perspex, plexiglass
органы авиадиспетчерской службы – air traffic control units
органы вывода ВС из опасного режима – recovery controls
органы поперечного управления – lateral control
органы управления – controls, flight controls, operating controls

органы управления двигателем – engine controls
органы управления для вывода из режима сваливания – stall recovery controls
органы управления для предотвращения сваливания – stall prevention controls
ордер разных сборов – miscellaneous charges order
ордината – offset
ориентация – stretching
ориентация по наземным объектам – ground reference
ориентир – check point, marker, reference
ориентир для автоматической системы наведения – auto-navigation homing point
ориентирование по сторонам света – cardinal points reference
ориентированный акрилопласт с растяжением – stretch oriented acrylic
ориентировка – orientation
ориентировка по радиомаяку – radio-range orientation
ориентировочный пункт – point of reference
ориентировочный светомаяк – landmark beacon
ориентирующееся колесо (шасси) – castoring wheel
ориентирующееся шасси – swiveling undercarriage
орнитоптер – ornithopter
орнитоптерное крыло – flapping wing
орнитоптерный полет – flapping flight
орографическая волна – mountain wave
ортодромическая линия пути – great circle route, great circle track
ортодромический курс – great-circle course
ортодромический пеленг – great-circle bearing
ортодромический полет – great-circle flight
ортодромия – geodesic (geodetic) line, great circle, great circle route
ортоугольная проекция – orthogonal projection
осадки – precipitations
осаждение – precipitations
осваивать – drill
освещение – illumination, light, lighting
освещение аэродрома – airdrome lighting, flying field illumination
освещение аэропорта – airport lighting
освещение заливающим светом – floodlighting
освещение подхода – approach lighting
освещение полосы руления на гидроаэродроме – taxi-channel lighting
освещение приборной доски – dashboard light
освещение приборов – instrument illumination
освещение светом от клина – wedge lighting
освещение шкалы прибора – dial illumination
освещенная приборная доска – illuminated indicator panel
освещенность (в люксах) – illumination intensity (candle per square meter)
освободить ВПП – clear the runway
освобождать – disengage, release
освобождать ручку – relax stick pressure
освобождение – release
освоение – drill
освоение нового самолета – transition
освоенная продукция – off-the-shelf hardware
осевая камера сгорания – in-line combustion chamber
осевая линия – centerline
осевая линия ВПП – centerline of the runway, runway center line
осевая нагрузка на подшипники – axial bearing load
осевая турбина – axial-flow turbine
осевая тяга – axial thrust
осевое давление – end thrust
осевое сечение – axial section
осевое сопло – axial nozzle
осевое ускорение – axial acceleration
осевой воздухозаборник – axial air intake
осевой воздушный поток – axial-flow
осевой или лобовой воздухозаборник – center-line intake
осевой компрессор – axial compressor, axial-flow compressor
оседание – sag
оседание самолета ниже глиссады – sink
оседание холодного воздуха – cold-air sink
оседать – sag

оси – axes
оси исходной системы координат – reference axes
оси координат – axes of reference
оси отсчета – reference axes
оси прямоугольной системы координат – rectangular axes
ослабление – abatement, attenuation
осматривать – survey
осмотр – check-up, inspection
осмотр двигателя перед запуском – preturnup inspection of the engine
осмотр на земле – ground inspection
осмотр самолета перед вылетом – ground check
осмотр самолета при подготовке к обратному рейсу – turnaround inspection
осмотрительность – caution
осмысливание – interpretation
оснащать самолет вспомогательным оборудованием – rig
оснащенный вычислительной машиной – computerized
основа – back, background, backing, base
основание – base, bed, pad, pedestal
основание (покрытия) – base course
основание из стабилизированного грунта – stabilized soil base
основная авиатранспортная компания – principal operator
основная аэродромная информация – essential airdrome information
основная воздушная обстановка – essential traffic
основная ВПП – regular runway
основная карта – base map
основная конструкция – basic design, primary construction
основная летная подготовка – basic flying training
основная масса – bulk
основная несущая поверхность – main plane, main supporting surface
основная облачная система – principal cloud system
основная радиолокационная станция – primary radar station
основная синоптическая карта – basic synoptic map, working synoptic map
основная система управления – primary control system
основное течение – basic current
основное шасси – main landing gear, main undercarriage, MLG
основной – basic, essential; main, master; primary; general
основной (базовый) тариф – basic fare
основной (внутренний) контур двигателя – core
основной автопилот – primary autopilot
основной аэродром – base airdrome, master airdrome
основной вес самолета (без нагрузки) – basic weight
основной вид колебаний – characteristic mode
основной градиент набора высоты – basic gradient of climb
основной двигатель – sustainer
основной контрольный индикатор – Master Monitor Display, MMD
основной курс летной подготовки – basic training
основной лепесток диаграммы направленности – antenna beam
основной орган управления – primary control
основной перевозчик – first-level carrier
основной поток – main stream
основной применяемый тариф – normal applicable fare
основной экипаж – operating crew
основные данные – characteristics
основные принципы – philosophy
основные румбы компаса – cardinal points
основные средства связи – primary means of communication
особая точка типа «узел» для решения дифференциального уравнения – nodal point (or node)
особенности, возникающие при отказе двигателя – engine-out factors
особенность – feature
особые явления погоды – significant weather
особый билет для экстрасборов – special surcharge ticket
осредненный – faired
осреднитель – averager
осреднитель отсчетов (по секстанту) – averager
осреднять – fair
оставаться в режиме ожидания – continue to hold

оставаться выше облаков – hold overhead
оставшийся в живых – survivor
останавливать – stop
останов – stop
остановка – obstruction; station; stop; termination
остановка (двигателя) – failure
остановка в пути – stopover
остановка при полете «обратно» – stopover outbound
остановка при полете «туда» – stopover inbound
остановка с некоммерческими целями – stop for non-traffic purposes
остановка с ожиданием стыкового рейса – layover
остаточная деформация – set
остаточная неравномерность – offset
остаточная угловая скорость – residual angular velocity
остаточное изображение (на экране электронно-лучевой трубки) – afterimage
остаточное топливо (в баке) – innage
остекление – transparencies
остекленная кабина – glazed cabin, transparent cabin
остов – body frame, frame, framework, hull
осторожность – caution
острие – cusp
остролучевая антенна – narrow-beam antenna
остронаправленный луч – narrow beam
острота восприятия – acuity
острота зрения – vision, visual acuity
осушение – drainage
осушенный воздух – dried air
осушитель – desiccant
осуществлять перекрестный контроль – cross check
осциллятор – oscillator
ось – axis, centerline
ось абсцисс – abscissa axis, X-axis
ось внешней рамки карданного подвеса – outer gimbal axis
ось воздушного винта – propeller axis
ось ВПП – runway axis
ось вращения – rotation axis, spinning axis
ось вращения земли – earth's axis
ось вращения или перемещения – axis
ось глиссадного луча – center of the glide slope (beam), glide-slope center
ось гребня высокого давления – axis of high pressure
ось жесткости крыла – flexural axis
ось капотирования на крыло – roll-over axis
ось координат – axis, coordinate axis
ось координатной сетки – grid axis
ось курсового луча – localizer center
ось луча – beam center
ось мира – celestial axis
ось ординат – Y-axis
ось подвижной системы координат – mobile reference axis
ось потока – wind axis
ось поточной системы координат – wind axis
ось прецессии – axis of precession
ось рамки карданного подвеса – axis of gimbals, gimbal axis
ось решетки – grid axis
ось рыскания – yaw axis
ось самолета – fuselage reference line
ось симметрии – axis
ось симметрии фюзеляжа – fuselage axis of symmetry
ось струйного течения – jet axis, jet stream axis
ось тангажа – pitch axis
ось траекторной системы координат – flight path axis
ось фокуса – axis of constant moment
ось фюзеляжа – fuselage datum
ось шарнира – hinge axis
ось, направленная параллельно вектору скорости самолета – path axis
осязание – sense of touch, tactile sense
от захода да восхода солнца – from sunset to sunrise, SS-SR
от носа до хвоста – fore-and-aft
отбираемый (от компрессора) воздух – bleed air
отбираемый от двигателя воздух – engine-bleed air
отбирать – tap
отбирать образцы – sample
отбор – selection
отбор воздуха от компрессора – compressor air bleed, compressor bleed
отбор газа – gas bleeding
отбор газов из камеры сгорания – motor gas bleeding
отбор мощности – power outlet, power takeoff

отбрасываемая винтом струя – outflow
отбрасываемый винтом – induced
отбрасывать – reject
отбывающий – outbound
отбытие – departure
отваливание в сторону – peeling-off
отверждать – cure
отверждение – cure
отвержденная смола – cured resin
отверстие – orifice, port, throat
отверстие в трубке Пито – Pitot intake
отверстие для выхода воздуха – air outlet
отверстие для обдува лобового стекла – windshield outlet
отверстие для отсасывания воздуха – air suction inlet
отверстие для подачи смазки – lubrication hole
отверстие для слива масла – oil drain
отвесное пикирование – vertical dive
ответ – response
ответвление от магистральной РД к месту стоянки – stub-end taxiway
ответвление от рулежной дорожки к месту стоянки – taxiway stub
ответвление струйного течения – jet finger
ответный радиолокационный импульс – radar blip
ответный радиолокационный сигнал – radar response
ответный сигнал – call back
ответчик – remitter, responder
ответчик с лампой бегущей волны – travelling-wave transponder
отвечать – respond
отвлекать (внимание) – divert
отвлекающий маневр – feint
отвод – elbow, rejection, tap
отвод (воздуха) – bleeding
отводить – bypass, tap
отводить (поток газов) – divert
отводная (отводящая) труба – discharge tube, exhaust pipe
отдаваемая мощность – power output
отдавать (энергию) – reject
отдать руль поворота – give rudder
отдача – efficiency, output, return
отдача на себя ручки, полностью отклоненной вбок для создания крена – full lateral stick rolling push over
отдача ручки на себя – application of forward stick, push over
отдел – office
отдел забытых и потерянных вещей – lost property office
отдел перевозок – traffic department
отдел планирования полетов – flight planning office
отдел предполетных операций – preflight operations division
отдел таможенного досмотра – customs clearance department
отдел эксплуатации реактивных самолетов ИКАО – Jet Operations Requirements Panel ICAO, JORP ICAO
отделение – compartment; peeling-off, separation
отделение скачка уплотнения – shock detachment
отделившийся поток – separated flow
отделка – finish
отделывать – finish
отделывать поверхность – surface
отдельный – isolated, single
отдельный узел – packaged unit
отделяемое крыло – detached wing
отделяемый – detachable, jettisonable
отказ – failure
отказ бокового двигателя – asymmetric engine failure
отказ бортового оборудования – airborne equipment failure
отказ бортового радиоэлектронного оборудования – avionics failure
отказ бустерной системы управления – power boost failure
отказ вследствие износа – wearout failure
отказ глиссадного канала – glideslope failure
отказ двигателя в работе – engine failure
отказ двигателя из-за неисправности подшипника – bearing -related engine failure
отказ двигателя или системы питания – power failure
отказ двигателя с одной стороны – asymmetric engine failure
отказ материальной части – material failure
отказ оборудования – facility failure
отказ огня – light failure
отказ пилота – pilot's failure

отказ по внешним причинам – externally caused failure
отказ радиоэлектронного оборудования – electronic failure
отказ резервирующего элемента – compensating component failure
отказ с забросом управления – hardover failure
отказ системы наддува – pressurization failure
отказ системы наддува кабины – cabin pressure failure
отказ системы привода закрылков – flap failure, flying control failure
отказ системы управления – control failure
отказ системы шасси – gear extension failure
отказ узлов оборудования – sub-unit failure
отказ части пилотажных приборов – partial instrument failure
отказаться от права – waive a right
отказывать – fail
откачивать – scavenge
откидная дверь – folding door
откидная панель – hinged panel
откидное сиденье – flap-up seat
откидной – back-folding, collapsible, hinged
откидной капот – hinged cowl
откидной щиток – hinged flap
откидывающийся назад фонарь – clamshell hood
отклонение – deflection, departure, deviation, error, variation, vectoring
отклонение (рулей) – application; displacement
отклонение ветра – wind reflection
отклонение ВС от оси курсового луча – localizer course deviation
отклонение вытекающей струи реактивного двигателя – jet exhaust deflection
отклонение органа управления – application of control, control deflection
отклонение от глиссадного луча – glide slope deviation
отклонение от курса – off-course, yaw, yawing
отклонение от луча курсового маяка – localizer tracking error
отклонение от маршрута – diversion, diversion flight
отклонение по дальности – range error
отклонение по крену – roll deviation
отклонение по рысканию – yaw deviation
отклонение реактивной струи – jet deflection
отклонение регулирования – offset
отклонение рулей – control-surface positioning
отклонение рулей после срыва (сваливания) – post-stall control inputs
отклонение руля – control surface travel, pulse control input
отклонение руля автопилотом – autopilot effort
отклонение ручки – stick application
отклонение ручки вперед – application of forward stick
отклонение ручки на половину хода – one-half stick deflection
отклонение ручки на себя – backward stick action
отклонение ручки назад – application of aft stick
отклонение струи от расчетного направления – jet misalignment
отклонение штурвала управления – control-wheel input, control-wheel movement, wheel input
отклонение элерона – aileron deflection, aileron displacement
отклонение элеронов – aileron input
отклонения от линии курса – course scalloping
отклонения рулей на вывод – recovery inputs
отклоненный – vectored
отклонившийся от расчетной траектории – off-range
отклоняемая реактивная струя – movable jet
отклонять рычаги управления несколько раз (в разные стороны) – cycle flight controls
отклоняться – deviate, wander
отклоняться от курса – veer off, yaw
отклоняться от намеченного маршрута – divert
отклоняющий щиток – deviator
отключающий клапан – cutoff valve
отключение – decoupling, disconnecting

отключение автоматики – automatic mode disengagement
отключенный – isolated
откол бетона вдоль шва – joint spall
открытая зона – free zone
открытая линия – open wire line
открытая часть аэродинамической трубы – open jet
открытое для полетов воздушное пространство – navigable air space
открытый аэропорт – free airport
открытый билет – open ticket
открытый для полетов – navigable
открыть дроссель – open out (the throttle)
отладка – debugging, development
отламывание вверх – upward failure
отламывание вниз (крыла, стабилизатора) – downward failure
отлет – flyoff
отливка – casting
отлитой на месте – cast-in-place
отличительное качество – signature
отмена – cancellation
отменять – cancel
отметка – blip, mark, marking, score
отметка ВПП на пилотажном приборе – runway guidance marker
отметка времени – clocking
отметка высоты – height mark
отметка горизонта – horizon marker
отметка дальности – distance plot
отметка критической точки взлета – go-no-go marker
отметка места ВС – ground position mark
отметка момента отрыва – lift-off mark
отметка на шкале – dial marking
отметка на экране индикатора РЛС – radar response
отметка о квалификации в летном свидетельстве, дающая право полета по приборам – instrument rating
отметка о квалификации летного инструктора – flight instructor rating
отметка об уплате расходов – statement of accepted charges
отметка отстающего расстояния (до конца ВПП) – distance-to-go marking
отметка отсчета отклонения от заданной глиссады – glide slope displacement reference
отметка положения ВС – fix index
отметка самолета на экране индикатора – track
отметка угла крена – roll pole
отметка цели – directional plot, dot, return object, scope target
отметка-выброс – radar blip
отметчик – strip(ed) marker
отметчик времени – time (timing) marker
отметчик заданного числа М – command Mach marker
отметчик заданной воздушной скорости – command airspeed marker
отметчик заданной высоты – command altitude marker
отметчик расстояния до ВПП – runway distance marker
отметчик режимов – event indicator
отметчик скорости – speed marker
отмечать – mark
относ двигателей – powerplant distance
относительная воздушная скорость – relative airspeed
относительная высота эшелона при квадрантном эшелонировании – QNH, quadrantal height
относительная деформация – rate of strain
относительная масса – mass flow ratio
относительная плотность – density ratio
относительная система координат – relative coordinate system
относительная скорость – relative speed, relative velocity
относительная скорость конца лопасти – tip speed ratio
относительная стоимость – cost ratio
относительная толщина – thickness ratio
относительная толщина (профиля крыла) – chord ratio
относительная точность – relative accuracy
относительная ширина лопасти – blade width ratio
относительная эффективность руля высоты – elevator effectiveness factor
относительное демпфирование – damping ratio
относительное поджатие потока – contraction ratio
относительное расширение (сопла, диффузора) – area ratio
относительное скольжение воздушного винта – airscrew slip ratio
относительное удлинение образца при разрыве – elongation

относительный – relative
относительный азимут (пеленг) – relative azimuth
относительный ветер – relative wind
относительный массовый расход – mass flow ratio
относительный пеленг – relative bearing
относительный шаг воздушного винта – advance-diameter ratio of propeller
относящийся к индикации на приборной доске – head-down
отношение – ratio, relation
отношение веса аппарата к тяге двигателей – thrust loading
отношение веса к тяге – weight-to-thrust ratio
отношение веса конструкции к весу топлива – structural efficiency factor
отношение веса топлива к весу двигателя – charge-weight ratio
отношение давлений – pressure ratio
отношение давления в камере и на срезе (сопла) – expansion ratio
отношение действительной тяги двигателя к расчетной – thrust correction factor
отношение длительности импульса к периоду – impulse ratio
отношение лобового сопротивления к подъемной силе – drag-to-lift ratio
отношение начальной и конечной масс – mass flow ratio
отношение плеч рычага – leverage
отношение площадей выходного и критического сечений сопла – nozzle area ratio
отношение площади сечения камеры сгорания к площади сечения сопла – chamber area ratio
отношение полного лобового сопротивления к общему весу – drag-weight ratio
отношение поступательного движения воздушного винта за один оборот к его диаметру – propeller modulus
отношение размаха крыла к средней хорде – span-chord ratio
отношение располагаемой мощности к весу двигателя – power-weight ratio
отношение сигнал/помеха – signal-to-interference ratio
отношение сигнал/шум – signal-to-noise ratio
отношение скорости полета к частоте колебаний – reduced velocity
отношение сухого веса к полному весу – structural factor
отношение тяги двигателя к весу – T/W (thrust-weight ratio)
отношение тяги к мощности – thrust-to-power ratio
отношение тяги к сносу – thrust-drift ratio
отношение числа видимых и отраженных сигналов к числу обзоров – blip/scan ratio
отображение – representation
отображение данных воздушной обстановки – display
отображение информации в реальном масштабе времени – real time display
отображение на карте (схеме) – chart display
отогнутый воздухозаборник – canted intake
отопительное устройство – heating arrangement, heating facilities
отопление горячим воздухом – hot-air heating
оторвавшийся от земли – airborne
оторванный ламинарный поток – separated laminar flow
оторваться от земли – get off, unstick
отправитель – originator, sender; sending unit/controller
отправка – mandrel, shipment
отправка наложенным платежом – cash-on-delivery consignment
отправление – departure
отправлять – dispatch, forward, set out
отпуск (металла) – drawing
отпускание ручки управления – easing the stick
отпускание ручки управления назад (на себя) – easing back on the stick
отпускать ручку вперед – relieve the back pressure on the stick
отработанный – waste
отработанный воздух – return air
отработка – development
отработка техники пилотирования на тренажере – dry flying, synthetic flight training
отработка техники пилотирования на тренажере Линка – Link training

отражатель газовой струи реактивного двигателя – blast fence, jet blast deflector
отражатель пламени – flame shield
отражательная перегородка – baffler
отражательная пластинка – baffler
отражающая площадь – echo area
отражение – image, rejection, return
отражение кучедождевого облака – wet-anvil return
отражение от земли – ground return
отражение от местных предметов – ground flutter
отражение от неподвижных предметов – fixed echo, permanent echo
отраженная волна – back wave, sky wave
отраженная ударная волна – reflection wave
отраженные на экране РЛС сигналы от наблюдаемого самолета – target return
отраженные сигналы от самолета, следующего по близко расположенному курсу – neighbouring track return
отраженный импульс (на экране индикатора) – blip
отраженный радиолокационный сигнал – radar echo
отраженный радиосигнал – radio echo
отраженный сигнал – back echo, return, return signal
отрезать – cut
отрезок маршрута – leg, route segment
отрезок маршрута полета – air leg
отрезок между двумя разворотами при заходе на посадку – leg
отрицательная компенсация – antibalance
отрицательная крутка крыла – wash-out
отрицательная подъемная сила – negative lift
отрицательное поперечное V – cathedral
отрицательное ускорение – deceleration, drag acceleration
отрицательный – negative
отрицательный момент крена – negative rolling moment
отрицательный момент рыскания – negative yawing moment
отрицательный момент тангажа – negative pitching moment
отрицательный продольный момент – negative pitching moment
отрицательный угол атаки – negative incidence
отрог (повышенного давления) – extension
отруливать назад – backtrack
отрыв – breakaway, breakdown, peeling-off, separation
отрыв ламинарного пограничного слоя – laminar separation
отрыв носового колеса на разбеге – nosewheel liftoff, takeoff rotation, rotation maneuver
отрыв потока – separation of flow
отрываться от земли – take off
отсасывание – suction
отсек – bay, cell, compartment, nacelle, section
отсек вспомогательного оборудования – accessory bay
отсек вспомогательных агрегатов двигателя – engine accessories bay
отсек двигателя – engine bay
отсек для обслуживания системы управления – control-servicing bay
отсек для уборки шасси – undercarriage bay
отсек колеса – wheel bay
отсек крыла – wing bay
отсек носового колеса – nose-wheel bay, nosewheel box
отсек под полом кабины – underfloor area
отсек радиооборудования – radio hold
отсек с избыточным давлением – pressurized capsule
отсек с противопожарной защитой – fireproof bay
отсек с устройствами для кондиционирования воздуха – air conditioning bay
отсек с электронным оборудованием – electronics compartment
отсек с электрооборудованием – electrical compartment
отсек топливного бака – fuel cell
отсек управления – control module
отсек электронного оборудования – electronics area
отсек электрооборудования – electrical equipment bay
отсечка – shutoff
отсечка подачи топлива – thrust cutoff

отсечка топлива при полном израсходовании – all-fuel cutoff
отсечный клапан – cutoff valve
отслеживать – slave
отслоение битумной пленки от минеральных частиц – stripping
отсоединение – decoupling, disconnecting
отсоединенный – disengaged
отсоединенный головной скачок уплотнения – detached bow wave
отсоединенный скачок уплотнения – detached shock (wave)
отсоединять – detach
отсоединяющий – disconnecting
отсос – boundary-layer removal
отсос пограничного слоя – boundary-layer suction
отставание – lag
отставание в показаниях высотомера – altimeter lag
отставание вектора тяги – thrust vector lag
отставание по времени – time lag, time lapse
отставание по фазе – phase lag
отставать – lag
отстойник – oil-and-water trap, sump
отстранение от летной работы членов экипажа – grounding of crew members
отстранять от полетов – ground
отсутствие непрерывности – discontinuity
отсутствие облачности – clear air
отсутствие потолка – ceiling zero
отсутствие прохождения радиоволн – blackout
отсутствие радиоприема – blackout
отсутствие радиосвязи – radnos
отсчет – reading
отсчет (по шкале) с введенной поправкой – corrected reading
отсчет курса – heading reference
отсчет курса ВС – heading reading
отсчет на расстоянии – remote reading
отсчет показаний высотомера – altimeter reading
отсчет угла сноса – drift reading
отсчитывать – read
отсылать – dispatch
отход – breakaway
отцепляемый – detachable
отцеплять – detach
отчет о результатах расследования авиационного происшествия – accident investigation report
отчет об аварии или поломке – incident file
отчет об авиационном происшествии – accident file
отчетливый – positive
отчислять от летного состава – ground
отыскание – finding
отыскание максимума – maximization
офицер – officer
официально утвержденный межремонтный срок службы – basic overhaul time limitation
официальное издание по вопросам авиации – air publication
официальное медицинское заключение – accredited medical conclusion
официальное руководство для авиатранспортных компаний – official airline guide, OAG
официальный обмен валюты – legal exchange of funds
оформление билета – ticketing
оформление документов прибывающих пассажиров – check-in
оформлять – execute
охват – coverage
охладитель масляного бака – oil-tank cooler
охладительная установка – cooling installation
охлаждающая рубашка – cooling jacket
охлаждающая способность – cooling power
охлаждающая среда – coolant, cooling medium
охлаждающее устройство воздухозаборника – air intake cooler
охлаждающий – cooling
охлаждающий воздух – cooling air
охлаждение – cooling
охлаждение двигателя – engine cooling
оценивать – estimate, value
оценка – assessment, estimate, rating
оценка надежности – reliability scoring
оцифрованный – indexed
очаг (грозы) – cell
очевидный – apparent
очень низкая облачность – zero-zero
очень сильная турбулентность – violent turbulence

очередность в зоне аэропорта – terminal area sequencing
очередность посадки – landing sequence
очертание – contour, form, outline
очиститель стекол кабины – windshield wiper
очистка от таможенных сборов и пошлин – clearance (of goods through customs)
очистка от таможенных формальностей – customs formalities clearance
очистка самолета от таможенных пошлин – clearance of aircraft
очко – eye
ошибка – error
ошибка в измерении дальности – range error
ошибка в ориентации – orientation error
ошибка воздушной скорости – airspeed error
ошибка вследствие запаздывания – aftereffect error
ошибка вследствие запаздывания высотомера – drift error of altimeter
ошибка выставления – alignment error
ошибка из-за неточности выдерживания заданной высоты (при тарировке барометрических приборов) – flight technical error
ошибка изменяемости луча ВОР – VOR radial variability error
ошибка индикации – indication error
ошибка на угол сноса – drift-angle error
ошибка наведения – vectoring error
ошибка не по вине пилота – non-pilot error
ошибка определения места – observation error
ошибка ориентации или визирования – pointing error
ошибка отслеживания курса при автоматическом заходе на посадку по лучу курсового маяка – localizer tracking error
ошибка пеленга – bearing error
ошибка пилота – pilot factor
ошибка пилота из-за недостатков конструкции ВС – design induced pilot error
ошибка по рысканию – yaw error
ошибка показаний приборов – indication error
ошибка сигнала луча ВОР – VOR radio signal error
ошибка ускорения – acceleration error
ошибка человека-оператора – human error
ошибка четвертной девиации – quadrantal error
ошибка четности – parity error
ошибка, приводящая к перелету – overshoot error
ошибки по дальности – along track bias
ошибочная индикация – misinterpretation
ощущать – sense
ощущение скорости – speed sense
ощущение усилий (на рычагах управления) от аэродинамических нагрузок – aerodynamic feel
ощущение усилий на ручке и педалях управления – control feel

П

падать – decay
падающая волна – incident wave
падение – decay, drop
падение давления – decompression, pressure drop
падение давления в гидросистеме – hydraulic pressure failure
падение на землю – ground crash
падение скорости – deceleration
паз – lofts
пазовое крепление – tongue and groove arrangement
пакгауз – cargo terminal
пакет – package
пакет программ – software package
пакетный режим (обработка данных) – burst mode
палец – pin
палец струйного течения – jet finger
палуба – deck
палубный – deck-based
памятка пилоту – pilot warning sheet
память – memory
память вычислительной машины – computer memory
панель – board, enclosure, panel
панель аварийного отключения – emergency off panel
панель выключателей рулевых машин – servo cut-out switch panel
панель гидросистемы – hydraulic panel
панель контроля и управления – control and monitor panel
панель крыла – airplane panel, wing panel
панель лентопротяжного устройства – tape deck
панель остекления – transparent enclosure
панель пилотажно-навигационной группы приборов – flight panel
панель подключения датчиков – pickup connection panel
панель с измерительными приборами – gauge board
панель с контрольно-измерительными приборами – meter panel
панель стойки шкафа – rack panel
панель управления – panel control
панель управления РЛС – radar panel
панель управления системой пилотажных приборов – flight system control panel
панель управления средствами вывода на посадку – homing aid control panel
панель управления тормозами колес – wheel brake panel
панель управления ходом тренировки – mission control
панель учета развития полетов – flight progress board
панель электрических приборов – electrical instrument panel
панорамная индикация – pictorial display, video mapping
панорамное самолетное вычислительное устройство – pictorial flying computer
панорамный – panoramic
панорамный навигационный индикатор – pictorial navigation display
панорамный обзор – panoramic vision
пар – vapor
пара сил – couple
пара станций Лоран – Loran pair
параболическая антенна радиолокационной станции – radar dish
параболический отражатель – dish
паравизуальное восприятие – paravisual perception
паравизуальный директорный прибор – para-visual director, PVD
паравизуальный командный прибор – paravisual (peripheral) command indicator
паразитный сигнал – spurious signal
параллакс – azimuth difference, parallax
параллакс прибора – instrumental parallax
параллакс тела, находящегося под плоскостью горизонта – parallax in altitude
параллактический треугольник – celestial triangle
параллель – east-west grid line
параллель касания или сечения – standard parallel
параллель светила – diurnal circle
параллельно работающие силовые приводы – dual actuators, parallel actuators
параллельное эшелонирование – parallel flying

параллельно-участвующий персонал – counterpart personnel
параллельный – lateral
параметр – parameter, rating
параметр дисперсии – dispersion index
параметр затухания – damping term
параметр неустановившегося процесса – transient term
параметры – condition
параметры газов на входе в сопло – nozzle inlet conditions
парашют – parachute
парашют с быстроразъемным замком – quick-release parachute
парашютирование самолета – pancake
парашютировать – parachute
парашютный – parachute
парение – hovering flight
парение в восходящих потоках воздуха – upcurrent soaring
парение самолета в воздухе – sailing
парирование крутящего момента – torque compensation
парировать (действие) – counter
парить – hover, soar
парить в воздухе – sail
парк – park
парк ВС – aircraft fleet
парк самолетов авиатранспортной компании – airline's fleet
парный рейс – round-trip
паровая пробка – vapor lock
паровая рубашка – heating jacket, heating space
партия товаров консигнации – consignment
парящий полет – hovering flight, sailing flight, soaring flight
паспортная мощность – rating
паспортные характеристики – rating data
пассажир – passenger, psgr
пассажир международной авиалинии – international line passenger
пассажир с забронированным билетом – booked passenger
пассажир, имеющий билет с открытой датой – go-show
пассажир, оплачивающий половину тарифа – half-fare passenger
пассажир, перевозимый по принципу полного заполнения самолета – fill-up basis passenger
пассажир, пересаживающийся на самолет другой авиакомпании – transfer passenger
пассажир, пользующийся частью маршрута – sector passenger
пассажиро-километр – passenger-kilometer
пассажиро-миля – passenger-mile
пассажиро-тонно-миля – PTM (passenger-ton-mile)
пассажирская ведомость – passenger list, passenger manifest
пассажирская доходная ставка – passenger revenue rate
пассажирская загрузка – passenger loading
пассажирская кабина – passenger cabin, passenger compartment, passenger space
пассажирская тарифная ставка – passenger rate
пассажирская тонно-миля – passenger ton-mile
пассажирские перевозки – passenger traffic
пассажирский – passenger
пассажирский манифест – passenger manifest
пассажирский перрон – aircraft apron
пассажирский самолет – passenger aircraft, passenger-carrier
пассажирский самолет средней дальности – medium-haul airliner
пассажирский самолет, эксплуатируемый на авиалинии – airliner
пассажирский самолет, эксплуатируемый на авиалиниях малой протяженности – short-haul airliner
пассажирский самолет, эксплуатирующийся на маршрутах большой протяженности – long-haul airliner
пассажирский тариф – passenger fare, passenger rate
пассажирский тариф первого класса в одном направлении – one-way first class fare
пассажирский трап – aircraft step unit, airport stepway, gangway, passenger jetway, passenger ramp, passenger step, passenger-loading steps
пассат – trade wind

пассивная радиолокационная станция – passive radar
пассивная радиолокация – passive detection and ranging
пассивная РЛС – raw radar
пассивные радиолокационные помехи – radar deception
пассивный метод самонаведения – passive method of homing
пассивный отказ – passive failure, passive malfunction, slowover failure
пассивный полет – coast, coasting flight
пассивный элемент антенны – passive antenna
патрубок – manifold, tap
паундаль – poundal
паяное соединение – soldered joint
ПВД (приемник воздушного давления) – Pitot probe
ПВРД (прямоточный воздушно-реактивный двигатель) – jet tube, propulsion duct, ramjet, ramjet engine
педали управления – rudder bar
педали управления рулем направления – rudder pedals
педаль – pedal
педаль руля поворота – rudder pedal
педальное управление – foot control
педальный рычаг – footbar
пеленг – azimuth angle, bearing, bearing angle, course bearing, directional-finding bearing, fix, line of bearing, quadrant
пеленг от радиостанции на самолет – outboard bearing
пеленг относительно всенаправленного курсового радиомаяка – omnirange azimuth
пеленг по гироприбору – gyro bearing
пеленг по засечкам из двух точек – two-point bearing
пеленг по компасу – compass bearing
пеленг по координатной сетке – grid bearing
пеленг по направленному радиомаяку – radio directional bearing
пеленг по углу места – elevation bearing
пеленг радиостанции – station bearing
пеленг цели – target bearing
пеленг, определенный по всенаправленному радиомаяку – omnibearing
пеленгатор – course-and-bearing indicator, direction finder, finder, locator, position finder, PF
пеленгатор длинноволновых радиостанций – low frequency direction finder
пеленгатор радиолокационной станции – radar direction finder
пеленгатор с электроннолучевым индикатором – cathode ray direction finder, CR/DF
пеленгаторная радиостанция – directing station, DS
пеленгаторная станция – direction finder, direction-finder station
пеленгаторный радиотелефонный передатчик – radiotelephone direction finder
пеленгация – direction finding, position finding
пеленговать – fix
пеленговая информация – angle information
пеленговый радиомаяк – radio direction-finding beacon
пена – foam
пена с высоким коэффициентом расширения – high expansion foam (hi-ex foam)
пениться – foam
пенное покрытие – foam blanket
пеногерметик – foamseal
пенообразующий состав – foam compound
пенопласт – foam
пеностекло – foamglass
первичная подготовка пилотов – undergraduate pilot training, UPT
первичная частота – primary frequency
первичный воздух – combustion air
первичный отказ – primary failure
первичный радиолокатор – primary radar
первоначальная стоимость – prime cost
первоначальное извещение (при расследовании авиационных происшествий) – initial notification
первоначальные указания о рулении – initial taxi clearance
первоначальный – initial
первоначальный вызов на связь – initial call-up

первые ступени компрессора – inlet compressor stages
первый вертикал в угловой координатной сетке – grid prime vertical
первый облет самолета после постройки – initial test flight
первый пилот пассажирского самолета – airline captain
первый полет воздушного судна после постройки – maiden flight
первый рейс – maiden flight
перебои в работе двигателя – engine wobble
переборка – bulkhead, partition; overhauling, reassembly
переборка двигателя – overhaul
перебрасывать органы управления – flying the controls over
переброска по воздуху – airlift
перевернутый – inverted
перевернутый полет – upside-down flight
перевод рычага управления шасси в положение «убрано» – gear-up selection
перевод самолета в пикирование – push over
переводить ВС в кабрирование – put the aircraft nose-up
переводная (пересчетная) таблица – conversion table
переводная таблица – conversion chart
переводной график – conversion chart
переводной рычаг – control lever
перевозимый на вертолетах – helicopter-borne
перевозимый по воздуху – airliftable, planeborne
перевозить – transport
перевозить по воздуху – ferry
перевозка – carriage, shipment, transport, transportation
перевозка в кредит – carriage «charges forward»
перевозка грузов на поддонах – palletized movement
перевозка между третьими странами – cross-trade(s)
перевозка пассажиров из центра в аэропорт отправления самолета – pick-up service
перевозка пассажиров к аэропорту – city-terminal service
перевозка пассажиров на короткое расстояние – passenger hop(ping)
перевозка платного багажа – excess baggage transportation
перевозка, включающая двух или более перевозчиков – interline carriage
перевозки – traffic
перевозки без бронирования мест – no-reservation service
перевозки на ближние расстояния – short-haul transportation
перевозки по воздуху – lift
перевозки по контракту, заключенными с местными владельцами транспорта – native contract transportation
перевозки по маршрутам, соединяющие местные линии – commuter traffic
перевозки по удешевленному тарифу – coach service
перевозки с высокой оборачиваемостью – short turn-round operation
перевозки с оплатой по экономическому тарифу – economy service
перевозочный документ – traffic document, transportation document
перевозочный пункт – break-bulk point
перевозчик – carrier, common carrier
переворот через крыло – half roll, pull-up turn, wing-over
переговорная линия – talk-back circuit
переговорное устройство (в самолете) – intercommunication telephone
переговоры по СПУ – intercommunication conversations
перегонный полет (от завода до эксплуатационного предприятия) – delivery flight
перегоночный полет (на другое место базирования) – ferry flight
перегонять самолеты – ferry
перегораживать – partition
перегородка – baffler, bulkhead, closure, partition
перегородка двигателя – engine backplate
перегородка для уменьшения закрутки потока – swirl reducing baffle
перегретый участок (газового тракта) – hot spot

перегружать – overload, overweight
перегруженность – congestion
перегрузка – acceleration; excess weight; G-force; overload; surcharge; transshipment
перегрузка на воздушное судно другой грузоподъемности – cargo breakdown
перегрузка на нос – bow heaviness
перегрузка при выводе из пикирования – pull-out loading
перегрузка системы управления – control overhead
перегрузочная характеристика – overload characteristics
перегрузочный (возвратный) клапан – bypass control
перегрузочный вес – overload gross weight
перегрузочный выключатель – load limit switch
перегрузочный запас топлива – overload fuel capacity
передаваемый с борта план полета – air-file flight plan, AFIL
передавать – transfer, transmit
передавать на землю – transmit down
передавать план полета – file of flight plan
передавать по радио – Bcst, broadcast, radio, radiobroadcast
передавать по радио «всем» (ртс) – broadcast
передавать самолет диспетчерскому пункту подхода – hand off to approach control
передавать управление (другому пилоту) – turn the controls over
передаточная надпись (на билете) – endorsement
передаточная функция триммера элеронов – aileron tab servo model
передаточное отношение (системы управления) – gear ratio
передаточное отношение от ручки управления к рулю – stick gear ratio
передаточное отношение от штурвала к рулю – wheel gear ration
передаточное число – gain, ratio, reduction ratio, transmission index, transmission ratio
передаточное число (автопилота) – control ratio
передаточное число или отношение – gear ratio
передаточное число редуктора – gear ratio
передаточное число, равное градиенту усилий на ручке, отнесенное к шарнирному моменту – gearing ratio-stick force per hinge moment
передаточный вал – intermediate shaft
передаточный вал воздушного винта – propeller drive shaft
передаточный коэффициент демпфера рыскания – yaw damper gain
передаточный механизм – transmission gear
передаточный рычаг – link
передатчик – originator, sender, transmitter, transmitting station
передатчик всенаправленного радиомаяка – omnidirectional range station
передатчик глиссадного посадочного радиолуча – landing beam station, landing beam transmitter
передатчик глиссадного радиолуча – glide slope projector
передатчик командной радиолинии – command line transmitter
передатчик низкочастотных радиопомех – mandrel
передатчик ответчика – responder
передатчик помех – jammer
передатчик радиомаяка – beacon transmitter
передатчик сигналов бедствия – distress beacon
передатчик системы ВОР – VOR transmitter
передатчик управляющего радиолуча – beam transmitter
передатчик управляющих команд – control transmitter
передача – dissemination, drive, train, transfer, transmission
передача «запрос – ответ» – request/reply transmission
передача блиндом – blind transmission
передача в зоне прямой видимости – horizontal transmission
передача ВС во временное пользование для особых целей – bailment
передача вслепую – blind transmission
передача данных – data transmission

передача данных по радиолинии микроволнового диапазона – microwave (data) transmission
передача диспетчерского контроля без применения радиолокатора – non-radar transfer of control, TNR
передача диспетчерского управления самолетом – contact release
передача для настройки – marking transmission
передача и прием – transmitting and receiving service
передача метеорологической информации по радио – meteorological broadcast
передача метеосводки по радио – weather transmission
передача на одной боковой полосе – single-sideband transmission
передача на расстояние дальности прямой видимости – line-of-sight transmission
передача нескольких сигналов по одному каналу – multiplexing
передача пилоту изображений с экрана наземной РЛС – ground radar cockpit display
передача радиолокационного диспетчерского контроля – radar transfer of control
передача радиолокационного опознавания – transfer of radar identification
передача радиолокационных данных – relay of radar data
передача руководства полетом другому диспетчерскому пункту – transfer of control
передача с земли – ground transmission, GT
передача сигналов – relay, transmission
передача сигналов бедствия по радио – Mayday broadcast
передача сообщение по радиосвязи – communication traffic
передача управления – shift control
передача управления одного центра другому – handoff
передача цифровой информации – digital transmission
"передаю без ответа" (ртс) – transmitting blind
передающая антенна радиолокационного ответчика – radar augmentation output (echo enhancing) antenna
передающая камера – pick-up device
передающая линия – lead-in
передающая радиопеленгаторная станция – directional transmitter
передающая радиостанция – radio transmission set
передающая станция – sending station, transmitting station
передающая телевизионная трубка – pick-up device
передающий диспетчер – transferring controller
передающий орган – transferring unit
передающий прибор – sender
передвигаться – travel
передвижение – translation
передвижение воздуха – draft
передвижная (посадочная) платформа-галерея – aerogangplank
передвижная платформа – car
передвижная служба связи – mobile service, mobile service
передвижной – adjustable, portable
передвижной аэродромный струеотбойный щит – portable blast fence
переднее колесо шасси – nosewheel
передний аэронавигационный огонь – forward position light
передний край крыла – nose of wing
передний край нервюры – nose of rib
передний край перемещающейся воздушной массы – leading edge
передний курсовой сектор – front course sector
передний лонжерон – front beam
передний луч – front beam
передняя заглушина – front end closure
передняя кромка – LE, leading edge
передняя крышка (корпуса РДТТ) – front end closure
передняя полусфера – bow
передняя приборная панель – head-up instrumentation
передняя центровка – bow heaviness, forward CG condition
передняя часть – forebody, front, nose
перезаказ авиабилетов – airline overbooking, overbooking

перезаливать – refill
перезаполнять – refill
перекачка топлива – fuel transfer
перекидной рычаг – control lever
переключатель – changeover switch, changer, relay, selector, switch
переключатель автомата торможения – antiskid switch
переключатель антенны – transmitting-receiving switch
переключатель воздухораспределительного крана – air selector switch
переключатель высотного корректора – altitude switch
переключатель дальности – range selector
переключатель диапазона – band selector, band switch, range selector, range switch
переключатель каналов связи – channel selector switch
переключатель командно-пилотажного прибора – flight director selector
переключатель коррелятора – correlator switch
переключатель курса следования по системе ВОР с помощью автопилота – autopilot VOR course selector
переключатель масштаба дальности – range-scale selector
переключатель ограничителя заправки топливом – load limit selector
переключатель перехода на ручное управление – override switch
переключатель приводных станция – homing point selector
переключатель продольной балансировки (самолета) – elevator-trim switch
переключатель режимов работы – mode selector switch
переключатель режимов работы радиостанции – radio mode selector switch
переключатель рода работы – function selector
переключатель рода работы радиостанции – radio function selector switch
переключатель системы регулирования температуры воздуха в кабине – cabin temperature selector
переключатель системы селективного вызова – selcal selector
переключатель ступени двигателя – thrust selector switch
переключатель частоты радионавигационных средств – navigation frequency selector
переключатель числа М – Mach indicator switch
переключатель электрического управления воздушным винтом – propeller control switch
переключать – flick, switch off
переключаться – shift
переключающее реле – break-in keying relay
переключающее устройство (для перехода с одной системы на другую) – changeover device
переключающий клапан – change-over valve
переключение – multiplexing, selection, switching
переключение (на другую систему) – changeover
переключение ждущего мультивибратора – flip-flop switching
переключение или качание антенны (метод переключения диаграммы направленности антенны) – beam switching
переключение каналов стабилизации автопилота – autopilot lock-selector
перекрестие – reticle
перекрестная взаимосвязь – cross coupling
перекрестная модуляция – cross-modulation
перекрестная передача (поперечная) – cross drive
перекрестная система управления – crossed controls
перекрестно (противоположно) отклоненные рули – cross controls
перекрестное взаимодействие – cross coupling
перекрестное питание двигателя – engine cross-feed
перекрестный пеленг – cross bearings
перекрывание площадей, ометаемых воздушными винтами – overlapping of disk areas
перекрывать – outrange, overlap, span

перекрывать клапан – bypass
перекрывать кран – turn over
перекрывать поток – spoil
перекрывающиеся диаграммы – overlapping patterns
перекрывной клапан – cutoff valve
перекрытие – floor; overlap, overlay
перекрытие площадей, ометаемых воздушными винтами – screw overlap
перекрытие пространства при сопровождении – tracking coverage
перелет – flight, passage, run
перелет в тяжелых метеорологических условиях – heavy-duty flight
перелетать – overshoot
переливание воздуха за кромки воздухозаборника – spillage
перелом – fracture
перемена ветра – reversal of wind
перемена курса (ВС) – change in heading
переменная величина – variable
переменная ветра – wind accountability
переменная область – broken sky
переменная облачность – broken clouds, cloudy sky, variable skies
переменный – alternate, variable
переменный ветер – baffling wind
переменный огонь – alternating light
переменный ток – ac, a/c, alternating current
перемещать РУД вперед – push up power
перемещаться – travel
перемещаться вдоль нормальной оси – heave
перемещение – displacement; motion; translation; travel
перемещение воздуха поперек изобар – transisobaric displacement of the air
перемещение педали управления рулем направления – rudder pedal movement
перемещение РУД назад – closing of throttles, closure, throttle closure
перемещение ручки назад – backward movement of the stick
перемещение ручки управления – stick motion
перемещение штурвала управления – control-wheel movement
перемычка – bulkhead
перенапряжение – overstressing
перенос – transfer
перенос количества движения – momentum transfer
переносимость – survivability, tolerance
переносимость человеком неблагоприятных условий – human tolerance
переносить – transfer
переносной – portable
переносной маяк – beacon portable set, BPS
переоборудование – changeover, conversion
переоборудованный вариант (ВС) – conversion
переоборудовать – fit out
переосвидетельствование – recertification
переохлажденная морось – freezing drizzle
переохлажденные облака – supercooled clouds
переохлажденный – supercooled
переохлажденный туман – freezing fog
перепад – difference; differential; drop
перепад ветра – wind shear
перепад давления – pressure difference; differential pressure (dp); pressure drop
перепад давления в кабине – cabin pressure differential
перепад температуры – drop in temperature; temperature ratio
переполнять – overflow
переполнять двигатель топливом – overprime
перепуск – bypass
перепуск воздуха (от компрессора) – air bleed
перепуск воздуха от компрессорных ступеней – compressor bleed
перепуск топлива – fuel bypass
перепускать – bypass
перепускной (трехходовой) кран – cross valve
перепускной канал – bypass, bypass passage, passageway
перепускной клапан – bypass control, bypass valve, relief valve
перепускной кран – shut-off cock
переработка – overhaul work
перерасчет – passenger refund, refund
перерасчет посредством обменного ордера – refund by means of exchange
перерасширение – overexpansion
перерегулирование – overshooting

перерегулирование при управлении – oversteering
пересадочный рейс – transfer flight
пересаживаться (на другой самолет) – change
пересекать – cut
пересекать луч курсового посадочного радиомаяка – intercept localizer
пересекающее струю крыло – jet-spanning airfoil
пересечение – intersection
пересечение (луча) – interception
пересечение воздушных трасс – intersection of air routes, IAR
пересечение глиссады – glide-path (slope) intercept
пересечение зон радиомаяка – intersection of range legs, IRL
пересечение луча курсового передатчика – intercept of the localizer beam
пересиливание автоматики – override (overriding) control
пересиливать автоматику – override
переставной индекс – adjustable index
перестановка зажигания – ignition adjustment
перестройка (приемника) – changeover
пересчетная схема – scaler
пересчетное устройство – scaler
пересылать – forward
перетекающий поток – bypass
перетяжеленное управление – overheavy
перетяжеленность – heaviness
перетяжеленный на крыло – wing-heavy
перетяжеленный на нос – bow-heavy, nose-heavy
перетяжеленный на правое крыло – right-wing heavy
перетяжеленный на хвост – stern-heavy, tail-heavy
переустройство – modification
переутомленный вследствие полетов – flight-fatigued
переучивание – conversion, transition
переучивание летного экипажа – flight crew conversion, flight crew transition
переучивание пилота – pilot conversion
переучивание пилотов на другой тип самолета – pilot transition training
переучивание при переходе с одного типа самолетов на другой – transition training
перехват – intercept, interception
перехват радиосигналов – radio intercept
перехват с помощью РЛС – radar-assisted intercept
перехватывать – intercept
переход – conversion, transition
переход (на другой режим) – changeover
переход в набор высоты – flare, pullup
переход в режим горизонтального полета – pushover
переход за положение балансировки – overshooting
переход к набору высоты – flareup
переход на ручное управление – takeover
переход от снижения в горизонтальный полет – pullout
переход с автоматического режима на ручной – automatic mode disengagement
переходить на посадку – take over for landing
переходить на связь с радиопеленгатором (диспетчерской службой, КДП) (ртс) – changeover to the radar unit (approach control, tower)
переходная высота над аэродромом – airdrome of transition altitude
переходная муфта – adapter
переходная панель – patch panel
переходная плоскость – transitional surface
переходная полоса – transition strip
переходная характеристика – transient performance
переходник – adapter
переходное (соединительное) устройство – adapter
переходные процессы – transient variations
переходный корпус – intermediate casing
переходный процесс – transient
переходный режим – transient condition
переходный режим полета – conventional flight mode
переходный слой – transition layer
переходный трап от посадочной галереи к самолету – aerobridge
переходный щит – patch panel
“перехожу на прием” (ртс) – over
перечень – list
перечень грузов, перевозимых по воздуху – air freight list
перечень документов – sheet

перечень комплектующих узлов и деталей оборудования – equipment component list
перечень контрольных операций (на земле) – checklist
перечень операций проверки ВС перед взлетом – aircraft takeoff inspection checklist
перечень предполетных проверок – preflight check list
перечень проверочных операций – check sheet
перечень условных обозначений – legend
периметр – circumference, periphery
период – period
период безотказной работы – failure free period
период времени – block of time
период доводки – development period
период замыкания – on period
период импульса – impulse period
период колебаний – cycle
период обслуживания – service period
период отдыха – rest period
период пассивного полета – coasting period
период простоя – down-time period
период работы – operation time
период радиомолчания – radio-blackout period
период развертки – scanning period
период развития – development period
период разгона – boosted flight
период размыкания – off-period
период разработки (проектирования, постройки и испытаний) – development period
период свечения (проблескового огня) – light interval
периодическая инспекция – routine inspection
периодическая летная подготовка для возобновления действия лицензии членов экипажа – mandatory flight test
периодическая тренировка для «освежения» навыков – refresher training
периодичность импульсов – impulse period
периодов в секунду – pps, periods per second
перископический секстант – periscope sextant
перистое облако – cirrus
перисто-кучевое облако – cirrocumulus
перисто-слоистое облако – cirrostratus
перисто-слоистые облака – cirrostratus, veil clouds
перистый (об облаках) – cirriform
периферический или паравизуальный индикатор командно-пилотажного прибора – peripheral command indicator
периферическое зрение – peripheral vision
периферия – periphery
перпендикуляр – normal
перпендикулярно слоям – flatwise
перпендикулярный – normal
перрон – ramp
перрон аэровокзала – terminal apron
персонал – personnel
перспектива – challenge
перспективная аэрофотосъемка – oblique air photograph
перспективная пропускная способность (аэропорта) – acceptance rate forecast
перспективная разработка – advanced development
перспективный – advanced; oblique; potential
перфокарта – punched card
перфоратор – puncher
перфоратор с буквопечатающей аппаратурой – printing keyboard perforator
перфорированный закрылок – perforated wing flap
пестицид – pesticide
песчаная буря – blowing sand, sandstorm
песчаный поземок – drifting sand
песчаный смерч – sand devil
петля – eye; hinge; loop
петля связи – coupling loop
печатающее устройство – line printer, printer
печатающее устройство полетных лент – flight strip printer
печатная плата для электронных вычислительных приборов – electronic circuit board
печатная схема – printed circuit
печать выходных данных – printout
пик – peak

пик перегрузки – pressure peak
пикирование – diving, pitch-down, pitching, pitch-under
пикирование после сваливания – stall dive
пикировать – dive, swoop down
пикирующий – dive, diving
пикирующий момент – negative pitching moment
пиковое сверхдавление в свободной атмосфере – free-air peak overpressure
пилон – pylon
пилон, смонтированный на крыле – wing-mounted pod
пилот – operator, pilot
пилот авиатранспортной компании – airline pilot
пилот без помощника – unassisted pilot
пилот без права работы по приборам – nonrated pilot
пилот гражданской авиации – passenger pilot
пилот гражданской транспортной авиации – airline transport pilot
пилот коммерческого вертолета – commercial helicopter pilot
пилот коммерческой авиации – commercial pilot
пилот пассажирского самолета – passenger pilot
пилот реактивного самолета – jet pilot, JP
пилот с правом (только) визуального полета (в простых метеоусловиях) – contact pilot
пилот с правом полета по приборам (в сложных метеоусловиях) – instrument pilot, rated pilot
пилот транспортного самолета – transport pilot
пилот частного самолета – private pilot
пилот, имеющий пилотское свидетельство – licensed pilot
пилот, не допущенный к полетам по приборам – non-instrument rated pilot
пилотаж – pilotage
пилотажная индикация – guidance display
пилотажная командная информация – flight command information
пилотажно-навигационные средства – flying aids
пилотажно-навигационный тренажер – flight procedures trainer
пилотажно-проекционный индикатор – head-up display unit
пилотажные датчики – flight references
пилотажные приборы – control instruments, flight-control instruments
пилотажные характеристики – flying quality
пилотажный индикатор – guidance display
пилотажный прибор – flight (attitude) instrument
пилотажный тренажер – flight simulator, flight trainer
пилотажный тренажер для подготовки к пилотированию самолета конкретного типа – type trainer
пилотажный тренажер Линка – Link trainer
пилотажный тренажер с подвижной кабиной – dynamic flight simulator
пилот-инспектор – check pilot, flight inspector
пилот-инструктор – flight (flying) instructor, pilot instructor
пилот-инструктор с определенными правами – authorized instructor
пилотирование – handling, pilotage, piloting; steering
пилотирование по контрольным отметкам на экране радиолокационной станции – radar pilotage
пилотирование по приборам на доске пилота – head-down instrument flying
пилотирование с использованием индикации на лобовом стекле – head-up flying
пилотирование с обзором наружного пространства – head-up flying
пилотирование самолета или посадка с неработающим двигателем – dead sticking
пилотирование самолета на крейсерском режиме – cruise control
пилотировать – fly, operate, pilot; ride the controls, steer
пилотировать вручную – hand-fly
пилотировать ВС – ride the aircraft
пилотировать ВС на всем диапазоне полетных режимов – take the aircraft throughout its entire envelope

пилотируемый – manned, pilot-controlled, piloted
пилотируемый самолет – manned aircraft
пилот-испытатель, производящий приемо-сдаточный облет самолета – acceptance pilot
пилот-курсант – pilot-trainee, student pilot
пилот-любитель – private pilot
пилотская кабина – cockpit
пилот-штурман – pilot navigator
пирамидальный ветроуказатель – wind tetrahedron
пирозамок автоматических привязных ремней – automatic safety belt initiator
пирометр для измерения температуры форсунок двигателя – jet temperature indicator
питание – delivery, feed, feeding, supply
питание от главной шины – primary bus power
питание сельсина – servo power
питатель – feeder
питать – supply
питающий топливопровод – fuel feed pipe
пищик – buzzer
плавающий – float
плавная работа – steady operation
плавное обтекание – streamline flow
плавное регулирование тяги – continuously variable thrust control
плавное увеличение мощности – smooth application of power
плавное управление или регулирование – modulating control
плавный вираж – gentle bank
плавный разворот – gentle turn
плазменный двигатель – plasmajet
пламегаситель – flame arrester
пламеотражатель – blast shield
пламестойкость – flame resistance
пламя – flame
план – layout, plan, plot; program(me); projection
план перевозки грузов – cargo-plan
план погрузки груза – cargo loading chart
план полета – flight plan, FP, PLN
план полета до аэродрома назначения с промежуточной посадкой – through flight plan
план полета на дополнительный рейс – additional flight plan
план полета на рейс вне расписания – non-scheduled flight plan
план полета на чартерный рейс – charter flight plan
план проведения полета по приборам – instrument flight plan
план распределения частот – frequency allotment plan
планер – glider, sailplane
планер самолета – airframe, frame
планета – heavenly body
планиметрическая карта – line map
планиметрические детали – planimetric features
планирование – descent path, glide, gliding flight, planning
планирование по спирали – spiral glide
планирование полетов – flight planning, operational planning
планирование при заходе на посадку – approach glide
планирование с работающим двигателем – power glide
планирование с убранными закрылками – flapless glide
планирование экипажей по рейсам – crew scheduling
планировать – glide, plane, soar; schedule
планировать перед посадкой – float
планировка – layout
планировка, выравнивание поверхности основания – subgrading
планирующий – planning
планирующий вход в атмосферу – gliding entry
планирующий полет – gliding flight, passive flight
планирующий спуск – gliding descent
планка (на пилотажном приборе) – bar
планка (управления) по крену – bank bar
планка авиагоризонта – horizon bar
планка горизонта – attitude bar
планка индикации отклонения (от радиолуча) – deflection (deviation) bar
планка тангажа – pitch bar
планка тумблера – engaging switch bar
плановое техническое обслуживание – routine (scheduled) maintenance
планово-профилактический ремонт – scheduled maintenance
плановый аэрофотоаппарат – mapping camera

плановый индикатор – plan-position display
плановый индикатор в кабине пилота – cockpit display map
плановый навигационный индикатор – horizontal (-situation) display
планшет – chart board, chart holder, map holder, plotting board
планшет воздушной обстановки – air plot, display board
планшет для записи траектории полета – flight-path plotter
планшет для нанесения данных, полученных методом счисления пути – dead reckoning plotter
планшет РЛС – radar plotter
планшет системы Декка – Decca map
планшетист – track plotter
планы и профили наземных препятствий при подходе к аэродрому – airdrome obstruction plans and profiles
пласт – bed
пластина – board, plate, tab
пластинчатый – laminar, laminated
пластичная смазка – grease lubricant
плата за излишний вес багажа – excess weight charge
плата за обслуживание – service charge
плата за пользование спальным местом (в самолете) – berth charge
плата за посадку самолета в аэропорту – landing charge
плата за проезд в оба конца – return fare
плата за хранение – storage charges
плата, взимаемая за стоянку самолета – parking fee
платежная ведомость – pay roll, pay sheet
платный багаж – excess baggage
платный вес груза – chargeable weight
платный груз – commercial load, payload
платформа – platform
плексиглас – perspex, plexiglass
пленка – film, foil
плечевой ремень – shoulder belt
плечо – arm, lever
плита – mat, plate
плита ВПП – runway mat
плита с утолщенными краями – thickened-edge slab
плоская антенна – flat-top antenna
плоская конструкция – planar construction
плоский – flat, planar, plane, two-dimensional
плоский вираж – flat bank
плоский пограничный слой – two-dimensional layer
плоский поток – plain flow
плоский разворот (поворот) – flat turn
плоский разворот со скольжением – flat yawing maneuver
плоский скачок уплотнения – plane shock
плоский штопор – flat spin
плоский штопор с отрицательной перегрузкой – flat outside spin
плоский штопор с положительной перегрузкой – flat inside spin
плоское крыло – two-dimensional airfoil
плоское сопло – two-dimensional nozzle
плоско-пропускающий (о фильтре) – band-pass
плоскости управления – surface-controls
плоскость – plane
плоскость воздушных подходов – approach surface
плоскость вращения – plane of rotation
плоскость вращения воздушного винта – propeller track
плоскость вращения концов винта – tip path plane
плоскость вращения несущего винта – rotor plane
плоскость горизонта – level reference
плоскость касания (контакта) – contact plane
плоскость координат – datum plane, reference plane
плоскость крена – rolling plane
плоскость курса (ИЛС) – course surface
плоскость минимальной высоты пролета над препятствием – obstacle clearance surface, OCS
плоскость набора высоты – takeoff climb surface
плоскость начала отсчета – datum plane
плоскость номинальной глиссады ИЛС – plane of the nominal ILS glide path
плоскость ограничения препятствия при взлете – takeoff surface
плоскость отсчета – plane of reference, reference plane
плоскость рыскания – yawing plane

плоскость симметрии тангажа – pitching plane
плоскость тангажа – pitching plane
плоскость управления – control flap
плотное облако – dense cloud
плотность – density
плотность воздуха – air density
плотность воздуха по высоте – altitude density
плотность движения на маршруте – route traffic density
плотность записи в двоичном коде – bit packing density
плотность наноски – contour interval
плотность хода – stiffness
плотный – dense, tight
плохая видимость – low visibility, poor visibility
плохая настройка – maladjustment
плохо обтекаемое тело – bluff body
плохо управляемый – incontrollable
площадка – platform; site
площадка для вертолетов – helipad, heliport
площадка для девиационных работ – compass base
площадка для обслуживания ВС – apron
площадка для предполетного опробования – preflight run-up area
площадка для проверки на полной мощности реактивных двигателей самолета – aircraft power check pad
площадка для прогрева двигателей – warm-up apron
площадка для ремонта и обслуживания самолета – service apron
площадка для стоянки автомашин – car parking area
площадка для техобслуживания – servicing apron
площадка ожидания – holding apron, holding bay
площадка с искусственным покрытием – apron
площадка технического обслуживания – maintenance area
площадь «в свету» – port area
площадь вертикального оперения – fin and rudder area, rudder-fin area, vertical tail area
площадь внутренней поверхности камеры сгорания – chamber surface area
площадь входа – intake area
площадь входного сечения – intake area
площадь выходного сечения – discharge area
площадь выходного сечения реактивного сопла – jet area, jet nozzle area
площадь выходного сечения сопла – nozzle exit area
площадь горизонтального оперения – tailplane unit area
площадь горизонтального хвостового оперения – horizontal tail area
площадь донной части – base area
площадь излучающей поверхности – emitting area
площадь киля – fin area
площадь контакта (колеса) – contact area
площадь контакта пневматика – tire contact area
площадь критического сечения сопла – throat area, throat opening area
площадь крыла – area of wing, net wing area, wing area
площадь крыла с подфюзеляжной частью – gross wing area
площадь лобового сопротивления – drag area
площадь лопасти воздушного винта – propeller blade area
площадь лопасти или лопатки – blade area
площадь миделевого сечения фюзеляжа – body reference area
площадь на входе (в двигатель) – entry area
площадь на выходе – discharge area, outlet area
площадь несущей поверхности крыла – area of wing
площадь опоры – area of bearing
площадь основания – base area
площадь остекления – transparency area
площадь отпечатка пневматика – footprint area, tire footprint, tire imprint area, tire print
площадь отпечатка рисунка протектора пневматика – net footprint area

площадь поверхностей управления – control-surface area
площадь поверхности камеры сгорания – combustion chamber surface area
площадь поверхности контакта пневматика с покрытием – footprint area
площадь поперечного сечения – cross-sectional area, sectional area
площадь поперечного сечения камеры сгорания – chamber cross section
площадь рулевой поверхности (самолета) – area of control surface
площадь сечения – frontal area
площадь сечения камеры сгорания – combustion chamber area
площадь следа пневматика – tire contact area
площадь хвостового оперения – tail area
площадь центроплана – gross wing area
площадь элерона – aileron area
площадь, ометаемая винтом – swept area
площадь, ометаемая воздушным винтом – airscrew disc (area), blade sweep area, disc area, propeller circle
пневматик – tire
пневматик баллонного типа – balloon tire
пневматик низкого давления – balloon, balloon tire, low-pressure tyre
пневматик с гладкой беговой дорожкой – bald thread tire
пневматик с глубоким рисунком протектора – antiskid tire
пневматик с двумя беговыми дорожками – twin-contact tire
пневматик с рельефным рисунком протектора – ribbed tire
пневматик с рисунком протектора – grooved tire
пневматик с улучшенным сцеплением – antiskid tire
пневматическая шина – air tire
пневматический – air driven, air-operated, pneumatic
пневматический подъемник – air hoist, air lift
пневматический тормоз – compressed air brake
пневмореле – pressure switch
пневмосигнал – pressure signal
пневмосистема – pressure system
по ветру – downwind
по всему размаху – tip-to-tip
по компасу – per compass, p. c.
по миделю (самолета) – amidships
по направлению часовой стрелки – clockwise
по требованию – on request, O/R
по хорде – chordwise
побуждать – induce
поведение самолета до сваливания – prestall characteristics
поведение самолета после сваливания – post-stall characteristics
поведение самолета при порывах ветра – gust control
поведение, отличное от расчетного – off-nominal behavior
поверка – calibration
поверхностная волна – ground wave
поверхностная обработка – seal treatment, surface dressing
поверхностное трение – skin friction
поверхностный – surface
поверхностный слой – blanketing, mat
поверхностный слой асфальтобетона – asphalt surface course
поверхностный эффект – skin effect
поверхность – skin, surface
поверхность в виде усеченного конуса, ограничивающая препятствие – conical surface
поверхность пограничного слоя – boundary-layer skin seam
поверхность раздела – boundary surface, interface, surface of discontinuity
поверхность разрыва – surface of discontinuity
поверхность разъема – parting surface
поверхность скачка уплотнения – shock layer
поверхность управления – control surface, flight control surface, moving surface
поверхность, находящаяся в аэродинамической тени – blanketing area
поверять – calibrate
повиновение самолета рулям – response to the controls
поворачивать воздушный винт – wind up

поворачивать вправо вокруг вертикальной оси – veer
поворот – turn
поворот без крена – flat turn
поворот с крутым креном – steeply banked turn
поворотная камера сгорания – swiveling combustion chamber
поворотная лопатка – turning vane
поворотная лопатка направляющего аппарата – variable inlet guide vane
поворотное крыло – all-moving wing, tilt(er) wing
поворотное сопло – swiveled nozzle, swiveling nozzle, thrust-vectoring nozzle
поворотный – swivel, tilt
поворотный девиационный круг – swinging base
поворотный сопловой насадок – jetavator
повреждать – damage
повреждение – accident; damage; disturbance; trouble
"повторите" (ртс) – say again
повторитель – repeater instrument
повторная градуировка (калибровка, тарировка) – recalibration
повторная сборка – reassembly
повторно воспламенять – reignite
повторно запускать двигатель – relight
повторное воспламенение – reignition
повторное испытание – check
повторное присоединение – reattachment
повторные нагрузки – fatigue load
повторный ввод данных – restart data
повторный запуск двигателя – engine restarting, reignition, relight
повторный заход на посадку – another hand approach, go-around, missed approach
повторный нагрев – reheat
повторный полет по кругу – second circuit
повторять текст – read back
повышение давления в воздухозаборнике – ramming
повышение давления в цилиндрах – boost, boosting
повышение управляемости – control augmentation
повышение устойчивости с помощью демпфера тангажа или рыскания – autostabilization
повышенная живучесть – failsafety, redundancy
повышенная подготовка летного состава – advanced pilot training
повышенная ступень обучения пилотированию – advanced training
повышенной мощности – uprated
поглотитель вибраций – vibration absorber
поглотитель влаги – desiccant
поглотитель удара – shock absorber
погода – weather
погода на грани нелетной – marginal weather
погода на запасном аэродроме – alternate weather
погода по данным прогноза – predicted weather conditions
погода, позволяющая визуальное ориентирование в полете – contact weather
пограничная зона – border zone
пограничная поверхность – boundary surface
пограничные огни ВПП – range lights
пограничный – boundary
пограничный (ближний) радиомаркер – boundary marker beacon
пограничный заградительный огонь (отмечающий препятствия близ границы летного поля) – boundary obstruction light
пограничный маркер – boundary marker
пограничный огонь – boundary light
пограничный посадочный огонь – boundary range light
пограничный светомаяк (отмечающий границу аэропорта) – boundary beacon
пограничный слой – boundary layer, friction boundary layer, friction layer
пограничный слой при наличии отсасывания – boundary-layer flown with suction
погрешность – error, inaccuracy, relative accuracy
погрешность в местоположении – position error
погрешность за счет люфта (высотомера) – backlash error (of altimeter)
погрешность компаса – compass error
погрешность отклонения – displacement error

погрешность перекрестной связи – cross-coupling error
погрешность системы восприятия статического давления – static pressure system position error
погрешность системы ориентации – orientation error
погрешность установки курса – course set error
погрешность юстировки – alignment error
погрешность, обусловленная техникой пилотирования – flight technical error
погрузиться (на самолет) – emplane
погрузка – emplanement; lading, shipment
погрузка на самолет – emplanement
погрузочная карта – loading chart
погрузочно-разгрузочная площадка – loading apron, loading ramp
погрузочно-разгрузочное наклонное устройство – loading ramp
погрузочно-разгрузочные работы – cargo handling
погрузочно-разгрузочные средства – cargo handling facilities
погрузочные потоки – loading paths
погрузочные средства – loading facilities
погрузчик с горизонтальной платформой – level loader
погрузчик с рычажным подъемником – scissors-action freight loader
под ветром – alee, downwind
под облаками – below (all) clouds
подавать команды – command
подавать на вход – infeed
подавление паразитного (бокового) излучения – side-lobe blanking
подавление радиопомех – radio interference suppression
подавление шума – noise suppression
поданный на вход – infed
подать сигнал тревоги – alert
подача – feed, feeding, input, supply
подача (газа) – delivery
подача (напряжения) – application
подача воздуха – air feed, air input
подача или поступление масла – oil feed
подача под давлением – pressure feed
подача разрежением – suction feed
подача самотеком – gravity feed, gravity flow
подача сигнала – alerting
подача топлива – fuel distribution, fuel feeding
подача топлива в двигатель – priming
подача топлива в условиях невесомости – zero gravity feed
подающее устройство – feedaway
подающий механизм – feeder
подбирать – match
подбор двигателя для ВС – engine-airframe integration
подбор сопротивлений – impedance matching
подвергать критическому рассмотрению – challenge
подверженность – susceptibility
подверженный (неустойчивости) – prone to (instability)
подвес – gimbal suspension
подвеска – support
подвесная система (парашюта) – harness
подвесной бак – belly tank, long-range tank, outboard tank
подвесной топливный бак – droppable fuel tank, overload tank
подветренная сторона – downward, downwind side, lee, lee side, leeward side
подветренный – leeward
подветренный конец ВПП – downwind end of the runway
подвешенный на универсальном шарнире – cardan-mounted
подвешивание на универсальном шарнире – cardanic suspension
подвешивать на шарнирах – hinge
подвижная игла – movable bullet
подвижная лопатка направляющего аппарата компрессора – movable inlet guide vane
подвижная мастерская техобслуживания – mobile lounge service
подвижная наземная радиостанция – mobile surface station
подвижная радиолокационная станция – mobile locator, mobile radio unit
подвижная радиостанция – mobile radio unit
подвижное крыло – movable wing
подвижной аккумулятор – battery cart
подвижный – mobile, movable
подвод – feed, supply
подвод энергии – energy input
подводимая мощность – power input

подгонять – match, mate
подготовка – training
подготовка к зимней эксплуатации – winterization
подготовка к самостоятельным полетам – presolo
подготовка пилотов – pilot training
подготовка пилотов-инструкторов – pilot-instructor training
подготовка по основам авиационной физиологии – physiological training
подготовка по утвержденной программе – approved training
подготовка с целью повышения квалификации – upgrading training
подготовка экипажа – crew training
поддержание аэродрома в эксплуатационном состоянии – airfield maintenance
поддержание уровня квалификации – maintenance of competency
поддержание физического состояния – physical conditioning
поддерживать – maintain, support
поддерживать связь – contact
поддержка – backing, backup, support
поддон – pallet
поддон кресла – seat pallet
поджатие – ramming
поджатие потока – contraction of flow
подкарантинная болезнь – quarantinable disease
подкачивающий насос – delivery pump
подкачка воздуха в шину или камеру колеса – air inflating
подкладка – back, backing, pad
подключать автопилот – lock the autopilot (to)
подкос – strut, strut support
подкос крыла – drag strut
подкрепление – stiffening
подкрепляющий элемент – stiffener
подкрыльевой – underwing
подкрыльевой бак – underwing tank
подкрыльевой домкрат – wing jack
подкрыльевой контейнер – underwing pack
подкрыльная аэродинамическая перегородка – vertilon
подложка – back, backing
подлокотник – arm rest, elbow rest
подмоторная рама – engine-mounting construction
поднимать – elevate, haul up, hoist
поднимать лебедкой – winch
подниматься – ascend, climb; climb away
подниматься на борт – board
подножка – footrest
подняться в воздух – go aloft
подняться вверх – get off
подобие – analogy, scaling
подобные свойства – affinity
подогреватель воздуха – air heater
подогреватель масляного бака – oil-tank heater
подогревать – warm
подогретый – preheated, warm
подоходный налог – income tax
подпирать – chock
подпрограмма – subroutine
подпрограмма изменения программ – patch
подразделение – unit
подрайонный центр связи – sub-area communication center
подробный осмотр – overhauling
подруливать – taxi up
подсасываемый – induced
подсасывание – suction
подсасывание воздуха – indraft
подсвет под кромку – wedge lighting
подсвет прибора – dial illumination
подсвет приборов – instrument lighting
подслой – lamina
подслушивать – intercept
подсос – entraining
подставка – holder, pedestal, support
подстилающий грунт – subgrade
подстилающий слой – base course, base soil
подсчет – estimate, estimation
подсчитывать – estimate
подтверждать – Ack, acknowledge, approve
подтверждение – endorsement
подтягивать – hoist
подушка – pad
подушка (воздушная) – cushion
подфюзеляжная гондола – ventral housing
подфюзеляжный – underbelly, ventral
подфюзеляжный бак – belly tank, ventral tank
подфюзеляжный воздухозаборник – ventral duct

подфюзеляжный воздухопровод – ventral duct
подфюзеляжный обтекатель – ventral fairing, ventral housing
подхват – pickup
подход – approach
подход «змейкой» – zigzag approach
подход к аэродрому по дуге – arc approach
подход к аэродрому с различных направлений – multiple approach course
подход к аэропорту в облаках – blind approach
подход к правой «коробочке» – right-hand approach
подход по лучу радиомаяка – beam approach, BA
подход при консультативном обслуживании – advisory approach
подход реактивного самолета к аэродрому и посадка – jet approach and landing, JAL
подход с левым разворотом – left-hand approach
подход с передней полусферы – frontal approach
подход с правым разворотом – right-hand approach
подходить – approach
"подхожу к четвертому с левым разворотом" (ртс) – on left base leg
"подхожу к четвертому с правым разворотом" (ртс) – on right base leg
подшипник – bearing
подшипник вала воздушного винта – propeller shaft bearing
подшипник малого трения – antifriction bearing
подъезд – access
подъезд к дороге – road access
подъездная дорога – approach road
подъездной путь – guideway
подъем – climb, climb-away, climbing, grade
подъем на высоту – climb to altitude
подъем носового колеса – nosewheel liftoff
подъем с максимальным углом траектории набора высоты – maximum climb
подъем с разгоном – accelerating climb
подъем шара-пилота – pilot-balloon ascent
подъемная сила – bearing capacity, lift, lift component, lift force, lifting power
подъемная сила крыла – wing lift
подъемная сила несущего винта вертолета – helicopter lift
подъемная сила органа управления – control lift
подъемная сила профиля – profile lift
подъемная сила, создаваемая реактивной струей или реактивным двигателем – jet lift
подъемник – elevator, hoist, hoisting device, ram
подъемник главного шасси – main jack
подъемник главной ноги шасси – main-leg retraction jack
подъемник носового колеса – nosewheel jack
подъемник носового шасси – nose-gear retraction jack
подъемник с двухсторонним действием – double-acting jack
подъемник стабилизатора – tailplane jack
подъемник створок носового шасси – nose-gear door jack
подъемник створок шасси – wheel-door jack
подъемник шасси – landing-gear actuator, wheel-retracting gear
подъемное устройство – lift
подъемно-транспортное оборудование – handling equipment
подъемный механизм – hoist
подъемный реактивный двигатель – lift-jet engine
поездка – journey, trip
поездка туда-обратно – round-trip
пожар – fire
пожарная команда – fire-fighting party, fire-fighting team
пожарная опасность – fire hazard
пожарный автомобиль – fire truck, fire-fighter truck
пожарный гидрант – fire hydrant
поземок – drifting snow
позитивный – positive
позиционная обратная связь для автопилота и демпфера – position feedback for autopilot and autostabilizer
позиционный гироскоп – displacement gyro(scope)

позывной – call(ing), demand signal, Id (identification)
позывной воздушного судна – aircraft call sign
позывной радиосигнал – radio call sign
позывной сигнал – call sign, call signal (CS), operational call sign
позывной сигнал радиосвязи – net call sign
позывные сигналы по коду – call letters
поиск – search
поиск альтернативных решений – alternate component path selector
поиск и спасение – search and rescue
поиск по горизонталям (поиск и спасение) – contour search
поиск по долготам – track crawl search
поиск по квадратам – square search
поиск по параллелям – parallel sweep search
поиск цели – scanning
поиски и спасение – search and rescue, S&R
поисковая антенна – search antenna
поисковая антенна радиолокатора – radar scanner
поисковая радиолокационная установка – search-radar installation
поисковая РЛС – search radar element
поисковое воздушное судно – search aircraft
поисковое воздушное судно дальнего действия – long-range search aircraft
поисковое воздушное судно сверхдальнего радиуса действия – very long range search aircraft
поисковое воздушное судно среднего радиуса действия – medium-range search aircraft
поисково-спасательная команда – search and rescue unit
поисково-спасательная операция – search and rescue operation
поисково-спасательные операции с помощью ИСЗ – Search and Rescue Satellite Aided Tracking, SARGOS
поисково-спасательный радиомаяк – search and rescue beacon
поисковые и спасательные работы – search and rescue, SAR
поисковый – search
поисковый индикатор – search display
поисковый радиолокатор – search radar
показание – display, reading
показание высотомера – altimeter reading
показания компаса – compass reading
показания пилотажно-навигационных приборов – flight displays
показатель – figure, index (pl indices)
показатель адиабаты – ratio of specific heats
показатель горения – combustion index
показатель качества – figure of merit, performance number
показатель надежности – reliability index
показатель оценки относительной прочности эксплуатируемого покрытия – pavement evaluation index
показатель прочности по методу конуса – cone index
показатель прочности покрытия ВПП – runway pavement evaluation
показатель ремонтопригодности – maintainability index
показатель светопроницаемости – light transmission index
показатель состояния поверхности ВПП – runway condition reading, RCR
показатель степени – modulus
показатель ухода (дрейфа) характеристик – drift index
показатель эксплуатационной технологичности – maintainability index
показательные полеты – display
показывать – point, read
покачивание крыльями – waggle
покачивание с крыла на крыло – wing-rock
покачивать – tilt
покачивать крыльями – waggle
покидание самолета катапультированием – ejection escape
покров – cover
покрывать (огнегасящей) пеной (посадочную полосу) – foam
покрытие – cover, enclosure, overlay; pavement, surface
покрытие из асфальтовых брусков – asphalt block pavement
покрытие из грунта, стабилизированное химическими добавками – soil-chemical pavement
покрытие из щебня с обработкой битумом – asphalt-grouted surfacing
покрытие пеной – foaming

покрытие, рассчитанное по прочности на максимальный взлетный вес – full-strength pavement
покрытый льдом – ice-crusted
покупная цена – first cost
пол в самолете – deck
пол кабины – floor
пол пассажирской кабины – main deck
полая турбинная лопатка – hollow turbine blade
поле – field
поле зрения – field of view, range of vision, view
поле излучения антенны – antenna radiation field
поле индикации – frame of references
поле магнитных силовых линий – magnetic field
поле скоростей – velocity field
поле сообщения – message field
полевой – field
полевой аэродром – field airdrome
полевой эквивалент влажности (грунта) – field moisture equivalent
полезная мощность – actual power, effective output, effective power
полезная нагрузка – disposable load, useful load, workload
полезная нагрузка завышенного веса – overweight payload
полезная нагрузка при одном неработающем двигателе – engine-out pay load
полезная нагрузка самолета – operational load
полезная отдача – actual output, effective output
полезная подъемная сила – useful lift
полезное рабочее давление – effective pressure
полезный объем – net volume
полет – flight, ride, run, travel
полет без скольжения – symmetric flight
полет без ускорения – unaccelerated flight
полет большой дальности – long-range flight
полет в восточном направлении – eastbound flight
полет в западном направлении – west-bound flight
полет в зоне – standoff flight
полет в натурных условиях – full-scale flight
полет в обратном направлении – turnaround flight
полет в одном направлении – one-way flight
полет в переменной облачности – flight in and out of clouds
полет в сложных метеорологических условиях – weather flight
полет в стратосфере – stratosphere flying, high-altitude flight
полет в тумане – fog flying
полет вдоль параллели – parallel flying
полет вне расписания – non-scheduled flight
полет выше глиссады – fly-up
полет группой – formation flight
полет для определения летных характеристик – performance flight
полет для отработки отдельных элементов – proficiency flight
полет для проверки функционирования бортовых систем – functional check flight
полет летательного аппарата с высокими летными характеристиками – high-performance flight
полет летательного аппарата с машущим крылом – flapping flight
полет между облаками по приборам – flight between layers on instruments
полет между слоями облачности – flight between layers
полет на активном участке траектории – powered flight
полет на асимметричной тяге – asymmetric flight
полет на больших высотах – altitude flight
полет на буксире – aero-tow flight
полет на восток – eastbound flight
полет на высоте относительно уровня моря – sea-level flight
полет на дальнее расстояние – long-distance flight
полет на дальность – distance flight
полет на дозвуковых скоростях – subsonic flight
полет на критическом угле атаки – stalled flight
полет на малой высоте – low-altitude flight

полет на малой скорости – low-speed flight
полет на малых высотах – hedge-hopping, low flying, low-level flight
полет на метеорологическую разведку с возвращением самолета на аэродром – weather track
полет на оборотах малого газа – flight idle, idle flight
полет на одном двигателе – single-engine flight
полет на одномоторном самолете – single-engine flight
полет на околокритических углах атаки – stalling flight
полет на ориентир при постоянном курсовом угле радиостанции – directional homing
полет на пассивном участке траектории – unpowered flight
полет на полноразмерном самолете – actual flight
полет на продолжительность – endurance flight
полет на разведку погоды – weather flight
полет на режиме висения – hovering flight
полет на режиме максимальной мощности – maximum-power flight
полет на самолете с двойным управлением (с инструктором) – dual-control flying instruction
полет на спине – upside-down flight
полет на среднем участке траектории – mid-course flight
полет на тренажере – simulated flight
полет над водным пространством – overwater flight
полет над зоной грозы – overweather flight
полет над каким-либо объектом – flyover
полет над облаками – flight on top, overweather flight, flight over the top of the clouds
полет над сушей – overland flight
полет от опорного меридиана – grid flight
полет по гирополукомпасу с выдерживанием курса, рассчитанного от опорного меридиана – grid/gyro flight
полет по замкнутому маршруту – circular flight
полет по изобаре – pressure flying
полет по изобарической поверхности – pressure pattern flight
полет по инерции – coast
полет по коробочке – square course
полет по кругу – circling flight, circuit, circular flight
полет по кругу перед посадкой – landing circle
полет по маршруту – routing
полет по маршруту в направлении на заданную точку – inbound routing
полет по маршруту в направлении от заданной точки – outbound routing
полет по маршруту вне трассы – off-airway routing
полет по местной воздушной линии – local flight
полет по наземным ориентирам – visual flight
полет по незамкнутому маршруту – open-jaw trip
полет по потолкам – drift-up cruise
полет по приборам – blind flight, instrument flight, IF
полет по приборам в сложных метеоусловиях – weather instrument flight
полет по приводному лучу – homing
полет по программе переучивания – transition flight
полет по прямой – point-to-point flight, straight flight, straight-line flight
полет по радиолучу – radio-beam flying
полет по радиопеленгу – radio-range flying
полет по расписанию – scheduled flight
полет по сигналам извне – directed reference flight
полет при автоматическом управлении – automatic guided flight
полет при наличии сильного аэродинамического нагрева – high-temperature flight
полет с автоматическим управлением по сигналам радиотехнических средств – flight-path-reference flight
полет с автопилотом – hands-off flight
полет с более высоким классом обслуживания – higher rated class journey

полет с брошенным управлением – hands-off flight
полет с визуальной ориентировкой – contact flight, visual contact flight, visual flight
полет с включенным двигателем – engine-on flight
полет с возвращением элементов ВС или снаряда – recovery flight
полет с выключенным двигателем – engine-off flight, passive flight, powerless flight, unpowered flight
полет с выполнением фигур пилотажа – maneuvering flight
полет с гиперзвуковой скоростью – hypersonic flight
полет с маршевым двигателем – sustained flight
полет с набором высоты – climbing flight, upward flight
полет с неработающим двигателем – coast, power-off flight
полет с несимметричной тягой – unsymmetrical flight
полет с постоянной угловой скоростью крена – steady-rolling flight
полет с постоянной угловой скоростью тангажа – steady-pitching flight
полет с постоянным курсом – single-heading flight
полет с работающим двигателем – powered flight
полет с работающим ракетным ускорителем (стартовым двигателем) – boosted flight
полет с увеличенной дальностью – protracted flight
полет с ускорением – accelerated flight
полет с учетом расчетного места самолета относительно принятых осей координат – transverse flying
полет со сверхзвуковой скоростью – supersonic flight
полет со скольжением – yawed flight
полет у верхней кромки облаков – flight on top
полет ученика с инструктором – dual flight
полетная документация – flight documents
полетная информация – flight information
полетная карта – flight chart, flight map
полетная палуба – flight deck
полетная скорость – flight speed
полетное служебное время – flight duty period
полетное уведомление – flight notification message
полетно-информационное обслуживание – flight information service, FIS
полетные ограничения – flight limitation
полетные режимы – flight envelope
полетные условия – in-flight conditions
полетный – flight, in-flight
полетный анализатор – flight analyzer
полетный вес – flight weight, gross weight, loaded weight
полетный вес в перегрузочном варианте – overload gross weight
полетный купон (билета) – flight coupon
полетный курс – flight course
полетный лист – Air Freight List (AFL), air bill (of lading),air freight list, ircraft load manifest, airplane flight report, flight card
полетный лист на груз – air freight manifest
полетный срок службы (до полного износа) – depreciation period
полетный упор малого винта – flight fine-pitch stop
полеты – flight operations, flying
полеты гражданских самолетов – civil flying
полеты литерных самолетов – Royal flights
полеты на больших высотах – high-level operation
полеты на малых высотах – low-minima operations
полеты по заявкам – charter service
полеты по кругу – circling
полеты по трассе авиалинии – airline flying
полеты с визуальной ориентировкой – terrain flying, terrestrial navigation
полеты с догрузкой – pick-up traffic
полеты с коммерческой целью – commercial flying
полиакрилаты – acrylic plastics
поликоническая проекция – polyconic projection
полка (балки лонжерона) – cap
полка или сетка для вещей – rack

полка лонжерона – boom
полка фермы – boom
полная мощность – full power, full-power output, gross power
полная нагрузка – overall loading
полная поверхность всех лопастей (воздушного винта) – blade area
полная разборка и ремонт – overhaul and repair
полная степень расширения сопла – complete expansion ratio
полная шкала высотомера – gross altitude indicator scale
полногабаритный – full-sized
полное время полета (от уборки до установки колодок) – chock-to-chock time
полное давление – stagnation pressure
полное давление в воздухозаборнике – ramming pressure
полное заземление – dead earth
полное сопротивление – impedance
полное сопротивление антенны – antenna impedance
полномасштабная конструкция – full-scale hardware
полномасштабный – full-scale
полномочный метеорологический орган – meteorological authority
полноразмерная модель – full-scale model
полноразмерный – full-scale, full-sized
полноразмерный двигатель – actual engine
полностью «на себя» – full-back
полностью «от себя» – full-forward
полностью автоматический ретранслятор – fully-automatic relay installation
полностью выпущенное положение – full-out position
полностью выпущенное положение закрылков – full flap position
полностью выпущенное положение шасси – full-down position
полностью отклоненный руль – full rudder
полностью открытый дроссель – full throttle, full-open throttle
полностью убранное положение – full-in position
полнота сгорания – combustion efficiency
полный – absolute, aggregate, integral; full
полный вес – gross weight
полный вес заправленного двигателя – wet weight
полный газ – full power
полный запас топлива – fuel capacity
полный полетный вес – all-up weight, AUW
полный руль – full rudder
полный сухой вес – gross dry weight
полный тариф для взрослого пассажира – adult fare
полный угол сноса с учетом аэродинамического сноса – absolute drift
половина – half
половинное отклонение ручки – one-half stick deflection
половинный размах крыла – semispan
пологий – flat
пологий заход на посадку – shallow approach
пологий набор высоты – gentle climb
пологий разворот – wide turn
пологий уклон – easy grade
пологое планирование (при посадке) – flat approach
положение – location
положение «включено» – on position
положение (РУД) для набора высоты – climb setting
положение (самолета) при крене – banked position
положение большого шага (воздушного винта) – high-pitch position
положение в полярных координатах – polar coordinate position
положение в пространстве – attitude, spatial attitude
положение в режиме стабилизации – hold position
положение для обзора внекабинного пространства – head-up position
положение для обзора приборов – head-down position
положение дросселя (карбюратора) на холостом ходу – idling position (of the carburet(t)er)
положение малого шага (воздушного винта) – low-pitch position
положение на линии старта – takeoff position
положение на оси луча – on beam position

положение органов управления, соответствующее уравновешенному положению самолета – trim position
положение поперечной оси – lateral attitude
положение при выравнивании – flare(d) attitude
положение при планировании на посадку – land glide attitude
положение ручки управления – control-stick position
положение ручки управления «на себя» – back stick position
положение с креном – banked attitude
положение с нулевым креном – wings level attitude
положение самолета в воздухе – flight attitude, flying attitude
положение самолета относительно плоскости горизонта – horizontal attitude
положение самолета при разбеге или скоростном рулении – ground-run attitude
положение точки перехода ламинарного пограничного слоя в турбулентный – boundary-layer transition position
положение центра тяжести – position of the center of gravity
положение штурвала «от себя» – forward stick position
положение, соответствующее потере скорости – stalling attitude
положение, соответствующее режиму стабилизации – hold position
положительная крутка крыла – wash-in
положительное поперечное V – anhedral, upward dihedral
положительный – positive
поломка – accident; breakage; breakdown; collapse; crash; damage; failure; ground incident; incident; structural failure
поломка двигателя – engine failure, engine trouble
поломка шасси – gear collapse, landing gear failure
полоса – band, margin, spline, strip
полоса безопасности – safety strip
полоса боковых частот – sideband
полоса видеочастот – video band
полоса воздушных подходов – approach zone, flight approach area, flying approach, glide (-in) area, zone of approach
полоса для подруливания к аэровокзалу – terminal taxiway
полоса дождя – rainband
полоса набора высоты – takeoff climb area
полоса поглощения – band
полоса подхода – approach lane
полоса подходов к аэродрому – airfield approach
полоса пропускания – bandwidth, pass band
полоса пропускания шума – noise bandwidth
полоса рулежной дорожки – taxiway strip
полоса руления – taxiing lane
полоса руления на гидроаэродроме – taxi channel
полоса скоростного выруливания – fast (high-speed) exit-taxiway
полоса сруливания – runoff taxiway
полоса частот – bandwidth, channel, frequency band, pass band
полоса частот связи – communication band
полосовой фильтр – band-pass filter
полость – chamber
полость реактивного сопла – reaction chamber
полуавтоматическая система УВД – semiautomatic traffic control, SATCO
полуавтоматический – aided, semiautomatic
полуавтоматический ретранслятор – semi-automatic relay installation
полуавтоматическое наведение – semiautomatic homing, SAH
полуавтоматическое сопровождение – aided tracking
полубочка – half roll
полувертикальный взлет или посадка – oblique takeoff or landing
полумонококовая конструкция – semimonocoque construction
полумонококовый фюзеляж – semimonocoque fuselage
полунервю́ра – former (wing) rib
полупетля с полубочкой и переходом в пикирование на обратном курсе – pop-up maneuver

полупрозрачный отражатель (индикатора на стекле) – beam combiner
полуразмах – semispan
полусвязные оси – stability axes
полусектор глиссады – half ILS glide path sector
полусектор курса – half course sector
полусрывной маневр – semistalled maneuver
полусфера – hemisphere
полусферическая створка регулируемого сопла – eyelid
полуутопленный воздухозаборник – semiflush intake
получасовое сообщение – half hourly report
полученный в полете – in-flight
получившее удостоверение о летной годности ВС – certified aircraft
полюс – pole, post
полюс мира – celestial pole
полюс холода – cold pole
полюсный – polar
полюсный зажим – terminal
поляра – drag curve, polar
полярная воздушная масса – polar air
полярная зона – frigid zone
полярная проекция – polar projection
полярная система координат – polar coordinates
полярные воздушные массы – polar air mass
полярный – polar
полярный воздух – polar air
полярный угол – azimuth position
полярный фронт – polar front
пометка – check
помеха – obstruction
помехи – interference, noise, perturbation
помехи на приеме – interference with reception
помехи на экране РЛС – snow
помехи от местных предметов – clutter
помехи от смежных каналов – cross fire
помехи при передаче – interference with transmission
помехозащищенность – noise immunity
помехозащищенный – jamproof
помехоустойчивая система – jamproof system
помехоустойчивость – noise immunity
помехоустойчивый – interference-free, jam-free, jamproof
помещать в склад – store
помещение – accommodation, housing
помещение диспетчерской службы – control room
помещение для багажа – baggage hold
помещение для груза – cargo hold, freight compartment, freight hold
помещение для проведения предполетного инструктажа – briefing room
помещение для просмотра радиолокационных данных на большом экране – radar display room
помещение для экипажа – flight compartment, quarters
помещение командно-диспетчерского пункта – tower cab
помост – platform
помощник авиационного синоптика – aeronautical meteorological assistant
помощник диспетчера КДП – associate control tower operator
помощник диспетчера службы управления движением по воздушной трассе – assistant airway traffic controller
помощник заместителя начальника – assistant deputy administrator
помощник квалифицированного диспетчера – assistant to a qualified air traffic controller
помощник начальника – assistant administrator, associate administrator
помощник руководителя полетов – assistant flight director
помощь – aid, assistance
помощь навигационными средствами – navaid
помпа – pump
помпаж – stall, stalling, surge, surging
помпаж компрессора – compressor stall, compressor surge
понижать мощность, тягу – de-rate
понижение – reduction
понижение частоты – scaling
пониженная плотность воздуха – vacuity
пониженное давление – suction, underpressure
понимать – read
понятие – concept

понятие ограниченного маршрута – limited route concept
поощряющий тариф – promotional fare
попасть в воздушную яму – hit an air pocket
попеременно отклоняться в обе стороны – hunt
поперечная балансировка – aileron trim, lateral trim
поперечная линия (нанесенная на ВПП) – crossbar
поперечная линия огней (ВПП) – crossbar
поперечная линия огней приближения – crossbar of an approach light system
поперечная меркаторская проекция – transverse Merkator projection
поперечная неустойчивость – rolling instability
поперечная ось – lateral axis
поперечная ось самолета – axis of pitch, pitch axis, Y-axis
поперечная плоскость – rolling plane
поперечная сила – shear force
поперечная составляющая – cross component
поперечная составляющая скорости – cross velocity
поперечная устойчивость – lateral stability
поперечное V – lateral dihedral
поперечное V крыла – dihedral
поперечное отклонение от маршрута – cross-track bias
поперечное расстояние между огнями – gauge lighting of the touchdown zone
поперечное сечение – cross section
поперечное управление – aileron control, cross control, lateral control
поперечное ускорение – transverse acceleration
поперечный – transverse
поперечный (о картографической проекции) – inverse
поперечный крен – lateral pitch
поперечный момент – rolling moment
поперечный профиль покрытия с утолщенными краями – thickened-edge type section
поплавковое шасси – seaplane undercarriage
поплавковый – float
поплавковый гидросамолет – floatplane
поплавковый гироскоп – floated (type) gyroscope
поплавок – float
пополнять запас топлива – refuel
поправка – correction
поправка индекса – index correction
поправка к измеренной высоте (светила) – altitude correction
поправка к компасному курсу – course correction
поправка к пеленгу – bearing distance computer
поправка к показаниям высотомера – altimeter correction
поправка к показаниям компаса – compass correction
поправка магнитного компаса, вызванная северным склонением – northerly turning error
поправка на боковой ветер – cross-wind accountability
поправка на ветер – wind correction
поправка на вращение Земли – rotation coefficient
поправка на высоту – altitude compensation, altitude correction, height correction
поправка на долготу – longitude correction
поправка на запаздывание – lag (-error); correction for lag
поправка на магнитное склонение – grid magnetic azimuth adjustment
поправка на наклон горизонта – dip correction
поправка на отклонение от заданной траектории – off-course correction
поправка на погрешность курсового гироскопа вследствие прецессии и ускорения Кориолиса – Z-correction
поправка на потерянное время – dead correction
поправка на прецессию – precession correction
поправка на сжимаемость – compressibility correction
поправка на снос – crab correction, drift compensation, drift correction
поправка на снос ветром – windage
поправка по тангажу – pitch correction
поправка по углу крена – bank correction
поправка секстанта – sextant correction

поправочный коэффициент – correction factor, index correction
поправочный угол – correction angle
попутно-боковой ветер – quartering tail wind
попутный ветер – back wind, downwind, favorable wind, following wind, tail-on wind, trailing wind
порог – threshold
порог ВПП – runway threshold
порог разрушения – damage threshold
порог разрушения конструкции – failure threshold
порог физиологических нарушений – physiological threshold
порог чувствительности – threshold
порог чувствительности по углу (крена, тангажа, рыскания) – attitude threshold
пороговые огни – threshold lights
поршневой двигатель – piston engine, reciprocating (piston) engine
поршневой двигатель с турбокомпрессором – compound engine
поршневой палец – gudgeon pin, piston pin
порыв – aerodynamic disturbance
порыв ветра – bump, gust, gust wind
порыв воздуха – air blast
порывистость ветра – gustiness
порывистый ветер – gusty air
порядковый номер канала связи – channel sequence number
порядок – degree, order, practice
порядок взлета с использованием обозначенных критических точек на ВПП – go-no-go procedure
порядок внесения поправок – updating procedure
порядок входа в зону аэродрома и захода на посадку – arrival procedure
порядок выставки инерциальной системы – alignment procedure
порядок действий в чрезвычайной обстановке – emergency procedures
порядок действий пилота согласно руководству по летной эксплуатации – flight handbook (manual) procedure
порядок действий по выводу из срыва – stall-recovery procedure
порядок действий при посадке – landing procedure
порядок действий при посадке с заглохшим двигателем – flameout landing procedure
порядок действия – procedure
порядок действия при отказе основной системы (при переходе на резервную систему) – backup procedure
порядок захода на посадку – landing pattern
порядок захода на посадку по приборам – instrument approach procedures
порядок ожидания на верхнем эшелоне – high-level holding procedures
порядок определения центровки (самолета) – balance schedule
порядок очередности – order of priority
порядок перехода на другую частоту – frequency changeover procedure
порядок полета при уходе на второй круг – missed approach procedure
порядок приема прибывающих самолетов – inbound procedures
порядок пробивания облачности – cloud breaking procedure
порядок проверки – check-out procedure
порядок работы радиосвязи – radio procedure
порядок расследования аварий или катастроф – crash investigation procedure
порядок расследования авиационного происшествия – air accident investigation procedure
порядок следования – sequence
порядок смены частоты – frequency changeover procedure
порядок снижения на посадку с пробиванием облаков – penetration procedure
порядок телефонной связи – voice procedure
порядок уборки закрылков – flap-retraction schedule
порядок управления воздушным движением – air traffic control procedures
порядок управления заходом на посадку – approach control procedure
порядок управления заходом на посадку с земли – ground-controlled approach procedure

порядок установки на стоянку – docking procedure
порядок установки шкал и считывания показаний высотомера – altimeter procedures
посадка – alighting, landing, letdown
посадка (на самолет) – embarkation, emplanement
посадка (реактивного самолета) с заглохшим двигателем – flameout landing
посадка (сопряжение деталей) – fit
посадка без вмешательства пилота – hands-off landing
посадка без выравнивания – no-flare landing
посадка без огней (с выключенным бортовым освещением) – blackout landing
посадка в директорном режиме – flight director landing
посадка в заданной точке – pinpoint landing
посадка в ненормальных условиях – abnormal landing
посадка в сложных метеорологических условиях – all-weather landing
посадка в сложных условиях – heavy landing
посадка в темноте – blackout landing
посадка в условиях затемнения – blackout landing
посадка вне аэродрома – off-field landing
посадка вне ВПП – off-runway landing
посадка вне очереди – priority for land
посадка на «живот» – belly landing
посадка на грунт – off-runway landing
посадка на грунтовую полосу – unsurfaced-runway landing
посадка на две точки – tail-high landing, two-point landing
посадка на две точки при горизонтальном положении фюзеляжа – level landing
посадка на критической скорости – stall landing
посадка на крыло – wing landing
посадка на минимальной скорости (с доведением самолета до сваливания) – full-stall landing
посадка на ограниченной площадке – spot landing
посадка на режиме большого газа – power landing
посадка на режиме малого газа – powerless landing
посадка на самолет – boarding, embarkation, emplanement
посадка на три точки – three-point landing
посадка на фюзеляж – fuselage landing, wheels-up landing
посадка на хвост – tail landing, tail-down landing
посадка пассажиров на самолет – boarding
посадка по ветру – downwind landing
посадка по наземным ориентирам – visual landing
посадка по приборам – all-weather landing, blind landing, instrumental landing, instrument landing, IL
посадка по приборам без использования наземных средств – unassisted blind landing
посадка по приборам на приборной доске – head-down landing
посадка под большим углом атаки – tail landing
посадка при боковом ветре – crosswind landing
посадка при неработающих воздушных винтах – dead stick landing
посадка при низких метеоминимумах – low weather minima landing
посадка при нулевой видимости или очень низкой облачности – zero-zero landing
посадка при нулевой высоте облачности – zero-ceiling landing
посадка при ограниченной видимости – low visibility landing
посадка против ветра – upwind landing
посадка с автоматическим выравниванием – autoflare landing, automatic flare-out landing
посадка с боковым ветром – landing in crosswind
посадка с большим углом атаки – tail-down landing
посадка с выкатыванием самолета за пределы ВПП – overshooting landing
посадка с выключенным двигателем – landing with engine cut off, powerless landing, power-off landing

посадка с выпущенным шасси – wheels-down landing
посадка с заглохшим или выключенным двигателем – dead engine landing, dead stick landing
посадка с задросселированным двигателем – engine-throttled landing
посадка с использованием аэродромной аварийной тормозной установки или аэрофинишера – arrested landing
посадка с креном – landing with side load
посадка с крутым планированием – steep descend landing
посадка с крутым снижением – oblique landing
посадка с малыми углами планирования – tangential landing
посадка с начальным касанием земли хвостовой опорой – tail-first landing
посадка с немедленным взлетом после приземления – touch-and-go landing
посадка с неотклоненными закрылками – no-flap landing
посадка с низким аэродинамическим качеством – low L/D landing
посадка с низким выравниванием – low-flare landing
посадка с нормальным выравниванием – flare landing
посадка с одним неработающим двигателем – one-engine stop landing
посадка с одним работающим двигателем – single-motor approach
посадка с одного захода – precision approach
посадка с отруливанием назад – taxi-back landing
посадка с парашютированием – pancake, pancake landing
посадка с планированием – dead engine landing, dead stick landing, glide landing
посадка с помощью ведущих кабелей – leader-cable landing
посадка с приподнятым хвостом – tail-high landing
посадка с пробегом – roller landing, roll-on-landing, running landing
посадка с проваливанием – pancake landing
посадка с прямой – straight-in landing
посадка с работающим двигателем – engine-on landing, power landing
посадка с работающим реактивным двигателем – jet-propelled landing
посадка с разворотом на 180 градусов – half-circle landing, half-turn landing
посадка с реверсированием тяги – reverse-thrust landing
посадка с убранной механизацией – clean landing
посадка с убранным шасси – belly landing, gear-up landing, wheels-up landing
посадка с убранными закрылками – flapless landing
посадка самолета на хвост – tail-low landing
посадка самолета по командам с земли – ground-controlled landing
посадка со всеми убранными опорами шасси – all-gear-up landing
посадка со скольжением – slide-on landing
посадка со сносом – lateral drift landing
посадка, совершаемая из соображений предосторожности – precautionary landing
посадка, требующая точного приземления – spot landing
посадочная галерея – finger, loading finger, pier, pier gallery
посадочная галерея аэровокзала – terminal finger
посадочная дистанция – landing distance, LD
посадочная нагрузка – landing load
посадочная площадка – aircraft alighting area, alighting area, field, landing field, landing ground, landing place, landing surface
посадочная площадка для вертолетов – helicopter landing pad, touchdown pad
посадочная площадка для самолетов – airfield
посадочная полоса – landing runway, landing strip, LS
посадочная приводная радиостанция – locator
посадочная приставка к автопилоту – autopilot approach coupler
посадочная пропускная способность ВПП – landing capacity
посадочная прямая – approach leg
посадочная прямая с наведением по посадочной РЛС – precision final

посадочная радиопеленгаторная станция – landing direction finding station, LDFStn
посадочная скорость – contact speed, landing speed, touchdown air speed
посадочная скорость на высоте 15 м – landing reference speed
посадочная фара – landing headlight, landing lamp
посадочное «Т» – wind «tee» (or T)
посадочное направление – final approach direction
посадочное положение – landing attitude
посадочное положение закрылков – landing setting
посадочное полотнище – landing mark
посадочное приспособление – landing gear
посадочное Т – landing T
посадочное устройство самолета (шасси, носовые и хвостовые колеса) – alighting gear
посадочные ворота – check-out gate, gate, loading gate
посадочные огни – edge runway lights, landing lights, lead-in lights
посадочные огни (гидроаэродрома) – channel lights
посадочные средства – approach facilities
посадочный (глиссадный) луч – landing beam
посадочный вес – touchdown weight
посадочный вес самолета – landing weight
посадочный вычислитель – landing computer
посадочный закрылок – landing flap
посадочный знак – landing mark
посадочный знак «Т» – L Tee, landing Tee, tee
посадочный индикатор системы ИЛС – ILS display, ILS meter
посадочный круг – circuit, landing circuit
посадочный курс – landing heading
посадочный курсовой радиомаяк – runway localizer (beacon)
посадочный метеоминимум для данной авиатранспортной компании – air-carrier landing minimum
посадочный минимум категории I – operational performance category I
посадочный минимум категории II – operational performance category II
посадочный минимум категории IIIA – operational performance category IIIA
посадочный минимум категории IIIB – operational performance category IIIB
посадочный минимум категории IIIC – operational performance category IIIC
посадочный минимум самолета, установленный авиакомпанией – landing minimum of aircraft
посадочный павильон на перроне – satellite terminal
посадочный прожектор – runway floodlight
посадочный прожектор заливающего света – landing floodlight
посадочный радиолокатор (в системе Джи-Си-Эй) – Precision Approach Radar, PAR
посадочный радиолокационный маяк – radar approach beacon
посадочный радиолуч – radio landing beam
посадочный радиомаяк – approach beacon, landing beacon
посадочный сбор – landing fee
посадочный талон – boarding pass
посадочный тетраэдр – landing tetrahedron
посадочный тормоз – landing brake
посадочный угол – heading of landing
посадочный щиток – landing flap
после полудня – p. m., post meridiem
последнее определение места ВС при заходе на посадку – final approach fix
последние данные – up-to-date information
последний разворот при заходе по «коробочке» – final procedure turn
последняя прямая – final leg
последняя прямая захода на посадку – approach leg
последовательное выполнение операций – sequencing
последовательность – sequence, series
последовательность захода на посадку – approach sequence
последовательность коррекции – updating procedure
последовательность операций – program(me)
последовательность событий при авиационном происшествии – accident history

последовательный – series
последовательный осмотр – scan
последствие – aftereffect
последующая поправка – consequential amendment
последующее сгорание или догорание топлива – after combustion
последующее уведомление – subsequent notification
послеполетная информация – post-flight information
послеполетное медицинское обследование – post-flight medical examination
послеполетное обслуживание – maintenance after flight
послеполетное расследование – post-flight investigation
послеполетное сообщение о метеорологических условиях по маршруту – meteorological debriefing
послеполетный анализ – post-flight debriefing
послеполетный контроль – post-flight monitoring
послеполетный осмотр – post-flight examination, post-flight inspection
послеполетный разбор – debriefing
послепосадочное приземление – post-landing attitude
послепосадочный пробег – ground roll, roll-out
послесвечение – afterglow
послесвечение экрана – decay
послесрывные характеристики – post-stall characteristics
пост – post, station
пост аварийного оповещения – alerting post
пост дальнего наведения и обнаружения – early warning control and reporting post
пост наблюдения – flight service station
поставка – delivery
постановщик помех – jammer
постель – bed
постепенный отказ – creeping failure
постоянная – constant
постоянная барометрическая высота – constant pressure altitude
постоянная нагрузка – fixed load
постоянная скорость – uniform velocity
постоянная станция – regular station
постоянно действующие инструкции по связи – standing signal instructions
постоянно используемая ВПП – regular runway
постоянное ускорение – constant acceleration, steady acceleration
постоянный – constant, steady, uniform
постоянный аэродром – regular airdrome
постоянный аэродромный маркировочный знак – permanent airdrome mark
постоянный аэропорт – regular airport
постоянный ток – dc, direct current
постоянный угол планирования – permanent glide angle
постоянный шаг (воздушного винта) – constant pitch
постоянный шаг винта – uniform pitch
построение графика – plotting
построение маневра – execution of maneuver
построение тарифа – fare construction
постройка – construction
постройка опытного образца ВС – prototype construction
поступательная скорость – forward speed
поступательная скорость винта – speed of airscrew
поступательное движение – translation
поступающий воздух – supply air
поступок – act
посылать – dispatch, forward
посылать донесение кодом – send a message in code
посылать донесение открытым текстом – send a message in clear
потайной – flush
потемнение в глазах – blackout
потенциал – potential
потенциальный – potential
потенциометр – pot, potentiometer
потенциометр бокового смещения – drift potentiometer
потенциометр дальности – range potentiometer
потенциометр коррекции отклонения руля высоты – up-elevator potentiometer
потенциометр переключающего устройства – selector potentiometer
потенциометр руля направления – rudder pickoff (pickup) potentiometer
потенциометр сноса – drift potentiometer

потенциометр угла поворота крыла – wing-position potentiometer
потенциометрический датчик – voltage pickup
потенциометрический узел – potentiometer unit
потери демпфирования – damping losses
потери на входе (в двигатель) – entry losses
потери на входе в воздухозаборник – intake momentum drag
потери от турбулентности (от завихрения) – eddy losses
потери при сгорании топлива – burner drag
потерпеть аварию – crash
потеря – loss; penalty; waste
потеря (энергии) – rejection
потеря в скачка уплотнения – shock loss
потеря давления на трение – friction pressure loss
потеря за счет скольжения – slip loss
потеря на сопротивление – drag loss
потеря на трение – friction loss
потеря ориентировки (в пространстве) – disorientation
потеря поперечной устойчивости – lateral upset
потеря пространственной ориентации – vertigo
потеря пространственной ориентации у пилотов – pilot's vertigo
потеря путевой устойчивости – directional upset
потеря работоспособности пилота – pilot's failure
потеря связи – separation from contact
потеря скорости – stall, stalling
потеря скорости из-за преждевременного выравнивания самолета – pancake
потеря тяги винта – loss of propeller thrust
потеря управления – loss of control
потеря управляемости – upset
потеря управляемости ВС – flight control upset
потеря устойчивости (оболочки) – collapse
потеря цели на экране РЛС – airmiss
потеря ясности зрения (при перегрузке на маневре) – blurring of vision
поток – current, flow, flux, race, stream; wind
поток во втором контуре – bypass flow
поток воздуха – air stream, airflow
поток воздуха, затягиваемый воздушным винтом – indraft
поток вязкой жидкости – viscous flow
поток идеальной жидкости – inviscid flow
поток касательных напряжений – shear flow
поток охлаждающего воздуха – cooling draught
поток охлаждающей среды – cooling flow
поток сжимаемой жидкости – compressible flow
поток со скачком уплотнения – shocked flow
поток теплого воздуха – thermal air current
поток, в котором имеет место запирание (в аэродинамической трубе) – choking flow
поток, индуцируемый реактивной струей – jet-induced flow
поток, обтекающий крыло – lateral wing flow
поток, обтекающий профиль – profile flow
поток, отбрасываемый винтом – induced flow
потолок – ceiling, emergency altitude
потолок конвекции – ceiling of convection
потолок на режиме висения – hovering ceiling
потолок облачности – cloud (base) height
потолок при полете на крейсерском режиме – cruising ceiling
потолочный (облачный) прожектор – cloud search light
потолочный прожектор (метео) – ceiling light
поточная линия – production line
поточный метод (посадки пассажиров) – trickle method
потребитель электроэнергии – electrical load
потребление – consumption
потребляемый – expendable
потребляемый двигателем воздух – engine air

потребная дистанция прерванного взлета – accelerate-stop distance required
потребная длина разбега – takeoff run required
потребная мощность – horsepower required, required power
потребная тяга – desired thrust, required thrust
потребный – required
почва – earth, soil
почта – mail
почти нелетная погода – marginal weather
почтовая тонно-миля – mail ton-mile
почтовое отправление – dispatch
почтовый самолет – mail aircraft
почтовый тариф – mail rate
пояс – band
пояс высокого барометрического давления – belt of high pressure
пояс фермы – boom
пояснительная надпись – legend
поясное время – central time, standard time, zone (standard) time, zone time (ZT)
поясное стандартное время – zone standard time, ZST
поясной привязной ремень – seat belt
ППП (правила полетов по приборам) – instrument flight rules, IFR
правая «коробочка» – right-turn circuit
правая система координат – right-handed system of coordinates
правила безопасности полетов – flying safety rules, safety regulations, safety rules
правила валютных операций – exchange regulations
правила визуального полета – contact flight rules, visual flight rules, VFR
правила визуального полета при наличии управления с земли – controlled visual rules
правила оформления билета – ticketing regulations
правила по уходу, обслуживанию и эксплуатации – service regulations
правила полета в зоне ожидания – holding procedure
правила полета по наземным ориентирам – visual flight rules
правила полетов – air rules, flight rules
правила полетов в воздушных коридорах – corridor flight rules
правила полетов и управления воздушным движением – Rules of the Air and Air Traffic Control, RAC
правила полетов на воздушных линиях – airline operation procedures
правила полетов по кругу (над аэродромом) – circuit rules
правила полетов по приборам – instrument flight rules, IFR
правила техники безопасности – safety code
правила управления воздушным движением – air traffic control rules, traffic control regulations
правило – law, rule
правило высшего промежуточного пункта – higher intermediate point principle
правило наивысшего промежуточного тарифа «туда – обратно» – higher intermediate round trip fare principle
правило отсчета относительной высоты при квадрантном эшелонировании – quadrantal height rule
правило площадей – area rule
правило разделения высот при квадрантном эшелонировании – quadrantal height separation rule
правильность – accuracy
правильный – normal
правильный вираж – standard rate turn
правительственное разрешение на провоз багажа выше нормы – government excess baggage authorization
правительственное транспортное поручительство – government transportation voucher
правительственное требование на перевозку – government warrant
правительственные скидки – government discounts
право выбора – option
право вылета – right of entry
право пути – right-of-way, RW
правостороннее движение – right-hand traffic
правый – starboard
правый боковой пульт управления – right-hand side console
правый борт – starboard
правый вираж – right bank, turn to starboard

правый крен – right bank
правый круг – right-hand circle
правый круг движения – right-turn circuit
правый разворот – turn to starboard
правый угол сноса – starboard drift angle
практика – practice
практическая возможность – feasibility
практическая дальность – operating range
практически используемая часть летного поля – usable landing area
практически осуществимый – feasible
практический потолок – operating ceiling, usable ceiling
практический потолок самолета – service ceiling
практический потолок самолета со всеми работающими двигателями – all-power-units operating ceiling
превосходить – outrange
превосходить в скороподъемности – outclimb
превосходство или господство в воздухе – control of the air
превращение – conversion
превышать – outrange
превышать ограничения по скорости – overspeed
превышение – altitude differential, elevation; excess; gain in altitude; vertical clearance
превышение допустимых напряжений – overstressing
превышение или принижение (ВС) – altitude separation
превышение местности над уровнем моря – ground elevation
превышение самолета над препятствием – obstacle clearance
превышение числа оборотов двигателя – engine overspeeding
преграда – barrier
предангарная площадка – apron
предварительная раскрутка – prerotation, prespinning
предварительная раскрутка двигателя – initial running
предварительно заказать билет – make reservation
предварительно определенное местоположение – predicted position
предварительно рассчитанный – precomputed
предварительно сжатый воздух – precompressed air
предварительное нагружение – preloading
предварительное оперативное планирование – preliminary operational planning
предварительное приготовление груза к отправке – prehandling
предварительное уведомление о предполагаемой посадке самолета – advance notice of intended landing
предварительный – tentative
предварительный заказ билетов – reserved booking
предварительный запуск – preliminary run-up
предварительный маневр для захода на посадку – preliminary approach
предварительный обогрев кабины (при стоянке на аэродроме) – cabin prewarming
предварительный подогрев – preheat
предварительный расчет – forecast, precheck
предвычисленная воздушная скорость – predicted airspeed
предвычисленные данные – predicted data
предел – limit, threshold
предел видимости – limit of visibility
предел выносливости – endurance range
предел действия диспетчерского разрешения, до которого полет санкционирован диспетчерской службой – clearance limit
предел допустимых ошибок – margin of error
предел досягаемости – performance envelope
предел нагружения – load limit
предел переносимости – tolerance limit
предел по дальности – range limit
предел применения доплеровской РЛС по высоте – altitude Doppler limit
предел пропорциональности – elastic strength
предел прочности – strength limit
предел прочности на разрыв или растяжение – ultimate tensile strength

предел прочности на сжатие – ultimate compressive strength
предел прочности при растяжении – tensile strength
предел распространения радиоволн – coverage
предел рентабельности – break-even point
предел стабилизации курса ВС – heading hold limit
предел стабилизации по углу – attitude hold limit
предел стабилизации путевого угла – heading hold limit
предел упругости – elastic limit, elastic strength
предел усталости – fatigue strength, fatigue value
предел усталости (выносливости) – endurance limit
предел усталости (металла) – fatigue limit
пределы маневрирования – maneuvering limits
пределы отклонения (антенны) по углу места – elevation limits
пределы прочности – structural limits
предельная величина – limit value
предельная величина порыва – limit gust
предельная высота – emergency altitude
предельная высота автоматического захода на посадку – automatic approach limit
предельная граница режимов полета – flight-envelope limit
предельная дальность захвата – lock-on boundary
предельная дальность полета с полной коммерческой загрузкой – commercial range
предельная длина летной полосы – field-length limit
предельная нагрузка – limit load, maximum load, stalling point
предельная разрушающая нагрузка – ultimate load
предельная скорость – maximum speed
предельная скорость бокового ветра – crosswind limit
предельная частота – boundary frequency
предельная эксплуатационная скорость полета – normal operating limit speed
предельно допустимая эксплуатационная перегрузка – structural limit
предельно допустимое значение – red line, redline limit
предельно допустимый – marginal
предельное давление – ultimate pressure
предельное значение – limit value
предельное отклонение руля автопилота – autopilot limit
предельное стартовое ускорение – takeoff acceleration limit
предельные значения, указанные в наставлении по производству полетов – flight manual limits
предельные метеоусловия – limiting weather conditions
предельный – ultimate
предкрылок – leading-edge flap, leading-edge slat, secondary control surface, slat
предкрылок консоли крыла – outboard slat
предкрылок с гидроприводом – hydraulic slat
предкрылок, простирающийся по всему размаху – full-span slat
предостережение – caution, warning
предосторожность – precaution
предотвратимое летное происшествие – avoidable accident
предотвращение – prevention
предотвращение авиационных происшествий – accident prevention
предотвращение запотевания стекол – defogging
предотвращение обледенения – ice hazard prevention
предохранительная цепь – safety circuit
предохранительная чека механизма сброса фонаря – canopy initiator safety pin
предохранительная чека шасси – gear pin, landing gear safety pin
предохранительное оборудование – safety equipment
предохранительное тормозное устройство – safety arrester
предохранительное устройство – safeguard, safety device, safety gear

предохранительный клапан – relief valve
предохранительный механизм – safety assembly, safety gear
предохранять – safeguard
предписания маршрута – routing clauses
предписанная минимальная высота полета – specified minimum height
предписанное пассажиру время прибытия в аэропорт – reporting time of the passenger
предписанный – prescribed
предписанный эшелон полета – approved cruising level
предполагаемое время вылета – estimated time of departure, ETD
предполагаемое радиолокационное изображение – PPI prediction
предполагаемые издержки – anticipated cost
предполагать – expect
предполетная информация – weather briefing information
предполетная подготовка летного состава – preflight briefing
предполетная проверка – preflight check, preflighting
предполетное обслуживание – preflighting
предполетное оперативное планирование – preflight operational planning
предполетное опробование приборов и рычагов управления в кабине – cockpit drill
предполетное техническое обслуживание – preflight maintenance
предполетный – preflight
предполетный инструктаж – briefing, departure instruction, preflight briefing, preflight instruction
предполетный контроль – preflight monitoring
предполетный осмотр – ground check, preflight examination, preflighting inspection
предпосадочное планирование с постоянным углом тангажа – stabilized approach
предпосылка – contributing factor
предпосылка к летному происшествию – potential accident
предпосылка к неисправности – potential malfunction
предприятие грузовых авиаперевозок – air freight business
предсерийный – preproduction
предсерийный самолет – preproduction aircraft
предсказание – forecast, prediction
предсказывание высоты облаков – ceiling forecasting
представитель – representative
представитель эксплуатанта воздушных судов – aircraft handling agent
представление – notation
предстартовая площадка – holding apron, marshalling area
предстартовая тарировка системы – preflight system calibration
предупредительное сообщение – warning message
предупредительный ремонт – preventive maintenance
предупреждение – caution, warning, notice; prevention
предупреждение авиационных происшествий – accident prevention
предупреждение о возможности столкновения в воздухе – airborne collision warning
предупреждение о наличии или устранении опасных условий вызванных наличием снега, льда, слякоти и стоячей воды на рабочей площади аэродрома – snowtam
предупреждение об опасности – danger warning
предупреждение пожара – fire prevention
предупреждение столкновений – collision prevention
предупреждение столкновений самолетов в воздухе – mid-air collision control
предшествующий полету – preflight
преждевременное зажигание – preignition
преимущественное право на покупку или продажу – option
преимущество в высоте – gain in altitude
прекращение – interruption, stop
прекращение горения – flameout, light-off

прекращение горения (в реактивном двигателе) – burnout
прекращение подачи топлива – propellant cutoff
прекращение применения – phase-out
прекращение работы – shutdown
прекращение работы всех радио- и радиолокационных станций – blackout
прекращение срыва потока – unstalling
преломление (света) – deflection
преломление радиоволн в районе побережья – coastal refraction
преобладающие ветры – prevailing winds
преобладающие условия погоды – prevailing weather conditions
преобладающий курс на свободном рынке – prevailing open market rates
преобразование – conversion
преобразование данных – data processing
преобразование координат – coordinate conversion, coordinate transformation
преобразователь – changer, inverter, modulator, transducer, transformer
преобразователь (переменного тока в постоянный) – converter
преобразователь данных – data processor, data reducer, data transducer
преобразователь декартовых координат в полярные – Cartesian-to-polar converter
преобразователь кода (связь) – code converter
преобразователь непрерывных величин в дискретные – analog(ue)-to-digital converter
преобразователь сигналов – coupler
преобразователь цифровых данных в двоичный код – digital-to-binary converter
преобразователь частоты – frequency converter, frequency translator
преобразующий – interface
преодолевать вручную действие рулевой машины автопилота – override
препровождать – forward
препятствие – barrier, obstacle, obstruction
препятствие для нормального полета самолета в воздухе – air obstacle
препятствие, образованное складкой местности – terrain obstruction
прерванный заход на посадку – discontinued approach
прерывание – interruption
прерыватель – interrupter, switch
прерыватель в системе зажигания – breaker
прерыватель потока – spoiler
прерывать полет – lay over
прерывистый – intermittent
прерывистый демодулятор (связь) – chopper demodulator
префикс очередности (сообщения) – priority prefix (of a message)
прецезионная самолетная система траекторных измерений – precision aircraft tracking system (PATS), precision aircraft tracking
прецезионная система стабилизации – precision stabilization system
прецезионный прибор – precision instrument
прецессионное движение – precession motion
прецессионные колебания – precession oscillations, wobbling
прецессионный гироскоп – rate gyroscope
прецессия – precession, wobbling
прецессия гироскопа – gyroscope-precession
прецессия по прямому восхождению – precession in right ascension
прецессия по склонению – precession in declination
приангарная площадка – hangar apron
приангарная площадка с асфальтощебеночным покрытием – tarmac
приангарная стояночная площадка – parking ramp
прибавлять – augment
приближение – approach
приближенная долгота счисляемой точки – assumed longitude
приближенная широта счисляемой точки – assumed latitude
прибор – device, gear, instrument
прибор (датчик) для выработки воздушных данных – air data sensor instrument
прибор автономного действия – package
прибор бортового контроля – in-flight monitor

прибор воздушной радиационной разведки – airborne radiation detector
прибор для балансировки воздушного винта – airscrew balancing apparatus
прибор для грубого отсчета высоты полета – gross altitude indicator
прибор для записи на магнитную ленту – magnetic tape recorder
прибор для измерения воздушного потока – airflow meter
прибор для измерения давления – pressure instrument
прибор для измерения дальности видимости – visibility meter
прибор для измерения деформации – strain gauge
прибор для индикации или определения углового пространственного положения – attitude instrument
прибор для механического решения треугольника скоростей – course-and-speed computer
прибор для проецирования радиолокационного изображения – radar chart projector, RCP
прибор для проецирования радиолокационного изображения карты – radar chart project
прибор для разложения вектора на составляющие – resolver
прибор для регистрации выходного сигнала – output recorder
прибор для регистрации количества запусков двигателя – number-of-starts instrument
прибор для регистрации наработки в часах – hourmeter instrument
прибор для тарировки измерителей воздушной скорости – airspeed calibrator
прибор задержки времени – time-delay device
прибор контроля вектора тяги – thrust-vectoring monitor
прибор контроля курса – heading monitor
прибор контроля режима взлета – takeoff monitor
прибор контроля электронной аппаратуры – electronics monitor
прибор отображения буквенно-цифровой информации – alphanumeric display device
прибор отслеживания (перемещений) – follow-up device
прибор с вертикальной ленточной шкалой – vertical moving tape instrument
прибор с дистанционной коррекцией – slave
прибор с дистанционным отсчетом – distant-indicating (reading) instrument
прибор с круглой шкалой – dial instrument
прибор с ленточной шкалой – tape instrument, tape-display instrument
прибор с механической индикацией – mechanical instrument
прибор с непосредственной записью – direct-writing recorder
прибор с непосредственным отсчетом – direct-reading instrument; quick-look instrument
прибор с профильной шкалой – vertical fixed tape instrument
прибор с сервоприводом – servo-operated instrument
прибор с электронно-лучевой индикацией – cathode-ray tube instrument
прибор слежения за целью – tracking device
прибор счисления пути – dead-reckoning device
прибор управления – director
прибор, записывающий на карте пройденный воздушный путь самолета – air distance recorder
прибор, имеющий циферблат со стрелкой – clock
прибор, служащий для счисления и прокладки пути – dead-reckoning instrument
приборная воздушная скорость – indicated airspeed
приборная высота – indicated altitude, pressure altitude
приборная высота, исправленная по давлению – calibrated pressure altitude
приборная глиссада ИЛС – indicated ILS glide path
приборная доска – control board, display console, display panel, flight-control board, gauge board, instrument board, instrument

display, instrument panel, panel, panel board
приборная доска (в кабине пилота) – dashboard
приборная доска (со шкальными приборами) – dial panel
приборная доска с оборудованием для слепого полета – blind flying panel
приборная исправленная воздушная скорость – calibrated airspeed, indicated air speed, IAS
приборная исправленная высота – calibrated altitude
приборная исправленная температура воздуха – basic air temperature
приборная линия курса – indicated course line
приборная ошибка смещения (ИЛС) – indicated displacement error
приборная панель – console, instrumentation console
приборная скорость в узлах – knots-indicated airspeed, KIAS
приборная скорость при воздушном порыве – gust airspeed
приборная стойка – control panel
приборная температура воздуха – indicated air temperature, IAT
приборная угловая погрешность глиссады – indicated glide path angular error
приборная шкала – indicator (instrument) dial
приборное время – instrument time
приборное число М – indicated Mach number
приборный – indicated
приборный линейный сектор – indicated linearity sector
приборный отсек – instrument bay, instrument compartment, instrumentation cabin
приборный сектор глиссады ИЛС – indicated ILS glide path sector
приборный сектор курса – indicated course sector
приборный угол глиссады ИЛС – indicated ILS glide path angle
приборы для записи параметров движения – performance instruments
приборы для измерения скорости, высоты и вертикальной скорости – Pitot static instruments
приборы для контроля работы автопилота – autopilot instrumentation
приборы для полетов в условиях отсутствия видимости – IFR displays
приборы контроля взлета – takeoff instrumentation
приборы контроля работы двигателя – engine instrumentation, engine instruments
приборы контроля силовой установки – powerplant instruments
приборы на доске пилота – head-down instruments
приборы пилотажной группы – performance instruments
приборы управления самолетом в полете – flight-control instruments
приборы, установленные на приборной доске – head-down instrumentation
приборы, фотографируемые в полете – photopanel instruments
прибывать – arrive
прибывающий – inbound
прибыль от эксплуатации (самолета) – earning power
прибыль от эксплуатационной деятельности – overall operating profit
прибытие – arrival
приведение – reduction
приведение в движение – propulsion
приведение в порядок – arrangement
приведение к заданной высоте – altitude capture, height-lock control
приведение к нулю – zero setting
приведение характеристик – performance reduction
приведенная величина – corrected value
приведенная высота – equivalent altitude, scale height
приведенная масса – reduced mass
приведенная скорость – corrected speed, reduced velocity
приведенное напряжение – equivalent stress
приведенное число оборотов – corrected speed
приведенный – corrected
прививка – vaccination
привод – drive, transmission; homing
привод вспомогательного агрегата – accessory drive
привод вспомогательных агрегатов – accessory gear train

привод замка или фиксатора – lock actuator
привод крыльчатки – impeller drive
привод поверхности управления – control-surface actuator, flight control surface actuator
привод регулятора шага воздушного винта – propeller governor drive
привод руля ВС – flight control surface actuator
приводимый в действие – activated
приводимый в действие сжатым воздухом – air driven
приводимый от аккумуляторной батареи – battery-driven
приводимый от реактивного двигателя – jet-driven
приводить – drive
приводить в движение – start
приводить в действие – operate
приводить к заданному масштабу – scale
приводить самолет на данное место с помощью радио или светотехнических средств – home
приводная радиостанция – Homer, Radio Direction Finding Station, homing station, locator beacon, non-directional beacon (NDB)
приводная радиостанция курсоглиссадной системы посадки – compass locator
приводная радиостанция курсоглиссадной системы посадки, установленная около ближнего маркера – compass locator inner, locator inner marker
приводная радиостанция курсоглиссадной системы посадки, установленная около среднего маркера – compass locator middle, locator middle marker, LMM
приводная радиостанция курсоглиссадной системы посадки, установленная около дальнего маркера – compass locator outer, locator outer marker, LOM
приводная станция – homing beacon, homing point
приводное радио или светотехническое устройство – home beacon
приводной аварийный радиомаяк – recovery locator beacon
приводной вал – power shaft
приводной луч – approach beam
приводной маркерный маяк – approach marker beacon
приводной маяк – locator beacon, radar homing beacon
приводной маяк для поврежденных ВС – downed aircraft locator
приводной механизм – driving train
приводной радиолокатор – Director
приводной радиолокационный маяк – radio homing beacon, RHB
приводной радиомаяк – aerodrome locating beacon (ALB), guiding beacon, home beacon, homing beacon, location beacon, radio homing beacon
приводной сигнал – homing signal
приводящий в действие – actuating
приводящий к потребному виду – interface
привязная система – restrained system
привязной ремень – safety belt
привязные ремни – safety harness
привязные ремни пилота – harness
привязывание (груза) – lashing
приглушенный звуковой удар – muffled boom
пригодность для перевозки по воздуху – air transportability
пригодность к летной работе – flying aptitude
пригодность к летной службе – aptitude for flying
пригодность к полету – flight fitness
пригодный для применения человеком – man-rated
пригодный к летной службе (о летном составе) – fit for flying
пригодный к полетам (о самолете) – flyable; airworthy, in flying order
пригонка – adjustment
пригонять – joint
придавать крутку – warp
придавать обтекаемую форму – streamline
придавать параллельность – collimate
придавать угол возвышения – elevate
придание крылу крутки – wing-warping
придание обтекаемой формы – streamlining
приданный – associated
приезд – arrival
прием – acceptance, over, pickup

прием и накопление данных – data acquisition
прием на разнесенные антенны – diversity reception
прием руководства прибывающими самолетами (от центра УВД) – inbound releases from ATCC
приемистость – acceleration, acceleration response
приемистость двигателя – engine acceleration, engine acceleration ability, engine response
приемка – acceptance
приемлемые методы установления соответствия – acceptable means of compliance
приемная антенна – passive antenna, receiving antenna
приемная кассета самописца – record package
приемная комиссия – Selection Board
приемная радиостанция – radio receiver, receiving station
приемная трубка – picture tube
приемник воздушного давления – airspeed head, Pitot head, Pitot probe
приемник воздушного давления указателя скорости – airspeed tube
приемник давления – pressure head
приемник командных сигналов радиоуправления – radio control receiver
приемник курсового радиомаяка – localizer receiver
приемник пассивной РЛС – raw radar receiver
приемник Пито – pressure head
приемник радиокоманд – radio control receiver
приемник радиокомпаса – compass receiver
приемник радиолокационной системы управления – radar control receiver
приемник радиолокационной станции – radar receiver
приемник сигналов ведущих кабелей – leader cable receiver, marker beacon receiver
приемник сигналов всенаправленного радиомаяка – omnirange receiver
приемник сигналов радиомаяка – radio-beacon receiver
приемник системы захода на посадку (по приборам) – instrument landing receiver
приемник системы радионавигации – navigational receiver
приемник системы самонаведения – homing receiver
приемник статического давления – static port
приемник топлива – probe
приемное испытание – acceptance test
приемное устройство – receiver
приемный пульт – receiving console
приемоответчик – transponder
приемопередатчик – transceiver, transmitter-receiver
приемо-передающая антенна – common antenna
приемо-передающая радиоустановка – two-way radio
приемо-передающая станция – transceiver
приемо-сдаточный облет – acceptance flight
приемо-сдаточный осмотр – acceptance inspection
приемочное испытание – operational service test
приемочный облет самолета – acceptance flight
приземление – alighting, landing, letdown
приземление без поломок – damage-free recovery
приземление с полной остановкой – full-stop landing
приземляться – get down, get into the field, land, touch down
приземляться с выключенным двигателем – land dead
приземляться с недолетом до ВПП – undershoot
приземная карта – surface chart
приземная синоптическая карта – surface weather chart
приземное давление – surface pressure
приземные наблюдения – surface observation
приземный атмосферный фронт – surface front
приземный ветер – surface wind
приземный воздух – ground air
приземный слой атмосферы – lowest atmospheric layer

признак – sign, signature
признание действительности квалификационного свидетельства – rendering (a licence) valid
признание действительности удостоверения о летной годности – rendering (a certificate of airworthiness) valid
приказ – order
приказание – command
приказывать – order
прикидочный заход на посадку – surveillance approach
прикладная аэродинамика – applied aerodynamics
прикладывать – attach
прикрепление – attachment
прикреплять – attach
прикрывать дроссель – throttle back, throttle down
прикрытие – cover, coverage, screen
прикрытие дросселя – throttling back
прилагать – apply
прилегающий к борту – outboard
прилипание (пограничного слоя) – attachment
приложение – annex
приложение (усилия) – application
применение – application
применение закрылков – flapping
применение системы передачи данных – data link receiver
применимость – applicability
применяемый тариф – applicable fare
применять – apply
примесь – contaminant; ingredient
принадлежность – attachment
принижение – altitude differential
принимать – accept
принимать на себя обязательство – contract
принимать управление ВС – take the controls
принимающий орган (авиадиспетчерской службы, берущий на себя контроль за воздушным судном) – accepting unit, accepting unit controller
приносить – yield
принтер – printer
принудительная смазка – pressure lubrication, servolubrication
принцип – concept, principle
принцип визуальной посадки – see-to-land concept
принцип контроля взлета по маркерам на ВПП – go-no-go takeoff concept
принцип организации работы – management philosophy
принцип полного использования самолета – fill-up basis
принцип централизованного сосредоточения средств – pooling principle
принятие решения – decision-making
принято неверно, с искажением (о радиограмме) – negative
принятый датчиком – sensed
приращение – augment, increment
прирост – augmentation, gain, increment
присоединение – joining
присоединение (скачка уплотнения) – attachment
присоединенный – trailing
присоединенный вихрь – bound vortex
присоединенный прямой скачок уплотнения – attached normal shock
присоединенный скачок уплотнения – attached shock (wave)
присоединять – attach
приспосабливаемый – adjustable
приспособление – arrangement, attachment, device, feature, fixture
приспособление для автоматической сигнализации – automatic warning device
приспособление для крепления груза в самолете – aircraft cargo tie-down device
приспособление для съема сигнала – pickup
приспособление для центровки – centralizer
приспособление организма – accommodation
приспособление при глушении (колебаний) – damping arrangement
приспособленный для сбрасывания с воздуха – air droppable
приспособлять – arrange
приставка – adapter, attachment
приток – indraft, inflow, influx
приточный воздух – inlet air
притяжение – pull
прицеливание – aim, sighting
прицельная РЛС – radar tracker
прицеп – trailer

причина авиационного происшествия – accident cause factor
причина происшествия – cause factor
причинный фактор – cause factor
проба – sample, trial
пробег – run
пробег самолета при посадке – alighting run, landing roll, landing run
пробивание зоны шторма – storm penetration
пробивание облаков перед снижением – letdown
пробивание облачности – descent through clouds, penetration
пробивание облачности «под колпаком» – hooded penetration
пробивание облачности по приборам – instrument penetration
пробивать облачность – break out a cloud base, pass through
пробка – traffic congestion, traffic jam
пробка заливной горловины бака – tank filler cap
пробка заливочного отверстия – filler hole plug
проблема – challenge, problem
проблесковый (навигационный) огонь – flashing light
проблесковый огонь – blinker light, sequence flasher
проблесковый огонь приближения (подхода) – flashing approach light
проблесковый световой сигнал или огонь – occulting light
проблесковый светомаяк – flashing beacon, oscillating beacon
пробный – trial
пробный запуск – trial run
пробный полет – trial flight, trial run
пробный экземпляр – specimen
пробой кабеля – breakdown
пробойник – pin
проваливание – mushing
проверить выпуск и замки шасси – check wheels down and lock
проверка – check, check-up, inspection, proof, trial
проверка в полете – flight check
проверка времени по радио – radio tick
проверка готовности к посадке – landing check
проверка летной квалификации – flight qualification test
проверка на тренажере – simulator tests
проверка навыков пилотирования по приборам – instrument (proficiency) flight check, instrument check
проверка перед взлетом – pre-takeoff check
проверка после летного происшествия – post-accident check
проверка приборов и оборудования в кабине (перед вылетом или заходом на посадку по приборам) – cockpit check
проверка работы приборов при пролете наземных ориентиров – flyby check
проверка радиосвязи – radio check
проверка систем ВС – flight system check
проверка системы управления – control check
проверка специальной подготовки – proficiency test
проверка типа «да – нет» – go-no-go check
проверка топлива – fuel check
проверка управляемости – controllability check
проверка уровня летной подготовки – flight proficiency test, proficiency check, proficiency test
проверка центровки (ВС) – balancing check
проверка электромеханизмов – electromechanical check
провертывать (воздушный винт) – start up
проверяющий пилот – check pilot
провес – sag
проветривать – air
провисать – sag
провод – cable, wire
провод для стекания статических зарядов – static suppressor
проводить техническое обслуживание – maintain
проводка датчика – sensor wiring
проводка системы управления – linkage
проводка управления – control line, run
проводка управления длиной ноги (шасси) – leg-shortening linkage
проводка управления направляющими лопатками – guide vane linkage

проводка управления регулируемым направляющим аппаратом – variable stator linkage
проводка управления рулем высоты – elevator linkage
проводка управления с линейно изменяющимся передаточным отношением – linear link
проводка управления сервозакрылком – servo-flap linkage
проводка управления силовой установкой – powerplant control linkage
проводка управления створками (шасси) – door linkage, flap linkage
проводка цели – tracking
проводная связь – line communication, wire circuit
проводящий воздух – conducting air
провоз – carriage
проволока – wire
проволочный телеграф – wire telegraph
проворачивание воздушного винта – throw of the propeller
проворачивать двигатель – turn over
прогар (стенки камеры сгорания) – burnout, burn-through
прогиб – buckle, deflection
прогибать – sag
прогноз – forecast; prediction
прогноз данных о ветре и температуре в верхних слоях атмосферы по району – area forecast of upper winds and temperature, ARMET
прогноз на посадку – TF, terminal forecast
прогноз по району – regional forecast
прогноз погоды – weather forecast, WF, weather trend
прогноз погоды в пункте посадки – terminal forecast
прогноз погоды в районе аэродрома – airdrome forecast, landing forecast
прогноз погоды в районе аэропорта – airport forecast
прогноз погоды в районе полета – flight forecast
прогноз погоды на аэродроме посадки – terminal weather forecast
прогноз погоды на террасе – air route forecast
прогноз погоды по маршруту – flight forecast, route forecast, ROFOR
прогноз погоды средней заблаговременности – medium-range (weather) forecast
прогнозированная скорость (ветра) – forecast velocity
прогностическая высотная карта – prognostic upper level chart
прогностическая карта верхних слоев – prognostic upper air chart
прогностическая карта на фиксированное время – fixed time prognostic chart
прогностическая приземная карта – prognostic surface chart
прогностический – forecast
прогностический анализ – prognostic analysis
прогностический центр – forecast center
проградуированный – indexed
программа – program(me), routine; schedule
программа маршрутных летных испытаний – route-proving flight schedule
программа ознакомительных полетов – Flight indoctrination program
программа работ – effort
программа учебных полетов – flying curriculum
программирование – programming
программированная работа – preset operation
программированное регулирование – preprogrammed control
программированное управление – preprogrammed control
программированный – preprogrammed
программировать – program(me)
программирующее устройство – programmer, software package
программист – coder
программное управление – preset control
программное устройство – timing unit
программы – software
программы работы бортового оборудования – avionics software
прогрев – engine run-up
прогрев двигателя (перед запуском) – engine prewarming
прогревание двигателя – warming up
продвижение – advance, propulsion
продление свидетельства – renewal of licence

«продолжайте радиопередачу» (ртс) – go ahead
продолжение оси ВПП – extended center line of the runway
продолжительность – duration
продолжительность (полета) – endurance
продолжительность обслуживания – servicing time
продолжительность полета в режиме висения – hovering endurance
продолжительность полета на активном участке траектории – combustion duration
продолжительность полета на рабочем режиме – operational endurance
продолжительность полета самолета или работы двигателя без пополнения горючим – non-refueling duration
продолжительность полета, ограничиваемая запасом топлива – fuel endurance
продолжительность пользования запасом кислорода – manhours of oxygen
продолжительность разбега при взлете – time of takeoff run
продолжительность рейса в оба конца – turnaround time
продолжительность экономического использования – economic life
продолжительность экспериментального рабочего цикла – run time
продолжительные работы (двигателя) на полной мощности – full flow endurance
продольная балансировка – fore-and-aft trim, longitudinal trim, trim
продольная деформация – longitudinal strain
продольная неустойчивость – pitching instability
продольная ось – axis of bank, fore-and-aft axis, longitude axis, lubber line
продольная ось ВС – bank axis
продольная ось крена – roll axis
продольная ось самолета – aircraft roll axis, axis of roll
продольная плоскость – fore-and-aft plane
продольная прочность – longitudinal resistance
продольная скорость – longitudinal velocity
продольная составляющая ветра – longitudinal wind component
продольная стабилизация – pitch stability
продольная устойчивость – longitudinal stability, pitch stiffness, stiffness in pitch
продольное движение – longitudinal mode of motion, pitching
продольное напряжение – longitudinal stress
продольное отклонение – along track bias
продольное положение – pitch attitude
продольное управление – elevator control, longitudinal control
продольное усилие на штурвале – control column force
продольное ускорение – axial acceleration, linear acceleration, tangential acceleration
продольное ускорение, направленное вперед – forward acceleration
продольное эшелонирование – longitudinal separation, separation along track
продольно-крутильное колебание крыла – wing flutter
продольно-поперечное управление – elevon control
продольные колебания – longitudinal mode
продольные характеристики – pitching characteristics
продольный – fore-and-aft
продольный градиент давления – downstream pressure gradient
продольный изгиб – buckle, buckling
продольный момент – pitching moment
продольный момент инерции – pitch inertia
продольный элемент – fore-and-aft member
продувать – blow, scavenge
продувка – blasting
продувка двигателя – blow-down
продувка камеры сгорания – combustion chamber drain
продувочный насос – scavenge pump
продукты сгорания – combustion gases
проезжая часть – roadway

проект – design; plan, projection
проектирование самолетов – aircraft design
проектировать – design, project
проекционный индикатор – projected display
проекционный индикатор горизонтальной обстановки – projected-map display
проекционный индикатор навигационных данных – projected data display
проекционный индикатор с картой – projected-map display
проекция – planar, plane, projection, view
проекция Меркатора – Mercator projection, Mercator
проекция пути самолета на земле – ground track
проецируемая площадь винта (на плоскости вращения) – projected propeller (blade) area
проецируемое изображение – projected display
проецируемое изображение с картой – projected-map display
прожектор – directional light
прожектор заливающего света – flood light
прожектор заливающего света в аэропорту – airport floodlight
прозрачность – transmittance, transparency
прозрачность атмосферы – atmospheric transmission
прозрачные детали – transparencies
прозрачные панели из акриловой пластмассы – acrylic transparencies
проигрыш – penalty
проигрыш на крейсерском режиме – cruise penalty
производимый (какой-либо установкой) шум – noise output
производительная миля – revenue mile
производительная пассажиро-миля – revenue passenger-mile
производительная самолето-миля – revenue plane-mile
производительная тонно-миля – revenue ton-mile
производительность – actual output, capability, capacity, delivery, efficiency, output, power, yield
производительность воздушного винта – airscrew output
производительность воздушного транспорта (воздушных перевозок) – air transportation productivity
производительность насоса – pump capacity, pump delivery, pumping capacity
производительный налет самолето-миль – revenue miles flown
производительный полет – revenue flight
производить – generate, yield
производить балансировку – trim
производить высадку или выгрузку из самолета – deplane
производить дозаправку топливом во время полета – refuel in flight
производить отсчет – read
производить переборку – overhaul
производить плавное снижение с последующей посадкой – flare out
производить повторную сборку (переборку) – reassemble
производить поиск – search, sweep
производить полет в визуальных метеорологических условиях – fly under visual meteorological conditions
производить полет в приборных метеорологических условиях – fly under instrument meteorological conditions
производить посадку – touch down
производить сборку самолета – rig
производить ускоренное прохождение – accelerate away
производить ускоренный выход – accelerate away
производная – derivative
производная боковой устойчивости – lateral derivative
производство – making
производство по лицензии – license holder
производство полетов – flight operations
происходящий в полете – in-flight
происходящий одновременно – isotimic
происшествие – accident
происшествие в результате недолета на посадке – undershoot incident
происшествие в результате перелета при посадке – overshoot incident
происшествие в результате самопроизвольного разворота на земле – ground-loop incident

происшествие с благополучным исходом – incident
происшествие с благополучным исходом на земле – ground incident
пройденное время – elapsed time
пройденный путь самолета – track course
прокладка – filler, jointing
прокладка для шва – joint spacer
прокладка курса – course plotting, plotting
прокладка маршрута – operating planning
прокладка пути – dead reckoning
прокладка шва – joint filler
прокладочный инструмент – dead-reckoning instrument
прокладочный материал – jointing
прокладчик курса – plotter
прокладывать – lay; plot
прокладывать курс – bear a course, plot
прокладывать маршрут по карте – charting a course
прокрутка – engine run-up
прокручивание двигателя – starting torque
прокручивать двигатель – turn over
пролет – pass; span
пролет (крыла, фюзеляжа, каркаса, дирижабля) – bay
пролет ориентира – fix passage
пролет с принижением – down pass
пролет самолета над контрольным пунктом – crossover
пролетать – pass
пролетать мимо, не задев – clear
пролетать на большой высоте – pass high
пролетать на малой высоте – pass low
промазать – miss
промахнуться – miss
промедление – delay
промедление в принятии решения – delayed decision
промежуток – clearance, gap, interval, space, spacing
промежуток времени – period, time lapse
промежуток между двумя очередными посадками – landing interval
промежуточная посадка – intermediate stop, stopover
промежуточный аэропорт – intermediate airport
промежуточный корпус – intermediate casing
промежуточный маркерный маяк – middle marker beacon
промежуточный маяк – intermediate airway beacon
промежуточный резервуар – surge tank
промежуточный слой – buffer layer, interlayer
промежуточный холодильник (радиатор, охладитель) – intercooler
промежуточный этап захода на посадку – intermediate approach
промышленность – industry
промышленный образец – production model
проникновение – penetration
пропорциональный тариф – prorated fare, prorating
пропорция – ratio
пропуск зажигания (двигателя) – misfire (of engine)
пропускать – conduct; miss; pass; transmit
пропускная способность (аэропорта) – capacity
пропускная способность авиалинии – traffic potential of an airline
пропускная способность аэропорта – airfield handling capacity, airport capacity, traffic-handling capacity
пропускная способность воздушного пространства – airspace capacity
пропускная способность ВПП – acceptance rate of runway, runway capacity
пропускная способность канала связи – channel capacity
пропускная способность системы передачи данных – data signalling rate
прорезка швов (в затвердевшем бетоне) – joint sawing
прорубаемая изнутри часть обшивки (для спасения из потерпевшего аварию ВС) – chop-out area
прорубаемая снаружи часть обшивки (для спасения из потерпевшего аварию ВС) – cut-in area
прорубание обшивки (при спасении из ВС) – forcible entry
просадка – mushing, sink
просачивание – leak, leakage
просачивание топлива – fuel leakage
просвет – clearance

просвет в облаках – break of clouds
просвет между верхней точкой оперения и потолком ангара – hangar clearance
прослойка – interlayer
прослойка, уменьшающая трение – friction reducing layer
прослушивание – watch
просмотр воздушного пространства – surveillance
простая конструкция – straightforward design
простой (по времени) – dead time, down time
простой закрылок – plain flap
простой сигнал ИЛС – raw ILS
пространственная волна – sky wave
пространственная дезориентация – spatial disorientation
пространственная индикация – three-dimensional display
пространственная нагрузка – three-dimensional load
пространственная ориентировка – space reference
пространственное движение – three-dimensional motion
пространственное измерение – three-dimensional measurement
пространственное изображение – three-dimensional image
пространственное моделирование – three-dimensional modeling
пространственное положение – spatial attitude
пространственное положение при входе (самолета в штопор) – attitude of entry
пространственное развертывание – sweep
пространственное тело – three-dimensional body
пространственное управление – three-dimensional control
пространственные координаты – frame of references
пространственные оси (координат) – solid (space) axes
пространственный – dimensional
пространственный индикатор – three-dimensional display
пространственный обзор – volume scanning, VOLSCAN
пространственный поток – three-dimensional flow
пространство – space, spread
пространство за пределами земной атмосферы – outer space
пространство ОВД – ATS airspace
пространство, контролируемое радиолокационной станцией – radar control area
просьба на разрешение рулежки – request for taxi clearance
протекание характеристики – behavior
протекать – stream
протектированный топливный бак – self-sealing (fuel) tank
против ветра – upwind, windward
против солнца – upsun
против часовой стрелки – anticlockwise
противовес – counterpoise
противовес руля высоты – elevator counterweight
противодавление – backpressure, counterpressure
противодавление на выхлопе – exhaust back pressure
противодействовать – counter, counteract
противообледенитель лобового стекла фонаря – windshield anti-icer
противообледенитель, использующий нагретый воздух – hot-air deicer
противообледенительная подушка – de-icer boot
противообледенительное устройство – anti-icer
противоосколочный слой – screen shield
противоперегрузочный – antigravity
противоперегрузочный костюм – anti-g suit
противопожарная перегородка – engine backplate, fireproof bulkhead, firewall
противопожарная система с принудительным заполнением баков углекислотой – explosion-proof tank
противопожарное мероприятие – fire prevention
противопожарное оборудование – fire equipment, fire extinguisher equipment
противопожарный инвентарь – fire-fighting equipment
противоположная сторона – offside
противоположное отклонение рулей – control reversals

противоположное положение органов управления самолетом в полете – cross controls
противоположный – counter, opposite
противорадиолокационная маскировка – radar deception
противосолнечный щиток – glare shield
противостояние – opposition
противоток – backflow
противоточный – reverse-flow
противоточный впрыск – backshot injection
прототип – prototype
протяжение – extension
протяженность – range, spread
протяженность воздушного порыва – gust size
протяженность руления – taxi run
протяжка – drawing
проушина – eye
профессиональная гордость – professional fitness
профилактический контроль – marginal check
профилактический осмотр – preventive maintenance
профилированное сопло – contoured nozzle, shaped nozzle
профилированный – shaped
профилированный канал – shaped passage
профилировать – profile
профиль – contour, cut, profile, section
профиль без скачка уплотнения – shock-free airfoil
профиль ветра – wind shear
профиль для спрямления потока – flow correcting airfoil
профиль крыла – airfoil, airfoil profile, basic wing, wing shape
профиль крыла большой подъемной силы – high-lift wing profile
профиль крыла с переменной кривизной – variable-camber profile
профиль крыла у корня – root airfoil section
профиль малого сопротивления – low-drag airfoil
профиль местности – ground profile
профиль минимальных скоростей – minimum velocity airfoil
профиль пограничного слоя – boundary-layer profile
профиль скоростей – velocity profile
профиль скоростей в пограничном слое – boundary-layer profile
профильное сопротивление – profile drag
проход – duct, pass, passage, passageway, port, throat
проход (в салоне самолета) – aisle (way)
проход в кабине самолета – aircraft aisle
проход для пассажиров – passenger aisle
прохождение – pass, passage
прохождение сигналов – transmission
прохождение холодного фронта – cold frontal passage
«прохожу над стартом» (ртс) – on upwind leg
процедура – procedure
процедура заправки – filling operation
процедуры таможенной оценки – customs taxation procedure
процент – percent
процент аварийности – accident rate
процент дохода на капитал – rate of return in investment
процент занятости пассажирских мест – passenger load factor
процент использования – efficiency
процент использования грузоподъемности самолета, обеспечивающий получение прибыли – profit-making capacity of the aircraft
процент коммерческой загрузки – coefficient of load, load factor
процент коммерческой загрузки на одного работника (члена личного состава) авиакомпании – employee's load factor
процент на капитал – return of investment
процент поглощения (в результате пропорционального распределения сквозного тарифа) – absorption percentage
процент потери – count-down
процент потерь ВС в результате аварий на земле – ground wreck rate
процент потерь ВС в результате летных происшествий – flying wreck rate
процент потерь самолетов в результате авиационных происшествий на земле – aircraft ground wreck rate

процент потерь самолетов в результате летных происшествий – aircraft flying wreck rate
процент регулярных потерь парка ВС – aircraft attrition rate
процент рентабельности – operating ratio
процент самолетов, списанных ввиду естественного износа – aircraft wear-out rate
процент смертности пассажиров в результате аварий самолетов – passenger-fatality rate
процентный доход – interest
проценты – interest
процесс – process
процесс расширения – diffusive process
процессор для получения гистограммы – histogram data processor
прочность – endurance, integrity, strength
прочность конструкции – structural integrity, structural strength
прочность на изгиб – bending strength
прочность на изгиб (покрытие) – flexural strength (pavement)
прочность на разрыв – tensile properties
прочность на сжатие – compression strength, compressive strength
прочность на скручивание – torsional strength, twisting resistance
прочность планера самолета – structural strength
прочность покрытия ВПП – runway strength
прочность покрытия на сдвиг – stability
прошедшая погода – past weather
проявление (фотоматериалов) – development
пружинный – spring-loaded
пружинный триммер руля высоты – elevator spring tab
пружинный триммер руля направления – rudder spring tab
прыгать с парашютом – parachute
пряжка – buckle
прямая волна – direct wave
прямая запись – direct recording
прямая линия фактического пути – track made good
прямая перегонка самолета – straight run
прямая связь – direct communication, direct link, direct signal communication, point-to-point conversation
прямая связь между двумя пунктами – point-to-point communication
прямая связь по телетайпу – typewritten conference
прямо по курсу – dead ahead
прямое восхождение – right ascension
прямое крыло – unswept wing
прямое распространение волн – direct wave propagation
прямое сообщение – direct communication, through service, through traffic
прямое считывание – direct reading
прямое управление боковой силой – direct sideforce control
прямое управление подъемной силой – direct lift control
прямой – direct
прямой отсчет – direct reading
прямой пеленг – direct bearing
прямой провод – direct communication
прямой скачок уплотнения – normal shock wave
прямой сквозной рейс – through flight
прямой тариф – flat rate
прямой электрический аналог – direct electrical analogue
прямолинейный горизонтальный полет – level flight
прямолинейный полет – point-to-point flight
прямоточный воздушно-реактивный двигатель – aeroduct, athodyd, jet tube, propulsion duct, propulsive jet, ramjet, ramjet engine, steady-flow ramjet
прямоточный двигатель – propulsive duct
прямоточный компрессор со сжатием воздуха за счет скоростного напора – ram compressor
прямоугольная координатная сетка – Y-grid
прямоугольная проекция – orthogonal projection
прямоугольная система – orthogonal system
прямоугольная система координат – transverse system of coordinates, X and Y coordinates
прямоугольные координаты – transverse coordinates
прямые издержки на самолето-милю – direct aircraft-mile costs

прямые эксплуатационные расходы – direct operating costs, DOC
психический процесс – mental process
психологическая несовместимость – psychological incompatibility
психомоторное испытание – psychomotor test
психопатология – abnormal psychology
психотехнические испытания радистов – radio operator's aptitude test
психотехническое испытание – ability test
психрометр – psychrometer
ПуВРД (пульсирующий воздушно-реактивный двигатель) – impulse-duct engine, propulsion duct, pulsejet (engine)
пузырек – bubble
пузырьковый сферический уровень – bubble horizon reference
пульверизатор – sprayer
пульверизация – atomization
пульсация – beat, pumping, surge
пульсирующий – intermittent
пульсирующий воздушно-реактивный двигатель – aeropulse, impulse-duct engine, propulsion duct, pulsejet (engine)
пульсирующий воздушно-реактивный двигатель в дополнительном кожухе – ducted-pulse jet
пульсирующий прямоточный реактивный двигатель – intermittent jet
пульт – board, console
пульт визуального отображения – visual display console
пульт индикации – display console
пульт контроля – monitoring console
пульт селектирования режимов работы – mode select panel
пульт УВД – traffic console
пульт управления – control board, control box, control consol, control desk, control panel, control rack, controller, instrumentation console, table
пульт управления автопилотом – autopilot controller
пульт управления вводом – keyboard entry system
пульт управления по радио – radio control board
пульт управления регистрирующей аппаратурой – sequence console
пульт управления РЛС – radar console
пульт управления с индикатором – indicator console
пульт управления связной и навигационной аппаратурой – com/nav controller
пульт управления системой автостабилизации ВС – flight controller
пульты управления пилотов – pilot keyboard
пуля – projectile
пункт – point, post, station
пункт (документа) – item
пункт вылета – departure point
пункт высадки или погрузки (на самолете) – embarkation point
пункт диспетчерского контроля (ртс) – Center (Air Traffic Control Center)
пункт иммиграционной проверки – immigration check point
пункт назначения – destination
пункт обязательной посадки – mandatory landing point
пункт обязательной посылки донесений с борта – compulsory reporting point, fix point, reporting point
пункт обязательных донесений – mandatory reporting point
пункт ожидания – holding point
пункт остановки по расписанию – scheduled stopping place
пункт отправления – departure point
пункт переключения на следующее аэронавигационное радиосредство – changeover point
пункт посадки – landing point, terminal
пункт промежуточной остановки – stopover point
пункт разгрузки – break-bulk point
пункт регистрации – check-in station
пункт с известными координатами – fix
пункт сбора донесений – message center
пункт сбора донесений органов обслуживания воздушного движения – air traffic service reporting office
пункт сбора донесений по радиотелетайпу – radioteletype message center
пункт смены рейсов – connecting point
пункт стыка рейсов – connecting point
пункт управления воздушным движением – Air Traffic Control Center; traffic center

пункт установления связи (самолета с диспетчерской службой) – contact point
пункты отправления и назначения в купоне – coupon origin-destination, COD
пункты, относящиеся к безопасности полета – safety-of-flight items
пуск – launch, start
пуск в ход – setting
пускать – start
пусковая форсунка – igniter injector
пусковое магнето – starting magneto
пусковое устройство – release mechanism
пусковой механизм – starter, starter unit
пусковой мотор – actuator motor
пусковой насос – primer pump, priming pump
пустой – deflated
пустота – vacuum
пустотность – cavitation
путевая балансировка – directional trim
путевая дистанция – track course
путевая карта – plotting chart
путевая неустойчивость – directional instability, yaw(ing) instability
путевая скорость – earth velocity, ground speed (GS), ground velocity
путевая скорость по данным РЛС – radar track speed
путевая управляемость – directional control, directional controllability
путевая устойчивость – directional balance
путевое управление – directional control, rudder control, side-to-side control
путевой – directional
путевой компас – steering compass
путевой маневр – yaw(ing) maneuver
путевой момент инерции – yaw inertia
путевой угол – ground track direction, path angle, track, track angle, track bearing
путевой угол, определенный счислением пути – dead-reckoned track
путешествие – journey, trip
путь – path, route, track, trail, way
путь прохождения сигналов системы ИЛС – ILS propagation path
путь следования прибывших пассажиров – disembarking path
путь сообщения – communication
пучок лучей – beam
пыльная буря – blowing dust, dust devil, dust storm
пыльная мгла – dust haze
пыльный поземок – drifting dust
пыльный смерч – dust devil
пьезометрическая высота – pressure head
пятиэлементный код – five-unit code
пятно на электронно-лучевой трубке – mark

Р

работа – effort, job, work; operation, running
работа в аварийном режиме – emergency operation
работа в разнос – overspeeding
работа в режиме путевого управления – yaw-mode operation
работа в режиме стабилизации тангажа или в режиме продольного управления – pitch mode operation
работа в сети – network operation
работа воздушного винта – propeller running
работа двигателя – run
работа двигателя на земле в режиме малого газа – ground idling
работа двигателя на максимальных оборотах – full-speed operation
работа двигателя на малом газу – engine idle
работа на максимальном газе – full-throttle operation
работа на максимальном режиме – full-power output
работа на нерасчетных режимах – off-design performance
работа на номинальном режиме – maximum continuous operation
работа на перекрестных диапазонах – crossband operation
работа на пониженных режимах – part throttle operation
работа на режиме самовращения – windmilling
работа на холостом ходу – idling
работа органов управления – control function
работа по замкнутому циклу – closed-loop operation
работа по разомкнутому циклу – open-loop operation
работа по расписанию – scheduled operation
работа с коррекцией – slaved operation
работа с максимальной тягой – high-level operation
работа форсажной камеры – afterburning
работать ключом – key
работать на завышенных скоростях – overspeed
работать на максимальном газе – run at full throttle
работать на максимальном режиме – boost
работать на малых оборотах – idle
работать на режиме малого газа – idle, rum idle
работать на режиме холостого хода – idle, run idle
работающая деталь – stressed part
работающая обшивка – stressed skin
работающий – operative
работающий вхолостую – running away
работающий на жидком топливе – liquid fuel, liquid-propellant
работающий на расчетном режиме (о сопле двигателя) – adapted
работающий по внешним сигналам – on-line
работоспособный – operative
рабочая волна – transmitting wave
рабочая ВПП – duty runway, runway in use
рабочая высота – operational altitude
рабочая жидкость – hydraulic fluid, working fluid
рабочая нагрузка – working load, workload
рабочая площадь – effective area, movement area
рабочая поверхность камеры сгорания – inside chamber area
рабочая частота – operational frequency
рабочая часть – working section
рабочая часть аэродинамической трубы – experimental chamber, test section, throat, working section
рабочее вещество – working fluid
рабочее давление – operating pressure, working pressure
рабочее давление в баке – tank operation pressure
рабочее колесо турбины – turbine wheel
рабочее колесо турбины или нагнетателя – impeller
рабочее место пилота – pilot's position
рабочее тело – working fluid
рабочее тело (воздух) – actuating air
рабочее тело турбины – turbine working fluid

рабочие характеристики – operating characteristics, operational characteristics, operational performance, performance characteristics, performance data
рабочий воздух пневматической системы управления – control air
рабочий диапазон – effective range, operating range
рабочий канал – operating channel
рабочий объем двигателя – capacity, engine displacement
рабочий объем цилиндра – displacement
рабочий план полета – operational flight plan
рабочий режим – operating mode, operating point
рабочий стол оператора радиолокатора – plotting table
рабочий цикл – duty, duty cycle
рабочий шов – construction joint
равнение – alignment
равновесие – balance, counterpoise, trim
равновесная проекция – equal-area projection
равновесное запаздывание (гироскопа) – equilibrium lag
равнодействующая – resultant
равнодействующая сила – resultant force
равнодействующий – resultant
равномерно распределенная нагрузка – continuous load, uniform load
равномерное ускорение – uniform acceleration
равномерный – steady, uniform
равномерный воздушный поток – uniform air stream
равномерный однородный поток – uniform flow
равнонаправленный – isotropic
равноотстоящий – equidistant
равнопромежуточная азимутальная проекция – azimuth equidistant projection, azimuthal equidistant projection
равнопромежуточная проекция – equidistant projection
равносигнальная зона – equisignal zone, overlap between adjacent signal, split beam
равносигнальная зона глиссадного луча – center of the glide slope (beam), glide-slope center
равносигнальная зона курсового луча – localizer center
равносигнальная зона луча – beam center, null
равносигнальная зона радиомаяка – average bisector, leg, quadrant of a radio range, radio-range leg
равносигнальная зона с визуальной индикацией – visual course
равносигнальная зона со слуховой индикацией – aural course
равносигнальная радиостанция – equisignal station
равносигнальный – equisignal
равносигнальный курсовой радиомаяк – equisignal radio range beacon
равносигнальный маяк – equisignal radio beacon
равносигнальный сектор – equisignal sector
равносильный – equivalent
равноугольная проекция – conformal projection
равноугольная цилиндрическая проекция – Mercator
равноугольный (о проекции карты) – conformal
равноускоренное движение – uniform acceleration
равноценный – equivalent
радарозондовое наблюдение – radar sonde observation
радиатор – heat exchanger
радиационный иней – radiation frost
радиационный туман – radiation fog
радиация – irradiation, radiation
радио – radio, RDO
радиоактивный распад – decay
радиоантенна – radio antenna
радиоблок – radio package
радиоветровая радиостанция – radiowind station
радиоветровое наблюдение – radiowind observation
радиовещание – broadcasting
радиовещательная станция – broadcasting station
радиовещательный диапазон – broadcast band, voice-communication band
радиоволна – radio wave
радиовызов – radio contact

радиовысотомер – altitude-finding radar, electronic altimeter, radar altimeter, radio altimeter, terrain clearance indicator, TCI
радиоглушитель – suppressor
радиогониометрия – radiogoniometry
радиогоризонт – radio horizon
радиограмма – message, radio message, radnote
радиодальномер – ranging unit
радиодальномерная станция – radio-range station
радиоданные о боковом положении ВС – radio lateral position
радиодетектор – radio finder, radio finding
радиодисциплина – radio discipline
радиодонесение – radio message
радиозасечка – radio fix
радиозонд – probe, radio balloon, radiosonde, rawinsonde
радиоимпульс – burst
радиоинерциальная система контроля положения – radio inertial lateral position control system
радиоинерциальное наведение – radio inertial guidance
радиоинтерференция – radio interference
радиокод – radio code
радиокомпас – course director, radio compass
радиокомпас с неподвижной рамкой – fixed-loop radio compass
радиокоордината – radio fix
радиолампа – vacuum tube
радиолиния – radio link
радиолиния передачи данных с распределением во времени рабочих интервалов – time-ordered data link
радиолокатор – locator, radar, radio detector
радиолокатор встречи в системе Декка – Decca Air Surveillance Radar, DASR
радиолокатор гражданского назначения – civil radar
радиолокатор для контроля за движением в районе аэропорта – airport surface detection radar
радиолокатор для определения основания и вершины облаков – radar cloud-base and cloud-tip indicator
радиолокатор для управления движением в зоне аэродрома – airfield control radar
радиолокатор для управления движением на аэродроме – airfield control radar, ACR
радиолокатор кругового обзора – surveillance radar
радиолокатор наведения – surveillance radar
радиолокатор обзора летного поля – airport surface detection equipment, ASDE
радиолокатор общего назначения – general purpose radar
радиолокатор с высокой разрешающей способностью – fine grain radar
радиолокатор системы обеспечения самолетовождения – radar navigation aid
радиолокатор слежения – tracking radar
радиолокатор сопровождения – tracking radar
радиолокатор, измеряющий высоту полета самолета – radar height finder
радиолокаторы, действующие по взаимно противоположным направлениям – radar mounted back-to-back
радиолокационная аппаратура для предупреждения об опасном сближении и предотвращения столкновения самолетов – aircraft warning avoidance radar equipment
радиолокационная индикация – radar display
радиолокационная информация – radar data
радиолокационная карта – electronic map, radar chart, radar map
радиолокационная миля – radar mile
радиолокационная навигация – radar navigation
радиолокационная отметка – radar appearance
радиолокационная отражающая поверхность – radar profile
радиолокационная разведка – radar ranging
радиолокационная разведка целей – radar target intelligence
радиолокационная связь – radar communication
радиолокационная система наведения – radar guidance system

радиолокационная система с индикацией данных на нескольких индикаторах – complex displays
радиолокационная система с прямой выборкой данных – direct-access radar channel
радиолокационная система управления – radar guidance system
радиолокационная станция – locator, position finder, radar, radar aid, radar set, radar station, radar unit, station
радиолокационная станция автоматического сопровождения – automatic tracking radar
радиолокационная станция дальнего обнаружения – early warning radar, long-range surveillance radar
радиолокационная станция для определения направления и скорости ветра – wind radar
радиолокационная станция для точного измерения расстояний – survey radar
радиолокационная станция наведения – beam transmitter radar, control radar, guidance radar
радиолокационная станция обнаружения – search radar, spotter, warning radar
радиолокационная станция пеленгации радиозондов – radiosonde tracking radio direction finder
радиолокационная станция раннего предупреждения – early warning station, EWS
радиолокационная станция с импульсной модуляцией – pulse-modulator radar
радиолокационная станция системы управления заходом самолетов на посадку – approach control radar
радиолокационная станция слежения – tracker
радиолокационная станция сопровождения – radar-tracking station
радиолокационная станция точного вывода самолета на посадку – superprecision approach radar, SPAR
радиолокационная станция точного обнаружения – accurate position finder, APF
радиолокационная станция точного управления выводом самолета в зону аэродрома и посадкой – precision approach airfield radar, precision approach radar, PAAR
радиолокационная станция управления – guidance radar
радиолокационная станция управления воздушным движением – air traffic control radar
радиолокационная станция управления подходом самолетов к аэродрому и заходом на посадку – approach control radar, ACR
радиолокационная станция управления полетами – control radar
радиолокационная съемка местности – radar mapping
радиолокационная точка – radar fix
радиолокационная установка – radar installation, radar system
радиолокационная цель – radar target
радиолокационное измерительное оборудование – radar instrumentation
радиолокационное наблюдение – radar monitoring, radar observation, raob
радиолокационное наблюдение грозы – radar storm observation
радиолокационное наведение – radar direction, radar guidance, radar vectoring
радиолокационное наведение с визуальным слежением – director radar guidance
радиолокационное обнаружение – radar warning
радиолокационное обнаружение грозы – radar storm detection
радиолокационное обнаружение и целеуказание – radar acquisition
радиолокационное оборудование – radio detector equipment
радиолокационное оборудование по контролю за движением на аэродроме – airport surface detection equipment
радиолокационное обслуживание – radar service
радиолокационное опознавание – radar identification
радиолокационное определение линии пути – radar track position
радиолокационное самонаведение – radar homing
радиолокационное слежение – radar tracking

радиолокационное указание курса следования – radar course-direction control
радиолокационное управление – radar command, radar guidance
радиолокационное управление воздушным движением – radar air traffic control, radar traffic control
радиолокационное эшелонирование – radar separation
радиолокационные данные – radar data, radar plot
радиолокационные данные дальности – range input
радиолокационные данные о буре – storm detection reports
радиолокационные данные о ветре – radar wind report
радиолокационные данные о целях – radar target intelligence
радиолокационные помехи – radar clutter
радиолокационный – radar
радиолокационный автоштурман, работающий на принципе Доплера – radar Doppler automatic navigator, RADAN
радиолокационный высотомер – radar altimeter, radar height finder
радиолокационный высотомер с цифровым отсчетом – digital radar altimeter
радиолокационный дальномер – radar range finder, radar ranging set
радиолокационный зонд – radar sonde
радиолокационный имитатор – radar simulator
радиолокационный индикатор с селекцией движущихся целей – radar moving-target indicator
радиолокационный контакт – radar contact
радиолокационный контроль – radar monitoring
радиолокационный курс – radar heading
радиолокационный луч – radar beam
радиолокационный луч слежения за целью – target tracking beam
радиолокационный маркер – ramark
радиолокационный маяк – racon, radar beacon
радиолокационный маяк-ответчик – responder, responder beacon, tracking beacon
радиолокационный метод определения параметров ветра с помощью воздушных шаров – rawin (radar wind)
радиолокационный обзор – radar scan
радиолокационный ориентир – radar target
радиолокационный ответчик – radar responder, radar transponder
радиолокационный ответчик на твердых телах – solid-state radar transponder
радиолокационный передатчик – radar transmitter
радиолокационный планшет – autoradar plot, radar board, radar plot, radar plotter
радиолокационный поиск – radar scan, radar search
радиолокационный пост – radar post, radar station
радиолокационный прицел – radar tracker
радиолокационный прогноз погоды – radar weather forecasting
радиолокационный синоптический анализ – radar weather analysis
радиолокационный центр УВД – radar air traffic control center
радиолокационный эхо-сигнал – radar target
радиолокация – radiolocation
радиолуч – radio beam
радиолуч управления по азимуту – azimuth directional beam
радиомагнитный индикатор – radio magnetic indicator, RMI
радиомаркер – location marker, marker beacon marker, radio marker
радиомаркер, используемый для захода на посадку – runway guidance marker
радиомаяк – beacon, radio beacon, radio-beacon station, range beacon
радиомаяк в аварийном комплекте – survival kit beacon
радиомаяк для предотвращения столкновения самолетов – anti-collision beacon
радиомаяк микроволнового диапазона – microwave beacon

радиомаяк направленного действия – directional beacon, radio range, radio-range beacon
радиомаяк ненаправленного действия – non-directional beacon, non-directional radio beacon
радиомаяк с вертикальной конусообразной диаграммой излучения – Z-marker beacon
радиомаяк с вращающейся рамочной антенной – rotating loop beacon
радиомаяк с дискретным адресом – discrete address beacon (system), DABS
радиомаяк с направленным излучением в двух противоположных направлениях – two-course radio range
радиомаяк с равносигнальной зоной – equisignal beacon
радиомаяк системы Вортак – Vortac beacon
радиомаяк-ответчик – responder beacon, transponder beacon
радиомаяк-передатчик вмонтированный в спасательный пояс – emergency transmitter beacon
радиомаяк-передатчик, вмонтированный в спасательный пояс – sarah
радиомолчание – radio silence
радионаведение – electronic guidance, radio control, radio guidance
радионавигационная карта – radio facility chart, RFC
радионавигационная система Декка – Decca navigation system
радионавигационная точка – radio fix
радионавигационная точка на маршруте ожидания – holding fix
радионавигационное оборудование – radio navigation aids
радионавигационные средства самолетовождения – fixing aids
радионавигация – radio flying, radio navigation
радионавигация по гиперболической системе – hyperbolic navigation
радионавигация системы Декка – Decca map
радиообмен – radio traffic
радиооборудование с системой контроля – monitored radio
радиооператор наземного радиооборудования – ground radio operator
радиоопознавание – radio identification
радиопеленг – loop bearing, radio bearing, radio fix
радиопеленг на маршруте – en-route radio fix
радиопеленгатор – accurate position finder, direction finder, directional radio, position finder, radio direction finder, RDF
радиопеленгатор с вращающейся антенной – rotating-reflector direction finder
радиопеленгатор с неподвижной антенной – fixed antenna direction finder
радиопеленгатор с оптической индикацией – visual radio range
радиопеленгатор с электронно-лучевым индикатором – cathode-ray direction finder
радиопеленгаторная антенна – directional beam transmitting antenna
радиопеленгаторная станция – direction-finder station, fixer, radio compass station, radio direction finding station, radiotelephone direction finder, wireless telegraph direction finder (WTDF)
радиопеленгаторный приемник – direction-finding receiver
радиопеленгация – direction finding, directional radio, radio direction finding, radio guidance, radio homing, radio position finding, radiogoniometry, radio-range finding
радиопеленгация в коротковолновом диапазоне – high-frequency direction finding
радиопередатчик – radio transmitter
радиопередатчик для обозначения зоны молчания над радиомаяком – zone marker
радиопередатчик изображения – video transmitter
радиопередатчик, служащий маяком – beacon transmitter
радиопередача – radio, radio transmission
радиопередача «всем» – broadcasting
радиопередача за пределы горизонта – over the horizon transmission
радиоперехват – radio intercept

радиопомехи – disturbance, radio interference
радиоприемник – radio receiver, radio set, receiver, receiving set
радиорелейная линия – relay link
радиорелейная связь – radio-relay communication
радиорелейная станция – line radio
радиорелейная установка – radio-relay system
радиорубка – radio cabin
радиосводка по району – regional broadcast
радиосвязь – radio, radio communication, radio contact
радиосвязь «воздух – земля» – air-ground communication, air-to-ground communication
радиосвязь «самолет – самолет» – interplane radio
радиосвязь телеграфом – wireless communication
радиосеть оповещения – warning broadcast net
радиосигнал бедствия – radio distress signal
радиосигнал точного времени – radio tick
радиосопровождение – radio tracking
радиосредства – radio facilities, RF
радиосредство, используемое при заходе на посадку – radio-approach aid
радиостанции, действующие по взаимно противоположным направлениям – back-to-back radio station
радиостанция – radio, radio station, RS, station
радиостанция КДП – tower radio
радиостанция направленного действия – beam radio station
радиостанция обеспечения полетов по воздушной трассе – airway station
радиостанция с частотной модуляцией – frequency-modulated transmitter
радиостанция службы воздушного движения – control area radio station
радиостанция службы связи по обеспечению полетов – aeronautical radio station
радиостанция, ведущая циркулярные метеопередачи – broadcasting station
радиостанция, не входящая в сеть связи – off-net station
радиостанция, обслуживающая воздушные трассы – airway radio station
радиостанция, сопряженная с линией проводной связи – line radio
радиотелеграф – radiotelegraph
радиотелеграфная связь – wireless telegraphy
радиотелеметрическая система, работающая в реальном масштабе времени – real-time telemetry system
радиотелеметрическая станция – radiotelemetring station
радиотелетайп – radioteletype, radioteletypewriter
радиотелефон – radiophone, voice radio
радиотелефония – radio telephony, R/T
радиотелефонная связь – communication by direct speech, direct voice contact, radiotelephone communication, voice, voice communication, voice contact
радиотелефонная связь «земля – воздух» – ground-air voice radio communication
радиотелефонная сеть – radiotelephony network
радиотелефонное устройство для двусторонней связи – two-way R/T
радиотелефонный аппарат – voice set
радиотехник – radio serviceman
радиотехническая круговая система ближней навигации – short range navigation, Shoran
радиотехническая посадочная система, работающая в микроволновом диапазоне – microwave landing system
радиотехническое обнаружение грозы – radioelectric storm detection
радиотехническое оборудование – radio aids
радиотехническое средство самолетовождения – air navigation radio aid
радиотрансляционная сеть аэропорта для передачи объявлений и другой информации пассажирам – airport public address system
радиотрансляционная система оповещения пассажиров в кабине – cabin public address
радиоуправление – radio control

радиоуправление на большом расстоянии – long-range radio control
радиоуправляемый – radio-controlled
радиоустановка – radio, radio set, receiving set
радиоустройство для двусторонней связи – two-way radio
радиочастота – radio frequency, RF
радиочастота ночной передачи – night frequency, n/f
радиоэкранирование – radio shielding
радиоэлектронный – electronic
радиоэхо – radio echo
радист – radio operator
радиус – coverage
радиус вращения – radius of gyration
радиус действия – range, range ability
радиус действия (самолета) – flying radius
радиус действия самолета при крейсерском режиме полета – cruising radius
радиус закругления – leading-edge radius
радиус лопасти – tip radius
радиус разворота (самолета) – circle radius
радиус штурвала управления – radius of control wheel
разбавление – attenuation
разбалансированный – out-of-balance
разбалансировка – out-of-trim
разбег – run
разбег при взлете – takeoff roll, takeoff run
разбег самолета – ground run, starting run
разбивка программы – layout
разбирать – dismount, strip, tear down
разбирать для осмотра и ремонта – overhaul
разбиться – crash
разбор – analysis
разбор авиационного происшествия – accident briefing
разборка – dismantling, teardown
разборка и сборка – overhauling
разборный – collapsible, dismountable
разборный (грузовой) контейнер – collapsible (freight) container
разборный ангар – portable shed
разброс – inaccuracy, scatter, spread
разброс в частоте – frequency diversity
разбрызгиватель – sprayer
разбрызгивать – spray
развальцованный конец (трубопровода) – flare
развальцовка – flare
разведка – intelligence
разведка погоды по маршруту – route weather reconnaissance
разведывательная РЛС – radar mapper
разведывательные данные – intelligence
развертка – presentation, scan, scanning, sweep
развертка по дальности – range scanning
развертка по данным вычислительного устройства – computer display
развертывание – scanning
развертывать изображение – scan
развертывающее устройство – scanning device, time base
развертывающий луч – scanning beam
разветвленная молния – forked lightning
развивать мощность или тягу – deliver a power
развившийся срыв потока – advanced stall
развитая подъемная сила – developed aerodynamic lift
развитие – development
развитие облаков – cloud formation
развитие полета – progress
разводной ключ – adjustable spanner
разворачиваться в направлении (приводного маяка, аэродрома) – turn inbound
разворачиваться в сторону аэродрома – turn inward
разворачиваться на обратный курс – head back
разворачиваться против ветра – head into wind
разворот – turn
разворот в вертикальной плоскости – vertical turn maneuver
разворот в полете по приборам – instrument turn
разворот для выхода на ось ВПП – line-up turn
разворот на 180 градусов – one eighty, one-hundred-and-eighty degree turn, reverse turn, turnabout, turnaround, turnback
разворот на 180 градусов за одну минуту – one-minute turn

разворот на 180 градусов, выполненный по радиомаяку – procedure turn
разворот на 360 градусов за две минуты – two-minute turn
разворот на 720 градусов – two-circle turn
разворот на 90 градусов перед заходом на посадку – ninety-degree approach
разворот на конечную прямую – turn to final
разворот на курсе полета – joining turn
разворот на околокритических углах атаки – stall turn
разворот на пикирование – diving turn
разворот на посадку – landing turn
разворот на посадочный курс – base turn
разворот перед выходом на посадочную прямую – base-leg turn
разворот по ветру – downwind turn
разворот при заходе на посадку – procedure turn
разворот при наборе высоты – climbing turn
разворот против ветра – upwind turn
разворот с креном на внешнее крыло – outside turn
разворот с креном от 25 до 45 градусов – medium turn
разворот с малым углом крена – shallow turn
разворот с набором высоты – climb turn
разворот с перегрузкой до потемнения в глазах – turn on the black-out threshold
разворот с планированием – glissade
разворот с работающим двигателем – power turn
разворот самолета на 360 градусов – three-sixty
разворот со скольжением – slipping turn
разворот со снижением – descending turn
развороты для предупреждения столкновений – collision avoidance turns
развороты по расчету времени – timed turns
развороты при полете по кругу над аэродромом – turns of the pattern
развороты самолета, производящиеся для подтверждения приема сообщения с земли – acknowledgment turns
разгерметизация – pressurization failure
разгерметизация кабины – cabin pressure failure, decompression
разгон – acceleration, boost
разгон в воздушном потоке – blasting
разгон в полете с набором высоты – acceleration in climbing flight
разгон двигателя – engine acceleration
разгон на режиме набора высоты – climb-power acceleration
разгон с переходом через скорость звука – acceleration through sonic speed
разгон скорости – speed acceleration
разгонять(ся) – accelerate
разгружать – off-load
разгрузка – relief, unloading
разгрузочная площадка – unloading apron
разгрузочный клапан – discharge valve
раздавливание – compression failure
раздаточное устройство – dispenser
раздаточный кран – filling nozzle
раздвоенный воздухозаборник – bifurcated air intake
раздел – break
разделение – separation
разделение времени (цепи, ЭВМ и т.д.) – time sharing (of circuit, computer, etc)
разделение каналов (связи) – channel separation
разделение сигнала при уклонении от равносигнальной зоны – off-course signal
разделительный сигнал – separative signal
раздельное управление по каналам тангажа, крена и рыскания – split-axis control
разделять – detach
разлагать вещество – analyze
разливаться – overflow
разложение – decay, decomposition, degradation; resolution
размагничивание – demagnetization
размах – span, spread
размах крыльев – over-wings diameter
размен – exchange
разменивать – exchange
размер – measure, scale, size
размер таможенной пошлины – rate of duty
разметка – layout
разметка ВПП – runway markings

разметка рулежной дорожки – taxiway marking
размещать – station
размещение – accommodation; installation; spacing; stowage
размещение всех пассажирских кресел в туристском варианте – all-tourist layout
размещение груза в самолете – housing
размещение кресел – seating
размещение кресел в варианте третьего класса – all-coach seating
размещение кресел в кабине ВС – aircraft seating
размещенный в одном блоке – all-in-one-piece
размывание (отметки) – blurring
размывание облака – dissolution of cloud
размытый фронт – diffused front
разнесенное хвостовое оперение – twin-finned tail
разнесенные кили и рули управления – double fins and rudders
разнесенный киль – outboard fin
разница между истинным и компасным севером – grid deviation
разнонаправленные ВПП, эксплуатируемые попеременно в зависимости от ветровых условий – alternate runways
разнос турбины – running away
разностно-дальномерная гиперболическая система (Дектра) – Dectra
разностный – differential
разность – difference, differential
разность высот – altitude differential, vertical clearance
разность глубин модуляции – difference in depth of modulation, DDM
разность давлений – differential pressure, pressure difference
разность между ортодромическим и локсодромическим путевыми углами – conversion angle
разобщать – disengage, release, release
разобщающий – disconnecting
разобщенный – disengaged
разовое действие – one-time operation
разовое применение – one-time operation
разомкнутая цепь – broken circuit
разорванная облачность – broken clouds
разорванно-дождевые облака – fractonimbus
разорванно-кучевое облако – fractocumulus
разорванно-кучевые облака – fractocumulus
разорванно-слоистые облака – fractostratus
разработка – development
разработка маршрутов – organization of routes
разработка опытного образца – advanced development
разработка плана полета – origination of a flight plan, preflight planning
разработки – development work
разрежение – suction, underpressure, vacuum
разреженное пространство – cavitation, vacuum
разреженность – vacuity
разреженный воздух – rarefied air
разрез – cut, cut-away; profile
разрезное крыло – slotted airfoil, slotted wing
разрезной закрылок – split flap
разрезной профиль – slotted airfoil
разрезной элерон – split aileron
разрешающая способность – discrimination, resolution, resolution characteristic, resolving ability
разрешающая способность по азимуту и дальности – range and bearing discrimination
разрешающая способность по дальности – distance resolution, range discrimination, range resolution
разрешающая способность по угловым координатам – angular resolution
разрешающая способность радиолокационной станции – radar resolution
разрешающая способность РЛС по высоте – altitude capability of radar station
разрешающие характеристики – resolution characteristics
разрешение – license
разрешение аэродромного диспетчерского пункта – airdrome control-tower clearance
разрешение диспетчера на вылет самолета – outbound clearance

расположение в определенном порядке – array
расположение кресел по пять в ряд – five-abreast seating
расположение пассажирских мест – seating arrangement, seating layout
расположение текста сообщения – message layout
расположение тела в потоке – configuration
расположение центра тяжести ВС в горизонтальной плоскости – horizontal location of center of gravity
расположение швов – joint spacing
расположенный ближе к фюзеляжу – inner
расположенный в нижней части фюзеляжа – ventral
расположенный друг над другом – stacked
расположенный на борту самолета – on board
расположенный на одной линии (оси) – in-line
расположенный на уровне приборной доски – head-down
расположенный по размаху – spanwise
расположенный под углом друг относительно друга – interdigitated
расположенный сзади – rear
распорка – strut
распорка для удерживания шасси в выпущенном состоянии – downlock
распоряжение – instruction
распределение – assignment, dissemination, sharing
распределение веса – weight distribution
распределение внимания пилота – pilot scanning behavior
распределение данных между индикаторами – display sharing
распределение каналов по зонам – area channel assignment
распределение нагрузки – load distribution
распределение нагрузки и центровка – loading and weight distribution
распределение подъемной силы – lift distribution
распределение подъемной силы по размаху крыла – spanwise lift
распределение частот – frequency deployment
распределение частот (между службами) – allocation of frequencies (to services)
распределитель – dispenser
распределительная доска – keyboard
распределительная коробка – distributing box, junction box, switch box
распределительная панель – distributing board
распределительный щит – patch panel, switch board
распределительный энергощиток – power supply panel
распространение – dissemination, expansion, propagation
распространение за счет рассеивания – forward scatter propagation
распространение информации – dissemination of information
распространение радиоволн – radio propagation
распространение спутной струи – wake spread
распыление жидкого топлива – fuel atomizing
распыливающее устройство парогазогенератора – gas-generator injector
распылитель – diffuser, sprayer
распылительная головка – injector
распылительная головка с двухструйными форсунками – one-to-one impinging-streams injector
распылительный насадок – diffuser head
распылять – spray
рассеивание – inaccuracy
рассеивание тумана – defogging, fog dispersal
рассеивать – scatter
рассеиваться (об облаках) – lift
рассеяние – attenuation
рассеянная облачность – scattered clouds
расслаивание – delamination
расследование – inquiry, investigation
расследование аварии – investigation of accident
расследование авиационного происшествия – accident investigation, air accident inquiry, air accident investigation
расследование авиационных происшествий – aircraft investigation, AIG

расследование на месте происшествия – field investigation, on-the-spot investigation
расследование после происшествия – post-incident investigation
рассогласование – difference, misalignment, mismatching
расстояние – distance, range
расстояние в милях – mileage
расстояние в направлении продольной оси – fore-and-aft distance
расстояние в направлении размаха – spanwise distance
расстояние между вибраторами антенной решетки – clearance array
расстояние между концами крыльев смежных самолетов – span clearance
расстояние между крылом и поверхностью земли – wing clearance
расстояние между опорами шасси – undercarriage leg spacing
расстояние между сбегающими с крыла концевыми вихрями – wing-tip vortex span
расстояние между швами – joint spacing
расстояние по вертикали – height
расстояние по дуге большого круга – great-circle distance
расстояние по локсодромии – rhumb-line distance
расстояние по ортодромии – great-circle distance, GCD
расстояние по ортодромии на межконтинентальной трассе – transoceanic distance
расстояние по размаху – spanwise distance
рассчитанный на использование вычислительной машины – computer-oriented
рассчитывать – design; expect
рассылка информации – dissemination of information
раствор – solution
раствор луча – beam spread
растрескивание лобового стекла – windshield failure
растрескиваться – crack
раструб – bell, mouth
растягивающее напряжение – tension stress
растягивающее усилие – tension stress
растяжение – stretching, tension
растяжка – bracing, strut
растяжная машина – stretcher
растянутый акрилопласт – stretched acrylic
расход – consumption
расход (газа или жидкости) – flow
расход воздуха (в единицу времени) – air rate
расход воздуха через двигатель – engine air capacity
расход газа – gas consumption
расход жидкости или газа – flow rate
расход топлива – fuel consumption rate, fuel flow, fuel flow rate, fuel rate
расход топлива на крейсерском режиме – cruising fuel consumption
расход усилий на органах управления на единицу нормальной перегрузки – control force per unit of normal acceleration
расходимость – divergence
расходный бак – service tank
расходный ресивер – plenum chamber
расходомер – flow indicator, flowmeter, fuel flow meter
расходомер воздуха – airflow indicator
расходомер двигателя – engine fuel flow indicator
расходуемый – expendable
расходы – charges
расходы на единицу отправок – expenses per traffic unit
расходы на техническое обслуживание – maintenance costs
расходы по выполнению таможенных формальностей – customs formality charge
расходы по перевозкам – transportation charges
расходы по технической эксплуатации – engineering costs
расходы, связанные с обслуживанием пассажиров во время остановки – layover expenses
расхождение – spread
расцепление – decoupling, release
расцепленный – disengaged
расцеплять – release
расчаливание – wing bracing
расчалка – bracing
расчет – analysis, calculation, computation, design, estimation; team
расчет времени – timing

расчет на прочность – structural design
расчет опасности сближения – conflict search
расчет с помощью вычислительных машин – computer calculation
расчет траектории автоматического выравнивания – autoflare computation
расчетная абсолютная высота (двигателя) – critical altitude
расчетная величина – estimated value, reference datum
расчетная влажность – reference humidity
расчетная воздушная скорость – computed airspeed, design airspeed, predicted airspeed
расчетная высота – full-throttle height, rated altitude, reference altitude
расчетная высота в кабине – cabin pressure altitude
расчетная высота полета – design altitude
расчетная высота полета самолета при максимальной мощности двигателя – maximum power altitude
расчетная дальность – design range
расчетная карта воздушных трасс – airways plotting chart
расчетная крейсерская скорость – design cruising speed
расчетная маневренная скорость – design maneuvering speed
расчетная мощность – design power, horsepower rating, power rating, rated output
расчетная мощность двигателя – engine power rating
расчетная нагрузка – design load
расчетная относительная высота – net height
расчетная плотность – bulk density
расчетная площадь крыла – design wing area
расчетная полезная нагрузка – design pay load
расчетная поправка – computed correction
расчетная продолжительность полета по маршруту – estimated time enroute
расчетная скорость – design speed, estimated velocity, predicted speed, rated speed, reference speed
расчетная скорость горизонтального полета – design level speed
расчетная скорость отрыва – unstick speed
расчетная скорость пикирования – design diving speed
расчетная скорость планирования – design gliding speed
расчетная скорость полета при максимальной скорости порывов ветра – design speed of maximum gust intensity
расчетная скорость полета с выпущенными закрылками – design flap speed
расчетная ставка с пассажиро-мили – estimated revenue yield per passenger mile
расчетная температура воздуха для района аэродрома – airdrome reference temperature, ART
расчетная точка – design point, precalculated position
расчетная траектория – course
расчетная траектория взлета – net takeoff flight path
расчетная траектория полета – net flight path, predetermined flight path
расчетная тяга – design thrust, rated thrust, thrust rating
расчетная удельная мощность – design power loading, P
расчетная формула – law
расчетная характеристика – estimated performance
расчетная хорда – reference chord
расчетное время вылета – estimated time of departure, expected time of departure
расчетное время полета – estimated time of flight, ETF
расчетное время прибытия – estimated arrival time (EAT), estimated time of arrival (ETA), expected approach time
расчетное время пролета над контрольным ориентиром – control time
расчетное время пролета над контрольным пунктом маршрута – calculated time over fix
расчетное истекшее время – estimated elapsed time, EET
расчетное местоположение – estimated position

расчетное положение в пространстве – precalculated position
расчетные данные – computed information, design data, estimated information, predicted data
расчетные ограничения – design limits
расчетные условия торможения (ВПП) – reference friction condition
расчетные характеристики – scheduled performance
расчетный – expected, predetermined, predicted, rated, specific
расчетный (критический) тип воздушного судна – critical aircraft
расчетный вес конструкции – design weight
расчетный вес при рулении – design taxiing weight
расчетный взлетный вес – design takeoff weight
расчетный график – design chart
расчетный коэффициент – design factor
расчетный коэффициент перегрузки – proof load factor
расчетный коэффициент эксплуатационной перегрузки – design load factor
расчетный курс – course, predetermined course
расчетный полетный вес (самолета) – estimated weight
расчетный посадочный вес – design landing weight
расчетный режим – rated conditions
расчетный срок службы – rated life
расчеты – calculus
расчлененный – braced
расширение – divergence, expansion, spread
расширение диапазона (связь) – extended range
расширение полосы (радио) – band spreading
расширение струи – jet spread
расширяющаяся хвостовая часть – flare
расширяющаяся часть сопла – divergent section
расширяющееся сопло – bell nozzle, divergent nozzle
расширяющийся диффузор – divergent diffuser
расширяющийся канал – expansion
расширяющийся наружу – flared
расширяющийся участок – expansion
расшифровка – interpretation
расшифровочная машина – punch card printer
расшифровывать – decode
рациональное нагружение – practical loading
рация – radio set
рваные облака – fleecy clouds
РГМ (разность глубин модуляции) – difference in depth of modulation, DDM
РД (рулежная дорожка) – taxi track, taxiway
РДПВ (располагаемая дистанция прерванного взлета) – accelerate – stop distance available, ASDA
РДС (районно-диспетчерская служба) – Control (Area Control Center)
реагировать – sense
реактивная мощность – jet power
реактивная сила – reactive force
реактивная струя – efflux, exhaust gas stream, exhaust jet, jet flow, jet stream, propelling jet
реактивная струя выхлопных газов – gas efflux
реактивная струя горячих газов – thermojet
реактивная струя кольцевой формы – annular jet
реактивная труба – exhaust unit
реактивная турбина – jet turbine
реактивная тяга – exhaust thrust, jet power, jet thrust
реактивное движение – jet propulsion, reaction propulsion
реактивное сопло – bullet, discharge nozzle, exhaust cone assembly, exhaust nozzle, exit nozzle, final nozzle, jet exit, jet nozzle, jet pipe, jet tube, jet-pipe nozzle, propelling nozzle, propulsive nozzle, thrust jet, thrust nozzle, ventury nozzle
реактивное топливо – avcat, propellant
реактивное топливо керосинового типа – avtag
реактивное топливо широкого фрикционного состава – avpin
реактивный – jet, jet-propelled, reaction, reaction-propelled, reactive, rocket
реактивный вертолет – jet helicopter, jet-o-copter
реактивный двигатель – jet, jet engine, jet propulsion, jet turbine, jet unit, jet-

propulsion engine, propulsor, reaction propulsion
реактивный двигатель с отбором части мощности на воздушный винт – prop jet
реактивный двигатель с устройством для увеличения тяги – augmented jet engine
реактивный двигатель, работающий на жидком топливе – reaction engine
реактивный двигатель, создающий вертикальную тягу – jet-lift engine
реактивный закрылок – jet flap
реактивный концевой двигатель несущего винта вертолета – helicopter rotor tip propulsion
реактивный крутящий момент – counterrotating torque
реактивный лайнер – jet liner
реактивный летательный аппарат с кольцеобразным крылом – coleopter
реактивный насадок – extension pipe, final nozzle, jet-pipe nozzle, propulsive nozzle
реактивный пассажирский самолет – jet liner
реактивный самолет – jet, jet aircraft, jet plane, pure jet
реактивный самолет большой вместимости – jumbo (jet)
реактивный самолет разведки погоды – weather jet
реактивный самолет с вертикальным взлетом и посадкой – vertijet
реактивный самолет с двумя двигателями – twin-jet aircraft
реактивный самолет с системой дожигания топлива – reheat jet aircraft
реактивный снаряд – rocket-propelled missile
реактивный ускоритель – jet assist
реактивный ускоритель взлета – jato unit
реакция – reaction, response
реакция (самолета) по крену – dynamic roll response
реакция (самолета) по рысканию – dynamic yaw response
реакция (самолета) по тангажу – dynamic pitch response
реакция ВС на боковое скольжение – sideslip response
реакция ВС на отклонение рулей – control response
реакция ВС по крену – lateral response
реакция ВС по крену и рысканию – lateral-directional response
реакция ВС по перегрузке (на отклонение рулей) – acceleration response
реакция на выходе – output control
реакция на действие органа управления при малых скоростях – low-speed control
реакция на действие рулей при выводе ВС из опасного режима – recovery response
реакция самолета на отклонение руля направления – rudder response
реакция системы – system control
реакция системы на управляющее воздействие – control response
реакция человека – human operator reaction
реальный – live
реальный автопилот – autopilot hardware
реальный двигатель – actual engine
ребро – edge, fin, rib
ребро жесткости – stiffening rib
ребро элерона – aileron rib
реверс максимальной тяги – full reverse
реверс рычагов управления – control reversals
реверс тяги – thrust reverser
реверс тяги каскадного типа – cascade-type thrust reverser
реверс тяги ковшового типа – target type thrust reverser
реверсивная тяга – reverse thrust
реверсивный – reversible, reversing
реверсивный воздушный винт – reversible airscrew
реверсивный силовой привод – double-acting actuator
реверсивный шаг (воздушного винта) – reversible pitch
реверсионный воздушный винт – negative thrust propeller
реверсирование – reversing
реверсирование воздушного винта – propeller reversing
реверсирование тяги – thrust spoiling
реверсирование шага воздушного винта – pitch reversing (of propeller)
реверсирующий – reversing

региональное струйное течение – regional jet stream
региональный – regional
региональный центр сбора данных – regional collecting center
регистр – register
регистр цифр – figures-case
регистратор воздушной скорости самолета – airspeed recorder
регистратор данных – plotter
регистрационная стойка – check-in counter
регистрационный знак – registration mark
регистрация – check, logging
регистрация (оформление) багажа – baggage clearance
регистрация (сообщения, плана полета) – filing (of message, flight plan)
регистрация аварийных данных – accident data recording
регистрация отбывающих пассажиров – check-out
регистрация пассажиров и багажа у посадочных ворот – gate check-in
регистрация прибывающих (пассажиров) – check-in
регистрация фамилий пассажиров – passenger-name recording
регистрировать – check, record, register
регистрирующее устройство – recording system
регистрирующий блок – recorder package
регистрирующий прибор – recorder
регламентные работы – cycled reconditioning, routine (scheduled) maintenance
регулирование – adjustment, control
регулирование (управление) с изменяемым коэффициентом усиления или передаточным отношением – adjustable gain control
регулирование вектора тяги – thrust vector
регулирование давления – boost control
регулирование давления в кабине – cabin pressure control
регулирование движения – traffic control, transportation control
регулирование дроссельного крана – baffling
регулирование зажигания – ignition adjustment
регулирование зажигания двигателя – timing of engine
регулирование заслонкой – baffling
регулирование мощности на крейсерском режиме полета – cruise power management
регулирование наддува – boost control
регулирование передаточного отношения – gain control
регулирование по (первой) производной – derivative control
регулирование по замкнутому циклу – closed-loop control
регулирование по скорости изменения регулируемого параметра – derivative control
регулирование подачи воздуха в кабину – cabin conditioning control
регулирование подачи топлива – fuel flow control, fuel metering
регулирование расхода – metering
регулирование расширения (воздуха, газов) – expansion control
регулирование с обратной связью – closed-cycle (-loop) control
регулирование с опережением – lead control
регулирование с разомкнутой цепью – open-loop control
регулирование смеси – mixture control
регулирование состава топливо-воздушной смеси – air-fuel ratio control
регулирование температуры масла – oil temperature control
регулирование тяги – thrust control
регулирование центровки – center-of-gravity control
регулирование шага воздушного винта – propeller control
регулировать – adjust, align, control, govern; respond; throttle; time
регулировать органы управления – set the controls
регулировка – adjustment, setting, timing
регулировка линии курса – course alignment
регулировка оборотов малого газа – idle speed adjustment
регулировка оборотов холостого хода – idle speed adjustment

регулировка параллельности осей – collimation
регулировка скорости – speed adjustment
регулировка усиления по времени – gain-time control
регулировка фазы – phasing control
регулировка холостого хода или малого газа – light running adjustment
регулировка частоты – frequency control
регулировочное приспособление – adapter, adjustable gear
регулируемая лопатка – adjustable blade
регулируемая тяга – adjustable rod, controllable thrust
регулируемое двустворчатое сопло – eyelid-type nozzle
регулируемое по времени ускорение – time acceleration
регулируемое сопло – adjustable nozzle, variable nozzle, variable-area nozzle
регулируемое число оборотов – adjustable speed
регулируемые (по длине ног пилота) педали управления – adjustable rudder pedals
регулируемый – adjustable, controllable, steerable
регулируемый воздухозаборник – controllable intake
регулируемый носовой воздухозаборник – controllable nose intake
регулирующий (контрольный) клапан – control valve
регулирующийся – adjustable
регулярная авиалиния – scheduled air route
регулярная авиационная сводка погоды (форма кода METAR) – aviation routine weather report (METAR code form)
регулярное воздушное сообщение между двумя пунктами – shuttle service
регулярное движение – scheduled traffic
регулярное международное воздушное сообщение – scheduled international air service
регулярное наблюдение – routine observation
регулярные авиалинии – scheduled airlines
регулярные воздушные перевозки – scheduled air commerce
регулярные воздушные сообщения – regular airline service, scheduled services
регулярные перевозки по воздуху – scheduled airlift
регулярный – regular
регулярный воздушный рейс – scheduled flight
регулярный полет – routine flight
регулярный рейс – regular flight
регулятор – changer, governor
регулятор давления – pressure control
регулятор давления в кабине – cabin pressure control
регулятор массового расхода – mass-flow controller
регулятор мощности – power control
регулятор оборотов воздушного винта – propeller control unit, propeller governor
регулятор освещения пульта – panel lights
регулятор передаточного числа – gain changer
регулятор подачи топлива – fuel throttle, fuel-control assembly, fuel-control unit
регулятор подачи форсажного топлива – afterburner fuel control unit
регулятор постоянного числа оборотов – constant-speed unit
регулятор постоянных оборотов – constant speed unit, CSU
регулятор работы двигателя – engine governor
регулятор расхода топлива – fuel governor
регулятор расхода форсажного топлива – afterburner flow control
регулятор скорости – speed control
регулятор состава топливо-воздушной смеси – air-fuel ratio control
регулятор температуры воздуха в кабине – cabin temperature control
регулятор типа «включено-выключено» – on-off controller
регулятор топливного насоса – fuel pump governor
регулятор тяги – damper
регулятор усиления – gain changer
регулятор числа оборотов – speed control device
регулятор числа оборотов воздушного винта – propeller speed control
регулятор шага воздушного винта – propeller pitch control governor

регулятор яркости – dimmer
регуляторы – controls
редуктор – gear assembly, gear train, reduction gear train, reduction gearbox, speed reducing gear
редуктор воздушного винта – propeller gearbox
редукторный привод – gear drive
редукционный клапан – relief valve
редукция – reduction
режим – mode, schedule
режим автоматического сопровождения (слежения) – track(ing) mode
режим автоматического управления от датчиков усилий на ручке – control-stick steering mode
режим автоматического управления от датчиков усилий на штурвале – control-wheel steering mode
режим автоматического управления полетом – automatic flight control mode
режим автоматической навигации – automatic navigation mode
режим автоматической посадки – autoland mode, automatic landing mode
режим авторотации – windmilling condition
режим авторотации на малой высоте – low-altitude autorotation
режим балансировки – trimmed attitude
режим висения – hovering, hovering flight
режим выставки по азимуту – azimuth alignment mode
режим выхода на глиссаду – intercept mode
режим выхода на последнюю прямую – final approach mode
режим заброса – hardover condition
режим захвата курсового луча – localizer capture mode
режим захвата луча системы ВОР – VOR capture mode
режим захода на посадку – approach mode
режим изменения оборотов – coast-down condition
режим изменения тяги двигателя – coast-down condition
режим командного управления – command mode
режим коррекции – slave(d) mode
режим кратковременной нагрузки – short-time rating
режим магнитной коррекции – magnetic(ally) slaved mode, slave(d) mode
режим максимальной мощности двигателя – maximum-power output
режим малого газа – idle (engine) power, idle power rating
режим малого газа двигателя – engine idle
режим малого газа на земле – ground idling conditions
режим малого газа при заходе на посадку – approach idling conditions
режим набора высоты – climb setting, climb technique, climbing performance
режим неуправляемого полета – uncontrolled flight condition
режим обхода препятствий – terrain avoidance mode
режим ожидания – height mode
режим полета – flight attitude, flight mode, flying mode, mode of flight, state of flight
режим полета без срыва – unstalled condition
режим полета выше заданной глиссады – high glide-slope standard off condition
режим полета по двухстрелочному пульт-индикатору – cross-pointer mode
режим полета с большим скоростным напором – high-q condition
режим полета с неработающим двигателем – power-off condition
режим полетной балансировки при брошенном управлении – hands-off trim condition
режим работы – condition; functional mode; operating conditions
режим работы байтом – byte mode
режим работы двигателя – engine power rating, power condition
режим работы двигателя при наборе высоты – climb rating
режим работы двигателя с включенной форсажной камерой – afterburner rating
режим работы по памяти – memory mode
режим работы по радиосигналам – radio-coupled mode
режим работы по сигналам инерциальной системы – inertial mode
режим работы приборов – instrument mode

режим работы радиостанции – radio mode
режим работы с включенным демпфером тангажа – pitch-damper mode
режим разбалансировки – out-of-balance condition, out-of-trim condition
режим раскрутки – overspeed condition
режим ручного управления – manual mode
режим ручного управления по приборам – manual instrument mode
режим самовращения – windmill brake condition, windmilling condition
режим самолетовождения – navigation mode
режим свободных колебаний – characteristic mode
режим связанных колебаний – coupled mode
режим синхронизации датчика и указателя – slave(d) mode
режим стабилизации – height mode
режим стабилизации вертикальной скорости – hold sink rate mode
режим стабилизации высоты – height-lock mode
режим стабилизации курса ВС – heading hold mode
режим стабилизации по угловой скорости – rate mode
режим стабилизации с помощью автопилота – autopilot-hold mode
режим стабилизации углового положения – attitude-hold mode
режим стандартного разворота – standard turn mode
режим управления ВС – flight control mode
режим управления по крену – roll-axis control mode
режим управления по курсу – heading control mode
режим управления по рысканию – yaw-axis control mode
режим установившегося планирования – glide stabilization
режим ухода на второй круг – overshoot mode
режим холостого хода – idle (engine) power
резать – cut
резервирование – redundancy
резервирование воздушного пространства – airspace reservation
резервирование погрузочных емкостей – booking of space
резервирование путем использования четырех дублирующих систем – quadruple redundancy
резервированный автопилот – redundant autopilot
резервная мощность – idle capacity
резервная радиостанция – standby station
резервная система – backup system
резервная частота – alternate frequency, secondary frequency, standby frequency
резервное оборудование – standby facility
резервное средство – stand-by aid
резервное средство связи – alternate means of communication, alternative means of communications
резервное управление – backup control
резервный – alternate, stand-by, spare
резервный агрегат – backup
резервный источник питания – secondary power supply
резервный сигнал – redundant signal
резервуар – bag, chamber, container, tank
резкая дача руля – kick
резкий набор высоты – sharp climb
резкий отказ (с отклонением от расчетной траектории) – hardover
резкий скачок – surge
резко взять ручку на себя – yank the stick back
резко действовать рычагами управления – slap the controls
резко ограниченный порыв – sharp-edged gust
резко уменьшать мощность или тягу – cut power
резко уменьшающееся усилие (на ручке) – breakout effort
резкое движение, действие (рулями) – jerk
резкое изменение давления – impact, pressure jump
резкое изменение направления – breakdown
резкое изменение направления ветра – reversal of wind
резкое отклонение руля – kick
резкое снижение – falling-off, fall-off
результат – effect; result

результирующая сила – resultant
результирующий – resultant
результирующий вектор тяги – resultant thrust vector
результирующий входной сигнал – net input
резьбовое соединение – threaded joint
рейс – flight, trip
рейс по расписанию – scheduled trip
рейс с пересадкой – transfer flight
рейсовый самолет – flight, liner
рейсовый чартер – voyage charter
рейсы грузовых самолетов – all-freight schedule
реклама – advertising
рекламная брошюра с описанием маршрута по туру – tour publicity booklet
рекомендательный – advisory
рекомендация – recommended practice
рекомендуемый маршрут полета – air traffic advisory route
реконструкция – reconstruction
реле – relay
реле времени – time switch, time-delay device, timer, timing unit
реле выдержки времени – time-delay switch, timing relay
реле давления – pressure switch
релейная станция – relay
релейный блок – relay unit
релейный переключатель – changeover relay
релейный регулятор – on-off controller
релейный усилитель – amplifying relay
рельеф – relief
ремонт – maintenance, repair, servicing, upkeep
ремонтировать – repair
ремонтная база – salvage depot
ремонтная бригада – maintenance party, trouble crew
ремонтная мастерская – aviation repair shop, maintenance depot, maintenance shop, repair shop, salvage shop, workshop
ремонтное оборудование – repair facilities
ремонтные работы – overhaul work
ремонтный – repair
ремонтный ангар – dock hangar, maintenance dock
ремонтный комплект – ready-to-install kit
ремонтный стенд – overhaul stand
рентабельная авиакомпания – profitable airline
рентабельность самолета – earning capacity (of an aircraft)
ресивер – accumulator, receiver
ресурс – failure-rate, lifetime, operation time, operational life, overhaul period, service life
ресурс двигателя – allowable engine operating time, engine life
ресурс летательного аппарата – flying life
ресурс работы двигателя – engine overhaul life
ресурсы – means
ретранслятор с отрывной лентой – torn-tape relay installation
ретрансляционная линия – relay link
ретрансляционная радиовещательная станция – relay broadcast station
ретрансляционная станция – relay station, repeater station
рефлектор радиолокационной антенны – dish
рециркуляционный воздух – recirculating air
речевая аудиометрия – speech audiometry
речевая связь – speech communication
речевой самописец – cockpit voice recorder
речевой самописец для записи переговоров в кабине экипажа – cockpit voice recorder, CVR
решающее устройство – resolver
решающий гидроусилитель автомата загрузки – feel-pressure computer unit
решающий прибор – resolver
решение – solution
решение в первом приближении – first-order solution
решение интегральным методом – integral-method solution
решение об уходе на второй круг при ручном пилотировании – manual selection of overshoot
решение путем разложения в ряд – series solution
решетка – cascade; end-plate; grid, lattice; louver; mesh, network; screen
решетка лопаток – blading, vane cascade

решетка профилей – airfoil cascade, wing cascade
решетка профилей или лопаток – bush, cascade assembly
решетка профилей компрессора – compressor cascade
решетка-отражатель газовой струи реактивных двигателей – blast screen
решетчатая конструкция – framework
решетчатая система – network
решетчатый (о структуре) – crosshatched
решетчатый реверс тяги – cascade thrust reverser
решетчатый элемент (конструкции) – lattice member
рисунок – drawing; figure; pattern
рифленый – corrugated
рлк (радиолокация) – radiolocation
РЛС (радиолокационная станция) – position finder, radar station, radar unit
РЛС ближнего действия – short-range radar
РЛС бокового обзора – side-looking radar, sideways-looking radar
РЛС диспетчерского района – terminal area radar
РЛС для перекрытия мертвых зон – gap-filler radar
РЛС кругового обзора – search radar element
РЛС на твердых схемах – solid-state radar
РЛС наблюдения за рулежными дорожками и ВПП – taxi and runway surveillance radar
РЛС наведения – vectoring radar
РЛС непрерывного излучения – constant-wave radar
РЛС облета препятствий – terrain-clearance radar
РЛС обнаружения – acquisition radar, detection radar, electronics warning radar
РЛС обнаружения и сопровождения целей – acquisition and tracking radar
РЛС обхода препятствий – terrain avoidance radar
РЛС опознавания самолетов – aircraft identification radar
РЛС опознавания целей (выделения истинных целей от ложных) – decoy discrimination radar
РЛС определения дальности – distance-measuring radar
РЛС оптического диапазона – optar
РЛС переднего обзора – forward-looking radar
РЛС передового обзора – forward acquisition radar
РЛС предотвращения столкновений – collision warning radar
РЛС разведки погоды – weather instrument, weather radar
РЛС районной диспетчерской службы – area control radar
РЛС распознания целей (выделение истинной цели от ложных) – discrimination radar
РЛС с высокой разрешающей способностью – high-resolution radar
РЛС с фазированной антенной решеткой – phased-array radar
РЛС с частотной модуляцией – frequency-modulated radar
РЛС сопровождения – radar tracker, track station
РЛС управления движением в зоне аэродрома – airdrome control radar
РЛС управления перехватом с земли – ground-controlled interception radar
РНТ (радионавигационная точка) – radio fix
ровный – flat, plane
роговая компенсация – horn balance
роговой компенсатор – control horn, horn
роговой компенсатор руля высоты – elevator tip horn
роза ветров – eight-point rose
розетка – receptacle, socket
розетка для телефона и микрофона – headset receptacle
розыскная – tracer
роликовый подшипник – roller-contact bearing
ромб – lozenge
ромбовидная фигура – lozenge
ромбовидный (о профиле) – double-wedge
ротор – rotor
ротор высокого давления – high-pressure spool
ротор двигателя – main rotating assembly, rotating assembly
ротор компрессора барабанного типа – compressor drum
РПИ (район полетной информации) – FIR (flight information region)

ртс. (радиотелефонная связь) – radio telephone communications
ртутный столб (в барометре) – barometric column
рубашка жидкостного охлаждения – liquid jacket
рубашка охлаждения – coolant jacket, cooling jacket, jacket
рубеж – line
рубеж возврата – point of safe return
рубеж набора высоты – pull-up point
рубеж передачи диспетчерского управления – transfer of control point
рубеж радиолокационного обнаружения – barrier line, radar fence
рука – hand
рукав – hose
руководитель (управления, организации) – administrator
руководитель отдела планирования самолетного парка – fleet planning manager
руководитель полетов – flight operations officer, supervisor
руководитель туристической группы – tour conductor
руководство – control, manual, rule
руководство (управление) договорными работами – contract management
руководство для обучения полетам по приборам – instrument training manual
руководство для проверки в полете функционирования бортовых систем – functional check flight procedures manual
руководство по аварийно-спасательным работам – crash-rescue manual
руководство по аэродромной службе – airdrome manual
руководство по летной эксплуатации – Flight Information Manual
руководство по летной эксплуатации самолета – airplane flight manual
руководство по обслуживанию – field manual
руководство по правилам полетов гражданских самолетов – Civil Air Regulations
руководство по представлению данных об авиационных происшествиях – ADREP manual
руководство по производству полетов – operations manual
руководство по расследованию авиационных происшествий – Manual of Aircraft Accident Investigation
руководство по ремонту – overhaul manual
руководство по самолетовождению – manual of navigation
руководство по службе воздушных трасс и авиационных средств связи – Airways and Air Communications Service Manual
руководство по техническому обслуживанию и ремонту – maintenance manual
руководство полетами – operational control
руководство полетом – flight management
рукоятка – arm, handle, lever
рукоятка аварийного выпуска шасси – landing gear emergency hand crank
рукоятка разворота – turn controller
рукоятка стопора рычага управления двигателем – throttle-brake lever
рукоятка управления – joystick (control), operating lever
рукоятка управления тангажом и разворотом – turn and pitch controller
рулевая колонка – steering column
рулевая машина – flight control surface actuator
рулевая машина автопилота – autopilot driver
рулевая машина руля высоты – elevator driver
рулевая машина руля направления – rudder driver, yaw actuator
рулевая машина элеронов – aileron driver
рулевая машинка – control-surface actuator
рулевая поверхность – control surface, flight control surface, movable surface, moving surface
рулевая стойка – rudder station
рулевая тяга – control rod, control-surface rod
рулевое управление – steering
рулевое управление с усилителем – power steering

рулевой винт в хвостовой части вертолета – antitorque rotor
рулежная дорожка – taxi strip, taxi track, taxiing lane, taxiway, twy
рулежная дорожка для скоростного схода с ВПП после посадки – high-speed exit taxiway
рулежная дорожка для скоростного схода самолетов с ВПП – fast turnoff
рулежная фара – taxi(ing) lamp
рулежно-посадочная фара – taxi-landing lamp
рулежные огни – taxi-guidance lights
рулежные огни утопленного типа, расположенные по оси рулежной дорожки – taxiway center line lights
рулежные отражательные знаки – taxiway reflectors
рулежный – taxi, taxiing
рулежный светофор – taxi-route indicator
руление – ground handling, ground roll, ground run, taxi, taxiing
рули управления – controls
рулить – taxi
рулить в обратном направлении по ВПП – backtrack on runway
рулить на тяге собственных двигателей – taxi under own power
рулить обратно (к месту старта) – backtrack
руль – control, fin, motivator, movable surface, steer
руль высоты – diving rudder, elevating rudder, elevator, elevator plane, lifting plane
руль высоты с роговой компенсацией – horn-balanced elevator
руль глубины – diving rudder
руль направления – rudder
руль направления с роговой компенсацией – horn-balanced rudder
руль поворота с весовой компенсацией – balanced rudder
руль с наружной компенсацией – externally balanced rudder
руль управления – control vane
рулящий – taxiing
румб – bearing, rhumb
румбы – quadrantal points
рупорная антенна – horn antenna
ручка – handle, holder, knob
ручка арретира – caging control
ручка в крайнем положении «на себя» – rear position of the stick
ручка внутрь – stick inside
ручка во внешнюю сторону – stick outside
ручка управления – column, control stick, steering lever, stick, stick control, yoke
ручка управления двигателем горизонтального полета – propulsion power lever
ручка управления шагом – pitch stick
ручка управления шагом воздушного винта – pitch control
ручка управления, связанная с рулем высоты – elevator column
ручка, взятая на себя – stick in the rear position
ручная кладь – cabin baggage
ручная регулировка громкости – manual volume control
ручное включение автоматики – manual coupling
ручное переключение (выключение, включение) – manual switching
ручное переключение на автоматически стабилизируемый режим – manual coupling
ручное пилотирование – manned control
ручное пилотирование ВС – manual flying control
ручное управление – hand control, hand operation, manned control, manual command, manual control, operating handle
ручное управление в обход автоматики – manual override control
ручной – manual
ручной багаж – cabin baggage, carry-on baggage, unchecked baggage
ручной выключатель – hand-operated switch
ручной привод – hand drive, hand operation
рывок – yank
рыскание – wobbling, yaw, yawing, yawing motion
рыскание по курсу – crab
рыскание, вызываемое отклонением элеронов – aileron yaw
рыскать – hunt, yaw
рыскать по курсу – crab
рычаг – arm, control, lever

рычаг (ручка) руля высоты – elevator lever
рычаг (ручка) управления рулем высоты – elevator control lever
рычаг выпуска шасси под действием собственного веса – free fall lever
рычаг высотного корректора – corrector lever
рычаг для регулирования зажигания – ignition adjusting lever, ignition control lever
рычаг дроссельного клапана – throttle valve lever
рычаг дросселя – throttle lever
рычаг корректора смеси – mixture-control lever
рычаг механического замка шасси – landing gear latch control
рычаг ножного управления – rudder bar
рычаг освобождения замка убранного положения шасси – free fall lever
рычаг раздатчика оборотов – speed select lever
рычаг руля высоты – elevator horn
рычаг руля направления – rudder horn
рычаг руля поворота – rudder lever
рычаг ручного стартера – hand starting crank
рычаг с фиксирующими пазами – gated lever
рычаг сектора газа – throttle lever, throttle quadrant lever
рычаг стопора рулей – locking lever
рычаг стопора ручки управления – control column disconnect lever
рычаг управления – control lever, selector
рычаг управления балансировкой ВС – trimming lever
рычаг управления вектором тяги – thrust deflector control lever
рычаг управления двигателем – engine control lever, main power lever, power lever, throttle, thrust lever
рычаг управления закрылками – flap selector
рычаг управления колесным тормозом – wheel-brake lever
рычаг управления разворотом стоек шасси – steering ratio selector lever
рычаг управления рулем поворота – rudder lever
рычаг управления шагом воздушного винта – propeller pitch control lever
рычаг управления шасси – landing-gear (control) lever, undercarriage (control) lever
рычаг установки шага воздушного винта – pitch lever
рычаг флюгирования винта – propeller feathering lever
рычаг элерона – aileron horn
рычаги управления в заранее установленном положении – preselected (preset) controls
рычаги управления в кабине пилота – cockpit controls
рычажная передача – leverage
рычажный механизм управления створками – door linkage
рычажный механизм управления створками шасси – flap linkage
ряд – series, set, train
рядный двигатель – in-line engine

С

с «мягким» отказом (без резкого изменения параметров движения или положения ВС) – fail-passive
с автономным управлением – self-guided; self-monitoring
с атомным двигателем – atomic-powered
с большим коэффициентом двухконтурности – high-by-pass
с брошенным управлением – hands-off
с брошенными педалями управления – feet-off
с весовой балансировкой – mass-balanced
с включенным двигателем – power-on
с внутренним подсветом – backlighted
с вспомогательным реактивным двигателем – jet-augmented
с высоким передаточным отношением – high-geared
с высокой начальной скоростью – high-velocity
с высокой разрешающей способностью – high-definition, high-resolution
с двойным расширением – double-expansion type
с дистанционным управлением – telecontrolled
с доплеровской коррекцией навигационной системы – Doppler navigated
с дополнительным реактивным двигателем – jet-boosted
с жидкостным демпфированием – liquid-damped
с жидкостным охлаждением – liquid-cooled
с залитыми баками – tanked
с избыточной мощностью – overpowered
с избыточной тягой – overpowered
с инерциальным взаимодействием – inertia-coupled
с искусственным покрытием – paved
с использованием газовой струи двигателя – jet-augmented
с использованием пилотажных приборов – instrument-aided
с использованием подъемной силы крыла – wing-supported
с контролем по приборам – instrument-aided
с коррекцией – slaved
с магнитной подвеской – magnetically suspended
с малой дальностью – short-legged, short-range
с малым радиусом действия – short-legged, short-range
с момента выруливания на старт при вылете до момента выключения двигателей после совершения посадки – block-to-block
с нанесенными делениями – indexed
с начала проектирования – from drawing board
с неодинаковой стреловидностью лопастей – out-of-alignment
с неодинаковым шагом лопастей – out-of-pitch
с неработающим двигателем – power-off
с низкорасположенным крылом – low-winged
с обратным ходом – reversing
с одним двигателем – one-engined, single-engine(d)
с оптическим слежением (сопровождением) – optically-tracked
с отклонением от заданного маршрута – out-of-track
с отключенным питанием – power-off
с отогнутой кромкой – lipped
с пневматическим приводом – air driven
с подветренной стороны – leeward
с подсветом сзади (о приборе) – backlighted
с понижением – stepped down
с поперечным V (о крыле) – dihedral
с поправкой – corrected
с поправкой на снос – drift compensated
с превышением – stepped up
с предельно малым запасом – marginal
с приводом от двигателя – motor-driven, motor-operated, power-operated
с пружинной фиксацией – spring-loaded
с расширяющейся хвостовой частью – flared
с реактивным приводом – jet-driven
с реактивным ускорителем – jet-boosted
с самораздвигающейся осью – self-jacked
с системой автоматической смазки – self-lubricating

с теплозащитным покрытием (о конструкции) – insulated
с термоизоляцией (о резервуаре) – lagged
с убранным газом – power-off
с убранными шасси или закрылками (о ВС) – clean
с увеличенной тягой – uprated
с увеличенным углом отклонения (о руле) – added
с углом сноса – crab-wise
с ускорителем – assisted
с форсажной камерой (о двигателе) – augmented
с хорошими аэродинамическими формами – clean
с шарнирным креплением – pinned
садиться – land
садиться в ВС – man
садиться на самолет – emplane
сажать (самолет) – set down
салон – cab(in); lounge
сальник – seal
сальниковое соединение – packed joint
самовозбуждение – self-excitation
самовоспламенение – autoignition, self-ignition
самовращение – autogyration; free wheeling
самоколебание крыла – wing flutter
самоконтрящийся – self-locking
самолет – aircraft, airplane, plane
самолет в зоне ожидания – holding aircraft
самолет воздушной инспекции – flight-inspection aircraft
самолет гражданской авиации – civil aircraft
самолет дальнего радиолокационного обнаружения – early warning aircraft
самолет для дальних полетов – long-distance airplane
самолет для зачетного полета (с целью получения летного свидетельства) – brevet airplane
самолет для начальной летной подготовки – primary training aircraft
самолет для охраны или патрулирования леса – forest patrol plane
самолет для служебных перевозок – business aircraft
самолет индивидуального пользования – private flyer
самолет коммерческой авиации – commercial plane
самолет МВЛ – commuter
самолет монококовой (обшивочно-стрингерной) конструкции – monocoque aircraft
самолет на посадочном курсе – aircraft in the pattern
самолет общего назначения – general-purpose airplane, utility aircraft
самолет обычного типа – conventional aircraft
самолет переходного типа – advanced training plane
самолет полумонококовой конструкции – semimonocoque aircraft
самолет с автоматом отдачи ручки – stick-pusher aircraft
самолет с атомным двигателем – atomic aircraft
самолет с большой дальностью полета – long-range aircraft
самолет с большой продолжительностью полета – long-endurance aircraft
самолет с быстро изменяемым вариантом загрузки – quick-change aircraft
самолет с быстро меняющимся вариантом загрузки – QC (quick-change)
самолет с вертикальным взлетом – direction-lift plane, vertical lift aircraft, vertical-rising aircraft
самолет с вертикальным взлетом и посадкой – tailsitter, vertiplane, VTOL aircraft
самолет с вибросигнализатором сваливания – shaker-equipped aircraft
самолет с воздушно-реактивным двигателем, ВРД – aerobreathing airplane
самолет с выпущенными шасси и закрылками в посадочном положении – landing configuration
самолет с высоко расположенным крылом – high-wing aircraft
самолет с герметической кабиной – pressurized plane
самолет с гиперзвуковой скоростью – hypersonic aircraft

самолет с крыльями, оснащенными щитками (закрылками) – flapped aircraft
самолет с неподвижным крылом – fixed-wing aircraft
самолет с околозвуковой скоростью полета – transonic airplane
самолет с отклоняемой вниз струей от винтов (для вертикального взлета и посадки) – deflected slipstream aircraft
самолет с переменным углом установки крыльев – variable-angle airplane
самолет с поворотным крылом – tilt-wing aircraft
самолет с поршневым двигателем – piston-engined aircraft
самолет с ракетным двигателем – rocket airplane
самолет с реактивным двигателем – jet aircraft
самолет с ТВД – jetprop
самолет с толкающим (воздушным) винтом – pusher, stick pusher
самолет с треугольным крылом – delta-wing airplane
самолет с тянущим воздушным винтом – tractor, tractor airplane
самолет с универсальным шасси – pantobase aircraft
самолет со взлетом под большим углом – steep-gradient aircraft
самолет со среднерасположенным крылом – middle wing aircraft
самолет стыкующегося рейса – connecting aircraft
самолет типа «летающее крыло» – all-wing aircraft
самолет типа «утка» – canard aircraft
самолет, в котором горизонтальное оперение расположено в носовой части фюзеляжа – canard aircraft
самолет, дозаправляющийся в воздухе – receiver aircraft
самолет, загружаемый через боковую дверь – side-loader
самолет, летящий в направлении от аэропорта – outbound
самолет, летящий курсом на восток – eastbound aircraft
самолет, находящийся в аварийной обстановке – aircraft in distress
самолет, не сваливающийся на крыло при потере скорости – non-stallable airplane
самолет, не склонный к сваливанию – stall-proof airplane
самолет, оборудованный спальными местами – sleeper
самолет, ожидающий разрешения на посадку – holding aircraft
самолет, отправляющийся в рейс – originating aircraft
самолет, подготовленный к зимней эксплуатации – winterized airplane
самолет, потерпевший бедствие – distressed aircraft
самолет, прибывший из рейса – terminating aircraft
самолет, проходящий испытания – test aircraft
самолет, специально оборудованный для дневных полетов – day plane
самолет, терпящий бедствие – aircraft in distress
самолет, эксплуатируемый с неподготовленных площадок – bushplane
самолет-амфибия – amphibian
самолет-вертолет – convertiplane, rotodyne
самолет-мишень – target
самолетная антенна радиолокатора – aircraft radar antenna
самолетная аппаратура – aircraft instrumentation
самолетная вычислительная машина для автоматического управления полетом – airborne guidance computer
самолетная навигационная система с электростатической подвеской – Gimbaled Electrostatic Aircraft Navigation System
самолетная опознавательная аппаратура – airborne identification equipment
самолетная панорамная радиолокационная станция – pathfinder
самолетная поисковая РЛС – airborne search radar
самолетная радиолокационная станция обнаружения облаков и предупреждения столкновений самолетов в воздухе – Cloud and

Collision Warning Station, Cloud Warning and Anticollision Radar
самолетная радиолокационная станция определения угла сноса и путевой скорости – drift and ground speed measuring airborne radar, DAGMAR
самолетная радиолокационная станция определения угла сноса и путевой скорости самолета – drift-and-ground-speed measuring airborne radar
самолетная радиостанция – airborne radio installation, ARI
самолетная РЛС – aircraft radar
самолетная РЛС дальнего обнаружения – airborne early warning radar
самолетная телевизионная аппаратура – airborne television equipment
самолетная телевизионная система – airborne television system
самолетное оборудование – aircraft instrumentation
самолетное освещение – aircraft lighting
самолетное переговорное устройство – aerophone; aircraft crew interphone system; crew intercommunication equipment; flight interphone system; intercom; intercommunication; intercommunication system; interphone set; interphone system
самолетное радиопередающее оборудование – airborne transmitting equipment
самолетные кресла – aircraft seating
самолетные наблюдения – airplane observations
самолетные сиденья – aircraft seating
самолетный – air-based, airborne, aircraft
самолетный автомат демпфирования порывов ветра – aircraft gust-alleviation system
самолетный индикатор движущихся целей – airborne moving target indicator, AMTI
самолетный ответчик – aircraft responder
самолетный парк – aircraft fleet, fleet, aircraft park, AP
самолетный парк авиакомпании – airline fleet
самолетный радиолокатор для обнаружения зон с неблагоприятной метеорологической обстановкой – weather avoidance radar
самолетный радиолокационный ответчик – radar transponder beacon
самолетный радиомаяк дециметрового диапазона – airborne S-band beacon
самолетный радиопеленгатор – airborne range only, ARO
самолетовождение – aeronavigation, navigation; pilotage
самолетовождение в арктических районах – polar air navigation
самолетовождение в высоких широтах – arctic navigation
самолетовождение за облаками – over-the-top navigation
самолетовождение на больших высотах – high-altitude navigation
самолетовождение по визуальным ориентирам – landmark navigation
самолетовождение по данным бортовой РЛС – electronic (radar) pilotage
самолетовождение по круговой (дальномерной) системе – circular-course direction (aviation)
самолетовождение по наземным ориентирам – visual navigation
самолетовождение по светилам – celestial navigation
самолетовождение с использованием карты в меркаторской проекции – Mercator flying
самолетовождение с помощью радионавигационных средств – radar navigation
самолетовождение с помощью радиотехнических средств – radio flying
самолетовождение со счислением пути без учета кривизны Земли – plane flying
самолето-миля – plane-mile
самолетостроение – aircraft construction
самолетостроительная фирма – aircraft manufacturer
самолетостроительный завод – aircraft factory
самолет-прототип – prototype airplane
самолет-цель для отладки РЛС – radar-calibration aircraft
самолеты местных авиалиний – feeder-line aircraft
самолеты частного пользования – private aviation

самолеты, находящиеся в зоне ожидания – stack
самолеты, производящие полеты по сходящимся курсам – converging aircraft
самолеты, эшелонированные по высотам – stacked aircraft
самонаведение – homing; homing control
самонаведение в упрежденную точку – predicted-point homing
самонаведение по сигналам маяка (бортового ответчика) – beacon homing
самонаводящийся – self-guided
самонастраивающаяся система – adaptive system
самонастраивающаяся система управления – adaptive control; adaptive control system
самонастраивающаяся схема – adaptive circuit
самонастраивающийся – adaptive, self-adaptive
самонастраивающийся автопилот – adaptive autopilot, self-adaptive (adjusting) autopilot
самооптимизирующийся автопилот – self-adaptive (adjusting) autopilot
самописец – automatic recorder; direct-writing recorder; recorder; recording instrument
самописец воздушных порывов – air-gust recorder
самописец высоты – altitude recorder
самописец высоты облачности – cloud-height recorder
самописец дальности полета – distance recorder
самописец для записи переговоров в кабине экипажа – cockpit voice recorder
самописец летных испытаний – flight test recorder
самописец отклонения рулей – control position recorder
самописец полетных данных – flight data recorder
самописец порывов ветра – gust recorder
самописец с непосредственным считыванием записей – direct reading recorder
самописец технического состояния – maintenance recorder
самописец траектории полета – flight-path recorder
самописец усилий на ручке управления – stick force recorder
самопишущий – self-recording
самопишущий прибор – recorder
самопроизвольная уборка шасси – gear collapse
самопроизвольное изменение угла крена – upset in roll
самопроизвольное изменение угла тангажа – upset in pitch
самораздвижной – self-jacked
саморегулирование – self-control
саморегулирующийся – self-adjusting
саморегулирующийся по угловому положению – self-aligning
самостоятельный налет в часах – solo flying hours
самостоятельный полет – solo flight
самостоятельный прогноз погоды для посадки – self-contained type landing forecast
самоустанавливающийся – self-adjusting; self-aligning
самый нижний слой ионосферы – D-layer
санитарная декларация – Declaration of Health
санитарная декларация самолета – aircraft health declaration
санитарная обработка – sanitary treatment
санитарное мероприятие – public health measure
санитарно-профилактическое мероприятие – sanitation
санитарный надзор – sanitary control
санитарный самолет – ambulance aircraft, hospital aircraft, sanitary plane
сапун – breather
сателлит – satellite
сбалансированная ВПП – balanced runway
сбалансированная длина летного поля – balanced field length
сбалансированный – trimmed
сбегающий – trailing
сближаться – approach
сближение – approach
сближение на встречно-пересекающихся курсах – collision-course(s) approach; forward of the beam approach

сближение на встречных курсах – head-on approach; head-on pass
сближение на пересекающихся курсах – beam approach
сближение с целью – closure
сближение самолетов на попутно-пересекающихся курсах – aft-of-the-beam approach
сблокированное управление – interlock(ed) control
сблокированный – interlocked
сбор за неявку к рейсу – no-show charge
сбор за обслуживание пассажиров – passenger service charge
сбор за освещение – lighting charge
сбор за отказ от брони и перевозки – cancellation charge
сбор за платный багаж – excess baggage charge
сбор за пользование ангаром – hangar charge
сбор за пользование обслуживанием в аэропорту – airport charge
сбор с отправлением наложенным платежом – cash-on-delivery fee
сборка – adjustment; assembly; erection; installation
сборник – accumulator
Сборник аэронавигационной информации – Aeronautical Information Publication, AIP
сборник карт подхода – approach plate book
сборник с расписаниями полетов по внутренним авиационным линиям (США) – Air Commerce Traffic Pattern
сборник схем захода на посадку – approach plate book
сборно-разборное покрытие ВПП – matting, runway mat
сборно-разборный – portable
сборочный стапель – assembly jig, assembly rig
сборы – charges
сборы за авиаперевозки – conveyance charge
сборы за издержки – disbursement fee
сборы за объявленную ценность – excess value charges
сборы за стоянку – parking charge
сбрасываемая нагрузка – disposable load
сбрасываемое шасси – detachable landing gear, droppable landing gear
сбрасываемый – jettisonable
сбрасываемый бензобак – detachable tank
сбрасываемый на парашюте надувной плот – pararaft
сбрасываемый топливный бак – droppable fuel tank; droppable tank; jettisonable fuel tank; slip tank
сбрасываемый топливный бак на конце крыла – wing-tip drop tank
сбрасывание – dropping
сбрасывать – discharge, drop
сбрасывать груз на парашюте – parachute
сброс – reset
сбросить – clear
сваливание (самолета) на безопасной высоте – advanced stall
сваливание на крыло – stall, stalling, wing heaviness
сваливаться на крыло – stall
сварная конструкция – welded construction
сварное соединение – welded joint
сварной узел – weld assembly; welded joint
сварной шов – welded seam
СВВП (самолет с вертикальным взлетом и посадкой) – VTOL aircraft, tailsitter, vertiplane
СВД (система верхнего дисплея) – head-up display system
сведений нет (отметка в документах) – nil
сведения – information
сведения о давлении (в районе аэродрома посадки) – barometric information
сведения о состоянии поверхности ВПП (для оценки эффективности торможения) – braking information
свежий ветер – fresh breeze
сверлить – drill
свернувшийся вихрь – concentrated vortex
свернуть с курса – give way
свертывание производства – production phase-out
сверхвысокая частота – extremely high frequency (UHF), super-high frequency (SHF)
сверхдальнего действия – very long range, VLR

сверхзвуковая скорость – supersonic speed, supersonic velocity, ultrasonic speed
сверхзвуковая струя – supersonic jet
сверхзвуковое крыло – supersonic airfoil
сверхзвуковое сопло – convergent-divergent nozzle; critical-flow nozzle; Laval nozzle; ventury-type expansion nozzle
сверхзвуковой – supersonic
сверхзвуковой воздухозаборник – supersonic intake
сверхзвуковой вход – convergent-divergent inlet
сверхзвуковой ПВРД – supersonic combustion ramjet, Scramject
сверхзвуковой поток – overchoked jet; supersonic flow
сверхзвуковой профиль – supersonic airfoil
сверхзвуковой транспортный самолет – supersonic transport, SST
сверхзвуковой фюзеляж – supersonic body
сверхнизкая частота – very low frequency, VLF
сверху – overhead
сверхустойчивый – overstable
свет – light
свето- или радиомаяк – beacon
световая адаптация – light adaptation
световая индикация – light indication
световая индикация глиссады – slope-line lighting
световое ограждение препятствий – lighting of obstructions
световое табло уведомительной сигнализации – illuminated indicator panel
световой горизонт – crossbar; wingbar
световой маяк – light beacon
световой маяк захода на посадку – approach light beacon
световой маяк постоянного излучения – fixed beacon light
световой сигнал – light
световой сигнал предупреждения – warning light
световой сигнал тревоги – visual alarm
световолновая оптика – lightpipe optics
светомаяк – light beacon, visual beacon
светооборудование аэродрома – flying field illumination
светооборудование воздушной трассы – airway lighting
светооборудование трассы авиалинии – route lighting
светопроницаемость – light transmission index, light transmittance
светопропускаемость – light transmittance
светосигнальная система точного захода на посадку по категории I (или II) – precision approach category 1 (or 2) lighting system
светосигнальное оборудование аэродрома – airdrome lighting
светосигнальный маяк на авиалинии – airway beacon
светотехническое оборудование – light equipment, lighting
светотехническое оборудование ВС – aircraft lighting
светящаяся корона – surface corona discharge
свеча – candle
свечка или горка с переворотом через крыло – upward spin
свидетельство – bill, certificate
свидетельство (летного состава) – license
свидетельство годности по состоянию здоровья – certificate of medical fitness
свидетельство летчика высшего класса ВВС (Брит.) – master green instrument rating card
свидетельство летчика высшего класса ВВС Канады – green instrument rating card
свидетельство летчика первого класса ВВС (Брит.) – green instrument rating card
свидетельство линейного транспортного пилота – airline transport pilot license
свидетельство на право обслуживания самолета и двигателя – airplane and engine license
свидетельство на право пилотирования самолета – flight certificate; pilot certificate
свидетельство на право полетов по приборам – green (instrument) certificate; instrument card; instrument flight rating; instrument rating

свидетельство на право работать а качестве пилота-инструктора – instructor rating
свидетельство о годности самолета к полетам – airworthiness certificate
свидетельство о прививках – vaccination certificate
свидетельство о происхождении груза – certificate of origin
свидетельство о регистрации самолета – aircraft registration certificate, certificate of registration of an aircraft, registration certificate
свидетельство о стоимости – certificate of value
свидетельство пилота высшего класса – higher grade (pilot) licence
свидетельство пилота коммерческой авиации – commercial pilot licence
свидетельство пилота, дающее право пилотировать самолет с отклонениями от установленных требований – certificate of waiver
свидетельство старшего пилота коммерческой авиации – senior commercial pilot licence
свидетельство частного пилота – private pilot licence
свидетельство члена экипажа – Crew Member Certificate
свободная площадь поперечного сечения – port area
свободная струя – open jet
свободная турбина – blast turbine
свободно подвешенный гироскоп – air suspension gyroscope
свободное вращение – free running
свободное пространство в баке – ullage space
свободнонесущее крыло – cantilever wing
свободнонесущий – cantilever
свободнонесущий моноплан – cantilever monoplane
свободноориентирующийся – full-castoring
свободные педали – free pedals
свободный – clear, free
свободный аэростат – free balloon
свободный от пошлин аэропорт – customs-free airport, free airport
свободный поток – free stream
свободный трехстепенный гироскоп – free gyroscope
сводить в таблицу – tabulate
сводить вместе – pool
сводка (данных) – advisory
сводка метеосообщений – collective report
сводка погоды – weather report, WR
сводная ведомость – file
сводная загрузочная ведомость – load sheet
сводные данные о летных происшествиях – aircraft accident summary
сводные данные по перевозкам – traffic summary
сводный график – cross-plot
свой – in-house
свойства сопротивления разрыву – stress-rupture properties
СВЧ-схема – microwave circuit
связанная ось координат – aerodynamic axis
связанное движение – coupled motion
связанные контуры – coupled circuits
связанный отказ (в результате неисправности смежной системы) – associated failure
связка ракетных двигателей – multiple barrel
связка ускорителей – boost cluster
связная радиостанция – communication control radio station, communication station, radio communication station
связная радиостанция на воздушной трассе – airway communications station
связная радиоустановка – communication radio set
связное оборудование – communication equipment
связующая авиалиния – feeder air route
связующий элемент (материал) – binder
связывать по времени – time
связь – bonding; communication; connection; contact; coupling; joint; relation; relationship
связь «воздух – земля» – air – ground communication
связь «земля – воздух» – ground-to-air communication
связь автопилота с радионавигационными приемниками – autopilot coupling

связь автопилота с системой ИЛС – ILS coupling
связь в аварийных условиях – distress traffic
связь для руководства полетами – operational control communication
связь между смежными областями летной информации или смежными диспетчерскими районами – inter-area communication
связь между шарнирными моментами рулей и усилиями на рычагах управления – feedback
связь микрофоном – voice transmission
связь на маршруте – en-route communication
связь на пространственных волнах – ground wave communication
связь по каналу глиссады – glide-path coupling
связь при передаче сообщений о навигационно-метеорологической опасности – safety communications
связь при помощи земной волны – ground wave communication
связь путем прямых переговоров – direct-speech communication
связь с приемниками сигналов радиомаяков – beam coupling
связь самолета с землей – ground contact
сгорание – combustion
сгорание вне двигателя – afterburning
сдвиг – displacement; offset; shear; shift
сдвиг ветра – wind shear
сдвиг начала отсчета – datum drift
сдвиг по фазе – opposition
сдвиг цифры – figure shift
сдвиг частоты – frequency shift
сдвигать – shift
сдвинутый – offset
сдвоенная компасная система – twin compass system
сдвоенные гидроусилители – dual actuators; parallel actuators
сдвоенные органы управления – dual control
сдвоенный автопилот – duplex autopilot
сдвоенный воздухозаборник – twin intake
сдвоенный воздушный винт – double propeller
сдвоенный потенциометр – double potentiometer
сдувание – boundary-layer removal
сдувание пограничного слоя – boundary-layer blowing
себестоимость – first cost
себестоимость место-мили – seat-mile cost
север – north
север координатной сетки – grid north
северное наклонение – north dip
северный магнитный полюс – magnetic North
Североатлантический аэронавигационный район – North Atlantic Air Navigation Region, NAT
Северотихоокеанский аэронавигационный район – North Pacific Air Navigation Region, NOP
сегментарная траектория захода на посадку – segmented approach path
седло – col
седловина – col
сезонное состояние летного поля – condition of ground
сезонный тариф – on season fare
секстант – sextant
секстант с пузырьковым уровнем – bubble sextant
сектор – parking apron
сектор видимости – angle of visibility
сектор диспетчерского руководства в зоне аэропорта – airport control sector
сектор контроля (воздушного движения) – control sector
сектор курса – course sector
сектор наблюдения – vision coverage area
сектор обзора – view(ing) angle, visibility angle
сектор РУД (газа) – control quadrant
сектор рычагов управления – control quadrant
сектор с рычагами управления – quadrant
секторная качалка проводки управления – control quadrant
секторная качалка руля направления – rudder quadrant
секторная качалка элеронов – aileron quadrant
секторный поиск – sector scanning
секундная масса – flux
секундный объемный расход – volume flow

секундный расход (газа) через камеру сгорания – combustion chamber mass flow
секция – panel; pen; section
селективное дистанционное управление – supervisory control
селективный вызов – polling (on multipoint circuit)
селективный индикатор движущихся целей – selective moving target indicator
селективный переключатель каналов – channel selector
селектор начальных условий – reset selector
селектор неисправностей (на тренажере) – malfunction selector
селекторный переключатель – jack box; selector switch
сельсин – synchro; transformer
сельсин крена – roll synchro
сельсин рыскания – yaw synchro
сельсин с прямой передачей – direct-driven synchro
сельсин тангажа – pitch synchro
сельсин-датчик – synchro pickoff
сельсин-приемник – control transformer
семейный тариф – family fare
серводвигатель – servo, servo driver
сервокомпенсатор – balancing tab, control servo tab, servo control, servo tab
сервокомпрессор – aerodynamic actuator
сервоконтур – servoloop
сервомеханизм – servo; servo control; servogear
сервомотор – actuator, force motor, servo
сервопривод – jack, servo, servo driver, servo power, servolink
сервопривод руля направления – rudder servo
сервопривод системы управления – control servo
серворуль – servo flap
серворуль направления – servo rudder
серворуль элерона – roll control tab
сервосистема – servolink, servoloop
сервосистема демпфирования колебаний рыскания – yaw damper servo system
сервосистема с обратной связью – closed-loop servo system
сервотриммер – servo control, servo tab
сервоуправление – servo control
сервоусилитель – servo amplifier
сердечник – core; mandrel
сердцевина – core
середина – center, middle
серийная техника – production hardware
серийно выпускаемая радиостанция – off-the-shelf radio
серийно выпускаемые изделия – production hardware
серийное производство – full production; production manufacturing
серийный – series
серийный вариант – production version
серийный образец – production hardware
серийный самолет – production airplane; stock airplane
серия – series; train
сертификат – certificate
сертификат о годности ВС к полету – certificate of airworthiness
сертификационные испытания – certification test
сертификация по шуму – noise certification
сертифицированное ВС – certified aircraft
серьезный отказ – major failure
серьезный травматизм – serious injury
сесть на аэродроме – get into the field
сетевой график – network
сетка – gauze; grid; lattice; network; reticle; screen
сетка меридианов и параллелей – graticule
сеть – network
сеть авиалиний – airline network; airway system
сеть авиационной дальней связи – aeronautical telecommunication network
сеть авиационной направленной (магистральной) связи – aeronautical point-to-point network
сеть воздушных трасс – air route network
сеть линий связи для передачи сигналов в цифровой форме – DTX network
сеть международных метеостанций – international reseau
сеть метеорологических станций – reseau
сеть наземных РЛС слежения – fixed radar tracking network
сеть оповещения – warning net(work)

сеть передачи данных – communication data network; data management network
сеть передачи данных между бортовыми системами – high-integrity data transmission
сеть передачи данных об атмосферных параметрах – air data network
сеть передачи донесений радиолокационной службы – radar reporting net
сеть радиолокационных станций – radar net
сеть радиопеленгаторных станций – radio direction finding net
сеть станций – observation network
сеть циркулярной связи – conference circuit
сечение – cut; profile, section
сечение крыла – wing section
сечение по оси – axial section
сечение сопла – nozzle area
сечение фюзеляжа – fuselage section
сжатая балка – column
сжатие – compression; pressure; pressurization; ramming
сжатие в системе скачков уплотнения – multishock compression
сжатие в скачке уплотнения – shock compression
сжатие за счет скоростного напора – ram compression
сжатый – compressed; pressurized
сжатый воздух – compressed air, pressurized air
сжатый элемент фермы – strut
сжигание – combustion
сжимаемость – compressibility
сжимаемый – compressive
сжимаемый поток – compressive flow
сжимающее усилие – compressive force
сжимающий – compressive
сзади – abaft
сигнал – cue; pulse; signal
сигнал аварии – emergency call
сигнал автоматического выдерживания заданного курса – automatic decrab signal
сигнал бедствия – distress call; distress signal; rescue message; signal of distress
сигнал без поправок – raw signal
сигнал ведомой станции – slave signal
сигнал внимания – attention signal
сигнал возврата в начальное положение – reset signal
сигнал времени – time signal
сигнал входа в равносигнальную зону – on-course signal
сигнал дальнего радиолокационного обнаружения – early warning signal
сигнал датчика – reference signal
сигнал датчика магнитного курса ВС – magnetic heading input
сигнал датчика угловой скорости или скорости изменения – rate sensor signal
сигнал запрещения посадки – wave-off signal
сигнал запроса – demand signal
сигнал колесного датчика – wheel input
сигнал коррекции дальности – range-correction signal
сигнал на входе усилителя – amplifier input
сигнал на выходе автопилота – autopilot output
сигнал настройки (телетайп) – alignment function (teletype-writers)
сигнал о вынужденной посадке – emergency landing signal
сигнал о приближении к срыву – stall warning signal
сигнал о шторме – gale warning
сигнал об опасности воздушного движения – alert
сигнал односигнальной зоны – quadrant signal
сигнал от радиосредств – radio input
сигнал отклонения (ошибки) по углу места – elevation bias
сигнал отклонения от курса – off-course signal
сигнал отключения питания – power interrupt signal
сигнал пожарной тревоги – fire call
сигнал помехи – spurious signal
сигнал приемистости – off-speed signal
сигнал радиомолчания – silence signal
сигнал рассогласования по тангажу – pitch error signal
сигнал самонаведения – homing signal
сигнал тревоги – alarm, alarm signal
сигнал увеличения оборотов – off-speed signal
сигнал угла тангажа – pitch attitude signal

сигнал управления – command; steering command
сигнал, вызывающий прецессию гироскопа – precessional command signal
сигнал, отраженный от грозового фронта – storm echo signal
сигнал, подаваемый покачиванием самолета – wing signal
сигнал, подаваемый эволюцией самолета – plane signal
сигнализатор – tell-tale indicator, warning indicator
сигнализатор выпуска шасси – landing gear warning device
сигнализатор давления топлива – fuel pressure signal
сигнализатор обледенения – ice-warning indicator
сигнализатор обледенения воздушного судна – aircraft icing indicator
сигнализатор опасных сближений – proximity warning indicator, PWI
сигнализатор пилота – pilot warning instrument
сигнализатор потери скорости самолета – airplane stall warning device
сигнализатор режима полета – flight mode annunciator
сигнализатор сваливания – stall warning indicator
сигнализатор срыва – kicker; stall warning device; stick-shaker; stick-shaker (shaking) device
сигнализатор угрозы столкновения – collision warning device
сигнализация – alerting
сигнализация контролирующего устройства – tell-tale warning
сигнализация небезопасного положения шасси – unsafe gear indication
сигнализация о заданной высоте – altitude alerting
сигнализация о неисправности в глиссадном канале управления – glide-slope-failure warning
сигнализация о падении давления в кабине – cabin altitude warning
сигнализация о положении воздушных тормозов – speed brake warning
сигнализация о потере скорости – stall warning
сигнализация полотнищами – ground signalling
сигнализация путем тряски педалей управления – rudder pedal warning
сигнализация самолету с земли – ground signalling
сигнализировать – signal
сигналы датчика – sensor(y) data
сигналы телеметрической станции – tracking signals
сигналы угловой информации – angle signals
сигналы управления – control information; steering information
сигналы, регулирующие движение на земле – marshalling signals
сигнальная лампа – indicator light; warning lamp
сигнальная лампочка положения шасси – landing gear light, undercarriage warning
сигнальная площадка – signal area
сигнальная сирена шасси – landing gear warning horn
сигнальная сирена, предупреждающая о приближении к режиму непроизвольного кабрирования – pitch-up warning horn
сигнальное окно захвата луча – ACQ window
сигнальное полотнище – marking panel
сигнальное световое табло – annunciator
сигнальное устройство – warning device
сигнальное устройство падения давления топлива – fuel pressure warning
сигнальный – signal
сигнальный знак – marker
сигнальный код – signal code
сигнальный огонь – indicator light
сигнальный огонь на крыле – wing signal
сигнальный флажок – alarm flag; flag alarm; warning flag
сигнальный флажок выключения авиагоризонта – attitude indicator «off» flag
сигнальный ходовой огонь – passing light
сиденье – seat
сиденье, обращенное назад – backward-facing seat
сила – intensity; strength

сила инерции – inertia
сила лобового сопротивления – drag; drag component; drag force
сила притяжения – attraction force
сила реакции – reactive force
сила света – candle power; intensity of light; luminous intensity
сила, создающая ускорение, равное ускорению силы тяжести – G-force
сила страгивания системы управления – control system breakout force
сила сцепления с грунтом – track adhesion
сила тяги – momentum thrust; propelling power; thrust
сила тяги воздушного винта – airscrew thrust; propeller thrust
сила тяжести – attraction force; gravitational attraction; gravitational force; gravity
сила, создающая перегрузку – G-force
силовая группа (ТВД) – power section
силовая деталь – stressed part
силовая сеть – mains
силовая соединительная коробка – power junction box
силовая тяга – rod
силовая установка – power plant, power unit; propelling plant; propulsion; propulsion system, propulsion unit, propulsive system, propulsive unit; thrust system, thrust unit
силовая установка для отсоса пограничного слоя – suction power system
силовая установка полуутопленного типа – semi-buried plant
силовая установка, отказ которой вызывает наиболее неблагоприятное влияние на характеристики самолета, относящиеся к рассматриваемому случаю – critical power units
силовая установка, работающая на химическом топливе – chemical propulsion
силовая установка, состоящая из двух двигателей – double-engine power unit
силовая электроустановка – electrical power-unit
силовое управление – force control
силовой – structural
силовой набор – primary construction
силовой привод – actuating unit, actuator; actuator drive; driving gear
силовой привод (регулируемого) воздухозаборника – air inlet (intake) actuator
силовой привод в канале путевого управления – yaw actuator
силовой привод двойного действия – double-acting actuator
силовой привод механизма отключения – lockout (device) actuator
силовой привод отклоненного носка крыла – leading-edge flap actuator
силовой привод предкрылка – slat actuator
силовой привод руля высоты – elevator actuator
силовой привод руля направления – rudder jack
силовой привод с шариковой обоймой – auto-pitch actuator
силовой привод системы управления – control servo
силовой привод стабилизатора – tailplane jack
силовой привод створок сопла – eyelid actuator
силовой привод триммера – trim jack
силовой привод триммера руля направления – rudder trim actuator
силовой привод элерона – aileron actuator
силовой цилиндр – jack, ram
силовой цилиндр бустера – power control jack
силовой цилиндр замка – lock jack
силовой цилиндр привода закрылка – flap actuator
силовой цилиндр толкателя ручки – stick-pusher jack
силовой цилиндр управления – steering cylinder
силовой цилиндр управления закрылками – wing flaps operating strut
силовой цилиндр управления передней ногой шасси – steering actuator
силовой шпангоут – heavy frame
силовой элемент – structural element
силовые приводы суммарной тяги – series actuators
силы, сходящиеся в одной точке – concurrent forces
сильная болтанка – violent turbulence

сильная редко повторяющаяся турбулентность или болтанка – severe occasional turbulence
сильная струя – blast
сильное обледенение – severe icing
сильное обледенение в облаках – severe icing in clouds
сильное обледенение в осадках – severe icing in precipitation
сильный ветер – high wind, moderate gale
сильный дождь – heavy rain
сильный холодный ветер со снегом – blizzard
сильный шквал с дождем – thick squall
символ – character, sign
симметричный полет – symmetric flight
симметричный полет с ускорением – accelerated symmetric flight
симплексная связь – simplex
симплексная связь на смещенных частотах – offset frequency simplex
синоптик – forecaster; synoptic forecaster; weather forecaster; weather observer
синоптическая карта – meteorological map, synoptic chart, synoptic map, weather chart, weather map
синоптическая консультация районного прогностического центра – regional synoptic analysis
синоптическая сводка – synoptic collective message
синоптический – synoptic
синоптический бюллетень – daily weather bulletin
синоптический код – weather code
синоптическое положение – meteorological situation
синтезированное радиолокационное изображение – synthetic radar display
синтетический – synthetic
синхроимпульс – gating impulse
синхронизация – slaving, synchronization
синхронизировать – lock; time
синхронизирующие сигналы – timing signals
синхронный – slaved, synchro
сирена – horn
сирена сигнализации о приближении к срыву – stall-warning horn
система – complex, set
система «крыло – элерон» – wing-aileron system
система «пилот – диспетчер» – pilot – controller system
система «стабилизатор – руль высоты» – tail-elevator system
система аварийного спасения – emergency recovery system
система авиатранспортных предприятий – airline industry
система автоматического захода на посадку до малых высот – low-approach system
система автоматического сопровождения цели радиолокатором – automatic tracking loop
система автоматического торможения – automatic braking system
система автоматического управления – robot control system
система автоматического управления и регулирования – automatic control system
система автоматического устранения угла упреждения – automatic drift kick-off system
система автоматического ухода на второй круг – automatic overshoot system
система автоматической балансировки – automatic trim system
система автоматической посадки – autoland system
система автоматической посадки без участия пилота – hands-off autoland system
система автоматической проверки – automatic checkout system
система автоматической стабилизации – automatic stabilization system, autostabilization system
система автоматической стабилизации и управления в полете – automatic flight stabilization and control system
система автоматической уборки воздушных тормозов – automatic speech brake retraction system
система автопилота – autopilot system
система автофлюгирования – autofeather system
система активного наведения – active guidance system
система активного сопровождения (слежения) – active tracking system

система активного усиления отражаемых сигналов – active augmentation system
система анализа работы двигателей – engine analyzer system
система астронавигации – celestial reference system
система аэродромной РЛС УВД заходом на посадку – terminal radar approach control system
система бегущих огней – stroke lighting
система ближней навигации – short-range navigation system, Shoran
система бортового электронного оборудования – avionics system
система бронирования мест на самолет – reservation system
система валов – shafting
система ввода данных о полете – flight data entry system
система ведущих огней – lead-in lighting system
система верхнего дисплея – head-up display system
система ветров – wind system
система визуальной индикации глиссады – angle-of-approach indicator system; visual approach slope indicator system (VASIS); visual glidepath indicator system
система вихрей – vortex system
система внешнетраекторных измерений – external instrumentation
система внутренней связи – intercommunication system, interphone system
система восстановления кислорода – oxygen recovery system
система выбора оптимальных режимов полета – Flight Management System
система вывода самолета на ВПП при заходе на посадку – runway approach system
система вывода самолета на посадку по лучу радиомаяка – beam approach beacon system, BABS
система выпуска и уборки шасси – gear actuation system
система выравнивания с управлением относительно постоянной траектории – fixed-path flare system
система географических координат – geographical reference system
система герметизации кабины – cabin pressurization system
система гиперболической навигации ДЖИ – GEE
система голосовой подачи программных указаний – verbal instruction programmed system
система граничных условий – set of boundary conditions
система громкоговорящей связи – public address (system)
система групповой посадки пассажиров – package system
система дальнего обнаружения – distant early warning
система дальнего радиолокационного обнаружения – early warning system
система двукратного действия – two-shaft system
система демпфирования воздушных порывов – gust alleviation system
система динамического моделирования – dynamics simulator system
система директорных нуль-индикаторов – zero reader flight director, ZRFD
система для восстановления информации – data recovery system
система для измерения крутящего момента – torque sensing system
система дневной маркировки подхода – approach day marking system
система дожигания топлива – reheat system
система дожигания топлива в форсажной камере – afterburner system
система дозаправки самолета в воздухе при помощи гибкого шланга и конуса – probe-drogue aerial refueling system
система дренирования баков – tank vent system
система единиц измерения, применяемая в авиации – aeronautical unit system
система жизнеобеспечения – life support system
система загрузки (бустерного управления) – Q-feel system
система зажигания – ignition system
система замедляющей передачи – reduction gear train
система запирания закрылка – flap lock system

система заправки топливом под давлением с нижней поверхности крыла – pressure underwing fueling system
система запуска – starting system
система запуска двигателя – start-ignition system
система запуска ПВРД – ramjet ignition
система захода на посадку – approach system, runway approach system
система захода на посадку с курса, обратного посадочному – back leg instrument landing system
система зонального действия – area coverage system
система зональной навигации, собранная на модулях – modular area navigation system
система зональных прогнозов погоды – area forecast system
система избирательного вызова – selective calling system, SELCAL
система измерения или индикации углов тангажа, крена и азимута – attitude and azimuth reference system
система измерения угла атаки – angle-of-attack detecting (sensing) system
система ИЛС I категории – facility performance category 1 – ILS
система ИЛС II категории – facility performance category 2 – ILS
система индикации – display system, indicating system
система индикации в кабине пилота – cockpit display
система индикации основных пилотажных данных – Primary Flight Display, PFD
система информации об авариях и катастрофах – accident reporting system
система искусственной стабилизации – artificial stability system
система кабелей – cable system
система контроля за воздушным движением – traffic monitoring system
система контроля и управления – monitoring system
система контроля режима взлета – takeoff monitoring system
система координат – coordinate; coordinate system; frame of axes; frame of references; grid system; reference system
система критериев надежности – reliability index system
система маршрутов – routing
система международных тарифов – international fare structure
система многократного применения – restorable system
система многократной фильтрации – multifiltration system
система наведения – guidance control system, guidance system
система наведения по лучу – guide beam system
система наведения по лучу и сигналам радиовысотомера – beam-riding/radio altimeter guidance system
система наведения по сканирующему лучу – scanning-beam guidance system
система нагружения – load maintainer system
система наддува – pressurized system
система наддува кабины пилота – cockpit pressurization system
система наддува топливного бака – tank pressurization system
система нанесения координатной сетки – grid system
система направленных антенн – antenna array
система несущих винтов – rotor system
система ночного видения – night vision system
система облаков теплого фронта – warm-front cloud system
система обнаружения и захвата цели – acquisition system
система обнаружения повреждения самолета – aircraft damage sensing system
система обнаружения препятствий и предупреждения столкновений – collision detection and avoidance system
система обнаружения соседнего воздушного движения – vicinity traffic finder
система обогрева – heating system
система обогрева устройства для впрыска воды в двигатель – water heater system
система обработки радиотелеметрических данных в реальном масштабе времени – real-time telemetry processing system

система общего назначения – general purpose system
система общего оповещения – public address (system)
система огней – lighting
система огней выводной рулежной дорожки – turnoff lighting
система огней подхода с поперечными световыми горизонтами – crossbar approach lighting system
система огней приближения – approach lighting system
система однократного применения – unrestorable system
система опережения по фазе – phase-advance system
система оповещения – warning system
система опознавания «свой – чужой» – identification friend or foe
система определения углов пространственного положения – attitude sensing system
система ориентации – positioning system
система освещения подхода низкой интенсивности – low intensity approach lighting system, LSA
система отбора воздуха от компрессора – compressor air-bleed system
система отбора и обработки данных – data reduction system
система отображения данных – display system
система отображения полетной информации – electronic display of flight information
система отопления кабины – cabin heating system
система отсчета – frame of references; reference; reference frame; reference system
система отсчета времени – time reference point
система отсчета углового пространственного положения – attitude reference system
система охлаждения – cooling
система охлаждения двигателя – cooling installation
система паравизуальных директорных приборов – paravisual director system
система пассивной компенсации отказа – passive failure system
система педального управления – foot-bar control
система пенного пожаротушения – foam extinguishing system
система передачи – transmission system
система передачи данных – data link system
система переключений – changeover system
система периодического действия, удаляющая образовавшийся лед – de-icer system
система перспективной индикации на ЭЛТ – advanced electronic display system
система пилотажных приборов – flight instrument system
система подавления помех от местных предметов – clutter-removing system
система подачи – feed system
система подачи воздуха (в двигатель) – air induction system
система подачи топлива – fuel distribution; fuel feed system; fuel gravity system; fuel supply system
система подачи топлива под давлением газа – pressure fuel system
система подачи топлива самотеком – gravity fuel system
система поперечного управления – lateral control system
система посадки – landing system
система посадки по ведущему кабелю – landing leader cable system
система посадки по глиссаде – glide-path landing system
система посадки по приборам – instrument landing system, ILS
система посадки по приборам с корреляционной защитой – correlation protected instrument landing system, CPILS
система посадки с использованием индикации на лобовом стекле – head-up display landing system
система посадки с применением оптических средств – optical landing system
система посадки со сканирующим лучом – scanning beam landing system
система посадочных галерей – pier system
система предотвращения столкновений – collision avoidance system, CAS

система представления данных об авиационных происшествиях – Aircraft Accident/Incident Reporting, ADREP
система предупреждения об опасной близости земли – ground proximity warning system
система предупреждения об опасной близости самолетов – proximity warning system
система предупреждения столкновений – eliminate range zero system, EROS
система предупреждения столкновения в полете – anti-collision system, collision avoidance system
система привода – drive system
система привода (силовых приводов) – actuating system
система привода агрегатов – accessory drive system
система привода антенны – aerial turning gear
система привода органов управления – control-actuating system
система привода руля высоты – elevator-drive system
система приводных маяков – homing system
система приема и накопления данных – acquisition system, data acquisition system
система присоединенных вихрей – bound vortex system
система проблесковых огней приближения с электронным управлением – electronic flash approach lighting (system)
система проводной связи – wire system
система продольного управления – longitudinal control system
система прямоугольных координат – grid coordinate system
система путевого управления – directional system simulator; yaw control system
система радиолокационного обнаружения – radar warning net
система радионавигации «ро-тета» – rho-theta navigation system
система радионавигации Ро-Тета – omnibearing distance navigation system
система размещения (расположения) – configuration
система распознавания образов – pattern recognition system
система реактивного или струйного управления – jet(-control) system, tumble-jet system
система реверсирования тяги – thrust reverser system
система регулирования – control system
система регулирования воздухозаборника – inlet control system
система регулирования давления в кабине – cabin pressure control system
система регулирования подачи топлива – fuel-control system
система регулирования с помощью операций «включено – выключено» – on-off control
система регулирования скорости при заходе на посадку и взлете – speed control approach takeoff, SCAT
система регулирования тяги – throttle control system
система релейного типа – on-off type system
система ручного управления – manual control system
система рычагов – leverage
система с «мягким» отказом – fail-passive system
система с блочным наращиванием – building block system
система с гиростабилизированной платформой – gimbal system
система с двумя несущими винтами – twin rotor system
система с двумя одновременно работающими независимыми каналами – duplex system
система с двумя степенями свободы – two-degree-of-freedom system
система с мягким отказом – passive failure system
система с одной степенью свободы – single mode system
система с пружинным демпфером – spring-damper system
система с регулируемым коэффициентом усиления – gain (control) system
система с рециркуляцией – recirculating system
система с самонастройкой коэффициента усиления

(передаточного числа) – adaptive gain system
система с тремя степенями свободы – ternary system
система с тройной надежностью – triplicated system
система с фазово-импульсной модуляцией – pulse-position modulation system
система с четырьмя одновременно работающими независимыми каналами – quadruplex system
система самолета – functional installation
система самонаведения – homing system
система сбегающих вихрей – trailing-vortex system
система световой сигнализации при заходе на посадку – visual approach system
система связи – communication system
система связи с передачей опорного сигнала – transmitted reference system
система сдува пограничного слоя у закрылков – flap blowing system
система сервоуправления – servo-control system
система сетевого планирования «Перт» – program evaluation and review technique, PERT
система сигнализации для управления воздушным движением – air traffic control signaling system
система сигнализации о возникновении пожара в двигателе – engine fire warning system
система сигнализации о неполном закрытии дверей – door warning system
система сигнализации о приближении к срыву – kicker system; stall warning system
система сигнализации обледенения – ice warning system
система сигнализации шасси – landing gear warning system
система сигнализации этапов захода на посадку – approach assessment system
система синхронизации – timing system
система скачка уплотнения – shock system
система скачков уплотнения – shock wave formation
система слежения – tracking loop, tracking system
система смазки – lubricating system, oil system, oiling system
система смазки с отстойником – wet-sump lubrication
система снижения интенсивности огней – dimmer system
система совместно работающих радиомаяков – radio-beacon system
система сопровождения – tracking system
система сопровождения по скорости изменения дальности – range-rate tracking system
система спаренных несущих винтов – twin rotor system
система спасения – recovery system
система стабилизации и управления креном – roll-jet system
система стабилизации по положению – attitude control system, attitude stabilization system
система стабилизации релейного типа – on-off stabilization system
система счисления – notation
система телевизионной связи по замкнутому каналу – closed-circuit television system
система телефонной связи – phone system
система теплозащиты – thermal protection system
система типа «да – нет» – on-off type system
система точного вывода самолета на посадку – precision approach system
система точного управления при заходе на посадку и посадке – Precision Approach and Landing System, PALS
система труб – tubing
система трубопроводов – duct system
система тряски ручки – stick shaker system
система тряски ручки управления – kicker system
система убирания – retracting system
система увеличения подъемной силы – augmented-lift system
система углового сопровождения – angle-tracking system
система удаления влаги – rain remover system
система указания воздушной скорости – airspeed indicating system

система управления – control loop, control system; flight control; guidance control system, guidance system; steering system
система управления (ВС) с помощью струйных рулей – air jet nozzle control system
система управления без обратной связи – open-loop control
система управления воздушным винтом – propeller control system
система управления воздушным движением, заходом на посадку и приземлением – traffic control, approach and landing system, TRACALS
система управления воздушным движением, использующая радиолокационные маяки – air traffic control radar beacon system, ATCRBS
система управления воздушным судном – flight control system, flight controller
система управления жесткими тягами – push rod system
система управления заходом на посадку по приборам – blind-approach system
система управления колесными тормозами – wheel brake system
система управления креном – roll-control system
система управления курсом – course direct system
система управления на малых высотах с использованием радиовысотомера – radar altimeter low-altitude control system
система управления на режиме висения – hovering control system
система управления несущим винтом – main rotor control system
система управления носовым колесом – nose-wheel steering system
система управления носовым колесом от педалей – rudder pedal nose-wheel steering system
система управления от руки – control stick system
система управления от штурвала при включенном автопилоте – control-wheel steering system
система управления отклонением реактивной струи – jet deviation control system
система управления ПВРД – ramjet control system
система управления по высоте при выравнивании – flarescan
система управления по субъективным ощущениям – kinesthetic control system
система управления пограничным слоем – boundary-layer control system
система управления подачей топлива – fuel discharge
система управления подходом на последнем этапе захода на посадку – final approach guidance system
система управления подходом самолета к аэродрому – airdrome approach control system
система управления полетом – flight control system, flight guidance system
система управления положением – positioning system
система управления релейного типа – on-off control system
система управления рулем высоты – elevator control system
система управления рулем направления – rudder (control) system
система управления с автоматом усилий – simulated feel system
система управления с изменяемыми характеристиками устойчивости – variable stability control system
система управления с обратной связью – closed-cycle controls, closed-loop control
система управления с помощью электрических сигналов – fly-by-wire system
система управления с тройной надежностью – triplex control system
система управления с ЭВМ – computerized control system
система управления самолетом – aircraft control system, airplane flight control system
система управления тангажом – pitch control system
система управления шасси – landing gear system
система усиления управляющих сигналов (создаваемых пилотом) – control augmentation system
система условных обозначений – notation

система устойчивых приращений – stability augmentation system
система физиологического контроля – physiological monitoring system
система форсирования тяги – reheat system
система целеуказания – acquisition system
система циркулярной связи по телетайпу – teletype broadcast system
систематизация – classification
систематическая ошибка – bias
сканирование – scanning
сканирующая антенна – scanner, scanning antenna
скафандр для полетов в стратосфере – stratosuit
скачок давления – compression shock, pressure jump, pressure shock, pressure surge
скачок уплотнения – compression shock, compression wave, pressure shock, shock, shock layer, shock wave
скачок уплотнения в околозвуковом потоке – transonic wave
скачок уплотнения на входе – inlet shock wave
скашивать – cant
сквозная балка – continuous beam
сквозная воздушная перевозка – through air transportation
сквозная транспортная накладная – through bill of lading
сквозное сообщение – through traffic
сквозной билет для платного багажа – through excess baggage ticket
сквозной комбинированный тариф – combination through fare
сквозной коносамент – through bill of lading
сквозной туристический тариф – through tourist fare
скелет – framework
скелет крыла – wing structure
скидка – discount
скидка с тарифов – reduction on fares
скин-эффект – skin effect
склад – depot, park
склад авиационной техники – aircraft depot
складной – collapsible, deployable
складной контейнер – collapsible (freight) container
складские расходы – storage charges
складывание – folding
складывание (купола парашюта) – collapse
складывать – store
складывать(ся) – fold
складывающийся – deployable
складывающийся вертикальный стабилизатор – folding fin
склон – slope
склонение глиссады – glide slope
склонение магнитной стрелки – inclination
скоба – buckle
скобковые импульсы – bracket pulses
скольжение – global; slip; yawing
скольжение винта – backlash
скольжение воздушного винта – airscrew slip
скольжение на крыло – global; sideslip; sideslipping; wing slide
скольжение на хвост при потере скорости – vertical stalling
скольжение самолета на хвост – tail slide
скользить – skid, slip
скользить на вираже – skid on the turn
скользить на крыло – fall over; sideslip; squash
скользить на хвост – fall over, toss
скользящее крыло – oblique airfoil; yawed (yawing) wing
скользящий – yawed
скопление – congestion
скопление транспорта – traffic congestion; traffic jam
скорая медицинская помощь – emergency medical relief
скороподъемность – climbing ability; climbing capacity; climbing power; climbing speed
скоропортящийся груз – perishable freight
скоростная дорога – expressway
скоростная централь – airspeed indicating system
скоростное руление самолета – taxi run
скоростной – high speed, speed
скоростной воздушный винт – speed propeller
скоростной высокооборотный воздушный винт – high-speed propeller

скоростной гироскоп – rate gyroscope; restrained gyroscope
скоростной гироскоп крена – roll rate gyro
скоростной напор – contraction of flow; dynamic head; dynamic pressure (ratio); impact pressure; pressure difference; ram; ram-air flow; ramming pressure; ramp pressure; velocity head; velocity pressure
скоростной напор воздушного потока – impact air pressure
скоростной напор на входе – inlet velocity head
скоростной поворот – high-speed turnoff (turnout)
скоростной полет – high-speed flight
скоростной самолет – fast aircraft, high-speed aircraft, speed aircraft
скорость – rate, speed, velocity
скорость балансировки – stick-free speed
скорость в зоне ожидания – holding speed
скорость в конце активного участка траектории – burned velocity
скорость в критическом сечении сопла – throat velocity
скорость в момент принятия решения о продолжении или прекращении взлета – decision speed
скорость в наборе высоты по маршруту со всеми работающими двигателями – all-engine-enroute climb speed
скорость ввода в действие – cut-in speed
скорость ветра – wind speed, wind velocity
скорость ветра у земли – surface wind speed
скорость воздуха на входе (в двигатель) – intake velocity
скорость возникновения тряски на ручке управления – stick-shaker speed
скорость вращения – speed of revolution
скорость вращения вала – revolution (r.p.m.) meter; shaft speed
скорость входа в порыв или область турбулентности – gust penetration speed
скорость входящего воздуха – entry velocity
скорость выполнения маневра – entry airspeed
скорость выруливания самолетов с ВПП – exit speed
скорость выхода на редан – hump speed
скорость горения (газовых смесей) – burning velocity
скорость горизонтального полета – level-flight speed
скорость движения – momentum
скорость деформации – strain rate
скорость засасываемого винтом воздуха – indraft velocity
скорость звука – acoustic speed; sonic (sound) velocity
скорость и направление ветра – wind speed and direction, WS and D
скорость изменения азимута – azimuth rate
скорость изменения атмосферного давления – barometric rate
скорость изменения барометрической высоты – barometric attitude rate
скорость изменения дальности – range rate
скорость изменения курса – yawing velocity
скорость истечения – discharge rate, discharge velocity
скорость истечения выхлопных газов – exhaust gas velocity
скорость истечения газа из соплового аппарата турбины – turbine nozzle exit velocity
скорость истечения газов – efflux velocity, exit velocity
скорость истечения газов из реактивного сопла – jet-pipe gas velocity
скорость истечения газов из сопла – nozzle exhaust velocity
скорость истечения реактивной струи – jet speed, jet velocity
скорость манипуляции – keying rate
скорость маршевого полета – cruising velocity; path velocity
скорость модуляции – modulation rate
скорость на балансировочном режиме – trim speed
скорость набегающего потока – indraft velocity
скорость набора высоты – climbing speed, rate of climb
скорость над входной кромкой – over-the-fence speed
скорость начального набора высоты – climb-out speed

скорость обгона – overtaking speed
скорость обработки (грузов) – handling rate (of cargo)
скорость обтекания – afflux velocity
скорость отклонения ручки назад – aft stick rate
скорость относительно земли – earth velocity, ground velocity
скорость отрыва – lift-off speed
скорость отрыва носового колеса от ВПП при взлете – rotation(al) speed
скорость отрыва от земли – takeoff speed, takeoff air speed, TAS
скорость пассивного полета – coasting speed
скорость перемещения скачка уплотнения – shock velocity
скорость планирования – glide speed, gliding speed
скорость по расписанию – airspeed according flight plan; block speed; scheduled speed
скорость по траектории – path velocity
скорость подачи топлива – fuel flow rate
скорость полета – flight velocity, flying speed
скорость полета в вакууме – drag-free velocity
скорость полета для управления закрылками – wing-flaps-operating speed
скорость полета для управления шасси – landing-gear-operating speed
скорость полета к моменту выгорания топлива – burned velocity
скорость полета между вторым и третьим разворотами (с противопосадочным курсом) – downwind speed
скорость полета на предпосадочной прямой (между третьим и четвертым разворотами по «коробочке») – base (leg) speed
скорость полета на этапе между двумя промежуточными посадками – block speed
скорость полета над порогом ВПП – target threshold speed
скорость полета по ветру (с попутным ветром) – downwind speed
скорость полета по траектории – line of flight velocity
скорость полета при болтанке – speed for gust conditions
скорость полета при заходе на посадку – approach velocity
скорость полета при максимальной скороподъемности – best rate-of-climb speed
скорость полета при максимальном угле траектории – best angle-of-climb speed
скорость полета при минимальном угле планирования – least angle-of glide speed
скорость полета при развороте – turn air speed
скорость полета с включенным автопилотом – automatic-pilot speed
скорость полета с выпущенными аэродинамическими тормозами – air-brakes-extended speed
скорость полета с выпущенными закрылками – wing-flaps-extended speed
скорость полета с выпущенным шасси – landing-gear-extended speed
скорость полета с неработающим двигателем – power-off speed
скорость полета с работающим двигателем – power-on speed
скорость порывов ветра – gust velocity
скорость поступательного движения – forward speed, point-to-point speed
скорость потока – flow rate
скорость прецессии – precession rate
скорость при включении тормозов – brakes-on speed
скорость при входе (снаряда) в атмосферу – entry velocity
скорость приземления – touchdown speed
скорость разбега – takeoff ground speed
скорость развертки по дальности – range-scanning rate
скорость разворота – rate of turn
скорость распространения пламени – burning velocity, flame velocity
скорость рыскания – rate of yaw, yaw rate
скорость с работающим двигателем – speed under power
скорость сближения – rate of closure
скорость сваливания – accelerated stall speed; stalling speed

скорость скольжения на крыло – rate of sideslip
скорость снижения – descent velocity, rate of descent
скорость снижения при заходе на посадку – approach rate of descent
скорость срыва – accelerated stall speed
скорость срыва (сваливания) в посадочной конфигурации – landing stall speed
скорость срыва (сваливания) при убранных механизации крыла и шасси – clean (configuration) stall speed
скорость схода с ВПП – turnoff speed
скорость устойчивого полета – stable flying speed
скорость, достигнутая к моменту прекращения работы двигателя – cutoff velocity
скорость, указанная в инструкции – handbook speed
скорректированная воздушная скорость – corrected air speed
скорректированное значение – corrected value
скорректированный – slaved
скорректированный пеленг – corrected bearing; correcting bearing
скорый – fast
скос – yaw
скос на конце крыла самолета или лопасти винта – rake
скос потока в горизонтальной плоскости крыла – sidewash
скос потока вверх – upwash
скос потока вниз – downwash
скос потока, создаваемый несущим винтом – rotor slipstream
скошенный вниз поток – downwash, downwash flow
скругленный – flared-up
скручивание лопастей воздушного винта – propeller twist
скручивающая нагрузка – torsional loading
скручивающее напряжение – twisting stress
скручивающее усилие – torque, torsional stress, twisting force, twisting moment
скручивающий – torsional
скрытый – flush, flush-mounted, hidden
слабая непрерывная турбулентность или болтанка – light continuous turbulence
слабая периодическая турбулентность или болтанка – light intermittent turbulence
слабая турбулентность или болтанка – light turbulence
слабый ветер – gentle breeze, gentle wind
след – trace, track, trail
след за винтом – propeller wake
след за ВС – aircraft wake
след за телом в потоке – wake
след колес – wheel track
след от выхлопных газов – exhaust trail
следить за целью – track
следовать по пути с истинным путевым углом – make good a track (of)
следящая картушка – follow-up card
следящая пара (радиостанций) – tracking pair
следящая система – follow-up device, follow-up system
следящая система автоматического управления или регулирования – servo-loop control
следящая стрелка (автопилота) – follow-up point
следящее устройство – follower
следящий механизм обратной связи – follow-up mechanism
следящий телескоп системы астронаведения – astrotracker
следящий элемент – follower
слежение (за целью) – following, tracking
слежение с земли – ground tracking
слежение с помощью радиосредств – radio tracking
слепая посадка – blind landing
слепой – blind
слепой полет – blind flight; fog flying; instrument flight
слив – overflow; unloading
слив (жидкости) – bleeding
слив пограничного слоя – bleed of boundary layer
слив под действием разрежения – suction off-loading
слив самотеком – gravity draining; off-loading by gravity
сливание предметов при движении с большой скоростью – speed blurring
сливать – off-load

сливать жидкость в гидросистеме – bleed
сливной бак – dump tank
сливной дренажный клапан топливного бака – tank drain valve
сливной клапан – drain valve; dump valve
слияние (потоков) – junction
слияние (частиц) – attachment
сложение сил – composition of forces
сложная задача – challenge
сложное покрытие – composite pavement
сложное сочетание – multiplexing
сложное струйное течение – multiple jet
сложное эшелонирование (воздушного движения) – composite separation
сложные (неблагоприятные) метеорологические условия – adverse weather conditions
сложные метеорологические условия, требующие полета по приборам – instrument meteorological conditions (IMC), instrument weather conditions (IWC)
сложный – complex, composite, compound
слои в атмосфере – strata
слоистая конструкция – laminated (layered) construction; sandwich construction
слоистая конструкция с сотовым заполнителем – honeycomb sandwich construction
слоистая облачность – stratiform
слоистая структура – laminated structure
слоисто-дождевое облако – nimbostratus
слоистое стекло – laminated glass
слоисто-кучевые облака – stratocumulus
слоистые облака – strati, stratified clouds, stratiform clouds, stratus
слоистый – laminar; laminated
слоистый излом – laminar fracture
слоистый материал – laminate
слоистый пластик – laminate
слоистый пластический материал – laminated plastic
слой – bed; lamina; layer; ply; sheet
слой атмосферы – air stratum; atmospheric shell; lamina
слой атмосферы, прилегающий к земле – friction layer
слой в ламинарном потоке – lamina
слой воздуха – air stratum
слой застойного воздуха – stagnant layer
слой износа – seal coat; surface course
слой облаков – air stratum
слой облаков над самолетом – undercast
слой облачности – cloud deck
слой сезонного промерзания и оттаивания – active layer
слой, воспринимающий давление – load-bearing ply
сломаться – crash
служащий – employee
служащий (гостиницы, конторы) – desk clerk
служба – service
служба авиакомпании – airline office
служба авиационной дальней связи – aeronautical telecommunication service
служба авиационной радионавигации – aeronautical radio-navigation service
служба аэронавигационной информации – Aeronautical Information Service
служба аэронавигационной информации в Европе – European Flight Information
служба воздушного движения – air traffic service, ATS
служба воздушных трасс и авиационных средств связи – Airways and Air Communications Service
служба гражданской авиации – Civil Aviation Service (CAS); civil air service
служба двусторонней связи – intercommunication service
служба инженерных сетей – utility service
служба информации в аэропорту – airport information desk
служба магистральной связи – trunk signal communication service
служба обеспечения безопасности полетов – safety service
служба обеспечения полетов – flight service
служба оповещения о воздушной опасности – alerting service
служба погоды – meteorological service, weather service
служба погоды в авиации – aviation weather service
служба пожарной охраны – fire service
служба поиска и спасения – search and rescue service

служба поиска и спасения самолетов, потерпевших аварию в море – air-sea rescue service, A/SR
служба приводной связи – landline communications service
служба радиолокационного наблюдения – Radar Advisory Service
служба радиосвязи обеспечения полетов – aeronautical radio service
служба расследования авиационных происшествий (Брит.) – Accident Investigation Branch
служба ремонта – maintenance service
служба связи – communication service
служба связи с самолетами на авиалиниях – airways and air communication service, AACS
служба спасения и борьбы с пожаром – rescue and fire fighting service
служба стационарных средств связи по обеспечению полетов – aeronautical fixed service, AFS
служба технического планирования полета – technical flight planning
служба управления воздушным движением – air traffic control service
служба управления движением в районе аэропорта – airport traffic control service
служба широковещательной передачи по радио сообщений, записанных на пленку – continuous automatic transcribed broadcast service
служебная зона – service area
служебная радиограмма – procedure message
служебное время (полета) – duty time (flight)
служебное донесение – service message
служебное сообщение – procedure message; service message
служебный – auxiliary
служебный (административный) самолет – executive aircraft
служебный самолет – business aircraft
слуховой – audio; aural
случайные ответы – random output
случайный уход гироскопа – random drift
слушатель – cadet
слушаться рулей управления – respond
слышимость – audibility; readability
смазка – grease; lubricant; lubricating; lubrication
смазка под давлением – pressure lubrication
смазка разбрызгиванием – oil spray
смазочная способность – lubricity
смазочное масло – oil
смазочный – lubricating
смазывание – lubricating; lubrication
смазывание изображения – blurring
смазывание показаний приборов – blurring of the instruments
смазывать – grease
смазывающая способность – lubrication
смазывающее вещество – lubricant
смежная отрасль промышленности – interfacing industry
смежный – interfacing
смежный канал (связь) – adjacent channel (communications)
смена частоты – change of frequency
сменный – interchangeable
сменный экипаж – relief crew
смерть при катастрофе – fatality
смеситель – mixer
смеситель информации в продольном движении – pitch data mixer
смесительная форсунка – mixing nozzle
смесь – combination; composition; compound; mixture
смесь топлива и воздуха – fuel-and-air mixture
смета – estimate
сметать – sweep
смешанная облачность – mixed sky
смешанная угломерно-дальномерная система ближней навигации, выдающая полярные координаты места самолета – tactical air navigation system, TACAN
смешанное облако – mixed cloud
смешанный класс – standard mixed class
смешанный маршрут – composite track
смешанный тариф – compound tariff
смещать – shift
смещение – bias; deflection; displacement; offset; offsetting; shift
смещение оси лопасти – blade sweep
смещенная лопасть или лопатка – offset blade
смещенная связь – offset carrier
смещенная точка начала отсчета – offset point

смещенная частота – offset frequency
смещенное положение – off-center position
смещенный – off-axis, offset
смола для слоистого пластика – laminating resin
смотри – refer
смотровое окно – inspection port, observation port
смотровое отверстие – inspection door
смотровой клапан – inspection flap
смотровой люк – access hatch
снабдить – fit out
снабжать – store; supply
снабжать пояснительной надписью – placard
снабжение – delivery, supply
снабженный двигателем – propelled
снабженный ракетным двигателем – rocket-powered
снабженный реактивным двигателем – jet powered, reaction-propelled
снаряд – missile; projectile; shell
снаряжать – fit out
снаряжение – equipment
снег – snow
снегоочистительное оборудование – snow clearing equipment
снежная крупа – snow pellet
снежная пурга – blowing snow
снежный заряд – snowflake
снижать давление – decompress
снижаться – climb down, descend
снижение – climb-down; decay; letdown
снижение в крейсерском режиме – cruise descent, drift down
снижение давления – decompression
снижение для пролета на малой высоте – low-flyby approach
снижение к исходному рубежу – descent to starting level
снижение на авторотации – autorotation (autorotative) descent
снижение на авторотации до земли – full autorotation
снижение на авторотации с последующим увеличением мощности двигателя – power recovered autorotation
снижение по крутой спирали – spiral dive
снижение по прямой – straight-in penetration
снижение по спирали – spiral descent
снижение с форсированием характеристик – maximum performance descent
снижение самолета – push-down
снижение самолета на последней посадочной прямой – final descent
снимать – detach; strip
снимать (с места) – dismount
снимать показания – read
снимать усилия с ручки – relax stick pressure
снова выходить на глиссаду – regain the glide path
снос – airplane drift, drift
снос ветром – wind drift, windage
снос потока вниз – airflow breakdown
снос самолета – crab
снос самолета ветром – crosswind effect, sweep
снос самолета, определенный с помощью РЛС – radar drift
сносить – sweep
сносить (строение) – tear down
сноутам – snowtam
снятие брони – cancellation of reservation
снятие верхнего слоя грунта – stripping
снятие напряжения – relief
снятие с эксплуатации – phase-out
снятый с эксплуатации – obsolete
со складывающимся крылом – folding winged
со средним углом крена – medium-banked
соблюдать меры предосторожности – observe the precautions
соблюдение очередности – sequencing
соблюдение требований о передаче кратких донесений по радио – short-message discipline
собственная неустойчивость – intrinsic instability
собственное значение – eigen value
собственный – in-house
собственный вес – dead load
совершать автоматическую посадку – autoland
совершать заход на посадку по малому кругу – bring around tight
совершать перелет – fly
совершать полет над каким-либо районом – overfly
совершать полеты – navigate

совершать полеты на авиалинии – operate
совершать посадку с выкатыванием самолета за пределы ВПП – overshoot
совершенствование – updating
совершенствовать – update
совет – advise; board
совет директоров аэропортов – Airport Operators Council, AOC
советник – advisor
совещательный – advisory
Совещательный комитет по воздушному транспорту – Air Transport Advisory Council, ATAC
совковый воздухозаборник – air scoop; air-scoop intake
совместимость – compatibility
совместная перевозка несколькими авиакомпаниями – interline transportation
совместное действие сжатия и изгиба – compression-bending interaction
совместное размещение (аэронавигационных средств) – co-location
совместный – joint
совмещенная система управления – control-wheel steering system
совмещенное управление – control-wheel steering
совмещенный канал (связь) – co-channel
совмещенный прибор (в отличие от дистанционного) – direct-reading instrument
совокупный – collective
совпадающая фаза (связь) – co-phase
совпадение – coincidence
совпадение с осью глиссадного луча – glide-slope coincidence
современная техника – up-to-date equipment
современное оборудование – up-to-date equipment
современное состояние развития – state-of-the-art
современный – advanced
согласование – interface; register; slaving; synchronization
согласование импедансов – impedance matching
согласование компаса – compass slave
согласование по времени – timing
согласование характеристик двигателя с ВС – engine-airframe integration
согласованный – slaved
согласованный план полета – approved flight plan
согласовывать – match; mate
согласующее устройство – interface; interfacing hardware; radio aid coupler; radio and coupler
согласующий – interface
соглашение – agreement
соглашение между авиакомпаниями по долевому участию в распределении рейсов, перевозок, доходов – pool agreement
соглашение между отправителем и перевозчиком на перевозку груза – contract of carriage
соглашение о бронировании мест – blocked space arrangement
соглашение о взаимообменных воздушных судах – interchange aircraft agreement
соглашение о производстве по лицензии – license agreement
соглашение о совместной перевозке багажа несколькими авиакомпаниями – interline baggage agreement
соглашение об открытии воздушного сообщения (авиалинии) – air-route agreement
соглашение по прямому транзиту – direct transit agreement
содействие – assistance
содержание – content; upkeep
содержание в исправности – maintenance
содержание гармоник – harmonic content
содержимое – content
соединение – combination; command; composition; compound; connection; coupling; fitting; joining; joint; jointing; junction; linkage; mounting
соединение внахлестку – lap joint
соединение впритык – butt joint
соединение встык – abutment joint
соединение для ограничения распространения трещины – crack-limiting joint
соединение точечной сваркой – spot-welded joint

соединение уступом по потолку – aft-facing joint
соединение уступом против потока – forward facing joint
соединенный – coupled, joint
соединенный внахлестку – lap-joined
соединительная воздушная линия (связывающая магистральные линии) – commuter air route
соединительная коробка – junction box
соединительная коробка радиооборудования – radio junction-box
соединительная муфта ротора компрессора с ротором турбины – compressor coupling
соединительная РД с виражом на кривой – superelevated turnoff
соединительная рулежная дорожка – crossover taxiway; cutoff taxiway; runoff taxiway; taxiway exit; turnoff
соединительная тяга – connecting rod
соединительное устройство – connector; coupler
соединительные детали – attaching parts
соединительный вал – intermediate shaft
соединительный разъем – connector
соединительный щит – patch panel
соединять – fit; joint; mate
соединять (муфтой) – couple
соединять встык – butt
создаваемый рулем импульс – control input
создавать избыточное давление – supercharge
создавать крен – heel
создавать наддув – supercharge
создавать положительную перегрузку – pull
создавать помехи – jam
создание – making
создание давления – pressurization
создание избыточного давления в кабине – cabin pressurization
создание избыточного давления в кабине пилота – cockpit pressurization
создание искусственных радиопомех – jamming
создание перегрузки – application of «g»
создание помех – countermeasures
создание помех работе радиолокационной станции – counterradar measures
создание разрежения – evacuation
создание тяги – thrust application
создание чрезмерных усилий в системе управления – control overhead
создающий тягу – propellent
соискатель – contender
сокращение – reduction
сокращенная система огней приближения – short approach light system
солнечная вспышка – solar flare
солнечные сутки – apparent day
солнечный ветер – solar wind
солнцезащитный щиток или очки – sun visor
сомнерова линия – line of position
сообщение – advise; communication; dispatch; information; message; notice; report
сообщение (для сведения) – advisory
сообщение в цифровом коде – digital message
сообщение о бедствии – Mayday
сообщение о бронировании мест на самолет – reservation message
сообщение о воздушном движении – traffic message
сообщение о загрузке самолета – load message
сообщение о задержке (вылета) – delay message
сообщение о задержке взлета – message concerning delayed departure
сообщение о передаче управления – transfer of control message
сообщение о погоде по трассе полета – airway weather report
сообщение о прибытии – arrival message
сообщение о расчетном времени прохода границы (диспетчерского района) – boundary estimate message
сообщение о регулярности полетов – flight regularity message
сообщение о самолетах, терпящих бедствие – distress message
сообщение об опасности – safety message
сообщение об отмене – cancellation message
сообщение по вопросам безопасности полетов – flight safety message
сообщение по линии передачи данных – data link message
сообщение по многочисленным адресам – multiple address message

сообщение, касающееся безопасности людей – message for the safety of human life
сообщение, передаваемое по радио – radio
сообщение, содержащее план полета – flight-plan message
сообщения класса «В» (о бронировании и сообщения летно-эксплуатационных предприятий общего характера) – class «B» messages
сообщения класса «А» (важные для государств и летно-эксплуатационных предприятий по безопасности и регулярности воздушных сообщений) – class «A» messages
сообщения, передаваемые по каналу связи – traffic
сообщенная с борта самолета средняя высота над местностью на данном участке полета – reported altitude block height
«сообщено всем, кому необходимо» – all concerned notified
сооружение – facility; installation; structure
соосное размещение ВОР/ДМЕ – coaxial co-location VOR/DME
соосные винты – twin propellers
соосные воздушные винты противоположного вращения – contra-rotating airscrews; counterpropellers; dual propeller
соосный – coaxial
соответствие – compatibility
соответствие требованиям безопасности при аварии – crashworthiness
соответствующий требованиям – adequate, required
соотношение – ratio; relation; relationship
соотношение доходов и расходов – operating ratio
сопло – blast pipe; discharge nozzle; jet; nozzle; orifice
сопло Вентури – ventury
сопло двигателя – motor exit
сопло круглого сечения – round nozzle
сопло Лаваля – convergent-divergent nozzle, Laval nozzle
сопло переменного сечения – variable-area nozzle
сопло реактивного двигателя – propelling nozzle
сопло с докритическим перепадом давления – unchocked nozzle
сопло с неполным расширением – underexpanded nozzle
сопло с реверсом тяги – reverse-thrust nozzle, thrust-reverser nozzle
сопло с регулируемым сечением – adjustable area nozzle, controllable-area nozzle
сопло с сеткой – gauze nozzle
сопло форсажной камеры – afterburner nozzle
сопло, в котором происходит перерасширение газа – overexpanded nozzle
сопло, тяга которого направлена под углом к оси самолета – tangential jet
сопловая заслонка – thrust spoiler
сопловая коробка – nozzle box
сопловая часть двигателя – nozzle end
сопловое кольцо – nozzle ring
сопловое отверстие – nozzle orifice
сопловой аппарат – nozzle cascade
сопловой аппарат турбины – nozzle box, turbine nozzle assembly, turbine nozzle block, turbine nozzle box, turbine stator blade ring
сопоставление – correlation
сопоставлять – correlate, cross-relate
соприкосновение – contact
соприкосновение с землей – ground crash
сопроводительная грузовая ведомость – load sheet
сопроводительные документы – accompanying documents
сопровождать – track
сопровождение – tracking
сопровождение (цели) – following
сопровождение по дальности – range tracking
сопровождение по дальности, азимуту, углу места и доплеровской частоте – four-coordinate tracking
сопровождение по угловым координатам – angle tracking
сопровождение по углу места – elevation tracking
сопровождение с помощью доплеровской РЛС – Doppler tracking
сопротивление – strength

сопротивление брызг (при взлете с мокрой ВПП) – spray drag (on take-off)
сопротивление грунта горизонтальному воздействию ведущих колес или гусениц – soil thrust
сопротивление давления – pressure drag
сопротивление для высоких частот – high-frequency resistance
сопротивление изгибу – bending strength
сопротивление кручению – torsional strength
сопротивление материалов – strength of materials
сопротивление поверхностного трения – skin friction drag
сопротивление продольному натяжению – longitudinal resistance
сопротивление разрыву – tensile strength
сопротивление сжатию – compressive strength
сопротивление сжатия – compression strength
сопротивление скачка – shock drag
сопротивление скручиванию – twisting resistance
сопротивление трения – drag friction, friction resistance, frictional drag
сопротивление удару – impact resistance
сопротивление усталости – fatigue resistence, fatigue strength
сопротивление, обусловленное наличием срыва потока – wake drag
сопротивление, связанное с пограничным слоем – boundary-layer drag
сопрягать – gang, mate
сопрягающая поверхность – interface
сопряжение – coupling, gang
сопряженный конденсатор – gang condenser
сопутствующий фактор – contributing factor
сорванный поток – stalled flow
соревнование – competition
сорт – grade
сорт масла – oil grade
сорт топлива – fuel grade
сорт топлива или масла, употребляемый в зимних условиях – winter grade
сортировка – classification
сосредотачивать – mass, pool
состав – combination; complement; composition; compound
состав бортового оборудования – avionics complement
состав горючей смеси – fuel ratio
состав оборудования (аппаратуры) – equipment complement
состав экипажа – crew complement
составление плана – mapping
составление программы – coding
составление сообщений – origination of messages
составлять в среднем – average
составлять сумму – aggregate
составляющая – component
составляющая бокового ветра – cross-wind component, crosswind factor
составляющая ветра – wind reference
составляющая сила – component force
составляющая скорости – velocity component
составляющая скорости в направлении оси Y (англоамериканской системы координат) или Z (системы координат, принятой в России) – V-component of velocity along Y-axis
составная прогностическая карта – composite prognosting chart
составная часть – component, ingredient
составное стекло – composite transparency
составной – build-up; complex; composite; compound; multiple
составной билет – conjunction ticket
состояние – condition
состояние аэродрома – airdrome conditions
состояние ВПП – runway conditions
состояние нижней кромки облачности – low-level cloud condition
состояние опасности – distress
состояние перерегулирования – hardover condition
состояние покоя – rest
состояние потери управляемости – out-of-control
состоящий из двух частей – dual
сотовая конструкция – honeycomb construction; multisection construction
сотовый – honeycomb
сотовый радиатор – honeycomb radiator
сотрудник грузовой службы – cargo attendant

сотрудник отдела производства полетов – flight operations officer
соударение – impingement
сохранение – conservation; maintenance
сохранение мощности двигателя – power maintenance
сохранность – safety
сохранять – maintain
сохранять безопасность – survive
сохраняющиеся при аварии ВС записи бортовых приборов – recoverable crash data
сохраняющий работоспособность при единичном отказе – failure-survival (-surviving)
сочетание – combination
сочетание аэродинамических рулей с сервомотором – airfoil-servomotor system
сочетать – match
спад – decay, falling-off
спай – joint, junction
спайка – jointing
спальное место – berth, sleeping berth
спаренные антенны курсоглиссадного радиомаяка – coupled localizer aerials
спаренные колеса – dual wheels; twin-wheel units
спаренные хвостовые колеса – twin tail wheels
спаренный – coupled
спаренный конденсатор – gang condenser
спаривание – gang
спаривание частот – frequency pairing
спасаемый самописец – recoverable recorder
спасательная группа – rescue group
спасательная команда – rescue crew
спасательная лодка – crash boat, rescue boat
спасательная машина – crash truck
спасательная сеть – scrambling net
спасательная служба – rescue service
спасательное оборудование – recovery gear; safety equipment; survival equipment
спасательное плавательное устройство – life preserver
спасательное судно – rescue vessel, RV
спасательные работы – rescue, salvage; salvaging
спасательный жилет – life jacket
спасательный пояс – life belt
спасательный самолет – rescue aircraft
спасать – rescue
спасение – pickup, recovery, rescue, salvage
спасение жизни – survival
спасение при аварии – emergency rescue, ER
спасение экипажа – crew survival
спектр – pattern; range
спектр обтекания – flow pattern; flow system
спектр частот на выходе приемника – spectrum of receiver output
спектральная плотность мощности – power spectral density
спектральная плотность энергии – energy spectral density
специализированная первичная подготовка пилотов – specialized undergraduate pilot training, SUPT
специализированный тренажер – part task trainer
специалист – expert
специалист по радиолокации – radarman
специалист по расследованию авиационных происшествий – accident investigator
специалист по сборке – rigger
специалист по электронному оборудованию тренажера для обучения полетам по приборам – electronic instrument trainer specialist
специалист, расследующий происшествие – accident investigator
специальное донесение с борта – special air report, ARS
специальное сообщение с борта – special air-report
специальные групповые тарифы – affinity group fares
специальный грузовой тариф – special cargo fare
специальный импульс определения местонахождения – special position identification pulse
спецификация – specification
спидометр – speed counter
спиральная неустойчивость самолета – spiral instability
списание (имущества) – depreciation
списание с летной работы по состоянию здоровья – medical wastage
список – file; list

список грузов – cargo sheet
список пассажиров данного рейса – passenger list
список экипажа – crew manifest
спланированная площадь – graded area
спланированное летное поле – graded landing field
сплошная заготовка – solid
сплошная лопатка – solid blade
сплошная облачность – continuous cloud (cover); eight-eights cloud; obscured weather; overcast; overcast clouds
сплошная среда – continuous fluid
сплошной – continuous; monolithic; solid
сплошной вал – solid shaft
сплошной облачный покров – solid cloud cover
сплошной облачный слой – blanketing
сплющивание – collapse
сплющиваться – collapse
спойлер – spoiler
спокойная атмосфера – free air; non-turbulent air
спокойный – undisturbed
спокойный воздух – smooth air
способ – method; mode; procedure; rule
способ набора высоты – climb technique
способ определения широты места по близмеридианным наблюдениям – meridian altitude method
способность – ability; capability
способность выдерживать перегрузки – overload capacity
способность к быстрой реакции – quick reaction capability
способность пилота брать на себя управление – pilot takeover ability
способность производить посадку в любых метеоусловиях – all-weather landing capability
способность противостоять разрушающим нагрузкам (при аварийной посадке) – crash ability
способность уходить на второй круг – wave-off capability
способы – means
справка – reference
справочная атмосфера – reference atmosphere
справочник – reference book
справочник аэропорта – airport directory
Справочник гражданской авиации – Air Commerce Manual, ACM
справочник пилота – pilot's information file (PIF); pilot's handbook
справочник по метеорологическим данным (различных районов) – climatological data sheet
справочник по трактам – routing directory
справочное бюро – information office, inquiry office
справочное бюро телефонов служб и должностных лиц – telephone numbers inquiry
справочные данные – reference data
справочный материал – reference
спрашивать (каналы измерения) – sample
спринклерная система пеноводного тушения – foamwater sprinkler system
спроектированный с учетом «правила площадей» – area-ruled
СПРС (самолетная панорамная радиолокационная станция) – pathfinder
спрямляющая решетка – gate
спрямляющая решетка аэродинамической трубы – honeycomb
спрямляющее устройство – gate
спрямляющий аппарат – stator
спрямляющий канал – honeycomb duct
СПУ (самолетное переговорное устройство) – crew intercommunication equipment, flight interphone system, intercommunication, intercommunication system, interphone, interphone set
спуск – drop; intake
спускать воздух – bleed
спускаться – drop
спускной кран – drain cock
спутная струя – wake; wash; wave flow
спутная струя винта – propeller backwash, propeller wash, propeller blast, slipstream
спутная струя за винтом – airscrew wash
спутная струя реактивного двигателя – jet wash
спутная струя самолета – backwash
спутник – satellite
спутные следы самолета – aircraft trailing vortices
спутный поток – concurrent flow
сравнение ВС путем облета – fly-off competition
сравнение фаз – phase comparison

сравнимость – compatibility
средневолновая радиопеленгаторная станция – medium frequency direction finding station, MDF
средневолновый и коротковолновый радиопеленгаторы, установленные вместе – medium and high frequency direction-finding stations at the same location, MHDF
средневолновый и УКВ пеленгаторы, установленные вместе – medium and very high frequency direction finding, MVDF
средневолновый пеленгатор – medium frequency direction finder
средневолновый радиопеленгатор – medium frequency direction finder, MFDF
средневосточный аэронавигационный район – Middle East Air Navigation Region, MID
среднее арифметическое – average
среднее время наработки между отказами – mean time between failures, MTBF
среднее время по гринвичскому меридиану – Greenwich mean time, GMT
среднее гринвичское время – Greenwich mean time, GMT
среднее значение курса относительно координатной сетки – average grid heading
среднее магнитное склонение – mean variation
среднее солнечное время – mean solar time
среднеевропейское время – mean European time, MET
среднеквадратичная ошибка – mean square error; root mean square error (rms)
среднеквадратичное значение – root-mean-square value
среднеквадратичное отклонение – root-mean-square deviation; standard deviation
среднеквадратичный – root-mean-square
среднерасположенное крыло – midwing
средний – average; medium; middle
средний ветер – mean wind
средний крен – medium bank
средний маркер – middle marker
средний радиомаркер – middle marker, MM
средний радиус расчетной зоны действия – average radius rated coverage
средний расход горючего на маршруте – block fuel
средний срок службы – failure-rate
средний тариф на пассажиро-милю – average fare per passenger
средний уровень моря – mean sea level, MSL
средний уровень расходов по техобслуживанию – average engineering cost level
средняя аэродинамическая хорда – mean aerodynamic chord (MAC); reference chord
средняя биссектриса – average bisector
средняя величина – average; mean
средняя воздушная скорость – average airspeed
средняя гармоническая величина – harmonic mean
средняя геометрическая хорда – standard mean chord
средняя грузоподъемность самолета – average aircraft capacity
средняя дальность видимости – mean geometric chord; mean observed range
средняя дальность действия – intermediate range; mean range (MRG)
средняя дальность полета – intermediate range
средняя долговечность – failure-rate
средняя доходная ставка – average revenue rate
средняя мощность – mean power
средняя наработка до поломки – mean time to catastrophic failure, MTCF
средняя наработка до ремонта – mean time to repair, MTR
средняя наработка между регламентными работами – mean time between maintenance, MTB
средняя относительная плотность – mean relative density
средняя приводная радиостанция – compass locator middle
средняя скорость на маршруте – average operating speed
средняя частота – medium frequency, MF
средства – facility, means
средства (обеспечения) посадки ВС – aircraft landing aids

средства воздушной диспетчеризации – air traffic control facilities
средства для определения местоположения (самолета) – aids to location
средства математического обеспечения – software
средства математического обеспечения работы бортового оборудования – avionics software
средства наведения – guidance equipment
средства наземного обеспечения самолетовождения – ground-based navigation aids
средства непосредственной прямой радиосвязи – point-to-point radio facilities
средства обеспечения воздушного движения – traffic aids
средства обеспечения посадки – landing aids
средства обеспечения самолетовождения по выбранному маршруту – guiding aids
средства обеспечения связи – radio aids
средства опознания самолетов – means of identification
средства определения места ВС – position pinpointing aids
средства прямой связи по телетайпу – point-to-point teletypewriter facilities
средства радиорелейной связи – radio-relay communication facilities
средства связи – communication facilities, means of communication
средства связи по обеспечению полетов на внутренних авиалиниях – interstate airway communications
средства спасения – recovery aids
средства точного управления заходом на посадку – precision approach aids
средства управления полетом – guidance facilities
средства циркулярной связи – conference communication
средство – device, mean
средство воздушного транспорта – air carrier
средство жизнеобеспечения или выживания – survival device
средство обеспечения – aid
средство обеспечения посадки на микроволновых частотах – microwave landing aid
средство обнаружения – detector
средство обнаружения по инфракрасному излучению – infrared acquisition aid
средство обработки информации – data reduction facility, DRF
средство отвлечения – decoy
средство передвижения – vehicle
средство радиопротиводействия – jammer
средство руления – aid to taxiing
средство увеличения подъемной силы – lift augmenter
срез – rake, shear
срезывать – shear
срезывающая нагрузка – shear load
срезывающее усилие – shear
сродство – affinity
срок действия – validation, period of validity
срок работы (машины) – life
срок службы – endurance; flying life; endurance hours (HR); lifetime; operational life; service life; working life
срок службы двигателя – engine life
срок службы двигателя до капитального ремонта – overhaul life
срок эксплуатации – operation time; operational life
срочная связь – urgency communication
срочное донесение – priority message
срочное сообщение – urgency message
срочный – forward
срочный груз, перевозимый самолетом в порядке регулярных воздушных перевозок – air express
срочный ремонт – emergency maintenance; emergency repair
срыв – breakdown; separation
срыв (потока) – breakaway
срыв во вращающемся потоке – rotating stall
срыв воспламенения – ignition failure
срыв зажигания – ignition failure
срыв пламени – blowout; flameout; light-off
срыв потока – burble; burbling; jet separation; stall; stalling
срыв потока во вращающейся струе – rotating stall

срыв потока с конца крыла – tip stall
срыв потока у крыла – stalling of the wing
срывной угол атаки – stalling incidence
срывные характеристики – stalling characteristics
ссылка – reference
стабилизатор – balancing plane; fin; fixed surface; fixed tail; stabilizing fin
стабилизатор высоты полета – height-lock control
стабилизатор горения – flameholder
стабилизатор курса – heading reference
стабилизатор пламени – can; stabilizing baffle
стабилизация – holding, locking; trim
стабилизация (укрепление) грунта битумом – bituminous stabilization
стабилизация воздушной скорости – constant airspeed control
стабилизация высоты – height control
стабилизация высоты полета – altitude holding, constant-altitude control
стабилизация грунта цементом – soil-cement stabilization
стабилизация движения по глиссаде – acquisition of glidepath
стабилизация движения по лучу – acquisition of beam
стабилизация курса – heading control
стабилизация относительно глиссадного луча – glideslope beam holding, holding of the glide slope
стабилизация относительно курсового луча – localizer (beam) holding
стабилизация относительно луча – beam holding
стабилизация по крену – roll control
стабилизация скорости набора высоты или снижения – altitude or sense rate hold
стабилизация тангажа – pitch-attitude holding
стабилизация частоты – frequency control
стабилизированная в пространстве платформа – space-stabilized platform
стабилизированная в пространстве система – all-attitude reference system
стабилизированный относительно линии пути – track-stabilized
стабилизировать – stabilize
стабилизируемое значение воздушной скорости – datum airspeed
стабилизирующая поверхность – damping surface
стабилизирующая поверхность крыла – wing stabilization surface
стабилизирующая система – stabilizing system
стабилизирующие поверхности – stabilizing surfaces
стабилизирующий конический насадок – flare
стабильность – stability
ставить (ВС) на колодки – chock the aircraft
ставить в нейтральное положение – center
ставить РУД в заданное положение – place the power lever
ставить самолет в ангар – park
ставка – rate
ставка таможенной пошлины – rate of duty
стадия бедствия (положение, при котором самолету и находящимся в нем людям угрожает серьезная и неминуемая опасность или требуется немедленная помощь) – distress phase
стадия критических условий полета, близких к аварийным – emergency phase
стадия неопределенности – uncertainty phase
стадия неуверенности (положение, при котором существует опасение за безопасность самолетов и находящихся в них людей) – alert phase
стадия проектирования – design stage
сталкиваться с трудностями – challenge
стандарт – standard
стандартная атмосфера – normal air; reference atmosphere; standard air; standard atmosphere
стандартная длина полосы (гидроаэродрома) – channel selected basic length
стандартная изобарическая поверхность – standard isobaric surface
стандартная лучевая система управления выводом самолета в зону аэродрома и посадкой – standard beam approach system

стандартная посадка – reference landing
стандартная посадочная дистанция – reference landing distance
стандартная система захода на посадку по лучу курсового радиомаяка – standard beam approach system, SBA
стандартная система Лоран – standard Loran
стандартная схема выхода самолета из зоны аэродрома по приборам – standard instrument departure, SID
стандартная схема выхода самолета по приборам из зоны аэродрома – standard instrument departure
стандартная схема захода на посадку по приборам – standard instrument approach, SIA
стандартная схема полетов в зоне ожидания – race track holding pattern
стандартная фразеология, используемая для передачи указаний пилоту – standard voice phraseology
стандартные атмосферные условия – standard day
стандартный – reference; standard
стандартный заход на посадку с использованием всенаправленного радиомаяка – standard omnirange approach
стандартный заход на посадку с помощью радиомаяка – standard range approach
стандартный разворот – procedure turn; standard rate turn
Стандарты и Рекомендации (ИКАО) – Standards and Recommended Practices, SARPS (ICAO)
становление – making
станок – machine
станция – plant; station
станция авиационной дальней связи – aeronautical telecommunication station
станция доводки опытного образца – prototype development
станция метеорологических наблюдений – meteorological observing station
станция наблюдения – observation station
станция оповещения – warning station
станция передачи метеорологической информации – meteorological broadcasting station
станция предупреждения – warning station
станция радиозондирования – radiosonde station
станция радиопомех – jamming station
станция сети – network station
станция техобслуживания – service station
станция, входящая в сеть связи – on-net station
стапель – fixture, jig
старт – start, takeoff
стартер – actuator motor; starter; starter unit
стартовое время – starting time
стартовое положение – takeoff attitude
стартовый вес ракеты – takeoff weight
стартовый двигатель – boost power plant; jet booster; rocket booster; takeoff engine
стартовый огонь – run-out light
стартовый ракетный двигатель – assisted takeoff rocket (engine)
стартовый ускоритель – auxiliary rocket engine
старший аэродромный диспетчер – senior traffic officer
старший бортпроводник – purser
старший диспетчер аэропорта – senior airport control tower operator
старший диспетчер по загрузке – load master
старший инспектор по самолетам (вертолетам) – chief aircraft inspector
старший оператор (станции наведения) – central controller
старший пилот – chief aviation pilot, CAP
старший пилот коммерческой авиации – senior commercial pilot
старший пилот-инструктор – chief flying inspector
статистика авиационных происшествий – accident experience
статическая модель – static mockup
статическая нагрузка – quiescent load, static load
статическая неопределенность – redundancy
статическая неустойчивость – static instability
статическая номинальная тяга – static thrust rating
статическая подъемная сила – static lift

статическая продольная устойчивость – statical longitudinal stability
статическая трубка приемника воздушного давления – airspeed static tube
статическая тяга – static jet thrust
статическая тяга воздушного винта – static propeller thrust
статическая устойчивость – static stability
статически уравновешенный – statically balanced
статически устойчивый – statically stable
статические испытания – static trials
статический – static
статический потолок – hovering ceiling, static ceiling
статический режим – steady state
статическое давление – static pressure
статическое давление воздуха – static air pressure
статическое испытание на прочность – strength test
статическое уравновешивание – static balance
статическое электричество – static electricity
статор – stator
статор переменного сечения – variable stator
статоскоп – height control
статоскоп автопилота – altitude controller
статус полета – flight status
стать действующим – come into operation
стационарная наземная станция – fixed station
стационарная сеть авиационной дальней связи – aeronautical fixed telecommunication network, AFTN
стационарная установка УКВ пеленгатора – fixer station
стационарные средства обслуживания и снабжения – fixed ground servicing and provisioning facilities
стационарный – fixed, steady
стационарный режим – steady state
створ – alignment
створка – door; flap; shutter
створка главного шасси – main gear door
створка люка шасси – undercarriage door
створка ниши носового колеса – nosewheel door
створка обтекателя шасси – landing gear fairing door
створка реверса – eyelid
створка регулирования охлаждения – louver
створка регулируемого выхлопного сопла – exhaust nozzle flap
створка системы охлаждения – cooling flap
створка сопла – nozzle flap
створка шасси – landing gear door
створка эксплуатационного люка – access door
створчатая дверь – folding door
стекла прямого обзора – direct-vision windows
стекло – transparency
стекловата – fiberglass
стекловолокно – fiberglass
стеклоочиститель – screenwiper, wiper
стеклопластик – fiberglass
стеклопластиковая конструкция – glass-fiber construction
стеклоткань – fiberglass
стеклянное волокно – fiberglass
стеллаж – pellet
стена – wall
стенд – bed; bench; fixture; rig
стенд для балансировки воздушного винта – propeller balancing stand
стенд для выставления (гиростабилизированных платформ) – zero-reference table
стенд для испытания агрегатов и узлов – component test rig
стенд для испытания двигателей – engine run-up cell; engine test bed; engine test stand
стенд для испытания реактивных двигателей – thrust stand
стенд для обработки систем кондиционирования воздуха в кабине – cabin (air) conditioning rig
стенд для разборки – teardown stand
стендовые испытания – bench run test; ground test; static trials
стендовые характеристики – installation features
стенка – border; wall
стенка крыла – web
стенка лонжерона – web
степень – degree; grade; ratio
степень выравнивания – amount of flare

степень демпфирования – damping ratio
степень достоверности – confidence figure
степень живучести – survival probability
степень запаздывания – lag factor
степень затухания – damping ratio
степень искажения при стандартном испытании – degree of standardized test distortion
степень конвективной неустойчивости воздуха – temperature lapse rate
степень надежности – reliability probability
степень повышения давления – compression ratio, pressure ratio
степень повышения давления в двигателе – engine pressure ratio
степень разброса точек приземления – runway scatter rate
степень расширения – expansion ratio
степень расширения сопла – exit area ratio; nozzle area expansion ratio; nozzle expansion ratio
степень редукции – gear ratio; reduction ratio
степень свободы – degree of freedom; degree of motion
степень сжатия – compression ratio; pressure ratio; ratio of compression
степень точности – accuracy rating
степень удаления – spacing ratio
стержень – bar; mandrel, rod
стержневая антенна – mast antenna
стимулирующий тариф – creative fare
стоимость – charge, cost
стоимость билета с оплатой всех услуг – inclusive fare
стоимость единицы продукции – unit cost
стоимость пассажиро-мили – cost per seat-mile; passenger-mile cost
стоимость перевозки одного пассажира на расстояние в одну милю – cost per seat-mile
стоимость полета на определенном отрезке маршрута – sector cost
стоимость провоза груза – freight charge
стоимость проезда – fare
стоимость тонно-мили – ton-mile cost
стойка – column; pillar; pylon; stay; steering column; strut; strut support; support
стойка (шасси) – leg
стойка главного колеса шасси – main wheel leg
стойка главной опоры – main leg
стойка моторной рамы – engine mounting strut
стойка носового колеса – nosewheel leg
стойка основного шасси – main gear beam
стойка оформления документов – service counter
стойка подъема и выпуска шасси – retractor strut
стойка регистрации – airline handling counter
стойка РУД – throttle pedestal
стойка управления – control rack; pedestal
стойка управляемого носового колеса – steerable nosewheel leg
стойка шасси – landing gear leg, undercarriage strut
стойка шасси с масляным амортизатором – oleo leg, oleo-strut
стойкость – endurance
сток – outlet
сток пограничного слоя – bleed of boundary layer
стол – table
стол обмена валюты – currency exchange desk
столб – mast, post
столкновение – collision; impingement
столкновение в воздухе – aerial collision, mid-air collision
столкновение ВС в полете – collision accident
столкновение на встречных курсах – head-on collision
столкновение на земле – ground collision
столкновение самолетов в воздухе – air collision, airmiss
стоп-линия на рулежной дорожке – taxi holding point
стопор – latch, stop
стопор выпущенного положения (шасси) – downlock
стопор поверхностей управления – flight control lock
стопорить – stop
стопорное устройство – locking arrangement
стопорный механизм – locking device, locking mechanism

стопорный рычаг – locking lever
стопорный штифт – lock pin
сторона – side
сторона отправления (самолетов) – airside
сторона прибытия – landside
стороны света – cardinal points, compass points
стоянка – parking
стоянка в промежуточных аэропортах – transit stop
стоянка носом в сторону выруливания – nose-out parking
стоянка самолетов – aircraft parking; flight line; gate-parking space for an aircraft (incorporating the facilities needed to service a single aircraft at the terminal building)
стоянка хвостом в сторону выруливания – nose-in parking
стояночная площадка – apron
стояночная площадка аэропорта – airport apron
стоячая волна – standing wave
стоячее облако – wave cloud
стравливание давления – relief
стрела – cantilever
стрелка – cursor; needle; pointer
стрелка компаса – compass needle
стрелка курсового индикатора – left-right needle
стрелка отсчета курса – course arrow
стрелка прогиба – sag
стрелка указателя направления полета относительно радиомаяка – to-from arrow
стрелка указателя угловой скорости разворота – rate-of-turn needle
стрелка часов – hand
стрелка, указывающая величину отклонения от заданной траектории полета – flight-path deviation needle
стрелка-указатель глиссады – glide-slope pointer
стрелка-указатель команд по крену – bank-steering needle
стрелка-указатель курса ВС – heading pointer
стрелка-указатель отклонений от курса (курсового луча) – course error needle
стрелка-указатель разворота – turn needle
стреловидное крыло – oblique airfoil; swept wing; swept-back wing
стреловидность – sweep
стреловидность крыла – wing sweep
стреловидность по передней кромке – leading-edge sweep
стреловидный – backswept; yawed
стрелочный измерительный прибор – dial gauge (indicator)
стрелочный указатель – needler
стрингеры – longitudinal structural framing
стрип – flight progress strip; flight strip
стробикон – strobeacon
строб-импульс – gate
строение – structure
строенная система автостабилизации – triplicated autostabilization
строенная установка – triple mounting
строительная горизонталь – horizontal center line
строительство – construction
строка – trace
строп(а) – cord
струбцина – cramp
струбцина руля направления – rudder gust lock
струеотбойный щит – blast fence; jet blast deflector
струеотбойный щит решетчатой конструкции – louvered blast fence
струеотбойный щит сквозной конструкции – blast screen
струиться – stream
струйная подача масла – oil spray
струйная теория – strip theory
струйник – jetavator
струйное движение – streamlined motion
струйное течение – jet flow, jet stream
струйный закрылок – blowing flap, jet flap
струйный инжектор – jet injector
струйный насос – jet pump
струйный руль – jetavator
струйный элемент – diaphragm valve element
структура – pattern; structure; texture
структура курса – course structure
структура международных тарифов – international fare structure
структура потока – flow pattern
струя – current, flow, jet, spray, stream

струя в пограничном слое – boundary-layer jet
струя воздуха – wind
струя выхлопных газов – backblast; efflux; exhaust gas stream; exhaust jet; tail cone
струя за винтом – backwash; propeller blast; race
струя за несущим винтом – rotor slipstream
струя конечной длины – finite length jet
струя реактивного двигателя – jet flow
струя реактивного сопла – backwash
струя, в которой возник скачок уплотнения – shocked jet
струя, впрыскиваемая в пограничный слой – boundary-layer jet
струя, вытекающая из концевого сопла – tip jet
струя, направленная вниз – downward jet
студенческая скидка – student discount
стук – knock
стул – seat
ступенчатый набор высоты – stepped climb
ступень – cascade; degree
ступень компрессора – compressor cascade
ступень ракеты, снабженная двигателем – propulsive stage
ступица – hub
ступица воздушного винта – propeller hub
стык – butt; junction
стыковать – joint
стыковка – attachment
стыковка рейсов – connection
стыковой узел – juncture
стыковой шов – abutment joint, butt joint
стыковочный узел – breakdown joint; breakdown point
стыкующийся рейс – connecting flight
стюард – steward
стюардесса – air hostess, stewardess
стяжка – buckle
сужаться – taper
сужающееся сопло – convergent nozzle
сужающийся – convergent
сужение – taper
сужение (сопла) – contraction ratio
сужение крыла – taper ration, wing taper
сужение поперечного сечения – reduction in area
сужение струи (сопла) – jet contraction
суженная центропланная часть фюзеляжа самолета – waist
сумка – kit, storage bag
сумка с инструментами (для текущего ремонта на борту самолета) – flight service kit
сумма миль прямых участков (по выбранному маршруту) – total mileage (of the desired routing)
суммарная вероятность – cumulative probability; total probability
суммарная мощность – equivalent horsepower
суммарная продолжительность полетов – summation of the flight times
суммарная среднеквадратичная ошибка – sum of squares (of errors)
суммарная тяга – combined thrust; resultant thrust
суммарная тяга силовой установки – overall thrust
суммарный – aggregate, resultant
суммарный импульс – momentum
суммарный коэффициент аварийности – cumulative aircraft accident rate
сумматор – accumulator; adder; adding circuit; register
сумматор азимутального канала – azimuthal adder
сумматор канала крена – roll adder
сумматор канала поперечного управления – roll adder
сумматор канала продольного управления – pitch adder
сумматор канала тангажа – pitch adder
суммированный тариф – joint fare
суммирующая цепь – adding circuit
суммирующий блок – adder
суммирующий расходомер – total flow indicator
суммирующий счетчик – storage counter
сутки – day
суточная амплитуда (изменения метеоданных) – daily range
суточная кривая атмосферного давления – diurnal wave
суточная параллель – diurnal circle
суточная синоптическая карта – daily weather map
суточное колебание – diurnal variation

суточные изменения – daily variation
суточный – diurnal
суточный налет часов – daily utilization (of aircraft)
суточный параллакс – diurnal parallax
суточный период – diurnal period
суточный ход – daily range; diurnal variation
суфлер – breather
суфлер двигателя – engine breather
сухой – dry
сухой вес (самолета, двигателя) без топлива – dry weight
сухой груз – dry cargo
сухой снег – dry snow
сухой термометр – dry-bulb thermometer
сухой туман – dry fog
сухопутный – ground, terrestrial
сухопутный аэродром – land airdrome
суша – earth, land
существенный разворот – significant turn
существующий – actual
сфера – range
сферическая проекция – globular projection
сфокусированный пучок – narrow beam
схема – chart; circuit; configuration; diagram; network; pattern; plan; plot; scheme
схема авиалиний – air-route pattern
схема аэродрома – airdrome chart
схема аэродромного движения – airdrome traffic pattern
схема воздушного поиска – aerial search pattern
схема воздушных маршрутов – air-route pattern
схема ВС в низкорасположенным крылом – low-wing layout
схема ВС с низкорасположенным хвостовым стабилизатором – low-tailplane layout
схема ВС с поворотным крылом – tilt-wing layout
схема ВС с размещением двигателей в отдельных гондолах – podded layout
схема ВС со среднерасположенным крылом – mid-wing layout
схема ВС со стреловидным крылом – swept-wing layout
схема выделения данных – plot extractor
схема движения – traffic pattern
схема движения в зоне ожидания – holding pattern
схема загрузки самолета – aircraft loading chart, airplane loading chart
схема захода и посадки по правилам визуального полета – visual approach and landing chart
схема захода на посадку – approach pattern
схема захода на посадку по приборам – instrument approach chart
схема захода на посадку по системе ВОР и радиодальномеру – VOR/DME approach chart
схема индикации – display circuit
схема кодирования команд – command coding scheme
схема обслуживания воздушного движения – air traffic service chart
схема ограничителя (связь) – clipper circuit (communications)
схема полей видимости радиолокационных станций – visibility chart
схема полета при заходе на посадку – landing pattern
схема полетов – traffic pattern
схема полетов над аэродромом – airdrome traffic circuit
схема полетов по кругу – circuit pattern; traffic circuit
схема посадки – landing configuration
схема последовательности выработки топлива – fuel sequence placard
схема размещения кресел в салоне первого класса – first-class arrangement
схема размещения пассажирских кресел в туристическом варианте – tourist-class arrangement
схема размещения пассажирских кресел в экономичном варианте – all-coach arrangement, all-economy layout
схема распределения нагрузки в самолете – loading chart
схема руления по аэродрому – airdrome taxi circuit
схема руления самолетов по аэродрому – taxi pattern
схема с одним устойчивым положением – monostable circuit
схема с перспективным изображением подходов к цели – oblique target approach chart

схема секторов поиска радиолокационных станций – radar sector of scan overlay
схема сложения – adding circuit
схема соединений – connections, diagram of connections
схема сравнения – comparator
схема управления – control diagram
схема фиксации уровня (связь) – clamping circuit
схема хранения кода – code storage circuit
сходство – affinity, compatibility
сходящаяся коническая струя – convergent cone spray
сходящийся – convergent
схождение (меридианов) – convergency
сцепление – connection, joining
сцепление (колес) с покрытием при торможении – braking traction
сцепление колес с грунтом – traction
сцепление пневматика (с поверхностью ВПП) – tire traction
сцепленный – coupled
сцеплять – couple
счет – bill
счет за перевозку груза – freight account (bill)
счетверенная установка – quadruple mount
счетная машина – calculator
счетная схема – scaler
счетное устройство с прямым отсчетом – direct reading calculator
счетно-решающая машина для управления лучом – beam controlling computer
счетно-решающее устройство – brain unit; calculator; computer
счетно-решающее устройство азимутального канала управления – azimuth control computer
счетно-решающее устройство для определения дальности – ranging computer
счетно-решающее устройство непрерывного действия – analog(ue) computer
счет-фактура на международный груз – international cargo invoice
счетчик – counter, register
счетчик воздушного пути самолета – airlog
счетчик импульсов – scaler
счетчик пройденного расстояния – veeder counter
счетчик числа оборотов – revmeter, revolution counter, speed counter, tachometer
счисление пути – dead reckoning, reckoning, track analysis
счислимая точка – reference point
счислимое место – dead reckoning position
считывание данных – readout
считывание показаний – plotting
считывать показания прибора – decipher
считывающая головка – reading head
считывающее устройство – reader; reader (reading, readout) device; reader unit
считывающее устройство выходных данных с вычислителя – computer readout device
съемная лопасть или лопатка – detachable blade
съемная нагрузка – disposable load
съемная панель – detachable panel
съемная часть крыла – outer wing
съемное крыло – detached wing
съемный – detachable; dismountable; removable
съемный бензобак – detachable tank
сырой – damp; wet
сырость – moisture

Т

таблица – array; table
таблица девиации (компаса) – deviation card
таблица для вычисления расчетного места самолета относительно принятых осей координат – transverse table
таблица для пересчета высоты – altitude-conversion table
таблица инструментальных поправок – scale error card
таблица инструментальных поправок высотомера – altimeter scale error card
таблица погрешностей – accuracy table
таблица поправок – correction card, correction chart
таблица поправок к радиовысотомеру – altimeter correction card
таблица поправок к указанию воздушной скорости – airspeed calibration card
таблица поправок компаса – compass correction card
таблица поправок на снос – drift-correction table
таблица поправочных коэффициентов – correction factor table
таблица рабочих чисел оборотов двигателя (на различных режимах) – engine speed data placard
таблица распределения частот – table of frequency allocations
таблица расчета стоимости воздушных перевозок – schedule air transport rating
таблица состояния облачности – cloud coverage chart
табличка ограничений – placard
табличка ограничений по скорости полета – airspeed limitation placard
табличка с указаниями, относящимися к аварийным выходам – emergency exit placard
табличная форма – tabular form
табличное отображение – tabular display
табличные данные – tabular data
табло – notice board
табло (доска) полетной информации – flight information board
табло глиссадного канала – glide slope annunciator
табло индикации режима работы – mode annunciator
табло контроля систем – system monitor
табло курсового канала – localizer annunciator
табло сигнализации режима полета – flight mode annunciator
таймерное устройство для воспроизведения записей – playback timer
Такан – Tacan
таксировка – charging (calculation of transport charges or costs)
таксировка по кратчайшему маршруту – charge by shortest route
таксировка по экономичному маршруту – charge by lowest rate route
таксируемое расстояние – chargeable distance
таксируемый вес – chargeable weight
такт – stroke
такт расширения (в поршневом двигателе) – expansion stroke
тактико-технические данные – characteristics; data
тактильное чувство – sense of touch; tactile sense
тактическая система посадки по приборам – tactical instrument landing system, TILS
таможенная декларация – bill of entry
таможенная очистка – customs clearance
таможенная пошлина – customs duty
таможенное управление – board of customs
таможенные пошлины – customs
таможенные правила – customs regulations
таможенный аэропорт – Customs Airport
таможенный досмотр – customs control
таможенный инспектор – customs inspector
таможенный контроль импортируемых грузов – clearance of import cargo
таможенный контроль экспортируемых грузов – clearance of export cargo
таможенный пассажирский зал – passenger customs hall
таможенный склад – bonded store, bonded warehouse

таможня – customs, customs house
тангаж – pitch; pitching
тангенциальная скорость – circumferential velocity
тангенциальное усилие – twisting force
тангенциальное ускорение – tangential acceleration
тангенциальный – tangential
тарирование – calibration, check
тарировать – calibrate, check
тарировка датчика – pickup calibration
тарировка компаса – compass calibration
тарировка приборов в полете – flight calibration
тарировочная отметка – calibration marker
тарировочная таблица – calibration card
тарировочное устройство – calibrator
тарировочные испытания – calibration test
тарировочный график – calibration diagram
тарировочный стенд – calibrator
тариф – fare, rate
тариф «туда-обратно» – round-trip fare
тариф для перевозки пассажиров или грузов совместно несколькими авиакомпаниями – interline fare
тариф за полет в одном направлении – one-way fare
тариф кругового маршрута – circle trip fare
тариф на внутренних авиалиниях – domestic fare
тариф несопровождаемого багажа – unaccompanied baggage rate
тариф первого класса – first-class fare
тариф первого класса на реактивных самолетах – jet first class fare
тариф первого класса на регулярных линиях – regular first-class fare
тариф платного багажа – excess baggage rate
тариф по незамкнутому маршруту – open-jaw trip fare
тариф прямого маршрута – direct route fare
тариф прямого сообщения – through fare
тариф с минимальными и максимальными ставками – bracket tariff
тариф туристского класса на реактивных самолетах – jet tourist class fare
тариф экономического класса – economy fare
тариф экономического класса на реактивных самолетах – jet economy class fare
тариф, применяемый при полетах в оба направления – two-way fare
тарификация по классам – class rate
тарифная грузовая ставка – freight rate
тарифная ставка – tariff rate
тарифное расстояние – tariff distance
тарифные предписания – tariff provisions
тарифные руководства – tariff provisions
тарифный справочник – carrier's tariffs
тарифы за авиаперевозки – conveyance rate
тарифы со скидкой – concession fare
тахогенератор – tachogenerator
тахометр – engine speed indicator, revmeter, revolution counter, speed counter, tachometer
тахометрический датчик – tachogenerator
ТВД (турбовентиляторный двигатель) – propeller turbine, turboprop, turboprop engine
твердеть – concrete
твердое топливо – dry fuel, solid propellant
твердый – solid
текущее техническое обслуживание – operating maintenance; routine (scheduled) maintenance; running maintenance
текущие валютные официальные курсы – current legal rates of exchange
текущие координаты места самолета, найденные методом крюйс-пеленга – running fix
текущий – current, fluid
текущий (о координатах) – instantaneous
текущий (принятый) план полета – current flight plan
текущий азимут – present azimuth
текущий курс – present heading
текущий осмотр – daily inspection; inspection routine
текущий ремонт – permanent repair; temporary repairs
телевидение – television, TV

телевизионная аппаратура высокой чувствительности – low level light TV-system
телевизионная камера – video camera
телевизионная передача по замкнутому каналу – closed-circuit television
телевизионная система передачи информации – video link
телевизионное контрольное устройство – television monitor
телевизионный – television
телевизионный индикатор информации для захода на посадку – electric attitude director indicator
телевизионный канал – video link
телеграмма – wire
телеграмма о розыске багажа – tracer
телеграфирование – telegraphy
телеграфировать – wire
телеграфия – telegraphy
тележечное шасси – bogie undercarriage
тележка – car; cart; truck
тележка (шасси) – bogie
тележка для осмотра крыла – wing inspection trolley
тележка для перевозки гидросамолета по земле – seaplane handling trolley
тележка с топливоперекачивающей установкой – hydrant cart
телекамера – camera
телеметрирование угловой информации – angle-data telemetry
телеметрическая аппаратура – telemetering equipment
телеметрическая информация – telemetering data
телеметрическая линия – telemetering link
телеметрическая система – telemetering system
телеметрическая станция – telemetering station
телеметрические данные – telemetering data
телеметрический датчик – telemetering pickup
телеметрический канал – telemeter channel
телеметрический передатчик – telemeter; telemetering transmitter
телеметрическое устройство – telemeter
телеметрия – remote metering, telemetry
телеметрия с записью для быстрого просмотра – quick-look telemetry
Телеран – Teleran (television radar navigation)
телескоп – telescope
телескопическая стойка (шасси) – telescopic leg
телескопический пассажирский трап – telescopic passageway
телескопический трап – boarding bridge, jet bridge
телетайп – telegraph printer set, teleprinter, teletype, teletypewriter, type printer
телетайпная лента – teletypewriter tape
телетайпная линия – teleprinter line
телетайпная связь – printed communications
телеуправление – distant control, external control; guidance; remote control; supervisory control; telecontrol
телеуправляемый – telecontrolled
телефон – phone; telephone
телефонирование – telephony
телефонировать – telephone
телефония – telephony
телефонная линия – telephone line
телефонная связь – telephone communication, voice communication, voice transmission
телефонная станция аэропорта – airport telephone exchange
телефонный аппарат – phone
телефонный аппарат с микрофонной трубкой – handset
телефонный канал – voice channel
телефонный разговор – telephone conversation, TELCON
телефонограмма – message, telephone message
тело под ненулевым углом атаки или скольжения – inclined body
тело с несколькими скачками уплотнения – multishock body
тело с плоским концом – flat-end body
тело с плоской донной частью – flat-end body
тело с тупой носовой частью – blunt-nosed body, flat-nosed body
тело с тупой хвостовой частью – blunt-ended body
температура – heat; temperature
температура воздуха – air temperature (AT), atmospheric temperature

температура воздуха в верхних слоях атмосферы – upper-air temperature
температура воздуха на ВПП – runway air temperature
температура воздуха на входе – inlet air temperature
температура воздуха у земли – runway temperature
температура воздуха у поверхности земли – surface temperature
температура воспламенения или вспышки – ignition temperature
температура вспышки – flash point
температура выхлопа – exhaust gas temperature; outlet temperature
температура выхлопных газов – jet-pipe temperature, JPT
температура газа на выходе из турбины – turbine outlet temperature
температура газа перед турбиной – turbine inlet temperature
температура газов на выходе из сопла – exhaust gas temperature
температура газов перед турбиной – combustion temperature
температура газов, вытекающих из сопла – exit temperature
температура конденсации – dew point
температура на входе – inlet temperature
температура наружного воздуха – outside air temperature
температура при выхлопе – outlet temperature
температура сгорания – combustion temperature
температурная инверсия – temperature inversion
температурная поправка – temperature accountability
температурный – thermal
температурный градиент – gradient of temperature
тенденция к «подныриванию» – tuck-under tendency
тенденция к валежке на крыло – wing-dropping tendency
тенденция к затягиванию в пикирование – tuck tendency
тенденция к самопроизвольному развороту – veering tendency
тензодатчик – strain gauge; stress sensor
тензометр – extensometer; strain gauge
тензометрическая аппаратура – strain-gauge instrumentation
тензометрическая система – strain-gauge system
тензометрические аэродинамические весы – strain-gauge balance
тензометрический манометр – strain-gauge pressure indicator
тензометрический метод – strain-gauge method
тензометрический усилитель – strain-gauge amplifier
тензор напряжения – compressive stress tensor
тензор переноса количества движения – momentum transport tensor
теорема обратимости – converse problem
теоретическая подготовка – academic training
теория – theory
теория пограничного слоя – boundary-layer theory
тепло – heat
тепловая единица – heat unit
тепловая оболочка – heating jacket; heating space
тепловая турбулентность – thermal turbulence
тепловое расширение – thermal expansion
тепловой – infrared; thermal
тепловой барьер – thermal barrier
тепловой удар – heat shock
тепловой эквивалент – heat value
тепловой экран – heat shield
теплоемкость – heat capacity, thermal capacity
теплоемкость газа – gas heat capacity
теплоизолированный – insulated
теплообменник – heat exchanger, heat interchanger
теплопередача – heat transfer
теплопроводность – heat conduction
теплота – heat
теплотворная способность – heat value
теплый – warm
теплый фронт – warm front
теплый фронт окклюзии – warm occlusion, warm-front type occlusion
теплый фронт циклона – steering line
термик – thermal air current
термическая единица – heat unit
термическая обработка – heat treatment

термическая подъемная сила – thermal lift
термическая противообледенительная система – thermal anti-icing system
термический – thermal
термический коэффициент полезного действия – thermal efficiency
термический скачок – heat shock
термодинамика – thermodynamics
термодинамический – thermodynamic(al)
термометр – thermometer
термообработка – heat treatment
термопара – thermocouple
термопереключатель – thermal switch
термореле – thermal switch
термоупругий – thermoelastic
термоупругость – thermoelasticity
территория – terrain
территория аэропорта – airport site
терять высоту в полете – run out of altitude
терять скорость – stall
терять способность к управлению – get out of control
терять управление – get out of control; upset
терять устойчивость – upset
техник – technician
техника – engineering; procedure; technique
техника безопасности – safety-first engineering
техника обслуживания – handling technique
техника перевозок и снабжения – logistics
техника пилотирования – flight technique; flying ability; flying technique
техника полета – flying technique
техника программирования – software technology
техник-экспериментатор (на борту летающей лаборатории) – instrumentation operator
техническая посадка – technical stop
техническая скорость в полете – flight speed
техническая служба – engineering service
технические приемы – technique
технические средства для централизованного обслуживания самолетов на перроне – ramp equipment
технические средства самолетовождения – fixing aids
технические условия – design specification; specification; technical specification
технический – engineering
технический осмотр – maintenance inspection
техническое обслуживание – maintenance, maintenance service, servicing
техническое обслуживание и ремонт самолета – aircraft maintenance
техническое обслуживание по мере необходимости – on-condition maintenance
техническое обслуживание, ремонт или модификация в мастерских депо – depot maintenance
техническое расследование – investigation
техническое требование (задание, условие) – specification
технологический контроль – process control
технологический макет – engineering mockup
технологический процесс – procedure
технология – processing
технология программного обеспечения – software engineering
техобслуживание на авиалинии – airline maintenance
течение – current, flow, stream, sweep
течение в коллекторе – contraction
течение в области скоса потока – downwash flow
течение в решетке (профилей) – cascade flow, lattice flow
течение в спутной струе – wave flow
течение по размаху – spanwise flow, spanwise outflow
течение с запиранием потока – flow choking
течь – flow, stream
течь через край – overflow
тип – mode
тип самолета – aircraft type
тип устойчивости – stability mode
типичный – representative
типовая взлетная дистанция – balanced takeoff length
типовой – representative

тире – dash
тихий разряд – marginal discharge
тихий разряд с поверхности – surface corona discharge
тихоокеанское поясное время – Pacific standard time
товарная фактура – commercial invoice
ток – wind
ток в заземленном проводе – earthing current
ток воздуха – air current
толкатель ручки – stick kicker, stick knocker
толкающая сила – propelling force
толкающее усилие – forward (control) stick pressure, push force
толкающий – propelling
толкающий воздушный винт – airscrew aft of wings; pusher; pusher airscrew; pusher propeller; rear propeller; stern propeller; stick pusher
толкование (требований) – interpretation
толстый конец – butt
толчок – collision; impact; impulse; jolt; kick; pulse; shock; thrust
толщина – bulk
толщина вытеснения пограничного слоя – boundary-layer displacement thickness
толщина лопасти или лопатки – blade width
толщина слоя грунта в разрыхленном состоянии – loose depth
толщина цементобетонного покрытия – concrete thickness
тонкий – fine
тоннаж – tonnage
тонно-километр – t-km, t/km, tonne-kilometer, ton-kilometer
тонно-миля – ton-mile
тонно-миля выполненная – load ton-mile, LTM
тонно-миля срочного груза – express ton-mile
топливная смесь для реактивных двигателей – propellant combination
топливная форсунка – fuel injection nozzle
топливно-воздушная смесь – fuel-air mixture
топливный бак – fuel cell, fuel tank, propellant tank
топливный бак на конце крыла – tip tank, wing-tip tank
топливный бак-отсек – integral fuel cell
топливный коллектор форсажной камеры – afterburner fuel manifold
топливный манометр – fuel pressure gauge, fuel pressure indicator
топливный насос – fuel actuator, fuel pump
топливный отсек – fuel compartment
топливный перекачивающий насос – fuel transfer pump
топливный склад – fuel storage depot
топливо – fuel, F
топливо для ракетных двигателей – rocket fuel
топливо для реактивного двигателя – propellant
топливо для реактивных самолетов – jet fuel, JF
топливо с широкой фракцией – wide-cut fuel
топливо, применяемое в форсажной камере – afterburner fuel
топливо, расходуемое при взлете – takeoff fuel
топливо, расходуемое при наборе высоты – climb fuel
топливодозирующее устройство – fuel flow control, fuel metering control
топливозаправочная система аэропорта – airport fueling system
топливозаправочная установка – fuel supply installation
топливозаправщик – refueler; refueling tender
топливомер – fuel gauge, fuel quantity gauge, level indicator
топливомер с переключателем баков – switching fuel quality indicator
топливопровод – fuel pipeline
торговый – commercial
торец – butt
торец ВПП – end of runway
торможение – applying of brakes; damping; deceleration
торможение или перегрузка вследствие сопротивления – drag acceleration
торможение с помощью ракетного двигателя – rocket braking
тормоз – brake; skid
тормоз пикирования – diving brake

тормоз шасси – landing gear brake, undercarriage brake; undercarriage shock skid
тормозить – brake; damp
тормозная колодка – brake block; brake shoe; chock; wheel brake, wheel chock
тормозная педаль – break pedal
тормозная система с автоматом торможения – non-skid braking system
тормозная тяга – brake rod, brake tension rod
тормозное сопротивление – brake thrust
тормозное усилие – brake thrust
тормозное устройство – decelerator
тормозной – brake
тормозной башмак – skid
тормозной момент – brake torque
тормозной парашют – brake parachute, parabrake
тормозной посадочный парашют – landing deceleration chute
тормозной трос – arrester cable
тормозной щиток – brake flap, dive flap
тормозящее трение – drag friction
торнадо – tornado
торсионный – torsional
торцевая граница ВПП – runway threshold
торцевое соединение встык – edge joint
точечный ориентир – point of reference
точечный световой сигнал – point light
точка – spot
точка возврата – point of round-out
точка возврата (для линий тока) – cusp
точка возврата на аэродром вылета – critical point
точка воспламенения – fire point
точка встречи – collision point
точка входа (ВС) в зону воздушного движения – entry-fix (of an aircraft)
точка входа в контролируемую зону – joining point
точка выхода из контролируемой зоны – leaving point
точка выхода из облачности – breakout point
точка замерзания – freezing point
точка измерения пролетного шума – flyover noise measurement point
точка измерения шума при заходе на посадку – approach noise measurement point
точка или линия пересечения – intersection
точка касания – point of tangency, tangency point
точка крепления самолета (при стоянке на земле) – aircraft tie-down point
точка на расстоянии 1/4 хорды от носка крыла – quarter-chord point
точка начала выравнивания – levelling-off point
точка начала отсчета – point of origin
точка начала снижения – letdown point
точка обрыва – discontinuity point
точка отключения автопилота (при заходе на посадку) – autopilot break-off point
точка отключения системы автоматического захода на посадку – auto-approach break-off point
точка отрыва – lift-off point
точка отрыва потока – point of separation; stalling point
точка отсечки двигателей – cutoff point
точка отсчета – datum; reference point
точка перегиба – cusp
точка пересечения – point of intersection
точка пересечения глиссады посадочной РЛС с поверхностью ВПП – precision approach radar glide path intersection point
точка пересечения глиссады с ВПП в системе ИЛС – ILS reference point
точка пересечения глиссады с поверхностью аэродрома – glide-path intercept point
точка пересечения двух кривых – cusp
точка перехвата – collision point
точка перехода к визуальному полету – breakout point
точка повторного присоединения – reattachment point
точка подвески – mounting point
точка полного торможения – stagnation point
точка потери мощности – power failure point
точка приземления – landing point; touchdown point
точка равного времени – equal time point
точка равноденствия – equinox
точка разделения (частей ВС) – breakdown point

точка разрыва – discontinuity point
точка расчета захода на посадку – approaching aiming point
точка регулирования – control point
точка росы – dew point
точка соединения – junction
точка срыва – discontinuity point
точка срыва потока – burble point
точка схода с ВПП – exit point of runway
точка съема – pick-off point
точка траектории к моменту выгорания топлива – burnout point
точка ухода на второй круг – missed approach point
точная настройка – fine tuning
точная посадка – precision landing
точная посадка (самолета) – accuracy landing
точная регулировка – fine adjustment
точно выполненная посадка – fine-type landing
точно выполняемый маневр – precision maneuver
точно определенная цель – pinpoint; pinpoint target
точно определять местоположение самолета – pinpoint
точно определять положение ВС – pinpoint
точно рассчитанный заход на посадку – well-planned approach
точно регулировать – meter
точное воспроизведение – duplication
точное показание или отсчет – pin-point (precise) reading
точное самолетовождение или наведение – pinpoint navigation
точное слежение – pinpoint (precision) tracking
точное сопровождение – pinpoint (precision) tracking
точное счисление пути – precision dead reckoning
точное управление – pinpoint control, vernier control
точное целеуказание на карте – pinpoint reference
точность – accuracy, fineness, precision
точность выдерживания курса – course sharpness
точность выдерживания траектории – flight accuracy
точность вычисления – computational accuracy
точность измерения высоты полета радиолокатора – radar height accuracy
точность измерения дальности радиолокатором – radar range accuracy
точность курса – sharpness (of a course)
точность наведения – guidance accuracy
точность определения места с помощью инерциальной системы – accuracy of inertial position
точность пеленга – bearing accuracy
точность по азимуту – azimuth accuracy
точность по высоте – elevation accuracy
точность по скорости – rate accuracy
точность приземления – touchdown accuracy
точность продольного выдерживания заданного маршрута – along track acquisition accuracy
точность стабилизации – accuracy of steering control
точность стабилизации и управления – steering control accuracy
точность управления – accuracy of steering control; guidance accuracy
точный – pinpoint
точный (о регулировке) – vernier
точный визуальный индикатор глиссады – precision visual glide slope indicator, PVG
точный выход самолета на ВПП – smooth and accurate approach
точный ориентир – pinpoint
точный отметчик масштаба дальности – accurate range marker
траверз – abeam direction, beam
травма со смертельным исходом – fatal injury
травма средней тяжести – minor injury
траектория – path
траектория взлета – takeoff flight path, takeoff path
траектория вылета – departure path
траектория выравнивания – flare path
траектория захода на посадку – approach path
траектория максимальной гарантированной крутизны – gross flight path
траектория максимальной дальности полета – maximum range trajectory
траектория набора высоты – climb path

траектория неустановившегося полета – transient flight path
траектория перетекания – bypass
траектория планирования – glide path
траектория подхода – approach path
траектория полета – flight path
траектория полета в вертикальной плоскости – path in elevation
траектория полета в горизонтальной плоскости – path in azimuth
траектория полета в зоне ожидания – holding path
траектория полета по ортодромии (по дуге большого круга) – great-circle path
траектория полета с (одним) неработающим двигателем – engine-out flight path
траектория пологого захода на посадку – low-angle approach geometry
траектория последнего этапа захода на посадку – final approach path
траектория промежуточного этапа захода на посадку – intermediate approach path
траектория свободного полета – free trajectory
траектория снижения – descent path
траектория, задаваемая командным пилотажным прибором – directed path
траектория, задаваемая курсовым радиомаяком – localizer-path
траекторная ось – flight path axis
транзит – through traffic; traffic in transit; transit
транзитное гарантийное свидетельство – transit bond note
транзитные лицензии – transit licences
транзитные перевозки – through traffic; traffic in transit; transit traffic
транзитный аэропорт – transit airport
транзитный груз – cargo in transit
транзитный пассажир – interline connection passenger; interline passenger; transit passenger
транзитный пассажир, имеющий билет с забронированным местом в аэропорту пересадки – through booked passenger
транзитный самолет – transient aircraft, transit aircraft
трансконтинентальная авиалиния – global airway
трансконтинентальное воздушно-транспортное обслуживание – transcontinental service
трансконтинентальный маршрут – coast-to-coast route
трансконтинентальный полет – overland flight
транслировать – transmit
трансмиссионная передача – transmission drive
трансмиссионный вал – power shaft
трансмиссия – transmission, transmission system
трансокеанский самолет – ocean-going plane
транспорт – carriage; traffic; transport; transportation
транспортир – protractor
транспортировать – transport
транспортировка – hauling
транспортная накладная – bill of lading
транспортная продукция – output
транспортное поручительство – transportation voucher
транспортное предприятие, осуществляющее смешанные перевозки – combined transport operator
транспортное средство – vehicle
транспортное средство для перевозки пассажиров от аэровокзала к самолету – mobile departure lounge
Транспортное управление международных воздушных линий гражданской авиации – Transport Department of International Air Services
транспортные издержки – cost of travel
транспортные налоги – transportation taxes
транспортные средства – transport; transportation
транспортный вертолет – rotary-wing transport aircraft
транспортный самолет – air carrier, air freighter, air transport, transport, transport airplane, transportation plane
транспортный самолет с расположенной впереди грузовой дверью – bow-loader
транспортный самолет, загружаемый с носовой части – nose loader
трансформатор – transformer
трансформирование – conversion
трап – ladder

трапециевидное крыло – tapered wing
трапециевидность крыла – wing taper
трап-мостик – gangway
трасса – route; trace; track; way
трасса воздушной линии – air route; airline
трасса полетов в восточном направлении (США) – green airway (USA)
трасса полетов в западном направлении (США) – red airway (USA)
трасса полетов в северном направлении (США) – amber airway (USA)
трасса полетов в южном направлении (США) – blue airway (USA)
трасса полетов определенного направления с цветным кодом – colour airway
трассовый маяк – intermediate airway beacon
трассовый светомаяк – course light
ТРД (турбореактивный двигатель) – gas turbine jet; jet-turbine engine; turbojet; turbojet engine
ТРД с осевым компрессором – straight jet
требование – requirement
требование к состоянию зрения – visual requirement
требование к состоянию слуха – hearing requirement
требования и методика испытаний – requirements and test procedures
требования и порядок оформления документации отбывающих за границу самолетов – exit requirements and procedures
требования и порядок оформления документации прибывающих из-за границы самолетов – entry requirements and procedures
требования к качеству цветовосприятия – colour perception requirements
требования к состоянию здоровья – physical and mental requirements
требования к физическому состоянию – physical requirements
требования, связанные с отправлением пассажиров – departure procedures
тревога – alarm
тренажер – cockpit mockup; ground trainer; simulator; trainer
тренажер с кабиной пилота – cockpit simulator
тренажер для обучения действиям в полете – procedure trainer
тренажер для обучения заходу на посадку – procedure trainer
тренажер для обучения наземного и летного состава эксплуатации различных систем самолета – aircraft systems trainer
тренажер для обучения полетам по приборам – instrument trainer, basic instrument flight trainer
тренажер для операторов службы воздушного движения – ATC simulator
тренажер для опознавания целей на экране индикатора – scope-presentation target simulator
тренажер для отработки посадки самолета – landing trainer
тренажер для отработки самолетовождения счислением пути – dead reckoning navigation trainer
тренажер для отработки техники пилотирования по приборам – flight instrument trainer
тренажер кабинных процедур – cockpit procedure trainer, flight deck procedure trainer
тренажер с шестью степенями свободы – six-degree-of-motion trainer
тренажер самолета – aircraft simulator
тренажеры, полностью работающие цифровыми методами – completely digital simulators
трение – friction
трение в ламинарном пограничном слое – laminar friction
тренироваться – drill, practice
тренировка – conditioning, drill, practice, training
тренировка в кабине пилота – cockpit practice
тренировка в умении обращаться с оборудованием кабины экипажа самолета – aircraft cockpit procedure training
тренировка до полной отработки профессиональных навыков – training to proficiency

тренировка к действиям в аварийной обстановке – emergency drill
тренировка летного состава – flight crew training
тренировка на рабочем месте – on-the-job training
тренировочный – drill, training
тренировочный полет – practice approach
тренировочный полет с двумя неработающими двигателями – two-engines-out drill
тренировочный полет с отказом двигателя – engine out training
тренировочный разворот, выполняемый точно по программе – precision turn
тренировочный самолет – advanced trainer, advanced training plane
трескаться – crack
третьестепенный перевозчик – third-level carrier
третья производная перемещения по времени – jerk
треугольник ветра – wind triangle
треугольник скоростей – velocity triangle
треугольник, образованный пересечением трех пеленгов – cocked hat
треугольное крыло со срезанными концами – clipped delta wing
трехдвигательный – triple-engined
трехзначный служебный сигнал – procedure signal
трехкамерный (о ЖРД) – triple-barrel
трехколесное шасси – tricycle landing gear, tricycle undercarriage
трехкомпонентная система – ternary system
трехмерное изображение – three-dimensional image
трехмерное управление – three-dimensional control
трехмерный – three-dimensional, 3-D
трехмерный поток – three-dimensional flow
трехосный авиагоризонт – three-axis attitude indicator
трехслойная конструкция – sandwich construction
трехщелевой – triple-slotted
трещина – crack; fracture
триммер – balance tab; control trimming tab; flap; secondary control surface; tab; trim flap; trim tab; trimmer
триммер крыла – wing tab
триммер руля – rudder flap
триммер руля высоты – elevator flap, elevator tab, elevator trim tab, elevator trimmer, empennage flap
триммер руля направления – empennage flap, rudder tab
триммер управления креном – roll control tab
триммер элерона – aileron balance tab, aileron compensating tab, aileron tab, roll control tab
триплированный автопилот – triplicated autopilot
трогать с места – start
троичный код – three-condition code
тройная система – triplicated system
тройная система управления – triplex control system
тропический ураган – revolving storm
тропопауза – tropopause
тропосфера – lower atmosphere; troposphere
трос – cable; cord
трос аварийной расцепки – rip cord
трос управления – control cable, control line
трос управления закрылками – flap operating cable
трос управления рулем высоты – elevator cable
трос управления рулем направления – rudder cable
трос управления стопором рулей – control-lock cable
тросовая система (управления) – cable system
труба – duct, pipe, tube, tubing
труба для подачи смазки – lubrication pipe
трубка Вентури – ventury
трубка Пито – airspeed tube, Pitot probe
трубка электронно-лучевого индикатора – scope hood
трубопровод – carrier, line, main, manifold, passage, pipe, tubing
трубопровод выпуска шасси – landing gear down line
трубопровод для заливки топлива – priming line

трубопровод для отвода конденсата – bleeder
трубопровод подачи топлива – fuel feed pipe, fuel line
трубопровод топливоснабжения – fuel supply line
трубопровод уборки шасси – landing gear up line
трубчато-кольцевая камера сгорания – cannular (burner), cannular combustion chamber
трудновыводимый штопор – marginally recoverable spin
трудность – problem
трудноуправляемый – heavy-handled
трюм – hold
тряска – chatter
тугой – tight
туман – fog
туман с моросью – drizzling fog, wet fog
туманная погода – thick weather
тумблер – toggle switch
тумблер включения – engage switch
тумблер включения наддува бака – tank pressurization switch
тумблер включения обогревателя приемника воздушного давления – Pitot head-switch
тумблер включения питания автопилота – autopilot power switch
тумблер включения приборов – instrumentation switch
тумблер включения режима стандартного разворота – standard turn switch
тумблер включения стабилизации высоты полета – altitude hold switch
тумблер включения стабилизации курса – heading (hold) switch
тумблер запуска – starter switch
тумблер питания – power switch
тумблер питания СПУ – interphone power switch
тумблер управления воздушными тормозами – airbrake switch
туннель – duct
туннельное охлаждение – ducted cooling
тупиковая РД – stub-end taxiway
тупиковая рулежная полоса – bulkhead taxiway
тур с обслуживанием – inclusive tour
турбина – turbine
турбина высокого давления – high-pressure turbine
турбина для второго контура ДТРД – propeller turbine
турбина для привода винта ТВД – propeller turbine
турбина с приводом от набегающего воздушного потока – ram-air turbine
турбина с раздельными ступенями для привода винта и компрессора – free power turbine, free-output turbine
турбина, работающая в струе реактивного двигателя – blast turbine
турбина, работающая на свежем воздухе или в реактивной газовой струе – bleed-air turbine
турбинная лопатка – bucket, turbine bucket
турбинный – turbine
турбовальный двигатель – shaft free turbine, shaft turbine, turboshaft engine
турбовентилятор – turbofan
турбовентиляторный двигатель – ducted-fan engine
турбовентиляторный двигатель с задним расположением вентилятора – aft-fan-jet engine
турбовинтовой двигатель – prop jet, propeller turbine, turboprop, turboprop engine
турбовинтовой самолет – prop jet, propeller jet aircraft, turboprop, turboprop plane
турбокомпрессор – exhaust type supercharger, exhaust-driven supercharger, turbosupercharger
турбокомпрессорная система – turbocharger system
турбонагнетатель – turbocharger system
турбонасос – turbopump
турбонасосная система подачи (топлива) – turbopump feed system
турбореактивный – turbojet
турбореактивный двигатель – gas turbine jet, jet-turbine engine, turbojet, turbojet engine
турбореактивный двигатель с изменяемым направлением тяги – swiveling turbojet
турбореактивный двигатель с осевым компрессором – axial-flow turbojet

турбореактивный двигатель с противоточной камерой сгорания – reverse-flow turbojet
турбореактивный двигатель с форсажной камерой – reheat turbojet
турбореактивный двигатель с центробежным компрессором – centrifugal flow turbojet
турбореактивный самолет – turbojet, turbojet plane
турбулентная теплопроводность – eddy conductivity
турбулентное движение – eddy motion, eddying
турбулентное облако – turbulence cloud
турбулентное состояние воздуха – turbulent air
турбулентное течение – turbulent flow
турбулентность – eddying; turbulence
турбулентность в облаках – turbulence in cloud
турбулентность на высотах – high-level turbulence
турбулентность при ясном небе – clear air turbulence
турбулентный – bumpy, eddying, turbulent
турбулентный воздух – turbulent air
турбулентный воздушный поток – turbulent air current, turbulent airstream
турбулентный пограничный слой – turbulent boundary layer
турбулентный поток – turbulent flow
турбулентный след – wake
турбулентный след в воздушном потоке – turbulent air
турбулизатор – turbulator, vortex generator
турбулизатор потока – baffler
туристическая карточка – tourist card
туристическая поездка с оплатой всех услуг – inclusive tour
туристский (общий) класс – coach class
туристский класс – tourist class
туристский тариф – tourist fare
туристский тариф «туда-обратно» – round-trip tourist fare
тщательность – accuracy
тыльная сторона – back
тяга – draft; link; propelling force; propulsion; propulsive thrust; pull; reactive force; thrust; traction
тяга (воздуха) – current
тяга без потерь – net thrust
тяга без форсажной камеры – dry-thrust rating
тяга воздушного винта – propeller draft; propeller thrust
тяга двигателя – motor power
тяга двигателя в стандартных условиях – standard-day thrust
тяга двигателя на взлетном режиме – takeoff thrust
тяга двигателя на установившемся режиме – steady thrust
тяга двигателя с включенной форсажной камерой – afterburner rating; afterburner thrust
тяга к пружинному триммеру руля направления – rudder spring tab control rod
тяга на крейсерском режиме – cruise thrust
тяга на максимально продолжительном режиме – continuous power
тяга на режиме малого газа – idling thrust
тяга на рулении – taxi power
тяга на уровне моря – sea-level thrust
тяга на форсированном режиме – wet thrust
тяга несущего винта – rotor thrust
тяга основного двигателя – main thrust
тяга подъемного двигателя – lifting thrust
тяга при запуске – starting thrust
тяга ракетного двигателя – rocket thrust
тяга реактивного двигателя – jet thrust
тяга реактивного двигателя на земле – static jet thrust
тяга руля высоты – elevator control, elevator control rod, elevator rod
тяга с включенной форсажной камерой – reheated thrust
тяга с впрыском – wet thrust
тяга турбореактивного двигателя – turbojet power
тяга управления – rod
тяга управления закрылками – flap-control rod
тяга установленного двигателя – installed thrust
тяга, обеспечивающая поступательное движение – forward thrust

тяга, приведенная к условиям международной стандартной атмосферы – sea level static thrust, SLST
тяга, развиваемая форсажной камерой – reheat thrust
тяга, регулируемая по величине и направлению – vectored thrust
тягач, выводящий самолет к стоянке – leader van
тяги руля направления – rudder linkage
тяги управления рулями высоты и направления – elevator and rudder controls
тяговая мощность – thrust horsepower, thrust power
тяговая характеристика – performance curve; thrust performance
тяговое испытание – power test
тяговое усилие – traction
тяговое усилие на крюке – drawbar pull
тяговооруженность – thrust-weight ratio
тяговый коэффициент полезного действия – propulsion efficiency, propulsive efficiency
тяготение – gravity
тяжелая посадка – heavy landing
тяжелее воздуха – heavier than air, hta
тяжелый – heavy
тяжелый грузовой самолет – cargoliner
тяжелый перелет – rough journey
тяжесть – gravity
тянуть – pull
тянущее усилие – pull force
тянущее усилие на ручке – aft stick pressure; back stick pressure; backward pressure; stick back pressure
тянущий винт – tractor
тянущий воздушный винт – tractive propeller

У

у правого борта – starboard
убежище – shelter
убирать газ – cut power, cut throttle; throttle back
убирать газ (до малых оборотов) – chop the power, ease the power to idle
убирать РУД в положение «малый газ» – close the thrust lever to idle
убирать РУД в положение «полетный малый газ» – reduce power lever to flight idle
убирать шасси – retract, stow
убирать шасси и закрылки – clean up the aircraft
убирающееся вперед шасси – forward-retracting undercarriage
убирающееся хвостовое колесо – retractable tail wheel
убирающееся шасси – retractable landing gear, retractable undercarriage
убирающийся предкрылок – retractable slat
уборка газа – closing of throttles, closure, throttle closure
уборка обломков самолета – salvaging
убранное положение шасси – retractable position
убранный (о шасси) – tucked-up
УВД (управление воздушным движением) – air control, air traffic control, traffic control
уведомление – acknowledgement
уведомлять о получении – acknowledge
увеличение – augmentation, magnification
увеличение мощности двигателя – application of engine power, application of power
увеличение подъемной силы крыльев при пролете самолета вблизи поверхности земли – ground cushion
увеличение скорости приемистости двигателя – acceleration time delay
увеличение степени расширения газа в сопле – improvement in nozzle expansion ratio
увеличение тяги – thrust augmentation
увеличение тяги на взлете – takeoff boost
увеличение тяги ракетным двигателем – rocket assist
увеличение тяги реактивным ускорителем – jet assist
увеличение усилий на рычагах управления ВС – feel augmentation
увеличение числа оборотов – acceleration
увеличение числа оборотов двигателя – engine run-up, running up
увеличение яркости (огней) – conspicuity enhancement
увеличенный – scaled-up
увеличенный вариант – scaled-up version
увеличивать – augment, step up
увеличивать мощность или тягу – add power, get on the power, push up power; gain power
увеличивать угол тангажа ВС для перехода к набору высоты – rotate the aircraft into the climb
увод лопасти воздушного винта назад от плоскости вращения – backward tilt
увязывать между собой – cross-relate
углекислота – carbon dioxide
углекислый газ – carbon dioxide
угловая величина разворота самолета – degree of turn
угловая девиация (компаса) – angular deviation
угловая ошибка – angular error, error angle, misalignment
угловая ошибка (в определении пространственного положения) – attitude error
угловая ошибка радиолокатора – radar error angle
угловая погрешность – angular error
угловая поправка на снос – drift correction angle
угловая поправка пространственного положения – attitude correction
угловая скорость – angular rate, angular speed, angular velocity, rate of turn, speed of revolution
угловая скорость крена – angular velocity in roll, roll rate, rolling velocity
угловая скорость разворота – turn rate
угловая скорость тангажа – angular velocity in pitch, pitch rate, pitching velocity
угловая точность – angular accuracy

угловое возвышение – angular elevation
угловое отклонение – angular deflection, deflection angle
угловое отклонение (ошибка) – angular deviation
угловое перемещение относительно нормальной оси – yaw displacement
угловое перемещение относительно продольной оси – roll displacement
угловое рассогласование – error angle
угловое расстояние – angular distance
угловое смещение – angular displacement; azimuth difference
угловое упреждение – deflection angle
угловое ускорение – angular acceleration
угловое ускорение крена – acceleration in roll, roll acceleration
угловое ускорение рыскания – acceleration in yaw, yawing acceleration
угловое ускорение тангажа – acceleration in pitch
угловой – angle, angular
угловой момент количества движения – angular momentum
угловой снос самолета – leeway
угловые данные – angular position
угловые координаты – angular data, angular position, angular reference
угловые координаты в горизонтальной плоскости – azimuth coordinates
угломер – clinometer, inclinometer
угломер с уровнем – bubble inclinometer
угломерно-дальномерная навигационная система «Ро-тета» – R/T, Rho/Theta, rho-theta navigation system
угломерно-дальномерная система с графической индикацией – rho-theta pictorial display system
угломерный круг – dial
угломестная ошибка – elevation error
угломестная шкала – elevation dial
угломестный канал – elevation channel
угломестный потенциометр – elevation potentiometer
угломестный сельсин – elevation synchro
углубление – depression
угол – angle; corner
угол азимута – bearing angle
угол атаки – angle of attack, incidence
угол атаки (Брит.) – angle of incidence, incidence angle
угол атаки (измеряемый от хорды крыла) – absolute angle of attack
угол атаки воздушного винта – propeller incidence
угол атаки крыла – wing incidence
угол атаки крыла бесконечного размаха при заданном коэффициенте подъемной силы – effective angle of attack
угол атаки лопасти – blade pitch angle
угол атаки лопасти винта – incidence of airscrew blade
угол атаки после срыва (сваливания) – post-stall incidence
угол бокового скольжения – angle of sideslip
угол более 180 градусов – convex corner
угол взмаха (лопасти несущего винта вертолета) – flapping angle
угол видимости – angular limit of visibility
угол возвышения – angle of elevation; angular altitude; elevation; elevation angle; quadrant elevation
угол встречи – incidence
угол девиации – angle of deviation
угол заклинения крыла – wing incidence
угол заклинения крыла по отношению к продольной оси фюзеляжа – wing-fuselage incidence
угол заклинения оперения – incidence
угол захода на посадку – angle of approach, approach angle
угол конверсии – conversion angle
угол конусности – coning angle
угол крена – angle of bank, angle of roll, bank angle, bank attitude, banked attitude, degree of a bank, heeling angle, lateral attitude, roll angle, roll attitude, rolling angle
угол курса – azimuth
угол магнитного склонения – grid magnetic angle
угол между двумя направлениями – angular separation
угол между магнитной стрелкой компаса и линией горизонта – horizon dip
угол между направлением ветра и изобарой – angle of indraft
угол между направлением ветра и направлением градиента давления – deviation of the wind

угол между осью размаха лопасти несущего винта и плоскостью, перпендикулярной к плоскости вращения – coning angle
угол менее 180 градусов – compression (concave) corner
угол места – angle of elevation, angular altitude, elevation angle; tilt
угол набора высоты – angle of ascent; angle of climb; climbing attitude
угол наклона – angularity; shock angle
угол наклона глиссады – glide-path angle
угол наклона скачка уплотнения – angle of shock wave
угол наклона траектории полета – flight path elevation; flight-path angle
угол наклонения – angle of inclination
угол нулевой подъемной силы – zero-lift angle
угол обзора – angle of visibility, view(ing) angle, visibility angle
угол обзора из кабины экипажа – cockpit cut-off angle
угол ориентации вектора скорости – heading angle
угол отклонения – angle of deviation, deflection angle
угол отклонения закрылков – flapping angle
угол отклонения органа управления или рулевой поверхности – control-surface angle
угол отклонения поверхности управления – control surface travel
угол отклонения руля высоты – elevator angle, elevator deflection angle
угол отклонения руля поворота – rudder angle
угол отклонения ручки управления – control-stick angle
угол падения – angle of descent
угол пикирования – angle of dive
угол планирования – angle of glide, approach angle, glide angle (GA), gliding angle
угол подъема – angle of ascent; angle of climb; climbing attitude
угол полураствора – half angle
угол поперечного V – dihedral angle; lateral dihedral angle; wing dihedral angle
угол поправки на ветер – wind correction angle
угол потери скорости – angle of stall
угол прецессии – precession angle
угол раствора луча – beam spread angle
угол раствора параболической антенны – dish antenna angle
угол рыскания – angle of yaw, yaw, yaw angle
угол с продольным течением – streamwise corner
угол сближения меридианов – grid declination
угол сближения с линией курса посадки – centerline closing angle
угол скольжения – sideslip angle
угол скоса потока – downwash angle
угол скоса потока вниз – angle of downwash
угол скоса, определяемый на двух взаимно перпендикулярных курсах – double drift
угол снижения – angle of descent
угол сноса – angle of crab; angle of drift; correction angle; crab angle; drift angle
угол сноса самолета – airplane drift
угол сноса, измеряемый вправо от линии курса – starboard drift angle
угол спуска – angle of descent
угол срыва – stalling incidence
угол стреловидности – sweep angle
угол стреловидности крыла в плане – angle of sweepback
угол сужения – convergence angle
угол схождения (огней ВПП) – toe-in angle (of runway lights)
угол тангажа – angle of pitch; fore-and-aft attitude; pitch; pitch angle; pitch attitude
угол тангажа (в горизонтальном полете) – flying angle
угол тангажа на земле – ground attitude
угол тангажа на крейсерском режиме полета – cruise altitude
угол тангажа на посадке – landing attitude
угол тангажа после приземления – post-landing attitude
угол тангажа при выравнивании – flare(d) attitude
угол тангажа при заходе на посадку – approach attitude
угол тангажа при заходе на посадку с убранными закрылками – no-flap approach attitude
угол тангажа при отрыве – liftoff attitude

угол упреждения – angle of allowance; deflection angle
угол упреждения сноса – crab correction
угол установки – setting angle
угол установки горизонтального оперения – tail-setting angle
угол установки крыла – angle of wing setting; incidence
угол установки крыла (США) – angle of incidence; incidence angle
угол установки лопастей воздушного винта – propeller blade angle
угол установки лопасти – blade incidence; pitch; pitch angle
угол установки лопасти воздушного винта – airscrew blade incidence; propeller blade setting
угол установки лопасти или лопатки – blade angle
угол установки лопатки – blade setting
угол установки органа управления – control setting
угол устойчивой балансировки – trimmed equilibrium point
угол, характеризующий положение в пространстве – attitude
угольник – elbow
удаление точки выравнивания – level-out distance
удаленный – off
удар – blow; collision; impact; impulse; jolt; shock; thrust
удар (воздушной струи) – blast
удар (о землю) при аварии – crash impact
удар грома – bolt
удар о землю – ground crash
удар при аварийной посадке – crash landing impact
удар при посадке – landing shock
ударная волна – blast; compressive wave; shock wave
ударная вязкость – impact strength
ударная нагрузка – impact load, shock load
ударник – pin
ударное взаимодействие струй – jet-shock interaction
ударное напряжение – impact stress, shock stress
ударное сжатие – shock compression
ударное сопротивление – shock drag
ударный слой – shock layer
ударопрочность – crashworthiness
ударостойкость – crashworthiness
удельная влажность – specific humidity
удельная мощность – specific capacity, specific power
удельная нагрузка – unit load
удельная нагрузка на крыло – design wing loading
удельная нагрузка на лошадиную силу – power loading
удельная плотность – specific density
удельная подъемная сила – unit lift
удельная производительность – specific capacity
удельная прочность – equivalent stress, specific strength
удельная теплоемкость – specific-heat capacity
удельная теплопроводность – thermal conductivity
удельная тяга – specific impulse, specific thrust
удельное давление – unit pressure
удельное давление на площадь поверхности контакта пневматика с покрытием – footprint pressure
удельное напряжение – unit stress
удельные издержки – unit cost
удельный – specific
удельный вес – density; specific gravity; specific weight; weight ratio
удельный вес силовой установки – power system weight ratio
удельный доход – unit revenue
удельный доход с выполненного количества тонно-миль – average unit revenue per ton-mile performed
удельный импульс – specific impulse
удельный объем – specific volume
удельный расход топлива – performance index; special fuel consumption; specific (fuel) consumption
удерживаемая пружиной чека или стопорная шпилька – spring-loaded release pin
удерживание самолета на глиссаде – glide-slope guidance
удерживание самолета на оси глиссадного луча – glideslope beam holding
удерживание самолета на оси курсового луча – localizer (beam) holding

удерживание самолета на оси луча – beam holding
удешевленный тариф – coach fare
удлинение – elongation
удлинение (тела вращения) – fineness ratio
удлинение крыла – aspect ratio, wing aspect ratio
удлинение лопасти воздушного винта – propeller blade aspect
удлинение при разрыве – elongation
удлинительная труба – extension pipe
удобообтекаемый – clean
удобство обслуживания – serviceability
удобство подхода – accessibility
удобство ремонта или осмотра – accessibility
удобство эксплуатации – ease of handling
удовлетворять запросы – cater for
удостоверение – certificate
удостоверение на авиатур – air tour certificate
удостоверение на право пилотирования самолета гражданской авиации – air transport certificate, ATC
удостоверение на право пилотирования транспортного самолета – transport pilot rating
удостоверение на право полетов по авиационной линии – airline certificate
удостоверение на право полетов по приборам – instrument certificate
удостоверение о годности к эксплуатации в воздухе – certificate of airworthiness
удостоверение о годности прибора к эксплуатации – approved type certificate
удостоверение о годности самолета к полетам – aircraft airworthiness certificate; approved type certificate
удостоверение от принятии груза к перевозке – acceptance certificate
удостоверенная мощность или тяга двигателя – certificated engine rating
удостоверить годность к полетам – certify as airworthy (to)
узел – assembly, block; component; knot; pack; unit
узел (морская миля в час) – k, knot
узел авиационных линий связи – flight communications center
узел крепления крыла – wing attachment fitting
узел крепления оперения – tab
узел разъема – breakdown joint, breakdown point
узел связи – communication center
узел фермы – joint
узкая зона – corridor
узкополосная антенна – narrow-band antenna
узкополосная частотная модуляция – narrow-band frequency modulation
узловая точка – nodal point (or node)
узловой аэродром – terminal airdrome
узловой аэропорт – air traffic hub, hub airport, key airport, terminal
узловой диспетчерский район – terminal control area
узловой чертеж – sub-assembly drawing
узлы – kts, knots
узлы (агрегаты) систем регулирования или управления – control hardware
узлы (детали) вычислительных машин – computer hardware
узлы крепления (подвески) двигателя к подмоторной раме – engine feet centers
узлы системы управления – command hardware
узлы системы управления ВС – flight-control hardware
узнавать – identify
указание места назначения груза открытым текстом – designation in-the-clear
указание о начальном снижении – initial descent clearance
указание относительно расчетного времени подхода – expected approach clearance
указания о выполнении посадки – landing instruction
указания оператора посадочной РЛС – radar talkdown
указания пилоту, ожидающему разрешения на посадку – holding instructions
указания по выполнению снижения – letdown instructions
указания по заходу на посадку – approach instruction
указания по наведению – vectoring instructions

указания службы управления воздушным движением – traffic control instructions
указатель – arm; cursor; indicator; index (pl indices); indexer; needle; pointer; readout indicator
указатель-повторитель курса – compass repeater indicator
указатель «высоты» в кабине – cabin attitude indicator
указатель автомата счисления пути – dead-reckoning indicator
указатель азимута, угла места и дальности – azimuth-elevation range indicator
указатель азимутальной ошибки – azimuth error indicator
указатель балансировки по крену и тангажу – roll-pitch trim indicator
указатель барометрического давления – barometric pointer
указатель барометрической высоты – pressure altitude indicator
указатель в виде черты – strip(ed) marker
указатель вертикальной скорости – altitude-rate indicator; climb-and dive indicator; sink rate indicator; vertical speed indicator
указатель вертикальной скорости снижения – rate-of-descent display
указатель ветра у поверхности земли – ground wind indicator
указатель взлета – takeoff monitor, takeoff progress indicator
указатель виража – turn indicator
указатель воздушной скорости – airspeed indicator (A. S. I., AI); airspeed meter
указатель входа в створ ВПП – runway alignment indicator
указатель выдерживания заданной высоты – height lock indicator
указатель выдерживания заданной скорости – speed lock indicator
указатель высоты – height indicator
указатель высоты в кабине – cabin pressure altimeter
указатель гироиндукционного компаса – gyro-flux-gate compass indicator
указатель гиромагнитного компаса – gyro-magnetic compass indicator
указатель глиссады – approach angle indicator; path marker
указатель давления наддува – boost pressure indicator; manifold pressure indicator
указатель давления топлива – fuel pressure gauge; fuel pressure indicator
указатель дальности – range indicator
указатель дистанционного компаса – distant-reading compass indicator
указатель длины и направления ВПП – airdrome strip marker
указатель заданного угла тангажа – pitch director
указатель заданного числа М – command Mach marker
указатель заданной воздушной скорости – command airspeed marker
указатель заданной высоты – command altitude marker
указатель запаса по срыву и сигнализатор приближения к срыву – stall warning and margin indicator
указатель запасных адресов – diversion addressee indicator
указатель захода на посадку по курсо-глиссадной системе – approach indicator
указатель земной индикаторной скорости – calibrated airspeed indicator
указатель знака (направления) – ambiguity indicator
указатель избыточного давления в кабине – cabin overpressure indicator
указатель изменения двух параметров – function indicator
указатель изменения шага воздушного винта – pitch change indicator
указатель искусственного горизонта – lateral gyroscope drift indicator
указатель использованного времени записи – tape-time-user indicator
указатель истинной воздушной скорости – absolute airspeed indicator; true air speed indicator, TSI
указатель истинной высоты – terrain clearance indicator
указатель каналов УКВ-радиостанции дециметрового диапазона – UHF channel indicator
указатель качества смеси – mixture (ratio) indicator

указатель качества смеси на крейсерском режиме – cruise indicator
указатель качества топливной смеси – fuel mixture indicator
указатель количества израсходованной ленты – tape-used indicator
указатель количества топлива – fuel gauge
указатель комплексирования – integrity indicator
указатель крена и поворота – bank-and-turn indicator
указатель крена и тангажа – bank-and-pitch indicator
указатель крена или виража – bank indicator
указатель крена маятникового типа – gravity-type bank indicator
указатель курса ВС – direction(al) indicator
указатель курса и глиссады – cross-pointer (indicator)
указатель курса следования – course indicator
указатель курсовой системы – compass system indicator; course indicator
указатель курсовых углов – relative bearing indicator
указатель магнитного курса и пеленга на всенаправленный радиомаяк – omnimagnetic indicator
указатель магнитного склонения – magnetic reference
указатель малых воздушных скоростей – low reading airspeed indicator
указатель места аварии – crash position indicator
указатель местоположения самолета в воздухе – air position indicator, API
указатель минимальной безопасной скорости полета – safe speed indicator
указатель на шкале – dial marking
указатель направления – taxi-route indicator
указатель направления ветра – wind direction indicator
указатель направления полета – sense indicator
указатель направления полета относительно радиомаяка – to-from indicator
указатель направления полетов по кругу – traffic-pattern indicator
указатель направления посадки – landing-direction indicator
указатель остающегося времени – time-to-go indicator
указатель отклонения (от заданного положения) – deviation indicator
указатель отклонения от глиссады – glidepath (glideslope) deviation indicator
указатель отклонения от луча (посадочного) радиомаяка – beam indicator
указатель отклонения от радиолуча – radio beam deviation indicator; radio displacement bar
указатель отклонения по азимуту – left-right indicator
указатель параметров полета по заданной траектории – flight slope indicator
указатель перепада давлений – differential pressure indicator
указатель плоскости безопасности (в полете на малых высотах) – clearance plane indicator
указатель поворота и крена – turn and bank indicator
указатель поворота и скольжения – turn-and-slip indicator, turn-slip indicator
указатель подъемной силы – lift indicator
указатель полной высоты – gross altitude indicator
указатель положения – position indicator
указатель положения гасителей подъемной силы – lift dumper position indicator
указатель положения закрылков – flap indicator, flap meter
указатель положения органов управления – attitude controls indicator
указатель положения поверхностей управления – flight control surface position indicator
указатель положения рулей – control position indicator
указатель положения руля высоты – elevator alignment index
указатель положения руля направления – rudder position indicator
указатель положения самолета – dead-reckoning indicator
указатель положения триммера – trim-tab position indicator

указатель положения триммера руля направления – rudder-trim indicator
указатель положения убирающегося шасси – undercarriage indicator
указатель положения шасси – undercarriage position indicator
указатель превышения эксплуатационных пределов – limit-exceed maintenance
указатель предельной высоты – altitude limit indicator
указатель путевой скорости – rate display
указатель путевой скорости и угла сноса – drift-and-speed indicator
указатель радиокоманд – radio command indicator, radio director indicator
указатель разворота – turn indicator
указатель раскрутки – overspeed indicator
указатель расстояния самолета от входной кромки ВПП – distance-from-threshold indicator
указатель расхода (топлива) – consumption indicator
указатель расхода воздуха системы кондиционирования воздуха в кабине – cabin airflow indicator
указатель расхода топлива двигателем – engine fuel flow indicator
указатель режима работы – mode indicator
указатель режима работы вычислителя – computer mode indicator
указатель режима работы по памяти – memory (mode) indicator
указатель с сельсинной передачей – transducing indicator
указатель с сервоприводом – servoed indicator
указатель с центральным эллипсом – bullseye indicator
указатель системы посадки по приборам – cross-pointer (indicator)
указатель скольжения – sideslip indicator, slip indicator, turn and bank indicator
указатель скороподъемности – climb indicator, rate-of climb indicator, variometer
указатель скорости – speed indicator, speed marker
указатель скорости ветра – wind speed indicator, wind velocity indicator
указатель скорости поворота – rate-of-turn indicator, rate-of-turn recorder
указатель скорости снижения при приземлении – touchdown-rate-of-descent; touchdown-rate-of-descent indicator
указатель сноса – derivometer; drift gauge; drift indicator
указатель состава смеси – mixture (ratio) indicator
указатель составляющей ветра – wind-component indicator
указатель температуры воздуха в воздухопроводе – duct air temperature indicator
указатель траектории – path marker
указатель траектории полета – flight-path display
указатель требуемого положения РУД – throttle director
указатель тяги подъемных двигателей – lift thrust indicator
указатель угла атаки – alpha indicator; angle-of-attack indicator
указатель угла крена – angle of bank indicator
указатель угла отклонения закрылков – wing flap indicator
указатель угла подхода к ВПП – angle-of-approach indicator
указатель угла рыскания – yaw indicator
указатель угла скольжения – angle-of-sideslipping indicator
указатель угла сноса – drift-angle indicator
указатель угла тангажа – pitch angle indicator
указатель угла установки стабилизатора – tailplane incidence indicator
указатель углов тангажа, крена и курса – three-axis attitude indicator
указатель угловой скорости крена – roll rate indicator
указатель угловых скоростей крена и рыскания – roll-turn rate indicator
указатель уровня – level gauge, level indicator
указатель уровня жидкости в баке – tank level indicator
указатель усилий на ручке – stick-force indicator
указатель числа М – machmeter

указатель числа оборотов – engine speed indicator
указатель шага воздушного винта – airscrew pitch indicator, propeller pitch indicator
указатель-повторитель – slave indicator
указывать – point
УКВ (ультракороткие волны) – very high frequency, VHF
УКВ всенаправленный маяк для конечных пунктов воздушных трасс – TVOR, terminal VOR
УКВ всенаправленный радиомаяк – VOR (very high frequency omnidirectional radio-range)
УКВ пеленгатор – VDF very high frequency direction finder (VHF), very high frequency direction finder (VHFDF)
УКВ передатчик дециметрового диапазона – UHF transmitter
УКВ передатчик метрового диапазона – VHF transmitter
УКВ радиопеленгатор – VHF/UHF direction finder
УКВ радиостанция дециметрового диапазона – UHF radio
УКВ радиостанция метрового диапазона – VHF radio
укладка – stowage
укладка грузов на поддоны – palletization
укладка слоев – lay-up
укладчик парашютов – rigger
укладывать аэродромное или дорожное покрытие – pave
уклон – grade; gradient
уклон ВПП – runway gradient, runway slope
уклон, близкий к нулевому – flat grade
уклономер – clinometer, declinometer, inclinometer
уклоняться – escape
укомплектовать людьми – man
укороченная дистанция взлета и посадки – short takeoff and landing
укрепленный основанием – base-mounted
укрывать – shelter
укрытие – shelter
укрытие для ВС – aircraft pen, pen
улаживать – arrange
улетать – soar
улучшение – improvement
ультразвуковая дефектоскопия – ultrasonic defectoscopy
ультракороткие волны – microwave
умение – ability; proficiency
умение справляться – management
уменьшать газ – throttle down
уменьшать мощность или тягу – pull power back
уменьшать угол набора высоты – shallow the climb
уменьшать усилие на ручке – relax stick pressure
уменьшать усилие на ручке в направлении «на себя» – relieve the back pressure on the stick
уменьшать число оборотов – speed down
уменьшаться – decay
уменьшение – abatement; decay; loss; reduction
уменьшение давления в центре движущейся барической системы – deeping
уменьшение интенсивности – attenuation
уменьшение тяги – throttle closure
уменьшение тяги двигателя – closure
уменьшение шума – noise abatement
уменьшенный – scaled-down
умеренная болтанка – moderate gusty air
умеренная непрерывная турбулентность или болтанка – moderate continuous turbulence
умеренная периодическая турбулентность – moderate intermittent turbulence
умеренная редко повторяющаяся турбулентность или болтанка – moderate occasional turbulence
умеренная турбулентность – moderate turbulence
умеренно порывистый ветер – moderate gusty air
умеренное обледенение – moderate icing
умеренное обледенение в облаке – moderate icing in cloud
умеренное обледенение в осадках – moderate icing in precipitation
умеренный – moderate
умеренный ветер – moderate breeze
умеренный шторм – moderate gale
универсальная десятичная классификация – universal decimal classification, UDC

универсальная радиолокационная станция – general purpose radar, GPR
универсальный (карданный) шарнир – cardan
универсальный радиолокационный маяк – comprehensive beacon radar, CBR
универсальный шарнир – gimbal; gimbal point; gimbal suspension
уничтожение – destruction
уничтожение боковых лепестков диаграммы направленности – side-lobe suppression, SLS
унос массы – ablation
упаковка – package; packaging; packing
упаковочная ведомость – packing record; packing sheet
упаковочный лист – packing list; packing record
уплотнение – jointing; packing; seal; sealing
уплотнение с временным разделением – time-division multiplex
уплотненный стык – sealed joint
уплотнитель – packing; sealant
уплотнитель швов ВПП – runway sealant
уплотнительный материал – sealant
уплотнять – seal
уплотняющий состав – sealing compound
уполномоченный агент – authorized agent
уполномоченный по техническому расследованию – investigator-in-charge
уполномоченный представитель – accredited representative
упор – backstop; limiter; stop
упор большого шага (воздушного винта) – coarse pitch stop (of propeller)
упор руля направления – rudder-travel limit
упорный подшипник воздушного винта – propeller thrust bearing
упорный шариковый подшипник – ball-thrust bearing
упорный штифт – stop pin
упоры, ограничивающие угол взмаха лопастей несущего винта – coning stops
употреблять – apply
управление – agency; board; command; control; direction; drill; guidance; handling; management; office; operation; steering; steering control; vectoring
управление аварийным выпуском шасси – control of emergency landing gear selection
управление антиобледенительной системой воздушного винта – airscrew de-icing control
управление аэродинамическими (воздушными) тормозами – air brake control
управление боковым движением – lateral-directional control
Управление британских аэропортов – British Airport Authority, BAA
управление в обход автоматики – override (overriding) control
управление в режиме маневрирования – maneuvering control
управление вектором тяги – thrust vector control
управление вектором тяги с помощью газовых рулей – jet tab thrust vector control
управление включением – engage control
управление воздушным движением – air control; air traffic control; traffic control
управление воздушным движением в верхнем диспетчерском районе – upper airspace control
управление воздушным движением в зоне аэропорта – airport traffic control
управление воздушным движением на больших высотах – high-altitude air traffic control
управление воздушным движением по авиатрассам – air route traffic control
управление воздушными перевозками – airlift control
управление ВС с помощью тягового вентилятора – fan control
управление выводом ВС из опасного режима – recovery control
управление выпуском и уборкой шасси – undercarriage control
управление выпуском шасси – landing gear control
управление выравниванием – flareout control
управление высотой – height control
управление газовыми рулями – jet-vane control

Управление гражданской авиации – Civil Aeronautics Authority; Civil Aviation Authority
Управление гражданской авиации (США) – Civil Aeronautical Administration, CAA
управление двигателем – engine control
управление двигателем на крейсерском режиме полета – cruise power management
управление движением на воздушных трассах – airways control
управление движением самолетов по воздушным трассам – air route traffic control, ARTC
управление директорным режимом полета – flight director control
управление заходом на посадку – approach control
управление или механизм управления шагом воздушного винта – pitch control
управление или регулирование по замкнутому циклу – servo-loop control
управление или регулирование по заранее выбранному закону – preselected (preset) control
управление или регулирование по незамкнутому циклу – open-cycle control, open-ended control, open-loop control
Управление картографии и аэронавигационной информации – Aeronautical Chart and Information Office, ACIO
Управление картографии и аэронавигационной информации (США) – Aeronautical Chart and Information Office
управление креном – bank control, roll control
управление ламинарным слоем – laminar flow control, LFC
управление метеорологической службы – meteorological office; weather bureau
управление на больших скоростях – high-speed control
управление на маршевом участке – mid-course control
управление на переходном режиме – control in transition
управление на расстоянии – distance control; distant control
управление носовым колесом – nosewheel steering control
управление общим шагом (несущего винта вертолета) – collective pitch control
управление от вычислителя выравнивания – flare computer control
управление относительно линии пути – track steering
управление относительно одной оси – single-axis control
управление относительно трех осей координат – three-axis control
управление перевозками – transportation control
Управление планирования авиационных средств – Office of Aviation Facilities Planning, OAFP
управление по азимуту – azimuth control
Управление по выдаче свидетельств на право эксплуатации или пилотирования транспортного самолета – Air Transport Licensing Authority, ATLA
управление по глиссаде – glidepath (glideslope) control
управление по дальности полета – range control
управление по данным радиолокационного прицела (при наведении самолета на цель) – blind director steering
управление по замкнутому циклу – closed-cycle control, closed-loop control
управление по курсу – directional control; yaw control
управление по первой производной – rate control
управление по производной – lead control
управление по радио – radio control
управление по радиолокатору – radar control
управление по сигналам глиссадного луча – glidepath (glideslope) control
управление по сигналам курсового луча – localizer control
управление по тангажу – pitch control
управление по углу места для захода на посадку и приземления – elevation guidance for approach and landing
управление пограничным слоем – boundary-layer control, BLC

управление подачей топлива – throttle control
управление полетами – flight control; flying control
управление полетами с земли – ground control
управление полетом – flight management, flight control
управление положением – positioning
управление посадкой – landing control
управление посредством изменения направления реактивной тяги – jet control
управление при заходе на посадку – approach control
управление прибывающими самолетами по времени – arrival-time control
управление пробегом с помощью руля направления – ground rollout rudder steering control
управление продольным движением – longitudinal control
управление реактивной струей – jet control
управление рулем высоты – elevator control
управление рулем направления – rudder control
управление рулем поворота от гироскопа автопилота – gyrorudder control
управление ручкой и педалью – stick-and-pedal control
управление с «мягким» отказом – fail-safe (-soft) control
управление с использованием человека – manned control
управление с помощью воздушных (аэродинамических) рулей – aerodynamic control
управление с помощью соплового кольца – jetevator control
управление с помощью ЭВМ – computer control
управление с реверсом усилий – negative control
управление с человеком в контуре – man-in-the-loop control
управление самолетом с помощью «летного чутья» – kinesthetic control
управление створками жалюзи подъемных вентиляторов – fan louver control
управление триммером – trim control
управление тягой двигателя – throttle control; throttling
управление угловой скоростью разворота – turn-rate control
управление угловым пространственным положением – attitude control
управление углом атаки – angle-of-attack control
управление углом сноса – drift-angle control
управление флюгерной установкой воздушного винта – feathering control
управление хвостовым оперением – tail control
управление циркуляцией – circulation control
управление циркуляцией при помощи струйного закрылка (реактивной струи) – jet-induced circulation
управление шагом воздушного винта – airscrew control
управление штурвалом вручную при включенном автопилоте – control-wheel steering
управление элевонами – elevon control
управление элеронами – aileron control
управляемая воздушная мишень – drone
управляемое горизонтальное оперение – all-movable slab surface; controllable horizontal tail
управляемое движение крена – controlled rolling motion
управляемое крыло – all-moving wing
управляемость – control response; controllability; handiness of control; handling
управляемость во всем диапазоне режимов полета – flight envelope controllability
управляемость воздушного судна – aircraft sensitivity; flight-handling characteristics
управляемость при рулении – ground handling
управляемость с (одним) неработающим двигателем – engine-out controllability

управляемый – controllable; manned; steerable
управляемый вручную – manual
управляемый импульс – control pulse
управляемый с помощью радиолокационной станции – radar-guided
управляемый стабилизатор – all-flying tailplane; all-movable stabilizer; variable-incidence tailplane
управляемый триммер руля высоты – elevator control tab
управляемый штопор – controlled spin; precision spin
управлять – command; control; direct; drive; handle; operate; steer
управлять рулями – ride the controls
управлять самолетом – fly, navigate
управляющая информация – control information; guidance intelligence; steering information
управляющая команда – steering command
управляющая сила или усилие – steering force
управляющее звено – controller
управляющее реле времени – control timer
управляющие команды по крену – bank steering information
управляющие сигналы системы автоматического демпфирования – autostabilizer control signal
управляющий – administrator
управляющий входной сигнал – steering signal input
управляющий индекс – steering index
управляющий прямоугольный импульс напряжения – gate
управляющий сигнал – steering instruction
управляющий сигнал, подаваемый на рулевую машину автопилота – autopilot servo input
управляющий силовой цилиндр – steering jack
управляющий угол крена – commanded roll angle; rudder tab servo model
упреждать – advance
упреждение – deflection prediction
упреждение на угол сноса – drift kickoff, kick-off of drift
упреждение по высоте – altitude lead
упреждение сноса – decrab control
упрежденное положение – lead position
упрежденные координаты – predicted data
упрощение формальностей при международных воздушных перевозках – facilitation (of international air transport)
упрощенная система визуальной индикации глиссады – abbreviated visual approach slope indicator system, AVASIS
упрощенная система огней приближения – simple approach lighting system
упругая деформация – elastic deformation
упругая линия крыла – elastic line
упругая лопасть (воздушного винта) – flexible blade
упругий – flexible
упругое сопротивление – elastic resistance
упругость – elasticity
уравнение – equation
уравнивание – compensation
уравнительный бак – surge tank
уравнительный резервуар – surge tank
уравновешенное положение – trim position
уравновешенные органы управления – balanced controls
уравновешенный – balanced
уравновешивание – balancing, compensation
уравновешивать – balance, counterpoise, trim
уравновешивающая нагрузка – balancing load
уравновешивающий входной сигнал – trim input
уровень – level
уровень воспринимаемого шума – perceived noise level
уровень замерзания – freezing level
уровень земли – ground level
уровень конвекции – ceiling of convection
уровень мастерства – skill level
уровень моря – sea level
уровень облаков – cloud layer
уровень подготовки – skill level
уровень полета – flight level

уровень тарифа – fare level
уровень шума – noise level
уровнемер – level indicator
усеченный конус ограничения препятствия – conical surface
усиление – gain, magnification; reinforcement, stiffening
усиление антенны – gain
усиление на ручке от руля высоты – elevator stick force
усиление по мощности – power amplification
усиление прямого канала – direct transmission gain
усиленные элементы конструкции – hard points
усиливать – reinforce; step up
усиливающая нервюра – stiffening rib
усиливающий асфальтобетонный слой, наращенный на старое покрытие – asphalt concrete overlay
усиливающий слой из предварительно напряженного бетона – concrete overlay
усилие – effort; power; stress
усилие в направлении на себя – pull force
усилие в направлении от себя – push force
усилие для отклонения элеронов – aileron loading; aileron pressure
усилие механизма загрузки по скоростному напору – Q-feel load
усилие на педали – pedal force, foot load
усилие на ручке – stick pressure
усилие на ручке в направлении «на себя» – backward pressure, back stick pressure
усилие на ручке от элеронов – aileron stick force
усилие на ручке управления – control column force; control-stick force; stick force
усилие на ручке управления на единицу перегрузки – stick force per g
усилие на ручке управления от стабилизатора – stabilizer stick force
усилие на рычаге продольного управления – pitch control force
усилие на штурвале – control column force
усилие на штурвале в направлении «от себя» – forward (control) stick pressure
усилие на штурвале управления – wheel (control) force
усилие от элеронов – aileron pressure; feel of the ailerons
усилие пересиливания – overpower force
усилие пересиливания автоматики – pilot-overpower force
усилие пружинного загрузочного механизма – artificial spring feel load; spring force
усилие пружины – spring force
усилие раздвижения (тяги) или страгивания – breakout load
усилие рулевой машины автопилота – autopilot effort
усилие тяги – thrust load
усилие фиксации – detent force
усилие, прикладываемое пилотом – pilot's force
усилители электрических сигналов – electrical signalling amplifiers
усилитель – actuator; amplifier
усилитель глиссадных сигналов – glide-path amplifier
усилитель доплеровской (звуковой) частоты – audible Doppler enhancer
усилитель звуковой частоты – audio-frequency amplifier; interphone amplifier
усилитель канала крена – roll amplifier
усилитель канала руля направления – rudder amplifier
усилитель канала тангажа – pitch amplifier
усилитель командного пилотажного прибора – director amplifier
усилитель сигнала датчика – sensor amplifier
усилитель сигналов паравизуального директорного прибора – PVD amplifier
усилитель формирования выходных сигналов – output gating amplifier
усилительная станция – repeater station
усилительный шпангоут – heavy frame
усилия на ручке управления от элеронов – aileron force
ускорение – acceleration
ускорение в момент разрушения (удара, аварии) – crash acceleration
ускорение в направлении спина-грудь – back-to-chest acceleration
ускорение в переходном режиме – transient acceleration

ускорение в результате воздействия турбулентности – acceleration response to turbulence
ускорение в результате действия порыва – gust-induced acceleration
ускорение к моменту полного выгорания топлива – all-burnt acceleration
ускорение на режиме набора высоты – climb-power acceleration
ускорение от восходящего потока – acceleration due to an up-gust
ускорение при взлете – takeoff acceleration
ускорение при сверхзвуковой скорости – supersonic acceleration
ускорение силы тяжести – acceleration due to gravity; acceleration of gravity; gravitational acceleration; gravity acceleration
ускорение течения (в пограничном слое) – energization
ускоренные испытания (покрытия) подвижной нагрузкой – accelerated traffic test(ing)
ускоренные испытания на усталость – accelerated fatigue test
ускоренный – accelerated
ускоренный налет часов – accelerated flight time
ускоритель – accelerator; boost
ускорительный насос – acceleration pump
ускорять – accelerate, speed
ускоряться – accelerate
ускоряющая сила – acceleration force
условие – condition, requirement
условие волнового срыва – shock-stalling conditions
условие неразрывности течения потока – condition of mass flow continuity
условие полета со свободной ручкой управления – stick-free condition
условия – condition
условия в пограничном слое – boundary conditions
условия взлета – takeoff conditions
условия на верхней границе пограничного слоя – boundary-layer edge conditions
условия на выходе из сопла – nozzle exit conditions
условия нагружения в полете – flight loading condition
условия погоды – air conditions
условия погоды в верхних слоях атмосферы – upper air
условия погоды для визуального полета – visual weather conditions, VWC
условия погоды по воздушной трассе – airway weather
условия рельефа – terrain conditions
условия симметричного нагружения – symmetrical loading conditions
условия симметричного нагружения при маневрах и порывах ветра – symmetrical maneuvering and gust conditions
условия течения – flow conditions
условия торможения – friction condition
условия эксплуатации – environment; operating conditions; service conditions
условия, вызывающие необходимость полета по приборам – instrument conditions
условия, вызывающие обледенение – icing conditions
условия, отличающиеся от расчетных – off-design condition
условная вероятность – conditional probability
условная площадь – reference area
условная поверхность, ограничивающая высоту препятствия на полосе воздушных подходов – approach surface
условное магнитное склонение – grid variation
условное обозначение – character
условное обозначение типа воздушного судна – aircraft type designator
условное препятствие – screen
условный знак – cue
условный курс – grid heading
условный путевой угол – grid direction
условный север – transverse north
усовершенствование – advanced development; improvement
усовершенствование интегрированных навыков на процедурных тренажерах – integrated procedural-act development
усовершенствование по специальности – advanced training

усовершенствованная система контроля – advance systems monitor, ASM
усовершенствованное бортовое оборудование – updated avionics
усовершенствованный – advanced
усовершенствованный гироскоп с электростатической подвеской ротора – advanced electrostatically suspended gyroscope
усовершенствованный образец – development
успешно переносить – survive
успокоение – decrement
успокоительная перегородка – surge absorber
усреднять – average
устав – manual; regulations
усталостная долговечность – fatigue life capability
усталостная прочность – fatigue; fatigue strength
усталостная трещина – fatigue crack
усталостные нагрузки – fatigue load
усталостные характеристики – fatigue properties
усталостный – fatigue
усталость – fatigue
усталость пилота – pilot fatigue
усталость при ударе – impact fatigue
устанавливать – adjust; align; fit; install; mount; set on
устанавливать на место (деталь) – build in
устанавливать режим набора высоты – settle into a climb
устанавливать связь – contact
устанавливать соотношение – correlate
установившаяся скорость – uniform velocity
установившееся давление – uniform pressure
установившееся планирование самолета – established glide
установившееся прямолинейное движение – uniform rectilinear motion
установившийся – steady
установившийся вираж – steady turn
установившийся полет – steady flight; trimmed equilibrium flight; unaccelerated flight
установившийся поток – steady flow, streamline flow, uniform flow
установившийся режим – steady state
установившийся режим захода на посадку – steady approach
установившийся режим работы – running
установить режим максимальной тяги – give full throttle
установить счетчик на нуль – clear
установка – bench; erection; fitting; fixture; installation; machine; mount; plant; positioning; set; setting
установка в нейтральное положение – centralizing
установка величины коэффициента усиления – gain setting
установка воздушного винта на малый шаг – low-pitch setting
установка высотомера (по высоте аэродрома) – altimeter setting
установка высотомера на местное давление – local altimeter setting
установка высотомера на нуль – standard altimeter setting
установка географической долготы места – longitude selection
установка географической широты места – latitude selection
установка горизонтального оперения – tail setting
установка двигателя – engine installation
установка для глушения шума – suppressor
установка для динамического моделирования полета – dynamic flight simulator
установка для испытаний – testing jig
установка для кондиционирования воздуха – air conditioner
установка для моделирования линии передачи данных – data link simulator
установка для торможения или амортизации – shock absorbing mounting
установка дросселя – throttle setting
установка закрылков в промежуточное положение – landing setting
установка значения воздушной скорости – command airspeed setting
установка или регулировка закрылка – flap setting
установка лопастей воздушного винта во флюгерное положение – propeller feathering

установка лопаток – blading
установка на нуль – reset; zero setting
установка носового колеса в плоскости симметрии самолета – nose wheel alignment
установка органов управления в нейтральное положение – application of neutral controls
установка поправки на снос ветром – windage adjustment
установка режима наибольшей продолжительности полета – maximum endurance setting
установка режима работы двигателя – power setting
установка РЛС дальнего действия – long-range radar site
установка рулей в требуемое положение – control-surface positioning
установка самолета вдоль оси ВПП – line-up
установка угла лопасти воздушного винта – airscrew blade setting
установка шага воздушного винта – pitch setting
установление причины авиационного происшествия – accident causation
установленная линия пути – procedure track
установленный – authorized
установленный в кардановом подвесе – cardan-mounted
установленный минимальный годовой налет пилота – minimum annual flying time
установленный минимум погоды – prescribed weather minimum
установленный на борту – airborne
установленный на самолете – airborne
установленный на фундаменте – base-mounted
установленный порядок действий – operating procedure
установленный порядок захода на посадку – approach procedures
установленный порядок отправления самолетов – outbound procedures
установленный порядок полетов в зоне ожидания и захода на посадку – holding and approach to land procedures
установленный порядок полетов по стандартной схеме в зоне ожидания – race track holding procedure
установленный порядок точного подхода по последней посадочной прямой – precision approach procedures
установочная метка барометрического давления – barometric pressure setting marker
установочная площадка – mounting pad
установочная рама – mounting
установочный вес – installation weight
установочный кронштейн – mounting bracket
устаревший – obsolete
устойчивое магнитное склонение – secular variation
устойчивое планирование – steady glide
устойчивость – stability; trim
устойчивость в полете – in-flight stability
устойчивость на курсе – directional balance
устойчивость по направлению – directional stability
устойчивый – steady
устойчивый против штопора – spinproof
устраивать – arrange
устранение бокового сноса – kick-off of drift
устранение девиации компаса – compass compensation
устранение девиации компаса в полете – rectifying a compass
устранение и ограничение препятствий – clearing and restriction of obstruction
устранение пограничного слоя – boundary-layer removal
устранение препятствий – obstruction clearing
устранять несимметрию тяги (на многодвигательном самолете) – balance power between wings
устройства для путевого управления – yaw control devices
устройство – arrangement; device; feature; gear; installation; mechanism; structure
устройство «расслоения» интенсивности видеосигналов – video slicer
устройство автоматической посадки – automatic landing control
устройство ввода – inserter
устройство ввода данных – data inserter
устройство выборки информации – access mechanism, data sampling apparatus

устройство выхода – output block
устройство для автоматического вычерчивания кривых – plotting board
устройство для ввода данных в вычислитель – computer entry device
устройство для выборки цифровых данных – digital data controller
устройство для записи и воспроизведения данных в аналоговой форме – analog data recorder transcriber
устройство для заправки – filling and draining provision; filling provision
устройство для изменения направления реактивной тяги – jet control device
устройство для обработки данных – processor
устройство для обработки радиолокационных данных – radar processor
устройство для определения местонахождения – location device
устройство для отсечки подачи топлива – shut-off device
устройство для питания – feedaway
устройство для подавления или устранения отраженных сигналов – echo-suppressor
устройство для предупреждения столкновений – anti-collision device
устройство для преобразования непрерывных данных в цифровую форму – digitizer
устройство для совмещения радиолокационного изображения с картой – chart comparison unit
устройство для сортировки информации – data sorting system
устройство для считывания данных – data reader
устройство для съемки данных – data pickoff
устройство для точного определения местоположения самолета – accurate reporting system
устройство для увеличения подъемной силы – high-lift device
устройство для увеличения подъемной силы путем отбора воздуха от реактивного двигателя – powered augmented lift system
устройство для форсирования тяги – thrust augmentor
устройство кодирования угла – angle encoder
устройство контроля вычислительной машины – computer test circuit
устройство механизации крыла – lift augmenter
устройство обработки информации – general purpose multiprocessor
устройство перераспределения нагрузки – load transfer device
устройство периодического действия для снятия льда с козырька – windshield deicer
устройство периодического действия, удаляющее лед, образовавшийся на воздушном винте – propeller deicer
устройство периодического действия, удаляющее образовавшийся лед – de-icer
устройство ручного ввода данных – manual data inserter
устройство селективного опознавания – selective identification feature
устройство сопряжения – interface
устройство сопряжения ЭВМ с сетью линий – DTX network interface
устройство увеличения подъемной силы – lift increasing device
устройство, имитирующее работу радиолокатора – radar simulator system
устройство, повышающее экономичность двигателя – economizer
устройство, регистрирующее радиолокационные данные – radar recorder
уступ – cusp
уступить дорогу – give way
устье – mouth
утвержденный план полета – approved flight plan
утерянный багаж – missed baggage
утечка – leak; leakage; waste
утечка воздуха – air escaping
утечка масла – oil leak
утечка топлива – fuel leakage
утолщение пограничного слоя – boundary-layer accumulation, growth of the boundary layer

утолщенный конец лопасти воздушного винта – propeller blade butt end
утомление пилота – pilot fatigue
утопленная гондола – integral nacelle
утопленный – buried, flush-mounted, hidden
утопленный воздухозаборник – flush air intake; scoop inlet; submerged entry; submerged inlet
утопленный щиток – recessed panel
уточненные данные – specified data
утренние гражданские сумерки – morning civil twilight
утяжеление – heaviness
уход – drift; evading; handling, maintenance, upkeep; wander
уход гироскопа – gyroscope drift
уход или направление на запасный аэродром – diversion
уход на второй круг – pullout
уход на второй круг с использованием командных приборов – directed overshoot
уход на повторный заход после касания ВПП – boltering
уход частоты – frequency drift
уходить – wander
уходить на второй круг (ртс) – go round again
уходить на второй круг после касания ВПП – boltering
уходить на другой аэродром – divert
ухудшение – loss
ухудшение метеоусловий – deterioration (meteorology)
уцелевший – survivor
участие – interest
участковый тариф – sectional fare
участник конкурса – contender
участок – range
участок ВПП – patch
участок ВПП, не пригодный для взлета и посадки – dangerous area
участок захода до первого разворота – upwind leg
участок маршрута крейсерского полета – cruising leg
участок маршрута ожидания – leg of the holding pattern
участок маршрута полета к месту назначения – outward leg
участок маршрута полета к ориентиру – inbound leg
участок маршрута полета от ориентира – outbound leg
участок набора высоты – clearway
участок полета «по коробочке» между первым и вторым разворотами – crosswind leg
участок полета по «коробочке» между вторым и третьим разворотами – downwind leg
участок полета по «коробочке» между третьим и четвертым разворотами – base leg
участок полета по «коробочке» после четвертого разворота – final leg
участок посадочного маршрута – leg of landing pattern
участок пути – leg
участок пути между контрольными ориентирами – track interval
участок сжатия – contraction
участок сужения – contraction
участок траектории – leg
участок трассы авиалинии – route section (or stage)
участок эшелонирования перед разворотом на цель – spacer leg
участок, отведенный для строительства аэропорта – airport site
учебная кабина ВС – mock-up cockpit
учебное пилотирование – flying instruction
учебно-тренировочная копия кабины самолета – photographic trainer
учебно-тренировочный реактивный самолет для начальной подготовки – primary jet trainer
учебно-тренировочный самолет – flight trainer, trainer
учебно-тренировочный самолет для основной летной подготовки – basic trainer
учебно-тренировочный самолет для повышения летной подготовки штурманов – undergraduate navigator training aircraft
учебно-тренировочный самолет для подготовки экипажей – crew trainer
учебные полеты вдвоем (с инструктором) – dual practice
учебный аэродром – school ground

учебный макет (кабины самолета) – carrel
учебный макет кабины пилота – cockpit carrel, cockpit simulator
учебный макет кабины пилота, оснащенный средствами звуко- и видеозаписи – audio-visual cockpit carrel
учебный полет – instruction flying
учебный полет с отработкой задач по самолетовождению – navigation training flight
учебный самолет – advanced trainer; advanced training plane; school airplane; training airplane
учебный самолет для начальной летной подготовки – primary trainer
учет ветра – wind finding
учетверенный руль поворота – quadruple rudder
учетная ставка – rate of discount
учетный процент – rate of discount
учреждение – office
учреждения для обмена валюты – monetary exchange facilities
учтенные издержки – accounting cost
ушко – eye

Ф

фабричная цена – first cost
фаза – phase
фаза (полета) – stage (of flight)
фазирование – phasing
фазовая модуляция – phase modulation (ph. m.); pulse time modulation
фазовая навигационная система – phase-measurement navigation system
фазовая система ближней радионавигации – Decca Navigator
фазовая скорость – phase velocity
фазово-импульсная модуляция – pulse time modulation, PTM
фазовый сдвиг – phase deviation; phase shift
факел (реактивного двигателя) – flame
факел выхлопных газов – backflash
факел на выхлопе – jet flame
факсимильная карта – facsimile chart
фактическая воздушная скорость – actual airspeed
фактическая девиация компаса – true deviation
фактическая масса брутто (груженого контейнера) – actual gross weight (of container and payload)
фактическая масса нетто (контейнера) – actual payload (of container)
фактическая погода – actual weather; present weather
фактическая путевая скорость – true ground speed
фактическая скорость – actual speed; real velocity
фактическая скорость нагрева – net rate of heating
фактическая тормозная мощность – actual brake horsepower
фактическая траектория полета – actual flight path
фактическая тяга – actual thrust
фактический – actual
фактический истинный путевой угол – true track
фактический компасный путевой угол – compass track
фактический курс полета – actual heading
фактический профиль – actual profile
фактический путевой угол – course made good
фактический путевой угол относительно координатной сетки – grid track
фактический результат – score
фактическое время вылета – actual time of departure, ATD
фактическое время вылета (с момента выруливания на старт) – block time
фактическое время пребывания в воздухе – time in the air
фактическое время прибытия – actual time of arrival, ATA
фактическое время прибытия самолета (до момента выключения двигателей) – block time
фактическое местоположение (полученное в результате пересечения нескольких позиционных линий) – absolute fix
фактическое направление самолета – actual flight direction
фактическое ускорение силы тяжести – apparent gravity
фактор – factor
фактор дальности – range factor
фактор, приводящий к грубой ошибке – blunder factor
фактор, связанный с пилотом – pilot factor
факторы, зависящие от экипажа – crew factors
факторы, связанные с человеком – human factors
фактура поверхности – texture
фара – lamp; light
Фаренгейт – F, Fahrenheit
фасонный – shaped
Федеральная авиационная администрация (США) – Federal Aviation Administration, FAA
федеральная система авиационных линий (США) – federal airways system
Федеральное авиационное агентство – Federal Aviation Agency, FAA
Федеральное авиационное управление – Federal Aviation Administration, FAA
фен (метео) – foehn
ферма – frame; framework; truss
ферма крыла – wing truss
ферма крыла, работающая на лобовое сопротивление – drag truss

ферменная конструкция – truss
ферменная нервюра – wing truss
фигура – figure; pattern
фигура пилотажа – flight maneuver, maneuver
фигура учебного пилотажа – flight training maneuver
фигурные полеты – acrobatic man(o)euvers, aerobatics
фигурные эволюции самолета в воздухе – acrobatic man(o)euvers
фигурный – shaped
фигурный авиагоризонт – non-tumbling attitude indicator
фигурный полет – acrobatic flight
физиологический потолок – altitude tolerance; human ceiling
физическая подготовка – conditioning, physical training
физическое испытание пилота – qualification trial
физическое тело – body
фиксатор малого шага (воздушного винта) – fine pitch stop (of propeller)
фиксация – fixation
фиксированная служба (связь) – fixed service
фиксированная цепь – fixed circuit
фиксированные (зажатые) педали – fixed pedals
фиксированный – fixed
фиксировать – stop
фиксирующее усиление – detent force
фиксирующий силовой цилиндр – lock jack
фильтр верхних частот – high-pass filter
фильтр пропускания низких частот – low-pass filter
фирма – manufacturer
фитинг – fitting
флаг – flag
флажок – flag
флажок для обозначения препятствия – obstacle flag
флажок сигнализации захвата или качества сигналов луча (посадочного радиомаяка) – beam flag
флажок сигнализации ненадежности командных сигналов крена (управляющих стрелкой на командно-пилотажном приборе) – bank steering needle alarm-flag
флажок сигнализации о прекращении подачи сигналов от командного пилотажного прибора – flight director warning flag
флажок сигнализации отказа авиагоризонта – attitude failure flag
фланец – flange
фланец втулки (воздушного винта) – hub flange, hub vortex
фланец крепления – mounting flange
фланец нервюры – rib flange
фланцевое соединение – flange joint
флаттер – flutter
флот – fleet
флюгарка автомата тряски ручки управления – stick shaker vane
флюгер – cock
флюгерное положение воздушного винта – feathered propeller position, propeller feathering position
флюгирование винта – feathering
флюгировать винт – feather
флюоресцирующий экран – fluorescent screen
фокус – focus
фокус крыла или профиля – aerodynamic center, a.c.
фокусированный звуковой удар – focused boom
фокусировать – focus
фольга – film, foil
фон – background; hum
фонарь – hood
фонарь кабины пилота – canopy, cockpit canopy
фоновая яркость – background luminance
фоновое излучение – background radiation
фоновый – background
форкамера (ЖРД) – cup
форма – configuration, form; mode; pattern
форма в плане – plan form
форма импульса – pulse shape
форма кода – code form
форма крыла – wing shape
форма крыла в плане – wing plan (form)
форма лопасти в плане – blade plan form
форма передачи на эксплуатацию после технического обслуживания – maintenance release
форма продольного движения – longitudinal mode

форма путевого движения – yawing mode
форма собственных колебаний – natural mode of vibration
формуляр – list; log; logbook
формуляр двигателя – engine log book, engine log sheet
формуляр самолета – aircraft logbook
форсаж – reheat; takeoff boost
форсаж (двигателя) – boost
форсажная камера – afterburner; afterburner system; augmenter; reheat; thrust augmentor
форсажная камера для изменения тяги – variable-augmentation afterburner
форсажная камера с нерегулируемым соплом – off/on afterburner
форсажный (о тяге) – augmented
форсирование – augmentation; reheating
форсирование оборотов – overspeeding
форсирование тяги – thrust augmentation; thrust boosting
форсированный двигатель – hopped-up engine; uprated engine
форсировать – boost; overspeed; reheat
форсунка – discharge nozzle; injector; jet; jet nozzle; jet orifice; nozzle; sprayer
форсунка горючего – fuel injection nozzle
форсунка парогазогенератора – gas-generator injector
форсунка с большим перепадом давлений – high delta-p injector
форсунка с небольшим перепадом давлений – low delta-p injector
форсунка, подающая воздух – air nozzle
фотоаппарат – camera
фотоаппарат для картографической съемки – map plotting
фотокамера – camera
фотокамера или телекамера с высокой разрешающей способностью – high-definition (-resolution) camera
фотокамера с непрерывной протяжкой – strip camera
фоторегистратор – photo panel
фото-свеча – f/c, foto-candle
фракция – fraction
франко провозная плата – carriage free
фрахт – freight; freight turnover
фрахт, оплачиваемый в аэропорту погрузки – freight forward
фрахтователь (самолета) – charter
фрахтовая авиакомпания – charter company
фрахтовые перевозки – charter service
фрахтовый посредник – freight broker
фрезерование – machining
фрезерованный – machined
фрикционная муфта – friction clutch
фрикционная передача – friction drive; friction wheel drive
фрикционный диск – friction disk
фрикционный привод – friction drive; friction wheel drive
фрикционный тормоз – friction brake
фронт – front; frontal system
фронт окклюзии – front of occlusion; occluded front; occlusion
фронт пламени – flame front
фронт скачка – shock front
фронт скачка уплотнения – pressure front
фронт струйного течения – jet front
фронт ударной волны – pressure front
фронтальная гроза – frontal thunderstorm
фронтальная облачность – frontal weather
фронтальный – front, frontal
фундамент – bed
фундамент испытательного стенда – engine bed
функциональное комплексирование – functional integration
функциональные ключи – function keys
фунт – lb (libra), pound
фунтов на квадратный дюйм – p.s.i. (pounds per square inch)
фут – foot, ft
футляр – enclosure; housing
футов в минуту – ft.p.m., feet per minute
футов в секунду – ft.p.s., feet per second
фюзеляж – body, central body, fuselage, hull
фюзеляж круглого сечения – round fuselage
фюзеляж с сужающейся хвостовой частью и плоским донным срезом – boat-tail body
фюзеляж с формой поперечного сечения в виде восьмерки – double-bubble fuselage
фюзеляж типа монокок – monocoque fuselage, shell-body fuselage
фюзеляжный бак – fuselage tank

фюзеляжный воздухозаборник – fuselage air inlet
фюзеляжный топливный бак – fuselage fuel cell

X

характер – mode; pattern
характер изменений – behavior
характер полета – flying mode
характер течения – flow pattern
характеристика – behavior; curve; parameter; pattern; quality; response; signature
характеристика воздушного винта – propeller performance
характеристика направленности – beam pattern
характеристики – characteristics; data; performance; performance data
характеристики в движении тангажа – pitching characteristics
характеристики в перегрузочном варианте – overload characteristics
характеристики двигателя – engine performances
характеристики демпфирования угловой скорости крена – roll-rate damping characteristics
характеристики демпфирования угловой скорости тангажа – pitch-rate damping characteristics
характеристики диффузора – diffuser performance
характеристики заброса – overshoot characteristics
характеристики заброса рулей – runway characteristics
характеристики на докритических режимах – prestall characteristics
характеристики на закритических углах атаки – post-stall characteristics
характеристики набора высоты – climb performance
характеристики органов управления – control characteristics
характеристики пилота как элемента системы управления – human control behaviour
характеристики планирования – gliding characteristics
характеристики по тангажу – pitch characteristics
характеристики реактивной системы управления – reaction-control data
характеристики реакции автопилота – autopilot response characteristics
характеристики самолета при зажатом управления – control-fixed characteristics
характеристики силовой установки – propulsion data
характеристики системы управления с пилотом – human control behaviour
характеристики скороподъемности – climb rating, climbing performance
характеристики скорости отклонения руля – control-rate characteristics
характеристики турбины – turbine performance
характеристики управляемости – control characteristics; handling; handling characteristics
характеристики управляемости на взлете – takeoff handling characteristics
характеристики управляемости по усилиям на органах управления – control force characteristics, feel characteristics
характеристики усилий при балансировке рулей – centering characteristics
характеристики ухода на второй круг – wave-off capability
характеристики человека как звена управления – human performance
характеристики, отличающиеся от расчетных (стендовых, трубных) – out-of-rig characteristics
характеристики, полученные при моделировании – simulated performance
характеристическая скорость – reference speed
характерный – representative
характерный ориентир – prominent landmark
характерный ориентир для выхода на аэродром – airdrome reference point
хвост – tail
хвостовая балка – tail boom
хвостовая кабина – rear cockpit
хвостовая поверхность – tail surface
хвостовая часть – rear, tail, tail assembly
хвостовая часть самолета – aft
хвостовая часть фюзеляжа – aft body, afterbody, fuselage end
хвостовое колесо – auxiliary landing gear; tail wheel

хвостовое оперение – empennage, tail, tail assembly, tail surface, tail unit, tailplane
хвостовой – aft, rear, stern, tail
хвостовой аэронавигационный огонь – stern light, tail light
хвостовой винт – tail rotor
хвостовой кок – fuselage rear-end fairing
хвостовой конус – tail cone
хвостовой костыль – skid, tail skid
хвостовой обтекатель – streamlined tail; tail cone
хвостовой руль – rear control; rear rudder; tail control; tail control surface
хвостовой шпангоут – stern frame; stern ring
хвостовые поверхности – empennage
ход – running; travel
ход дроссельного крана – throttle throw
ход заслонки – throttling range
ход поршня – stroke
холод – cold
холодная воздушная масса – cold air, cold-air mass
холодная депрессия – cold low
холодная прокрутка двигателя – blow-down firing; engine windmill
холодный – cold
холодный вихрь – cold-core vortex
холодный воздух – cold air
холодный воздух окклюзии – cold front type occlusion; cold occlusion
холодный запуск двигателя после испытания – blow-down
холодный туман – cold fog
холодный фронт – squall line
холодный циклон – cold cyclone, cold low
холостой ход – free running, idle running, idling
хомутик – buckle
хорда – chord
хорда корневого сечения крыла – wing root chord
хорда лопасти или лопатки – blade chord
хорда нулевой подъемной силы – zero-lift chord, ZLC
хорошая отделка – cleanliness
хороший – fine
хорошо выдержанный маршрут – track made good
хранение – reservation; storage
хранение топлива в резервуаре – tankage
хранить в блоке памяти – memorize
хранить на складе – store
хронизатор – timer
хронирующая отметка – timing pip
хронирующее устройство – timer; timing device
хронометраж – timing
хрупкий – fragile, frangible

Ц

цветная адаптация зрения – colour adaptation
цветной кинескоп – colour television picture tube
цветовой код – colour code
цветовой комплексный индикатор выборки информации (бортовых данных) – coloured readout assembly
целостность – integrity
целый – full; integral
цель – aim; designation; object; target
цель на экране индикатора – scope target
цельное крыло – one-piece wing, solid wing
цельнометаллическая конструкция – all-metal construction
цельнометаллический самолет – aircraft of all-metal construction
цельноштампованный фонарь – single-piece hood
цельный элерон – continuous aileron
цена – charge; cost
центр – center
центр автоматической передачи данных в системе связи – electronic data transmission communications center
центр антициклона – high-pressure center
центр высокого или низкого барометрического давления – pressure center
центр давления – center of pressure, CP
центр жесткости изгиба – flexural center
центр зональных прогнозов (погоды) – area forecast center
центр координации аварийно-спасательных операций – rescue coordination center, RCC
центр координации спасательных операций – Search and Rescue Center (SARC); search and rescue coordination center
центр научно-технической информации – scientific and technical information center
центр обработки данных – data reduction center
центр обработки и анализа полетных данных – flight-data analysis center
центр обработки информации – data processing center, DPC
центр обработки метеорологических данных – weather analysis center
центр обработки планов полета – flight-plan processing center
центр обработки радиолокационных данных – radar processing center
центр оповещения о воздушной обстановке – information center
центр по обработке данных радиолокационных станций – radar filter center
центр подготовки летного состава – flying training center
центр поиска и спасения – rescue sub-center
центр полетной информации – flight information center, FIC
центр радиолокационного сопровождения – radar tracking center
центр радиолокационного управления в зоне подхода – radar approach control center, RAPCON
центр радиолокационной информации – radar information center
центр районной диспетчерской службы – area control center, air traffic control center
центр сбора метеорологических данных – collecting center
центр сбора сведений о полетах – flight information center
центр связи – communication center
центр технической информации – engineering information center
центр тропического циклона – eye of storm
центр тяжести – center of gravity, CG
центр управления аварийно-спасательными операциями – rescue control center, RCC
центр управления воздушным движением – air control center, control center
центр управления воздушным движением на воздушной трассе – air route traffic control center, ARTCC
центр управления воздушным движением на маршруте полета – air route traffic control center
центр управления воздушным движением с обработкой данных на

ЭВМ – electronic data traffic control center
центр управления поисково-спасательными операциями – search and rescue control center
центр управления полетами – flight center, flight operations center
центр управления полетами самолетов авиакомпании – airliner's dispatch office
центр циклона – center of low pressure; storm center
централизованное управление – central control
централь воздушных данных – central air data computer
централь обработки данных – central data processor
центральная (гармоническая) проекция – central projection
центральная гировертикаль – central gyro reference system
центральная задающая гироскопическая система – central gyro reference system
центральная килевая балка (лонжерон) – centerline keel beam
центральная полярная проекция – polar gnomonics
центральная проекция – gnomonic projection
центральная смазка – servolubrication
центральная часть струйного течения – jet stream core
центральное тело – inner body
центральное тело (нерегулируемого воздухозаборника) с системой двух скачков – double shock fixed center body
центральное тело воздухозаборника – intake center body
центральное тело конической формы (для высокоскоростных ВРД) – conical inner body
центральное тело на входе в воздухозаборник – central body
центральный – central
центральный авиадиспетчерский пункт – Air Traffic Control Center
центральный блок обработки данных – central data processor
центральный вычислитель воздушных сигналов – central air data computer, CADC
центральный вычислительный комплекс – central computing complex
центральный командный пункт – central control
центральный ориентир – center reference point
центральный пульт РУД – central power control quadrant
центральный пульт управления – central control board, master control (board), master operational console
центральный пульт управления автопилотом – central controller
центральный пункт с рычагами управления двигателями – throttle pedestal
центральный пункт управления – central board
центральный пункт управления (в кабине) – central pedestal
центральный пункт управления РЛС слежения – tracking radar control console
центральный щит – central board
центрирование – centering
центрирование автопилота – centering control; centralizing
центрированный воздушный винт – propeller in track
центрировать – center
центробежная сила – centrifugal force
центробежный – centrifugal
центробежный компрессор – centrifugal compressor; radial-flow compressor
центробежный регулятор оборотов – governor
центровка – centering; load distribution; trim
центровка самолета – plane balance
центровочная ведомость – weight report
центровочная площадка – trim pad
центровочные данные (самолета) – balance data
центровочный график – center-of-gravity diagram; load and trim sheet
центроплан – center main plane; center wing; wing center panel
центроплан верхнего крыла – top center wing
центропланный узел – center-section joint
центростремительный – centripetal
цепь – circuit; train

цепь блокировки – interlocking circuit; safety circuit
цепь магнитной коррекции – slaving circuit
цепь нейтрализации нежелательного сигнала – wash-out circuit
цепь округления – rounding circuit
цепь РЛС слежения – chain radar system
цепь самонастройки – adaptive circuit
цепь системы управления – control system loop
цепь стробирования – gate circuit
цикл – circle; cycle; period
цикл манипуляции – keying cycle
цикл сжатия – compression stage
циклически изменять шаг (несущего винта вертолета) – feather
циклический – cyclic(al)
циклическое изменение шага (несущего винта вертолета) – feathering
циклон – area of low pressure; cyclone; low; low-pressure area; revolving storm
циклон с холодной центральной частью у земли – cold-core cyclone
цилиндр – cylinder
цилиндр освобождения привязной системы – harness release actuator
цилиндр подъема шасси – landing gear retracting strut
цилиндр управления закрылками – flap-operated cylinder
цилиндрическая камера сгорания – tubular chamber
цилиндрическое выхлопное сопло – non-expanding exit nozzle
циркуляр – circular
циркуляр аэронавигационной информации – aeronautical information circular, AIC
циркулярная передача радиотелетайпом – radioteletypewriter broadcast
циркулярное письмо по вопросам авиации – aviation circular letter
циркулярные радиопередачи метеоинформации для самолетов, находящихся в полете – VOLMET
циркуляционная подъемная сила – circulation lift
циркуляционная смазка – lubricating by oil circulation
циркуляционный слой – circulation layer
циркуляция атмосферного воздуха – atmospheric motion
циркуляция атмосферы – atmospheric motion
цистерна – tank
циферблат – dial, face, instrument dial
циферблат прибора – indicating head
циферблат счетчика – counter dial
цифра – character, digit, figure
цифра кода – code figure
цифро-аналоговое преобразование – digital-to-analog conversion
цифрователь – digitizer
цифровая индикация – digital display
цифровая система дистанционного управления рулями ВС – digital fly-by-wire
цифровая система управления ВС – digital flight controller
цифровая электрическая система управления полетом – digital fly-by-wire
цифровое считывание – digital read-out
цифровой индикатор – digital display
цифровой код – digital code, figure code
цифровой пилотажный индикатор – digital flight display
цифровой преобразователь – digitizer
цифровой преобразователь углов (данных об угловом положении) – angular position digitizer
цифровой самописец барометрических данных – digital flight data recorder
цифровой самописец бортовой комплексной системы регистрации данных – digital AIDS recorder
цифровой указатель (счетчик) высоты – digital height display
цифры и знаки на перфораторе – perforated characters

Ч

чартерный рейс – charter flight
час – hour, H
час налета – operational hour
час полета – flight hour
часовая производительность в тонно-милях – hourly ton-mile productivity
часовой круг – circle of declination; circle of right ascension; hour circle
часовой круг светила – celestial hour circle
часовой пояс – time zone
часовой расход топлива в полете – hourly consumption in flight
часовой угол – hour angle
часовой угол места – local hour angle
часовой угол по Гринвичу – Greenwich hour angle
часовой угол точки весеннего равноденствия – sidereal hour angle
части остеклений – transparencies
частично контролируемый по приборам – instrument-aided
частично облачное небо – BC
частичный срыв потока – semistall
частная авария (страховка) – particular average (damage)
частная авиация – private aviation
частное значение – data point
частные авиакомпании – independent operators
частный – private
частный самолет – private flyer
частота – frequency
частота биений – beat frequency
частота импульсов – impulse frequency
частота колебаний – wave frequency
частота на маршруте – en-route frequency
частота односторонней (симплексной) связи – simplex frequency
частота опроса – sampling rate
частота повторения импульсов – pulse recurrence frequency
частота появления грубых (навигационных) ошибок – blunder rate
частота прослушивания – listening frequency, watch frequency
частота радиоканала – channel frequency
частота радиомаяка – beacon frequency
частота развертки – scan frequency, scanning rate
частота сигнала – signal frequency, SF
частота сигналов изображения – video frequency
частотная или динамическая характеристика системы – system control
частотная модуляция – FM, frequency modulation
частотная модуляция без разрыва фазы – frequency shift keying
частотная характеристика ВС в боковом движении – lateral-directional response
частотная характеристика ВС в поперечном движении – lateral response
частотная характеристика человека – human operator reaction
частотное разделение – frequency separation
частотное уплотнение каналов связи – frequency-division multiple access
частотно-импульсная модуляция – pulse frequency modulation, PFM, p.f.m.
частотно-модулированная система наведения с визуальным слежением – FM video link
частотно-фазовая характеристика – frequency response
частотные характеристики в движении тангажа – pitch-response characteristics
частотные характеристики пилота – human-pilot control
частотный дискриминатор – frequency discriminator
частотный интервал – frequency space interval
частотный канал – frequency channel
частотный фильтр – frequency filter
частоты для авиационной радиосвязи – aviation channels
часть – command; fraction; item; member; section; unit
часть билета для провоза зарегистрированного багажа – baggage check
часть воздушного пространства, предназначенная для входа самолета в зону управления – gate

часть летного поля по концам ВПП – clear zone
часть направленной антенны, непосредственно связанная с источником энергии или приемником – active aerial
часть прибора – block
часы – clock
чашечный анемометр – cup anemometer
чека – pin
чека замка выпущенного положения носового шасси – main gear downlock pin
чека замка выпущенного шасси – downlock pin
чека катапультного кресла – seat (safety) pin
чека ручного включения аварийного кислородного прибора – emergency oxygen manual release pin
челночная перевозка – shuttle service
человек – man
человек, занимающий кресло ВС – occupant
человек, находящийся в кабине самолета – occupant
черный ящик – black box
черта (на приборе) – index line
чертеж – chart; plan
чертеж в трех проекциях – three-view drawing
чертеж с пространственными размерами – dimensioned drawing
чертежи – drawing
чертежи в разрезе – cut-away drawing
чертежная доска – drawing board
четвертная девиация – quadrantal compass deviation, quadrantal deviation
четвертной – quadrantal
четвертной румб – quadrantal heading
четвертый разворот – turn to final
четверть окружности – quadrant
четвертьволновая антенна – quarter-wave aerial
четная авиатрасса – even (numbered) airway
четность – parity
четырехзонный маяк – four-course beacon
четырехканальный автопилот – four-channel autopilot, quadruple autopilot
четырехколесная тележка – four-wheeled bogie
четырехколесное шасси – four-wheeled bogie, four-wheeled undercarriage
четырехлопастный воздушный винт – four-bladed airscrew
четырехмоторный реактивный самолет – quadrijet
четырехсекционный предкрылок – four-piece slat
четырехугольный маршрут – square course
чехол – cover
чечевицеобразное облако – lenticular cloud
численное значение – figure
численность персонала – manpower
численный прогноз погоды – numerical forecast
число – figure
число М в полете – flight Mach number
число Маха – Mach number
число Маха запирания – chocking Mach number
число оборотов – speed
число оборотов в минуту – revolution (r.p.m.) meter
число оборотов в минуту на малом газе (на холостом ходу) – idle RPM
число оборотов вала – shaft speed
число оборотов двигателя – engine speed
число оборотов двигателя в минуту во время работы на стенде – bench revolutions per minute
число оборотов двигателя в полете – revolutions in flight
число оборотов двигателя на крейсерском режиме – engine cruising speed
число оборотов на номинальном режиме – normal revolutions
число оборотов на холостом ходу – idle speed
число оборотов ротора компрессора – compressor speed
число пассажирских мест – passenger capacity
число пластичности грунта – index of plasticity
число разрядов в слове – digits
число Рейнольдса – Reynolds number, RN
чистая атмосфера – clear air
чистая тяга – net thrust

чистая эксплуатационная прибыль – net operating income
чисто грузовая/почтовая перевозка – all-freight/mail service
чисто пассажирский вариант компоновки – all-passenger layout
чисто туристический вариант – all-tourist layout
чистота – cleanliness
чистый – clean; dense; fine
чистый градиент набора высоты – net gradient of climb
чистый доход – net return
чистый и громкий прием (радиосигналов) – five-by-five
чистый коносамент – clean bill of lading
чистый убыток – net loss
читабельность – readability
член – member
член летного экипажа – aircrew member; flight crew member; occupant
член математического выражения – term
член экипажа – crew man, crew member
член экипажа, обслуживающий пассажиров – cabin crew member
чрезвычайный режим – contingency rating
чрезвычайный режим мощности – contingency power
чрезмерная чувствительность – oversensitivity
чрезмерно задирать нос – overrotate
чрезмерно сильный входной сигнал «заброса» – hardover input
чрезмерно увеличивать угол тангажа – overrotate
чрезмерно чувствительное управление – over-sensitive control
чрезмерный – excess
чрезмерный вес – overweight
чрезмерный запас устойчивости – overstability
чувствительность – pickup; response; sensitivity; susceptibility
чувствительность ВС к отклонению рулей – control sensitivity
чувствительность к смещению (курсовой маяк) – displacement sensitivity (localizer)
чувствительность к угловому смещению – angular displacement sensitivity
чувствительность луча к отклонению – beam softening
чувствительность пилота к управлению – human-pilot control
чувствительность путевого управления – directional control sensitivity
чувствительность управления – control sensitivity
чувствительность управления от ручки – stick sensitivity
чувствительный элемент – feeler; pickoff; pickup; sensing element; sensor; sensory unit
чувствительный элемент (прибора) – detector
чувство (управления) – feel
чувство органов управления – control feel
чувство управления по усилиям – force feel
чувствовать – sense

Ш

шаблон – gauge; pattern
шаг винта – pitch
шаг воздушного винта – airscrew pitch, pitch ratio, prop pitch, propeller pitch, screw pitch
шаг лопасти или лопатки – blade pitch
шаг нулевой мощности – zero torque pitch
шар-зонд – balloon, sounding balloon
шариковая индикация скольжения – bubble-slip indication
шариковый указатель крена – ball-bank indicator
шарнир – hinge, joint, pivoting joint
шарнир подвески элерона – aileron hinge
шарнир руля – control-surface hinge
шарнир со смещенной назад осью (для осевой компенсации) – aft-set hinge
шарнирная тяга – articulated rod
шарнирно закрепленное сопло – swiveled nozzle, swiveling nozzle
шарнирно подвешенный закрылок – hinged flap
шарнирное крепление – hinge mount
шарнирное крепление с откидыванием вверх – upward hinging
шарнирное соединение – articulated joint, hinged joint, swivel, swivel joint
шарнирное трение – gimbal friction
шарнирный – hinge, hinged
шарнирный момент руля – control surface torque
шарнирный узел – hinged joint
шаровая молния – ball lightning
шаровое соединение (сочленение) – ball-and-socket joint
шаровой шарнир – ball-and-socket hinge
шаропилотажное наблюдение – pilot-balloon observation
шар-пилот – pilot balloon
шар-пилот для определения параметров ветра с помощью РЛС – rawin balloon
шар-пилот с радиолокационной станцией – radar balloon
шасси – carriage, gear, landing gear (LG), mounting, undercarriage, underframe
шасси в обтекателях – faired undercarriage
шасси для грунтовых аэродромов – rough-field undercarriage
шасси повышенной прочности – heavy-duty undercarriage
шасси с V-образным расположением стоек – Vee-strut landing gear
шасси с амортизацией – shock-resisting undercarriage; spatted undercarriage
шасси с масляной амортизацией – oleo gear, oleo undercarriage
шасси с носовым колесом – nosewheel undercarriage
шасси с посадочными лыжами – skid undercarriage
шасси с рычажной подвеской – articulated undercarriage
шасси с самораздвигающейся осью – self-jacked undercarriage
шасси с четырехколесными главными опорами типа «тандем» – twin-tandem landing gear
шасси с широкой колеей – wide-track landing gear
шасси со свободноориентирующимися колесами – drift undercarriage
шасси со стойками в носовой части фюзеляжа (смещенное к носовой части) – bow-legged undercarriage
шасси, выпускающееся под действием собственного веса – free-fall undercarriage
шасси, убирающееся в направлении к фюзеляжу – inward-retracting undercarriage
шасси, убирающееся в направлении консолей крыла – outward-retracting undercarriage
шасси, убирающееся назад по потоку – rearward retracting-undercarriage
шатунная шейка коленчатого вала – crankshaft pin
шероховатое покрытие – textured pavement
шестеренная передача – gear train
шестерня – gear, pinion
шестерня редуктора воздушного винта – airscrew gear wheel
шеф пилот – chief pilot
шимми – shimmy
шина – tire
шина носового колеса или шасси – nosewheel box
ширина – width

ширина диаграммы направленности – beam width
ширина колеи – track, tread
ширина колеи шасси – landing gear tread, wheel track
ширина луча – beam width
ширина луча радиолокационной станции – radar beam width
ширина хода – tread
широкий – full
широковещательная радиостанция – broadcasting station, BS
широкодиапазонный указатель воздушной скорости – high-range airspeed indicator
широкоимпульсная модуляция – pulse-width modulation, PWM
широкополосная антенна – broadband antenna, multi-band antenna
широкополосный фильтр – bandwidth filter
широкосекторный обзор – wide-sector coverage
широкосекторный обзор по углу места – wide-sector vertical coverage
широкоугольная камера – wide-angle camera
широкофюзеляжный реактивный самолет – wide-body jet
широта места наблюдения – observer's latitude
широта по близмеридианным наблюдениям – meridian latitude
широта штилевого пояса высокого давления – horse latitude
широтная поправка – latitude correction
широтно-импульсная модуляция – pulse-duration modulation
шифр – code; code name
шифратор – encoder
шифровать – code
шкала – indicating head; scale
шкала (углов) крена – bank scale
шкала (установки) барометрического давления (на высотомере) – barometric pressure scale
шкала авиагоризонта – attitude indicator scale; horizon dial
шкала без промежуточных делений – open scale
шкала безопасной скорости полета – safe speed scale
шкала Бофорта – Beafort scale
шкала высот – altitude scale
шкала грубого отсчета – coarse scale
шкала грубого отсчета высоты – gross altitude indicator scale
шкала долгот – longitude scale
шкала или масштаб дальности – range scale
шкала индикатора – display scale
шкала индикаторной земной скорости – calibrated airspeed scale
шкала Купера (для оценки пилотажных характеристик самолета по десятибалльной системе) – Cooper scale
шкала отклонений ВС от радиолуча – beam-deviation scale
шкала отсчета – reference scale
шкала отсчета курса ВС – heading dial
шкала прибора – instrument dial
шкала сходимости – conversion scale
шкала счетчика – counter dial
шкала точного отсчета – fine scale
шкала углов возвышения – elevation dial
шкала углов места – elevation scale
шкала углов сноса – drift scale
шкала указателя путевой скорости – ground speed dial
шкала указателя уровня видимости – visual level scale
шкала широт – latitude scale
шкальный прибор – dial-(-type) indicator; readout indicator
шквал – first gust; squall
шкваловый ворот – roll cloud
шквальное облако – squall cloud; storm cloud
шквальный ворот – arcus
шквальный ливень – squall (type) rain
школа авиационных техников – aeronautical technical school
школа наземной подготовки – ground school; preflight school
школа начальной летной подготовки – elementary flying training school
школа основной летной подготовки – basic flying school
школа подготовки пилотов к полетам по приборам – instrument pilot school
школа подготовки специалистов по техническому обслуживанию – maintenance school

школа подготовки специалистов по управлению воздушным движением – air traffic school
школа теоретической подготовки – ground school
школа усовершенствования летной подготовки – advanced flying school
шланг – hose
шлемное оборудование – headgear
шлиц – spline
шляпка – cap
шнур – cord
шов – joint
шов расширения – expansion joint
шов расширения со штыревым соединением – dowelled expansion joint
шоссе – highway
шпангоут – frame, partition
шпангоут, выполненный заодно с обшивкой – built-up frame
шпилька компаса – compass pin
шплинт – cotter pin, pin
шплинтуемый штифт (с головкой) – clevis pin
штат личного состава – complement
штатный – authorized; standard
штатский – civil
штепсельное соединение – plug-and-socket joint
штилевая точка – no-wind position
штиль – no wind
штифт – pin
штифт контроля износа тормозов – brake wear pin
штифт с потайной головкой – countersunk-head pin
шток силового цилиндра – actuator rod
шток штурвала высоты – elevator control rod
штопор – spin
штопорная неустойчивость – spinning instability
шторка – blind
шторка кабины – cockpit hood
шторки для имитации полета по приборам – instrument-flying blinds
шторм – gale, storm
штормовая погода – stress of weather
штормовое оповещение – safety message, storm information
штормовое предупреждение – gale warning, storm warning
штормовой ветер – fresh gale
штормовой набегающий ветер – storm relative wind
штормовые сигналы – storm cones
штурвал – handwheel, steering handwheel, wheel
штурвал пилота – pilot's control column
штурвал ручного управления – manual control wheel
штурвал триммера руля высоты – elevator trim wheel
штурвал управления – control wheel, joystick (control), steering wheel
штурвал управления для работы двумя руками – two-hand control column
штурвал управления триммером – trim tab control
штурвал управления триммером элеронов – aileron trim control wheel
штурвал управления элеронами – aileron handwheel
штурвальная колонка – column, control column
штурвальная система управления – control-wheel system
штурвальчик – handwheel
штурвальчик триммера руля высоты – elevator trim control handwheel
штурвальчик триммера управления – aileron trim handwheel
штурвальчик управления тангажом или шагом винта – pitch control wheel
штурвальчик управления триммером – hand trim wheel
штурман – flight navigator, navigating officer, navigation officer, navigator
штурман-инструктор – navigator instructor
штурман-оператор РЛС – radar navigator
штурманская комната – plotting room
штурманский – navigational
штурманский бортовой журнал – navigation log
штурманский журнал – navigational log
штурманский стол – navigation table
штурманское дело – aeronavigation
штурманское управление – Bureau of Navigation
штуцер – socket; tap
штуцер бака – filler pipe
штуцер для наполнения – filler cap, filler pipe
штуцер масляного бака – oil-tank heater, oil-tank vent

штырь – pin, post
шум – hum, noise
шум (двигателя) – drone
шум от струи газов реактивного двигателя – exhaust noise
шумность – noisiness
шумовой фон – background noise
шумоглушение – silencing
шумоглушитель – noise muffler, noise suppressor, silencer, silencing device, sound damper, sound suppressor, suppressor
шумоглушитель на выхлопе – exhaust port silencer
шумопеленгатор – sound ranger
шумы – interference
шунт – bypass
шунтировать – bypass

Щ

щелевая антенна – slot antenna
щелевое отверстие – louver
щелевой – slot
щелевой закрылок – slotted flap, slotted wing flap
щелевой элерон – slot aileron, slotted aileron
щель – louver, slot
щель для отсасывания пограничного слоя – suction slot
щит – board
щитки – wing flap system
щиток – flap, tab, wing flap
щиток аэродинамического тормоза – air brake
щиток в основании приборной доски – pedestal panel
щиток отображения данных – display panel
щиток переключения режимов полета – flight modes panel
щиток переключения режимов работы навигационных средств – navigation function (mode) selector panel
щиток переключения режимов РЛС – radar mode panel
щиток переключения управления радиосредствами – radio transfer panel
щиток питания – power supply panel
щиток питания приборов второго пилота – copilot's instrument power panel
щиток управления электронно-лучевым индикатором – scope control panel
щиток-элерон – flaperon
Щ-код – Q-code
щуп – feeler

Э

э.д.с. (электродвижущая сила) – e.m.f. (electromotive force)
эвакуация – evacuation; salvage
ЭВМ (электронная вычислительная машина) – computer
ЭВМ для расчетов по сигналам всенаправленных маяков небольшой протяженности – Short Track Omni Range Computer, STORC
эволютивная скорость – handling speed; maneuvering speed; safety speed
эволюция – evolution
эжектирование потока вращающейся струей – rotary jet flow induction
эжектированный воздух – induced air
эжекторная аэродинамическая труба – induced flow wind tunnel, induction wind tunnel
эжекторная аэродинамическая труба кратковременного действия – induction blow-down wind tunnel
эжекционная поверхность раздела – entrainment interface
экваториальная депрессия – equatorial trough
экваториальная зона затишья – intertropical front
экваториальная проекция – equatorial projection
экваториальная центральная проекция – equatorial gnomonics
экваториальный – equatorial
эквивалент – equivalent
эквивалент антенны – dummy aerial
эквивалентная воздушная скорость – equivalent air speed, EAS
эквивалентная высота – equivalent altitude
эквивалентная мощность – equivalent horsepower
эквивалентная одноколесная нагрузка – equivalent isolated single wheel load
эквивалентная скорость вертикального порыва ветра – equivalent vertical gust speed
эквивалентные порывы ветра с резкой границей – equivalent sharp-edged gusts
эквивалентный встречный ветер – equivalent head wind
эквивалентный попутный ветер – equivalent tail wind
экипаж – crew, team
экипаж грузовой кабины – cabin crew
экипаж самолета – aircrew, aircrew personnel, flying crew, operating personnel
экономайзер – economizer
экономика – economics, economy
экономически выгодная дальность полета – economical range
экономические характеристики – economics
экономический – economical
экономический класс – economical class, economy class
экономический тариф – economy fare
экономичность – economy
экономичный крейсерский режим – best cost cruise
экосфера – physiological atmosphere
экран – baffler; blind; plan view display; shroud
экран индикатора посадочной РЛС – precision scope
экран индикатора радиолокатора – radar-scope
экран радиолокатора – radar screen
экран с послесвечением – afterglow screen
экран электронно-лучевой трубки – cathode-ray tube screen
экранировать – screen, shield
экранирующая сетка – screen
экранирующий эффект – screen effect
экскурсионный тариф – excursion fare
экскурсия – trip
экспедировать – forward
экспедитор – forwarder, forwarding agent
экспедитор груза – freight forwarder
эксперимент в натурных условиях – full-scale test
экспериментальная точка – data point
экспериментальное определение взлетно-посадочных характеристик – airfield performance test
экспериментальный – experimental
экспериментальный метод – cut-and-try process (method)
экспериментальный отдел слепой посадки Королевского аэронавигационного института – Blind Landing Experimental Unit, BLEU

экспериментальный полет – experimental flight
экспериментальный самолет – experimental aircraft
экспериментальный самолет с ракетным двигателем – rocket research plane
эксперт – expert
эксплуатант – operator
эксплуатационная высота – operating height, operational altitude
эксплуатационная высота полета – operational height
эксплуатационная дальность полета – service range
эксплуатационная мощность – normal (rated) power
эксплуатационная надежность – operational reliability
эксплуатационная себестоимость располагаемых тонно-миль – operating cost per capacity ton-miles
эксплуатационная скорость – operational speed
эксплуатационные данные – service data
эксплуатационные доходы – operating revenue
эксплуатационные испытания – performance testing
эксплуатационные ограничения – operating limitations, operational limitations, operational constraints
эксплуатационные приемы снижения шума – noise abatement procedures
эксплуатационные расходы – operating costs, operating expenses
эксплуатационные режимы – flight envelope
эксплуатационные требования – operational requirements
эксплуатационные характеристики – operating characteristics, operational characteristics, operational performance
эксплуатационные экономические характеристики – operating economics
эксплуатационный минимум аэродрома – airdrome operating minima
эксплуатационный разъем фюзеляжа – fuselage break line
эксплуатационный режим – operating point
эксплуатационный формуляр – maintenance-inspection records
эксплуатация – maintenance; operation; running; service
эксплуатация (самолета) с неподготовленных взлетно-посадочных площадок, поросших кустарником – bush operation
эксплуатация ВС с двумя пилотами – two-pilot operation
эксплуатация при чрезмерных скоростных режимах – overrun
эксплуатация самолета с ВПП с дерновым покрытием – gross-strip operation
эксплуатация самолета с коротких ВПП – short runway operation
эксплуатация самолета с небольших грунтовых полос – small-strip operation
эксплуатация самолета с экипажем из двух человек – two-crew operation
эксплуатация самолета экипажем из трех человек – three-crew operation
эксплуатировать материальную часть – operate
эксплуатируемая ВПП – duty runway
экспонента – exponential curve
экспортная декларация – export declaration
экспортный груз – outward cargo
экстраполировать линию положения – advance a position
эксцентрик – cam
эксцентриситет – misalignment, offsetting
эксцентриситет вектора тяги вследствие несимметричности истечения выхлопных газов – jet misalignment
эксцентриситет тяги – malalignment
эластичность – elasticity
эластичный – flexible
эластичный воздушный винт – non-rigid airscrew
элевон – ailevator, elevon
электрическая емкость – electrical capacity
электрическая модель – electrical analogue
электрическая нагрузка – electrical load
электрическая обратная связь – electrical feedback
электрическая система управления – fly-by-wire system
электрический – electrical

электрический аналог – electrical analogue
электрический измеритель расхода топлива – electrical fuel gauge
электрический контакт – electrical pick-off
электрический подъемник – electrical hoist
электрический привод для управления дроссельным краном – electric throttle actuator
электрический силовой блок – power pack
электрический силовой привод – electrical actuator
электрический ток – current
электровыключатель – electrical switch
электродвижущая сила – electromotive force
электродистанционная система управления полетом – fly-by-wire
электродуговой двигатель – plasmajet
электромагнит выключения коррекции (автопилота) – erecting cut-out magnet
электромагнит муфты – clutch magnet
электромагнитное зажигание – electromagnetic ignition
электромотор управления выпуском шасси – landing gear motor
электрон – electron
электроника – electronics
электронная аппаратура – electronics
электронная аппаратура автоматического наведения – automatic guidance electronics
электронная аппаратура на полупроводниках – solid-state electronics
электронная аппаратура стабилизации и управления пространственной ориентацией – attitude control electronics
электронная аппаратура управления (регулирования) – control electronics
электронная вычислительная машина – electronic computer
электронная клавиатура – electronic keyboard
электронная лампа – tube, valve
электронная машина для обработки данных – electronic processor
электронная система индикации – electronic display system, EDS
электронное вычислительное устройство – electronic brain
электронное вычислительное устройство непрерывного действия – electronic analogue computer
электронное запоминающее устройство – electronic storage device
электронное облако – electron cloud
электронное оборудование – electronic equipment
электронное оборудование системы управления с земли – ground control
электронно-лучевая индикация – cathode-ray indication, cathode-ray presentation, cathode-ray tube display
электронно-лучевая конверторная трубка со сканирующим лучом – scan converter tube
электронно-лучевая трубка – cathode-ray tube, electron-beam tube, CRT
электронно-лучевая трубка с линейной разверткой – line scan tube
электронно-лучевая трубка с послесвечением – cathode-ray storage tube
электронно-лучевой индикатор – scope display
электронно-лучевой пилотажный индикатор – electronic flight instrument display
электронно-оптический индикатор – projected display
электронный – electronic
электронный автопилот – electronic autopilot
электронный автоштурман – electronic automatic navigator
электронный вычислительный прибор – electronic calculator
электронный индикатор горизонтальной обстановки – electronic horizontal situation indicator, EHSI
электронный командно-пилотажный индикатор пространственного положения – Electric Attitude Director Indicator, EADI
электронный командный индикатор (индикатор вертикальной обстановки) – Electronic Attitude Director Indicator

электронный луч – cathode ray, electron beam
электронный мозг – electronic brain
электронный накопитель – electronic storage device
электронный пилотажно-навигационный индикатор – Electronic Flight Instrument System, EFIS
электронный поток – cathode-ray current
электронный пучок – electron beam
электрообогреваемая панель – electrically conductive enclosure
электрооборудование – electrical equipment; electrical services
электрооборудование самолета – aircraft electric system
электропитание – power
электропроводящий – electro conductive
электросвязь – telecommunication
электростартер – electric starter
электротележка – electric power cart
электроуправление – electrical control
электрощиток управления – electrical control panel
элемент – component; member
элемент аккумуляторной батареи – storage cell
элемент жесткости – stiffener
элерон – aileron, balancing flap, flap
элерон на конце крыла – tip aileron, wing-tip aileron
элерон с весовой компенсацией – balanced aileron
элероны – lateral control
эллинг – shed
ЭЛТ (электроннолучевая трубка) – CRT (cathode-ray tube)
эмигрантская скидка (на билет) – emigrant discount
эмиссия – emission
эмиссия двигателей воздушных судов – aircraft engine emission
эмиттер – emitter
энергизирование (пограничного слоя) – energization
энергия – energy, power
энергоснабжение – power supply
эпюра давлений – pressure contour
эпюра нагружения – path of loading
эпюра напряжений – stress map
эпюра скоростей – velocity profile
эскизное проектирование – preliminary design work
эталон – reference; standard
эталон частоты – frequency reference
эталонирование – calibration
эталонировать – gauge
эталонная величина – reference quantity
эталонная частота – frequency reference, standard frequency
эталонное давление – reference pressure
эталонный – reference
эталонный прибор – reference instrument
этап – phase
этап захода на посадку с автопилотом, связанным с радиоприемниками посадочной системы – coupled approach phase
этап маршевого (крейсерского) полета – cruising phase
этап маршрута – route stage
этап маршрутного полета – block
этап ожидания на различных эшелонах – stacking phase
этап переучивания – transition phase
этап переходного обучения – transition phase
эффект – effect
эффект диафрагмы (летная годность) – end-plate effect
эффект захвата – capture effect
эффект от сжатия за счет скоростного напора – ram effect
эффективная дальность – effective range
эффективная зона действия – effective coverage
эффективная изотропная мощность излучения – effective isotropically radiated power
эффективная или тормозная мощность (двигателя) – brake horsepower
эффективная интенсивность – effective intensity
эффективная мощность – actual output, effective horsepower, effective output, effective power, equivalent horsepower, thrust power
эффективная мощность воздушного винта – airscrew effective power, airscrew output, propeller output, propeller performance
эффективная мощность излучения – effective radiated power
эффективная отдача – effective output
эффективная отражающая площадь (цели) – equivalent radar area

эффективная площадь крыла – effective wind area
эффективная площадь лопасти – effective blade area
эффективная полоса приема – effective acceptance bandwidth
эффективная предельная способность – effective margin
эффективная скорость – effective velocity
эффективная тяга воздушного винта – effective airscrew thrust
эффективная тяга двигателя – effective thrust
эффективное рабочее давление – effective pressure
эффективное тормозное давление – effective brake pressure
эффективное удлинение – effective aspect ratio
эффективность – effectiveness, efficiency, power
эффективность поперечного управления – roll control power
эффективность рулей – control response
эффективность руля направления – rudder power, rudder response
эффективный – operative
эффективный коэффициент полезного действия – brake horsepower efficiency
эффективный размах – effective span
эффективный уровень воспринимаемого шума – effective perceived noise level
эффективный шаг воздушного винта – effective pitch (of propeller)
эхо-сигнал – echo; return object
эшелон – flight level, level
эшелон перехода – transition level
эшелон перехода для аэродрома – transition flight level for airdrome
эшелонирование – separation
эшелонирование «правой стороной» – right-side separation
эшелонирование без использования РЛС – nonradar separation
эшелонирование по времени – longitudinal separation
эшелонирование по высоте в зоне ожидания – stacking
эшелонирование по курсам – track separation
эшелонирование по различному пути – track separation
эшелонирование самолетов по вертикали (по высоте) – vertical separation
эшелонированный по высоте – stacked
эшелонировать самолеты по высоте – stack up
эшелоны в зоне ожидания – holding stack

Ю

юбка – flare
юбкообразный – flared
юг – south
южное наклонение – south dip
ЮНЕСКО – UNESCO (United Nations Educational, Scientific and Cultural Organization)
юстировка – collimation
юстировка параллельности осей с помощью оптических приборов – optical collimation

Я

"я понял" – rodger
"я принял ваше последнее сообщение" – rodger
явление – effect, phenomen(on)
явление биений – beating
ядерная силовая установка – nuclear engine
ядерный двигатель – nuclear engine
ядро – core
ядро вихря – vortex core, vortex trunk
ядро струйного течения – jet core
ядро турбулентности – core of turbulence
язык ЭВМ – computer language
ярд – y, yd, yard
яркостное изображение – bright display
яркость – brightness, luminance, luminosity
яркость свечения – intensity
ярлык – ticket
ярус – layer
ярус облаков – class of cloud; cloud layer
ясная погода – clear air
ясно – clear, clear of clouds
ясно слышать (при радиосвязи) – read
ясный (о погоде) – clear
ячеистый – honeycomb
ячейка – cell, pen
ячейка запоминающего устройства – storage cell
ящик – box
ящик для хранения бортовых документов – data box
ящичный поддон – box pallet